電路學第七版(下)

Fundamentals of Electric Circuits, 7e

Charles K. Alexander
Matthew N. O. Sadiku
著

林義楠
古頤榛
譯

Mc Graw Hill

東華書局

國家圖書館出版品預行編目(CIP)資料

電路學 / Charles K. Alexander, Matthew N. O. Sadiku 著；林義楠,
古頤榛譯. – 三版. -- 臺北市 : 美商麥格羅希爾國際股份有限公司臺
灣分公司, 臺灣東華書局股份有限公司, 2021.1
　　　面；　公分
譯自 : Fundamentals of electric circuits, 7th ed.
ISBN 978-986-341-456-8 (下冊 : 平裝)

1. CST: 電路

448.62　　　　　　　　　　　　　　　　109020155

電路學第七版（下）

繁體中文版© 2021 年，美商麥格羅希爾國際股份有限公司台灣分公司版權所有。本書所有內容，未經本公司事前書面授權，不得以任何方式 (包括儲存於資料庫或任何存取系統內) 作全部或局部之翻印、仿製或轉載。

Traditional Chinese translation edition copyright © 2021 by McGraw-Hill International Enterprises LLC Taiwan Branch
Original title: Fundamentals of Electric Circuits, 7e (ISBN: 978-1-260-22640-9)
Original title copyright © 2021 by McGraw Hill LLC.
All rights reserved.
Previous editions © 2017, 2013 and 2009.

作　　　者	Charles K. Alexander, Matthew N. O. Sadiku
譯　　　者	林義楠　古頤榛
合 作 出 版 暨 發 行 所	美商麥格羅希爾國際股份有限公司台灣分公司 104105 台北市中山區南京東路三段 168 號 15 樓之 2 客服專線：00801-136996 臺灣東華書局股份有限公司 100004 台北市中正區重慶南路一段 147 號 3 樓 TEL: (02) 2311-4027　　FAX: (02) 2311-6615 劃撥帳號：00064813 網址: www.tunghua.com.tw 讀者服務: service@tunghua.com.tw
總經銷(臺灣)	臺灣東華書局股份有限公司
出 版 日 期	西元 2024 年 8 月　三版二刷

ISBN：978-986-341-456-8

譯者序

　　本書介紹電路分析與電路設計基本理論，共有三篇：直流電路、交流電路，以及進階電路分析。第一篇直流電路以介紹電路分析的基本定律和定理、被動元件電阻／電感／電容、主動元件運算放大器，及一、二階電路；第二篇交流電路講述相量、弦波穩態分析、交流功率分析、三相電路、磁耦合電路，以及頻率響應等實用電路；第三篇進階電路分析為拉普拉斯轉換與應用、傅立葉級數、傅立葉轉換，以及雙埠網路等進階電路解析技巧。

　　作者以淺顯易懂、循序漸進方式講述電路學原理，是一本很適合初學者學習的教科用書。書中內容範例豐富，講解充實嚴謹，章節編排有序，理論推導講解、例題、重點摘要整理、複習題、作業習題，以及綜合題均為精華之作，使讀者透過本書內容之學習，可由簡入深的融會貫通電路學之原理與分析，並學會正確的解題推導與演算之能力，實用價值極高的經典之作。

　　採用過本書的讀者一致認為文中在電機問題的闡述明瞭詳實，對於工程上電機等相關議題能有更深層的理解與助益。課本中綜合全面應用性問題，融會所學過的章節內容後，就能更有效率的解題，此部分問題的題析很適合課程進階使用。作者也提出求解問題過程時：透過對問題的小心定義；說明對問題的理解；建立一套替代方案並找出成功率最高的方案；嘗試解題；驗證答案與檢查答案的精確度；若不滿意所求的答案，則回到選擇其他替代方案中使用其他方法再進行求解，直到滿意為止等六大步驟。這種以問題為導向的求解方式，也是導引訓練讀者反思問題的能力，通盤理解所學的方法並用來解決問題的優質教科書。

　　本書極適合電子、電機、電信、資訊等工程科系主要必修學科電路學之教科用書；也適合電腦與通訊、機電整合、自動控制等相關科系在學習電氣基本原理與應用專業基礎課程之參考用書。

林義楠 謹誌
2020 年 12 月

前言

特色

電路分析可能是學生第一次接觸到的電機工程課程，這門課可以提升學生未來在學習設計時需要的一些技能。本書的重要部分是我們設計了 121 道設計式問題的習題。開發這些設計式的問題，是為了增強學生具備設計能力的重要過程。我們知道電路等基礎課程無法充分讓學生具有設計能力，為了充分發展學生的設計能力，通常在高年級時才會加以培訓。這並不意味著其中某些技能不能在電路學課程開發與練習。本書包含開放性的問題，可以協助學生發揮創造力，這是學習如何設計電路的重要成分。雖然本書已包含開放性的問題，但是仍希望在這重要的能力領域上，添加更多的內容，並開發出因應方法。當我們為學生設計問題，解決的目標是在設計問題時，便讓學生學習到運用更多有關理論和問題解決分析過程所需的相關知識。學生可以像我們一樣設計問題，這正是我們在每一章中所要做的。在常態問題集中，我們有一系列要求學生設計的問題，以幫助其他學生更容易理解重要的觀念。這有兩個非常重要的成效：第一，更理解基本原理；第二，增強學生的基本設計的能力。落實有效地利用教與學的原則。基本上，當在設計主題的教授時，也會獲得更好的學習。設計有效的問題是教學過程中的重要關鍵之一。在適當的時機，應該多鼓勵學生設計問題，這些問題具有很漂亮的數字，但不一定強調複雜的數學運算。

本書重要的優勢是總計 2,481 個範例、練習題、複習題和課後習題，並提供所有練習題及課後習題奇數題的答案。

本書第七版的主要目的與以前版本相同，以比其他電路學教科書更邏輯清晰、更有趣且更易理解的方式來講解電路分析，並幫助學生開始體會工程學中的"樂趣"。其目的可透過以下的方式來實現：

- **章首與總結**

    每章開頭都討論如何增強技能，這些技能有助於在電氣工程上與其子學門中的豐富職業上，成功的解決問題或是以職業為導向的講演。接著連結該章節與前幾個章節之間的關係並說明本章目標。每一章最後也做了重點與公式的總結。

- **解題方法**

    第 1 章介紹解決電路問題的六大步驟,該方法貫穿全書。提升最佳實踐解題的程序。

- **對學生友善的寫作風格**

    所有原則都以清晰、邏輯、漸進的方式來介紹,並盡可能地避免冗長和太多的細節,造成陳述觀念的模糊,妨礙理解整體內容。

- **加框公式和重要名詞**

    將重要的公式加上邊框,以協助學生區分出重要的內容。此外,確保學生能夠清楚地瞭解主題的關鍵要素、重要名詞的定義及強調。

- **邊欄重點**

    邊欄重點當作教學輔助。它具有多種用途,如提示、交叉引用、更多的闡述、警告、提醒一些不要犯的特別常見的錯誤,以及對解題的見解。

- **範例**

    在每一小節的結束提供詳盡的範例。這些例子被視為本文的一部分,並且在詳盡的步驟下,進行清晰的解說。經過精心設計的實例,使學生能理解解題過程,並對解題充滿信心。用兩種或三種不同的方式來解題,以增強對主題內容的充分理解,以及對不同解法的比較。

- **練習題**

    為了給學生練習的機會,每個說明性範例都會緊隨一練習題並附上答案。學生可以逐步按照範例操作,以幫助解決練習題,而無需翻動頁面或查看書末以獲取答案。練習題旨在測試學生對前面範例的理解。在學生繼續進行下一部分之前,用來加強他們對資料的掌握。

- **應用章節**

    每章的最後一節專門討論該章所涵蓋觀念的實際應用,該節介紹的內容適用於至少一個或兩個實際問題或裝置,這可以幫助學生瞭解如何將這些概念應用在現實生活中。

- **複習題**

    每章的結束均提供 10 題選擇題形式的複習題,並附上答案。複習題旨在涵蓋範例和章末習題可能未涵蓋的小 "技巧"。可作為自我檢測的小工具,幫助學生確實對該章的掌握程度。

- **設計問題題目**

    設計問題題目旨在幫助學生發展設計能力過程中所需具備的技能。

- 歷史花絮

    書中的歷史人物與事件提供與電氣工程研究有關的重要先驅和事件概況。

- 早期運算放大器討論

    在本文的開頭部分介紹運算放大器 (運放) 作為基本的元件。

- 傅立葉和拉普拉斯轉換涵蓋

    為了簡化電路學課程和信號與系統課程間的過渡轉換，傅立葉和拉普拉斯轉換在本書中都有清楚而透徹地介紹。這些章節提供給感興趣的教師，可從一階電路的解法轉到第 15 章。這樣便可以從拉普拉斯到傅立葉再到交流，這是非常自然的過程。

- 延伸實例

    實例根據解題六大步驟之解題方法進行詳細研究的範例，訓練學生以一致性的方式來解題。每章節至少會有一個這樣的實例。

- EC 2000 章首

    基於 ABET 能力標準 3，這些章首內容致力於討論學生如何獲得技能，從而顯著提高工程師職業。因為這些技能對於就學中的大學生來說非常重要，也適用於畢業後，所以課本上的標題是"增強你的技能和職能"。

- 課後習題

    有 580 個新增的或修訂的課後習題及練習題，提供給學生大量的練習以強化重要的觀念。我們將繼續努力使問題更加的實際化。

組織架構

本書是為二個學期或三個學期的線性電路分析課程而撰寫的，也可由教師篩選適當的章節而成為一個學期的課程。本書大致分為三篇：

- 第一篇由 1~8 章組成，專門討論直流電路。包括基本的定律和定理、電路技術和被動和主動元件。
- 第二篇由 9~14 章組成，處理交流電路。介紹相量、正弦穩態分析、交流電源、均方根值、三相系統和頻率響應。
- 第三篇由 15~19 章組成，致力於網路分析的進階方法。包括拉普拉斯轉換、傅立葉級數、傅立葉轉換和雙埠網絡分析等的介紹。

對於二個學期的課程而言，這三篇的內容是綽綽有餘的，所以教師可以選擇要教導哪些章節或部分。例如，標有十字 (†) 符號的部分可以跳過、簡要說明或指定為作業。它們可以被省略而不會影響連貫性。每一章都有許多根據各節相關內容所設計的組合問題，教師可以選擇性作為例子，和指定一些作為功課。在各章最後的綜合題是全面性的應用問題，大多需要使用其他章節學習過的技巧來解題。

先修課程

與大多數電路入門課程的主要先修課程相同，這本教科書的先修課程是物理學和微積分。雖然熟悉附錄中的複數是有幫助，但它不是必需的。本書一個非常重要的資產是書中包含學生需要知道的所有數學公式和物理基礎。

致謝

我們要感謝用愛心支持我們的妻子們 (Hannah 和 Kikelomo)、女兒們 (Christina, Tamara, Jennifer, Motunrayo, Ann, and Joyce)、兒子 (Baixi) 和我們大家庭的成員。我們另外要感謝 Baixi (Baixi Su Alexander 博士) 協助檢查問題的清晰度和準確度。

最後，感謝使用以前版本的教師和學生的回饋，希望您們能繼續給予支持，所以請繼續發送電子郵件給我們，或直接發送電子郵件給出版商。Charles 的 E-mail 為 c.alexander@ieee.org，和 Matthew Sadiku 的 E-mail 為 sadiku@ieee.org。

C. K. Alexander, M. N. O. Sadiku

目錄

PART 2　交流電路

Chapter 9　弦波交流電路與相量　3
9.1　簡介　4
9.2　弦波信號　5
9.3　相量　10
9.4　電路元件之相量關係　19
9.5　阻抗與導納　22
9.6　†頻域中的克希荷夫定律　25
9.7　阻抗合併　26
9.8　†應用　32
　　9.8.1　移相器　32
　　9.8.2　交流電橋　35
9.9　總結　39
　　複習題　40
　　習題　41
　　綜合題　48

Chapter 10　弦波穩態分析　51
10.1　簡介　52
10.2　節點分析法　52
10.3　網目分析法　55
10.4　重疊定理　59
10.5　電源變換　63
10.6　戴維寧與諾頓等效電路　64
10.7　交流運算放大器電路　69
10.8　交流電路分析使用 PSpice　71
10.9　†應用　75
　　10.9.1　電容倍增器　75
　　10.9.2　振盪器　77
10.10　總結　79
　　複習題　80
　　習題　81

Chapter 11　交流功率分析　93
11.1　簡介　94
11.2　瞬間與平均功率　94
11.3　最大平均功率轉移　101
11.4　有效值或均方根值　104
11.5　視在功率和功率因數　107
11.6　複數功率　110
11.7　†交流功率守恆　115
11.8　功率因數校正　119
11.9　†應用　121
　　11.9.1　功率測量　121
　　11.9.2　電力消耗成本　125
11.10　總結　127
　　複習題　128
　　習題　129
　　綜合題　139

Chapter 12　三相電路　141
12.1　簡介　142
12.2　平衡三相電壓　143
12.3　平衡 Y-Y 連接　147
12.4　平衡 Y-Δ 連接　151

ix

12.5	平衡 Δ-Δ 連接	154
12.6	平衡 Δ-Y 連接	156
12.7	平衡系統的功率	159
12.8	†不平衡三相系統	166
12.9	三相電路的 PSpice 分析	170
12.10	†應用	176
	12.10.1 三相功率測量	176
	12.10.2 住宅佈線	182
12.11	總結	184
	複習題	185
	習題	186
	綜合題	194

Chapter 13　磁耦合電路　197

13.1	簡介	198
13.2	互感	198
13.3	耦合電路的能量	207
13.4	線性變壓器	211
13.5	理想變壓器	217
13.6	理想自耦變壓器	225
13.7	†三相變壓器	229
13.8	磁耦合電路的 PSpice 分析	232
13.9	†應用	237
	13.9.1 隔離變壓器	237
	13.9.2 匹配變壓器	239
	13.9.3 配電系統	240
13.10	總結	242
	複習題	243
	習題	244
	綜合題	256

Chapter 14　頻率響應　259

14.1	簡介	260
14.2	轉移函數	260
14.3	†分貝表示法	264
14.4	波德圖	266
14.5	串聯諧振電路	277
14.6	並聯諧振電路	282
14.7	被動濾波器	286
	14.7.1 低通濾波器	287
	14.7.2 高通濾波器	288
	14.7.3 帶通濾波器	288
	14.7.4 帶阻濾波器	289
14.8	主動濾波器	291
	14.8.1 一階低通濾波器	292
	14.8.2 一階高通濾波器	293
	14.8.3 帶通濾波器	293
	14.8.4 帶阻 (或陷波) 濾波器	295
14.9	比例縮放	298
	14.9.1 振幅縮放	299
	14.9.2 頻率縮放	299
	14.9.3 振幅和頻率縮放	300
14.10	使用 PSpice 計算頻率響應	302
14.11	使用 MATLAB 計算頻率響應	305
14.12	†應用	307
	14.12.1 無線電接收機	307
	14.12.2 按鍵式電話機	309
	14.12.3 分頻網路	311
14.13	總結	313
	複習題	314
	習題	315
	綜合題	323

PART 3　進階電路分析

Chapter 15　拉普拉斯轉換概論　327

15.1	簡介	328
15.2	拉普拉斯轉換的定義	329
15.3	拉普拉斯轉換的性質	332
15.4	拉普拉斯逆轉換	344

15.4.1	簡單極點	345	
15.4.2	重複極點	346	
15.4.3	複數極點	347	

15.5 迴旋積分 **352**
15.6 †積分-微分方程式應用 **362**
15.7 總結 **364**
    複習題 365
    習題 365

Chapter 16 　拉普拉斯轉換應用　371

16.1 簡介 **372**
16.2 電路元件模型 **372**
16.3 電路分析 **379**
16.4 轉移函數 **383**
16.5 狀態變數 **389**
16.6 †應用 **396**
    16.6.1 網路穩定性 396
    16.6.2 網路合成 399
16.7 總結 **405**
    複習題 406
    習題 407
    綜合題 418

Chapter 17　傅立葉級數　419

17.1 簡介 **420**
17.2 三角函數的傅立葉級數 **420**
17.3 對稱的注意事項 **429**
    17.3.1 偶對稱 430
    17.3.2 奇對稱 432
    17.3.3 半波對稱 434
17.4 電路應用 **440**
17.5 平均功率和均方根值 **444**
17.6 指數傅立葉級數 **449**
17.7 使用 PSpice 進行傅立葉分析 **455**
    17.7.1 離散傅立葉轉換 456
    17.7.2 快速傅立葉轉換 456
17.8 †應用 **460**
    17.8.1 頻譜分析儀 460
    17.8.2 濾波器 461
17.9 總結 **463**
    複習題 465
    習題 465
    綜合題 474

Chapter 18　傅立葉轉換　477

18.1 簡介 **478**
18.2 傅立葉轉換的定義 **478**
18.3 傅立葉轉換的性質 **484**
18.4 電路應用 **499**
18.5 巴色伐定理 **502**
18.6 比較傅立葉和拉普拉斯轉換 **505**
18.7 †應用 **506**
    18.7.1 調幅 506
    18.7.2 取樣 508
18.8 總結 **510**
    複習題 511
    習題 511
    綜合題 517

Chapter 19　雙埠網路　519

19.1 簡介 **520**
19.2 阻抗參數 **520**
19.3 導納參數 **525**
19.4 混合參數 **529**
19.5 傳輸參數 **536**
19.6 †各組參數之間的關係 **540**
19.7 網路互連 **545**
19.8 使用 PSpice 計算雙埠網路的參數 **551**
19.9 †應用 **554**
    19.9.1 電晶體電路 554

19.9.2	階梯網路合成	560	B.2	三角恆等式	587
19.10	**總結**	**563**	**B.3**	**雙曲線函數**	**588**
	複習題	564	**B.4**	**微分**	**589**
	習題	565	**B.5**	**積分**	**589**
	綜合題	575	**B.6**	**定積分**	**591**
			B.7	**羅必達法則**	**591**

Appendix A　複數		**577**
A.1 複數表示法		**577**
A.2 數學運算		**580**
A.3 尤拉公式		**583**

Appendix C　奇數習題答案		**593**
中英索引		**615**

Appendix B　數學公式		**587**
B.1 二次方程式		**587**

PART 2

交流電路

9　弦波交流電路與相量
10　弦波穩態分析
11　交流功率分析
12　三相電路
13　磁耦合電路
14　頻率響應

Chapter 9 弦波交流電路與相量

> 無知而不知者，是愚人──避開他；無知而知之者，是孩童──教育他；知之而不知者，是沉睡──叫醒他；知之而知之者，是智者──跟隨他。
>
> ── 波斯諺語

加強你的技能和職能

ABET EC 2000 標準 (3.d)，"多學科團隊運作的能力"

在"多學科團隊運作的能力"對於職業工程師而言是極為重要的。工程師很少獨立地從事某項工作。在團隊中工作，工程師通常是某團隊的組成份子。有一件事要提醒學生，你並不需要像團隊中的任何人一樣，你只需要在團隊中扮演成功的其中一員。

最常見的是，這些團隊中包含了許多具有不同學科專長的工程師個體，以及非工程學科專長的人士諸如行銷、金融等等。

學生可以輕鬆地透過其在每一選修課程的學習小組中工作，培養及增強在這方面的技能。顯然地，在非工程的課程學習團體中學習，與在本身專業以外的工程類課程學習小組中工作，同樣也會使學生獲得在多學科團隊中分工合作的寶貴經驗。

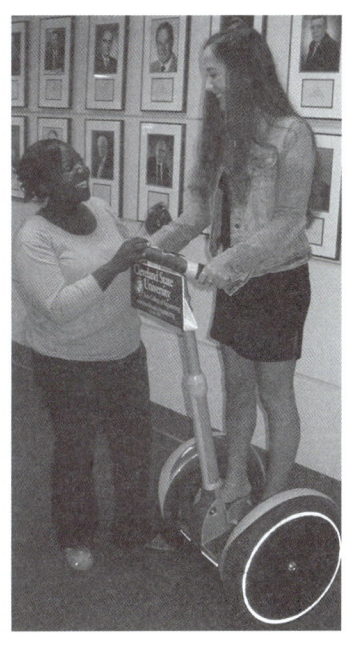

Charles Alexander

～歷史人物～

尼古拉‧特斯拉 (Nikola Tesla, 1856-1943) 與**喬治‧威斯汀豪斯** (George Westinghouse, 1846-1914) 協助建立了輸配電的重要模式交流電。

今日交流發電已明顯成為大範圍區域之電力有效率且經濟傳輸的重要電力形式。然而，在 19 世紀末期，交流電與直流電哪一種電力傳輸的形式較好一直是爭論的焦點，雙方也都有強力的支持者。倡導直流電這一方的是湯瑪斯‧愛迪生，他因許多卓越的貢獻而贏得了極高的尊敬。交流發電真正開始建立是在特斯拉成功的貢獻之後。而交流發電真正的商業成功，則是來自於威斯汀豪斯及其領導的包含特斯拉在內的傑出團隊。此外，其他有影響力的人是斯科特 (C. F. Scott) 與拉曼 (B. G. Lamme)。

對於交流發電的早期成功做出重大貢獻的是，特斯拉於 1888 年獲得多相交流電動機的專利。此專利包含感應電動機和多相發電與配電系統的成功實現，使交流電註定成為主要的能源形式。

George Westinghouse
Bettmann/Getty Images

9.1　簡介

到目前為止，前面各章主要限定於直流電路的分析，其電路是由恆定的電源 (非時變電源) 所激勵。為了簡單起見，同時也是出自於教學和歷史發展的考量，限定於電路的強迫函數為直流電源。從歷史發展的角度來看，直到 1800 年代末，直流電源一直是提供電力的主要方式。在該世紀末，直流電源與交流電源的爭論開始，雙方都有支持的電力工程師，但由於交流電在長距離傳送中更具效能與經濟，最終得以勝出。因此，本書也依歷史發展的順序，先介紹直流電源的相關內容。

以下開始分析電源電壓或電源電流隨時間改變的電路。本章特別介紹弦波時變的激勵，即由**弦波信號** (sinusoid) 所激勵的電路分析。

弦波信號是指具有正弦或餘弦函數之形式的信號。

弦波電流通常稱為**交流電** (alternating current, ac)。此電流會以規律的時間間隔，改變正負值之相反極性。而電路由弦波電流源或電壓源所激勵的電路，即稱為**交流電路** (ac circuit)。

對於弦波感興趣有許多的原因。首先，許多自然現象本身是弦波的特性。例如，鐘擺的運動、琴弦的振動、海洋表面的漣波，以及欠阻尼二階系統的自然響應等等，而這些僅僅是少部分的實例。其次，弦波信號容易產生及傳輸，在世界各地供應給家庭、工廠、實驗室等的供電電壓均呈弦波交流的形式。同時，是通訊系統和電力工業系統中主要的信號傳輸形式。再者，透過傅立葉分析，任何週期的信號均可以表示為許多正弦信號的和。因此，在週期信號的分析中，弦波信號扮演著重要的角色。最後，弦波信號是容易在數學上處理的，因其微分與積分仍是弦波本身。基於以上理由，電路分析中弦波信號是極為重要的函數。

如同第 7 章和第 8 章所討論的步級函數，對於弦波強迫函數也會產生暫態與穩態響應。其中暫態響應會隨時間消失，最後留下穩態響應。當暫態響應與穩態響應相比較可忽略不計時，則稱電路工作在弦波穩態下。本章主要討論**弦波穩態響應** (sinusoidal steady-state response)。

首先介紹弦波與相量的基本知識，再介紹阻抗與導納的觀念，接著將直流電路中介紹過的克希荷夫和歐姆等基本電路定律引入交流電路。最後討論交流電路在相移電路和橋式電路中之應用。

9.2 弦波信號 (Sinusoids)

考慮一弦波電壓：

$$v(t) = V_m \sin \omega t \tag{9.1}$$

其中，

V_m = 弦波電壓的**振幅** (amplitude)
ω = **角頻率** (angular frequency)，單位為弳度/秒 (rad/s)
ωt = 弦波電壓的**幅角** (argument)

此弦波電壓 $v(t)$ 與其幅角 ωt 之間的函數關係如圖 9.1(a) 所示，$v(t)$ 與時間 t 之間的函數關係如圖 9.1(b) 所示。顯然此弦波電壓每隔 T 秒會重複一次，因此，T 稱為此弦波的**週期** (period)。由圖 9.1 所示的二個圖可知，$\omega T = 2\pi$，即

$$T = \frac{2\pi}{\omega} \tag{9.2}$$

將 (9.1) 式中的 t 用 $t + T$ 取代，即可證明 $v(t)$ 每隔 T 秒重複一次，即

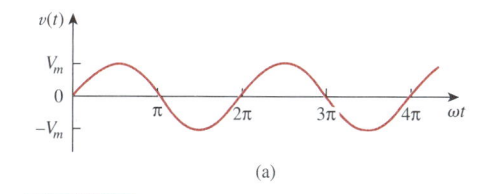

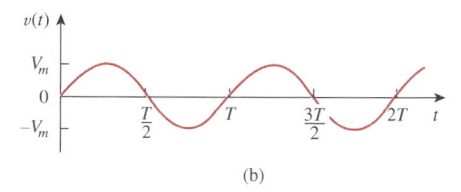

圖 9.1 $V_m \sin \omega t$ 與：(a) ωt，(b) t 的波形圖

～歷史人物～

海因里希・赫茲 (Heinrich Rudorf Hertz, 1857-1894)，德國實驗物理科學家，證明電磁波同樣遵循光波的基本定律。他的研究工作證實了詹姆士・克拉克・馬克士威 (James Clerk Maxwell) 於 1864 年提出的著名理論與電磁波存在的預言。

赫茲出生在德國漢堡一個富裕的家庭，他進入柏林大學求學，並跟隨著名物理科學家赫爾曼・范・赫爾姆霍茲 (Hermann von Helmholtz) 攻讀博士學位。之後在卡爾斯魯厄大學成為教授，並開始研究探索電磁波。赫茲成功地產生並偵測出電磁波，是首位證明光是電磁能量的科學家。1887 年，赫茲是首位註解分子結構中電子光電效應的人。雖然赫茲一生只活了 37 年，但他對電磁波的發現並為無線電、電視及其他通訊系統之實際的應用鋪設了道路。世人將頻率的單位——赫茲，用以紀念他的傑出貢獻。

Hulton Archive/Getty Images

$$v(t+T) = V_m \sin\omega(t+T) = V_m \sin\omega\left(t + \frac{2\pi}{\omega}\right)$$
$$= V_m \sin(\omega t + 2\pi) = V_m \sin\omega t = v(t) \tag{9.3}$$

因此，

$$\boxed{v(t+T) = v(t)} \tag{9.4}$$

也就是說，v 在 $t+T$ 和 t 是相同值，因此稱 $v(t)$ 是**週期性的** (periodic)。一般而言，

> 一個週期函數對所有時間 t 和所有整數 n 是滿足 $f(t) = f(t+nT)$ 的函數。

如上所述，週期函數的週期 T 是指一個完整循環的時間或者是每個循環的秒數；週期的倒數是指每秒的循環個數，稱為弦波訊號的**循環頻率** (cyclic frequency) f。因此，

$$\boxed{f = \frac{1}{T}} \tag{9.5}$$

明顯由 (9.2) 式與 (9.5) 式可得到

$$\omega = 2\pi f \tag{9.6}$$

其中，ω 的單位為弳度每秒 (rad/s)，f 的單位為赫茲 (Hz)。

考慮弦波電壓的一般式：

$$v(t) = V_m \sin(\omega t + \phi) \tag{9.7}$$

其中，$(\omega t + \phi)$ 為幅角，ϕ 為**相位** (phase)，幅角與相位的單位均為弳度或角度。

> 頻率 f 的單位是紀念德國物理學家赫茲，依其名字所命名的。

檢驗如圖 9.2 所示的二個弦波電壓信號 $v_1(t)$ 和 $v_2(t)$：

$$v_1(t) = V_m \sin \omega t \quad \text{和} \quad v_2(t) = V_m \sin(\omega t + \phi) \tag{9.8}$$

在圖 9.2 中 v_2 的起點在時間上先發生，因此，稱 v_2 **超前** (lead) v_1 相位 ϕ 或者稱 v_1 **滯後** (lag) v_2 相位 ϕ。假如 $\phi \neq 0$，則稱 v_1 與 v_2 **不同相** (out of phase)。假如 $\phi = 0$，則稱 v_1 與 v_2 **同相** (in phase)，即二者到達最小值和最大值的時間是相同的。以上 v_1 與 v_2 比較的條件是二者工作在相同的頻率，但不需要具有相同的振幅。

弦波信號可用正弦函數 (sin)，也可以用餘弦函數 (cos) 來表示。當二個弦波信號比較時，將二者表示為幅度為正的正弦或餘弦比較方便。而表示弦波信號會用到以下三角恆等式：

$$\begin{aligned}\sin(A \pm B) &= \sin A \cos B \pm \cos A \sin B \\ \cos(A \pm B) &= \cos A \cos B \mp \sin A \sin B\end{aligned} \tag{9.9}$$

利用這些恆等式，可以容易地證明出：

$$\begin{aligned}\sin(\omega t \pm 180°) &= -\sin \omega t \\ \cos(\omega t \pm 180°) &= -\cos \omega t \\ \sin(\omega t \pm 90°) &= \pm\cos \omega t \\ \cos(\omega t \pm 90°) &= \mp\sin \omega t\end{aligned} \tag{9.10}$$

利用這些關係式，即可將正弦函數轉換為餘弦函數，或者反之亦然。

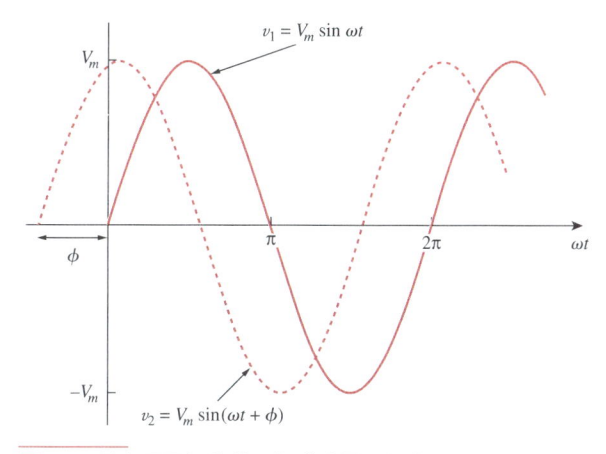

圖 9.2 具有不同相位的二個弦波電壓信號

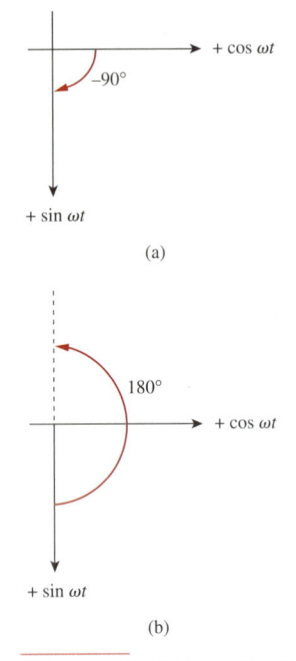

圖形解法對弦波信號進行關係比較，可替代使用 (9.9) 式與 (9.10) 式給出的三角恆等式。考慮如圖 9.3(a) 所示的坐標系中，水平軸表示餘弦分量的大小，而垂直軸 (箭頭向下) 代表正弦分量的大小。角度即從水平軸開始逆時針為正，如同極坐標系規定。這種圖形技巧可用二個弦波信號間之關係。例如，由圖 9.3(a) 可見，$\cos \omega t$ 的幅角減去 $90°$ 就得到 $\sin \omega t$，即 $\cos(\omega t - 90°) = \sin \omega t$。同理，$\sin \omega t$ 的幅角加上 $180°$，就得到 $-\sin \omega t$，即 $\sin(\omega t + 180°) = -\sin \omega t$，如圖 9.3(b) 所示。

圖形技巧可以相加二個相同頻率的弦波信號，當一個具有正弦及另一個具有餘弦形式的信號。信號 $A \cos \omega t$ 與 $B \sin \omega t$ 相加，其中 A 為 $\cos \omega t$ 的大小，B 為 $\sin \omega t$ 的大小，如圖 9.4(a) 所示。要實現信號 $A \cos \omega t$ 與 $B \sin \omega t$ 的相加運算，其中 A 為 $\cos \omega t$ 的幅度，B 為 $\sin \omega t$ 的幅度，則相加後，弦波信號的大小和相位，用餘弦形式表示，可以很快地由三角函數關係獲得，因此

$$A \cos \omega t + B \sin \omega t = C \cos(\omega t - \theta) \tag{9.11}$$

其中，

$$C = \sqrt{A^2 + B^2}, \qquad \theta = \tan^{-1} \frac{B}{A} \tag{9.12}$$

例如，$3 \cos \omega t$ 與 $-4 \sin \omega t$ 相加之圖形表示，如圖 9.4(b) 所示，並可得到

$$3 \cos \omega t - 4 \sin \omega t = 5 \cos(\omega t + 53.1°) \tag{9.13}$$

比較 (9.9) 式、(9.10) 式的三角恆等式，上述圖形解法無須記憶。但是，不要將正弦軸和餘弦軸與在下一節要討論的複數坐標軸系統混淆了。對於圖 9.3 與圖 9.4 仍要注意的是，雖然垂直軸的正方向通常是朝上的，但圖形法中正弦函數的正方向卻是向下的。

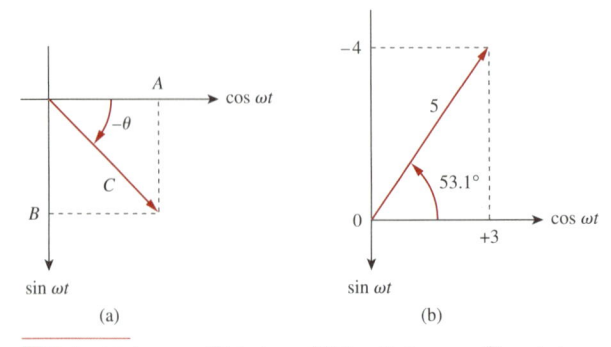

圖 9.3 正弦與餘弦圖形關係：
(a) $\cos(\omega t - 90°) = \sin \omega t$，
(b) $\sin(\omega t + 180°) = -\sin \omega t$

圖 9.4 (a) $A \cos \omega t$ 與 $B \sin \omega t$ 相加，(b) $3 \cos \omega t$ 與 $-4 \sin \omega t$ 相加

試求弦波電壓信號 $v(t) = 12 \cos(50t + 10°)$ V 的大小、相位角、週期及頻率。　　**範例 9.1**

解： 大小 $V_m = 12$ V，

相位角 $\phi = 10°$，

角頻率 $\omega = 50$ rad/s，

週期 $T = \dfrac{2\pi}{\omega} = \dfrac{2\pi}{50} = 0.1257$ s，

頻率 $f = \dfrac{1}{T} = 7.958$ Hz。

練習題 9.1　試求弦波信號 $30 \sin(4\pi t - 75°)$ 的大小、相位角、角頻率、週期和頻率。

答： 30，$-75°$，12.57 rad/s，500 ms，2 Hz。

試求 $v_1 = -10 \cos(\omega t + 50°)$ 與 $v_2 = 12 \sin(\omega t - 10°)$ 之間的相位角，並描述哪一個　　**範例 9.2**
信號超前。

解： 採用三個方法來計算，前二種方法採用三角恆等式，而第三種方法為圖解法。

◆ **方法一：** 為比較 v_1 與 v_2，須將二者用相同的形式來表達。如果用大小為正的餘弦表示，則

$$v_1 = -10 \cos(\omega t + 50°) = 10 \cos(\omega t + 50° - 180°)$$
$$v_1 = 10 \cos(\omega t - 130°) \quad \text{或} \quad v_1 = 10 \cos(\omega t + 230°) \tag{9.2.1}$$

且

$$v_2 = 12 \sin(\omega t - 10°) = 12 \cos(\omega t - 10° - 90°)$$
$$v_2 = 12 \cos(\omega t - 100°) \tag{9.2.2}$$

由 (9.2.1) 式與 (9.2.2) 式可推出，v_1 與 v_2 之間的相位差為 30°，可將 v_2 寫為

$$v_2 = 12 \cos(\omega t - 130° + 30°) \quad \text{或} \quad v_2 = 12 \cos(\omega t + 260°) \tag{9.2.3}$$

比較 (9.2.1) 式與 (9.2.3) 式可明顯得知，v_2 比 v_1 超前 30°。

◆ **方法二：** 另一解法，將 v_1 表示為正弦函數：

$$v_1 = -10 \cos(\omega t + 50°) = 10 \sin(\omega t + 50° - 90°)$$
$$= 10 \sin(\omega t - 40°) = 10 \sin(\omega t - 10° - 30°)$$

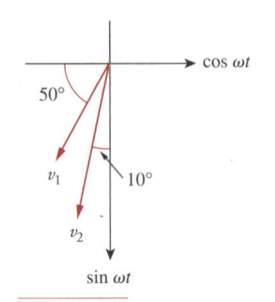

而 $v_2 = 12 \sin(\omega t - 10°)$。比較可得知 v_1 滯後 v_2 30°，也可說 v_2 超前 v_1 30°。

◆**方法三**：可簡單地 v_1 視為 $-10 \cos \omega t$ 及有 $+50°$ 的相移，如圖 9.5 所示。同理，v_2 可看成 $12 \sin \omega t$ 及有 $-10°$ 的相移，如圖 9.5 所示。由圖 9.5 可明顯看出，v_2 超前 v_1 的相位 $90° - 50° - 10°$ 即為 30°。

圖 9.5 範例 9.2

練習題 9.2 試求 $i_1 = -4\sin(377t + 55°)$ 及 $i_2 = 5\cos(377t - 65°)$ 二者之間的相位角，且 i_1 超前還是滯後 i_2？

答：210°，i_1 超前 i_2。

9.3 相量

正弦可以容易地用相量 (phasors) 來表示，相量要比正弦和餘弦函數的處理來得方便。

相量是一個表示弦波大小和相位的複數。

> 查理士‧普洛特斯‧斯坦梅茨是一位德裔奧地利數學家和電機工程師。

> 附錄 A 複數的數學知識。

相量提供了一種分析由弦波電源所激勵之線性電路的簡易方法，否則難以處理這類電路的解。使用相量求解交流電路的觀念，首先是由查理士‧斯坦梅茨在 1893 年所提出。在完整定義相量及應用在電路分析前，需完全熟悉複數的知識。

複數 z 直角坐標形式為

$$z = x + jy \tag{9.14a}$$

其中 $j = \sqrt{-1}$，x 是 z 的實部，y 是 z 的虛部。這裡的變數 x 與 y 不是表示在二維向量分析中的位置，而是複數 z 在複數平面上的實部和虛部。然而，在複數的運算與二維向量的運算間仍有些許的類似。

複數 z 亦可以用極坐標或指數形式表示：

$$z = r\underline{/\phi} = re^{j\phi} \tag{9.14b}$$

其中，r 是 z 的大小，ϕ 為 z 的相位。複數 z 的三種表示形式：

$$\begin{aligned} z &= x + jy & \text{直角坐標形式} \\ z &= r\underline{/\phi} & \text{極坐標形式} \\ z &= re^{j\phi} & \text{指數形式} \end{aligned} \tag{9.15}$$

～歷史人物～

查理士・普洛特斯・斯坦梅茨 (Charles Proteus Steinmetz, 1865-1923) 是一位德裔奧地利數學家和工程師，在交流電路分析中引入相量方法 (本章介紹)，並以磁滯理論的卓越研究聞名。

斯坦梅茨出生於德國的布雷斯勞，1 歲就失去了母親。他年輕時因政治迫害而離開德國，當時他在布雷斯勞大學即將完成數學博士論文。移居瑞士，之後到了美國，1893 年受雇於奇異公司。同年，發表一篇首次將複數運用於交流電路分析的論文。在他眾多著作中，《交流現象理論與計算》便由麥格羅・希爾 (McGraw-Hill) 在 1897 年出版，並於 1901 年成為美國電機工程協會(即後來的 IEEE) 的主席。

Bettmann/Getty Images

直角坐標與極坐標形式間之關係，如圖 9.6 所示，其中 x 軸表示複數 z 的實部，y 軸表示複數 z 的虛部。給定 x 與 y，即可得到 r 與 ϕ：

$$r = \sqrt{x^2 + y^2}, \qquad \phi = \tan^{-1}\frac{y}{x} \tag{9.16a}$$

再者，若 r 與 ϕ 已知，也可以求得 x 與 y：

$$x = r\cos\phi, \qquad y = r\sin\phi \tag{9.16b}$$

圖 9.6 複數 $z = x + jy = r\angle\phi$ 的表示方式

因此，複數 z 可寫成

$$\boxed{z = x + jy = r\angle\phi = r(\cos\phi + j\sin\phi)} \tag{9.17}$$

複數的加減運算利用直角坐標形式是方便的，乘除運算則利用極坐標會較好。已知複數

$$z = x + jy = r\angle\phi, \qquad z_1 = x_1 + jy_1 = r_1\angle\phi_1$$
$$z_2 = x_2 + jy_2 = r_2\angle\phi_2$$

則有如下運算公式：

加法：

$$z_1 + z_2 = (x_1 + x_2) + j(y_1 + y_2) \tag{9.18a}$$

減法：

$$z_1 - z_2 = (x_1 - x_2) + j(y_1 - y_2) \tag{9.18b}$$

乘法：
$$z_1 z_2 = r_1 r_2 \underline{/\phi_1 + \phi_2} \qquad (9.18c)$$

除法：
$$\frac{z_1}{z_2} = \frac{r_1}{r_2} \underline{/\phi_1 - \phi_2} \qquad (9.18d)$$

倒數：
$$\frac{1}{z} = \frac{1}{r} \underline{/-\phi} \qquad (9.18e)$$

平方根：
$$\sqrt{z} = \sqrt{r} \underline{/\phi/2} \qquad (9.18f)$$

共軛複數：
$$z^* = x - jy = r\underline{/-\phi} = re^{-j\phi} \qquad (9.18g)$$

由 (9.18e) 式可得

$$\frac{1}{j} = -j \qquad (9.18h)$$

這些均為必須瞭解的複數基本性質。其他的複數性質可參考附錄 A。

依據歐拉恆等式，通常相量可表示為

$$\boxed{e^{\pm j\phi} = \cos\phi \pm j\sin\phi} \qquad (9.19)$$

上式表示，可以將 $\cos\phi$ 與 $\sin\phi$ 分別看成 $e^{j\phi}$ 的實部與虛部，即可寫成

$$\cos\phi = \text{Re}(e^{j\phi}) \qquad (9.20a)$$

$$\sin\phi = \text{Im}(e^{j\phi}) \qquad (9.20b)$$

其中，Re 與 Im 分別表示**實部運算** (real part of) 與**虛部運算** (imaginary part of)。已知一正弦信號 $v(t) = V_m \cos(\omega t + \phi)$，利用 (9.20a) 式可將 $v(t)$ 表示成

$$v(t) = V_m \cos(\omega t + \phi) = \text{Re}(V_m e^{j(\omega t + \phi)}) \qquad (9.21)$$

或者

$$v(t) = \text{Re}(V_m e^{j\phi} e^{j\omega t}) \qquad (9.22)$$

因此，

$$v(t) = \text{Re}(\mathbf{V}e^{j\omega t}) \tag{9.23}$$

其中

$$\mathbf{V} = V_m e^{j\phi} = V_m \underline{/\phi} \tag{9.24}$$

如前所述，$\mathbf{V}$ 為弦波信號 $v(t)$ 的**相量表示** (phasor representation)；亦即，相量就是弦波的大小與相位之複數表示形式。不論 (9.20a) 式或 (9.20b) 式均可用做相量之推導，但通常標準形式是採用 (9.20a) 式。

> 相量可視為忽略時間下的正弦信號等效數學表示式。

瞭解 (9.23) 式與 (9.24) 式的方法之一，是在複數平面上畫出**弦波相量** (sinor) $\mathbf{V}e^{j\omega t} = V_m e^{j(\omega t + \phi)}$。如圖 9.7(a) 所示，隨著時間的增加，弦波相量在半徑為 V_m 的圓周上以角速度 ω，沿著逆時針方向運動。如圖 9.7(b) 所示，$v(t)$ 可以看作是弦波相量 $\mathbf{V}e^{j\omega t}$ 在實軸上的投影。時間 $t = 0$ 時，弦波相量的值是弦波信號 $v(t)$ 的相量 $\mathbf{V}$。弦波相量可視為旋轉相量。所以，每當將弦波信號表示為相量，$e^{j\omega t}$ 項便隱含。因此，在處理相量時，切記相量頻率 ω 是很重要的；否則，會造成嚴重的錯誤。

> 若用正弦取代餘弦表示相量，則 $v(t) = V_m \sin(\omega t + \phi) = \text{Im}(V_m e^{j(\omega t + \phi)})$，及對應的相量與 (9.24) 式具有相同的形式。

(9.23) 式描述要獲得已知相量 $\mathbf{V}$ 對應的弦波信號，該相量乘上時間因子 $e^{j\omega t}$，取實部即可。一個複數，相量可表示為直角坐標形式、極坐標形式及指數形式。相量有大小及相位（"方向"），因此與向量類似，且用粗體字母表示。例如，相量 $\mathbf{V} = V_m \underline{/\phi}$ 與 $\mathbf{I} = I_m \underline{/-\theta}$ 之圖形表示如圖 9.8 所示。如此的相量圖形表示法稱為**相量圖** (phasor diagram)。

> 通常採用小寫斜體字母如 z 來表示複數，而用粗體字母如 $\mathbf{V}$ 來表示相量，因為相量是類似於向量的量。

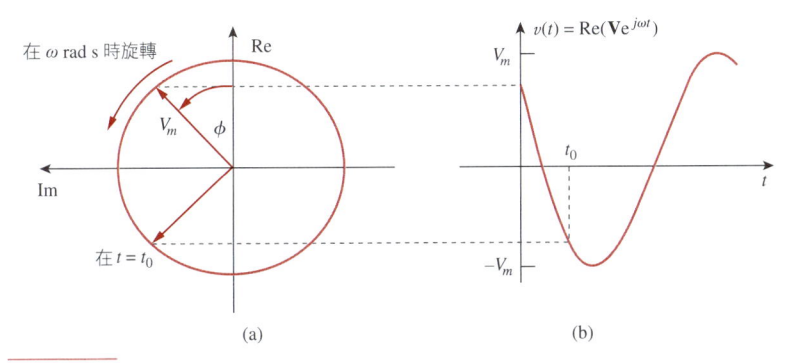

圖 9.7 $\mathbf{V}e^{j\omega t}$ 的表示：(a) 弦波相量沿著逆時針旋轉，(b) 其投影到實軸為一時間的函數

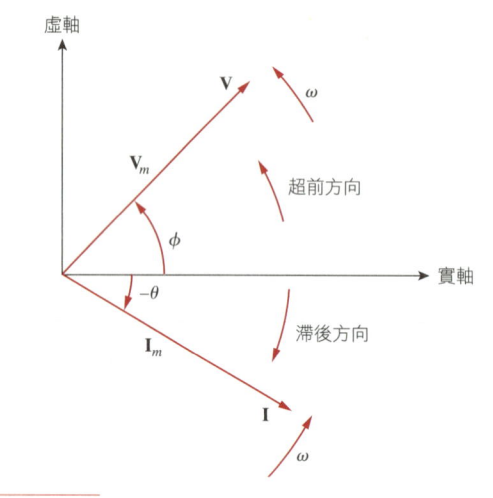

圖 9.8 相量 $\mathbf{V} = V_m\underline{/\phi}$ 與 $\mathbf{I} = I_m\underline{/-\theta}$ 之圖形表示

由 (9.21) 式至 (9.23) 式顯示出求一弦波信號對應的相量時，首先要將弦波信號表示為餘弦形式，為了將弦波信號寫成複數的實部，如此即可去掉時間因子 $e^{j\omega t}$，剩下即對應於弦波相量。時間因子去掉，可將弦波信號由時域轉換到相量域，此轉換可以結論為

$$v(t) = V_m \cos(\omega t + \phi) \quad \Leftrightarrow \quad \mathbf{V} = V_m\underline{/\phi} \quad (9.25)$$
$$\text{(時域表示)} \qquad\qquad\qquad \text{(相量域表示)}$$

已知一弦波信號 $v(t) = V_m \cos(\omega t + \phi)$，可得對應之相量為 $\mathbf{V} = V_m\underline{/\phi}$，(9.25) 式亦可如表 9.1 所示，其中給出餘弦函數對應的相量，也給了弦波函數對應的相量。由 (9.25) 式可見，取得一弦波的相量表示，需將其表示為餘弦形式並取其大小及相位即可。反之，若已知一相量，獲得時域餘弦函數的表示，該餘弦函數的大小與相量的大小相同，角度等於 ωt 加上相量的相位角。訊息以不同域的表示，在整個工程領域中是重要的基礎。

表 9.1 弦波-相量轉換

時域表示	相量域表示
$V_m \cos(\omega t + \phi)$	$V_m\underline{/\phi}$
$V_m \sin(\omega t + \phi)$	$V_m\underline{/\phi - 90°}$
$I_m \cos(\omega t + \theta)$	$I_m\underline{/\theta}$
$I_m \sin(\omega t + \theta)$	$I_m\underline{/\theta - 90°}$

注意：(9.25) 式中去掉頻率 (或時間) 因子 $e^{j\omega t}$，在相量域表示中未明確標示頻率，因為 ω 是常數。但電路響應仍取決於頻率 ω，因此，相量域亦稱為**頻域** (frequency domain)。

由 (9.23) 式及 (9.24) 式，$v(t) = \text{Re}(\mathbf{V}e^{j\omega t}) = V_m \cos(\omega t + \phi)$，因此

$$\begin{aligned}\frac{dv}{dt} &= -\omega V_m \sin(\omega t + \phi) = \omega V_m \cos(\omega t + \phi + 90°) \\ &= \text{Re}(\omega V_m e^{j\omega t} e^{j\phi} e^{j90°}) = \text{Re}(j\omega \mathbf{V} e^{j\omega t})\end{aligned} \qquad (9.26)$$

這說明 $v(t)$ 的導數被轉換為相量域中的 $j\omega \mathbf{V}$，即

> 弦波信號的微分等效於其對應的相量乘上 $j\omega$。

$$\begin{array}{ccc} \dfrac{dv}{dt} & \Leftrightarrow & j\omega \mathbf{V} \\ \text{(時域)} & & \text{(相量域)} \end{array} \qquad (9.27)$$

同理，$v(t)$ 的積分被轉換為相量域中的 $\mathbf{V}/j\omega$，即

> 弦波信號的積分是等效於其對應的相量除以 $j\omega$。

$$\begin{array}{ccc} \int v\, dt & \Leftrightarrow & \dfrac{\mathbf{V}}{j\omega} \\ \text{(時域)} & & \text{(相量域)} \end{array} \qquad (9.28)$$

(9.27) 式允許信號在時域中的微分可置換為其對應於相量域中乘以 $j\omega$；而 (9.28) 式說明信號在時域中的積分可置換為其對應於相量域中除以 $j\omega$。(9.27) 式與 (9.28) 式對於求解電路穩態解是很有用的，且不需要知道電路中變量的初值，這也是相量重要的應用。

除了時域的微分與積分的應用外，相量另一個重要應用是相同頻率下弦波信號的相加，範例 9.6 是一個很好的實例來說明這種應用。

> 相同頻率下弦波信號的相加等效於所對應相量之和。

$v(t)$ 與 $\mathbf{V}$ 之間的區別可強調如下：

1. $v(t)$ 是瞬時或者是時域的表示，而 $\mathbf{V}$ 是頻率或是相量域的表示。
2. $v(t)$ 是時間相關的，而 $\mathbf{V}$ 與時間無關 (學生經常忘記此點不同)。
3. $v(t)$ 是實數而沒有複數項，然而 $\mathbf{V}$ 通常是複數。

最後，必須記住相量分析只能適用在頻率為固定的情況下；只有在相同的頻率下，才能進行二個或多個弦波信號的相量運算。

範例 9.3 試求下列複數值：

(a) $(40\underline{/50°} + 20\underline{/-30°})^{1/2}$ (b) $\dfrac{10\underline{/-30°} + (3 - j4)}{(2 + j4)(3 - j5)^*}$

解：(a) 利用極坐標轉直角坐標可得

$$40\underline{/50°} = 40(\cos 50° + j\sin 50°) = 25.71 + j30.64$$
$$20\underline{/-30°} = 20[\cos(-30°) + j\sin(-30°)] = 17.32 - j10$$

相加二者可得

$$40\underline{/50°} + 20\underline{/-30°} = 43.03 + j20.64 = 47.72\underline{/25.63°}$$

取其平方根後可得

$$(40\underline{/50°} + 20\underline{/-30°})^{1/2} = 6.91\underline{/12.81°}$$

(b) 利用極坐標與直角坐標之轉換，經過加、乘及除的運算，可得

$$\dfrac{10\underline{/-30°} + (3 - j4)}{(2 + j4)(3 - j5)^*} = \dfrac{8.66 - j5 + (3 - j4)}{(2 + j4)(3 + j5)}$$
$$= \dfrac{11.66 - j9}{-14 + j22} = \dfrac{14.73\underline{/-37.66°}}{26.08\underline{/122.47°}}$$
$$= 0.565\underline{/-160.13°}$$

練習題 9.3 試求下列複數值：

(a) $[(5 + j2)(-1 + j4) - 5\underline{/60°}]^*$

(b) $\dfrac{10 + j5 + 3\underline{/40°}}{-3 + j4} + 10\underline{/30°} + j5$

答：(a) $-15.5 - j13.67$，(b) $8.293 + j7.2$。

範例 9.4 轉換下列弦波信號為相量：

(a) $i = 6\cos(50t - 40°)$ A (b) $v = -4\sin(30t + 50°)$ V

解：(a) $i = 6\cos(50t - 40°)$ 的相量為

$$\mathbf{I} = 6\underline{/-40°} \text{ A}$$

(b) 因 $-\sin A = \cos(A + 90°)$，則
$$v = -4\sin(30t + 50°) = 4\cos(30t + 50° + 90°)$$
$$= 4\cos(30t + 140°) \text{ V}$$

所以 v 的相量為
$$\mathbf{V} = 4\underline{/140°} \text{ V}$$

> **練習題 9.4** 試以相量來表示下列的弦波信號：
> (a) $v = 7\cos(2t + 40°)$ V
> (b) $i = -4\sin(10t + 10°)$ A
>
> 答：(a) $\mathbf{V} = 7\underline{/40°}$ V, (b) $\mathbf{I} = 4\underline{/100°}$ A.

試求下列相量所表示的弦波信號：　　　　　　　　　　　　　**範例 9.5**

(a) $\mathbf{I} = -3 + j4$ A　　(b) $\mathbf{V} = j8e^{-j20°}$ V

解：(a) $\mathbf{I} = -3 + j4 = 5\underline{/126.87°}$，轉換至時域為
$$i(t) = 5\cos(\omega t + 126.87°) \text{ A}$$

(b) 因 $j = 1\underline{/90°}$，所以
$$\mathbf{V} = j8\underline{/-20°} = (1\underline{/90°})(8\underline{/-20°})$$
$$= 8\underline{/90° - 20°} = 8\underline{/70°} \text{ V}$$

轉換至時域，可得
$$v(t) = 8\cos(\omega t + 70°) \text{ V}$$

> **練習題 9.5** 試求對應於下列相量的弦波信號：
> (a) $\mathbf{V} = -25\underline{/40°}$ V
> (b) $\mathbf{I} = j(12 - j5)$ A
>
> 答：(a) $v(t) = 25\cos(\omega t - 140°)$ V，或者 $25\cos(\omega t + 220°)$ V，
> (b) $i(t) = 13\cos(\omega t + 67.38°)$ A。

範例 9.6 已知 $i_1(t) = 4\cos(\omega t + 30°)$ A 和 $i_2(t) = 5\sin(\omega t - 20°)$ A，試求二信號之和。

解：本題說明相量一個重要的應用：用於相同頻率弦波信號之相加。電流 $i_1(t)$ 為標準形式，它的相量為

$$\mathbf{I}_1 = 4\underline{/30°}$$

需將 $i_2(t)$ 表示為餘弦的標準形式，將正弦轉換為餘弦函數的是減去 90°，因此

$$i_2 = 5\cos(\omega t - 20° - 90°) = 5\cos(\omega t - 110°)$$

其對應的相量是

$$\mathbf{I}_2 = 5\underline{/-110°}$$

假若令 $i = i_1 + i_2$，則

$$\mathbf{I} = \mathbf{I}_1 + \mathbf{I}_2 = 4\underline{/30°} + 5\underline{/-110°}$$
$$= 3.464 + j2 - 1.71 - j4.698 = 1.754 - j2.698$$
$$= 3.218\underline{/-56.97°} \text{ A}$$

將結果轉換為時域，可得

$$i(t) = 3.218\cos(\omega t - 56.97°) \text{ A}$$

當然，也可利用 (9.9) 式去計算 $i_1 + i_2$，但這是比較困難的方式。

練習題 9.6 如果 $v_1 = -10\sin(\omega t - 30°)$ V，$v_2 = 20\cos(\omega t + 45°)$ V，試求 $v = v_1 + v_2$。

答： $v(t) = 29.77\cos(\omega t + 49.98°)$ V.

範例 9.7 利用相量方法，試決定由下列積微分方程式所描述電路的電流 $i(t)$。

$$4i + 8\int i\,dt - 3\frac{di}{dt} = 50\cos(2t + 75°)$$

解：先將方程式中之每項由時域轉換為相量域。利用 (9.27) 式與 (9.28) 式即可得到其對應的相量，

$$4\mathbf{I} + \frac{8\mathbf{I}}{j\omega} - 3j\omega\mathbf{I} = 50\underline{/75°}$$

由於 $\omega = 2$,所以

$$\mathbf{I}(4 - j4 - j6) = 50\underline{/75°}$$

$$\mathbf{I} = \frac{50\underline{/75°}}{4 - j10} = \frac{50\underline{/75°}}{10.77\underline{/-68.2°}} = 4.642\underline{/143.2°} \text{ A}$$

轉換上述相量為時域

$$i(t) = 4.642\cos(2t + 143.2°) \text{ A}$$

要記住的是,這只是電路的穩態解,並不需要知道其初始值。

> **練習題 9.7** 利用相量方法,試求下列積微分方程式所描述電路的電壓 $v(t)$。
>
> $$2\frac{dv}{dt} + 5v + 10\int v\,dt = 50\cos(5t - 30°)$$
>
> **答**:$v(t) = 5.3\cos(5t - 88°)$ V.

9.4 電路元件之相量關係 (Phasor Relationships for Circuit Elements)

至此我們知道了如何在相量域或頻率域中表示電壓和電流,那麼如何將相量應用於電路中之被動元件 R、L 及 C 呢?即是需將電路中各元件的電壓-電流關係,由時域轉換至頻域。轉換時,仍須依被動符號之規定。

由電阻器開始,若流過一電阻器 R 的電流為 $i = I_m\cos(\omega t + \phi)$,由歐姆定律可知,其二端的電壓為

$$v = iR = RI_m\cos(\omega t + \phi) \tag{9.29}$$

其電壓的相量式為

$$\mathbf{V} = RI_m\underline{/\phi} \tag{9.30}$$

而其電流的相量式為 $\mathbf{I} = I_m\underline{/\phi}$。因此,

$$\mathbf{V} = R\mathbf{I} \tag{9.31}$$

上述說明,電阻在相量域中的電壓-電流關係仍遵守歐姆定律,如同在時域。圖 9.9 表示在相量域中電阻器之電壓-電流關係。由 (9.31) 式可知,電阻之電壓與電流是同相的,表示在如圖 9.10 的相量圖。

對於電感器 L,假若流過其電感的電流為 $i = I_m\cos(\omega t + \phi)$,則電感器二端的

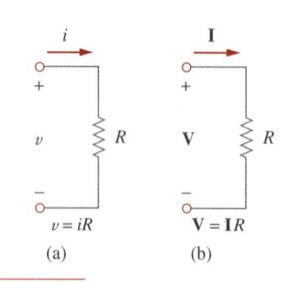

圖 9.9 電阻器之電壓-電流關係：(a) 時域，(b) 頻域

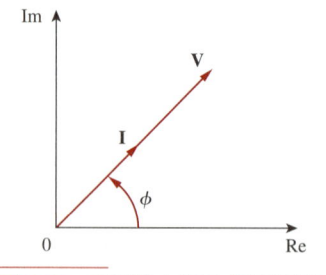

圖 9.10 電阻器之電壓-電流相量圖

電壓為

$$v = L\frac{di}{dt} = -\omega L I_m \sin(\omega t + \phi) \tag{9.32}$$

由 (9.10) 式可知 $-\sin A = \cos(A + 90°)$。則電感器二端的電壓可表示為

$$v = \omega L I_m \cos(\omega t + \phi + 90°) \tag{9.33}$$

將其轉換為相量：

$$\mathbf{V} = \omega L I_m e^{j(\phi+90°)} = \omega L I_m e^{j\phi} e^{j90°} = \omega L I_m \underline{/\phi + 90°} \tag{9.34}$$

而 $I_m \underline{/\phi} = \mathbf{I}$，由 (9.19) 式可知 $e^{j90°} = j$，因此

$$\mathbf{V} = j\omega L \mathbf{I} \tag{9.35}$$

上式說明，電感器二端電壓的大小為 $\omega L I_m$，而相位角為 $\phi + 90°$。且電壓與電流的相位差為 $90°$，具體的說電流是滯後電壓 $90°$。如圖 9.11 顯示電感器之電壓-電流的關係；圖 9.12 表示其相量圖。

對於電容器 C，如果電容器二端的電壓為 $v = V_m \cos(\omega t + \phi)$，則流過電容器的電流為

$$i = C\frac{dv}{dt} \tag{9.36}$$

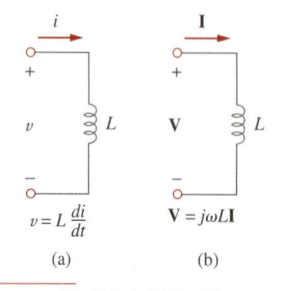

圖 9.11 電感器之電壓-電流關係：(a) 時域，(b) 頻域

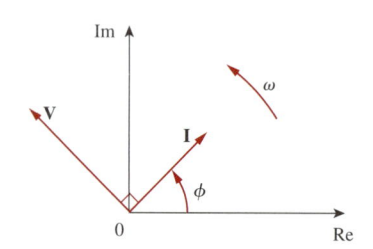

圖 9.12 電感器之電壓-電流相量圖，$\mathbf{I}$ 滯後 $\mathbf{V}$

依照電感分析的步驟，或者將 (9.27) 式用於 (9.36) 式，可得

$$\mathbf{I} = j\omega C \mathbf{V} \quad \Rightarrow \quad \mathbf{V} = \frac{\mathbf{I}}{j\omega C} \tag{9.37}$$

> 雖然可同樣正確地說電感器的電壓超前於電流 90°，但習慣上仍以電流相對於電壓的相位關係來表示。

由上式可知，電容器元件之電壓與電流的相位差為 90°，且其電流超前電壓 90°。如圖 9.13 顯示電容之電壓-電流的關係，如圖 9.14 表示出二者間的相量關係圖。如表 9.2 匯總電路被動元件之時域與相量域的表示。

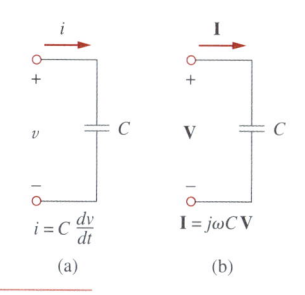

圖 9.13 電容器之電壓-電流關係：(a) 時域，(b) 頻域

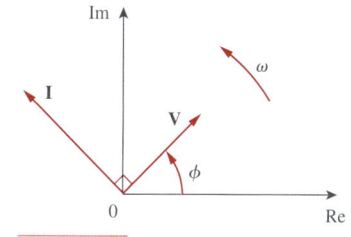

圖 9.14 電容器之電壓-電流相量圖；**I** 超前 **V**

表 9.2　電壓-電流關係匯總

元件	時域	頻域
R	$v = Ri$	$\mathbf{V} = R\mathbf{I}$
L	$v = L\dfrac{di}{dt}$	$\mathbf{V} = j\omega L \mathbf{I}$
C	$i = C\dfrac{dv}{dt}$	$\mathbf{V} = \dfrac{\mathbf{I}}{j\omega C}$

範例 9.8 電壓 $v = 12\cos(60t + 45°)$ V 作用於 0.1 H 電感器之二端，試求流過該電感之穩態電流。

解： 對於電感器，$\mathbf{V} = j\omega L \mathbf{I}$，其中 $\omega = 60$ rad/s，並且 $\mathbf{V} = 12\underline{/45°}$ V。因此，

$$\mathbf{I} = \frac{\mathbf{V}}{j\omega L} = \frac{12\underline{/45°}}{j60 \times 0.1} = \frac{12\underline{/45°}}{6\underline{/90°}} = 2\underline{/-45°} \text{ A}$$

轉換該電流至時域，

$$i(t) = 2\cos(60t - 45°) \text{ A}$$

> **練習題 9.8** 若一電壓 $v = 10\cos(100t + 30°)$ V 作用於一 50 μF 電容器的二端，試求出流經該電容器之電流。
>
> 答：$50\cos(100t + 120°)$ mA．

9.5 阻抗與導納 (Impedance and Admittance)

上一節介紹了 R、L、C 三個被動元件之電壓-電流的關係為

$$\mathbf{V} = R\mathbf{I}, \qquad \mathbf{V} = j\omega L\mathbf{I}, \qquad \mathbf{V} = \frac{\mathbf{I}}{j\omega C} \tag{9.38}$$

上述方程式可利用相量電壓與相量電流之比表示為

$$\frac{\mathbf{V}}{\mathbf{I}} = R, \qquad \frac{\mathbf{V}}{\mathbf{I}} = j\omega L, \qquad \frac{\mathbf{V}}{\mathbf{I}} = \frac{1}{j\omega C} \tag{9.39}$$

由以上三個表示式，可得到歐姆定律的向量形式，對任何一種被動元件，

$$\boxed{\mathbf{Z} = \frac{\mathbf{V}}{\mathbf{I}} \quad 或 \quad \mathbf{V} = \mathbf{Z}\mathbf{I}} \tag{9.40}$$

其中，**Z** 是一個與頻率有關的量，稱之為**阻抗** (impedance)，單位為歐姆。

> 電路的阻抗 **Z** [單位為歐姆 (Ω)] 是相量電壓 **V** 與相量電流 **I** 之比。

阻抗是呈現電路對弦波電流的阻礙程度。雖然阻抗是二個相量之比值，但它不是相量，因為它並不是對應於弦波信號的變動量。

電阻器、電感器與電容器的阻抗，可由 (9.39) 式得到。表 9.3 匯總了這些元件的阻抗與導納。由表可知 $\mathbf{Z}_L = j\omega L$，$\mathbf{Z}_C = -j/\omega C$。考慮角頻率的二個極端情形，當 $\omega = 0$ 時 (亦即直流源)，$\mathbf{Z}_L = 0$ 及 $\mathbf{Z}_C \to \infty$，證實之前所學，電感器在直流情形下相當於短路，電容器在直流情形下相當於開路。當 $\omega \to \infty$ 時 (即高頻情況下)，$\mathbf{Z}_L \to \infty$ 及 $\mathbf{Z}_C = 0$，說明在高頻情況下，電感器相當於開路，電容器則相當於短路。如圖 9.15 所示說明了上述二種極端的情況。

表 9.3 無源元件的阻抗與導納

元件	阻抗	導納
R	$\mathbf{Z} = R$	$\mathbf{Y} = \dfrac{1}{R}$
L	$\mathbf{Z} = j\omega L$	$\mathbf{Y} = \dfrac{1}{j\omega L}$
C	$\mathbf{Z} = \dfrac{1}{j\omega C}$	$\mathbf{Y} = j\omega C$

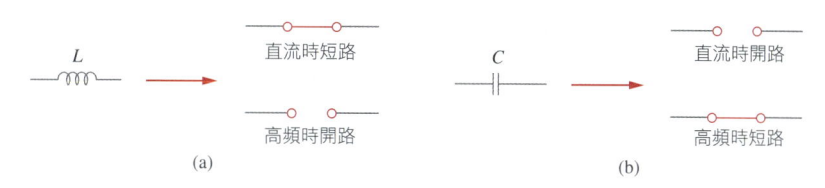

圖 9.15 直流與高頻時之等效電路：(a) 電感器，(b) 電容器

作為複數量，阻抗可以用直角坐標形式表示為

$$\mathbf{Z} = R \pm jX \tag{9.41}$$

其中，$R = \text{Re } \mathbf{Z}$ 為**電阻** (resistance)，而 $X = \text{Im } \mathbf{Z}$ 為**電抗** (reactance)。電抗 X 可以為正值，也可以為負值。如果 X 為正值，則稱阻抗為感抗，如果 X 為負值，則稱阻抗為容抗。因此，阻抗 $\mathbf{Z} = R + jX$ 稱為是**電感性阻抗** (inductive) 或是滯後阻抗，因為流過該阻抗的電流是滯後其電壓。而阻抗 $\mathbf{Z} = R - jX$ 則稱為是**電容性阻抗** (capacitive) 或超前阻抗，因為流過該阻抗的電流是超前於二端的電壓。阻抗、電阻、電抗的單位均為歐姆。阻抗亦可表示為極坐標形式：

$$\mathbf{Z} = |\mathbf{Z}|\underline{/\theta} \tag{9.42}$$

由比較 (9.41) 式與 (9.42) 式可推出：

$$\boxed{\mathbf{Z} = R \pm jX = |\mathbf{Z}|\underline{/\theta}} \tag{9.43}$$

其中

$$|\mathbf{Z}| = \sqrt{R^2 + X^2}, \qquad \theta = \tan^{-1}\frac{\pm X}{R} \tag{9.44}$$

且

$$R = |\mathbf{Z}|\cos\theta, \qquad X = |\mathbf{Z}|\sin\theta \tag{9.45}$$

有時採用阻抗的倒數，即**導納** (admittance)，以方便運算。

導納 Y [單位為西門子 (S)] 定義為阻抗的倒數。

一元件 (或電路) 的導納 $\mathbf{Y}$ 等於流過該元件的相量電流與其二端相量電壓之比，或者

$$\boxed{\mathbf{Y} = \frac{1}{\mathbf{Z}} = \frac{\mathbf{I}}{\mathbf{V}}} \tag{9.46}$$

由 (9.39) 式可得到電阻器、電感器與電容器的導納。已將其匯總在表 9.3 中。

一個複數導納 **Y**，可表示為

$$\boxed{\mathbf{Y} = G + jB} \tag{9.47}$$

其中，$G = \text{Re } \mathbf{Y}$ 稱為**電導** (conductance)，及 $B = \text{Im } \mathbf{Y}$ 稱為**電納** (susceptance)。導納、電導與電納的單位均為西門子 (或姆歐)。由 (9.41) 式與 (9.47) 式可得

$$G + jB = \frac{1}{R + jX} \tag{9.48}$$

經分母有理化，

$$G + jB = \frac{1}{R + jX} \cdot \frac{R - jX}{R - jX} = \frac{R - jX}{R^2 + X^2} \tag{9.49}$$

可得對應相等的實部、虛部分別為

$$G = \frac{R}{R^2 + X^2}, \qquad B = -\frac{X}{R^2 + X^2} \tag{9.50}$$

由上可知，非電阻性電路，$G \neq 1/R$。當然，若 $X = 0$，則 $G = 1/R$。

範例 9.9 試求圖 9.16 電路的 $v(t)$ 與 $i(t)$。

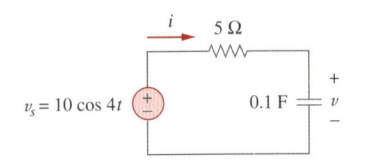

圖 9.16 範例 9.9 的電路

解： 由電壓源 $v_s = 10 \cos 4t$，$\omega = 4$，可得

$$\mathbf{V}_s = 10\underline{/0°} \text{ V}$$

阻抗為

$$\mathbf{Z} = 5 + \frac{1}{j\omega C} = 5 + \frac{1}{j4 \times 0.1} = 5 - j2.5 \ \Omega$$

因此電流為

$$\mathbf{I} = \frac{\mathbf{V}_s}{\mathbf{Z}} = \frac{10\underline{/0°}}{5 - j2.5} = \frac{10(5 + j2.5)}{5^2 + 2.5^2} \tag{9.9.1}$$
$$= 1.6 + j0.8 = 1.789\underline{/26.57°} \text{ A}$$

則電容器二端的電壓為

$$\mathbf{V} = \mathbf{I}\mathbf{Z}_C = \frac{\mathbf{I}}{j\omega C} = \frac{1.789\underline{/26.57°}}{j4 \times 0.1}$$
$$= \frac{1.789\underline{/26.57°}}{0.4\underline{/90°}} = 4.47\underline{/-63.43°} \text{ V} \tag{9.9.2}$$

轉換 (9.9.1) 式與 (9.9.2) 式中的 $\mathbf{I}$ 與 $\mathbf{V}$ 至時域，可得

$$i(t) = 1.789 \cos(4t + 26.57°) \text{ A}$$
$$v(t) = 4.47 \cos(4t - 63.43°) \text{ V}$$

可知，$i(t)$ 超前 $v(t)$ 90°，是與預期一致的。

練習題 9.9 試決定圖 9.17 電路的 $v(t)$ 與 $i(t)$。

答：$8.944 \sin(10t + 93.43°)$ V，
$4.472 \sin(10t + 3.43°)$ A。

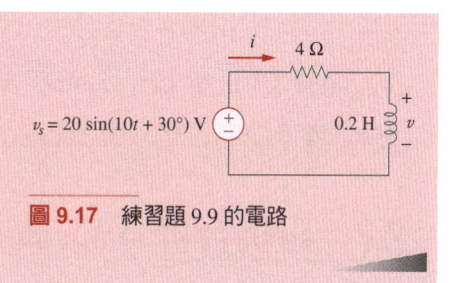

圖 9.17 練習題 9.9 的電路

9.6 †頻域中的克希荷夫定律 (Kirchhoff's Laws in the Frequency Domain)

在頻域中的電路分析，不能不使用克希荷夫電流和電壓定律。因此，需在頻域中去表示這二個定律。

對於 KVL，設 $v_1, v_2, \ldots, v_n$ 為封閉迴路中的電壓，則

$$v_1 + v_2 + \cdots + v_n = 0 \tag{9.51}$$

在弦波穩態下，各電壓可用餘弦函數表示，(9.51) 式即成為

$$V_{m1} \cos(\omega t + \theta_1) + V_{m2} \cos(\omega t + \theta_2) + \cdots + V_{mn} \cos(\omega t + \theta_n) = 0 \tag{9.52}$$

上式亦可表示為

$$\text{Re}(V_{m1}e^{j\theta_1}e^{j\omega t}) + \text{Re}(V_{m2}e^{j\theta_2}e^{j\omega t}) + \cdots + \text{Re}(V_{mn}e^{j\theta_n}e^{j\omega t}) = 0$$

或者

$$\text{Re}[(V_{m1}e^{j\theta_1} + V_{m2}e^{j\theta_2} + \cdots + V_{mn}e^{j\theta_n})e^{j\omega t}] = 0 \tag{9.53}$$

若令 $\mathbf{V}_k = V_m e^{j\theta_k}$，則

$$\text{Re}[(\mathbf{V}_1 + \mathbf{V}_2 + \cdots + \mathbf{V}_n)e^{j\omega t}] = 0 \tag{9.54}$$

因 $e^{j\omega t} \neq 0$，

$$\mathbf{V}_1 + \mathbf{V}_2 + \cdots + \mathbf{V}_n = 0 \tag{9.55}$$

此即證實在頻域中，克希荷夫電壓定律依然成立。

依照類似上述之推導，可證實在頻域下，克希荷夫電流定律同樣是成立的。在時間 t，若令 $i_1, i_2, \ldots, i_n$ 為流入或流出網路中之一封閉面的電流，則

$$i_1 + i_2 + \cdots + i_n = 0 \tag{9.56}$$

若 $\mathbf{I}_1, \mathbf{I}_2, \ldots, \mathbf{I}_n$ 為正弦信號 $i_1, i_2, \ldots, i_n$ 的相量形式，則

$$\mathbf{I}_1 + \mathbf{I}_2 + \cdots + \mathbf{I}_n = 0 \tag{9.57}$$

此即頻域中克希荷夫電流定律。

已證實 KVL 與 KCL 在頻域中仍是成立的，即可輕易進行電路分析，如阻抗合併、節點與網目分析、重疊定理，以及電源轉換等等。

9.7　阻抗合併 (Impedance Combinations)

考慮 N 個串聯阻抗，如圖 9.18 所示。同一電流 $\mathbf{I}$ 流過各阻抗。其流經之迴路，由 KVL 可得

$$\mathbf{V} = \mathbf{V}_1 + \mathbf{V}_2 + \cdots + \mathbf{V}_N = \mathbf{I}(\mathbf{Z}_1 + \mathbf{Z}_2 + \cdots + \mathbf{Z}_N) \tag{9.58}$$

在輸入端之等效阻抗為

$$\mathbf{Z}_{eq} = \frac{\mathbf{V}}{\mathbf{I}} = \mathbf{Z}_1 + \mathbf{Z}_2 + \cdots + \mathbf{Z}_N$$

或者

$$\boxed{\mathbf{Z}_{eq} = \mathbf{Z}_1 + \mathbf{Z}_2 + \cdots + \mathbf{Z}_N} \tag{9.59}$$

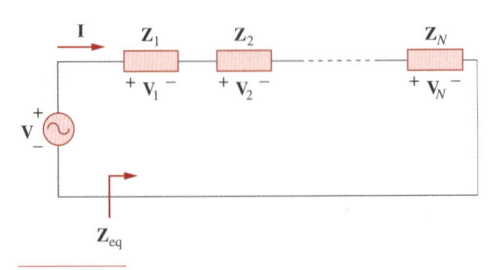

圖 9.18　N 個阻抗串聯

由上式證實，串聯阻抗之總阻抗，即等效阻抗，等於個別阻抗之和。這與電阻串聯是相同的。

如果 $N = 2$，如圖 9.19 所示，則流過阻抗的電流為

$$\mathbf{I} = \frac{\mathbf{V}}{\mathbf{Z}_1 + \mathbf{Z}_2} \tag{9.60}$$

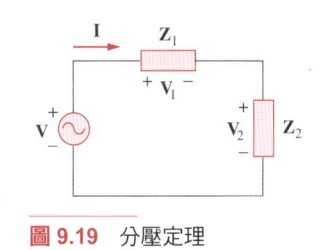

由於 $\mathbf{V}_1 = \mathbf{Z}_1\mathbf{I}$ 及 $\mathbf{V}_2 = \mathbf{Z}_2\mathbf{I}$，則

$$\mathbf{V}_1 = \frac{\mathbf{Z}_1}{\mathbf{Z}_1 + \mathbf{Z}_2}\mathbf{V}, \qquad \mathbf{V}_2 = \frac{\mathbf{Z}_2}{\mathbf{Z}_1 + \mathbf{Z}_2}\mathbf{V} \tag{9.61}$$

圖 9.19 分壓定理

即為**分壓** (voltage-division) 關係式。

同理可證，可得到 N 個並聯阻抗的等效阻抗或等效導納，如圖 9.20 所示，各並聯阻抗二端的電壓相同。取其頂部節點，由 KCL 可得

$$\mathbf{I} = \mathbf{I}_1 + \mathbf{I}_2 + \cdots + \mathbf{I}_N = \mathbf{V}\left(\frac{1}{\mathbf{Z}_1} + \frac{1}{\mathbf{Z}_2} + \cdots + \frac{1}{\mathbf{Z}_N}\right) \tag{9.62}$$

等效阻抗為

$$\frac{1}{\mathbf{Z}_{eq}} = \frac{\mathbf{I}}{\mathbf{V}} = \frac{1}{\mathbf{Z}_1} + \frac{1}{\mathbf{Z}_2} + \cdots + \frac{1}{\mathbf{Z}_N} \tag{9.63}$$

及等效導納為

$$\mathbf{Y}_{eq} = \mathbf{Y}_1 + \mathbf{Y}_2 + \cdots + \mathbf{Y}_N \tag{9.64}$$

由上可證明，並聯導納之等效導納是等於各個導納之和。

當 $N = 2$ 時，如圖 9.21 所示，其等效阻抗為

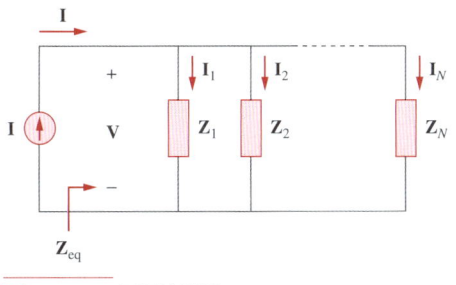

圖 9.20 N 個阻抗並聯

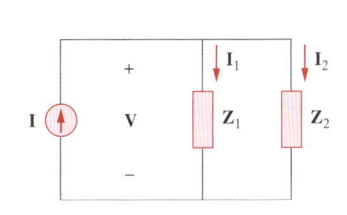

圖 9.21 電流分流定理

$$Z_{eq} = \frac{1}{Y_{eq}} = \frac{1}{Y_1 + Y_2} = \frac{1}{1/Z_1 + 1/Z_2} = \frac{Z_1 Z_2}{Z_1 + Z_2} \tag{9.65}$$

又因

$$V = IZ_{eq} = I_1 Z_1 = I_2 Z_2$$

則流過各阻抗的電流為

$$I_1 = \frac{Z_2}{Z_1 + Z_2} I, \qquad I_2 = \frac{Z_1}{Z_1 + Z_2} I \tag{9.66}$$

其為**分流** (current-division) 定理。

在電阻電路中的 Δ-Y 與 Y-Δ 轉換同理可適用於阻抗電路。如圖 9.22 所示的阻抗電路，其轉換公式如下：

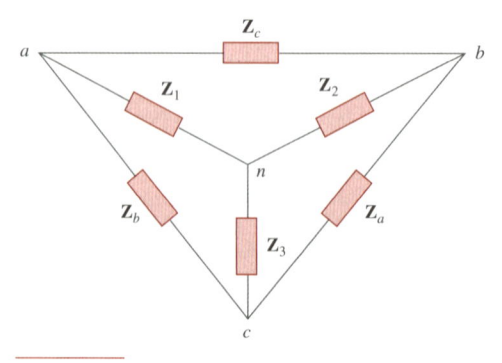

Y-Δ 轉換：

$$\begin{aligned}
Z_a &= \frac{Z_1 Z_2 + Z_2 Z_3 + Z_3 Z_1}{Z_1} \\
Z_b &= \frac{Z_1 Z_2 + Z_2 Z_3 + Z_3 Z_1}{Z_2} \\
Z_c &= \frac{Z_1 Z_2 + Z_2 Z_3 + Z_3 Z_1}{Z_3}
\end{aligned} \tag{9.67}$$

Δ-Y 轉換：

圖 9.22 重疊之 *Y* 與 Δ 網路

$$\mathbf{Z}_1 = \frac{\mathbf{Z}_b \mathbf{Z}_c}{\mathbf{Z}_a + \mathbf{Z}_b + \mathbf{Z}_c}$$

$$\mathbf{Z}_2 = \frac{\mathbf{Z}_c \mathbf{Z}_a}{\mathbf{Z}_a + \mathbf{Z}_b + \mathbf{Z}_c} \tag{9.68}$$

$$\mathbf{Z}_3 = \frac{\mathbf{Z}_a \mathbf{Z}_b}{\mathbf{Z}_a + \mathbf{Z}_b + \mathbf{Z}_c}$$

在 Δ 或 Y 電路中，若其三個支路上的阻抗均相同，則稱為平衡的 (balanced)。

當一 Δ-Y 電路是平衡時，則 (9.67) 式與 (9.68) 式即為

$$\mathbf{Z}_\Delta = 3\mathbf{Z}_Y \quad \text{或} \quad \mathbf{Z}_Y = \frac{1}{3}\mathbf{Z}_\Delta \tag{9.69}$$

其中，$\mathbf{Z}_Y = \mathbf{Z}_1 = \mathbf{Z}_2 = \mathbf{Z}_3$ 及 $\mathbf{Z}_\Delta = \mathbf{Z}_a = \mathbf{Z}_b = \mathbf{Z}_c$。

如同本節中所提及，分壓定理、分流定理、電路化簡、阻抗等效，以及 Y-Δ 轉換等等均可適用於交流電路。第 10 章將證明其他的直流電路分析技巧，如重疊原理、節點分析法、網目分析法、電源轉換、戴維寧定理，以及諾頓定理等等同樣可適用於交流電路之分析上。

範例 9.10

試求圖 9.23 電路的輸入阻抗，假設電路的工作角頻率為 $\omega = 50$ rad/s。

解： 令

$\mathbf{Z}_1 = 2$ mF 電容的阻抗

$\mathbf{Z}_2 = 3\ \Omega$ 電阻與 10 mF 電容串聯的阻抗

$\mathbf{Z}_3 = 0.2$ H 電感與 $8\ \Omega$ 電阻串聯的阻抗

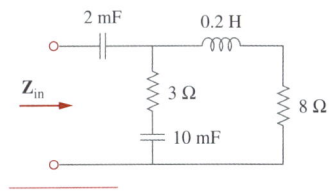

圖 9.23 範例 9.10 的電路

則

$$\mathbf{Z}_1 = \frac{1}{j\omega C} = \frac{1}{j50 \times 2 \times 10^{-3}} = -j10\ \Omega$$

$$\mathbf{Z}_2 = 3 + \frac{1}{j\omega C} = 3 + \frac{1}{j50 \times 10 \times 10^{-3}} = (3 - j2)\ \Omega$$

$$\mathbf{Z}_3 = 8 + j\omega L = 8 + j50 \times 0.2 = (8 + j10)\ \Omega$$

其輸入阻抗為

$$\mathbf{Z}_{in} = \mathbf{Z}_1 + \mathbf{Z}_2 \parallel \mathbf{Z}_3 = -j10 + \frac{(3-j2)(8+j10)}{11+j8}$$

$$= -j10 + \frac{(44+j14)(11-j8)}{11^2 + 8^2} = -j10 + 3.22 - j1.07 \ \Omega$$

因此,

$$\mathbf{Z}_{in} = 3.22 - j11.07 \ \Omega$$

練習題 9.10 試求圖 9.24 電路的輸入阻抗,在 $\omega = 10$ rad/s 時。

答:$(149.52 - j195) \ \Omega$.

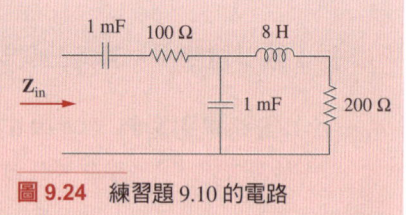

圖 9.24 練習題 9.10 的電路

範例 9.11 試決定圖 9.25 電路的 $v_o(t)$。

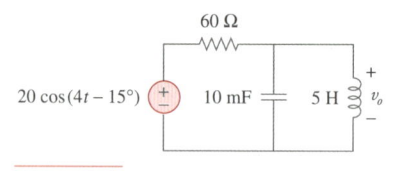

圖 9.25 範例 9.11 的電路

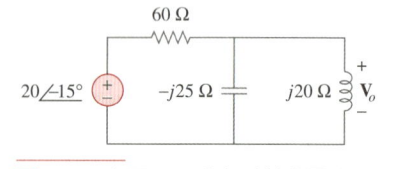

圖 9.26 如圖 9.25 的頻域等效電路

解:依頻域分析,須先將如圖 9.25 所示的時域電路,轉換為如圖 9.26 所示頻域的相量等效電路。轉換過程:

$$v_s = 20 \cos(4t - 15°) \quad \Rightarrow \quad \mathbf{V}_s = 20\underline{/-15°} \ \text{V}, \quad \omega = 4$$

$$10 \ \text{mF} \quad \Rightarrow \quad \frac{1}{j\omega C} = \frac{1}{j4 \times 10 \times 10^{-3}} = -j25 \ \Omega$$

$$5 \ \text{H} \quad \Rightarrow \quad j\omega L = j4 \times 5 = j20 \ \Omega$$

令

$\mathbf{Z}_1 = 60 \ \Omega$ 電阻的阻抗

$\mathbf{Z}_2 = 10$ mF 電容與 5 H 電感的並聯阻抗

則 $\mathbf{Z}_1 = 60 \ \Omega$,且

$$\mathbf{Z}_2 = -j25 \parallel j20 = \frac{-j25 \times j20}{-j25 + j20} = j100 \ \Omega$$

由分壓定理，可得

$$\mathbf{V}_o = \frac{\mathbf{Z}_2}{\mathbf{Z}_1 + \mathbf{Z}_2}\mathbf{V}_s = \frac{j100}{60+j100}(20\underline{/-15°})$$
$$= (0.8575\underline{/30.96°})(20\underline{/-15°}) = 17.15\underline{/15.96°} \text{ V}$$

再將其轉換至時域可得

$$v_o(t) = 17.15\cos(4t + 15.96°) \text{ V}$$

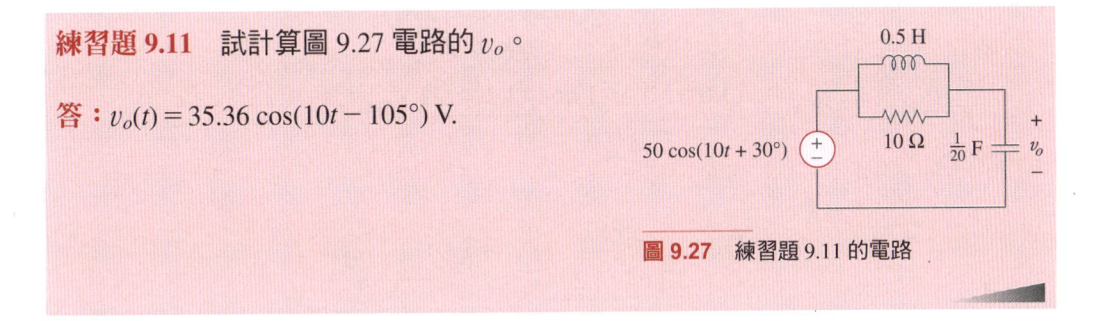

練習題 9.11 試計算圖 9.27 電路的 v_o。

答：$v_o(t) = 35.36\cos(10t - 105°)$ V.

圖 9.27 練習題 9.11 的電路

試求圖 9.28 電路的電流 **I**。

範例 9.12

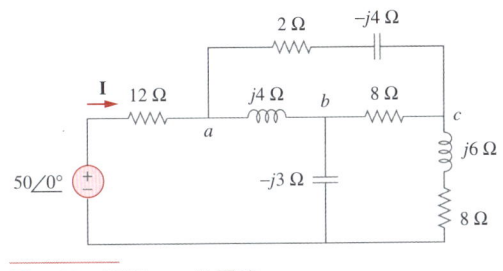

圖 9.28 範例 9.12 的電路

解：此 Δ 網路電路中之節點 a、b、c 相連接，可以轉換為如圖 9.29 所示之 Y 網路。利用 (9.68) 式可以求出該 Y 網路中之分支的阻抗為

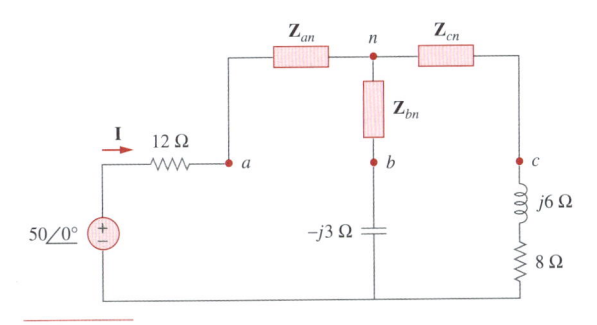

圖 9.29 如圖 9.28 所示電路之 Δ-Y 轉換後的等效電路

$$Z_{an} = \frac{j4(2-j4)}{j4+2-j4+8} = \frac{4(4+j2)}{10} = (1.6+j0.8)\ \Omega$$

$$Z_{bn} = \frac{j4(8)}{10} = j3.2\ \Omega, \qquad Z_{cn} = \frac{8(2-j4)}{10} = (1.6-j3.2)\ \Omega$$

在電源側二端之總阻抗為

$$\begin{aligned}\mathbf{Z} &= 12 + \mathbf{Z}_{an} + (\mathbf{Z}_{bn} - j3) \parallel (\mathbf{Z}_{cn} + j6 + 8)\\ &= 12 + 1.6 + j0.8 + (j0.2) \parallel (9.6 + j2.8)\\ &= 13.6 + j0.8 + \frac{j0.2(9.6 + j2.8)}{9.6 + j3}\\ &= 13.6 + j1 = 13.64\underline{/4.204°}\ \Omega\end{aligned}$$

則電流為

$$\mathbf{I} = \frac{\mathbf{V}}{\mathbf{Z}} = \frac{50\underline{/0°}}{13.64\underline{/4.204°}} = 3.666\underline{/-4.204°}\ \text{A}$$

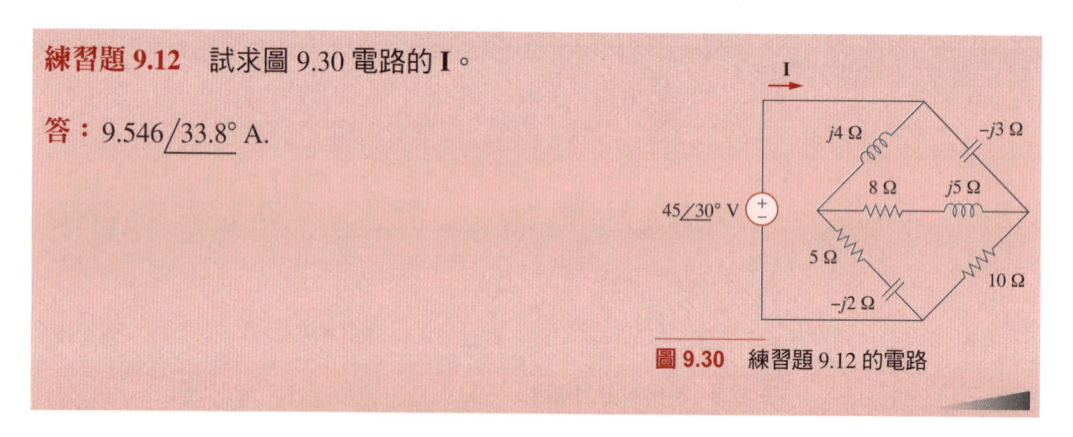

練習題 9.12 試求圖 9.30 電路的 **I**。

答： $9.546\underline{/33.8°}$ A.

圖 9.30 練習題 9.12 的電路

9.8 †應用

　　第 7 章與第 8 章已確立了 *RC*、*RL* 和 *RLC* 電路在直流電路中的應用。這些電路同樣也有交流的應用，如耦合電路、移相電路、濾波器、振盪電路、交流電橋電路及變壓器等等。這些應用是不勝枚舉的。稍後會考慮其中一些應用，本節只看二個簡單實例：*RC* 移相電路與交流電橋電路。

9.8.1 移相器 (Phase-Shifters)

　　移相電路通常用來校正電路中存在之不必要的相移，或者用於產生特定的效果。採用 *RC* 電路可滿足此一目的，因電路中的電容會使得其電流超前於外加的電壓。二個常用的 *RC* 電路如圖 9.31 所示 (*RL* 電路或任意電抗性電路也可達到同樣的目的)。

在如圖 9.31(a) 所示電路中，電流 **I** 超前於外加電壓 $\mathbf{V}_i$ 相位角 θ，其中 $0<\theta<90°$，其大小依 R 和 C 的值來決定。若 $X_C = -1/\omega C$，則電路之總阻抗 $\mathbf{Z} = R + jX_C$，且其相移為

$$\theta = \tan^{-1}\frac{X_C}{R} \tag{9.70}$$

上式可說明，相移的大小是由 R、C 的值，以其工作頻率來決定。因電阻二端的輸出電壓 $\mathbf{V}_o$ 與電流同相，所以 $\mathbf{V}_o$ 超前 (正相移) $\mathbf{V}_i$，如圖 9.32(a) 所示。

在如圖 9.31(b) 所示電路中，輸出為電容器二端的電壓。而電流 **I** 超前於輸入 $\mathbf{V}_i$ 相位角 θ，但是電容器二端的輸出電壓 $v_o(t)$ 是滯後 (負相移) 輸入電壓 $v_i(t)$，如圖 9.32(b) 所示。

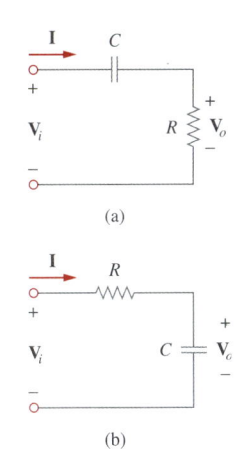

圖 9.31 *RC* 串聯移相電路：(a) 輸出超前，(b) 輸出滯後

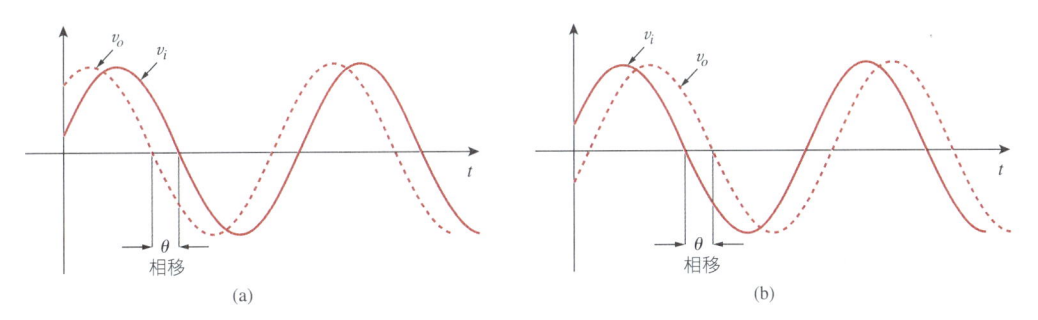

圖 9.32 *RC* 電路中的相移：(a) 輸出超前，(b) 輸出滯後

應記住簡單的 *RC* 電路，如圖 9.31 所示，亦可用作為分壓器。因此，當相移 θ 趨近於 $90°$ 時，其輸出電壓 $\mathbf{V}_o$ 也將趨近於零。由此理由，簡單 *RC* 電路只用在所需的相移量很小時才適合。若所需的相移量大於 $60°$，即可串接簡單 *RC* 電路，來使得串接後的總相移量等於個別相移量之總和。實際上，由於後級是前級的負載，因此會導致各級的相移並不相等，除非利用運算放大器來將前後級隔離。

範例 9.13

試設計一個可提供超前 $90°$ 相移的 *RC* 電路。

解：若選定在某特定的頻率下，選擇具有相等歐姆值的電路元件，如 $R = |X_C| = 20\ \Omega$，依 (9.70) 式可知，相移量正好為 $45°$。將此二個如圖 9.31(a) 所示的 *RC* 電路串聯起來，即可得到如圖 9.33 所示的電路，以提供 $90°$ 的正相移或超前相位，以下予以證明。利用串-並聯合併，可得如圖 9.33 所示電路之阻抗 **Z** 為

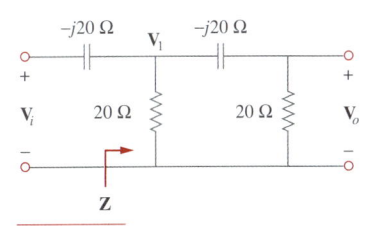

圖 9.33 具 $90°$ 之 *RC* 移相電路；如範例 9.13

$$\mathbf{Z} = 20 \parallel (20 - j20) = \frac{20(20 - j20)}{40 - j20} = 12 - j4 \ \Omega \qquad (9.13.1)$$

由分壓可得

$$\mathbf{V}_1 = \frac{\mathbf{Z}}{\mathbf{Z} - j20}\mathbf{V}_i = \frac{12 - j4}{12 - j24}\mathbf{V}_i = \frac{\sqrt{2}}{3}\underline{/45°}\ \mathbf{V}_i \qquad (9.13.2)$$

及

$$\mathbf{V}_o = \frac{20}{20 - j20}\mathbf{V}_1 = \frac{\sqrt{2}}{2}\underline{/45°}\ \mathbf{V}_1 \qquad (9.13.3)$$

將 (9.13.2) 式代入到 (9.13.3) 式可得

$$\mathbf{V}_o = \left(\frac{\sqrt{2}}{2}\underline{/45°}\right)\left(\frac{\sqrt{2}}{3}\underline{/45°}\ \mathbf{V}_i\right) = \frac{1}{3}\underline{/90°}\ \mathbf{V}_i$$

因此，輸出超前輸入 90°，但其電壓大小只有輸入的 33%。

練習題 9.13 試設計一個可提供實現輸出電壓相位滯後輸入電壓 90° 相移的 RC 電路。若均方根值為 60 V 的交流電壓作用於該電路，試求其輸出電壓大小。

答：電路的典型設計如圖 9.34 所示；20 V rms。

圖 9.34 練習題 9.13 的電路

範例 9.14 圖 9.35(a) RL 電路中，試計算該電路在頻率 2 kHz 時的相移量。

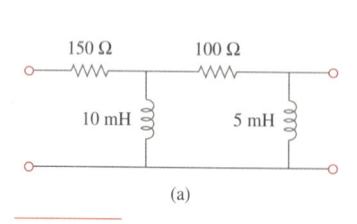

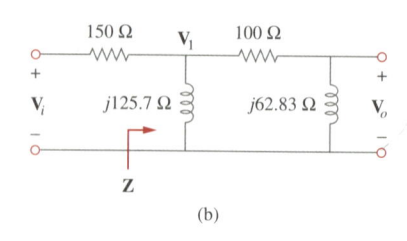

圖 9.35 範例 9.14 的電路

解：在頻率 2 kHz 時，10 mH 與 5 mH 電感器所對應之阻抗為

$$10 \text{ mH} \quad \Rightarrow \quad X_L = \omega L = 2\pi \times 2 \times 10^3 \times 10 \times 10^{-3}$$
$$= 40\pi = 125.7 \ \Omega$$

$$5 \text{ mH} \quad \Rightarrow \quad X_L = \omega L = 2\pi \times 2 \times 10^3 \times 5 \times 10^{-3}$$
$$= 20\pi = 62.83 \ \Omega$$

如圖 9.35(b) 所示之電路，阻抗 **Z** 是 $j125.7\ \Omega$ 與 $100 + j62.83\ \Omega$ 的並聯。因此，

$$\mathbf{Z} = j125.7 \parallel (100 + j62.83)$$
$$= \frac{j125.7(100 + j62.83)}{100 + j188.5} = 69.56\underline{/60.1°}\ \Omega \tag{9.14.1}$$

利用分壓，可得

$$\mathbf{V}_1 = \frac{\mathbf{Z}}{\mathbf{Z} + 150}\mathbf{V}_i = \frac{69.56\underline{/60.1°}}{184.7 + j60.3}\mathbf{V}_i \tag{9.14.2}$$
$$= 0.3582\underline{/42.02°}\ \mathbf{V}_i$$

及

$$\mathbf{V}_o = \frac{j62.832}{100 + j62.832}\mathbf{V}_1 = 0.532\underline{/57.86°}\ \mathbf{V}_1 \tag{9.14.3}$$

合併 (9.14.2) 式與 (9.14.3) 式後可得

$$\mathbf{V}_o = (0.532\underline{/57.86°})(0.3582\underline{/42.02°})\mathbf{V}_i = 0.1906\underline{/100°}\ \mathbf{V}_i$$

由上式可知，輸出電壓的振幅只為輸入電壓振幅的 19%，但其相位超前於輸入電壓 100°。假如在該電路終端接上負載，則負載將會影響其相移量。

練習題 9.14 在圖 9.36 *RL* 電路中，如果輸入電壓 V_i 為 10 V，試求輸出電壓在頻率為 5 kHz 時的幅度和相移，並確定相移是超前還是滯後。

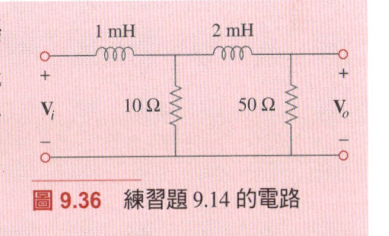

答： 1.7161 V，120.39°，滯後。

圖 9.36 練習題 9.14 的電路

9.8.2 交流電橋 (AC Bridges)

交流電橋電路是用來量測電感器的電感值 *L* 或電容器的電容值 *C*，這與惠斯登電橋 (在 4.10 節討論過) 用來量測未知電阻的形式類似且根據相同的原理。然而，量測 *L* 與 *C* 時，需要用交流電源及交流電表來取代檢流計，此交流電表可以是靈敏的交流安培計或交流電壓計。

考慮一般形式的交流電橋電路，如圖 9.37 所示。當沒有電流流過交流電表時，此電橋是平衡的。此意味著 $\mathbf{V}_1 = \mathbf{V}_2$。由分壓定理可知

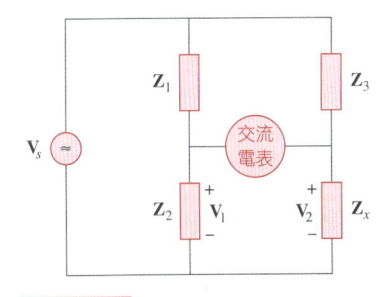

圖 9.37 一般的交流電橋形式

$$\mathbf{V}_1 = \frac{\mathbf{Z}_2}{\mathbf{Z}_1 + \mathbf{Z}_2}\mathbf{V}_s = \mathbf{V}_2 = \frac{\mathbf{Z}_x}{\mathbf{Z}_3 + \mathbf{Z}_x}\mathbf{V}_s \qquad (9.71)$$

因此,

$$\frac{\mathbf{Z}_2}{\mathbf{Z}_1 + \mathbf{Z}_2} = \frac{\mathbf{Z}_x}{\mathbf{Z}_3 + \mathbf{Z}_x} \quad \Rightarrow \quad \mathbf{Z}_2\mathbf{Z}_3 = \mathbf{Z}_1\mathbf{Z}_x \qquad (9.72)$$

或者

$$\boxed{\mathbf{Z}_x = \frac{\mathbf{Z}_3}{\mathbf{Z}_1}\mathbf{Z}_2} \qquad (9.73)$$

此即交流電橋之平衡方程式,如同 (4.30) 式是表示電阻的電橋平衡式,只是用 **Z** 來取代了 R。

特定的交流電橋電路用來量測 L 與 C,如圖 9.38 所示,其中 L_x 與 C_x 分別為待量測的未知電感與電容,而其中 L_s 與 C_s 分別代表標準的電感與電容 (已知其值,且具高的準確度)。在每一種情形下,二個電阻器 R_1 與 R_2 的值可以被改變,直到交流電表之讀值為零,電橋達到平衡。由 (9.73) 式,可得

$$L_x = \frac{R_2}{R_1}L_s \qquad (9.74)$$

及

$$C_x = \frac{R_1}{R_2}C_s \qquad (9.75)$$

注意:在圖 9.38 所示之交流電橋的平衡,並不是取決於交流電源的頻率 f,因為頻率 f 並未在 (9.74) 式與 (9.75) 式的關係中出現。

(a)

(b)

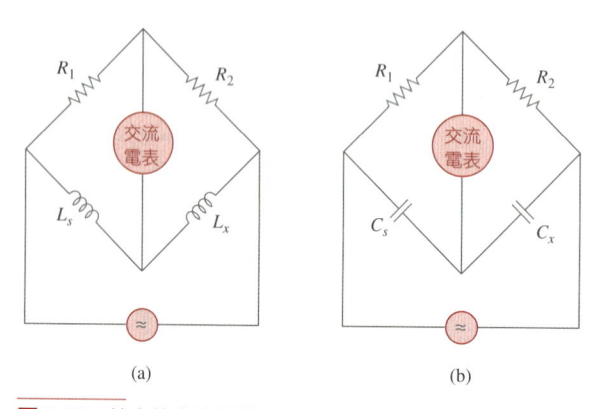

圖 9.38 特定的交流電橋:(a) 用於量測 L,(b) 用於量測 C

圖 9.37 所示交流電橋電路中，當 Z_1 為 1 kΩ 電阻器，Z_2 為 4.2 kΩ 電阻器，Z_3 為 1.5 MΩ 電阻器與 12 pF 電容器的並聯，且 $f = 2$ kHz 時，該電橋會達到平衡。試求：(a) 組成 Z_x 的串聯元件，(b) 組成 Z_x 的並聯元件。 **範例 9.15**

解：

1. **定義**：本範例問題定義清楚明確。
2. **表達**：本範例要求在已知量下發生平衡以決定未知的元件，由於此電路中有並聯等效及串聯等效二種，都必須求出。
3. **選擇**：雖然在求解未知量的方法沒有唯一，但以直接法最佳。一旦有了答案，即可由節點分析等手算方法或者利用 PSpice 來驗證。
4. **嘗試**：由 (9.73) 式，

$$\mathbf{Z}_x = \frac{\mathbf{Z}_3}{\mathbf{Z}_1} \mathbf{Z}_2 \tag{9.15.1}$$

其中 $\mathbf{Z}_x = R_x + jX_x$，

$$\mathbf{Z}_1 = 1000 \ \Omega, \quad \mathbf{Z}_2 = 4200 \ \Omega \tag{9.15.2}$$

且

$$\mathbf{Z}_3 = R_3 \parallel \frac{1}{j\omega C_3} = \frac{\frac{R_3}{j\omega C_3}}{R_3 + 1/j\omega C_3} = \frac{R_3}{1 + j\omega R_3 C_3}$$

因 $R_3 = 1.5$ MΩ 與 $C_3 = 12$ pF，

$$\mathbf{Z}_3 = \frac{1.5 \times 10^6}{1 + j2\pi \times 2 \times 10^3 \times 1.5 \times 10^6 \times 12 \times 10^{-12}} = \frac{1.5 \times 10^6}{1 + j0.2262}$$

或

$$\mathbf{Z}_3 = 1.427 - j0.3228 \text{ MΩ} \tag{9.15.3}$$

(a) 假若 $\mathbf{Z}_x$ 是由串聯元件所組成，可將 (9.15.2) 式與 (9.15.3) 式代入 (9.15.1) 式，可得

$$R_x + jX_x = \frac{4200}{1000}(1.427 - j0.3228) \times 10^6$$
$$= (5.993 - j1.356) \text{ MΩ} \tag{9.15.4}$$

由實部與虛部分別對應相等，可得 $R_x = 5.993$ MΩ，且電容性電抗值為

$$X_x = \frac{1}{\omega C} = 1.356 \times 10^6$$

或

$$C = \frac{1}{\omega X_x} = \frac{1}{2\pi \times 2 \times 10^3 \times 1.356 \times 10^6} = 58.69 \text{ pF}$$

(b) (9.15.4) 式中 Z_x 保持不變，但 R_x 與 X_x 為並聯，若假設是一 RC 並聯，

$$\mathbf{Z}_x = (5.993 - j1.356) \text{ M}\Omega$$
$$= R_x \parallel \frac{1}{j\omega C_x} = \frac{R_x}{1 + j\omega R_x C_x}$$

由對應實部與虛部相等，分別可得

$$R_x = \frac{\text{Real}(\mathbf{Z}_x)^2 + \text{Imag}(\mathbf{Z}_x)^2}{\text{Real}(\mathbf{Z}_x)} = \frac{5.993^2 + 1.356^2}{5.993} = \mathbf{6.3 \text{ M}\Omega}$$

$$C_x = -\frac{\text{Imag}(\mathbf{Z}_x)}{\omega[\text{Real}(\mathbf{Z}_x)^2 + \text{Imag}(\mathbf{Z}_x)^2]}$$
$$= -\frac{-1.356}{2\pi(2000)(5.917^2 + 1.356^2)} = \mathbf{2.852 \ \mu F}$$

在此一情況假設為 RC 並聯之組合所完成的。

5. **驗證**：利用 PSpice 來驗證其正確性。對等效電路進行 PSpice 執行，將電路"電橋"部分開路，施加 10 V 輸入電壓，則可得到相對於參考接地點之"電橋"輸出端電壓為

```
FREQ        VM($N_0002)  VP($N_0002)
2.000E+03   9.993E+00    -8.634E-03
2.000E+03   9.993E+00    -8.637E-03
```

由於基本上電壓是相同的，因此對於電橋二端所連接的元件而言，不會有電流流過"電橋"部分，因而可得所期望的電橋之平衡。證實正確地決定此未知量。

上述的運算存在一個很重要的問題！知道是什麼問題嗎？上述的計算過程是理想的"理論"解，但在真實的系統，並不是一個很好的答案。由於上與下分支阻抗的大小差異過大，在實際的電橋電路中是無法接受的。對高精密度之量測而言，總阻抗大小至少要在同一等級。為了提高本題解的精確度，建議將上支路的阻抗大小增加到 500 kΩ 至 1.5 MΩ 的範圍。另一個實際系統中存在的問題是：因為這些阻抗大小在實際做測量時也會產生嚴重的問題，所以須用適當的儀器來使電路的負載最小化 (可能會改變實際電壓的讀數)。

6. **滿意？** 由於已求解出未知量並進行驗證，其結果是合理的。因此可將其解作為本問題的答案。

> **練習題 9.15** 在圖 9.37 所示交流電橋電路中，當 Z_1 為 4.8 kΩ 電阻器，Z_2 為 10 kΩ 電阻器與 0.25 μH 電感器的串聯，Z_3 為 12 kΩ 電阻器，且 $f = 6$ MHz 時，其電橋可達到平衡，試決定組成 Z_x 的串聯元件值。
>
> **答：** 25 Ω 電阻器與 0.625 μH 電感器相串聯。

9.9 總結

1. 弦波信號是具有正弦函數或餘弦函數形式的信號，一般表示式為

$$v(t) = V_m \cos(\omega t + \phi)$$

其中 V_m 為振幅，$\omega = 2\pi f$ 為角頻率，$(\omega t + \phi)$ 為相幅角，ϕ 為相位角。

2. 相量為一複數可用以表示弦波信號的振幅大小與相位角。已知弦波信號 $v(t) = V_m \cos(\omega t + \phi)$，則相量 **V** 為

$$\mathbf{V} = V_m \underline{/\phi}$$

3. 交流電路中，相電壓與相電流在任何時刻是固定的。若 $v(t) = V_m \cos(\omega t + \phi_v)$ 表示元件二端的電壓，$i(t) = I_m \cos(\omega t + \phi_i)$ 表示流過該元件之電流，當元件為電阻器時，則 $\phi_i = \phi_v$。當元件為電容器時，ϕ_i 超前於 ϕ_v 90°；當元件為電感器時，則 ϕ_i 滯後於 ϕ_v 90°。

4. 電路的阻抗 **Z** 等於該電路二端的相電壓與流過它的相電流之比：

$$\mathbf{Z} = \frac{\mathbf{V}}{\mathbf{I}} = R(\omega) + jX(\omega)$$

阻抗的倒數為導納 **Y**：

$$\mathbf{Y} = \frac{1}{\mathbf{Z}} = G(\omega) + jB(\omega)$$

串並聯阻抗合併計算與電阻串並聯的計算方式相同，串聯阻抗相加，並聯導納相加。

5. 電阻器之阻抗 $\mathbf{Z} = R$，電感器之阻抗 $\mathbf{Z} = jX = j\omega L$，電容器之阻抗 $\mathbf{Z} = -jX = 1/j\omega C$。

6. 基本電路定律 (歐姆定律和克希荷夫定律) 運用在交流電路與運用在直流電路

相同,即

$$\mathbf{V} = \mathbf{Z}\mathbf{I}$$
$$\Sigma \mathbf{I}_k = 0 \quad \text{(KCL)}$$
$$\Sigma \mathbf{V}_k = 0 \quad \text{(KVL)}$$

7. 分壓/分流定理、阻抗/導納之串聯/並聯、電路化簡,以及 Y-Δ 轉換等均可適用於交流電路分析。
8. 交流電路可被應用在相移電路與電橋電路。

複習題

9.1 下列哪一項不是正確地表示弦波信號 $A\cos\omega t$?
(a) $A\cos 2\pi ft$ (b) $A\cos(2\pi t/T)$
(c) $A\cos\omega(t-T)$ (d) $A\sin(\omega t - 90°)$

9.2 一函數以固定間隔重複本身者稱之為:
(a) 相量 (b) 諧波 (c) 週期性的 (d) 反應

9.3 下列哪一個頻率有較短週期?
(a) 1 krad/s (b) 1 kHz

9.4 若 $v_1 = 30\sin(\omega t + 10°)$,$v_2 = 20\sin(\omega t + 50°)$,下列敘述何者正確?
(a) v_1 超前 v_2 (b) v_2 超前 v_1
(c) v_2 滯後 v_1 (d) v_1 滯後 v_2
(e) v_1 與 v_2 同相

9.5 電感器二端的電壓超前流過它的電流 90°。
(a) 對 (b) 錯

9.6 阻抗的虛部稱為:
(a) 電阻 (b) 導納
(c) 電納 (d) 電導
(e) 電抗

9.7 電容器的阻抗會隨著頻率的增加而增加。
(a) 對 (b) 錯

9.8 在圖 9.39 電路中,在什麼頻率下輸出電壓 $v_o(t)$ 等於輸入電壓 $v(t)$?
(a) 0 rad/s (b) 1 rad/s
(c) 4 rad/s (d) ∞ rad/s
(e) 以上皆非

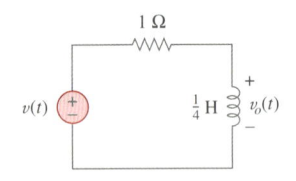

圖 9.39 複習題 9.8 的電路

9.9 某 RC 串聯電路 $|V_R| = 12$ V 且 $|V_C| = 5$ V,則其供應電壓的振幅為:
(a) −7 V (b) 7 V (c) 13 V (d) 17 V

9.10 某 RCL 串聯電路 $R = 30\ \Omega$、$X_C = 50\ \Omega$ 及 $X_L = 90\ \Omega$,則電路的阻抗為:
(a) $30 + j140\ \Omega$ (b) $30 + j40\ \Omega$
(c) $30 - j40\ \Omega$ (d) $-30 - j40\ \Omega$
(e) $-30 + j40\ \Omega$

答:9.1 d, 9.2 c, 9.3 b, 9.4 b,d, 9.5 a, 9.6 e, 9.7 b, 9.8 d, 9.9 c, 9.10 b

習題

9.2 節　弦波信號

9.1 已知弦波電壓 $v(t) = 50\cos(30t + 10°)$ V，試求：(a) 振幅 V_m，(b) 週期 T，(c) 頻率 f，(d) 在 $t = 10$ ms 時的 $v(t)$。

9.2 某線性電路中的電流源為：
$$i_s = 15\cos(25\pi t + 25°) \text{ A}$$
(a) 該電流的振幅為多少？
(b) 其角頻率為多少？
(c) 試求電流的頻率。
(d) 試計算 $t = 2$ ms 時的 i_s。

9.3 試將下列函數表示為餘弦函數之形式：
(a) $10\sin(\omega t + 30°)$
(b) $-9\sin(8t)$
(c) $-20\sin(\omega t + 45°)$

9.4 試設計一個問題幫助其他學生更瞭解弦波函數。

9.5 已知 $v_1 = 45\sin(\omega t + 30°)$ V 且 $v_2 = 50\cos(\omega t - 30°)$ V，試決定這二個弦波信號間的相位角及哪個是滯後的。

9.6 以下各組弦波信號，試決定哪一個是超前的及超前多少？
(a) $v(t) = 10\cos(4t - 60°)$ 和 $i(t) = 4\sin(4t + 50°)$
(b) $v_1(t) = 4\cos(377t + 10°)$ 和 $v_2(t) = -20\cos 377t$
(c) $x(t) = 13\cos 2t + 5\sin 2t$ 和 $y(t) = 15\cos(2t - 11.8°)$

9.3 節　相量

9.7 若 $f(\phi) = \cos\phi + j\sin\phi$，試證明 $f(\phi) = e^{j\phi}$。

9.8 試計算下列各複數，並將計算結果表示為直角坐標形式：
(a) $\dfrac{60/45°}{7.5 - j10} + j2$

(b) $\dfrac{32/-20°}{(6-j8)(4+j2)} + \dfrac{20}{-10 + j24}$

(c) $20 + (16/-50°)(5 + j12)$

9.9 試計算下列複數，並將計算結果表示為極坐標形式：

(a) $5/30°\left(6 - j8 + \dfrac{3/60°}{2+j}\right)$

(b) $\dfrac{(10/60°)(35/-50°)}{(2+j6) - (5+j)}$

9.10 試設計一個問題幫助其他學生更瞭解相量。

9.11 試求下列各信號所對應的相量：
(a) $v(t) = 21\cos(4t - 15°)$ V
(b) $i(t) = -8\sin(10t + 70°)$ mA
(c) $v(t) = 120\sin(10t - 50°)$ V
(d) $i(t) = -60\cos(30t + 10°)$ mA

9.12 令 $\mathbf{X} = 4/40°$ 且 $\mathbf{Y} = 20/-30°$，試計算以下各量，並將結果表示為極坐標形式：
(a) $(\mathbf{X} + \mathbf{Y})\mathbf{X}^*$　　(b) $(\mathbf{X} - \mathbf{Y})^*$
(c) $(\mathbf{X} + \mathbf{Y})/\mathbf{X}$

9.13 試計算下列複數：

(a) $\dfrac{2+j3}{1-j6} + \dfrac{7-j8}{-5+j11}$

(b) $\dfrac{(5/10°)(10/-40°)}{(4/-80°)(-6/50°)}$

(c) $\begin{vmatrix} 2+j3 & -j2 \\ -j2 & 8-j5 \end{vmatrix}$

9.14 試化簡下列表示式：

(a) $\dfrac{(5-j6) - (2+j8)}{(-3+j4)(5-j) + (4-j6)}$

(b) $\dfrac{(240/75° + 160/-30°)(60 - j80)}{(67+j84)(20/32°)}$

(c) $\left(\dfrac{10+j20}{3+j4}\right)^2 \sqrt{(10+j5)(16-j20)}$

9.15 試計算下列各行列式的值：

(a) $\begin{vmatrix} 10+j6 & 2-j3 \\ -5 & -1+j \end{vmatrix}$

(b) $\begin{vmatrix} 20\underline{/-30°} & -4\underline{/-10°} \\ 16\underline{/0°} & 3\underline{/45°} \end{vmatrix}$

(c) $\begin{vmatrix} 1-j & -j & 0 \\ j & 1 & -j \\ 1 & j & 1+j \end{vmatrix}$

9.16 試將下列各弦波信號轉換為相量：

(a) $-20\cos(4t+135°)$

(b) $8\sin(20t+30°)$

(c) $20\cos(2t)+15\sin(2t)$

9.17 二個電壓 v_1 與 v_2 相串聯，則其和為 $v = v_1+v_2$。若 $v_1 = 10\cos(50t-\pi/3)$ V，且 $v_2 = 12\cos(50t+30°)$ V，試求 v。

9.18 試求下列各相量其所對應的正弦信號。

(a) $\mathbf{V}_1 = 60\underline{/15°}$ V，$\omega = 1$

(b) $\mathbf{V}_2 = 6+j8$ V，$\omega = 40$

(c) $\mathbf{I}_1 = 2.8e^{-j\pi/3}$ A，$\omega = 377$

(d) $\mathbf{I}_2 = -0.5-j1.2$ A，$\omega = 10^3$

9.19 利用相量，試計算下列各式的值：

(a) $3\cos(20t+10°)-5\cos(20t-30°)$

(b) $40\sin 50t + 30\cos(50t-45°)$

(c) $20\sin 400t + 10\cos(400t+60°) - 5\sin(400t-20°)$

9.20 某線性網路的輸入電流為 $7.5\cos(10t+30°)$ A，以及輸出電壓為 $120\cos(10t+75°)$ V，試決定其對應的阻抗。

9.21 試化簡下列各式：

(a) $f(t) = 5\cos(2t+15°) - 4\sin(2t-30°)$

(b) $g(t) = 8\sin t + 4\cos(t+50°)$

(c) $h(t) = \int_0^t (10\cos 40t + 50\sin 40t)\,dt$

9.22 已知一交流電壓 $v(t) = 55\cos(5t+45°)$ V，試利用相量求解：

$$10v(t) + 4\frac{dv}{dt} - 2\int_{-\infty}^t v(t)\,dt$$

假設 $t = -\infty$ 時的積分值為 0。

9.23 利用相量分析，試計算下列各式：

(a) $v = [110\sin(20t+30°) + 220\cos(20t-90°)]$ V

(b) $i = [30\cos(5t+60°) - 20\sin(5t+60°)]$ A

9.24 利用相量法，試求下列積微分方程中的 $v(t)$：

(a) $v(t) + \int v\,dt = 10\cos t$

(b) $\dfrac{dv}{dt} + 5v(t) + 4\int v\,dt = 20\sin(4t+10°)$

9.25 利用相量法，試決定下列方程式的 $i(t)$：

(a) $2\dfrac{di}{dt} + 3i(t) = 4\cos(2t-45°)$

(b) $10\int i\,dt + \dfrac{di}{dt} + 6i(t) = 5\cos(5t+22°)$ A

9.26 已知某 RLC 串聯電路的迴路方程式為：

$$\frac{di}{dt} + 2i + \int_{-\infty}^t i\,dt = \cos 2t \text{ A}$$

假設 $t = -\infty$ 時積分值為 0，試利用相量法求解 $i(t)$。

9.27 某 RLC 並聯電路的節點方程式為：

$$\frac{dv}{dt} + 50v + 100\int v\,dt = 110\cos(377t-10°) \text{ V}$$

假定 $t = -\infty$ 時的積分值為 0，試利用相量法求解 $v(t)$。

9.4 節　電路元件之相量關係

9.28 試決定流過一 15 Ω 電阻器的電流，其外接電源 $v_s = 156\cos(377t+45°)$ V。

9.29 已知 $v_c(0) = 2\cos(155°)$ V，若流過一 2 μF 電容器的電流為 $i = 4\sin(10^6 t+25°)$ A，試求該電容器二端的瞬時電壓。

9.30 將電壓 $v(t) = 100\cos(60t+20°)$ V 作用於相互並聯的 40 kΩ 電阻器與 50 μF 電容器二端，試求流過該電阻器與電容器的穩態電流。

9.31 某 RLC 串聯電路中，$R = 80$ Ω、$L = 240$ mH，以及 $C = 5$ mF，若輸入電壓為 $v(t) = 10\cos(2t)$ V，試求通過該電路的電流。

9.32 利用圖 9.40 電路，試設計一個問題幫助其他學生更瞭解電路元件的相量關係。

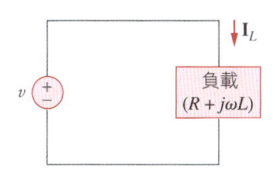

圖 9.40 習題 9.32 的電路

9.33 某 RL 串聯電路連接到一 110 V 的交流電源，其電阻器二端的電壓為 85 V，試求電感器二端的電壓。

9.34 角頻率 ω 為何值時，圖 9.41 電路的強迫響應 v_o 為零？

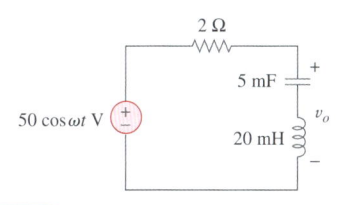

圖 9.41 習題 9.34 的電路

9.5 節　阻抗與導納

9.35 在圖 9.42 電路中，試求 $v_s(t) = 50 \cos 200t$ V 時的電流 i。

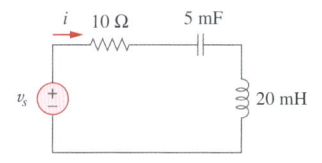

圖 9.42 習題 9.35 的電路

9.36 利用圖 9.43 電路，試設計一個問題幫助其他學生更瞭解阻抗。

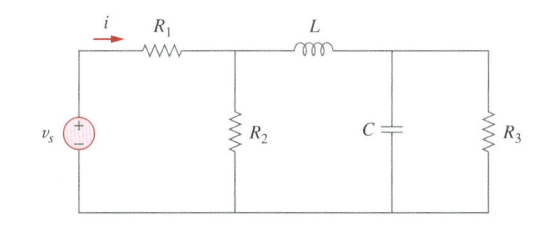

圖 9.43 習題 9.36 的電路

9.37 試決定圖 9.44 電路的導納 Y。

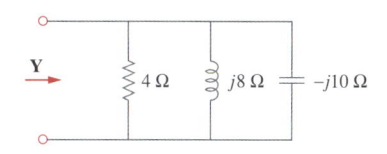

圖 9.44 習題 9.37 的電路

9.38 利用圖 9.45 電路，試設計一個問題幫助其他學生更瞭解導納。

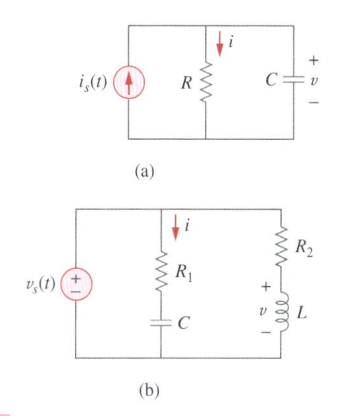

圖 9.45 習題 9.38 的電路

9.39 試求圖 9.46 電路的 Z_{eq}，並利用它計算電流 I，假設 $\omega = 10$ rad/s。

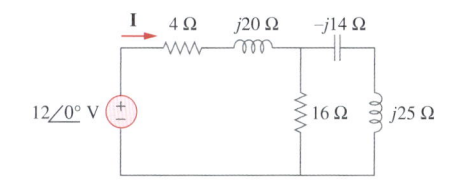

圖 9.46 習題 9.39 的電路

9.40 在圖 9.47 電路中，試求下列各情況的 i_o：
(a) $\omega = 1$ rad/s　　(b) $\omega = 5$ rad/s
(c) $\omega = 10$ rad/s

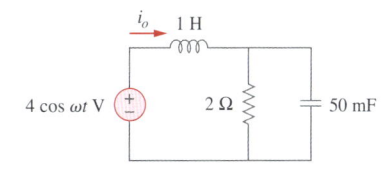

圖 9.47 習題 9.40 的電路

9.41 試求圖 9.48 RLC 電路的 $v(t)$。

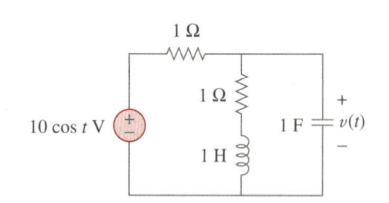

圖 9.48 習題 9.41 的電路

9.42 試計算圖 9.49 電路的 $v_o(t)$。

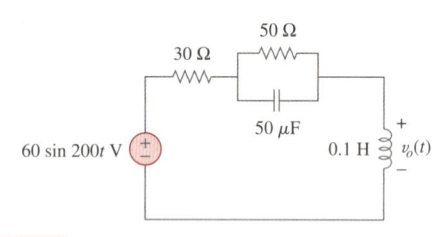

圖 9.49 習題 9.42 的電路

9.43 試求圖 9.50 電路的電流 $\mathbf{I}_o$。

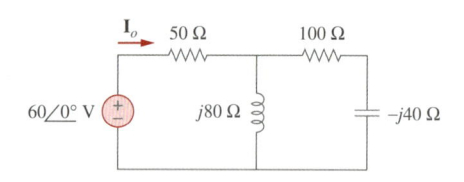

圖 9.50 習題 9.43 的電路

9.44 試計算圖 9.51 電路的 $i(t)$。

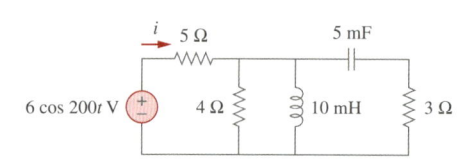

圖 9.51 習題 9.44 的電路

9.45 試求圖 9.52 網路的電流 $\mathbf{I}_o$。

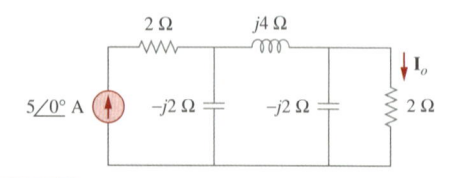

圖 9.52 習題 9.45 的電路

9.46 若 $i_s = 5\cos(10t + 40°)$ A，試求圖 9.53 電路的 i_o。

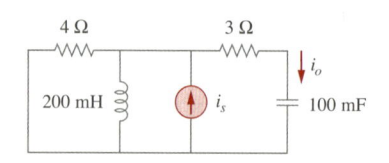

圖 9.53 習題 9.46 的電路

9.47 試決定圖 9.54 電路的 $i_s(t)$ 值。

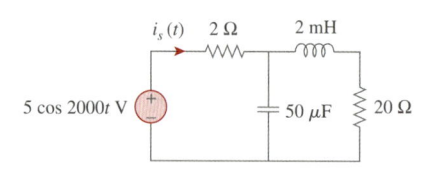

圖 9.54 習題 9.47 的電路

9.48 已知圖 9.55 電路的 $v_s(t) = 20\sin(100t - 40°)$，試求 $i_x(t)$。

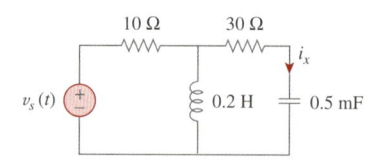

圖 9.55 習題 9.48 的電路

9.49 試求圖 9.56 電路的 $v_s(t)$，流過 1 Ω 電阻器的電流 i_x 為 $500\sin(200t)$ mA。

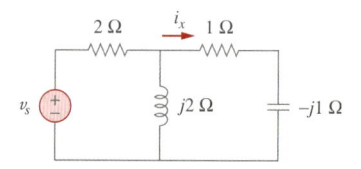

圖 9.56 習題 9.49 的電路

9.50 試決定圖 9.57 電路的 v_x，假設 $i_s(t) = 5\cos(100t + 40°)$ A。

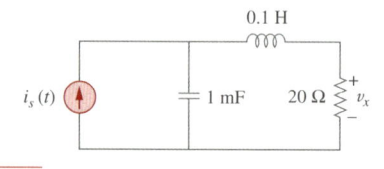

圖 9.57 習題 9.50 的電路

9.51 試求圖 9.58 電路的 i_s，若 2 Ω 電阻器二端的電壓 v_o 為 $10\cos 2t$ V。

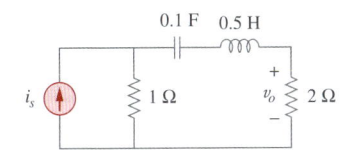

圖 9.58　習題 9.51 的電路

9.52 試求圖 9.59 電路的 $\mathbf{I}_s$，若 $\mathbf{V}_o = 8\underline{/30°}$ V。

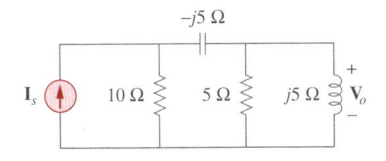

圖 9.59　習題 9.52 的電路

9.53 試求圖 9.60 電路的 $\mathbf{I}_o$。

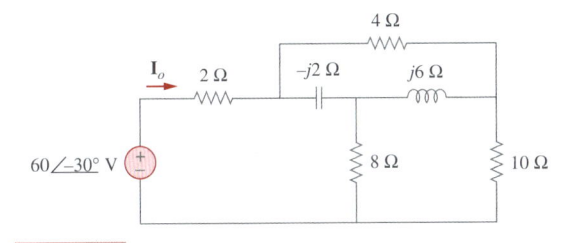

圖 9.60　習題 9.53 的電路

9.54 試求圖 9.61 電路的 $\mathbf{V}_s$，若 $\mathbf{I}_o = 2\underline{/0°}$ A。

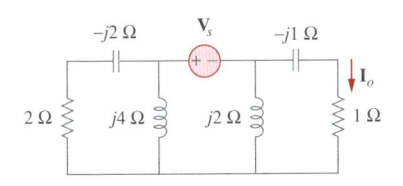

圖 9.61　習題 9.54 的電路

*__9.55__ 試求圖 9.62 所示網路的 $\mathbf{Z}$，假設 $\mathbf{V}_o = 4\underline{/0°}$ V。

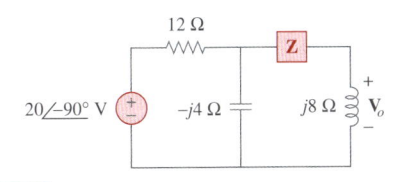

圖 9.62　習題 9.55 的電路

9.7 節　阻抗合併

9.56 在 $\omega = 377$ rad/s 時，試求圖 9.63 電路的輸入阻抗。

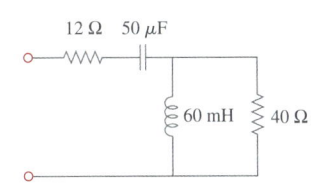

圖 9.63　習題 9.56 的電路

9.57 在 $\omega = 1$ rad/s 時，試求圖 9.64 電路的輸入導納。

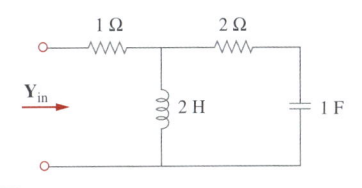

圖 9.64　習題 9.57 的電路

9.58 利用圖 9.65 電路，試設計一個問題幫助其他學生更瞭解阻抗合併。

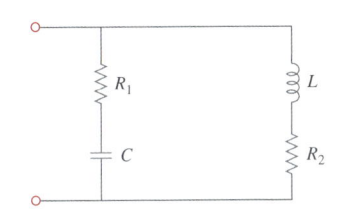

圖 9.65　習題 9.58 的電路

9.59 試求圖 9.66 網路的 $\mathbf{Z}_{in}$，令 $\omega = 10$ rad/s。

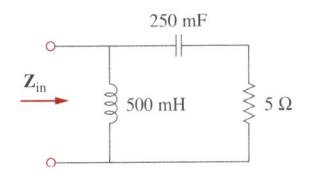

圖 9.66　習題 9.59 的電路

9.60 試求圖 9.67 電路的 $\mathbf{Z}_{in}$。

---

*星號表示該習題具有挑戰性。

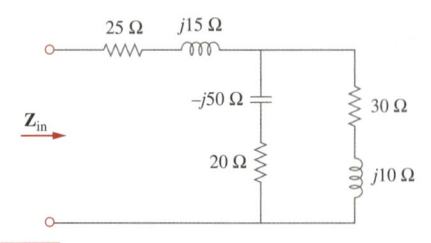

圖 9.67 習題 9.60 的電路

9.61 試求圖 9.68 電路的 Z_{eq}。

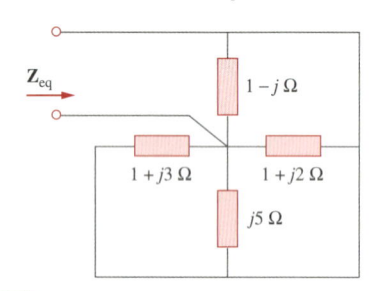

圖 9.68 習題 9.61 的電路

9.62 試求圖 9.69 電路的輸入阻抗 Z_{in}，在 $\omega = 10$ krad/s 時。

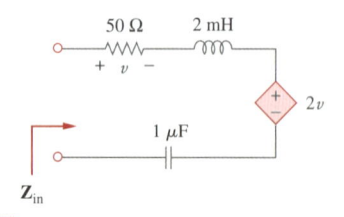

圖 9.69 習題 9.62 的電路

9.63 試求圖 9.70 電路的 Z_T 值。

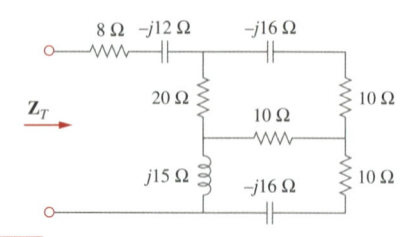

圖 9.70 習題 9.63 的電路

9.64 試求圖 9.71 電路的 Z_T 及 I。

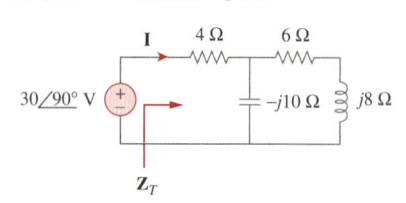

圖 9.71 習題 9.64 的電路

9.65 試決定圖 9.72 電路的 Z_T 及 I。

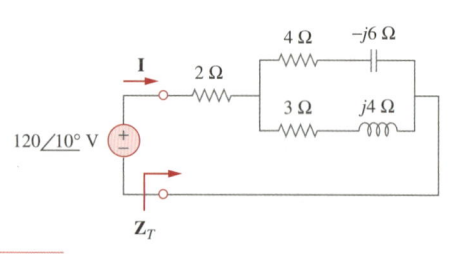

圖 9.72 習題 9.65 的電路

9.66 試計算圖 9.73 電路的 Z_T 與 V_{ab}。

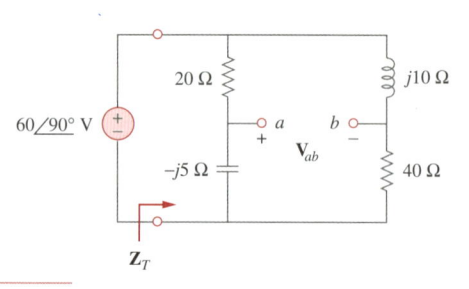

圖 9.73 習題 9.66 的電路

9.67 若 $\omega = 10^3$ rad/s，試求圖 9.74 各電路的輸入導納。

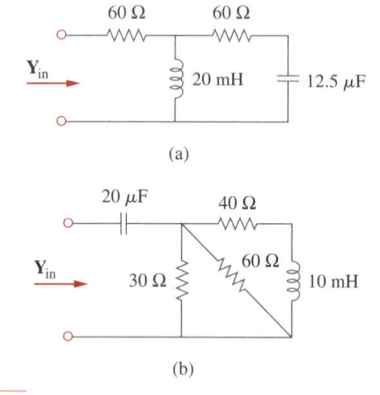

圖 9.74 習題 9.67 的電路

9.68 試求圖 9.75 電路的 Y_{eq}。

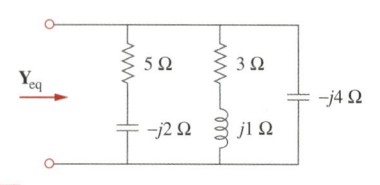

圖 9.75 習題 9.68 的電路

Chapter 9 弦波交流電路與相量

9.69 試求圖 9.76 電路的等效導納 $\mathbf{Y}_{eq}$。

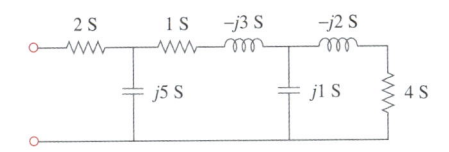

圖 9.76　習題 9.69 的電路

9.70 試求圖 9.77 電路的等效阻抗。

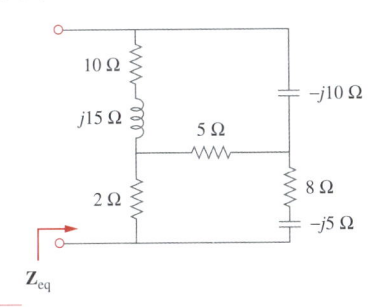

圖 9.77　習題 9.70 的電路

9.71 試決定圖 9.78 電路的等效阻抗。

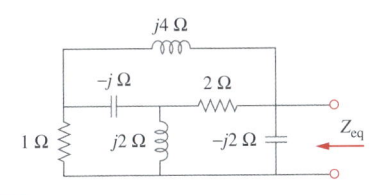

圖 9.78　習題 9.71 的電路

9.72 試計算圖 9.79 網路的 $\mathbf{Z}_{ab}$ 值。

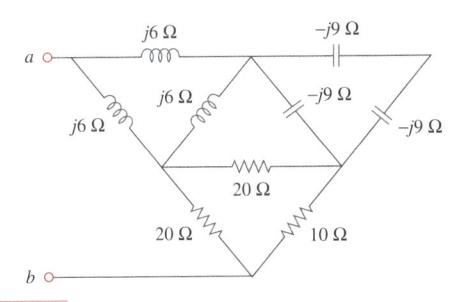

圖 9.79　習題 9.72 的電路

9.73 試決定圖 9.80 電路中的等效阻抗。

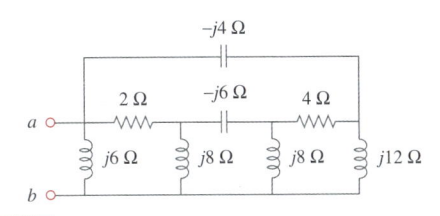

圖 9.80　習題 9.73 的電路

9.8 節　應用

9.74 試設計一個 RL 電路，以提供 90° 超前相移。

9.75 試設計一個電路，可將正弦電壓輸入轉換為餘弦電壓輸出。

9.76 以下各組信號，試決定 v_1 超前還是滯後 v_2，及其超前或滯後的相角大小。
(a) $v_1 = 10\cos(5t - 20°)$，$v_2 = 8\sin 5t$
(b) $v_1 = 19\cos(2t + 90°)$，$v_2 = 6\sin 2t$
(c) $v_1 = -4\cos 10t$，$v_2 = 15\sin 10t$

9.77 如圖 9.81 所示的 RC 電路，
(a) 試計算在頻率為 2 MHz 時的相移。
(b) 試求相移為 45° 時的頻率。

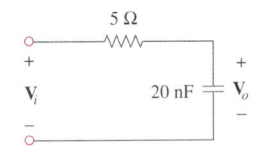

圖 9.81　習題 9.77 的電路

9.78 某線圈阻抗為 $8 + j6\ \Omega$ 與容抗 X 串聯後，再與電阻器 R 並聯，若該電路的等效阻抗為 $5\underline{/0°}\ \Omega$，試求 R 與 X 的值。

9.79 (a) 試計算圖 9.82 所示電路的相移。
(b) 試說明相移是超前或是滯後 (輸出相對於輸入的相移)。
(c) 當輸入為 120 V 時，試決定其輸出的振幅。

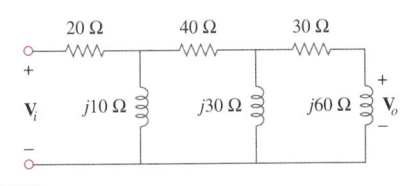

圖 9.82　習題 9.79 的電路

9.80 考慮圖 9.83 的相移電路，令 $V_i = 120$ V 且工作在 60 Hz 的頻率。試求：
(a) 當 R 為最大值時的 V_o。
(b) 當 R 為最小值時的 V_o。
(c) 產生 45° 相移時的 R 值。

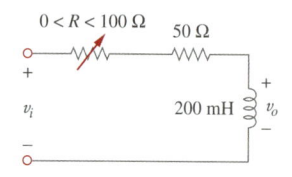

圖 9.83　習題 9.80 的電路

9.81 圖 9.37 所示交流電橋中，當平衡時，若 $R_1 = 400\ \Omega$、$R_2 = 600\ \Omega$、$R_3 = 1.2\ k\Omega$，以及 $C_2 = 0.3\ \mu F$，試求 R_x 與 C_x。假設 R_2 與 C_2 相互串聯。

9.82 某電容電橋平衡時，當 $R_1 = 100\ \Omega$、$R_2 = 2\ k\Omega$，以及 $C_s = 40\ \mu F$ 時，試求待測電容器的電容值 C_x 為多少？

9.83 某電感電橋平衡時，當 $R_1 = 1.2\ k\Omega$、$R_2 = 500\ \Omega$，以及 $L_s = 250$ mH 時，試求待測電感器的電感值 L_x 為多少？

9.84 如圖 9.84 所示的交流電橋稱為馬克士威電橋 (Maxwell bridge)，是可用來精確測量線圈的電感與電阻，其中 C_s 為標準電容，試證明電橋平衡時，如下關係式成立：

$$L_x = R_2 R_3 C_s \quad \text{和} \quad R_x = \frac{R_2}{R_1} R_3$$

當 $R_1 = 40\ k\Omega$、$R_2 = 1.6\ k\Omega$、$R_3 = 4\ k\Omega$，以及 $C_s = 0.45\ \mu F$ 時，試求 L_x 與 R_x。

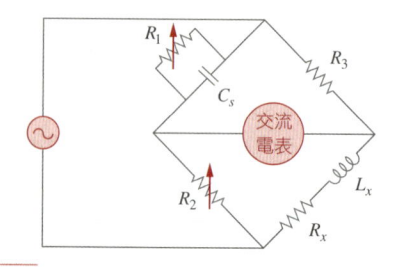

圖 9.84　習題 9.84 的馬克士威電橋

9.85 如圖 9.85 所示的交流電橋稱為維恩電橋 (Wien bridge)，是可用來測量電源的頻率。試證明電橋平衡時，其所測得的頻率為：

$$f = \frac{1}{2\pi\sqrt{R_2 R_4 C_2 C_4}}$$

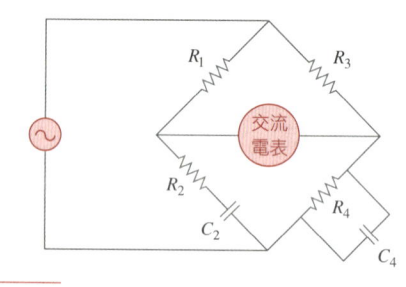

圖 9.85　習題 9.85 的維恩電橋

綜合題

9.86 圖 9.86 為用於電視接收器的電路，試求該電路的總阻抗。

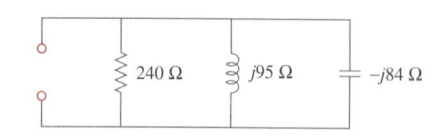

圖 9.86　綜合題 9.86 的電路

9.87 圖 9.87 為工業電子感測器電路的一組成部分，試求該網路在 2 kHz 時的總阻抗。

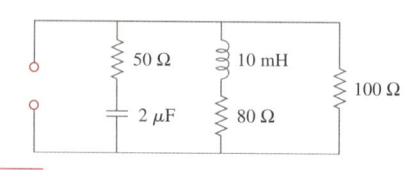

圖 9.87　綜合題 9.87 的電路

9.88 如圖 9.88 所示的串聯音頻電路。
(a) 試問該電路的阻抗大小？
(b) 若頻率減半，試問該電路的阻抗大小？

Chapter 9 弦波交流電路與相量

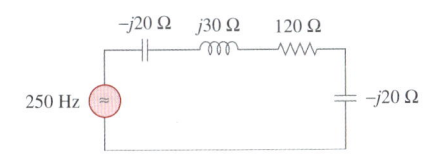

9.88 圖 9.88 所示電路

圖 9.88 綜合題 9.88 的電路

9.89 某工業負載可表示為電感器與電阻器的串聯組合模型，如圖 9.89 所示電路。試計算該跨接在這串聯組合的電容器的 C 值為何，才能使得在 2 kHz 頻率時，其網路呈現電阻性的淨阻抗。

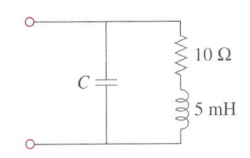

圖 9.89 綜合題 9.89 的電路

9.90 某工業線圈可表示為電感值 L 與電阻值 R 相串聯組合的模型，如圖 9.90 所示電路。因交流電表只能得到正弦信號的振幅大小，當電路工作在穩態下，工作頻率為 60 Hz 時，可測得幅度為：

$|\mathbf{V}_s| = 145$ V, $|\mathbf{V}_1| = 50$ V, $|\mathbf{V}_o| = 110$ V

試利用所測得結果決定 L 與 R 的值。

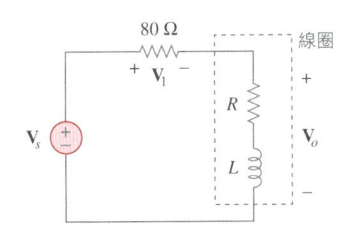

圖 9.90 綜合題 9.90 的電路

9.91 圖 9.91 所示電路中，為一電感值與一電阻值的並聯組合，假如該並聯組合串聯上一個電容器，使得網路淨阻抗在 10 MHz 頻率處工作呈現電阻性。試問所需的 C 值為多少？

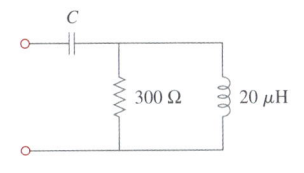

圖 9.91 綜合題 9.91 的電路

9.92 某一傳輸線具有串聯阻抗 $\mathbf{Z} = 100\underline{/75°}$ Ω，及分流導納為 $\mathbf{Y} = 450\underline{/48°}$ μS。試問：(a) 特徵阻抗 $\mathbf{Z}_o = \sqrt{\mathbf{Z}/\mathbf{Y}}$，(b) 傳播常數 $\gamma = \sqrt{\mathbf{ZY}}$。

9.93 某電力傳輸系統的模型，如圖 9.92 所示電路，已知電源電壓與電路元件參數如下：

電源電壓 $\mathbf{V}_s = 115\underline{/0°}$ V
源阻抗 $\mathbf{Z}_s = (1 + j0.5)$ Ω
線阻抗 $\mathbf{Z}_t = (0.4 + j0.3)$ Ω
負載阻抗 $\mathbf{Z}_L = (23.2 + j18.9)$ Ω

試求負載電流 $\mathbf{I}_L$。

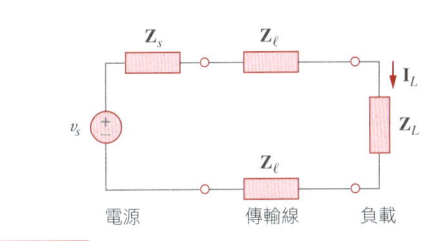

圖 9.92 綜合題 9.93 的電路

Chapter 10 弦波穩態分析

> 我的朋友分為三類：愛我的人、恨我的人和對我漠不關心的人。愛我的人讓我學會親切善良；恨我的人讓我學會小心謹慎；對我漠不關心的人讓我學會獨立。
>
> —— 伊凡・帕寧

加強你的技能和職能

軟體工程職業

軟體工程是處理科學知識在電腦程式的設計、建構及驗證過程與其相關文件之開發、處理和維護方面之實際應用。它是電機工程的一個分支，隨著越來越多的學科需要使用到各類套裝軟體來執行日常工作的程序，以及可程式化微電子系統的應用也越來越廣泛，軟體工程也因此日益重要。

軟體工程師不能與電腦科學家的角色相互混淆；軟體工程師是一個實踐工作者，而不是一個理論家。軟體工程師必須具備良好電腦程式的撰寫能力，並熟悉程式語言，特別是逐漸受歡迎的 C^{++} 語言。因為軟體與硬體是密切相關的，軟體工程師必須全面瞭解硬體設計的相關知識。最重要的是，軟體工程師還應該具備某些用軟體開發得以應用之專門領域的知識。

總而言之，軟體工程的領域對於喜歡撰寫程式與開發套裝軟體的人來說，是一個很棒的職業。優渥的報酬將提供給做好充分準備的人，同時大部分有趣且具有挑戰性的工作機會大多青睞受過研究所教育的人。

NASA 調速輪的 AutoCAD 模型之 3D 印刷輸出。
Charles K. Alexander

10.1 簡介

在第 9 章，我們已經學習了電路在弦波輸入信號下的強迫或穩態響應可以使用相量法來獲得其解。同時也瞭解到歐姆定律與克希荷夫定律均適用於交流電路。在本章，將介紹如何利用節點分析法、網目分析法、戴維寧定理、諾頓定理、重疊定理，以及電源變換等運用到交流電路的分析。因為這些方法已經在直流電路的分析中介紹過，因此本章主要是舉實例來加以說明。

分析交流電路通常需要包含三個步驟：
1. 將電路轉換至相量域或頻域。
2. 求解運用電路分析法 (節點分析法、網目分析法、重疊定理等等)。
3. 將其求得的相量域再轉回到時間領域。

在步驟 1，當所給的問題條件在頻域中是明確的，就不需要進行。步驟 2 中，同直流電路的分析方法，除外會有關係到複數的運算。學好第 9 章，步驟 3 就容易處理了。

> 交流電路的頻域分析透過相量要比在時域中去電路分析來得容易。

最後，本章將介紹如何利用 PSpice 來求解交流電路。並運用交流電路分析二個實際的交流電路：振盪器與交流電晶體電路。

10.2 節點分析法 (Nodal Analysis)

節點分析法的基礎是克希荷夫電流定律 (KCL)。由於 KCL 適用於相量如 9.6 節所述，因此可以用節點分析法做交流電路分析。以下舉一些實例說明。

範例 10.1 利用節點分析法，試求圖 10.1 電路的 i_x。

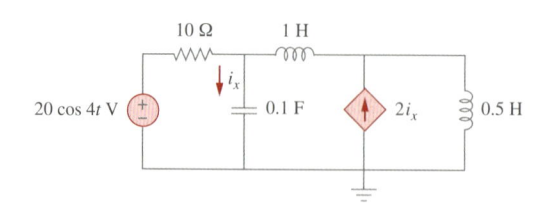

圖 10.1 範例 10.1 的電路

解：首先將電路轉換至頻域：

$$20 \cos 4t \quad \Rightarrow \quad 20\underline{/0°}, \quad \omega = 4 \text{ rad/s}$$
$$1 \text{ H} \quad \Rightarrow \quad j\omega L = j4$$
$$0.5 \text{ H} \quad \Rightarrow \quad j\omega L = j2$$
$$0.1 \text{ F} \quad \Rightarrow \quad \frac{1}{j\omega C} = -j2.5$$

於是，可得頻域中的等效電路，如圖 10.2 所示。

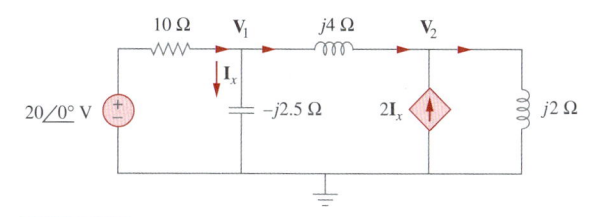

圖 10.2 如圖 10.1 所示電路之頻域等效電路

節點 1 由 KCL 可得

$$\frac{20 - \mathbf{V}_1}{10} = \frac{\mathbf{V}_1}{-j2.5} + \frac{\mathbf{V}_1 - \mathbf{V}_2}{j4}$$

或

$$(1 + j1.5)\mathbf{V}_1 + j2.5\mathbf{V}_2 = 20 \tag{10.1.1}$$

節點 2，

$$2\mathbf{I}_x + \frac{\mathbf{V}_1 - \mathbf{V}_2}{j4} = \frac{\mathbf{V}_2}{j2}$$

但 $\mathbf{I}_x = \mathbf{V}_1/-j2.5$，代入上式可得

$$\frac{2\mathbf{V}_1}{-j2.5} + \frac{\mathbf{V}_1 - \mathbf{V}_2}{j4} = \frac{\mathbf{V}_2}{j2}$$

化簡可得

$$11\mathbf{V}_1 + 15\mathbf{V}_2 = 0 \tag{10.1.2}$$

(10.1.1) 式與 (10.1.2) 式可表示矩陣形式為

$$\begin{bmatrix} 1 + j1.5 & j2.5 \\ 11 & 15 \end{bmatrix} \begin{bmatrix} \mathbf{V}_1 \\ \mathbf{V}_2 \end{bmatrix} = \begin{bmatrix} 20 \\ 0 \end{bmatrix}$$

可得行列式值：

$$\Delta = \begin{vmatrix} 1 + j1.5 & j2.5 \\ 11 & 15 \end{vmatrix} = 15 - j5$$

$$\Delta_1 = \begin{vmatrix} 20 & j2.5 \\ 0 & 15 \end{vmatrix} = 300, \quad \Delta_2 = \begin{vmatrix} 1 + j1.5 & 20 \\ 11 & 0 \end{vmatrix} = -220$$

$$\mathbf{V}_1 = \frac{\Delta_1}{\Delta} = \frac{300}{15 - j5} = 18.97 \underline{/18.43°} \text{ V}$$

$$\mathbf{V}_2 = \frac{\Delta_2}{\Delta} = \frac{-220}{15-j5} = 13.91\underline{/198.3°}\text{ V}$$

電流 $\mathbf{I}_x$ 為

$$\mathbf{I}_x = \frac{\mathbf{V}_1}{-j2.5} = \frac{18.97\underline{/18.43°}}{2.5\underline{/-90°}} = 7.59\underline{/108.4°}\text{ A}$$

將結果轉換至時域為

$$i_x = 7.59\cos(4t+108.4°)\text{ A}$$

練習題 10.1 利用節點分析法，試求圖 10.3 電路的 v_1 與 v_2。

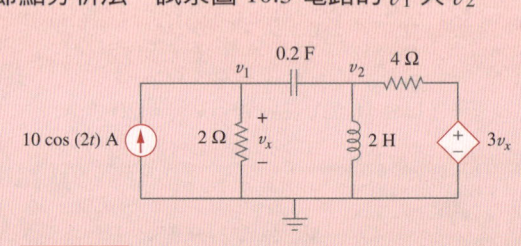

圖 10.3 練習題 10.1 的電路

答： $v_1(t) = 11.325\cos(2t+60.01°)$ V, $v_2(t) = 33.02\cos(2t+57.12°)$ V.

範例 10.2 試計算圖 10.4 電路的 $\mathbf{V}_1$ 與 $\mathbf{V}_2$。

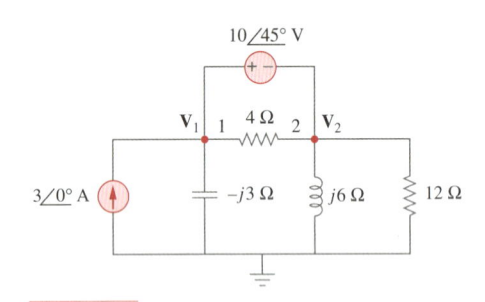

圖 10.4 範例 10.2 的電路

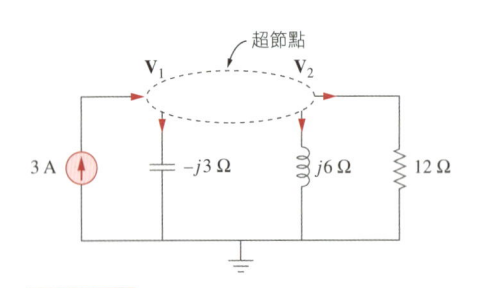

圖 10.5 如圖 10.4 所示電路的超節點

解： 節點 1 與節點 2 組成一個超節點，如圖 10.5 所示。在該超節點，由 KCL 可得

$$3 = \frac{\mathbf{V}_1}{-j3} + \frac{\mathbf{V}_2}{j6} + \frac{\mathbf{V}_2}{12}$$

或者

$$36 = j4\mathbf{V}_1 + (1-j2)\mathbf{V}_2 \quad (10.2.1)$$

連接在節點 1 與節點 2 間的電壓，於是

$$\mathbf{V}_1 = \mathbf{V}_2 + 10\underline{/45°} \quad (10.2.2)$$

將 (10.2.2) 式代入 (10.2.1) 式，可得

$$36 - 40\underline{/135°} = (1+j2)\mathbf{V}_2 \Rightarrow \mathbf{V}_2 = 31.41\underline{/-87.18°}\text{ V}$$

由 (10.2.2) 式可得

$$\mathbf{V}_1 = \mathbf{V}_2 + 10\underline{/45°} = 25.78\underline{/-70.48°} \text{ V}$$

練習題 10.2 試計算圖 10.6 電路的 $\mathbf{V}_1$ 與 $\mathbf{V}_2$。

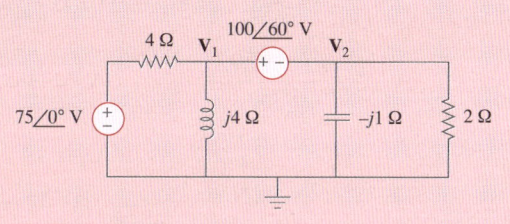

圖 10.6 練習題 10.2 的電路

答：$\mathbf{V}_1 = 96.8\underline{/69.66°}$ V，$\mathbf{V}_2 = 16.88\underline{/165.72°}$ V。

10.3 網目分析法 (Mesh Analysis)

網目分析法的基礎是克希荷夫電壓定律 (KVL)。在 9.6 節已經證實 KVL 對於交流電路的有效性，以下會舉一些實例來加以說明。需要注意的是，網目分析法本質上適用於平面電路。

利用網目分析法，試求圖 10.7 電路的電流 $\mathbf{I}_o$。　　**範例 10.3**

解：對網目 1 迴路，由 KVL 可得

$$(8 + j10 - j2)\mathbf{I}_1 - (-j2)\mathbf{I}_2 - j10\mathbf{I}_3 = 0 \quad (10.3.1)$$

對網目 2 迴路，由 KVL 可得

$$(4 - j2 - j2)\mathbf{I}_2 - (-j2)\mathbf{I}_1 - (-j2)\mathbf{I}_3 + 20\underline{/90°} = 0 \quad (10.3.2)$$

對網目 3 迴路，$\mathbf{I}_3 = 5$。將其代入 (10.3.1) 式與 (10.3.2) 式，可得

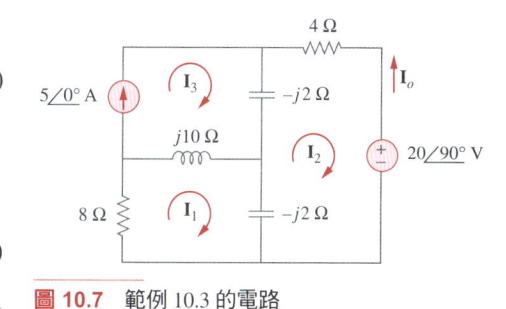

圖 10.7 範例 10.3 的電路

$$(8 + j8)\mathbf{I}_1 + j2\mathbf{I}_2 = j50 \quad (10.3.3)$$

$$j2\mathbf{I}_1 + (4 - j4)\mathbf{I}_2 = -j20 - j10 \quad (10.3.4)$$

(10.3.3) 式與 (10.3.4) 式可表示成矩陣形式為

$$\begin{bmatrix} 8 + j8 & j2 \\ j2 & 4 - j4 \end{bmatrix} \begin{bmatrix} \mathbf{I}_1 \\ \mathbf{I}_2 \end{bmatrix} = \begin{bmatrix} j50 \\ -j30 \end{bmatrix}$$

其行列式值：

$$\Delta = \begin{vmatrix} 8+j8 & j2 \\ j2 & 4-j4 \end{vmatrix} = 32(1+j)(1-j)+4 = 68$$

$$\Delta_2 = \begin{vmatrix} 8+j8 & j50 \\ j2 & -j30 \end{vmatrix} = 340-j240 = 416.17\underline{/-35.22°}$$

$$\mathbf{I}_2 = \frac{\Delta_2}{\Delta} = \frac{416.17\underline{/-35.22°}}{68} = 6.12\underline{/-35.22°} \text{ A}$$

所求的電流為

$$\mathbf{I}_o = -\mathbf{I}_2 = 6.12\underline{/144.78°} \text{ A}$$

練習題 10.3 利用網目分析法，試求圖 10.8 電路的電流 $\mathbf{I}_o$。

答： $5.969\underline{/65.45°}$ A.

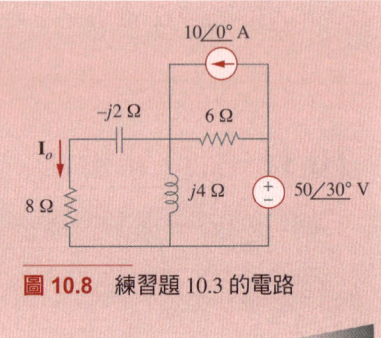

圖 10.8 練習題 10.3 的電路

範例 10.4 利用網目分析法，試求圖 10.9 電路的 $\mathbf{V}_o$。

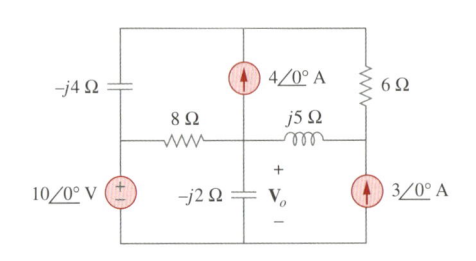

圖 10.9 範例 10.4 的電路

解： 如圖 10.10 所示，因網目 3 與網目 4 間包括電流源，所以網目 3 與網目 4 形成一個超網目。在網目 1 迴路，由 KVL 可得

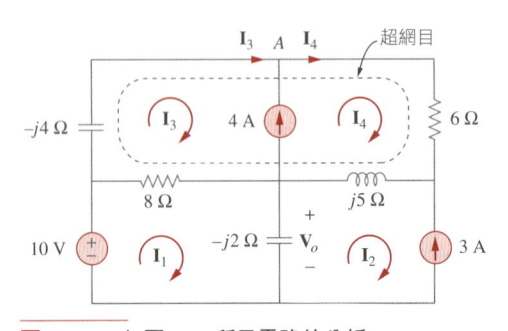

圖 10.10 如圖 10.9 所示電路的分析

$$-10 + (8 - j2)\mathbf{I}_1 - (-j2)\mathbf{I}_2 - 8\mathbf{I}_3 = 0$$

即

$$(8 - j2)\mathbf{I}_1 + j2\mathbf{I}_2 - 8\mathbf{I}_3 = 10 \tag{10.4.1}$$

網目 2 迴路，

$$\mathbf{I}_2 = -3 \tag{10.4.2}$$

對於超網目迴路，

$$(8 - j4)\mathbf{I}_3 - 8\mathbf{I}_1 + (6 + j5)\mathbf{I}_4 - j5\mathbf{I}_2 = 0 \tag{10.4.3}$$

因電流存在於網目 3 與網目 4 間，因此在節點 A 處，

$$\mathbf{I}_4 = \mathbf{I}_3 + 4 \tag{10.4.4}$$

◆**方法一**：求解上述四個方程式，利用消去法簡化為二個方程式。

將 (10.4.1) 式與 (10.4.2) 式合併後可得

$$(8 - j2)\mathbf{I}_1 - 8\mathbf{I}_3 = 10 + j6 \tag{10.4.5}$$

將 (10.4.2) 式至 (10.4.4) 式合併：

$$-8\mathbf{I}_1 + (14 + j)\mathbf{I}_3 = -24 - j35 \tag{10.4.6}$$

由 (10.4.5) 式與 (10.4.6) 式，可得矩陣方程式為

$$\begin{bmatrix} 8 - j2 & -8 \\ -8 & 14 + j \end{bmatrix} \begin{bmatrix} \mathbf{I}_1 \\ \mathbf{I}_3 \end{bmatrix} = \begin{bmatrix} 10 + j6 \\ -24 - j35 \end{bmatrix}$$

可得以下的行列式值為

$$\Delta = \begin{vmatrix} 8 - j2 & -8 \\ -8 & 14 + j \end{vmatrix} = 112 + j8 - j28 + 2 - 64 = 50 - j20$$

$$\Delta_1 = \begin{vmatrix} 10 + j6 & -8 \\ -24 - j35 & 14 + j \end{vmatrix} = 140 + j10 + j84 - 6 - 192 - j280$$

可得電流 $\mathbf{I}_1$ 為

$$\mathbf{I}_1 = \frac{\Delta_1}{\Delta} = \frac{-58 - j186}{50 - j20} = 3.618 \underline{/274.5°} \text{ A}$$

則所求之電壓 $\mathbf{V}_o$ 為

$$\mathbf{V}_o = -j2(\mathbf{I}_1 - \mathbf{I}_2) = -j2(3.618 \underline{/274.5°} + 3)$$
$$= -7.2134 - j6.568 = 9.756 \underline{/222.32°} \text{ V}$$

◆ **方法二**：利用 MATLAB 求解 (10.4.1) 式至 (10.4.4) 式，首先將上述方程表示成矩陣形式：

$$\begin{bmatrix} 8-j2 & j2 & -8 & 0 \\ 0 & 1 & 0 & 0 \\ -8 & -j5 & 8-j4 & 6+j5 \\ 0 & 0 & -1 & 1 \end{bmatrix} \begin{bmatrix} \mathbf{I}_1 \\ \mathbf{I}_2 \\ \mathbf{I}_3 \\ \mathbf{I}_4 \end{bmatrix} = \begin{bmatrix} 10 \\ -3 \\ 0 \\ 4 \end{bmatrix} \qquad (10.4.7\text{a})$$

即

$$\mathbf{AI} = \mathbf{B}$$

求取 **A** 的逆矩陣，可得到 **I**：

$$\mathbf{I} = \mathbf{A}^{-1}\mathbf{B} \qquad (10.4.7\text{b})$$

以下為 MATLAB 求解的過程：

```
>> A = [(8-j*2)   j*2    -8       0;
         0        1       0       0;
        -8       -j*5   (8-j*4) (6+j*5);
         0        0      -1       1];
>> B = [10 -3 0 4]';
>> I = inv(A)*B

I =
   0.2828 - 3.6069i
  -3.0000
  -1.8690 - 4.4276i
   2.1310 - 4.4276i
>> Vo = -2*j*(I(1) - I(2))

Vo =
  -7.2138 - 6.5655i
```

結果同前。

練習題 10.4　試計算圖 10.11 電路的電流 $\mathbf{I}_o$。

答：$6.089\underline{/5.94°}$ A.

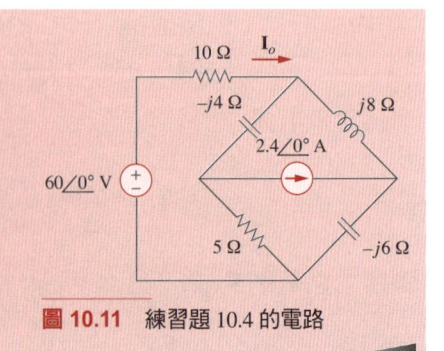

圖 10.11　練習題 10.4 的電路

10.4 重疊定理 (Superposition Theorem)

由於交流電路是線性電路的，所以重疊定理在交流電路中的應用與在直流電路中之使用是相同的。若電路工作在不同頻率電源下，則重疊定理更為重要。在此情況下，因阻抗由頻率決定，因此對不同的頻率須採用不同的頻域等效電路。其總響應為時域中各單獨響應之和。在相量域或頻域中去加總響應是不對的。為什麼？因為在正弦分析中，指數因子 $e^{j\omega t}$ 是隱藏的，且其在不同的角頻率 ω，該因子是變化的。因此，在相量域中不同頻率響應的累加是沒有意義的。亦即，當電路中有不同頻率工作的電源時，必須在時間領域中完成各頻率響應之和。

範例 10.5

利用重疊定理，試求圖 10.7 電路的 $\mathbf{I}_o$。

解： 令

$$\mathbf{I}_o = \mathbf{I}'_o + \mathbf{I}''_o \tag{10.5.1}$$

其中 $\mathbf{I}'_o$ 與 $\mathbf{I}''_o$ 分別為由電壓源與電流源所引起的電流。如圖 10.12(a) 所示電路，為了求解 $\mathbf{I}'_o$。假如設 $\mathbf{Z}$ 為 $-j2$ 與 $8+j10$ 的並聯阻抗，則

$$\mathbf{Z} = \frac{-j2(8+j10)}{-2j+8+j10} = 0.25 - j2.25$$

及電流 $\mathbf{I}'_o$ 為

$$\mathbf{I}'_o = \frac{j20}{4-j2+\mathbf{Z}} = \frac{j20}{4.25-j4.25}$$

即

$$\mathbf{I}'_o = -2.353 + j2.353 \tag{10.5.2}$$

為了求解 $\mathbf{I}''_o$，考慮如圖 10.12(b) 所示之電路。對於網目 1 迴路，

$$(8+j8)\mathbf{I}_1 - j10\mathbf{I}_3 + j2\mathbf{I}_2 = 0 \tag{10.5.3}$$

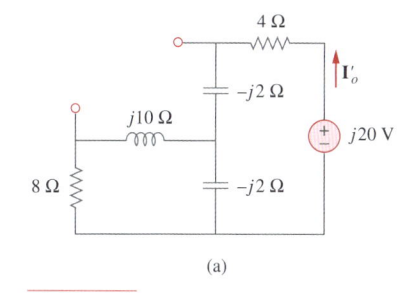

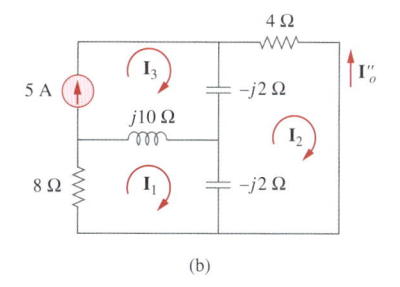

圖 10.12 用於求解範例 10.5 的電路

對於網目 2 迴路，

$$(4 - j4)\mathbf{I}_2 + j2\mathbf{I}_1 + j2\mathbf{I}_3 = 0 \qquad (10.5.4)$$

對於網目 3 迴路，

$$\mathbf{I}_3 = 5 \qquad (10.5.5)$$

由 (10.5.4) 式與 (10.5.5) 式，

$$(4 - j4)\mathbf{I}_2 + j2\mathbf{I}_1 + j10 = 0$$

利用 $\mathbf{I}_2$ 表示 $\mathbf{I}_1$ 得

$$\mathbf{I}_1 = (2 + j2)\mathbf{I}_2 - 5 \qquad (10.5.6)$$

將 (10.5.5) 式與 (10.5.6) 式代入 (10.5.3) 式可得

$$(8 + j8)[(2 + j2)\mathbf{I}_2 - 5] - j50 + j2\mathbf{I}_2 = 0$$

即

$$\mathbf{I}_2 = \frac{90 - j40}{34} = 2.647 - j1.176$$

則電流 $\mathbf{I}_o''$ 為

$$\mathbf{I}_o'' = -\mathbf{I}_2 = -2.647 + j1.176 \qquad (10.5.7)$$

由 (10.5.2) 式與 (10.5.7) 式，可得

$$\mathbf{I}_o = \mathbf{I}_o' + \mathbf{I}_o'' = -5 + j3.529 = 6.12\underline{/144.78°} \text{ A}$$

與範例 10.3 所得到的結果相同。可看出使用重疊定理來求解此例並非最好的。利用重疊定理來求解比用原電路求解難一倍。然而，在範例 10.6 中，利用重疊定理求解是明顯容易的方法。

練習題 10.5 利用重疊定理，試求圖 10.8 電路的電流 $\mathbf{I}_o$。

答：$5.97\underline{/65.45°}$ A.

範例 10.6

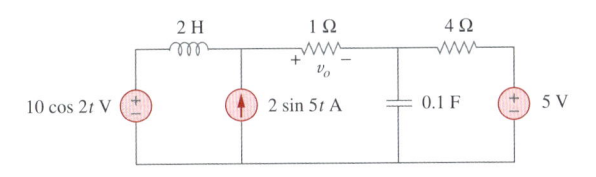

利用重疊定理，試求圖 10.13 電路的 v_o。

圖 10.13 範例 10.6 的電路

解： 由於電路工作在三個不同的頻率下 (直流電壓源 $\omega = 0$)，求解的方法之一是利用重疊定理，將所求的響應分解為三個單獨頻率響應。因此，令

$$v_o = v_1 + v_2 + v_3 \tag{10.6.1}$$

其中 v_1 是由 5 V 直流電壓源引起的響應，v_2 是由 10 cos 2t V 電壓源引起的響應，v_3 為由 2 sin 5t A 電流源所引起之響應。

求 v_1 時，須將 5 V 直流源以外的其他電源均設為零。在此直流穩態下，電容器為開路，電感器為短路。或者由另一方面看，因 $\omega = 0$，所以 $j\omega L = 0$，$1/j\omega C = \infty$，此時的等效電路如圖 10.14(a) 所示。由分壓可得

$$-v_1 = \frac{1}{1+4}(5) = 1 \text{ V} \tag{10.6.2}$$

求 v_2 時，需將 5 V 直流源與 2 sin 5t A 電流源設為零，並將該電路轉換到頻域。

$$\begin{aligned} 10\cos 2t &\Rightarrow 10\underline{/0°}, \quad \omega = 2 \text{ rad/s} \\ 2 \text{ H} &\Rightarrow j\omega L = j4 \text{ } \Omega \\ 0.1 \text{ F} &\Rightarrow \frac{1}{j\omega C} = -j5 \text{ } \Omega \end{aligned}$$

等效電路，如圖 10.14(b) 所示。令

$$\mathbf{Z} = -j5 \parallel 4 = \frac{-j5 \times 4}{4-j5} = 2.439 - j1.951$$

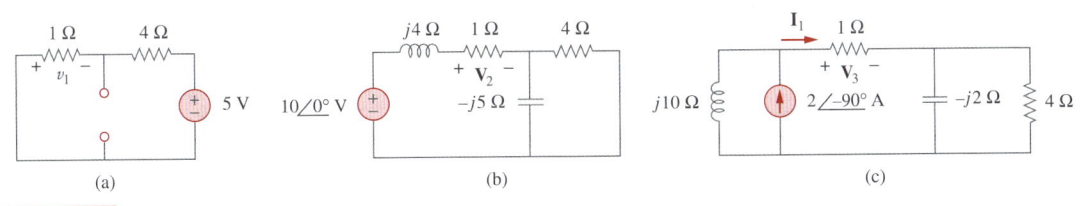

圖 10.14 用於求解範例 10.6 的電路：(a) 除 5 V 直流源外其他電源均設為零，(b) 除交流電壓源外其他電源均設為零，(c) 除交流電流源外其他電源均設為零

由分壓，

$$\mathbf{V}_2 = \frac{1}{1 + j4 + \mathbf{Z}}(10\underline{/0°}) = \frac{10}{3.439 + j2.049} = 2.498\underline{/-30.79°}$$

轉換至時域，

$$v_2 = 2.498 \cos(2t - 30.79°) \tag{10.6.3}$$

求 v_3，須將電壓源設為零，並將電路轉換至頻域。

$$\begin{aligned}
2 \sin 5t &\Rightarrow 2\underline{/-90°}, \quad \omega = 5 \text{ rad/s} \\
2 \text{ H} &\Rightarrow j\omega L = j10 \text{ Ω} \\
0.1 \text{ F} &\Rightarrow \frac{1}{j\omega C} = -j2 \text{ Ω}
\end{aligned}$$

等效電路，如圖 10.14(c) 所示。令

$$\mathbf{Z}_1 = -j2 \parallel 4 = \frac{-j2 \times 4}{4 - j2} = 0.8 - j1.6 \text{ Ω}$$

由分流，

$$\mathbf{I}_1 = \frac{j10}{j10 + 1 + \mathbf{Z}_1}(2\underline{/-90°}) \text{ A}$$

$$\mathbf{V}_3 = \mathbf{I}_1 \times 1 = \frac{j10}{1.8 + j8.4}(-j2) = 2.328\underline{/-80°} \text{ V}$$

轉換至時域為

$$v_3 = 2.33 \cos(5t - 80°) = 2.33 \sin(5t + 10°) \text{ V} \tag{10.6.4}$$

將 (10.6.2) 式至 (10.6.4) 式代入 (10.6.1) 式，可得

$$v_o(t) = -1 + 2.498 \cos(2t - 30.79°) + 2.33 \sin(5t + 10°) \text{ V}$$

練習題 10.6 利用重疊定理，試計算圖 10.15 電路的 v_o。

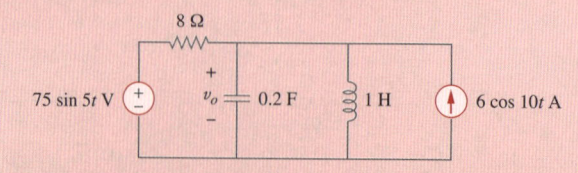

圖 10.15 練習題 10.6 的電路

答：$11.577 \sin(5t - 81.12°) + 3.154 \cos(10t - 86.24°)$ V.

10.5 電源變換 (Source Transformation)

　　如圖 10.16 所示，在頻域中的電源變換包括電壓源與阻抗串聯轉換為電流源與阻抗並聯，反之亦然。當由一種電源形式轉換至另一種電源形式時，須牢記以下的關係：

$$\mathbf{V}_s = \mathbf{Z}_s \mathbf{I}_s \quad \Leftrightarrow \quad \mathbf{I}_s = \frac{\mathbf{V}_s}{\mathbf{Z}_s} \tag{10.1}$$

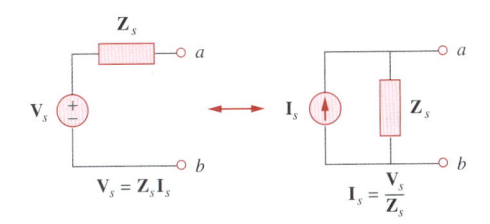

圖 10.16　電源變換

範例 10.7

利用電源變換的方法，試計算圖 10.17 電路的 $\mathbf{V}_x$。

解：轉換電壓源為電流源得到如圖 10.18(a) 所示電路，其中

$$\mathbf{I}_s = \frac{20\angle{-90°}}{5} = 4\angle{-90°} = -j4 \text{ A}$$

$5\,\Omega$ 電阻與 $(3 + j4)$ 阻抗並聯可得

$$\mathbf{Z}_1 = \frac{5(3 + j4)}{8 + j4} = 2.5 + j1.25 \; \Omega$$

將電流源變換為電壓源可得如圖 10.18(b) 所示電路，其中

$$\mathbf{V}_s = \mathbf{I}_s \mathbf{Z}_1 = -j4(2.5 + j1.25) = 5 - j10 \text{ V}$$

圖 10.17　範例 10.7 的電路

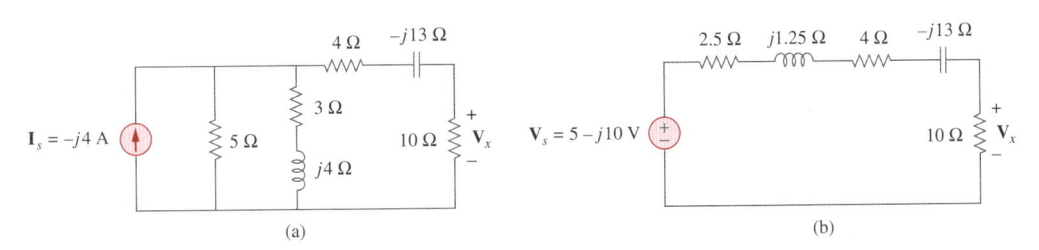

圖 10.18　在圖 10.17 所示電路之解

由分壓定理可知，

$$V_x = \frac{10}{10 + 2.5 + j1.25 + 4 - j13}(5 - j10) = 5.519\underline{/-28°} \text{ V}$$

練習題 10.7 利用電源變換的觀念，試求圖 10.19 電路的 I_o。

答：$9.863\underline{/99.46°}$ A.

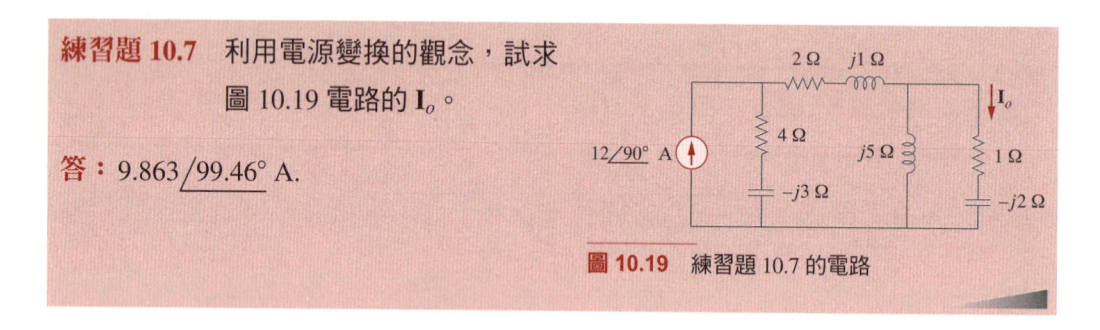

圖 10.19 練習題 10.7 的電路

10.6 戴維寧與諾頓等效電路 (Thevenin and Norton Equivalent Circuits)

戴維寧定理與諾頓定理在交流電路中的應用與在直流電路中的應用是相同的。唯一不同的是需進行複數運算。戴維寧等效電路的頻域形成，如圖 10.20 所示，圖中的線性電路可用一個電壓源與其相應之阻抗相串聯來取代。諾頓等效電路，如圖 10.21 所示，圖中的線性電路可用一個電流源與其相應之阻抗並聯來取代。請記住，上述兩種等效電路間的關係為

$$\mathbf{V}_{Th} = \mathbf{Z}_N \mathbf{I}_N, \qquad \mathbf{Z}_{Th} = \mathbf{Z}_N \tag{10.2}$$

如同電源變換。其中 $\mathbf{V}_{Th}$ 為開路電壓，而 $\mathbf{I}_N$ 為短路電流。

若電路在不同的電源頻率下工作 (如範例 10.6 所示)，須在每一頻率下決定出其戴維寧或諾頓的等效電路。如此，每個頻率下會對應出其相應的等效電路，而非由等效電源及等效阻抗所組成的一個等效電路。

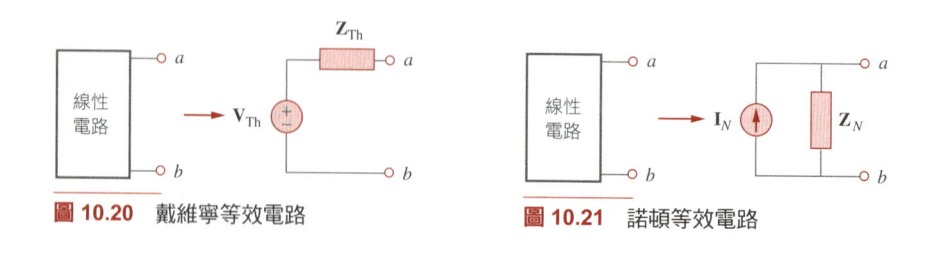

圖 10.20 戴維寧等效電路

圖 10.21 諾頓等效電路

試求圖 10.22 電路中 a-b 二端的戴維寧等效電路。 **範例 10.8**

解：將電壓源設為零，求出 $\mathbf{Z}_{Th}$。如圖 10.23(a) 所示，8 Ω 電阻與 −j6 電抗相並聯，阻抗為

$$\mathbf{Z}_1 = -j6 \parallel 8 = \frac{-j6 \times 8}{8 - j6} = 2.88 - j3.84 \ \Omega$$

同理，4 Ω 電阻與 j12 電抗相並聯，可得阻抗為

$$\mathbf{Z}_2 = 4 \parallel j12 = \frac{j12 \times 4}{4 + j12} = 3.6 + j1.2 \ \Omega$$

戴維寧阻抗為 $\mathbf{Z}_1$ 與 $\mathbf{Z}_2$ 串聯，

$$\mathbf{Z}_{Th} = \mathbf{Z}_1 + \mathbf{Z}_2 = 6.48 - j2.64 \ \Omega$$

求 $\mathbf{V}_{Th}$，如圖 10.23(b) 所示電路，圖中 $\mathbf{I}_1$ 與 $\mathbf{I}_2$ 分別為

$$\mathbf{I}_1 = \frac{120\underline{/75°}}{8 - j6} \text{ A}, \quad \mathbf{I}_2 = \frac{120\underline{/75°}}{4 + j12} \text{ A}$$

由 KVL，如圖 10.23(b) 所示電路中的迴路 bcdeab，可得

$$\mathbf{V}_{Th} - 4\mathbf{I}_2 + (-j6)\mathbf{I}_1 = 0$$

於是

$$\mathbf{V}_{Th} = 4\mathbf{I}_2 + j6\mathbf{I}_1 = \frac{480\underline{/75°}}{4 + j12} + \frac{720\underline{/75° + 90°}}{8 - j6}$$

$$= 37.95\underline{/3.43°} + 72\underline{/201.87°}$$

$$= -28.936 - j24.55 = 37.95\underline{/220.31°} \text{ V}$$

圖 10.22 範例 10.8 的電路

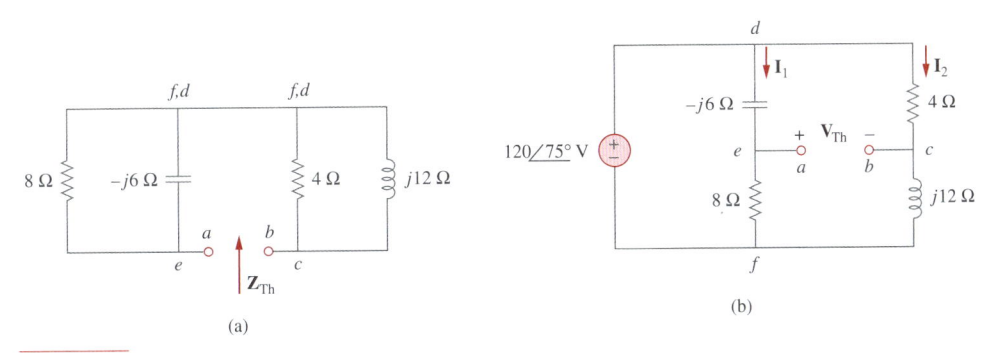

圖 10.23 用於求解圖 10.22 所示電路：(a) 求 $\mathbf{Z}_{Th}$，(b) 求 $\mathbf{V}_{Th}$

練習題 10.8 試求圖 10.24 電路中，在 a-b 二端的戴維寧等效電路。

答：$\mathbf{Z}_{Th} = 12.4 - j3.2\ \Omega$,
$\mathbf{V}_{Th} = 63.24\underline{/-51.57°}\ \text{V}$.

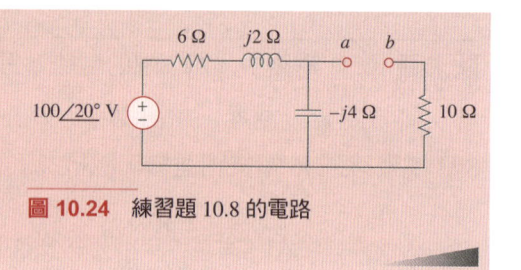

圖 10.24 練習題 10.8 的電路

範例 10.9 試求圖 10.25 電路中，由 a-b 二端看進去的戴維寧等效電路。

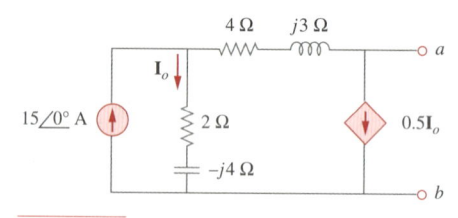

圖 10.25 範例 10.9 的電路

解：求 $\mathbf{V}_{Th}$，如圖 10.26(a) 所示電路中節點 1，由 KCL 可得

$$15 = \mathbf{I}_o + 0.5\mathbf{I}_o \quad \Rightarrow \quad \mathbf{I}_o = 10\ \text{A}$$

由 KVL，如圖 10.26(a) 所示電路之右邊迴路，可得

$$-\mathbf{I}_o(2 - j4) + 0.5\mathbf{I}_o(4 + j3) + \mathbf{V}_{Th} = 0$$

即

$$\mathbf{V}_{Th} = 10(2 - j4) - 5(4 + j3) = -j55$$

因此，戴維寧電壓為

$$\mathbf{V}_{Th} = 55\underline{/-90°}\ \text{V}$$

求 $\mathbf{Z}_{Th}$，須將獨立電源移去。因有電流控制之電流源，所以需在 a-b 二端接上一個 3 A 的電流源 (3 A 是為了便於運算所取的任意值，為可被流出節點之總電流整除的數)，如圖 10.26(b) 所示。在該節點，由 KCL 可得

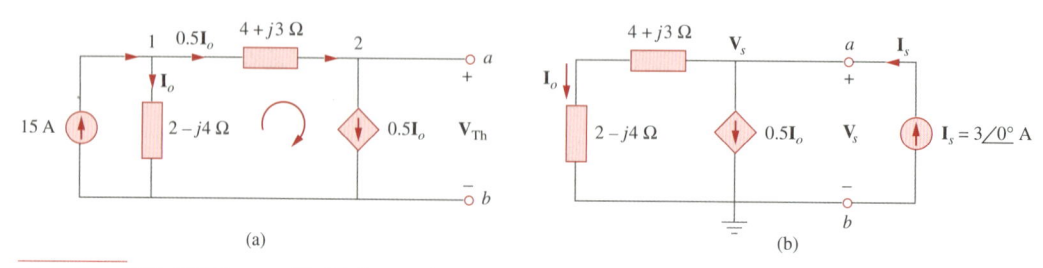

圖 10.26 用於求解圖 10.25 所示電路：(a) 求 $\mathbf{V}_{Th}$，(b) 求 $\mathbf{Z}_{Th}$

$$3 = \mathbf{I}_o + 0.5\mathbf{I}_o \quad \Rightarrow \quad \mathbf{I}_o = 2 \text{ A}$$

如圖 10.26(b) 中之外圍迴路，由 KVL 可得

$$\mathbf{V}_s = \mathbf{I}_o(4 + j3 + 2 - j4) = 2(6 - j)$$

則戴維寧等效阻抗為

$$\mathbf{Z}_{\text{Th}} = \frac{\mathbf{V}_s}{\mathbf{I}_s} = \frac{2(6-j)}{3} = 4 - j0.6667 \text{ }\Omega$$

練習題 10.9 試決定圖 10.27 電路中，從 a-b 二端看進去的戴維寧等效電路。

答： $\mathbf{Z}_{\text{Th}} = 4.473\underline{/-7.64°}\text{ }\Omega$, $\mathbf{V}_{\text{Th}} = 7.35\underline{/72.9°}\text{ V}$.

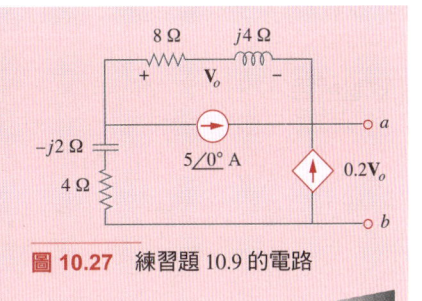

圖 10.27 練習題 10.9 的電路

範例 10.10

利用諾頓定理，試求圖 10.28 電路的電流 $\mathbf{I}_o$。

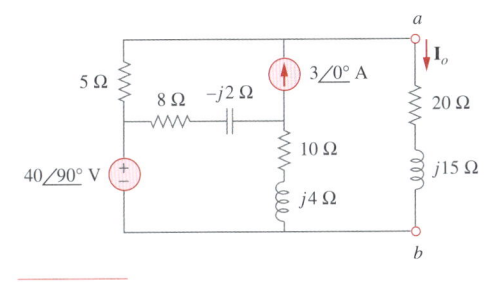

圖 10.28 範例 10.10 的電路

解： 首先需決定 a-b 二端的諾頓等效電路。$\mathbf{Z}_N$ 的求法與 $\mathbf{Z}_{\text{Th}}$ 相同。將各電源設為零，可得如圖 10.29(a) 所示之電路。由圖中明顯得知，阻抗 $(8-j2)$ 與 $(10+j4)$ 被短路，於是

$$\mathbf{Z}_N = 5 \text{ }\Omega$$

求 $\mathbf{I}_N$，將 a-b 點短路，如圖 10.29(b) 所示，並利用網目分析法求解。應注意網目 2 與網目 3 形成一個超網目，因電流源存在其間。網目 1，有

$$-j40 + (18 + j2)\mathbf{I}_1 - (8 - j2)\mathbf{I}_2 - (10 + j4)\mathbf{I}_3 = 0 \quad (10.10.1)$$

(a) (b) (c)

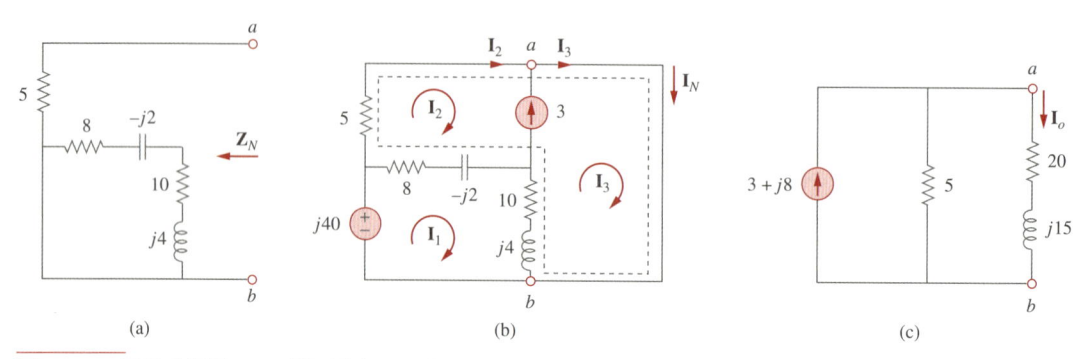

圖 10.29 用於求解圖 10.28 所示電路：(a) 求 $\mathbf{Z}_N$，(b) 求 $\mathbf{V}_N$，(c) 計算 $\mathbf{I}_o$

對超網目，

$$(13 - j2)\mathbf{I}_2 + (10 + j4)\mathbf{I}_3 - (18 + j2)\mathbf{I}_1 = 0 \tag{10.10.2}$$

在節點 a 處，因網目 2 與網目 3 間有電流存在，於是

$$\mathbf{I}_3 = \mathbf{I}_2 + 3 \tag{10.10.3}$$

將 (10.10.1) 式和 (10.10.2) 式相加，可得

$$-j40 + 5\mathbf{I}_2 = 0 \quad \Rightarrow \quad \mathbf{I}_2 = j8$$

由 (10.10.3) 式，

$$\mathbf{I}_3 = \mathbf{I}_2 + 3 = 3 + j8$$

則諾頓電流

$$\mathbf{I}_N = \mathbf{I}_3 = (3 + j8) \text{ A}$$

圖 10.29(c) 顯示出諾頓等效電路及 a-b 二端的負載阻抗。由分流，

$$\mathbf{I}_o = \frac{5}{5 + 20 + j15} \mathbf{I}_N = \frac{3 + j8}{5 + j3} = 1.465 \underline{/38.48°} \text{ A}$$

練習題 10.10 試決定圖 10.30 電路中，由 a-b 二端看進去的諾頓等效電路，並利用所求出的等效電路求 $\mathbf{I}_o$。

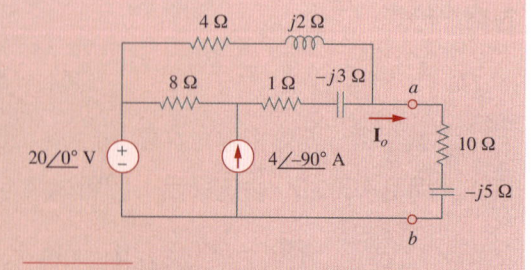

圖 10.30 練習題 10.10 及 10.35 的電路

答：$\mathbf{Z}_N = 3.176 + j0.706 \ \Omega$，$\mathbf{I}_N = 8.396 \underline{/-32.68°}$ A，$\mathbf{I}_o = 1.9714 \underline{/-2.10°}$ A。

10.7 交流運算放大器電路 (Op Amp AC Circuits)

在 10.1 節介紹的分析交流電路的三個步驟同樣適用於運算放大器電路，只要運算放大器工作在線性區間時。照慣例，假設理想的運算放大器下。(如 5.2 節。) 如第 5 章所討論，分析運算放大器電路的關鍵是謹記理想運算放大器的二個重要性質：

1. 運算放大器的輸出端無電流流入。
2. 運算放大器的輸入端電壓差為零。

以下列舉交流運算放大器電路的分析以說明。

範例 10.11

試求圖 10.31(a) 運算放大器電路的 $v_o(t)$，若 $v_s(t) = 3 \cos 1000t$ V。

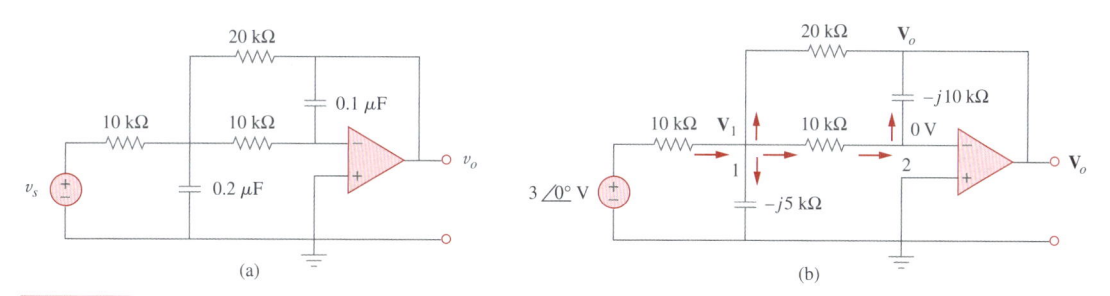

圖 10.31 範例 10.11 的電路：(a) 原時域電路，(b) 對應的頻率等效電路

解：先將電路轉換至頻域，如圖 10.31(b) 所示，圖中 $\mathbf{V}_s = 3\underline{/0°}$，$\omega = 1000$ rad/s。
節點 1，由 KCL 可得

$$\frac{3\underline{/0°} - \mathbf{V}_1}{10} = \frac{\mathbf{V}_1}{-j5} + \frac{\mathbf{V}_1 - 0}{10} + \frac{\mathbf{V}_1 - \mathbf{V}_o}{20}$$

即

$$6 = (5 + j4)\mathbf{V}_1 - \mathbf{V}_o \qquad (10.11.1)$$

節點 2，由 KCL 可得

$$\frac{\mathbf{V}_1 - 0}{10} = \frac{0 - \mathbf{V}_o}{-j10}$$

即

$$\mathbf{V}_1 = -j\mathbf{V}_o \qquad (10.11.2)$$

將 (10.11.2) 式代入 (10.11.1) 式，

$$6 = -j(5+j4)\mathbf{V}_o - \mathbf{V}_o = (3-j5)\mathbf{V}_o$$

$$\mathbf{V}_o = \frac{6}{3-j5} = 1.029\underline{/59.04°}$$

因此，

$$v_o(t) = 1.029\cos(1000t + 59.04°)\text{ V}$$

練習題 10.11 試求圖 10.32 所示運算放大器電路的 v_o 與 i_o，假設 $v_s = 12\cos 5000t$ V。

答：4 sin 5000t V, 400 sin 5000t μA。

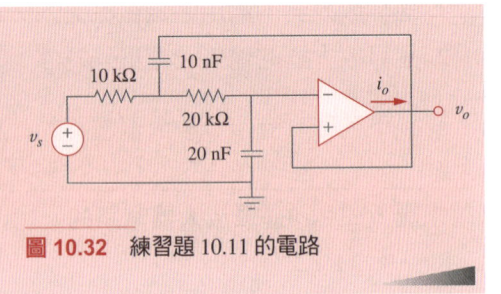

圖 10.32 練習題 10.11 的電路

範例 10.12 試計算圖 10.33 電路的閉迴路增益與相移。假設 $R_1 = R_2 = 10\text{ k}\Omega$、$C_1 = 2\text{ μF}$、$C_2 = 1\text{ μF}$，以及 $\omega = 200\text{ rad/s}$。

解：圖中回授阻抗和輸入阻抗分別為

$$\mathbf{Z}_f = R_2 \parallel \frac{1}{j\omega C_2} = \frac{R_2}{1 + j\omega R_2 C_2}$$

$$\mathbf{Z}_i = R_1 + \frac{1}{j\omega C_1} = \frac{1 + j\omega R_1 C_1}{j\omega C_1}$$

由於圖 10.33 所示電路是一個反相放大器，其閉迴路增益為

$$\mathbf{G} = \frac{\mathbf{V}_o}{\mathbf{V}_s} = -\frac{\mathbf{Z}_f}{\mathbf{Z}_i} = \frac{-j\omega C_1 R_2}{(1+j\omega R_1 C_1)(1+j\omega R_2 C_2)}$$

圖 10.33 範例 10.12 的電路

將已知的 R_1、R_2、C_1、C_2 與 ω 值代入後，可得

$$\mathbf{G} = \frac{-j4}{(1+j4)(1+j2)} = 0.434\underline{/130.6°}$$

因此，該電路的閉迴路增益為 0.434，相移為 130.6°。

練習題 10.12 試求圖 10.34 電路的閉迴路增益與相移，假設 $R = 10$ kΩ、$C = 1$ μF，以及 $\omega = 1000$ rad/s。

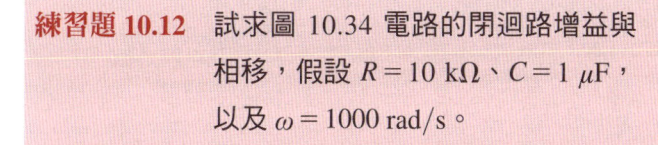

答：1.0147，$-5.6°$。

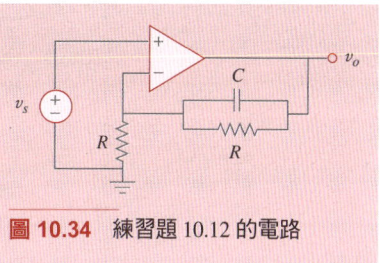

圖 10.34 練習題 10.12 的電路

10.8 交流電路分析使用 PSpice (AC Analysis Using PSpice)

　　交流電路使用 PSpice 軟體來分析減輕了很大的複數計算的冗長工作。利用 PSpice 來分析交流電路的過程相當類似與直流電路的分析。交流電路分析是在相量域或頻域中完成，且所有電源須具有相同的頻率。雖然交流分析使用 PSpice 涉及用 AC Sweep 命令，但在本章的交流分析只需單一頻率 $f = \omega/2\pi$。PSpice 的輸出資料包括電壓與電流相量。如果需要，阻抗可利用輸出的電壓與電流來計算。

範例 10.13

利用 PSpice 試決定圖 10.35 電路的 v_o 與 i_o。

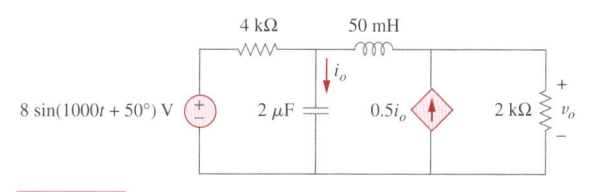

圖 10.35 範例 10.13 的電路

解：首先將正弦轉換為餘弦函數，

$$8 \sin(1000t + 50°) = 8 \cos(1000t + 50° - 90°)$$
$$= 8 \cos(1000t - 40°)$$

由 ω 可求出頻率為

$$f = \frac{\omega}{2\pi} = \frac{1000}{2\pi} = 159.155 \text{ Hz}$$

　　該電路如圖 10.36 所示。注意：圖中電流控制電流源 F1 連接的使得電流從節點 0 流向節點 3，與如圖 10.35 所示之原始電路的電流一致。因只需求出 v_o 與 i_o 的振幅大小和相位即可，因此須將 IPRINT 與 VPRINT1 的屬性分別設置為 *AC = yes*，*MAG = yes*，*PHASE = yes*。由於對單一頻率分析，選單 **Analysis/Setup/AC Sweep**，及在對話框中輸入 *Total Pts = 1*、*Start Freq = 159.155*，以及 *Final*

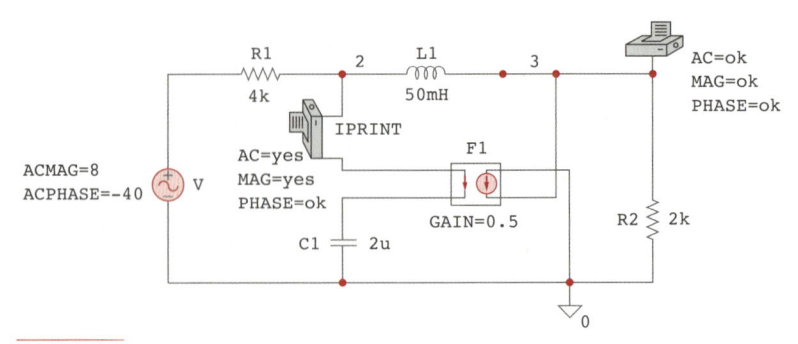

圖 10.36 圖 10.35 所示電路的圖解

Freq = 159.155。儲存圖示電路後，即可選 **Analysis/Simulate** 進行電路模擬。輸出的檔案內容包含電源頻率與虛元件的 IPRINT 與 VPRINT1 屬性，

```
FREQ           IM(V_PRINT3)    IP(V_PRINT3)
1.592E+02      3.264E-03       -3.743E+01

FREQ           VM(3)           VP(3)
1.592E+02      1.550E+00       -9.518E+01
```

由輸出資料，可得

$$\mathbf{V}_o = 1.55\underline{/-95.18°} \text{ V}, \quad \mathbf{I}_o = 3.264\underline{/-37.43°} \text{ mA}$$

上述為相量域

$$v_o = 1.55\cos(1000t - 95.18°) = 1.55\sin(1000t - 5.18°) \text{ V}$$

及

$$i_o = 3.264\cos(1000t - 37.43°) \text{ mA}$$

練習題 10.13 利用 PSpice 求圖 10.37 電路的 v_o 與 i_o。

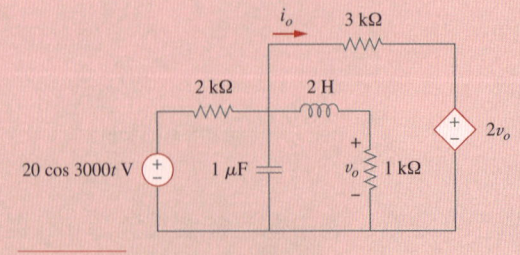

圖 10.37 練習題 10.13 的電路

答：$536.4\cos(3000t - 154.6°)$ mV, $1.088\cos(3000t - 55.12°)$ mA。

試求圖 10.38 電路的 $\mathbf{V}_1$ 與 $\mathbf{V}_2$。

範例 **10.14**

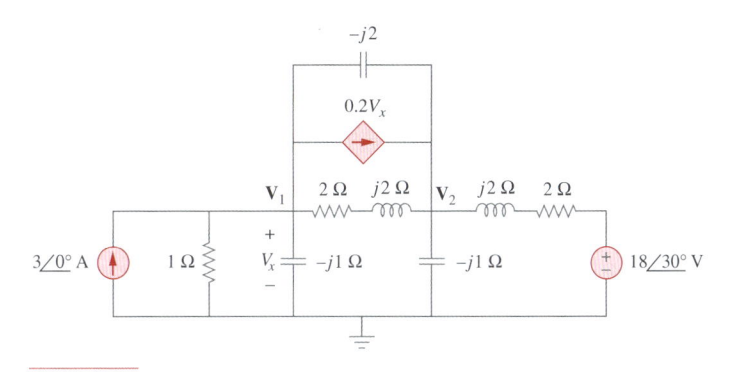

圖 10.38　範例 10.14 的電路

解：

1. **定義**：此範例所要解決的問題已明確清楚。再次強調，這步驟所花費的時間必將節省後續時間的消耗！一個可能出現的問題是，如果題目之參數不全，就需要問清楚題目相應參數的位置。如果問不到結果，則需假設參數在什麼位置，之後明確敘述所做的處理及其原因。

2. **表達**：已知電路為頻域電路，且未知的節點電壓 $\mathbf{V}_1$ 與 $\mathbf{V}_2$ 同樣為頻域值。顯然，需在頻域中求解這些未知數。

3. **選擇**：有二種方法求解本範例，即直接利用節點分析法，或者利用 PSpice 求解。由於本範例專門用 PSpice 來求解 $\mathbf{V}_1$ 與 $\mathbf{V}_2$，之後再用節點分析法驗證其結果。

4. **嘗試**：如圖 10.35 所示為時域電路，而圖 10.38 所示即為一頻域電路。由於未給定工作頻域，而利用 PSpice 分析電路時需要一特定的工作頻域，因此可選擇一與已知阻抗一致的任意工作頻率。例如，當選擇 $\omega = 1$ rad/s 時，則對應的頻率為 $f = \omega/2\pi = 0.15916$ Hz。即可以得電容值 ($C = 1/\omega X_C$) 與電感值 ($L = X_L/\omega$)。做上述變化所得如圖 10.39 所示。為了便於接線，將電壓控制電流源 G1 與

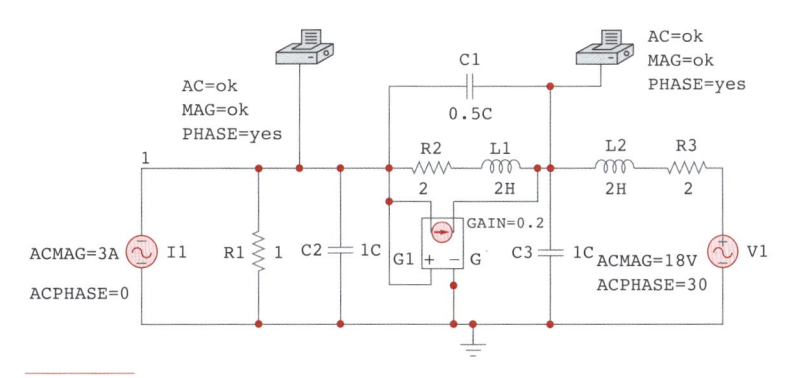

圖 10.39　圖 10.38 所示電路的圖解

$(2+j2)\ \Omega$ 阻抗之位置互換。注意：G1 的電流方向是由節點 1 流向節點 3，而主控的電壓則是電容 C2 二端的電壓，如圖 10.38 之要求。虛元件 VPRINT1 的屬性設定在圖中標誌。對單一頻率分析，選擇 **Analysis/Setup/AC Sweep** 功能項，並在對話框中輸入 *Total Pts* = 1，*Start Freq* = 0.15916，*Final Freq* = 0.15916。在儲存電路後，執行 **Analysis/Simulate** 的選項進行電路模擬。完成模擬後，可得到輸出資料如下：

```
FREQ          VM(1)         VP(1)
1.592E-01     2.708E+00     -5.673E+01

FREQ          VM(3)         VP(3)
1.592E-01     4.468E+00     -1.026E+02
```

由此可求知

$$\mathbf{V}_1 = 2.708\underline{/-56.74°}\ \mathbf{V} \quad 和 \quad \mathbf{V}_2 = 6.911\underline{/-80.72°}\ \mathbf{V}$$

5. **驗證**：須接受最重要的經驗之一是，利用如 PSpice 的程式來進行電路分析時，仍需要驗證答案的正確性。有很多的機會出錯，包括遇到 PSpice 的錯誤 (bug) 而造成不對的結果。

   所以，要如何驗證所得到的解？顯然地，可利用節點分析法重新求解，或者使用 MATLAB，看是否得到相同的結果。這裡用另一種方法進行驗證：寫出節點方程式，並將 PSpice 的結果代入，檢驗節點方程式是否滿足。

   電路之節點方程式如下。注意：已將 $\mathbf{V}_1 = \mathbf{V}_x$ 代入相依電源。

$$-3 + \frac{\mathbf{V}_1 - 0}{1} + \frac{\mathbf{V}_1 - 0}{-j1} + \frac{\mathbf{V}_1 - \mathbf{V}_2}{2+j2} + 0.2\mathbf{V}_1 + \frac{\mathbf{V}_1 - \mathbf{V}_2}{-j2} = 0$$

$$(1 + j + 0.25 - j0.25 + 0.2 + j0.5)\mathbf{V}_1$$
$$- (0.25 - j0.25 + j0.5)\mathbf{V}_2 = 3$$
$$(1.45 + j1.25)\mathbf{V}_1 - (0.25 + j0.25)\mathbf{V}_2 = 3$$
$$1.9144\underline{/40.76°}\ \mathbf{V}_1 - 0.3536\underline{/45°}\ \mathbf{V}_2 = 3$$

驗證答案的正確性，將 PSpice 運算的結果代入方程式中驗證，即

$$1.9144\underline{/40.76°} \times 2.708\underline{/-56.74°} - 0.3536\underline{/45°} \times 6.911\underline{/-80.72°}$$
$$= 5.184\underline{/-15.98°} - 2.444\underline{/-35.72°}$$
$$= 4.984 - j1.4272 - 1.9842 + j1.4269$$
$$= 3 - j0.0003 \quad [答案得到驗證]$$

6. **滿意？** 雖然僅由節點 1 之方程式來檢驗答案，但這足以得到 PSpice 解的有效性。因此，可將上述之求解，作為本題之解答。

練習題 10.14 試求圖 10.40 電路的 V_x 與 I_x。

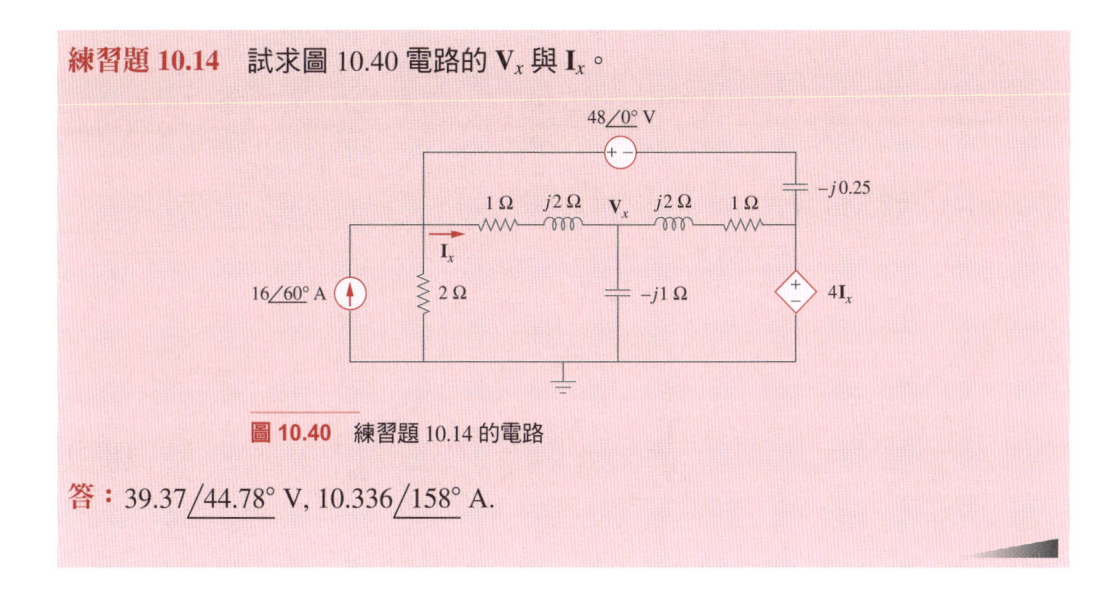

圖 10.40 練習題 10.14 的電路

答：$39.37\underline{/44.78°}$ V, $10.336\underline{/158°}$ A.

10.9 †應用

本章所學的觀念將應用到後續計算電功率與頻率響應之章節。這些也可用於分析磁耦合電路、三相電路、交流電晶體電路、濾波器、振盪器，以及其他的交流電路中。本節觀念應用到二個實際的交流電路：電容倍增器與正弦波振盪器。

10.9.1 電容倍增器

運算放大器電路如圖 10.41 所示稱為**電容倍增器** (capacitance multiplier)，如此命名，稍後就會明白。該電路通常用於積體電路中，當需要大電容值時，該電路可以將一小物理電容值 C 倍增。如圖 10.41 所示，電路可倍增電容值因子到 1000。例如，一 10 pF 的電容器經由該電路後，可當成 100 nF 的電容器用。

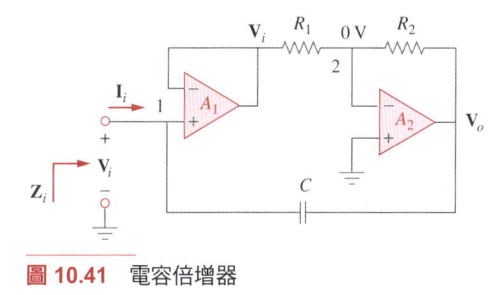

圖 10.41 電容倍增器

在如圖 10.41 所示的電路中，第一級的運算放大器為電壓隨耦器，第二級為一反相放大器。電壓隨耦器將電路的電容與反相放大器負載隔離開來。因無電流流入運算放大器的輸入端，所以輸入電流 I_i 流過回授電容器。因此，節點 1，

$$I_i = \frac{V_i - V_o}{1/j\omega C} = j\omega C(V_i - V_o) \tag{10.3}$$

節點 2，由 KCL 可得

$$\frac{V_i - 0}{R_1} = \frac{0 - V_o}{R_2}$$

或

$$\mathbf{V}_o = -\frac{R_2}{R_1}\mathbf{V}_i \tag{10.4}$$

將 (10.4) 式代入 (10.3) 式可得

$$\mathbf{I}_i = j\omega C\left(1 + \frac{R_2}{R_1}\right)\mathbf{V}_i$$

或

$$\frac{\mathbf{I}_i}{\mathbf{V}_i} = j\omega\left(1 + \frac{R_2}{R_1}\right)C \tag{10.5}$$

於是輸入阻抗為

$$\mathbf{Z}_i = \frac{\mathbf{V}_i}{\mathbf{I}_i} = \frac{1}{j\omega C_{eq}} \tag{10.6}$$

其中

$$C_{eq} = \left(1 + \frac{R_2}{R_1}\right)C \tag{10.7}$$

因此，適當地選擇 R_1 與 R_2 的電阻值，如圖 10.41 所示之運算放大器電路，可在輸入端與接地端間產生一個有效的電容量，其電容值為實際電容值 C 的倍率。有效電容的大小實際上受到反相輸出電壓的限制。因此，電容倍增值越大，允許的輸入電壓要越小，才能避免運算放大器進入飽和狀態。

類似的運算放大器電路可用來設計模擬電感值 (參見習題 10.89)。也有運算放大器電路可組態產生電阻倍增器。

範例 10.15 試計算圖 10.41 電路的 C_{eq}，假設 $R_1 = 10\,\text{k}\Omega$、$R_2 = 1\,\text{M}\Omega$，以及 $C = 1\,\text{nF}$。

解： 由 (10.7) 式，

$$C_{eq} = \left(1 + \frac{R_2}{R_1}\right)C = \left(1 + \frac{1\times 10^6}{10\times 10^3}\right)1\,\text{nF} = 101\,\text{nF}$$

練習題 10.15 試決定圖 10.41 所示運算放大器電路的等效電容值，假設 $R_1 = 10\,\text{k}\Omega$，$R_2 = 10\,\text{M}\Omega$，$C = 10\,\text{nF}$。

答： $10\,\mu\text{F}$.

10.9.2 振盪器

我們知道，直流電可用電池產生。那麼，如何產生交流電呢？一種方法是利用**振盪器** (oscillator)，其電路將直流轉為交流。

> 振盪器是一種由直流驅動，產生交流波形輸出的電路。

振盪器唯一需要的外部電源就是直流電源供應器。有趣的是，直流電源供應器通常是將電力公司所供應的交流電轉變為直流電。為什麼要利用振盪器再一次將直流電轉為交流電呢？這是因為美國電力公司所供應的交流電頻率預設為 60 Hz (有些國家為 50 Hz)，然而大量的實際應用，如電子電路、通訊系統，以及微波裝置等所需之內部產生的頻率範圍從 0 GHz 至 10 GHz，或更高。振盪器是用來產生這些需要的頻率。

> 頻率 60 Hz 對應於角頻率 $\omega = 2\pi f = 377$ rad/s。

為了使正弦波振盪器振盪，須滿足**巴克豪森準則** (Barkhausen criteria)：

1. 振盪器之總增益須大於等於 1。因此，電路的損耗須由放大器裝置來補償。
2. 電路的總相移 (從輸入到輸出再回授到輸入) 必須為零。

三種常見的正弦波振盪器是相移振盪器、雙 T 振盪器，以及韋恩橋式振盪器。本節只探討韋恩橋式振盪器。

韋恩橋式振盪器 (Wien-bridge oscillator) 被廣泛用來於產生頻率範圍低於 1 MHz 的正弦波。它是一個 RC 運算放大器電路與少數的元件所組成，易於調節與設計。如圖 10.42 所示，此振盪器主要由包括二條回授路徑組成的非反相放大器：同相輸入端的正回授路徑用於產生振盪，然而反相輸入端的負回授路徑用來控制增益。如定義 RC 串聯阻抗與並聯阻抗分別為 $\mathbf{Z}_s$ 與 $\mathbf{Z}_p$，則

$$\mathbf{Z}_s = R_1 + \frac{1}{j\omega C_1} = R_1 - \frac{j}{\omega C_1} \quad (10.8)$$

$$\mathbf{Z}_p = R_2 \parallel \frac{1}{j\omega C_2} = \frac{R_2}{1 + j\omega R_2 C_2} \quad (10.9)$$

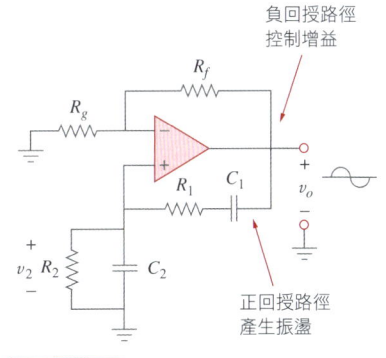

圖 10.42 韋恩橋式振盪器

回授比為

$$\frac{\mathbf{V}_2}{\mathbf{V}_o} = \frac{\mathbf{Z}_p}{\mathbf{Z}_s + \mathbf{Z}_p} \quad (10.10)$$

將 (10.8) 式與 (10.9) 式代入 (10.10) 式可得

$$\begin{aligned}\frac{\mathbf{V}_2}{\mathbf{V}_o} &= \frac{R_2}{R_2 + \left(R_1 - \dfrac{j}{\omega C_1}\right)(1 + j\omega R_2 C_2)} \\ &= \frac{\omega R_2 C_1}{\omega(R_2 C_1 + R_1 C_1 + R_2 C_2) + j(\omega^2 R_1 C_1 R_2 C_2 - 1)}\end{aligned} \qquad (10.11)$$

為了滿足巴克豪森準則二，$\mathbf{V}_2$ 與 $\mathbf{V}_o$ 須同相，此表示 (10.11) 式的比須為純實數。因此，虛部必須為零。令虛部為零，可得震盪頻率 ω_o 為

$$\omega_o^2 R_1 C_1 R_2 C_2 - 1 = 0$$

即

$$\omega_o = \frac{1}{\sqrt{R_1 R_2 C_1 C_2}} \qquad (10.12)$$

在大多數的實例中，$R_1 = R_2 = R$ 且 $C_1 = C_2 = C$，於是

$$\omega_o = \frac{1}{RC} = 2\pi f_o \qquad (10.13)$$

或

$$\boxed{f_o = \frac{1}{2\pi RC}} \qquad (10.14)$$

將 (10.13) 式及 $R_1 = R_2 = R$，$C_1 = C_2 = C$ 代入 (10.11) 式中可得

$$\frac{\mathbf{V}_2}{\mathbf{V}_o} = \frac{1}{3} \qquad (10.15)$$

因此，為了滿足巴克豪森準則一，運算放大器須補償提供大於等於 3 的增益，才能使得總增益大於等於 1。對非反相放大器，

$$\frac{\mathbf{V}_o}{\mathbf{V}_2} = 1 + \frac{R_f}{R_g} = 3 \qquad (10.16)$$

或

$$R_f = 2R_g \qquad (10.17)$$

由於運算放大器固有的延遲，韋恩橋式振盪器受限在 1 MHz 或以下的操作頻率。

範例 10.16 試設計一振盪頻率為 100 kHz 的韋恩橋式電路。

解： 由 (10.14) 式，可得電路的時間常數為

$$RC = \frac{1}{2\pi f_o} = \frac{1}{2\pi \times 100 \times 10^3} = 1.59 \times 10^{-6} \qquad (10.16.1)$$

若選擇 $R = 10 \text{ k}\Omega$，則可得 $C = 159 \text{ pF}$ 以滿足 (10.16.1) 式。由於增益必須是 3，則 $R_f/R_g = 2$。所以選擇 $R_f = 20 \text{ k}\Omega$，而 $R_g = 10 \text{ k}\Omega$。

練習題 10.16 圖 10.42 電路中，若 $R_1 = R_2 = 2.5 \text{ k}\Omega$，$C_1 = C_2 = 1 \text{ nF}$，試決定韋恩橋式振盪器的振盪頻率 f_o。

答： 63.66 kHz.

10.10 總結

1. 節點與網目分析法用於交流電路是利用 KCL 與 KVL 之電路的相量形式。
2. 求電路的穩態響應時，若電路中含有不同頻率的多個獨立電源，則每個獨立電源須分別考慮。分析此類電路最直接的方法是運用重疊定理。對應於不同頻率的相量電路須單獨求解，並將其對應的響應轉為時域。電路的總響應為各個相量電路之時域響應的總和。
3. 電源轉換的觀念同樣適用於頻域。
4. 交流電路之戴維寧等效電路，由等效電壓源 $\mathbf{V}_{Th}$ 與戴維寧阻抗 $\mathbf{Z}_{Th}$ 相串聯所組成。
5. 交流電路之諾頓等效電路，由等效電流源 $\mathbf{I}_N$ 與諾頓阻抗 $\mathbf{Z}_N$ ($=\mathbf{Z}_{Th}$) 相並聯所組成。
6. PSpice 軟體是一個求解交流電路問題之簡單有力的工具，大幅減輕了電路穩態分析過程中所遇到之繁複的複數運算問題。
7. 電容倍增器與交流振盪器是本章提出的二個典型的應用實例。電容倍增器是一個運算放大器電路，用來產生實際電容值的倍增。振盪器則是利用直流輸入產生交流輸出的一種電路裝置。

複習題

10.1 圖 10.43 電路中，電容器二端的電壓 V_o 為：
(a) $5\underline{/0°}$ V
(b) $7.071\underline{/45°}$ V
(c) $7.071\underline{/-45°}$ V
(d) $5\underline{/-45°}$ V

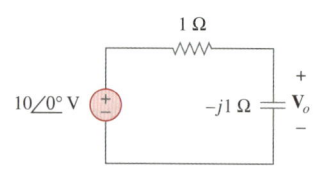

圖 10.43 複習題 10.1 的電路

10.2 圖 10.44 電路的電流 I_o 為：
(a) $4\underline{/0°}$ A
(b) $2.4\underline{/-90°}$ A
(c) $0.6\underline{/0°}$ A
(d) -1 A

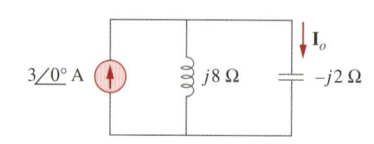

圖 10.44 複習題 10.2 的電路

10.3 利用節點分析法，試求圖 10.45 電路的 V_o 為：
(a) -24 V (b) -8 V (c) 8 V (d) 24 V

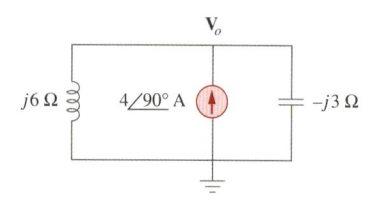

圖 10.45 複習題 10.3 的電路

10.4 圖 10.46 電路的電流 $i(t)$ 為：
(a) $10 \cos t$ A
(b) $10 \sin t$ A
(c) $5 \cos t$ A
(d) $5 \sin t$ A
(e) $4.472 \cos(t - 63.43°)$ A

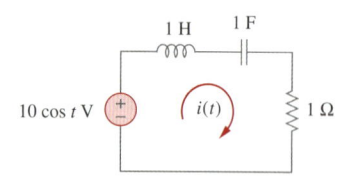

圖 10.46 複習題 10.4 的電路

10.5 圖 10.47 電路中，具有二個電源且頻率不同，則電流 $i_x(t)$ 可用哪一種方式得到：
(a) 電源變化
(b) 重疊定理
(c) PSpice

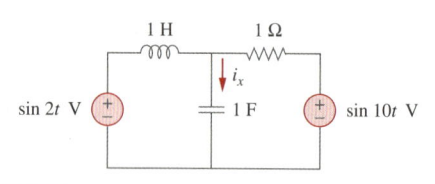

圖 10.47 複習題 10.5 的電路

10.6 圖 10.48 電路中，由 a-b 二端看進去的戴維寧等效阻抗為：
(a) $1\ \Omega$
(b) $0.5 - j0.5\ \Omega$
(c) $0.5 + j0.5\ \Omega$
(d) $1 + j2\ \Omega$
(e) $1 - j2\ \Omega$

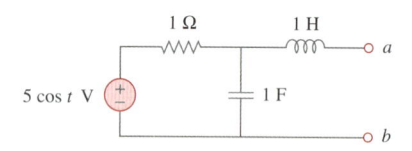

圖 10.48 複習題 10.6 和 10.7 的電路

10.7 圖 10.48 電路中，在 a-b 二端之戴維寧電壓為：
(a) $3.535\underline{/-45°}$ V
(b) $3.535\underline{/45°}$ V
(c) $7.071\underline{/-45°}$ V
(d) $7.071\underline{/45°}$ V

10.8 圖 10.49 電路中，由 a-b 二端看進去的諾頓等效阻抗為：
(a) $-j4\ \Omega$ (b) $-j2\ \Omega$ (c) $j2\ \Omega$ (d) $j4\ \Omega$

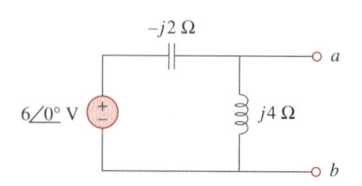

圖 10.49 複習題 10.8 和 10.9 的電路

10.9 圖 10.49 電路中，在 a-b 二端的諾頓電流為：

(a) $1\angle 0°$ A (b) $1.5\angle -90°$ A
(c) $1.5\angle 90°$ A (d) $3\angle 90°$ A

10.10 PSpice 套裝軟體可處理具有二個電源且不同頻率之電路。

(a) 對 (b) 錯

答：10.1 c, 10.2 a, 10.3 d, 10.4 a, 10.5 b, 10.6 c, 10.7 a, 10.8 a, 10.9 d, 10.10 b

習題

10.2 節　節點分析法

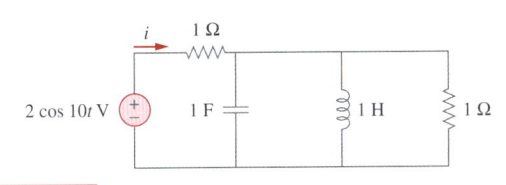

10.1 試求圖 10.50 電路的 i。

圖 10.50 習題 10.1 的電路

10.2 利用圖 10.51 電路，試設計一個問題幫助其他學生更瞭解節點分析。

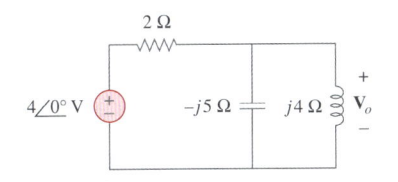

圖 10.51 習題 10.2 的電路

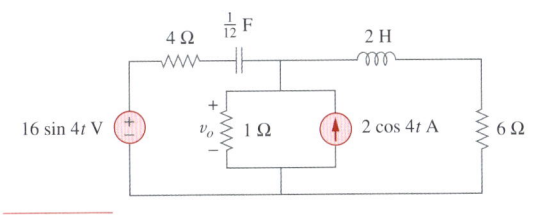

10.3 試求圖 10.52 電路的 v_o。

圖 10.52 習題 10.3 的電路

10.4 試計算圖 10.53 電路的 $v_o(t)$。

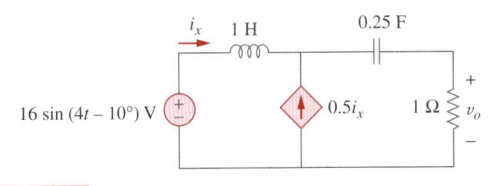

圖 10.53 習題 10.4 的電路

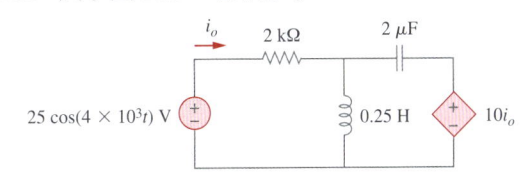

10.5 試求圖 10.54 電路的 i_o。

圖 10.54 習題 10.5 的電路

10.6 試求圖 10.55 電路的 $\mathbf{V}_x$。

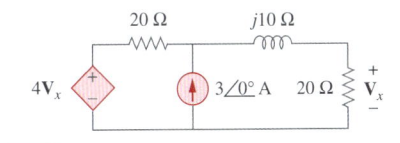

圖 10.55 習題 10.6 的電路

10.7 利用節點分析法，試求圖 10.56 電路的 $\mathbf{V}$。

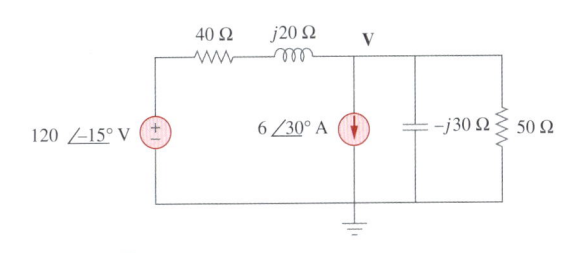

圖 10.56 習題 10.7 的電路

10.8 利用節點分析法，試求圖 10.57 電路的 i_o，假設 $i_s = 6\cos(200t + 15°)$ A。

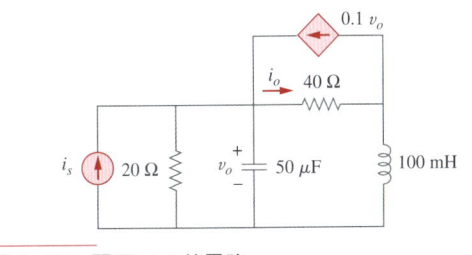

圖 10.57 習題 10.8 的電路

10.9 利用節點分析法，試求圖 10.58 電路的 v_o。

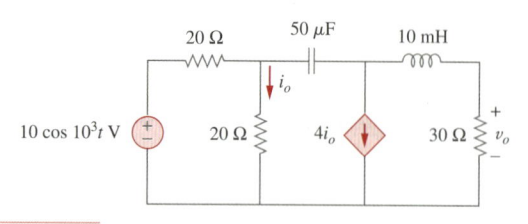

圖 10.58　習題 10.9 的電路

10.10 利用節點分析法，試求圖 10.59 電路的 v_o，假設 $\omega = 2$ krad/s。

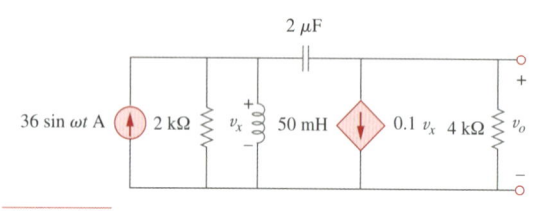

圖 10.59　習題 10.10 的電路

10.11 利用節點分析法，試求圖 10.60 電路的電流 $i_o(t)$。

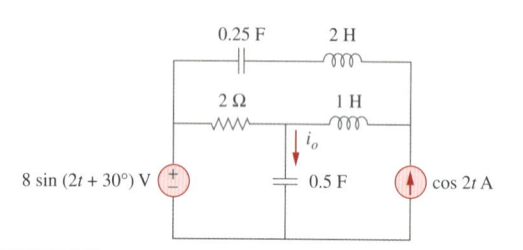

圖 10.60　習題 10.11 的電路

10.12 利用圖 10.61 電路，試設計一個問題幫助其他學生更瞭解節點分析。

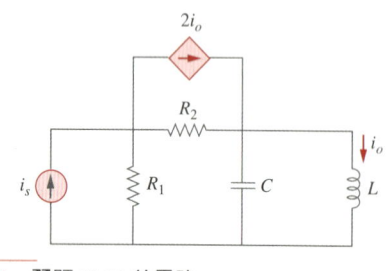

圖 10.61　習題 10.12 的電路

10.13 利用任何的方法，試求圖 10.62 電路的 $\mathbf{V}_x$。

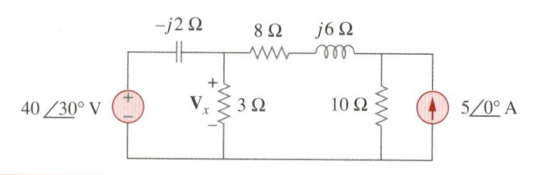

圖 10.62　習題 10.13 的電路

10.14 利用節點分析法，試計算圖 10.63 電路中節點 1 與節點 2 的電壓。

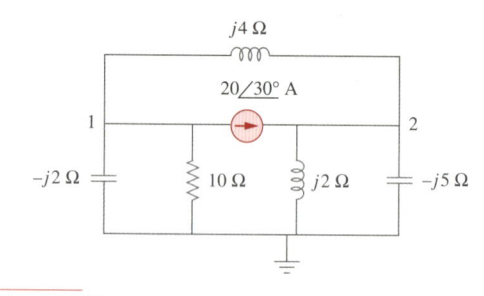

圖 10.63　習題 10.14 的電路

10.15 利用節點分析法，試求圖 10.64 電路的電流 $\mathbf{I}$。

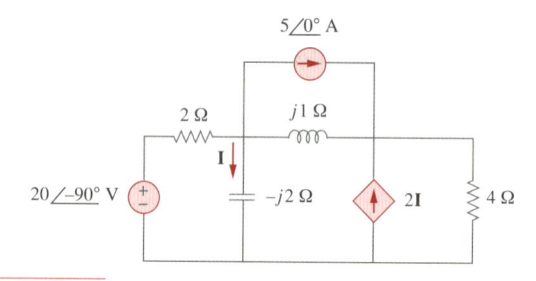

圖 10.64　習題 10.15 的電路

10.16 利用節點分析法，試求圖 10.65 電路的電壓 $\mathbf{V}_x$。

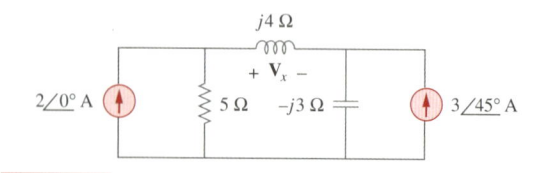

圖 10.65　習題 10.16 的電路

10.17 利用節點分析法，試求圖 10.66 電路的電流 $\mathbf{I}_o$。

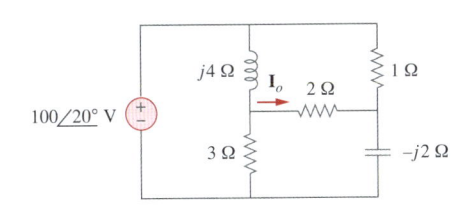

圖 10.66　習題 10.17 的電路

10.18 利用節點分析法，試求圖 10.67 電路的電壓 $\mathbf{V}_o$。

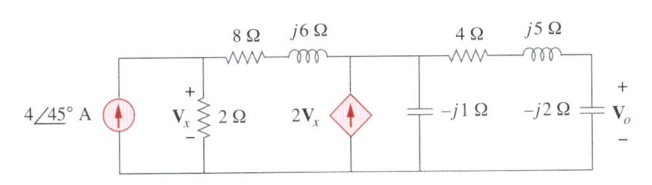

圖 10.67　習題 10.18 的電路

10.19 利用節點分析法，試求圖 10.68 電路的電壓 $\mathbf{V}_o$。

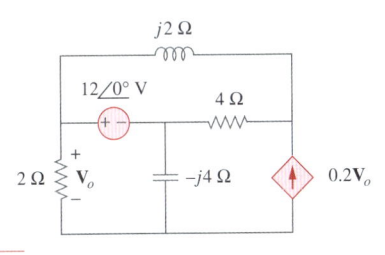

圖 10.68　習題 10.19 的電路

10.20 圖 10.69 電路中，$v_s(t) = V_m \sin \omega t$ 及 $v_o(t) = A \sin(\omega t + \phi)$，試推導 A 與 ϕ 的表示式。

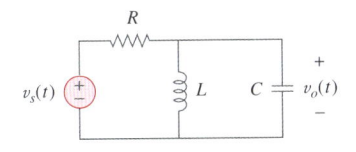

圖 10.69　習題 10.20 的電路

10.21 圖 10.70 各電路中，$\omega = 0$、$\omega \to \infty$ 及 $\omega^2 = 1/LC$，試求 $\mathbf{V}_o/\mathbf{V}_i$。

圖 10.70　習題 10.21 的電路

10.22 試求圖 10.71 電路的 $\mathbf{V}_o/\mathbf{V}_s$。

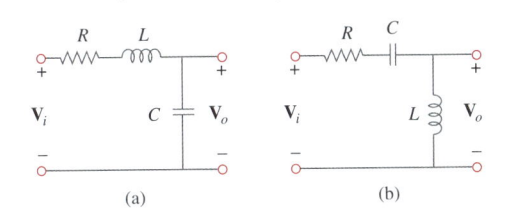

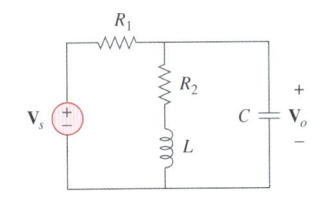

圖 10.71　習題 10.22 的電路

10.23 利用節點分析法，試求圖 10.72 電路的電壓 $\mathbf{V}$。

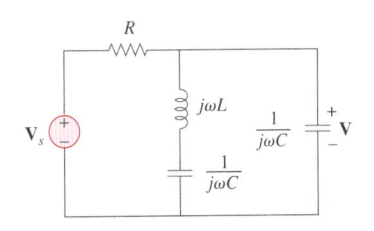

圖 10.72　習題 10.23 的電路

10.3 節　網目分析法

10.24 試設計一個問題幫助其他學生更瞭解網目分析法。

10.25 利用網目分析法，試求圖 10.73 電路的電流 i_o。

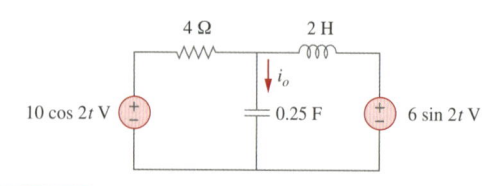

圖 10.73 習題 10.25 的電路

10.26 利用網目分析法，試求圖 10.74 電路的電流 i_o。

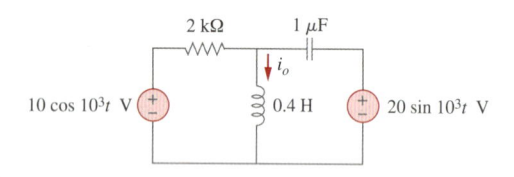

圖 10.74 習題 10.26 的電路

10.27 利用網目分析法，試求圖 10.75 電路的電流 $\mathbf{I}_1$ 與 $\mathbf{I}_2$。

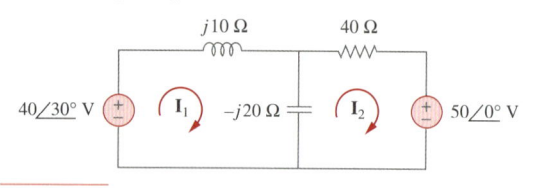

圖 10.75 習題 10.27 的電路

10.28 圖 10.76 電路中，假設 $v_1 = 10 \cos 4t$ V、$v_2 = 20 \cos(4t - 30°)$ V，試求網目電流 i_1 與 i_2。

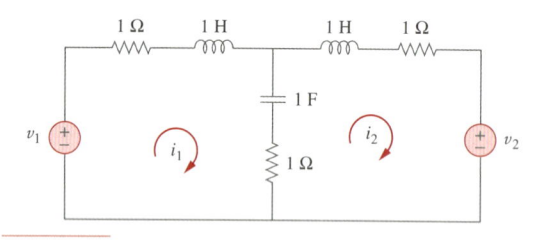

圖 10.76 習題 10.28 的電路

10.29 利用圖 10.77 電路，試設計一個問題幫助其他學生更瞭解網目分析。

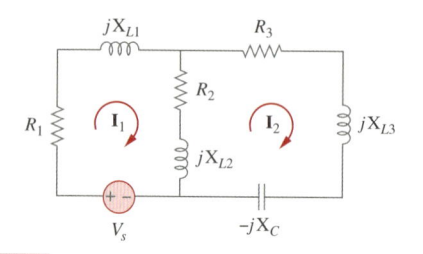

圖 10.77 習題 10.29 的電路

10.30 利用網目分析法，試求圖 10.78 電路的 v_o，假設 $v_{s1} = 120 \cos(100t + 90°)$ V，$v_{s2} = 80 \cos 100t$ V。

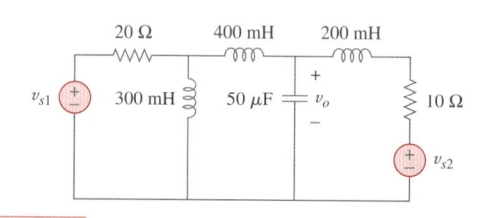

圖 10.78 習題 10.30 的電路

10.31 利用網目分析法，試求圖 10.79 電路的電流 $\mathbf{I}_o$。

10.32 利用網目分析法，試求圖 10.80 電路的 $\mathbf{V}_o$ 與 $\mathbf{I}_o$。

10.33 利用網目分析法，試計算習題 10.15 中的 $\mathbf{I}$。

10.34 利用網目分析法，試求圖 10.28 電路 (範例 10.10) 的 $\mathbf{I}_o$。

10.35 利用網目分析法，試計算圖 10.30 電路 (練習題 10.10) 的 $\mathbf{I}_o$。

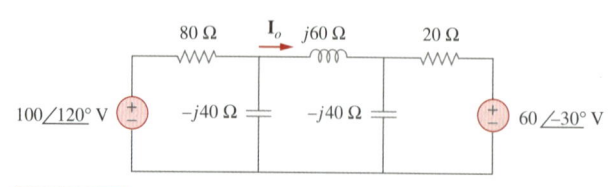

圖 10.79 習題 10.31 的電路

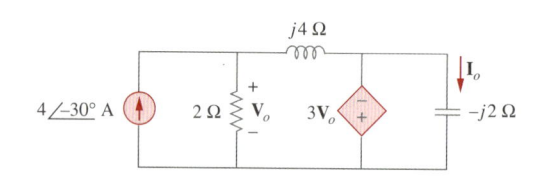

圖 10.80 習題 10.32 的電路

Chapter 10 弦波穩態分析 85

10.36 利用網目分析法，試計算圖 10.81 電路的 V_o。

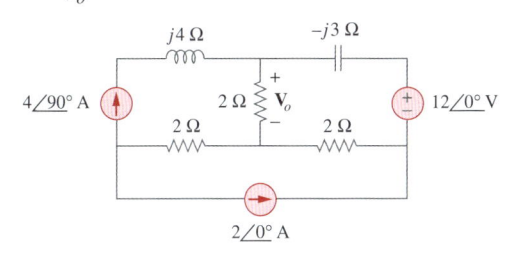

圖 10.81 習題 10.36 的電路

10.37 利用網目分析法，試求圖 10.82 電路的 I_1、I_2 與 I_3。

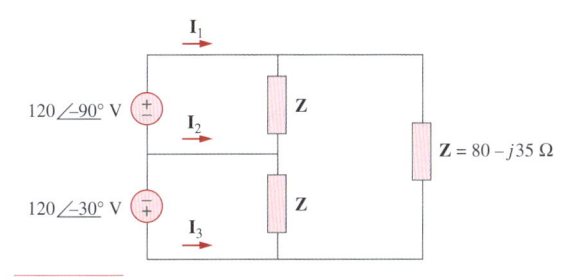

圖 10.82 習題 10.37 的電路

10.38 利用網目分析法，試求圖 10.83 電路的 I_o。

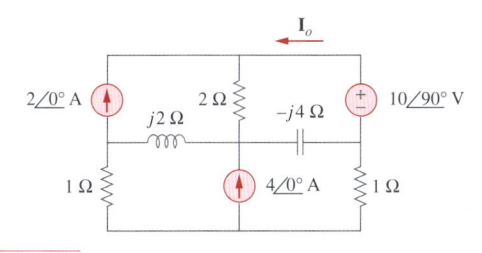

圖 10.83 習題 10.38 的電路

10.39 試求圖 10.84 電路的 I_1、I_2 與 I_3。

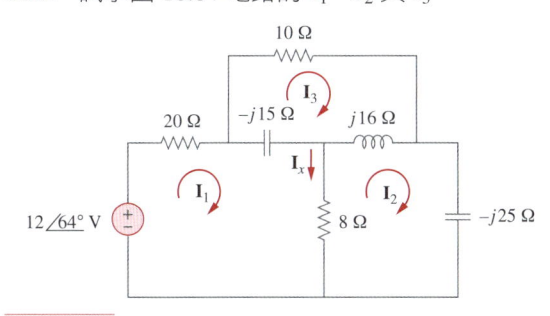

圖 10.84 習題 10.39 的電路

10.4 節 重疊定理

10.40 利用重疊定理，試求圖 10.85 電路的 i_o。

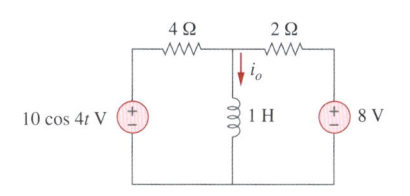

圖 10.85 習題 10.40 的電路

10.41 試求圖 10.86 電路的 v_o，假設 $v_s = [6\cos(2t) + 4\sin(4t)]$ V。

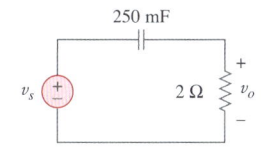

圖 10.86 習題 10.41 的電路

10.42 利用圖 10.87 電路，試設計一個問題幫助其他學生更瞭解重疊定理。

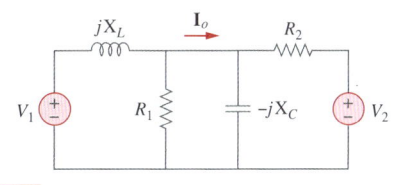

圖 10.87 習題 10.42 的電路

10.43 利用重疊定理，試求圖 10.88 電路的 i_x。

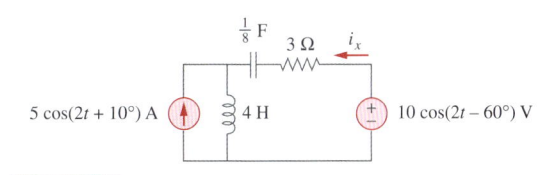

圖 10.88 習題 10.43 的電路

10.44 利用重疊定理，試求圖 10.89 電路的 v_x，假設 $v_s = 50\sin 2t$ V 及 $i_s = 12\cos(6t + 10°)$ A。

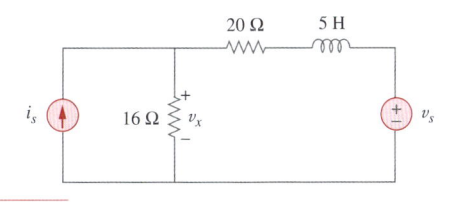

圖 10.89 習題 10.44 的電路

10.45 利用重疊定理，試求圖 10.90 電路的 $i(t)$。

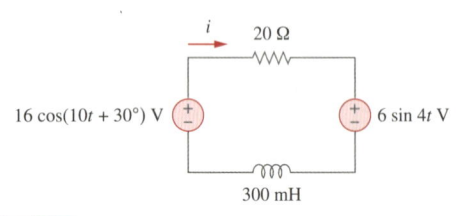

圖 10.90　習題 10.45 的電路

10.46 利用重疊定理，試求圖 10.91 電路的 $v_o(t)$。

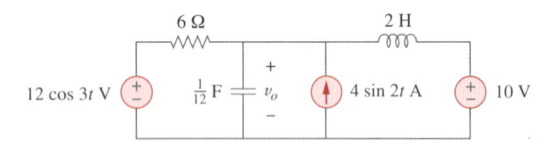

圖 10.91　習題 10.46 的電路

10.47 利用重疊定理，試求圖 10.92 電路的 i_o。

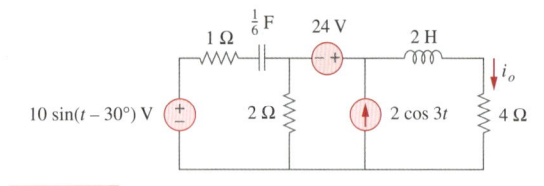

圖 10.92　習題 10.47 的電路

10.48 利用重疊定理，試求圖 10.93 電路的 i_o。

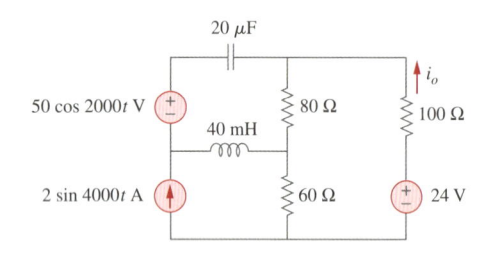

圖 10.93　習題 10.48 的電路

10.5 節　電源變換

10.49 利用電源變換法，試求圖 10.94 電路的 i。

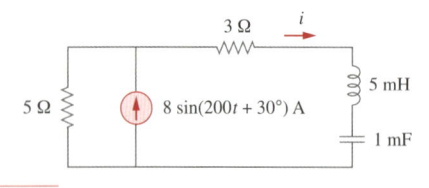

圖 10.94　習題 10.49 的電路

10.50 利用圖 10.95 電路，試設計一個問題幫助其他學生更瞭解電源變換。

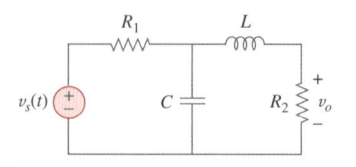

圖 10.95　習題 10.50 的電路

10.51 利用電源變換法，試求圖 10.42 電路的 $\mathbf{I}_o$。

10.52 利用電源變換法，試求圖 10.96 電路的 $\mathbf{I}_x$。

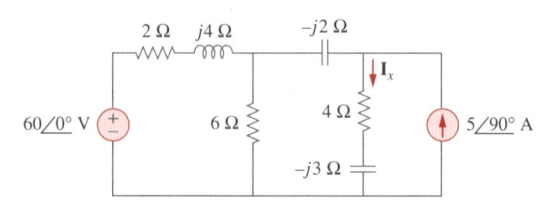

圖 10.96　習題 10.52 的電路

10.53 利用電源變換的觀念，試求圖 10.97 電路的 $\mathbf{V}_o$。

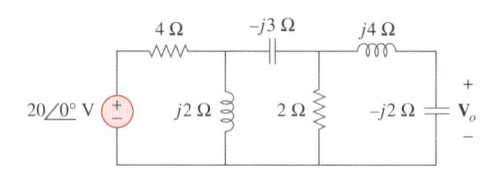

圖 10.97　習題 10.53 的電路

10.54 利用電源變換法，重做習題 10.7。

10.6 節　戴維寧與諾頓等效電路

10.55 如圖 10.98 所示各電路，試求在 a-b 二端的戴維寧與諾頓等效電路。

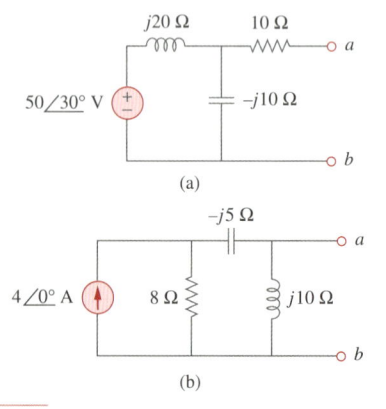

圖 10.98　習題 10.55 的電路

10.56 圖 10.99 各電路中，試求在 a-b 二端的戴維寧與諾頓等效電路。

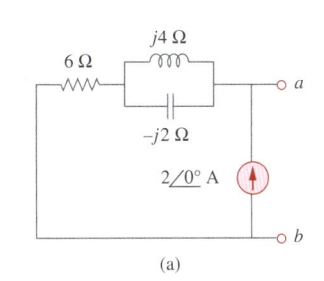

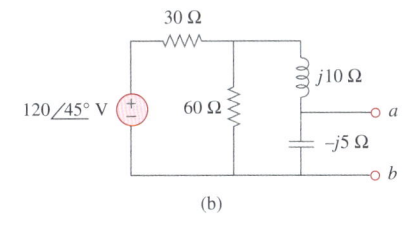

圖 **10.99** 習題 10.56 的電路

10.57 利用圖 10.100 電路，試設計一個問題幫助其他學生更瞭解戴維寧與諾頓等效電路。

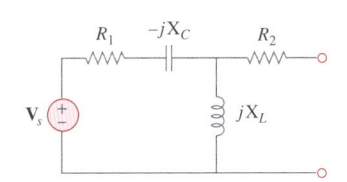

圖 **10.100** 習題 10.57 的電路

10.58 試求圖 10.101 電路在 a-b 二端的戴維寧等效電路。

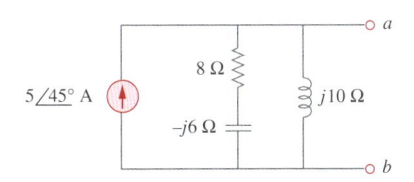

圖 **10.101** 習題 10.58 的電路

10.59 試計算圖 10.102 電路的輸出阻抗。

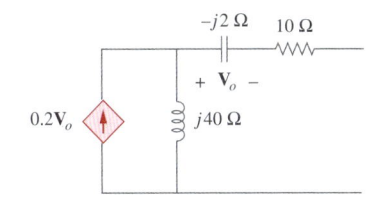

圖 **10.102** 習題 10.59 的電路

10.60 試求圖 10.103 電路從下列端口看進去的戴維寧效電路。
(a) 在 a-b 二端。 (b) 在 c-d 二端。

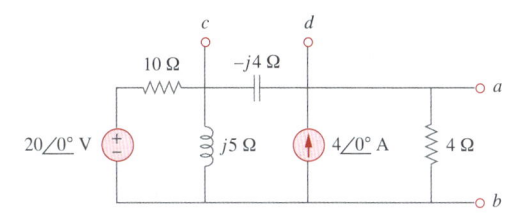

圖 **10.103** 習題 10.60 的電路

10.61 試求圖 10.104 電路在 a-b 二端之戴維寧等效電路。

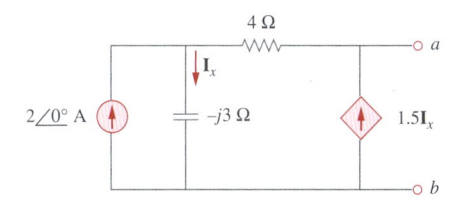

圖 **10.104** 習題 10.61 的電路

10.62 利用戴維寧定理，試求圖 10.105 電路的 v_o。

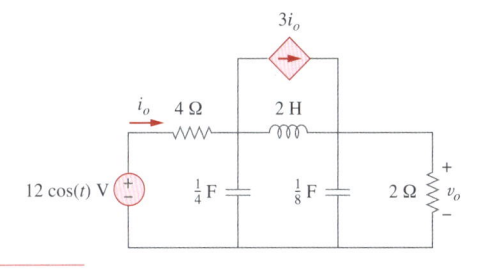

圖 **10.105** 習題 10.62 的電路

10.63 試求圖 10.106 電路在 a-b 二端的諾頓等效電路。

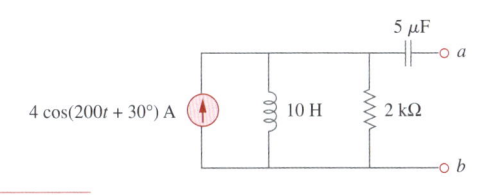

圖 **10.106** 習題 10.63 的電路

10.64 試求圖 10.107 電路在 a-b 二端的諾頓等效電路。

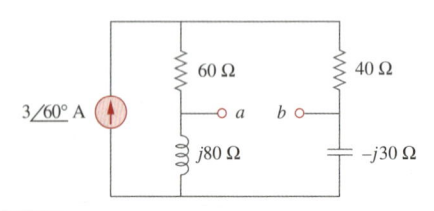

圖 10.107 習題 10.64 的電路

10.65 利用圖 10.108 電路，試設計一個問題幫助其他學生更瞭解諾頓等效電路。

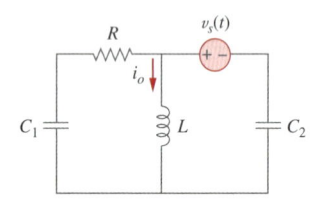

圖 10.108 習題 10.65 的電路

10.66 試決定圖 10.109 網路在 a-b 二端的戴維寧與諾頓等效電路，若取 $\omega = 10$ rad/s。

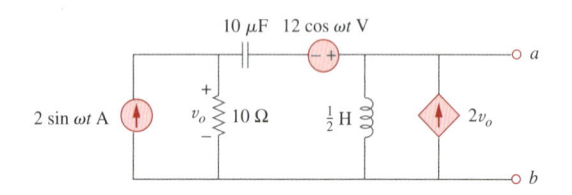

圖 10.109 習題 10.66 的電路

10.67 試求圖 10.110 電路在 a-b 二端的戴維寧與諾頓等效電路。

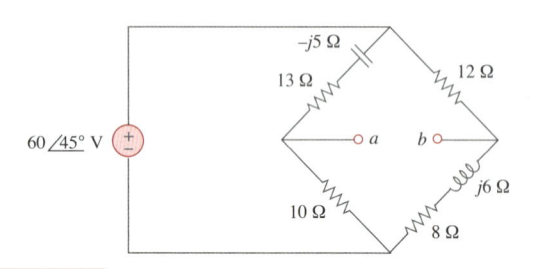

圖 10.110 習題 10.67 的電路

10.68 試求圖 10.111 電路在 a-b 二端的戴維寧等效電路。

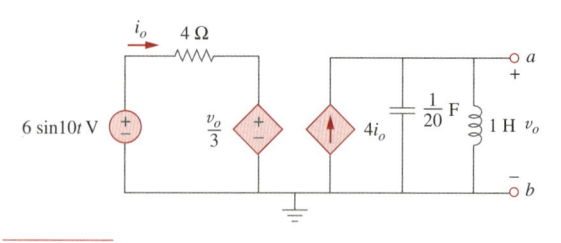

圖 10.111 習題 10.68 的電路

10.7 節　交流運算放大器電路

10.69 試求圖 10.112 微分器電路的 V_o/V_s，並求出 $v_s(t) = V_m \sin \omega t$ 且 $\omega = 1/RC$ 時的 $v_o(t)$。

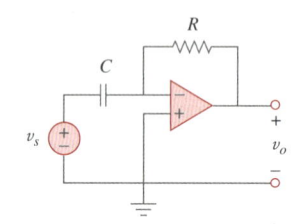

圖 10.112 習題 10.69 的電路

10.70 利用圖 10.113 電路，試設計一個問題幫助其他學生更瞭解交流運算放大器電路。

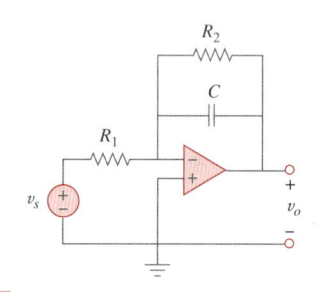

圖 10.113 習題 10.70 的電路

10.71 試求圖 10.114 運算放大器電路的 v_o。

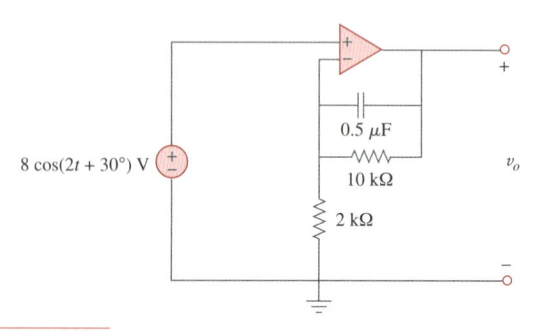

圖 10.114 習題 10.71 的電路

10.72 試計算圖 10.115 運算放大器電路的 $i_o(t)$，若 $v_s = 4\cos(10^4 t)$ V。

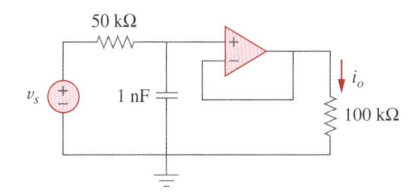

圖 10.115　習題 10.72 的電路

10.73 若輸入阻抗定義為 $\mathbf{Z}_{in} = \mathbf{V}_s/\mathbf{I}_s$，試求圖 10.116 運算放大器電路的輸入阻抗，當 $R_1 = 10$ kΩ、$R_2 = 20$ kΩ、$C_1 = 10$ nF、$C_2 = 20$ nF，以及 $\omega = 5000$ rad/s 時。

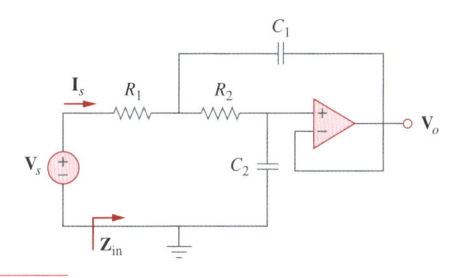

圖 10.116　習題 10.73 的電路

10.74 電壓增益 $\mathbf{A}_v = \mathbf{V}_o/\mathbf{V}_s$，試計算圖 10.117 運算放大器電路的 $\mathbf{A}_v$，當 $\omega = 0$、$\omega \to \infty$、$\omega = 1/R_1 C_1$，以及 $\omega = 1/R_2 C_2$ 時。

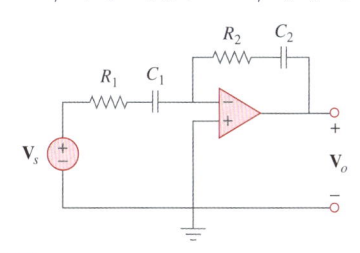

圖 10.117　習題 10.74 的電路

10.75 圖 10.118 運算放大器電路中，如果 $C_1 = C_2 = 1$ nF、$R_1 = R_2 = 100$ kΩ、$R_3 = 20$ kΩ、$R_4 = 40$ kΩ，以及 $\omega = 2000$ rad/s，試求閉迴路電壓增益與輸出電壓相對於輸入電壓的相移。

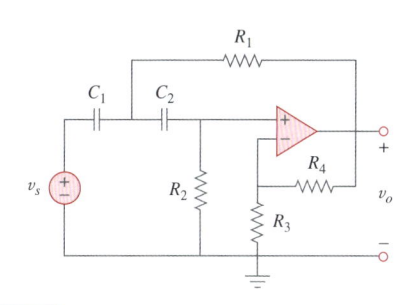

圖 10.118　習題 10.75 的電路

10.76 試求圖 10.119 運算放大器電路的 $\mathbf{V}_o$ 與 $\mathbf{I}_o$。

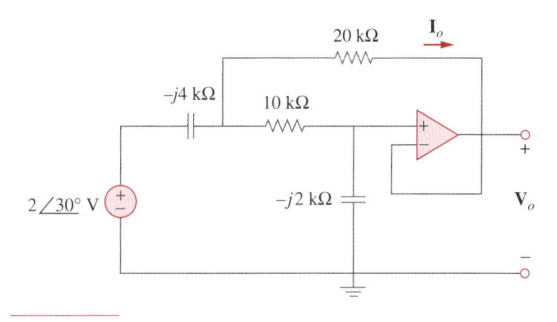

圖 10.119　習題 10.76 的電路

10.77 試計算圖 10.120 運算放大器電路的閉迴路電壓增益 $\mathbf{V}_o/\mathbf{V}_s$。

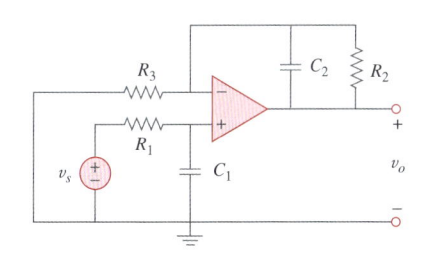

圖 10.120　習題 10.77 的電路

10.78 試求圖 10.121 運算放大器電路的 $v_o(t)$。

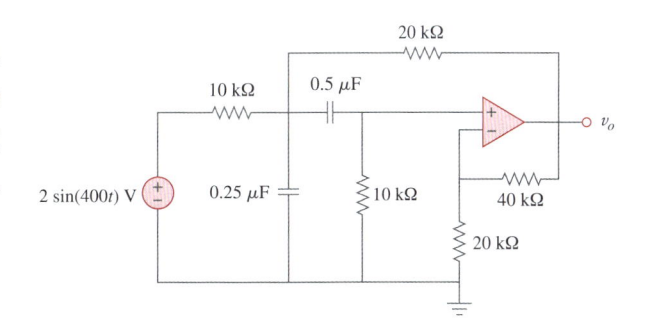

圖 10.121　習題 10.78 的電路

10.79 試求圖 10.122 運算放大器電路的 v_o。

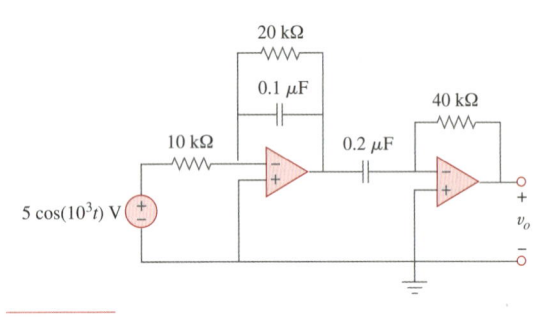

圖 10.122 習題 10.79 的電路

10.80 試求圖 10.123 運算放大器電路 $v_o(t)$，當 $v_s = 4\cos(1000t - 60°)$ V 時。

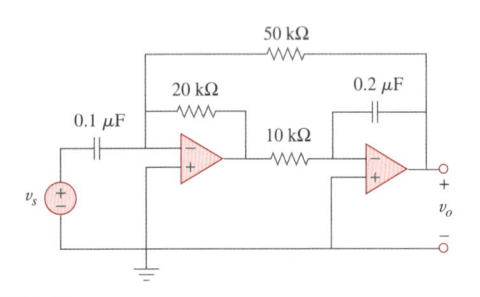

圖 10.123 習題 10.80 的電路

10.8 節　交流電路分析使用 PSpice

10.81 利用 PSpice 或 MultiSim，試決定圖 10.124 電路的 $\mathbf{V}_o$，假設 $\omega = 1$ rad/s。

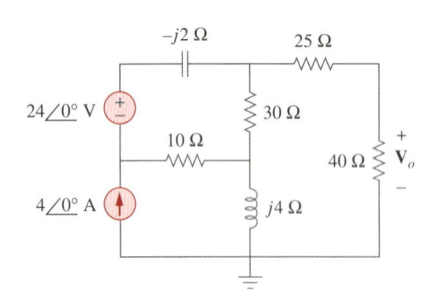

圖 10.124 習題 10.81 的電路

10.82 利用 PSpice 或 MultiSim，試求習題 10.19。

10.83 利用 PSpice 或 MultiSim，試求圖 10.125 電路的 $v_o(t)$，假設 $i_s = 2\cos(10^3 t)$ A。

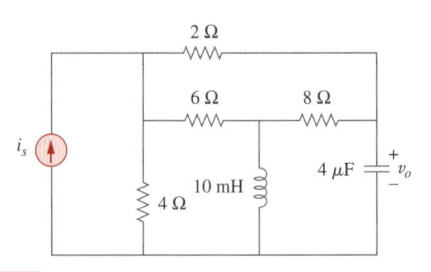

圖 10.125 習題 10.83 的電路

10.84 利用 PSpice 或 MultiSim，試求圖 10.126 電路的 $\mathbf{V}_o$。

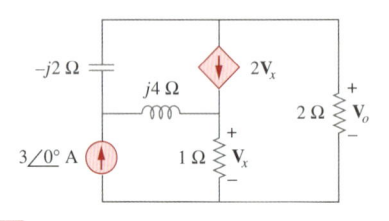

圖 10.126 習題 10.84 的電路

10.85 利用圖 10.127 電路，試設計一個問題幫助其他學生更瞭解執行交流電路分析使用 PSpice 或 MultiSim。

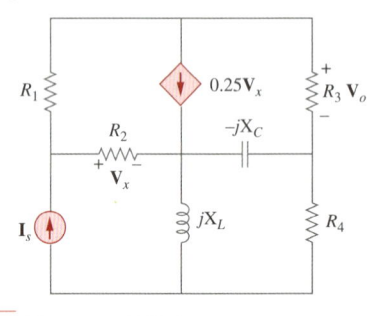

圖 10.127 習題 10.85 的電路

10.86 利用 PSpice 或 MultiSim，試求圖 10.128 網路的 $\mathbf{V}_1$、$\mathbf{V}_2$ 與 $\mathbf{V}_3$。

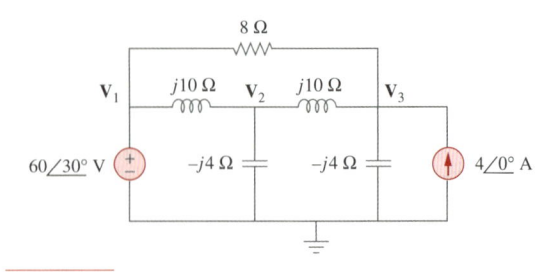

圖 10.128 習題 10.86 的電路

10.87 利用 PSpice 或 MultiSim，試求圖 10.129 網路的 $\mathbf{V}_1$、$\mathbf{V}_2$ 與 $\mathbf{V}_3$。

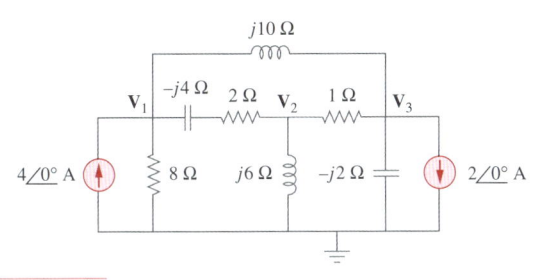

圖 10.129 習題 10.87 的電路

10.88 利用 PSpice 或 MultiSim，試求圖 10.130 電路的 v_o 與 i_o。

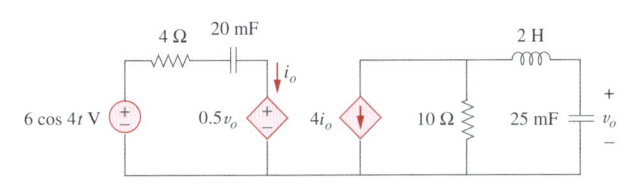

圖 10.130 習題 10.88 的電路

10.9 節　應用

10.89 如圖 10.131 所示運算放大器電路稱為電感模擬器，試證明其輸入阻抗為：

$$\mathbf{Z}_{\text{in}} = \frac{\mathbf{V}_{\text{in}}}{\mathbf{I}_{\text{in}}} = j\omega L_{\text{eq}}$$

其中

$$L_{\text{eq}} = \frac{R_1 R_3 R_4}{R_2 C}$$

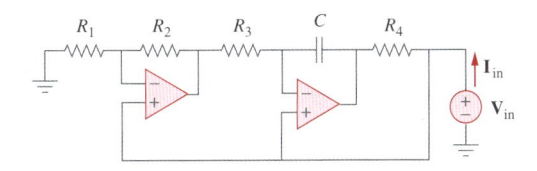

圖 10.131 習題 10.89 的電路

10.90 圖 10.132 為一韋恩電橋網路，試證明輸入信號與輸出信號相移為零時，頻率為 $f = \frac{1}{2\pi} RC$，且在該頻率處之增益為 $\mathbf{A}_v = \mathbf{V}_o/\mathbf{V}_i = 3$。

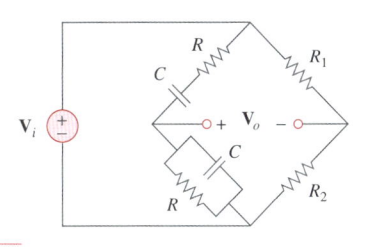

圖 10.132 習題 10.90 的電路

10.91 考慮圖 10.133 的振盪器電路。
(a) 試求其振盪頻率大小。
(b) 試求振盪發生時所需之 R 的最小值。

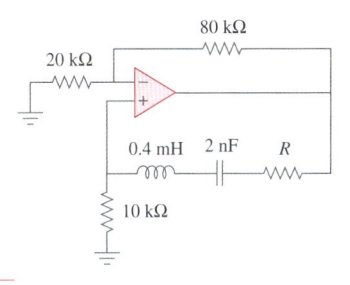

圖 10.133 習題 10.91 的電路

10.92 圖 10.134 振盪器電路是採用理想運算放大器。
(a) 試計算振盪發生時所需之 R_o 的最小值。
(b) 試求其振盪頻率。

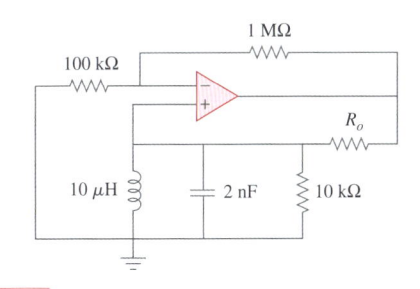

圖 10.134 習題 10.92 的電路

10.93 圖 10.135 為一考畢茲振盪器 (Colpitts oscillator) 電路，試證明其振盪頻率為：

$$f_o = \frac{1}{2\pi\sqrt{LC_T}}$$

其中 $C_T = C_1 C_2/(C_1 + C_2)$，假設 $R_i \gg X_{C_2}$。

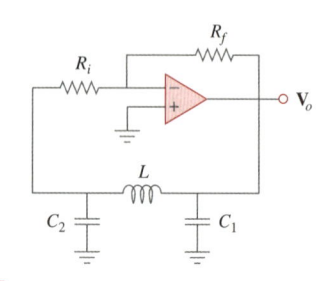

圖 10.135　習題 10.93 的考畢茲振盪器

(提示：將回授電路中阻抗的虛部設為零。)

10.94　試設計一個工作頻率為 50 kHz 的考畢茲振盪器。

10.95　圖 10.136 為一哈特萊振盪器 (Hartley oscillator) 電路，試證明其振盪頻率為：

$$f_o = \frac{1}{2\pi\sqrt{C(L_1 + L_2)}}$$

10.96　圖 10.137 振盪器電路中，
(a) 試證明：

$$\frac{\mathbf{V}_2}{\mathbf{V}_o} = \frac{1}{3 + j(\omega L/R - R/\omega L)}$$

(b) 試求其振盪頻率 f_o。
(c) 試求使其振盪發生時之 R_1 與 R_2 間的關係。

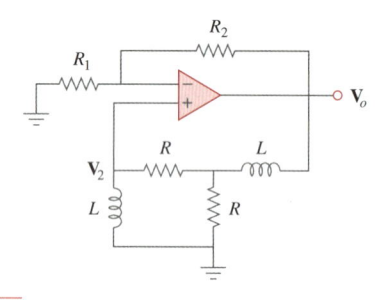

圖 10.137　習題 10.96 的電路

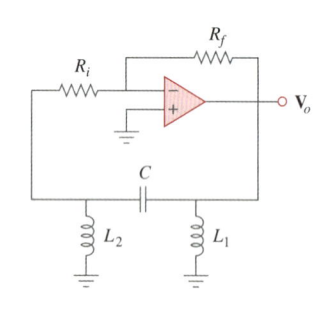

圖 10.136　習題 10.95 的哈特萊振盪器

Chapter 11 交流功率分析

> 不能挽回的四件事情：說出去的話；射出去的箭；流逝的時間；錯過的機會。
>
> —— 阿爾・哈利夫・奧馬爾・伊本

加強你的技能和職能

電力系統的職業生涯

1831 年，麥克・法拉第 (Michael Faraday) 在交流發電機原理的發現是工程上的重大突破；這個便捷的發電方法提供日常生活在電子、電機或電機機械上所需的電能。

電力是從電源轉換能量而得，如化石燃料 (天然氣、石油、煤)、核燃料 (鈾)、水能源 (水位差)、地熱能源 (熱水、蒸汽)、風能源、潮汐能源和生物質能 (廢料)。在電力工程領域裡，對這些產生電力的不同方法進行詳細研究，這已成為電機工程中不可缺少的學科領域。所以，電機工程師應熟悉電力的分析、發電、輸電、配電和成本。

低電壓極點式變壓器，三線配電系統。
Dennis Wise/Getty Images

電力公司雇用了非常多的電機工程師。該行業包括數以千計的電力系統，從大型的大區域相互關聯電網，到小型的提供各個社區或工廠電力的小型電力公司。由於電力行業的複雜性，因此在業內不同領域中需要大量的電機工程人員：如發電廠 (發電)、輸電和配電、檢修、研究、資料收集與流程控制，以及管理等。因為到處都要用電，所以電力公司每個地方都有，也為世界各地數千個社區民眾提供令人興奮的培訓機會和穩定的就業工作。

11.1 簡介

前幾章對交流電路的分析主要在交流電壓和交流電流的計算。本章主要介紹交流電路的功率分析。

功率分析是至關重要的。功率是在電力公司、電子系統和通訊系統中最重要的物理量，因為這樣的系統包括從一個點到另一個電力傳輸。此外，每一個工業和家用電子設備——每個電扇、馬達、燈、熨斗、電視、個人電腦——具有表明設備正常工作所需的額定功率；若超過額定功率可能造成設備永久性損壞。最常見的電功率形式是 50 或 60 赫茲的交流電源。選擇交流電源取代直流電源後，即可實現發電設備到用戶的高壓電傳輸。

首先定義和推導*瞬間功率*與*平均功率*，然後介紹其他功率原理。這些概念的實際應用中，將討論如何測量功率，以及重新計算電力公司如何收取其客戶的電費。

11.2 瞬間與平均功率 (Instantaneous and Average Power)

如第 2 章所提及的，一個元件所吸收的**瞬間功率** (instantaneous power) $p(t)$ 是元件二端的瞬間電壓 $v(t)$ 與流過該元件的瞬間電流 $i(t)$ 的乘積。根據被動符號規則，

$$p(t) = v(t)i(t) \tag{11.1}$$

> 瞬間功率也可看成是電路元件在某個特定瞬間所吸收的功率，瞬間功率通常用小寫字母表示。

瞬間功率 (單位為瓦特) 是任意時間的功率。

瞬間功率是元件吸收能量的速率。

下面考慮電路元件的任意組合從弦波激勵下所吸收瞬間功率的一般情況，如圖 11.1 所示。令電路端點的電壓和電流如下：

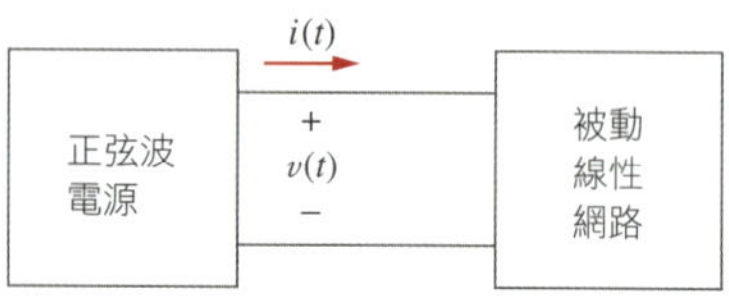

$$v(t) = V_m \cos(\omega t + \theta_v) \tag{11.2a}$$

$$i(t) = I_m \cos(\omega t + \theta_i) \tag{11.2b}$$

圖 11.1 正弦波電源和被動線性網路

其中 V_m 和 I_m 是振幅 (即峰值)，而且 θ_v 和 θ_i 分別為電壓和電流的相位角。電路吸收的瞬間功率為

$$p(t) = v(t)i(t) = V_m I_m \cos(\omega t + \theta_v) \cos(\omega t + \theta_i) \tag{11.3}$$

應用三角恆等式，

$$\cos A \cos B = \frac{1}{2}[\cos(A-B) + \cos(A+B)] \tag{11.4}$$

而且 (11.3) 式可表示為

$$p(t) = \frac{1}{2}V_m I_m \cos(\theta_v - \theta_i) + \frac{1}{2}V_m I_m \cos(2\omega t + \theta_v + \theta_i) \tag{11.5}$$

上式說明了瞬間功率有二部分：第一部分是常數與時間無關，這個值取決於電壓和電流之間的相位差；第二部分是頻率為 2ω 的正弦函數，即電壓或電流角頻率的二倍。

圖 11.2 顯示 (11.5) 式中 $p(t)$ 的波形，其中 $T = 2\pi/\omega$ 是電壓或電流的週期。觀察得知 $p(t)$ 為週期函數，$p(t) = p(t + T_0)$，且 $T_0 = T/2$，因為 $p(t)$ 的頻率是電壓頻率或電流頻率的二倍。同時還觀察到，$p(t)$ 在每一週期的部分時間為正，而該週期其餘時間為負。當 $p(t)$ 為正時，電路是吸收功率；當 $p(t)$ 為負時，電源是吸收功率，即功率是從電路傳送到電源。這是有可能的，因為電路中包含儲能元件 (電容和電感)。

瞬間功率隨時間改變，也因此量測困難。**平均** (average) 功率則比較容易量測。事實上，瓦特計用於量測功率的儀器，是平均功率的響應。

> **平均功率 (單位為瓦特)** 是瞬間功率在某個區間的平均值。

因此，平均功率可表示如下：

$$P = \frac{1}{T}\int_0^T p(t)\,dt \tag{11.6}$$

雖然 (11.6) 式顯示週期 T 的平均值，但如果對 $p(t)$ 的實際週期積分將得到 $T_0 = T/2$ 的相同結果。

將 (11.5) 式代入 (11.6) 式得

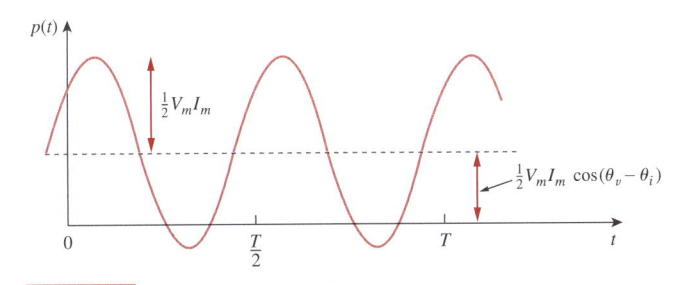

圖 11.2 流入電路的瞬間功率 $p(t)$

$$P = \frac{1}{T}\int_0^T \frac{1}{2}V_m I_m \cos(\theta_v - \theta_i)\,dt$$
$$+ \frac{1}{T}\int_0^T \frac{1}{2}V_m I_m \cos(2\omega t + \theta_v + \theta_i)\,dt$$
$$= \frac{1}{2}V_m I_m \cos(\theta_v - \theta_i)\frac{1}{T}\int_0^T dt$$
$$+ \frac{1}{2}V_m I_m \frac{1}{T}\int_0^T \cos(2\omega t + \theta_v + \theta_i)\,dt \tag{11.7}$$

第一項積分為常數，且常數的平均值還是常數。第二項為弦波函數的積分，而弦波函數在整個週期的平均值為零，因為弦波函數正半週下的面積與負半週下的面積互相抵消。因此，消去 (11.7) 式的第二項後，平均功率變成

$$P = \frac{1}{2}V_m I_m \cos(\theta_v - \theta_i) \tag{11.8}$$

因為 $\cos(\theta_v - \theta_i) = \cos(\theta_i - \theta_v)$，所以重要的是，電壓和電流之間的相位差。

注意：$p(t)$ 是時變函數，而 P 與時間無關。要求得瞬間功率，必須先得到時域中的 $v(t)$ 和 $i(t)$，但是在時域中可以求得電壓和電流的表示式如 (11.8) 式，或在頻域中的表示式。在 (11.2) 式中 $v(t)$ 和 $i(t)$ 的相位形式依次為 $\mathbf{V} = V_m \underline{/\theta_v}$ 和 $\mathbf{I} = I_m \underline{/\theta_i}$。$P$ 可由 (11.8) 式求得，也可使用相位 $\mathbf{V}$ 和 $\mathbf{I}$ 求得，如下：

$$\frac{1}{2}\mathbf{VI}^* = \frac{1}{2}V_m I_m \underline{/\theta_v - \theta_i}$$
$$= \frac{1}{2}V_m I_m [\cos(\theta_v - \theta_i) + j\sin(\theta_v - \theta_i)] \tag{11.9}$$

上式的實部就是 (11.8) 式的平均功率 P。因此，

$$\boxed{P = \frac{1}{2}\mathrm{Re}[\mathbf{VI}^*] = \frac{1}{2}V_m I_m \cos(\theta_v - \theta_i)} \tag{11.10}$$

考慮 (11.10) 式的二個特殊情況。當 $\theta_v = \theta_i$ 時，電壓和電流是同相，表示這是純電阻電路或電阻性負載 R，而且

$$P = \frac{1}{2}V_m I_m = \frac{1}{2}I_m^2 R = \frac{1}{2}|\mathbf{I}|^2 R \tag{11.11}$$

其中 $|\mathbf{I}|^2 = \mathbf{I} \times \mathbf{I}^*$。(11.11) 式表示在所有的時間中純電阻電路皆為吸收功率。當 $\theta_v - \theta_i = \pm 90°$ 時，則為純電抗電路，而且

$$P = \frac{1}{2} V_m I_m \cos 90° = 0 \tag{11.12}$$

結論：上式證明純電抗電路不吸收平均功率。

電阻性負載 (R) 總是吸收功率，而電抗性負載 (L 或 C) 吸收平均功率為零。

範例 11.1 已知 $v(t) = 120 \cos(377t + 45°)$ V 和 $i(t) = 10 \cos(377t - 10°)$ A，試求圖 11.1 瞬間功率和被動線性網路的平均吸收功率。

解：瞬間功率如下：

$$p = vi = 1200 \cos(377t + 45°) \cos(377t - 10°)$$

應用三角恆等式，

$$\cos A \cos B = \frac{1}{2}[\cos(A + B) + \cos(A - B)]$$

得

$$p = 600[\cos(754t + 35°) + \cos 55°]$$

或

$$p(t) = 344.2 + 600 \cos(754t + 35°) \text{ W}$$

平均功率為

$$P = \frac{1}{2} V_m I_m \cos(\theta_v - \theta_i) = \frac{1}{2} 120(10) \cos[45° - (-10°)]$$
$$= 600 \cos 55° = 344.2 \text{ W}$$

這是上面 $p(t)$ 的常數部分。

練習題 11.1 已知 $v(t) = 330 \cos(10t + 20°)$ V 和 $i(t) = 33 \sin(10t + 60°)$ A，試求圖 11.1 瞬間功率和被動線性網路的平均吸收功率。

答：$3.5 + 5.445 \cos(20t - 10°)$ kW, 3.5 kW.

範例 11.2 當電壓 $\mathbf{V} = 120\underline{/0°}$ 被加到阻抗二端時，試計算阻抗 $\mathbf{Z} = 30 - j70\ \Omega$ 的平均吸收功率。

解： 流入阻抗的電流為

$$\mathbf{I} = \frac{\mathbf{V}}{\mathbf{Z}} = \frac{120\underline{/0°}}{30-j70} = \frac{120\underline{/0°}}{76.16\underline{/-66.8°}} = 1.576\underline{/66.8°}\ \text{A}$$

平均功率為

$$P = \frac{1}{2}V_m I_m \cos(\theta_v - \theta_i) = \frac{1}{2}(120)(1.576)\cos(0 - 66.8°) = 37.24\ \text{W}$$

> **練習題 11.2** 電流 $\mathbf{I} = 33\underline{/30°}$ 流入阻抗 $\mathbf{Z} = 40\underline{/-22°}\ \Omega$，試求傳送到阻抗的平均功率。
>
> **答：** 20.19 kW。

範例 11.3 試求圖 11.3 電路中電源的平均供應功率和電阻器的平均吸收功率。

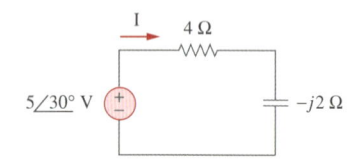

圖 11.3 範例 11.3 的電路

解： 電流 $\mathbf{I}$ 表示如下：

$$\mathbf{I} = \frac{5\underline{/30°}}{4-j2} = \frac{5\underline{/30°}}{4.472\underline{/-26.57°}} = 1.118\underline{/56.57°}\ \text{A}$$

電源的平均供應功率為

$$P = \frac{1}{2}(5)(1.118)\cos(30° - 56.57°) = 2.5\ \text{W}$$

流經電阻器的電流為

$$\mathbf{I}_R = \mathbf{I} = 1.118\underline{/56.57°}\ \text{A}$$

且電阻器上的跨壓為

$$\mathbf{V}_R = 4\mathbf{I}_R = 4.472\underline{/56.57°}\ \text{V}$$

電阻器的平均吸收功率為

$$P = \frac{1}{2}(4.472)(1.118) = 2.5\ \text{W}$$

這與電源的平均供應功率相同。電容器的平均吸收功率為零。

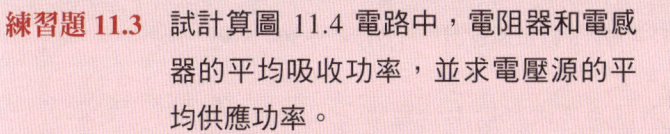

> **練習題 11.3** 試計算圖 11.4 電路中，電阻器和電感器的平均吸收功率，並求電壓源的平均供應功率。
>
> **答：** 15.361 kW, 0 W, 15.361 kW.
>
> **圖 11.4** 練習題 11.3 的電路

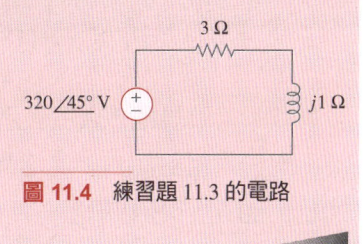

範例 11.4 在圖 11.5(a) 電路中，試計算每個電壓源所產生的平均功率和每個被動元件所吸收的平均功率。

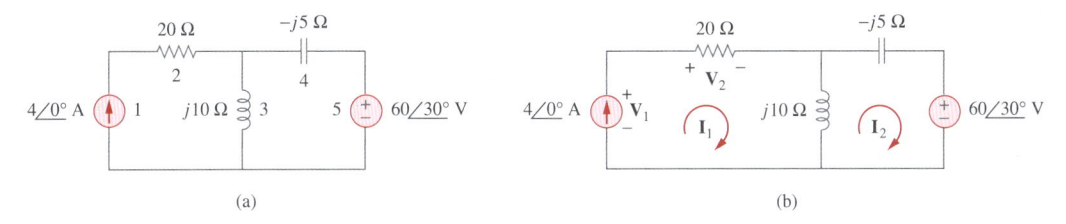

圖 11.5 範例 11.4 的電路

解： 應用網目分析如圖 11.5(b) 所示，對於網目 1，

$$\mathbf{I}_1 = 4 \text{ A}$$

對於網目 2，

$$(j10 - j5)\mathbf{I}_2 - j10\mathbf{I}_1 + 60\underline{/30°} = 0, \quad \mathbf{I}_1 = 4 \text{ A}$$

或

$$j5\mathbf{I}_2 = -60\underline{/30°} + j40 \quad \Rightarrow \quad \mathbf{I}_2 = -12\underline{/-60°} + 8 = 10.58\underline{/79.1°} \text{ A}$$

對於電壓源而言，流經電壓源的電流為 $\mathbf{I}_2 = 10.58\underline{/79.1°}$ A，以及電壓源二端的電壓為 $60\underline{/30°}$ V，所以平均功率為

$$P_5 = \frac{1}{2}(60)(10.58)\cos(30° - 79.1°) = 207.8 \text{ W}$$

根據被動符號規則 (參見圖 1.8)，電壓源吸收平均功率，這是從 $\mathbf{I}_2$ 的方向和電壓源的極性來判斷的。亦即，電路傳送平均功率給電壓源。

對於電流源而言，流經電流源的電流為 $\mathbf{I}_1 = 4\underline{/0°}$，以及電流源二端的電壓為

$$\mathbf{V}_1 = 20\mathbf{I}_1 + j10(\mathbf{I}_1 - \mathbf{I}_2) = 80 + j10(4 - 2 - j10.39)$$
$$= 183.9 + j20 = 184.984\underline{/6.21°} \text{ V}$$

電流源平均供應功率為

$$P_1 = -\frac{1}{2}(184.984)(4)\cos(6.21° - 0) = -367.8 \text{ W}$$

根據被動符號規則，負值表示電流源供應功率給電路。

對於電阻器而言，流經電阻器的電流為 $\mathbf{I}_1 = 4\underline{/0°}$，以及電阻器二端的電壓為 $20\mathbf{I}_1 = 80\underline{/0°}$，所以電阻器所吸收的功率為

$$P_2 = \frac{1}{2}(80)(4) = 160 \text{ W}$$

對於電容器而言，流經電容器的電流為 $\mathbf{I}_2 = 10.58\underline{/79.1°}$，以及電容器二端的電壓為 $-j5\mathbf{I}_2 = (5\underline{/-90°})(10.58\underline{/79.1°}) = 52.9\underline{/79.1° - 90°}$。所以電容器平均吸收功率為

$$P_4 = \frac{1}{2}(52.9)(10.58)\cos(-90°) = 0$$

對於電感器而言，流經電感器的電流為 $\mathbf{I}_1 - \mathbf{I}_2 = 2 - j10.39 = 10.58\underline{/-79.1°}$。電感器二端的電壓為 $j10(\mathbf{I}_1 - \mathbf{I}_2) = 105.8\underline{/-79.1° + 90°}$。因此，電感器的平均吸收功率為

$$P_3 = \frac{1}{2}(105.8)(10.58)\cos 90° = 0$$

注意：電感器和電容器吸收的平均功率為零，和電流源供應的總功率等於電阻器與電壓源吸收的總功率，即

$$P_1 + P_2 + P_3 + P_4 + P_5 = -367.8 + 160 + 0 + 0 + 207.8 = 0$$

表示功率是守恆的。

練習題 11.4 在圖 11.6 電路中，試計算五個元件中每個元件的平均吸收功率。

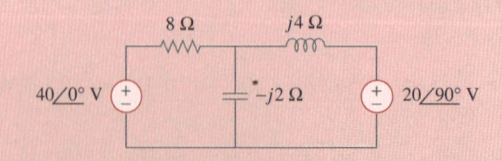

圖 11.6 練習題 11.4 的電路

答：40 V 電壓源：-60 W；$j20$ V 電壓源：-40 W；電阻器：100 W；其他：0 W。

11.3 最大平均功率轉移 (Maximum Average Power Transfer)

在 4.8 節解決了由電阻網路提供功率給負載 R_L 的最大功率傳輸問題。證明了透過戴維寧等效電路,當負載電阻等於戴維寧電阻 $R_L = R_{Th}$ 時,最大功率將被傳送到負載。本節將這結果擴充到交流電路。

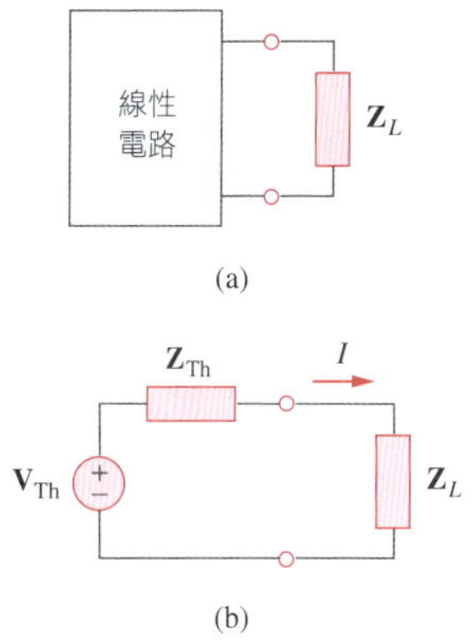

考慮圖 11.7 的電路,其中交流電路連接到一個代表戴維寧等效的負載 $\mathbf{Z}_L$。該負載通常以阻抗表示,它可能是馬達、天線、電視等等。戴維寧阻抗 $\mathbf{Z}_{Th}$ 和負載阻抗 $\mathbf{Z}_L$ 的直角坐標表示式如下:

$$\mathbf{Z}_{Th} = R_{Th} + jX_{Th} \tag{11.13a}$$

$$\mathbf{Z}_L = R_L + jX_L \tag{11.13b}$$

流經負載的電流為

$$\mathbf{I} = \frac{\mathbf{V}_{Th}}{\mathbf{Z}_{Th} + \mathbf{Z}_L} = \frac{\mathbf{V}_{Th}}{(R_{Th} + jX_{Th}) + (R_L + jX_L)} \tag{11.14}$$

圖 11.7 求最大平均功率轉移:(a) 有負載的電路,(b) 戴維寧等效電路

從 (11.11) 式,傳送到負載的平均功率為

$$P = \frac{1}{2}|\mathbf{I}|^2 R_L = \frac{|\mathbf{V}_{Th}|^2 R_L / 2}{(R_{Th} + R_L)^2 + (X_{Th} + X_L)^2} \tag{11.15}$$

為了調整負載參數 R_L 和 X_L 使得 P 為最大,必須令 $\partial P/\partial R_L$ 和 $\partial P/\partial X_L$ 等於零。從 (11.15) 式得

$$\frac{\partial P}{\partial X_L} = -\frac{|\mathbf{V}_{Th}|^2 R_L (X_{Th} + X_L)}{[(R_{Th} + R_L)^2 + (X_{Th} + X_L)^2]^2} \tag{11.16a}$$

$$\frac{\partial P}{\partial R_L} = \frac{|\mathbf{V}_{Th}|^2 [(R_{Th} + R_L)^2 + (X_{Th} + X_L)^2 - 2R_L(R_{Th} + R_L)]}{2[(R_{Th} + R_L)^2 + (X_{Th} + X_L)^2]^2} \tag{11.16b}$$

令 $\partial P/\partial X_L$ 為零,得

$$X_L = -X_{Th} \tag{11.17}$$

且令 $\partial P/\partial R_L$ 為零,得

$$R_L = \sqrt{R_{Th}^2 + (X_{Th} + X_L)^2} \tag{11.18}$$

結合 (11.17) 式和 (11.18) 式得到最大平均功率轉移的結論,所選擇的 $\mathbf{Z}_L$ 必須滿足 $X_L = -X_{Th}$,且 $R_L = R_{Th}$,即

$$\mathbf{Z}_L = R_L + jX_L = R_{Th} - jX_{Th} = \mathbf{Z}_{Th}^* \quad (11.19)$$

當 $\mathbf{Z}_L = \mathbf{Z}_{Th}^*$ 時，則稱此負載與電源相匹配。

為了獲得最大的平均功率轉移，負載阻抗 $\mathbf{Z}_L$ 必須等於戴維寧阻抗 $\mathbf{Z}_{Th}$ 的共軛複數。

這結果稱為正弦穩態下的**最大平均功率轉移定理** (maximum average power transfer theorem)。在 (11.15) 式中，令 $R_L = R_{Th}$ 且 $X_L = -X_{Th}$，則得最大平均功率為

$$P_{\max} = \frac{|\mathbf{V}_{Th}|^2}{8R_{Th}} \quad (11.20)$$

在負載為純實數情況下，令 (11.18) 式的 $X_L = 0$，可得到最大功率轉移的條件為：

$$R_L = \sqrt{R_{Th}^2 + X_{Th}^2} = |\mathbf{Z}_{Th}| \quad (11.21)$$

上式說明了，對於純電阻負載的最大平均功率轉移，其負載阻抗 (或電阻) 等於戴維寧阻抗的大小。

範例 11.5 試計算從圖 11.8 電路吸收最大平均功率的負載阻抗 $\mathbf{Z}_L$，且該最大平均功率是多少？

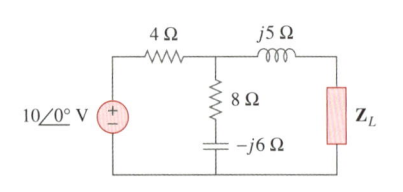

解： 首先求負載端的戴維寧等效。從圖 11.9(a) 的電路，可得 $\mathbf{Z}_{Th}$ 如下：

$$\mathbf{Z}_{Th} = j5 + 4 \| (8 - j6) = j5 + \frac{4(8-j6)}{4+8-j6} = 2.933 + j4.467 \; \Omega$$

圖 11.8 範例 11.5 的電路

從圖 11.9(b) 的電路，並根據分壓定理可得 $\mathbf{V}_{Th}$ 如下：

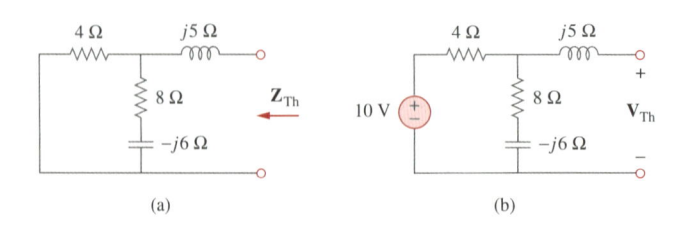

圖 11.9 求圖 11.8 電路的戴維寧等效電路

$$\mathbf{V}_{Th} = \frac{8-j6}{4+8-j6}(10) = 7.454\underline{/-10.3°} \text{ V}$$

負載阻抗從電路吸收最大功率如下：

$$\mathbf{Z}_L = \mathbf{Z}_{Th}^* = 2.933 - j4.467 \text{ Ω}$$

根據 (11.20) 式，最大平均功率為

$$P_{\max} = \frac{|\mathbf{V}_{Th}|^2}{8R_{Th}} = \frac{(7.454)^2}{8(2.933)} = 2.368 \text{ W}$$

練習題 11.5 在圖 11.10 電路中，試求從電路吸收最大平均功率的負載阻抗 $\mathbf{Z}_L$，並計算該最大平均功率。

答： $3.415 - j0.7317$ Ω, 51.47 W.

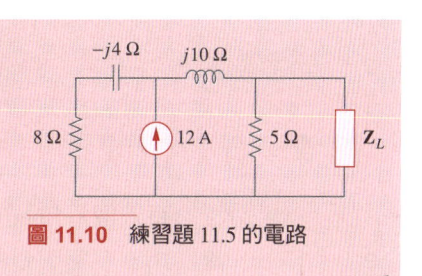

圖 11.10 練習題 11.5 的電路

範例 11.6 在圖 11.11 電路中，試求吸收最大平均功率的 R_L 值，並計算該功率。

解： 首先求 R_L 端的戴維寧等效 $\mathbf{Z}_{Th}$：

$$\mathbf{Z}_{Th} = (40-j30) \parallel j20 = \frac{j20(40-j30)}{j20+40-j30}$$

$$= 9.412 + j22.35 \text{ Ω}$$

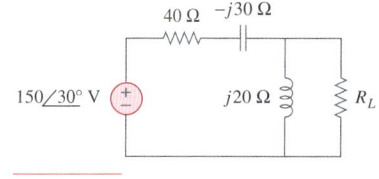

圖 11.11 範例 11.6 的電路

根據分壓定理得

$$\mathbf{V}_{Th} = \frac{j20}{j20+40-j30}(150\underline{/30°}) = 72.76\underline{/134°} \text{ V}$$

吸收最大功率的 R_L 值為

$$R_L = |\mathbf{Z}_{Th}| = \sqrt{9.412^2 + 22.35^2} = 24.25 \text{ Ω}$$

流經負載的電流為

$$\mathbf{I} = \frac{\mathbf{V}_{Th}}{\mathbf{Z}_{Th} + R_L} = \frac{72.76\underline{/134°}}{33.66 + j22.35} = 1.8\underline{/100.42°} \text{ A}$$

R_L 吸收的最大平均功率為

$$P_{\max} = \frac{1}{2}|\mathbf{I}|^2 R_L = \frac{1}{2}(1.8)^2(24.25) = 39.29 \text{ W}$$

練習題 11.6 在圖 11.12 電路中，調整電阻器 R_L 直到它吸收最大平均功率，並計算 R_L 和它所吸收的最大平均功率。

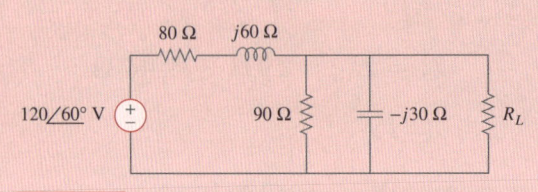

圖 11.12 練習題 11.6 的電路

答：30 Ω, 6.863 W.

11.4 有效值或均方根值 (Effective or RMS Value)

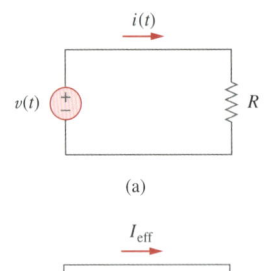

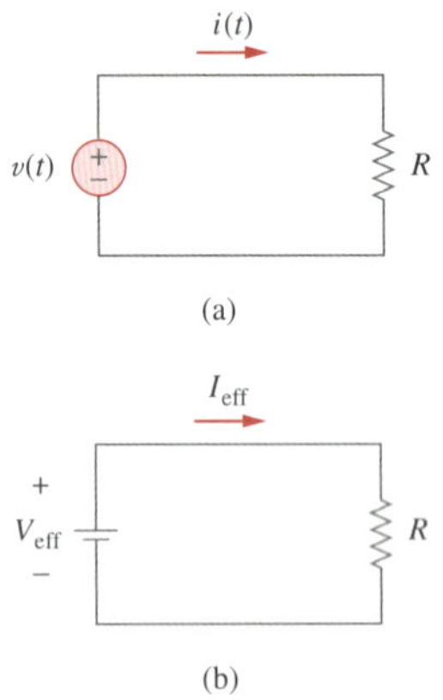

圖 11.13 求有效電流：
(a) 交流電路，(b) 直流電路

有效值 (effective value) 的構想是由於需要測量電壓源或電流源在傳送功率到電阻負載的有效性。

> 週期性電流的有效值是該週期性電流傳送給電阻器與平均功率相等的直流電流。

在圖 11.13 中，圖 (a) 的電路是交流，而圖 (b) 的電路是直流。其目的是要求弦波電流 i 傳給電阻器 R 與平均功率相等的電流有效值 I_{eff}。在交流電路中，電阻器吸收的平均功率為

$$P = \frac{1}{T}\int_0^T i^2 R\, dt = \frac{R}{T}\int_0^T i^2\, dt \tag{11.22}$$

而在直流電路中電阻器所吸收的功率為

$$P = I_{\text{eff}}^2 R \tag{11.23}$$

令 (11.22) 式與 (11.23) 式相等，然後解 I_{eff} 得

$$I_{\text{eff}} = \sqrt{\frac{1}{T}\int_0^T i^2\, dt} \tag{11.24}$$

以求解交流電流有效值的方法求解交流電壓的有效值，即

$$V_{\text{eff}} = \sqrt{\frac{1}{T}\int_0^T v^2\, dt} \tag{11.25}$$

這表示有效值是所述週期信號平方的均方根 (或平均)。有效值通常也稱為**均方根** (root-mean-square) 值，簡稱 **rms** 值，可寫成

$$I_{\text{eff}} = I_{\text{rms}}, \qquad V_{\text{eff}} = V_{\text{rms}} \tag{11.26}$$

對於任何週期函數 $x(t)$，其有效值即 rms 值為

$$\boxed{X_{\text{rms}} = \sqrt{\frac{1}{T}\int_0^T x^2\,dt}} \tag{11.27}$$

週期性信號的有效值是它的均方根 (rms) 值。

(11.27) 式說明求 $x(t)$ 的 rms 值，首先求它的平方 x^2，然後求它的平均值，即

$$\frac{1}{T}\int_0^T x^2\,dt$$

最後再求該平均值的平方根 ($\sqrt{}$)。常數 rms 值是常數本身，對於弦波信號 $i(t) = I_m \cos \omega t$ 的有效值或 rms 值為

$$\begin{aligned} I_{\text{rms}} &= \sqrt{\frac{1}{T}\int_0^T I_m^2 \cos^2 \omega t\,dt} \\ &= \sqrt{\frac{I_m^2}{T}\int_0^T \frac{1}{2}(1+\cos 2\omega t)\,dt} = \frac{I_m}{\sqrt{2}} \end{aligned} \tag{11.28}$$

同理，對於 $v(t) = V_m \cos \omega t$，

$$V_{\text{rms}} = \frac{V_m}{\sqrt{2}} \tag{11.29}$$

請牢記：(11.28) 式和 (11.29) 式只對弦波信號有效。

在 (11.8) 式中的平均功率可用 rms 值表示如下：

$$\begin{aligned} P &= \frac{1}{2}V_m I_m \cos(\theta_v - \theta_i) = \frac{V_m}{\sqrt{2}}\frac{I_m}{\sqrt{2}}\cos(\theta_v - \theta_i) \\ &= V_{\text{rms}} I_{\text{rms}} \cos(\theta_v - \theta_i) \end{aligned} \tag{11.30}$$

同理，在 (11.11) 式中電阻器 R 吸收的平均功率可改寫如下：

$$P = I_{\text{rms}}^2 R = \frac{V_{\text{rms}}^2}{R} \tag{11.31}$$

當指定一個弦波電壓或弦波電流，因為其平均值為零，所以通常用它的最大值 (或峰值) 或 rms 值來表示。電力公司通常用 rms 值而不是峰值來表示相量大小。例如，每個家庭使用 110 V 電壓就是電力公司供電電壓的 rms 值。使用 rms 值來表示電壓和電流是方便的功率分析。此外，類比伏特計和類比安培計依次被設計成直接讀取電壓和電流的 rms 值。

範例 11.7 試計算圖 11.14 電流波形的 rms 值。如果該電流流經 2 Ω 電阻器，試求該電阻器吸收的平均功率。

解：左圖電流波形的週期為 $T = 4$。在一個週期內，電流波形的表示如下：

$$i(t) = \begin{cases} 5t, & 0 < t < 2 \\ -10, & 2 < t < 4 \end{cases}$$

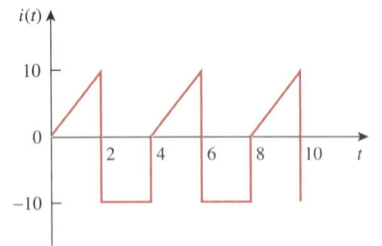

圖 11.14 範例 11.7 的電流波形

則 rms 值為

$$I_{\text{rms}} = \sqrt{\frac{1}{T}\int_0^T i^2\, dt} = \sqrt{\frac{1}{4}\left[\int_0^2 (5t)^2\, dt + \int_2^4 (-10)^2\, dt\right]}$$

$$= \sqrt{\frac{1}{4}\left[25\frac{t^3}{3}\bigg|_0^2 + 100t\bigg|_2^4\right]} = \sqrt{\frac{1}{4}\left(\frac{200}{3} + 200\right)} = 8.165 \text{ A}$$

2 Ω 電阻器吸收的平均功率為

$$P = I_{\text{rms}}^2 R = (8.165)^2(2) = 133.3 \text{ W}$$

練習題 11.7 試計算圖 11.15 電流波形的 rms 值。如果該電流流經 9 Ω 電阻器，試求該電阻器吸收的平均功率。

答：9.238 A, 768 W.

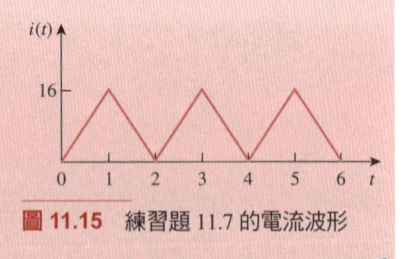

圖 11.15 練習題 11.7 的電流波形

範例 11.8 圖 11.16 的波形是一個半波整流的正弦波，試求 rms 值和 10 Ω 電阻器所消耗的平均功率。

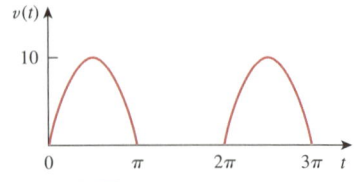

解：左圖電壓波形的週期為 $T = 2\pi$，且表示式如下：

$$v(t) = \begin{cases} 10\sin t, & 0 < t < \pi \\ 0, & \pi < t < 2\pi \end{cases}$$

圖 11.16 範例 11.8 的電壓波形

其 rms 值如下：

$$V_{\text{rms}}^2 = \frac{1}{T}\int_0^T v^2(t)\,dt = \frac{1}{2\pi}\left[\int_0^\pi (10\sin t)^2\,dt + \int_\pi^{2\pi} 0^2\,dt\right]$$

但 $\sin^2 t = \frac{1}{2}(1-\cos 2t)$。因此，

$$V_{\text{rms}}^2 = \frac{1}{2\pi}\int_0^\pi \frac{100}{2}(1-\cos 2t)\,dt = \frac{50}{2\pi}\left(t - \frac{\sin 2t}{2}\right)\bigg|_0^\pi$$

$$= \frac{50}{2\pi}\left(\pi - \frac{1}{2}\sin 2\pi - 0\right) = 25, \quad V_{\text{rms}} = 5\text{ V}$$

電阻器的平均吸收功率為

$$P = \frac{V_{\text{rms}}^2}{R} = \frac{5^2}{10} = 2.5\text{ W}$$

練習題 11.8　試求圖 11.17 的全波整流正弦波的 rms 值，並計算 6 Ω 電阻器所消耗的平均功率。

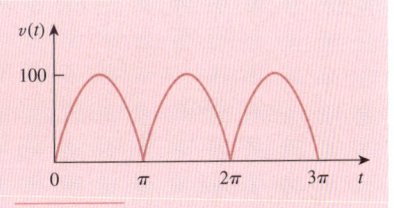

答：70.71 V, 833.3 W.

圖 11.17　練習題 11.8 的電壓波形

11.5　視在功率和功率因數 (Apparent Power and Power Factor)

根據 11.2 節，如果電路端點的電壓和電流為

$$v(t) = V_m\cos(\omega t + \theta_v) \quad \text{和} \quad i(t) = I_m\cos(\omega t + \theta_i) \tag{11.32}$$

或者相量形式表示為 $\mathbf{V} = V_m\underline{/\theta_v}$ 和 $\mathbf{I} = I_m\underline{/\theta_i}$，則平均功率為

$$P = \frac{1}{2}V_m I_m \cos(\theta_v - \theta_i) \tag{11.33}$$

根據 11.4 節得

$$P = V_{\text{rms}} I_{\text{rms}} \cos(\theta_v - \theta_i) = S\cos(\theta_v - \theta_i) \tag{11.34}$$

上式新增一個新項目：

$$\boxed{S = V_{\text{rms}} I_{\text{rms}}} \tag{11.35}$$

平均功率是二項的乘積，其中一項為 $V_{rms}I_{rms}$ 稱為**視在功率** (apparent power, S)。而另一項為因數 $\cos(\theta_v - \theta_i)$ 稱為**功率因數** (power factor, pf)。

> **視在功率**(單位為 VA)是電壓 rms 值和電流 rms 值的乘積。

之所以稱為視在功率，因為由直流電阻電路推論，表面上看功率應該是電壓和電流的乘積。視在功率的單位為伏特-安培或 VA，以區別於平均功率或實功率的單位瓦特。功率因數是沒有單位的，因為它是平均功率與視在功率的比值。

$$\boxed{\text{pf} = \frac{P}{S} = \cos(\theta_v - \theta_i)} \tag{11.36}$$

角度 $\theta_v - \theta_i$ 稱為**功率因數角** (power factor angle)，因為該角度的餘弦值為功率因數。如果 **V** 是負載二端的電壓且 **I** 是流過負載的電流，則功率因數角等於負載阻抗的角度。這可由下式清楚看出，

$$\mathbf{Z} = \frac{\mathbf{V}}{\mathbf{I}} = \frac{V_m \underline{/\theta_v}}{I_m \underline{/\theta_i}} = \frac{V_m}{I_m}\underline{/\theta_v - \theta_i} \tag{11.37}$$

另外，因為

$$\mathbf{V}_{rms} = \frac{\mathbf{V}}{\sqrt{2}} = V_{rms}\underline{/\theta_v} \tag{11.38a}$$

且

$$\mathbf{I}_{rms} = \frac{\mathbf{I}}{\sqrt{2}} = I_{rms}\underline{/\theta_i} \tag{11.38b}$$

則阻抗值為

$$\mathbf{Z} = \frac{\mathbf{V}}{\mathbf{I}} = \frac{\mathbf{V}_{rms}}{\mathbf{I}_{rms}} = \frac{V_{rms}}{I_{rms}}\underline{/\theta_v - \theta_i} \tag{11.39}$$

> 功率因數是電壓和電流之間相位差的餘弦值，也是負載阻抗角度的餘弦值。

從 (11.36) 式，功率因數也可以被視為負載實際消耗功率對負載視在功率的比值。

根據 (11.36) 式，功率因數乘以視在功率可獲得實功率或平均功率。功率因數的範圍在 0 與 1 之間。對於純電阻電路，其電壓和電流為相量，所以 $\theta_v - \theta_i = 0$ 且 pf = 1，這表示視在功率等於平均功率。對於純電抗負載，$\theta_v - \theta_i = \pm 90°$ 且 pf = 0，在這種情況下平均功率為 0。在這

二種極端情況之間，pf 被稱為超前或滯後。超前功率因數意思是電流超前電壓，也就是負載為電容性。滯後功率因數意思是電流落後電壓，也就是負載為電感性。11.9.2 節將介紹功率因數會影響消費者支付給電力公司的電費。

範例 11.9 當電壓為 $v(t) = 120\cos(100\pi t - 20°)$ V 時，一串聯負載吸收電流 $i(t) = 4\cos(100\pi t + 10°)$ A。試求負載的視在功率和功率因數，並計算形成串聯連接負載的元件值。

解： 視在功率為

$$S = V_{\text{rms}} I_{\text{rms}} = \frac{120}{\sqrt{2}} \frac{4}{\sqrt{2}} = 240 \text{ VA}$$

功率因數為

$$\text{pf} = \cos(\theta_v - \theta_i) = \cos(-20° - 10°) = 0.866 \quad (超前)$$

pf 是超前的，因為電流超前電壓。pf 也可由負載阻抗求得如下：

$$\mathbf{Z} = \frac{\mathbf{V}}{\mathbf{I}} = \frac{120\underline{/-20°}}{4\underline{/10°}} = 30\underline{/-30°} = 25.98 - j15 \; \Omega$$

$$\text{pf} = \cos(-30°) = 0.866 \quad (超前)$$

負載阻抗 **Z** 可以由 25.98 Ω 電阻器串聯與下面電容器而得

$$X_C = -15 = -\frac{1}{\omega C}$$

或

$$C = \frac{1}{15\omega} = \frac{1}{15 \times 100\pi} = 212.2 \; \mu\text{F}$$

練習題 11.9 當電壓為 $v(t) = 320\cos(377t + 10°)$ V 時，某負載阻抗為 $\mathbf{Z} = 60 + j40$ Ω，試求負載的功率因數和視在功率。

答： 0.8321 滯後，$710\underline{/33.69°}$ VA。

範例 11.10 試計算圖 11.18 整個電路從電源看進去的功率因數，並計算電源所傳送的平均功率。

解： 總阻抗為

$$\mathbf{Z} = 6 + 4 \parallel (-j2) = 6 + \frac{-j2 \times 4}{4 - j2} = 6.8 - j1.6$$
$$= 7\underline{/-13.24°}\ \Omega$$

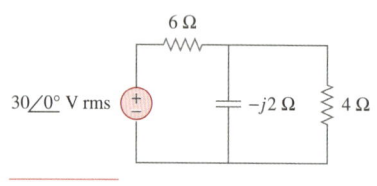

圖 11.18 範例 11.10 的電路

功率因數為

$$\text{pf} = \cos(-13.24) = 0.9734 \quad (\text{超前})$$

因為阻抗是電容性，所以電流的 rms 值為

$$\mathbf{I}_{\text{rms}} = \frac{\mathbf{V}_{\text{rms}}}{\mathbf{Z}} = \frac{30\underline{/0°}}{7\underline{/-13.24°}} = 4.286\underline{/13.24°}\ \text{A}$$

電源的平均供應功率為

$$P = V_{\text{rms}} I_{\text{rms}} \text{pf} = (30)(4.286)0.9734 = 125\ \text{W}$$

或

$$P = I_{\text{rms}}^2 R = (4.286)^2 (6.8) = 125\ \text{W}$$

其中 R 是 $\mathbf{Z}$ 的電阻性部分。

練習題 11.10 試計算圖 11.19 整個電路從電源看進去的功率因數，電源所傳送的平均功率為何？

答： 0.936 滯後，2.008 kW。

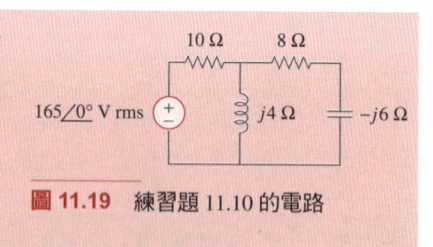

圖 11.19 練習題 11.10 的電路

11.6 複數功率

為了簡化功率的表示式，電力工程師努力多年，提出**複數功率** (complex power)，用來求並聯負載的總效應。因為複數功率包含負載吸收功率的所有訊息，所以對於電力分析是很重要的。

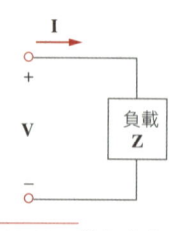

考慮圖 11.20 的交流負載，已知電壓 $v(t)$ 和電流 $i(t)$ 的相量形式為 $\mathbf{V} = V_m\underline{/\theta_v}$ 和 $\mathbf{I} = I_m\underline{/\theta_i}$，則交流負載所吸收的**複數功率 S** 為電流的共

圖 11.20 與負載有關的電壓和電流相量

軛複數和電壓的乘積，即

$$\mathbf{S} = \frac{1}{2}\mathbf{V}\mathbf{I}^* \tag{11.40}$$

根據被動符號規則 (參見圖 11.20)，以 rms 值表示如下：

$$\mathbf{S} = \mathbf{V}_{rms}\mathbf{I}_{rms}^* \tag{11.41}$$

其中

$$\mathbf{V}_{rms} = \frac{\mathbf{V}}{\sqrt{2}} = V_{rms}\underline{/\theta_v} \tag{11.42}$$

且

$$\mathbf{I}_{rms} = \frac{\mathbf{I}}{\sqrt{2}} = I_{rms}\underline{/\theta_i} \tag{11.43}$$

因此，(11.41) 式可寫成

$$\begin{aligned}\mathbf{S} &= V_{rms}I_{rms}\underline{/\theta_v - \theta_i} \\ &= V_{rms}I_{rms}\cos(\theta_v - \theta_i) + jV_{rms}I_{rms}\sin(\theta_v - \theta_i)\end{aligned} \tag{11.44}$$

> 在不混淆的情況下，通常可以省略電壓和電流 rms 有效值的下標。

上式也可以從 (11.9) 式得到。注意：從 (11.44) 式複數功率的大小為視在功率，所以複數功率的單位為伏特-安培 (VA)。而且，複數功率的角度為功率因數角。

複數功率可以用負載阻抗 **Z** 來表示。從 (11.37) 式得知，負載阻抗 **Z** 可以寫成

$$\mathbf{Z} = \frac{\mathbf{V}}{\mathbf{I}} = \frac{\mathbf{V}_{rms}}{\mathbf{I}_{rms}} = \frac{V_{rms}}{I_{rms}}\underline{/\theta_v - \theta_i} \tag{11.45}$$

因此，將 $\mathbf{V}_{rms} = \mathbf{Z}\mathbf{I}_{rms}$ 代入 (11.41) 式得

$$\boxed{\mathbf{S} = I_{rms}^2\mathbf{Z} = \frac{V_{rms}^2}{\mathbf{Z}^*} = \mathbf{V}_{rms}\mathbf{I}_{rms}^*} \tag{11.46}$$

因為 $\mathbf{Z} = R + jX$，所以 (11.46) 式變成

$$\mathbf{S} = I_{rms}^2(R + jX) = P + jQ \tag{11.47}$$

其中 P 和 Q 是複數功率的實部和虛部；即

$$P = \text{Re}(\mathbf{S}) = I_{rms}^2 R \tag{11.48}$$

$$Q = \text{Im}(\mathbf{S}) = I_{rms}^2 X \tag{11.49}$$

P 是平均功率或實功率，而且與負載電阻 R 有關。Q 與負載電抗 X 有關，而且被稱為**虛** (reactive) (或正交) 功率。

比較 (11.44) 式和 (11.47) 式，得

$$P = V_{\text{rms}} I_{\text{rms}} \cos(\theta_v - \theta_i), \qquad Q = V_{\text{rms}} I_{\text{rms}} \sin(\theta_v - \theta_i) \tag{11.50}$$

實功率 P 是傳遞給負載的平均功率，單位為瓦特；它是唯一有用的功率。它是傳遞給負載的實際功率。虛功率 Q 是電源和負載的電抗性部分之間能量交換的量測。Q 的單位為**虛功率** (volt-ampere reactive, VAR) 以區別於實功率的單位瓦特。從第 6 章得知儲存能量元件既不消耗功率也不供應功率，只是與網路中的其他元件來回交換能量。同理，虛功率也是在負載和電源之間來回轉換。它表示負載和電源之間的無損交換。注意：

1. 對於電阻性負載 $Q = 0$ (pf = 1)。
2. 對於電容性負載 $Q < 0$ (超前 pf)。
3. 對於電感性負載 $Q > 0$ (滯後 pf)。

因此，

> **複數功率** (單位為 VA) 是電壓相量 rms 和電流相量 rms 共軛複數的乘積。對於複數功率的實部為實功率 P，而虛部為虛功率 Q。

介紹複數功率後就可以直接從電壓相量和電流相量求得實功率與虛功率。

$$\begin{aligned}
\text{複數功率} = \mathbf{S} &= P + jQ = \mathbf{V}_{\text{rms}}(\mathbf{I}_{\text{rms}})^* \\
&= |\mathbf{V}_{\text{rms}}||\mathbf{I}_{\text{rms}}|\underline{/\theta_v - \theta_i} \\
\text{視在功率} = S &= |\mathbf{S}| = |\mathbf{V}_{\text{rms}}||\mathbf{I}_{\text{rms}}| = \sqrt{P^2 + Q^2} \\
\text{實功率} = P &= \text{Re}(\mathbf{S}) = S \cos(\theta_v - \theta_i) \\
\text{虛功率} = Q &= \text{Im}(\mathbf{S}) = S \sin(\theta_v - \theta_i) \\
\text{功率因數} &= \frac{P}{S} = \cos(\theta_v - \theta_i)
\end{aligned} \tag{11.51}$$

$\mathbf{S}$ 包含負載的所有功率資訊。$\mathbf{S}$ 的實部是實功率 P；它的虛部是虛功率 Q；它的大小是視在功率 S；以及它的相位角的餘弦是功率因數 pf。

上式顯示複數功率如何包含已知負載相關功率的所有資訊。

利用**功率三角形** (power triangle) 來表示 $\mathbf{S}$、P 和 Q 之間的關係是一種標準的表示法，如圖 11.21(a) 所示。這類似於表示 $\mathbf{Z}$、R 和 X 之間關係的阻抗三角形，如圖 11.21(b) 所示。功率三角形有四項——視在/複數功率、實功率、虛功率和功率因數角。若已知其中

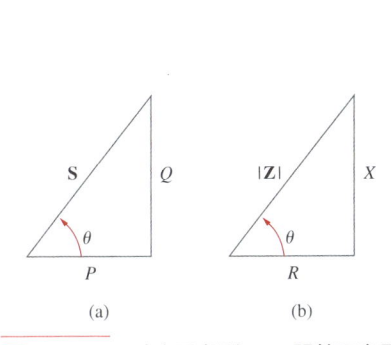

圖 11.21 (a) 功率三角形，(b) 阻抗三角形

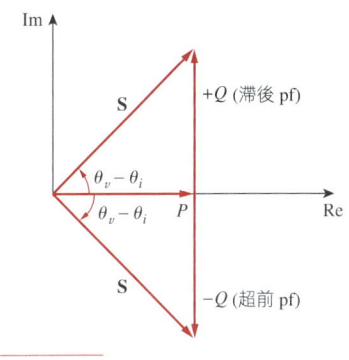

圖 11.22 功率三角形

二項，則可以容易由該三角形求得其他二項。如圖 11.22 所示，當 **S** 在第一象限，則得到電感性負載和滯後的功率因數；當 **S** 在第四象限，則得到電容性負載和超前的功率因數。複數功率也可能落在第二象限和第三象限，這需要負載阻抗為負的電阻，在主動電路中有可能出現負電阻的。

範例 11.11

負載二端的電壓為 $v(t) = 60 \cos(\omega t - 10°)$ V，以及電壓降落方向流經該負載的電流為 $i(t) = 1.5 \cos(\omega t + 50°)$ A。試求：(a) 複數功率和視在功率，(b) 實功率和虛功率，(c) 功率因數和負載阻抗。

解：(a) 對於電壓和電流的 rms 值為

$$\mathbf{V}_{\text{rms}} = \frac{60}{\sqrt{2}} \angle -10°, \qquad \mathbf{I}_{\text{rms}} = \frac{1.5}{\sqrt{2}} \angle +50°$$

則複數功率為

$$\mathbf{S} = \mathbf{V}_{\text{rms}} \mathbf{I}_{\text{rms}}^* = \left(\frac{60}{\sqrt{2}} \angle -10°\right)\left(\frac{1.5}{\sqrt{2}} \angle -50°\right) = 45 \angle -60° \text{ VA}$$

且視在功率為

$$S = |\mathbf{S}| = 45 \text{ VA}$$

(b) 將複數功率改以直角坐標形式表示如下：

$$\mathbf{S} = 45 \angle -60° = 45[\cos(-60°) + j\sin(-60°)] = 22.5 - j38.97$$

因為 $\mathbf{S} = P + jQ$，所以實功率為

$$P = 22.5 \text{ W}$$

而虛功率為

$$Q = -38.97 \text{ VAR}$$

(c) 功率因數為

$$\text{pf} = \cos(-60°) = 0.5 \text{ (超前)}$$

因為虛功率為負值，所以表示 pf 是超前的。而負載阻抗為

$$\mathbf{Z} = \frac{\mathbf{V}}{\mathbf{I}} = \frac{60\underline{/-10°}}{1.5\underline{/+50°}} = 40\underline{/-60°} \text{ Ω}$$

是電容性阻抗。

> **練習題 11.11** 對於一個負載 $\mathbf{V}_{\text{rms}} = 110\underline{/85°}$ V，$\mathbf{I}_{\text{rms}} = 0.4\underline{/15°}$ A。試求：(a) 複數功率和視在功率，(b) 實功率和虛功率，(c) 功率因數和負載阻抗。
>
> **答**：(a) $44\underline{/70°}$ VA，44 VA，(b) 15.05 W，41.35 VAR，(c) 0.342 滯後，$(94.06 + j258.4)$ Ω。

範例 11.12 負載 Z 從功率因數為 0.856 滯後的 120 V rms 正弦電源吸收 12 kVA。試求：(a) 傳遞到負載的平均功率和虛功率，(b) 峰值電流，(c) 負載阻抗。

解：(a) 已知 $\text{pf} = \cos\theta = 0.856$，所以功率角為 $\theta = \cos^{-1} 0.856 = 31.13°$。如果視在功率為 $S = 12{,}000$ VA，則平均功率或實功率為

$$P = S\cos\theta = 12{,}000 \times 0.856 = 10.272 \text{ kW}$$

而虛功率為

$$Q = S\sin\theta = 12{,}000 \times 0.517 = 6.204 \text{ kVA}$$

(b) 因為 pf 為滯後，所以複數功率為

$$\mathbf{S} = P + jQ = 10.272 + j6.204 \text{ kVA}$$

從 $\mathbf{S} = \mathbf{V}_{\text{rms}}\mathbf{I}^*_{\text{rms}}$ 得

$$\mathbf{I}^*_{\text{rms}} = \frac{\mathbf{S}}{\mathbf{V}_{\text{rms}}} = \frac{10{,}272 + j6204}{120\underline{/0°}} = 85.6 + j51.7 \text{ A} = 100\underline{/31.13°} \text{ A}$$

因此 $\mathbf{I}_{\text{rms}} = 100\underline{/-31.13°}$ 且峰值電流為

$$I_m = \sqrt{2}I_{\text{rms}} = \sqrt{2}(100) = 141.4 \text{ A}$$

(c) 負載阻抗為

$$Z = \frac{V_{rms}}{I_{rms}} = \frac{120\underline{/0°}}{100\underline{/-31.13°}} = 1.2\underline{/31.13°}\ \Omega$$

是電感性阻抗。

> **練習題 11.12** 某正弦電源提供 100 kVAR 虛功率給負載 $Z = 250\underline{/-75°}\ \Omega$。試求：(a) 功率因數，(b) 傳遞到負載的視在功率，(c) rms 電壓。
>
> **答**：(a) 0.2588 超前，(b) 103.53 kVA，(c) 5.087 kV。

11.7 †交流功率守恆 (Conservation of AC Power)

功率守恆原理適用於交流電路和直流電路 (參見 1.5 節)。

為了說明交流電路的功率守恆，考慮圖 11.23(a) 的電路，其中二個負載阻抗 Z_1 和 Z_2 與交流電源 V 並聯連接。使用 KCL 得

$$\mathbf{I} = \mathbf{I}_1 + \mathbf{I}_2 \tag{11.52}$$

電源提供的複數功率為 (從現在起，除非另有規定，電壓和電流的所有值將被假定為有效值)

$$\mathbf{S} = \mathbf{VI}^* = \mathbf{V}(\mathbf{I}_1^* + \mathbf{I}_2^*) = \mathbf{VI}_1^* + \mathbf{VI}_2^* = \mathbf{S}_1 + \mathbf{S}_2 \tag{11.53}$$

其中 $\mathbf{S}_1$ 和 $\mathbf{S}_2$ 分別表示傳遞給負載 Z_1 和 Z_2 的複數功率。

> 事實上，在範例 11.3 和範例 11.4 中已經看到交流電路的平均功率是守恆的。

如果負載與電壓源串聯連接，如圖 11.23(b) 所示，則應用 KVL 得

$$\mathbf{V} = \mathbf{V}_1 + \mathbf{V}_2 \tag{11.54}$$

電源提供的複數功率為

$$\mathbf{S} = \mathbf{VI}^* = (\mathbf{V}_1 + \mathbf{V}_2)\mathbf{I}^* = \mathbf{V}_1\mathbf{I}^* + \mathbf{V}_2\mathbf{I}^* = \mathbf{S}_1 + \mathbf{S}_2 \tag{11.55}$$

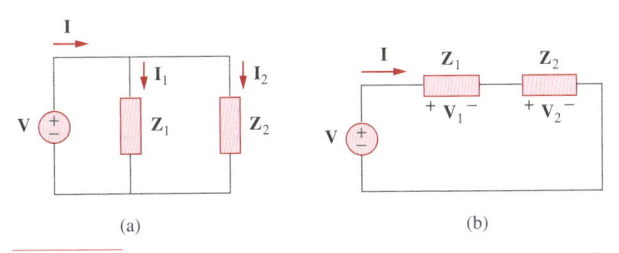

圖 11.23 提供負載的交流電壓源連接方式：(a) 並聯，(b) 串聯

其中 S_1 和 S_2 分別表示傳遞給負載 Z_1 和 Z_2 的複數功率。

從 (11.53) 式和 (11.55) 式，無論負載是否串聯連接和並聯連接 (或串並聯)，電源的**供應** (supplied) 總功率等於**傳遞** (delivered) 到負載的總功率。因此，一般而言，一個電源連接到 N 個負載時，

$$\boxed{S = S_1 + S_2 + \cdots + S_N} \tag{11.56}$$

> 事實上，所有形式的交流功率皆守恆：包括瞬時、實數、虛數和複數。

上式表示一個網路的總複數功率等於各個元件的複數功率之和。(這對於實功率和虛功率也成立，但對於視在功率則不成立。) 這就是交流功率守恆原理：

> 電源的複數功率、實功率和虛功率分別等於各個負載的
> 複數功率、實功率和虛功率之和。

由此可知，從電源流到網路的實 (或虛) 功率等於從該網路流到其他元件的實 (或虛) 功率。

範例 11.13 圖 11.24 顯示電壓源經由傳輸線輸入到負載，該傳輸線的阻抗表示 $(4 + j2)\ \Omega$ 的阻抗和返回路徑。試求：(a) 電源，(b) 傳輸線，(c) 負載的實功率和虛功率。

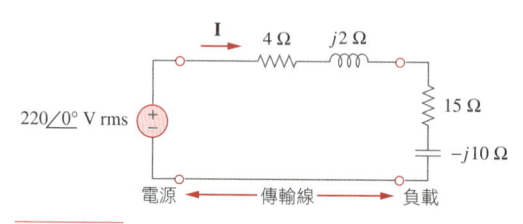

圖 11.24 範例 11.13 的電路

解： 總阻抗為

$$Z = (4 + j2) + (15 - j10) = 19 - j8 = 20.62\ \underline{/-22.83°}\ \Omega$$

流經電路的電流為

$$I = \frac{V_s}{Z} = \frac{220\ \underline{/0°}}{20.62\ \underline{/-22.83°}} = 10.67\ \underline{/22.83°}\ \text{A rms}$$

(a) 對於電源，複數功率為

$$\begin{aligned} S_s &= V_s I^* = (220\ \underline{/0°})(10.67\ \underline{/-22.83°}) \\ &= 2347.4\ \underline{/-22.83°} = (2163.5 - j910.8)\ \text{VA} \end{aligned}$$

由此可得,實功率為 2163.5 W 且虛功率為 910.8 VAR (超前)。

(b) 對於傳輸線,電壓為

$$\mathbf{V}_{\text{line}} = (4 + j2)\mathbf{I} = (4.472\underline{/26.57°})(10.67\underline{/22.83°})$$
$$= 47.72\underline{/49.4°} \text{ V rms}$$

傳輸線所吸收的複數功率為

$$\mathbf{S}_{\text{line}} = \mathbf{V}_{\text{line}}\mathbf{I}^* = (47.72\underline{/49.4°})(10.67\underline{/-22.83°})$$
$$= 509.2\underline{/26.57°} = 455.4 + j227.7 \text{ VA}$$

或

$$\mathbf{S}_{\text{line}} = |\mathbf{I}|^2 \mathbf{Z}_{\text{line}} = (10.67)^2(4 + j2) = 455.4 + j227.7 \text{ VA}$$

亦即,實功率為 455.4 W 且虛功率為 227.76 VAR (滯後)。

(c) 對於負載,電壓為

$$\mathbf{V}_L = (15 - j10)\mathbf{I} = (18.03\underline{/-33.7°})(10.67\underline{/22.83°})$$
$$= 192.38\underline{/-10.87°} \text{ V rms}$$

負載所吸收的複數功率為

$$\mathbf{S}_L = \mathbf{V}_L\mathbf{I}^* = (192.38\underline{/-10.87°})(10.67\underline{/-22.83°})$$
$$= 2053\underline{/-33.7°} = (1708 - j1139) \text{ VA}$$

實功率為 1708 W 且虛功率為 1139 VAR (超前)。注意:上面的計算使用電壓和電流的 rms 值,而 $\mathbf{S}_s = \mathbf{S}_{\text{line}} + \mathbf{S}_L$,計算結果正如預期。

練習題 11.13 在圖 11.25 電路中,60 Ω 的電阻器吸收 240 W 的平均功率。試求電路中的 V 及每個分支的複數功率。電路的總複數功率為何?(假設流經 60 Ω 電阻器的電流沒有相位位移。)

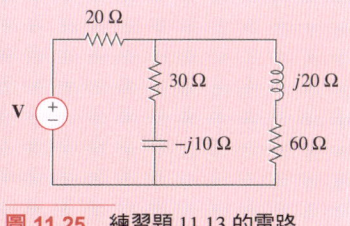

圖 11.25 練習題 11.13 的電路

答: 240.7$\underline{/21.45°}$ V (rms);20 Ω 電阻器:656 VA;(30 − j10) Ω 阻抗:480 − j160 VA;(60 + j20) Ω 阻抗:240 + j80 VA;總複數功率:1376 − j80 VA。

範例 11.14 在圖 11.26 電路中，$\mathbf{Z}_1 = 60\underline{/-30°}$ Ω 和 $\mathbf{Z}_2 = 40\underline{/45°}$ Ω。試計算電源提供和從電源端看進去的 (a) 總視在功率，(b) 總實功率，(c) 總虛功率，(d) pf。

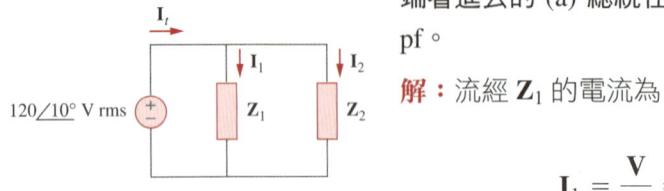

解： 流經 $\mathbf{Z}_1$ 的電流為

$$\mathbf{I}_1 = \frac{\mathbf{V}}{\mathbf{Z}_1} = \frac{120\underline{/10°}}{60\underline{/-30°}} = 2\underline{/40°} \text{ A rms}$$

圖 11.26 範例 11.14 的電路

而流經 $\mathbf{Z}_2$ 的電流為

$$\mathbf{I}_2 = \frac{\mathbf{V}}{\mathbf{Z}_2} = \frac{120\underline{/10°}}{40\underline{/45°}} = 3\underline{/-35°} \text{ A rms}$$

阻抗所吸收的複數功率為

$$\mathbf{S}_1 = \frac{V_{\text{rms}}^2}{\mathbf{Z}_1^*} = \frac{(120)^2}{60\underline{/30°}} = 240\underline{/-30°} = 207.85 - j120 \text{ VA}$$

$$\mathbf{S}_2 = \frac{V_{\text{rms}}^2}{\mathbf{Z}_2^*} = \frac{(120)^2}{40\underline{/-45°}} = 360\underline{/45°} = 254.6 + j254.6 \text{ VA}$$

總複數功率為

$$\mathbf{S}_t = \mathbf{S}_1 + \mathbf{S}_2 = 462.4 + j134.6 \text{ VA}$$

(a) 總視在功率為

$$|\mathbf{S}_t| = \sqrt{462.4^2 + 134.6^2} = 481.6 \text{ VA}$$

(b) 總實功率為

$$P_t = \text{Re}(\mathbf{S}_t) = 462.4 \text{ W} \text{ 或 } P_t = P_1 + P_2$$

(c) 總虛功率為

$$Q_t = \text{Im}(\mathbf{S}_t) = 134.6 \text{ VAR} \text{ 或 } Q_t = Q_1 + Q_2$$

(d) pf $= P_t/|\mathbf{S}_t| = 462.4/481.6 = 0.96$ (滯後)

可以求解電源提供的複數功率 $\mathbf{S}_s$ 來交叉驗證上述結果。

$$\mathbf{I}_t = \mathbf{I}_1 + \mathbf{I}_2 = (1.532 + j1.286) + (2.457 - j1.721)$$
$$= 4 - j0.435 = 4.024\underline{/-6.21°} \text{ A rms}$$

$$\mathbf{S}_s = \mathbf{VI}_t^* = (120\underline{/10°})(4.024\underline{/6.21°})$$
$$= 482.88\underline{/16.21°} = 463 + j135 \text{ VA}$$

這與前面所得結果相同。

> **練習題 11.14** 二個並聯連接的負載分別為 2 kW、pf = 0.75 (超前) 和 4 kW、pf = 0.95 (滯後)，試計算這二個負載的 pf，並求電源提供的複數功率。
>
> **答：** 0.9972 (超前)，6 − j0.4495 kVA。

11.8 功率因數校正 (Power Factor Correction)

大多數的家電負載 (如洗衣機、空調、冰箱等) 和工業負載 (如感應馬達) 是電感性負載，而且工作在較低的功率因數 (滯後)。雖然負載的電感性質不能改變，但是可以增加它的功率因數。

在不改變原始負載的電壓或電流情況下，提高功率因數的過程稱為功率因數校正。

> 換句話說，功率因數校正可視為加入一個與負載並聯的電抗元件 (通常為電容)，使得功率因數接近於 1。

由於大多數負載是電感性，如圖 11.27(a) 所示，所以通過安裝一個與負載並聯的電容器來改善或校正負載的功率因數，如圖 11.27(b) 所示。增加電容器的效果可以利用功率三角形或加入電流的相量圖來說明。圖 11.28 顯示後者，並假設圖 11.27(a) 的電路有一個 $\cos\theta_1$ 的功率因數，而圖 11.27(b) 的電路有一個 $\cos\theta_2$ 的功率因數。從圖 11.28 可看出，並聯電容器後造成供電電壓和電流之間的相位角從 θ_1 減少到 θ_2，因此提高了功率因數。同時，從圖 11.28 的向量大小，可知在相同的供電電壓下，圖 11.27(a) 電路吸收的電流 I_L 要比圖 11.27(b) 電路吸收的電流 I 大，原因在於電流越大，功率損耗就越大 (呈平方關係，因為 $P = I_L^2 R$)。因此，在努力減少電流大小或保持功率因數

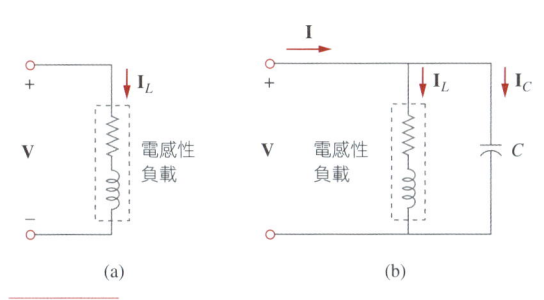

> 電感性負載可以由電感和電阻串聯結合而成。

圖 11.27 功率因數校正：(a) 原來的電感性負載，(b) 改進功率因數的電感性負載

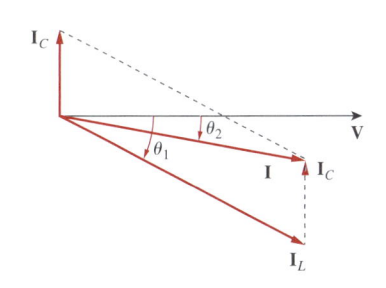

圖 11.28 顯示增加與電感性負載並聯的電容器作用的相量圖

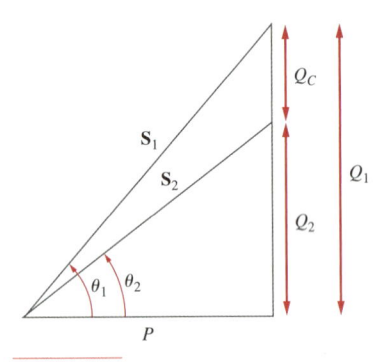

圖 11.29 顯示功率因數校正的功率三角形

盡可能接近 1，將使電力公司與消費者皆受惠。選擇適合的電容，可以使電壓與電流完全同相，這意味著功率因數為 1。

可以從另一個角度來看功率因數校正。參見圖 11.29 功率三角形，如果原來電感負載的視在功率 S_1，則

$$P = S_1 \cos\theta_1, \qquad Q_1 = S_1 \sin\theta_1 = P \tan\theta_1 \tag{11.57}$$

如果希望功率因數從 $\cos\theta_1$ 增加到 $\cos\theta_2$，而不改變實功率（即 $P = S_2 \cos\theta_2$），則新的虛功率為

$$Q_2 = P \tan\theta_2 \tag{11.58}$$

虛功率的降低是由並聯電容器引起的；即

$$Q_C = Q_1 - Q_2 = P(\tan\theta_1 - \tan\theta_2) \tag{11.59}$$

但從 (11.46) 式得知 $Q_C = V_{\text{rms}}^2/X_C = \omega C V_{\text{rms}}^2$，則所需並聯電容 C 值的計算如下：

$$\boxed{C = \frac{Q_C}{\omega V_{\text{rms}}^2} = \frac{P(\tan\theta_1 - \tan\theta_2)}{\omega V_{\text{rms}}^2}} \tag{11.60}$$

注意：負載所消耗的實功率 P 不受功率因數校正的影響，因為電容消耗的平均功率為零。

雖然在實際負載中最常見的是電感性負載，但它也有可能是電容性負載；即負載工作在超前的功率因數。在這種情況下，功率因數校正時應該將電感器連接到負載。而所需的並聯電感 L 可以由下式計算：

$$Q_L = \frac{V_{\text{rms}}^2}{X_L} = \frac{V_{\text{rms}}^2}{\omega L} \quad \Rightarrow \quad L = \frac{V_{\text{rms}}^2}{\omega Q_L} \tag{11.61}$$

其中 $Q_L = Q_1 - Q_2$，為新舊虛功率之差。

範例 11.15 當負載連接到 120 V (rms)、60 Hz 的傳輸線，該負載吸收 4 kW、0.8 滯後的功率因數。試求將 pf 提升至 0.95 所需的電容值。

解： 如果 pf = 0.8，則

$$\cos\theta_1 = 0.8 \quad \Rightarrow \quad \theta_1 = 36.87°$$

其中 θ_1 為電壓和電流之間的相量差。從實功率和 pf 可得視在功率如下：

$$S_1 = \frac{P}{\cos\theta_1} = \frac{4000}{0.8} = 5000 \text{ VA}$$

虛功率為

$$Q_1 = S_1 \sin\theta = 5000 \sin 36.87 = 3000 \text{ VAR}$$

當 pf 提升至 0.95 時

$$\cos\theta_2 = 0.95 \quad \Rightarrow \quad \theta_2 = 18.19°$$

實功率 P 不改變，但視在功率改變，且新值為

$$S_2 = \frac{P}{\cos\theta_2} = \frac{4000}{0.95} = 4210.5 \text{ VA}$$

新的虛功率為

$$Q_2 = S_2 \sin\theta_2 = 1314.4 \text{ VAR}$$

新舊虛功率之間的差是因為新並聯一個電容到負載。因為電容引起的虛功率為

$$Q_C = Q_1 - Q_2 = 3000 - 1314.4 = 1685.6 \text{ VAR}$$

且

$$C = \frac{Q_C}{\omega V_{\text{rms}}^2} = \frac{1685.6}{2\pi \times 60 \times 120^2} = 310.5 \text{ }\mu\text{F}$$

注意：通常購買電容器是為了滿足所需的電壓。在這種情況下，電容器的最大電壓將會是 170 V 峰值。建議購買電壓額度為 200 V 的電容器。

> **練習題 11.15** 試求將 140 kVAR 的負載從 pf = 0.85 (滯後) 校正至 1 所需的電容值。假設利用 110 V (rms)、60 Hz 傳輸線對負載供電。
>
> **答：** 30.69 mF.

11.9 †應用

本節將介紹二個重要的應用領域：如何測量功率和電力公司如何計算電力消耗的成本。

11.9.1 功率測量 (Power Measurement)

負載吸收的平均功率可以利用稱為**瓦特計** (wattmeter) 的儀器來測量。

> 瓦特計是測量平均功率的儀器。

虛功率可以利用稱為**虛功率計** (varmeter) 的儀器來測量。虛功率計與負載連接的方式相同於瓦特計與負載連接的方式。

▶ 圖 11.30 瓦特計

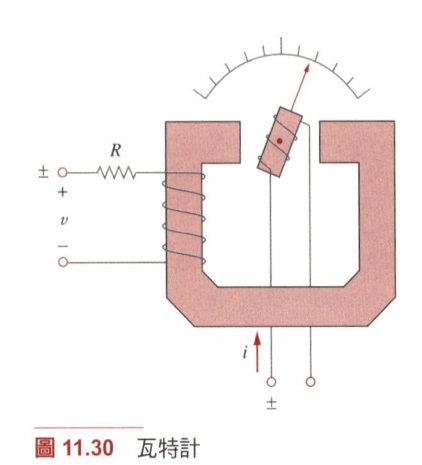

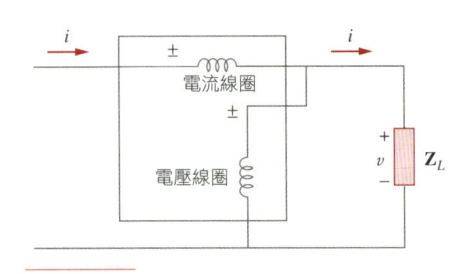

▶ 圖 11.31 連接到負載的瓦特計

有些瓦特計並沒有線圈；本節所介紹的是電磁式的瓦特計。

圖 11.30 顯示一個瓦特計，它的組成為二個線圈：電流線圈和電壓線圈。低阻抗 (理想值為零) 的電流線圈與負載串聯 (如圖 11.31 所示)，並反應負載電流。非常高阻抗 (理想值無限大) 的電壓線圈與負載並聯如圖 11.31 所示，且反應負載電壓。低阻抗的電流線圈扮演短路角色；而高阻抗的電壓線圈扮演開路的角色。所以，瓦特計的存在不干擾電路或影響功率測量的效果。

當二個線圈被通電時，移動系統的機械慣性產生一個正比於 $v(t)i(t)$ 乘積平均值的偏轉角度。如果負載的電流和電壓為 $v(t) = V_m \cos(\omega t + \theta_v)$ 和 $i(t) = I_m \cos(\omega t + \theta_i)$，則 rms 相量響應為

$$\mathbf{V}_{\text{rms}} = \frac{V_m}{\sqrt{2}}\underline{/\theta_v} \quad \text{和} \quad \mathbf{I}_{\text{rms}} = \frac{I_m}{\sqrt{2}}\underline{/\theta_i} \tag{11.62}$$

而且瓦特計測量的平均功率如下：

$$P = |\mathbf{V}_{\text{rms}}||\mathbf{I}_{\text{rms}}|\cos(\theta_v - \theta_i) = V_{\text{rms}} I_{\text{rms}} \cos(\theta_v - \theta_i) \tag{11.63}$$

如圖 11.31 所示，瓦特計的每個線圈有二個端點分別標記 ±。為確保高偏轉角度，電流線圈的 ± 端朝向電源，而電壓線圈的 ± 端連接到電流線圈的同一根線上。反向連接二個線圈，仍然可得高偏轉角度。但是，只有反向連接一個線圈，而另一個線圈不反向連接，則偏轉角度會減小，且瓦特計沒有讀數。

> **範例 11.16**

試求圖 11.32 電路的瓦特計讀數。

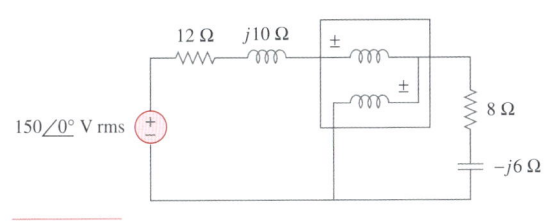

圖 11.32 範例 11.16 的電路

解：

1. **定義**：本問題已清楚定義，有趣的是，學生可以透過瓦特計在實驗室驗證所求得的結果。

2. **表達**：此問題包括求解與阻抗串聯的外部電源傳遞給負載的平均功率。

3. **選擇**：這是一個簡單的電路問題，所需要做的是求通過負載的電流相位大小和負載二端電壓相位的大小。還可以利用 PSpice 求解上述變數，本例題將使用 PSpice 來驗證結果。

4. **嘗試**：在圖 11.32 中，因為電流線圈與阻抗串聯，而電壓線圈與阻抗並聯，所以瓦特計可讀取 $(8-j6)\ \Omega$ 阻抗的平均功率。流經電路的電流為

$$\mathbf{I}_{\text{rms}} = \frac{150\underline{/0°}}{(12+j10)+(8-j6)} = \frac{150}{20+j4}\ \text{A}$$

$(8-j6)\ \Omega$ 阻抗上的跨壓為

$$\mathbf{V}_{\text{rms}} = \mathbf{I}_{\text{rms}}(8-j6) = \frac{150(8-j6)}{20+j4}\ \text{V}$$

複數功率為

$$\mathbf{S} = \mathbf{V}_{\text{rms}}\mathbf{I}_{\text{rms}}^* = \frac{150(8-j6)}{20+j4} \cdot \frac{150}{20-j4} = \frac{150^2(8-j6)}{20^2+4^2}$$
$$= 423.7 - j324.6\ \text{VA}$$

瓦特計讀數為

$$P = \text{Re}(\mathbf{S}) = \mathbf{432.7\ W}$$

5. **驗證**：可以使用 PSpice 驗證結果。

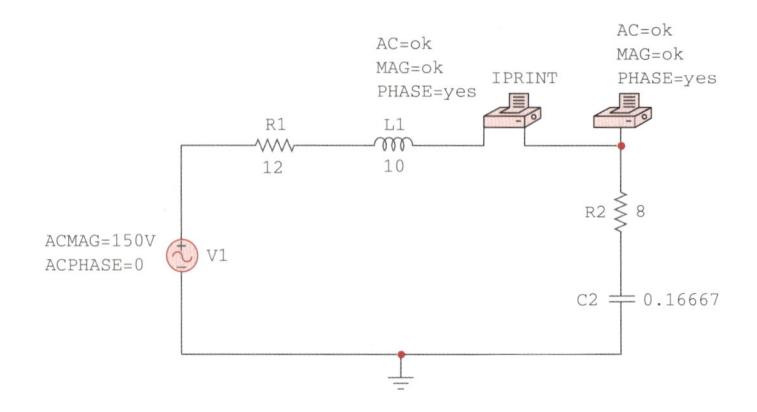

模擬可得

```
FREQ          IM(V_PRINT2)      IP(V_PRINT2)
1.592E-01     7.354E+00         -1.131E+01
```

且

```
FREQ          VM($N_0004)       VP($N_0004)
1.592E-01     7.354E+01         -4.818E+01
```

驗證答案需要的是流過負載電阻器的電流大小 (7.354 A)：

$$P = (I_L)^2 R = (7.354)^2 8 = \mathbf{432.7 \text{ W}}$$

正如期望，答案得到驗證。

6. **滿意？** 已經滿意問題的答案與驗證的結果，並且可以呈現結果作為一個解決問題的辦法。

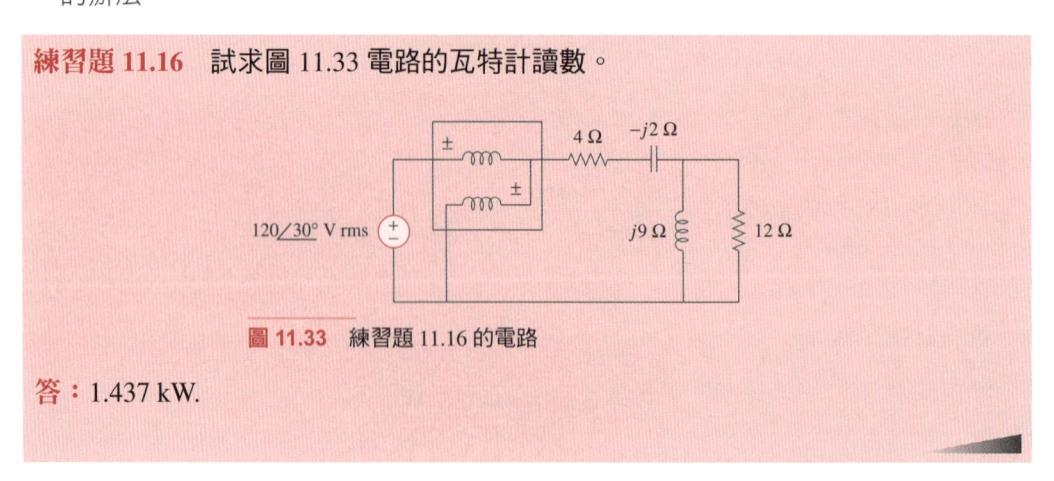

練習題 11.16 試求圖 11.33 電路的瓦特計讀數。

圖 11.33 練習題 11.16 的電路

答：1.437 kW.

11.9.2 電力消耗成本 (Electricity Consumption Cost)

1.7 節曾經介紹決定用電成本的簡化模型，但是當時並不包括功率因數的計算。現在將介紹功率因數在用電成本的重要性。

如 11.8 節所述，因為低功率因數的負載需要大電流，所以供電成本高。理想情況是負載從電源吸收最小的電流，所以 $S = P$、$Q = 0$ 且 $pf = 1$。虛功率 Q 不為零的負載意味著能量在負載和電源之間來回傳遞，因此引起額外的功率損耗。有鑑於此，電力公司經常鼓勵用戶盡可能讓功率因數接近 1，而懲罰一些不提高負載功率因數用戶。

電力公司將用戶進行分類：住宅 (本地)、商業和工業用戶，或分為小型、中型和大型耗電用戶。各類用戶有不同的費率結構。能量消耗的數量單位千瓦小時 (kWh) 是利用安裝在用戶端的電表 (千瓦小時表) 來測量的。

雖然電力公司使用不同方法收費，但對用戶的收費通常分成二部分。第一部分是固定的，且反應發電成本、傳輸成本和配電成本，以符合用戶的負載需求。這部分費用通常以最大用電需求的每千瓦價格來計算。或者可能基於最大用電需求的 kVA，來計算用戶的功率因數 (pf)。當用戶的功率因數低於規定值時，每下降 0.01 就會收取用戶一定比例的罰金，例如 0.85 或 0.9。另一方面，當用戶的功率因數高於規定值時，每高於 0.01 就會給用戶一定比例的獎勵。

第二部分則是正比於 kWh 的能量消耗；它可能為分級形式，例如，前 100 千瓦小時收取 16 美分/kWh、後 200 千瓦小時收取 10 美分/kWh，以此類推。因此，電費單的計算是基於下面方程式：

$$\text{總電費} = \text{基本電費} + \text{消耗能量電費} \tag{11.64}$$

範例 11.17

某製造業一個月消耗 200 MWh 的電能。如果最大用電需求為 1600 kW，試計算下面二部分的電費：

基本電費：每月每千瓦收取 5.00 美元
能量電費：前 50,000 kWh 收取 8 美分/kWh，其餘電量收取 5 美分/kWh

解：基本電費為

$$\$5.00 \times 1600 = \$8000 \tag{11.17.1}$$

前 50,000 kWh 的能量電費為

$$\$0.08 \times 50,000 = \$4000 \tag{11.17.2}$$

剩餘能量為 200,000 kWh − 50,000 kWh = 150,000 kWh，則其餘能量電費為

$$0.05 \times 150{,}000 = \$7500 \qquad (11.17.3)$$

將 (11.17.1) 式至 (11.17.3) 式相加後得

$$當月的總電費 = \$8000 + \$4000 + \$7500 = \$19{,}500$$

電費似乎太高，但這通常只是製造商所生產產品總成本或成品售價的一小部分。

練習題 11.17 造紙廠的計月抄表如下：

$$最大需求：32{,}000 \text{ kW}$$

$$能量消耗：500 \text{ MWh}$$

利用範例 11.17 的二部分費率，試計算造紙廠該月的電費。

答：$186,500.

範例 11.18 一個 300 kW 的負載在 13 kV (rms) 的供電下，一個月以 80% 的功率因數工作 520 小時。利用下面簡化的電費結構，試計算每月的平均電費。

能量電費：6 美分/kWh
功率因數罰金：比 0.85 每降低 0.01 則加收能量電費的 0.1%
功率因數獎勵：比 0.85 每提高 0.01 則減收能量電費的 0.1%

解：能量消耗為

$$W = 300 \text{ kW} \times 520 \text{ h} = 156{,}000 \text{ kWh}$$

工作的功率因數 pf = 80% = 0.8，低於規定的 0.85 功率因數有 5×0.01。因為每降低 0.01 則加收 0.1% 的能量電費，所以有 0.5% 的功率因數罰金。這對應的能量為

$$\Delta W = 156{,}000 \times \frac{5 \times 0.1}{100} = 780 \text{ kWh}$$

總能量為

$$W_t = W + \Delta W = 156{,}000 + 780 = 156{,}780 \text{ kWh}$$

每月電費為

$$電費 = 6 \text{ 美分} \times W_t = \$0.06 \times 156{,}780 = \$9406.80$$

練習題 11.18 一個 800 kW 的感應爐在 0.88 的功率因數下,每天工作 20 小時,每月工作 26 天。利用範例 11.18 的電費結構,試計算每月的電費。

答: $24,885.12.

11.10 總結

1. 一個元件吸收的瞬間功率為該元件的端點電壓和流經該元件電流的乘積:

$$p = vi$$

2. 平均或實功率 P (單位為瓦特) 是瞬間功率 p 的平均值:

$$P = \frac{1}{T}\int_0^T p\, dt$$

如果 $v(t) = V_m \cos(\omega t + \theta_v)$ 和 $i(t) = I_m \cos(\omega t + \theta_i)$,則 $V_{\rm rms} = V_m/\sqrt{2}$,$I_{\rm rms} = I_m/\sqrt{2}$,且

$$P = \frac{1}{2}V_m I_m \cos(\theta_v - \theta_i) = V_{\rm rms} I_{\rm rms} \cos(\theta_v - \theta_i)$$

電感器和電容器不吸收平均功率,而電阻器吸收的平均功率為 $(1/2)I_m^2 R = I_{\rm rms}^2 R$。

3. 當負載阻抗等於從負載端看進去的戴維寧阻抗的共軛複數,即 $\mathbf{Z}_L = \mathbf{Z}_{\rm Th}^*$,則傳遞給負載的是最大平均功率。

4. 週期信號 $x(t)$ 的有效值是它的均方根 (rms) 值,

$$X_{\rm eff} = X_{\rm rms} = \sqrt{\frac{1}{T}\int_0^T x^2\, dt}$$

弦波信號的有效值或 rms 值是它的振幅除以 $\sqrt{2}$。

5. 功率因數是電壓和電流之間相位差的餘弦值:

$$\mathrm{pf} = \cos(\theta_v - \theta_i)$$

它也是負載阻抗角度或實功率對視在功率比值的餘弦值。如果電流落後電壓 (電感性負載),則 pf 滯後;如果電流超前電壓 (電容性負載),則 pf 超前。

6. 視在功率 S (單位為 VA) 是電壓有效值和電流有效值的乘積。

$$S = V_{\rm rms} I_{\rm rms}$$

它也可由 $S = |\mathbf{S}| = \sqrt{P^2 + Q^2}$ 求得，其中 P 為實功率和 Q 為虛功率。

7. 虛功率 (單位為 VAR) 是

$$Q = \frac{1}{2} V_m I_m \sin(\theta_v - \theta_i) = V_{\text{rms}} I_{\text{rms}} \sin(\theta_v - \theta_i)$$

8. 複數功率 $\mathbf{S}$ (單位為 VA) 是電壓相量有效值和電流相量有效值的共軛複數的乘積；也是實功率 P 和虛功率 Q 的複數和。

$$\mathbf{S} = \mathbf{V}_{\text{rms}} \mathbf{I}^*_{\text{rms}} = V_{\text{rms}} I_{\text{rms}} \underline{/\theta_v - \theta_i} = P + jQ$$

而且

$$\mathbf{S} = I^2_{\text{rms}} \mathbf{Z} = \frac{V^2_{\text{rms}}}{\mathbf{Z}^*}$$

9. 一個網路的總複數功率等於個別元件的複數功率之和。同理，總實功率和總虛功率分別等於個別元件的實功率與虛功率之和。但是，總視在功率的計算方法則不相同。

10. 因為經濟原因，功率因數校正是必要的；降低整體虛功率可改善負載的功率因數。

11. 瓦特計是測量平均功率的儀器，而用電量可用千瓦小時表來測量。

複習題

11.1 電感吸收的平均功率為零。
(a) 對　　　(b) 錯

11.2 一個網路從負載端看進去的戴維寧阻抗為 $80 + j55\ \Omega$。要傳遞最大功率給負載，則負載阻抗必須是：
(a) $-80 + j55\ \Omega$　　(b) $-80 - j55\ \Omega$
(c) $80 - j55\ \Omega$　　(d) $80 + j55\ \Omega$

11.3 住宅 60 Hz、120 V 電源插座的可用電壓幅度為：
(a) 110 V　　(b) 120 V
(c) 170 V　　(d) 210 V

11.4 如果負載阻抗為 $20 - j20$，則功率因數為：
(a) $\underline{/-45°}$　　(b) 0　　(c) 1
(d) 0.7071　　(e) 以上皆非

11.5 包含一個已知負載所有功率資訊的量為：
(a) 功率因數　　(b) 視在功率
(c) 平均功率　　(d) 虛功率
(e) 複數功率

11.6 虛功率的單位為：
(a) 瓦特　　(b) VA
(c) VAR　　(d) 以上皆非

11.7 在圖 11.34(a) 的功率三角形中，虛功率為：
(a) 1000 VAR 超前　(b) 1000 VAR 滯後
(c) 866 VAR 超前　(d) 866 VAR 滯後

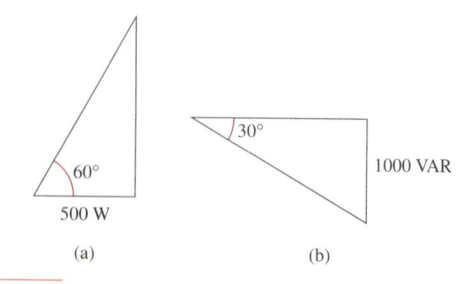

圖 **11.34**　複習題 11.7 和 11.8 的電路

11.8 在圖 11.34(b) 的功率三角形中，視在功率為：
(a) 2000 VA (b) 1000 VAR
(c) 866 VAR (d) 500 VAR

11.9 一個電源與三個負載 Z_1、Z_2、Z_3 並聯連接，則下列何者為真？
(a) $P = P_1 + P_2 + P_3$ (b) $Q = Q_1 + Q_2 + Q_3$
(c) $S = S_1 + S_2 + S_3$ (d) $\mathbf{S} = \mathbf{S}_1 + \mathbf{S}_2 + \mathbf{S}_3$

11.10 測量平均功率的儀器為：
(a) 伏特計 (b) 安培計
(c) 瓦特計 (d) 虛功率計
(e) 千瓦-小時表

答：11.1 a, 11.2 c, 11.3 c, 11.4 d, 11.5 e, 11.6 c, 11.7 d, 11.8 a, 11.9 c, 11.10 c

習題[1]

11.2 節 瞬間與平均功率

11.1 如果 $v(t) = 160 \cos 50t$ V 和 $i(t) = -33 \sin(50t - 30°)$ A，試計算瞬間功率和平均功率。

11.2 試求圖 11.35 電路中，每個元件提供或吸收的平均功率。

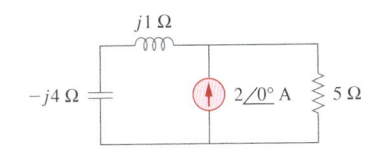

圖 11.35 習題 11.2 的電路

11.3 一個負載是由一個 60 Ω 電阻器和一個 90 μF 電容器並聯而成。如果此負載被連接到 $v_s(t) = 160 \cos 2000t$ 的電壓源，試求傳遞給負載的平均功率。

11.4 利用圖 11.36 電路，試設計一個問題幫助其他學生更瞭解瞬間功率和平均功率。

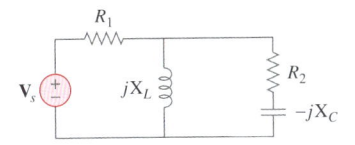

圖 11.36 習題 11.4 的電路

11.5 假設圖 11.37 電路中的 $v_s = 8 \cos(2t - 40°)$ V，試求傳遞給每個被動元件的平均功率。

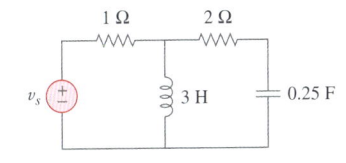

圖 11.37 習題 11.5 的電路

11.6 圖 11.38 的電路中，$i_s = 6 \cos 10^3 t$ A，試求 50 Ω 電阻器所吸收的平均功率。

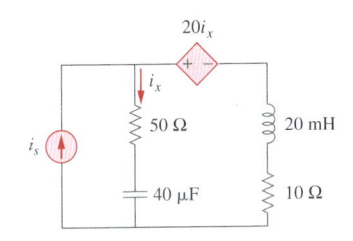

圖 11.38 習題 11.6 的電路

11.7 試求圖 11.39 的電路中 10 Ω 電阻器吸收的平均功率。

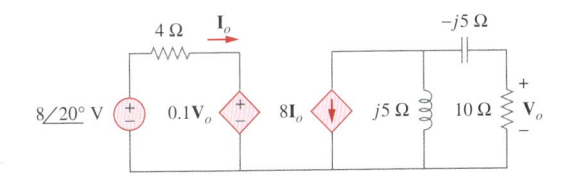

圖 11.39 習題 11.7 的電路

11.8 試計算圖 11.40 的電路中 40 Ω 電阻器所吸收的平均功率。

---

[1] 從習題 11.22 開始，除非另有說明，否則假定所有的電流值和電壓值皆為有效值。

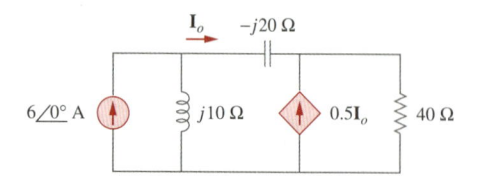

圖 11.40 習題 11.8 的電路

11.9 圖 11.41 運算放大器電路中，$\mathbf{V}_s = 10\underline{/30°}$ V。試求 20 kΩ 電阻器所吸收的平均功率。

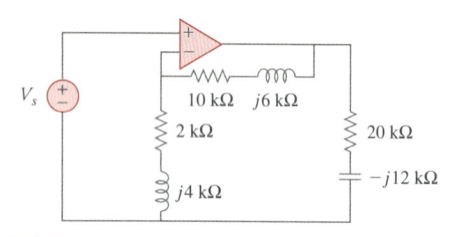

圖 11.41 習題 11.9 的電路

11.10 圖 11.42 運算放大器電路中，試求電阻器所吸收的總平均功率。

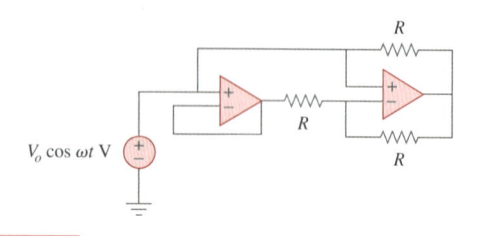

圖 11.42 習題 11.10 的電路

11.11 圖 11.43 網路中，假設 a-b 二端的阻抗為：

$$\mathbf{Z}_{ab} = \frac{R}{\sqrt{1+\omega^2 R^2 C^2}} \underline{/-\tan^{-1} \omega RC}$$

當 $R = 10$ kΩ，$C = 200$ nF 且 $i = 33 \sin(377t + 22°)$ mA 時，試求整個網路所消耗的平均功率。

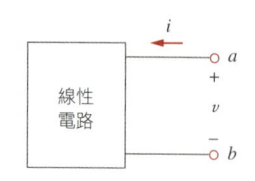

圖 11.43 習題 11.11 的電路

11.3 節　最大平均功率轉移

11.12 試計算圖 11.44 電路中負載阻抗 $\mathbf{Z}_L$ 的最大功率轉移，並計算負載所吸收的最大功率。

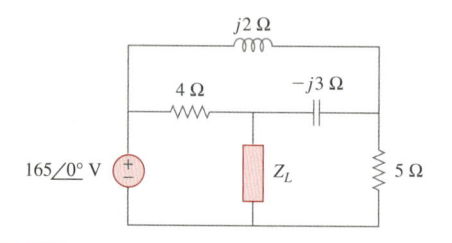

圖 11.44 習題 11.12 的電路

11.13 電源的戴維寧阻抗為 $\mathbf{Z}_{Th} = 120 + j60$ Ω，而戴維寧峰值電壓為 $\mathbf{V}_{Th} = 165 + j0$ V，試求電源提供的最大有效平均功率。

11.14 利用圖 11.45 電路，試設計一個問題幫助其他學生更瞭解負載 **Z** 的最大平均功率轉移。

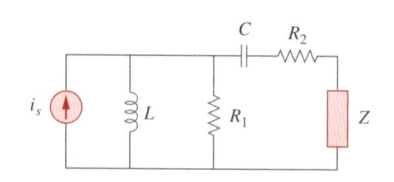

圖 11.45 習題 11.14 的電路

11.15 試求圖 11.46 的電路中吸收最大功率的 $\mathbf{Z}_L$ 值，並求該最大功率。

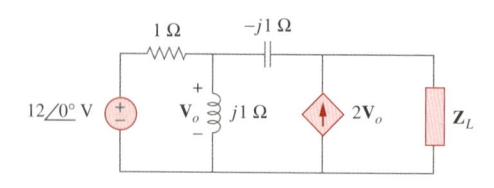

圖 11.46 習題 11.15 的電路

11.16 試求圖 11.47 電路中，從電路吸收最大功率的 $\mathbf{Z}_L$ 值，並計算傳遞給 $\mathbf{Z}_L$ 的功率。

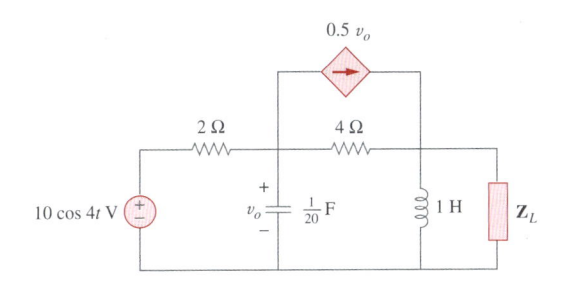

圖 11.47 習題 11.16 的電路

11.17 試計算圖 11.48 電路中從電路吸收最大功率的 $\mathbf{Z}_L$ 值，並計算 $\mathbf{Z}_L$ 接受的最大平均功率。

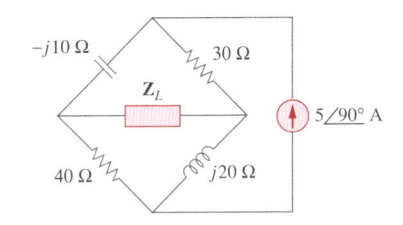

圖 11.48 習題 11.17 的電路

11.18 試求圖 11.49 電路中最大功率轉移的 $\mathbf{Z}_L$ 值。

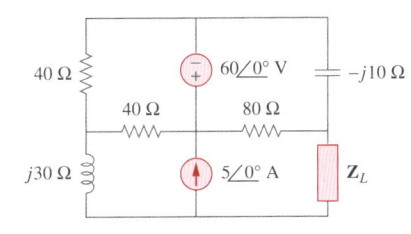

圖 11.49 習題 11.18 的電路

11.19 調整圖 11.50 電路中的可變電阻器 R，直到 R 吸收最大平均功率，試求 R 值和 R 所吸收的最大平均功率。

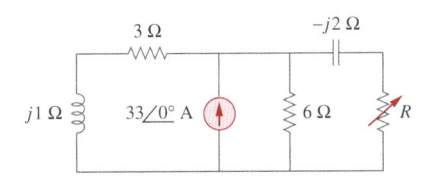

圖 11.50 習題 11.19 的電路

11.20 調整圖 11.51 電路中的負載電阻 R_L，直到 R_L 吸收最大平均功率，試計算 R_L 值和 R_L 所吸收的最大平均功率。

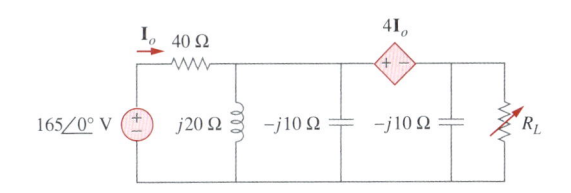

圖 11.51 習題 11.20 的電路

11.21 假設負載阻抗為純電阻性，則圖 11.52 電路中 a-b 二端應該連接何種負載，以便轉移最大功率到該負載？

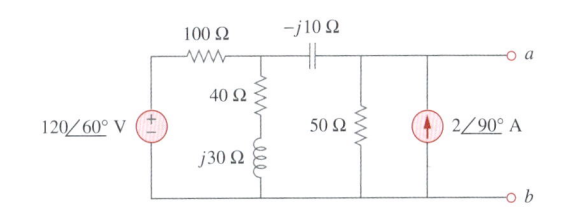

圖 11.52 習題 11.21 的電路

11.4 節　有效值或均方根值

11.22 試求圖 11.53 移位正弦波形的 rms 值。

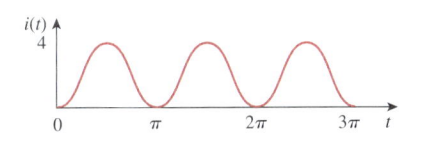

圖 11.53 習題 11.22 的移位正弦波形

11.23 利用圖 11.54 的波形，試設計一個問題幫助其他學生更瞭解如何求波形的 rms 值。

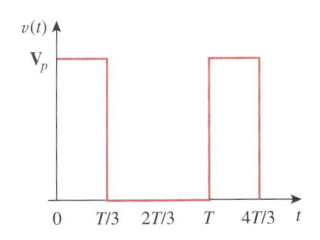

圖 11.54 習題 11.23 的波形

11.24 試計算圖 11.55 波形的 rms 值。

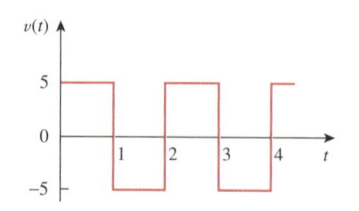

圖 11.55 習題 11.24 的波形

11.25 試計算圖 11.56 信號的 rms 值。

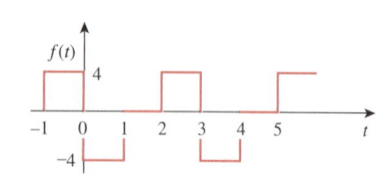

圖 11.56 習題 11.25 的信號

11.26 試求圖 11.57 電壓波形的有效值。

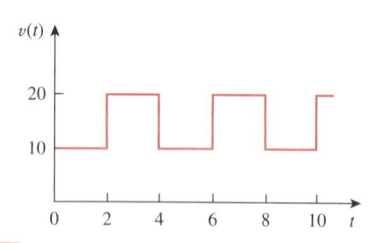

圖 11.57 習題 11.26 的電壓波形

11.27 試計算圖 11.58 電流波形的 rms 值。

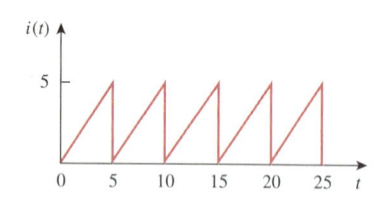

圖 11.58 習題 11.27 的電流波形

11.28 試求圖 11.59 電壓波形的有效值，並求當此電壓跨接在 2 Ω 電阻器時，該電阻器所吸收的平均功率。

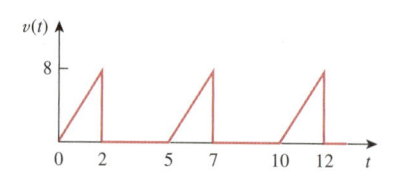

圖 11.59 習題 11.28 的電壓波形

11.29 試計算圖 11.60 電流波形的有效值，以及當該電流流經 12 Ω 電阻器時傳遞給該電阻器的平均功率。

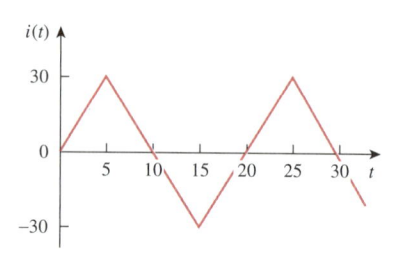

圖 11.60 習題 11.29 的電流波形

11.30 試計算圖 11.61 波形的 rms 值。

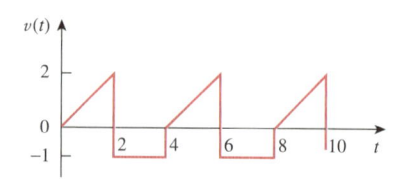

圖 11.61 習題 11.30 的波形

11.31 試求圖 11.62 信號的 rms 值。

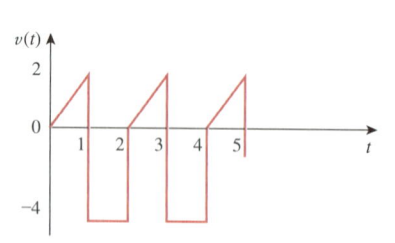

圖 11.62 習題 11.31 的信號

11.32 試求圖 11.63 波形的 rms 值。

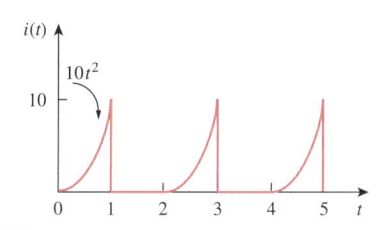

圖 11.63 習題 11.32 的電流波形

11.33 試計算圖 11.64 波形的 rms 值。

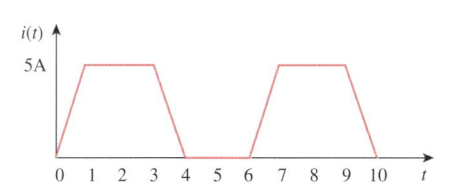

圖 11.64 習題 11.33 的波形

11.34 試求圖 11.65 所定義 $f(t)$ 的有效值。

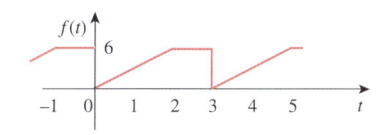

圖 11.65 習題 11.34 的 $f(t)$

11.35 圖 11.66 描繪週期性電壓波形的一個週期，試求該電壓波形在 0 到 6 s 之間的有效值。

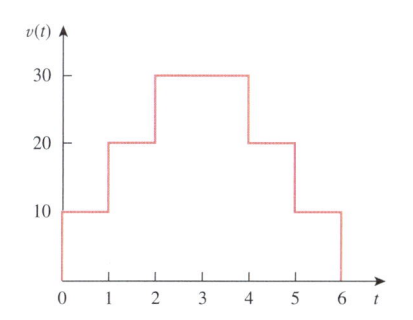

圖 11.66 習題 11.35 的電壓波形

11.36 試計算下列各函數的 rms 值：
(a) $i(t) = 10$ A
(b) $v(t) = 4 + 3\cos 5t$ V
(c) $i(t) = 8 - 6\sin 2t$ A
(d) $v(t) = 5\sin t + 4\cos t$ V

11.37 試設計一個問題幫助其他學生更瞭解如何計算多個電流總和的 rms 值。

11.5 節　視在功率和功率因數

11.38 對於圖 11.67 的電力系統，試求：(a) 平均功率，(b) 虛功率，(c) 功率因數。注意：220 V 是 rms 值。

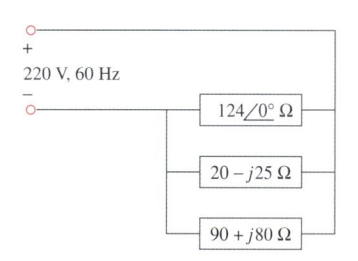

圖 11.67 習題 11.38 的電力系統

11.39 一個 220 V、60 Hz 的電源供電給 $Z_L = 4.2 + j3.6\ \Omega$ 阻抗的交流馬達。(a) 試求 pf、P 和 Q，(b) 試計算將功率因數校正為 1 時所需與馬達並聯的電容值。

11.40 試設計一個問題幫助其他學生更瞭解視在功率和功率因數。

11.41 試求圖 11.68 每個電路的功率因數，並指出每個功率因數為超前或滯後。

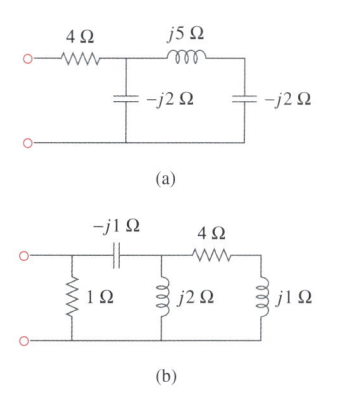

圖 11.68 習題 11.41 的電路

11.6 節　複數功率

11.42 某 110 V rms、60 Hz 電源供應給負載阻抗 Z，在功率因數為 0.707 滯後時傳遞到負載的視在功率為 120 VA。

(a) 試計算負數功率。
(b) 試求供應給負載的 rms 電流。
(c) 試計算 **Z**。
(d) 假設 **Z** = $R + j\omega L$，試求 R 和 L 值。

11.43 試設計一個問題幫助其他學生更瞭解複數功率。

11.44 試求圖 11.69 從 v_s 傳遞到網路的複數功率，令 $v_s = 100\cos 2000t$ V。

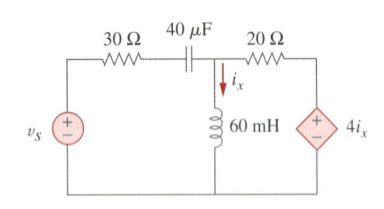

圖 11.69 習題 11.44 的網路

11.45 已知負載二端的跨壓和流經負載的電流如下：

$$v(t) = 20 + 60\cos 100t \text{ V}$$
$$i(t) = 1 - 0.5\sin 100t \text{ A}$$

試求：
(a) 電壓和電流的 rms 值。
(b) 負載所消耗的平均功率。

11.46 對於下列電壓和電流相量，試計算複數功率、視在功率、實功率和虛功率，並指出 pf 為超前或滯後。
(a) **V** = $220\underline{/30°}$ V rms, **I** = $0.5\underline{/60°}$ A rms
(b) **V** = $250\underline{/-10°}$ V rms,
   I = $6.2\underline{/-25°}$ A rms
(c) **V** = $120\underline{/0°}$ V rms, **I** = $2.4\underline{/-15°}$ A rms
(d) **V** = $160\underline{/45°}$ V rms, **I** = $8.5\underline{/90°}$ A rms

11.47 對於下列每個情況，試求複數功率、平均功率和虛功率：
(a) $v(t) = 112\cos(\omega t + 10°)$ V,
   $i(t) = 4\cos(\omega t - 50°)$ A
(b) $v(t) = 160\cos(377t)$ V,
   $i(t) = 4\cos(377t + 45°)$ A
(c) **V** = $80\underline{/60°}$ V rms, **Z** = $50\underline{/30°}$ Ω
(d) **I** = $10\underline{/60°}$ A rms, **Z** = $100\underline{/45°}$ Ω

11.48 試計算下列情況的複數功率：
(a) $P = 269$ W, $Q = 150$ VAR (電容性)
(b) $Q = 2000$ VAR, pf = 0.9 (超前)
(c) $S = 600$ VA, $Q = 450$ VAR (電感性)
(d) $V_{\text{rms}} = 220$ V, $P = 1$ kW,
   $|\mathbf{Z}| = 40$ Ω (電感性)

11.49 試求下列情況的複數功率：
(a) $P = 4$ kW, pf = 0.86 (滯後)
(b) $S = 2$ kVA, $P = 1.6$ kW (電容性)
(c) $\mathbf{V}_{\text{rms}} = 208\underline{/20°}$ V, $\mathbf{I}_{\text{rms}} = 6.5\underline{/-50°}$ A
(d) $\mathbf{V}_{\text{rms}} = 120\underline{/30°}$ V, $\mathbf{Z} = 40 + j60$ Ω

11.50 試求下列情況的整體阻抗：
(a) $P = 1000$ W, pf = 0.8 (超前), $V_{\text{rms}} = 220$ V
(b) $P = 1500$ W, $Q = 2000$ VAR (電感性),
   $I_{\text{rms}} = 12$ A
(c) **S** = $4500\underline{/60°}$ VA, **V** = $120\underline{/45°}$ V

11.51 對於圖 11.70 整體電路，試計算：
(a) 功率因數。
(b) 電源提供的平均功率。
(c) 虛功率。
(d) 視在功率。
(e) 複數功率。

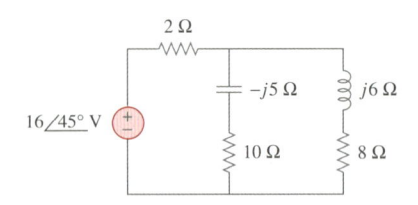

圖 11.70 習題 11.51 的電路

11.52 圖 11.71 電路中，元件 A 在 0.8 pf 滯後時接收 2 kW，元件 B 在 0.4 pf 超前時接收 3 kVA，而元件 C 為電感性且消耗 1 kW 和接收 500 VAR。
(a) 試計算整個系統的功率因數。
(b) 試求 **I**，已知 $\mathbf{V}_s = 120\underline{/45°}$ V rms。

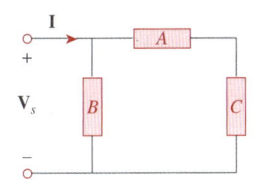

圖 11.71 習題 11.52 的電路

11.53 圖 11.72 電路中，負載 A 在 0.8 pf 超前時接收 4 kVA，負載 B 在 0.6 pf 滯後時接收 2.4 kVA，而方塊 C 為消耗 1 kW 和接收 500 VAR 的電感性負載。試計算：
 (a) $\mathbf{I}$。
 (b) 電路組合的功率因數。

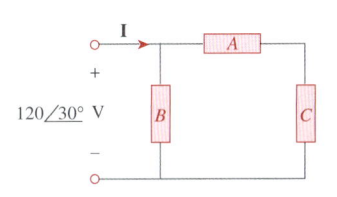

圖 11.72 習題 11.53 的電路

11.7 節　交流功率守恆

11.54 圖 11.73 網路中，試求每個元件所吸收的複數功率。

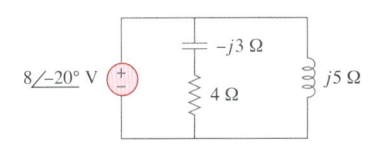

圖 11.73 習題 11.54 的網路

11.55 利用圖 11.74 的電路，試設計一個問題幫助其他學生更瞭解交流電源守恆。

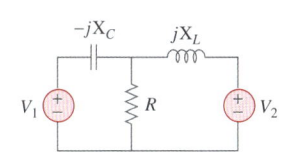

圖 11.74 習題 11.55 的電路

11.56 試求圖 11.75 電路中電源所提供的複數功率。

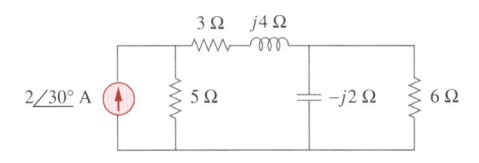

圖 11.75 習題 11.56 的電路

11.57 圖 11.76 電路中，試求非獨立電流源所提供的平均功率、虛功率和複數功率。

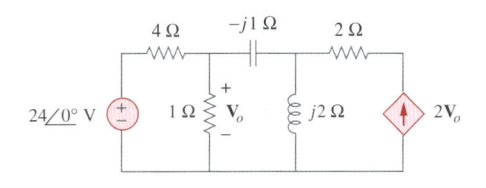

圖 11.76 習題 11.57 的電路

11.58 試求圖 11.77 電路中傳遞給 10 kΩ 電阻器的複數功率。

11.59 試求圖 11.78 電路中電感器和電容器的虛功率。

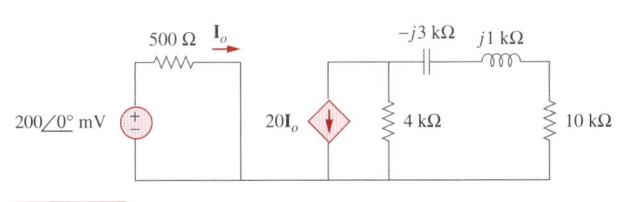

圖 11.77 習題 11.58 的電路

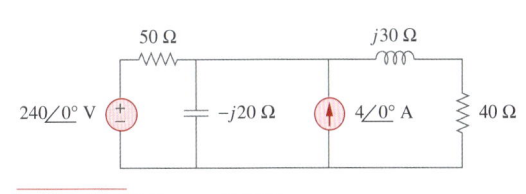

圖 11.78 習題 11.59 的電路

11.60 試求圖 11.79 電路中 $\mathbf{V}_o$ 和輸入功率因數。

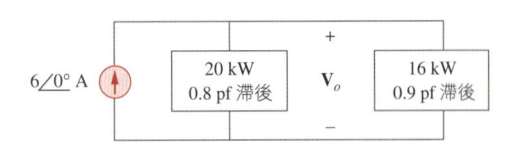

圖 11.79 習題 11.60 的電路

11.61 試求圖 11.80 電路中 $\mathbf{I}_o$ 和供應整個電路的複數功率。

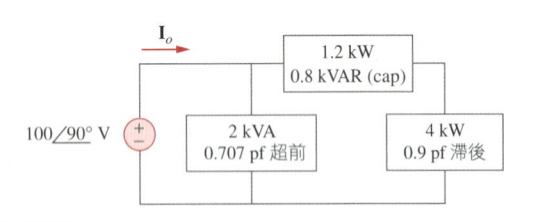

圖 11.80 習題 11.61 的電路

11.62 試求圖 11.81 電路的 $\mathbf{V}_s$。

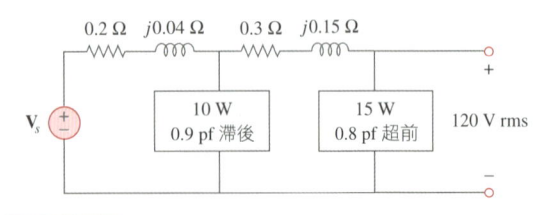

圖 11.81 習題 11.62 的電路

11.63 試求圖 11.82 電路的 $\mathbf{I}_o$。

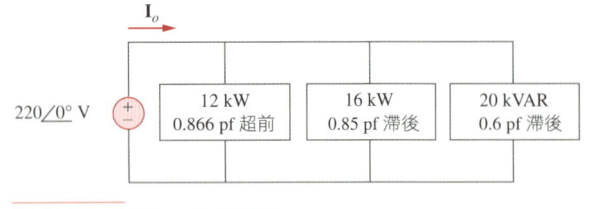

圖 11.82 習題 11.63 的電路

11.64 試計算圖 11.83 電路的 $\mathbf{I}_s$，如果電壓源供應 2.5 kW 和 0.4 kVAR (超前) 的功率。

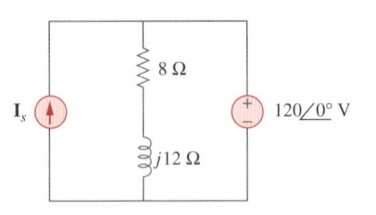

圖 11.83 習題 11.64 的電路

11.65 圖 11.84 運算放大器電路中，$v_s = 4 \cos 10^4 t$ V。試求傳遞給 50 kΩ 電阻器的平均功率。

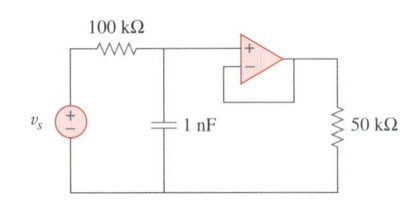

圖 11.84 習題 11.65 的電路

11.66 圖 11.85 運算放大器電路中，試求 6 kΩ 電阻器吸收的平均功率。

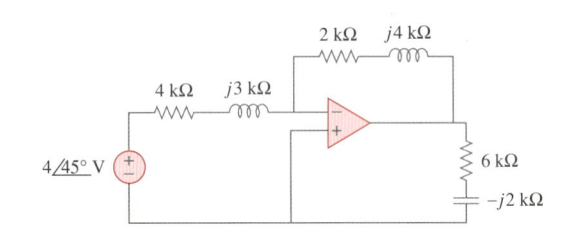

圖 11.85 習題 11.66 的電路

11.67 圖 11.86 運算放大器電路中，試計算：
(a) 電壓源供應的複數功率。
(b) 12 Ω 電阻器所消耗的平均功率。

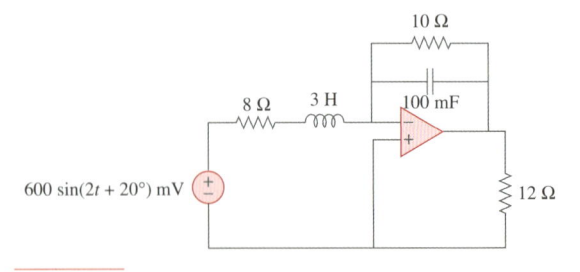

圖 11.86 習題 11.67 的電路

11.68 圖 11.87 串聯 RLC 電路中，試求電流源供應的複數功率。

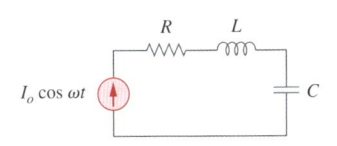

圖 11.87　習題 11.68 的電路

11.8 節　功率因數校正

11.69 參見圖 11.88 電路，
(a) 功率因數為多少？
(b) 消耗的平均功率為多少？
(c) 當連接到負載時功率因數為 1，則電容值為多少？

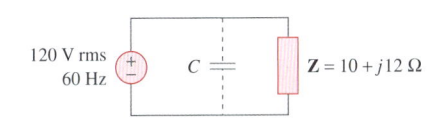

圖 11.88　習題 11.69 的電路

11.70 試設計一個問題幫助其他學生更瞭解功率因數校正。

11.71 一個 $120\underline{/0°}$ V 電源並聯三個負載：負載 1 吸收 60 kVAR 在 pf = 0.85 滯後；負載 2 吸收 90 kW 和 50 kVAR 超前；負載 3 吸收 100 kW 在 pf = 1。(a) 試求等效阻抗，(b) 試計算並聯組合的功率因數，(c) 試計算電源供應的電流。

11.72 二個並聯的負載從 120 V rms、60 Hz 的電源共吸收 2.4 kW 在 0.8 pf 滯後時，其中一個吸收 1.5 kW 在 0.707 pf 滯後。試求：(a) 第二個負載的 pf，(b) 二個負載的校正 pf 到 0.9 滯後所需並聯的元件值。

11.73 一個 240 V rms、60 Hz 電源供電給一個 10 kW (電阻性)、15 kVAR (電容性)、22 kVAR (電感性) 的負載。試求：
(a) 視在功率。
(b) 負載從電源吸收的電流。
(c) 校正功率因數到 0.96 滯後所需的 kVAR 額定值和電容值。
(d) 在新的功率因數條件下，負載從電源吸收的電流。

11.74 一個 120 V rms、60 Hz 電源供電給二個並聯的負載，如圖 11.89 所示。
(a) 試求並聯組合的功率因數。
(b) 試計算提升功率因數到 1 所需並聯的電容值。

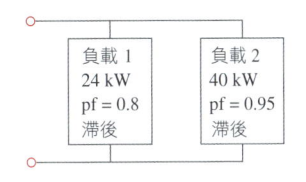

圖 11.89　習題 11.74 的電路

11.75 考慮圖 11.90 所示電源系統，試計算：
(a) 總複數功率。　(b) 功率因數。
(c) 要得到功率因數為 1 時需並聯電容值多少？

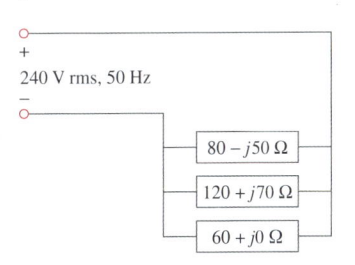

圖 11.90　習題 11.75 的電源系統

11.9 節　應用

11.76 試求圖 11.91 電路的瓦特計讀數。

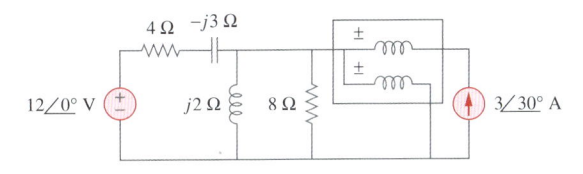

圖 11.91　習題 11.76 的電路

11.77 試求圖 11.92 網路的瓦特計讀數。

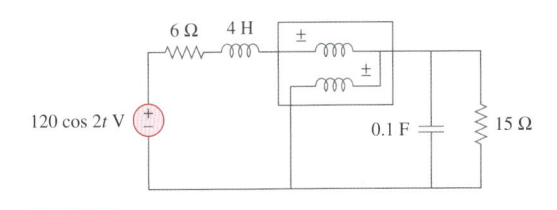

圖 11.92　習題 11.77 的網路

11.78 試求圖 11.93 電路的瓦特計讀數。

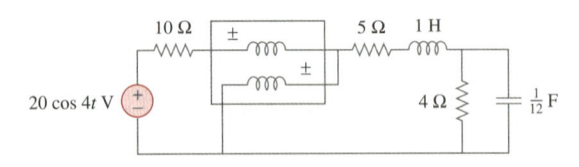

圖 11.93 習題 11.78 的電路

11.79 試計算圖 11.94 電路的瓦特計讀數。

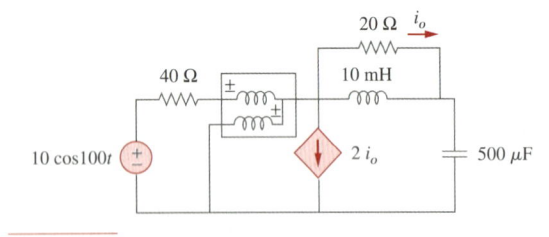

圖 11.94 習題 11.79 的電路

11.80 圖 11.95 電路描繪一個瓦特計連接到一個交流網路，
(a) 試求負載電流。
(b) 試計算瓦特計讀數。

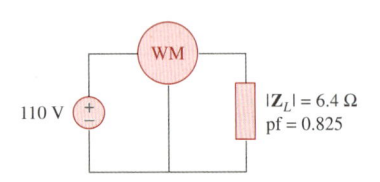

圖 11.95 習題 11.80 的電路

11.81 試設計一個問題幫助其他學生更瞭解如何將功率因數校正到 1 以外的值。

11.82 一個 240 V rms、60 Hz 電源供電給一個 5 kW 電熱器和一個 30 kVA 感應馬達的並聯組合，它們的功率因數為 0.82。試計算：
(a) 系統的視在功率。
(b) 系統的虛功率。
(c) 調整系統的功率因數到 0.9 滯後所需的電容 kVA 額定值。
(d) 所需的電容值。

11.83 示波器的測量值顯示負載的峰值電壓和流經負載的峰值電流分別為 $210\underline{/60°}$ V 和 $8\underline{/25°}$ A。試計算：
(a) 實功率。 (b) 視在功率。
(c) 虛功率。 (d) 功率因數。

11.84 某用戶年耗電 1200 MWh 和最大需求為 2.4 MVA，最大需求是每年每 kVA 收取 30 美元，電能則是每 kWh 收取 4 美分。
(a) 試計算每年的電費。
(b) 如果電力公司二部分的收費保持相同，試計算在統一費率下每 kWh 的收費。

11.85 一個單相三線電路的普通家用系統，可以讓家電工作在 120 V 和 240 V、60 Hz。該家用系統如圖 11.96 所示，試計算：
(a) 電流 $\mathbf{I}_1$、$\mathbf{I}_2$ 和 $\mathbf{I}_n$。
(b) 供應的總複數功率。
(c) 電路的整體功率因數。

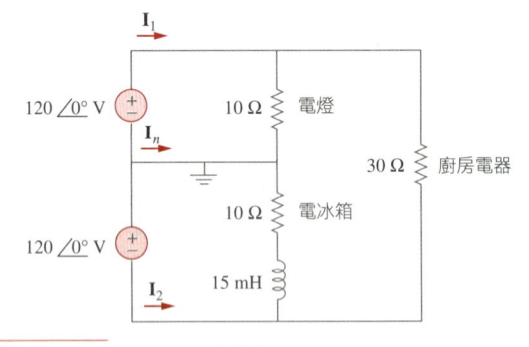

圖 11.96 習題 11.85 的電路

綜合題

11.86 當天線調整為相當於 75 Ω 電阻器串聯 4 μH 電感的負載時，發射器傳送到天線功率最大。如果發射器工作在 4.12 MHz 下，試求它的內部阻抗。

11.87 在一個電視發射器中，一個串聯電路有 3 kΩ 阻抗和 50 mA 的總電流。如果跨接在電組二端的電壓為 80 V，則電路的功率因數為多少？

11.88 一個電子電路連接到 110 V 交流傳輸線，該電路所吸收的均方根值為 2 A，且相位角為 55°。
(a) 試求電路吸收的實功率。
(b) 試計算視在功率。

11.89 一個工業用電熱器有個名牌寫著：210 V 60 Hz 12 kVA 0.78 pf 滯後，試計算：
(a) 視在功率和複數功率。
(b) 電熱器的阻抗。

*11.90 一個 0.85 功率因數 2000 kW 的渦輪發電機操作在額定負載下，加入另一個 0.8 功率因數 300 kW 的負載。試問在防止渦輪發電機過載情況下，要操作此渦輪發電機所需的電容 kVAR 值為多少？

11.91 一個電動機的名牌上顯示下面的資訊：

線路電壓：220 V rms
線路電流：15 A rms
線路頻率：60 Hz
功率：2700 W

試計算電動機的功率因數 (滯後)，並求提升電動機的 pf 到 1 必須並聯的電容 C 值。

11.92 圖 11.97 電路中，一個 550 V 的饋線供給一個工廠，該工廠由一個吸收 60 kW 在 0.75 pf (電感性) 馬達、一個額定值 20 kVAR 的電容，和一個吸收 20 kW 的照明系統。
(a) 試計算該工廠所消耗的總虛功率和視在功率。
(b) 試決定總體 pf。
(c) 試求饋線中的電流。

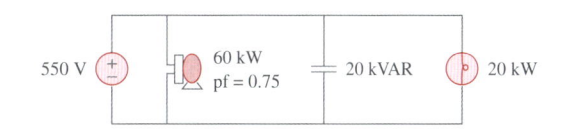

圖 **11.97** 綜合題 11.92 的電路

11.93 某工廠有下面四種主要的負載：
- 一個額定為 5 hp (馬力)、0.8 pf 滯後 (1 hp = 0.7457 kW) 的馬達。
- 一個額定為 1.2 kW、1.0 pf 的電熱器。
- 十個 120 W 的燈泡。
- 一個額定為 1.6 kVAR、0.6 pf 超前的同步馬達。

(a) 試計算總實和虛功率。
(b) 試求總體的功率因數。

11.94 一個 1 MVA 的變電站在 0.7 功率因數下滿載運算，若想透過安裝電容來提高功率因數到 0.95。假設安裝新變電站和配電設施的費用為 \$120/kVA，安裝電容的費用為 \$30/kVA。
(a) 試計算電容所需的費用。
(b) 試求釋放變電容量所節省的費用。
(c) 試問安裝釋放變電容量的電容器是否合算？

11.95 一個耦合電容被用來阻擋來自於放大器的直流電流，如圖 11.98(a) 所示。放大器和電容扮演電源，而喇叭為負載，如圖 11.98(b) 所示。
(a) 最大功率轉移到喇叭時的頻率為多少？
(b) 如果 $V_s = 4.6$ V rms，則在該頻率下傳遞到喇叭的功率為多少？

---
* 星號表示該習題具有挑戰性。

11.96 一個輸出阻抗為 $40+j8$ Ω 的功率放大器，它產生 146 V、300 Hz 的無載輸出電壓。
(a) 試決定達到最大功率轉移時的負載阻抗。
(b) 試計算在這匹配條件下的負載功率。

11.97 圖 11.99 所示功率發射系統中，如果 $\mathbf{V}_s = 240\underline{/0°}$ rms，試求負載所吸收的平均功率。

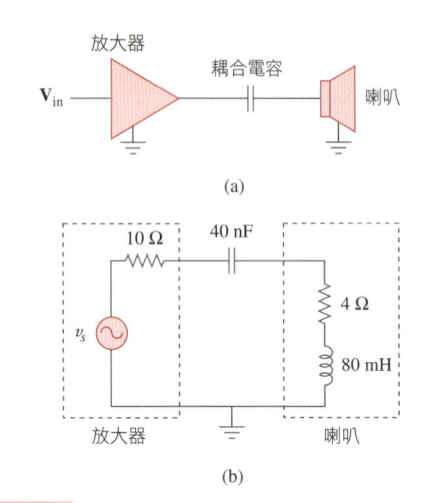

圖 11.98 綜合題 11.95 的電路

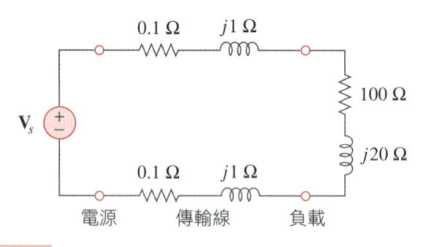

圖 11.99 綜合題 11.97 的電路

Chapter 12 三相電路

> 不能饒恕別人，猶如拆毀了自己要通過的橋。
>
> —— 喬治‧賀伯特

加強你的技能和職能

ABET EC 2000 標準 (3.e)，"判別、制定和解決工程問題的能力"

培養和提高你的"判別、制定和解決工程問題能力"是教科書的首要重點。下面解決問題過程的六步驟就是練習這個技能的最佳途徑。建議讀者在可能的情況下，都使用這六步驟解題過程。讀者可能會發現，這六步驟解題過程也適用於非工程課程。

ABET EC 2000 標準 (f)，"職業道德責任的理解"

"職業道德責任的理解"是每一個工程師必須具備的。在某種程度上，對每個人而言這種理解是非常重要的。以下提出一些方針，幫助讀者開發這種理解。最佳範例之一是，工程師有責任回答"尚未提出的問題。" 舉例來說，假設你的汽車傳動軸有問題，在銷售這輛車的過程中，買方詢問右前輪軸承是否有問題，而你回答沒有問題。然而，身為一名工程師，不需買方詢問，必須先告知買方傳動軸有問題。

Charles Alexander

職業道德責任是不傷害周圍的人和不傷害上司及下屬。顯然，發展這種能力需要時間和成熟度。筆者建議在日常活動中，練習尋找職業道德的元素並實踐之。

12.1 簡介

到目前為止，在本書的內容只介紹單相電路。單相的交流電力系統包括通過一對導線 (傳輸線) 和負載連接的發電機。圖 12.1(a) 顯示單相二線系統，其中 V_p 是電壓源的均方根幅度且 ϕ 是相位。在實際應用中單相三線系統更常見，如圖 12.1(b) 所示。該系統包含二個相同的電源 (相等振幅和相同的相位)，它由二條外接線和一條中線與二個負載連接。例如，正常的家庭電力系統是單相三線系統，因為端電壓具有相同的振幅和相同的相位。這樣的系統允許使用 120 V 或 240 V 的家用電器。

歷史註記：湯瑪斯·愛迪生發明了一種三線系統，採用三條電線取代四條電線。

工作在相同頻率、但不同相位的交流電源電路或系統被稱為**多相** (polyphase) 電路或系統。圖 12.2 顯示二相三線式系統，而圖 12.3 顯示三相四線式系統。與單相系統不同，二相系統是由包含二個相互垂直放置線圈所組成的發電機產生，其中一個電壓相位較另一個滯後 90°。同理，三相系統是由包含三個相同振幅與頻率的電源但每個相位差 120° 所組成的發電機產生。由於三相系統是目前為止最普遍和最經濟的多相系統，所以本章主要討論三相系統。

至少有三個原因說明三相系統是重要的。第一，幾乎所有電力的產生與配送是三相，在美國電源的工作頻率為 60 Hz (或 $\omega = 377$ rad/s)，而在世界上的某些區域則是 50 Hz (或 $\omega = 314$ rad/s)。當需要單相或二相輸入時，它們取自三相系統，而不是獨自產生。甚至當需要超過三相時 (例如，在鋁工廠，為了熔化鋁需要 48 相

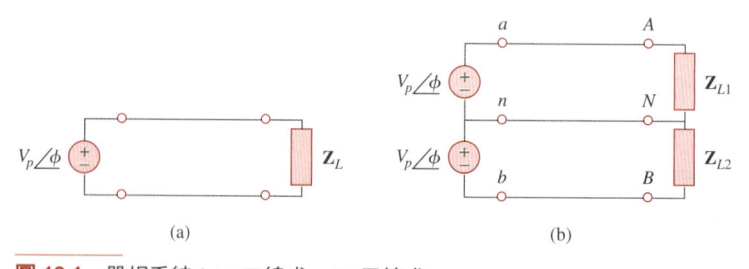

圖 12.1 單相系統：(a) 二線式，(b) 三線式

圖 12.2 二相三線式系統

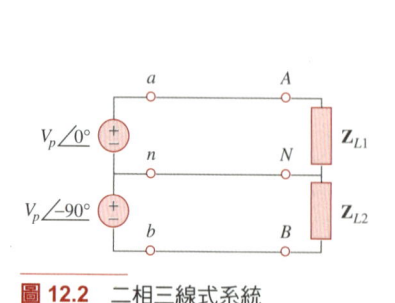

圖 12.3 三相四線式系統

～歷史人物～

尼古拉・特斯拉 (Nikola Tesla, 1856-1943) 是美籍克羅埃西亞裔工程師，在他多項的發明中——感應馬達和第一個多相交流電力系統——大大地影響交流與直流之爭的結果。他還負責採用 60 Hz 交流電源系統作為美國的標準。

特斯拉出生於奧匈帝國 (現在的克羅埃西亞) 的牧師家庭。特斯拉具有令人難以置信的記憶力和對數學有濃厚的興趣。他於 1884 年搬到美國，首次為湯瑪斯・愛迪生工作。當時，美國正處於以喬治・威斯汀豪斯 (George Westinghouse, 1846-1914) 推廣的交流和以湯瑪斯・愛迪生領導直流的"電流之爭"。特斯拉因為對交流感興趣，而離開愛迪生並加入威斯汀豪斯。透過威斯汀豪斯，特斯拉提出多相交流發電、輸電和配電系統獲得聲譽並被接受。他生前擁有 700 項專利。他的其他發明包括高電壓裝置 (特斯拉線圈) 和無線傳輸系統。磁通密度的單位——特斯拉，便是為了紀念他而以其名字命名的。

來源出處：Library of Congress [LC-USZ62-61761]

電源)，可以透過控制三相電源而獲得。第二，在三相系統中的瞬間功率是恆定的 (沒有脈動)，這將在 12.7 節中看到。這使得三相機器傳輸均勻功率和振動較小。第三，對於相同的功率量，三相系統比單相更經濟。三相系統所需的導線量小於單相系統所需的導線量。

本章首先介紹平衡三相電壓，然後分析平衡三相系統的四種可能結構。也會介紹不平衡三相系統的分析。學習如何使用 Windows 系統的 PSpice，分析平衡或不平衡三相系統。最後，將本章所介紹的概念應用在三相功率測量和住宅電力佈線。

12.2 平衡三相電壓 (Balanced Three-Phase Voltages)

三相電壓通常由三相交流發電機 (generator 或 alternator) 所產生，其剖面圖如圖 12.4 所示。發電機基本上由旋轉磁體 [稱為**轉子** (rotor)] 和圍繞轉子的靜止線圈 [稱為**定子** (stator)] 所組成。三個獨立繞組或線圈的端點 a-a'、b-b' 和 c-c' 分別為放置在定子周圍且彼此間隔 120°。例如，端點 a 代表進入線圈的端點，而 a' 則為流出線圈另一端點。當轉子轉動時，它的磁場"切割"三個線圈的磁通，而在線圈產生感應電壓。因為三個線圈間隔 120°，所以三個線圈所產生的感應電壓大小相等，但相位差 120° (如圖 12.5 所示)。因為每個線圈可被視為一個單相發電機，所以三相發電機可供電力給單相負載或三相負載。

一個典型的三相系統由三個電壓源通過三條或四條線 (或傳輸線)，連接到負載。(三相電流源非常稀少。) 三相系統相當於三個單相電路。電壓源可以是 Y-接如圖 12.6(a) 所示，或 Δ-接如圖 12.6(b) 所示。

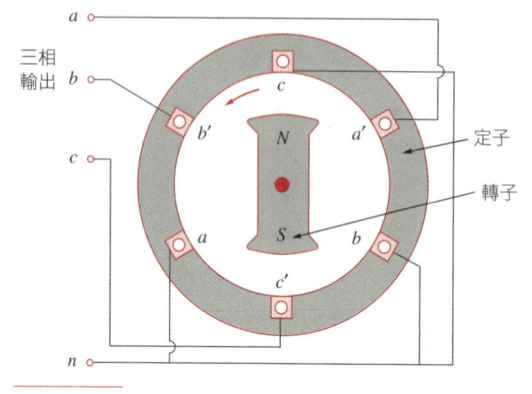

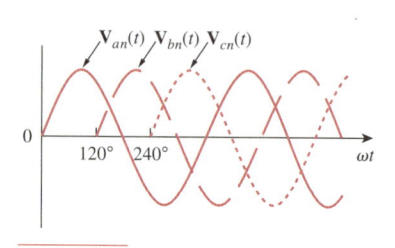

圖 12.4 三相發電機

圖 12.5 彼此相位差 120° 的發電機電壓

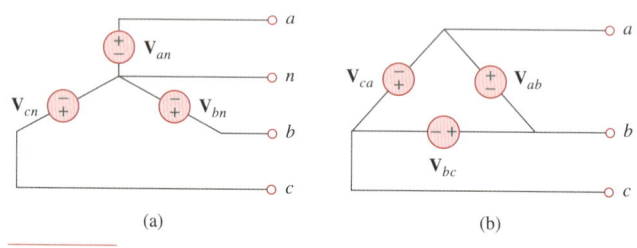

圖 12.6 三相電壓源：(a) Y-接電源，(b) Δ-接電源

現在先介紹圖 12.6(a) 的 Y-接電壓。電壓 $\mathbf{V}_{an}$、$\mathbf{V}_{bn}$ 和 $\mathbf{V}_{cn}$ 分別為外接線 a、b 和 c，以及中線 n 之間的電壓，這些電壓稱為**相電壓** (phase voltages)。如果電壓源有相同的大小和頻率 ω，且分別相隔 120°，則稱這些電壓為**平衡** (balanced)。這表示：

$$\mathbf{V}_{an} + \mathbf{V}_{bn} + \mathbf{V}_{cn} = 0 \tag{12.1}$$

$$|\mathbf{V}_{an}| = |\mathbf{V}_{bn}| = |\mathbf{V}_{cn}| \tag{12.2}$$

因此，

> 根據電力系統的共同習慣，除非另有說明，本章的電壓和電流是均方根值。

平衡相電壓是大小相等且每個電壓相位差 120°。

因為三相電壓的每個電壓相差 120°，所以有二種可能的組合。其中一種可能如圖 12.7(a) 所示，且數學表示式如下：

$$\begin{aligned} \mathbf{V}_{an} &= V_P \underline{/0°} \\ \mathbf{V}_{bn} &= V_P \underline{/-120°} \\ \mathbf{V}_{cn} &= V_P \underline{/-240°} = V_P \underline{/+120°} \end{aligned} \tag{12.3}$$

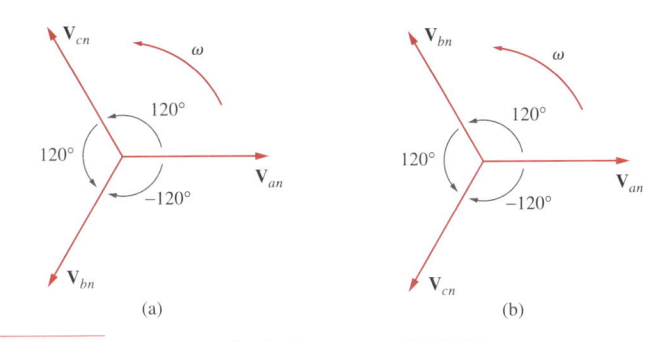

圖 12.7 相序：(a) *abc* 或正相序，(b) *acb* 或負相序

其中 V_p 是相位電壓的有效值或 rms 值，這種順序稱為 ***abc* 相序** (*abc* sequence) 或**正相序** (positive sequence)。對於這種相序，$\mathbf{V}_{an}$ 領先 $\mathbf{V}_{bn}$，而 $\mathbf{V}_{bn}$ 領先 $\mathbf{V}_{cn}$。當圖 12.4 中的轉子以逆時針方向旋轉時，則產生這種相序。另一種可能性如圖 12.7(b) 所示且數學表示式如下：

$$\begin{aligned}\mathbf{V}_{an} &= V_p\underline{/0°}\\ \mathbf{V}_{cn} &= V_p\underline{/-120°}\\ \mathbf{V}_{bn} &= V_p\underline{/-240°} = V_p\underline{/+120°}\end{aligned} \quad (12.4)$$

這種順序稱為 ***acb* 相序** (*acb* sequence) 或**負相序** (negative sequence)。對於這種相序，$\mathbf{V}_{an}$ 領先 $\mathbf{V}_{cn}$，而 $\mathbf{V}_{cn}$ 領先 $\mathbf{V}_{bn}$。當圖 12.4 中的轉子以順時針方向旋轉時，則產生這種相序。要證明 (12.3) 式或 (12.4) 式滿足 (12.1) 式和 (12.2) 式是很容易的。例如，從 (12.3) 式得

$$\begin{aligned}\mathbf{V}_{an} + \mathbf{V}_{bn} + \mathbf{V}_{cn} &= V_p\underline{/0°} + V_p\underline{/-120°} + V_p\underline{/+120°}\\ &= V_p(1.0 - 0.5 - j0.866 - 0.5 + j0.866)\\ &= 0\end{aligned} \quad (12.5)$$

相序是指電壓經過各自最大值的時間順序。

相序由相量圖中的相量經過某一固定點的順序來決定。

在圖 12.7(a) 中，當相量隨著頻率 ω 以逆時針方向旋轉，它們以 *abcabca*… 順序經過水平軸。因此，相序是 *abc* 或 *bca* 或 *cab*。同理，對於圖 12.7(b) 的相量，當它們以逆時針方向旋轉時，它們以 *acbacba*… 順序經過水平軸，這就是 *acb* 相序。相序在三相配電是重要的。例如，相序決定連接到電源的馬達的旋轉方向。

相序也可以被視為電壓達到峰值 (及最大值) 的時間先後順序。

提示：隨著時間增加，每個相量 (或正弦向量) 以角速度 ω 旋轉。

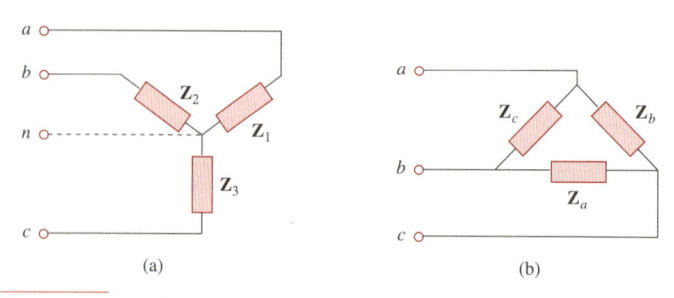

圖 12.8 二種可能的三相負載結構：(a) Y-接負載，(b) Δ-接負載

類似發電機的連接方式，三相負載的連接也可以根據終端的應用分為 Y-接和 Δ-接。圖 12.8(a) 顯示一個 Y-接負載，而圖 12.8(b) 顯示一個 Δ-接負載。根據四線式或三線式系統，在圖 12.8(a) 的中線可以有，也可以沒有。(而且，當然在 Δ-接拓樸中是不可能有中線連接的。) 如果相阻抗的振幅或相位是不相等的，則 Y-接或 Δ-接負載稱為**不平衡** (unbalanced)。

平衡負載是振幅和相位相等的相阻抗。

對於平衡的 Y-接負載，

$$\mathbf{Z}_1 = \mathbf{Z}_2 = \mathbf{Z}_3 = \mathbf{Z}_Y \tag{12.6}$$

其中 $\mathbf{Z}_Y$ 是每個相位的負載阻抗。對於對稱的 Δ-接負載，

$$\mathbf{Z}_a = \mathbf{Z}_b = \mathbf{Z}_c = \mathbf{Z}_\Delta \tag{12.7}$$

其中 $\mathbf{Z}_\Delta$ 是在這種情況下每個相位的負載阻抗。從 (9.69) 式得

$$\mathbf{Z}_\Delta = 3\mathbf{Z}_Y \quad \text{或} \quad \mathbf{Z}_Y = \frac{1}{3}\mathbf{Z}_\Delta \tag{12.8}$$

提示：Y-接負載由三個阻抗連接到一個中間節點而成，而 Δ-接負載是由三個阻抗連接成一個迴路而成。在這二種情況下，當三個阻抗相等時則此負載是對稱的。

因此，一個 Y-接負載可以轉化成一個 Δ-接負載，或者反之亦然，使用 (12.8) 式。

因為三相電源和三相負載都可以使用 Y-接或 Δ-接，所以有四種可能的連接方式：

- Y-Y 連接型 (即 Y-接電源和 Y-接負載)。
- Y-Δ 連接型。
- Δ-Δ 連接型。
- Δ-Y 連接型。

在以下的章節中將會介紹這些可能的組合。

一般而言，一個平衡 Δ-接負載比平衡 Y-接負載更常見。這是因為 Δ-接負載的相位容易被增加或移除。因為 Y-接的中線可以不接，所以 Y-接負載很難被增加或移除。換句話說，在實際應用中不常使用 Δ-接電源，因為三相電壓如果有些許不平衡，就會出現迴路電流而形成 Δ 網目。

範例 12.1

試計算下列電壓組的相序：

$$v_{an} = 200\cos(\omega t + 10°)$$
$$v_{bn} = 200\cos(\omega t - 230°), \quad v_{cn} = 200\cos(\omega t - 110°)$$

解： 電壓的相量形式如下：

$$\mathbf{V}_{an} = 200\underline{/10°}\ \text{V}, \quad \mathbf{V}_{bn} = 200\underline{/-230°}\ \text{V}, \quad \mathbf{V}_{cn} = 200\underline{/-110°}\ \text{V}$$

所以 $\mathbf{V}_{an}$ 領先 $\mathbf{V}_{cn}$ 120° 且 $\mathbf{V}_{cn}$ 領先 $\mathbf{V}_{bn}$ 120°。因此，相序為 *acb*。

練習題 12.1 已知 $\mathbf{V}_{bn} = 110\underline{/30°}$ V，試求 $\mathbf{V}_{an}$ 和 $\mathbf{V}_{cn}$，假設相序為正 (*abc*) 序。

答： $110\underline{/150°}$ V, $110\underline{/-90°}$ V。

12.3 平衡 Y-Y 連接 (Balanced Wye-Wye Connection)

首先介紹 Y-Y 型系統，因為任何平衡的三相系統可以簡化為等效的 Y-Y 型系統。因此，Y-Y 型系統的分析可視為求解所有平衡三相系統的關鍵。

一個平衡的 Y-Y 型系統是一個平衡 Y-接電源和一個平衡 Y-接負載的三相系統。

考慮圖 12.9 的平衡四線式 Y-Y 型系統，其中 Y-接負載被連接到 Y-接電源。假設負載為平衡的，所以負載阻抗皆相等。雖然阻抗 $\mathbf{Z}_Y$ 是每相的總負載阻抗，但它也可以被視為每相中電源阻抗 $\mathbf{Z}_s$、線路阻抗 $\mathbf{Z}_\ell$ 與負載阻抗 $\mathbf{Z}_L$ 的總和，因為這些阻抗是串聯的。如圖 12.9 所示，$\mathbf{Z}_s$ 表示發電機每相線圈內部的阻抗；$\mathbf{Z}_\ell$ 表示連接電源端與負載端之間線路阻抗；$\mathbf{Z}_L$ 表示每相的負載阻抗；以及 $\mathbf{Z}_n$ 表示中線阻抗。因此，一般而言：

$$\mathbf{Z}_Y = \mathbf{Z}_s + \mathbf{Z}_\ell + \mathbf{Z}_L \tag{12.9}$$

與 $\mathbf{Z}_L$ 比較，$\mathbf{Z}_s$ 和 $\mathbf{Z}_\ell$ 通常非常小，如果已知沒有電源阻抗或線路阻抗，則可以假設 $\mathbf{Z}_Y = \mathbf{Z}_L$。在任何情況下，可將阻抗結合在一起，並將圖 12.9 的 Y-Y 型系統化簡為如圖 12.10 所示的系統。

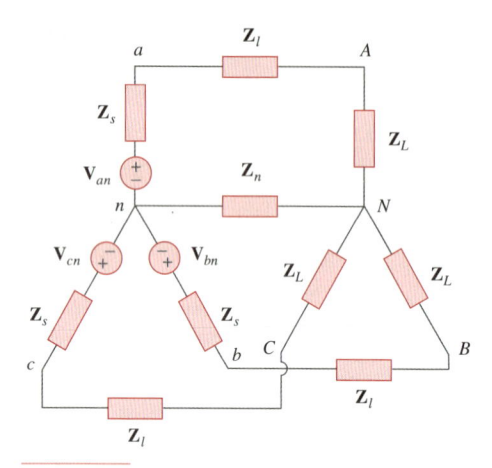

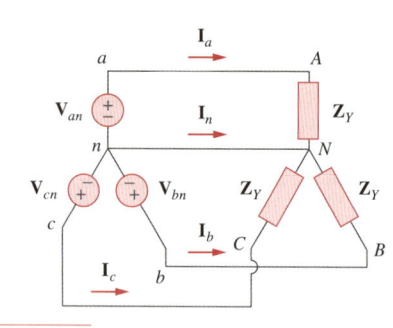

圖 12.9 顯示電源、接線和負載阻抗的平衡 Y-Y 接線系統

圖 12.10 平衡 Y-Y 接

假設為正相序，相電壓 (或線路到中線的電壓) 為

$$\mathbf{V}_{an} = V_p \underline{/0°}$$
$$\mathbf{V}_{bn} = V_p \underline{/-120°}, \qquad \mathbf{V}_{cn} = V_p \underline{/+120°} \tag{12.10}$$

線對線 (line-to-line) 的電壓或簡稱為**線** (line) 電壓 $\mathbf{V}_{ab}$、$\mathbf{V}_{bc}$ 和 $\mathbf{V}_{ca}$ 與相電壓有關。例如，

$$\mathbf{V}_{ab} = \mathbf{V}_{an} + \mathbf{V}_{nb} = \mathbf{V}_{an} - \mathbf{V}_{bn} = V_p \underline{/0°} - V_p \underline{/-120°}$$
$$= V_p \left(1 + \frac{1}{2} + j\frac{\sqrt{3}}{2} \right) = \sqrt{3} V_p \underline{/30°} \tag{12.11a}$$

同理，可得

$$\mathbf{V}_{bc} = \mathbf{V}_{bn} - \mathbf{V}_{cn} = \sqrt{3} V_p \underline{/-90°} \tag{12.11b}$$

$$\mathbf{V}_{ca} = \mathbf{V}_{cn} - \mathbf{V}_{an} = \sqrt{3} V_p \underline{/-210°} \tag{12.11c}$$

因此，線電壓 V_L 振幅為相電壓 V_p 振幅的 $\sqrt{3}$ 倍，即

$$\boxed{V_L = \sqrt{3} V_p} \tag{12.12}$$

其中

$$V_p = |\mathbf{V}_{an}| = |\mathbf{V}_{bn}| = |\mathbf{V}_{cn}| \tag{12.13}$$

且

$$V_L = |\mathbf{V}_{ab}| = |\mathbf{V}_{bc}| = |\mathbf{V}_{ca}| \tag{12.14}$$

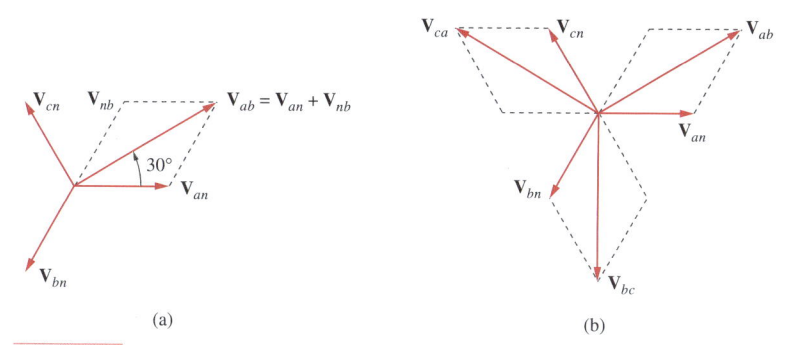

圖 12.11 顯示線電壓和相電壓之間關係的相量原理圖

而且線電壓領先它所對應的相電壓 30°，如圖 12.11(a) 所示。圖 12.11(a) 也顯示如何利用相電壓計算 $\mathbf{V}_{ab}$，而圖 12.11(b) 以相同方式顯示三個線電壓。注意：$\mathbf{V}_{ab}$ 領先 $\mathbf{V}_{bc}$ 120°，且 $\mathbf{V}_{bc}$ 領先 $\mathbf{V}_{ca}$ 120°，所以線電壓的總和為零，相電壓也一樣。

應用 KVL 到圖 12.10 的每相，可得線電路如下：

$$\mathbf{I}_a = \frac{\mathbf{V}_{an}}{\mathbf{Z}_Y}, \qquad \mathbf{I}_b = \frac{\mathbf{V}_{bn}}{\mathbf{Z}_Y} = \frac{\mathbf{V}_{an}\underline{/-120°}}{\mathbf{Z}_Y} = \mathbf{I}_a\underline{/-120°}$$

$$\mathbf{I}_c = \frac{\mathbf{V}_{cn}}{\mathbf{Z}_Y} = \frac{\mathbf{V}_{an}\underline{/-240°}}{\mathbf{Z}_Y} = \mathbf{I}_a\underline{/-240°} \tag{12.15}$$

可以很容易地推斷出線電流加起來為零，

$$\mathbf{I}_a + \mathbf{I}_b + \mathbf{I}_c = 0 \tag{12.16}$$

所以

$$\mathbf{I}_n = -(\mathbf{I}_a + \mathbf{I}_b + \mathbf{I}_c) = 0 \tag{12.17a}$$

或

$$\mathbf{V}_{nN} = \mathbf{Z}_n \mathbf{I}_n = 0 \tag{12.17b}$$

亦即，中線二端的電壓為零，因此中線可以被移除而不會影響系統。事實上，在長距離的電力傳輸，以三為倍數的導線的中線就是以大地作為導體。以這種方式設計電力系統在所有關鍵點都有良好接地以確保安全。

線電流 (line current) 是每一條線路的電流，而**相電流** (phase current) 是每相電源或負載的電流。在 Y-Y 型系統中，線電流與相電流是相等的。以下將以單一下標來表示電流，因為習慣上假設線電流是從電源流向負載。

分析平衡 Y-Y 型系統的另一種方法是利用"單相"的基礎。觀察其中一相，

例如 a 相，並分析圖 12.12 等效電路的單相，則單相分析得線路電流 $\mathbf{I}_a$ 如下：

$$\mathbf{I}_a = \frac{\mathbf{V}_{an}}{\mathbf{Z}_Y} \tag{12.18}$$

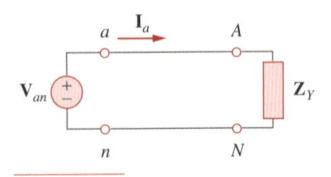

圖 12.12 單相等效電路

從 $\mathbf{I}_a$，利用相序獲得其他線電流。因此，只要系統是平衡的，只需要分析一相。即使中線不存在，例如在三線式系統中，也可以這樣做。

範例 12.2 試計算圖 12.13 三線式 Y-Y 型系統的線電流。

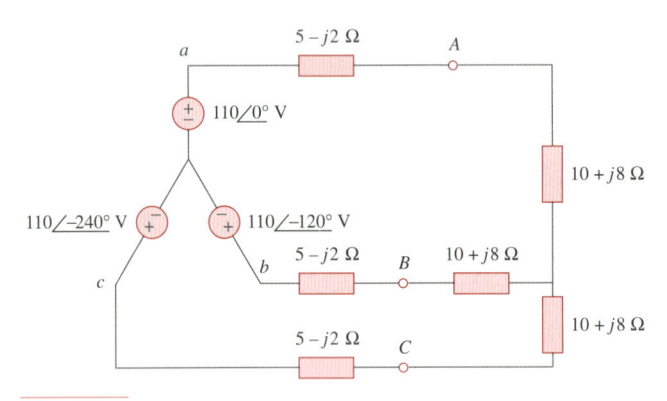

圖 12.13 範例 12.2 的三線式 Y-Y 型系統

解：圖 12.13 的三線式 Y-Y 型系統是平衡的；所以可以使用它的單相等效電路 (如圖 12.12) 來取代它。從單相分析可得如下：

$$\mathbf{I}_a = \frac{\mathbf{V}_{an}}{\mathbf{Z}_Y}$$

其中 $\mathbf{Z}_Y = (5 - j2) + (10 + j8) = 15 + j6 = 16.155\underline{/21.8°}$。因此，

$$\mathbf{I}_a = \frac{110\underline{/0°}}{16.155\underline{/21.8°}} = 6.81\underline{/-21.8°} \text{ A}$$

因為圖 12.13 的電壓源是正相序，所以線電流也是正相序：

$$\mathbf{I}_b = \mathbf{I}_a\underline{/-120°} = 6.81\underline{/-141.8°} \text{ A}$$
$$\mathbf{I}_c = \mathbf{I}_a\underline{/-240°} = 6.81\underline{/-261.8°} \text{ A} = 6.81\underline{/98.2°} \text{ A}$$

> **練習題 12.2** 每相阻抗為 $0.4+j0.3\ \Omega$ 的 Y-接三相發電機與每相阻抗為 $24+j19\ \Omega$ 的負載相連接。連接發電機和負載的線路，每相阻抗為 $0.6+j0.7\ \Omega$。假設電壓源為正相序且 $\mathbf{V}_{an}=120\underline{/30°}$ V，試求：(a) 線電壓，(b) 線電流。
>
> 答：(a) $207.8\underline{/60°}$ V, $207.8\underline{/-60°}$ V, $207.8\underline{/-180°}$ V,
> (b) $3.75\underline{/-8.66°}$ A, $3.75\underline{/-128.66°}$ A, $3.75\underline{/111.34°}$ A.

12.4 平衡 Y-Δ 連接 (Balanced Wye-Delta Connection)

一個平衡的 Y-Δ 型系統是由一個平衡 Y-接電源連接上一個平衡 Δ-接負載之電路。

平衡 Y-Δ 型系統顯示在圖 12.14 中，其中電源是 Y-接且負載是 Δ-接。當然，對於這個情況，從電源到負載之間沒有中線。假設為正相序，則相電壓為

> 這可能是最常用的三相系統，三相電源常用 Y-接，而三相負載常用 Δ-接。

$$\mathbf{V}_{an}=V_p\underline{/0°}$$
$$\mathbf{V}_{bn}=V_p\underline{/-120°},\qquad \mathbf{V}_{cn}=V_p\underline{/+120°} \tag{12.19}$$

如 12.3 節所示，線電壓為

$$\mathbf{V}_{ab}=\sqrt{3}V_p\underline{/30°}=\mathbf{V}_{AB},\qquad \mathbf{V}_{bc}=\sqrt{3}V_p\underline{/-90°}=\mathbf{V}_{BC}$$
$$\mathbf{V}_{ca}=\sqrt{3}V_p\underline{/150°}=\mathbf{V}_{CA} \tag{12.20}$$

上式證明這個系統結構的線電壓等於負載阻抗二端的電壓。從這些電壓可得相電流如下：

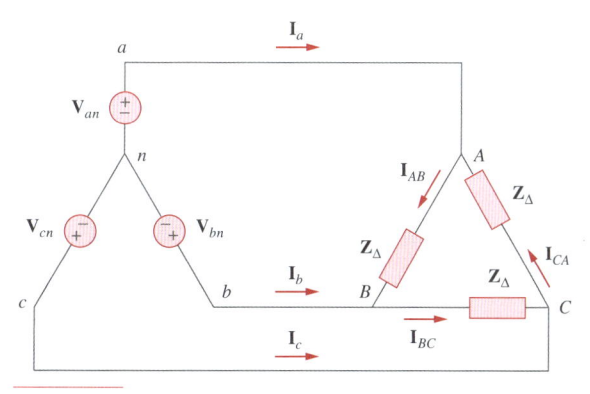

圖 12.14 平衡 Y-Δ 連接

$$\mathbf{I}_{AB} = \frac{\mathbf{V}_{AB}}{\mathbf{Z}_\Delta}, \qquad \mathbf{I}_{BC} = \frac{\mathbf{V}_{BC}}{\mathbf{Z}_\Delta}, \qquad \mathbf{I}_{CA} = \frac{\mathbf{V}_{CA}}{\mathbf{Z}_\Delta} \tag{12.21}$$

這些電流有相同的振幅，但每相差 120°。

求解這些相電流的另一個方法是應用 KVL。例如，應用 KVL 繞 *aABbna* 迴圈得

$$-\mathbf{V}_{an} + \mathbf{Z}_\Delta \mathbf{I}_{AB} + \mathbf{V}_{bn} = 0$$

或

$$\mathbf{I}_{AB} = \frac{\mathbf{V}_{an} - \mathbf{V}_{bn}}{\mathbf{Z}_\Delta} = \frac{\mathbf{V}_{ab}}{\mathbf{Z}_\Delta} = \frac{\mathbf{V}_{AB}}{\mathbf{Z}_\Delta} \tag{12.22}$$

上式與 (12.21) 式相同。這是求解相電流更普通的方法。

在節點 A、B、C 處應用 KCL，即可由相電流求得線電流，因此

$$\mathbf{I}_a = \mathbf{I}_{AB} - \mathbf{I}_{CA}, \qquad \mathbf{I}_b = \mathbf{I}_{BC} - \mathbf{I}_{AB}, \qquad \mathbf{I}_c = \mathbf{I}_{CA} - \mathbf{I}_{BC} \tag{12.23}$$

因為 $\mathbf{I}_{CA} = \mathbf{I}_{AB}\underline{/-240°}$，

$$\begin{aligned}\mathbf{I}_a = \mathbf{I}_{AB} - \mathbf{I}_{CA} &= \mathbf{I}_{AB}(1 - 1\underline{/-240°}) \\ &= \mathbf{I}_{AB}(1 + 0.5 - j0.866) = \mathbf{I}_{AB}\sqrt{3}\underline{/-30°}\end{aligned} \tag{12.24}$$

上式證明線電流 I_L 振幅為相電流 I_p 振幅的 $\sqrt{3}$ 倍，即

$$\boxed{I_L = \sqrt{3}I_p} \tag{12.25}$$

其中

$$I_L = |\mathbf{I}_a| = |\mathbf{I}_b| = |\mathbf{I}_c| \tag{12.26}$$

且

$$I_p = |\mathbf{I}_{AB}| = |\mathbf{I}_{BC}| = |\mathbf{I}_{CA}| \tag{12.27}$$

而且，假設在正相序下，線電流滯後其對應的相電流 30°。圖 12.15 為相電流和線電流之間關係的相量原理圖。

另一個分析 Y-Δ 電路的方法是利用 (12.8) 的 Δ-Y 轉換公式，將 Δ-接負載轉換為等效的 Y-接負載。

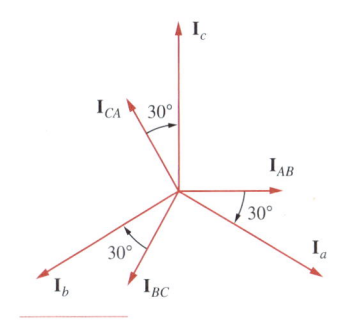

圖 12.15 顯示相電流和線電流之間關係的相量原理圖

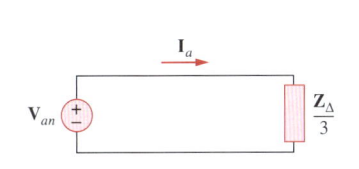

圖 12.16 平衡 Y-Δ 型電路的單相等效電路

$$\mathbf{Z}_Y = \frac{\mathbf{Z}_\Delta}{3} \qquad (12.28)$$

這種轉變之後，可得如圖 12.10 的 Y-Y 接系統。圖 12.14 的三相 Y-Δ 接系統可以被圖 12.16 的單相等效電路取代，這允許只計算線電流。而利用 (12.25) 式和每相電流領先其所對應的線電流 30° 的事實，可求得線電流。

範例 12.3 一個 $\mathbf{V}_{an} = 100\underline{/10°}$ V 的平衡 abc 相序 Y-接電源被連接到每相阻抗 $(8+j4)\ \Omega$ 的平衡式 Δ-接負載，試計算相電流和線電流。

解： 可以有二種解題方法：

◆**方法一**：負載阻抗為

$$\mathbf{Z}_\Delta = 8 + j4 = 8.944\underline{/26.57°}\ \Omega$$

如果相電壓 $\mathbf{V}_{an} = 100\underline{/10°}$，則線電壓為

$$\mathbf{V}_{ab} = \mathbf{V}_{an}\sqrt{3}\underline{/30°} = 100\sqrt{3}\underline{/10° + 30°} = \mathbf{V}_{AB}$$

或

$$\mathbf{V}_{AB} = 173.2\underline{/40°}\ \text{V}$$

相電流為

$$\mathbf{I}_{AB} = \frac{\mathbf{V}_{AB}}{\mathbf{Z}_\Delta} = \frac{173.2\underline{/40°}}{8.944\underline{/26.57°}} = 19.36\underline{/13.43°}\ \text{A}$$

$$\mathbf{I}_{BC} = \mathbf{I}_{AB}\underline{/-120°} = 19.36\underline{/-106.57°}\ \text{A}$$

$$\mathbf{I}_{CA} = \mathbf{I}_{AB}\underline{/+120°} = 19.36\underline{/133.43°}\ \text{A}$$

線電流為

$$\mathbf{I}_a = \mathbf{I}_{AB}\sqrt{3}\underline{/-30°} = \sqrt{3}(19.36)\underline{/13.43° - 30°}$$
$$= 33.53\underline{/-16.57°} \text{ A}$$
$$\mathbf{I}_b = \mathbf{I}_a\underline{/-120°} = 33.53\underline{/-136.57°} \text{ A}$$
$$\mathbf{I}_c = \mathbf{I}_a\underline{/+120°} = 33.53\underline{/103.43°} \text{ A}$$

◆ **方法二**：使用單相分析得

$$\mathbf{I}_a = \frac{\mathbf{V}_{an}}{\mathbf{Z}_\Delta/3} = \frac{100\underline{/10°}}{2.981\underline{/26.57°}} = 33.54\underline{/-16.57°} \text{ A}$$

與方法一結果相同，其他的線電流可利用 *abc* 相序求得。

練習題 12.3　一個平衡 Y-接電源的線電壓為 $\mathbf{V}_{AB} = 120\underline{/-20°}$ V，如果該電源連接到一個 $20\underline{/40°}$ Ω 的 Δ-接負載，試求相電流和線電流，假設為 *abc* 相序。

答：$6\underline{/-60°}$ A, $6\underline{/-180°}$ A, $6\underline{/60°}$ A, $10.392\underline{/-90°}$ A, $10.392\underline{/150°}$ A, $10.392\underline{/30°}$ A。

12.5　平衡 Δ-Δ 連接 (Balanced Delta-Delta Connection)

一個平衡的 Δ-Δ 型系統是電源與負載皆為平衡 Δ-接的電路。

電源和負載可以皆為 Δ-接，如圖 12.17 所示，而目標是求解相電流和線電流。假設採用正相序，則 Δ-接電源的相電壓為

$$\mathbf{V}_{ab} = V_p\underline{/0°}$$
$$\mathbf{V}_{bc} = V_p\underline{/-120°}, \quad \mathbf{V}_{ca} = V_p\underline{/+120°} \tag{12.29}$$

線電壓等於相電壓。從圖 12.17，假設沒有線路阻抗，Δ-接電源的相電壓等於阻抗二端的電壓；即

$$\mathbf{V}_{ab} = \mathbf{V}_{AB}, \quad \mathbf{V}_{bc} = \mathbf{V}_{BC}, \quad \mathbf{V}_{ca} = \mathbf{V}_{CA} \tag{12.30}$$

因此，相電流為

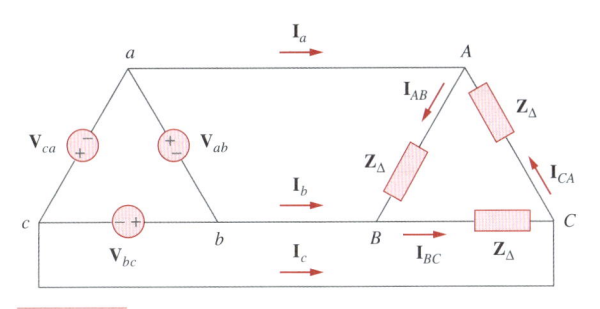

圖 12.17 平衡 Δ-Δ 連接

$$\mathbf{I}_{AB} = \frac{\mathbf{V}_{AB}}{\mathbf{Z}_\Delta} = \frac{\mathbf{V}_{ab}}{\mathbf{Z}_\Delta}, \qquad \mathbf{I}_{BC} = \frac{\mathbf{V}_{BC}}{\mathbf{Z}_\Delta} = \frac{\mathbf{V}_{bc}}{\mathbf{Z}_\Delta}$$
$$\mathbf{I}_{CA} = \frac{\mathbf{V}_{CA}}{\mathbf{Z}_\Delta} = \frac{\mathbf{V}_{ca}}{\mathbf{Z}_\Delta} \tag{12.31}$$

因為負載是 Δ-接正好與前一節一樣，所以前一節所推導的某些公式能應用於本節。如前一節的做法，利用在 A、B、C 節點應用 KCL 得到的相電流可求解線電流如下：

$$\mathbf{I}_a = \mathbf{I}_{AB} - \mathbf{I}_{CA}, \qquad \mathbf{I}_b = \mathbf{I}_{BC} - \mathbf{I}_{AB}, \qquad \mathbf{I}_c = \mathbf{I}_{CA} - \mathbf{I}_{BC} \tag{12.32}$$

而且，如前一節所示，每個線電流滯後它所對應的相電流 30°；所以，線電流 I_L 振幅為相電流 I_p 振幅的 $\sqrt{3}$ 倍，

$$I_L = \sqrt{3} I_p \tag{12.33}$$

分析 Δ-Δ 電路的另一個方法為將電源和負載轉換成對應的 Y 型等效電路。我們已經知道 $\mathbf{Z}_Y = \mathbf{Z}_\Delta/3$。而轉換 Δ-接電源到 Y-接電源的方法請參見下一節。

範例 12.4 一個阻抗為 $20 - j15\ \Omega$ 的平衡 Δ-接負載連接到 $\mathbf{V}_{ab} = 330\underline{/0°}$ V 的 Δ-接正相序發電機，試計算負載的相電流和線電流。

解： 每相的負載阻抗為

$$\mathbf{Z}_\Delta = 20 - j15 = 25\underline{/-36.87°}\ \Omega$$

因為 $\mathbf{V}_{AB} = \mathbf{V}_{ab}$，則相電流為

$$\mathbf{I}_{AB} = \frac{\mathbf{V}_{AB}}{\mathbf{Z}_\Delta} = \frac{330\underline{/0°}}{25\underline{/-36.87°}} = 13.2\underline{/36.87°}\ \text{A}$$
$$\mathbf{I}_{BC} = \mathbf{I}_{AB}\underline{/-120°} = 13.2\underline{/-83.13°}\ \text{A}$$
$$\mathbf{I}_{CA} = \mathbf{I}_{AB}\underline{/+120°} = 13.2\underline{/156.87°}\ \text{A}$$

對於 Δ 負載，線電流總是滯後對應的相電流 30°，而且振幅為相電流振幅的 $\sqrt{3}$ 倍。因此，線電流為

$$\mathbf{I}_a = \mathbf{I}_{AB}\sqrt{3}\underline{/-30°} = (13.2\underline{/36.87°})(\sqrt{3}\underline{/-30°})$$
$$= 22.86\underline{/6.87°} \text{ A}$$
$$\mathbf{I}_b = \mathbf{I}_a\underline{/-120°} = 22.86\underline{/-113.13°} \text{ A}$$
$$\mathbf{I}_c = \mathbf{I}_a\underline{/+120°} = 22.86\underline{/126.87°} \text{ A}$$

練習題 12.4 一個正相序、平衡 Δ-接電源供給一個平衡 Δ-接負載，如果負載每相的阻抗為 $18 + j12\ \Omega$ 且 $\mathbf{I}_a = 9.609\underline{/35°}$ A，試求 $\mathbf{I}_{AB}$ 和 $\mathbf{V}_{AB}$。

答：$5.548\underline{/65°}$ A, $120\underline{/98.69°}$ V。

12.6　平衡 Δ-Y 連接 (Balanced Delta-Wye Connection)

一個平衡的 Δ-Y 型系統是由一個平衡 Δ-接電源連接一平衡 Y-接負載之電路。

平衡 Δ-Y 型系統如圖 12.18 所示。假設為 *abc* 相序，則 Δ-接電源的相電壓為

$$\mathbf{V}_{ab} = V_p\underline{/0°}, \qquad \mathbf{V}_{bc} = V_p\underline{/-120°}$$
$$\mathbf{V}_{ca} = V_p\underline{/+120°} \tag{12.34}$$

上式的電壓也是線電壓和相電壓。

有許多方法可以求得線電流，其中一個方法是在圖 12.18 的 *aANBba* 迴路應用 KVL，得

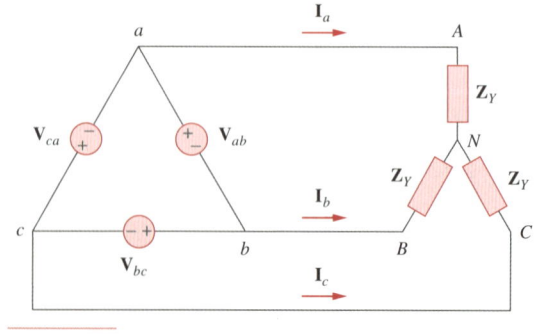

圖 12.18　平衡 Δ-Y 連接

$$-\mathbf{V}_{ab} + \mathbf{Z}_Y \mathbf{I}_a - \mathbf{Z}_Y \mathbf{I}_b = 0$$

或

$$\mathbf{Z}_Y(\mathbf{I}_a - \mathbf{I}_b) = \mathbf{V}_{ab} = V_p\underline{/0°}$$

因此，

$$\mathbf{I}_a - \mathbf{I}_b = \frac{V_p\underline{/0°}}{\mathbf{Z}_Y} \tag{12.35}$$

但是 $\mathbf{I}_b$ 滯後 $\mathbf{I}_a$ 120°，因為假設為 abc 相序；即 $\mathbf{I}_b = \mathbf{I}_a\underline{/-120°}$。因此，

$$\begin{aligned}\mathbf{I}_a - \mathbf{I}_b &= \mathbf{I}_a(1 - 1\underline{/-120°}) \\ &= \mathbf{I}_a\left(1 + \frac{1}{2} + j\frac{\sqrt{3}}{2}\right) = \mathbf{I}_a\sqrt{3}\underline{/30°}\end{aligned} \tag{12.36}$$

將 (12.36) 式代入 (12.35) 式得

$$\mathbf{I}_a = \frac{V_p/\sqrt{3}\underline{/-30°}}{\mathbf{Z}_Y} \tag{12.37}$$

有了 $\mathbf{I}_a$，再利用正相序，則可求得其他線路電流 $\mathbf{I}_b$ 和 $\mathbf{I}_c$，即 $\mathbf{I}_b = \mathbf{I}_a\underline{/-120°}$，$\mathbf{I}_c = \mathbf{I}_a\underline{/+120°}$。相電流等於線電流。

求解線電流的另一個方法是以等效的 Y-接電源取代 Δ-接電源，如圖 12.19 所示。在 12.3 節，介紹過 Y-接電源的線對線電壓領先其對應的相電壓 30°。因此，等效 Y-接電源的每相電壓等於它對應的 Δ-連接型線路電壓除以 $\sqrt{3}$、再將相位移動 −30°。因此，等效 Y-接電源的相電壓為

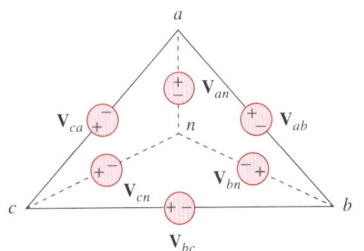

$$\mathbf{V}_{an} = \frac{V_p}{\sqrt{3}}\underline{/-30°}$$

$$\mathbf{V}_{bn} = \frac{V_p}{\sqrt{3}}\underline{/-150°}, \quad \mathbf{V}_{cn} = \frac{V_p}{\sqrt{3}}\underline{/+90°}$$

(12.38)

圖 12.19 轉換 Δ-接電源為等效 Y-接電源

根據 (9.69) 式，如果 Δ-接電源的每個相電源阻抗為 $\mathbf{Z}_s$，則等效 Y-接電源的每相電源阻抗為 $\mathbf{Z}_s/3$。

當電源被轉換成 Y 型，則電路變成 Y-Y 型系統。因此，可使用圖 12.20 所示的等效單相電路，求出 a 相的線路電流為

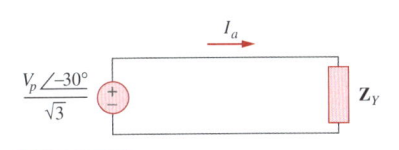

圖 12.20 單相等效電路

$$\mathbf{I}_a = \frac{V_p/\sqrt{3}\underline{/-30°}}{\mathbf{Z}_Y} \qquad (12.39)$$

上式與 (12.37) 式相同。

另外，可以將 Y-接負載轉換為等效 Δ-接負載。這將使電路變成 12.5 節分析的 Δ-Δ 型系統。可以注意到

$$\mathbf{V}_{AN} = \mathbf{I}_a\mathbf{Z}_Y = \frac{V_p}{\sqrt{3}}\underline{/-30°}$$
$$\mathbf{V}_{BN} = \mathbf{V}_{AN}\underline{/-120°}, \qquad \mathbf{V}_{CN} = \mathbf{V}_{AN}\underline{/+120°} \qquad (12.40)$$

如前所述，Δ-接負載比 Y-接負載更符合實際需要。當個別負載被連接到線路時，將更容易改變 Δ-接負載的任一相負載。但是，實際應用中很難使用 Δ-接電源，因為相電壓若有一點不平衡，將產生多餘的循環電流。

表 12.1 列出相位電流和電壓以及線路電流和電壓公式的匯總。不建議學生背

表 12.1 平衡三相系統相電壓/電流和線電壓/電流的匯總[1]

連接類型	相電壓/電流	線電壓/電流
Y-Y	$\mathbf{V}_{an} = V_p\underline{/0°}$ $\mathbf{V}_{bn} = V_p\underline{/-120°}$ $\mathbf{V}_{cn} = V_p\underline{/+120°}$ 相電流與線電流相同	$\mathbf{V}_{ab} = \sqrt{3}V_p\underline{/30°}$ $\mathbf{V}_{bc} = \mathbf{V}_{ab}\underline{/-120°}$ $\mathbf{V}_{ca} = \mathbf{V}_{ab}\underline{/+120°}$ $\mathbf{I}_a = \mathbf{V}_{an}/\mathbf{Z}_Y$ $\mathbf{I}_b = \mathbf{I}_a\underline{/-120°}$ $\mathbf{I}_c = \mathbf{I}_a\underline{/+120°}$
Y-Δ	$\mathbf{V}_{an} = V_p\underline{/0°}$ $\mathbf{V}_{bn} = V_p\underline{/-120°}$ $\mathbf{V}_{cn} = V_p\underline{/+120°}$ $\mathbf{I}_{AB} = \mathbf{V}_{AB}/\mathbf{Z}_\Delta$ $\mathbf{I}_{BC} = \mathbf{V}_{BC}/\mathbf{Z}_\Delta$ $\mathbf{I}_{CA} = \mathbf{V}_{CA}/\mathbf{Z}_\Delta$	$\mathbf{V}_{ab} = \mathbf{V}_{AB} = \sqrt{3}V_p\underline{/30°}$ $\mathbf{V}_{bc} = \mathbf{V}_{BC} = \mathbf{V}_{ab}\underline{/-120°}$ $\mathbf{V}_{ca} = \mathbf{V}_{CA} = \mathbf{V}_{ab}\underline{/+120°}$ $\mathbf{I}_a = \mathbf{I}_{AB}\sqrt{3}\underline{/-30°}$ $\mathbf{I}_b = \mathbf{I}_a\underline{/-120°}$ $\mathbf{I}_c = \mathbf{I}_a\underline{/+120°}$
Δ-Δ	$\mathbf{V}_{ab} = V_p\underline{/0°}$ $\mathbf{V}_{bc} = V_p\underline{/-120°}$ $\mathbf{V}_{ca} = V_p\underline{/+120°}$ $\mathbf{I}_{AB} = \mathbf{V}_{ab}/\mathbf{Z}_\Delta$ $\mathbf{I}_{BC} = \mathbf{V}_{bc}/\mathbf{Z}_\Delta$ $\mathbf{I}_{CA} = \mathbf{V}_{ca}/\mathbf{Z}_\Delta$	線電壓與相電壓相同 $\mathbf{I}_a = \mathbf{I}_{AB}\sqrt{3}\underline{/-30°}$ $\mathbf{I}_b = \mathbf{I}_a\underline{/-120°}$ $\mathbf{I}_c = \mathbf{I}_a\underline{/+120°}$
Δ-Y	$\mathbf{V}_{ab} = V_p\underline{/0°}$ $\mathbf{V}_{bc} = V_p\underline{/-120°}$ $\mathbf{V}_{ca} = V_p\underline{/+120°}$ 相電流與線電流相同	線電壓與相電壓相同 $\mathbf{I}_a = \dfrac{V_p\underline{/-30°}}{\sqrt{3}\mathbf{Z}_Y}$ $\mathbf{I}_b = \mathbf{I}_a\underline{/-120°}$ $\mathbf{I}_c = \mathbf{I}_a\underline{/+120°}$

[1] 假設是正相序或 abc 相序。

誦這些公式，而要理解它們是如何得到的。這些公式都可以直接應用 KCL 和 KVL 到適當的三相電路而得。

範例 12.5 一個相阻抗為 $40+j25$ Ω 的平衡 Y-接負載連接到 210 V 線電壓的平衡正相序 Δ-接電源，試計算相電流，使用 $\mathbf{V}_{ab}$ 當作參考電壓。

解： 負載阻抗為

$$\mathbf{Z}_Y = 40 + j25 = 47.17\underline{/32°} \ \Omega$$

且電源電壓為

$$\mathbf{V}_{ab} = 210\underline{/0°} \ \text{V}$$

當 Δ-接電源被轉換成 Y-接電源，則

$$\mathbf{V}_{an} = \frac{\mathbf{V}_{ab}}{\sqrt{3}}\underline{/-30°} = 121.2\underline{/-30°} \ \text{V}$$

線電流為

$$\mathbf{I}_a = \frac{\mathbf{V}_{an}}{\mathbf{Z}_Y} = \frac{121.2\underline{/-30°}}{47.12\underline{/32°}} = 2.57\underline{/-62°} \ \text{A}$$

$$\mathbf{I}_b = \mathbf{I}_a\underline{/-120°} = 2.57\underline{/-178°} \ \text{A}$$

$$\mathbf{I}_c = \mathbf{I}_a\underline{/120°} = 2.57\underline{/58°} \ \text{A}$$

相電流與線電流相同。

練習題 12.5 在平衡 Δ-Y 型電路中，$\mathbf{V}_{ab} = 240\underline{/15°}$ 與 $\mathbf{Z}_Y = (12+j15)$ Ω，試計算線電流。

答： $7.21\underline{/-66.34°}$ A, $7.21\underline{/+173.66°}$ A, $7.21\underline{/53.66°}$ A.

12.7 平衡系統的功率

接下來介紹在平衡三相系統中的功率。首先計算負載吸收的瞬時功率，這個需要在時域中進行分析。對於 Y-接負載的相電壓為

$$v_{AN} = \sqrt{2}V_p \cos\omega t, \quad v_{BN} = \sqrt{2}V_p \cos(\omega t - 120°)$$
$$v_{CN} = \sqrt{2}V_p \cos(\omega t + 120°) \tag{12.41}$$

其中需要 $\sqrt{2}$ 因數，因為 V_p 被定義為相電壓的 rms 值。如果 $\mathbf{Z}_Y = Z\underline{/\theta}$，則相電

流滯後它所對應的相電壓 θ 角度。因此，

$$i_a = \sqrt{2}I_p \cos(\omega t - \theta), \quad i_b = \sqrt{2}I_p \cos(\omega t - \theta - 120°)$$
$$i_c = \sqrt{2}I_p \cos(\omega t - \theta + 120°) \tag{12.42}$$

其中 I_p 是相電流的 rms 值。負載的總瞬間功率為三個相位瞬間功率的總和；即

$$\begin{aligned} p &= p_a + p_b + p_c = v_{AN}i_a + v_{BN}i_b + v_{CN}i_c \\ &= 2V_pI_p[\cos \omega t \cos(\omega t - \theta) \\ &\quad + \cos(\omega t - 120°) \cos(\omega t - \theta - 120°) \\ &\quad + \cos(\omega t + 120°) \cos(\omega t - \theta + 120°)] \end{aligned} \tag{12.43}$$

應用三角恆等式，

$$\cos A \cos B = \frac{1}{2}[\cos(A + B) + \cos(A - B)] \tag{12.44}$$

得

$$\begin{aligned} p &= V_pI_p[3\cos\theta + \cos(2\omega t - \theta) + \cos(2\omega t - \theta - 240°) \\ &\quad + \cos(2\omega t - \theta + 240°)] \\ &= V_pI_p[3\cos\theta + \cos\alpha + \cos\alpha \cos 240° + \sin\alpha \sin 240° \\ &\quad + \cos\alpha \cos 240° - \sin\alpha \sin 240°] \\ &\quad \text{其中，} \alpha = 2\omega t - \theta \\ &= V_pI_p\left[3\cos\theta + \cos\alpha + 2\left(-\frac{1}{2}\right)\cos\alpha\right] = 3V_pI_p\cos\theta \end{aligned} \tag{12.45}$$

因此平衡三相系統的總瞬間功率是固定值——因為各相的瞬間功率相同，所以總瞬間功率不隨時間改變。不論負載為 Y-接或 Δ-接，這結果都成立，所以這是使用三相系統來發電和配電的重要原因之一。另一項原因將在稍後介紹。

因為總瞬間功率與時間無關，所以對於 Δ-接負載或 Y-接負載的每相 P_p 的平均功率是 $p/3$，或

$$P_p = V_pI_p \cos\theta \tag{12.46}$$

且每相的虛功率為

$$Q_p = V_pI_p \sin\theta \tag{12.47}$$

每相的視在功率為

$$S_p = V_pI_p \tag{12.48}$$

每相的複數功率為

$$\mathbf{S}_p = P_p + jQ_p = \mathbf{V}_p \mathbf{I}_p^* \tag{12.49}$$

其中 $\mathbf{V}_p$ 和 $\mathbf{I}_p$ 分別為振幅 V_p 和 I_p 的相電壓和相電流。總平均功率為每相平均功率的總和：

$$P = P_a + P_b + P_c = 3P_p = 3V_p I_p \cos\theta = \sqrt{3} V_L I_L \cos\theta \tag{12.50}$$

對於 Y-接負載，$I_L = I_p$ 但 $V_L = \sqrt{3} V_p$，而對於 Δ-接負載，$I_L = \sqrt{3} I_p$ 但 $V_L = V_p$。因此，(12.50) 式適用於 Y-接負載和 Δ-接負載。同理，總虛功率為

$$Q = 3V_p I_p \sin\theta = 3Q_p = \sqrt{3} V_L I_L \sin\theta \tag{12.51}$$

且總複數功率為

$$\boxed{\mathbf{S} = 3\mathbf{S}_p = 3\mathbf{V}_p \mathbf{I}_p^* = 3 I_p^2 \mathbf{Z}_p = \frac{3V_p^2}{\mathbf{Z}_p^*}} \tag{12.52}$$

其中 $\mathbf{Z}_p = Z_p\underline{/\theta}$ 是每相的負載阻抗。($\mathbf{Z}_p$ 可以是 $\mathbf{Z}_Y$ 或 $\mathbf{Z}_\Delta$。) 另外，(12.52) 式可寫成

$$\boxed{\mathbf{S} = P + jQ = \sqrt{3} V_L I_L \underline{/\theta}} \tag{12.53}$$

請記住，V_p、I_p、V_L 和 I_L 都是 rms 值，而且 θ 是負載阻抗的角度或相電壓與相電流之間的角度。

對於功率分配的三相系統的第二個主要優點是在相同線路電壓 V_L 和相同吸收功率 P_L 下，三相系統使用的導線比單相系統使用的導線少。下面將比較這些情況，並且假設二種情況都使用相同長度 ℓ 和相同材質的導線 (例如，電阻值為 ρ 的銅)，而且負載是電阻性 (即功率因數為 1)。對於圖 12.21(a) 的二線式單相系統，$I_L = P_L / V_L$，所以二條導線的功率損耗為

$$P_{\text{loss}} = 2 I_L^2 R = 2R \frac{P_L^2}{V_L^2} \tag{12.54}$$

對於圖 12.21(b) 的三線三相式系統，從 (12.50) 式得 $I_L' = |\mathbf{I}_a| = |\mathbf{I}_b| = |\mathbf{I}_c| = P_L / \sqrt{3} V_L$。則三條導線的功率損耗為

$$P_{\text{loss}}' = 3(I_L')^2 R' = 3R' \frac{P_L^2}{3V_L^2} = R' \frac{P_L^2}{V_L^2} \tag{12.55}$$

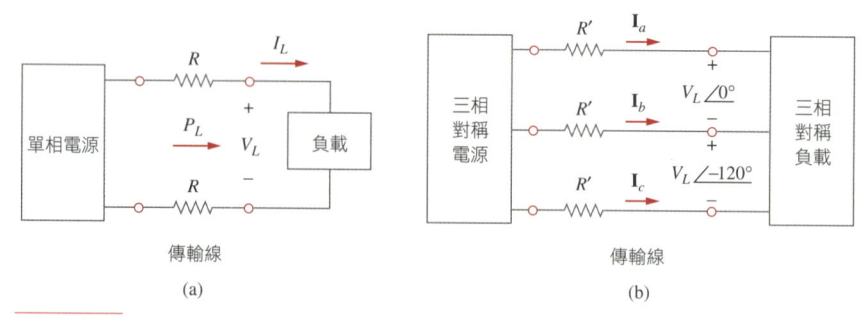

圖 12.21 在 (a) 單相系統，(b) 三相系統中功率損耗的比較

(12.54) 式和 (12.55) 式證明對於傳送相同總功率 P_L 和相同的線路電壓 V_L，則

$$\frac{P_{\text{loss}}}{P'_{\text{loss}}} = \frac{2R}{R'} \tag{12.56}$$

但是從第 2 章，$R = \rho\ell/\pi r^2$ 和 $R' = \rho\ell/\pi r'^2$，其中 r 和 r' 是導線的半徑。因此，

$$\frac{P_{\text{loss}}}{P'_{\text{loss}}} = \frac{2r'^2}{r^2} \tag{12.57}$$

如果在二個系統的功率損耗相同，則 $r^2 = 2r'^2$。所需的材料比例是由導線的數量和其體積來決定，且因為 $r^2 = 2r'^2$，所以

$$\frac{\text{單相系統的材料}}{\text{三相系統的材料}} = \frac{2(\pi r^2 \ell)}{3(\pi r'^2 \ell)} = \frac{2r^2}{3r'^2} = \frac{2}{3}(2) = 1.333 \tag{12.58}$$

(12.58) 式證明單相系統比三相系統多使用 33% 的材料，或者三相系統只用了等效單相系統 75% 的材料。換句話說，在傳送相同功率時，三相系統所需要的材料比單相系統少很多。

範例 12.6 參見範例 12.2 中圖 12.13 的電路，試計算電源和負載的總平均功率、虛功率和複數功率。

解： 因為系統是平衡的，所以只考慮單一個相即可。對於 a 相，

$$\mathbf{V}_p = 110\underline{/0°} \text{ V} \quad \text{和} \quad \mathbf{I}_p = 6.81\underline{/-21.8°} \text{ A}$$

因此，電源所吸收的複數功率為

$$\mathbf{S}_s = -3\mathbf{V}_p\mathbf{I}_p^* = -3(110\underline{/0°})(6.81\underline{/21.8°})$$
$$= -2247\underline{/21.8°} = -(2087 + j834.6) \text{ VA}$$

電源所吸收的實功率或平均功率為 -2087 W 且虛功率為 -834.6 VAR。

負載所吸收的複數功率為

$$\mathbf{S}_L = 3|\mathbf{I}_p|^2 \mathbf{Z}_p$$

其中 $\mathbf{Z}_p = 10 + j8 = 12.81\underline{/38.66°}$ 且 $\mathbf{I}_p = \mathbf{I}_a = 6.81\underline{/-21.8°}$。因此，

$$\mathbf{S}_L = 3(6.81)^2 12.81\underline{/38.66°} = 1782\underline{/38.66}$$
$$= (1392 + j1113) \text{ VA}$$

負載吸收的實功率為 1391.7 W 且吸收的虛功率為 1113.3 VAR。在二個複數功率之間的差被 $(5-j2)$ Ω 的線路阻抗所吸收。要證明這種情況，則先求線路所吸收的複數功率為

$$\mathbf{S}_\ell = 3|\mathbf{I}_p|^2 \mathbf{Z}_\ell = 3(6.81)^2(5-j2) = 695.6 - j278.3 \text{ VA}$$

上式正好是 $\mathbf{S}_s$ 和 $\mathbf{S}_L$ 之間的差；即 $\mathbf{S}_s + \mathbf{S}_\ell + \mathbf{S}_L = 0$。

練習題 12.6 參見練習題 12.2 的 Y-Y 型電路，試計算電源和負載的複數功率。

答：$-(1054.2 + j843.3)$ VA, $(1012 + j801.6)$ VA.

範例 12.7 一個三相馬達可視為一個平衡 Y-型負載。當線電壓為 220 V 且線電流為 18.2 A 時，某三相馬達吸收 5.6 kW，試計算該馬達的功率因數。

解：視在功率為

$$S = \sqrt{3} V_L I_L = \sqrt{3}(220)(18.2) = 6935.13 \text{ VA}$$

因為實功率為

$$P = S \cos\theta = 5600 \text{ W}$$

所以功率因數為

$$\text{pf} = \cos\theta = \frac{P}{S} = \frac{5600}{6935.13} = 0.8075$$

練習題 12.7 一個 30 kW 的三相馬達，功率因數為 0.85 滯後。如果該馬達連接到一個線電壓為 440 V 的平衡電源，試計算該馬達所需的線電流。

答：46.31 A.

範例 12.8 二個平衡負載被連接到 240 kV rms、60 Hz 的傳輸線，如圖 12.22(a) 所示。負載 1 在 0.6 滯後的功率因數下吸收 30 kW，而負載 2 在 0.8 滯後的功率因數下吸收 45 kVAR。假設為 *abc* 相序，試計算：(a) 結合負載所吸收的複數功率、實功率和虛功率，(b) 線電流，(c) 提供功率因數到 0.9 滯後時，與負載並聯的三個 Δ-接電容的 kVAR 額定值，以及每個電容的值。

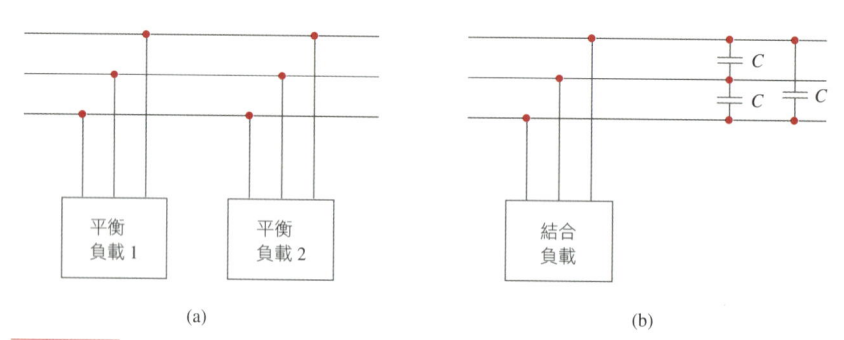

圖 12.22 範例 12.8 的原理圖：(a) 原來的平衡負載，(b) 改進功率因數的結合負載

解： (a) 對於負載 1，已知 $P_1 = 30$ kW 且 $\cos\theta_1 = 0.6$，則 $\sin\theta_1 = 0.8$。因此，

$$S_1 = \frac{P_1}{\cos\theta_1} = \frac{30 \text{ kW}}{0.6} = 50 \text{ kVA}$$

且 $Q_1 = S_1 \sin\theta_1 = 50(0.8) = 40$ kVAR。因此，負載 1 的複數功率為

$$\mathbf{S}_1 = P_1 + jQ_1 = 30 + j40 \text{ kVA} \tag{12.8.1}$$

對於負載 2，如果 $Q_2 = 45$ kVAR 且 $\cos\theta_2 = 0.8$，則 $\sin\theta_2 = 0.6$。因此，得

$$S_2 = \frac{Q_2}{\sin\theta_2} = \frac{45 \text{ kVA}}{0.6} = 75 \text{ kVA}$$

且 $P_2 = S_2 \cos\theta_2$ 75(0.8) = 60 kW。因此，負載 2 的複數功率為

$$\mathbf{S}_2 = P_2 + jQ_2 = 60 + j45 \text{ kVA} \tag{12.8.2}$$

從 (12.8.1) 式和 (12.8.2) 式，負載所吸收的總複數功率為

$$\mathbf{S} = \mathbf{S}_1 + \mathbf{S}_2 = 90 + j85 \text{ kVA} = 123.8 \underline{/43.36°} \text{ kVA} \tag{12.8.3}$$

它有 $\cos 43.36° = 0.727$ 滯後的功率因數。實功率為 90 kW，而虛功率為 85 kVAR。假設負載是 Δ-接，用相電壓處理，將有助於計算，亦即 $V_{AN} = (240/\sqrt{3})$ kV 的大小。

(b) 因為 $S = 3\left((240 \text{ kV}/\sqrt{3})I_L\right) = \sqrt{3}(240 \text{ kV})I_L$，所以線電流為

$$I_L = \frac{S}{\sqrt{3}(240{,}000)}$$

將上式應用到每個負載，記住對於二個負載的電壓大小皆為 $(240/\sqrt{3})$ kV。對於負載 1，

$$I_{L1} = \frac{50,000}{\sqrt{3}\,240,000} = 120.28 \text{ mA} \tag{12.8.4}$$

因為功率因數為滯後，所以線電流滯後線路電壓 $\theta_1 = \cos^{-1} 0.6 = 53.13°$。因此，

$$\mathbf{I}_{a1} = 120.28\underline{/-53.13°}$$

對於負載 2，

$$I_{L2} = \frac{75,000}{\sqrt{3}\,240,000} = 180.42 \text{ mA}$$

且線電流滯後線路電壓 $\theta_2 = \cos^{-1} 0.8 = 36.87°$。因此，

$$\mathbf{I}_{a2} = 180.42\underline{/-36.87°}$$

總線電流為

$$\begin{aligned}\mathbf{I}_a = \mathbf{I}_{a1} + \mathbf{I}_{a2} &= 120.28\underline{/-53.13°} + 180.42\underline{/-36.87°} \\ &= (72.168 - j96.224) + (144.336 - j108.252) \\ &= 216.5 - j204.472 = 297.8\underline{/-43.36°} \text{ mA}\end{aligned}$$

另外，利用 (12.8.4) 式從總複數功率求得電流為

$$I_L = \frac{123,800}{\sqrt{3}\,240,000} = 297.82 \text{ mA}$$

且

$$\mathbf{I}_a = 297.82\underline{/-43.36°} \text{ mA}$$

這與前面的結果相同。其他的線電流 $\mathbf{I}_{b2}$ 和 $\mathbf{I}_{ca}$ 則可以根據 abc 相序求得 (即 $\mathbf{I}_b = 297.82\underline{/-163.36°}$ mA 和 $297.82\underline{/76.64°}$ mA)。

(c) 要將功率因數提高到 0.9 滯後，可以從 (11.59) 式求出所需要的虛功率，

$$Q_C = P(\tan\theta_{\text{old}} - \tan\theta_{\text{new}})$$

其中 $P = 90$ kW、$\theta_{\text{old}} = 43.36°$ 且 $\theta_{\text{new}} = \cos^{-1} 0.9 = 25.84°$。因此，

$$Q_C = 90,000(\tan 43.36° - \tan 25.84°) = 41.4 \text{ kVAR}$$

這是三個電容的虛功率。對於每個電容的額定功率 $Q'_C = 13.8$ kVAR。從 (11.60) 式，可得所需的電容值為

$$C = \frac{Q'_C}{\omega V_{\text{rms}}^2}$$

因為電容為 Δ-接，如圖 12.22(b) 所示，所以上式的 V_{rms} 為線對線的電壓 240 kV。因此，

$$C = \frac{13{,}800}{(2\pi 60)(240{,}000)^2} = 635.5 \text{ pF}$$

> **練習題 12.8** 假設如圖 12.22(a) 所示的二個平衡負載連接到 840 V rms、60 Hz 的傳輸線。負載 1 為 Y-接且每相阻抗為 $30 + j40\ \Omega$，而負載 2 為三相馬達且在 0.8 滯後的功率因數下吸收 48 kW。假設為 *abc* 相序。試計算：(a) 結合負載所吸收的複數功率，(b) 要提升功率因數到 1，則與負載並聯的三個 Δ-接電容器的每個電容的 kVAR 額定值，(c) 在功率因數 1 的情況下負載從電源吸收的電流。
>
> **答：**(a) $56.47 + j47.29$ kVA, (b) 15.76 kVAR, (c) 38.81 A.

12.8 †不平衡三相系統 (Unbalanced Three-Phase Systems)

若不介紹不平衡三相系統，本章就顯得不完整。有二種情況可能會造成不平衡系統：(1) 電源大小不相等，或者相位差不相等，(2) 負載阻抗不相等。因此，

不平衡系統是由不平衡電壓或非平衡負載形成的。

為了簡化分析，假設電源電壓是平衡的，而負載是非平衡的。

直接應用網目和節點分析可解不平衡三相系統。圖 12.23 顯示由平衡電壓源 (並未顯示在圖 12.23 中) 和不平衡 Y-接負載 (顯示在圖 12.23 中) 組成的不平衡三相系統的範例。因為負載不平衡，所以 $\mathbf{Z}_A$、$\mathbf{Z}_B$ 和 $\mathbf{Z}_C$ 是不相等的。由歐姆定律可得線電流如下：

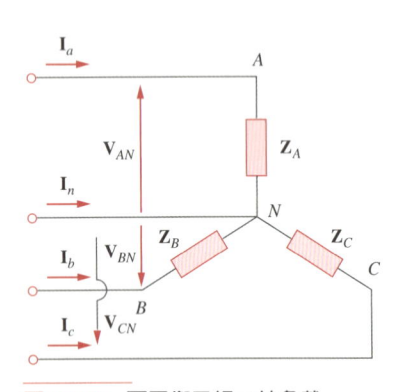

圖 12.23 不平衡三相 Y-接負載

處理不平衡三相系統的專門技術是平衡元件法，但這方法已超出本書的討論範圍。

$$\mathbf{I}_a = \frac{\mathbf{V}_{AN}}{\mathbf{Z}_A}, \qquad \mathbf{I}_b = \frac{\mathbf{V}_{BN}}{\mathbf{Z}_B}, \qquad \mathbf{I}_c = \frac{\mathbf{V}_{CN}}{\mathbf{Z}_C} \qquad (12.59)$$

平衡系統的中線電流為零，而不平衡線電流組會在中線產生電流。因此，在節點 *N* 應用 KCL 可得中線電流如下：

$$\mathbf{I}_n = -(\mathbf{I}_a + \mathbf{I}_b + \mathbf{I}_c) \tag{12.60}$$

在沒有中線的三線系統中，仍然可以使用網目分析法求解線電流 $\mathbf{I}_a$、$\mathbf{I}_b$ 和 $\mathbf{I}_c$。在這種情況下，節點 N 必須滿足 KCL，所以 $\mathbf{I}_a + \mathbf{I}_b + \mathbf{I}_c = 0$。也可使用相同方法分析不平衡 Δ-Y 型、Y-Δ 型和 Δ-Δ 型三線系統。如前所述，在長距離功率傳輸中，須採用三的倍數的導體 (多個三線系統)，且地球本身可作為中線導體。

要計算不平衡三相系統的功率，需先使用 (12.46) 式到 (12.49) 式求得每相的功率。總功率不等於其中單相功率的三倍，但等於三相功率之和。

範例 12.9 圖 12.23 的不平衡 Y-型負載有 100 V 的平衡電壓和 acb 相序。假設 $Z_A = 15\ \Omega$、$Z_B = 10 + j5\ \Omega$、$Z_C = 6 - j8\ \Omega$，試計算線路電流和中線電流。

解： 利用 (12.59) 式，可得線電流為

$$\mathbf{I}_a = \frac{100\underline{/0°}}{15} = 6.67\underline{/0°}\ \text{A}$$

$$\mathbf{I}_b = \frac{100\underline{/120°}}{10 + j5} = \frac{100\underline{/120°}}{11.18\underline{/26.56°}} = 8.94\underline{/93.44°}\ \text{A}$$

$$\mathbf{I}_c = \frac{100\underline{/-120°}}{6 - j8} = \frac{100\underline{/-120°}}{10\underline{/-53.13°}} = 10\underline{/-66.87°}\ \text{A}$$

利用 (12.60) 式，可得中線電流為

$$\mathbf{I}_n = -(\mathbf{I}_a + \mathbf{I}_b + \mathbf{I}_c) = -(6.67 - 0.54 + j8.92 + 3.93 - j9.2)$$
$$= -10.06 + j0.28 = 10.06\underline{/178.4°}\ \text{A}$$

練習題 12.9 圖 12.24 的不平衡 Δ-接負載是由 440 V 正相序的平衡線對線電壓供電。假設 $\mathbf{V}_{ab}$ 為參考電壓，試求線電流。

答： $39.71\underline{/-41.06°}$ A, $64.12\underline{/-139.8°}$ A, $70.13\underline{/74.27°}$ A.

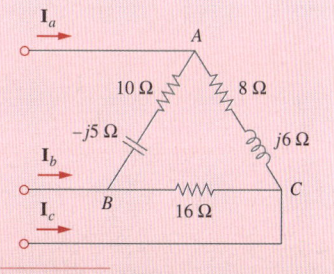

圖 12.24 練習題 12.9 的不平衡 Δ-接負載

範例 12.10 在圖 12.25 的不平衡電路中，試求：(a) 線電流，(b) 負載所吸收的總複數功率，(c) 電源所吸收的總複數功率。

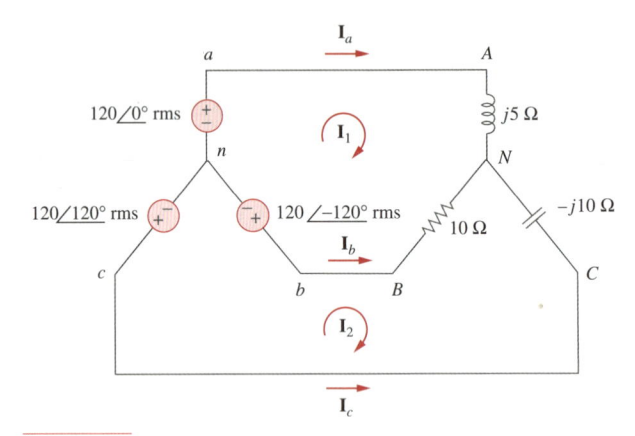

圖 12.25 範例 12.10 的不平衡電路

解： (a) 利用網目分析求所需的電流，對網目 1 而言，

$$120\angle{-120°} - 120\angle{0°} + (10 + j5)\mathbf{I}_1 - 10\mathbf{I}_2 = 0$$

或

$$(10 + j5)\mathbf{I}_1 - 10\mathbf{I}_2 = 120\sqrt{3}\angle{30°} \qquad (12.10.1)$$

對於網目 2 而言，

$$120\angle{120°} - 120\angle{-120°} + (10 - j10)\mathbf{I}_2 - 10\mathbf{I}_1 = 0$$

或

$$-10\mathbf{I}_1 + (10 - j10)\mathbf{I}_2 = 120\sqrt{3}\angle{-90°} \qquad (12.10.2)$$

(12.10.1) 式和 (12.10.2) 式的矩陣形式如下：

$$\begin{bmatrix} 10 + j5 & -10 \\ -10 & 10 - j10 \end{bmatrix} \begin{bmatrix} \mathbf{I}_1 \\ \mathbf{I}_2 \end{bmatrix} = \begin{bmatrix} 120\sqrt{3}\angle{30°} \\ 120\sqrt{3}\angle{-90°} \end{bmatrix}$$

行列式值為

$$\Delta = \begin{vmatrix} 10 + j5 & -10 \\ -10 & 10 - j10 \end{vmatrix} = 50 - j50 = 70.71\angle{-45°}$$

$$\Delta_1 = \begin{vmatrix} 120\sqrt{3}\angle{30°} & -10 \\ 120\sqrt{3}\angle{-90°} & 10 - j10 \end{vmatrix} = 207.85(13.66 - j13.66)$$

$$= 4015\angle{-45°}$$

$$\Delta_2 = \begin{vmatrix} 10 + j5 & 120\sqrt{3}\underline{/30°} \\ -10 & 120\sqrt{3}\underline{/-90°} \end{vmatrix} = 207.85(13.66 - j5)$$

$$= 3023.4\underline{/-20.1°}$$

網目電流為

$$\mathbf{I}_1 = \frac{\Delta_1}{\Delta} = \frac{4015.23\underline{/-45°}}{70.71\underline{/-45°}} = 56.78 \text{ A}$$

$$\mathbf{I}_2 = \frac{\Delta_2}{\Delta} = \frac{3023.4\underline{/-20.1°}}{70.71\underline{/-45°}} = 42.75\underline{/24.9°} \text{ A}$$

線電流為

$$\mathbf{I}_a = \mathbf{I}_1 = 56.78 \text{ A}, \quad \mathbf{I}_c = -\mathbf{I}_2 = 42.75\underline{/-155.1°} \text{ A}$$

$$\mathbf{I}_b = \mathbf{I}_2 - \mathbf{I}_1 = 38.78 + j18 - 56.78 = 25.46\underline{/135°} \text{ A}$$

(b) 接下來計算負載所吸收的複數功率，對於 A 相而言，

$$\mathbf{S}_A = |\mathbf{I}_a|^2\mathbf{Z}_A = (56.78)^2(j5) = j16,120 \text{ VA}$$

對於 B 相而言，

$$\mathbf{S}_B = |\mathbf{I}_b|^2\mathbf{Z}_B = (25.46)^2(10) = 6480 \text{ VA}$$

對於 C 相而言，

$$\mathbf{S}_C = |\mathbf{I}_c|^2\mathbf{Z}_C = (42.75)^2(-j10) = -j18,276 \text{ VA}$$

負載吸收的總複數功率為

$$\mathbf{S}_L = \mathbf{S}_A + \mathbf{S}_B + \mathbf{S}_C = 6480 - j2156 \text{ VA}$$

(c) 利用求解電源吸收的功率來驗證上述的結果。在 a 相的電壓源，

$$\mathbf{S}_a = -\mathbf{V}_{an}\mathbf{I}_a^* = -(120\underline{/0°})(56.78) = -6813.6 \text{ VA}$$

在 b 相的電壓源，

$$\mathbf{S}_b = -\mathbf{V}_{bn}\mathbf{I}_b^* = -(120\underline{/-120°})(25.46\underline{/-135°})$$
$$= -3055.2\underline{/105°} = 790 - j2951.1 \text{ VA}$$

在 c 相的電壓源，

$$\mathbf{S}_c = -\mathbf{V}_{bn}\mathbf{I}_c^* = -(120\underline{/120°})(42.75\underline{/155.1°})$$
$$= -5130\underline{/275.1°} = -456.03 + j5109.7 \text{ VA}$$

三相電源所吸收的總複數功率為

$$S_s = S_a + S_b + S_c = -6480 + j2156 \text{ VA}$$

因此，$S_s + S_L = 0$ 且證實功率守恆原理。

練習題 12.10 試求圖 12.26 不平衡三相電路的線電流和負載吸收的實功率。

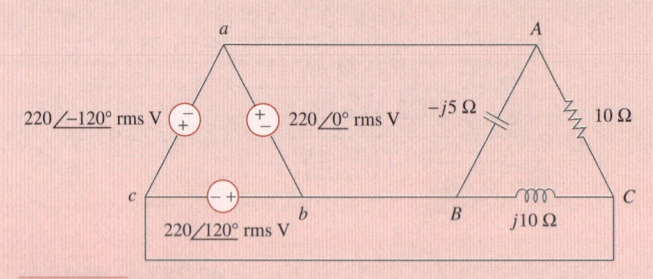

圖 12.26 練習題 12.10 的不對稱 Δ-接負載

答：$64\angle 80.1°$ A, $38.1\angle -60°$ A, $42.5\angle 225°$ A, 4.84 kW.

12.9 三相電路的 PSpice 分析

PSpice 用於分析單相電路的方法，也可用來分析三相平衡或不平衡電路。但是，PSpice 分析 Δ-接電源存在二種主要問題。第一，Δ-接電源是一個電壓源的迴路——這是 PSpice 不能分析的形式。為了避免這個問題，插入可忽略的電阻 (例如，每相 1 μΩ) 到 Δ 接電源的每一相。第二，Δ-接電源無法提供方便接地的節點，但這是執行 PSpice 所必須的。這個問題可以在 Δ-接電源中，插入平衡式 Y-接大電阻 (例如，每相 1 MΩ) 來消除，所以 Y-接電阻的中心點可當作接地節點 0。範例 12.12 將詳細說明。

範例 12.11 在圖 12.27 的平衡 Y-Δ 電路中，假設電源頻率為 60 Hz，利用 PSpice 求線電流 I_{aA}、相電壓 V_{AB} 和相電流 I_{AC}。

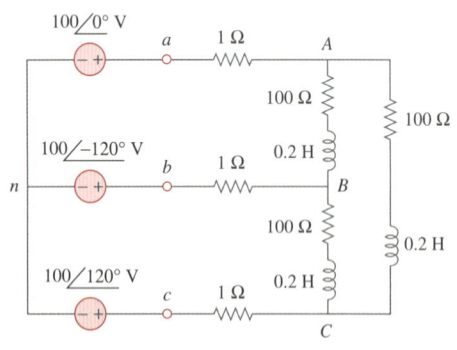

圖 12.27 範例 12.11 的電路

解：PSpice 原理圖顯示於圖 12.28 中。插入虛擬元件 IPRINT 到適當的線路以求解 I_{aA} 和 I_{AC}，而插入 VPRINT2 到節點 A 和 B 之間以顯示電壓差 V_{AB}。設定 IPRINT 和 VPRINT2 的屬性 *AC = yes*、*MAG = yes*、*PHASE = yes*，以顯示電流和電壓的振幅和相位。當分析單一頻率時，選擇 **Analysis/Setup/AC Sweep** 選項，然後輸入 *Total Pts = 1*、*Start Freq = 60* 和 *Final Freq = 60*。儲存電路後，選擇 **Analysis/Simulate** 選項

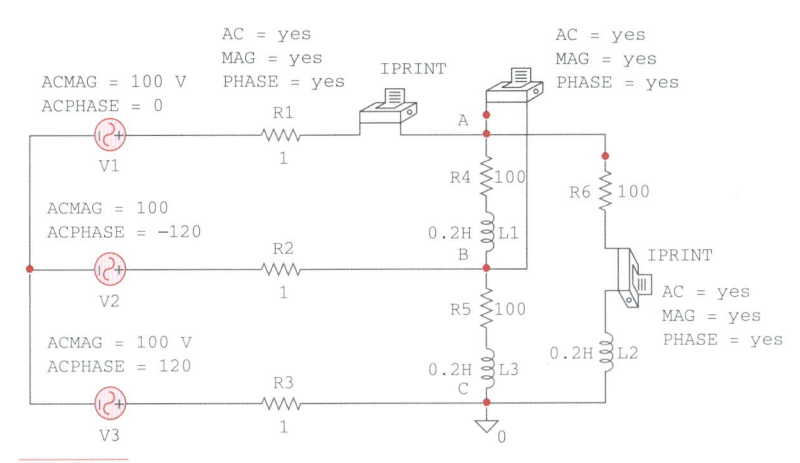

圖 12.28 圖 12.27 的電路原理圖

進行模擬。則輸出檔案包含下面訊息：

```
FREQ            V(A,B)          VP(A,B)
6.000E+01       1.699E+02       3.081E+01

FREQ            IM(V_PRINT2)    IP(V_PRINT2)
6.000E+01       2.350E+00       -3.620E+01

FREQ            IM(V_PRINT3)    IP(V_PRINT3)
6.000E+01       1.357E+00       -6.620E+01
```

由此可得

$$\mathbf{I}_{aA} = 2.35 \underline{/-36.2°}\ \text{A}$$
$$\mathbf{V}_{AB} = 169.9 \underline{/30.81°}\ \text{V}, \quad \mathbf{I}_{AC} = 1.357 \underline{/-66.2°}\ \text{A}$$

練習題 12.11 在圖 12.29 所示平衡 Y-Y 電路中，假設 $f = 100$ Hz，利用 PSpice 求線電流 $\mathbf{I}_{bB}$、相電壓 $\mathbf{V}_{AN}$。

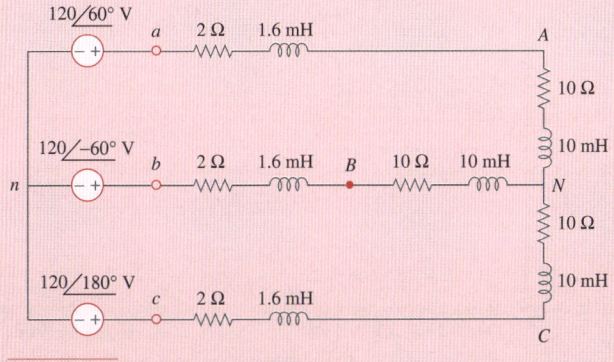

圖 12.29 練習題 12.11 的電路

答：$100.9 \underline{/60.87°}$ V, $8.547 \underline{/-91.27°}$ A.

範例 12.12 在圖 12.30 的不平衡 Δ-Δ 電路中，利用 PSpice 求發電機相電流 **I**$_{ab}$、線電流 **I**$_{bB}$ 和相電流 **I**$_{BC}$。

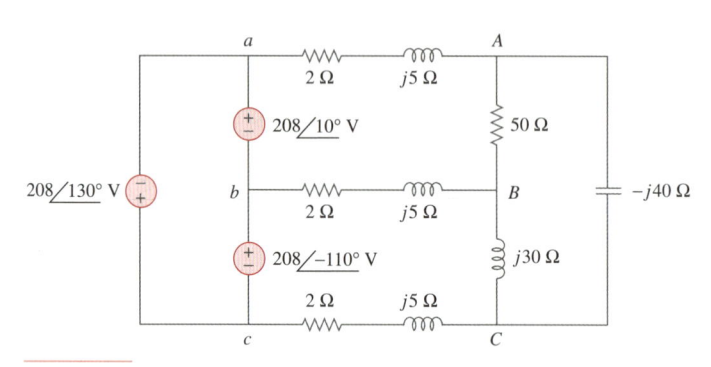

圖 12.30 範例 12.12 的電路

解：

1. **定義**：本問題和求解過程都已清楚定義。

2. **表達**：本題要求發電機從 a 流向 b 的電流、線路從 b 流向 B 的電流，以及相位從 B 流向 C 的電流。

3. **選擇**：雖然有不同的方法來求解這個問題，但本題要求使用 PSpice 解題。因此，我們將不會使用其他方法。

4. **嘗試**：如上所述，為了避免電壓源的迴路問題，插入 1 μΩ 串聯電阻器到 Δ-接電源。為了提供接地節點 0，插入平衡 Y-接電阻器 (每相 1 MΩ) 到 Δ-接電源中，如圖 12.31 所示的原理圖。插入三個 IPRINT 虛擬元件和它們的屬性到可以獲得所需電流 **I**$_{ab}$、**I**$_{bB}$、**I**$_{BC}$ 的位置。因為工作頻率未知，而且應該指定電感值和電容

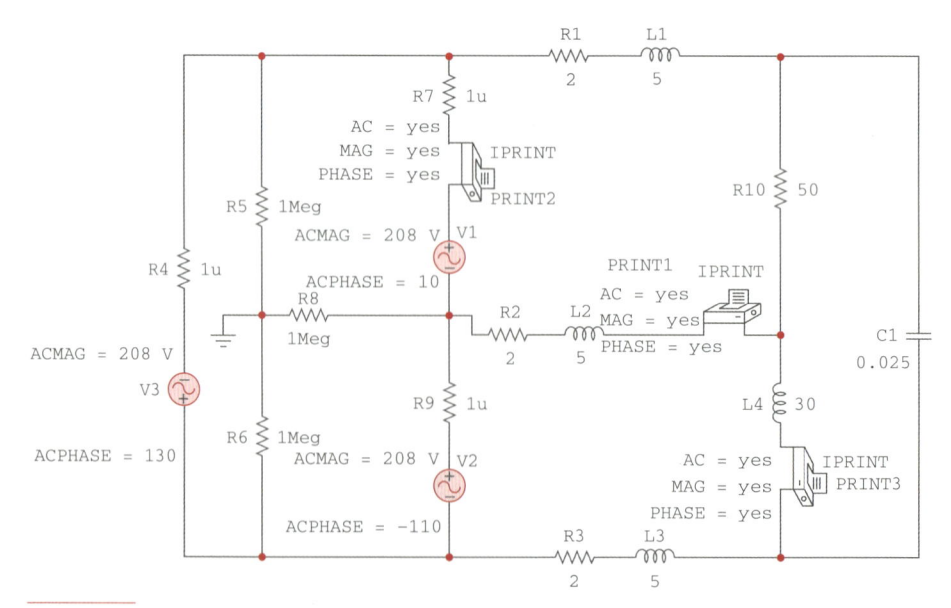

圖 12.31 圖 12.30 的電路原理圖

值。假設 $\omega = 1$ rad/s，因此 $f = 1/2\pi = 0.159155$ Hz。所以，

$$L = \frac{X_L}{\omega} \quad 和 \quad C = \frac{1}{\omega X_C}$$

選擇 **Analysis/Setup/AC Sweep** 選項，然後輸入 *Total Pts* = 1、*Start Freq* = 0.159155 和 *Final Freq* = 0.159155。儲存電路後，選擇 **Analysis/Simulate** 選項進行模擬，則輸出檔案包含下面訊息：

```
FREQ         IM(V_PRINT1)    IP(V_PRINT1)
1.592E-01    9.106E+00       1.685E+02

FREQ         IM(V_PRINT2)    IP(V_PRINT2)
1.592E-01    5.959E+00       -1.772E+02

FREQ         IM(V_PRINT3)    IP(V_PRINT3)
1.592E-01    5.500E+00       1.725E+02
```

由此可得

$I_{ab} = \mathbf{5.595\angle -177.2°}$ A、$I_{bB} = \mathbf{9.106\angle 168.5°}$ A 和 $I_{BC} = \mathbf{5.5\angle 172.5°}$ A

5. **驗證**：可使用網目分析法驗證上述結果。令迴路 1 為 $aABb$、迴路 2 為 $bBCc$ 和迴路 3 為 ACB，且這三個迴路電流方向皆為順時針。然後可得下列迴路方程式：

迴路 1，

$$(54 + j10)I_1 - (2 + j5)I_2 - (50)I_3 = 208\angle 10° = 204.8 + j36.12$$

迴路 2，

$$-(2 + j5)I_1 + (4 + j40)I_2 - (j30)I_3 = 208\angle -110° = -71.14 - j195.46$$

迴路 3，

$$-(50)I_1 - (j30)I_2 + (50 - j10)I_3 = 0$$

使用 MATLAB 求解得

```
>>Z=[(54+10i),(-2-5i),-50;(-2-5i),(4+40i),
-30i;-50,-30i,(50-10i)]

Z=
54.0000+10.0000i -2.0000-5.0000i -50.0000
-2.0000-5.0000i   4.0000+40.0000i  0-30.0000i
-50.0000          0-30.0000i      50.0000-10.0000i
```

```
>>V=[(204.8+36.12i);(-71.14-195.46i);0]

V=
1.0e+002*
2.0480+0.3612i
-0.7114-1.9546i
     0
>>I=inv(Z)*V

I=
8.9317+2.6983i
0.0096+4.5175i
5.4619+3.7964i
```

$$I_{bB} = -I_1 + I_2 = -(8.932 + j2.698) + (0.0096 + j4.518)$$
$$= -8.922 + j1.82 = \mathbf{9.106\underline{/168.47°}\ A} \qquad \text{答案得到驗證}$$

$$I_{BC} = I_2 - I_3 = (0.0096 + j4.518) - (5.462 + j3.796)$$
$$= -5.452 + j0.722 = \mathbf{5.5\underline{/172.46°}\ A} \qquad \text{答案得到驗證}$$

現在求解 I_{ab}。如果假設每個電源內部有個小阻抗，則可得一個相當不錯的 I_{ab} 估計值。加入 $0.01\ \Omega$ 的內部電阻器，和加入電源電路周圍的第四個迴路，則得

迴路 1，

$$(54.01 + j10)I_1 - (2 + j5)I_2 - (50)I_3 - 0.01I_4 = 208\underline{/10°}$$
$$= 204.8 + j36.12$$

迴路 2，

$$-(2 + j5)I_1 + (4.01 + j40)I_2 - (j30)I_3 - 0.01I_4$$
$$= 208\underline{/-110°} = -71.14 - j195.46$$

迴路 3，

$$-(50)I_1 - (j30)I_2 + (50 - j10)I_3 = 0$$

迴路 4，

$$-(0.01)I_1 - (0.01)I_2 + (0.03)I_4 = 0$$

```
>>Z=[(54.01+10i),(-2-5i),-50,-0.01;(-2-5i),
(4.01+40i),-30i,-0.01;-50,-30i,(50-10i),
0;-0.01,-0.01,0,0.03]
```

```
Z=
54.0100+10.0000i  -2.0000-5.0000i,  -50.0000   -0.0100
-2.0000-5.0000i   4.0100-40.0000i   0-30.0000i  0.0100
-50.0000          0-30.0000i        50.0000-10.0000i  0
-0.0100           -0.0100           0           0.0300

>>V=[(204.8+36.12i);(-71.14-195.46i);0;0]

V=

1.0e+002*

 2.0480+0.3612i
-0.7114-1.9546i
      0
      0
>>I=inv(Z)*V

I=

8.9309+2.6973i
0.0093+4.5159i
5.4623+3.7954i
2.9801+2.4044i
```

$$I_{ab} = -I_1 + I_4 = -(8.931 + j2.697) + (2.98 + j2.404)$$
$$= -5.951 - j0.293 = \mathbf{5.958 \underline{/-177.18°} \ A} \qquad 答案得到驗證$$

6. **滿意？** 已經滿意問題的答案與驗證的結果，並且可以呈現結果作為一個解決問題的辦法。

練習題 12.12 在圖 12.32 的不平衡電路中，利用 PSpice 求發電機相電流 I_{ca}、線電流 I_{cC} 和相電流 I_{AB}。

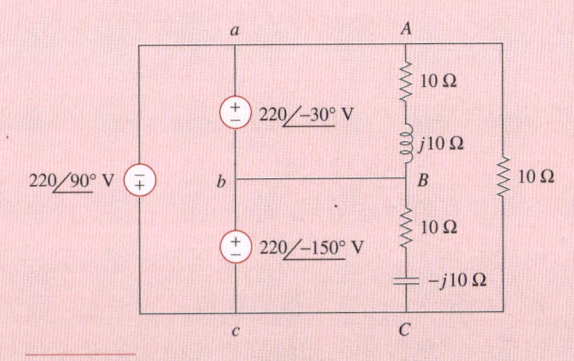

圖 12.32 練習題 12.12 的電路

答： $24.68\underline{/-90°}$ A, $37.25\underline{/83.79°}$ A, $15.55\underline{/-75.01°}$ A.

12.10 †應用

Y-接電源和 Δ-接電源皆有重要的實際應用。Y-接電源應用於長距離的電力傳輸，此時電阻損耗 (I^2R) 最小。這是因為 Y-接線電壓比 Δ-接線電壓大 $\sqrt{3}$ 倍；因此，對於傳送相同的功率時，Y-接線電流則比 Δ-接線電流小 $\sqrt{3}$。另外，Δ-接電源可能具有災難性循環電流也不可取。有時候，利用變壓器可以建立 Δ-接電源的等效電路。住宅佈線時必須將三相轉換成單相，因為家庭的照明和電器皆使用單相電源。三相電源用於需要大功率的工業佈線上。在某些應用上，負載使用 Y-接或 Δ-接並不重要。例如，二者皆可滿足感應馬達。事實上，一些工廠對於 220 V 電源將馬達連接成 Δ-型，而對於 440 V 電源將馬達連接成 Y-型，使得馬達的一條線路就可以適用於二個不同的電壓。

本節將介紹二種本章轉換原理的實際應用：三相電路的功率測量和住宅佈線。

12.10.1 三相功率測量

11.9 節介紹測量單相電路平均功率 (或實功率) 的儀器——瓦特計。單個瓦特計還可以測量平衡三相系統的平均功率，因為 $P_1 = P_2 = P_3$；所以總功率為單個瓦特計讀數的三倍。但是，如果要測量不平衡系統，則需使用二個或三個單相瓦特計。功率量測的**三瓦特計法** (three-wattmeter method)，如圖 12.33 所示，則不論負載是平衡或不平衡、連接方式是 Y-接或 Δ-接都適用。三瓦特計法非常適合測量功率因數不斷變化的三相系統的功率。總平均功率是三個瓦特計讀數的代數和，

$$P_T = P_1 + P_2 + P_3 \tag{12.61}$$

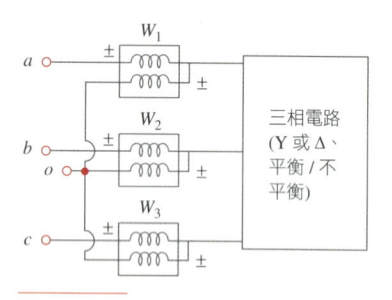

圖 12.33 測量三相功率的三瓦特計法

其中 P_1、P_2 和 P_3 分別對應到瓦特計讀數 W_1、W_2 和 W_3。注意：圖 12.33 中的共同點或參考點 o 是隨意選擇的。如果負載是 Y-接，則參考點 o 可以連接到中線 n。對於 Δ-接負載，參考點 o 可以連接到任意點。如果參考點 o 連接到點 b，例如，電壓線圈在瓦特計 W_2 的讀數為零即 $P_2 = 0$，表示瓦特計 W_2 是非必要的。因此，二個瓦特計足以測量總功率。

二瓦特計法 (two-wattmeter method) 是測量三相功率最常用的方法。二個瓦特計必須正確地連接到任意二個相位，如圖 12.34 所示。注意：每個瓦特計的電流線圈測量線路電流，而對應的電壓線圈則連接到該相位線路和第三線之間來測量線路電壓。同時注意：電壓線圈的 ± 端連接到對應的電流線圈所連接的 ± 端上。雖然個別瓦特計不能讀出個別相的功率，但是，

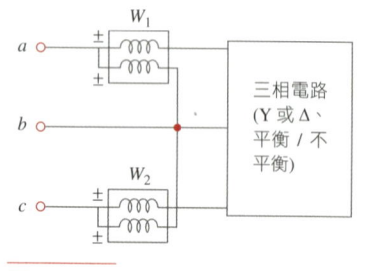

圖 12.34 測量三相功率的二瓦特計法

不論是 Y-接或 Δ-接、平衡或不平衡，二瓦特計讀數的代數和等於負載吸收的總平均功率。總實功率等於二個瓦特計讀數的代數和：

$$P_T = P_1 + P_2 \tag{12.62}$$

以下將證明這個方法對於平衡三相系統是有效的。

考慮圖 12.35 的平衡 Y-接負載。下面應用二瓦特計方法求負載吸收的平均功率。假設電源是 abc 正序和負載阻抗 $\mathbf{Z}_Y = Z_Y\underline{/\theta}$。因為接上負載阻抗，每個電壓線圈超前對應的電流線圈 θ 度，所以功率因數為 $\cos\theta$。每個線電壓超前對應的相電壓 30°。因此，相電流 $\mathbf{I}_a$ 和線電壓 $\mathbf{V}_{ab}$ 之間的總相位差為 $\theta + 30°$，且瓦特計 W_1 的平均功率讀數為

$$P_1 = \text{Re}[\mathbf{V}_{ab}\mathbf{I}_a^*] = V_{ab}I_a \cos(\theta + 30°) = V_L I_L \cos(\theta + 30°) \tag{12.63}$$

同理，可以證明瓦特計 2 讀取的平均功率為

$$P_2 = \text{Re}[\mathbf{V}_{cb}\mathbf{I}_c^*] = V_{cb}I_c \cos(\theta - 30°) = V_L I_L \cos(\theta - 30°) \tag{12.64}$$

使用下式的三角恆等式：

$$\begin{aligned}\cos(A + B) &= \cos A \cos B - \sin A \sin B \\ \cos(A - B) &= \cos A \cos B + \sin A \sin B\end{aligned} \tag{12.65}$$

求 (12.63) 式和 (12.64) 式中二個瓦特計讀數的和與差：

$$\begin{aligned}P_1 + P_2 &= V_L I_L[\cos(\theta + 30°) + \cos(\theta - 30°)] \\ &= V_L I_L(\cos\theta \cos 30° - \sin\theta \sin 30° \\ &\quad + \cos\theta \cos 30° + \sin\theta \sin 30°) \\ &= V_L I_L 2\cos 30° \cos\theta = \sqrt{3} V_L I_L \cos\theta\end{aligned} \tag{12.66}$$

因為 $2\cos 30° = \sqrt{3}$。比較 (12.66) 式和 (12.50) 式證明瓦特計讀數的總和即為總平均功率，

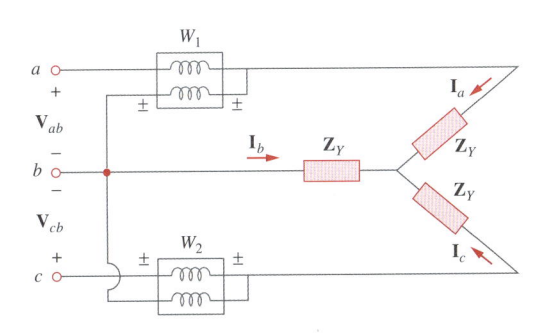

圖 12.35 應用於平衡 Y-接負載的二瓦特計法

$$P_T = P_1 + P_2 \tag{12.67}$$

同理，

$$\begin{aligned}P_1 - P_2 &= V_L I_L[\cos(\theta + 30°) - \cos(\theta - 30°)] \\ &= V_L I_L(\cos\theta \cos 30° - \sin\theta \sin 30° \\ &\quad - \cos\theta \cos 30° - \sin\theta \sin 30°) \\ &= -V_L I_L 2 \sin 30° \sin\theta \\ P_2 - P_1 &= V_L I_L \sin\theta\end{aligned} \tag{12.68}$$

因為 $2 \sin 30° = 1$。比較 (12.68) 式和 (12.51) 式證明瓦特計讀數的差正比於總虛功率，或

$$Q_T = \sqrt{3}(P_2 - P_1) \tag{12.69}$$

從 (12.67) 式和 (12.69) 式，可得總視在功率如下：

$$S_T = \sqrt{P_T^2 + Q_T^2} \tag{12.70}$$

將 (12.69) 式除以 (12.67) 式，可得功率因數角度的正切值如下：

$$\tan\theta = \frac{Q_T}{P_T} = \sqrt{3}\frac{P_2 - P_1}{P_2 + P_1} \tag{12.71}$$

從上式得功率因數為 pf = cos θ。因此，二瓦特計法不僅提供總實功率和虛功率，也可用來計算功率因數。從 (12.67) 式、(12.69) 式和 (12.71) 式，總結得

1. 如果 $P_2 = P_1$，則負載為電阻性。
2. 如果 $P_2 > P_1$，則負載為電感性。
3. 如果 $P_2 < P_1$，則負載為電容性。

雖然這些結果是從平衡 Y-接負載推導而得，但它們對平衡 Δ-接負載一樣有效。然而，二瓦特計法不能用來測量三相四線式系統的功率，除非流過中線的電流為零，但是可用三瓦特計法測量三相四線式系統的實功率。

三個瓦特計 W_1、W_2 和 W_3 分別連接到 a、b 和 c 相,來測量範例 12.9 中不平衡 Y- 接負載吸收的總功率 (參見圖 12.23)。(a) 試預測瓦特計的讀數,(b) 試求總功率吸收。 **範例 12.13**

解:部分問題已經在範例 12.9 中解決。假設瓦特計按照圖 12.36 連接。

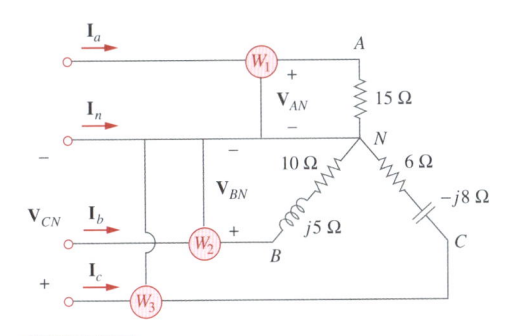

圖 12.36 範例 12.13 的瓦特計連接方式

(a) 從範例 12.9 得

$$\mathbf{V}_{AN} = 100\underline{/0°}, \quad \mathbf{V}_{BN} = 100\underline{/120°}, \quad \mathbf{V}_{CN} = 100\underline{/-120°} \text{ V}$$

而

$$\mathbf{I}_a = 6.67\underline{/0°}, \quad \mathbf{I}_b = 8.94\underline{/93.44°}, \quad \mathbf{I}_c = 10\underline{/-66.87°} \text{ A}$$

計算瓦特計讀數如下:

$$\begin{aligned}
P_1 &= \text{Re}(\mathbf{V}_{AN}\mathbf{I}_a^*) = V_{AN}I_a \cos(\theta_{\mathbf{V}_{AN}} - \theta_{\mathbf{I}_a}) \\
&= 100 \times 6.67 \times \cos(0° - 0°) = 667 \text{ W} \\
P_2 &= \text{Re}(\mathbf{V}_{BN}\mathbf{I}_b^*) = V_{BN}I_b \cos(\theta_{\mathbf{V}_{BN}} - \theta_{\mathbf{I}_b}) \\
&= 100 \times 8.94 \times \cos(120° - 93.44°) = 800 \text{ W} \\
P_3 &= \text{Re}(\mathbf{V}_{CN}\mathbf{I}_c^*) = V_{CN}I_c \cos(\theta_{\mathbf{V}_{CN}} - \theta_{\mathbf{I}_c}) \\
&= 100 \times 10 \times \cos(-120° + 66.87°) = 600 \text{ W}
\end{aligned}$$

(b) 負載吸收的總功率為

$$P_T = P_1 + P_2 + P_3 = 667 + 800 + 600 = 2067 \text{ W}$$

求出圖 12.36 所示電阻吸收的功率,然後用它來檢查和驗證上述結果。

$$\begin{aligned}
P_T &= |I_a|^2(15) + |I_b|^2(10) + |I_c|^2(6) \\
&= 6.67^2(15) + 8.94^2(10) + 10^2(6) \\
&= 667 + 800 + 600 = 2067 \text{ W}
\end{aligned}$$

(a) 與 (b) 的結果完全相同。

> **練習題 12.13** 對於圖 12.24 的網路 (參見練習題 12.9)，重做範例 12.13。提示：將圖 12.33 中參考點 o 連接到點 B。
>
> **答：** (a) 13.175 kW, 0 W, 29.91 kW, (b) 43.08 kW.

範例 12.14 利用二瓦特計法測量 Δ-接負載時，瓦特計讀數 $P_1 = 1560$ W 和 $P_2 = 2100$ W。如果線電壓為 220 V，試計算：(a) 每相的平均功率，(b) 每相的實功率，(c) 功率因數，(d) 相阻抗。

解： 可以應用已知的結果到 Δ-接負載。

(a) 總實功率或平均功率為

$$P_T = P_1 + P_2 = 1560 + 2100 = 3660 \text{ W}$$

每個相位的平均功率為

$$P_p = \frac{1}{3}P_T = 1220 \text{ W}$$

(b) 總虛功率為

$$Q_T = \sqrt{3}(P_2 - P_1) = \sqrt{3}(2100 - 1560) = 935.3 \text{ VAR}$$

每個相位的虛功率為

$$Q_p = \frac{1}{3}Q_T = 311.77 \text{ VAR}$$

(c) 功率角度為

$$\theta = \tan^{-1}\frac{Q_T}{P_T} = \tan^{-1}\frac{935.3}{3660} = 14.33°$$

因此，功率因數為

$$\cos\theta = 0.9689 \text{ (滯後)}$$

滯後是因為 Q_T 為正或 $P_2 > P_1$。

(d) 相位阻抗為 $\mathbf{Z}_p = Z_p \underline{/\theta}$。已知 θ 與 pf 角度相同：所以 $\theta = 14.33°$。

$$Z_p = \frac{V_p}{I_p}$$

還記得：對於 Δ-接負載，$V_p = V_L = 220$ V。從 (12.46) 式得

$$P_p = V_p I_p \cos\theta \quad \Rightarrow \quad I_p = \frac{1220}{220 \times 0.9689} = 5.723 \text{ A}$$

因此，

$$Z_p = \frac{V_p}{I_p} = \frac{220}{5.723} = 38.44 \text{ Ω}$$

且

$$\mathbf{Z}_p = 38.44\underline{/14.33°} \text{ Ω}$$

練習題 12.14 令線電壓 $V_L = 208$ V 且在圖 12.35 中平衡系統的瓦特計讀數為 $P_1 = -560$ W 且 $P_2 = 800$ W。試計算：(a) 總平均功率，(b) 總虛功率，(c) 功率因數，(d) 相阻抗，且這是電感性阻抗或是電容性阻抗？

答：(a) 240 W，(b) 2.356 kVAR，(c) 0.1014，(d) $18.25\underline{/84.18°}$ Ω，電感性。

範例 12.15 在圖 12.35 的三相平衡負載中，每相的阻抗值為 $\mathbf{Z}_Y = 8 + j6$ Ω。如果負載連接到 208 V 的線路，試預測瓦特計 W_1 和 W_2 的讀數，並求 P_T 和 Q_T。

解：每相的阻抗為

$$\mathbf{Z}_Y = 8 + j6 = 10\underline{/36.87°} \text{ Ω}$$

所以 pf 的角度為 36.87°。因為線電壓 $V_L = 208$ V，所以線電流為

$$I_L = \frac{V_p}{|\mathbf{Z}_Y|} = \frac{208/\sqrt{3}}{10} = 12 \text{ A}$$

於是，

$$\begin{aligned}P_1 &= V_L I_L \cos(\theta + 30°) = 208 \times 12 \times \cos(36.87° + 30°) \\ &= 980.48 \text{ W} \\ P_2 &= V_L I_L \cos(\theta - 30°) = 208 \times 12 \times \cos(36.87° - 30°) \\ &= 2478.1 \text{ W}\end{aligned}$$

因此，瓦特計 1 的讀數為 980.48 W，而瓦特計 2 的讀數為 2478.1 W。因為 $P_2 > P_1$，所以負載 $\mathbf{Z}_Y$ 為電感性。這從負載本身可清楚看到，則

$$P_T = P_1 + P_2 = 3.459 \text{ kW}$$

且

$$Q_T = \sqrt{3}(P_2 - P_1) = \sqrt{3}(1497.6) \text{ VAR} = 2.594 \text{ kVAR}$$

> **練習題 12.15** 如果圖 12.35 中的負載為 Δ-接，每相的阻抗值為 $\mathbf{Z}_p = 30 - j40\ \Omega$，而且 $V_L = 440$ V。試預測瓦特計 W_1 和 W_2 的讀數，並求 P_T 和 Q_T。
>
> **答**：6.167 kW, 0.8021 kW, 6.969 kW, −9.292 kVAR.

12.10.2　住宅佈線

在美國，大多數的家用照明和電器工作在 120 V、60 Hz 的單相交流電。(根據位置，也可以供給 110、115 或 117 V 電力。) 當地的電力公司採用三線交流系統為住宅供電。如圖 12.37 所示，典型的 12,000 V 線路電壓需使用變壓器降壓至 120/240 V (下一章將會詳細介紹變壓器)。從變壓器接出來的三條線通常是紅 (熱線)、黑 (熱線) 和白 (中線)。如圖 12.38 所示，二個 120 V 電壓相位相反，因此加起來為零，即 $\mathbf{V}_W = 0\underline{/0°}$，$\mathbf{V}_B = 120\underline{/0°}$，$\mathbf{V}_R = 120\underline{/180°} = -\mathbf{V}_B$。

$$\mathbf{V}_{BR} = \mathbf{V}_B - \mathbf{V}_R = \mathbf{V}_B - (-\mathbf{V}_B) = 2\mathbf{V}_B = 240\underline{/0°} \tag{12.72}$$

因為大多數家用電器的工作電壓為 120 V，所以家庭照明和家用電器都接到 120 V 的線路，如圖 12.39 的室內佈線圖。注意：在圖 12.37 中，所有的家用電器是並聯

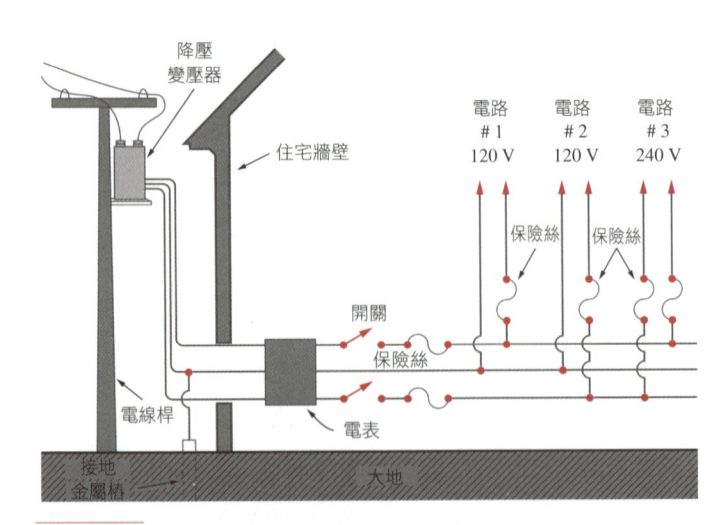

圖 12.37　120/240 家庭電力系統

來源出處：Marcus, A., and C. M. Thomson. *Electricity for Technicians*. 2nd ed. Upper Saddle River, NJ: Pearson Education, Inc., 1975, 324.

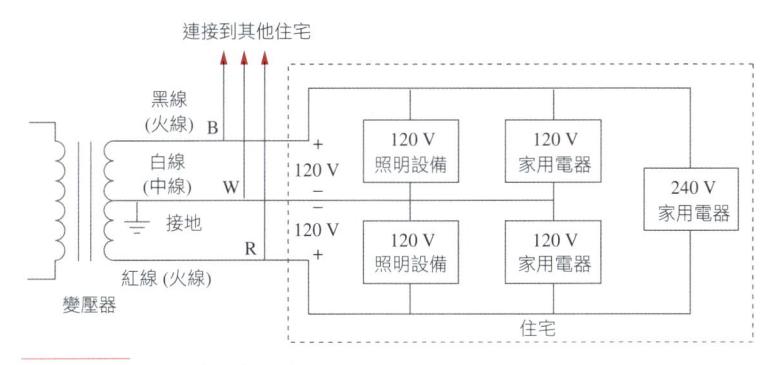

圖 12.38 單相三線住宅佈線

連接的。重載家用電器消耗大電流，如冷氣機、洗碗機、電烤箱、洗衣機等，所以接到 240 V 的電力線。

因為電力的危險性，所以家庭佈線必須嚴格遵守當地法規和美國國家電力法規 (National Electrical Code, NEC)。為了避免發生事故，必須使用絕緣、接地、保險絲和斷路器。現代佈線規範要求第三線單獨接地。接地線不帶電源，如零線，但允許設備有一個單獨的接地連接。圖 12.40 顯示電源插座與 120 V rms 火線和地線的連接方式。如該圖所示，在許多關鍵位置中線被接到大地 (地球)。雖然這地線似乎是多餘的，但是基於許多原因，接地是重要的。第一，它是 NEC 要求的。第二，接地為雷擊提供一個放電的捷徑，以避免擊毀電力線。第三，接地可減少觸電的危險。導致休克原因是電流從身體的一個部分流到另一個部分。人體就像一個大電阻 R。如果在人體與地之間有電位差 V，則流經人的電流由歐姆定律決定如下：

$$I = \frac{V}{R} \tag{12.73}$$

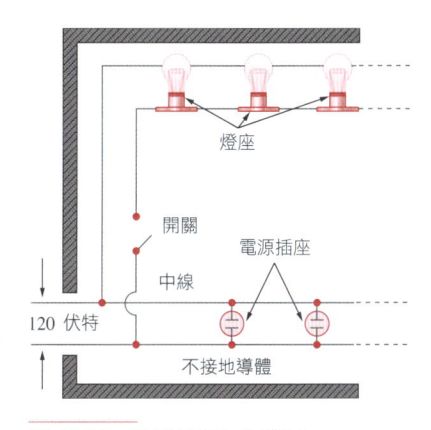

圖 12.39 典型的室內佈線圖

來源出處：Marcus, A., and C. M. Thomson. *Electricity for Technicians*. 2nd ed. Upper Saddle River, NJ: Pearson Education, Inc., 1975, 324.

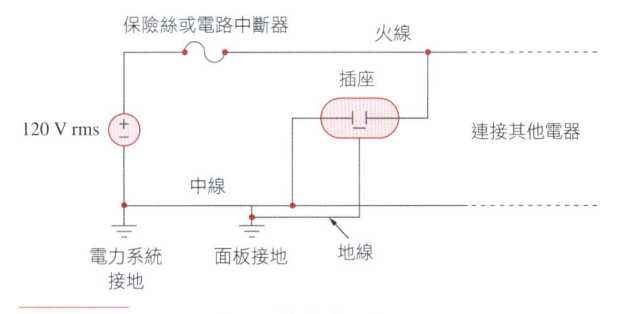

圖 12.40 插座與火線和地線的連接方式

每個人身上的 R 值都不相同，而且因身體的濕或乾也會不同。多大的電擊會致命是取決於電流的大小、電流流經人體的路徑，以及電流流過人體的時間長度。電流小於 1 mA 未必對身體有害，但電流大於 10 mA 會造成嚴重的電擊。在室外電路和浴室電路，應該採用現代化的安全裝置——具有**接地故障斷路器** (ground-fault circuit interrupter, GFCI)，以避免觸電的危險。當流經紅、白和黑線的電流 i_R、i_W 和 i_B 的總和不等於零 (即 $i_R + i_W + i_B \neq 0$) 時，電路的斷路器將會斷開。

為了避免觸電的最好辦法是按照有關電力系統和設備的安全準則。下面是其中的一部分：

- 不要假設一個電路沒電，一定要先檢查，以確保萬無一失。
- 必要時，使用的安全裝置，並穿著合適的服裝 (如絕緣鞋、手套等)。
- 當測試高壓電路時，切勿使用二隻手，因為電流從一隻手到另一隻手中間路徑直接經過胸部和心臟。
- 當雙手是濕的，請勿觸摸電器。請記住：水是導電的。
- 電子電器 (如收音機和電視) 操作時要格外小心，因為這些設備都有大電容，而這些電容在關閉電源後需要一段時間放電。
- 在佈線或檢修時，總要有另一人在場，以防止意外發生。

12.11 總結

1. 相序是在三相發電機的相位電壓相對於時間發生的順序。在平衡電源電壓的 abc 相序，$\mathbf{V}_{an}$ 超前 $\mathbf{V}_{bn}$ 120°，且 $\mathbf{V}_{bn}$ 超前 $\mathbf{V}_{cn}$ 120°。在平衡電源電壓的 acb 相序，$\mathbf{V}_{an}$ 超前 $\mathbf{V}_{cn}$ 120°，且 $\mathbf{V}_{cn}$ 超前 $\mathbf{V}_{bn}$ 120°。
2. 平衡 Y-接負載或 Δ-接負載的三相阻抗皆相等。
3. 分析平衡三相電路最簡單的方法是將電源和負載轉換成 Y-Y 系統，然後分析單相等效電路。表 12.1 列出相電流和電壓、線電流和電壓，以及線電壓流和電路電壓四種可能組合公式的匯總整理。
4. 線電流 I_L 是在三相系統中每個傳輸線上從發電機流到負載的電流。線電壓 V_L 是不包含中線 (如果存在中線) 的每一對線路之間的電壓。相電流 I_p 是在三相負載中流進每相的電流。相電壓 V_p 是每相的電壓。對於 Y-接負載而言，

$$V_L = \sqrt{3}V_p \quad 和 \quad I_L = I_p$$

對於 Δ-接負載而言，

$$V_L = V_p \quad 和 \quad I_L = \sqrt{3}I_p$$

5. 在平衡三相系統中的總瞬間功率是恆定的，而且等於平均功率。
6. 平衡三相 Y-接負載或平衡三相 Δ-接負載所吸收的總複數功率為

$$\mathbf{S} = P + jQ = \sqrt{3}V_L I_L \underline{/\theta}$$

其中 θ 是負載阻抗的角度。
7. 不平衡三相系統的分析可使用節點或網目分析法。
8. PSpice 用於分析三相電路的方法和用於分析單相電路的方法相同。
9. 在三相系統中可使用三瓦特計法或二瓦特計法來測量總實功率。
10. 住宅佈線採用 120/240 V、單相、三線系統。

複習題

12.1 一個三相馬達的 $\mathbf{V}_{AN} = 220\underline{/-100°}$ V 且 $\mathbf{V}_{BN} = 220\underline{/140°}$ V，則其相序為何？
(a) abc (b) acb

12.2 若為 acb 相序，且 $V_{an} = 100\underline{/-20°}$，則 $\mathbf{V}_{cn}$ 為：
(a) $100\underline{/-140°}$ (b) $100\underline{/100°}$
(c) $100\underline{/-50°}$ (d) $100\underline{/10°}$

12.3 對於平衡系統而言，下列何者為非必要的條件？
(a) $|\mathbf{V}_{an}| = |\mathbf{V}_{bn}| = |\mathbf{V}_{cn}|$
(b) $\mathbf{I}_a + \mathbf{I}_b + \mathbf{I}_c = 0$
(c) $V_{an} + V_{bn} + V_{cn} = 0$
(d) 電源電壓彼此之間的相位差為 120°
(e) 對於三個相位的負載阻抗是相等的

12.4 在 Y-接負載中，線電流和相電流是相等的。
(a) 對 (b) 錯

12.5 在 Δ-接負載中，線電流和相電流是相等的。
(a) 對 (b) 錯

12.6 在 Y-Y 型系統中，220 V 線電壓產生多少相電壓：

(a) 381 V (b) 311 V (c) 220 V
(d) 156 V (e) 127 V

12.7 在 Δ-Δ 型系統中，100 V 相電壓產生多少線電壓：
(a) 58 V (b) 71 V (c) 100 V
(d) 173 V (e) 141 V

12.8 當 Y-接負載是由 abc 相序的電壓供電，則線電壓滯後對應的相電壓 30°。
(a) 對 (b) 錯

12.9 在平衡三相電路中，總瞬間功率等於平均功率。
(a) 對 (b) 錯

12.10 求解供電給對稱 Δ-型負載的總功率的方法與求解供電給對稱 Y-型負載的總功率的方法相同。
(a) 對 (b) 錯

答：12.1 a, 12.2 a, 12.3 c, 12.4 a, 12.5 b, 12.6 e, 12.7 c, 12.8 b, 12.9 a, 12.10 a

習題[1]

12.2 節　平衡三相電壓

12.1 如果在平衡 Y-接三相發電機 $\mathbf{V}_{ab}$ = 400 V，試求相電壓，假設相序為：
(a) abc　　　(b) acb

12.2 如果平衡三相電路的 $\mathbf{V}_{an} = 120\underline{/30°}$ V 且 $\mathbf{V}_{cn} = 120\underline{/-90°}$ V，試決定該電路的相序，並求 $\mathbf{V}_{bn}$。

12.3 如果平衡三相電路的 $\mathbf{V}_{bn} = 440\underline{/130°}$ V 且 $\mathbf{V}_{cn} = 440\underline{/10°}$ V，試決定該電路的相序，並求 $\mathbf{V}_{an}$。

12.4 三相系統有 abc 相序，而且 V_L = 440 V 饋入 $Z_L = 40\underline{/30°}$ Ω 的 Y-接負載。試求線電流。

12.5 對於 Y-接負載，在端點中三線對中間電壓的時域表示式為：

$$v_{AN} = 120\cos(\omega t + 32°) \text{ V}$$
$$v_{BN} = 120\cos(\omega t - 88°) \text{ V}$$
$$v_{CN} = 120\cos(\omega t + 152°) \text{ V}$$

試寫出線對線電壓 v_{AB}、v_{BC} 和 v_{CA} 的時域表示式。

12.3 節　平衡 Y-Y 連接

12.6 利用圖 12.41 電路，試設計一個問題幫助其他學生更瞭解平衡 Y-Y 接電路。

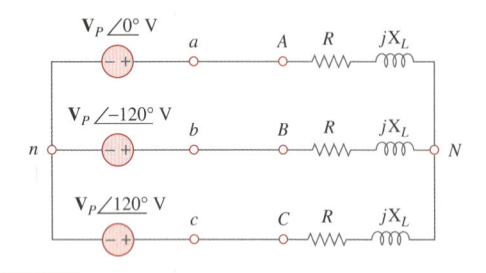

圖 12.41　習題 12.6 的電路

12.7 試求圖 12.42 三相電路的線電流。

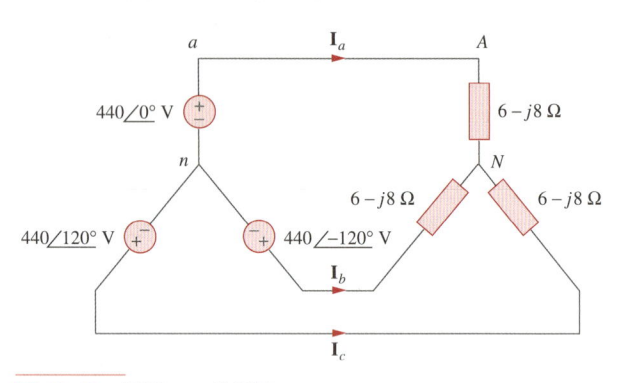

圖 12.42　習題 12.7 的電路

12.8 在平衡三相 Y-Y 型系統，電壓源為 abc 相序，且 $\mathbf{V}_{an} = 100\underline{/20°}$ V rms。每相的線路阻抗為 $(0.6 + j1.2)$ Ω，而負載每相的阻抗為 $(10 + j14)$ Ω。試計算線電流和負載電壓。

12.9 平衡 Y-Y 四線系統的相電壓為：

$$\mathbf{V}_{an} = 120\underline{/0°}, \quad \mathbf{V}_{bn} = 120\underline{/-120°}$$
$$\mathbf{V}_{cn} = 120\underline{/120°} \text{ V}$$

每相的負載阻抗為 $19 + j13$ Ω，且每相的線路阻抗為 $1 + j2$ Ω。試求線電流和中線電流。

12.10 在圖 12.43 的電路中，試計算中線的電流。

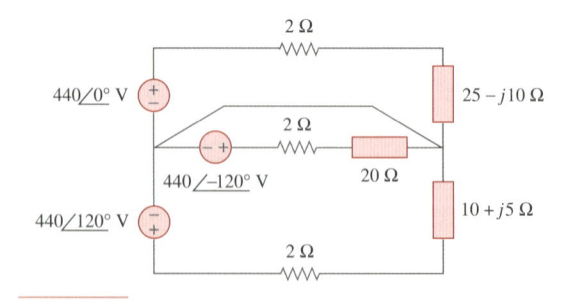

圖 12.43　習題 12.10 的電路

---

[1] 提示：除非另有說明，否則假定所有的電流值和電壓值皆為有效值。

12.4 節　平衡 Y-Δ 連接

12.11 在圖 12.44 的 Y-Δ 接系統中，$\mathbf{V}_{an} = 240\underline{/0°}$ V 電源為正相序，且相阻抗為 $\mathbf{Z}_p = 2 - j3$ Ω。試計算線電壓 $\mathbf{V}_L$ 和線電流 $\mathbf{I}_L$。

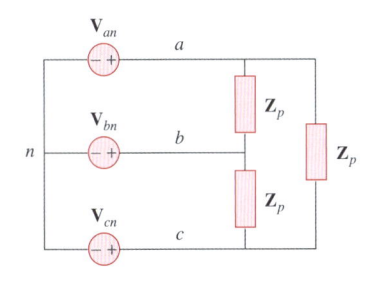

圖 12.44　習題 12.11 的電路

12.12 利用圖 12.45 的電路，試設計一個問題幫助其他學生更瞭解 Y-Δ 接電路。

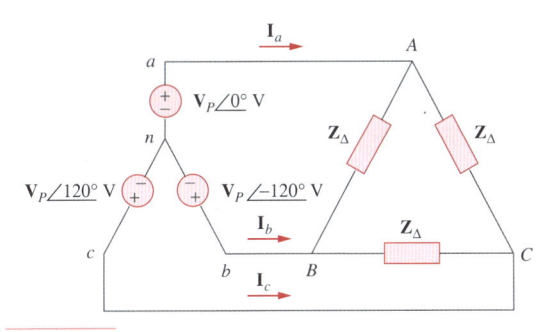

圖 12.45　習題 12.12 的電路

12.13 在圖 12.46 的平衡三相 Y-Δ 接系統中，試求線電流 I_L 和傳遞給負載的平均功率。

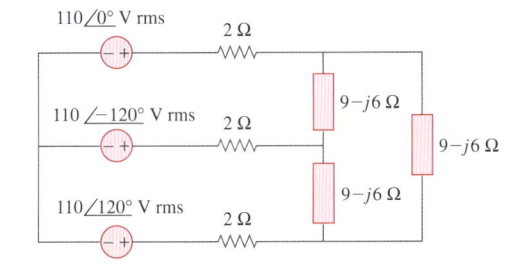

圖 12.46　習題 12.13 的電路

12.14 試求圖 12.47 三相電路的線電流。

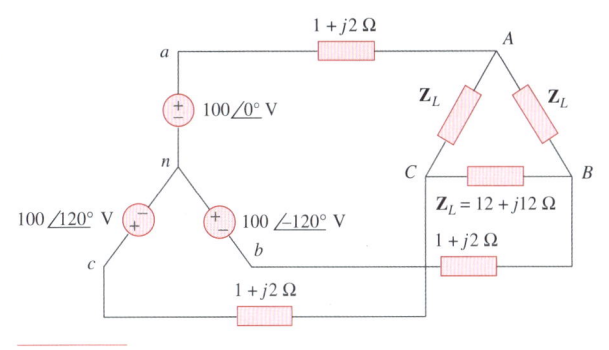

圖 12.47　習題 12.14 的電路

12.15 圖 12.48 電路是由線電壓為 210 V 的平衡三相電源激發，如果 $\mathbf{Z}_l = 1 + j1$ Ω、$\mathbf{Z}_\Delta = 24 - j30$ Ω 和 $\mathbf{Z}_Y = 12 + j5$ Ω。試求組合負載線電流的大小。

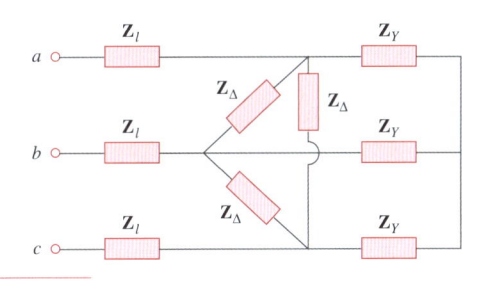

圖 12.48　習題 12.15 的電路

12.16 平衡 Δ-接負載的相電流為 $\mathbf{I}_{AC} = 5\underline{/-30°}$ A。試計算：
(a) 電路工作在正相序下的三個線電流。
(b) 線電壓為 $\mathbf{V}_{AB} = 110\underline{/0°}$ V 時的負載阻抗。

12.17 平衡 Δ-接負載的線電流為 $\mathbf{I}_a = 5\underline{/-25°}$ A。試求相電流 $\mathbf{I}_{AB}$、$\mathbf{I}_{BC}$ 和 $\mathbf{I}_{CA}$。

12.18 如果圖 12.49 網路的 $\mathbf{V}_{an} = 220\underline{/60°}$ V，試求負載的相電流 $\mathbf{I}_{AB}$、$\mathbf{I}_{BC}$ 和 $\mathbf{I}_{CA}$。

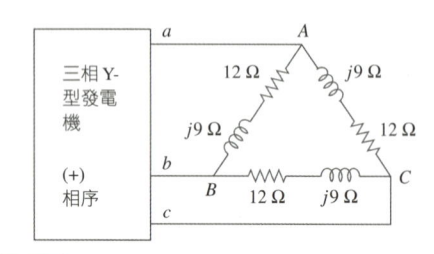

圖 12.49 習題 12.18 的電路

12.5 節　平衡 Δ-Δ 連接

12.19 圖 12.50 的 Δ-Δ 接電路中，試計算相電流和線電流。

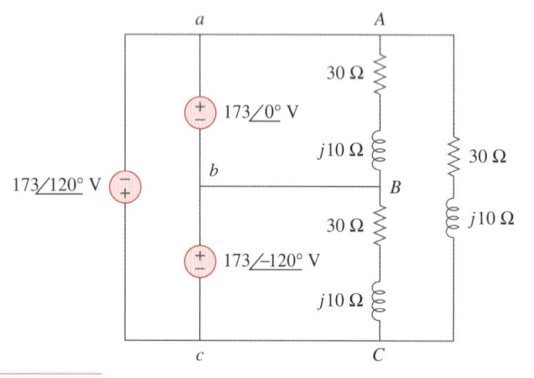

圖 12.50 習題 12.19 的電路

12.20 利用圖 12.51 的電路，試設計一個問題幫助其他學生更瞭解平衡 Δ-Δ 接電路。

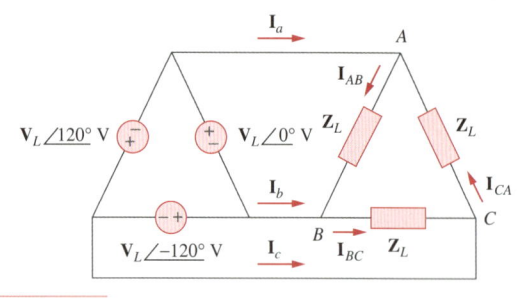

圖 12.51 習題 12.20 的電路

12.21 三個 230 V 發電機所形成的 Δ-接電源連接到一個每相為 $Z_L = (10 + j8)$ Ω 的 Δ-接負載如圖 12.52 所示。
(a) 試計算 I_{AC} 值。
(b) I_{bB} 值為多少？

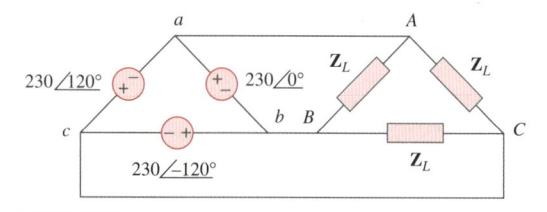

圖 12.52 習題 12.21 的電路

12.22 試求圖 12.53 三相網路的線電流 I_a、I_b 和 I_c。假設 $Z_\Delta = (12 - j15)$ Ω、$Z_Y = (4 + j6)$ Ω 和 $Z_l = 2$ Ω。

12.23 一個線電壓為 208 V rms 的三相平衡系統饋入一個 $Z_p = 25\underline{/60°}$ Ω 的 Δ-接負載。
(a) 試求線電流。
(b) 試計算供應給負載的總功率，使用二個瓦特計連接到 A 線和 C 線。

12.24 對稱 Δ-接電源的相電壓為 $V_{ab} = 416\underline{/30°}$ V 且為正相序下。如果該電源連接到 Δ-接負載，試求線電流和相電流。假設每相的負載阻抗為 $60\underline{/30°}$ Ω 且每相的線路阻抗為 $1 + j1$ Ω。

12.6 節　平衡 Δ-Y 連接

12.25 圖 12.54 的電路中，如果 $V_{ab} = 440\underline{/10°}$、$V_{bc} = 440\underline{/-110°}$ 和 $V_{ca} = 440\underline{/130°}$ V，試求線電流。

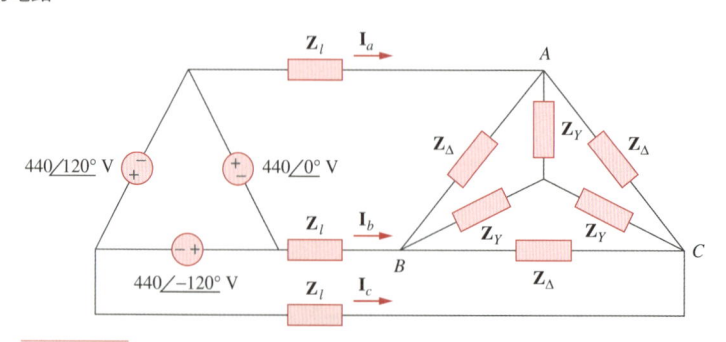

圖 12.53 習題 12.22 的三相網路

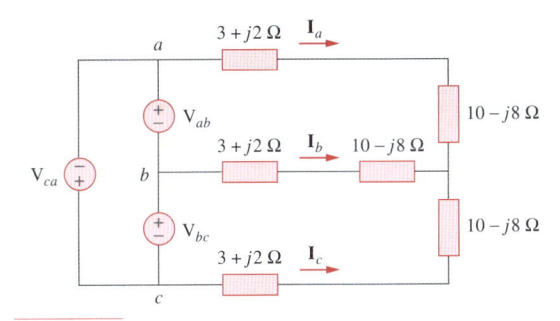

圖 12.54 習題 12.25 的電路

12.26 利用圖 12.55 的電路，試設計一個問題幫助其他學生更瞭解平衡 Δ-接電源傳遞到 Y-接負載的功率。

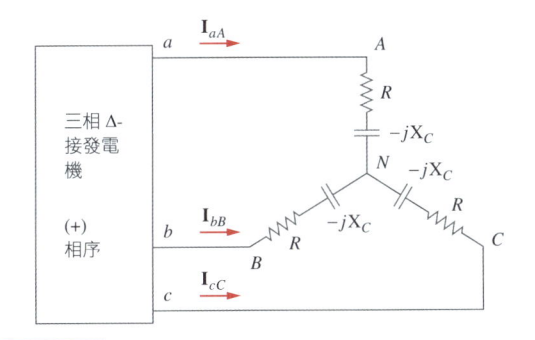

圖 12.55 習題 12.26 的電路

12.27 在一個三相平衡系統中，Δ-接電源提供功率給 Y-接負載。已知每相的線阻抗為 $2 + j1\ \Omega$，而每相的負載阻抗為 $6 + j4\ \Omega$。試求負載線電壓的大小。假設電源的相電壓為 $\mathbf{V}_{ab} = 208\underline{/0°}$ V rms。

12.28 Y-型負載的線對線電壓大小為 440 V，而且在 60 Hz 時為正相序。如果該負載是平衡的，且 $Z_1 = Z_2 = Z_3 = 25\underline{/30°}$，試求所有的線電流和相電壓。

12.7 節 平衡系統的功率

12.29 一個平衡三相 Y-Δ 型系統有 $\mathbf{V}_{an} = 240\underline{/0°}$ V 且 $\mathbf{Z}_\Delta = 51 + j45\ \Omega$。如果每相的線路阻抗為 $0.4 + j1.2\ \Omega$，試求傳遞給負載的總複數功率。

12.30 圖 12.56 電路中，線電壓的 rms 值為 208 V，試求傳遞給負載的平均功率。

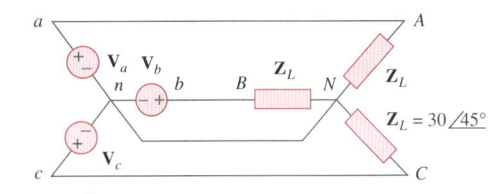

圖 12.56 習題 12.30 的電路

12.31 一個平衡 Δ-接負載由 240 V 的線電壓、60 Hz 的三相電源供電。每相負載在 0.8 功率因數滯後時吸收 6 kW。試求：
(a) 每相的負載阻抗。
(b) 線電流。
(c) 使每相負載從電源吸收最小電流時，所需並聯的電容值。

12.32 試設計一個問題幫助其他學生更瞭解在平衡三相系統中的功率。

12.33 一個三相電源傳遞 4.8 kVA 到相電壓為 208 V 和功率因數為 0.9 滯後的 Y-接負載。試計算電源線電流和電源線電壓。

12.34 一個相阻抗為 $10 - j16\ \Omega$ 的平衡 Y-接負載連接到一個線電壓為 220 V 的平衡三相發電機。試計算線電流和負載所吸收的複數功率。

12.35 三個 $60 + j30\ \Omega$ 相等阻抗組成 Δ-接負載，連接到 230 V rms 的線電壓。另外三個 $40 + j10\ \Omega$ 相等阻抗組成 Y-接負載，連接到相同的三相電路。試計算：
(a) 線電流。
(b) 供給二個負載的總複數功率。
(c) 二個負載組合的功率因數。

12.36 一個 4200 V 三相傳輸線的每相負載為 $4 + j\ \Omega$。如果該電源供給在 0.75 功率因數 (滯後) 的 1 MVA 負載。試求：
(a) 複數功率。
(b) 在線路上的功率損耗。
(c) 在傳送端的電壓。

12.37 一個三相系統連接到 Y-接負載的總功率為 12 kW 在 0.6 超前的功率因數。如果線電壓為 208 V，試計算線電流 I_L 和負載阻抗 $\mathbf{Z}_Y$。

12.38 已知圖 12.57 電路如下，試求負載吸收的總複數功率。

12.39 試求圖 12.58 中負載吸收的實功率。

12.40 對於圖 12.59 的三相電路，試求 Δ-接負載 $Z_\Delta = 21 + j24 \ \Omega$ 吸收的平均功率。

12.41 一個平衡 Δ-接負載在 0.8 功率因數滯後時吸收 5 kW。如果三相系統的有效線電壓為 400 V，試求線電流。

12.42 一個平衡三相發電機傳遞 7.2 kW 給每相阻抗為 $30 - j40 \ \Omega$ 的 Y-接負載。試求線電流 I_L 和線電壓 V_L。

12.43 試求圖 12.48 中組合負載吸收的複數功率。

12.44 三相傳輸線的每相阻抗為 $1 + j3 \ \Omega$。該傳輸線連接到吸收 $12 + j5$ kVA 總複數功率的對稱 Δ-接負載。如果負載端線電壓的大小為 240 V，試計算電源端的線電壓和電源的功率因數。

12.45 一個平衡 Y-接負載透過每相阻抗為 $0.5 + j2 \ \Omega$ 的平衡傳輸線連接到一個發電機。如果這負載額定功率為 450 kW、功率因數為 0.708 滯後，以及線電壓為 440 V，試求發電機的線電壓。

12.46 三相負載由三個 100 Ω 電阻組成 Y-接或 Δ-接。試計算該負載從 110 V 線路電壓的三相電源所吸收最大平均功率。假設線路阻抗為零。

12.47 下面三個相互並聯的三相負載由平衡三相電源供電：

負載 1：250 kVA，pf = 0.8 滯後
負載 2：300 kVA，pf = 0.95 超前
負載 3：450 kVA，pf = 1

如果線電壓為 13.8 kV，試計算線電流和電源的功率因數。假設線路阻抗為零。

12.48 一個平衡、正相序 $V_{an} = 240\underline{/0°}$ V rms 的 Y-接電源，經過每相阻抗為 $2 + j3 \ \Omega$ 的傳輸線，供電給不平衡 Δ-接負載。

(a) 如果 $Z_{AB} = 40 + j15 \ \Omega$、$Z_{BC} = 60 \ \Omega$、$Z_{CA} = 18 - j12 \ \Omega$，試計算線電流。

(b) 試求電源供應的複數功率。

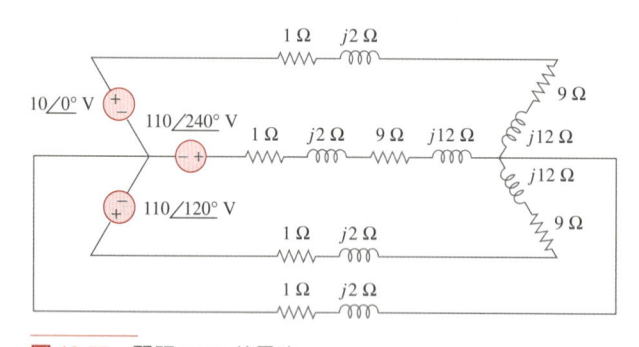

圖 12.57 習題 12.38 的電路

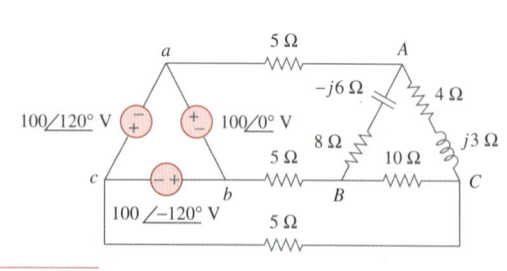

圖 12.58 習題 12.39 的電路

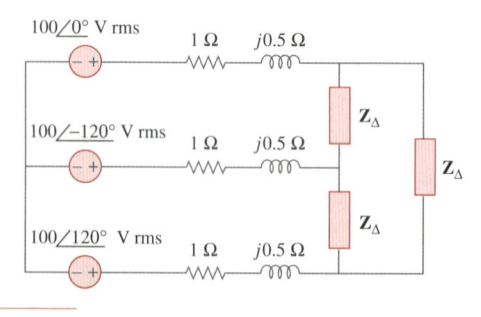

圖 12.59 習題 12.40 的電路

12.49 每相負載由 20 Ω 電阻和 10 Ω 感抗組成。線電壓為 220 V rms，試計算平均功率，如果負載為：
(a) Δ-接三相負載。
(b) Y-接負載。

12.50 $V_L = 240$ V rms 的平衡三相電源在 0.6 功率因數滯後下提供 8 kVA 給二個並聯 Y-接負載。如果一個負載在功率因數為 1 時吸收 3 kW，試計算第二個負載每個相位的阻抗。

12.8 節　不平衡三相系統

12.51 在圖 12.60 的 Δ-Δ 接系統中，假設 $\mathbf{Z}_1 = 8 + j6$ Ω、$\mathbf{Z}_2 = 4.2 - j2.2$ Ω、$\mathbf{Z}_3 = 10 + j0$ Ω。
(a) 試求相電流 $\mathbf{I}_{AB}$、$\mathbf{I}_{BC}$ 和 $\mathbf{I}_{CA}$。
(b) 試計算線電流 $\mathbf{I}_{aB}$、$\mathbf{I}_{bB}$ 和 $\mathbf{I}_{cC}$。

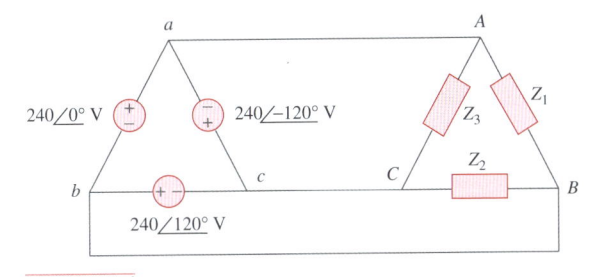

圖 12.60　習題 12.51 的電路

12.52 一個四線 Y-Y 接電路中，
$$\mathbf{V}_{an} = 120\underline{/120°}, \quad \mathbf{V}_{bn} = 120\underline{/0°}$$
$$\mathbf{V}_{cn} = 120\underline{/-120°} \text{ V}$$

如果阻抗為
$$\mathbf{Z}_{AN} = 20\underline{/60°}, \quad \mathbf{Z}_{BN} = 30\underline{/0°}$$
$$\mathbf{Z}_{cn} = 40\underline{/30°} \text{ Ω}$$

試求中線電流。

12.53 利用圖 12.61 的電路，試設計一個問題幫助其他學生更瞭解三相系統。

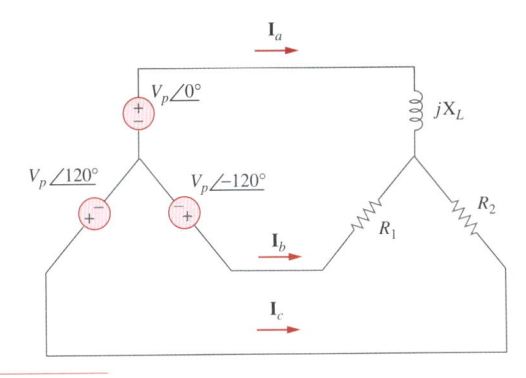

圖 12.61　習題 12.53 的電路

12.54 一個 $V_P = 210$ V rms 的平衡三相 Y-接電源驅動相阻抗為 $\mathbf{Z}_A = 80$ Ω、$\mathbf{Z}_B = 60 + j90$ Ω 和 $\mathbf{Z}_C = j80$ Ω 的 Y-接三相負載。假設有連接中線，試計算線電流和傳遞到負載的總複數功率。

12.55 一個 240 V rms 線電壓的正相序三相電源連接到一個不平衡 Δ-接負載如圖 12.62 所示，試求相電流和總複數功率。

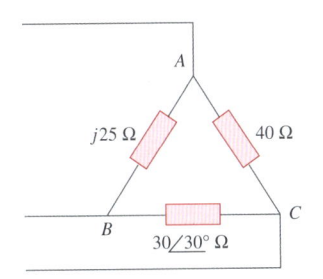

圖 12.62　習題 12.55 的電路

12.56 利用圖 12.63 的電路，試設計一個問題幫助其他學生更瞭解不平衡三相系統。

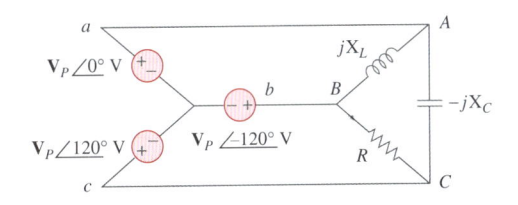

圖 12.63　習題 12.56 的電路

12.57 假設 $\mathbf{V}_a = 110\underline{/0°}$、$\mathbf{V}_b = 110\underline{/-120°}$、$\mathbf{V}_c = 110\underline{/120°}$ V，試計算圖 12.64 三相電路的線電流。

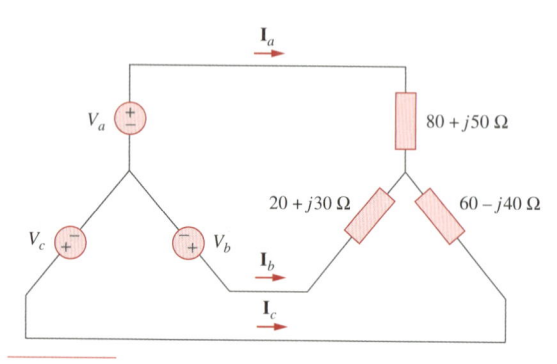

圖 12.64　習題 12.57 的電路

12.9 節　三相電路的 PSpice 分析

12.58 利用 PSpice 或 MultiSim 求習題 12.10。

12.59 圖 12.65 的電源是平衡和正相序。如果 $f = 60$ Hz，利用 PSpice 或 MultiSim 求 V_{AN}、V_{BN} 和 V_{CN}。

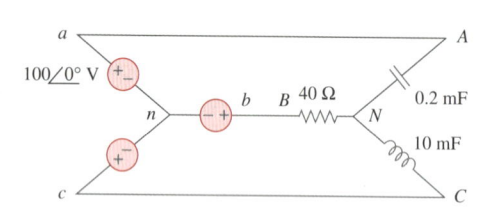

圖 12.65　習題 12.59 的電路

12.60 利用 PSpice 或 MultiSim 計算圖 12.66 單相三線電路的 I_o。假設 $Z_1 = 15 - j10\ \Omega$、$Z_2 = 30 + j20\ \Omega$ 和 $Z_3 = 12 + j5\ \Omega$。

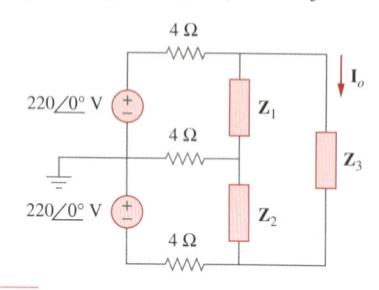

圖 12.66　習題 12.60 的電路

12.61 已知圖 12.67 的電路，利用 PSpice 或 MultiSim 計算電流 I_{aA} 和電壓 V_{BN}。

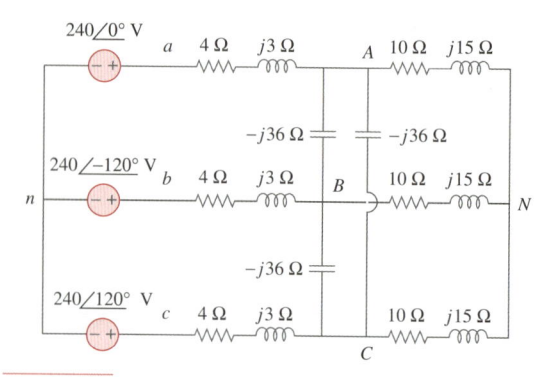

圖 12.67　習題 12.61 的電路

12.62 利用圖 12.68 的電路，試設計一個問題幫助其他學生更瞭解如何使用 PSpice 或 MultiSim 分析三相電路。

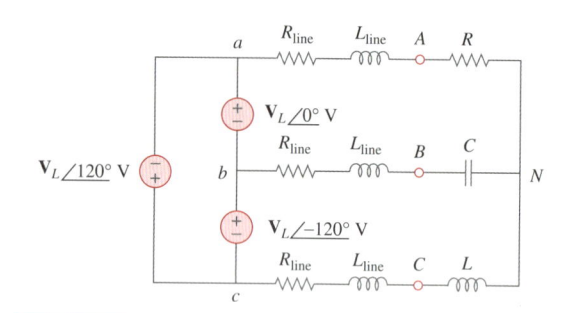

圖 12.68　習題 12.62 的電路

12.63 利用 PSpice 或 MultiSim 求圖 12.69 不平衡三相系統的電流 I_{aA} 和 I_{AC}。假設：

$$Z_l = 2 + j, \quad Z_1 = 40 + j20\ \Omega,$$
$$Z_2 = 50 - j30\ \Omega, \quad Z_3 = 25\ \Omega$$

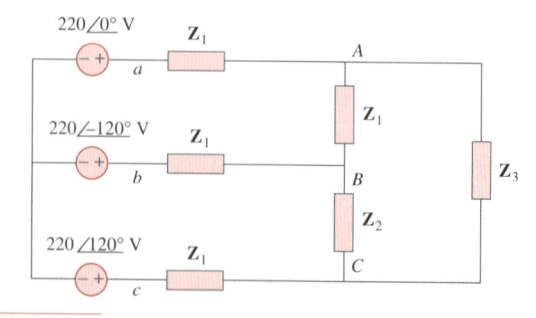

圖 12.69　習題 12.63 的電路

12.64 對於圖 12.58 的電路，利用 PSpice 或 MultiSim 求線電流和相電流。

12.65 一個平衡三相電路顯示於圖 12.70，利用

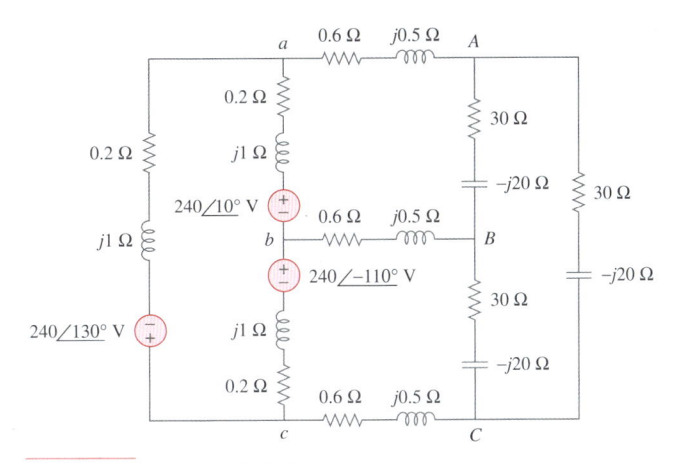

圖 12.70 習題 12.65 的電路

PSpice 或 MultiSim 求線電流 I_{aA}、I_{bB} 和 I_{cC}。

12.10 節　應用

12.66 一個工作在 208 V 線電壓的三相四線式系統如圖 12.71 所示，其電源電壓是平衡的。使用三瓦特計法測量 Y-接電阻性負載所吸收的功率，試計算：
(a) 中線電壓。
(b) 電流 I_1、I_2、I_3 和 I_n。
(c) 瓦特計的讀數。
(d) 負載吸收的總功率。

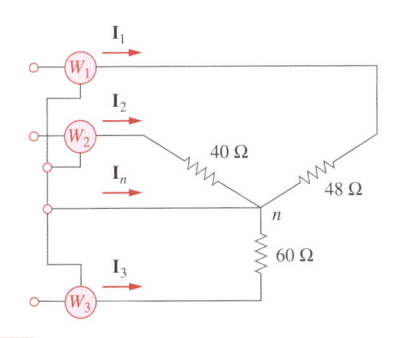

圖 12.71 習題 12.66 的電路

*12.67 如圖 12.72 所示，正相序電壓為 120 V rms 的三相四線式線路供應一個 0.85 pf 滯後 260 kVA 的平衡馬達負載。該馬達負載連接到 a、b 和 c 三條主線。另外，白熾燈 (pf = 1) 連接如下：從線 a 到中線 24 kW、從線 b 到中線 15 kW 且從線 c 到中線 9 kW。

(a) 如果三瓦特計被安排去測量每一條線的功率，試計算每個瓦特計的讀數。
(b) 試求中線電流的大小。

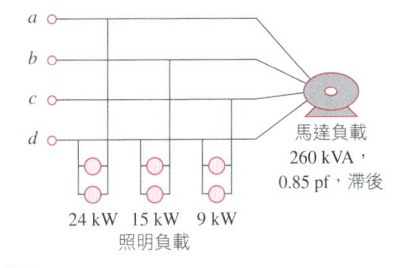

圖 12.72 習題 12.67 的電路

12.68 提供功率給馬達的三相 Y-接發電機的電表讀數指示線電壓為 330 V、線電流為 8.4 A 和總線路功率為 4.5 kW。試求：
(a) 單位為 VA 的負載功率。
(b) 負載的 pf。
(c) 相電流。
(d) 相電壓。

12.69 某商店有三個平衡三相負載。這三個負載是：

負載 1：16 kVA 在 0.85 pf 滯後
負載 2：12 kVA 在 0.6 pf 滯後

---
* 星號表示該習題具有挑戰性。

負載 3：8 kW 在 pf = 1

負載的線路電壓為 208 V rms、60 Hz，且線路阻抗為 $0.4 + j0.8\ \Omega$。試計算線路電流和傳遞給負載的複數功率。

12.70 二瓦特計法測量工作在 240 V 三相馬達負載時，瓦特計的讀數分別為 $P_1 = 1200$ W 和 $P_2 = -400$ W。假設馬達負載是 Y-接，以及馬達負載吸收 6 A 的線路電流。試計算馬達的 pf 和相阻抗。

12.71 圖 12.73 電路中，二個瓦特計適當的連接到由 $\mathbf{V}_{ab} = 208\underline{/0°}$ V 正相序平衡電源供電的不平衡負載。試計算：
(a) 每個瓦特計的讀數。
(b) 負載吸收的總視在功率。

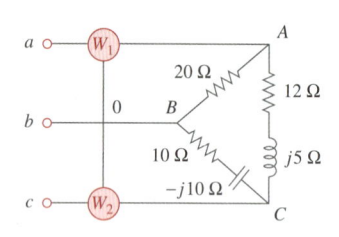

圖 **12.73**　習題 12.71 的電路

12.72 如果瓦特計 W_1 和 W_2 分別連接到 a 與 b 之間和 b 與 c 之間，用來量測圖 12.44 中 Δ-接負載吸收的功率。試預測二個瓦特計的讀數。

12.73 對於圖 12.74 的電路，試求瓦特計讀數。

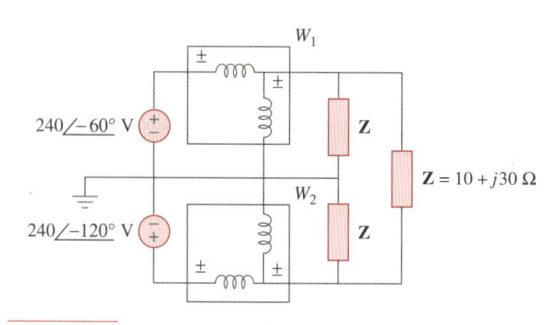

圖 **12.74**　習題 12.73 的電路

12.74 試預測圖 12.75 電路中瓦特計的讀數。

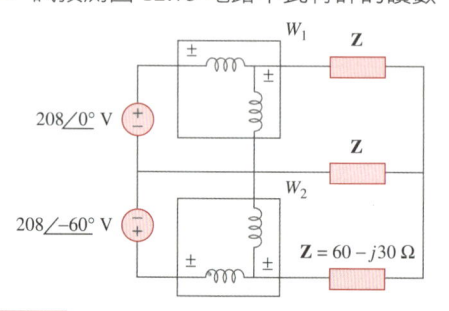

圖 **12.75**　習題 12.74 的電路

12.75 某人的人體電阻值為 600 Ω，如下列情況，流過他未接地身體的電流為多少：
(a) 當他接觸 12 V 電池的端點？
(b) 當他將手指插入 120 V 照明插座？

12.76 如果在相同額定功率下，試證明 120 V 電器的 I^2R 功率損耗高於 240 V 電器的 I^2R 功率損耗。

綜合題

12.77 一個三相發電機在 0.85 滯後的功率因數下提供 3.6 kVA。如果傳遞給負載的功率為 2500 W，且線路每相的損耗為 80 W，試問發電機的損耗為多少？

12.78 一個 440 V、51 kW、60 kVA 的三相 Y-接感性負載工作在 60 Hz。現在希望將該負載的功率因數校正到 0.95 滯後，則每個負載阻抗所需並聯的電容值為多少？

12.79 一個平衡三相發電機連接到一個對稱 Y-接感應馬達負載。發電機的相序為 abc 且相電壓為 $\mathbf{V}_{an} = 255\underline{/0°}$ V，且負載每相阻抗為 $12 + j5\ \Omega$。試求線路電流和負載電壓。假設每相的線路阻抗為 2 Ω。

12.80 一個平衡三相電源供給以下三個負載：

負載 1：6 kVA 在 0.83 pf 滯後

負載 2：未知

負載 3：8 kW 在 0.7071 pf 超前

如果線路電流為 84.6 A rms，負載的線路電壓為 208 V rms，以及組合負載的 pf 為 0.8 滯後，試計算該未知的負載。

12.81 一個專業的中心是由一個平衡三相電源供電。該中心有四個平衡三相負載如下：

負載 1：150 kVA 在 0.8 pf 超前

負載 2：100 kW 在 pf = 1

負載 3：200 kVA 在 0.6 pf 滯後

負載 4：80 kW 和 95 kVAR (電感性)

如果每相的線路阻抗為 $0.02 + j0.05\ \Omega$，且負載的電路電壓為 480 V，試求電源線電壓的大小。

12.82 一個平衡三相系統具有每相阻抗為 $2 + j6\ \Omega$ 的配電線路，該系統供電給二個並聯的三相負載。第一個為平衡 Y-接負載，且在 0.8 滯後的功率因數下吸收 400 kVA。第二個為平衡 Δ-接負載，且每相阻抗為 $10 + j8\ \Omega$。如果負載線路電壓的大小為 2400 V rms，試計算電源線路電壓的大小和供應給二個負載的總複數功率。

12.83 在 95% 和 0.707 的滯後功率因數下，市售的三相感應馬達工作在滿載 120 hp (1 hp = 746 W)。該馬達並聯連接到一個 80 kW 且功率因數為 1 的平衡三相電熱器。如果線路電壓大小為 480 V rms，試計算線路電流。

***12.84** 圖 12.76 顯示一個與 440 V 線路電壓連接的三相 Δ-接馬達負載，在 72% 滯後功率因數下吸收 4 kVA。另外，一個 1.8 kVAR 的電容連接在線路 a 與 b 之間，而 800 W 的照明負載連接到線路 c 與中線之間。假設為 abc 相序，且 $\mathbf{V}_{an} = V_p \underline{/0°}$，試求電流 $\mathbf{I}_a$、$\mathbf{I}_b$、$\mathbf{I}_c$ 和 $\mathbf{I}_n$ 的大小和相角。

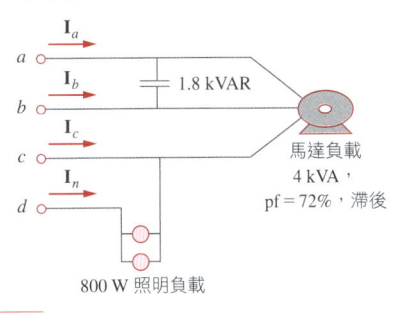

圖 **12.76** 綜合題 12.84 的電路

12.85 利用 Y-接純電阻設計一個適合平衡負載的三相電熱器。假設電熱器由 240 V 線路電壓供電，且提供 27 kW 的熱量。

12.86 試求圖 12.77 的單向三線系統中電流 $\mathbf{I}_{aA}$、$\mathbf{I}_{bB}$ 和 $\mathbf{I}_{nN}$。

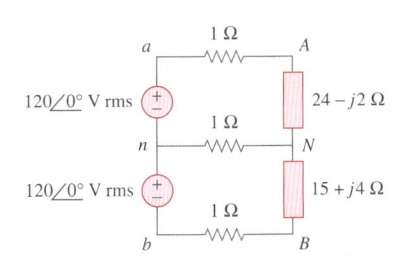

圖 **12.77** 綜合題 12.86 的電路

12.87 考慮圖 12.78 的單相三線系統，試求中線電流和每個電源提供的複數功率。假設 $\mathbf{V}_s$ 為 $115\underline{/0°}$ V、60 Hz 的電源。

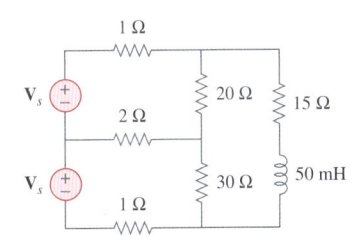

圖 **12.78** 綜合題 12.87 的電路

Chapter 13 磁耦合電路

如果想提升幸福、延長壽命,請忘掉鄰居的缺點……忘掉朋友的怪癖,只記住他們的好,這會讓你喜歡他們……忘掉昨天一切不愉快的事情;在今天開始的篇章中寫下可愛討喜的事情。

—— 無名氏

加強你的技能和職能

電磁學領域的職業生涯

電磁學是電子工程 (或物理學) 的分支,處理電場和磁場的分析和應用。在電磁學中,電路分析適用於低頻範圍。

電磁學原理 (EM) 被應用於各種專業學科,如電機機械、機電能量轉換、雷達氣象學、遠距感測、衛星通訊、生物電磁學、電磁干擾和相容性、等離子體,以及光纖。電磁裝置包括電動馬達和發電機、變壓器、電磁鐵、磁懸浮、天線、雷達、微波爐、微波反射器、超導體,以及心電圖。這些設備的設計需要對電磁的規律和原理有透澈的瞭解。

太空衛星的遙測接收站。
Digital Vision/Getty Images

電磁學被視為在電機工程中一個比較困難的學科。其中一個原因是電磁現象是相當抽象的。但如果一個喜歡用數學工作的人,能夠將無形的電磁波可視化,就應該考慮成為電磁學的專家,因為很少有電機工程師專注於這個領域。在微波行業,像是電台/電視台/廣播電台、電磁研究實驗室和一些通訊產業,需要專門從事電磁方面的電機工程師。

～歷史人物～

詹姆士‧克拉克‧馬克士威 (James Clerk Maxwell, 1831-1879) 畢業於劍橋大學數學系，於 1865 年寫了一篇有關以數學方式統一法拉第和安培定律的出色論文。該電場和磁場之間的關係，成為後來研究電磁場和電磁波的理論基礎，以及學習電機工程的一個重要領域。美國電機與電子工程師學會 (IEEE) 使用該原理的圖形作為商標，其中，直線箭頭表示電流、彎曲箭頭表示電磁場。這種關係通常被稱為**右手定則** (right-hand rule)。馬克士威是一位非常活躍的理論家和科學家。他因"馬克士威方程組"而聞名。磁通量的單位——馬克士威——就是以他的名字命名。

Bettmann/Getty Images

13.1　簡介

到目前為止所介紹的電路被視為通過電流傳導的**耦合電路** (conductively coupled)，因為一個迴路通過電流傳導會影響相鄰的迴路。當二個相互接觸或二個不接觸的迴路時，每個迴路將產生磁場而相互影響，這就是**磁耦合** (magnetically coupled)。

變壓器是基於磁耦合概念所設計的電子裝置。它採用磁耦合線圈將能量從一個電路傳遞到另一個電路。變壓器是重要的電路元件。在電力系統中，提升或降低交流電壓或交流電流。在無線電收音機或電視接收器中，利用變壓器作為阻抗匹配，也可以提升或降低交流電壓或交流電流。

首先介紹互感的概念，並引入用於確定電感耦合元件電壓極性的標記法則。基於互感的概念，再介紹電路元件——**變壓器** (transformer)，包括線性變壓器、理想變壓器、理想的自耦變壓器和三相變壓器。最後，在重要的應用中，將討論變壓器作為隔離元件或匹配元件的應用，以及變壓器在配電方面的應用。

13.2　互感

當二個電感 (或線圈) 彼此靠近時，電流流過其中一個線圈引起的磁通量會影響另一個線圈，從而在另一個線圈中產生感應電壓，這種現象稱為**互感** (mutual inductance)。

首先介紹一個 N 匝線圈的電感。當電流 i 流經線圈，它的周圍將產生磁通量 (如圖 13.1 所示)。根據法拉第定律，該線圈的感應電壓 v 正比於匝數 N 和隨時間變化的磁通量 ϕ；即

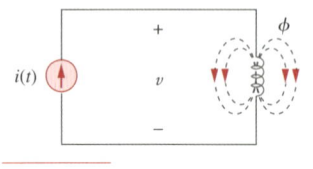

圖 13.1　通過 N 匝單一線圈產生的磁通量

$$v = N\frac{d\phi}{dt} \tag{13.1}$$

磁通量 ϕ 是由電流 i 產生的,所以電流的改變將影響磁通量的改變。因此,(13.1) 式可改寫如下:

$$v = N\frac{d\phi}{di}\frac{di}{dt} \tag{13.2}$$

或

$$v = L\frac{di}{dt} \tag{13.3}$$

這就是電感的電壓-電流關係。從 (13.2) 式和 (13.3) 式,得電感的電感值 L 如下:

$$L = N\frac{d\phi}{di} \tag{13.4}$$

此電感通稱為**自感** (self-inductance),因為它代表感應線圈上的電壓與同一線圈中時變電流的關係。

現在介紹相鄰二個線圈 L_1 和 L_2 的自感 (如圖 13.2 所示),線圈 1 有 N_1 匝,而線圈 2 有 N_2 匝。為了簡單起見,假設第二個電感不攜帶電流。由線圈 1 所產生的磁通量 ϕ_1 有二個成分:其中一個分量 ϕ_{11} 只連接到電感 1,而 ϕ_{12} 分量則連結到二個電感上。因此,

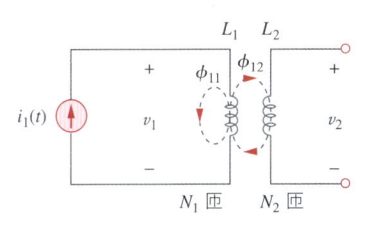

圖 13.2 線圈 2 相對於線圈 1 的互感量 M_{21}

$$\phi_1 = \phi_{11} + \phi_{12} \tag{13.5}$$

雖然這兩個線圈物理上是分離的,但是這種互感現象稱為**磁耦合** (magnetically coupled)。因為整個磁通量 ϕ_1 連結到線圈 1,所以線圈 1 的感應電壓為

$$v_1 = N_1\frac{d\phi_1}{dt} \tag{13.6}$$

只有磁通量 ϕ_{12} 連結到線圈 2,所以線圈 2 的感應電壓為

$$v_2 = N_2\frac{d\phi_{12}}{dt} \tag{13.7}$$

同理,磁通量是因為電流 i_1 流過線圈 1 所產生的,所以 (13.6) 式可改寫如下:

$$v_1 = N_1\frac{d\phi_1}{di_1}\frac{di_1}{dt} = L_1\frac{di_1}{dt} \tag{13.8}$$

其中 $L_1 = N_1\,d\phi_1/di_1$ 是線圈 1 的自感。同理,(13.7) 式可改寫如下:

$$v_2 = N_2\frac{d\phi_{12}}{di_1}\frac{di_1}{dt} = M_{21}\frac{di_1}{dt} \tag{13.9}$$

其中

$$M_{21} = N_2 \frac{d\phi_{12}}{di_1} \tag{13.10}$$

M_{21} 稱為線圈 2 相對於線圈 1 的互感。互感 M_{21} 的下標 21 表示線圈 2 中電壓對線圈 1 中電流的感應。因此，線圈 2 的開路**互感電壓** (mutual voltage，或感應電壓) 為

$$\boxed{v_2 = M_{21} \frac{di_1}{dt}} \tag{13.11}$$

假設令電流 i_2 流經線圈 2，而線圈 1 沒有電流 (如圖 13.3 所示)。線圈 2 產生的磁通量 ϕ_2 包括只連結到線圈 2 的磁通量 ϕ_{22} 和連結 2 個線圈的磁通量 ϕ_{21}。因此，

$$\phi_2 = \phi_{21} + \phi_{22} \tag{13.12}$$

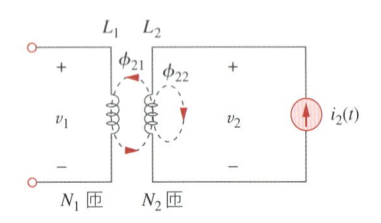

圖 13.3 線圈 1 相對於線圈 2 的互感量 M_{12}

上式表示連結到線圈 2 的全部磁通量 ϕ_2，所以線圈 2 的感應電壓為

$$v_2 = N_2 \frac{d\phi_2}{dt} = N_2 \frac{d\phi_2}{di_2}\frac{di_2}{dt} = L_2 \frac{di_2}{dt} \tag{13.13}$$

其中 $L_2 = N_2\, d\phi_2/di_2$ 是線圈 2 的自感。因為連結到線圈 1 的磁通量只有 ϕ_{21}，所以線圈 1 的感應電壓為

$$v_1 = N_1 \frac{d\phi_{21}}{dt} = N_1 \frac{d\phi_{21}}{di_2}\frac{di_2}{dt} = M_{12} \frac{di_2}{dt} \tag{13.14}$$

其中

$$M_{12} = N_1 \frac{d\phi_{21}}{di_2} \tag{13.15}$$

M_{12} 為線圈 2 相對於線圈 1 的互感。因此，線圈 1 的開路互感電壓為

$$\boxed{v_1 = M_{12} \frac{di_2}{dt}} \tag{13.16}$$

下一節將會證明 M_{12} 和 M_{21} 是相等的，即

$$M_{12} = M_{21} = M \tag{13.17}$$

其中 M 稱為二個線圈之間的互感。與自感 L 一樣，互感的量測單位為亨利 (H)。記住：只有二個電感或二個線圈非常靠近，而且電路是由時變電源所驅動時，才存在互感耦合。因為對直流電源而言電感為短路。

從圖 13.2 和圖 13.3 二種情況得知，如果感應電壓是由另一個電路的時變電流造成的，則存在互感。這是一個電感的特性，在鄰近的另一電感產生一個電壓反作用到一個時變電流上。因此，

> 互感是一個電感在其相鄰電感感應電壓的能力，測量單位為亨利 (H)。

雖然互感 M 始終是一個正數，但是互感電壓 $M\,di/dt$ 則可以是負數或正數，正如自感電壓 $L\,di/dt$ 一樣。但是與自感電壓 $L\,di/dt$ 不同的是，它的極性由電流的參考方向和電壓的參考極性決定 (根據被動符號規則)。因為互感包含四個端點，所以互感電壓 $M\,di/dt$ 的極性不容易決定。正確選擇 $M\,di/dt$ 極性的方法是，檢查二個線圈的實際纏繞方向，並利用冷次定律和右手定則來判斷感應電壓的極性。因為在電路圖上不容易顯示線圈的構造細節，所以在電路分析中通常採用極性點的規則。根據此規則，極性點被放在電路中二個磁耦合線圈之每個線圈的一端，用來表示電流流入該點線圈的磁通量方向，如圖 13.4 所示。如果在已知電路中，除了線圈，並在線圈上標記了圓點，則不必操心如何放置它們。透過這些圓點和極性點的規則，即可確定互感電壓的極性。極性點的規則如下：

> 如果電流流入線圈的極性點端，則在第二個線圈的極性點端的互感參考極性為正。

反之，

> 如果電流流出線圈的極性點端，則在第二個線圈的極性點端的互感參考極性為負。

因此，互感電壓的參考極性是根據感應電流的參考方向和耦合線圈的極性點來決定的。極性點規則在四個互感耦合線圈的應用如圖 13.5 所示。對於圖 13.5(a) 的耦合線圈，互感電壓 v_2 的符號決定於 v_2 的參考極性和 i_1 的方向，因為 i_1 流入線圈 1

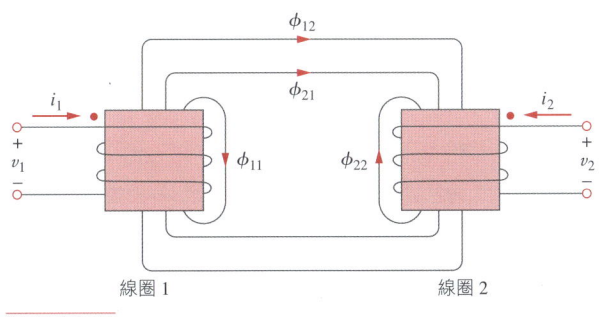

圖 13.4 極性點規則的圖解

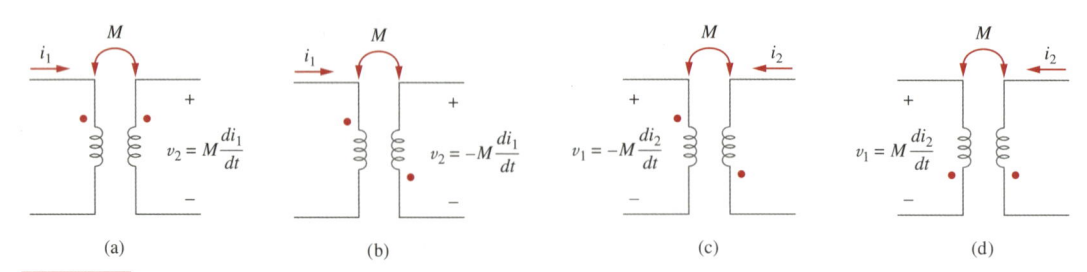

圖 13.5 如何應用極性點規則的圖解範例

的極性點端，且在線圈 2 極性點端的 v_2 為正，所以互感電壓為 $+M\,di_1/dt$。對於圖 13.5(b) 的線圈，電流 i_1 流入線圈 1 的極性點端，且在線圈 2 極性點端的 v_2 為負。因此，互感電壓為 $-M\,di_1/dt$。在圖 13.5(c) 和圖 13.5(d) 的線圈應用相同的方法可得互感電壓的正負值。

圖 13.6 顯示串聯耦合線圈的極性點規則。對於圖 13.6(a) 的線圈，其總電感為

$$L = L_1 + L_2 + 2M \qquad \text{(同向串聯連接)} \tag{13.18}$$

對於圖 13.6(b) 的線圈，

$$L = L_1 + L_2 - 2M \qquad \text{(反向串聯連接)} \tag{13.19}$$

現在知道如何決定互感電壓的極性之後，可以進行包含互感電路的分析。如圖 13.7(a) 所示的第一個範例，對線圈 1 應用 KVL 得

$$v_1 = i_1 R_1 + L_1 \frac{di_1}{dt} + M \frac{di_2}{dt} \tag{13.20a}$$

對線圈 2 應用 KVL 得

$$v_2 = i_2 R_2 + L_2 \frac{di_2}{dt} + M \frac{di_1}{dt} \tag{13.20b}$$

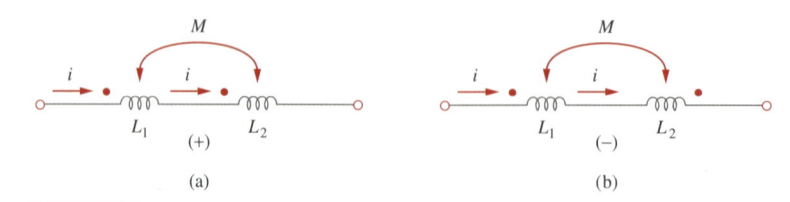

圖 13.6 串聯線圈的極性點規則；符號表示互感電壓的極性：(a) 同向串聯連接，(b) 反向串聯連接

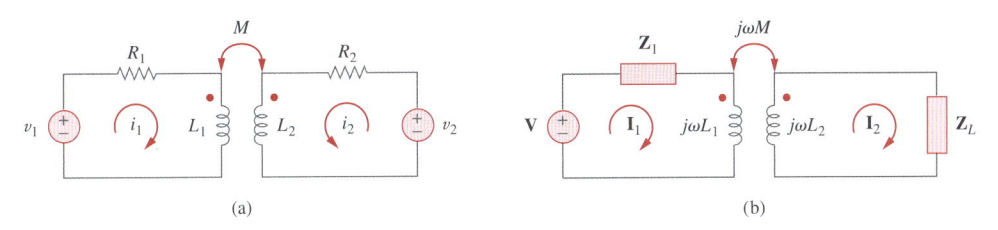

圖 13.7 (a) 包含耦合線圈的時域分析，(b) 包含耦合線圈的頻域分析

(13.20) 式的頻域表示式為

$$\mathbf{V}_1 = (R_1 + j\omega L_1)\mathbf{I}_1 + j\omega M\mathbf{I}_2 \tag{13.21a}$$

$$\mathbf{V}_2 = j\omega M\mathbf{I}_1 + (R_2 + j\omega L_2)\mathbf{I}_2 \tag{13.21b}$$

如圖 13.7(b) 所示的第二個範例，對線圈 1 應用 KVL 得頻域表示式為

$$\mathbf{V} = (\mathbf{Z}_1 + j\omega L_1)\mathbf{I}_1 - j\omega M\mathbf{I}_2 \tag{13.22a}$$

對線圈 2 應用 KVL 得

$$0 = -j\omega M\mathbf{I}_1 + (\mathbf{Z}_L + j\omega L_2)\mathbf{I}_2 \tag{13.22b}$$

使用一般方法求解 (13.21) 式和 (13.22) 式可得各電流。

　　確保解決問題的重要事情之一是在解題過程中能夠檢查每一個步驟，並且確保假設可以被驗證。很多時候，求解互感耦合電路需要追蹤有關跡象的二個或多個步驟，以及互感電壓值。

　　經驗證明，如果把問題分解成求值的步驟和把符號作為單獨的步驟，則求解的結果容易追蹤。建議在分析包含圖 13.8(a) 的互感耦合電路時，使用圖 13.8(b) 的模型。

　　注意：在這個模型中並未包含符號，原因是先求感應電壓的值，再決定適當的符號。很顯然地，$\mathbf{I}_1$ 對第二線圈的感應電壓值為 $j\omega\mathbf{I}_1$ 和 $\mathbf{I}_2$ 對第一線圈的感應電壓值為 $j\omega\mathbf{I}_2$。當得到這些值以後，下一步則使用二個電路求出獨立電源的正確符號如圖 13.8(c) 所示。

　　因為 $\mathbf{I}_1$ 從 L_1 極性端點流入，所以在 L_2 感應一個電壓，驅使電流 $\mathbf{I}_2$ 從 L_2 的極

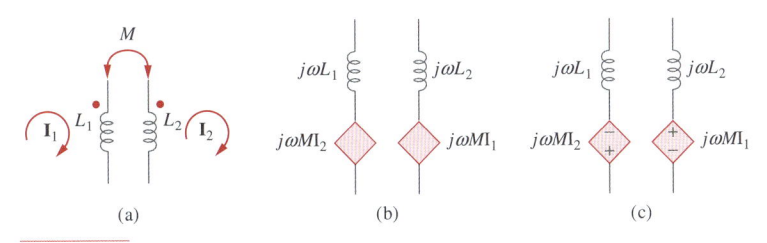

圖 13.8 使互感耦合分析容易求解的模型

性端點流出。意思是電源的頂端為正和底端為負，如圖 13.8(c) 所示。I_2 從 L_2 極性端點流出，所以在 L_1 感應一個電壓，驅使電流 I_1 從 L_1 的極性端點流入。意思是獨立電源的底端為正和頂端為負，如圖 13.8(c) 所示。現在要做的是，分析此包含二個獨立電源的電路。這個分析過程可以檢查每一個假設。

在這個入門階段，先不求線圈的互感值和極性點的位置。例如，R、L 和 C，互感 M 的計算應該將在電磁學的理論應用到線圈的實際物理屬性中。本章假設互感和極性端點的位置在電路問題中為"已知的"，如同電路元件 R、L 和 C 一樣。

範例 13.1 試計算圖 13.9 電路的網目電流 I_1 和 I_2。

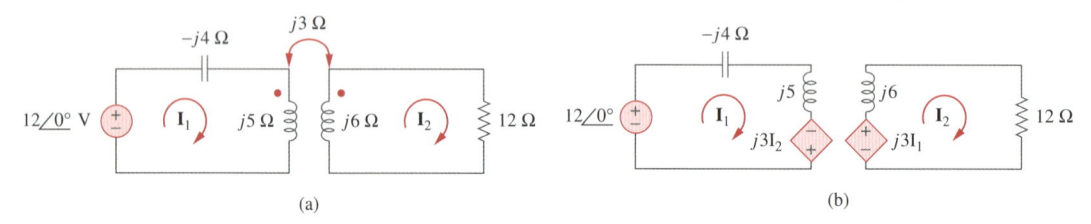

圖 13.9 範例 13.1 的電路

解： 對迴路 1 應用 KVL 得

$$-12 + (-j4 + j5)I_1 - j3I_2 = 0$$

或

$$jI_1 - j3I_2 = 12 \qquad (13.1.1)$$

對迴路 2 應用 KVL 得

$$-j3I_1 + (12 + j6)I_2 = 0$$

或

$$I_1 = \frac{(12 + j6)I_2}{j3} = (2 - j4)I_2 \qquad (13.1.2)$$

將 (13.1.2) 式代入 (13.1.1) 式得

$$(j2 + 4 - j3)I_2 = (4 - j)I_2 = 12$$

或

$$I_2 = \frac{12}{4 - j} = 2.91\underline{/14.04°} \text{ A} \qquad (13.1.3)$$

從 (13.1.2) 式和 (13.1.3) 式得

$$\mathbf{I}_1 = (2 - j4)\mathbf{I}_2 = (4.472\underline{/-63.43°})(2.91\underline{/14.04°})$$
$$= 13.01\underline{/-49.39°} \text{ A}$$

練習題 13.1 試求圖 13.10 電路的電壓 $\mathbf{V}_o$。

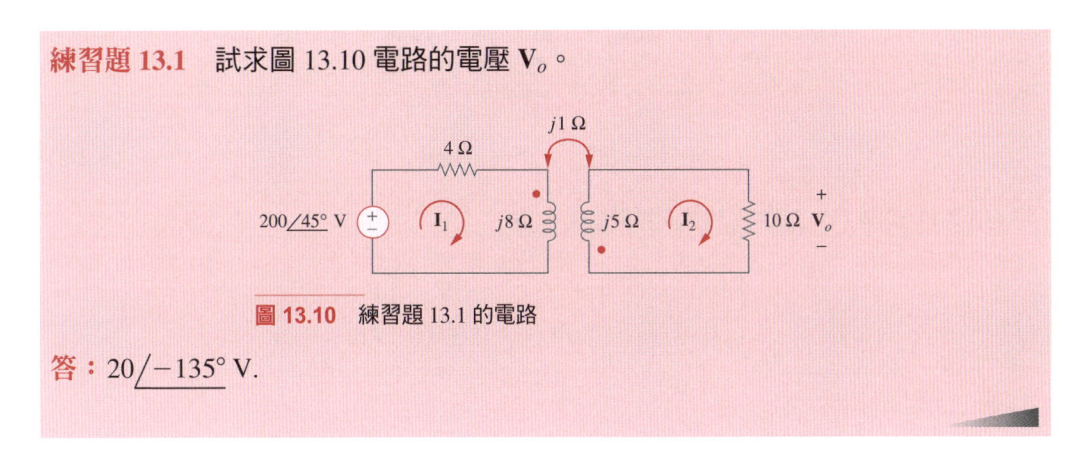

圖 13.10 練習題 13.1 的電路

答：$20\underline{/-135°}$ V.

試計算圖 13.11 電路的網目電流。

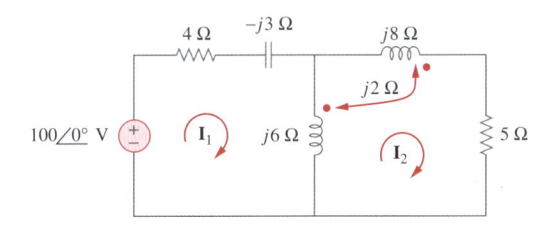

範例 13.2

圖 13.11 範例 13.2 的電路

解：分析磁耦合電路的關鍵是要知道互感電壓的極性，這需要應用極性點規則。在圖 13.11 中，假設線圈 1 的電阻值為 6 Ω 和線圈 2 的電阻值為 8 Ω。要弄清楚 $\mathbf{I}_2$ 對線圈 1 感應電壓的極性，則需觀察 $\mathbf{I}_2$ 流出線圈 2 的極性端點。因為以順時針方向應用 KVL，暗示這互感電壓的極性為負，即 $-j2\mathbf{I}_2$。

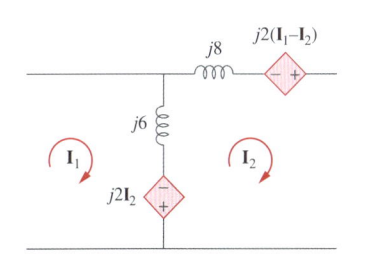

另外，透過重畫電路的相關部分，可以找出互感電壓的極性，如圖 13.12 所示。如此便可得到互感電壓為 $\mathbf{V}_1 = -2j\mathbf{I}_2$

圖 13.12 範例 13.2 顯示互感電壓極性的模型

因此，對圖 13.11 的網目 1 應用 KVL 得

$$-100 + \mathbf{I}_1(4 - j3 + j6) - j6\mathbf{I}_2 - j2\mathbf{I}_2 = 0$$

或

$$100 = (4 + j3)\mathbf{I}_1 - j8\mathbf{I}_2 \qquad (13.2.1)$$

同樣地，要確定由於電流 $\mathbf{I}_1$ 在線圈 2 產生的互感電壓，需重畫電路的相關部分，如圖 13.12 所示。應用極性點規則可得互感電壓為 $\mathbf{V}_2 = -2j\mathbf{I}_1$。而且，從圖 13.11

得知，電流 $\mathbf{I}_2$ 所經過的二個線圈是串聯的，因為電流都是從二個線圈的極性點端流出的，所以適用 (13.18) 式。因此，對圖 13.11 的網目 2 應用 KVL 得

$$0 = -2j\mathbf{I}_1 - j6\mathbf{I}_1 + (j6 + j8 + j2 \times 2 + 5)\mathbf{I}_2$$

或

$$0 = -j8\mathbf{I}_1 + (5 + j18)\mathbf{I}_2 \tag{13.2.2}$$

將 (13.2.1) 式與 (13.2.2) 式放入矩陣形式，得

$$\begin{bmatrix} 100 \\ 0 \end{bmatrix} = \begin{bmatrix} 4 + j3 & -j8 \\ -j8 & 5 + j18 \end{bmatrix} \begin{bmatrix} \mathbf{I}_1 \\ \mathbf{I}_2 \end{bmatrix}$$

相關的行列式值為

$$\Delta = \begin{vmatrix} 4 + j3 & -j8 \\ -j8 & 5 + j18 \end{vmatrix} = 30 + j87$$

$$\Delta_1 = \begin{vmatrix} 100 & -j8 \\ 0 & 5 + j18 \end{vmatrix} = 100(5 + j18)$$

$$\Delta_2 = \begin{vmatrix} 4 + j3 & 100 \\ -j8 & 0 \end{vmatrix} = j800$$

因此，可得網目電流如下：

$$\mathbf{I}_1 = \frac{\Delta_1}{\Delta} = \frac{100(5 + j18)}{30 + j87} = \frac{1,868.2\underline{/74.5°}}{92.03\underline{/71°}} = 20.3\underline{/3.5°} \text{ A}$$

$$\mathbf{I}_2 = \frac{\Delta_2}{\Delta} = \frac{j800}{30 + j87} = \frac{800\underline{/90°}}{92.03\underline{/71°}} = 8.693\underline{/19°} \text{ A}$$

練習題 13.2 試計算圖 13.13 電路的網目電流 $\mathbf{I}_1$ 和 $\mathbf{I}_2$。

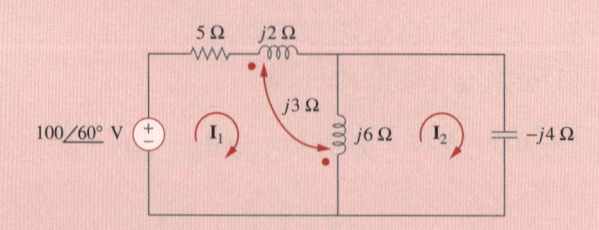

圖 13.13 練習題 13.2 的電路

答： $\mathbf{I}_1 = 17.889\underline{/86.57°}$ A, $\mathbf{I}_2 = 26.83\underline{/86.57°}$ A.

13.3　耦合電路的能量 (Energy in a Coupled Circuit)

從第 6 章得知,儲存在電感上的能量為

$$w = \frac{1}{2}Li^2 \tag{13.23}$$

下面將要求解儲存在磁耦合線圈的能量。

考慮圖 13.14 的電路,假設電流 i_1 和 i_2 的初值為零,所以儲存在線圈的能量為零。如果保持 $i_2 = 0$,而令 i_1 從零增加到 I_1,則線圈 1 中的功率為

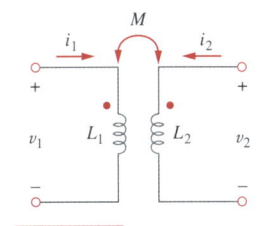

$$p_1(t) = v_1 i_1 = i_1 L_1 \frac{di_1}{dt} \tag{13.24}$$

圖 13.14　求儲存在耦合電路中能量的電路

且儲存在電路中的能量為

$$w_1 = \int p_1 \, dt = L_1 \int_0^{I_1} i_1 \, di_1 = \frac{1}{2} L_1 I_1^2 \tag{13.25}$$

如果保持 $i_1 = I_1$,而令 i_2 從零增加到 I_2,則線圈 1 中的互感電壓為 $M_{12} di_2/dt$,而線圈 2 中的互感電壓為零,因為 i_1 沒有改變。現在線圈中的功率為

$$p_2(t) = i_1 M_{12} \frac{di_2}{dt} + i_2 v_2 = I_1 M_{12} \frac{di_2}{dt} + i_2 L_2 \frac{di_2}{dt} \tag{13.26}$$

且儲存在電路中的能量為

$$w_2 = \int p_2 \, dt = M_{12} I_1 \int_0^{I_2} di_2 + L_2 \int_0^{I_2} i_2 \, di_2$$

$$= M_{12} I_1 I_2 + \frac{1}{2} L_2 I_2^2 \tag{13.27}$$

當 i_1 和 i_2 到達恆定值時,線圈的總儲存能量為

$$w = w_1 + w_2 = \frac{1}{2} L_1 I_1^2 + \frac{1}{2} L_2 I_2^2 + M_{12} I_1 I_2 \tag{13.28}$$

如果交換上述電流到達其最終值的順序。亦即,先令 i_2 從零增加到 I_2,然後再令 i_1 從零增加到 I_1,則線圈的總儲存能量為

$$w = \frac{1}{2} L_1 I_1^2 + \frac{1}{2} L_2 I_2^2 + M_{21} I_1 I_2 \tag{13.29}$$

無論電流到達最終值的條件為何，其儲存的總能量應該相同。因此，比較 (13.28) 式與 (13.29) 式，得結論如下：

$$M_{12} = M_{21} = M \tag{13.30a}$$

且

$$w = \frac{1}{2}L_1I_1^2 + \frac{1}{2}L_2I_2^2 + MI_1I_2 \tag{13.30b}$$

上面方程式的推導是假設線圈的電流都是從極性點流入的。如果其中一個電流是從極性點流入，而另一個電流是從極性點流出，則互感電壓為負值，所以互感能量 MI_1I_2 也是負值。在這種情況下，

$$w = \frac{1}{2}L_1I_1^2 + \frac{1}{2}L_2I_2^2 - MI_1I_2 \tag{13.31}$$

同時，因為 I_1 和 I_2 為任意值，所以可以用 i_1 和 i_2 取代。因此，儲存在電路中瞬間能量的一般表示式為

$$w = \frac{1}{2}L_1i_1^2 + \frac{1}{2}L_2i_2^2 \pm Mi_1i_2 \tag{13.32}$$

選擇正號表示二個電流都是從線圈極性點流入或都是從線圈極性點流出的互感。否則，選擇負號。

接下來將建立互感 M 的上限。儲存在線圈的能量不能為負值，因為電路是被動的。意思是 $1/2L_1i_1^2 + 1/2L_2i_2^2 - Mi_1i_2$ 值必須大於或等於零：

$$\frac{1}{2}L_1i_1^2 + \frac{1}{2}L_2i_2^2 - Mi_1i_2 \geq 0 \tag{13.33}$$

為了完全平方，在 (13.33) 式的等號左邊同時加上和減去 $i_1i_2\sqrt{L_1L_2}$ 項，則得

$$\frac{1}{2}(i_1\sqrt{L_1} - i_2\sqrt{L_2})^2 + i_1i_2(\sqrt{L_1L_2} - M) \geq 0 \tag{13.34}$$

平方項永遠不會是負值，平方項的最小值是零。因此，(13.34) 式等號左邊的第二項必須大於零，即

$$\sqrt{L_1L_2} - M \geq 0$$

或

$$M \leq \sqrt{L_1 L_2} \qquad (13.35)$$

因此,互感 M 不能大於線圈自感的幾何平均值。互感 M 接近於上限的範圍被稱為**耦合係數** (coefficient of coupling) k,如下:

$$k = \frac{M}{\sqrt{L_1 L_2}} \qquad (13.36)$$

或

$$\boxed{M = k\sqrt{L_1 L_2}} \qquad (13.37)$$

其中 $0 \leq k \leq 1$,或等效於 $0 \leq M \leq \sqrt{L_1 L_2}$。耦合係數是一個線圈的總磁通量與另一個線圈鏈接的分數。以圖 13.2 為例如下:

$$k = \frac{\phi_{12}}{\phi_1} = \frac{\phi_{12}}{\phi_{11} + \phi_{12}} \qquad (13.38)$$

且以圖 13.3 為例如下:

$$k = \frac{\phi_{21}}{\phi_2} = \frac{\phi_{21}}{\phi_{21} + \phi_{22}} \qquad (13.39)$$

如果一個線圈的全部磁通量與另一個線圈鏈接,則 $k = 1$ 且百分之百耦合,或稱此線圈為**完全耦合** (perfectly coupled)。當 $k < 0.5$ 時,則稱此線圈為**鬆散耦合** (loosely coupled);當 $k > 0.5$ 時,則稱此線圈為**緊密耦合** (tightly coupled)。因此,

> **耦合係數 k 是兩個線圈之間磁耦合的量度;$0 \leq k \leq 1$。**

我們期望 k 值取決於二個線圈的接近程度、磁芯、方向和繞線。圖 13.15 顯示二個線圈鬆散耦合和緊密耦合的剖面圖。在射頻電路中所使用的空心變壓器是鬆散耦合,而在電力系統中使用的鐵芯變壓器是緊密耦合。3.4 節討論的線性變壓器大多是空芯的;在 13.5 節和 13.6 節討論的理想變壓器主要是鐵芯。

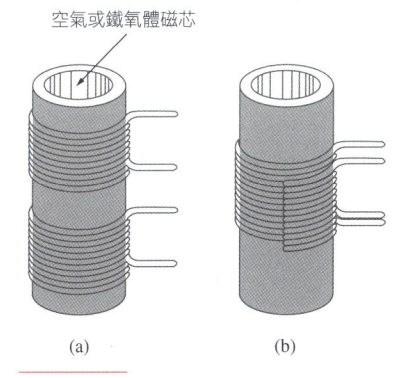

圖 13.15 二個繞線的剖面圖:(a) 鬆散耦合,(b) 緊密耦合

範例 13.3 考慮圖 13.16 的電路，如果 $v = 60\cos(4t + 30°)$ V，試求在時間 $t = 1$ s 時的耦合係數和耦合電感所儲存的能量。

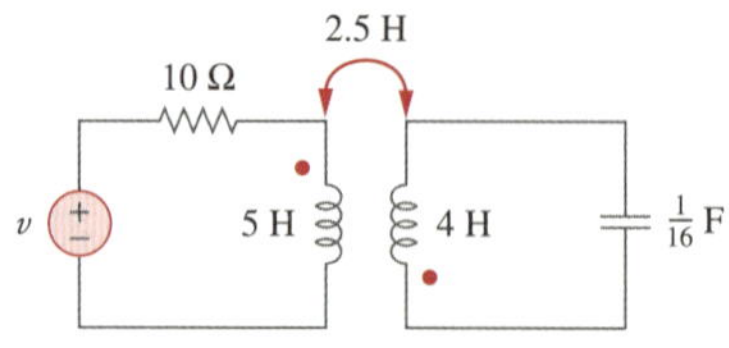

解： 耦合係數為

$$k = \frac{M}{\sqrt{L_1 L_2}} = \frac{2.5}{\sqrt{20}} = 0.56$$

圖 13.16 範例 13.3 的電路

指示所述電感器是緊密耦合。要求儲存的能量，需先計算電流。而要求電流，則需獲得頻域等效電路。

$$\begin{aligned}
60\cos(4t + 30°) &\Rightarrow 60\underline{/30°}, \quad \omega = 4 \text{ rad/s} \\
5\text{ H} &\Rightarrow j\omega L_1 = j20 \ \Omega \\
2.5\text{ H} &\Rightarrow j\omega M = j10 \ \Omega \\
4\text{ H} &\Rightarrow j\omega L_2 = j16 \ \Omega \\
\frac{1}{16}\text{ F} &\Rightarrow \frac{1}{j\omega C} = -j4 \ \Omega
\end{aligned}$$

頻域等效電路如圖 13.17 所示。對網目 1 應用網目分析得

$$(10 + j20)\mathbf{I}_1 + j10\mathbf{I}_2 = 60\underline{/30°} \tag{13.3.1}$$

對網目 2 應用網目分析得

$$j10\mathbf{I}_1 + (j16 - j4)\mathbf{I}_2 = 0$$

或

$$\mathbf{I}_1 = -1.2\mathbf{I}_2 \tag{13.3.2}$$

將上式代入 (13.3.1) 式得

$$\mathbf{I}_2(-12 - j14) = 60\underline{/30°} \quad \Rightarrow \quad \mathbf{I}_2 = 3.254\underline{/160.6°} \text{ A}$$

且

$$\mathbf{I}_1 = -1.2\mathbf{I}_2 = 3.905\underline{/-19.4°} \text{ A}$$

在時域中，

$$i_1 = 3.905\cos(4t - 19.4°), \quad i_2 = 3.254\cos(4t + 160.6°)$$

在時間 $t = 1$ s，$4t = 4$ rad $= 229.2°$，且

$$i_1 = 3.905\cos(229.2° - 19.4°) \doteq -3.389 \text{ A}$$
$$i_2 = 3.254\cos(229.2° + 160.6°) = 2.824 \text{ A}$$

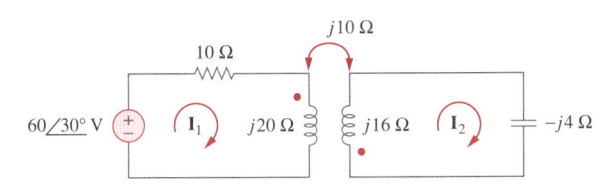

圖 13.17 圖 13.16 電路的頻域等效電路

耦合電感上的總儲存能量為

$$w = \frac{1}{2}L_1 i_1^2 + \frac{1}{2}L_2 i_2^2 + Mi_1 i_2$$

$$= \frac{1}{2}(5)(-3.389)^2 + \frac{1}{2}(4)(2.824)^2 + 2.5(-3.389)(2.824) = 20.73 \text{ J}$$

練習題 13.3 試求圖 13.18 電路的耦合係數，以及在 $t = 1.5$ s 時儲存在耦合電感上的能量。

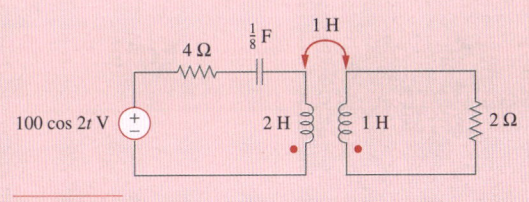

圖 13.18 練習題 13.3 的電路

答： 0.7071, 246.2 J.

13.4 線性變壓器 (Linear Transformers)

本節介紹一個新電路元件──變壓器。變壓器是利用互感現象設計的磁耦合元件。

變壓器通常是包含二個 (或多個) 磁耦合線圈的四端器件。

如圖 13.19 所示，直接連接到電壓源的線圈稱為**一次側線圈** (primary winding)。連接到負載線圈稱為**二次側線圈** (secondary winding)。電阻 R_1 和 R_2 被用來計算線圈的損耗 (功率消耗)。如果線圈被繞在磁性線性材料上，則為線性變壓器──線性材料的磁導率是恆定的。這種材料包括空氣、塑膠、膠木和木材。事實上，大部分的材料都是磁性線性材料。線性變壓器有時被稱為**空心變壓器** (air-core transformers)，雖然並非全部都是空心的。線性變壓器被用在廣播和電視。圖 13.20 顯示不同類型的變壓器。

> 線性變壓器也可視為一個磁通量正比於線圈電流的變壓器。

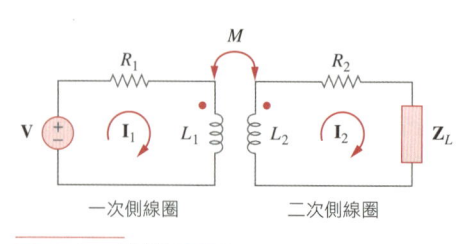

圖 13.19 線性變壓器

圖 13.20 不同類型的變壓器：(a) 大型變電所變壓器 (James Watson 公司提供)，(b) 音頻變壓器 (Jensen Transformers 公司提供)

因為 Z_{in} 決定一次電路的特性，所以下面將計算從電源看進去的輸入阻抗 Z_{in}。在圖 13.19 的二個網目應用 KVL 得

$$\mathbf{V} = (R_1 + j\omega L_1)\mathbf{I}_1 - j\omega M\mathbf{I}_2 \tag{13.40a}$$

$$0 = -j\omega M\mathbf{I}_1 + (R_2 + j\omega L_2 + \mathbf{Z}_L)\mathbf{I}_2 \tag{13.40b}$$

在 (13.40b) 式中，以 $\mathbf{I}_1$ 方程式來表示 $\mathbf{I}_2$，並代入 (13.40a) 式得

$$\mathbf{Z}_{in} = \frac{\mathbf{V}}{\mathbf{I}_1} = R_1 + j\omega L_1 + \frac{\omega^2 M^2}{R_2 + j\omega L_2 + \mathbf{Z}_L} \tag{13.41}$$

注意：上式的輸入包含了二項。第一項為一次阻抗 $(R_1 + j\omega L_1)$，第二項是由於一次側線圈和二次側線圈之間的耦合阻抗，這個阻抗是由二次側反射到一次側，因此也稱為**反射阻抗** (reflected impedance) Z_R，

有些作者稱此為耦合阻抗。

$$\mathbf{Z}_R = \frac{\omega^2 M^2}{R_2 + j\omega L_2 + \mathbf{Z}_L} \tag{13.42}$$

應說明的是，(13.41) 式或 (13.42) 式的結果不受變壓器上點位置的影響，因為以 $-M$ 取代 M 所得的結果相同。

在 13.2 節和 13.3 節分析電磁耦合電路時獲得的一些經驗得知，分析這些電路並不像前幾章的電路一樣簡單。由於這個原因，有時會以沒有磁耦合的等效電路取代磁耦合電路，以便於分析。下面利用沒有互感的 T 等效電路或 Π 等效電路，來取代圖 13.21 線性變壓器。

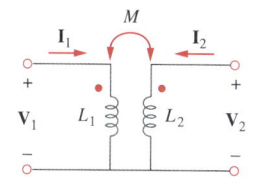

圖 13.21 計算線性變壓器的等效電路

一次側和二次側線圈電壓-電流關係的矩陣方程式為

$$\begin{bmatrix} \mathbf{V}_1 \\ \mathbf{V}_2 \end{bmatrix} = \begin{bmatrix} j\omega L_1 & j\omega M \\ j\omega M & j\omega L_2 \end{bmatrix} \begin{bmatrix} \mathbf{I}_1 \\ \mathbf{I}_2 \end{bmatrix} \tag{13.43}$$

根據矩陣求逆，上式可以寫為

$$\begin{bmatrix} \mathbf{I}_1 \\ \mathbf{I}_2 \end{bmatrix} = \begin{bmatrix} \dfrac{L_2}{j\omega(L_1 L_2 - M^2)} & \dfrac{-M}{j\omega(L_1 L_2 - M^2)} \\ \dfrac{-M}{j\omega(L_1 L_2 - M^2)} & \dfrac{L_1}{j\omega(L_1 L_2 - M^2)} \end{bmatrix} \begin{bmatrix} \mathbf{V}_1 \\ \mathbf{V}_2 \end{bmatrix} \tag{13.44}$$

下面的目的是求得 (13.43) 式和 (13.44) 式對應的 T 或 Π 網路。

對於圖 13.22 所示的 T (或 Y) 網路，利用網目分析得端電壓方程式如下：

$$\begin{bmatrix} \mathbf{V}_1 \\ \mathbf{V}_2 \end{bmatrix} = \begin{bmatrix} j\omega(L_a + L_c) & j\omega L_c \\ j\omega L_c & j\omega(L_b + L_c) \end{bmatrix} \begin{bmatrix} \mathbf{I}_1 \\ \mathbf{I}_2 \end{bmatrix} \tag{13.45}$$

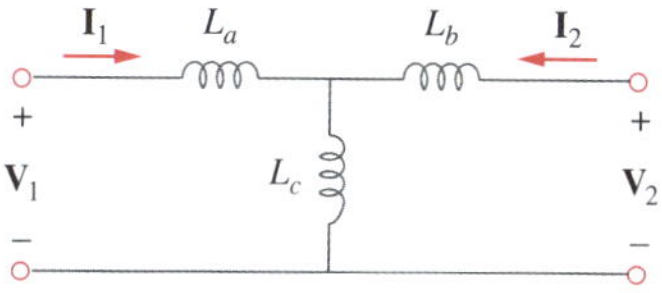

圖 13.22 T 等效電路

如果圖 13.21 和圖 13.22 是等效的，則 (13.43) 式和 (13.45) 式必須相等。所以，(13.43) 式和 (13.45) 式的阻抗矩陣相等如下：

$$L_a = L_1 - M, \quad L_b = L_2 - M, \quad L_c = M \tag{13.46}$$

對於圖 13.23 所示的 Π (或 Δ) 網路，利用節點分析得端電流方程式如下：

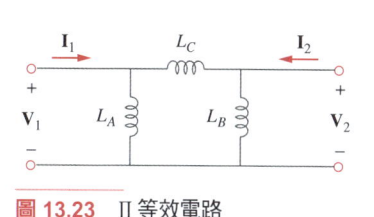

圖 13.23 Π 等效電路

$$\begin{bmatrix} \mathbf{I}_1 \\ \mathbf{I}_2 \end{bmatrix} = \begin{bmatrix} \dfrac{1}{j\omega L_A} + \dfrac{1}{j\omega L_C} & -\dfrac{1}{j\omega L_C} \\ -\dfrac{1}{j\omega L_C} & \dfrac{1}{j\omega L_B} + \dfrac{1}{j\omega L_C} \end{bmatrix} \begin{bmatrix} \mathbf{V}_1 \\ \mathbf{V}_2 \end{bmatrix} \tag{13.47}$$

(13.44) 式和 (13.47) 式的導納矩陣方程式相等如下：

$$L_A = \frac{L_1 L_2 - M^2}{L_2 - M}, \qquad L_B = \frac{L_1 L_2 - M^2}{L_1 - M}$$
$$L_C = \frac{L_1 L_2 - M^2}{M} \tag{13.48}$$

注意：在圖 13.22 和圖 13.23 中，各個電感並沒有電磁耦合。同時，若改變圖 13.21 中極性點的位置可能造成 M 變成 $-M$。範例 13.6 將會說明，負的 M 值是不能實現的，但此等效模型在數學上仍然是有效的。

範例 13.4 在圖 13.24 電路中，假設 $\mathbf{Z}_1 = 60 - j100\ \Omega$、$\mathbf{Z}_2 = 30 + j40\ \Omega$ 和 $\mathbf{Z}_L = 80 + j60\ \Omega$，試計算輸入阻抗和電流 $\mathbf{I}_1$。

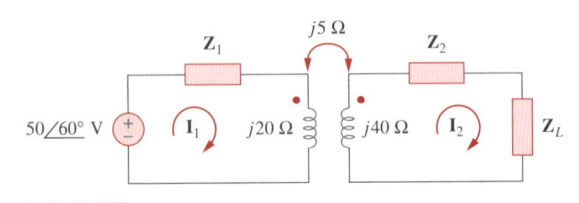

圖 13.24 範例 13.4 的電路

解： 從 (13.41) 式得

$$\begin{aligned}
\mathbf{Z}_{in} &= \mathbf{Z}_1 + j20 + \frac{(5)^2}{j40 + \mathbf{Z}_2 + \mathbf{Z}_L} \\
&= 60 - j100 + j20 + \frac{25}{110 + j140} \\
&= 60 - j80 + 0.14\underline{/-51.84°} \\
&= 60.09 - j80.11 = 100.14\underline{/-53.1°}\ \Omega
\end{aligned}$$

因此，

$$\mathbf{I}_1 = \frac{\mathbf{V}}{\mathbf{Z}_{in}} = \frac{50\underline{/60°}}{100.14\underline{/-53.1°}} = 0.5\underline{/113.1°}\ \text{A}$$

練習題 13.4 試求圖 13.25 電路中輸入阻抗和電壓源的電流。

圖 13.25　練習題 13.4 的電路

答： $8.58\underline{/58.05°}\ \Omega,\ 4.662\underline{/-58.05°}\ A.$

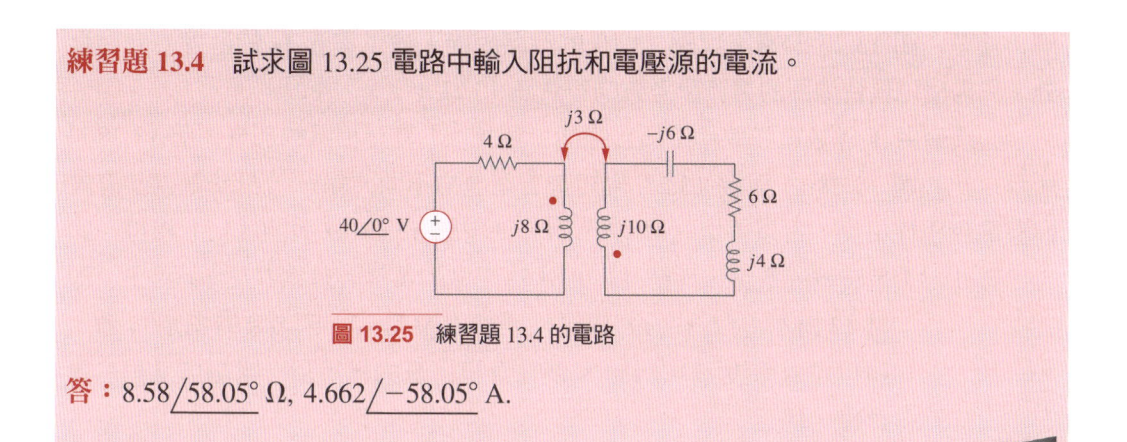

試求圖 13.26(a) 線性變壓器的 T 等效電路。　　**範例 13.5**

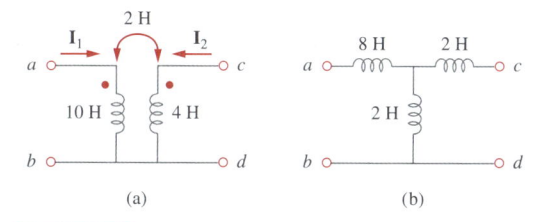

圖 13.26　範例 13.5 的電路：(a) 線性變壓器，(b) T 等效電路

解： 已知 $L_1 = 10$、$L_2 = 4$ 和 $M = 2$，則 T 等效電路的參數如下：

$$L_a = L_1 - M = 10 - 2 = 8\ H$$
$$L_b = L_2 - M = 4 - 2 = 2\ H,\qquad L_c = M = 2\ H$$

T 等效電路如圖 13.26(b) 所示。假設一次側線圈和二次側線圈的電流參考方向與電壓極性和圖 13.21 相同。否則需以 $-M$ 取代 M，如範例 13.6 的說明。

練習題 13.5 試求圖 13.26(a) 線性變壓器的 Π 等效網路。

答： $L_A = 18\ H,\ L_B = 4.5\ H,\ L_C = 18\ H.$

利用 T 等效電路取代線性變壓器，試求圖 13.27 (與練習題 13.1 的電路相同) 的 I_1、I_2、V_o。　　**範例 13.6**

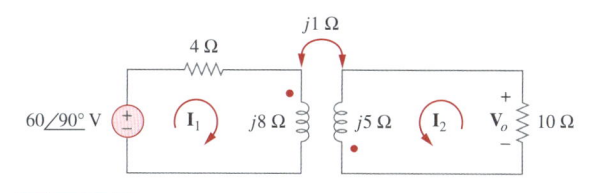

圖 13.27　範例 13.6 的電路

解：注意：圖 13.27 的電路與圖 13.10 的電路相同，除了電流 $\mathbf{I}_2$ 的參考方向相反外。只需使磁耦合線圈的電流參考方向符合圖 13.21。

必須使用 T 等效電路取代磁耦合線圈。圖 13.27 電路相關的部分如圖 13.28(a) 所示。比較圖 13.28(a) 與圖 13.21 得知有二個地方不同。第一，由於電流參考方向與電壓極性相反，所以需以 $-M$ 取代 M，使得圖 13.28(a) 與圖 13.21 相符。第二，圖 13.21 是時域的電路，而圖 13.28(a) 為頻域的電路，差別在於 $j\omega$ 因子；即圖 13.21 中的 L 被 $j\omega L$ 取代、M 被 $j\omega M$ 取代。因為沒有指定 ω 值，所以可以假設 $\omega = 1$ rad/s 或任意值，真的無所謂。牢記這二個差異之後，得

$$L_a = L_1 - (-M) = 8 + 1 = 9 \text{ H}$$
$$L_b = L_2 - (-M) = 5 + 1 = 6 \text{ H}, \qquad L_c = -M = -1 \text{ H}$$

因此，對於耦合線圈的 T 等效電路如圖 13.28(b) 所示。

以圖 13.28(b) 的 T 等效電路取代圖 13.27 的二個線圈，得到圖 13.29 的等效電路，它可使用節點分析法或網目分析法求解該電路。應用網目分析法，可得

$$j6 = \mathbf{I}_1(4 + j9 - j1) + \mathbf{I}_2(-j1) \tag{13.6.1}$$

且

$$0 = \mathbf{I}_1(-j1) + \mathbf{I}_2(10 + j6 - j1) \tag{13.6.2}$$

從 (13.6.2) 式得

$$\mathbf{I}_1 = \frac{(10 + j5)}{j}\mathbf{I}_2 = (5 - j10)\mathbf{I}_2 \tag{13.6.3}$$

將 (13.6.3) 式代入 (13.6.1) 式得

$$j6 = (4 + j8)(5 - j10)\mathbf{I}_2 - j\mathbf{I}_2 = (100 - j)\mathbf{I}_2 \approx 100\mathbf{I}_2$$

因為 100 比 1 大很多，所以 $(100 - j)$ 的虛部可以被忽略，所以 $100 - j \approx 100$。因此，

$$\mathbf{I}_2 = \frac{j6}{100} = j0.06 = 0.06\underline{/90°} \text{ A}$$

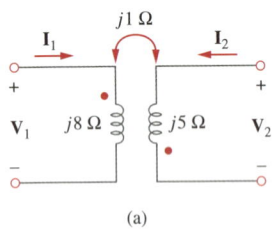

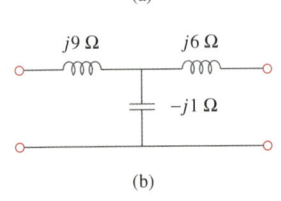

圖 13.28 範例 13.6 的電路：(a) 圖 13.27 電路的耦合線圈，(b) T 等效電路

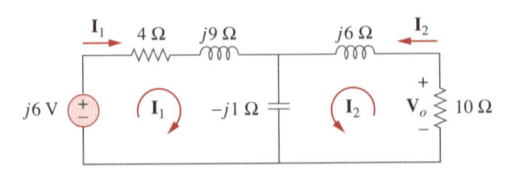

圖 13.29 範例 13.6 的電路

從 (13.6.3) 式得

$$\mathbf{I}_1 = (5 - j10)j0.06 = 0.6 + j0.3 \text{ A}$$

且

$$\mathbf{V}_o = -10\mathbf{I}_2 = -j0.6 = 0.6 \underline{/-90°} \text{ V}$$

這與練習題 13.1 的答案一致。當然，在圖 13.10 中 $\mathbf{I}_2$ 的方向與圖 13.27 中 $\mathbf{I}_2$ 的方向相反。這不會影響 $\mathbf{V}_o$，但本範例中的 $\mathbf{I}_2$ 值為練習題 13.1 中 $\mathbf{I}_2$ 值的負數。對於電磁耦合線圈使用 T 等效電路模型的優點是，不需要理會圖 13.29 中耦合線圈極性點的位置。

> **練習題 13.6** 利用 T 等效電路模型取代範例 13.1 (參見圖 13.9) 中的電磁耦合線圈，並求解範例 13.1。
>
> **答：** $13\underline{/-49.4°}$ A, $2.91\underline{/14.04°}$ A.

13.5 理想變壓器 (Ideal Transformers)

一個理想的變壓器是完全耦合 ($k = 1$) 的變壓器。它由二個 (或多個) 具有大量匝數的線圈纏繞在高導磁率的共同磁芯所組成。由於這種磁芯的高導磁率，所以磁通量與二個線圈的所有匝鏈接，因此得到完全的耦合。

為了說明理想變壓器是二個完全耦合電感，其電感值趨近於無限大的極限情況，下面將重新檢視圖 13.14 電路，在頻域中可得

$$\mathbf{V}_1 = j\omega L_1 \mathbf{I}_1 + j\omega M \mathbf{I}_2 \tag{13.49a}$$

$$\mathbf{V}_2 = j\omega M \mathbf{I}_1 + j\omega L_2 \mathbf{I}_2 \tag{13.49b}$$

從 (13.49a) 式得 $\mathbf{I}_1 = (\mathbf{V}_1 - j\omega M \mathbf{I}_2)/j\omega L_1$ (也可以使用此方程式來推導電流比值，代替使用即將討論的能量守恆)，將其代入 (13.49b) 式得

$$\mathbf{V}_2 = j\omega L_2 \mathbf{I}_2 + \frac{M\mathbf{V}_1}{L_1} - \frac{j\omega M^2 \mathbf{I}_2}{L_1}$$

但是在完全耦合 ($k = 1$) 下 $M = \sqrt{L_1 L_2}$，因此

$$\mathbf{V}_2 = j\omega L_2 \mathbf{I}_2 + \frac{\sqrt{L_1 L_2}\mathbf{V}_1}{L_1} - \frac{j\omega L_1 L_2 \mathbf{I}_2}{L_1} = \sqrt{\frac{L_2}{L_1}}\mathbf{V}_1 = n\mathbf{V}_1$$

其中 $n = \sqrt{L_2/L_1}$ 且稱為完全耦合變壓器的**匝數比** (turns ratio)。當 L_1、L_2、

$M \to \infty$ 時,如此 n 值不變,則耦合線圈變成理想變壓器。如果變壓器有下列特性,則稱為理想變壓器:

1. 線圈有非常大的電阻 (L_1、L_2、$M \to \infty$)。
2. 耦合係數等於 1 ($k = 1$)。
3. 一次側線圈和二次側線圈為零耗損 ($R_1 = 0 = R_2$)。

> 理想變壓器是一個完全耦合且無耗損的變壓器,
> 其中一次側線圈和二次側線圈有無限的自感。

鐵芯變壓器近似理想變壓器,且都用在電力系統和電子設備中。

圖 13.30(a) 顯示一個典型的理想變壓器;它的電路符號如圖 13.30(b) 所示。二個線圈中間的直線表示鐵芯,以便和線性變壓器的空心區別。其中一次側線圈為 N_1 匝;二次側線圈為 N_2 匝。

當正弦電壓加到一次側線圈如圖 13.31 所示,則二個線圈有相同的磁通量 ϕ 通過。根據法拉第定律,一次側線圈上的跨壓為

$$v_1 = N_1 \frac{d\phi}{dt} \tag{13.50a}$$

而二次側線圈上的跨壓為

$$v_2 = N_2 \frac{d\phi}{dt} \tag{13.50b}$$

(13.50b) 式除以 (13.50a) 式,得

$$\frac{v_2}{v_1} = \frac{N_2}{N_1} = n \tag{13.51}$$

其中 n 為匝數比或**轉換率** (transformation ratio)。若改用相量電壓 $\mathbf{V}_1$ 和 $\mathbf{V}_2$,而不是使用瞬間電壓 v_1 和 v_2 來表示;則 (13.51) 式可寫成

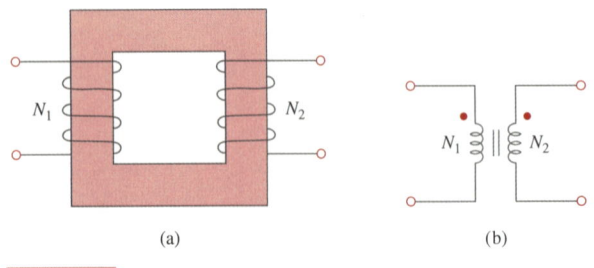

(a) (b)

圖 13.30 (a) 理想變壓器,(b) 理想變壓器的電路符號

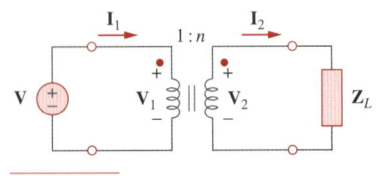

圖 13.31 理想變壓器一次側線圈匝數與二次側線圈匝數的關係

$$\frac{\mathbf{V}_2}{\mathbf{V}_1} = \frac{N_2}{N_1} = n \tag{13.52}$$

因為能量守恆的原因，加到一次側線圈的能量必須等於二次側線圈吸收的能量，因為理想變壓器無耗損。這意味著

$$v_1 i_1 = v_2 i_2 \tag{13.53}$$

在相量形式，(13.53) 式結合 (13.52) 式變成

$$\frac{\mathbf{I}_1}{\mathbf{I}_2} = \frac{\mathbf{V}_2}{\mathbf{V}_1} = n \tag{13.54}$$

上式說明一次側線圈電流和二次側線圈電流的比值與匝數比有關，且反比於相量電壓。因此，

$$\frac{\mathbf{I}_2}{\mathbf{I}_1} = \frac{N_1}{N_2} = \frac{1}{n} \tag{13.55}$$

當 $n = 1$ 時，通常稱此變壓器為**隔離變壓器** (isolation transformer)。在 13.9.1 節將說明此原因。如果 $n > 1$ 時，則稱為**升壓變壓器** (step-up transformer)，因為電壓從一次側到二次側是增加的 ($\mathbf{V}_2 > \mathbf{V}_1$)。如果 $n < 1$ 時，則稱為**降壓變壓器** (step-down transformer)，因為電壓從一次側到二次側是減少的 ($\mathbf{V}_2 < \mathbf{V}_1$)。

降壓變壓器是二次側電壓小於一次側電壓的變壓器。

升壓變壓器是二次側電壓大於一次側電壓的變壓器。

變壓器的額定值通常以 V_1/V_2 來指定。一個變壓器的額定值為 2400/120 V，表示一次側為 2400 V，而二次側為 120 V (即降壓變壓器)。注意：額定電壓為有效值。

電力公司通常產生一些適當的電壓，並使用升壓變壓器來增加電壓，使得電力可透過傳輸線以非常高的電壓和非常低的電流來傳送，以節省大量的成本。到住宅附近再利用降壓變壓器將電壓降至 120 V。13.9.3 節將詳細說明這一點。

瞭解如何得到圖 13.31 變壓器的電壓正確極性和電流方向是非常重要的。如果 $\mathbf{V}_1$ 或 $\mathbf{V}_2$ 的極性改變，或是 $\mathbf{I}_1$ 或 $\mathbf{I}_2$ 的方向改變，則 (13.51) 式到 (13.55) 式的 n 都需用 $-n$ 取代。可遵循的二個簡單規則如下：

1. 如果 V_1 和 V_2 在極性端點皆為正或皆為負，則 (13.52) 式採用 $+n$，否則採用 $-n$。
2. 如果 I_1 和 I_2 在極性端點皆為流入或皆為流出，則 (13.55) 式採用 $-n$，否則採用 $+n$。

圖 13.32 的四個電路說明了這些規則。

利用 (13.52) 式和 (13.55) 式，可用 V_2 來表示 V_1 和用 I_2 來表示 I_1，反之亦然：

$$V_1 = \frac{V_2}{n} \quad 或 \quad V_2 = nV_1 \tag{13.56}$$

$$I_1 = nI_2 \quad 或 \quad I_2 = \frac{I_1}{n} \tag{13.57}$$

在一次側線圈中的複數功率為

$$\boxed{S_1 = V_1 I_1^* = \frac{V_2}{n}(nI_2)^* = V_2 I_2^* = S_2} \tag{13.58}$$

上式指出供應到一次側線圈的複數功率被無損耗傳輸到二次側線圈。變壓器沒有吸收功率。當然，這是我們所期望的，因為理想變壓器無損耗。在圖 13.31 中，從電源看進去的輸入阻抗可以由 (13.56) 式和 (13.57) 式求得如下：

$$Z_{in} = \frac{V_1}{I_1} = \frac{1}{n^2}\frac{V_2}{I_2} \tag{13.59}$$

從圖 13.31 得知，$V_2/I_2 = Z_L$，所以

$$\boxed{Z_{in} = \frac{Z_L}{n^2}} \tag{13.60}$$

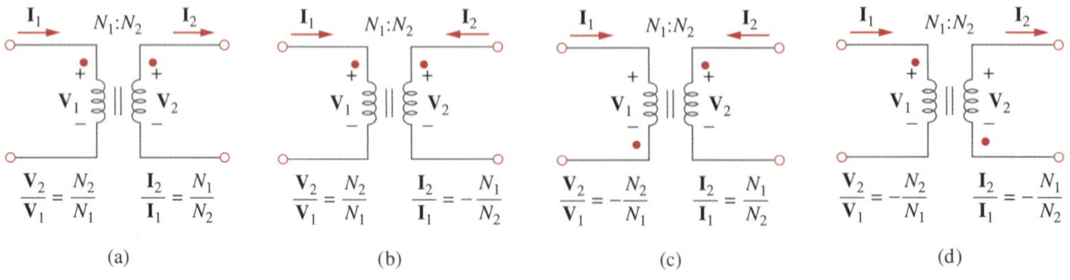

圖 13.32 說明理想變壓器適當的電壓極性和電流方向的電路

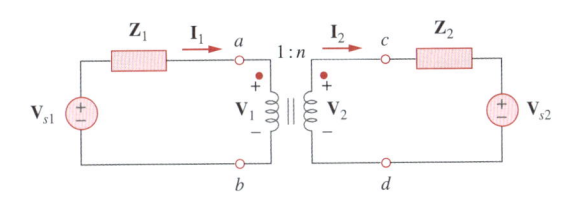

圖 13.33 要求等效電路的理想變壓器

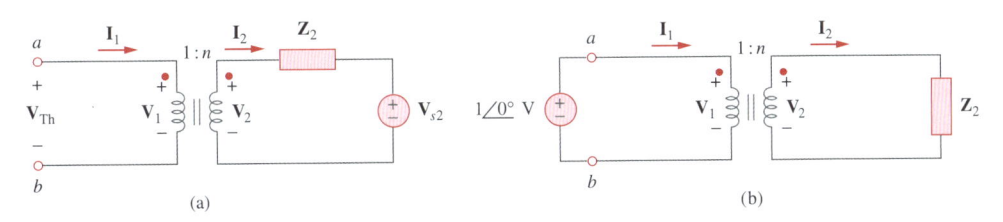

圖 13.34 對圖 13.33 的電路：(a) 求 V_{Th}，(b) 求 Z_{Th}

輸入阻抗也稱為**反射阻抗** (reflected impedance)，因為它看起來似乎是負載阻抗反射到一次側。變壓器將已知的阻抗轉換到另一個阻抗的能力，提供確保最大功率傳輸的**阻抗匹配** (impedance matching) 方法。實際上，阻抗匹配的構想是非常有用的，在 13.9.2 節將會有更詳細的討論。

注意：理想變壓器的反射阻抗與匝數比的平方成反比。

在分析包含理想變壓器的電路時，通常的做法是將反射阻抗和電源從變壓器的一側反射到另一側來消除變壓器。在圖 13.33 電路中，假設要將電路的二次側反射到一次側，則先求 a-b 二端右邊的戴維寧等效電路，其中 V_{Th} 是 a-b 二端的開路電壓，如圖 13.34(a) 所示。因為 a-b 二端為開路，$I_1 = 0 = I_2$，所以 $V_2 = V_{s2}$。因此，從 (13.56) 式得

$$V_{Th} = V_1 = \frac{V_2}{n} = \frac{V_{s2}}{n} \tag{13.61}$$

要求 Z_{Th}，則移除二次側線圈的電壓源，並在 a-b 端插入一個單位電壓源，如圖 13.34(b) 所示。從 (13.56) 式和 (13.57) 式得 $I_1 = nI_2$ 和 $V_1 = V_2/n$，所以

$$Z_{Th} = \frac{V_1}{I_1} = \frac{V_2/n}{nI_2} = \frac{Z_2}{n^2}, \qquad V_2 = Z_2 I_2 \tag{13.62}$$

這也是 (13.60) 式所預期的。一旦求得 V_{Th} 和 Z_{Th}，則將戴維寧等效電路加入圖 13.33 電路 a-b 二端的左邊，如圖 13.35 所示。

將二次側電路反射到一次側來消除變壓器的一般規則是：二次側阻抗除以 n^2、二次側電壓除以 n，以及二次側電流乘以 n。

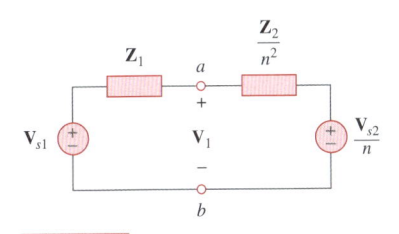

圖 13.35 求圖 13.33 二次側電路反射到一次側的等效電路

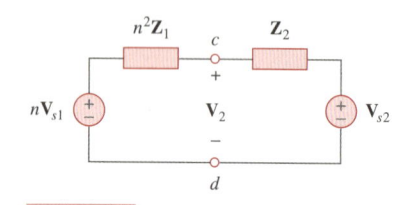

圖 13.36 求圖 13.33 一次側電路反射到二次側的等效電路

同理，也可以將圖 13.33 電路的一次側反射到二次側，其等效電路如圖 13.36 所示。

> 將一次側電路反射到二次側來消除變壓器的一般規則是：一次側阻抗乘以 n^2、一次側電壓乘以 n，以及一次側電流除以 n。

根據 (13.58) 式，不論是否以一次側計算或以二次側計算，其功率保持不變。但要注意的是，這種反射方法僅適用於一次側線圈和二次側線圈之間沒有外部連接。當一次側線圈和二次側線圈之間有外部連接時，只需使用普通的網目分析法和節點分析法來求解。一次側線圈和二次側線圈之間有外部連接的電路實例是在圖 13.39 和圖 13.40。還要注意的是，如果圖 13.33 的極性點位置被改變，為了遵守極性點的規則，則可能必須以 $-n$ 代替 n，如圖 13.32 的說明。

範例 13.7 一個額定值為 2400/120 V、9.6 kVA 的理想變壓器，其二次側線圈為 50 匝。試計算：(a) 匝數比，(b) 一次側線圈的匝數，(c) 一次側線圈和二次側線圈的額定電流。

解： (a) 因為 $V_1 = 2400$ V $> V_2 = 120$ V，所以這是一個降壓變壓器。

$$n = \frac{V_2}{V_1} = \frac{120}{2400} = 0.05$$

(b)

$$n = \frac{N_2}{N_1} \quad \Rightarrow \quad 0.05 = \frac{50}{N_1}$$

或

$$N_1 = \frac{50}{0.05} = 1000 \text{ 匝}$$

(c) $S = V_1 I_1 = V_2 I_2 = 9.6$ kVA，所以

$$I_1 = \frac{9600}{V_1} = \frac{9600}{2400} = 4 \text{ A}$$

$$I_2 = \frac{9600}{V_2} = \frac{9600}{120} = 80 \text{ A} \quad 或 \quad I_2 = \frac{I_1}{n} = \frac{4}{0.05} = 80 \text{ A}$$

練習題 13.7 一個額定值為 2200/110 V 的理想變壓器，其一次側線圈電流為 5 A。試計算：(a) 匝數比，(b) kVA 額定值，(c) 二次側線圈電流。

答： (a) 1/20, (b) 11 kVA, (c) 100 A。

在圖 13.37 的理想變壓器電路中，試求：(a) 電源電流 $\mathbf{I}_1$，(b) 輸出電壓 $\mathbf{V}_o$，(c) 電源提供的複數功率。 **範例 13.8**

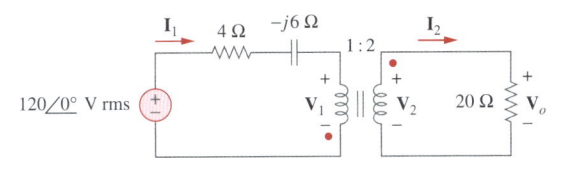

圖 13.37 範例 13.8 的電路

解： (a) 20 Ω 的電阻可被反射到一次側，而得

$$\mathbf{Z}_R = \frac{20}{n^2} = \frac{20}{4} = 5 \text{ Ω}$$

因此，

$$\mathbf{Z}_{in} = 4 - j6 + \mathbf{Z}_R = 9 - j6 = 10.82 \underline{/-33.69°} \text{ Ω}$$

$$\mathbf{I}_1 = \frac{120\underline{/0°}}{\mathbf{Z}_{in}} = \frac{120\underline{/0°}}{10.82\underline{/-33.69°}} = 11.09\underline{/33.69°} \text{ A}$$

(b) 因為 $\mathbf{I}_1$ 和 $\mathbf{I}_2$ 都是從極性端點流出，所以

$$\mathbf{I}_2 = -\frac{1}{n}\mathbf{I}_1 = -5.545\underline{/33.69°} \text{ A}$$

$$\mathbf{V}_o = 20\mathbf{I}_2 = 110.9\underline{/213.69°} \text{ V}$$

(c) 電源提供的複數功率為

$$\mathbf{S} = \mathbf{V}_s\mathbf{I}_1^* = (120\underline{/0°})(11.09\underline{/-33.69°}) = 1,330.8\underline{/-33.69°} \text{ VA}$$

練習題 13.8 在圖 13.38 的理想變壓器電路中，試求 $\mathbf{V}_o$ 和電源提供的複數功率。

圖 13.38 練習題 13.8 的電路

答： $429.4\underline{/116.57°}$ V, $17.174\underline{/-26.57°}$ kVA。

範例 13.9 在圖 13.39 的理想變壓器電路中，試計算提供給 10 Ω 電阻器的功率。

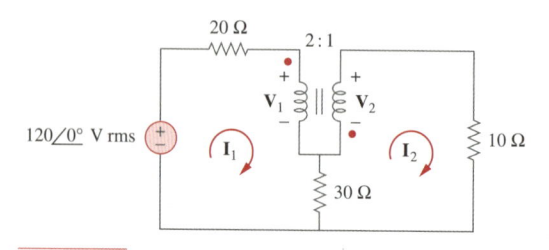

圖 13.39 範例 13.9 的電路

解： 因為本電路有一個 30 Ω 的電阻器直接連接到一次側線圈和二次側線圈，所以不能反射到二次側線圈，也不能反射到一次側線圈。而需使用網目分析法求解，對於網目 1，

$$-120 + (20 + 30)\mathbf{I}_1 - 30\mathbf{I}_2 + \mathbf{V}_1 = 0$$

或

$$50\mathbf{I}_1 - 30\mathbf{I}_2 + \mathbf{V}_1 = 120 \qquad (13.9.1)$$

對於網目 2，

$$-\mathbf{V}_2 + (10 + 30)\mathbf{I}_2 - 30\mathbf{I}_1 = 0$$

或

$$-30\mathbf{I}_1 + 40\mathbf{I}_2 - \mathbf{V}_2 = 0 \qquad (13.9.2)$$

在變壓器端，

$$\mathbf{V}_2 = -\frac{1}{2}\mathbf{V}_1 \qquad (13.9.3)$$

$$\mathbf{I}_2 = -2\mathbf{I}_1 \qquad (13.9.4)$$

(注意：$n = 1/2$)，現在有四個方程式和四個未知數，但本題的目的是求 $\mathbf{I}_2$。在 (13.9.1) 式和 (13.9.2) 式中，以 $\mathbf{V}_2$ 和 $\mathbf{I}_2$ 取代 $\mathbf{V}_1$ 和 $\mathbf{I}_1$，則 (13.9.1) 式變成

$$-55\mathbf{I}_2 - 2\mathbf{V}_2 = 120 \qquad (13.9.5)$$

且 (13.9.2) 式變成

$$15\mathbf{I}_2 + 40\mathbf{I}_2 - \mathbf{V}_2 = 0 \quad \Rightarrow \quad \mathbf{V}_2 = 55\mathbf{I}_2 \qquad (13.9.6)$$

將 (13.9.6) 式代入 (13.9.5) 式得

$$-165\mathbf{I}_2 = 120 \quad \Rightarrow \quad \mathbf{I}_2 = -\frac{120}{165} = -0.7272 \text{ A}$$

10 Ω 電阻器所吸收的功率為

$$P = (-0.7272)^2(10) = 5.3 \text{ W}$$

練習題 13.9 試求圖 13.40 所示電路的 $\mathbf{V}_o$。

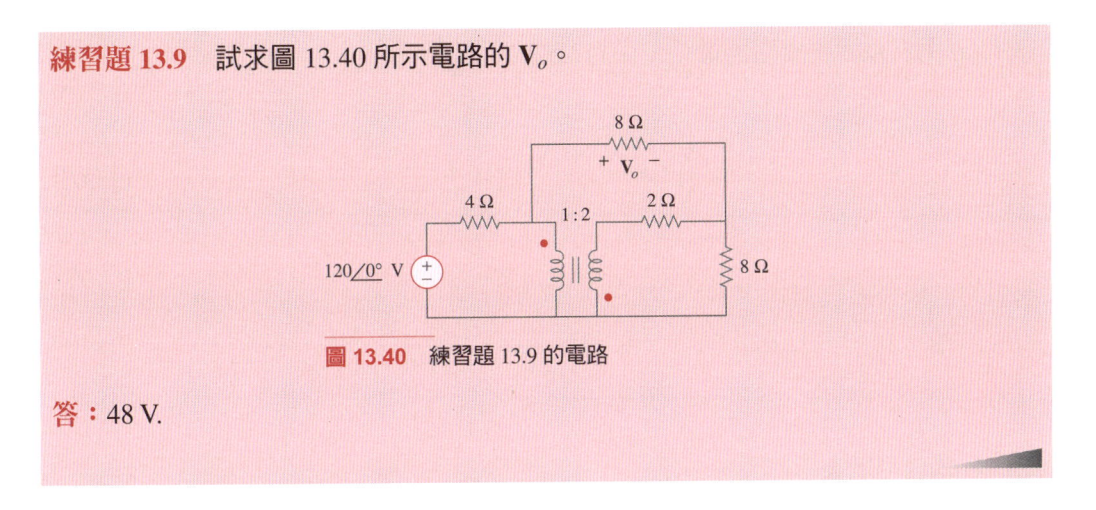

圖 13.40 練習題 13.9 的電路

答：48 V.

13.6 理想自耦變壓器 (Ideal Autotransformers)

與前面所介紹的傳統雙線圈變壓器不同，**自耦變壓器** (autotransformer) 只有一個連續線圈，以及在一次側和二次側之間有一個連接點稱為**中間抽頭** (tap)。中間抽頭通常是可調整的，以便提供調整升壓或降壓的電壓所需的匝數比。如此，自耦變壓器根據連接的負載提供可變的電壓。

> 自耦變壓器是一個一次側線圈和二次側線圈是在單一線圈上的變壓器。

圖 13.41 顯示一個自耦變壓器。如圖 13.42 所示，自耦變壓器器可以工作在降壓模式或升壓模式。自耦變壓器是功率變壓器的一種類型。它超越二個線圈變壓器的優點是，它傳輸較大視在功率的能力。範例 13.10 將說明這一點。自耦變壓器相較於等效二個線圈變壓器的另一個優點是較小、較輕。然而，因為一次側線圈和二次側線圈是同一個線圈，所以**有電絕緣** (electrical

圖 13.41 典型的自耦變壓器
Sandrexim/Shutterstock

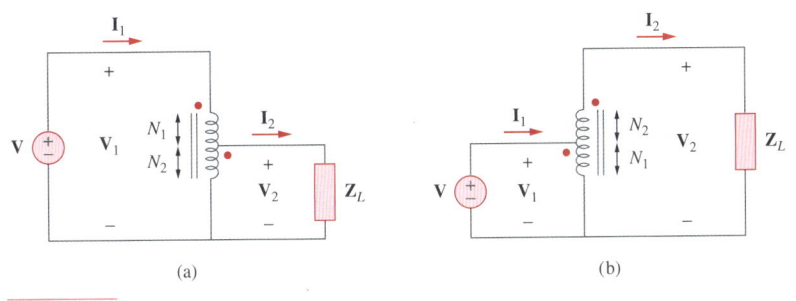

圖 13.42 (a) 自耦降壓變壓器，(b) 自耦升壓變壓器

isolation，無直接電連接) 的損耗。(13.9.1 節將介紹電氣隔離在傳統變壓器的實際應用。) 自耦變壓器的主要缺點是在一次側線圈和二次側線圈之間沒有電絕緣。

前面推導過某些理想變壓器的公式也適用於理想的自耦變壓器。對於圖 13.42(a) 的自耦降壓變壓器電路，從 (13.52) 式得

$$\frac{\mathbf{V}_1}{\mathbf{V}_2} = \frac{N_1 + N_2}{N_2} = 1 + \frac{N_1}{N_2} \qquad (13.63)$$

理想的自耦變壓器無功率耗損，所以一次側線圈和二次側線圈的複數功率是一樣的，

$$\mathbf{S}_1 = \mathbf{V}_1 \mathbf{I}_1^* = \mathbf{S}_2 = \mathbf{V}_2 \mathbf{I}_2^* \qquad (13.64)$$

(13.64) 式也可以表示如下：

$$V_1 I_1 = V_2 I_2$$

或

$$\frac{V_2}{V_1} = \frac{I_1}{I_2} \qquad (13.65)$$

因此，電流關係為

$$\frac{\mathbf{I}_1}{\mathbf{I}_2} = \frac{N_2}{N_1 + N_2} \qquad (13.66)$$

從圖 13.42(b) 的自耦升壓變壓器電路得

$$\frac{\mathbf{V}_1}{N_1} = \frac{\mathbf{V}_2}{N_1 + N_2}$$

或

$$\frac{\mathbf{V}_1}{\mathbf{V}_2} = \frac{N_1}{N_1 + N_2} \qquad (13.67)$$

從 (13.64) 式得到的複數功率也適用於自耦升壓變壓器，所以 (13.65) 式也適用。因此，電流關係為

$$\frac{\mathbf{I}_1}{\mathbf{I}_2} = \frac{N_1 + N_2}{N_1} = 1 + \frac{N_2}{N_1} \qquad (13.68)$$

傳統變壓器和自耦變壓器的主要差別在於自耦變壓器的一次側與二次側不僅電磁耦合，而且電導也耦合。在不需要電絕緣的地方，可以使用自耦變壓器取代傳統變壓器。

> **範例 13.10** 試比較圖 13.43(a) 二個線圈變壓器與圖 13.43(b) 自耦變壓器的額定功率。

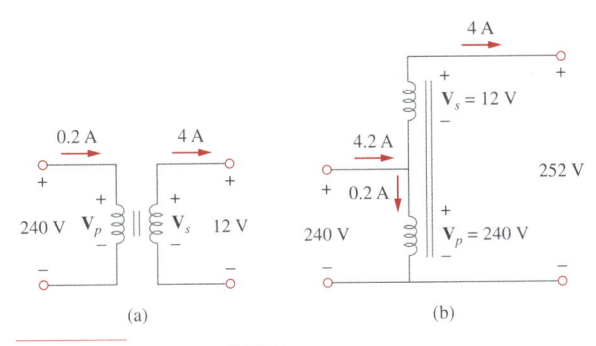

圖 13.43 範例 13.10 的電路

解： 雖然自耦變壓器的一次側線圈和二次側線圈在一起，如同一個連續的線圈，但是在圖 13.43(b) 中的二個線圈明顯被分開。注意：圖 13.43(b) 自耦變壓器每個線圈的電流和電壓相同於圖 13.43(a) 二個線圈變壓器的電流和電壓。這是比較它們的額定功率的基礎。

對於二個線圈變壓器的額定功率為

$$S_1 = 0.2(240) = 48 \text{ VA} \quad \text{或} \quad S_2 = 4(12) = 48 \text{ VA}$$

對於自耦變壓器的額定功率為

$$S_1 = 4.2(240) = 1008 \text{ VA} \quad \text{或} \quad S_2 = 4(252) = 1008 \text{ VA}$$

這是二個線圈變壓器額定功率的 21 倍。

> **練習題 13.10** 參見圖 13.43，如果二個線圈變壓器是一個 60 VA、120 V/10 V 的變壓器，則自耦變壓器的額定功率為何？
>
> **答：** 780 VA.

> **範例 13.11** 圖 13.44 所示自耦變壓器電路，試計算：(a) I_1、I_2 和 I_o，如果 $Z_L = 8 + j6 \ \Omega$，(b) 提供給負載的複數功率。

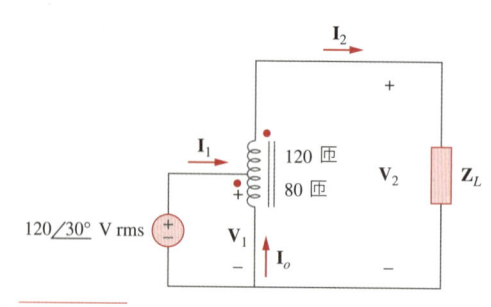

圖 13.44 範例 13.11 的電路

解：(a) 這是一個自耦升壓變壓器，$N_1 = 80$、$N_2 = 120$、$\mathbf{V}_1 = 120\underline{/30°}$，所以 (13.67) 式可用來求 $\mathbf{V}_2$，

$$\frac{\mathbf{V}_1}{\mathbf{V}_2} = \frac{N_1}{N_1 + N_2} = \frac{80}{200}$$

或

$$\mathbf{V}_2 = \frac{200}{80}\mathbf{V}_1 = \frac{200}{80}(120\underline{/30°}) = 300\underline{/30°} \text{ V}$$

$$\mathbf{I}_2 = \frac{\mathbf{V}_2}{\mathbf{Z}_L} = \frac{300\underline{/30°}}{8 + j6} = \frac{300\underline{/30°}}{10\underline{/36.87°}} = 30\underline{/-6.87°} \text{ A}$$

但

$$\frac{\mathbf{I}_1}{\mathbf{I}_2} = \frac{N_1 + N_2}{N_1} = \frac{200}{80}$$

或

$$\mathbf{I}_1 = \frac{200}{80}\mathbf{I}_2 = \frac{200}{80}(30\underline{/-6.87°}) = 75\underline{/-6.87°} \text{ A}$$

在中間抽頭位置，應用 KCL 得

$$\mathbf{I}_1 + \mathbf{I}_o = \mathbf{I}_2$$

或

$$\mathbf{I}_o = \mathbf{I}_2 - \mathbf{I}_1 = 30\underline{/-6.87°} - 75\underline{/-6.87°} = 45\underline{/173.13°} \text{ A}$$

(b) 提供給負載的複數功率為

$$\mathbf{S}_2 = \mathbf{V}_2\mathbf{I}_2^* = |\mathbf{I}_2|^2\mathbf{Z}_L = (30)^2(10\underline{/36.87°}) = 9\underline{/36.87°} \text{ kVA}$$

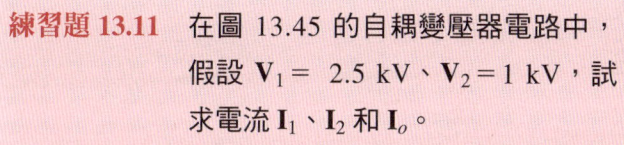

練習題 13.11 在圖 13.45 的自耦變壓器電路中，假設 $V_1 = 2.5$ kV、$V_2 = 1$ kV，試求電流 I_1、I_2 和 I_o。

答：6.4 A, 16 A, 9.6 A.

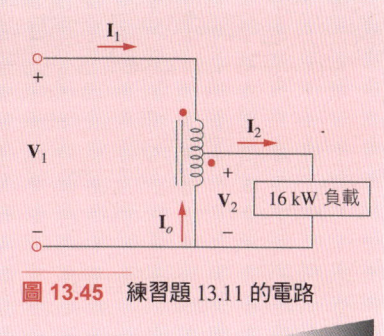

圖 13.45 練習題 13.11 的電路

13.7 †三相變壓器 (Three-Phase Transformers)

為了滿足三相電力傳輸的需求，就需要三相電力工作相容的變壓器連接。有二種變壓器連接法可達到此要求：一是連接三個單相變壓器，形成一個所謂的**變壓器組** (transformer bank)；二是使用指定的三相變壓器。對於相同的額定 kVA，三相變壓器總是比三個單相變壓器來得小且便宜。當使用單相變壓器時，必須確保它們具有相同的匝數比 n 達到一個平衡的三相系統。有四種連接三個單相變壓器或三相變壓器三相運算的標準方法：Y-Y、Δ-Δ、Y-Δ 和 Δ-Y。

對於這四種連接的任何一種，總視在功率 S_T、實功率 P_T、虛功率 Q_T 如下：

$$S_T = \sqrt{3} V_L I_L \tag{13.69a}$$

$$P_T = S_T \cos\theta = \sqrt{3} V_L I_L \cos\theta \tag{13.69b}$$

$$Q_T = S_T \sin\theta = \sqrt{3} V_L I_L \sin\theta \tag{13.69c}$$

其中 V_L 和 I_L 分別等於一次側的線電壓 V_{Lp} 和線電流 I_{Lp}，或二次側的線電壓 V_{Ls} 和線電流 I_{Ls}。注意：從 (13.69) 式，四種連接的每個 $V_{Ls}I_{Ls} = V_{Lp}I_{Lp}$，因為對於理想變壓器而言，功率是恆定的。

對於 Y-Y 連接型 (圖 13.46)，根據 (13.52) 式和 (13.53) 式，一次側的線電壓 V_{Lp}、二次側的線電壓 V_{Ls}、一次側的線電流 I_{Lp}，以及二次側的線電流 I_{Ls} 跟每相的匝數比 n 有關，如下：

$$V_{Ls} = nV_{Lp} \tag{13.70a}$$

$$I_{Ls} = \frac{I_{Lp}}{n} \tag{13.70b}$$

對於 Δ-Δ 接 (圖 13.47)，(13.70) 式也適用於線電壓和線電流。這種連接的獨特性質是如果變壓器中之一被拿去修理或維修，其他二個則形成開口三角形連接，它

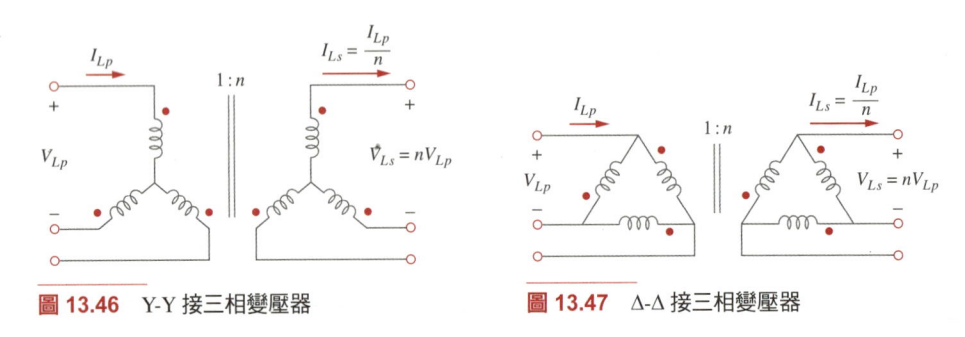

圖 13.46 Y-Y 接三相變壓器

圖 13.47 Δ-Δ 接三相變壓器

可以在原來的三相變壓器上提供降低的三相電壓。

對於 Y-Δ 接 (圖 13.48)，除了變壓器的每相匝比 n 外，它的線-相值有一個 $\sqrt{3}$ 的因子。因此，

$$V_{Ls} = \frac{nV_{Lp}}{\sqrt{3}} \tag{13.71a}$$

$$I_{Ls} = \frac{\sqrt{3}I_{Lp}}{n} \tag{13.71b}$$

同理，對於 Δ-Y 接 (圖 13.49)，

$$V_{Ls} = n\sqrt{3}V_{Lp} \tag{13.72a}$$

$$I_{Ls} = \frac{I_{Lp}}{n\sqrt{3}} \tag{13.72b}$$

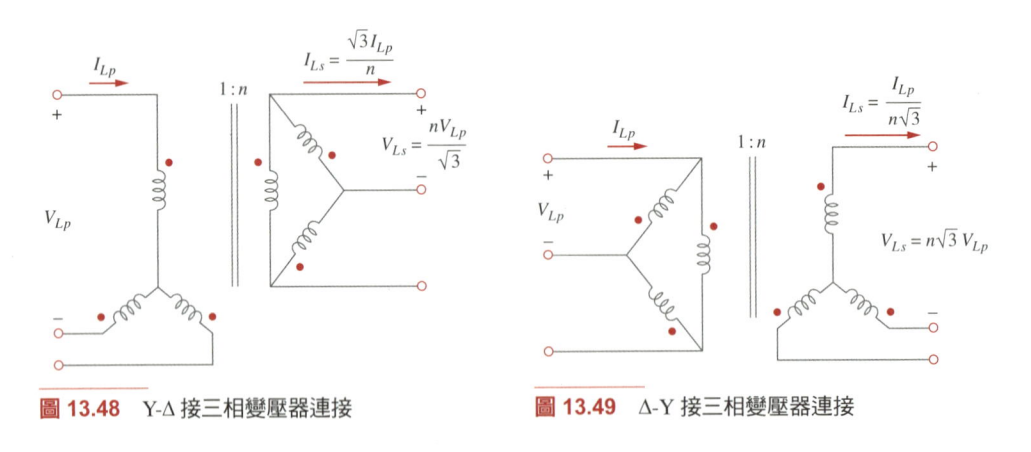

圖 13.48 Y-Δ 接三相變壓器連接

圖 13.49 Δ-Y 接三相變壓器連接

範例 13.12 圖 13.50 所示 42 kVA 三相平衡負載是由一個三相變壓器供電。(a) 試決定變壓器連接的類型，(b) 試求一次側的線電壓和線電流，(c) 試決定變壓器組中各變壓器使用的 kVA 額定值。

Chapter 13 磁耦合電路

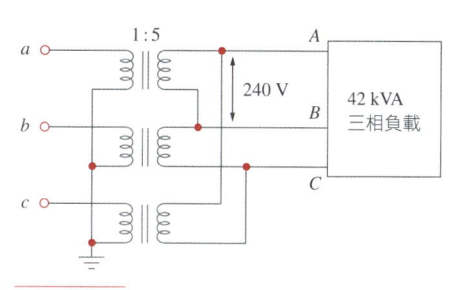

圖 13.50 範例 13.12 的電路

解：(a) 仔細觀察圖 13.50 顯示一次側為 Y-接，而二次側為 Δ-接。因此，此三相變壓器為 Y-Δ 接，與圖 13.48 所示的電路相似。

(b) 已知負載的視在功率 $S_T = 42$ kVA、匝數比 $n = 5$，且二次側線路電壓 $V_{Ls} = 240$ V，則可使用 (13.69a) 式求得二次側線路電流為

$$I_{Ls} = \frac{S_T}{\sqrt{3}V_{Ls}} = \frac{42,000}{\sqrt{3}(240)} = 101 \text{ A}$$

從 (13.71) 式得

$$I_{Lp} = \frac{n}{\sqrt{3}}I_{Ls} = \frac{5 \times 101}{\sqrt{3}} = 292 \text{ A}$$

$$V_{Lp} = \frac{\sqrt{3}}{n}V_{Ls} = \frac{\sqrt{3} \times 240}{5} = 83.14 \text{ V}$$

(c) 因為負載是平衡的且無損耗 (假設是理想變壓器)，所以每個變壓器平分總負載。每個變壓器 kVA 額定值為 $S = S_T/3 = 14$ kVA。另外，變壓器的額定值可以利用一次側或二次側的相電流和相電壓的乘積而得。例如，本題的一次側為 Δ-接，所以相電壓等於 240 V 的線路電壓，而相電流 $I_{Lp}/\sqrt{3} = 58.34$ A。因此，$S = 240 \times 58.34 = 14$ kVA。

> **練習題 13.12** 一個三相 Δ-Δ 接變壓器被用來降低 625 kV 的線路電壓，提供 12.5 kV 的線路電壓給工廠使用。該工廠在滯後功率因數為 85% 時消耗 40 MW。試求：(a) 工廠所消耗的電流，(b) 匝數比，(c) 變壓器的一次側電流，(d) 各變壓器的功率負載。
>
> **答：**(a) 2.174 kA, (b) 0.02, (c) 43.47 A, (d) 15.69 MVA.

13.8 磁耦合電路的 PSpice 分析

使用 PSpice 的分析磁耦合電路時，除了必須遵循極性點的規則外，其餘的與分析電感電路一樣。在 PSpice 原理圖中，極性點 (未顯示) 總是在電感的接腳 1，即在原理圖中，當電感元件名稱 L 被水平放置且不旋轉時電感的左端接腳。因此，在逆時針旋轉 90° 後，極性點或接腳 1 在下方，因為總是繞著接腳 1 旋轉。一旦磁耦合電感按照極性點規則安置妥當，並設定其值的單位為亨利 (H)，則利用耦合符號 K_LINEAR 來定義耦合。對於每一對電感，皆按下列步驟定義：

1. 選擇 **Draw/Get New Part** 功能項，然後輸入 K_LINEAR。
2. 按下 <enter> 或單擊 **OK** 鈕，以及在原理圖中放置 K_LINEAR，如圖 13.51 所示。(注意：K_LINEAR 不是元件，所以沒有接腳。)
3. **雙擊**耦合方塊 COUPLING，然後設定耦合係數 k 值。
4. **雙擊**耦合符號方塊 K，然後輸入耦合電感的元件名稱 Li，i = 1, 2, ..., 6。例如，當 L20 電感與 L23 電感耦合時，則設定 L1 = L20、L2 = L23。必須設定 L1 與至少一個 Li 的值，而其他 Li 則可空白。

在步驟 4 中，最多可指定六個相等耦合的耦合電感。

對於空心變壓器，其元件名稱為 XFRM_LINEAR。可以選擇 **Draw/Get Part Name** 功能項然後輸入元件名稱，或從 analog.slb 元件庫中選擇該元件。如圖 13.52(a) 所示，線性變壓器的主要屬性為耦合係數 k 和電感 L1 和 L2 (單位為 H)。如果指定了互感 M，則 M 值必須與 L1 和 L2 用來計算 k 值。注意：k 值必須在 0 與 1 之間。

對於理想變壓器，其元件名稱為 XFRM_NONLINEAR，且被放置在 breakout.slb 元件庫中。可單擊 **Draw/Get Part Name** 功能項然後輸入元件名稱。它的屬性是耦合係數和 L1、L2 的匝數，如圖 13.52(b) 所示。互感的耦合係數值 $k = 1$。

PSpice 還有一些其他的變壓器結構，但本書暫不討論。

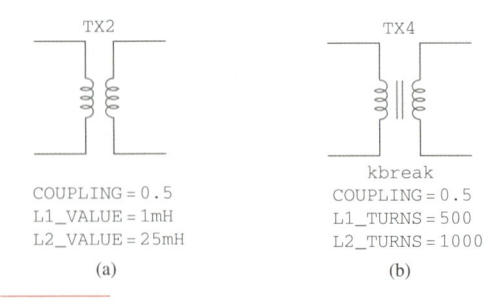

K K1
K_Linear
COUPLING = 1

圖 13.51 定義耦合的 K_Linear

TX2
COUPLING = 0.5
L1_VALUE = 1mH
L2_VALUE = 25mH
(a)

TX4
kbreak
COUPLING = 0.5
L1_TURNS = 500
L2_TURNS = 1000
(b)

圖 13.52 (a) 線性變壓器 XFRM_LINEAR，(b) 理想變壓器 XFRM_NONLINEAR

利用 PSpice 求圖 13.53 電路的 i_1、i_2 和 i_3。

範例 13.13

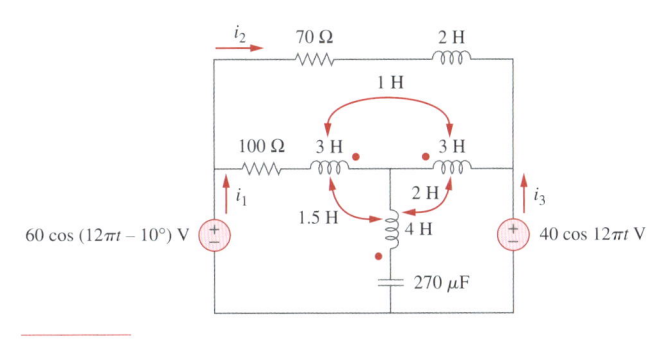

圖 13.53 範例 13.13 的電路

解：三個耦合電感的耦合係數如下：

$$k_{12} = \frac{M_{12}}{\sqrt{L_1 L_2}} = \frac{1}{\sqrt{3 \times 3}} = 0.3333$$

$$k_{13} = \frac{M_{13}}{\sqrt{L_1 L_3}} = \frac{1.5}{\sqrt{3 \times 4}} = 0.433$$

$$k_{23} = \frac{M_{23}}{\sqrt{L_2 L_3}} = \frac{2}{\sqrt{3 \times 4}} = 0.5774$$

從圖 13.53 可得其工作頻率，$\omega = 12\pi = 2\pi f \rightarrow f = 6$ Hz。

這個電路的原理如圖 13.54 所示。注意：如何遵守極性點規則。對於 L2，極性點 (未顯示) 是在接腳 1 (左側端)，因此不旋轉放置。對於 L1，為了使極性點位在電感的右手側，則電感必須旋轉 180°。對於 L3，電感必須旋轉 90°，使極性點位於底端。注意：2 H 的電感 (L_4) 不耦合。為了管理這三個耦合電感，則使用類比元件庫所提供的三個 K_LINEAR 元件，並設定屬性如下 (雙擊對話方塊中的符號 K)：

```
K1  -  K_LINEAR
L1  =  L1
L2  =  L2
COUPLING  =  0.3333

K2  -  K_LINEAR
L1  =  L1
L2  =  L3
COUPLING  =  0.433

K3  -  K_LINEAR
L1  =  L2
L2  =  L3
COUPLING  =  0.5774
```

左邊的值是電感在原理圖的參考標誌。

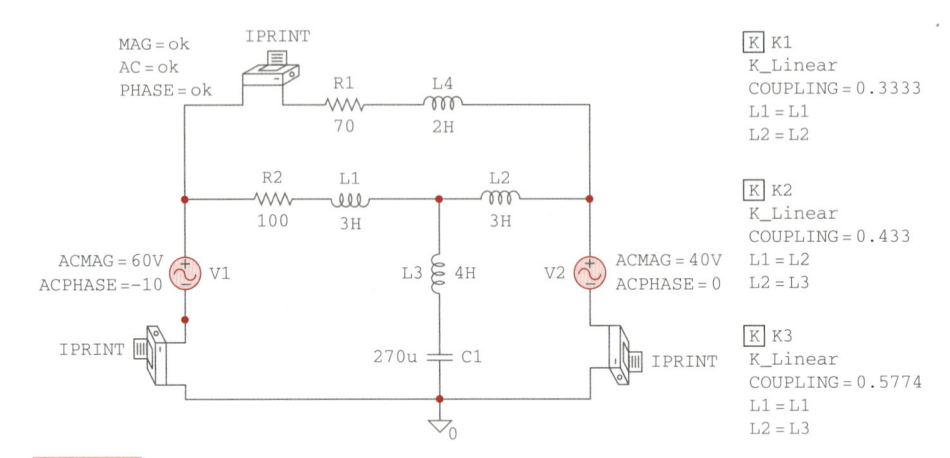

圖 13.54 圖 13.53 電路的原理圖

將 IPRINT 虛擬元件插入到適當的分支，以便求得所需的電流 i_1、i_2 和 i_3。當分析交流單頻時，選擇 **Analysis/Setup/AC Sweep** 功能項，並輸入 *Total Pts* = 1、*Start Freq* = 6、*Final Freq* = 6。儲存原理圖後，選擇 **Analysis/Simulate** 進行模擬，則輸出檔案包含如下：

```
FREQ            IM(V_PRINT2)    IP(V_PRINT2)
6.000E+00       2.114E-01       -7.575E+01
FREQ            IM(V_PRINT1)    IP(V_PRINT1)
6.000E+00       4.654E-01       -7.025E+01
FREQ            IM(V_PRINT3)    IP(V_PRINT3)
6.000E+00       1.095E-01       1.715E+01
```

由此可得

$$\mathbf{I}_1 = 0.4654\underline{/-70.25°}$$

$$\mathbf{I}_2 = 0.2114\underline{/-75.75°}, \quad \mathbf{I}_3 = 0.1095\underline{/17.15°}$$

因此，

$$i_1 = 0.4654\cos(12\pi t - 70.25°)\text{ A}$$
$$i_2 = 0.2114\cos(12\pi t - 75.75°)\text{ A}$$
$$i_3 = 0.1095\cos(12\pi t + 17.15°)\text{ A}$$

練習題 13.13 利用 PSpice 求圖 13.55 電路的 i_o。

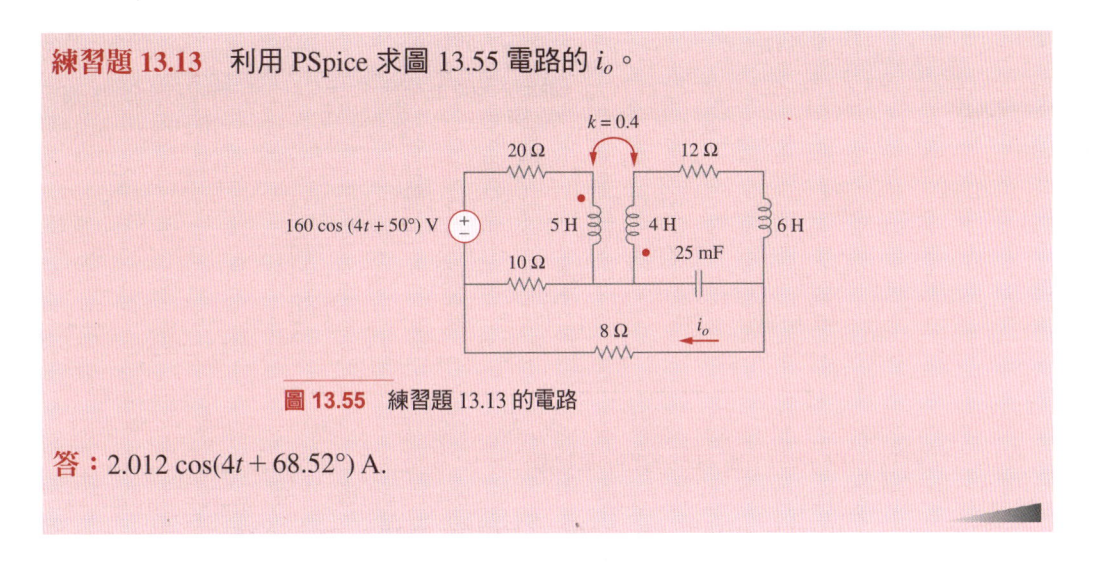

圖 13.55 練習題 13.13 的電路

答：$2.012 \cos(4t + 68.52°)$ A.

利用 PSpice 求圖 13.56 理想變壓器電路的 V_1 和 V_2。　　**範例 13.14**

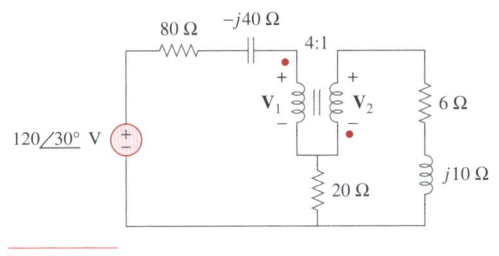

圖 13.56 範例 13.14 的電路

解：

1. **定義**：本問題已清楚定義，所以可以進行下一步驟。
2. **表達**：本題要求理想放大器的輸入和輸出電壓，並使用 PSpice 求解這些電壓。
3. **選擇**：要求使用 PSpice 求解，但可以使用網目分析法來驗證。
4. **嘗試**：通常假設 $\omega = 1$，且求對應元件的電容值和電感值。

$$j10 = j\omega L \quad \Rightarrow \quad L = 10 \text{ H}$$
$$-j40 = \frac{1}{j\omega C} \quad \Rightarrow \quad C = 25 \text{ mF}$$

圖 13.57 顯示其原理圖。對於理想變壓器，設定其耦合因子為 0.99999，以及二個線圈的匝數為 400,000 和 100,000。二個 VPRINT2 虛擬元件分別連接到變壓器的二端，以便獲得 V_1 和 V_2。如單一頻率的分析，選擇 **Analysis/Setup/AC Sweep** 功能項，並輸入 *Total Pts* = 1、*Start Freq* = 0.1592 和 *Final Freq* = 0.1592。儲存 PSpice 電路後，選擇 **Analysis/Simulate** 進行模擬，則輸出檔案包含下面訊息：

提示：理想變壓器一次側線圈和二次側線圈的電感值為無限大。

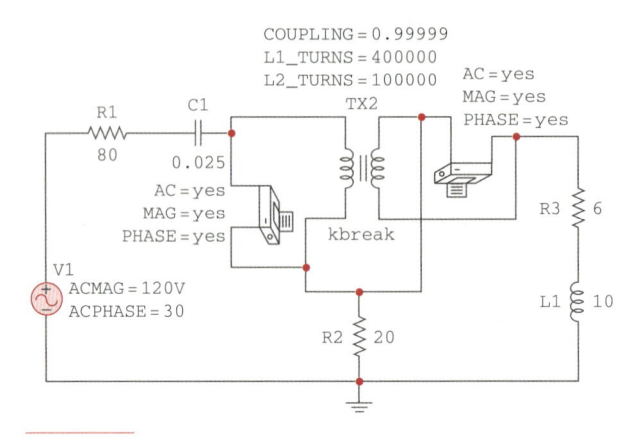

圖 13.57 圖 13.56 電路的原理圖

```
FREQ        VM($N_0003,$N_0006)   VP($N_0003,$N_0006)
1.592E-01   9.112E+01             3.792E+01

FREQ        VM($N_0006,$N_0005)   VP($N_0006,$N_0005)
1.592E-01   2.278E+01             -1.421E+02
```

上述結果可表示如下：

$$V_1 = 91.12\underline{/37.92°}\ \text{V} \quad \text{和} \quad V_2 = 22.78\underline{/-142.1°}\ \text{V}$$

5. **驗證**：使用網目分析法驗證如下：

迴路 1 　　$-120\underline{/30°} + (80 - j40)I_1 + V_1 + 20(I_1 - I_2) = 0$

迴路 2 　　$20(-I_1 + I_2) - V_2 + (6 + j10)I_2 = 0$

但 $V_2 = -V_1/4$ 且 $I_2 = -4I_1$ 使得

$$-120\underline{/30°} + (80 - j40)I_1 + V_1 + 20(I_1 + 4I_1) = 0$$
$$(180 - j40)I_1 + V_1 = 120\underline{/30°}$$
$$20(-I_1 - 4I_1) + V_1/4 + (6 + j10)(-4I_1) = 0$$
$$(-124 - j40)I_1 + 0.25V_1 = 0 \quad \text{或} \quad I_1 = V_1/(496 + j160)$$

將其代入第一個方程式得

$$(180 - j40)V_1/(496 + j160) + V_1 = 120\underline{/30°}$$
$$(184.39\underline{/-12.53°}/521.2\underline{/17.88°})V_1 + V_1$$
$$= (0.3538\underline{/-30.41°} + 1)V_1 = (0.3051 + 1 - j0.17909)V_1 = 120\underline{/30°}$$
$$V_1 = 120\underline{/30°}/1.3173\underline{/-7.81°} = 91.1\underline{/37.81°}\ \text{V} \quad \text{和} \quad V_2 = 22.78\underline{/-142.19°}\ \text{V}$$

二個答案都得到驗證。

6. 滿意？ 已經滿意問題的答案與驗證的結果，並且可以呈現結果作為一個解決問題的辦法。

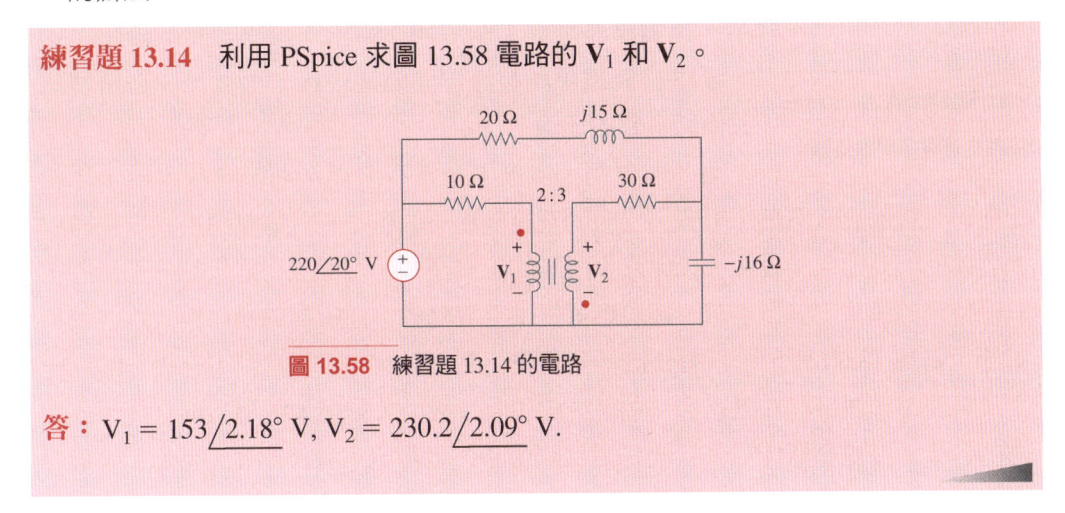

練習題 13.14 利用 PSpice 求圖 13.58 電路的 V_1 和 V_2。

圖 13.58 練習題 13.14 的電路

答： $V_1 = 153\underline{/2.18°}$ V, $V_2 = 230.2\underline{/2.09°}$ V.

13.9 †應用

變壓器是最大、最重，且往往是最昂貴的電路元件。然而，它們在電路中是不可缺少的被動元件。在最有效率的設備中，變壓器的效率一般為 95%，但也可達到 99% 的效率。它們有許多應用。例如，變壓器被應用於：

- 變壓器可升高或降低電壓或電流，使它們適用於電力傳輸和分配。
- 變壓器可將電路的一部分與另一部分隔離 (即可以在沒有任何電氣連接情形下傳送電力)。
- 當作阻抗匹配元件，實現最大的功率傳輸。
- 用於電感響應的頻率選擇電路中。

由於變壓器不同的用途，所以有許多特殊用途的變壓器 (本章只討論其中某些變壓器)：變壓器、變流器、電力變壓器、配電變壓器、阻抗匹配變壓器、音頻變壓器、單相變壓器、三相變壓器、整流變壓器、倒相變壓器等。本節介紹三種重要的應用：變壓器作為隔離裝置、變壓器作為匹配裝置和配電系統。

> 關於各類變壓器的更多訊息，可參考 W. M. Flanagan 編寫的 *Handbook of Transformer Design and Applications*, 2nd ed. (New York: McGraw-Hill, 1993)。

13.9.1 隔離變壓器 (Transformer as an Isolation Device)

當二個設備之間沒有實際連接時，則存在電絕緣。變壓器的一次側電路與二次側電路之間沒有電接線，能量是透過磁耦合傳送的。下面介紹應用變壓器這個特性的三個簡單實例。

首先，介紹圖 13.59 的電路。整流器是將交流電源轉換成直流電源的電路，而變壓器通常用來將交流電源耦合到整流器中。此變壓器提供二個用途：第一，用來升壓或降壓；第二，提供交流電源與整流器間的電絕緣，因此減少在處理電子設備時電擊的危險。

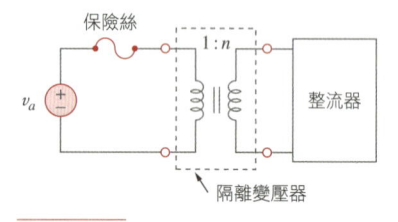

圖 13.59 用於隔離交流電源與整流器之間的變壓器

第二個實例，變壓器通常用來耦合前後級放大器，以防止任何一級的直流電壓，影響另一級的直流偏壓。偏壓是直流電壓應用到電晶體放大器或任何其他電子設備，以便產生所需的工作模式。每個放大器級被分別偏置在一個特定的模式中工作；若不經變壓器提供直流隔離，則所需的操作模式將會受到影響。如圖 13.60 所示，只有交流信號經過變壓器從前一級耦合到下一級。回想一下，直流電源並不存在磁耦合。在電視機和收音機中，變壓器被用來耦合高頻放大器的各級。當變壓器的唯一目的是提供隔離時，匝數比應製作為 1。因此，隔離變壓器的 $n = 1$。

第三個實例，變壓器可用來測量13.2 kV 線路的兩端電壓。顯然地，將伏特計直接連接到高壓線上是危險的。變壓器可用來隔離電源線與伏特計，以及可將電壓降到安全的位準，如圖 13.61 所示。根據變壓器的一次側線電壓和匝數比，則可利用伏特計量測變壓器的二次側電壓。

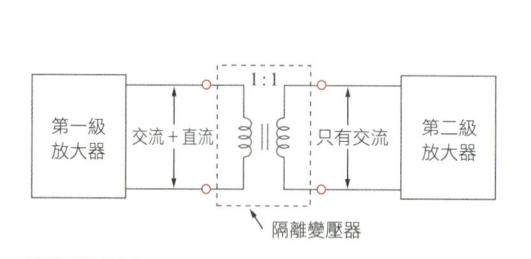

圖 13.60 提供二級放大器之間的隔離變壓器

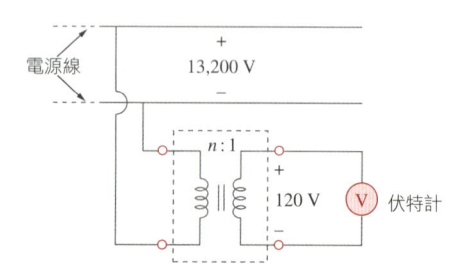

圖 13.61 提供電源線與伏特計之間的隔離變壓器

範例 13.15 試計算圖 13.62 負載二端的電壓。

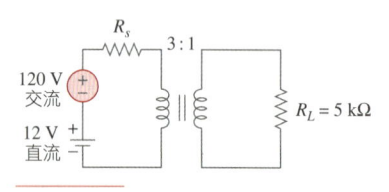

圖 13.62 範例 13.15 電路

解：可以應用重疊原理求負載電壓。令 $v_L = v_{L1} + v_{L2}$，其中 v_{L1} 來自直流電源的成分，v_{L2} 來自交流電源的成分。如圖 13.63 所示，分開考慮直流電源和交流電源。負載電壓來自於直流電源的成分，因為要在二次側感應一個電壓，則一次側必須是時變電壓源。因此，$v_{L1} = 0$。對於交流電源，其內阻很小可被忽略，所以

$$\frac{\mathbf{V}_2}{\mathbf{V}_1} = \frac{\mathbf{V}_2}{120} = \frac{1}{3} \quad 或 \quad \mathbf{V}_2 = \frac{120}{3} = 40 \text{ V}$$

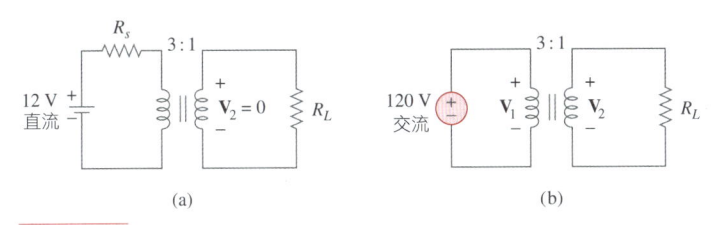

圖 13.63 範例 13.15 的電路：(a) 直流電源，(b) 交流電源

因此，$v_{L2} = 40$ V 交流電壓或 $v_{L2} = 40 \cos \omega t$。即只有交流電壓可通過變壓器到達負載。這個範例說明變壓器如何提供直流隔離的作用。

> **練習題 13.15** 參見圖 13.61，試計算從 13.2 kV 的線路電壓降壓到 120 V 的安全位準所需的匝數比。
>
> **答：** 110.

13.9.2 匹配變壓器 (Transformer as a Matching Device)

前面介紹過，最大功率轉移的條件是負載電阻 R_L 必須和電源電阻 R_s 相匹配。在大多數情況下，R_L 與 R_s 是不匹配的，且二者都是固定不變的。然而，鐵芯變壓器可用來匹配負載電阻和電源電阻，稱為**阻抗匹配** (impedance matching)。例如，連接擴音器到音頻放大器時就需要變壓器，因為喇叭的電阻只有幾歐姆，而放大器的內部電阻則有幾千歐姆。

考慮圖 13.64 的電路，回想 (13.60) 式，理想變壓器以 n^2 的因子將負載反射回一次側。為了匹配反射負載 R_L/n^2 與電源電阻 R_s，令它們相等，

$$R_s = \frac{R_L}{n^2} \tag{13.73}$$

圖 13.64 用於阻抗匹配的變壓器

選擇合適的匝數比 n 就可以滿足 (13.73) 式。從 (13.73) 式得知，當 $R_s > R_L$ 時，需使用降壓變壓器 ($n < 1$) 來匹配元件；當 $R_s < R_L$ 時，需使用升壓變壓器 ($n > 1$) 來匹配元件。

> **範例 13.16**
>
> 圖 13.65 的理想變壓器作為放大器電路與擴音器的阻抗匹配，以達到最大功率轉移的效果。放大器的戴維寧 (或輸出) 阻抗是 192 Ω，且喇叭的內部阻抗是 12 Ω。試求所需的匝數比。

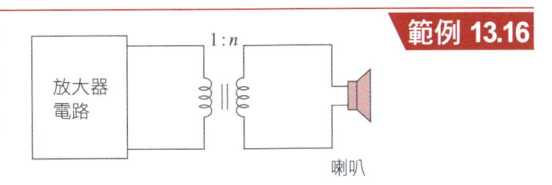

圖 13.65 範例 13.16；使用理想變壓器作為喇叭與放大器的阻抗匹配

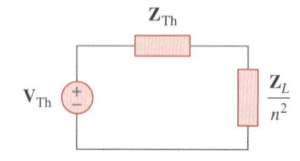

解： 以戴維寧等效電阻取代放大器電路，以及反射喇叭的阻抗 $Z_L = 12\,\Omega$ 到理想變壓器的一次側，如圖 13.66 所示。為了達到最大功率轉移，

$$\mathbf{Z}_{Th} = \frac{\mathbf{Z}_L}{n^2} \quad \text{或} \quad n^2 = \frac{\mathbf{Z}_L}{\mathbf{Z}_{Th}} = \frac{12}{192} = \frac{1}{16}$$

圖 13.66 範例 13.16 的電路；圖 13.65 電路的等效電路

因此，匝數比 $n = 1/4 = 0.25$。

利用 $P = I^2R$，可以證明確實傳遞到揚聲器的功率比沒有理想變壓器大得多。若沒有理想變壓器，放大器直接連接到喇叭，則傳遞到喇叭的功率為

$$P_L = \left(\frac{\mathbf{V}_{Th}}{\mathbf{Z}_{Th} + \mathbf{Z}_L}\right)^2 \mathbf{Z}_L = 288\,\mathbf{V}_{Th}^2\,\mu W$$

若加入變壓器，則一次側和二次側的電流為

$$I_p = \frac{\mathbf{V}_{Th}}{\mathbf{Z}_{Th} + \mathbf{Z}_L/n^2}, \qquad I_s = \frac{I_p}{n}$$

因此，

$$P_L = I_s^2 \mathbf{Z}_L = \left(\frac{\mathbf{V}_{Th}/n}{\mathbf{Z}_{Th} + \mathbf{Z}_L/n^2}\right)^2 \mathbf{Z}_L$$
$$= \left(\frac{n\mathbf{V}_{Th}}{n^2\mathbf{Z}_{Th} + \mathbf{Z}_L}\right)^2 \mathbf{Z}_L = 1{,}302\,\mathbf{V}_{Th}^2\,\mu W$$

證明前面的說法。

練習題 13.16 試計算匹配 400 Ω 負載與內部電阻為 2.5 kΩ 的電源所需的理想變壓器匝數比，並求當電源電壓為 60 V 時的負載電壓。

答： 0.4, 12 V。

13.9.3 配電系統 (Power Distribution)

一個電力系統基本上由三部分所組成：發電、輸電和配電。當地電力公司的發電廠，當輸出 18 kV 電壓時，將產生數百萬伏安 (MVA) 的功率。如圖 13.67 所示，利用三相升壓變壓器將產生的功率傳送到傳輸線上。為什麼需要變壓器呢？假設要傳送 100,000 VA 功率到 50 km 遠的地方。因為 $S = VI$，若線電壓為 1000 V，則傳輸線必須攜帶 100 A 的電流，而且需要一個大直徑的傳輸線。但是，如果線電壓為 10,000 V，則傳輸線的電流只有 10 A。較小的電流使得導線所需的尺寸也

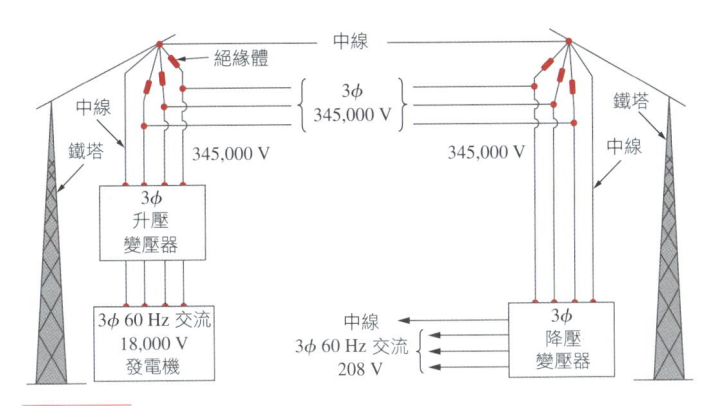

圖 13.67 典型的配電系統

來源出處：Marcus, A., and Charles M. Thomson. *Electricity for Technicians*. 2nd ed. Upper Saddle River, NJ: Pearson Education, Inc., 1975, 337.

較小，產生相當大的節省和減少傳輸線 I^2R 的損耗。而為了使損耗最小則需使用升壓變壓器。若沒有使用變壓器，則大部分的功率將耗損在傳輸線上。變壓器升壓與降壓的能力及經濟的配電能力是傳輸電力時採用交流比直流好的原因之一。因此，對於已知的傳輸功率，電壓越大越好。目前，使用上最大的電壓是 1 MV，隨著研究和實驗的進展，最大電壓可能再提高。

除了代工廠，電力通過一個電力網路稱為**電網** (power grid) 傳輸數百英里。在電網中的三相功率經由架設在各種不同尺寸和不同形狀的鋼塔上的傳輸線輸送。典型 (鋁製、鋼加強型) 傳輸線的直徑高達 40 mm，且可乘載高達 1380 A 電流。

在變電站，配電變壓器用於降低電壓。降壓過程通常是分階段進行。電源可以在整個地區以高架或地下電纜方式進行分配。變電站則將電力分配給住宅用戶、商業用戶和工業用戶。在接收端，一個住宅用戶最終得到 120/240 V 的電壓，而工業用戶和商業用戶則得到較高的電壓，如 460/208 V。住宅用戶的電力通常由安裝在電線桿上的配電變壓器提供。當需要直流電時，則將交流電轉換為直流電。

> 讀者或許會問：為什麼只增加電壓不增加電流，從而不增加 I^2R 損耗？記住：$I = V_\ell / R$，其中 V_ℓ 是傳輸線發送端和接收端之間的電位差，而被提升的電壓是發送端電壓 V，不是 V_ℓ。如果接收端電壓是 V_R，則 $V_\ell = V - V_R$。因為 V 和 V_R 非常接近，所以即使提升 V，V_ℓ 仍然很小。

範例 13.17

配電變壓器是用來提供一個家庭的用電，如圖 13.68 所示。負載是由 8 個 100 W 燈泡、一台 350 W 電視和 15 kW 的廚房電爐所組成。如果變壓器的二次側線圈為 72 匝，試計算：(a) 一次側線圈的匝數，(b) 一次側線圈的電流 I_p。

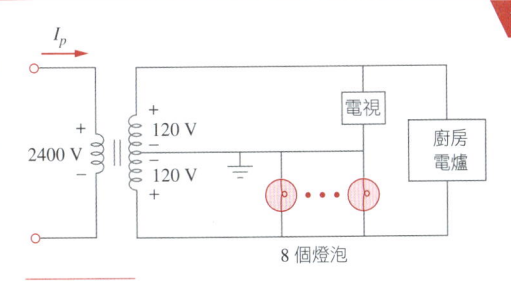

圖 13.68 範例 13.17 的電路

解：(a) 在線圈上的極性點位置並不重要，因為本題只關心電壓和電流的大小。由於

$$\frac{N_p}{N_s} = \frac{V_p}{V_s}$$

得

$$N_p = N_s \frac{V_p}{V_s} = 72\frac{2,400}{240} = 720 \text{ 匝}$$

(b) 負載所吸收的總功率為

$$S = 8 \times 100 + 350 + 15,000 = 16.15 \text{ kW}$$

但 $S = V_p I_p = V_s I_s$，所以

$$I_p = \frac{S}{V_p} = \frac{16,150}{2,400} = 6.729 \text{ A}$$

> **練習題 13.17** 在範例 13.17 中，如果 8 個 100 W 的燈泡被 12 個 60 W 的燈泡取代，而廚房電爐被 4.5 kW 的冷氣機取代，試求：(a) 總供應功率，(b) 一次側線圈的電流 I_p。
>
> **答：**(a) 5.57 kW, (b) 2.321 A.

13.10 總結

1. 如果一個線圈的磁通量 ϕ 通過另一個線圈，則稱這二個線圈互感。二個線圈之間的互感如下式：

$$M = k\sqrt{L_1 L_2}$$

其中 k 為耦合係數，$0 < k < 1$。

2. 如果 v_1 和 i_1 是線圈 1 的電壓和電流，而 v_2 和 i_2 是線圈 2 的電壓和電流，則

$$v_1 = L_1 \frac{di_1}{dt} + M\frac{di_2}{dt} \quad 和 \quad v_2 = L_2 \frac{di_2}{dt} + M\frac{di_1}{dt}$$

因此，耦合線圈上的感應電壓是由自感電壓和互感電壓組成。

3. 互感電壓的極性是根據極性點規則顯示在電路圖上。
4. 儲存在二個互感線圈上的能量為

$$\frac{1}{2}L_1i_1^2 + \frac{1}{2}L_2i_2^2 \pm Mi_1i_2$$

5. 變壓器是一個包含二個或多個電磁耦合線圈的四端元件。它被用來改變電路中的電流、電壓或阻抗。
6. 線性 (或鬆散耦合) 變壓器的線圈繞在磁性線狀材料上。為了方便分析，可以用 T 型等效網路或 Π 型等效網路取代線性變壓器。
7. 一個理想 (或鐵芯) 變壓器是無耗損 ($R_1 = R_2 = 0$) 變壓器，耦合係數為 1 ($k = 1$) 且電感無限大 (L_1、L_2、$M \to \infty$)。
8. 對於理想變壓器，

$$\mathbf{V}_2 = n\mathbf{V}_1, \quad \mathbf{I}_2 = \frac{\mathbf{I}_1}{n}, \quad \mathbf{S}_1 = \mathbf{S}_2, \quad \mathbf{Z}_R = \frac{\mathbf{Z}_L}{n^2}$$

其中 $n = N_2/N_1$ 為匝數比，N_1 是一次側線圈的匝數，N_2 是二次側線圈的匝數。當 $n > 1$ 時，變壓器將一次側電壓升高；當 $n < 1$ 時，變壓器將一次側電壓降低；當 $n = 1$ 時，變壓器可當作匹配元件。
9. 自耦變壓器是一次側電路和二次側電路共用一個線圈的變壓器。
10. PSpice 是分析磁耦合電路的有用工具。
11. 在配電系統的各級都需要變壓器。三相變壓器可以升高或降低三相電壓。
12. 在電子應用中，變壓器的重要用途是作為電氣隔離裝置和阻抗匹配裝置。

複習題

13.1 參見圖 13.69(a) 的二個磁耦合線圈，其中互感電壓的極性為：
(a) 正 (b) 負

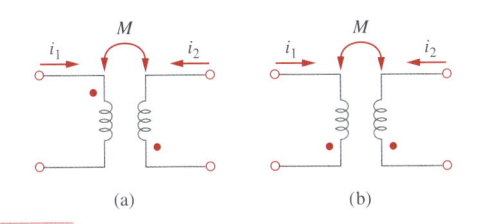

圖 13.69 複習題 13.1 和 13.2 的電路

13.2 參見圖 13.69(b) 的二個磁耦合線圈，其中互感電壓的極性為：
(a) 正 (b) 負

13.3 $L_1 = 2$ H、$L_2 = 8$ H、$M = 3$ H 的二個耦合線圈的耦合係數為：

(a) 0.1875 (b) 0.75 (c) 1.333 (d) 5.333

13.4 變壓器被用來升高或降低什麼？
(a) 直流電壓 (b) 交流電壓
(c) 直流電壓和交流電壓

13.5 圖 13.70(a) 理想變壓器的匝數比 $N_2/N_1 = 10$，則 V_2/V_1 比為：
(a) 10 (b) 0.1 (c) -0.1 (d) -10

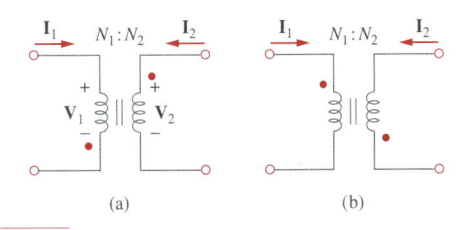

圖 13.70 複習題 13.5 和 13.6 的電路

13.6 圖 13.70(b) 理想變壓器的匝數比 $N_2/N_1 = 10$，則 I_2/I_1 比為：
(a) 10　(b) 0.1　(c) -0.1　(d) -10

13.7 三線圈變壓器的連接如圖 13.71(a) 所示，則輸出電壓 V_o 的值為：
(a) 10　(b) 6　(c) -6　(d) -10

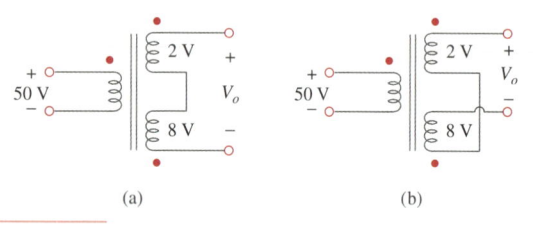

圖 13.71 複習題 13.7 和 13.8 的電路

13.8 三線圈變壓器的連接如圖 13.71(b) 所示，則輸出電壓 V_o 的值為：
(a) 10　(b) 6　(c) -6　(d) -10

13.9 為了匹配一個電源和一個 500 Ω 到 15 Ω 內部阻抗的負載，所需要的是：
(a) 線性升壓變壓器
(b) 線性降壓變壓器
(c) 理想升壓變壓器
(d) 理想降壓變壓器
(e) 自耦變壓器

13.10 下列哪種變壓器可被當作隔離元件？
(a) 線性變壓器
(b) 理想變壓器
(c) 自耦變壓器
(d) 以上皆可

答：13.1 b,　13.2 a,　13.3 b,　13.4 b,　13.5 d, 13.6 b,　13.7 c,　13.8 a,　13.9 d,　13.10 b

習題[1]

13.2 節　互感

13.1 試計算圖 13.72 中三個耦合線圈的總電感值。

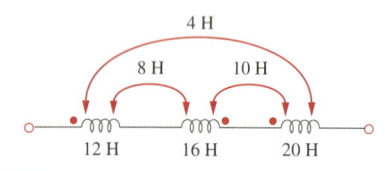

圖 13.72 習題 13.1 的電路

13.2 利用圖 13.73 的電路，試設計一個問題幫助其他學生更瞭解互感。

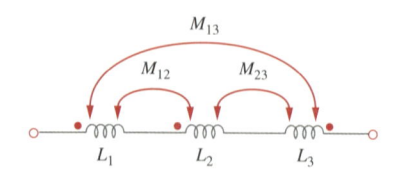

圖 13.73 習題 13.2 的電路

13.3 二個正向串聯連接的線圈有 500 mH 的總電感，當這二個線圈反向串聯時有 300 mH 的總電感。如果其中一個線圈 (L_1) 的電感值是另一個線圈的三倍，試求 L_1、L_2、M 值，以及耦合係數 k 值。

13.4 (a) 對於圖 13.74(a) 的感應線圈，試證明：
$$L_{eq} = L_1 + L_2 + 2M$$

(b) 對於圖 13.74(b) 的感應線圈，試證明：
$$L_{eq} = \frac{L_1 L_2 - M^2}{L_1 + L_2 - 2M}$$

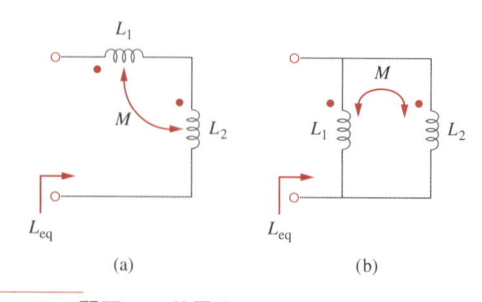

圖 13.74 習題 13.4 的電路

---

[1] 記住，除非另有說明，否則假定所有的電流值和電壓值為有效值。

13.5 二個相互耦合的線圈 $L_1 = 50$ mH、$L_2 = 120$ mH，且 $k = 0.5$。試計算最大可能的等效電感，假如：

(a) 這二個線圈是串聯連接。

(b) 這二個線圈是並聯連接。

13.6 在圖 13.75 的線圈中，$L_1 = 40$ mH、$L_2 = 5$ mH，且耦合係數 $k = 0.6$。試求：$i_1(t)$ 和 $v_2(t)$，已知 $v_1 = 20 \cos(\omega t)$、$i_2 = 4 \sin(\omega t)$、$\omega = 2000$ rad/s。

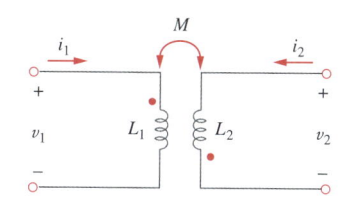

圖 13.75 習題 13.6 的電路

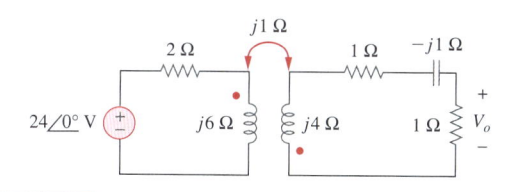

13.7 試求圖 13.76 電路的 V_o。

圖 13.76 習題 13.7 的電路

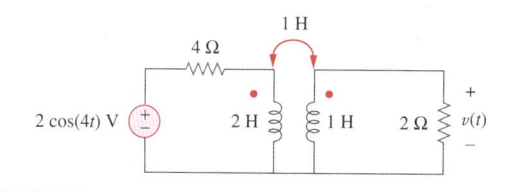

13.8 試求圖 13.77 電路的 $v(t)$。

圖 13.77 習題 13.8 的電路

13.9 試求圖 13.78 網路的 $\mathbf{V}_x$。

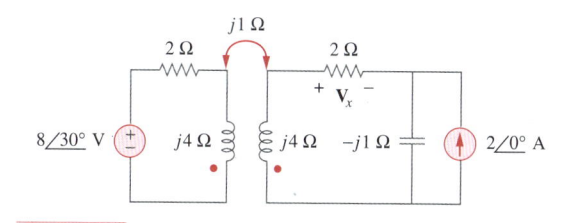

圖 13.78 習題 13.9 的電路

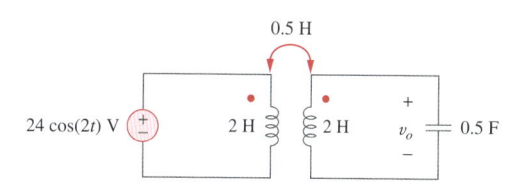

13.10 試求圖 13.79 電路的 v_o。

圖 13.79 習題 13.10 的電路

13.11 利用網目分析法求圖 13.80 電路的 i_x。其中 $i_s = 4 \cos(600t)$ A 且 $v_s = 110 \cos(600t + 30°)$。

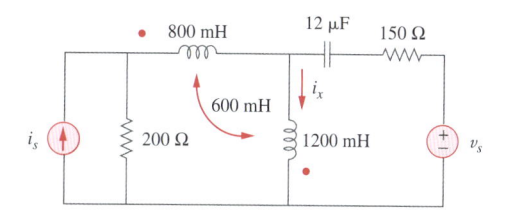

圖 13.80 習題 13.11 的電路

13.12 試求圖 13.81 電路的等效 L_{eq}。

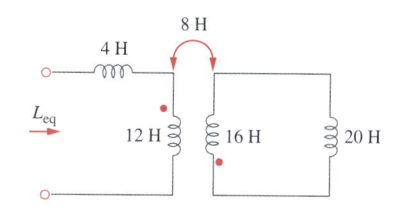

圖 13.81 習題 13.12 的電路

13.13 試求圖 13.82 電路中從電源看進去的阻抗。

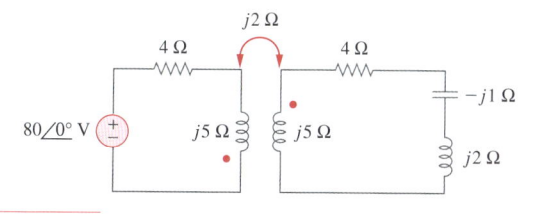

圖 13.82 習題 13.13 的電路

13.14 試求圖 13.83 電路中 a-b 二端的戴維寧等效電路。

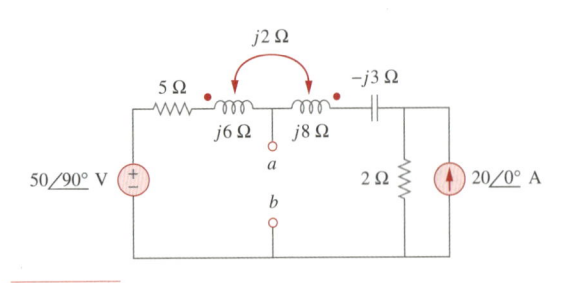

圖 13.83 習題 13.14 的電路

13.15 試求圖 13.84 電路中 a-b 二端的諾頓等效電路。

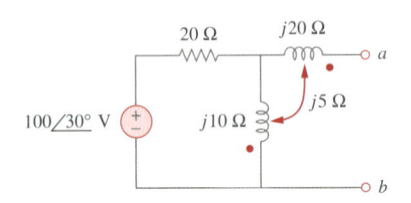

圖 13.84 習題 13.15 的電路

13.16 試求圖 13.85 電路中 a-b 二端的諾頓等效電路。

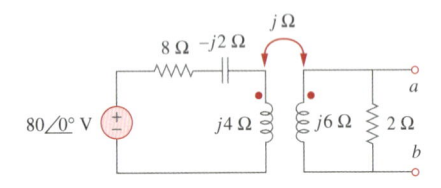

圖 13.85 習題 13.16 的電路

13.17 在圖 13.86 電路中，Z_L 是一個 15 mH 的電感，且其阻抗值為 $j40\ \Omega$。試求在 $k = 0.6$ 時的 Z_{in}。

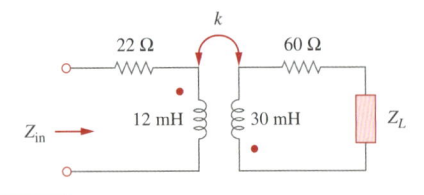

圖 13.86 習題 13.17 的電路

13.18 試求圖 13.87 電路中負載 Z 左端的戴維寧等效電路。

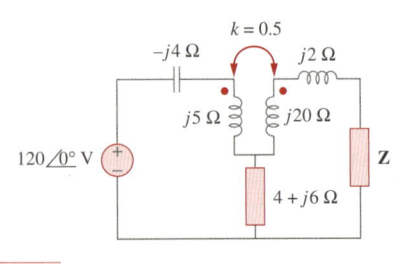

圖 13.87 習題 13.18 的電路

13.19 試決定可用來取代圖 13.88 變壓器的 T 型等效電路。

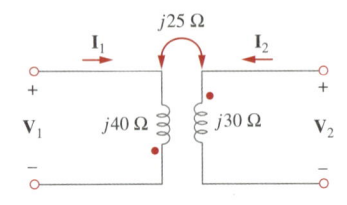

圖 13.88 習題 13.19 的電路

13.3 節　耦合電路的能量

13.20 假設 $\omega = 1000$ rad/s，試計算圖 13.89 電路中的電流 $\mathbf{I}_1$、$\mathbf{I}_2$ 和 $\mathbf{I}_3$，並求在 $t = 2$ ms 時儲存在耦合線圈中的能量。

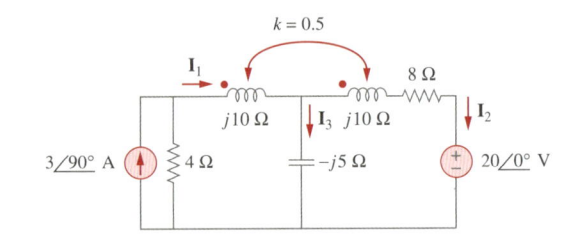

圖 13.89 習題 13.20 的電路

13.21 利用圖 13.90 的電路，試設計一個問題幫助其他學生更瞭解在耦合電路中的能量。

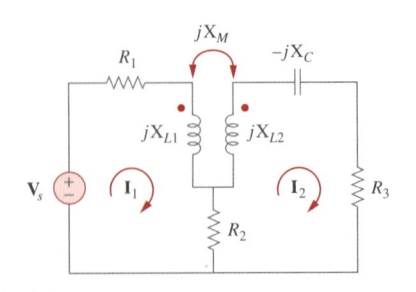

圖 13.90 習題 13.21 的電路

*13.22 試求圖 13.91 電路的電流 $\mathbf{I}_o$。

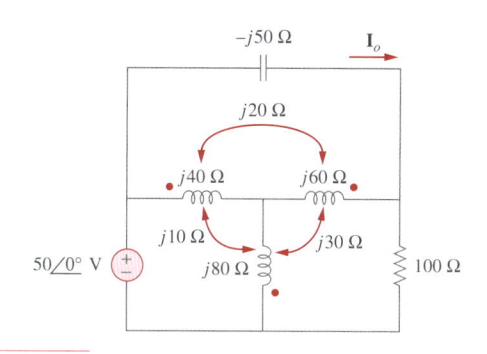

圖 13.91 習題 13.22 的電路

13.23 假設在圖 13.92 電路中的 $M = 0.2$ H 且 $v_s = 12\cos(10t)$ V，試求 $i_1(t)$ 和 $i_2(t)$，並計算 $t = 15$ ms 時儲存在感應線圈中的能量。

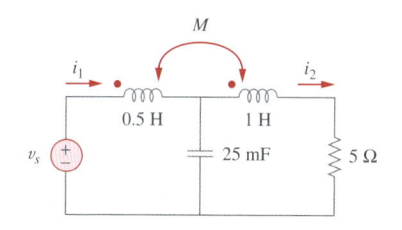

圖 13.92 習題 13.23 的電路

13.24 在圖 13.93 電路中，
(a) 試求耦合係數。
(b) 試計算 v_o。
(c) 試計算在 $t = 2$ s 時儲存在耦合電感的能量。

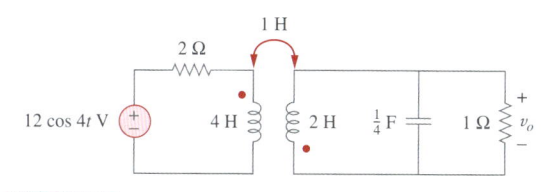

圖 13.93 習題 13.24 的電路

13.25 試求圖 13.94 電路的 $\mathbf{Z}_{ab}$ 和 $\mathbf{I}_o$。

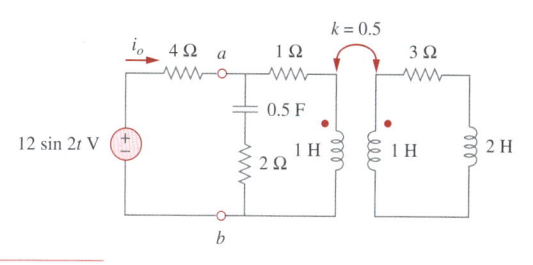

圖 13.94 習題 13.25 的電路

13.26 試求圖 13.95 電路的 $\mathbf{I}_o$。變換右邊線圈的極性點位置，再計算 $\mathbf{I}_o$。

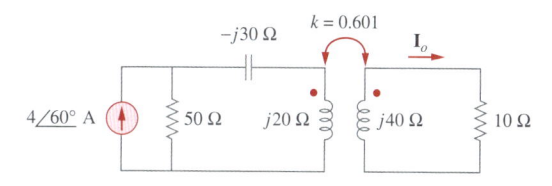

圖 13.95 習題 13.26 的電路

13.27 試求圖 13.96 電路中傳遞到 50 Ω 電阻器的平均功率。

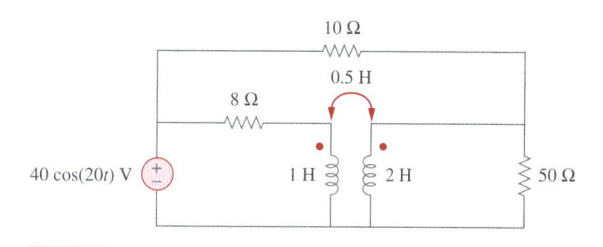

圖 13.96 習題 13.27 的電路

*13.28 試求圖 13.97 電路中轉移最大功率到 20 Ω 負載時的 X 值。

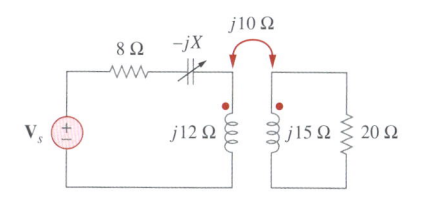

圖 13.97 習題 13.28 的電路

13.4 節　線性變壓器

13.29 在圖 13.98 電路中，試求使 10 Ω 電阻器消耗 320 W 時的耦合係數 k 值。對於這個 k 值，試求在 $t = 1.5$ s 時儲存在耦合線圈的能量。

---

* 星號表示該習題具有挑戰性。

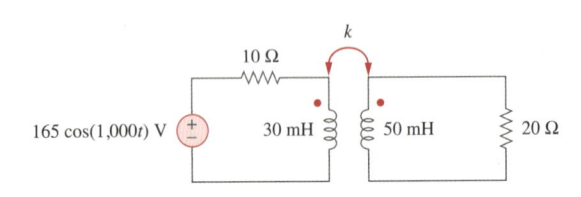

圖 13.98 習題 13.29 的電路

13.30 (a) 利用反射阻抗原理，試求圖 13.99 電路的輸入阻抗。
(b) 試求以 T 型等效電路取代線性變壓器後的輸入阻抗。

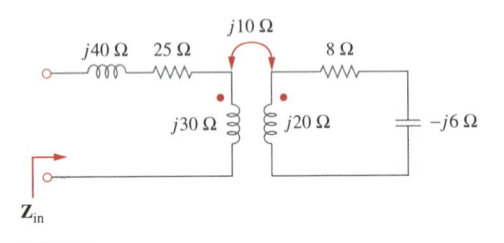

圖 13.99 習題 13.30 的電路

13.31 利用圖 13.100 的電路，試設計一個問題幫助其他學生更瞭解線性變壓器，以及如何求 T 型等效電路和 Π 型等效電路。

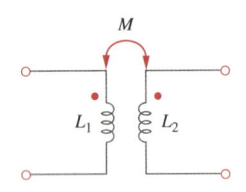

圖 13.100 習題 13.31 的電路

*13.32 疊接二個線性變壓器如圖 13.101 所示，並證明下式：

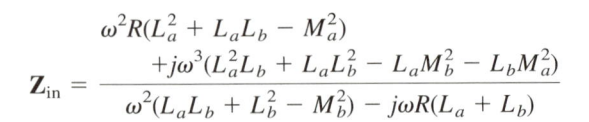

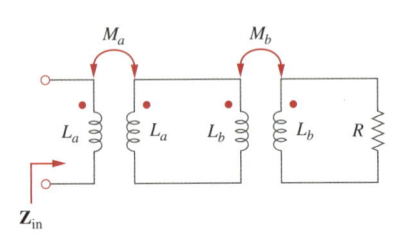

$$Z_{in} = \frac{\omega^2 R(L_a^2 + L_a L_b - M_a^2) + j\omega^3(L_a^2 L_b + L_a L_b^2 - L_a M_b^2 - L_b M_a^2)}{\omega^2(L_a L_b + L_b^2 - M_b^2) - j\omega R(L_a + L_b)}$$

圖 13.101 習題 13.32 的電路

13.33 試計算圖 13.102 空心變壓器電路的輸入阻抗。

圖 13.102 習題 13.33 的電路

13.34 利用圖 13.103 的電路，試設計一個問題幫助其他學生更瞭解包含變壓器電路的輸入阻抗。

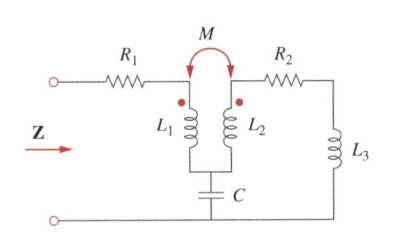

圖 13.103 習題 13.34 的電路

*13.35 試求圖 13.104 電路的電流 I_1、I_2 和 I_3。

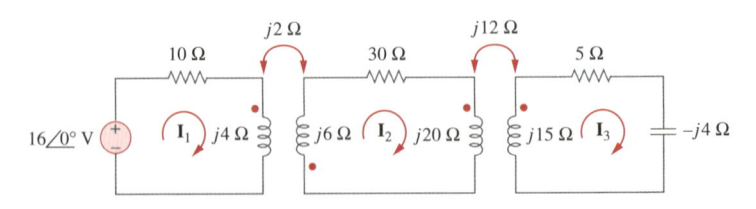

圖 13.104 習題 13.35 的電路

13.5 節　理想變壓器

13.36 如圖 13.32 所做的，試求圖 13.105 中每個變壓器端電壓與電流之間的關係。

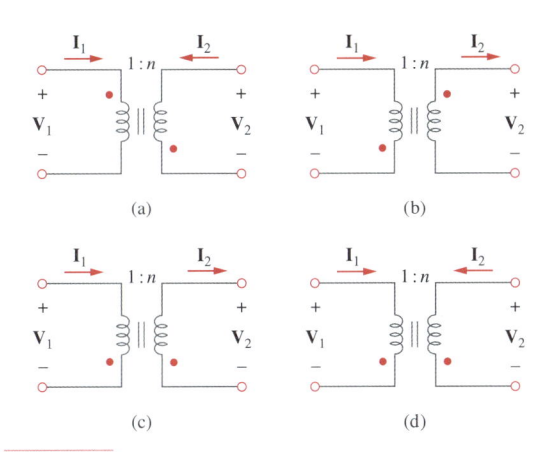

圖 13.105　習題 13.36 的電路

13.37 一個均方根值為 480/2400 V 的理想升壓變壓器傳遞 50 kW 到負載電阻。試計算：
(a) 匝數比。
(b) 一次側電流。
(c) 二次側電流。

13.38 試設計一個問題幫助其他學生更瞭解理想變壓器。

13.39 一個均方根值為 1200/240 V 的變壓器，在高電壓端有 $60\underline{/-30°}$ Ω 電阻。如果變壓器的低電壓端連接到 $0.8\underline{/10°}$ Ω 負載，試求該變壓器輸入電壓為 1200 V rms 時一次側與二次側的電流。

13.40 一個匝數比為 5 的理想變壓器，它的一次側連接到戴維寧參數 $v_{Th} = 10 \cos 2000t$ V 和 $R_{Th} = 100$ Ω 的電壓源。試計算傳遞給跨接於二次側線圈上的 200 Ω 負載的平均功率。

13.41 試計算圖 13.106 電路的電流 $\mathbf{I}_1$ 和 $\mathbf{I}_2$。

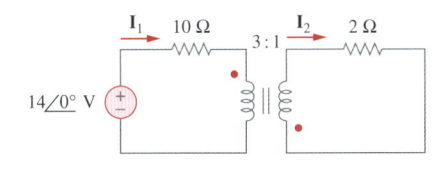

圖 13.106　習題 13.41 的電路

13.42 對於圖 13.107 的電路，試求 2 Ω 電阻器吸收的功率，假設均方根值為 80 V。

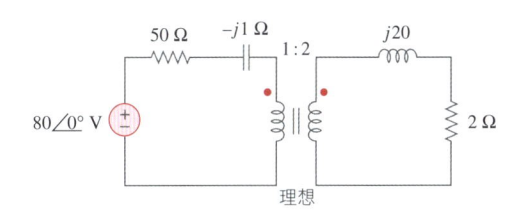

圖 13.107　習題 13.42 的電路

13.43 試求圖 13.108 理想變壓器電路的 $\mathbf{V}_1$ 和 $\mathbf{V}_2$。

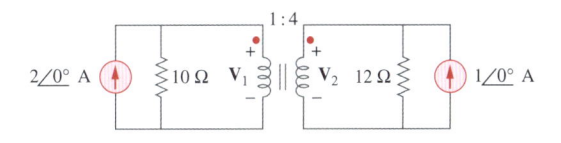

圖 13.108　習題 13.43 的電路

*13.44 試求圖 13.109 理想變壓器電路的 $i_1(t)$ 和 $i_2(t)$。

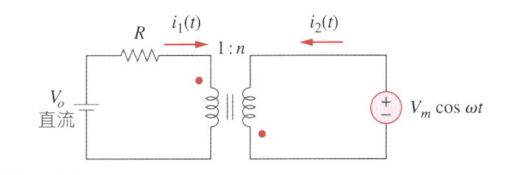

圖 13.109　習題 13.44 的電路

13.45 試求圖 13.110 電路中 8 Ω 電阻器的平均吸收功率。

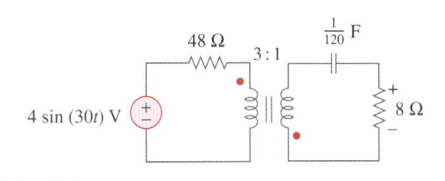

圖 13.110　習題 13.45 的電路

13.46 (a) 試求圖 13.111 電路的 $\mathbf{I}_1$ 和 $\mathbf{I}_2$。
(b) 改變其中一個線圈的極性點位置，再求 $\mathbf{I}_1$ 和 $\mathbf{I}_2$。

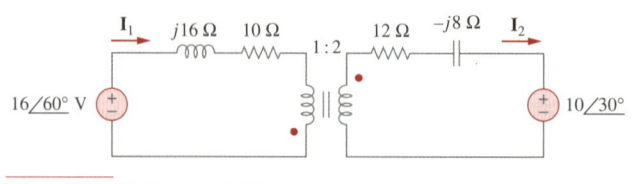

圖 13.111 習題 13.46 的電路

13.47 試求圖 13.112 電路的 $v(t)$。

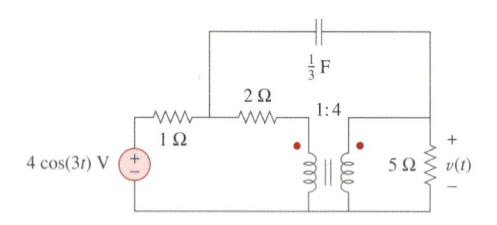

圖 13.112 習題 13.47 的電路

13.48 利用圖 13.113 的電路，試設計一個問題幫助其他學生更瞭解理想變壓器如何工作。

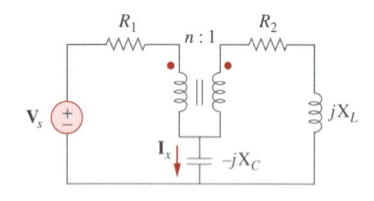

圖 13.113 習題 13.48 的電路

13.49 試求圖 13.114 理想變壓器電路的電流 i_x。

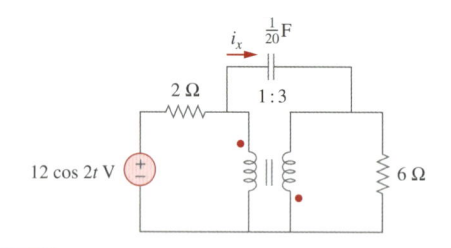

圖 13.114 習題 13.49 的電路

13.50 試計算圖 13.115 網路的輸入阻抗。

13.51 利用反射阻抗原理，試求圖 13.116 電路的輸入阻抗和電流 $\mathbf{I}_1$。

13.52 對於圖 13.117 的電路，試計算造成轉移最大平均功率到負載的匝數比 n，並計算平均最大功率。

13.53 參考圖 13.118 的網路。

(a) 試求提供最大功率給 200 Ω 負載時的匝數比 n。

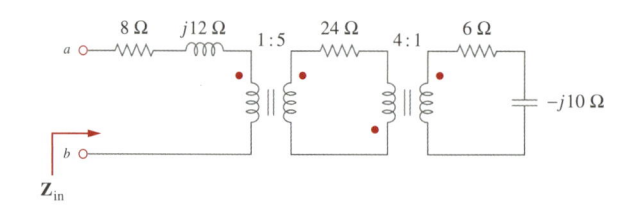

圖 13.115 習題 13.50 的電路

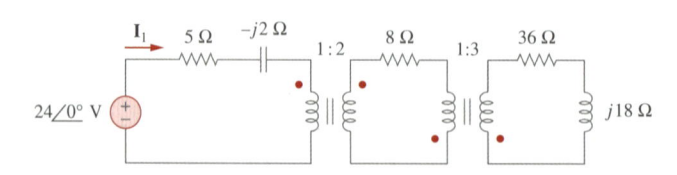

圖 13.116 習題 13.51 的電路

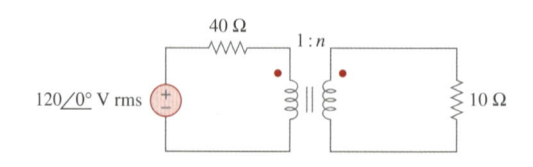

圖 13.117 習題 13.52 的電路

(b) 如果 $n = 10$，試計算 $200\ \Omega$ 負載的功率。

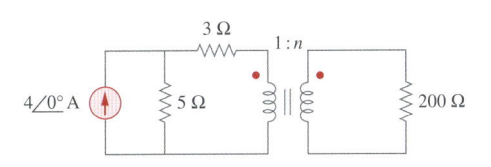

圖 13.118 習題 13.53 的電路

13.54 一個變壓器被用來匹配放大器和 $8\ \Omega$ 負載，如圖 13.119 所示。放大器的戴維寧等效值為 $V_{Th} = 10\ V$、$Z_{Th} = 128\ \Omega$。
(a) 試求最大功率轉移所需的匝數比。
(b) 試計算一次側和二次側的電流。
(c) 試計算一次側和二次側的電壓。

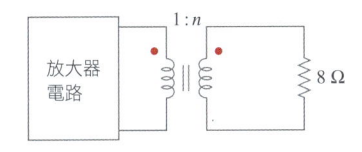

圖 13.119 習題 13.54 的電路

13.55 試計算圖 13.120 電路的等效電阻。

圖 13.120 習題 13.55 的電路

13.56 試求圖 13.121 理想變壓器電路中 $10\ \Omega$ 電阻器所吸收的功率。

圖 13.121 習題 13.56 的電路

13.57 對於圖 13.122 理想變壓器電路，試求：
(a) $\mathbf{I}_1$ 和 $\mathbf{I}_2$。
(b) $\mathbf{V}_1$、$\mathbf{V}_2$ 和 $\mathbf{V}_o$。
(c) 電源所提供的複數功率。

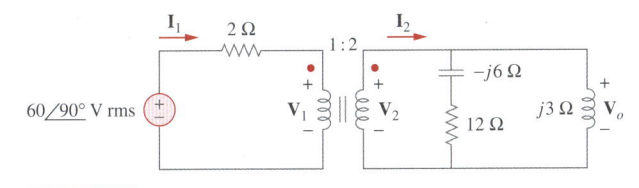

圖 13.122 習題 13.57 的電路

13.58 試求圖 13.123 電路中每個電阻器所吸收的平均功率。

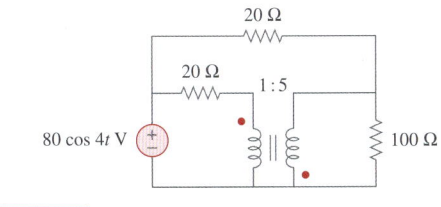

圖 13.123 習題 13.58 的電路

13.59 在圖 13.124 的電路中，令 $v_s = 165 \sin(1{,}000t)$ V。試求傳遞給每個電阻器的平均功率。

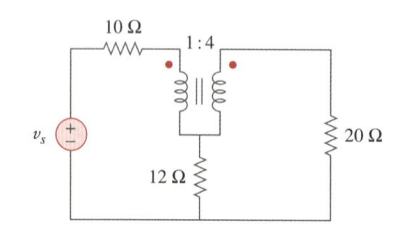

圖 13.124 習題 13.59 的電路

13.60 參考圖 13.125 的電路，試求：
(a) 電流 $\mathbf{I}_1$、$\mathbf{I}_2$ 和 $\mathbf{I}_3$。
(b) 40 Ω 電阻器所消耗的功率。

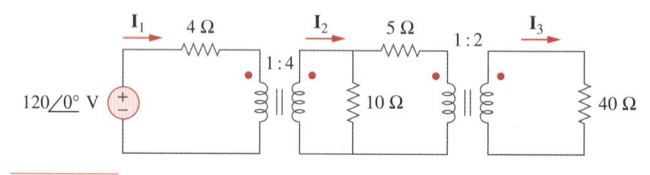

圖 13.125 習題 13.60 的電路

*13.61 試求圖 13.126 電路的 $\mathbf{I}_1$、$\mathbf{I}_2$ 和 $\mathbf{V}_o$。

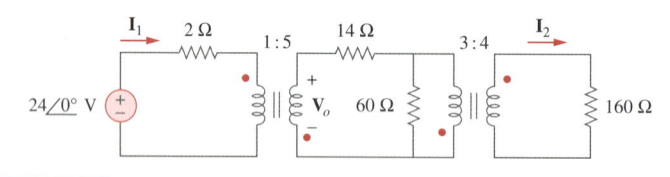

圖 13.126 習題 13.61 的電路

13.62 對於圖 13.127 的電路，試求：
(a) 電源所提供的複數功率。
(b) 傳遞到 18 Ω 電阻器的平均功率。

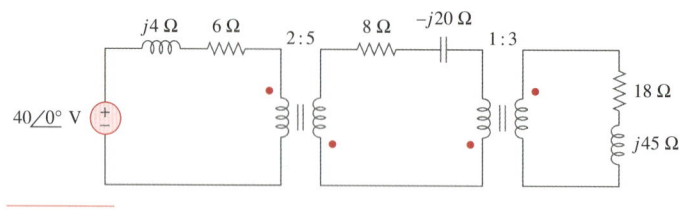

圖 13.127 習題 13.62 的電路

13.63 試求圖 13.128 電路的網目電流。

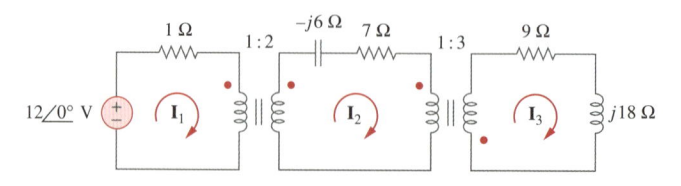

圖 13.128 習題 13.63 的電路

13.64 對於圖 13.129 的電路，試求最大功率轉移到 30 kΩ 電阻器時的匝數比。

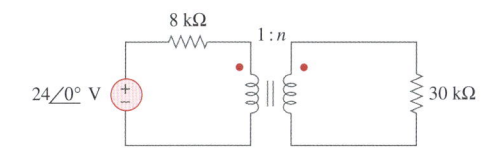

圖 13.129 習題 13.64 的電路

*13.65 試計算圖 13.130 電路中 20 Ω 電阻器所消耗的平均功率。

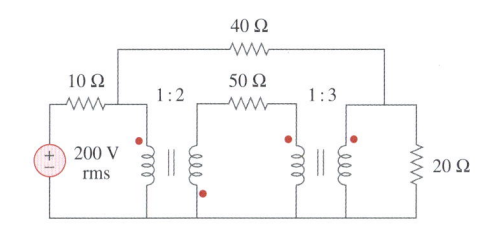

圖 13.130 習題 13.65 的電路

13.6 節 理想自耦變壓器

13.66 試設計一個問題幫助其他學生更瞭解理想自耦變壓器如何工作。

13.67 中間抽頭為 40% 的自耦降壓變壓器，由 400 V、60 Hz 電源供電。一個單位功率因數為 5 kVA 的電阻連接到該變壓器的二次側端點。試求：
(a) 二次側電壓。
(b) 二次側電流。
(c) 一次側電流。

13.68 在圖 13.131 的理想自耦變壓器電路中，試計算 $\mathbf{I}_1$、$\mathbf{I}_2$ 和 $\mathbf{I}_o$，並求傳遞到負載的平均功率。

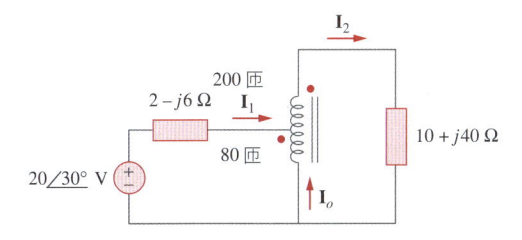

圖 13.131 習題 13.68 的電路

*13.69 在圖 13.132 的電路中，調整 $\mathbf{Z}_L$ 直到最大平均功率傳遞給 $\mathbf{Z}_L$。假設 N_1 為 600 匝、N_2 為 200 匝，試求 $\mathbf{Z}_L$ 和傳遞給它的最大平均功率。

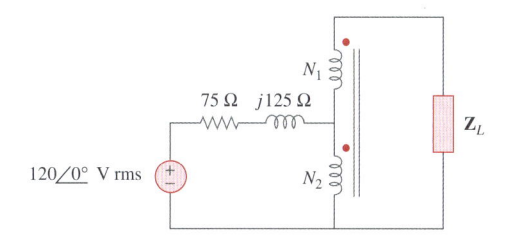

圖 13.132 習題 13.69 的電路

13.70 在圖 13.133 的理想變壓器電路中，試計算傳遞到負載的平均功率。

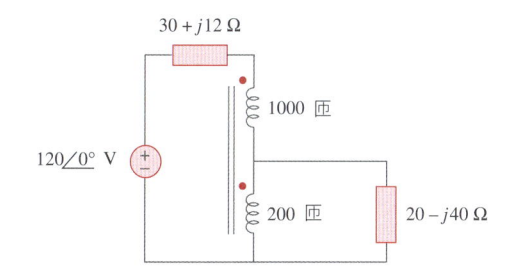

圖 13.133 習題 13.70 的電路

13.71 在圖 13.134 的自耦變壓器電路中，試證明：

$$\mathbf{Z}_{in} = \left(1 + \frac{N_1}{N_2}\right)^2 \mathbf{Z}_L$$

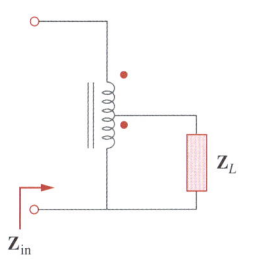

圖 13.134 習題 13.71 的電路

13.7 節 三相變壓器

13.72 為了滿足緊急需求，三個 12,470/7200 V rms 的單相變壓器以 Δ-Y 接形成三相變壓器，並由傳輸線供電 12,470 V。如果該變壓器要提供 60 MVA 給負載，試求：
(a) 每個變壓器的匝數比。
(b) 變壓器一次側線圈與二次側線圈的電流。
(c) 從傳輸線流入的電流和流出的電流。

13.73 圖 13.135 顯示一個供電給 Y-接負載的三相變壓器。
(a) 試決定變壓器的連接類型。
(b) 試計算變壓器的電流 I_2 和 I_c。
(c) 試求負載所吸收的平均功率。

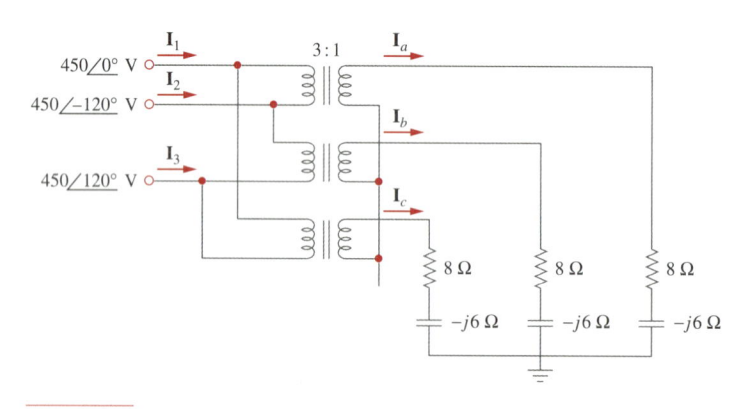

圖 13.135 習題 13.73 的電路

13.74 考慮如圖 13.136 的三相變壓器，它的一次側是由 2.4 kV rms 的電源供電，而二次側則提供 120 kW 給 0.8 pf 的三相負載。試決定：
(a) 變壓器的連接類型。
(b) 電流 I_{LS} 和 I_{PS} 的值。
(c) 電流 I_{LP} 和 I_{PP} 的值。
(d) 變壓器每個相位的 kVA 額定值。

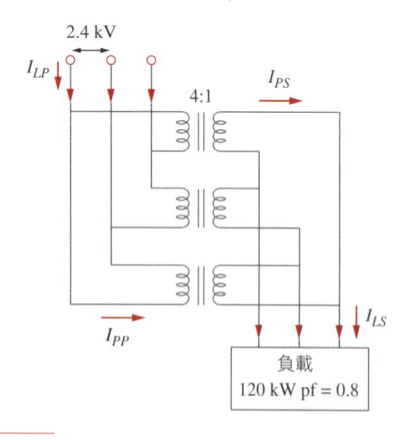

13.75 如圖 13.137 所示 Δ-Y 接的平衡三相變壓器組將線路電壓從 4500 V rms 降低到 900 V rms。如果變壓器給負載供電 120 kVA，試求：
(a) 變壓器的匝數比。
(b) 一次側和二次側的線路電流。

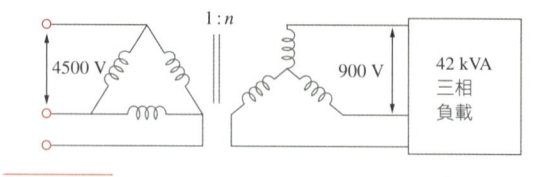

圖 13.137 習題 13.75 的電路

13.76 利用圖 13.138 的電路，試設計一個問題幫助其他學生更瞭解 Y-Δ 接的三相變壓器如何工作。

圖 13.136 習題 13.74 的電路

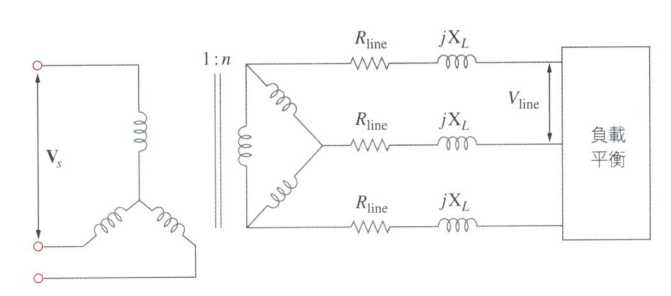

圖 13.138 習題 13.76 的電路

13.77 一個城市三相配電力系統的線路電壓為 13.2 kV，架設在電線桿上的變壓器與線路連接，並降壓至 120 V rms 供住宅用戶使用，如圖 13.139 所示。
(a) 試計算要獲得 120 V 電壓所需的變壓器匝數比。
(b) 試計算 100 W 的燈泡連接到 120 V 火線時，從高壓線提取多少的電流。

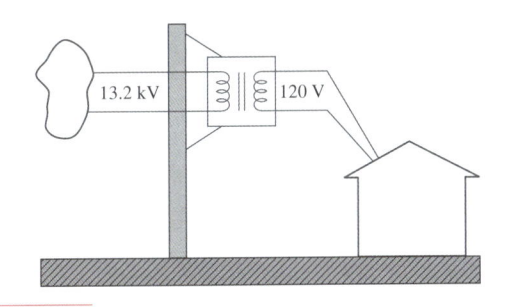

圖 13.139 習題 13.77 的電路

13.8 節　磁耦合電路的 PSpice 分析

13.78 利用 PSpice 或 MultiSim，試計算圖 13.140 電路的網目電流。假設 $\omega = 1$ rad/s，且解題時使用 $k = 0.5$。

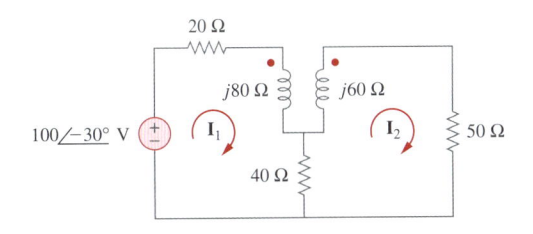

圖 13.140 習題 13.78 的電路

13.79 利用 PSpice 或 MultiSim，試求圖 13.141 電路的 I_1、I_2 和 I_3。

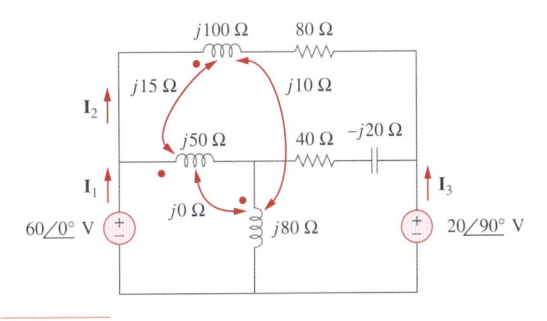

圖 13.141 習題 13.79 的電路

13.80 利用 PSpice 或 MultiSim，試重做習題 13.22。

13.81 利用 PSpice 或 MultiSim，試求圖 13.142 電路的 I_1、I_2 和 I_3。

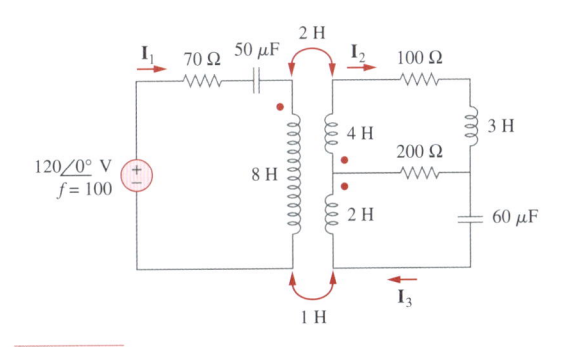

圖 13.142 習題 13.81 的電路

13.82 利用 PSpice 或 MultiSim，試求圖 13.143 電路的 V_1、V_2 和 I_o。

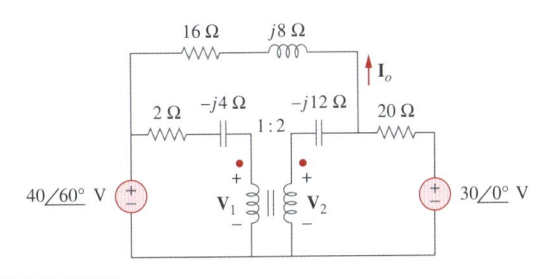

圖 13.143 習題 13.82 的電路

13.83 利用 PSpice 或 MultiSim，試求圖 13.144 電路的 I_x 和 V_x。

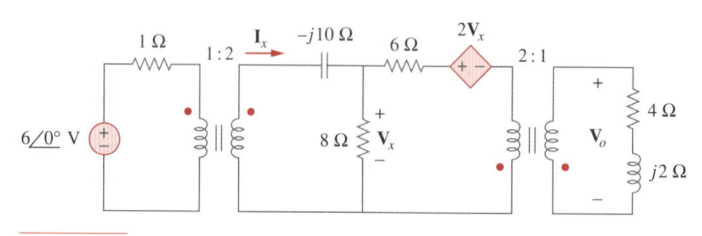

圖 13.144 習題 13.83 的電路

13.84 利用 PSpice 或 MultiSim，試求圖 13.145 理想變壓器電路的 I_1、I_2 和 I_3。

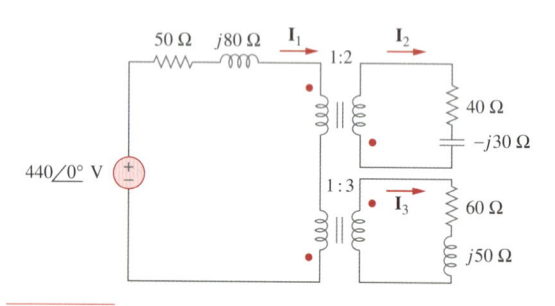

圖 13.145 習題 13.84 的電路

13.9 節　應用

13.85 一次側線圈為 3000 匝的變壓器用來匹配一個輸出阻抗為 7.2 kΩ 的立體聲放大器和一個 8 Ω 輸入阻抗的喇叭，試計算二次側線圈所需的匝數。

13.86 一個一次側線圈為 2400 匝和二次側線圈為 48 匝的變壓器被用來當作阻抗匹配元件。連接到二次側 3 Ω 負載的反射阻抗為何？

13.87 一個無線電接收機的輸入阻抗為 300 Ω，當它直接連接到一個 75 Ω 特性阻抗的天線系統，則有阻抗匹配問題發生。若插入一個阻抗匹配變壓器到接收機之前，則可輸出最大功率。試計算變壓器所需的匝數比。

13.88 一個匝數比 n 為 0.1 的降壓功率變壓器提供 12.6 V rms 的電力給負載電阻。如果一次側電流為 2.5 A rms，則傳遞到負載的功率為多少？

13.89 一個 240/120 V 功率變壓器的額定功率為 10 kVA，試計算變壓器的匝數比、一次側電流和二次側電流。

13.90 一個 4 kVA、2400/240 V rms 的變壓器，其一次側線圈為 250 匝，試計算：
(a) 變壓器的匝數比。
(b) 二次側的匝數。
(c) 一次側和二次側的電流。

13.91 一個 25,000/240 V rms 的配電變壓器，其一次側額定電流為 75 A。
(a) 試求變壓器的 kVA 額定值。
(b) 試計算二次側的電流。

13.92 一個 4800 V 的傳輸線接到一次側為 1200 匝和二次側為 28 匝的變壓器。當二次側連接一個 10 Ω 負載時，試計算：
(a) 二次側的電壓。
(b) 一次側和二次側的電流。
(c) 提供給負載的功率。

綜合題

13.93 四個線圈變壓器 (如圖 13.146 所示) 通常用於工作在 110 V 或 220 V 的設備 (如 PC、VCR)，使這些設備既可在國內使用也可在國外使用。試說明提供下列電壓所需的連接方式：
(a) 輸入電壓 110 V 和輸出電壓 14 V。
(b) 輸入電壓 220 V 和輸出電壓 50 V。

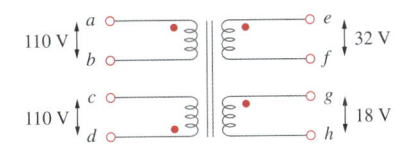

圖 13.146 綜合題 13.93 的電路

*13.94 一個 440/110 V 的理想變壓器可被連接成 550/440 V 的理想自耦變壓器，而四種可能的連接方式中有二種是錯誤的，試求：
(a) 錯誤連接的輸出電壓。
(b) 正確連接的輸出電壓。

13.95 如圖 13.147 中 7200/120 V 的變壓器供電給十個並聯的燈泡，一個燈泡可視為一個 144 Ω 的電阻器，試求：
(a) 匝數比 n。
(b) 流經一次側線圈的電流。

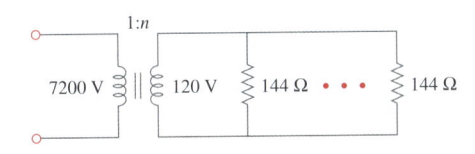

圖 13.147 綜合題 13.95 的電路

*13.96 一些現代的動力傳輸系統有主要的高壓直流輸電段。這樣做有很多好處，但本題不採用。從交流轉換到直流，需使用電力電子。首先使用三相交流電，然後整流 (使用全波整流)。人們發現，使用 Δ-Y 接或 Δ-Δ 接連接到二次側，在全波整流後可得到較小的漣波。這是如何完成的？請記住：這些都是實際的設備且被纏繞在共同的中心。

提示：使用圖 13.47 和圖 13.49，而且每個連結到二次側的 Y-接中心和每個連接到二次側的 Δ-接中心被纏繞在每個連結到一次側的 Δ-接線圈中心，所以每個對應線圈的電壓在相同相位。當二個二次側輸出引線通過全波整流器連接到相同的負載時，將會見到漣波大幅減少。如有需要，請詢問講師以獲得更多的幫助。

Chapter 14 頻率響應

你熱愛生命嗎？那麼，別浪費時間；因為生命是由時間組成的。

—— 班傑明・富蘭克林

加強你的技能和職能

控制系統領域的職業生涯

　　控制系統是電機工程中應用電路分析的另一個領域。在某些期望的方法中，控制系統被用來調整一個或多個變數的行為。在我們的日常生活中，控制系統扮演著主要角色。家用電器如冷暖氣空調系統、開關控制的恆溫器、洗衣機和烘乾機、汽車定速巡航控制器、電梯、交通信號燈、製造工廠、導航系統——所有控制系統的應用。在航空太空領域，太空探測器的精確導航，太空梭運行模式的控制，以及從地球遙控太空船的能力都需要控制系統的知識。在製造業方面，重複的生產線工作越來越仰賴機器人完成，這些機器人是由可編程控制系統所設計的，它們長時間工作也不會疲勞。

　　控制工程集合了電路理論和通訊理論。它不局限於任何特定的工程學科，但可能涉及環保、化工、航空、機械、土木和電機工程。例如，一個控制系統工程師的典型任務可能是設計一個速度調節器，用於調節磁碟驅動器的讀寫磁頭。

　　電機工程師全面理解控制系統的技術是必須的，而且設計控制系統來執行所需的任務也極有價值。

14.1 簡介

在正弦電路分析中，我們已經學會如何求解固定頻率電源電路的電壓和電流。如果令正弦電源的振幅保持不變，而改變電源的頻率，則可得到電路的**頻率響應** (frequency response)。頻率響應可視為一個電路的正弦穩態特性隨頻率變化的完整描述。

> **電路的頻率響應是電路隨著信號頻率改變的行為變化。**

電路的正弦穩態頻率響應在許多應用中具有重要意義，特別是在通訊和控制系統。一個特定的應用是電子濾波器，用來阻擋或消除不需要的頻率信號，而傳遞所需的頻率信號。濾波器用於廣播、電視和電話系統中，將不同的廣播頻率隔開。

電路的頻率響應也可視為增益和相位隨頻率的變化。

本章先介紹使用轉移函數來分析簡單電路的頻率響應，然後介紹工業上標準描述頻率響應的波德圖。還介紹串聯諧振電路和並聯諧振電路，並建立一些重要概念，如共振、品質因數、截止頻率和帶寬等。接著，介紹不同類型的濾波器和網路縮放。最後一節，介紹諧振電路中的濾波器實際應用的二個應用程序。

14.2 轉移函數 (Transfer Function)

轉移函數 $H(\omega)$ (也稱為*網路函數*) 是求解電路頻率響應有用的分析工具。事實上，電路的頻率響應是電路的轉移函數 $H(\omega)$ 隨著 ω 從 $\omega = 0$ 到 $\omega = \infty$ 的關係曲線。

轉移函數是受力函數對施力函數 (或輸出函數對輸入函數) 的頻率相關的比例。轉移函數的構想隱含著使用阻抗和導納來表示電壓和電流的概念。在一般情況下，線性網路可以由圖 14.1 所示的方塊圖表示。

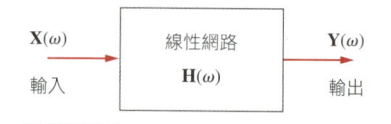

圖 14.1 表示線性網路的方塊圖

$X(\omega)$ 輸入 → 線性網路 $H(\omega)$ → $Y(\omega)$ 輸出

> **電路的轉移函數 $H(\omega)$ 是輸出相量 $Y(\omega)$ (元件的電壓或電流) 對輸入相量 $X(\omega)$ (電壓源或電流源) 的頻率關係比值。**

因此，

此處 $X(\omega)$ 和 $Y(\omega)$ 分別表示網路的輸入相量和輸出相量，不應該與電抗和導納的符號混淆。一般而言，由於缺乏足夠的字母表達所有的電路變數，所以用某些符號表示多種意思是允許的。

$$H(\omega) = \frac{Y(\omega)}{X(\omega)} \quad (14.1)$$

假設初始條件為零,因為輸入和輸出可以是電路中任何位置的電壓或電流,所以有四種可能的轉移函數:

$$\mathbf{H}(\omega) = 電壓增益 = \frac{\mathbf{V}_o(\omega)}{\mathbf{V}_i(\omega)} \tag{14.2a}$$

$$\mathbf{H}(\omega) = 電流增益 = \frac{\mathbf{I}_o(\omega)}{\mathbf{I}_i(\omega)} \tag{14.2b}$$

$$\mathbf{H}(\omega) = 轉移阻抗 = \frac{\mathbf{V}_o(\omega)}{\mathbf{I}_i(\omega)} \tag{14.2c}$$

$$\mathbf{H}(\omega) = 轉移導納 = \frac{\mathbf{I}_o(\omega)}{\mathbf{V}_i(\omega)} \tag{14.2d}$$

> 有些學者以 $\mathbf{H}(j\omega)$ 取代 $\mathbf{H}(\omega)$ 作為轉移函數,因為 ω 和 j 是不可分開的一對。

其中下標 i 和 o 表示輸入值和輸出值。$\mathbf{H}(\omega)$ 是一個複數量,它的振幅為 $H(\omega)$ 且相角為 ϕ;亦即,$\mathbf{H}(\omega) = H(\omega)\underline{/\phi}$。

為了使用 (14.2) 式求轉移函數,先求以阻抗 R、$j\omega L$ 和 $1/j\omega C$ 取代電阻、電感、電容以便得到頻域等效電路。然後,使用的任何電路分析方法,求得 (14.2) 式中相關的變數。這樣就可以繪製該電路轉移函數的振幅和相位隨頻率而變化的頻率響應。利用電腦繪製的轉移函數可以節省大量的時間。

轉移函數 $\mathbf{H}(\omega)$ 也可以用其分子多項式 $\mathbf{N}(\omega)$ 和分母多項式 $\mathbf{D}(\omega)$ 來表示:

$$\boxed{\mathbf{H}(\omega) = \frac{\mathbf{N}(\omega)}{\mathbf{D}(\omega)}} \tag{14.3}$$

其中 $\mathbf{N}(\omega)$ 和 $\mathbf{D}(\omega)$ 不一定和輸入函數和輸出函數具有相同的表示式。(14.3) 式 $\mathbf{H}(\omega)$ 表示式中的分子與分母的公因式被消去,而化簡為最簡式之比。則 $\mathbf{N}(\omega) = 0$ 的根稱為 $\mathbf{H}(\omega)$ 的**零點** (zero),且通常以 $j\omega = z_1, z_2, ...$ 表示。同理,$\mathbf{D}(\omega) = 0$ 的根稱為 $\mathbf{H}(\omega)$ 的**極點** (pole),且通常以 $j\omega = p_1, p_2, ...$ 表示。

> **零點**,分子多項式的根,是轉移函數等於零的結果。
>
> **極點**,分母多項式的根,表示轉移函數為無窮大的值。

> 零點也可視為使 $\mathbf{H}(s)$ 為零的 $s = j\omega$ 值,而極點則可視為 $\mathbf{H}(s)$ 為無窮大時的 $s = j\omega$ 值。

為了避免複數運算,計算 $\mathbf{H}(\omega)$ 時,暫時以 s 取代 $j\omega$,計算後再以 $j\omega$ 換回 s。

範例 14.1 試求圖 14.2(a) *RC* 電路的轉移函數 $\mathbf{V}_o/\mathbf{V}_s$ 和頻率響應。令 $v_s = V_m \cos \omega t$。

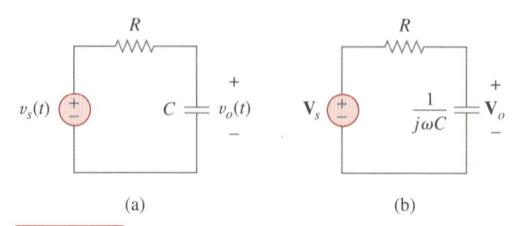

圖 14.2 範例 14.1 的電路：(a) 時域 *RC* 電路，(b) 頻域 *RC* 電路

解：圖 14.2(b) 為頻域的等效電路。根據分壓定理，得轉移函數如下：

$$\mathbf{H}(\omega) = \frac{\mathbf{V}_o}{\mathbf{V}_s} = \frac{1/j\omega C}{R + 1/j\omega C} = \frac{1}{1 + j\omega RC}$$

將上式與 (9.18e) 式相比，可得 $\mathbf{H}(\omega)$ 的振幅和相位如下：

$$H = \frac{1}{\sqrt{1 + (\omega/\omega_0)^2}}, \qquad \phi = -\tan^{-1}\frac{\omega}{\omega_0}$$

其中 $\omega_0 = 1/RC$。為了畫出 $0 < \omega < \infty$ 間的 H 和 ϕ 曲線，需先求出在特殊點上的 H 和 ϕ 值，然後畫出曲線。

當 $\omega = 0$ 時，$H = 1$ 和 $\phi = 0$。在 $\omega = \infty$ 時，$H = 0$ 和 $\phi = -90°$。在 $\omega = \omega_0$ 時，$H = 1/\sqrt{2}$ 和 $\phi = -45°$。有了這些點和表 14.1 所示的更多點，即可求出圖 14.3 的頻率響應。圖 14.3 中的頻率響應曲線的某些特性將在 14.6.1 節的低通濾波器中說明。

表 14.1 範例 14.1 的相關數據

ω/ω_0	H	ϕ	ω/ω_0	H	ϕ
0	1	0	10	0.1	$-84°$
1	0.71	$-45°$	20	0.05	$-87°$
2	0.45	$-63°$	100	0.01	$-89°$
3	0.32	$-72°$	∞	0	$-90°$

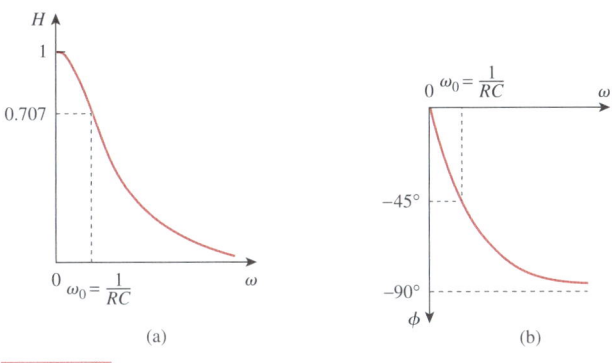

圖 14.3　範例 14.1 RC 電路的頻率響應：(a) 振幅響應，(b) 相位響應

練習題14.1　試求圖 14.4 RL 電路的轉移函數 $\mathbf{V}_o/\mathbf{V}_s$，並畫出其頻率響應。令 $v_s = V_m \cos \omega t$。

答：$j\omega L/(R + j\omega L)$；參見圖 14.5 的頻率響應。

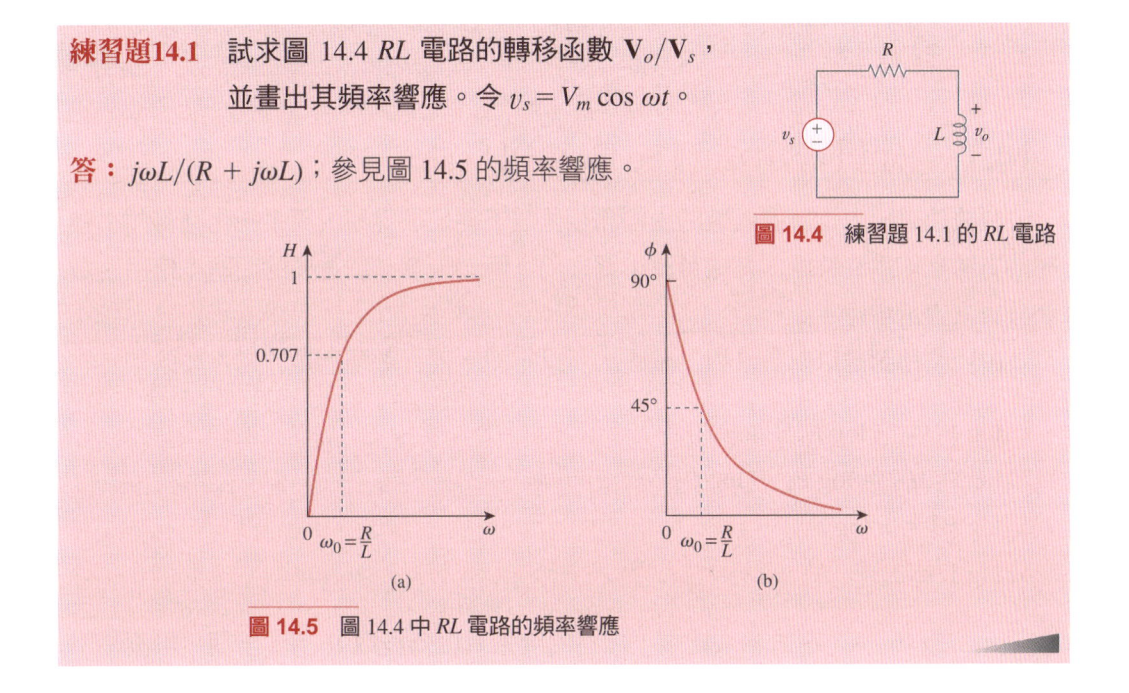

圖 14.4　練習題 14.1 的 RL 電路

圖 14.5　圖 14.4 中 RL 電路的頻率響應

試求圖 14.6 電路的增益 $\mathbf{I}_o(\omega)/\mathbf{I}_i(\omega)$，以及其極點和零點。　**範例 14.2**

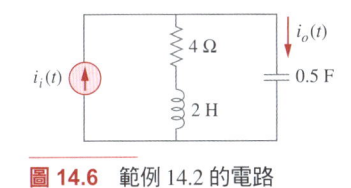

解：根據分流定理，

$$\mathbf{I}_o(\omega) = \frac{4 + j2\omega}{4 + j2\omega + 1/j0.5\omega}\mathbf{I}_i(\omega)$$

或

圖 14.6　範例 14.2 的電路

$$\frac{\mathbf{I}_o(\omega)}{\mathbf{I}_i(\omega)} = \frac{j0.5\omega(4 + j2\omega)}{1 + j2\omega + (j\omega)^2} = \frac{s(s+2)}{s^2 + 2s + 1}, \quad s = j\omega$$

其零點為

$$s(s+2) = 0 \quad \Rightarrow \quad z_1 = 0, z_2 = -2$$

其極點為

$$s^2 + 2s + 1 = (s+1)^2 = 0$$

因此，在 $p = -1$ 處有重複極點 (或雙重極點)。

練習題 14.2 試求圖 14.7 電路的轉移函數 $\mathbf{V}_o(\omega)/\mathbf{I}_i(\omega)$，並求其極點和零點。

答：$\dfrac{10(s+2)(s+3)}{s^2 + 10s + 10}$，$s = j\omega$，零點：$-2$，$-3$；極點：$-1.5505$，$-6.449$。

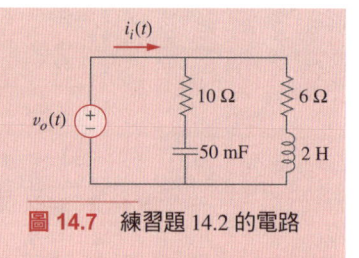

圖 14.7 練習題 14.2 的電路

14.3 †分貝表示法 (The Decibel Scale)

要快速畫出上述傳遞函數的振幅和相位並不總是很容易，更系統化獲得頻率響應的方法是使用波德圖。在繪製波德圖之前，應該瞭解二個重要的問題：使用對數和分貝來表示增益。

由於波德圖是以對數坐標為基礎，所以牢記下列對數屬性是非常重要的：

1. $\log P_1 P_2 = \log P_1 + \log P_2$
2. $\log P_1/P_2 = \log P_1 - \log P_2$
3. $\log P^n = n \log P$
4. $\log 1 = 0$

歷史註記：貝爾 (bel) 是以電話發明人亞歷山大·葛拉漢姆·貝爾的名字來命名的。

在通訊系統中，增益的度量單位為**貝爾** (bel)。早期，貝爾是用來表示二個功率位準的比值，也就是增益 G，

$$G = 貝爾數 = \log_{10} \frac{P_2}{P_1} \tag{14.4}$$

分貝 (decibel, dB) 提供比貝爾更小的單位，相當於 1/10 貝爾，即

$$\boxed{G_{dB} = 10 \log_{10} \frac{P_2}{P_1}} \tag{14.5}$$

當 $P_1 = P_2$ 時，增益為 0 dB 且功率不變。如果 $P_2 = 2P_1$ 時，則得

$$G_{dB} = 10 \log_{10} 2 \simeq 3 \text{ dB} \tag{14.6}$$

～歷史人物～

亞歷山大・葛拉漢姆・貝爾 (Alexander Graham Bell, 1847-1922)，電話發明人，是一位蘇格蘭裔的美國科學家。

貝爾出生在蘇格蘭的愛丁堡，他的父親亞歷山大・梅爾維爾・貝爾 (Alexander Melville Bell) 是一位著名的演說教師。年輕的貝爾畢業於愛丁堡大學和倫敦大學時也想成為一位演說教師。在 1866 年，他開始對以電力傳輸語音感興趣。在他的哥哥死於肺結核之後，他的父親決定搬到加拿大。貝爾則在波士頓的聾啞學校工作，他在那裡認識了湯瑪斯・沃森 (Thomas A. Watson)，且湯瑪斯・沃森也成為他的電磁傳輸實驗的助手。在 1876 年 3 月 10 日，貝爾發出著名的第一封電話留言："Watson, come here I want you." 本章介紹的對數單位──貝爾，就是以他的名字來命名的。

Ingram Publishing

如果 $P_2 = 0.5P_1$ 時，則得

$$G_{\text{dB}} = 10 \log_{10} 0.5 \simeq -3 \text{ dB} \tag{14.7}$$

(14.6) 式和 (14.7) 式顯示廣泛使用對數的另一個原因，即量的倒數的對數只是量的對數的負值。

另外，增益 G 也可以用電壓或電流的比值來表示。為了說明這問題，考慮如圖 14.8 所示的網路。如果 P_1 是輸入功率，P_2 是輸出 (負載) 功率，R_1 是輸入電阻，且 R_2 是負載電阻，則 $P_1 = 0.5V_1^2/R_1$、$P_2 = 0.5V_2^2/R_2$，且 (14.5) 式變成

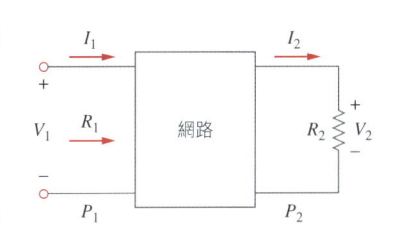

圖 14.8 四個端點網路的電壓-電流關係

$$G_{\text{dB}} = 10 \log_{10} \frac{P_2}{P_1} = 10 \log_{10} \frac{V_2^2/R_2}{V_1^2/R_1}$$

$$= 10 \log_{10} \left(\frac{V_2}{V_1}\right)^2 + 10 \log_{10} \frac{R_1}{R_2} \tag{14.8}$$

$$G_{\text{dB}} = 20 \log_{10} \frac{V_2}{V_1} - 10 \log_{10} \frac{R_2}{R_1} \tag{14.9}$$

在比較二個電壓位準時，通常假設 $R_2 = R_1$，則 (14.9) 式變為

$$\boxed{G_{\text{dB}} = 20 \log_{10} \frac{V_2}{V_1}} \tag{14.10}$$

如果 $P_1 = I_1^2 R_1$、$P_2 = I_2^2 R_2$，且 $R_1 = R_2$，則

$$G_{\text{dB}} = 20 \log_{10} \frac{I_2}{I_1} \tag{14.11}$$

從 (14.5) 式、(14.10) 式和 (14.11) 式得知必須牢記下列三個重點：

1. $10 \log_{10}$ 用於對功率取對數，而 $20 \log_{10}$ 則用於對電壓或電流取對數，因為它們之間存在平方的關係 ($P = V^2/R = I^2 R$)。
2. 該 dB 值是一個相同類型的變數對另一個變數比率的對數測量值。因此，它適合用來表示 (14.2a) 式和 (14.2b) 式的無單位轉移函數 H 時，但不適合表示 (14.2c) 式和 (14.2d) 式的轉移函數 H。
3. 要注意的是，在 (14.10) 式和 (14.11) 式中只使用電壓和電流的振幅。負號和角度將在 14.4 節中單獨處理。

接下來，應用對數和分貝的概念來繪製波德圖。

14.4 波德圖

如 14.2 節介紹，從轉移函數獲得頻率響應是一個艱鉅的任務。頻率響應的頻率範圍通常很寬，這是不方便使用線性刻度的頻率軸。此外，還有轉移函數的幅度和相位曲線的重要特性也更有系統的方法。由於這些原因，波德圖已成為使用半對數坐標繪製的轉移函數的標準做法：在振幅頻譜中，以分貝幅度為縱坐標，以頻率對數為橫坐標；在相位頻譜中，以度的相位為縱坐標，以頻率對數為橫坐標。這種半對數曲線的轉移函數，又稱**波德圖** (Bode plot)，已成為工業標準。

歷史註記：亨德里克·波德 (1905-1982) 是貝爾電話實驗室的工程師，波德圖就是以他的名字命名的，以紀念他在 1930 年代和 1940 年代所做的開創性工作。

波德圖是轉移函數的振幅 (單位為分貝) 與相位 (單位為度) 對頻率的半對數曲線圖。

波德圖包含前一節所介紹非對數曲線相同的資訊，稍後會看到它更容易繪製。

轉移函數可寫為

$$\mathbf{H} = H\underline{/\phi} = H e^{j\phi} \tag{14.12}$$

對二邊取自然對數得

$$\ln \mathbf{H} = \ln H + \ln e^{j\phi} = \ln H + j\phi \tag{14.13}$$

因此，**H** 的實部是振幅的函數，而虛部是相位的函數。在振幅波德圖中，增益為

$$\boxed{H_{\text{dB}} = 20 \log_{10} H} \tag{14.14}$$

是繪製分貝 (dB) 對頻率的關係曲線。表 14.2 提供一些 H 值與其對應的分貝值。在相位波德圖中，相位 ϕ 是繪製度對頻率的關係曲線。振幅曲線和相位曲線都是繪製在半對數坐標紙上。

(14.3) 式的轉移函數可以表示成實部和虛部的因式。例如，可以表示如下：

$$\mathbf{H}(\omega) = \frac{K(j\omega)^{\pm 1}(1 + j\omega/z_1)[1 + j2\zeta_1\omega/\omega_k + (j\omega/\omega_k)^2]\cdots}{(1 + j\omega/p_1)[1 + j2\zeta_2\omega/\omega_n + (j\omega/\omega_n)^2]\cdots}$$

(14.15)

表 14.2	特定增益和對應的分貝值*
振幅 H	$20\log_{10}H$ (dB)
0.001	-60
0.01	-40
0.1	-20
0.5	-6
$1/\sqrt{2}$	-3
1	0
$\sqrt{2}$	3
2	6
10	20
20	26
100	40
1000	60

*有些值為近似值。

上式通過 $\mathbf{H}(\omega)$ 中極點和零點分割而得的。(14.15) 式中的 $\mathbf{H}(\omega)$ 的表示式稱為**標準形式** (standard form)。$\mathbf{H}(\omega)$ 可以包含多達七種不同因式的類型，這些因式可以是轉移函數中各種不同的組合，例如：

1. 增益 K
2. 在原點的極點 $(j\omega)^{-1}$ 或零點 $(j\omega)$
3. 單極點 $1/(1 + j\omega/p_1)$ 或單零點 $(1 + j\omega/z_1)$
4. 二階極點 $1/[1 + j2\zeta_2\omega/\omega_n + (j\omega/\omega_n)^2]$ 或二階零點 $[1 + j2\zeta_1\omega/\omega_k + (j\omega/\omega_k)^2]$

在繪製波德圖時，先分別繪出各因式的曲線，然後將它們加起來。因為涉及對數的相加組合，所以可單獨考慮各因式。這是因為對數在處理數學上的方便，使波德圖成為功能強大的工程工具。

> 原點在 $\omega = 1$ 或 $\log \omega = 0$ 處，且增益為零。

現在繪製上面列出因式的直線波德圖。我們會發現，這些直線波德圖在合理的精確程度上近似實際波德圖。

常數項：對於增益 K，振幅為 $20\log_{10} K$ 且相位為 $0°$；二者對頻率都是常數，也就是與頻率無關。因此，增益的振幅和相位曲線如圖 14.9 所示。如果 K 為負值，則振幅仍為 $20\log_{10}|K|$，但相位為 $\pm 180°$。

在原點的極點/零點：在原點的零點 $(j\omega)$，振幅為 $20\log_{10}\omega$ 且相位為 $90°$，曲線如圖 14.10 所示。其中振幅曲線的斜率為 20 dB/decade，而相位曲線與頻率無關。

極點 $(j\omega)^{-1}$ 的波德圖與零點的相似，除了振幅為 -20 dB/decade，而相位為 $-90°$。一般而言，對於 $(j\omega)^N$，其中 N 為整數，其振幅曲線的斜率為 $20N$ dB/decade，而相位為 $90N$ 度。

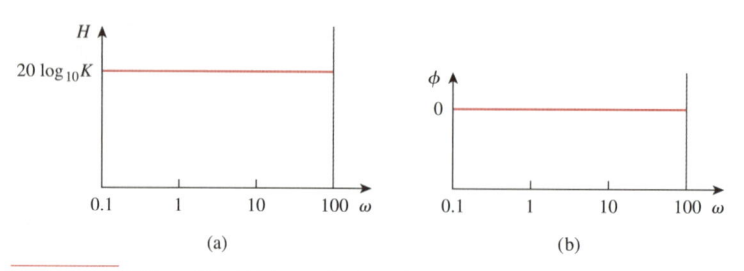

圖 14.9 增益為 K 的波德圖：(a) 振幅曲線，(b) 相位曲線

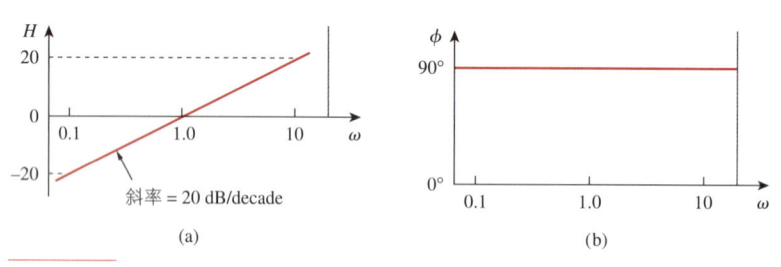

圖 14.10 在原點的零點 ($j\omega$) 的波德圖：(a) 振幅曲線，(b) 相位曲線

十倍頻 (decade) 是二個頻率為 10 的比率之間的間隔；例如，ω_0 和 $10\omega_0$，或 10 和 100 Hz 之間。因此，20 dB/decade 意思是每當頻率改變十倍頻，則振幅就改變 20 dB。

因為 $\log 0 = -\infty$，所以波德圖不會出現直流 ($\omega = 0$) 的情況，這意味著零頻率位於波德圖原點左邊的無限遠處。

單一極點/單一零點： 對於單一零點 $(1 + j\omega/z_1)$，振幅為 $20 \log_{10} |1 + j\omega/z_1|$ 和相位為 $\tan^{-1} \omega/z_1$，則

$$H_{dB} = 20 \log_{10} \left| 1 + \frac{j\omega}{z_1} \right| \quad \Rightarrow \quad 20 \log_{10} 1 = 0 \quad (14.16)$$
$$\text{當} \quad \omega \to 0$$

$$H_{dB} = 20 \log_{10} \left| 1 + \frac{j\omega}{z_1} \right| \quad \Rightarrow \quad 20 \log_{10} \frac{\omega}{z_1} \quad (14.17)$$
$$\text{當} \quad \omega \to \infty$$

這表示對於小 ω 值，振幅曲線近似於零 (斜率零的直線)；對於大 ω 值，振幅曲線則近似於斜率為 20 dB/decade 的直線。二條漸近線相交處的頻率 $\omega = z_1$ 稱為**轉角頻率 (corner frequency)** 或**轉折頻率 (break frequency)**。因此，近似振幅曲線如圖 14.11(a) 所示，圖中也顯示實際振幅曲線。注意：除了在 $\omega = z_1$ 轉折頻率處近似曲線非常接近實際曲線，而且其偏差值為 $20 \log_{10} |(1 + j1)| = 20 \log_{10} \sqrt{2} \simeq 3$ dB。

相位 $\tan^{-1} (\omega/z_1)$ 可以表示為

$$\phi = \tan^{-1} \left(\frac{\omega}{z_1} \right) = \begin{cases} 0, & \omega = 0 \\ 45°, & \omega = z_1 \\ 90°, & \omega \to \infty \end{cases} \quad (14.18)$$

作直線近似時，當 $\omega \leq z_1/10$ 時 $\phi \simeq 0$，當 $\omega = z_1$ 時 $\phi \simeq 45°$，當 $\omega \geq 10z_1$ 時 $\phi \simeq 90°$，如圖 14.11(b) 所示。圖中也顯示了實際相位曲線，直線的斜率為 45°/

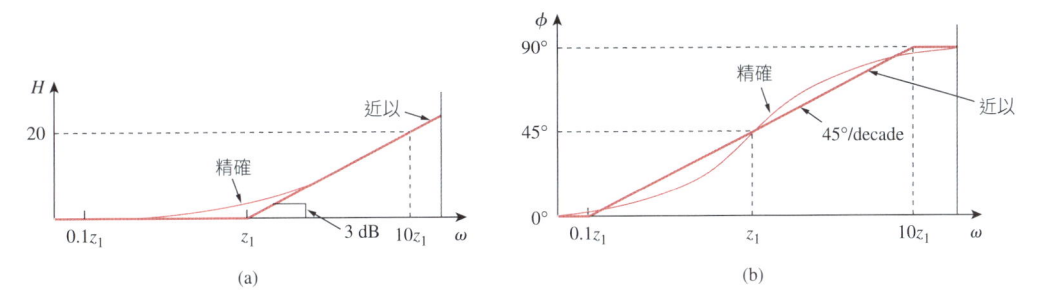

圖 14.11 零點在 $(1+j\omega/z_1)$ 的波德圖：(a) 振幅曲線，(b) 相位曲線

decade。

極點 $1/(1+j\omega/p_1)$ 的波德圖與圖 14.11 相似，除了轉角頻率 $\omega=p_1$ 時，振幅曲線的斜率為 -20 dB/decade，而相位曲線的斜率為 $-45°$/decade。

二階極點/二階零點： 二階極點 $1/[1+j2\zeta_2\omega/\omega_n+(j\omega/\omega_n)^2]$ 的振幅為 $-20\log_{10}|1+j2\zeta_2\omega/\omega_n+(j\omega/\omega_n)^2|$，相位為 $-\tan^{-1}(2\zeta_2\omega/\omega_n)/(1-\omega^2/\omega_n^2)$。但

$$H_{\text{dB}} = -20\log_{10}\left|1+\frac{j2\zeta_2\omega}{\omega_n}+\left(\frac{j\omega}{\omega_n}\right)^2\right| \quad \Rightarrow \quad 0 \qquad (14.19)$$
$$\text{當}\quad \omega \to 0$$

而且

$$H_{\text{dB}} = -20\log_{10}\left|1+\frac{j2\zeta_2\omega}{\omega_n}+\left(\frac{j\omega}{\omega_n}\right)^2\right| \quad \Rightarrow \quad -40\log_{10}\frac{\omega}{\omega_n} \qquad (14.20)$$
$$\text{當}\quad \omega \to \infty$$

因此，振幅曲線是由二條直線漸進線組成：其中一條直線在 $\omega<\omega_n$ 時斜率為零；另一條直線在 $\omega>\omega_n$ 時斜率為 -40 dB/decade，其中 ω_n 為轉角頻率。圖 14.12(a) 顯示近似振幅曲線和實際振幅曲線。注意：實際振幅曲線與阻尼因子 ζ_2 以及轉角頻率 ω_n 有關。如果期望高精確度的振幅曲線，則在直線近似的轉角頻率附近添加一個顯著峰值。然而，為求簡單起見，我們將使用直線近似。

二階極點的相位可以表示為

$$\phi = -\tan^{-1}\frac{2\zeta_2\omega/\omega_n}{1-\omega^2/\omega_n^2} = \begin{cases} 0, & \omega=0 \\ -90°, & \omega=\omega_n \\ -180°, & \omega\to\infty \end{cases} \qquad (14.21)$$

相位曲線為斜率為 $-90°$/decade 的直線，起點在 $\omega_n/10$ 處，中點在 $10\omega_n$ 處，如圖 14.12(b) 所示。再次看到實際曲線和直線近似曲線之間的差異是因為阻尼因子。注意：二階極點的振幅和相位直線近似曲線與雙重極點 $(1+j\omega/\omega_n)^{-2}$ 相同。因

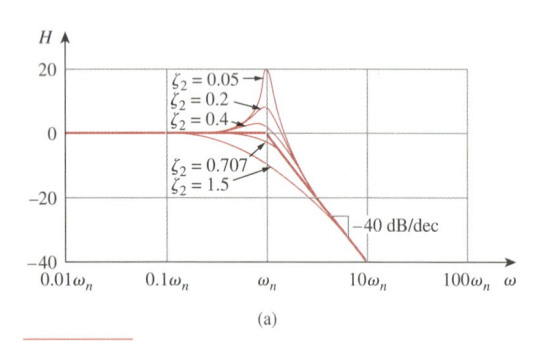

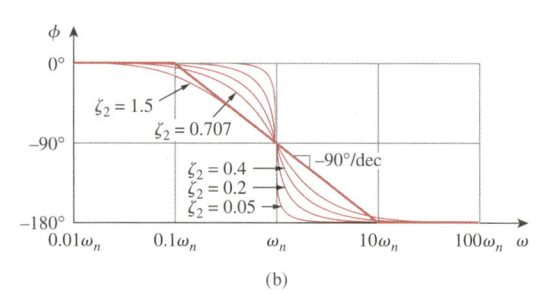

圖 14.12 二階極點 $[1+j2\zeta\omega/\omega_n - \omega^2/\omega_n^2]^{-1}$ 的波德圖：(a) 振幅曲線，(b) 相位曲線

還有另一種更快速獲得波德圖的方法，也許比剛才介紹的更有效率。它利用零點會增加斜率，而極點會降低斜率的特性。由波德圖的低頻漸近線開始，沿頻率軸移動，在每個轉角頻率處增大或減小斜率，便可快速地從轉移函數繪波德圖，而不需增加工作量先畫出個別波德圖再相加。一旦熟練本節討論的方法，則可以使用這個過程來繪波德圖。

數位電腦已不再使用本節介紹的方法繪製波德圖。如 PSpice、MATLAB、Mathcad 和 Micro-Cap 的套裝軟體可以用來產生頻率響應曲線。本章稍後將介紹 PSpice 繪製波德圖的方法。

為雙重極點 $(1+j\omega/\omega_n)^{-2}$ 等於當 $\zeta_2 = 1$ 時二階極點 $1/[1+j2\zeta_2\omega/\omega_n + (j\omega/\omega_n)^2]$，因此只要可以使用直線近似，二階極點就可以被當成雙重極點。

對於二階零點 $[1+j2\zeta_1\omega/\omega_k + (j\omega/\omega_k)^2]$，因為振幅曲線斜率為 40 dB/decade，且相位曲線的斜率為 90°/decade，所以二階零點的波德圖只需將圖 14.12 的曲線反轉即得。

表 14.3 總結上述七個因式的波德圖。當然，不是每個轉移函數都有上述七個因式。為了畫出 (14.15) 式 $\mathbf{H}(\omega)$ 函數的波德圖，先在半對數繪圖坐標上記錄轉角頻率，分別畫出上述每個因式的波德圖，然後結合將各個圖形相加合併而得到轉移函數的波德圖。合併過程通常是由左至右，每次都在轉角頻率處發生斜率變化。下面範例將說明這個過程。

範例 14.3 試繪製下面轉移函數的波德圖：

$$\mathbf{H}(\omega) = \frac{200j\omega}{(j\omega+2)(j\omega+10)}$$

解：首先將 $\mathbf{H}(\omega)$ 分子與分母分別除以極點和零點，得標準式為

$$\mathbf{H}(\omega) = \frac{10j\omega}{(1+j\omega/2)(1+j\omega/10)}$$

$$= \frac{10|j\omega|}{|1+j\omega/2||1+j\omega/10|} \underline{/90° - \tan^{-1}\omega/2 - \tan^{-1}\omega/10}$$

因此，$\mathbf{H}(\omega)$ 的振幅和相位分別為

表 14.3　振幅曲線和相位曲線的直線波德圖匯總

因式	振幅	相位
K	$20\log_{10} K$	$0°$
$(j\omega)^N$	$20N$ dB/decade，轉折點於 $\omega=1$	$90N°$
$\dfrac{1}{(j\omega)^N}$	$-20N$ dB/decade，轉折點於 $\omega=1$	$-90N°$
$\left(1+\dfrac{j\omega}{z}\right)^N$	$20N$ dB/decade，轉折點於 $\omega=z$	由 $0°$（$\omega=z/10$）上升至 $90N°$（$\omega=10z$）
$\dfrac{1}{(1+j\omega/p)^N}$	$-20N$ dB/decade，轉折點於 $\omega=p$	由 $0°$（$\omega=p/10$）下降至 $-90N°$（$\omega=10p$）
$\left[1+\dfrac{2j\omega\zeta}{\omega_n}+\left(\dfrac{j\omega}{\omega_n}\right)^2\right]^N$	$40N$ dB/decade，轉折點於 $\omega=\omega_n$	由 $0°$（$\omega=\omega_n/10$）上升至 $180N°$（$\omega=10\omega_n$）
$\dfrac{1}{[1+2j\omega\zeta/\omega_k+(j\omega/\omega_k)^2]^N}$	$-40N$ dB/decade，轉折點於 $\omega=\omega_k$	由 $0°$（$\omega=\omega_k/10$）下降至 $-180N°$（$\omega=10\omega_k$）

$$H_{\text{dB}} = 20 \log_{10} 10 + 20 \log_{10} |j\omega| - 20 \log_{10} \left|1 + \frac{j\omega}{2}\right|$$
$$- 20 \log_{10} \left|1 + \frac{j\omega}{10}\right|$$
$$\phi = 90° - \tan^{-1} \frac{\omega}{2} - \tan^{-1} \frac{\omega}{10}$$

注意：有二個轉角頻率分別位於 $\omega = 2, 10$ 處。先分別對振幅和相位畫出每一項因子，如圖 14.13 中的虛線。然後將它們相加合併得完整的曲線如圖 14.13 中的實線。

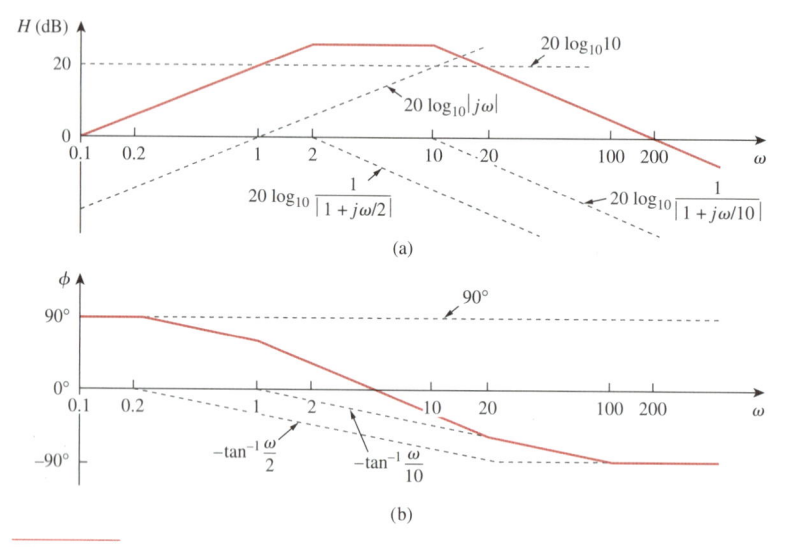

圖 14.13 範例 14.3：(a) 振幅曲線，(b) 相位曲線

練習題 14.3 試繪製下面轉移函數的波德圖：

$$\mathbf{H}(\omega) = \frac{5(j\omega + 2)}{j\omega(j\omega + 10)}$$

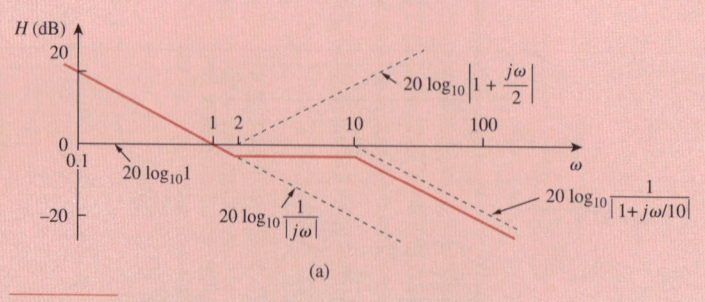

答： 參見圖 14.14。

圖 14.14 練習題 14.3：(a) 振幅曲線，(b) 相位曲線

圖 14.14　練習題 14.3：(a) 振幅曲線，(b) 相位曲線 (續)

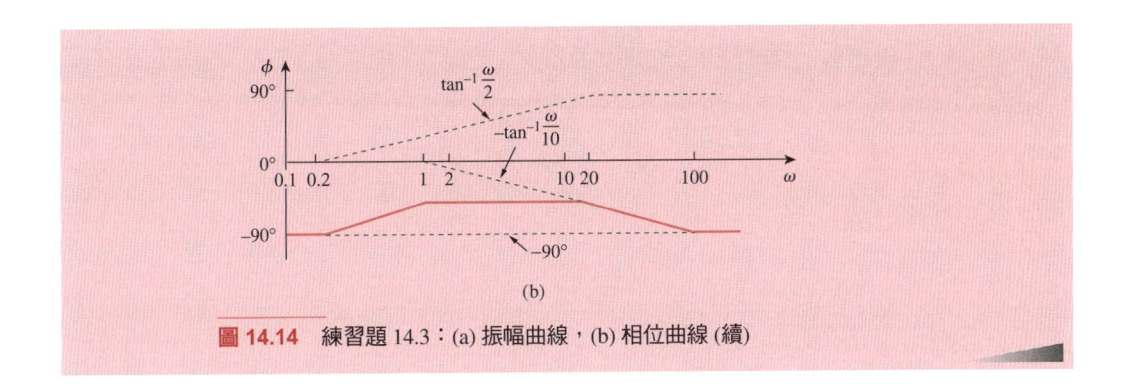

範例 14.4

試繪製下面轉移函數的波德圖：

$$H(\omega) = \frac{j\omega + 10}{j\omega(j\omega + 5)^2}$$

解： 將 $H(\omega)$ 轉成標準式，得

$$H(\omega) = \frac{0.4(1 + j\omega/10)}{j\omega(1 + j\omega/5)^2}$$

從上式，得振幅和相位如下：

$$H_{dB} = 20\log_{10}0.4 + 20\log_{10}\left|1 + \frac{j\omega}{10}\right| - 20\log_{10}|j\omega|$$
$$- 40\log_{10}\left|1 + \frac{j\omega}{5}\right|$$

$$\phi = 0° + \tan^{-1}\frac{\omega}{10} - 90° - 2\tan^{-1}\frac{\omega}{5}$$

有二個轉角頻率分別位於 $\omega = 5, 10$ rad/s。因為平方因子，所以在轉角頻率 $\omega = 5$ 處的極點，振幅曲線的斜率為 -40 dB/decade，相位曲線的斜率為 $-90°$/decade。在圖 14.5 中顯示個別項的振幅曲線與相位曲線 (如虛線所示)，整個 $H(j\omega)$ 的波德圖 (如實線所示)。

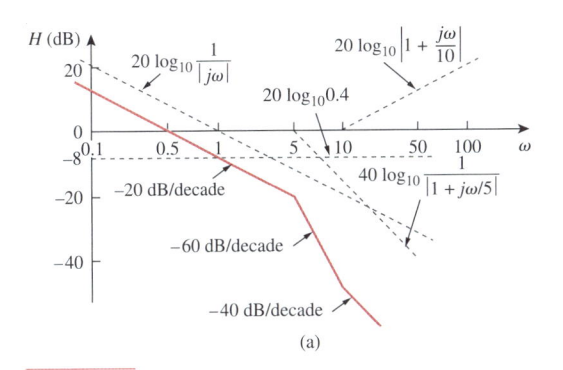

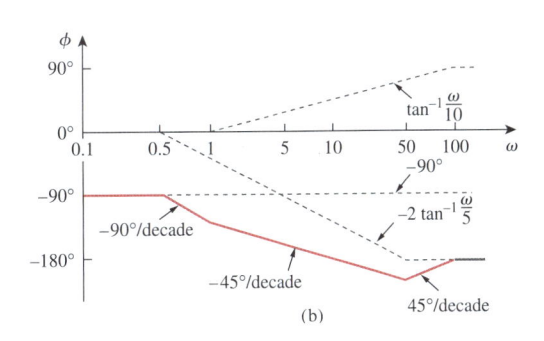

圖 14.15　範例 14.4：(a) 振幅曲線，(b) 相位曲線

練習題 14.4 試繪製下面轉移函數的波德圖：

$$H(\omega) = \frac{50j\omega}{(j\omega + 4)(j\omega + 10)^2}$$

答：參見圖 14.16。

圖 14.16 練習題 14.4：(a) 振幅曲線，(b) 相位曲線

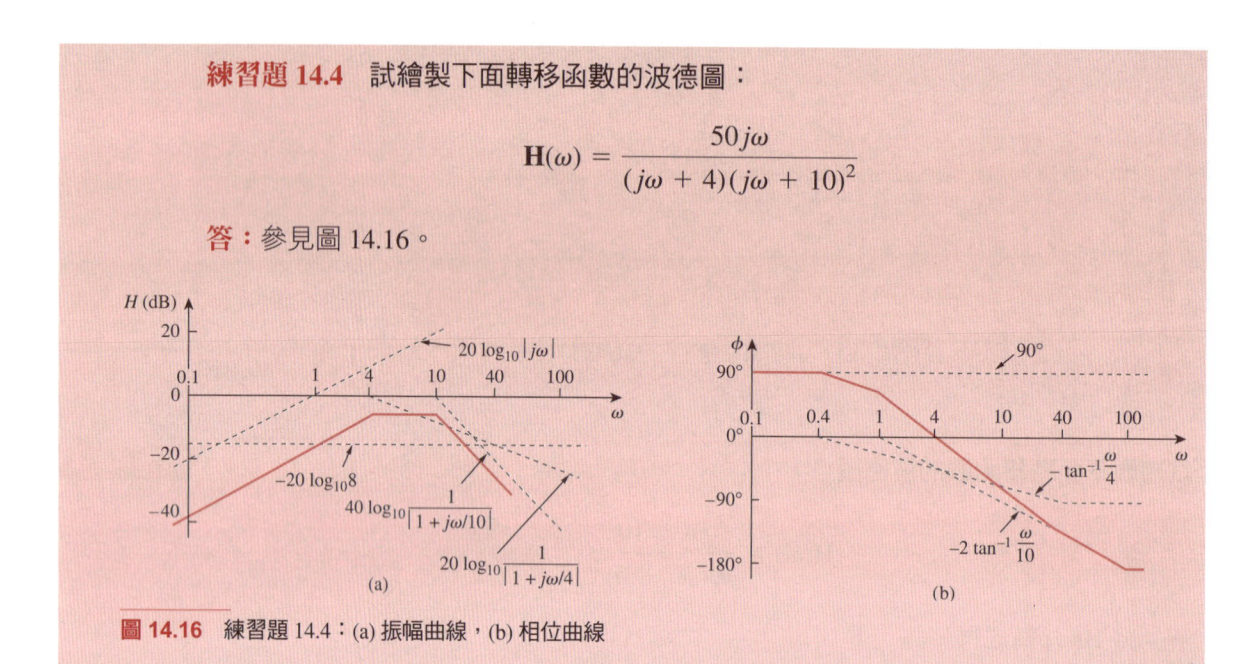

範例 14.5 試繪製下面轉移函數的波德圖：

$$H(s) = \frac{s + 1}{s^2 + 12s + 100}$$

解：

1. **定義**：這個問題已明確定義且是按照本章所列的技術。
2. **表達**：對於已知的轉移函數 $H(s)$，繪製近似波德圖。
3. **選擇**：求解本題最有效的二種方法是：將在這裡使用的本章介紹的近似方法，和可以繪製實際波德圖的 MATLAB 方法。
4. **嘗試**：將 $H(s)$ 以標準形式表示如下：

$$H(\omega) = \frac{1/100(1 + j\omega)}{1 + j\omega 1.2/10 + (j\omega/10)^2}$$

轉角頻率為 $\omega_n = 10$ rad/s 的二階極點，其振幅和相位如下：

$$H_{dB} = -20\log_{10}100 + 20\log_{10}|1 + j\omega|$$
$$- 20\log_{10}\left|1 + \frac{j\omega 1.2}{10} - \frac{\omega^2}{100}\right|$$

$$\phi = 0° + \tan^{-1}\omega - \tan^{-1}\left[\frac{\omega 1.2/10}{1 - \omega^2/100}\right]$$

圖 14.17 顯示 $H(\omega)$ 的波德圖。注意：二階極點可視為在 ω_k 處的重複極點 (1 +

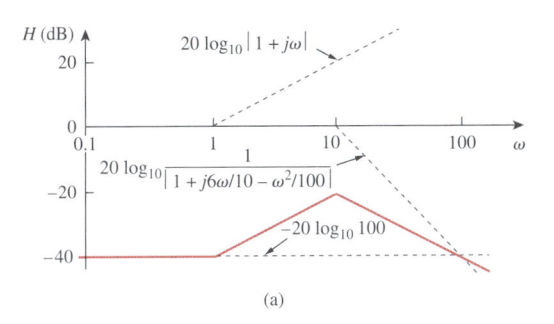

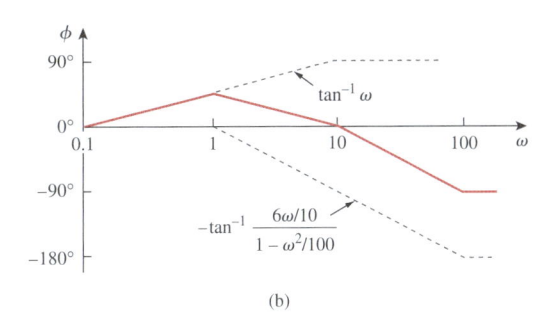

圖 14.17 範例 14.5：(a) 振幅曲線，(b) 相位曲線

$j\omega/\omega_k)^2$，這是一種近似方法。

5. **驗證**：雖然可以使用 MATLAB 來驗證解答，但是這裡將利用更直接的方法。首先，在近似方法中，假設分母 $\zeta = 0$，所以將使用下列方程式來檢查答案：

$$\mathbf{H}(s) \simeq \frac{s+1}{s^2 + 10^2}$$

這裡需要 H_{dB} 的實際解和對應的相位角 ϕ。首先，令 $\omega = 0$，

$$H_{dB} = 20 \log_{10}(1/100) = -40 \quad 和 \quad \phi = 0°$$

現在嘗試 $\omega = 1$，

$$H_{dB} = 20 \log_{10}(1.4142/99) = -36.9 \text{ dB}$$

它比轉角頻率高 3 dB。

從 $\quad \mathbf{H}(j) = \dfrac{j+1}{-1+100} \quad$ 得 $\quad \phi = 45°$

現在嘗試 $\omega = 100$，

$$H_{dB} = 20 \log_{10}(100) - 20 \log_{10}(9900) = 39.91 \text{ dB}$$

ϕ 為 90° 是分子 180° 減去 −90° 而得的。現在，已經檢查了三個不同的頻率點，得到接近的結果，而且由於這是一個近似值，所以對上述求解過程可以放心。

讀者可以合理地問：為什麼不驗證 $\omega = 10$ 呢？如果只用上面的近似值，將得到一個無限大的值，這是從 $\zeta = 0$ 預料到的 [參見圖 14.12(a)]。因為 $\zeta = 0.6$，如果使用 $\mathbf{H}(j10)$ 的實際值，則將得到與近似值差異很大的值，並且圖 14.12(a) 顯示跟近似值有明顯的偏差。可以使用 $\zeta = 0.707$ 重做此問題，將可得到與近似值接近的結果。但是，目前已有足夠的點，所以並沒有這麼做。

6. **滿意？** 顯然地，相信這個問題已被成功解決，我們可以提出結果作為一個解決問題的辦法。

練習題 14.5 試繪製下面轉移函數的波德圖：

$$H(s) = \frac{10}{s(s^2 + 80s + 400)}$$

答： 參見圖 14.18。

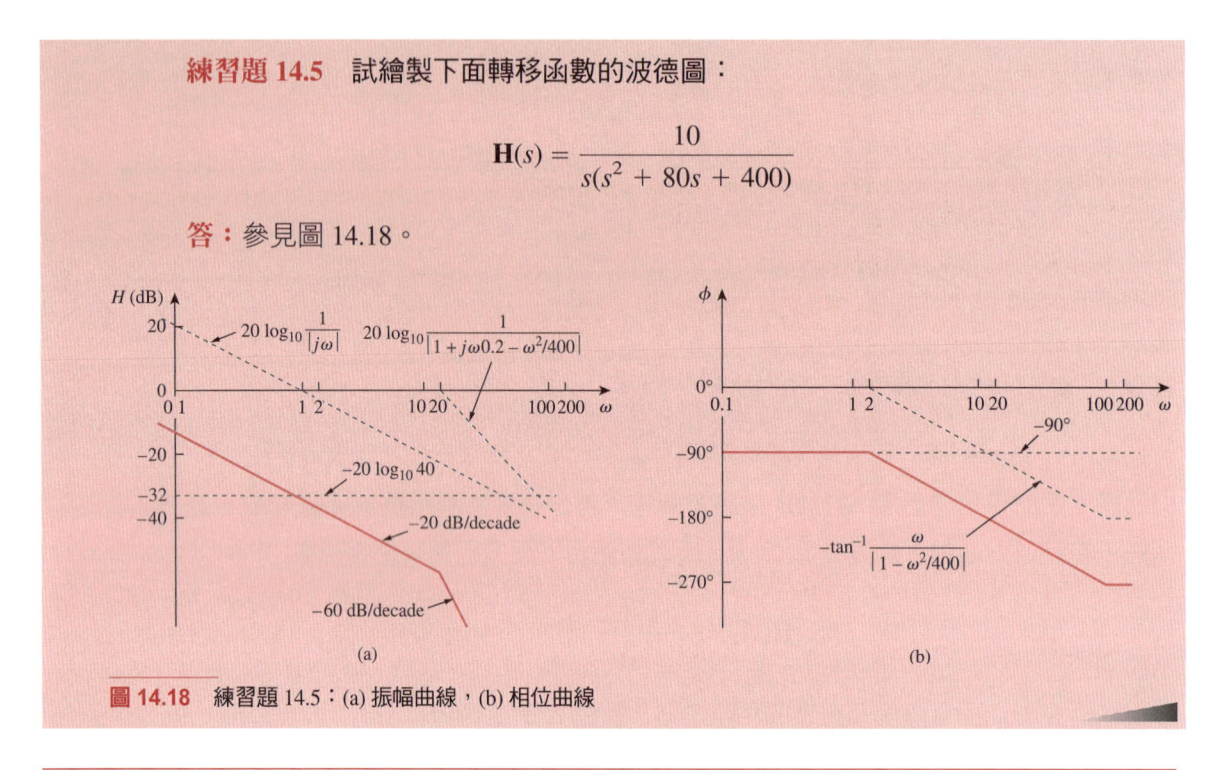

圖 14.18 練習題 14.5：(a) 振幅曲線，(b) 相位曲線

範例 14.6 已知如圖 14.19 所示波德圖，試求轉移函數 $H(\omega)$。

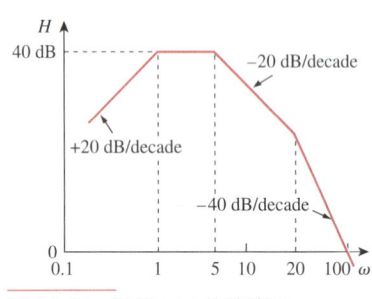

圖 14.19 範例 14.6 的波德圖

解： 要從波德圖求出轉移函數 $H(\omega)$，必須牢記零點總是發生在向上轉折的轉角頻率處，而極點則發生在向下轉折的轉角頻率處。從圖 14.19 得知，斜率 $+20$ dB/decade 的直線表示有一個零點 $j\omega$ 在原點處，與頻率軸交點為 $\omega = 1$ 處。這條直線平移 40 dB 表示增益為 40 dB，即

$$40 = 20 \log_{10} K \quad \Rightarrow \quad \log_{10} K = 2$$

或

$$K = 10^2 = 100$$

除了在原點處的零點 $j\omega$ 外，從圖 14.19 可看出，還有三個因子分別在轉角頻率 $\omega = 1 \cdot 5$ 和 20 rad/s 處。因此，得

1. 一個極點在 $p = 1$ 處且斜率為 -20 dB/decade 的地方向下轉折，而且抵銷了在原點的零點。這個在 $p = 1$ 的極點為 $1/(1 + j\omega/1)$。

2. 另一個極點在 $p = 5$ 處且斜率為 -20 dB/decade 的地方向下轉折，這個極點為 $1/(1 + j\omega/5)$。

3. 第三個極點在 $p = 20$ 處且斜率為 -20 dB/decade 的地方向下轉折，這個極點為 $1/(1 + j\omega/20)$。

將所有的因子結合在一起得到對應的轉移函數如下：

$$H(\omega) = \frac{100j\omega}{(1+j\omega/1)(1+j\omega/5)(1+j\omega/20)}$$

$$= \frac{j\omega 10^4}{(j\omega+1)(j\omega+5)(j\omega+20)}$$

或

$$H(s) = \frac{10^4 s}{(s+1)(s+5)(s+20)}, \qquad s = j\omega$$

練習題 14.6 已知如圖 14.20 所示波德圖，求轉移函數 $H(\omega)$。

答： $H(\omega) = \dfrac{2{,}000{,}000(s+5)}{(s+10)(s+100)^2}$。

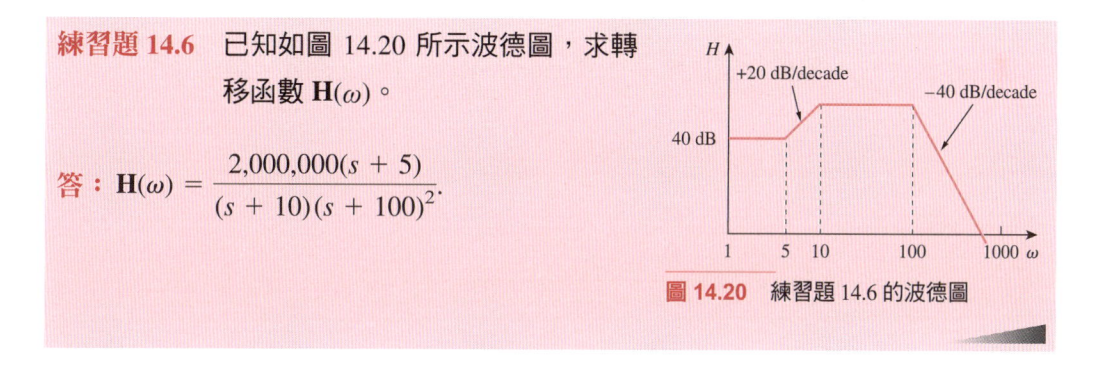

圖 14.20 練習題 14.6 的波德圖

請參考 14.11 節，如何使用 MATLAB 產生波德圖。

14.5 串聯諧振電路 (Series Resonance)

一個電路的頻率響應最突出的特點是顯示振幅特性的尖銳峰 [或稱**諧振峰值** (resonant peak)]。諧振的概念應用於科學和工程的多個領域。諧振發生在具有共軛複數對極點的任何系統；它是儲存能量的振盪從一種形式到另一種形式的原因。這一現象可用於通訊網路中的頻率鑑別。諧振發生在具有至少一個電感和一個電容的任何電路。

> 諧振是 *RLC* 電路中，電容性電抗和電感性電抗大小相等時，所產生一個純電阻阻抗的條件。

諧振電路 (串聯或並聯) 用於建構濾波器是很有用的，因為它們的轉移函數具有高度頻率選擇性。在無線電接收機和電視機的選台電路中都會應用諧振電路。

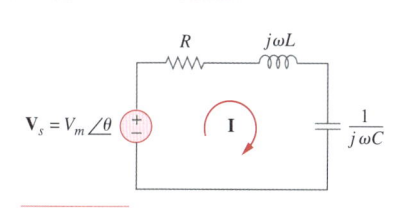

考慮圖 14.21 所示頻域中的串聯 *RLC* 電路。其輸入阻抗為

圖 14.21 串聯諧振電路

$$\mathbf{Z} = \mathbf{H}(\omega) = \frac{\mathbf{V}_s}{\mathbf{I}} = R + j\omega L + \frac{1}{j\omega C} \tag{14.22}$$

或

$$\mathbf{Z} = R + j\left(\omega L - \frac{1}{\omega C}\right) \tag{14.23}$$

當轉移函數的虛部為零時，則產生諧振，即

$$\mathrm{Im}(\mathbf{Z}) = \omega L - \frac{1}{\omega C} = 0 \tag{14.24}$$

滿足上述條件的 ω 值稱為**諧振頻率** (resonant frequency) ω_0。因此，諧振條件為

$$\omega_0 L = \frac{1}{\omega_0 C} \tag{14.25}$$

或

$$\boxed{\omega_0 = \frac{1}{\sqrt{LC}} \text{ rad/s}} \tag{14.26}$$

因為 $\omega_0 = 2\pi f_0$，所以

$$f_0 = \frac{1}{2\pi\sqrt{LC}} \text{ Hz} \tag{14.27}$$

注意：在諧振時，

> 注意第 4 點，從以下事實得證：
> $$|\mathbf{V}_L| = \frac{V_m}{R}\omega_0 L = QV_m$$
> $$|\mathbf{V}_C| = \frac{V_m}{R}\frac{1}{\omega_0 C} = QV_m$$
> 其中 Q 是品質因數，定義在 (14.38) 式中。

1. 阻抗是純電阻性的，即 $\mathbf{Z} = R$。換言之，LC 串聯組合的作用就像短路，而且整個電壓都跨在 R 上。
2. 因為電壓 $\mathbf{V}_s$ 和電流 $\mathbf{I}$ 是同相的，所以功率因數為 1。
3. $\mathbf{H}(\omega) = \mathbf{Z}(\omega)$ 時轉移函數的振幅最小。
4. 電感器電壓和電容器電壓可以比電源電壓高很多。

電路的電流振幅的頻率響應：

$$I = |\mathbf{I}| = \frac{V_m}{\sqrt{R^2 + (\omega L - 1/\omega C)^2}} \tag{14.28}$$

如圖 14.22 所示。當頻率軸為對數時，這曲線只顯示對稱性。RLC 電路消耗的平均功率為

$$P(\omega) = \frac{1}{2} I^2 R \qquad (14.29)$$

當 $I = V_m/R$ 時,最大功率消耗發生在諧振,所以

$$P(\omega_0) = \frac{1}{2} \frac{V_m^2}{R} \qquad (14.30)$$

在頻率 $\omega = \omega_1 \cdot \omega_2$ 時,消耗功率為最大值的一半;即

$$P(\omega_1) = P(\omega_2) = \frac{(V_m/\sqrt{2})^2}{2R} = \frac{V_m^2}{4R} \qquad (14.31)$$

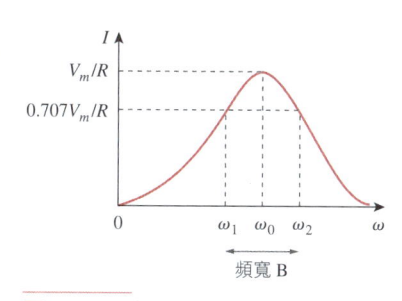

圖 14.22 在圖 14.21 的串聯諧振電路中電流振幅對頻率的響應

因此,ω_1 和 ω_2 稱為**半功率頻率** (half-power frequencies)。

令 $Z = \sqrt{2}R$,則可求得半功率頻率如下:

$$\sqrt{R^2 + \left(\omega L - \frac{1}{\omega C}\right)^2} = \sqrt{2}R \qquad (14.32)$$

對 ω 求解,得

$$\boxed{\begin{aligned} \omega_1 &= -\frac{R}{2L} + \sqrt{\left(\frac{R}{2L}\right)^2 + \frac{1}{LC}} \\ \omega_2 &= \frac{R}{2L} + \sqrt{\left(\frac{R}{2L}\right)^2 + \frac{1}{LC}} \end{aligned}} \qquad (14.33)$$

從 (14.26) 式和 (14.33) 式,可得半功率頻率與諧振頻率的關係。

$$\omega_0 = \sqrt{\omega_1 \omega_2} \qquad (14.34)$$

表示諧振頻率為半功率頻率的幾何平均值。注意:因為頻率響應一般不是對稱的,所以在諧振頻率 ω_0 附近的 ω_1 和 ω_2 一般是不對稱的。然而,在諧振頻率附近的半功率頻率常常是合理的近似對稱,這將在稍後說明。

雖然圖 14.22 中的諧振曲線的峰值是由 R 決定的,但該曲線的寬度取決於其他因素。響應曲線的寬度取決於**頻寬** B,頻寬被定義為二個半功率頻率之差,

$$B = \omega_2 - \omega_1 \qquad (14.35)$$

這種頻寬的定義只是幾種常用的定義之一。嚴格地說,B 在 (14.35) 式中是一個半功率頻寬,因為它是半功率頻率之間諧振頻率的頻帶寬度。

在諧振電路中諧振的"銳度"是由**品質因數** (quality factor) Q 測定的。在諧振時,電路的反應能量在電感器和電容器之間振盪。品質因數關係到電路中儲存的最

> 雖然品質因數 Q 與反應功率的符號相同，但這二者並不相等，不應該混淆。這裡的 Q 是沒有單位的，而反應功率 Q 的單位為 VAR。這可能有助於在二者之間進行區分。

大或峰值能量對電路諧振時消耗在振盪週期的能量：

$$Q = 2\pi \frac{\text{電路所儲存的峰值能量}}{\text{諧振時電路在一個週期所消耗的能量}} \tag{14.36}$$

品質因數也被認為是電路的能量保存性相對於電路能量耗散性的度量。在 RLC 串聯電路中，儲存的峰值能量為 $\frac{1}{2}LI^2$，而一個週期的消耗能量是 $\frac{1}{2}(I^2R)(1/f_0)$。因此，

$$Q = 2\pi \frac{\frac{1}{2}LI^2}{\frac{1}{2}I^2R(1/f_0)} = \frac{2\pi f_0 L}{R} \tag{14.37}$$

或

$$\boxed{Q = \frac{\omega_0 L}{R} = \frac{1}{\omega_0 CR}} \tag{14.38}$$

注意：品質因數是無單位的。將 (14.33) 式代入 (14.35) 式，並利用 (14.38) 式可得頻寬 B 和品質因數 Q 之間的關係。

$$\boxed{B = \frac{R}{L} = \frac{\omega_0}{Q}} \tag{14.39}$$

或 $B = \omega_0^2 CR$。因此，

諧振電路的品質因數是其諧振頻率與頻寬的比值。

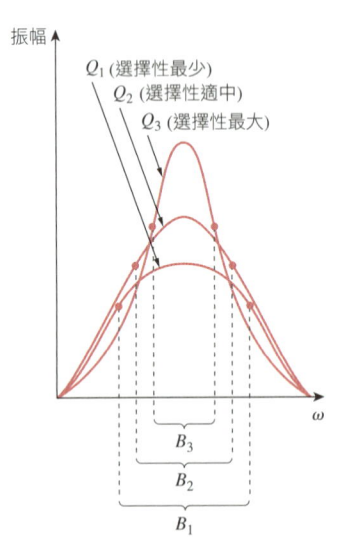

請記住，(14.33) 式、(14.38) 式和 (14.39) 式僅適用於串聯 RLC 電路。

如圖 14.23 所示，Q 值越高，電路的選擇性越好，但其頻寬越窄。一個 RLC 電路的**選擇性** (selectivity) 是電路某個頻率的響應，和辨識其他頻率的能力。如果被選擇或者被拒絕的頻寬較窄，則諧振電路的品質因數要求較高；如果頻率的頻寬較寬，則品質因數的要求較低。

諧振電路被設計工作在其諧振頻率或鄰近頻率處。**高 Q 值電路** (high-Q circuit) 是指電路的品質因數等於或大於 10。對於高 Q 值電路 ($Q \geq 10$) 的所有實際應用，對稱的諧振頻率附近的半功率頻率，可以近似為

圖 14.23 電路 Q 值越高，則頻寬越窄

$$\omega_1 \simeq \omega_0 - \frac{B}{2}, \qquad \omega_2 \simeq \omega_0 + \frac{B}{2} \tag{14.40}$$

高 Q 值電路經常用於通訊網路中。

> 品質因數是電路選擇性 (或諧振 "銳度") 的度量。

由此可見，諧振電路的特徵在於五個相關參數：二個半功率頻率 ω_1 和 ω_2、諧振頻率 ω_0、頻寬 B 和品質因數 Q。

範例 14.7 在圖 14.24 電路中，$R = 2\ \Omega$、$L = 1$ mH 和 $C = 0.4\ \mu$F。(a) 試求半功率頻率的諧振頻率，(b) 試計算品質因數和頻寬，(c) 試求在 ω_0、ω_1 和 ω_2 處的電流振幅。

解：(a) 諧振頻率為

$$\omega_0 = \frac{1}{\sqrt{LC}} = \frac{1}{\sqrt{10^{-3} \times 0.4 \times 10^{-6}}} = 50 \text{ krad/s}$$

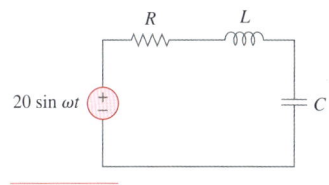

圖 14.24 範例 14.7 的電路

◆ **方法一**：下半功率頻率為

$$\begin{aligned}\omega_1 &= -\frac{R}{2L} + \sqrt{\left(\frac{R}{2L}\right)^2 + \frac{1}{LC}} \\ &= -\frac{2}{2 \times 10^{-3}} + \sqrt{(10^3)^2 + (50 \times 10^3)^2} \\ &= -1 + \sqrt{1 + 2500} \text{ krad/s} = 49 \text{ krad/s}\end{aligned}$$

同理，上半功率頻率為

$$\omega_2 = 1 + \sqrt{1 + 2500} \text{ krad/s} = 51 \text{ krad/s}$$

(b) 頻寬為

$$B = \omega_2 - \omega_1 = 2 \text{ krad/s}$$

或

$$B = \frac{R}{L} = \frac{2}{10^{-3}} = 2 \text{ krad/s}$$

品質因數為

$$Q = \frac{\omega_0}{B} = \frac{50}{2} = 25$$

◆ **方法二**：求品質因數的另一種方法為

$$Q = \frac{\omega_0 L}{R} = \frac{50 \times 10^3 \times 10^{-3}}{2} = 25$$

從 Q，可求得頻寬為

$$B = \frac{\omega_0}{Q} = \frac{50 \times 10^3}{25} = 2 \text{ krad/s}$$

因為 $Q > 10$，即高 Q 值電路和求半功率頻率如下：

$$\omega_1 = \omega_0 - \frac{B}{2} = 50 - 1 = 49 \text{ krad/s}$$

$$\omega_2 = \omega_0 + \frac{B}{2} = 50 + 1 = 51 \text{ krad/s}$$

與前面所求相同。
(c) 在 $\omega = \omega_0$，

$$I = \frac{V_m}{R} = \frac{20}{2} = 10 \text{ A}$$

在 $\omega = \omega_1 \cdot \omega_2$，

$$I = \frac{V_m}{\sqrt{2}R} = \frac{10}{\sqrt{2}} = 7.071 \text{ A}$$

練習題 14.7 一個串聯電路的 $R = 4 \text{ }\Omega$ 和 $L = 25 \text{ mH}$。試求：(a) 產生 50 品質因數的 C 值，(b) $\omega_1 \cdot \omega_2$ 和 B，(c) 在 $\omega = \omega_0 \cdot \omega_1$ 和 ω_2 處 $V_m = 100 \text{ V}$ 時消耗的平均功率。

答：(a) 0.625 μF, (b) 7920 rad/s, 8080 rad/s, 160 rad/s, (c) 1.25 kW, 0.625 kW, 0.625 kW.

14.6 並聯諧振電路 (Parallel Resonance)

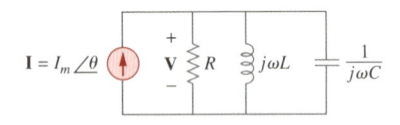

圖 14.25 並聯諧振電路

在圖 14.25 的並聯 RLC 電路是串聯 RLC 電路的對偶電路。因此，避免不必要的重複。從對偶性質得導納為

$$\mathbf{Y} = H(\omega) = \frac{\mathbf{I}}{\mathbf{V}} = \frac{1}{R} + j\omega C + \frac{1}{j\omega L} \tag{14.41}$$

或

$$\mathbf{Y} = \frac{1}{R} + j\left(\omega C - \frac{1}{\omega L}\right) \qquad (14.42)$$

當 **Y** 的虛部為零時，則產生諧振，即

$$\omega C - \frac{1}{\omega L} = 0 \qquad (14.43)$$

或

$$\boxed{\omega_0 = \frac{1}{\sqrt{LC}} \text{ rad/s}} \qquad (14.44)$$

從以下事實得證：

$$|\mathbf{I}_L| = \frac{I_m R}{\omega_0 L} = Q I_m$$
$$|\mathbf{I}_C| = \omega_0 C I_m R = Q I_m$$

其中 Q 是品質因數，定義在 (14.47) 式中。

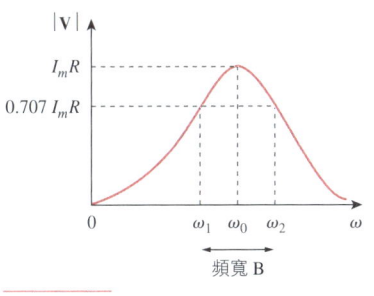

上式與串聯諧振電路的 (14.26) 式相同。電壓 $|\mathbf{V}|$ 被描繪在圖 14.26 如頻率的函數。在諧振方面，請注意：並聯 LC 組合作用就像一個開路，從而使整個電流流經 R。另外，電感和電容的電流比諧振電源電流大很多。

比較 (14.42) 式與 (14.23) 式，並利用圖 14.21 和圖 14.25 之間的二元性質。將串聯諧振電路表示式的 R、L 和 C 中，分別以 $1/R$、C 和 L 取代，則得到並聯電路表示式為

圖 14.26 在圖 14.25 並聯諧振電路的電流振幅對頻率曲線

$$\boxed{\begin{aligned}\omega_1 &= -\frac{1}{2RC} + \sqrt{\left(\frac{1}{2RC}\right)^2 + \frac{1}{LC}} \\ \omega_2 &= \frac{1}{2RC} + \sqrt{\left(\frac{1}{2RC}\right)^2 + \frac{1}{LC}}\end{aligned}} \qquad (14.45)$$

$$\boxed{B = \omega_2 - \omega_1 = \frac{1}{RC}} \qquad (14.46)$$

$$\boxed{Q = \frac{\omega_0}{B} = \omega_0 RC = \frac{R}{\omega_0 L}} \qquad (14.47)$$

應當注意的是，(14.45) 式至 (14.47) 式僅適用於並聯 RLC 電路。利用 (14.45) 式和 (14.47) 式，則可以使用品質因數來表示半功率頻率，如下：

$$\omega_1 = \omega_0\sqrt{1+\left(\frac{1}{2Q}\right)^2} - \frac{\omega_0}{2Q}, \qquad \omega_2 = \omega_0\sqrt{1+\left(\frac{1}{2Q}\right)^2} + \frac{\omega_0}{2Q} \qquad (14.48)$$

同理，對於高 Q 值電路 ($Q \geq 10$)，

$$\omega_1 \simeq \omega_0 - \frac{B}{2}, \qquad \omega_2 \simeq \omega_0 + \frac{B}{2} \qquad (14.49)$$

表 14.4 顯示串聯諧振電路和並聯諧振電路特性的總結。除了本章介紹的串聯 RLC 和並聯 RLC 電路，還存在其他形式的諧振電路。範例 14.9 就是一個典型的例子。

表 14.4 *RLC* 諧振電路特性匯總

特性	串聯電路	並聯電路
諧振頻率 ω_0	$\frac{1}{\sqrt{LC}}$	$\frac{1}{\sqrt{LC}}$
品質因數 Q	$\frac{\omega_0 L}{R}$ 或 $\frac{1}{\omega_0 RC}$	$\frac{R}{\omega_0 L}$ 或 $\omega_0 RC$
頻寬 B	$\frac{\omega_0}{Q}$	$\frac{\omega_0}{Q}$
半功率頻率 $\omega_1 \cdot \omega_2$	$\omega_0\sqrt{1+\left(\frac{1}{2Q}\right)^2} \pm \frac{\omega_0}{2Q}$	$\omega_0\sqrt{1+\left(\frac{1}{2Q}\right)^2} \pm \frac{\omega_0}{2Q}$
$Q \geq 10$ 時的 $\omega_1 \cdot \omega_2$	$\omega_0 \pm \frac{B}{2}$	$\omega_0 \pm \frac{B}{2}$

範例 14.8 在圖 14.27 並聯 RLC 電路中，令 $R = 8$ kΩ、$L = 0.2$ mH 和 $C = 8$ μF。試求：(a) $\omega_0 \cdot Q$ 和 B，(b) ω_1 和 ω_2，(c) 在 $\omega_0 \cdot \omega_1$ 和 ω_2 處的消耗功率。

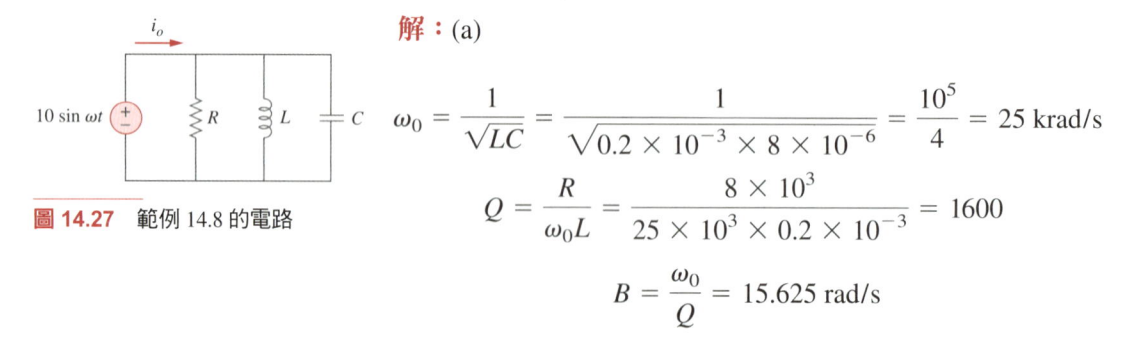

解：(a)

$$\omega_0 = \frac{1}{\sqrt{LC}} = \frac{1}{\sqrt{0.2 \times 10^{-3} \times 8 \times 10^{-6}}} = \frac{10^5}{4} = 25 \text{ krad/s}$$

$$Q = \frac{R}{\omega_0 L} = \frac{8 \times 10^3}{25 \times 10^3 \times 0.2 \times 10^{-3}} = 1600$$

$$B = \frac{\omega_0}{Q} = 15.625 \text{ rad/s}$$

圖 14.27 範例 14.8 的電路

(b) 由於 Q 的高值，我們可以認為這是一個高 Q 值電路，因此

$$\omega_1 = \omega_0 - \frac{B}{2} = 25{,}000 - 7.812 = 24{,}992 \text{ rad/s}$$

$$\omega_2 = \omega_0 + \frac{B}{2} = 25{,}000 + 7.812 = 25{,}008 \text{ rad/s}$$

(c) 在 $\omega = \omega_0$、$\mathbf{Y} = 1/R$ 或 $\mathbf{Z} = R = 8 \text{ k}\Omega$，然後

$$\mathbf{I}_o = \frac{\mathbf{V}}{\mathbf{Z}} = \frac{10\underline{/-90°}}{8{,}000} = 1.25\underline{/-90°} \text{ mA}$$

在諧振時，因為整個電流流經 R，所以在 $\omega = \omega_0$ 處的平均功率消耗為

$$P = \frac{1}{2}|\mathbf{I}_o|^2 R = \frac{1}{2}(1.25 \times 10^{-3})^2(8 \times 10^3) = 6.25 \text{ mW}$$

或

$$P = \frac{V_m^2}{2R} = \frac{100}{2 \times 8 \times 10^3} = 6.25 \text{ mW}$$

在 $\omega = \omega_1 = \omega_2$，

$$P = \frac{V_m^2}{4R} = 3.125 \text{ mW}$$

> **練習題 14.8** 一個並聯電路中，$R = 100 \text{ k}\Omega$、$L = 20 \text{ mH}$ 和 $C = 5 \text{ nF}$。試計算 ω_0、ω_1、ω_2、Q 和 B。
>
> **答：** 100 krad/s, 99 krad/s, 101 krad/s, 50, 2 krad/s.

範例 14.9

試求圖 14.28 電路的諧振頻率。

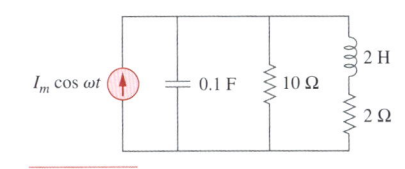

解： 輸入導納為

$$\mathbf{Y} = j\omega 0.1 + \frac{1}{10} + \frac{1}{2 + j\omega 2}$$

$$= 0.1 + j\omega 0.1 + \frac{2 - j\omega 2}{4 + 4\omega^2}$$

圖 14.28 範例 14.9 的電路

在諧振時，Im($\mathbf{Y}$) = 0 且

$$\omega_0 0.1 - \frac{2\omega_0}{4 + 4\omega_0^2} = 0 \quad \Rightarrow \quad \omega_0 = 2 \text{ rad/s}$$

> **練習題 14.9** 試求圖 14.29 電路的諧振頻率。
>
> **答**：435.9 rad/s.
>
> 圖 14.29 練習題 14.9 的電路

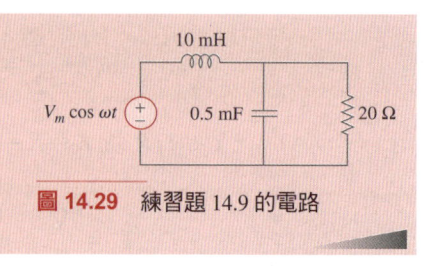

14.7 被動濾波器

濾波器的概念從開始就是電機工程演進中的一個組成部分。沒有電子濾波器某些技術成果將不可能實現的。由於濾波器這一顯著的作用，所以人們在濾波器的理論、設計和製造上付出很大的努力，發表並出版了許多有關濾波器的論文和書籍。本章的討論只是簡單地介紹濾波器。

> 濾波器是一種讓期望頻率的信號通過和阻擋或衰減其他頻率信號的電路。

濾波器可以作為頻率選擇性裝置，用於限制一些特定的頻寬信號的頻譜。在無線電接收機和電視接收器中，可使用濾波器從大量的廣播信號環境中選擇所需的信號。

如果濾波器僅僅是由被動元件 R、L 和 C 組成，則稱為**被動濾波器** (passive filter)。如果濾波器是由主動元件 (如電晶體或運算放大器) 再加上被動元件 R、L 和 C 所組成，則稱為**主動濾波器** (active filter)。本節將介紹被動濾波器，而下一節將介紹主動濾波器。在實際應用中，LC 濾波器用於實際應用已超過八十年。LC 濾波技術供應相關領域，如均衡器、阻抗匹配網路、變壓器、整形網路、功率分配器、衰減器和定向耦合器等，而且不斷提供工程師有機會創新和實驗。本節除了介紹 LC 濾波器外，還介紹其他種類的濾波器——如數位濾波器、機電濾波器和微波濾波器——但這些已超出本書的討論範圍。

無論被動濾波器或主動濾波器，都有如圖 14.30 所示的四種類型濾波器：

1. **低通濾波器** (low-pass filter)：通過低頻和阻止高頻，理想的頻率響應曲線如圖 14.30(a) 所示。
2. **高通濾波器** (high-pass filter)：通過高頻和阻止低頻，理想的頻率響應曲線如圖 14.30(b) 所示。

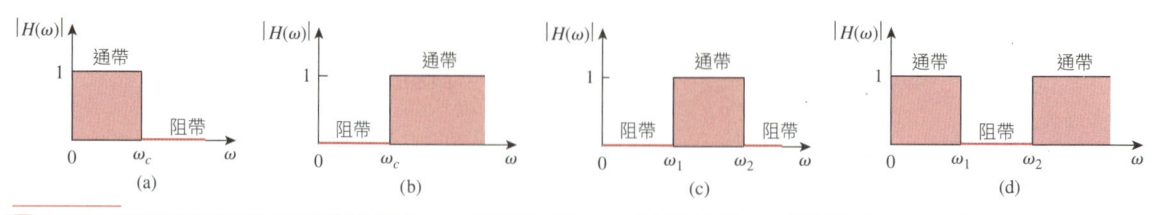

圖 14.30 四種類型濾波器的理想頻率響應：(a) 低通濾波器，(b) 高通濾波器，(c) 帶通濾波器，(d) 帶阻濾波器

3. **帶通濾波器** (band-pass filter)：通過某一頻帶的頻率，而阻止或衰減該頻帶以外的頻率，理想的頻率響應曲線如圖 14.30(c) 所示。
4. **帶阻濾波器** (band-stop filter)：阻止或衰減某一頻帶的頻率，而通過該頻帶以外的頻率，理想的頻率響應曲線如圖 14.30(d) 所示。

表 14.5 顯示理想濾波器的特性匯總。注意：表 14.5 的特性僅適用於一階濾波器或二階濾波器──但不應該有僅存在這些類型的濾波器的印象。現在考慮實現表 14.5 所示的濾波器的典型電路。

表 14.5　理想濾波器的特性匯總

濾波器類型	$H(0)$	$H(\infty)$	$H(\omega_c)$ 或 $H(\omega_0)$
低通	1	0	$1/\sqrt{2}$
高通	0	1	$1/\sqrt{2}$
帶通	0	0	1
帶阻	1	1	0

ω_c 是低通濾波器和高通濾波器的截止頻率；ω_0 是帶通濾波器和帶阻濾波器的中心頻率。

14.7.1　低通濾波器 (Low-Pass Filter)

當 RC 電路的輸出取自電容二端的電壓時，即構成一個典型的低通濾波器，如圖 14.31 所示。其轉移函數 (參見範例 14.1) 為

$$\mathbf{H}(\omega) = \frac{\mathbf{V}_o}{\mathbf{V}_i} = \frac{1/j\omega C}{R + 1/j\omega C}$$

$$\mathbf{H}(\omega) = \frac{1}{1 + j\omega RC} \tag{14.50}$$

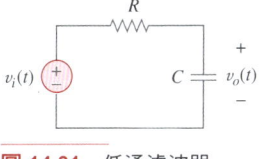

圖 14.31　低通濾波器

注意：$\mathbf{H}(0) = 1$、$\mathbf{H}(\infty) = 0$。圖 14.32 顯示理想頻率特性曲線和 $|H(\omega)|$ 的頻率特性曲線。透過設置 $\mathbf{H}(\omega)$ 等於可以求得半功率頻率，它相當於波德圖中轉角頻率，但在濾波器中通常稱為**截止頻率** (cutoff frequency) ω_c。

$$H(\omega_c) = \frac{1}{\sqrt{1 + \omega_c^2 R^2 C^2}} = \frac{1}{\sqrt{2}}$$

或

$$\omega_c = \frac{1}{RC} \tag{14.51}$$

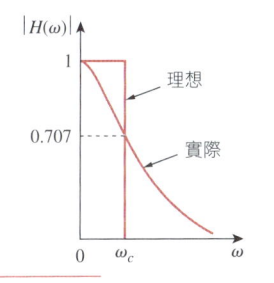

圖 14.32　低通濾波器的理想頻率響應和實際頻率響應

截止頻率也被稱為**滾降頻率** (rolloff frequency)。

低通濾波器是只允許通過直流到截止頻率 ω_c 信號的濾波器。

> 截止頻率是在轉移函數 $\mathbf{H}$ 下降幅度到其最大值的 70.71% 的頻率。它也可視為在電路中的功率消耗為最大功率一半時的頻率。

當 RL 電路的輸出取自電阻二端的電壓時，也可構成低通濾波器。當然，還存在其他多種電路形式的低通濾波器。

14.7.2 高通濾波器 (High-Pass Filter)

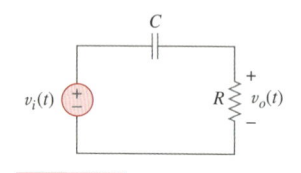

當 RC 電路的輸出取自電阻二端的電壓時，即構成一個典型的高通濾波器，如圖 14.33 所示。其轉移函數為

$$\mathbf{H}(\omega) = \frac{\mathbf{V}_o}{\mathbf{V}_i} = \frac{R}{R + 1/j\omega C}$$

圖 14.33 高通濾波器

$$\mathbf{H}(\omega) = \frac{j\omega RC}{1 + j\omega RC} \tag{14.52}$$

注意：$\mathbf{H}(0) = 0$、$\mathbf{H}(\infty) = 1$。圖 14.34 顯示理想頻率特性曲線和 $|H(\omega)|$ 的頻率特性曲線。同理，轉角頻率或截止頻率為

$$\omega_c = \frac{1}{RC} \tag{14.53}$$

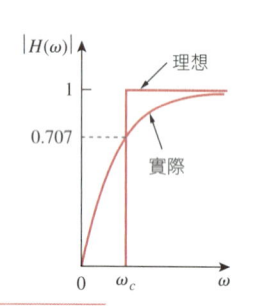

圖 14.34 高通濾波器的理想頻率響應和實際頻率響應

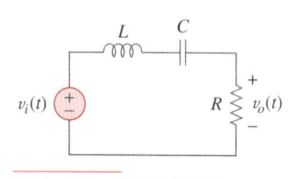

高通濾波器是允許通過截止頻率 ω_c 以上信號的濾波器。

高通濾波器的輸出也可從取自 RL 電路電感二端的電壓所構成。

14.7.3 帶通濾波器 (Band-Pass Filter)

當輸出取自 RLC 串聯諧振電路的電阻二端時，即構成一個帶通濾波器，如圖 14.35 所示。其轉移函數為

圖 14.35 帶通濾波器

$$\mathbf{H}(\omega) = \frac{\mathbf{V}_o}{\mathbf{V}_i} = \frac{R}{R + j(\omega L - 1/\omega C)} \tag{14.54}$$

由此可見，$\mathbf{H}(0) = 0$、$\mathbf{H}(\infty) = 0$。圖 14.36 顯示理想頻率特性曲線和 $|H(\omega)|$ 的頻率特性曲線。帶通濾波器可通過頻帶 ($\omega_1 < \omega < \omega_2$) 內的信號，其中心頻率 ω_0 為

$$\omega_0 = \frac{1}{\sqrt{LC}} \tag{14.55}$$

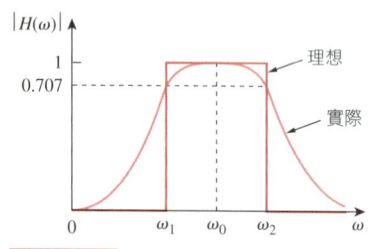

圖 14.36 帶通濾波器的理想頻率響應和實際頻率響應

帶通濾波器是允許通過頻帶 ($\omega_1 < \omega < \omega_2$) 內信號的濾波器。

因為在圖 14.35 所示的帶通濾波器是一個串聯諧振電路，所以其半功率頻率、頻寬和品質因數的求法如 14.5 節介紹。帶通濾波器還可以通過串接圖 14.31 所示的低通濾波器 (其中 $\omega_2 = \omega_c$) 與圖 14.33 所示的高通濾波器 (其中 $\omega_1 = \omega_c$) 而構成。但結果

不只是將低通濾波器的輸出串接到高通濾波器的輸入端,因為後面電路是前面電路的負載,且會改變所期望的轉移函數。

14.7.4 帶阻濾波器 (Band-Stop Filter)

阻止二個指定值之間的頻帶信號通過的濾波器稱為**帶阻濾波器** (band-stop/band-reject filter) 或**陷波濾波器** (notch filter)。當輸出取自 *RLC* 串聯諧振電路的 *LC* 串聯二端時,即構成一個帶阻濾波器,如圖 14.37 所示。其轉移函數為

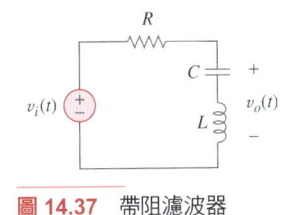

$$\mathbf{H}(\omega) = \frac{\mathbf{V}_o}{\mathbf{V}_i} = \frac{j(\omega L - 1/\omega C)}{R + j(\omega L - 1/\omega C)} \tag{14.56}$$

圖 14.37 帶阻濾波器

由此可見,$\mathbf{H}(0) = 1$、$\mathbf{H}(\infty) = 1$。圖 14.38 顯示理想頻率特性曲線和 $|H(\omega)|$ 的頻率特性曲線。同理,其中心頻率 ω_0 為

$$\omega_0 = \frac{1}{\sqrt{LC}} \tag{14.57}$$

然而,帶阻濾波器的半功率頻率、頻寬和品質因數也可使用 14.5 節的諧振電路公式來計算。其中 ω_0 稱為**抑制頻率** (frequency of rejection),而它對應的頻寬 ($B = \omega_2 - \omega_1$) 稱為**抑制頻寬** (bandwidth of rejection),因此

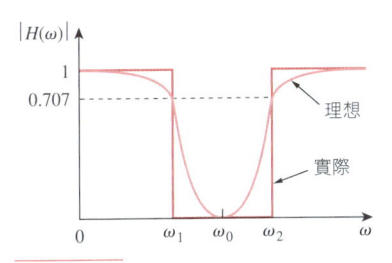

圖 14.38 帶阻濾波器的理想頻率響應和實際頻率響應

> 帶阻濾波器是阻止或消除頻帶 ($\omega_1 < \omega < \omega_2$) 內信號的濾波器。

注意:將具有相同 *R*、*L* 和 *C* 的帶通濾波器轉移函數和帶阻濾波器的轉移函數相加則為 1。當然,這對一般的電路是不成立的,但對這裡所討論的電路是成立的。這是因為圖 14.35 的電路與圖 14.37 的電路特性恰好相反。

本節總結須注意事項如下:

1. 從 (14.50) 式、(14.52) 式、(14.54) 式和 (14.56) 式,被動濾波器的最大增益是 1。若要產生比 1 更大的增益,應該使用下一節介紹的主動濾波器。
2. 還有其他方法獲得本節介紹的各類型濾波器。
3. 本節討論的濾波器是簡單類型,許多其他濾波器具有更銳利的和更複雜的頻率響應。

範例 14.10 試決定圖 14.39 的電路為何種濾波器,並計算轉角頻率和截止頻率。假設 $R = 2$ kΩ、$L = 2$ H 和 $C = 2$ μF。

解:轉移函數為

$$\mathbf{H}(s) = \frac{\mathbf{V}_o}{\mathbf{V}_i} = \frac{R \parallel 1/sC}{sL + R \parallel 1/sC}, \qquad s = j\omega \tag{14.10.1}$$

但是，

$$R \parallel \frac{1}{sC} = \frac{R/sC}{R + 1/sC} = \frac{R}{1 + sRC}$$

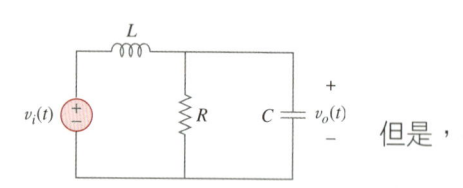

圖 14.39 範例 14.10 的電路

將上式代入 (14.10.1) 式得

$$\mathbf{H}(s) = \frac{R/(1 + sRC)}{sL + R/(1 + sRC)} = \frac{R}{s^2 RLC + sL + R}, \qquad s = j\omega$$

或

$$\mathbf{H}(\omega) = \frac{R}{-\omega^2 RLC + j\omega L + R} \tag{14.10.2}$$

因為 $\mathbf{H}(0) = 1$、$\mathbf{H}(\infty) = 0$，從表 14.5 可知，圖 14.39 的電路為二階低通濾波器。$\mathbf{H}$ 的振幅為

$$H = \frac{R}{\sqrt{(R - \omega^2 RLC)^2 + \omega^2 L^2}} \tag{14.10.3}$$

轉角頻率就是 $\mathbf{H}$ 下降至 $1/\sqrt{2}$ 的半功率頻率。因為在轉角頻率處 $H(\omega)$ 的直流值為 1，對 (14.10.3) 式二邊取平方後得

$$H^2 = \frac{1}{2} = \frac{R^2}{(R - \omega_c^2 RLC)^2 + \omega_c^2 L^2}$$

或

$$2 = (1 - \omega_c^2 LC)^2 + \left(\frac{\omega_c L}{R}\right)^2$$

將 R、L 和 C 值代入上式得

$$2 = (1 - \omega_c^2 \, 4 \times 10^{-6})^2 + (\omega_c 10^{-3})^2$$

假設 ω_c 的單位為 krad/s，則

$$2 = (1 - 4\omega_c^2)^2 + \omega_c^2 \qquad \text{或} \qquad 16\omega_c^4 - 7\omega_c^2 - 1 = 0$$

解二階方程式的 ω_c^2，得 $\omega_c^2 = 0.5509$ 和 -0.1134。因為 ω_c 為實數，

$$\omega_c = 0.742 \text{ krad/s} = 742 \text{ rad/s}$$

練習題 14.10 試求圖 14.40 電路的轉移函數 $\mathbf{V}_o(\omega)/\mathbf{V}_i(\omega)$，判斷該電路代表為何種類型的濾波器，並計算轉角頻率。假設 $R_1 = 100\ \Omega = R_2$、$L = 2$ mH。

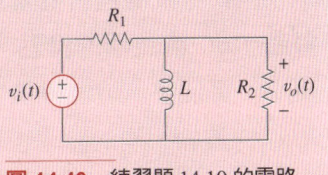

圖 14.40 練習題 14.10 的電路

答：$\dfrac{R_2}{R_1 + R_2}\left(\dfrac{j\omega}{j\omega + \omega_c}\right)$，高通濾波器，$\omega_c = \dfrac{R_1 R_2}{(R_1 + R_2)L} = 25$ krad/s。

範例 14.11 如果圖 14.37 中帶阻濾波器是阻擋 200 Hz 的正弦波而允許其他頻率通過，試計算 L 和 C 值。假設 $R = 150\ \Omega$ 且頻寬為 100 Hz。

解：利用 14.5 節串聯諧振電路的公式得

$$B = 2\pi(100) = 200\pi\ \text{rad/s}$$

但是，

$$B = \frac{R}{L} \quad\Rightarrow\quad L = \frac{R}{B} = \frac{150}{200\pi} = 0.2387\ \text{H}$$

阻止 200 Hz 正弦波的意思是 f_0 為 200 Hz，所以圖 14.38 的 ω_0 為

$$\omega_0 = 2\pi f_0 = 2\pi(200) = 400\pi$$

因為 $\omega_0 = 1/\sqrt{LC}$，

$$C = \frac{1}{\omega_0^2 L} = \frac{1}{(400\pi)^2(0.2387)} = 2.653\ \mu\text{F}$$

練習題 14.11 試設計一個如圖 14.35 所示的帶通濾波器，其低截止頻率為 20.1 kHz 且高截止頻率為 20.3 kHz。假設 $R = 20$ kΩ，試計算 L、C 和 Q。

答：15.915 H, 3.9 pF, 101。

14.8 主動濾波器 (Active Filters)

在上一節介紹的被動濾波器中有三個主要限制。首先，它們不能產生大於 1 的增益；被動元件不能增加網路的能量。其次，它們可能需要笨重而昂貴的電感。第三，它們在低於音頻範圍 (300 Hz $<f<$ 3000 Hz) 的頻率內表現不佳。然而，被動濾波器在高頻是很有用的。

主動濾波器包括電阻、電容，以及運算放大器的組合。它們提供了一些優於被動 RLC 濾波器的優點。首先，因為它們不需要電感，所以通常比被動濾波器更小、更便宜。這使得積體電路的濾波器可以實現。第二，它們除了可以提供與 RLC 濾波器相同的頻率響應外，還可以提供放大器增益。第三，主動濾波器可以與緩衝放大器 (電壓隨耦器) 相結合，以隔離濾波器各級之電源和負載阻抗之間的效應。這種隔離允許單獨設計濾波器的各級，然後將它們串接起來實現所要的轉移函數。(轉移函數串接時，因為波德圖是對數關係所以可以直接相加。) 然而，主動濾波器的可靠性與穩定性較差。大多數主動濾波器的實際工作頻率限制在 100 kHz，大多數的主動濾波器工作在該頻率之下。

濾波器經常根據它們的階數 (或極點數) 或它們的特定設計類型來分類。

14.8.1　一階低通濾波器 (First-Order Low-Pass Filter)

圖 14.41 顯示一階主動濾波器的一種類型。選擇不同的 Z_i 與 Z_f 元件可決定濾波器是低通或高通，但其中一個元件必須是電抗。

圖 14.42 顯示一個典型的主動低通濾波器。這個濾波器的轉移函數為

$$\mathbf{H}(\omega) = \frac{\mathbf{V}_o}{\mathbf{V}_i} = -\frac{\mathbf{Z}_f}{\mathbf{Z}_i} \tag{14.58}$$

其中 $\mathbf{Z}_i = R_i$ 且

$$\mathbf{Z}_f = R_f \left\| \frac{1}{j\omega C_f} = \frac{R_f/j\omega C_f}{R_f + 1/j\omega C_f} = \frac{R_f}{1 + j\omega C_f R_f} \tag{14.59}$$

因此，

$$\mathbf{H}(\omega) = -\frac{R_f}{R_i} \frac{1}{1 + j\omega C_f R_f} \tag{14.60}$$

由此可見，除了低頻 ($\omega \to 0$) 增益或 $-R_f/R_i$ 的直流增益外，(14.60) 式和 (14.50) 式基本相同。另外，轉角頻率為

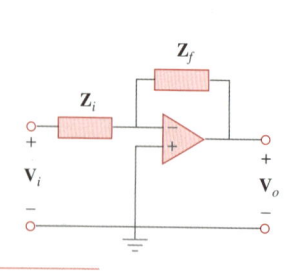

圖 14.41　通用的一階主動濾波器

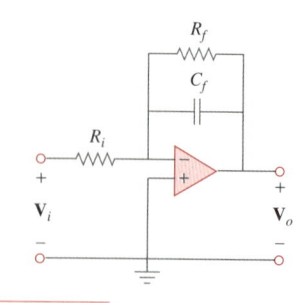

圖 14.42　一階主動低通濾波器

$$\omega_c = \frac{1}{R_f C_f} \tag{14.61}$$

上式與 R_i 無關。這意味著如果需要多個不同 R_i 的輸入可以相加，但對每個輸入的轉角頻率將保持不變。

14.8.2　一階高通濾波器 (First-Order High-Pass Filter)

圖 14.43 顯示一個典型的主動高通濾波器。其轉移函數如前：

$$\mathbf{H}(\omega) = \frac{\mathbf{V}_o}{\mathbf{V}_i} = -\frac{\mathbf{Z}_f}{\mathbf{Z}_i} \tag{14.62}$$

其中 $\mathbf{Z}_i = R_i + 1/j\omega C_i$ 且 $\mathbf{Z}_f = R_f$，所以

$$\mathbf{H}(\omega) = -\frac{R_f}{R_i + 1/j\omega C_i} = -\frac{j\omega C_i R_f}{1 + j\omega C_i R_i} \tag{14.63}$$

圖 14.43　一階主動高通濾波器

除了非常高頻 ($\omega \to \infty$) 外，上式和 (14.52) 式基本相同。增益趨於 $-R_f/R_i$，轉角頻率為

$$\omega_c = \frac{1}{R_i C_i} \tag{14.64}$$

14.8.3　帶通濾波器 (Band-Pass Filter)

圖 14.42 中的電路可以與圖 14.43 進行組合，以形成所需頻帶範圍內增益為 K 的帶通濾波器。通過串接一個單位增益低通濾波器和一個單位增益高通濾波器，以及增益為 $-R_f/R_i$ 的反相器，如圖 14.44(a) 所示的方塊圖，可以組成一個如圖 14.44(b) 所示頻率響應的帶通濾波器。實際組成的帶通濾波器如圖 14.45 所示。

這種方式產生的帶通濾波器，不一定是最好的，但也許是最容易理解的。

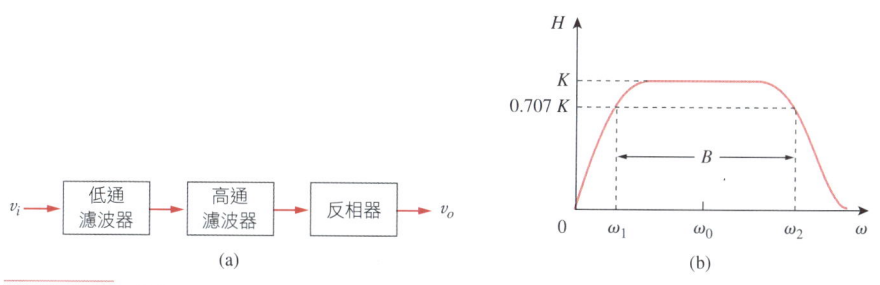

圖 14.44　主動帶通濾波器：(a) 方塊圖，(b) 頻率響應

294 | 電路學

第一級
低通濾波器
設定 ω_2 值

第二級
高通濾波器
設定 ω_1 值

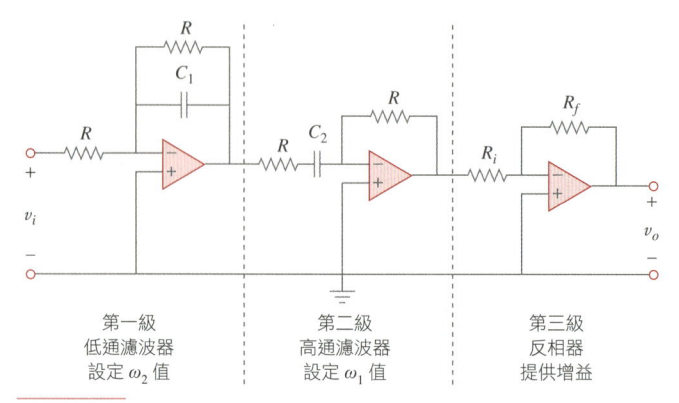

第三級
反相器
提供增益

圖 14.45 主動帶通濾波器

帶通濾波器的分析相當簡單。其轉移函數為 (14.60) 式、(14.63) 式和反相器的增益三者的乘積,即

$$\mathbf{H}(\omega) = \frac{\mathbf{V}_o}{\mathbf{V}_i} = \left(-\frac{1}{1 + j\omega C_1 R}\right)\left(-\frac{j\omega C_2 R}{1 + j\omega C_2 R}\right)\left(-\frac{R_f}{R_i}\right)$$

$$= -\frac{R_f}{R_i}\frac{1}{1 + j\omega C_1 R}\frac{j\omega C_2 R}{1 + j\omega C_2 R} \tag{14.65}$$

低通濾波器設定高轉角頻率如下:

$$\omega_2 = \frac{1}{RC_1} \tag{14.66}$$

高通濾波器設定低轉角頻率如下:

$$\omega_1 = \frac{1}{RC_2} \tag{14.67}$$

由 ω_1 和 ω_2 可求得中心頻率、頻寬和品質因數如下:

$$\omega_0 = \sqrt{\omega_1 \omega_2} \tag{14.68}$$

$$B = \omega_2 - \omega_1 \tag{14.69}$$

$$Q = \frac{\omega_0}{B} \tag{14.70}$$

為了求帶通濾波器的增益 K,將 (14.65) 式的轉移函數化簡為 (14.15) 式的標準形式:

$$\mathbf{H}(\omega) = -\frac{R_f}{R_i}\frac{j\omega/\omega_1}{(1 + j\omega/\omega_1)(1 + j\omega/\omega_2)} = -\frac{R_f}{R_i}\frac{j\omega\omega_2}{(\omega_1 + j\omega)(\omega_2 + j\omega)} \tag{14.71}$$

在中心頻率 $\omega_0 = \sqrt{\omega_1 \omega_2}$ 處,轉移函數的振幅大小為

$$|\mathbf{H}(\omega_0)| = \left| \frac{R_f}{R_i} \frac{j\omega_0\omega_2}{(\omega_1 + j\omega_0)(\omega_2 + j\omega_0)} \right| = \frac{R_f}{R_i} \frac{\omega_2}{\omega_1 + \omega_2} \qquad (14.72)$$

因此，帶通濾波器的增益為

$$K = \frac{R_f}{R_i} \frac{\omega_2}{\omega_1 + \omega_2} \qquad (14.73)$$

14.8.4 帶阻 (或陷波) 濾波器 (Band-Reject / Notch Filter)

帶阻濾波器是由低通濾波器和一個高通濾波器並聯組合後，再加上求和放大器所組成的，如圖 14.46(a) 的方塊圖所示。帶阻濾波器的低截止頻率 ω_1 是由低通濾波器設定，而高截止頻率 ω_2 是由高通濾波器設定。在 ω_1 和 ω_2 之間的間隔為帶阻濾波器的頻寬。如圖 14.46(b) 所示，帶阻濾波器通過的頻率在 ω_1 以下和 ω_2 以上。圖 14.46(a) 的方塊圖的實際電路結構如圖 14.47 所示。其轉移函數為

$$\mathbf{H}(\omega) = \frac{\mathbf{V}_o}{\mathbf{V}_i} = -\frac{R_f}{R_i}\left(-\frac{1}{1 + j\omega C_1 R} - \frac{j\omega C_2 R}{1 + j\omega C_2 R} \right) \qquad (14.74)$$

其計算截止頻率 ω_1、ω_2、中心頻率、頻寬和品質因數的公式與 (14.66) 式到 (14.70) 式相同。

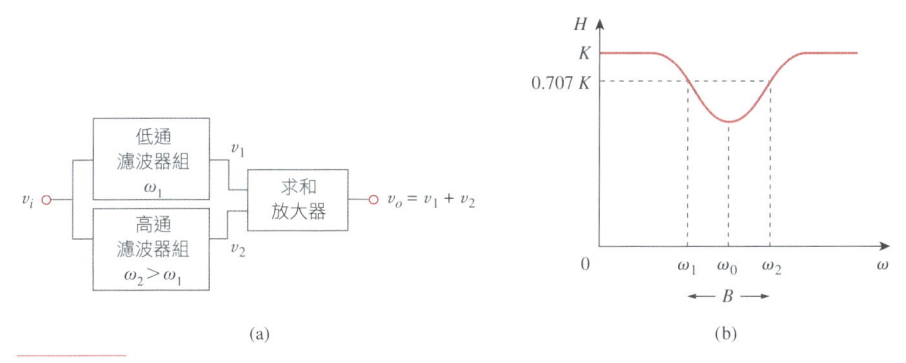

圖 14.46 主動帶阻濾波器：(a) 方塊圖，(b) 頻率響應

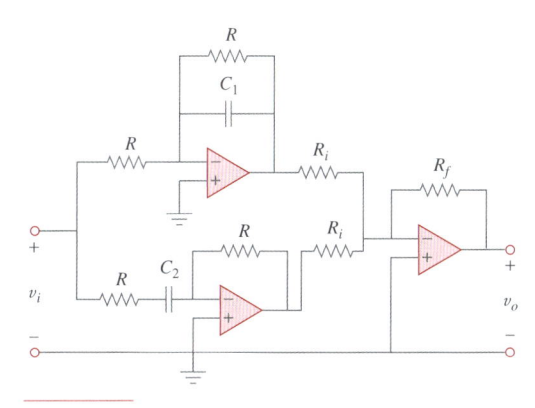

圖 14.47 主動帶阻濾波器

計算帶阻濾波器的帶通增益 K，可利用高轉角頻率和低轉角頻率來表示 (14.74) 式如下：

$$\mathbf{H}(\omega) = \frac{R_f}{R_i}\left(\frac{1}{1 + j\omega/\omega_2} + \frac{j\omega/\omega_1}{1 + j\omega/\omega_1}\right)$$
$$= \frac{R_f}{R_i}\frac{(1 + j2\omega/\omega_1 + (j\omega)^2/\omega_1\omega_1)}{(1 + j\omega/\omega_2)(1 + j\omega/\omega_1)} \quad (14.75)$$

將上式與 (14.15) 式的標準形式比較可知，二個帶通 ($\omega \to 0$ 和 $\omega \to \infty$) 的增益為

$$K = \frac{R_f}{R_i} \quad (14.76)$$

可以利用中心頻率 $\omega_0 = \sqrt{\omega_1\omega_2}$ 處轉移函數的振幅大小，計算其帶通增益，即：

$$H(\omega_0) = \left|\frac{R_f}{R_i}\frac{(1 + j2\omega_0/\omega_1 + (j\omega_0)^2/\omega_1\omega_1)}{(1 + j\omega_0/\omega_2)(1 + j\omega_0/\omega_1)}\right|$$
$$= \frac{R_f}{R_i}\frac{2\omega_1}{\omega_1 + \omega_2} \quad (14.77)$$

同樣地，本節所介紹的只是典型的主動濾波器，還有其他更複雜的主動濾波器。

範例 14.12 試設計一個直流增益為 4 和轉角頻率為 500 Hz 的主動低通濾波器。

解： 從 (14.61) 式，得

$$\omega_c = 2\pi f_c = 2\pi(500) = \frac{1}{R_f C_f} \quad (14.12.1)$$

直流增益為

$$H(0) = -\frac{R_f}{R_i} = -4 \quad (14.12.2)$$

有二個方程式但有三個未知數。如果令 $C_f = 0.2\ \mu\text{F}$，則

$$R_f = \frac{1}{2\pi(500)0.2 \times 10^{-6}} = 1.59\ \text{k}\Omega$$

且

$$R_i = \frac{R_f}{4} = 397.5\ \Omega$$

令 $R_f = 1.6\ \text{k}\Omega$、$R_i = 400\ \Omega$，則所設計的主動低通濾波器如圖 14.42 所示。

練習題 14.12 試設計一個高頻增益為 5 和轉角頻率為 2 kHz 的主動高通濾波器，設計時可使用 0.1 μF 的電容。

答：$R_i = 800\ \Omega$, $R_f = 4\ k\Omega$.

範例 14.13 試設計一個主動帶通濾波器如圖 14.45 所示，頻率範圍為 250 Hz 到 3000 Hz 之間，增益 $K = 10$，假設電阻 $R = 20\ k\Omega$。

解：
1. **定義**：問題已清楚說明，並已指定在設計中使用的電路。
2. **表達**：指定使用圖 14.45 運算放大器電路來設計帶通濾波器，已知 $R = 20\ k\Omega$。另外，信號的頻率範圍為 250 Hz 到 3 kHz。
3. **選擇**：將使用 14.8.3 節的公式求解，然後使用所得的轉移函數來驗證答案。
4. **嘗試**：因為 $\omega_1 = 1/RC_2$，所以

$$C_2 = \frac{1}{R\omega_1} = \frac{1}{2\pi f_1 R} = \frac{1}{2\pi \times 250 \times 20 \times 10^3} = \mathbf{31.83\ nF}$$

同理，因為 $\omega_2 = 1/RC_1$，所以

$$C_1 = \frac{1}{R\omega_2} = \frac{1}{2\pi f_2 R} = \frac{1}{2\pi \times 3000 \times 20 \times 10^3} = \mathbf{2.65\ nF}$$

從 (14.73) 式得

$$\frac{R_f}{R_i} = K\frac{\omega_1 + \omega_2}{\omega_2} = K\frac{f_1 + f_2}{f_2} = \frac{10(3250)}{3000} = 10.83$$

如果令 $R_i = \mathbf{10\ k\Omega}$，則 $R_f = 10.83 R_i \simeq \mathbf{108.3\ k\Omega}$

5. **驗證**：第一運算放大器的輸出如下：

$$\frac{V_i - 0}{20\ k\Omega} + \frac{V_1 - 0}{20\ k\Omega} + \frac{s2.65 \times 10^{-9}(V_1 - 0)}{1}$$
$$= 0 \rightarrow V_1 = -\frac{V_i}{1 + 5.3 \times 10^{-5}s}$$

第二運算放大器的輸出如下：

$$\frac{V_1 - 0}{20\ k\Omega + \dfrac{1}{s31.83\ nF}} + \frac{V_2 - 0}{20\ k\Omega} = 0 \rightarrow$$

$$V_2 = -\frac{6.366 \times 10^{-4}sV_1}{1 + 6.366 \times 10^{-4}s}$$

$$= \frac{6.366 \times 10^{-4} s V_i}{(1 + 6.366 \times 10^{-4} s)(1 + 5.3 \times 10^{-5} s)}$$

第三運算放大器的輸出如下：

$$\frac{V_2 - 0}{10 \text{ k}\Omega} + \frac{V_o - 0}{108.3 \text{ k}\Omega} = 0 \rightarrow V_o = 10.83 V_2 \rightarrow j2\pi \times 25°$$

$$V_o = -\frac{6.894 \times 10^{-3} s V_i}{(1 + 6.366 \times 10^{-4} s)(1 + 5.3 \times 10^{-5} s)}$$

令 $j2\pi \times 25°$，並求出 V_o/V_i 的大小：

$$\frac{V_o}{V_i} = \frac{-j10.829}{(1 + j1)(1)}$$

$|V_o/V_i|$ = **(0.7071)10.829** 是低轉角頻率點。

令 $s = j2\pi \times 3000 = j18.849$ kΩ，則得

$$\frac{V_o}{V_i} = \frac{-j129.94}{(1 + j12)(1 + j1)}$$

$$= \frac{129.94\underline{/-90°}}{(12.042\underline{/85.24°})(1.4142\underline{/45°})} = \textbf{(0.7071)10.791}\underline{\textbf{/-18.61°}}$$

顯然地，這是在高轉角頻率，以及答案得到驗證。

6. **滿意？** 顯然地，已經設計了令人滿意的電路，並且可以呈現結果作為一個解決問題的辦法。

練習題 14.13 試設計一個如圖 14.47 所示的陷波濾波器，$\omega_0 = 20$ krad/s、$K = 5$ 和 $Q = 10$。假設 $R = R_i = 10$ kΩ。

答：$C_1 = 4.762$ nF, $C_2 = 5.263$ nF, $R_f = 50$ kΩ.

14.9 比例縮放 (Scaling)

在設計和分析濾波器和諧振電路時，或在一般的電路分析中，為了方便常將元件值設為 1 Ω、1 H 或 1 F，然後再利用**比例縮放** (scaling) 轉換為實際值。本章採用這樣的想法優勢，在大多數例子和現實問題不使用實際元件值；而使用便捷的元件值更容易掌握電路分析。因為可以使用比例縮放得到實際的原件值，所以使用便捷的元件值可以簡化電路的計算。

有二種比例縮放的電路方法：**振幅或阻抗的比例縮放** (magnitude or impedance

scaling) 和**頻率比例縮放** (frequency scaling)。二者在頻率響應的比例縮放和將電路元件轉換為實際值是很有用的。雖然振幅的比例縮放使電路頻率響應保持不變，但是頻率比例縮放將使頻率響應沿頻譜向上或向下移動。

14.9.1 振幅縮放 (Magnitude Scaling)

振幅縮放是將網路中所有阻抗增加一個因數，而頻率響應保持不變的過程。

回想一下，R、L 和 C 各元件的阻抗如下：

$$\mathbf{Z}_R = R, \qquad \mathbf{Z}_L = j\omega L, \qquad \mathbf{Z}_C = \frac{1}{j\omega C} \tag{14.78}$$

在振幅縮放，對每個電路元件的阻抗乘以一個因數 K_m，並使頻率保持恆定，則新的阻抗為

$$\mathbf{Z}'_R = K_m \mathbf{Z}_R = K_m R, \qquad \mathbf{Z}'_L = K_m \mathbf{Z}_L = j\omega K_m L$$

$$\mathbf{Z}'_C = K_m \mathbf{Z}_C = \frac{1}{j\omega C/K_m} \tag{14.79}$$

比較 (14.79) 式與 (14.78) 式，則元件值變化如下：$R \rightarrow K_m R$、$L \rightarrow K_m L$、$C \rightarrow C/K_m$。因此，在振幅縮放，元件和頻率的新值為

$$\boxed{\begin{array}{ll} R' = K_m R, & L' = K_m L \\ C' = \dfrac{C}{K_m}, & \omega' = \omega \end{array}} \tag{14.80}$$

其中 R'、L'、C' 為新值，而 R、L、C 為原來值。對於串聯或並聯 RLC 電路，頻率縮放的關係如下：

$$\omega'_0 = \frac{1}{\sqrt{L'C'}} = \frac{1}{\sqrt{K_m LC/K_m}} = \frac{1}{\sqrt{LC}} = \omega_0 \tag{14.81}$$

上式顯示共振頻率，如預期並沒有改變。同樣地，品質因數和頻寬也不受振幅縮放的影響。此外，振幅縮放不會影響 (14.2a) 式和 (14.2b) 式所示無單位形式的轉移函數。

14.9.2 頻率縮放 (Frequency Scaling)

頻率縮放是當阻抗保持不變時，網路的頻率響應沿頻率軸向上或向下移動的過程。

> 頻率縮放相當於重新標定頻率響應曲線上頻率軸。當將諧振頻率、轉角頻率和頻寬等平移到實際值時，則需要使用頻率縮放。還可利用頻率縮放將電容值和電感值轉換到方便處理的範圍。

對頻率乘以一個因子 K_f，並使阻抗保持不變，則可實現頻率縮放。

從 (14.78) 式得知，L 和 C 的阻抗是頻率相依的。如果對 (14.78) 式的 $\mathbf{Z}_L(\omega)$ 和 $\mathbf{Z}_C(\omega)$ 應用頻率縮放，則得

$$\mathbf{Z}_L = j(\omega K_f)L' = j\omega L \quad \Rightarrow \quad L' = \frac{L}{K_f} \tag{14.82a}$$

$$\mathbf{Z}_C = \frac{1}{j(\omega K_f)C'} = \frac{1}{j\omega C} \quad \Rightarrow \quad C' = \frac{C}{K_f} \tag{14.82b}$$

因為在頻率縮放後，電感和電容的阻抗值必須保持不變。注意：以下元件值的改變：$L \to L/K_f$、$C \to C/K_f$。電阻的阻抗值不受影響，因為電阻的阻抗值與頻率無關。因此，在頻率縮放時，元件和頻率的新值如下：

$$\boxed{\begin{aligned} R' &= R, & L' &= \frac{L}{K_f} \\ C' &= \frac{C}{K_f}, & \omega' &= K_f\omega \end{aligned}} \tag{14.83}$$

對於串聯或並聯 RLC 電路的諧振頻率為

$$\omega_0' = \frac{1}{\sqrt{L'C'}} = \frac{1}{\sqrt{(L/K_f)(C/K_f)}} = \frac{K_f}{\sqrt{LC}} = K_f\omega_0 \tag{14.84}$$

且頻寬為

$$B' = K_f B \tag{14.85}$$

但品質因數保持不變 ($Q' = Q$)。

14.9.3　振幅和頻率縮放 (Magnitude and Frequency Scaling)

如果電路的振幅和頻率同時縮放，則

$$\boxed{\begin{aligned} R' &= K_m R, & L' &= \frac{K_m}{K_f}L \\ C' &= \frac{1}{K_m K_f}C, & \omega' &= K_f\omega \end{aligned}} \tag{14.86}$$

上式比 (14.80) 式和 (14.83) 式更通用。若令 (14.86) 式的 $K_m = 1$，則表示沒有振幅縮放；而令 (14.86) 式的 $K_f = 1$，則表示沒有頻率縮放。

範例 14.14 圖 14.48(a) 所示四階巴特沃斯低通濾波器的截止頻率為 $\omega_c = 1$ rad/s，試利用 10 kΩ 電阻器將電路的截止頻率調整為 50 kHz。

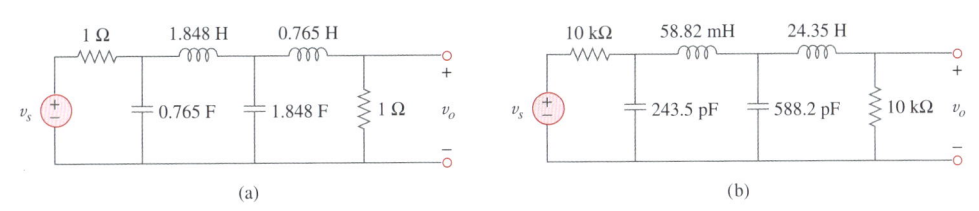

圖 14.48 範例 14.14 的電路：(a) 標準化巴特沃斯低通濾波器，(b) 調整後的低通濾波器

解：如果截止頻率從 $\omega_c = 1$ rad/s 平移到 $\omega_c' = 2\pi(50)$ krad/s，則頻率縮放因數為

$$K_f = \frac{\omega_c'}{\omega_c} = \frac{100\pi \times 10^3}{1} = \pi \times 10^5$$

而且以 10 kΩ 電阻器取代每個 1 Ω 電阻器，則振幅縮放因數為

$$K_m = \frac{R'}{R} = \frac{10 \times 10^3}{1} = 10^4$$

使用 (14.86) 式，

$$L_1' = \frac{K_m}{K_f}L_1 = \frac{10^4}{\pi \times 10^5}(1.848) = 58.82 \text{ mH}$$

$$L_2' = \frac{K_m}{K_f}L_2 = \frac{10^4}{\pi \times 10^5}(0.765) = 24.35 \text{ mH}$$

$$C_1' = \frac{C_1}{K_m K_f} = \frac{0.765}{\pi \times 10^9} = 243.5 \text{ pF}$$

$$C_2' = \frac{C_2}{K_m K_f} = \frac{1.848}{\pi \times 10^9} = 588.2 \text{ pF}$$

縮放電路如圖 14.48(b) 所示，該電路使用實際值，且使用如圖 14.48(a) 原電路所提供的轉移函數，只是平移頻率而已。

練習題 14.14 $\omega_c = 1$ rad/s 的標準化三階巴特沃斯濾波器如圖 14.49 所示，使用 15 nF 電容器將電路的截止頻率調整為 10 kHz。

圖 14.49 練習題 14.14 的電路

答：$R_1' = R_2' = 1.061$ kΩ, $C_1' = C_2' = 15$ nF, $L' = 33.77$ mH.

14.10 使用 PSpice 計算頻率響應

PSpice 是現代電路設計者獲得電路的頻率響應的有用工具。使用 AC Sweep 功能所得到的頻率響應。然後在 AC Sweep 對話框中指定 *Total Pts*、*Start Freq*、*End Freq* 和指定掃描類型。*Total Pts* 是頻率掃描點的數量，而 *Start Freq* 和 *End Freq* 分別是起始頻率和結束頻率，單位為赫茲。為了選擇起始頻率和結束頻率，必須先繪製頻率響應的草圖得到所感興趣的頻率範圍。在複雜的電路中，不可能使用這種估計方式，但可以使用試驗的方法來確定。

掃描類型有三種：

Linear：根據 *Total Pts* 的等間隔點 (或響應)，從 *Start Freq* 到 *End Freq* 線性改變頻率。

Octave：根據八倍頻的 *Total Pts*，從 *Start Freq* 到 *End Freq* 以八倍頻對頻率進行對數掃描。所謂八倍頻是指頻率為 2 的倍數 (例如：從 2 Hz 到 4 Hz、4 Hz 到 8 Hz、8 Hz 到 16 Hz)。

Decade：根據十倍頻的 *Total Pts*，從 *Start Freq* 到 *End Freq* 以十倍頻對頻率進行對數掃描。所謂十倍頻是指頻率為 10 的倍數 (例如：從 2 Hz 到 20 Hz、20 Hz 到 200 Hz、200 Hz 到 2 kHz)。

當在窄頻範圍顯示時，最好使用線性掃描。因為線性掃描適用於窄頻範圍的顯示。反之，當在寬頻範圍顯示時，最好使用 (八倍頻或十倍頻) 對數掃描。如果線性掃描被用於寬頻範圍，所有的數據將集中在高頻端或低頻端，而另一端則沒有足夠的數據。

根據上述規格，PSpice 從 *Start Freq* 到 *End Freq* 掃描所有的獨立電源，則可得電路的穩態正弦分析曲線。

利用 PSpice 的 A/D 程序會產生一個圖形輸出。輸出數據類型可以在 *Trace Command Box* 中對 V 或 I 加入下列字尾來確定：

M：正弦波的振幅。
P：正弦波的相位。
dB：正弦波的振幅單位為分貝，即 $20 \log_{10}$ (振幅)。

範例 14.15 試求圖 14.50 電路的頻率響應。

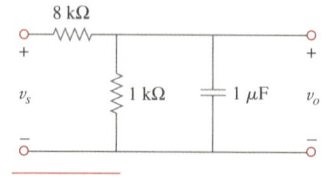

解：令輸入電壓 v_s 為振幅 1 V、相位 0° 的正弦波。圖 14.51 是電路的原理圖，電容逆時針旋轉 270° 以確保腳 1 (正端) 在上，電容二端的輸出電壓被加上電壓標記 (V)。要進行 $1 < f < 1000$

圖 14.50　範例 14.15 的電路

Hz 之間 50 個點的線性掃描，則選擇 **Analysis/Setup/AC Sweep**、雙擊 *linear*、在 *Total Pts* 方塊中輸入 50、在 *Start Freq* 方塊中輸入 1 和在 *End Freq* 方塊中輸入 1000。儲存檔案後，選擇 **Analysis/Simulate** 模擬電路。如果沒有錯誤，則 PSpice 視窗將顯示 V(C1:1) 的曲線，這與圖 14.52(a) 所顯示 V_o 或 $H(\omega) = V_o/1$ 的曲線相同。這是振幅曲線，因為 V(C1:1) 與 VM(C1:1) 相同。要得到相位曲線，則選擇 PSpice A/D 功能表中的 **Trace/Add** 項，和在 **Trace Command** 方塊中輸入 VP(C1:1)，則輸出結果如圖 14.52(b) 所示。手算的轉移函數為

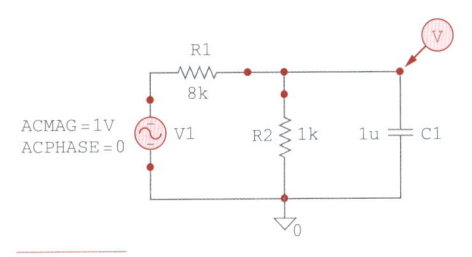

$$H(\omega) = \frac{V_o}{V_s} = \frac{1000}{9000 + j\omega 8}$$

或

$$H(\omega) = \frac{1}{9 + j16\pi \times 10^{-3}}$$

如圖 14.52 所示，證明這是一個低通濾波器電路。注意：圖 14.52 的曲線與圖 14.3 的曲線相似。(註：圖 14.52 的水平軸為對數坐標，而圖 14.3 的水平軸為線性坐標。)

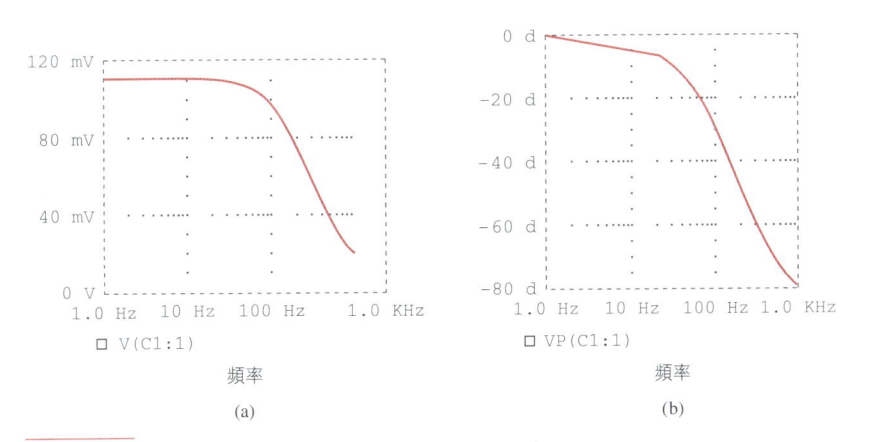

圖 14.51 圖 14.50 電路的 PSpice 原理圖

圖 14.52 範例 14.15 頻率響應的：(a) 振幅曲線，(b) 相位曲線

練習題 14.15 利用 PSpice 求圖 14.53 電路的頻率響應。利用線性頻率掃描 $1 < f < 1000$ Hz 之間 100 個點。

答：如圖 14.54 所示。

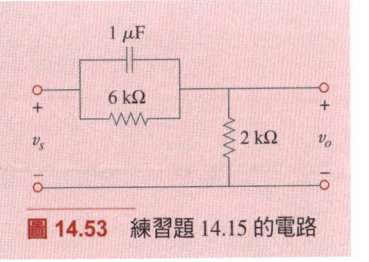

圖 14.53 練習題 14.15 的電路

圖 14.54 練習題 14.15 頻率響應的：(a) 振幅曲線，(b) 相位曲線

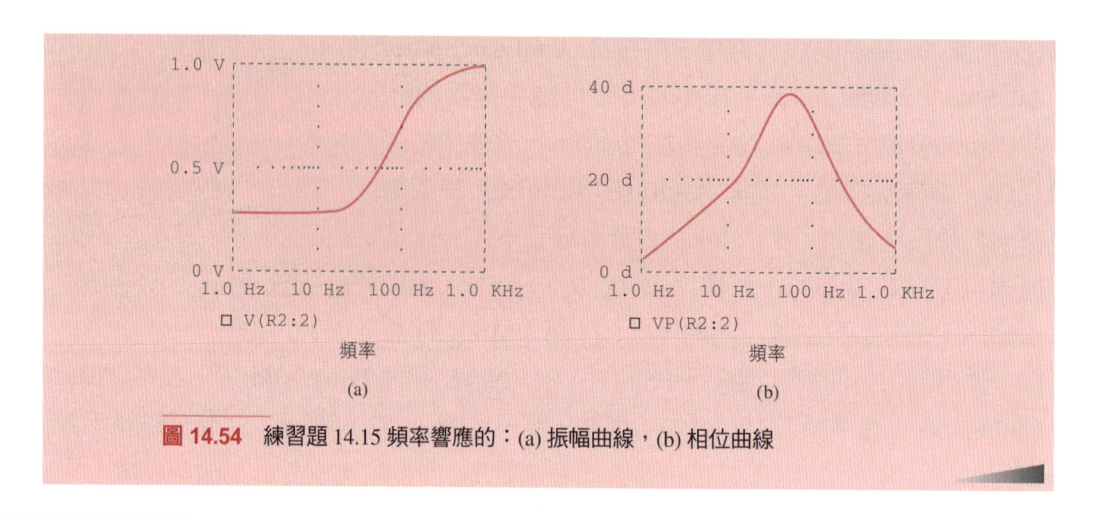

範例 14.16 利用 PSpice 求圖 14.55 電路中 V 的增益和相位波德圖。

解： 範例 14.15 的電路為一階濾波器，而本範例則為二階濾波器。因為目的是畫出波德圖，所以使用十倍頻掃描 $300 < f < 3000$ Hz 之間 50 個十倍頻點。因為此電路的諧振頻率在這個範圍內，所以選擇這個頻率範圍。回想一下：

$$\omega_0 = \frac{1}{\sqrt{LC}} = 5 \text{ krad/s} \quad \text{或} \quad f_0 = \frac{\omega}{2\pi} = 795.8 \text{ Hz}$$

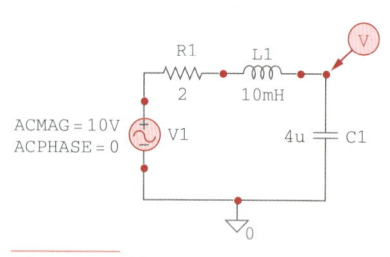

圖 14.55 範例 14.16 電路的 PSpice 原理圖

畫好圖 14.55 的 PSpice 電路原理圖後，則選擇 **Analysis/Setup/AC Sweep**、**雙擊** *Decade*、在 *Total Pts* 方塊中輸入 50、在 *Start Freq* 方塊中輸入 300，和在 *End Freq* 方塊中輸入 3000。儲存檔案後，選擇 **Analysis/Simulate** 模擬電路。如果沒有任何錯誤，將帶出 PSpice A/D 視窗並顯示 V(C1:1) 的曲線。因為目的是繪製波德圖，所以選擇 PSpice A/D 功能表中的 **Trace/Add** 項，和在 **Trace Command** 方塊中輸入 dB(V(C1:1))，則輸出結果如圖 14.56(a) 所示的波德

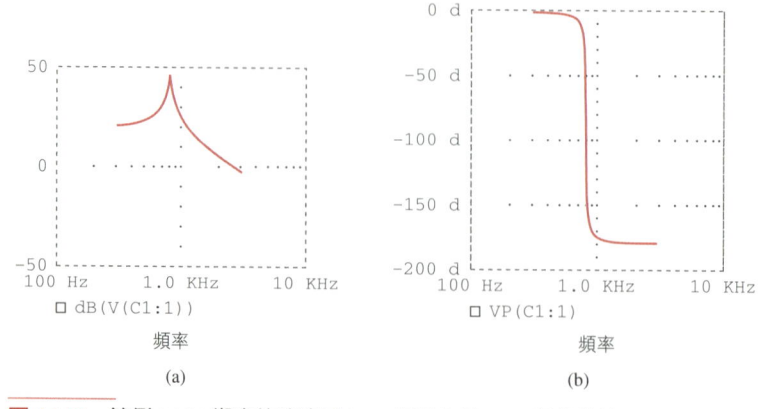

圖 14.56 範例 14.16 響應的波德圖：(a) 振幅曲線，(b) 相位曲線

振幅曲線。要得到相位曲線，則選擇 PSpice A/D 功能表中的 **Trace/Add** 項，和在 **Trace Command** 方塊中輸入 VP(C1:1)，則輸出結果如圖 14.56(b) 所示。注意：此圖證實了諧振頻率為 795.8 Hz。

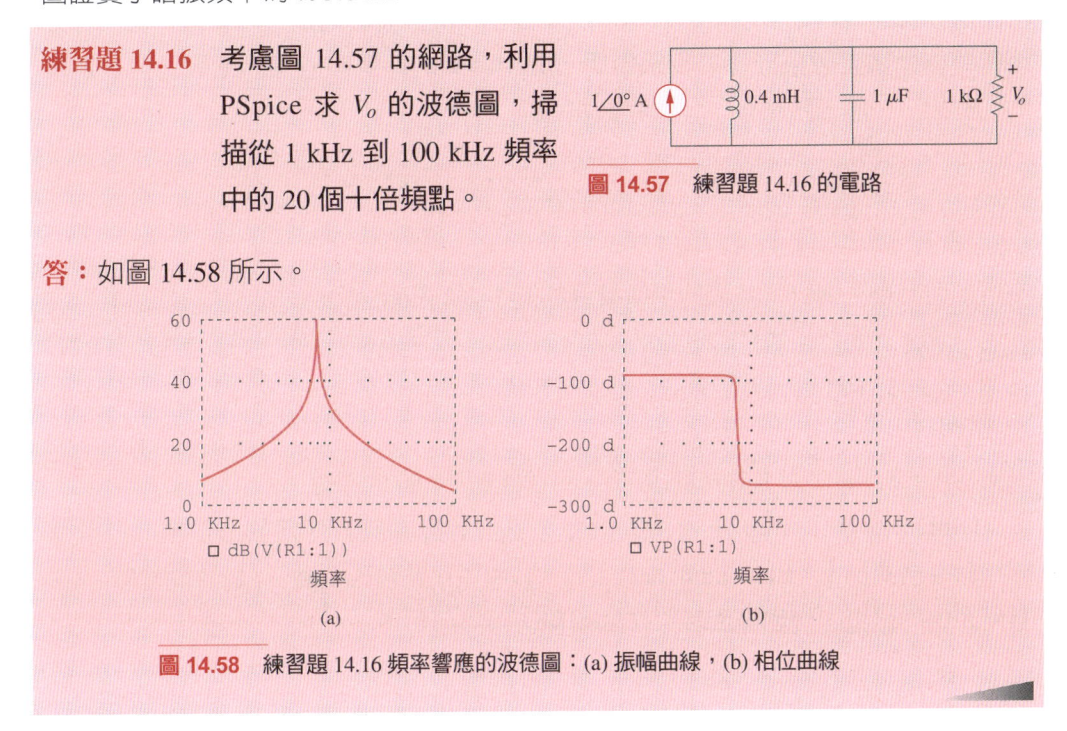

練習題 14.16 考慮圖 14.57 的網路，利用 PSpice 求 V_o 的波德圖，掃描從 1 kHz 到 100 kHz 頻率中的 20 個十倍頻點。

圖 14.57 練習題 14.16 的電路

答：如圖 14.58 所示。

圖 14.58 練習題 14.16 頻率響應的波德圖：(a) 振幅曲線，(b) 相位曲線

14.11 使用 MATLAB 計算頻率響應

MATLAB 是廣泛應用於工程計算與模擬的套裝軟體。本節將介紹如何使用此軟體來執行本章和第 15 章中所介紹大多數的數值運算。在 MATLAB 中描述一個系統的重點是指定系統轉移函數的分子 (num) 與分母 (den)。指定之後，則可以使用幾個 MATLAB 命令來獲取系統的波德圖 (頻率響應) 和已知輸入的系統響應。

bode 命令用來產生已知轉移函數 $H(s)$ 的波德圖 (振幅和相位)。命令格式為 **bode** (num, den)，其中 num 是 $H(\omega)$ 的分子、den 則是它的分母。模擬的頻率範圍和取樣的點數是自動選擇的。例如，以範例 14.3 的轉移函數為例，最好先寫出分子和分母的多項式形式。因此，

$$H(s) = \frac{200j\omega}{(j\omega+2)(j\omega+10)} = \frac{200s}{s^2+12s+20}, \quad s = j\omega$$

使用下列命令，則可產生如圖 14.59 的波德圖。若需要，可加入 **logspace** 來產生對數間隔的頻率，以及加入 **semilogx** 來產生半對數刻度。

```
>> num = [200 0];     % specify the numerator of H(s)
>> den = [1 12 20];   % specify the denominator of H(s)
>> bode(num, den);    % determine and draw Bode plots
```

系統的步級響應 $y(t)$ 是輸入 $x(t)$ 為單位步級函數時的輸出。**step** 命令畫出已知系統轉移函數分子與分母的步級響應，其中時間的範圍和取樣的點數是自動選取的。例如，一個二階系統，其轉移函數如下：

$$H(s) = \frac{12}{s^2 + 3s + 12}$$

使用下列命令，則可得系統的步級響應如圖 14.60 所示。

```
>> n = 12;
>> d = [1 3 12];
>> step(n,d);
```

求出 $y(t) = x(t)*u(t)$ 或 $Y(s) = X(s)H(s)$，可驗證圖 14.60 的曲線。

lsim 命令是比 **step** 更通用的命令，它可計算系統對任何輸入信號的時間響應。命令格式為 $y =$ **lsim** (num, den, x, t)，其中 $x(t)$ 為輸入函數、t 為時間變數、$y(t)$ 為所產生的輸出。例如，假設系統的轉移函數描述如下：

$$H(s) = \frac{s + 4}{s^3 + 2s^2 + 5s + 10}$$

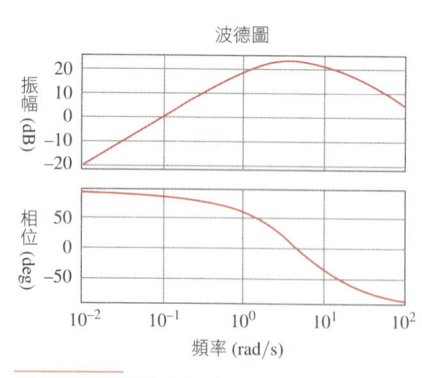

圖 14.59 振幅和相位曲線

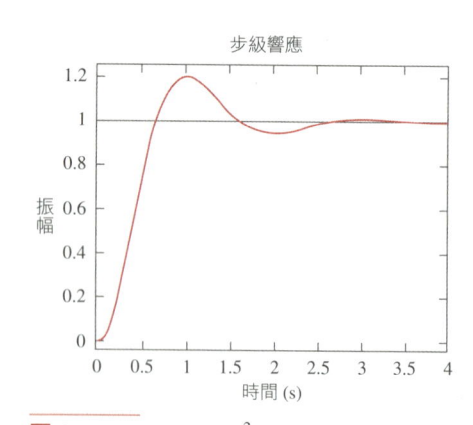

圖 14.60 $H(s) = 12/(s^2 + 3s + 12)$ 的步級響應

使用下列 MATLAB 命令，求系統對輸入 $x(t) = 10e^{-t}u(t)$ 的響應 $y(t)$。響應 $y(t)$ 和輸入 $x(t)$ 的曲線如圖 14.61 所示。

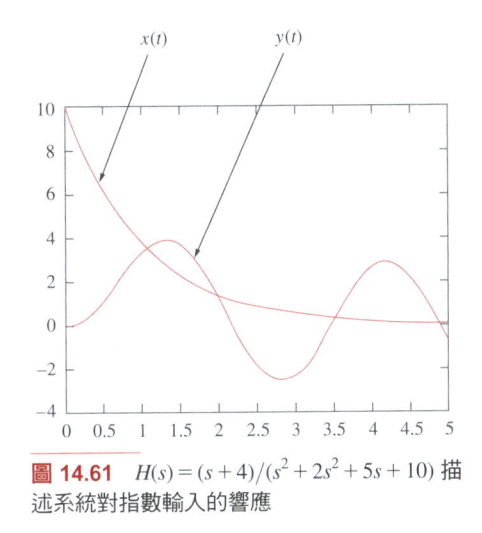

```
>> t = 0:0.02:5; % time vector 0 < t < 5 with increment
      0.02
>> x = 10*exp(-t);
>> num = [1  4];
>> den = [1  2  5  10];
>> y = lsim(num,den,x,t);
>> plot(t,x,t,y)
```

圖 14.61 $H(s) = (s+4)/(s^2 + 2s^2 + 5s + 10)$ 描述系統對指數輸入的響應

14.12 †應用

諧振電路和濾波器的應用廣泛，特別是在電子學、電力系統和通訊系統的應用中。例如，在各種通訊電子中，一個頻率為 60 Hz 的陷波濾波器可以用來消除 60 Hz 電力線的雜訊。在通訊系統中，為了從相同範圍的其他信號中 (如下一節要討論無線電接收機的案例) 選擇所期望的信號就需要對信號濾波。濾波器也可將期望信號中雜訊和干擾的影響降到最小。本節將介紹一個諧振電路的實際應用和二個濾波器的應用。每個應用的重點不是在理解各個設備如何工作的細節，而是要瞭解本章的電路如何應用到實際的設備中。

14.12.1 無線電接收機 (Radio Receiver)

在收音機和電視接收器中，通常使用串聯和並聯諧振電路來選台，而且從射頻載波中分離出音頻信號。例如，如圖 14.62 調幅收音機的方塊圖，入射調幅無線電波 (來自不同廣播電台的數千個不同頻率電波) 是由天線接收。諧振電路 (或帶通濾波器) 只需選擇入射波的其中之一。被選擇的信號是非常微弱的，而且被放大級放大以便產生可以聽到的音頻信號。因此，射頻 (radio frequency, RF) 放大器用來放大選擇的廣播信號。中頻 (intermediate frequency, IF) 放大器在內部放大，用來放大選擇的廣播信號，產生基於 RF 的信號，以及音頻放大器在聲音到達擴音器之前放大音頻信號。利用這三級放大輸入信號比在頻寬內建立一個相同放大功能的放大器容易。

如圖 14.62 所示的調幅無線電接收機稱為**超外差接收機** (superheterodyne receiver)。在早期的無線電發展中，每個放大器必須被調諧到輸入信號的頻率。因此，每個放大器必須具有幾個調諧電路，以覆蓋整個 AM 頻段 (540 kHz 至 1600 kHz)。為了避免具有若干諧振電路的問題，現代的接收機都包含一個**混頻器** (frequency mixer) 或**外差** (heterodyne) 電路，其輸出總是產生相同的中頻 (IF) 信號 (445 kHz)，但保留輸入信號所攜帶的音頻頻率，以產生恆定的中頻 (IF) 頻率。二個獨立的可變電容調整裝置機械地相互耦合，這樣就可以使用單一的控制而同時進行調諧；這稱為同軸調諧。與射頻 (RF) 放大器同軸調諧的**本地振盪器** (local oscillator) 產生的射頻信號與輸入波經過混頻器進行混頻，以產生二個信號頻率和與頻率差的輸出信號。例如，如果諧振電路被調諧到接收 800 kHz 的輸入信號，本地振盪器必須產生 1255 kHz 的信號，所以混頻器的輸出為頻率和 (1255 + 800 = 2055 kHz) 與頻率差 (1255 − 800 = 455 kHz)。但是，實際應用中只採用差頻 (455 kHz)。不論是調諧哪個站台，這個差頻是所有中頻放大器唯一的調諧頻率。原來的音頻信號 (包含"智能信號") 是從檢波器提取的。基本上，檢波器移除中頻信號而留下音頻信號，而音頻信號被放大來驅動喇叭。喇叭是一個傳感器，它將電信號轉換成聲音。

本節所關心的是調幅收音機的調諧電路，調頻收音機的工作原理與本節所討論調幅收音機的工作原理不同，而且二者的頻率範圍不同，但二者的調諧電路相似。

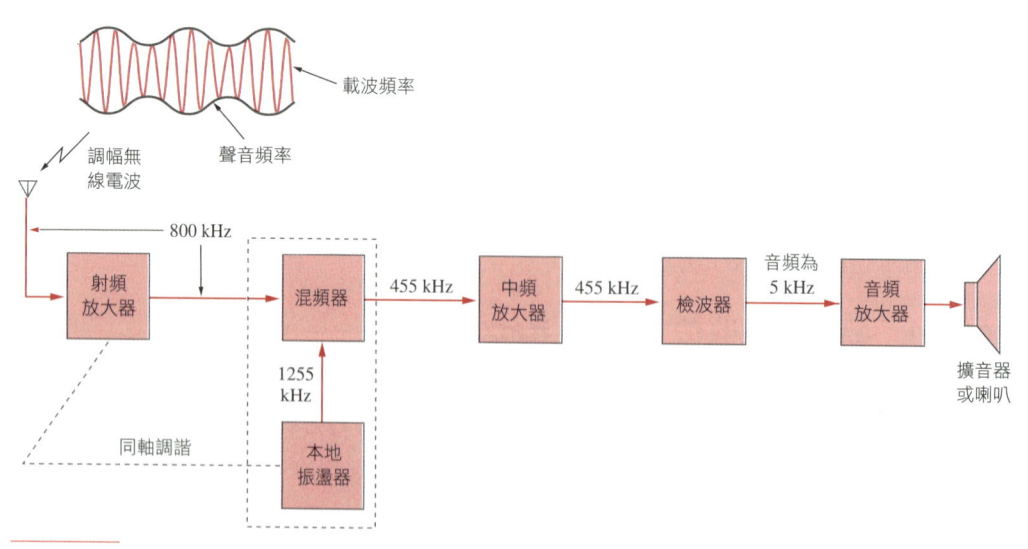

圖 14.62 超外差調幅無線電接收機的簡化方塊圖

調幅 (AM) 收音機的諧振或調諧電路如圖 14.63 所示。已知 $L = 1\ \mu H$，則使諧振頻率可以在 AM 頻帶的一端調整到另一端的電容 C 的範圍為何？ **範例 14.17**

解： 調幅 (AM) 廣播頻率範圍從頻帶的低端到高端為 540 kHz 到 1600 kHz。因為圖 14.63 的諧振電路為並聯型態，所以可以應用 14.6 節的構想。從 (14.44) 式得知

$$\omega_0 = 2\pi f_0 = \frac{1}{\sqrt{LC}}$$

或

$$C = \frac{1}{4\pi^2 f_0^2 L}$$

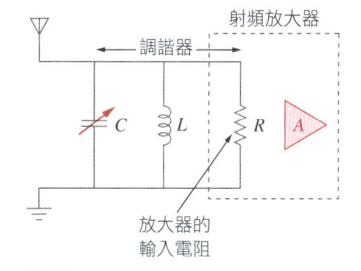

圖 14.63 範例 14.17 的調諧電路

對於 AM 頻帶的高端，$f_0 = 1600$ kHz，且其對應的電容 C 為

$$C_1 = \frac{1}{4\pi^2 \times 1600^2 \times 10^6 \times 10^{-6}} = 9.9\ \text{nF}$$

對於 AM 頻帶的低端，$f_0 = 540$ kHz，且其對應的電容 C 為

$$C_2 = \frac{1}{4\pi^2 \times 540^2 \times 10^6 \times 10^{-6}} = 86.9\ \text{nF}$$

因此，電容 C 必須為 9.9 nF 到 86.9 nF 之間的可調 (同軸) 電容。

練習題 14.17 對於調頻 (FM) 收音機的輸入波為 88 MHz 到 108 MHz 的頻率範圍，其調諧器為包含 $4\ \mu H$ 線圈的 RLC 並聯電路，試計算覆蓋整個頻帶所需的電容範圍。

答： 從 0.543 pF 到 0.818 pF。

14.12.2 按鍵式電話機 (Touch-Tone Telephone)

典型的濾波應用為按鍵式電話機，如圖 14.64 所示，它有一 12 個按鈕排列成四列三行的小鍵盤。這種排列方式區分為二組 7 種音調，提供 12 種不同的信號：低頻組 (從 697 Hz 到 941 Hz) 和高頻組 (從 1209 Hz 到 1477 Hz)。按下一個按鈕，將產生二個正弦波 (對應的一對頻率) 之和。例如，按下按鈕 6，將產生 770 Hz 和 1477 Hz 頻率的音調。

當呼叫方撥打電話號碼時，將一組信號發送到電話局，其中該按鍵的音調信號透過頻率檢測將它們所包含的頻率解碼。圖 14.65 顯示用於探測方案的方塊圖。信號被第一級放大並且由低通 (LP) 和高通 (HP) 濾波器分離成它們各自的頻率組。限

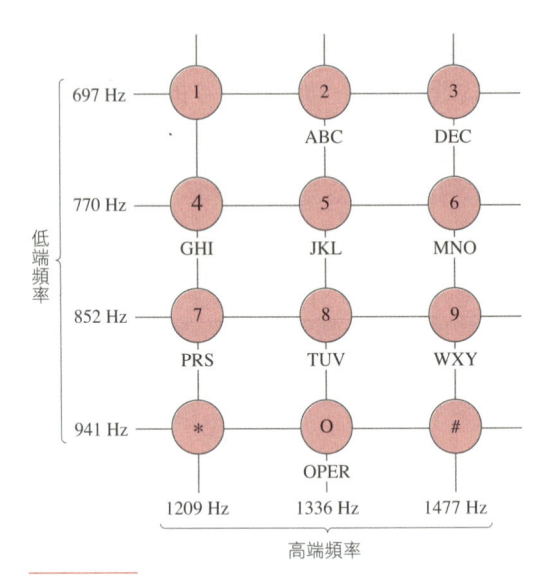

圖 14.64 按鍵式撥號的頻率分配

幅器 (L) 將分離的音調轉換成方波。每個音調使用 7 個帶通 (BP) 濾波器鑑定，每個濾波器通過一個音調而阻擋其他的音調。每個濾波器之後是檢測器 (D)，當輸入電壓超過某個程度時將激發檢測器。檢測器的輸出為交換系統，它提供將呼叫方連接到被呼叫方所需要的直流信號。

範例 14.18 在電話電路中，利用標準 600 Ω 電阻器和 RLC 串聯電路，試設計一個如圖 14.65 所示的帶通濾波器 BP_2。

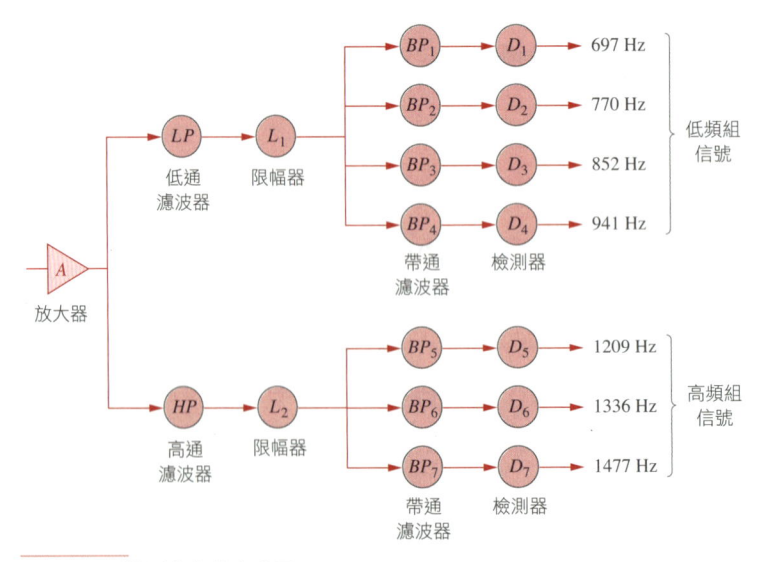

圖 14.65 檢測方案的方塊圖

解：帶通濾波器為圖 14.35 的 *RLC* 串聯電路。因為 BP_2 允許 697 Hz 到 852 Hz 的頻率通過，且中心頻率為 $f_0 = 770$ Hz，所以它的頻寬為

$$B = 2\pi(f_2 - f_1) = 2\pi(852 - 697) = 973.89 \text{ rad/s}$$

從 (14.39) 式得

$$L = \frac{R}{B} = \frac{600}{973.89} = 0.616 \text{ H}$$

從 (14.27) 式或 (14.55) 式得

$$C = \frac{1}{\omega_0^2 L} = \frac{1}{4\pi^2 f_0^2 L} = \frac{1}{4\pi^2 \times 770^2 \times 0.616} = 69.36 \text{ nF}$$

練習題 14.18 重做範例 14.18，試設計一個帶通濾波器 BP_6。

答：356 mH, 39.83 nF.

14.12.3 分頻網路 (Crossover Network)

濾波器的另一個典型應用是將音頻放大器耦合到低頻和高頻喇叭的**分頻網路** (crossover network)，如圖 14.66(a) 所示。這個網路基本上是由一個高通 *RC* 濾波器和一個低通 *RL* 濾波器組成。它將高於交叉頻率 f_c 的頻率傳送到高音喇叭 (高頻擴音器)，而將低於交叉頻率 f_c 的頻率傳送到低音喇叭 (低頻擴音器)。這些擴音器被設計用於特定的頻率響應。低音喇叭是一個低頻擴音器，被設計來重現頻率範圍的較低部分，最高約 3 kHz。高音喇叭則可以重現 3 kHz 到 20 kHz 的聲音頻率。結合這二種類型的喇叭則可重現整個音頻範圍的聲音，以及產生最佳化的頻率響應。

以一個電壓源取代放大器如圖 14.66(b) 所示的交叉網路等效模型，其中擴音器的模型是由電阻建立的。高通濾波器的轉移函數 V_1/V_s 為

$$H_1(\omega) = \frac{V_1}{V_s} = \frac{j\omega R_1 C}{1 + j\omega R_1 C} \tag{14.87}$$

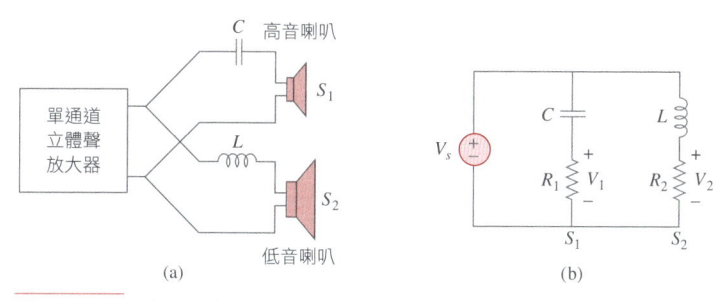

圖 14.66 (a) 包含二個喇叭的交叉網路，(b) 電路等效模型

同理，低通濾波器的轉移函數 V_2/V_s 為

$$H_2(\omega) = \frac{V_2}{V_s} = \frac{R_2}{R_2 + j\omega L} \tag{14.88}$$

選擇 R_1、R_2、L 和 C 值，可使二個濾波器具有相同的截止頻率，稱為**交叉頻率** (crossover frequency)，如圖 14.67 所示。

交叉網路的原理也被用在電視接收器的諧振電路中，因為電視接收器需要分離射頻載波頻率中的視頻與音頻頻帶。較低頻帶 (大約從 30 Hz 到 4 MHz 範圍內的圖像資訊) 被導入接收器的視頻放大器，而較高頻帶 (約 4.5 MHz 範圍內的聲音資訊) 被導入接收器的音頻放大器。

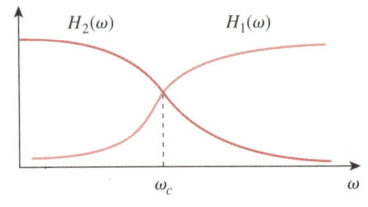

圖 14.67 圖 14.66 交叉網路的頻率響應

範例 14.19 在圖 14.66 的交叉網路中，假設每個擴音器相當於 6 Ω 電阻。如果交叉頻率為 2.5 kHz，試求 C 和 L 值。

解： 對於高通濾波器，

$$\omega_c = 2\pi f_c = \frac{1}{R_1 C}$$

或

$$C = \frac{1}{2\pi f_c R_1} = \frac{1}{2\pi \times 2.5 \times 10^3 \times 6} = 10.61 \ \mu F$$

對於低通濾波器，

$$\omega_c = 2\pi f_c = \frac{R_2}{L}$$

或

$$L = \frac{R_2}{2\pi f_c} = \frac{6}{2\pi \times 2.5 \times 10^3} = 382 \ \mu H$$

練習題 14.19 如果圖 14.66 中每個擴音器為 8 Ω 電阻且 $C = 10 \ \mu F$，試求 L 值和交叉頻率。

答： 0.64 mH, 1.989 kHz.

14.13 總結

1. 轉移函數 $\mathbf{H}(\omega)$ 是輸出響應 $\mathbf{Y}(\omega)$ 對輸入激發 $\mathbf{X}(\omega)$ 的比值,即 $\mathbf{H}(\omega) = \mathbf{Y}(\omega)/\mathbf{X}(\omega)$。

2. 頻率響應是轉移函數隨著頻率的變化。

3. 轉移函數 $\mathbf{H}(s)$ 的零點是 $H(s) = 0$ 時 $s = j\omega$ 的值,而極點是 $H(s) \to \infty$ 時 s 值。

4. 分貝是對數增益的單位。對於電壓或電流增益 G 而言,其等效分貝值為 $G_{dB} = 20 \log_{10} G$。

5. 波德圖是轉移函數隨頻率變化時振幅和相位的半對數曲線。使用 $H(\omega)$ 的極點和零點定義的轉角頻率可以畫出 H (單位 dB) 和 ϕ (單位度) 的直線近似。

6. 諧振頻率是轉移函數的虛部為零時的頻率。對於串聯和並聯 RLC 電路而言,

$$\omega_0 = \frac{1}{\sqrt{LC}}$$

7. 半功率頻率 (ω_1、ω_2) 是指這些頻率的功率消耗為諧振頻率功率消耗的一半。半功率頻率的幾何平均值為諧振頻率,即

$$\omega_0 = \sqrt{\omega_1 \omega_2}$$

8. 頻寬是指在二個半功率頻率之間的頻帶:

$$B = \omega_2 - \omega_1$$

9. 品質因數是諧振峰銳度的度量,它是諧振 (角) 頻率對頻寬的比值,

$$Q = \frac{\omega_0}{B}$$

10. 濾波器是設計用來通過某個頻帶的信號,而阻止其他頻率信號的電路。被動濾波器是由電阻器、電容器和電感器組成。主動濾波器是由電阻、電容和主動元件 (通常為放大器) 組成。

11. 濾波器的一般類型為低通濾波器、高通濾波器、帶通濾波器和帶阻 (陷波) 濾波器。低通濾波器只能通過其截止頻率 ω_c 以下的頻率信號。高通濾波器只能通過其截止頻率 ω_c 以上的頻率信號。帶通濾波器只能通過其指定頻率範圍 ($\omega_1 < \omega < \omega_2$) 內的頻率信號。帶阻濾波器只能通過其指定頻率範圍 ($\omega_1 > \omega > \omega_2$) 以外的頻率信號。

12. 比例縮放是透過振幅縮放因數 K_m 或頻率縮放因數 K_f,將不切實際的元件值轉換成實際值的過程。

$$R' = K_m R, \qquad L' = \frac{K_m}{K_f} L, \qquad C' = \frac{1}{K_m K_f} C$$

13. 如果電路頻率響應的範圍，並指定在此範圍內希望執行 AC 掃描的點數，則可使用 PSpice 求電路的頻率響應。
14. 無線電接收機是諧振電路的實際應用之一，它利用帶通諧振電路從天線接收的所有廣播信號中調諧出一個頻率。
15. 按鍵式電話機和交叉網路是二個典型的濾波器應用。按鍵式電話系統利用濾波器來分離不同頻率的音調來啟動電子開關。交叉網路分離不同頻率範圍的信號，使它們可以被傳遞到不同的元件，例如，擴音器系統的高音喇叭和低音喇叭。

複習題

14.1 下面轉移函數的零點在：

$$H(s) = \frac{10(s+1)}{(s+2)(s+3)}$$

(a) 10　(b) -1　(c) -2　(d) -3

14.2 在振幅波德曲線中，對於 ω 的較大值而言，$1/(5+j\omega)^2$ 的斜率為：
(a) 20 dB/decade　　(b) 40 dB/decade
(c) -40 dB/decade　(d) -20 dB/decade

14.3 在 $0.5 < \omega < 50$ 的頻率波德曲線中，$[1 + j10\omega - \omega^2/25]^2$ 的斜率為：
(a) $45°$/decade　(b) $90°$/decade
(c) $135°$/decade　(d) $180°$/decade

14.4 與 12 nF 的電容在 5 kHz 處產生諧振所需的電感值為何？
(a) 2652 H　　(b) 11.844 H
(c) 3.333 H　　(d) 84.43 mH

14.5 半功率頻率之差稱為：
(a) 品質因數　(b) 諧振頻率
(c) 頻寬　　　(d) 截止頻率

14.6 在串聯 RLC 電路中，下列哪個品質因數在共振點附近有陡峭的幅度響應曲線？
(a) $Q = 20$　(b) $Q = 12$　(c) $Q = 8$　(d) $Q = 4$

14.7 在並聯 RLC 電路中，頻寬 B 直接正比於 R：
(a) 對　　　　(b) 錯

14.8 對 RLC 電路進行振幅縮放和頻率縮放轉換後，下列何者不受影響：
(a) 電阻　　　(b) 諧振頻率
(c) 頻寬　　　(d) 品質因數

14.9 可以用何種濾波器來選擇一個特定的電台的信號？
(a) 低通　(b) 高通　(c) 帶通　(d) 帶阻

14.10 電壓源對 RC 低通濾波器提供一個頻率為 0 到 40 kHz 且振幅固定的信號，與電容並聯連接的負載電阻上的電壓最大時的頻率為何？
(a) 直流　　　(b) 10 kHz
(c) 20 kHz　　(d) 40 kHz

答：14.1 b，14.2 c，14.3 d，14.4 d，14.5 c，14.6 a，14.7 b，14.8 d，14.9 c，14.10 a

習題

14.2 節 轉移函數

14.1 試求圖 14.68 中 RC 電路的轉移函數 $\mathbf{V}_o/\mathbf{V}_i$，利用 $\omega_0 = 1/RC$ 來表示。

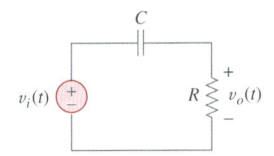

圖 14.68 習題 14.1 的電路

14.2 利用圖 14.69 的電路，試設計一個問題幫助其他學生更瞭解如何決定轉移函數。

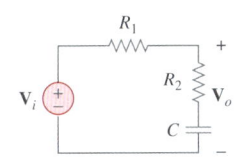

圖 14.69 習題 14.2 的電路

14.3 在圖 14.70 電路中，試求轉移函數 $\mathbf{H}(s) = \mathbf{V}_o(s)/\mathbf{V}_i(s)$。

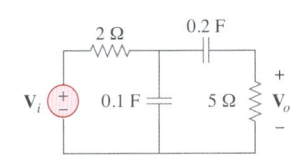

圖 14.70 習題 14.3 的電路

14.4 試求圖 14.71 中各個電路的轉移函數 $\mathbf{H}(s) = \mathbf{V}_o/\mathbf{V}_i$。

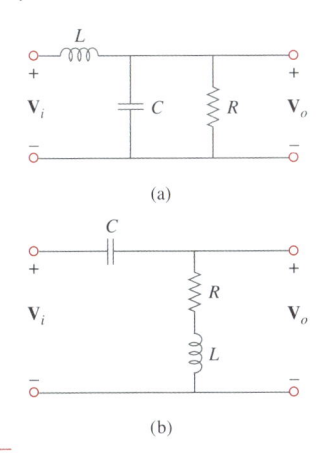

圖 14.71 習題 14.4 的電路

14.5 試求圖 14.72 中各個電路的轉移函數 $\mathbf{H}(s) = \mathbf{V}_o/\mathbf{V}_s$。

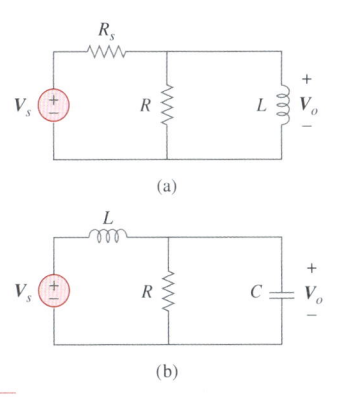

圖 14.72 習題 14.5 的電路

14.6 試求圖 14.73 電路的轉移函數 $\mathbf{H}(s) = \mathbf{I}_o(s)/\mathbf{I}_i(s)$。

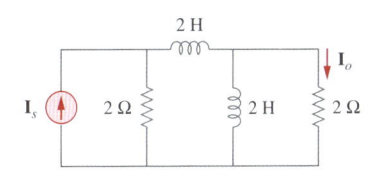

圖 14.73 習題 14.6 的電路

14.3 節 分貝表示法

14.7 如果 H_{dB} 等於下列數值，試計算對應的 $|\mathbf{H}(\omega)|$ 值：
(a) 0.05 dB (b) -6.2 dB (c) 104.7 dB

14.8 試設計一個問題幫助其他學生計算在單一 ω 值下，轉移函數變化的振幅 (單位為 dB) 和相位 (單位為度)。

14.4 節 波德圖

14.9 階梯函數的電壓增益如下，試畫出該增益的波德圖：

$$\mathbf{H}(\omega) = \frac{10}{(1+j\omega)(10+j\omega)}$$

14.10 試設計一個問題幫助其他學生更瞭解在以 $j\omega$ 表示的已知轉移函數中，如何決定波德振幅和相位曲線。

14.11 試畫出下列函數的波德圖：

$$H(\omega) = \frac{0.2(10+j\omega)}{j\omega(2+j\omega)}$$

14.12 已知轉移函數如下，試畫出該函數的振幅與相位波德圖：

$$T(s) = \frac{100(s+10)}{s(s+10)}$$

14.13 試對下列函數建立波德圖：

$$G(s) = \frac{0.1(s+1)}{s^2(s+10)}, \quad s = j\omega$$

14.14 試畫出下列函數的波德圖：

$$H(\omega) = \frac{250(j\omega+1)}{j\omega(-\omega^2+10j\omega+25)}$$

14.15 試建立下列函數的振幅和相位波德圖：

$$H(s) = \frac{2(s+1)}{(s+2)(s+10)}, \quad s = j\omega$$

14.16 試畫出下列函數的振幅和相位波德圖：

$$H(s) = \frac{1.6}{s(s^2+s+16)}, \quad s = j\omega$$

14.17 試畫出下列函數的波德圖：

$$G(s) = \frac{s}{(s+2)^2(s+1)}, \quad s = j\omega$$

14.18 線性網路的轉移函數如下，試利用 MATLAB 畫出此轉移函數的振幅與相位 (單位為度) 曲線，假設 $0.1 < \omega < 10$ rad/s。

$$H(s) = \frac{7s^2+s+4}{s^3+8s^2+14s+5}, \quad s = j\omega$$

14.19 試畫出下列函數振幅和相位的近似波德圖：

$$H(s) = \frac{80s}{(s+10)(s+20)(s+40)}, \quad s = j\omega$$

14.20 試設計一個比習題 14.10 更複雜的問題，至少包括二階重根。幫助其他學生更瞭解如何畫出一個使用 $j\omega$ 表示的已知轉移函數的波德振幅和相位曲線。

14.21 試畫出下列函數的振幅波德圖：

$$H(s) = \frac{10s(s+20)}{(s+1)(s^2+60s+400)}, \quad s = j\omega$$

14.22 利用圖 14.74 的波德振幅曲線，試求轉移函數 $H(\omega)$。

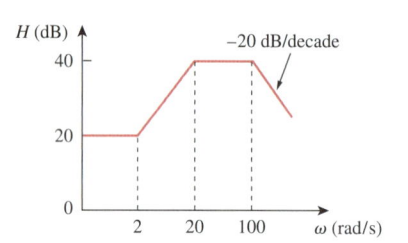

圖 14.74　習題 14.22 的波德振幅曲線

14.23 波德振幅曲線 $H(\omega)$ 如圖 14.75 所示，試求 $H(\omega)$。

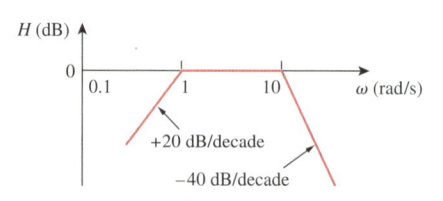

圖 14.75　習題 14.23 的波德振幅曲線 $H(\omega)$

14.24 前置放大器轉移函數的振幅曲線如圖 14.76 所示，試求 $H(s)$。

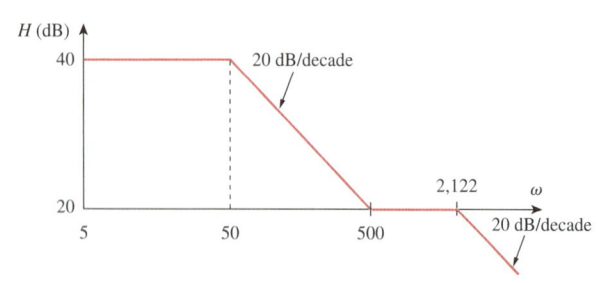

圖 14.76　習題 14.24 的波德振幅曲線

14.5 節　串聯諧振電路

14.25 一串聯 RLC 網路，$R = 2$ kΩ、$L = 40$ mH 和 $C = 1$ μF，試計算諧振時的阻抗，以及

(a) 諧振頻率　　(b) 頻寬
(c) 品質因數

14.26 試設計一個問題幫助其他學生更瞭解串聯 RLC 電路在諧振時的 ω_0、Q 和 B 值。

14.27 設計一個 $\omega_0 = 40$ rad/s 和 $B = 10$ rad/s 的串聯 RLC 諧振電路。

14.28 設計一個 $B = 20$ rad/s 和 $\omega_0 = 1000$ rad/s 的串聯 RLC 諧振電路。令 $R = 10\ \Omega$，試求電路的 Q 值。

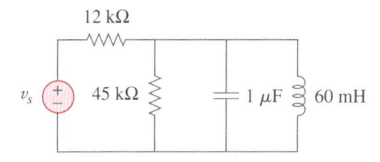

14.29 在圖 14.77 電路中，令 $v_s = 20\cos(at)$ V，試求從電容二端看進去的 ω_0、Q 和 B 值。

圖 14.77　習題 14.29 的電路

14.30 由一個 10 mH 電感值、20 Ω 電阻值的線圈串連一個電容和一個平均電壓為 120 V 的產生器所組成的電路，試求：
(a) 此電路在 15 kHz 諧振時的電容值。
(b) 諧振時流過線圈的電流。
(c) 此電路的 Q 值。

14.6 節　並聯諧振電路

14.31 設計一個 $\omega_0 = 10$ rad/s 和 $Q = 20$ 的並聯 RLC 諧振電路，令 $R = 10\ \Omega$，試求電路的頻寬。

14.32 試設計一個問題幫助其他學生更瞭解並聯 RLC 電路品質因數、諧振頻率和頻寬。

14.33 一個品質因數為 120 的並聯諧振電路，此電路的諧振頻率為 6×10^6 rad/s。試求此電路的頻寬和半功率頻率。

14.34 一個並聯 RLC 電路在 5.6 MHz 處產生諧振，其品質因數為 80、電阻分支的阻值為 40 kΩ，試計算其他二個分支的 L 和 C 值。

14.35 一個並聯 RLC 電路的 $R = 5$ kΩ、$L = 8$ mH 和 $C = 60\ \mu$F，試求：

14.36 一個 RLC 並聯諧振電路的中頻導納為 25×10^{-3} S、品質因數為 80、諧振頻率為 200 krad/s。試計算 R、L、C 值，並求出頻寬和半功率頻率。

14.37 重做習題 14.25，並將習題 14.25 的元件改為並聯。

14.38 試求圖 14.78 電路的諧振頻率。

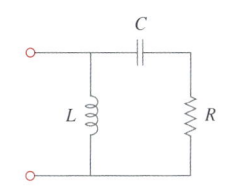

圖 14.78　習題 14.38 的電路

14.39 試求圖 14.79 "儲能" 電路的諧振頻率。

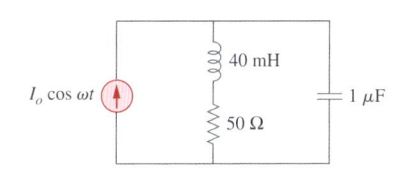

圖 14.79　習題 14.39、14.71、14.91 的電路

14.40 一個 RLC 並聯諧振電路的電阻為 2 kΩ、半功率頻率為 86 kHz 和 90 kHz。試求：
(a) 電容值　　(b) 電感值
(c) 諧振頻率　(d) 頻寬
(e) 品質因數

14.41 利用圖 14.80，試設計一個問題幫助其他學生更瞭解 RLC 電路的品質因數、諧振頻率和頻寬。

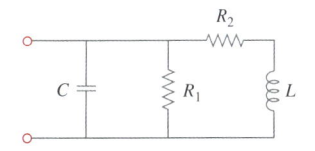

圖 14.80　習題 14.41 的電路

14.42 試求圖 14.81 電路的諧振頻率 ω_0、品質因數 Q 和頻寬 B。

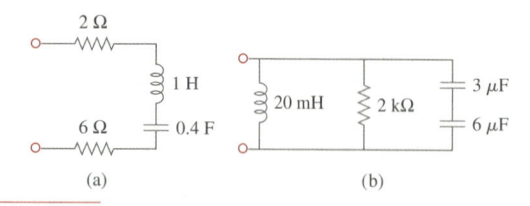

圖 14.81 習題 14.42 的電路

14.43 試計算圖 14.82 中各電路的諧振頻率。

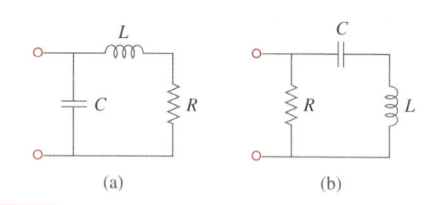

圖 14.82 習題 14.43 的電路

*14.44 試求圖 14.83 電路的：
(a) 諧振頻率 ω_0 (b) $Z_{in}(\omega_0)$

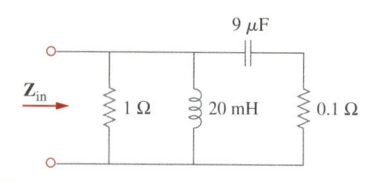

圖 14.83 習題 14.44 的電路

14.45 試求圖 14.84 電路從電感二端看進去的 ω_0、B 和 Q。

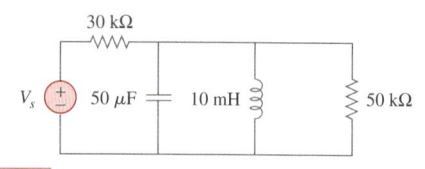

圖 14.84 習題 14.45 的電路

14.46 試求圖 14.85 網路的：
(a) 轉移函數 $\mathbf{H}(\omega) = \mathbf{V}_o(\omega)/\mathbf{I}(\omega)$。
(b) 在 $\omega_0 = 1$ rad/s 處 $\mathbf{H}$ 的振幅。

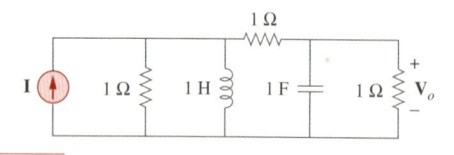

圖 14.85 習題 14.46、14.78、14.92 的電路

---
* 星號表示該習題具有挑戰性。

14.7 節　被動濾波器

14.47 試證明如果串聯 LR 電路的輸出為電阻二端時，則此串聯 LR 電路是一個低通濾波器，並計算當 $L = 2$ mH、$R = 10$ kΩ 時的轉角頻率 f_c。

14.48 試求圖 14.86 電路的轉移函數 $\mathbf{V}_o/\mathbf{V}_s$，並證明該電路為一低通濾波器。

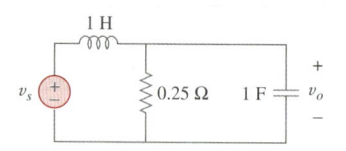

圖 14.86 習題 14.48 的電路

14.49 試設計一個問題幫助其他學生更瞭解轉移函數所描述的低通濾波器。

14.50 試決定圖 14.87 的電路為何種濾波器，並計算該電路的轉角頻率 f_c。

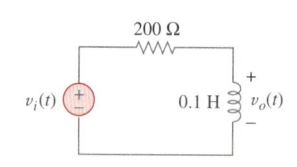

圖 14.87 習題 14.50 的電路

14.51 利用一個 40 mH 的線圈，設計一個截止頻率為 5 kHz 的 RL 低通濾波器。

14.52 試設計一個問題幫助其他學生更瞭解被動高通濾波器。

14.53 設計一個截止頻率為 10 kHz 和 11 kHz 的串聯 RLC 類型的帶通濾波器。假設 $C = 80$ pF，試求 R、L 和 Q 值。

14.54 試設計一個 $\omega_0 = 10$ rad/s、$Q = 20$ 的被動帶通濾波器。

14.55 試計算通過 $R = 10$ Ω、$L = 25$ mH、$C = 0.4$ μF 串聯 RLC 帶通濾波器的頻率範圍，並求其品質因數。

14.56 (a) 試證明下列方程式是一個帶通濾波器。其中 B 為濾波器的頻寬，ω_0 為中心頻率：

$$\mathbf{H}(s) = \frac{sB}{s^2 + sB + \omega_0^2}, \qquad s = j\omega$$

(b) 同理，試證明下列方程式是一個帶阻濾波器：

$$\mathbf{H}(s) = \frac{s^2 + \omega_0^2}{s^2 + sB + \omega_0^2}, \qquad s = j\omega$$

14.57 試計算圖 14.88 帶通濾波器的中心頻率和頻寬。

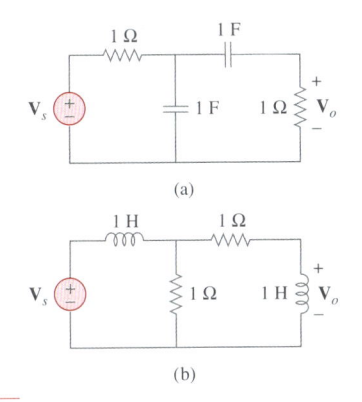

圖 14.88 習題 14.57 的帶通濾波器

14.58 一個串聯 *RLC* 帶通濾波器的電路參數為 $R = 2\ \text{k}\Omega$、$L = 100\ \text{mH}$ 和 $C = 40\ \text{pF}$，試計算：
(a) 中心頻率　　(b) 半功率頻率
(c) 品質因數

14.59 試求圖 14.89 帶通濾波器的頻寬和中心頻率。

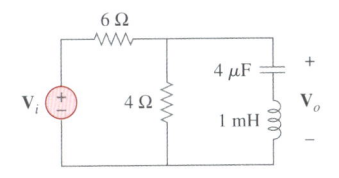

圖 14.89 習題 14.59 的帶通濾波器

14.8 節　主動濾波器

14.60 試求通帶增益為 10 和截止頻率為 50 rad/s 的高通濾波器的轉移函數。

14.61 試求圖 14.90 中各主動濾波器的轉移函數。

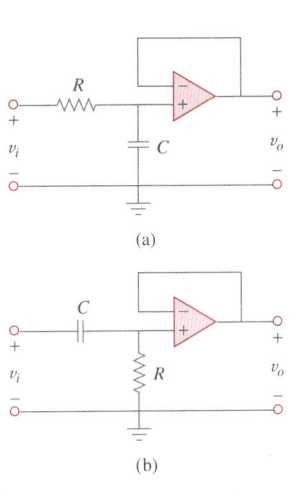

圖 14.90 習題 14.61、14.62 的主動濾波器

14.62 圖 14.90(b) 在 1 kHz 處有一個 3 dB 的截止頻率，如果它的輸入連接到 120 mV 的可變信號，試求它在下列頻率處的輸出電壓。
(a) 200 Hz　(b) 2 kHz　(c) 10 kHz

14.63 利用下列轉移函數和一個 1 μF 的電容，試設計一個主動一階高通濾波器：

$$\mathbf{H}(s) = -\frac{100s}{s + 10}, \qquad s = j\omega$$

14.64 試求圖 14.91 中主動濾波器的轉移函數，並說明它是何種類型的濾波器。

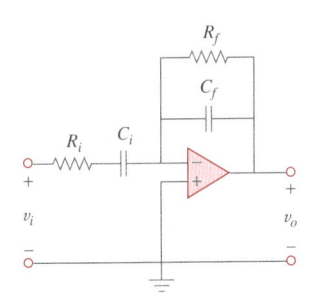

圖 14.91 習題 14.64 的主動濾波器

14.65 試證明圖 14.92 高通濾波器的轉移函數為：

$$\mathbf{H}(\omega) = \left(1 + \frac{R_f}{R_i}\right) \frac{j\omega RC}{1 + j\omega RC}$$

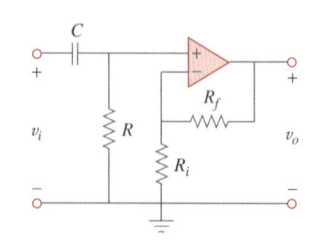

▲ 圖 14.92　習題 14.65 的高通濾波器

14.66 "通用" 一階濾波器如圖 14.93 所示：
(a) 試證明其轉移函數為：

$$H(s) = \frac{R_4}{R_3 + R_4} \times \frac{s + (1/R_1C)[R_1/R_2 - R_3/R_4]}{s + 1/R_2C},$$
$$s = j\omega$$

(b) 使電路成為高通率波器的條件為何？
(c) 使電路成為低通率波器的條件為何？

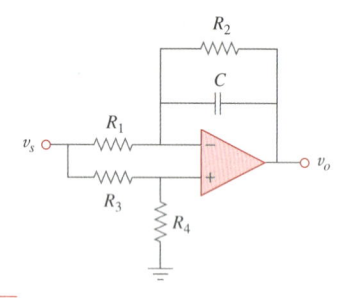

▲ 圖 14.93　習題 14.66 的一階濾波器

14.67 試設計一個直流增益為 0.25 和轉角頻率為 500 Hz 的主動低通率波器。

14.68 試設計一個問題幫助其他學生更瞭解，指定高頻增益和一個轉角頻率時，如何設計主動高通濾波器。

14.69 試設計如圖 14.94 的濾波器來滿足下列需求：
(a) 信號在 2 kHz 時必須比在 10 MHz 時衰減 3 dB。
(b) 對於 $v_o(t) = 10 \sin(2\pi \times 10^8 t + 180°)$ V 的輸入信號，電路必須提供 $v_s(t) = 4 \sin(2\pi \times 10^8 t)$ V 的穩態輸出。

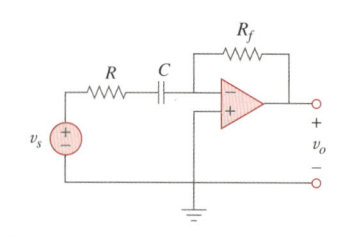

▲ 圖 14.94　習題 14.69 的濾波器

*14.70 二階主動率波器稱為巴特沃斯濾波器，如圖 14.95 所示。
(a) 試求 $\mathbf{V}_o/\mathbf{V}_i$ 的轉移函數。
(b) 證明它是一個低通濾波器。

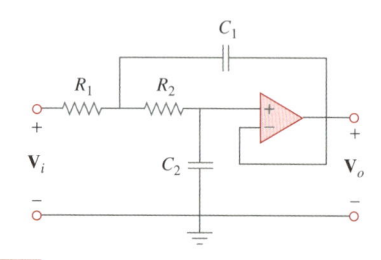

▲ 圖 14.95　習題 14.70 的二階主動濾波器

14.9 節　比例縮放

14.71 利用振幅與頻率縮放，試求圖 14.79 電路的等效電路，其中電感和電容的振幅依次為 1 H 和 1 F。

14.72 試設計一個問題幫助其他學生更瞭解振幅和頻率的縮放。

14.73 假設 $R = 12\ k\Omega$、$L = 40\ \mu H$ 和 $C = 300\ nF$，試計算經過振幅縮放為 800 和頻率縮放為 1000 後的 R、L 和 C 值。

14.74 電路的 $R_1 = 3\ \Omega$、$R_2 = 10\ \Omega$、$L = 2\ H$ 和 $C = 1/10\ F$，電路經過振幅縮放為 100 和頻率縮放為 10^6，試計算電路元件的新值。

14.75 已知 RLC 電路中，$R = 20\ \Omega$、$L = 4\ H$ 和 $C = 1\ F$，電路經過振幅縮放為 10 和頻率縮放為 10^5，試計算電路元件的新值。

14.76 已知並聯 RLC 電路中，$R = 5\ k\Omega$、$L = 10\ mH$ 和 $C = 20\ \mu F$，如果電路經過振幅縮放為 $K_m = 500$ 和頻率縮放為 $K_f = 10^5$，試計算 R、L 和 C 的結果。

14.77 已知串聯 RLC 電路中，$R = 10\ \Omega$、$\omega_0 = 40$ rad/s 和 $B = 5$ rad/s，試求電路經過下列縮放後的 L 和 C。
  (a) 振幅縮放因數 $k_m = 600$。
  (b) 頻率縮放因數 $k_f = 1000$。
  (c) 振幅縮放因數 $k_m = 400$ 和頻率縮放因數 $k_f = 10^5$。

14.78 重新設計圖 14.85 的電路，其中所有的電阻元件由 1000 振幅因數縮放和所有頻率感測元件通過 10^4 頻率因數縮放。

*14.79 對於圖 14.96 的網路，試求：
  (a) $\mathbf{Z}_{in}(s)$。
  (b) 元件經過 $K_m = 10$ 和 $K_f = 100$ 縮放後的 $\mathbf{Z}_{in}(s)$ 和 ω_0。

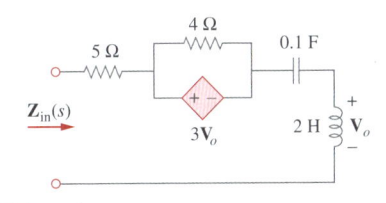

圖 14.96　習題 14.79 的網路

14.80 (a) 對於圖 14.97 的電路，試繪製經過 $K_m = 200$ 和 $K_f = 10^4$ 縮放後的新電路。
  (b) 試求在 $\omega = 10^4$ rad/s，縮放電路 a-b 二端的戴維寧等效阻抗。

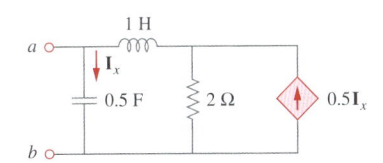

圖 14.97　習題 14.80 的電路

14.81 圖 14.98 電路的阻抗為

$$Z(s) = \frac{1000(s+1)}{(s+1+j50)(s+1-j50)}, \quad s = j\omega$$

試求：
  (a) R、L、C 和 G 值。
  (b) 利用頻率縮放將諧振頻率因數提高 10^3 倍的元件值。

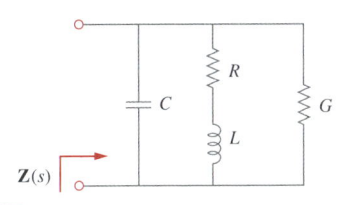

圖 14.98　習題 14.81 的電路

14.82 利用 1 μF 電容器，對圖 14.99 低通主動濾波器進行縮放，使電路的轉角頻率從 1 rad/s 增加到 200 rad/s。

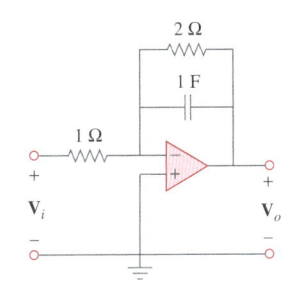

圖 14.99　習題 14.82 的電路

14.83 圖 14.100 運算放大器電路經過振幅縮放 100 和頻率縮放 10^5，試求縮放後的元件值。

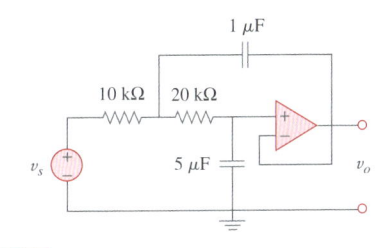

圖 14.100　習題 14.83 的電路

14.10 節　使用 PSpice 計算頻率響應

14.84 利用 PSpice 或 MultiSim，試求圖 14.101 電路的頻率響應。

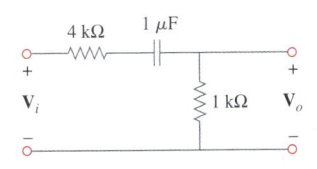

圖 14.101　習題 14.84 的電路

14.85 利用 PSpice 或 MultiSim，試求圖 14.102 電路 $\mathbf{V}_o/\mathbf{I}_s$ 的振幅和相位曲線。

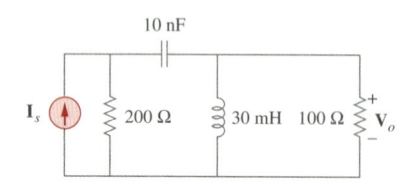

圖 14.102 習題 14.85 的電路

14.86 利用圖 14.103，試設計一個問題幫助其他學生更瞭解如何使用 PSpice 求電路的頻率響應 ($\mathbf{I}$ 的振幅和相位)。

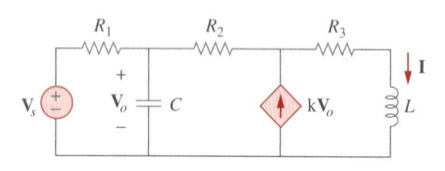

圖 14.103 習題 14.86 的電路

14.87 在 $0.1 < f < 100$ Hz 之間，試畫出圖 14.104 網路的頻率響應，並決定該濾波器的類型和求出 ω_0。

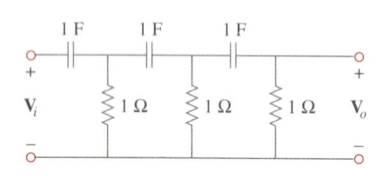

圖 14.104 習題 14.87 的網路

14.88 利用 PSpice 或 MultiSim，試求圖 14.105 電路中 $\mathbf{V}_o$ 的振幅和相位波德圖。

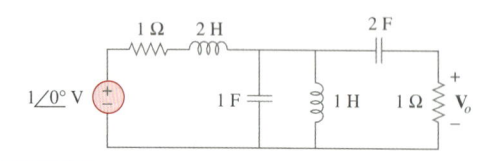

圖 14.105 習題 14.88 的電路

14.89 在 $100 < f < 1000$ Hz 頻率區間，試求圖 14.106 電路響應 $\mathbf{V}_o$ 的振幅曲線。

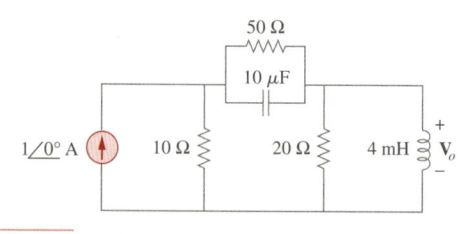

圖 14.106 習題 14.89 的電路

14.90 試求圖 14.40 電路的頻率響應 (跨接於電容二端電壓)，取 $R_1 = R_2 = 100\ \Omega$、$L = 2$ mH，使用 $1 < f < 100{,}000$ Hz。

14.91 利用 PSpice 或 MultiSim，試求圖 14.79 "儲能" 電路的頻率響應 (跨接於電容二端電壓)，並計算該電路的諧振頻率。

14.92 利用 PSpice 或 MultiSim，試畫出圖 14.85 電路頻率響應的振幅曲線。

14.12 節　應用

14.93 對於圖 14.107 的相位移位電路，試求 $H = V_o/V_s$。

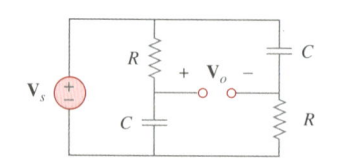

圖 14.107 習題 14.93 的電路

14.94 在緊急情況下，工程師需要做出一個 RC 高通濾波器。而他有一個 10 pF 電容器、一個 30 pF 電容器、一個 1.8 kΩ 電阻器和一個 3.3 kΩ 電阻器。試求使用這些元件可能得到的最高截止頻率。

14.95 一個串聯調諧天線電路由一個可變電容器 (40 pF 到 360 pF) 和一個直流電阻為 12 Ω 的 240 μH 天線線圈組成。
(a) 試求收音機信號的頻率範圍，其中收音機是可調的。
(b) 試計算頻率範圍內每一端點的 Q 值。

14.96 圖 14.108 的交叉電路是連接到低音喇叭的低通濾波器。試求 $\mathbf{H}(\omega) = \mathbf{V}_o(\omega)/\mathbf{V}_i(\omega)$ 轉移函數。

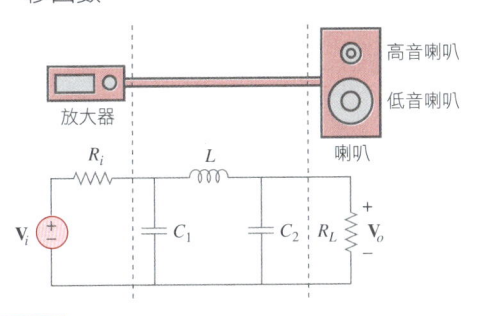

圖 14.108 習題 14.96 的交叉電路

14.97 圖 14.109 的交叉電路是連接到高音喇叭的高通濾波器，試求 $\mathbf{H}(\omega) = \mathbf{V}_o(\omega)/\mathbf{V}_i(\omega)$ 轉移函數。

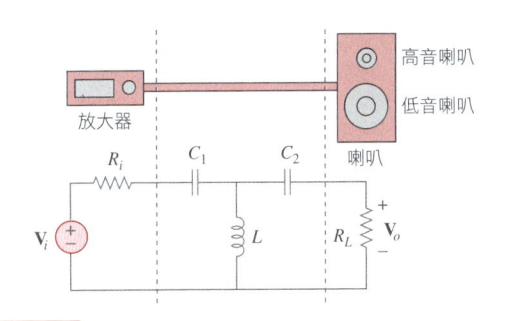

圖 14.109 習題 14.97 的交叉電路

綜合題

14.98 某電子測試電路產生諧振曲線的半功率點在 432 Hz 和 454 Hz。如果 $Q = 20$，則該電路的諧振頻率為何？

14.99 在一個電子設備中使用一個串聯電路，在 2 MHz 時電阻阻值為 100 Ω、電容阻值為 5 kΩ 和電感阻值為 300 Ω。試求電路的諧振頻率和頻寬。

14.100 在實際應用中，一個簡單的 RC 低通濾波器被用來減少高頻雜訊。如果期望轉角頻率為 20 kHz 和 $C = 5$ μF，試求電阻 R 值。

14.101 在放大器電路中，一個簡單的 RC 高通濾波器被用來阻擋直流成分而讓時變成分通過。如果期望衰減頻率為 15 Hz 和 $C = 10$ μF，試求電阻 R 值。

14.102 實用 RC 濾波器的設計應該允許電源和負載電阻，如圖 14.110 所示。令 $R = 4$ kΩ 和 $C = 40$ nF，試求截止頻率，當：
(a) $R_s = 0$，$R_L = \infty$。
(b) $R_s = 1$ kΩ、$R_L = 5$ kΩ。

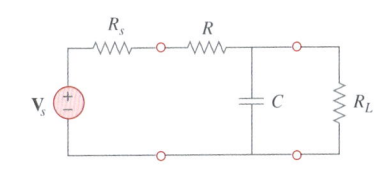

圖 14.110 綜合題 14.102 的電路

14.103 在圖 14.111 中 RC 電路是用在系統設計的超前補償，試求該電路的轉移函數。

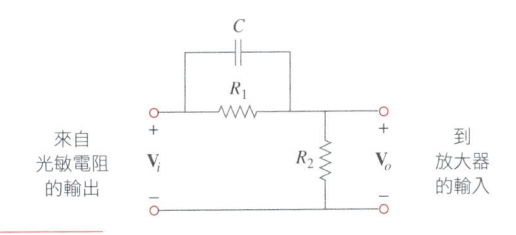

圖 14.111 綜合題 14.103 的電路

14.104 一個低品質因數、雙調諧帶通濾波器如圖 14.112 所示。利用 PSpice 或 MultiSim 求 $\mathbf{V}_o(\omega)$ 的振幅曲線。

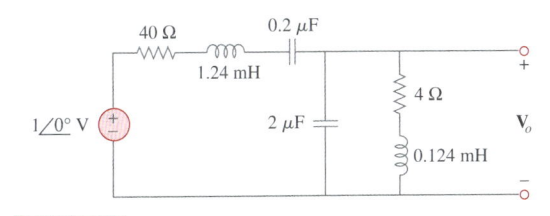

圖 14.112 綜合題 14.104 的電路

PART 3

進階電路分析

15　拉普拉斯轉換概論
16　拉普拉斯轉換應用
17　傅立葉級數
18　傅立葉轉換
19　雙埠網路

Chapter 15 拉普拉斯轉換概論

> 解決問題最重要的不是問題的解決方案,而是在尋找解決方案的過程中所獲得的實力。
>
> —— 無名氏

加強你的技能和職能

ABET EC 2000 標準 (3.h),"瞭解工程解決方案對全球和社會環境影響的教導。"

身為一名學生,你必須確保自己能夠獲得"瞭解工程解決方案對全球和社會環境影響的教導。"如果你已經參加 ABET 認證的工程項目,則必須接受某些課程以符合這個標準。筆者的建議是,當你在接受這樣的訓練時,從所有的選修課程中,選修包含全球性問題和社會關注的課程。未來的工程師必須充分瞭解工程師和他們所設計的產品將會影響所有的人。

Charles Alexander

ABET EC 2000 標準 (3.i),"終身學習能力的必要性。"

你必須充分瞭解和認識"終身學習能力的必要性。"強調這個能力和需求似乎很荒謬。然而,令人驚訝的是,很多工程師並沒有真正理解這個概念。要能夠跟上現在所面臨的問題和將來要面對的技術爆炸,唯一的途徑就是不斷地學習。學習必須包括非技術性問題,以及在你從事的領域中最新的技術。

要能跟上你所從事領域的尖端技術的方法就是,透過同事和專業技術機構 (特別是 IEEE);而保持領先的另一個最佳途徑則是經常閱讀最先進的技術文件。

~歷史人物~

皮埃爾・西蒙・拉普拉斯 (Pierre Simon Laplace, 1749-1827)，法國天文學家和數學家。在 1779 年，他首次提出以其名字命名的拉普拉斯轉換法，並將此轉換法應用在求解微分方程式。

拉普拉斯出生於法國諾曼第奧格地區博蒙的貧困家庭，在 20 歲時成為數學教授。拉普拉斯的數學能力啟發了西莫恩・帕松 (Simeon Poisson)，他稱拉普拉斯為法國的牛頓。拉普拉斯在位勢論、機率論、天文學和天體力學方面有許多重要貢獻。他眾所周知的著作《天體力學》(*Traite de Mecanique Celeste*)，是對牛頓天文學研究的補充。本章的主題，拉普拉斯轉換就是以他的名字命名的。

Georgios Kollidas/Shutterstock

15.1　簡介

本章和後面幾章的目的是介紹各式各樣輸入和響應的電路分析方法。這種電路是建立在**微分方程式** (differential equation) 的模式下，它們的解答描述電路完全響應的特性，此數學方法可以系統化求解微分方程式。以下就介紹這強而有力的**拉普拉斯轉換法** (Laplace transformation)，它可將微分方程式轉換成**代數方程式** (algebraic equation)。因此，大幅地簡化求解微分方程式的過程。

你現在應該對轉換法的構想有點概念了。在使用相量分析電路時，需將電路從時域轉換到頻域或相量域。得到相量的結果後，再將它逆轉回時域。拉普拉斯轉換法就是遵循這個轉換過程，利用拉普拉斯轉換法將電路從時域轉換成頻域，求解後，再利用拉普拉斯逆轉換法將結果轉回時域。

拉普拉斯轉換因為若干原因而顯得重要。首先，與相量分析相比，它可應用更廣泛的輸入。其次，它提供包含初始條件電路的簡易解法，因為它以代數方程式取代微分方程式。第三，經過一次的拉普拉斯轉換和逆轉換，就可求得包含暫態響應和穩態響應在內的電路全響應。

本章先定義拉普拉斯轉換，並得到拉普拉斯重要的性質。透過檢查這些屬性，將看到拉普拉斯轉換法是如何工作，以及為什麼要使用拉普拉斯轉換法，這也有助於更理解數學轉換的想法。然後，介紹拉普拉斯轉換法的某些性質在電路分析是非常有幫助的。最後，介紹拉普拉斯逆轉換、傳輸函數和迴旋定理。本章將專注於拉普拉斯轉換的機制。第 16 章將研究拉普拉斯轉換在電路分析、網路穩定性、網路綜合方面的應用。

15.2 拉普拉斯轉換的定義

函數 f(t) 的拉普拉斯轉換，記作 F(s) 或 $\mathcal{L}[f(t)]$，定義如下：

$$\mathcal{L}[f(t)] = F(s) = \int_{0^-}^{\infty} f(t)e^{-st}\,dt \tag{15.1}$$

其中 s 為複數變數，如下：

$$s = \sigma + j\omega \tag{15.2}$$

因為 (15.1) 式中 e 的指數 st 必須是無單位的，而 s 的單位與頻率單位相同，是秒分之一 (s^{-1}) 或 "頻率"。(15.1) 式的積分下限為 0^-，表示時間在 t = 0 之前一點。使用 0^- 作為積分下限是為了包含原點和獲得 f(t) 在 t = 0 處的不連續性。這將滿足在 t = 0 處不連續的函數，如奇異函數。

> 對於一般的函數 f(t)，它的積分下限可以由 0 開始。

應該注意，(15.1) 式的積分是相對於時間的定積分。因此，積分結果與時間無關，且只包含變數 "s"。

(15.1) 式顯示了轉換法的一般概念。函數 f(t) 被轉換成函數 F(s)，f(t) 的變數為 t，而 F(s) 的變數為 s，故此為從 t 域轉到 s 域的轉換法。若 s 表示頻率，則拉普拉斯轉換的描述如下：

拉普拉斯轉換是函數從時域 f(t) 轉換到複數頻域 F(s) 的積分轉換法。

當拉普拉斯轉換法應用於電路分析時，則微分方程式表示時域中的電路。若以 f(t) 取代微分方程式，則它對應的拉普拉斯轉換 F(s) 為頻域中代數方程式所代表的電路。

假設在 t < 0 時 (15.1) 式的 f(t) 被忽略。為了確保這種情況，通常將函數乘以單位步級函數。因此，f(t) 可寫成 f(t)u(t) 或 f(t)，t ≥ 0。

(15.1) 式的拉普拉斯轉換稱為**單邊** (one-sided) 或**單側** (unilateral) 拉普拉斯轉換，而**雙邊** (two-sided) 或**雙側** (bilateral) 拉普拉斯轉換如下：

$$F(s) = \int_{-\infty}^{\infty} f(t)e^{-st}\,dt \tag{15.3}$$

(15.1) 式的單邊拉普拉斯轉換已可滿足本課程的要求，所以本書只討論單邊拉普拉斯轉換。

函數 f(t) 可能沒有拉普拉斯轉換式。為了使 f(t) 有拉普拉斯轉換式，(15.1) 式

$|e^{j\omega t}| = \sqrt{\cos^2 \omega t + \sin^2 \omega t} = 1$

的積分必須收斂到有限值。因為對任意 t 值而言，$|e^{j\omega t}| = 1$，因此當

$$\int_{0^-}^{\infty} e^{-\sigma t}|f(t)|\,dt < \infty \tag{15.4}$$

積分收斂，對某些實數值 $\sigma = \sigma_c$。所以，拉普拉斯轉換的收斂區域為 $\text{Re}(s) = \sigma > \sigma_c$，如圖 15.1 所示。在收斂區域內，$|F(s)| < \infty$ 且存在 $F(s)$。而在收斂區域外，$F(s)$ 為未定義。幸運的是，在本書電路分析的所有函數均滿足 (15.4) 式的收斂條件。因此，在以下的分析中不需特別指定 σ_c 值。

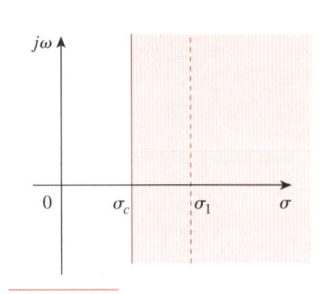

圖 15.1 拉普拉斯轉換的收斂區域

伴隨 (15.1) 式，拉普拉斯正轉換的是拉普拉斯逆轉換，如下：

$$\mathcal{L}^{-1}[F(s)] = f(t) = \frac{1}{2\pi j}\int_{\sigma_1 - j\infty}^{\sigma_1 + j\infty} F(s)e^{st}\,ds \tag{15.5}$$

其中在收斂區域 $\sigma_1 > \sigma_c$，積分是沿直線 $(\sigma_1 + j\omega, -\infty < \omega < \infty)$ 進行的，如圖 15.1 所示。(15.5) 式的應用涉及有關複數積分的知識超出本書討論範圍，因此將不使用 (15.5) 式求拉普拉斯逆轉換，而使用 15.3 節介紹的查表法。$f(t)$ 和 $F(s)$ 被視為拉普拉斯轉換對，其中

$$f(t) \quad \Leftrightarrow \quad F(s) \tag{15.6}$$

(15.6) 式的意思是 $f(t)$ 和 $F(s)$ 是一對一對應的。下面範例將推導一些重要函數的拉普拉斯轉換。

範例 15.1 試求下列各函數的拉普拉斯轉換：(a) $u(t)$，(b) $e^{-at}u(t)$，$a \geq 0$ 和 (c) $\delta(t)$。

解： (a) 對於圖 15.2(a) 單位步級函數 $u(t)$ 的拉普拉斯轉換為

$$\begin{aligned}\mathcal{L}[u(t)] &= \int_{0^-}^{\infty} 1 e^{-st}\,dt = -\frac{1}{s}e^{-st}\Big|_0^{\infty} \\ &= -\frac{1}{s}(0) + \frac{1}{s}(1) = \frac{1}{s}\end{aligned} \tag{15.1.1}$$

(b) 對於圖 15.2(b) 指數函數的拉普拉斯轉換為

$$\begin{aligned}\mathcal{L}[e^{-at}u(t)] &= \int_{0^-}^{\infty} e^{-at}e^{-st}\,dt \\ &= -\frac{1}{s+a}e^{-(s+a)t}\Big|_0^{\infty} = \frac{1}{s+a}\end{aligned} \tag{15.1.2}$$

(c) 對於圖 15.2(c) 單位脈衝函數的拉普拉斯轉換為

$$\mathcal{L}[\delta(t)] = \int_{0^-}^{\infty} \delta(t)e^{-st}\, dt = e^{-0} = 1 \tag{15.1.3}$$

因為脈衝函數 $\delta(t)$ 在 $t = 0$ 以外的任何地方為零，所以 (15.1.3) 式使用 (7.33) 式脈衝函數 $\delta(t)$ 的篩選性質。

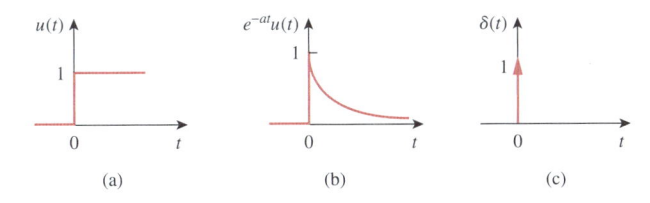

圖 15.2 範例 15.1 的電路：(a) 單位步級函數，(b) 指數函數，(c) 單位脈衝函數

練習題 15.1 試求下列各函數的拉普拉斯轉換：$r(t) = tu(t)$，即斜波函數，$Ae^{-at}u(t)$ 和 $Be^{-j\omega t}u(t)$。

答：$1/s^2, A/(s+a), B/(s+j\omega)$.

試求 $f(t) = \sin \omega t\, u(t)$ 的拉普拉斯轉換。　　**範例 15.2**

解：使用 (A.27) 式和 (15.1) 式求正弦函數的拉普拉斯轉換：

$$\begin{aligned}
F(s) = \mathcal{L}[\sin \omega t] &= \int_0^\infty (\sin \omega t)e^{-st}\, dt = \int_0^\infty \left(\frac{e^{j\omega t} - e^{-j\omega t}}{2j}\right)e^{-st}\, dt \\
&= \frac{1}{2j}\int_0^\infty (e^{-(s-j\omega)t} - e^{-(s+j\omega)t})\, dt \\
&= \frac{1}{2j}\left(\frac{1}{s-j\omega} - \frac{1}{s+j\omega}\right) = \frac{\omega}{s^2 + \omega^2}
\end{aligned}$$

練習題 15.2 試求 $f(t) = 50 \cos(\omega t) u(t)$ 的拉普拉斯轉換。

答：$50s/(s^2 + \omega^2)$.

15.3 拉普拉斯轉換的性質

拉普拉斯轉換性質有助於求函數的拉普拉斯轉換,而不用像範例 15.1 和範例 15.2 一樣使用 (15.1) 式求解。然而,在推導這些性質時,應該記住 (15.1) 式為拉普拉斯轉換的基本定義。

線性性質 (Linearity)

若 $F_1(s)$ 和 $F_2(s)$ 依次為函數 $f_1(t)$ 和 $f_2(t)$ 的拉普拉斯轉換,則

$$\mathcal{L}[a_1 f_1(t) + a_2 f_2(t)] = a_1 F_1(s) + a_2 F_2(s) \tag{15.7}$$

其中 a_1 和 a_2 是常數,(15.7) 式為拉普拉斯轉換線性性質的表示式。(15.7) 式可利用 (15.1) 式拉普拉斯轉換的基本定義得到證明。

例如,根據 (15.7) 式的線性性質,可得

$$\mathcal{L}[\cos\omega t\, u(t)] = \mathcal{L}\left[\frac{1}{2}(e^{j\omega t} + e^{-j\omega t})\right] = \frac{1}{2}\mathcal{L}[e^{j\omega t}] + \frac{1}{2}\mathcal{L}[e^{-j\omega t}] \tag{15.8}$$

根據範例 15.1(b),$\mathcal{L}[e^{-at}] = 1/(s+a)$,因此得

$$\mathcal{L}[\cos\omega t\, u(t)] = \frac{1}{2}\left(\frac{1}{s-j\omega} + \frac{1}{s+j\omega}\right) = \frac{s}{s^2 + \omega^2} \tag{15.9}$$

比例性質 (Scaling)

如果 $f(t)$ 的拉普拉斯轉換是 $F(s)$,則

$$\mathcal{L}[f(at)] = \int_{0^-}^{\infty} f(at) e^{-st}\, dt \tag{15.10}$$

其中 a 是常數且 $a > 0$。令 $x = at$、$dx = a\, dt$,則

$$\mathcal{L}[f(at)] = \int_{0^-}^{\infty} f(x) e^{-x(s/a)} \frac{dx}{a} = \frac{1}{a} \int_{0^-}^{\infty} f(x) e^{-x(s/a)}\, dx \tag{15.11}$$

將此積分式與 (15.1) 式比較可證明當以 x 取代 (15.1) 式的 t,則 s/a 將取代 (15.1) 式的 s。因此,得到比例性質如下:

$$\mathcal{L}[f(at)] = \frac{1}{a} F\left(\frac{s}{a}\right) \tag{15.12}$$

例如，從範例 15.2 得知

$$\mathcal{L}[\sin \omega t\, u(t)] = \frac{\omega}{s^2 + \omega^2} \tag{15.13}$$

使用 (15.12) 式的比例性質得

$$\mathcal{L}[\sin 2\omega t\, u(t)] = \frac{1}{2} \frac{\omega}{(s/2)^2 + \omega^2} = \frac{2\omega}{s^2 + 4\omega^2} \tag{15.14}$$

也可利用 (15.13) 式，以 2ω 取代 ω 而得到與上式相同的結果。

時間位移性質 (Time Shift)

如果 $f(t)$ 的拉普拉斯轉換是 $F(s)$，則

$$\mathcal{L}[f(t-a)u(t-a)] = \int_{0^-}^{\infty} f(t-a)u(t-a)e^{-st}\, dt \tag{15.15}$$
$$a \geq 0$$

但 $t < a$ 時 $u(t-a) = 0$、$t > a$ 時 $u(t-a) = 1$，因此，

$$\mathcal{L}[f(t-a)u(t-a)] = \int_{a}^{\infty} f(t-a)e^{-st}\, dt \tag{15.16}$$

如果令 $x = t - a$，則 $dx = dt$ 且 $t = x + a$。當 $t \to a$ 時，$x \to 0$，且當 $t \to \infty$ 時，$x \to \infty$。因此，

$$\mathcal{L}[f(t-a)u(t-a)] = \int_{0^-}^{\infty} f(x)e^{-s(x+a)}\, dx$$
$$= e^{-as} \int_{0^-}^{\infty} f(x)e^{-sx}\, dx = e^{-as} F(s)$$

或

$$\boxed{\mathcal{L}[f(t-a)u(t-a)] = e^{-as} F(s)} \tag{15.17}$$

換句話說，如果函數延遲 a 時間，則在 s 域的結果是拉普拉斯轉換函數 (無延遲) 乘以 e^{-as}。這個性質稱為拉普拉斯轉換的**時間延遲性質** (time-delay property) 或**時間位移性質** (time-shift property)。

例如，從 (15.9) 式得知

$$\mathcal{L}[\cos \omega t\, u(t)] = \frac{s}{s^2 + \omega^2}$$

在 (15.17) 式中使用時間位移性質得

$$\mathcal{L}[\cos\omega(t-a)u(t-a)] = e^{-as}\frac{s}{s^2+\omega^2} \qquad (15.18)$$

頻率位移性質 (Frequency Shift)

如果 $f(t)$ 的拉普拉斯轉換是 $F(s)$，則

$$\mathcal{L}[e^{-at}f(t)u(t)] = \int_0^\infty e^{-at}f(t)e^{-st}\,dt$$

$$= \int_0^\infty f(t)e^{-(s+a)t}\,dt = F(s+a)$$

或

$$\boxed{\mathcal{L}[e^{-at}f(t)u(t)] = F(s+a)} \qquad (15.19)$$

即 $e^{-at}f(t)$ 函數的拉普拉斯轉換，可以利用將 $f(t)$ 的拉普拉斯轉換中的 s 替換成 $s+a$ 求得。這就是**頻率位移** (frequency shift) 或**頻率轉換** (frequency translation) 性質。

例如，已知

$$\cos\omega t\,u(t) \quad\Leftrightarrow\quad \frac{s}{s^2+\omega^2}$$

和 $\qquad\qquad\qquad\qquad\qquad\qquad\qquad\qquad\qquad\qquad\qquad\qquad$ (15.20)

$$\sin\omega t\,u(t) \quad\Leftrightarrow\quad \frac{\omega}{s^2+\omega^2}$$

在 (15.19) 式中使用頻率位移性質得

$$\mathcal{L}[e^{-at}\cos\omega t\,u(t)] = \frac{s+a}{(s+a)^2+\omega^2} \qquad (15.21\text{a})$$

$$\mathcal{L}[e^{-at}\sin\omega t\,u(t)] = \frac{\omega}{(s+a)^2+\omega^2} \qquad (15.21\text{b})$$

時間微分性質 (Time Differentiation)

如果 $f(t)$ 的拉普拉斯轉換是 $F(s)$，則 $f(t)$ 微分的拉普拉斯轉換是

$$\mathcal{L}\left[\frac{df}{dt}u(t)\right] = \int_{0^-}^\infty \frac{df}{dt}e^{-st}\,dt \qquad (15.22)$$

利用部分積分法，令 $u = e^{-st}$、$du = -se^{-st}dt$、$dv = (df/dt)\,dt = df(t)$、$v = f(t)$，則

$$\mathcal{L}\left[\frac{df}{dt}u(t)\right] = f(t)e^{-st}\Big|_{0^-}^{\infty} - \int_{0^-}^{\infty} f(t)[-se^{-st}]\,dt$$

$$= 0 - f(0^-) + s\int_{0^-}^{\infty} f(t)e^{-st}\,dt = sF(s) - f(0^-)$$

或

$$\boxed{\mathcal{L}[f'(t)] = sF(s) - f(0^-)} \tag{15.23}$$

$f(t)$ 二次微分的拉普拉斯轉換是 (15.23) 式的重複應用如下：

$$\mathcal{L}\left[\frac{d^2f}{dt^2}\right] = s\mathcal{L}[f'(t)] - f'(0^-) = s[sF(s) - f(0^-)] - f'(0^-)$$

$$= s^2 F(s) - sf(0^-) - f'(0^-)$$

或

$$\boxed{\mathcal{L}[f''(t)] = s^2 F(s) - sf(0^-) - f'(0^-)} \tag{15.24}$$

依此類推，則 $f(t)$ 第 n 次微分的拉普拉斯轉換如下：

$$\boxed{\begin{aligned}\mathcal{L}\left[\frac{d^n f}{dt^n}\right] &= s^n F(s) - s^{n-1} f(0^-) \\ &\quad - s^{n-2} f'(0^-) - \cdots - s^0 f^{(n-1)}(0^-)\end{aligned}} \tag{15.25}$$

例如，可以利用 (15.23) 式，從餘弦函數的拉普拉斯轉換求得正弦函數的拉普拉斯轉換。若令 $f(t) = \cos\omega t\, u(t)$，則 $f(0) = 1$、$f'(t) = -\omega\sin\omega t\, u(t)$，利用 (15.23) 式和比例性質，

$$\begin{aligned}\mathcal{L}[\sin\omega t\, u(t)] &= -\frac{1}{\omega}\mathcal{L}[f'(t)] = -\frac{1}{\omega}[sF(s) - f(0^-)] \\ &= -\frac{1}{\omega}\left(s\frac{s}{s^2+\omega^2} - 1\right) = \frac{\omega}{s^2+\omega^2}\end{aligned} \tag{15.26}$$

結果符合 (15.20) 式。

時間積分性質 (Time Integration)

如果 $f(t)$ 的拉普拉斯轉換是 $F(s)$，則 $f(t)$ 積分的拉普拉斯轉換是

$$\mathcal{L}\left[\int_0^t f(x)dx\right] = \int_{0^-}^{\infty}\left[\int_0^t f(x)dx\right]e^{-st}\,dt \tag{15.27}$$

利用部分積分法，令

$$u = \int_0^t f(x)\,dx, \qquad du = f(t)\,dt$$

和

$$dv = e^{-st}\,dt, \qquad v = -\frac{1}{s}e^{-st}$$

然後得

$$\mathcal{L}\left[\int_0^t f(x)\,dx\right] = \left[\int_0^t f(x)\,dx\right]\left(-\frac{1}{s}e^{-st}\right)\Big|_{0^-}^{\infty}$$
$$-\int_0^{\infty}\left(-\frac{1}{s}\right)e^{-st}f(t)\,dt$$

當 $t=\infty$ 時，上式右邊的第一項為 0，因為 $e^{-s\infty}=0$。而當 $t=0$ 時，該項為 $\frac{1}{s}\int_0^0 f(x)\,dx = 0$。因此，上式第一項為 0，而且

$$\mathcal{L}\left[\int_0^t f(x)\,dx\right] = \frac{1}{s}\int_{0^-}^{\infty}f(t)e^{-st}\,dt = \frac{1}{s}F(s)$$

或簡化為

$$\boxed{\mathcal{L}\left[\int_0^t f(x)dx\right] = \frac{1}{s}F(s)} \tag{15.28}$$

例如，若令 $f(t) = u(t)$，從範例 15.1(a) 得 $F(s) = 1/s$，利用 (15.28) 式得

$$\mathcal{L}\left[\int_0^t f(x)dx\right] = \mathcal{L}[t] = \frac{1}{s}\left(\frac{1}{s}\right)$$

因此，斜波函數的拉普拉斯轉換為

$$\mathcal{L}[t] = \frac{1}{s^2} \tag{15.29}$$

利用 (15.28) 式得

$$\mathcal{L}\left[\int_0^t x\,dx\right] = \mathcal{L}\left[\frac{t^2}{2}\right] = \frac{1}{s}\frac{1}{s^2}$$

或

$$\mathcal{L}[t^2] = \frac{2}{s^3} \tag{15.30}$$

重複應用 (15.28) 式可得

$$\mathcal{L}[t^n] = \frac{n!}{s^{n+1}} \tag{15.31}$$

同樣地，利用部分積分可得

$$\mathcal{L}\left[\int_{-\infty}^t f(x)\,dx\right] = \frac{1}{s}F(s) + \frac{1}{s}f^{-1}(0^-) \tag{15.32}$$

其中

$$f^{-1}(0^-) = \int_{-\infty}^{0^-} f(t)\,dt$$

頻率微分性質 (Frequency Differentiation)

如果 $f(t)$ 的拉普拉斯轉換是 $F(s)$，則

$$F(s) = \int_{0^-}^{\infty} f(t)e^{-st}\,dt$$

二邊對 s 微分得

$$\frac{dF(s)}{ds} = \int_{0^-}^{\infty} f(t)(-te^{-st})\,dt = \int_{0^-}^{\infty}(-tf(t))e^{-st}\,dt = \mathcal{L}[-tf(t)]$$

則頻率微分性質為

$$\boxed{\mathcal{L}[tf(t)] = -\frac{dF(s)}{ds}} \tag{15.33}$$

重複應用上式得

$$\mathcal{L}[t^n f(t)] = (-1)^n \frac{d^n F(s)}{ds^n} \tag{15.34}$$

例如，從範例 15.1(b) 得 $\mathcal{L}[e^{-at}] = 1/(s+a)$，利用 (15.33) 式的性質得

$$\mathcal{L}[te^{-at}u(t)] = -\frac{d}{ds}\left(\frac{1}{s+a}\right) = \frac{1}{(s+a)^2} \tag{15.35}$$

注意：如果 $a=0$，則可得 $\mathcal{L}[t] = 1/s^2$，與 (15.29) 式相同。重複應用 (15.33) 式將得到 (15.31) 式的結果。

時間週期性質 (Time Periodicity)

如果 $f(t)$ 函數是如圖 15.3 所示的週期函數，則代表圖 15.4 所示時間位移函數的總和，即

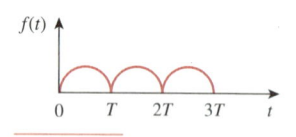

$$\begin{aligned} f(t) &= f_1(t) + f_2(t) + f_3(t) + \cdots \\ &= f_1(t) + f_1(t-T)u(t-T) \\ &\quad + f_1(t-2T)u(t-2T) + \cdots \end{aligned} \tag{15.36}$$

圖 15.3 週期函數

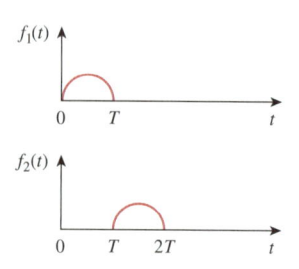

其中函數 $f_1(t)$ 與函數 $f(t)$ 在 $0<t<T$ 區間的部分相同，即

$$f_1(t) = f(t)[u(t) - u(t-T)] \tag{15.37a}$$

或

$$f_1(t) = \begin{cases} f(t), & 0 < t < T \\ 0, & \text{其他} \end{cases} \tag{15.37b}$$

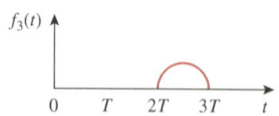

接下來轉換 (15.36) 式的每一項，並應用 (15.17) 式的時間位移性質，得

圖 15.4 圖 15.3 之週期函數的分解圖

$$\begin{aligned} F(s) &= F_1(s) + F_1(s)e^{-Ts} + F_1(s)e^{-2Ts} + F_1(s)e^{-3Ts} + \cdots \\ &= F_1(s)[1 + e^{-Ts} + e^{-2Ts} + e^{-3Ts} + \cdots] \end{aligned} \tag{15.38}$$

但是

$$1 + x + x^2 + x^3 + \cdots = \frac{1}{1-x} \tag{15.39}$$

如果 $|x|<1$。因此，

$$\boxed{F(s) = \frac{F_1(s)}{1-e^{-Ts}}} \tag{15.40}$$

其中 $F_1(s)$ 是 $f_1(t)$ 的拉普拉斯轉換函數；換句話說，$F_1(s)$ 只是 $f(t)$ 第一個週期的拉普拉斯轉換函數。(15.40) 式證明了週期函數的拉普拉斯轉換是這個函數第一個週期的拉普拉斯轉換除以 $1-e^{-Ts}$。

初值定理與終值定理 (Initial and Final Values)

初值定理和終值定理可直接使用拉普拉斯轉換 $F(s)$ 求 $f(t)$ 函數的初值 $f(0)$ 和終值 $f(\infty)$。要求這些性質，首先從 (15.23) 式的微分性質開始：

$$sF(s) - f(0) = \mathcal{L}\left[\frac{df}{dt}\right] = \int_{0^-}^{\infty} \frac{df}{dt} e^{-st}\, dt \tag{15.41}$$

如果令 $s \to \infty$，因為指數阻尼因數的原因，使得 (15.41) 式的積分趨近於零，而且 (15.41) 式改為

$$\lim_{s \to \infty}[sF(s) - f(0)] = 0$$

因為 $f(0)$ 與 s 無關，則得

$$\boxed{f(0) = \lim_{s \to \infty} sF(s)} \tag{15.42}$$

這就是**初值定理** (initial-value theorem)。例如，從 (15.21a) 式得

$$f(t) = e^{-2t}\cos 10t\, u(t) \quad \Leftrightarrow \quad F(s) = \frac{s+2}{(s+2)^2 + 10^2} \tag{15.43}$$

使用初值定理得

$$f(0) = \lim_{s \to \infty} sF(s) = \lim_{s \to \infty}\frac{s^2 + 2s}{s^2 + 4s + 104}$$
$$= \lim_{s \to \infty}\frac{1 + 2/s}{1 + 4/s + 104/s^2} = 1$$

此結果與直接由 $f(t)$ 求得的一致。

在 (15.41) 式中，令 $s \to 0$，得

$$\lim_{s \to 0}[sF(s) - f(0^-)] = \int_{0^-}^{\infty}\frac{df}{dt}e^{0t}\, dt = \int_{0^-}^{\infty} df = f(\infty) - f(0^-)$$

或

$$\boxed{f(\infty) = \lim_{s \to 0} sF(s)} \tag{15.44}$$

這就是**終值定理** (final-value theorem)。為了使終值定理成立，則 $F(s)$ 的所有極點必須落在 s 的左半平面內 (參見圖 15.1 或圖 15.9)；也就是，極點的實部必須為負

整數。唯一的例外是 $F(s)$ 有單一極點在 $s = 0$ 處，因為 $1/s$ 的影響將被 (15.44) 式的 $sF(s)$ 抵銷。例如，從 (15.21b) 式，

$$f(t) = e^{-2t}\sin 5t\, u(t) \quad \Leftrightarrow \quad F(s) = \frac{5}{(s+2)^2 + 5^2} \tag{15.45}$$

應用終值定理得

$$f(\infty) = \lim_{s \to 0} sF(s) = \lim_{s \to 0} \frac{5s}{s^2 + 4s + 29} = 0$$

這與從 $f(t)$ 所得的結果相符。另一個例子，

$$f(t) = \sin t\, u(t) \quad \Leftrightarrow \quad f(s) = \frac{1}{s^2 + 1} \tag{15.46}$$

所以，

$$f(\infty) = \lim_{s \to 0} sF(s) = \lim_{s \to 0} \frac{s}{s^2 + 1} = 0$$

這是不正確的，因為 $f(t) = \sin t$ 在 $+1$ 與 -1 之間振盪，而且不會有 $t \to \infty$ 的情形。因此，終值定理不能用來求 $f(t) = \sin t$ 的終值，因為 $F(s)$ 在 $s = \pm j$ 處有極點，而這些極點不在 s 的左半平面。一般而言，終值定理不能用來求正弦函數的終值——因為這些函數持續振盪而不可能有終值。

初值定理和終值定理描述在時域和 s 域之中的原點和無限遠之間的關係，它們可用來驗證拉普拉斯轉換的正確性。

表 15.1 列出拉普拉斯轉換的基本性質。最後一個性質 (迴旋定理) 將在 15.5 節證明。雖然還有其他拉普拉斯轉換的性質，但表 15.1 所列的基本性質已經足夠目前使用。表 15.2 總結一些常用函數的拉普拉斯轉換，除非必要，該表中皆省略 $u(t)$ 因數。

要提醒的是，許多套裝軟體 (如 Mathcad、MATLAB、Maple 和 Mathematica) 都提供數學符號。例如，Mathcad 有拉普拉斯轉換、傅立葉轉換、Z 轉換和反函數的數學符號。

表 15.1　拉普拉斯轉換的性質

性質	$f(t)$	$F(s)$
線性性質	$a_1 f_1(t) + a_2 f_2(t)$	$a_1 F_1(s) + a_2 F_2(s)$
比例性質	$f(at)$	$\dfrac{1}{a} F\left(\dfrac{s}{a}\right)$
時間位移	$f(t-a)u(t-a)$	$e^{-as} F(s)$
頻率位移	$e^{-at} f(t)$	$F(s+a)$
時間微分	$\dfrac{df}{dt}$	$sF(s) - f(0^-)$
	$\dfrac{d^2 f}{dt^2}$	$s^2 F(s) - sf(0^-) - f'(0^-)$
	$\dfrac{d^3 f}{dt^3}$	$s^3 F(s) - s^2 f(0^-) - sf'(0^-) - f''(0^-)$
	$\dfrac{d^n f}{dt^n}$	$s^n F(s) - s^{n-1} f(0^-) - s^{n-2} f'(0^-) - \cdots - f^{(n-1)}(0^-)$
時間積分	$\displaystyle\int_0^t f(x)\,dx$	$\dfrac{1}{s} F(s)$
頻率微分	$t f(t)$	$-\dfrac{d}{ds} F(s)$
頻率積分	$\dfrac{f(t)}{t}$	$\displaystyle\int_s^\infty F(s)\,ds$
時間週期	$f(t) = f(t+nT)$	$\dfrac{F_1(s)}{1 - e^{-sT}}$
初值定理	$f(0)$	$\displaystyle\lim_{s \to \infty} sF(s)$
終值定理	$f(\infty)$	$\displaystyle\lim_{s \to 0} sF(s)$
迴旋積分	$f_1(t) * f_2(t)$	$F_1(s) F_2(s)$

表 15.2　拉普拉斯轉換對*

$f(t)$	$F(s)$	$f(t)$	$F(s)$
$\delta(t)$	1	$\sin \omega t$	$\dfrac{\omega}{s^2 + \omega^2}$
$u(t)$	$\dfrac{1}{s}$	$\cos \omega t$	$\dfrac{s}{s^2 + \omega^2}$
e^{-at}	$\dfrac{1}{s+a}$	$\sin(\omega t + \theta)$	$\dfrac{s \sin\theta + \omega \cos\theta}{s^2 + \omega^2}$
t	$\dfrac{1}{s^2}$	$\cos(\omega t + \theta)$	$\dfrac{s \cos\theta - \omega \sin\theta}{s^2 + \omega^2}$
t^n	$\dfrac{n!}{s^{n+1}}$	$e^{-at} \sin \omega t$	$\dfrac{\omega}{(s+a)^2 + \omega^2}$
$t e^{-at}$	$\dfrac{1}{(s+a)^2}$	$e^{-at} \cos \omega t$	$\dfrac{s+a}{(s+a)^2 + \omega^2}$
$t^n e^{-at}$	$\dfrac{n!}{(s+a)^{n+1}}$		

*定義在 $t \geq 0$；當 $t < 0$，$f(t) = 0$。

範例 15.3 試求 $f(t) = \delta(t) + 2u(t) - 3e^{-2t}u(t)$ 的拉普拉斯轉換。

解：根據線性性質，

$$F(s) = \mathcal{L}[\delta(t)] + 2\mathcal{L}[u(t)] - 3\mathcal{L}[e^{-2t}u(t)]$$
$$= 1 + 2\frac{1}{s} - 3\frac{1}{s+2} = \frac{s^2+s+4}{s(s+2)}$$

練習題 15.3 試求 $f(t) = (\cos(2t) + e^{-4t})u(t)$ 的拉普拉斯轉換。

答：$\dfrac{2s^2 + 4s + 4}{(s+4)(s^2+4)}$.

範例 15.4 試求 $f(t) = t^2 \sin 2t\, u(t)$ 的拉普拉斯轉換。

解：已知

$$\mathcal{L}[\sin 2t] = \frac{2}{s^2 + 2^2}$$

利用 (15.34) 式的頻率性質得

$$F(s) = \mathcal{L}[t^2 \sin 2t] = (-1)^2 \frac{d^2}{ds^2}\left(\frac{2}{s^2+4}\right)$$
$$= \frac{d}{ds}\left(\frac{-4s}{(s^2+4)^2}\right) = \frac{12s^2 - 16}{(s^2+4)^3}$$

練習題 15.4 試求 $f(t) = t^2 \cos 3t\, u(t)$ 的拉普拉斯轉換。

答：$\dfrac{2s(s^2 - 27)}{(s^2+9)^3}$.

範例 15.5 試求圖 15.5 中函數 $g(t)$ 的拉普拉斯轉換。

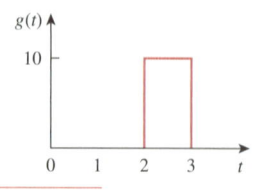

解：圖 15.5 的 $g(t)$ 函數可表示如下：

$$g(t) = 10[u(t-2) - u(t-3)]$$

因為已知 $u(t)$ 的拉普拉斯轉換，所以應用時間位移性質可得

圖 15.5 範例 15.5 的 $g(t)$ 函數

$$G(s) = 10\left(\frac{e^{-2s}}{s} - \frac{e^{-3s}}{s}\right) = \frac{10}{s}(e^{-2s} - e^{-3s})$$

練習題 15.5 試求圖 15.6 中函數 $h(t)$ 的拉普拉斯轉換。

答：$\dfrac{10}{s}(2 - e^{-4s} - e^{-8s})$.

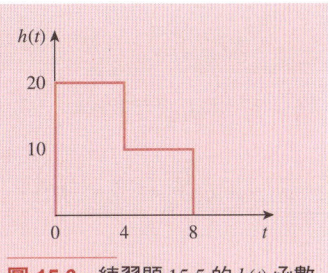

圖 15.6　練習題 15.5 的 $h(t)$ 函數

範例 15.6

試求圖 15.7 中週期函數 $f(t)$ 的拉普拉斯轉換。

解： 這個函數的週期 $T = 2$，應用 (15.40) 式先求函數第一個週期的拉普拉斯轉換如下：

$$\begin{aligned}
f_1(t) &= 2t[u(t) - u(t-1)] = 2tu(t) - 2tu(t-1) \\
&= 2tu(t) - 2(t - 1 + 1)u(t-1) \\
&= 2tu(t) - 2(t-1)u(t-1) - 2u(t-1)
\end{aligned}$$

圖 15.7　範例 15.6 的週期函數

使用時間位移性質得

$$F_1(s) = \frac{2}{s^2} - 2\frac{e^{-s}}{s^2} - \frac{2}{s}e^{-s} = \frac{2}{s^2}(1 - e^{-s} - se^{-s})$$

因此，圖 15.7 週期函數的拉普拉斯轉換為

$$F(s) = \frac{F_1(s)}{1 - e^{-Ts}} = \frac{2}{s^2(1 - e^{-2s})}(1 - e^{-s} - se^{-s})$$

練習題 15.6 試求圖 15.8 中週期函數 $f(t)$ 的拉普拉斯轉換。

答：$\dfrac{1 - e^{-2s}}{s(1 - e^{-5s})}$.

圖 15.8　練習題 15.6 的週期函數

範例 15.7 試求下面拉普拉斯轉換的初值與終值：

$$H(s) = \frac{20}{(s+3)(s^2+8s+25)}$$

解： 應用初值定理得

$$h(0) = \lim_{s \to \infty} sH(s) = \lim_{s \to \infty} \frac{20s}{(s+3)(s^2+8s+25)}$$

$$= \lim_{s \to \infty} \frac{20/s^2}{(1+3/s)(1+8/s+25/s^2)} = \frac{0}{(1+0)(1+0+0)} = 0$$

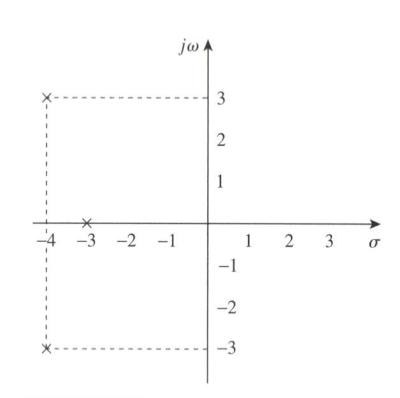

檢查 $H(s)$ 的極點位置，則可肯定終值定理是適用的。$H(s)$ 的極點為 -3、$-4 \pm j3$，它們的實部皆為負數，所以都落在圖 15.9 中 s 的左半平面。因此，應用終值定理得

$$h(\infty) = \lim_{s \to 0} sH(s) = \lim_{s \to 0} \frac{20s}{(s+3)(s^2+8s+25)}$$

$$= \frac{0}{(0+3)(0+0+25)} = 0$$

如果函數 $h(t)$ 已知，則也可利用 $h(t)$ 求初值和終值。參見範例 15.11，該範例的 $h(t)$ 函數為已知。

圖 15.9 範例 15.7 之 $H(s)$ 函數的極點

練習題 15.7 試求下面拉普拉斯轉換的初值和終值：

$$G(s) = \frac{6s^3 + 2s + 5}{s(s+2)^2(s+3)}$$

答： 6, 0.4167.

15.4 拉普拉斯逆轉換 (The Inverse Laplace Transform)

已知拉普拉斯轉換 $F(s)$，如何將它轉換回時域，並求得對應的 $f(t)$ 函數？可使用表 15.2 的拉普拉斯轉換對求解 $f(t)$，而避免使用 (15.5) 式求解 $f(t)$。

假設 $F(s)$ 的一般式為

$$F(s) = \frac{N(s)}{D(s)} \tag{15.47}$$

其中 $N(s)$ 稱為分子多項式，$D(s)$ 稱為分母多項式。$N(s) = 0$ 的根稱為 $F(s)$ 的**零點** (zeros)，$D(s) = 0$ 的根稱為 $F(s)$ 的**極點** (poles)。雖然 (15.47) 式與 (14.3) 式的形式相似，但本章的 $F(s)$ 是一個函數的拉普拉斯轉換，不需要轉移函數。利用**部分分式展開** (partial fraction expansion)，將 $F(s)$ 分解成簡單項，每一簡單項都可從表 15.2 求得逆轉換。因此，求拉普拉斯逆轉換包括二個步驟：

> 使用 MATLAB、Mathcad 和 Maple 套裝軟體可以很簡單求得部分分式展開。

求拉普拉斯逆轉換的步驟：
1. 利用部分分式展開法，將 $F(s)$ 分解成簡單項。
2. 從表 15.2 的轉換對，求每一簡單項的拉普拉斯逆轉換。

以下介紹三種 $F(s)$ 的可能形式，以及對每種形式如何應用這二個步驟。

15.4.1 簡單極點 (Simple Poles)

從第 14 章得知，簡單極點就是一階極點。如果 $F(s)$ 只有簡單極點，則 $D(s)$ 可表示為一階因式的乘積，如下：

$$F(s) = \frac{N(s)}{(s + p_1)(s + p_2) \cdots (s + p_n)} \tag{15.48}$$

其中 $s = -p_1, -p_2, \ldots, -p_n$ 為簡單極點，對所有 $i \neq j$ 而言，$p_i \neq p_j$ (也就是每個極點都不相同)。假設 $N(s)$ 的冪次小於 $D(s)$ 的冪次，則可利用部分分式展開法將 (15.48) 式的 $F(s)$ 分解如下：

> 否則，必須先使用長除法，所以 $F(s) = N(s)/D(s) = Q(s) + R(s)/D(s)$。長除法餘式 $R(s)$ 的冪次小於 $D(s)$ 的冪次。

$$F(s) = \frac{k_1}{s + p_1} + \frac{k_2}{s + p_2} + \cdots + \frac{k_n}{s + p_n} \tag{15.49}$$

展開式的係數 $k_1, k_2, \ldots, k_n$ 就是 $F(s)$ 的**餘數** (residues)，而有許多求展開式係數的方法。其中之一就是使用**餘數法** (residue method)。若對 (15.49) 式二邊同乘 $(s + p_1)$，則得

$$(s + p_1)F(s) = k_1 + \frac{(s + p_1)k_2}{s + p_2} + \cdots + \frac{(s + p_1)k_n}{s + p_n} \tag{15.50}$$

因為 $p_i \neq p_j$，令 (15.50) 式的 $s = -p_1$，則 (15.50) 式的右邊只留下 k_1，如下：

$$(s + p_1)F(s) \big|_{s=-p_1} = k_1 \tag{15.51}$$

因此，一般而言，

$$\boxed{k_i = (s + p_i)F(s) \big|_{s=-p_i}} \tag{15.52}$$

> **歷史註記**：希維賽德定理是以奧利佛・希維賽德 (Oliver Heaviside, 1850-1925) 命名的。他是英國工程師、運算微積分的先驅。

這就是**希維賽德定理** (Heaviside's theorem)。一旦求出 k_i 值，則可繼續使用 (15.49) 式求 $F(s)$ 的逆轉換。因為 (15.49) 式的每一項逆轉換是 $\mathcal{L}^{-1}[k/(s+a)] = ke^{-at}u(t)$，則從表 15.2 得

$$f(t) = (k_1 e^{-p_1 t} + k_2 e^{-p_2 t} + \cdots + k_n e^{-p_n t})u(t) \tag{15.53}$$

15.4.2 重複極點 (Repeated Poles)

假設 $F(s)$ 在 $s = -p$ 處有 n 個重複極點，則 $F(s)$ 可以表示如下：

$$F(s) = \frac{k_n}{(s+p)^n} + \frac{k_{n-1}}{(s+p)^{n-1}} + \cdots + \frac{k_2}{(s+p)^2} \\ + \frac{k_1}{s+p} + F_1(s) \tag{15.54}$$

其中 $F_1(s)$ 是 $F(s)$ 在 $s = -p$ 處沒有極點的剩餘部分，則展開式的係數 k_n 如下：

$$k_n = (s+p)^n F(s)\big|_{s=-p} \tag{15.55}$$

如上面方法，要求 k_{n-1}，則將 (15.54) 式的每一項乘上 $(s+p)^n$，並對 s 微分去掉 k_n 項，然後再將 $s = -p$ 代入刪去 k_{n-1} 以外的其他項。因此，得到

$$k_{n-1} = \frac{d}{ds}[(s+p)^n F(s)]\big|_{s=-p} \tag{15.56}$$

重複上述步驟得

$$k_{n-2} = \frac{1}{2!}\frac{d^2}{ds^2}[(s+p)^n F(s)]\big|_{s=-p} \tag{15.57}$$

第 m 項為

$$k_{n-m} = \frac{1}{m!}\frac{d^m}{ds^m}[(s+p)^n F(s)]\big|_{s=-p} \tag{15.58}$$

其中 $m = 1, 2, \ldots, n-1$。當 m 增加，則高階微分就越困難。當使用部分分式展開法求出 $k_1, k_2, \ldots, k_n$ 後，則可應用拉普拉斯逆轉換：

$$\mathcal{L}^{-1}\left[\frac{1}{(s+a)^n}\right] = \frac{t^{n-1}e^{-at}}{(n-1)!}u(t) \tag{15.59}$$

到 (15.54) 式右邊的每一項，則得

$$f(t) = \left(k_1 e^{-pt} + k_2 t e^{-pt} + \frac{k_3}{2!} t^2 e^{-pt} + \cdots + \frac{k_n}{(n-1)!} t^{n-1} e^{-pt}\right) u(t) + f_1(t) \tag{15.60}$$

15.4.3 複數極點 (Complex Poles)

如果共軛複數極點不是重複的，則稱為簡單複數極點。如果共軛複數極點是重複的，則稱為雙重複數極點或多重複數極點。簡單複數極點的處理方法與簡單實數極點的處理方法相同，但因為包含複數運算，所以結果比較複雜。有一種簡單的方法稱為**完全平方法** (completing the square)。它是在 $D(s)$ 使用完全平方如 $(s+\alpha)^2 + \beta^2$ 來表示共軛複數極點 (二次項)，然後再利用表 15.2 求每一項的逆轉換。

因為 $N(s)$ 和 $D(s)$ 的係數階為實數，而且多項式的複數根都是共軛成對的，所以 $F(s)$ 的一般形式如下：

$$F(s) = \frac{A_1 s + A_2}{s^2 + as + b} + F_1(s) \tag{15.61}$$

其中 $F_1(s)$ 是 $F(s)$ 沒有複數極點對的剩餘部分。將分母完全平方如下：

$$s^2 + as + b = s^2 + 2\alpha s + \alpha^2 + \beta^2 = (s+\alpha)^2 + \beta^2 \tag{15.62}$$

而且令

$$A_1 s + A_2 = A_1(s+\alpha) + B_1 \beta \tag{15.63}$$

則 (15.61) 式改為

$$F(s) = \frac{A_1(s+\alpha)}{(s+\alpha)^2 + \beta^2} + \frac{B_1 \beta}{(s+\alpha)^2 + \beta^2} + F_1(s) \tag{15.64}$$

從表 15.2 得逆轉換如下：

$$f(t) = (A_1 e^{-\alpha t} \cos\beta t + B_1 e^{-\alpha t} \sin\beta t) u(t) + f_1(t) \tag{15.65}$$

利用 (9.11) 式可將正弦項和餘弦項合併。

不論極點是簡單極點、重複極點或複數極點，一般可用**代數法** (method of algebra) 求展開式的係數，如圖 15.9 至圖 15.11 所示。要應用此方法，首先將 $F(s) = N(s)/D(s)$ 展開為包含未知常數的展開式，將結果乘以公共分母。然後使用比較係數法(也就是冪次相同之項的係數必須相等)求未知數。

另一個常用的方法是代入特定且便於計算的 s 值，並得到與未知係數同數量的聯立方程式，然後求解聯立方程式可得未知係數。必須確定每個 s 值不是 $F(s)$ 的極點之一，範例 15.11 將說明此方法。

範例 15.8 試求下面 $F(s)$ 的拉普拉斯逆轉換：

$$F(s) = \frac{3}{s} - \frac{5}{s+1} + \frac{6}{s^2+4}$$

解：拉普拉斯逆轉換如下：

$$f(t) = \mathcal{L}^{-1}[F(s)] = \mathcal{L}^{-1}\left(\frac{3}{s}\right) - \mathcal{L}^{-1}\left(\frac{5}{s+1}\right) + \mathcal{L}^{-1}\left(\frac{6}{s^2+4}\right)$$
$$= (3 - 5e^{-t} + 3\sin 2t)u(t), \quad t \geq 0$$

其中每一項的逆轉換可從表 15.2 查出。

練習題 15.8 試求下面 $F(s)$ 的拉普拉斯逆轉換：

$$F(s) = 5 + \frac{6}{s+4} - \frac{7s}{s^2+25}$$

答：$5\delta(t) + (6e^{-4t} - 7\cos(5t))u(t)$。

範例 15.9 已知 $F(s)$ 如下，試求 $f(t)$。

$$F(s) = \frac{s^2+12}{s(s+2)(s+3)}$$

解：前一範例有提供部分分式形式，而本範例則未提供部分分式形式。因此，須先求出部分分式形式。因為有三個極點，所以令

$$\frac{s^2+12}{s(s+2)(s+3)} = \frac{A}{s} + \frac{B}{s+2} + \frac{C}{s+3} \tag{15.9.1}$$

其中 A、B 和 C 是未知數，而有二種方法求這些未知數。

◆**方法一 餘數法**：

$$A = sF(s)\big|_{s=0} = \frac{s^2+12}{(s+2)(s+3)}\bigg|_{s=0} = \frac{12}{(2)(3)} = 2$$

$$B = (s+2)F(s)\big|_{s=-2} = \frac{s^2+12}{s(s+3)}\bigg|_{s=-2} = \frac{4+12}{(-2)(1)} = -8$$

$$C = (s+3)F(s)\Big|_{s=-3} = \frac{s^2+12}{s(s+2)}\Big|_{s=-3} = \frac{9+12}{(-3)(-1)} = 7$$

◆**方法二** **代數法：** 對 (15.9.1) 式二邊同乘 $s(s+2)(s+3)$ 得

$$s^2 + 12 = A(s+2)(s+3) + Bs(s+3) + Cs(s+2)$$

或

$$s^2 + 12 = A(s^2+5s+6) + B(s^2+3s) + C(s^2+2s)$$

比較二邊冪次相同的係數得

常數： $12 = 6A \quad \Rightarrow \quad A = 2$
$s:\quad 0 = 5A + 3B + 2C \quad \Rightarrow \quad 3B + 2C = -10$
$s^2:\quad 1 = A + B + C \quad \Rightarrow \quad B + C = -1$

因此，$A = 2$、$B = -8$、$C = 7$，而 (15.9.1) 式改為

$$F(s) = \frac{2}{s} - \frac{8}{s+2} + \frac{7}{s+3}$$

然後對每一項求拉普拉斯逆轉換得

$$f(t) = (2 - 8e^{-2t} + 7e^{-3t})u(t)$$

練習題 15.9 已知 $F(s)$ 如下，試求 $f(t)$。

$$F(s) = \frac{6(s+2)}{(s+1)(s+3)(s+4)}$$

答： $f(t) = (e^{-t} + 3e^{-3t} - 4e^{-4t})u(t)$.

範例 15.10

已知 $V(s)$ 如下，試求 $v(t)$。

$$V(s) = \frac{10s^2+4}{s(s+1)(s+2)^2}$$

解： 前一範例是非重根情況，而本範例則是有重根情況。令

$$\begin{aligned}V(s) &= \frac{10s^2+4}{s(s+1)(s+2)^2} \\ &= \frac{A}{s} + \frac{B}{s+1} + \frac{C}{(s+2)^2} + \frac{D}{s+2}\end{aligned} \quad (15.10.1)$$

◆ **方法一　餘數法：**

$$A = sV(s)\Big|_{s=0} = \frac{10s^2+4}{(s+1)(s+2)^2}\Big|_{s=0} = \frac{4}{(1)(2)^2} = 1$$

$$B = (s+1)V(s)\Big|_{s=-1} = \frac{10s^2+4}{s(s+2)^2}\Big|_{s=-1} = \frac{14}{(-1)(1)^2} = -14$$

$$C = (s+2)^2 V(s)\Big|_{s=-2} = \frac{10s^2+4}{s(s+1)}\Big|_{s=-2} = \frac{44}{(-2)(-1)} = 22$$

$$D = \frac{d}{ds}[(s+2)^2 V(s)]\Big|_{s=-2} = \frac{d}{ds}\left(\frac{10s^2+4}{s^2+s}\right)\Big|_{s=-2}$$

$$= \frac{(s^2+s)(20s) - (10s^2+4)(2s+1)}{(s^2+s)^2}\Big|_{s=-2} = \frac{52}{4} = 13$$

◆ **方法二　代數法：** 對 (15.10.1) 式二邊同乘 $s(s+1)(s+2)^2$ 得

$$10s^2 + 4 = A(s+1)(s+2)^2 + Bs(s+2)^2 \\ + Cs(s+1) + Ds(s+1)(s+2)$$

或

$$10s^2 + 4 = A(s^3 + 5s^2 + 8s + 4) + B(s^3 + 4s^2 + 4s) \\ + C(s^2 + s) + D(s^3 + 3s^2 + 2s)$$

比較係數得

常數：　　$4 = 4A$　　⇒　　$A = 1$
s：　　$0 = 8A + 4B + C + 2D$　⇒　$4B + C + 2D = -8$
s^2：　$10 = 5A + 4B + C + 3D$　⇒　$4B + C + 3D = 5$
s^3：　$0 = A + B + D$　⇒　$B + D = -1$

解上面聯立方程式得 $A = 1$、$B = -14$、$C = 22$、$D = 13$，所以，

$$V(s) = \frac{1}{s} - \frac{14}{s+1} + \frac{13}{(s+2)^2} + \frac{22}{s+2}$$

然後對每一項求拉普拉斯逆轉換得

$$v(t) = (1 - 14e^{-t} + 13te^{-2t} + 22e^{-2t})u(t)$$

練習題 15.10　已知 $G(s)$ 如下，試求 $g(t)$。

$$G(s) = \frac{s^3 + 2s + 6}{s(s+1)^2(s+3)}$$

答：$(2 - 3.25e^{-t} - 1.5te^{-t} + 2.25e^{-3t})u(t)$.

範例 15.11

試求範例 15.7 頻域函數的拉普拉斯逆轉換：

$$H(s) = \frac{20}{(s+3)(s^2+8s+25)}$$

解： 本範例的 $H(s)$ 在 $s^2+8s+25=0$ 或 $s=-4\pm j3$ 有一對複數極點，所以令

$$H(s) = \frac{20}{(s+3)(s^2+8s+25)} = \frac{A}{s+3} + \frac{Bs+C}{(s^2+8s+25)} \tag{15.11.1}$$

接下來，使用二種方法求這個展開式的係數。

◆ **方法一　結合法：** 使用餘數法求係數 A，

$$A = (s+3)H(s)\big|_{s=-3} = \frac{20}{s^2+8s+25}\bigg|_{s=-3} = \frac{20}{10} = 2$$

雖然使用餘數法可求得 B 和 C，但為了避免複數運算所以將不採用這方法。將二個 s 值 [如 $s=0$ 或 1，這些不是 $F(s)$ 的極點] 代入 (15.11.1) 式，這可得到二個聯立方程式，然後可求得 B 和 C。將 $s=0$ 代入 (15.11.1) 式得

$$\frac{20}{75} = \frac{A}{3} + \frac{C}{25}$$

或

$$20 = 25A + 3C \tag{15.11.2}$$

因為 $A=2$，所以從 (15.11.2) 式得 $C=-10$。再將 $s=1$ 代入 (15.11.1) 式得

$$\frac{20}{(4)(34)} = \frac{A}{4} + \frac{B+C}{34}$$

或

$$20 = 34A + 4B + 4C \tag{15.11.3}$$

因為 $A=2$、$C=-10$，所以從 (15.11.3) 式得 $B=-2$。

◆ **方法二　代數法：** 對 (15.11.1) 式二邊同乘 $(s+3)(s^2+8s+25)$ 得

$$\begin{aligned}20 &= A(s^2+8s+25) + (Bs+C)(s+3) \\ &= A(s^2+8s+25) + B(s^2+3s) + C(s+3)\end{aligned} \tag{15.11.4}$$

比較係數得

$$\begin{aligned}s^2: &\quad 0 = A+B &\Rightarrow&\quad A=-B \\ s: &\quad 0 = 8A+3B+C = 5A+C &\Rightarrow&\quad C=-5A \\ \text{常數}: &\quad 20 = 25A+3C = 25A-15A &\Rightarrow&\quad A=2\end{aligned}$$

即 $B = -2$、$C = -10$，因此得

$$H(s) = \frac{2}{s+3} - \frac{2s+10}{(s^2+8s+25)} = \frac{2}{s+3} - \frac{2(s+4)+2}{(s+4)^2+9}$$

$$= \frac{2}{s+3} - \frac{2(s+4)}{(s+4)^2+9} - \frac{2}{3}\frac{3}{(s+4)^2+9}$$

然後對每一項求拉普拉斯逆轉換得

$$h(t) = \left(2e^{-3t} - 2e^{-4t}\cos 3t - \frac{2}{3}e^{-4t}\sin 3t\right)u(t) \tag{15.11.5}$$

(15.11.5) 式可以當作結果。但是，還可以將正弦項和餘弦項合併如下：

$$h(t) = (2e^{-3t} - Re^{-4t}\cos(3t - \theta))u(t) \tag{15.11.6}$$

應用 (9.11) 式，可從 (15.11.5) 式求得 (15.11.6) 式。接下來，求係數 R 和相位角 θ 如下：

$$R = \sqrt{2^2 + \left(\tfrac{2}{3}\right)^2} = 2.108, \qquad \theta = \tan^{-1}\frac{\tfrac{2}{3}}{2} = 18.43°$$

因此，

$$h(t) = (2e^{-3t} - 2.108e^{-4t}\cos(3t - 18.43°))u(t)$$

練習題 15.11 已知 $G(s)$ 如下，試求 $g(t)$。

$$G(s) = \frac{60}{(s+1)(s^2+4s+13)}$$

答：$6e^{-t} - 6e^{-2t}\cos 3t - 2e^{-2t}\sin 3t,\ t \geq 0$。

15.5　迴旋積分

　　迴旋 (convolution) 又稱為**摺積** (folding)。摺積是工程師非常寶貴的工具，因為它提供了觀察和表現物理系統的一種方法。例如，在已知系統脈衝響應 $h(t)$ 的情況下，摺積可用來求激發 $x(t)$ 對系統的響應 $y(t)$。**迴旋積分** (convolution integral) 的定義如下：

$$y(t) = \int_{-\infty}^{\infty} x(\lambda)h(t-\lambda)\,d\lambda \tag{15.66}$$

或簡寫為

$$y(t) = x(t) * h(t) \tag{15.67}$$

其中 λ 是虛擬變數，而且星號 (*) 表示摺積。(15.66) 式和 (15.67) 式說明了輸出等於輸入與單位脈衝響應的摺積。摺積過程滿足交換律：

$$y(t) = x(t) * h(t) = h(t) * x(t) \tag{15.68a}$$

或

$$y(t) = \int_{-\infty}^{\infty} x(\lambda) h(t-\lambda)\, d\lambda = \int_{-\infty}^{\infty} h(\lambda) x(t-\lambda)\, d\lambda \tag{15.68b}$$

這意味著，對兩個函數進行摺積的順序是無關緊要的。稍後將看到，當使用迴旋積分執行圖形計算時，使用交換律的優點。

> **二個信號的摺積是將其中一個信號的時間反轉並平移，再與第二個信號點對點相乘，最後對相乘後的信號積分。**

(15.66) 式的迴旋積分是適合任何線性系統的一般形式。但是，假設系統有以下二個特性，則迴旋積分可以被簡化如下。第一，對 $t < 0$ 而言，$x(t) = 0$，則

$$y(t) = \int_{-\infty}^{\infty} x(\lambda) h(t-\lambda)\, d\lambda = \int_{0}^{\infty} x(\lambda) h(t-\lambda)\, d\lambda \tag{15.69}$$

第二，如果系統的脈衝響應是因果關係 [也就是，$t < 0$ 則 $h(t) = 0$]，則對 $t - \lambda < 0$ 或 $\lambda > t$ 時，$h(t-\lambda) = 0$。所以，(15.69) 式改為：

$$\boxed{y(t) = h(t) * x(t) = \int_{0}^{t} x(\lambda) h(t-\lambda)\, d\lambda} \tag{15.70}$$

迴旋積分具有下列性質：

1. $x(t) * h(t) = h(t) * x(t)$ (交換律)
2. $f(t) * [x(t) + y(t)] = f(t) * x(t) + f(t) * y(t)$ (分配律)
3. $f(t) * [x(t) * y(t)] = [f(t) * x(t)] * y(t)$ (結合律)
4. $f(t) * \delta(t) = \int_{-\infty}^{\infty} f(\lambda) \delta(t - \lambda)\, d\lambda = f(t)$
5. $f(t) * \delta(t - t_o) = f(t - t_o)$

6. $f(t) * \delta'(t) = \displaystyle\int_{-\infty}^{\infty} f(\lambda)\delta'(t-\lambda)\,d\lambda = f'(t)$

7. $f(t) * u(t) = \displaystyle\int_{-\infty}^{\infty} f(\lambda)u(t-\lambda)\,d\lambda = \int_{-\infty}^{t} f(\lambda)\,d\lambda$

在學習如何驗證 (15.70) 式的迴旋積分之前，先建立拉普拉斯轉換和迴旋積分之間的關係。已知二個函數 $f_1(t)$ 和 $f_2(t)$ 的拉普拉斯轉換依次為 $F_1(s)$ 和 $F_2(s)$，它們的摺積為

$$f(t) = f_1(t) * f_2(t) = \int_0^t f_1(\lambda)f_2(t-\lambda)\,d\lambda \tag{15.71}$$

取拉普拉斯轉換得

$$F(s) = \mathcal{L}[f_1(t) * f_2(t)] = F_1(s)F_2(s) \tag{15.72}$$

為證明 (15.72) 式為真，首先定義 $F_1(s)$ 如下：

$$F_1(s) = \int_{0^-}^{\infty} f_1(\lambda)e^{-s\lambda}\,d\lambda \tag{15.73}$$

二邊同時乘以 $F_2(s)$ 得

$$F_1(s)F_2(s) = \int_{0^-}^{\infty} f_1(\lambda)[F_2(s)e^{-s\lambda}]\,d\lambda \tag{15.74}$$

利用 (15.17) 式的時間平移性質，上式括號中的項可寫為

$$\begin{aligned} F_2(s)e^{-s\lambda} &= \mathcal{L}[f_2(t-\lambda)u(t-\lambda)] \\ &= \int_0^{\infty} f_2(t-\lambda)u(t-\lambda)e^{-st}\,dt \end{aligned} \tag{15.75}$$

將 (15.75) 式代入 (15.74) 式得

$$F_1(s)F_2(s) = \int_0^{\infty} f_1(\lambda)\left[\int_0^{\infty} f_2(t-\lambda)u(t-\lambda)e^{-st}\,dt\right]d\lambda \tag{15.76}$$

交換積分結果的順序得

$$F_1(s)F_2(s) = \int_0^{\infty}\left[\int_0^t f_1(\lambda)f_2(t-\lambda)\,d\lambda\right]e^{-st}\,dt \tag{15.77}$$

括號中的積分只適用從 0 到 t，因為對 $\lambda < t$ 而言，延遲單位步級函數 $u(t-\lambda) = 1$；

對 $\lambda > t$ 而言，延遲單位步級函數 $u(t-\lambda) = 0$。注意：括號內積分正是 (15.71) 式 $f_1(t)$ 和 $f_2(t)$ 的摺積。因此，

$$\boxed{F_1(s)F_2(s) = \mathcal{L}[f_1(t) * f_2(t)]} \tag{15.78}$$

正如所需。這說明時域中的摺積等效於 s 域中的乘積。例如，假設 $x(t) = 4e^{-t}$ 和 $h(t) = 5e^{-2t}$，應用 (15.78) 式的性質得

$$\begin{aligned} h(t) * x(t) &= \mathcal{L}^{-1}[H(s)X(s)] = \mathcal{L}^{-1}\left[\left(\frac{5}{s+2}\right)\left(\frac{4}{s+1}\right)\right] \\ &= \mathcal{L}^{-1}\left[\frac{20}{s+1} + \frac{-20}{s+2}\right] \\ &= 20(e^{-t} - e^{-2t}), \quad t \geq 0 \end{aligned} \tag{15.79}$$

雖然可以使用 (15.78) 式的性質求二個信號的摺積，如上面例子一樣，但如果 $F_1(s)F_2(s)$ 非常複雜，則求拉普拉斯逆轉換可能比較艱難。另外，在 $f_1(t)$ 和 $f_2(t)$ 為指數形式，以及沒有明確的拉普拉斯轉換時，必須執行時域的摺積。

從圖形的角度可更容易理解時域中執行二個信號摺積的過程。以 (15.70) 式來說明迴旋積分的圖解過程，通常包含下列四個步驟：

圖解迴旋積分的步驟：
1. **摺疊**：對 $h(\lambda)$ 取縱軸的對稱鏡像，得 $h(-\lambda)$。
2. **移位**：$h(-\lambda)$ 平移或延遲 t，得 $h(t-\lambda)$。
3. **相乘**：求 $h(t-\lambda)$ 和 $x(\lambda)$ 的乘積。
4. **積分**：已知時間 t，計算 $h(t-\lambda)x(\lambda)$ 乘積下面 $0 < \lambda < t$ 之間的面積，求得在 t 時的 $y(t)$。

因為步驟 1 的摺疊操作，所以稱為迴旋或摺積。而函數 $h(t-\lambda)$ 掃過或滑過 $x(\lambda)$，從這個重疊運算的觀點來看，迴旋積分也可稱為**重疊積分** (superposition integral)。

要應用上述四個步驟，必須先畫出 $x(\lambda)$ 和 $h(t-\lambda)$ 圖。要求 $x(\lambda)$，可將原函數 $x(t)$ 中的 t 換成 λ。畫 $h(t-\lambda)$ 是執行摺積的關鍵，它包含 $h(\lambda)$ 對縱軸的對稱和對時間 t 的平移。分析上，以 $t-\lambda$ 代入 $h(t)$ 的 t，可求得 $h(t-\lambda)$。因為摺積適用交換律，應用步驟 1 和 2 到 $x(t)$ 而不是 $h(t)$ 可能更方便。要實際理解上述過程最好的方法就是透過下列的範例。

範例 15.12 試求圖 15.10 二個信號的摺積。

解： 根據上述四個步驟求 $y(t) = x_1(t) * x_2(t)$。首先，摺疊 $x_1(t)$ 如圖 15.11(a) 所示，再平移時間 t 如圖 15.11(b) 所示。對不同的 t 值，執行這二個函數相乘和積分，並計算重疊區域的面積。

當 $0 < t < 1$ 時，這二個函數沒有重疊區域，如圖 15.12(a) 所示。因此，

$$y(t) = x_1(t) * x_2(t) = 0, \quad 0 < t < 1 \quad (15.12.1)$$

當 $1 < t < 2$ 時，這二個信號在 1 和 t 之間重疊，如圖 15.12(b) 所示。因此，

$$y(t) = \int_1^t (2)(1) \, d\lambda = 2\lambda \Big|_1^t = 2(t-1), \ 1 < t < 2 \quad (15.12.2)$$

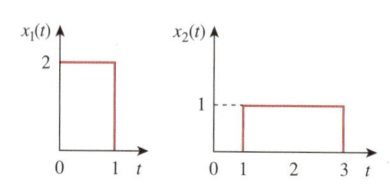

圖 15.10 範例 15.12 的圖形

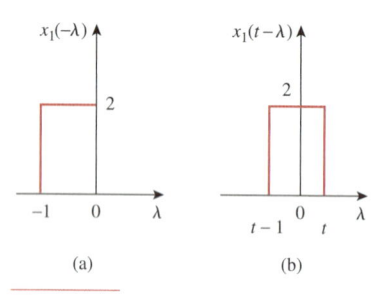

圖 15.11 (a) 摺疊 $x_1(\lambda)$，(b) $x_1(-\lambda)$ 平移時間 t

當 $2 < t < 3$ 時，這二個信號在 $(t-1)$ 和 t 之間完全重疊，如圖 15.12(c) 所示。這很容易看出曲線下面的面積為 2，或者

$$y(t) = \int_{t-1}^t (2)(1) \, d\lambda = 2\lambda \Big|_{t-1}^t = 2, \quad 2 < t < 3 \quad (15.12.3)$$

當 $3 < t < 4$ 時，這二個信號在 $(t-1)$ 和 3 之間重疊，如圖 15.12(d) 所示。因此，

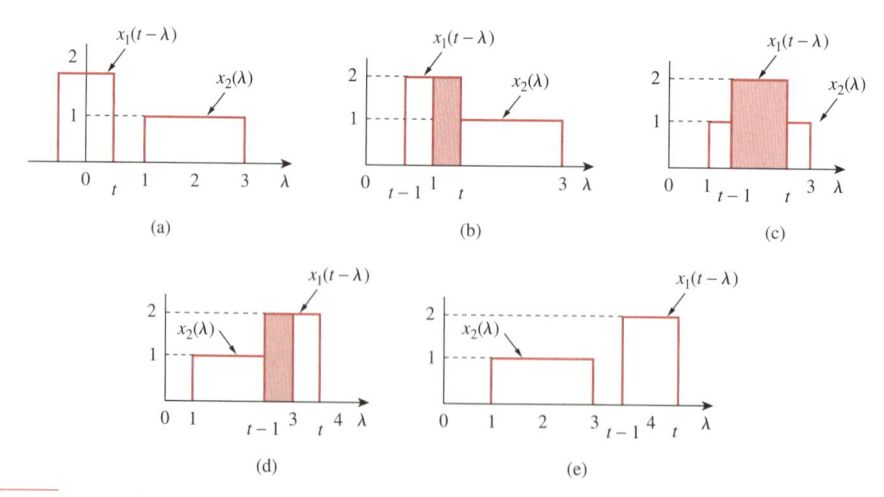

圖 15.12 $x_1(t-\lambda)$ 與 $x_2(\lambda)$ 的重疊：(a) $0 < t < 1$，(b) $1 < t < 2$，(c) $2 < t < 3$，(d) $3 < t < 4$，(e) $t > 4$

$$y(t) = \int_{t-1}^{3} (2)(1)\, d\lambda = 2\lambda \Big|_{t-1}^{3} \tag{15.12.4}$$
$$= 2(3 - t + 1) = 8 - 2t, \quad 3 < t < 4$$

當 $t > 4$ 時，這二個信號沒有重疊區域，如圖 15.12(e) 所示。因此，

$$y(t) = 0, \quad t > 4 \tag{15.12.5}$$

結合 (15.12.1) 式至 (15.12.5) 式得

$$y(t) = \begin{cases} 0, & 0 \le t \le 1 \\ 2t - 2, & 1 \le t \le 2 \\ 2, & 2 \le t \le 3 \\ 8 - 2t, & 3 \le t \le 4 \\ 0, & t \ge 4 \end{cases} \tag{15.12.6}$$

(15.12.6) 式的波形如圖 15.13 所示。注意：該式中的 $y(t)$ 是連續的。這事實可用來驗證當 t 從一個範圍到另一個範圍的結果。(15.12.6) 式的結果也可以不使用圖解法，而直接使用 (15.70) 式和階梯函數的性質求出。這將在範例 15.14 中說明。

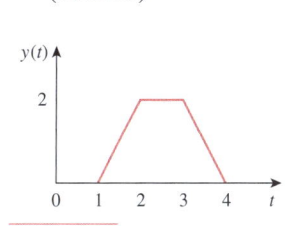

圖 15.13 圖 15.10 中 $x_1(t)$ 與 $x_2(t)$ 的摺積

練習題 15.12 利用圖解法求圖 15.14 的摺積。要顯示 s 域的工作多麼強大，在 s 域進行等效運算驗證答案。

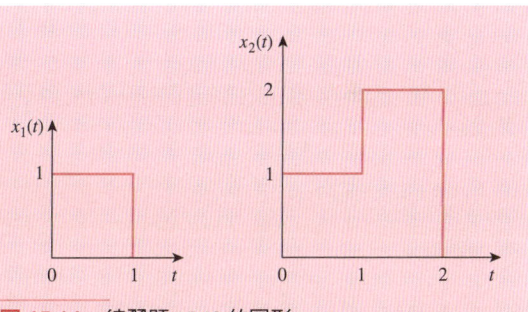

圖 15.14 練習題 15.12 的圖形

答：摺積 $y(t)$ 的結果如圖 15.15 所示，其中

$$y(t) = \begin{cases} t, & 0 \le t \le 2 \\ 6 - 2t, & 2 \le t \le 3 \\ 0, & \text{其他} \end{cases}$$

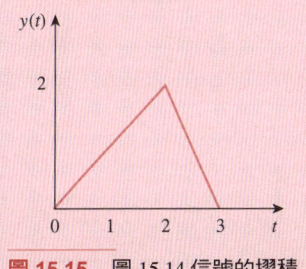

圖 15.15 圖 15.14 信號的摺積

範例 15.13 利用圖解法求圖 15.16 中 $g(t)$ 和 $u(t)$ 的摺積。

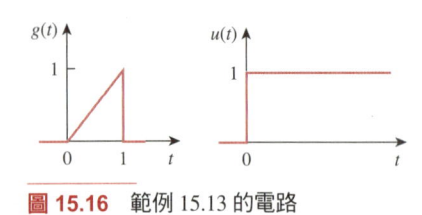

圖 15.16 範例 15.13 的電路

解： 令 $y(t) = g(t)*u(t)$，有二種方法可以求 $y(t)$。

◆ **方法一**：假設摺疊 $g(t)$ 如圖 15.17(a) 所示、平移時間 t 如圖 15.17(b) 所示。因為在 $0 < t < 1$ 時，原信號 $g(t) = t$；所以在 $0 < t - \lambda < 1$ 即 $t - 1 < \lambda < t$ 時，$g(t - \lambda) = t - \lambda$。在 $t < 0$ 時，二個函數沒有重疊，$y(0) = 0$。

當 $0 < t < 1$ 時，$g(t - \lambda)$ 和 $u(\lambda)$ 在 0 和 t 之間重疊，如圖 15.17(b) 所示。因此，

$$y(t) = \int_0^t (1)(t - \lambda)\, d\lambda = \left(t\lambda - \frac{1}{2}\lambda^2\right)\bigg|_0^t$$
$$= t^2 - \frac{t^2}{2} = \frac{t^2}{2}, \quad 0 \leq t \leq 1 \tag{15.13.1}$$

當 $t > 1$ 時，這二個函數在 $(t - 1)$ 和 t 之間完全重疊，如圖 15.17(c) 所示。因此，

$$y(t) = \int_{t-1}^t (1)(t - \lambda)\, d\lambda$$
$$= \left(t\lambda - \frac{1}{2}\lambda^2\right)\bigg|_{t-1}^t = \frac{1}{2}, \quad t \geq 1 \tag{15.13.2}$$

因此，從 (15.13.1) 式至 (15.13.2) 式得

$$y(t) = \begin{cases} \dfrac{1}{2}t^2, & 0 \leq t \leq 1 \\ \dfrac{1}{2}, & t \geq 1 \end{cases}$$

◆ **方法二**：假設不摺疊 $g(t)$ 而摺疊單位步級函數 $u(t)$，如圖 15.18(a) 所示，以及平移時間 t，如圖 15.18(b) 所示。因為在 $t > 0$ 時，$u(t) = 1$；在 $t - \lambda > 0$ 即 $\lambda < t$ 時，$u(t - \lambda) = 1$。這二個函數在 0 和 t 之間重疊，所以，

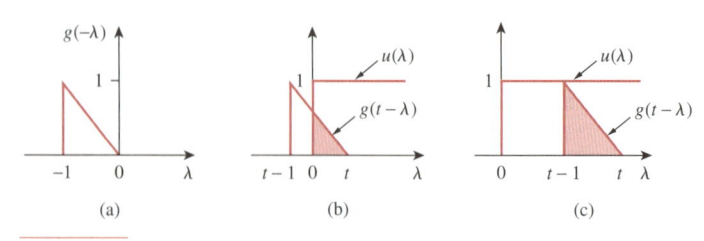

圖 15.17 圖 15.16 摺疊 $g(t)$ 後的 $g(t)$ 和 $u(t)$ 的摺積

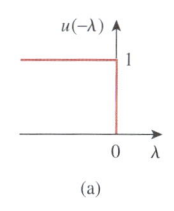

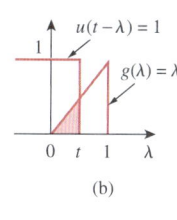

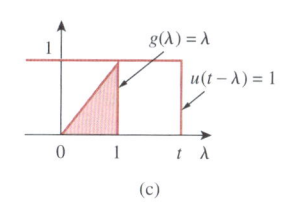

圖 15.18 圖 15.16 摺疊 $u(t)$ 後的 $g(t)$ 和 $u(t)$ 的摺積

$$y(t) = \int_0^t (1)\lambda \, d\lambda = \frac{1}{2}\lambda^2 \Big|_0^t = \frac{t^2}{2}, \quad 0 \leq t \leq 1 \tag{15.13.3}$$

當 $t > 1$ 時，這二個函數在 0 和 1 之間重疊，如圖 15.18(c) 所示。因此，

$$y(t) = \int_0^1 (1)\lambda \, d\lambda = \frac{1}{2}\lambda^2 \Big|_0^1 = \frac{1}{2}, \quad t \geq 1 \tag{15.13.4}$$

因此，從 (15.13.3) 式至 (15.13.4) 式得

$$y(t) = \begin{cases} \dfrac{1}{2}t^2, & 0 \leq t \leq 1 \\ \dfrac{1}{2}, & t \geq 1 \end{cases}$$

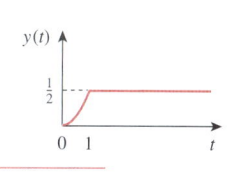

雖然二種方法如預期得到相同結果，注意：在這個範例中摺疊單位步級函數 $u(t)$ 比摺疊 $g(t)$ 更簡單。圖 15.19 顯示 $y(t)$。

圖 15.19 範例 15.13 的結果

> **練習題 15.13** 已知 $g(t)$ 和 $f(t)$ 如圖 15.20 所示，試求 $y(t) = g(t)*f(t)$。
>
> **答：** $y(t) = \begin{cases} 3(1 - e^{-t}), & 0 \leq t \leq 1 \\ 3(e-1)e^{-t}, & t \geq 1 \\ 0, & \text{其他} \end{cases}$
>
> **圖 15.20** 練習題 15.13 的圖形

範例 15.14

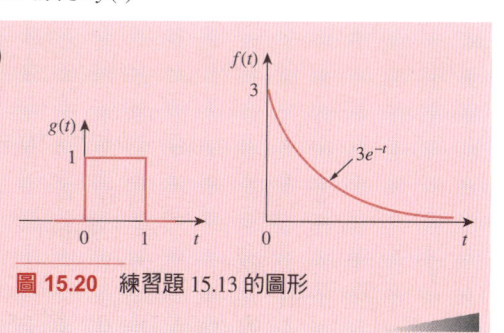

對於圖 15.21(a) 的 RL 電路，利用迴旋積分求圖 15.21(b) 所示的響應 $i_o(t)$。

解：

1. **定義：** 已經清楚地說明這個問題，而且也指定解題方法。
2. **表達：** 使用迴旋積分求解輸入如圖 15.21(b) 所示 $i_s(t)$ 的響應 $i_o(t)$。

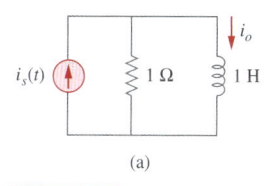

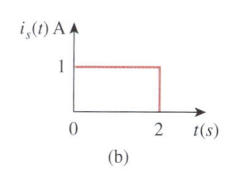

圖 15.21 範例 15.14 的電路

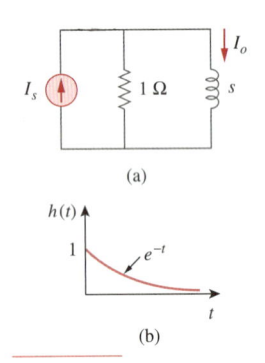

圖 15.22 圖 15.21(a) 電路的：
(a) s 域等效電路，(b) 脈衝響應

3. **選擇**：已經學過使用迴旋積分和圖解法執行摺積運算。另外，還可在 s 域中求解電流。接下來，使用迴旋積分執行摺積運算，然後使用圖解法驗證結果。

4. **嘗試**：如前所述，本問題有二種解法：直接使用迴旋積分和使用圖解法。要使用這些方法，首先需要電路的單位脈衝響應 $h(t)$。在 s 域中，對圖 15.22(a) 電路使用分流定理得

$$I_o = \frac{1}{s+1} I_s$$

因此，

$$H(s) = \frac{I_o}{I_s} = \frac{1}{s+1} \tag{15.14.1}$$

而且由拉普拉斯逆轉換得

$$h(t) = e^{-t} u(t) \tag{15.14.2}$$

圖 15.22(b) 顯示電路的脈衝響應 $h(t)$。

要使用迴旋積分，回想 s 域中電路的響應如下：

$$I_o(s) = H(s) I_s(s)$$

在圖 15.21(b) 的 $i_s(t)$ 為

$$i_s(t) = u(t) - u(t-2)$$

所以，

$$\begin{aligned} i_o(t) = h(t) * i_s(t) &= \int_0^t i_s(\lambda) h(t-\lambda)\, d\lambda \\ &= \int_0^t [u(\lambda) - u(\lambda-2)] e^{-(t-\lambda)}\, d\lambda \end{aligned} \tag{15.14.3}$$

因為 $0 < \lambda < 2$ 時 $u(\lambda-2) = 0$，則在 $\lambda > 0$ 時被積函數 $u(\lambda)$ 不等於零，否則在 $\lambda > 2$ 時被積函數 $u(\lambda-2)$ 不等於零。因此，計算該積分的最好方法是分二部分處理。對 $0 < t < 2$ 時，

$$\begin{aligned} i'_o(t) &= \int_0^t (1) e^{-(t-\lambda)}\, d\lambda = e^{-t} \int_0^t (1) e^{\lambda}\, d\lambda \\ &= e^{-t}(e^t - 1) = 1 - e^{-t}, \qquad 0 < t < 2 \end{aligned} \tag{15.14.4}$$

對 $t > 2$ 時，

$$\begin{aligned} i_o''(t) &= \int_2^t (1)e^{-(t-\lambda)}\,d\lambda = e^{-t}\int_2^t e^{\lambda}\,d\lambda \\ &= e^{-t}(e^t - e^2) = 1 - e^2 e^{-t}, \quad t > 2 \end{aligned} \qquad (15.14.5)$$

將 (15.14.4) 式和 (15.14.5) 式代入 (15.14.3) 式得

$$\begin{aligned} i_o(t) &= i_o'(t) - i_o''(t) \\ &= (1 - e^{-t})[u(t-2) - u(t)] - (1 - e^2 e^{-t})u(t-2) \\ &= \begin{cases} 1 - e^{-t}\,\text{A}, & 0 < t < 2 \\ (e^2 - 1)e^{-t}\,\text{A}, & t > 2 \end{cases} \end{aligned} \qquad (15.14.6)$$

5. **驗證**：要使用圖解法，先摺疊圖 15.21(b) 的 $i_s(t)$，再平移 t，如圖 15.23(a) 所示。在 $0 < t < 2$ 之間，$i_s(t - \lambda)$ 和 $h(\lambda)$ 二個函數在 0 到 t 之間重疊。因此，

$$i_o(t) = \int_0^t (1)e^{-\lambda}\,d\lambda = -e^{-\lambda}\Big|_0^t = (1 - e^{-t})\,\text{A}, \quad 0 \le t \le 2 \qquad (15.14.7)$$

在 $t > 2$ 時，$i_s(t - \lambda)$ 和 $h(\lambda)$ 二個函數在 $t - 2$ 到 t 之間重疊，如圖 15.23(b) 所示。因此，

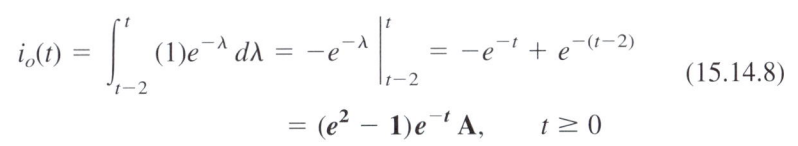

$$\begin{aligned} i_o(t) &= \int_{t-2}^t (1)e^{-\lambda}\,d\lambda = -e^{-\lambda}\Big|_{t-2}^t = -e^{-t} + e^{-(t-2)} \\ &= (e^2 - 1)e^{-t}\,\text{A}, \quad t \ge 0 \end{aligned} \qquad (15.14.8)$$

圖 15.23 範例 15.14 圖解法的圖形

結合 (15.14.7) 式和 (15.14.8) 式得

$$i_o(t) = \begin{cases} 1 - e^{-t}\,\text{A}, & 0 \le t \le 2 \\ (e^2 - 1)e^{-t}\,\text{A}, & t \ge 2 \end{cases} \qquad (15.14.9)$$

這個結果與 (15.14.6) 式相同。因此，激發信號 $i_s(t)$ 和響應信號 $i_o(t)$ 的波形如圖 15.24 所示。

6. **滿意？** 是的，這個問題的解答和驗證結果是令人滿意的，因此可將此解當作此問題的答案。

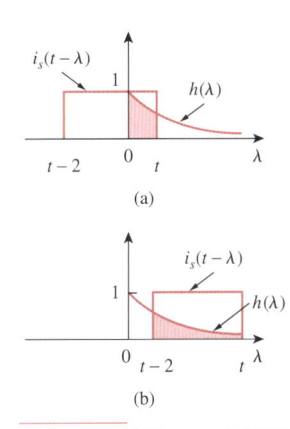

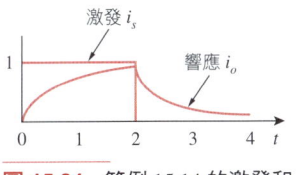

圖 15.24 範例 15.14 的激發和響應圖形

練習題 15.14 利用迴旋積分求圖 15.25(a) 電路的 $v_o(t)$，電路的激發信號如圖 15.25(b) 所示。要顯示 s 域的工作多麼強大，在 s 域進行等效運算驗證答案。

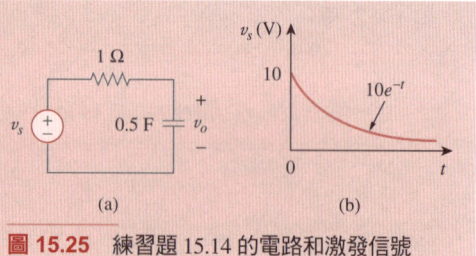

圖 15.25 練習題 15.14 的電路和激發信號

答： $20(e^{-t} - e^{-2t})u(t)$ V.

15.6 †積分-微分方程式應用

拉普拉斯轉換在解積分-微分方程式是非常有用的。使用拉普拉斯轉換的微分和積分性質，對積微分方程式的每一項進行轉換。初始條件將自動被考慮，求解 s 域的代數方程，然後使用拉普拉斯逆轉換將結果轉回時域。下面範例將說明此過程。

範例 15.15 利用拉普拉斯轉換求下面微分方程式：

$$\frac{d^2v(t)}{dt^2} + 6\frac{dv(t)}{dt} + 8v(t) = 2u(t)$$

初始條件 $v(0) = 1$、$v'(0) = -2$。

解： 對上面微分方程式的每一項取拉普拉斯轉換得

$$[s^2V(s) - sv(0) - v'(0)] + 6[sV(s) - v(0)] + 8V(s) = \frac{2}{s}$$

代入 $v(0) = 1$、$v'(0) = -2$ 得

$$s^2V(s) - s + 2 + 6sV(s) - 6 + 8V(s) = \frac{2}{s}$$

或

$$(s^2 + 6s + 8)V(s) = s + 4 + \frac{2}{s} = \frac{s^2 + 4s + 2}{s}$$

因此，

$$V(s) = \frac{s^2 + 4s + 2}{s(s+2)(s+4)} = \frac{A}{s} + \frac{B}{s+2} + \frac{C}{s+4}$$

其中

$$A = sV(s)\big|_{s=0} = \frac{s^2 + 4s + 2}{(s+2)(s+4)}\bigg|_{s=0} = \frac{2}{(2)(4)} = \frac{1}{4}$$

$$B = (s+2)V(s)\big|_{s=-2} = \frac{s^2 + 4s + 2}{s(s+4)}\bigg|_{s=-2} = \frac{-2}{(-2)(2)} = \frac{1}{2}$$

$$C = (s+4)V(s)\big|_{s=-4} = \frac{s^2 + 4s + 2}{s(s+2)}\bigg|_{s=-4} = \frac{2}{(-4)(-2)} = \frac{1}{4}$$

因此，

$$V(s) = \frac{\frac{1}{4}}{s} + \frac{\frac{1}{2}}{s+2} + \frac{\frac{1}{4}}{s+4}$$

取拉普拉斯逆轉換得

$$v(t) = \frac{1}{4}(1 + 2e^{-2t} + e^{-4t})u(t)$$

> **練習題 15.15** 利用拉普拉斯轉換求下面微分方程式：
>
> $$\frac{d^2v(t)}{dt^2} + 4\frac{dv(t)}{dt} + 4v(t) = 2e^{-t}$$
>
> 初始條件 $v(0) = v'(0) = 2$。
>
> **答**：$(2e^{-t} + 4te^{-2t})u(t)$.

範例 15.16

試求下面積分-微分方程式的響應 $y(t)$。

$$\frac{dy}{dt} + 5y(t) + 6\int_0^t y(\tau)\,d\tau = u(t), \quad y(0) = 2$$

解：對上面方程式的每一項取拉普拉斯轉換得

$$[sY(s) - y(0)] + 5Y(s) + \frac{6}{s}Y(s) = \frac{1}{s}$$

將 $y(0) = 2$ 代入上式，然後二邊同乘以 s 得

$$Y(s)(s^2 + 5s + 6) = 1 + 2s$$

或

$$Y(s) = \frac{2s+1}{(s+2)(s+3)} = \frac{A}{s+2} + \frac{B}{s+3}$$

其中

$$A = (s+2)Y(s)|_{s=-2} = \frac{2s+1}{s+3}\bigg|_{s=-2} = \frac{-3}{1} = -3$$

$$B = (s+3)Y(s)|_{s=-3} = \frac{2s+1}{s+2}\bigg|_{s=-3} = \frac{-5}{-1} = 5$$

因此，

$$Y(s) = \frac{-3}{s+2} + \frac{5}{s+3}$$

取拉普拉斯逆轉換得

$$y(t) = (-3e^{-2t} + 5e^{-3t})u(t)$$

練習題 15.16 試求下面積分-微分方程式：

$$\frac{dy}{dt} + 3y(t) + 2\int_0^t y(\tau)\,d\tau = 2e^{-3t}, \qquad y(0) = 0$$

答：$(-e^{-t} + 4e^{-2t} - 3e^{-3t})u(t)$.

15.7 總結

1. 拉普拉斯轉換可將以時域表示的信號轉換到 s 域 (或複數頻域) 中進行分析，它的定義如下：

$$\mathcal{L}[f(t)] = F(s) = \int_0^\infty f(t)e^{-st}\,dt$$

2. 表 15.1 列出拉普拉斯轉換的性質，而表 15.2 列出常用基本函數的拉普拉斯轉換。

3. 拉普拉斯逆轉換可使用部分分式展開法和表 15.2 拉普拉斯轉換對的對照表求解。實數極點產生指數函數，而複數極點則產生阻尼正弦函數。

4. 二個訊號的摺積是由其中一個信號的時間反轉、平移，再以點對點方式乘以第二個信號，然後再積分。迴旋積分涉及時域中二個信號的摺積和二個拉普拉斯轉換相乘積的拉普拉斯逆轉換。

$$\mathcal{L}^{-1}[F_1(s)F_2(s)] = f_1(t) * f_2(t) = \int_0^t f_1(\lambda)f_2(t-\lambda)\,d\lambda$$

5. 在時域中，網路的輸出 $y(t)$ 是輸入 $x(t)$ 與脈衝響應的摺積。

$$y(t) = h(t) * x(t)$$

摺積可視為反轉-平移-相乘-時域的方法。

6. 拉普拉斯轉換可以求解線性的積分-微分方程式。

複習題

15.1 任何函數 $f(t)$ 都存在拉普拉斯轉換。
(a) 對   (b) 錯

15.2 拉普拉斯轉換 $H(s)$ 中的變數 s 稱為：
(a) 複數頻率   (b) 轉換函數
(c) 零點   (d) 極點

15.3 $u(t-2)$ 的拉普拉斯轉換為：
(a) $\dfrac{1}{s+2}$ (b) $\dfrac{1}{s-2}$
(c) $\dfrac{e^{2s}}{s}$ (d) $\dfrac{e^{-2s}}{s}$

15.4 下面函數的零點是在：
$$F(s) = \frac{s+1}{(s+2)(s+3)(s+4)}$$
(a) -4 (b) -3 (c) -2 (d) -1

15.5 下面函數的極點是在：
$$F(s) = \frac{s+1}{(s+2)(s+3)(s+4)}$$
(a) -4 (b) -3 (c) -2 (d) -1

15.6 如果 $F(s) = 1/(s+2)$，則 $f(t)$ 為：
(a) $e^{2t}u(t)$ (b) $e^{-2t}u(t)$
(c) $u(t-2)$ (d) $u(t+2)$

15.7 已知 $F(s) = e^{-2s}/(s+1)$，則 $f(t)$ 為：
(a) $e^{-2(t-1)}u(t-1)$ (b) $e^{-(t-2)}u(t-2)$
(c) $e^{-t}u(t-2)$ (d) $e^{-t}u(t+1)$
(e) $e^{-(t-2)}u(t)$

15.8 $f(t)$ 的拉普拉斯轉換如下，則它的初值為：
$$F(s) = \frac{s+1}{(s+2)(s+3)}$$
(a) 不存在   (b) ∞ (c) 0   (d) 1   (e) $\dfrac{1}{6}$

15.9 下面拉普拉斯轉換的逆轉換為：
$$\frac{s+2}{(s+2)^2+1}$$
(a) $e^{-t}\cos 2t$ (b) $e^{-t}\sin 2t$
(c) $e^{-2t}\cos t$ (d) $e^{-2t}\sin 2t$
(e) 以上皆非

15.10 $u(t)*u(t)$ 的結果為：
(a) $u^2(t)$ (b) $tu(t)$ (c) $t^2u(t)$ (d) $\delta(t)$

答：15.1 b, 15.2 a, 15.3 d, 15.4 d, 15.5 a, b, c, 15.6 b, 15.7 b, 15.8 c, 15.9 c, 15.10 b

習題

15.2 和 15.3 節   拉普拉斯轉換的定義與性質

15.1 試求下列函數的拉普拉斯轉換：
(a) $\cosh(at)$ (b) $\sinh(at)$
[提示：$\cosh x = \dfrac{1}{2}(e^x + e^{-x})$，
$\sinh x = \dfrac{1}{2}(e^x - e^{-x})$。]

15.2 試求下列函數的拉普拉斯轉換：
(a) $\cos(\omega t + \theta)$ (b) $\sin(\omega t + \theta)$

15.3 試求下列函數的拉普拉斯轉換：
(a) $e^{-2t}\cos 3tu(t)$ (b) $e^{-2t}\sin 4tu(t)$
(c) $e^{-3t}\cosh 2tu(t)$ (d) $e^{-4t}\cos tu(t)$
(e) $te^{-t}\sin 2tu(t)$

15.4 試設計一個問題幫助其他學生更瞭解如何求不同時變函數的拉普拉斯轉換。

15.5 試求下列函數的拉普拉斯轉換：
(a) $t^2 \cos(2t + 30°)u(t)$
(b) $3t^4 e^{-2t} u(t)$
(c) $2tu(t) - 4\dfrac{d}{dt}\delta(t)$
(d) $2e^{-(t-1)}u(t)$
(e) $5u(t/2)$
(f) $6e^{-t/3}u(t)$
(g) $\dfrac{d^n}{dt^n}\delta(t)$

15.6 已知 $f(t)$ 如下，試求拉普拉斯轉換 $F(s)$。

$$f(t) = \begin{cases} 5t, & 0 < t < 1\mathrm{s} \\ -5t, & 1 < t < 2\mathrm{s} \\ 0, & \text{其他} \end{cases}$$

15.7 試求下列信號的拉普拉斯轉換：
(a) $f(t) = (2t + 4)u(t)$
(b) $g(t) = (4 + 3e^{-2t})u(t)$
(c) $h(t) = (6\sin(3t) + 8\cos(3t))u(t)$
(d) $x(t) = (e^{-2t}\cosh(4t))u(t)$

15.8 已知 $f(t)$ 如下，試求拉普拉斯轉換 $F(s)$。
(a) $2tu(t - 4)$
(b) $5\cos(t)\,\delta(t - 2)$
(c) $e^{-t}u(t - t)$
(d) $\sin(2t)u(t - \tau)$

15.9 試求下列函數的拉普拉斯轉換：
(a) $f(t) = (t - 4)u(t - 2)$
(b) $g(t) = 2e^{-4t}u(t - 1)$
(c) $h(t) = 5\cos(2t - 1)u(t)$
(d) $p(t) = 6[u(t - 2) - u(t - 4)]$

15.10 利用二種不同的方法，試求下面函數的拉普拉斯轉換：

$$g(t) = \dfrac{d}{dt}(te^{-t}\cos t)$$

15.11 已知 $f(t)$ 如下，試求 $F(s)$。
(a) $f(t) = 6e^{-t}\cosh 2t$
(b) $f(t) = 3te^{-2t}\sinh 4t$
(c) $f(t) = 8e^{-3t}\cosh tu(t - 2)$

15.12 已知 $g(t) = e^{-2t}\cos 4t$，試求 $G(s)$。

15.13 試求下列函數的拉普拉斯轉換。
(a) $t\cos tu(t)$
(b) $e^{-t}t\sin tu(t)$
(c) $\dfrac{\sin\beta t}{t}u(t)$

15.14 試求圖 15.26 信號的拉普拉斯轉換。

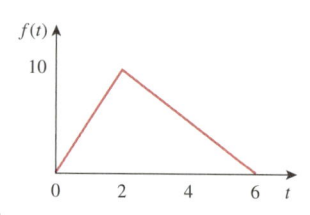

圖 15.26　習題 15.14 的信號波形

15.15 試求圖 15.27 函數的拉普拉斯轉換。

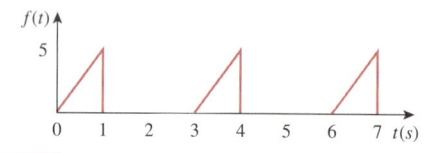

圖 15.27　習題 15.15 的函數波形

15.16 試求圖 15.28 中 $f(t)$ 函數的拉普拉斯轉換。

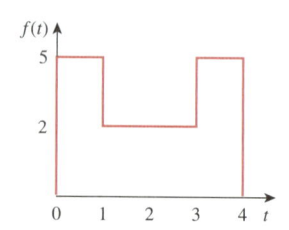

圖 15.28　習題 15.16 的函數波形

15.17 利用圖 15.29 的函數圖形，試設計一個問題幫助其他學生更瞭解一個簡單、非週期性波形的拉普拉斯轉換。

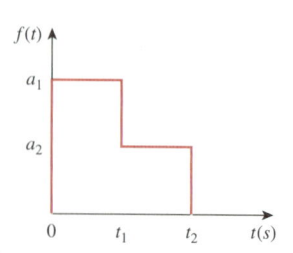

圖 15.29　習題 15.17 的函數波形

15.18 試求圖 15.30 函數的拉普拉斯轉換。

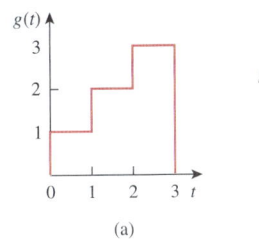

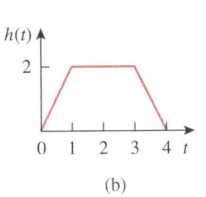

圖 15.30 習題 15.18 的函數波形

15.19 試求圖 15.31 單位脈衝串列函數的拉普拉斯轉換。

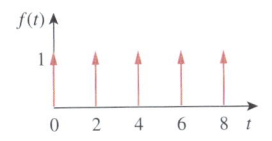

圖 15.31 習題 15.19 的函數波形

15.20 利用圖 15.32 的函數圖形，試設計一個問題幫助其他學生更瞭解一個簡單、週期性波形的拉普拉斯轉換。

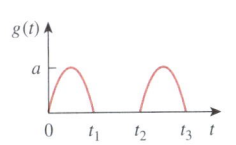

圖 15.32 習題 15.20 的函數波形

15.21 試求圖 15.33 週期性波形的拉普拉斯轉換。

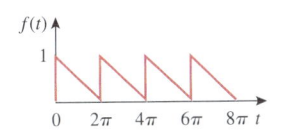

圖 15.33 習題 15.21 的函數波形

15.22 試求圖 15.34 函數的拉普拉斯轉換。

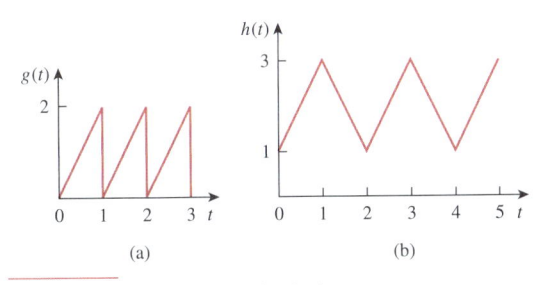

圖 15.34 習題 15.22 的函數波形

15.23 試求圖 15.35 週期性函數的拉普拉斯轉換。

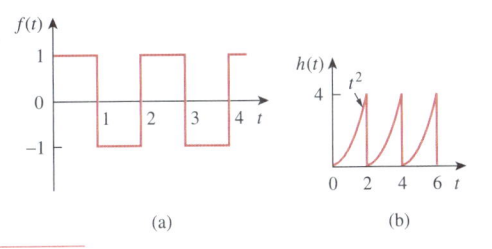

圖 15.35 習題 15.23 的函數波形

15.24 試設計一個問題幫助其他學生更瞭解如何求拉普拉斯轉換的初值和終值。

15.25 令

$$F(s) = \frac{5(s+1)}{(s+2)(s+3)}$$

(a) 利用初值和終值定理求 $f(0)$ 和 $f(\infty)$。

(b) 利用部分分式法求 $f(t)$ 來驗證 (a) 的答案。

15.26 已知 $F(s)$ 函數如下，試求 $f(t)$ 的初值和終值，如果存在初值或終值。

(a) $F(s) = \dfrac{5s^2 + 3}{s^3 + 4s^2 + 6}$

(b) $F(s) = \dfrac{s^2 - 2s + 1}{4(s-2)(s^2 + 2s + 4)}$

15.4 節　拉普拉斯逆轉換

15.27 試求下列函數的拉普拉斯逆轉換：

(a) $F(s) = \dfrac{1}{s} + \dfrac{2}{s+1}$

(b) $G(s) = \dfrac{3s+1}{s+4}$

(c) $H(s) = \dfrac{4}{(s+1)(s+3)}$

(d) $J(s) = \dfrac{12}{(s+2)^2(s+4)}$

15.28 試設計一個問題幫助其他學生更瞭解如何求拉普拉斯逆轉換。

15.29 試求下列函數的拉普拉斯逆轉換：

$$F(s) = \frac{2s + 26}{s^3 + 4s^2 + 13s}$$

15.30 試求下列函數的拉普拉斯逆轉換：

(a) $F_1(s) = \dfrac{6s^2 + 8s + 3}{s(s^2 + 2s + 5)}$

(b) $F_2(s) = \dfrac{s^2 + 5s + 6}{(s+1)^2(s+4)}$

(c) $F_3(s) = \dfrac{10}{(s+1)(s^2+4s+8)}$

15.31 對下列每個 $F(s)$ 求 $f(t)$：

(a) $\dfrac{10s}{(s+1)(s+2)(s+3)}$

(b) $\dfrac{2s^2 + 4s + 1}{(s+1)(s+2)^3}$

(c) $\dfrac{s+1}{(s+2)(s^2+2s+5)}$

15.32 試求下列函數的拉普拉斯逆轉換：

(a) $\dfrac{8(s+1)(s+3)}{s(s+2)(s+4)}$

(b) $\dfrac{s^2 - 2s + 4}{(s+1)(s+2)^2}$

(c) $\dfrac{s^2 + 1}{(s+3)(s^2+4s+5)}$

15.33 試求下列函數的拉普拉斯逆轉換：

(a) $\dfrac{6(s-1)}{s^4 - 1}$ (b) $\dfrac{se^{-\pi s}}{s^2 + 1}$

(c) $\dfrac{8}{s(s+1)^3}$

15.34 試求下列拉普拉斯轉換的時間函數：

(a) $F(s) = 10 + \dfrac{s^2+1}{s^2+4}$

(b) $G(s) = \dfrac{e^{-s} + 4e^{-2s}}{s^2 + 6s + 8}$

(c) $H(s) = \dfrac{(s+1)e^{-2s}}{s(s+3)(s+4)}$

15.35 試求下列拉普拉斯轉換的 $f(t)$：

(a) $F(s) = \dfrac{(s+3)e^{-6s}}{(s+1)(s+2)}$

(b) $F(s) = \dfrac{4 - e^{-2s}}{s^2 + 5s + 4}$

(c) $F(s) = \dfrac{se^{-s}}{(s+3)(s^2+4)}$

15.36 試求下列函數的拉普拉斯逆轉換：

(a) $X(s) = \dfrac{3}{s^2(s+2)(s+3)}$

(b) $Y(s) = \dfrac{2}{s(s+1)^2}$

(c) $Z(s) = \dfrac{5}{s(s+1)(s^2+6s+10)}$

15.37 試求下列函數的拉普拉斯逆轉換：

(a) $H(s) = \dfrac{s+4}{s(s+2)}$

(b) $G(s) = \dfrac{s^2 + 4s + 5}{(s+3)(s^2+2s+2)}$

(c) $F(s) = \dfrac{e^{-4s}}{s+2}$

(d) $D(s) = \dfrac{10s}{(s^2+1)(s^2+4)}$

15.38 已知 $F(s)$ 函數如下，試求 $f(t)$：

(a) $F(s) = \dfrac{s^2 + 4s}{s^2 + 10s + 26}$

(b) $F(s) = \dfrac{5s^2 + 7s + 29}{s(s^2 + 4s + 29)}$

*15.39 已知 $F(s)$ 函數如下，試求 $f(t)$：

(a) $F(s) = \dfrac{2s^3 + 4s^2 + 1}{(s^2+2s+17)(s^2+4s+20)}$

(b) $F(s) = \dfrac{s^2 + 4}{(s^2+9)(s^2+6s+3)}$

15.40 試證明

$$\mathcal{L}^{-1}\left[\dfrac{4s^2 + 7s + 13}{(s+2)(s^2+2s+5)}\right] = \left[\sqrt{2}e^{-t}\cos(2t+45°) + 3e^{-2t}\right]u(t)$$

---

* 星號表示該習題具有挑戰性。

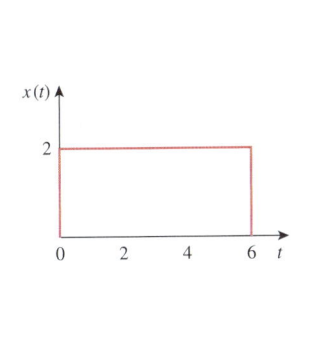

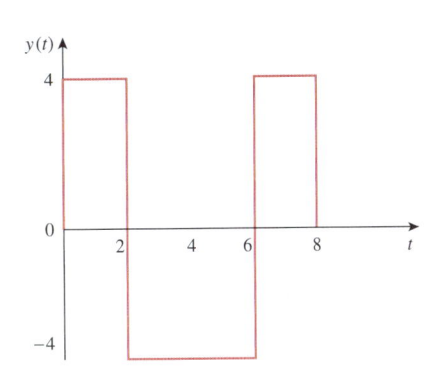

圖 15.36 習題 15.41 的函數波形

15.5 節　迴旋積分

***15.41** 令 $x(t)$ 和 $y(t)$ 如圖 15.36 所示，試求 $z(t) = x(t)*y(t)$。

15.42 試設計一個問題幫助其他學生更瞭解如何求二個函數的摺積。

15.43 對如圖 15.37 所示的每一對 $x(t)$ 和 $h(t)$，試求 $y(t) = x(t)*h(t)$。

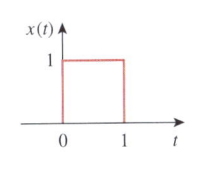

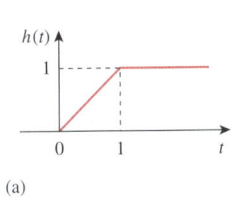

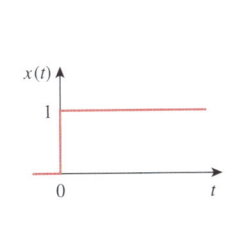

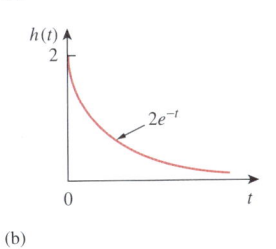

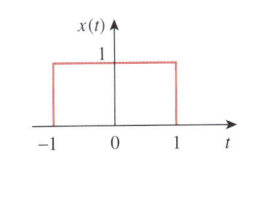

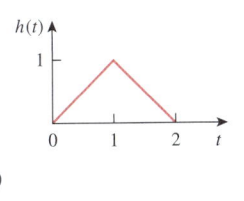

圖 15.37 習題 15.43 的函數波形

15.44 試求圖 15.38 所示每一對信號的摺積。

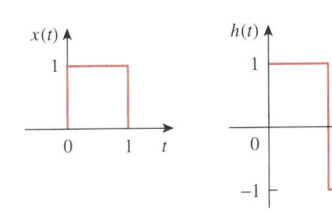

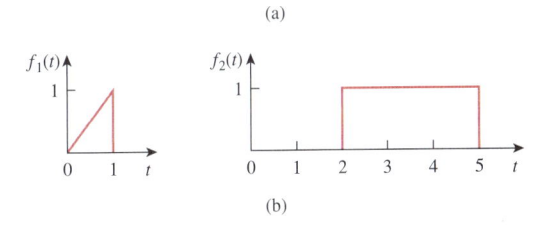

圖 15.38 習題 15.44 的函數波形

15.45 已知 $h(t) = 4e^{-2t}u(t)$ 和 $x(t) = \delta(t) - 2e^{-2t}u(t)$，試求 $y(t) = x(t)*h(t)$。

15.46 已知函數如下：

$$x(t) = 2\delta(t), \quad y(t) = 4u(t), \quad z(t) = e^{-2t}u(t)$$

試求下列摺積：

(a) $x(t)*y(t)$ (b) $x(t)*z(t)$

(c) $y(t)*z(t)$ (d) $y(t)*[y(t) + z(t)]$

15.47 一個系統的轉換函數如下：

$$H(s) = \frac{s}{(s+1)(s+2)}$$

(a) 試求系統的脈衝響應。

(b) 已知輸入 $x(t) = u(t)$，試求輸出 $y(t)$。

15.48 已知 $F(s)$ 函數如下，利用摺積求 $f(t)$：

(a) $F(s) = \dfrac{4}{(s^2 + 2s + 5)^2}$

(b) $F(s) = \dfrac{2s}{(s+1)(s^2+4)}$

*15.49 利用迴旋積分求：

(a) $t * e^{at}u(t)$

(b) $\cos(t) * \cos(t)u(t)$

15.6 節　積分-微分方程式應用

15.50 利用拉普拉斯轉換求下面微分方程式，其中初始條件 $v(0) = 1 \cdot dv(0)/dt = -2$。

$$\dfrac{d^2v(t)}{dt^2} + 2\dfrac{dv(t)}{dt} + 10v(t) = 3\cos 2t$$

15.51 已知 $v(0) = 5 \cdot dv(0)/dt = 10$，試求：

$$\dfrac{d^2v}{dt^2} + 5\dfrac{dv}{dt} + 6v = 10e^{-t}u(t)$$

15.52 已知微分方程式和初始條件如下，利用拉普拉斯轉換求 $t > 0$ 時的 $i(t)$：

$$\dfrac{d^2i}{dt^2} + 3\dfrac{di}{dt} + 2i + \delta(t) = 0,$$
$$i(0) = 0, \quad i'(0) = 3$$

*15.53 利用拉普拉斯轉換求下面方程式的 $x(t)$：

$$x(t) = \cos t + \int_0^t e^{\lambda - t}x(\lambda)\,d\lambda$$

15.54 試設計一個問題幫助其他學生更瞭解求解時變輸入信號的二階微分方程式。

15.55 如果下面微分方程式的初始條件為零，試解 $y(t)$：

$$\dfrac{d^3y}{dt^3} + 6\dfrac{d^2y}{dt^2} + 8\dfrac{dy}{dt} = e^{-t}\cos 2t$$

15.56 試求下面積分-微分方程式的 $v(t)$，初始條件 $v(0) = 2$：

$$4\dfrac{dv}{dt} + 12\int_0^t v\,dt = 0$$

15.57 試設計一個問題幫助其他學生更瞭解使用拉普拉斯轉換求解週期性輸入的積分-微分方程式。

15.58 已知積分-微分方程式如下，且 $v(0) = -1$，試求 $t > 0$ 時的 $v(t)$：

$$\dfrac{dv}{dt} + 2v + 5\int_0^t v(\lambda)\,d\lambda = 4u(t)$$

15.59 試解下面積分-微分方程式：

$$\dfrac{dy}{dt} + 4y + 3\int_0^t y\,dt = 6e^{-2t}, u(t) \quad y(0) = -1$$

15.60 試解下面積分-微分方程式：

$$2\dfrac{dx}{dt} + 5x + 3\int_0^t x\,dt + 4 = \sin 4t, \quad x(0) = 1$$

15.61 試解下面指定初始條件的積分-微分方程式：

(a) $d^2v/dt^2 + 4v = 12, v(0) = 0, dv(0)/dt = 2$

(b) $d^2i/dt^2 + 5di/dt + 4i = 8, i(0) = -1, di(0)/dt = 0$

(c) $d^2v/dt^2 + 2dv/dt + v = 3, v(0) = 5, dv(0)/dt = 1$

(d) $d^2i/dt^2 + 2di/dt + 5i = 10, i(0) = 4, di(0)/dt = -2$

Chapter 16 拉普拉斯轉換應用

> 溝通技巧是任何工程師都應擁有的最重要的技能。溝通技巧的關鍵因素是提問和瞭解答案。一個很簡單的問題,可能是成敗的關鍵!
>
> —— 詹姆士・華生

加強你的技能和職能

提問

在超過 30 年的教學中,筆者致力於思考如何幫助學生學習。無論學生花多少時間在學習一門課,對學生最有幫助的是學習如何在課堂提問,問這些問題。透過提問,學生變得積極參與學習過程,而不再只是被動的資訊接受者。筆者覺得積極參與對於學習過程非常有幫助,這對於現代的研發工程師是非常重要的。事實上,提問是科學的基礎。正如查理斯・史坦梅茲所說"沒有人是真正的傻瓜,除非他停止問問題。"

Charles Alexander

提問似乎是很簡單且容易的,我們在日常生活中不都一直提問嗎?事實是,以適當的方式提出問題,需要一定的思考和準備,所以將大幅提高學習的過程。

筆者相信有多種提問的形式能有效地使用,以下是自身的經驗分享。請記住,最重要的一點是,不必提出完美的問題。因為問答 (Q&A) 的形式讓問題可以在互相交流下發展,而原來的問題可以很容易地修訂。筆者經常告訴學生,非常歡迎他們在課堂上閱讀自己提出的問題。

提問時有三件要注意的事:第一,準備問題。在課堂上如果是害羞或尚未學習提問的學生,可以在進教室前先寫下要提問的問題。第二,等待適當時間提出問題。自己簡單地判斷適當的時間。第三,萬一有人要求重複問題時,則語意簡單地說明問題或以不同方法說明。

最後的建議是,並非所有的教授都喜歡學生在課堂上提問,即使他們沒這麼說。學生必須去發掘哪個教授喜歡學生在課堂上提問。最後,在學習提高工程師最重要技能之一時,祝你好運!

16.1 簡介

前一章已經介紹了拉普拉斯轉換，接下來則要介紹拉普拉斯轉換的應用。請記住，拉普拉斯轉換確實是電路分析、合成與設計中最強大的數學工具之一。研究 s 域中的電路與系統，可以幫助我們瞭解電路和系統的實際功能。本章將深入探討在 s 域中拉普拉斯轉換與電路的關係。另外，將簡單地介紹物理系統。相信讀者都學過機械系統，本章也將使用描述電子電路的微分方程式來描述機械系統。其實我們生活的宇宙是很奇妙的，相同的微分方程式可用來描述任何線性的電路、系統或過程，關鍵就是**線性** (linear)。

> **系統** (system) 就是描述輸入和輸出物理系統的數學模型。

將電路視為系統是很恰當的。過去，將電路與系統分開討論，所以本章將實際討論電路與系統。實際上，電路只不過是電機系統的一個類別。

最重要的是，要記住本章和最後一章所討論的一切都適用於任何線性系統。在最後一章，將使用拉普拉斯轉換求解微分方程式和積分方程式。在本章，將介紹在 s 域中電路模型的概念，利用這些原理求解任何種類的線性電路，以及快速瀏覽如何使用狀態變數分析多輸入和多輸出的系統。最後，介紹拉普拉斯轉換在網路穩定性分析和網路合成的應用。

16.2 電路元件模型 (Circuit Element Models)

掌握了如何獲取拉普拉斯轉換和逆轉換，現在則準備採用拉普拉斯轉換分析電路。這通常包括三個步驟。

應用拉普拉斯轉換的步驟：

1. 將電路從時域轉換成 s 域。
2. 使用節點分析、網目分析、電源變換、重疊或任何熟悉的電路分析方法解電路。
3. 對 s 域解取拉普拉斯逆轉換，則得到時域解。

> 從步驟 2 推斷，所有適用於直流電路的分析方法，皆適用於 s 域的電路分析。

上面的步驟中只有步驟 1 是新的，本節將會討論。與相量分析相同，對電路中的每一元件，以拉普拉斯轉換法從時域轉換成頻域或 s 域。

對於電阻，在時域中電壓-電流關係如下：

$$v(t) = Ri(t) \tag{16.1}$$

取拉普拉斯轉換得

$$V(s) = RI(s) \qquad (16.2)$$

對於電感,

$$v(t) = L\frac{di(t)}{dt} \qquad (16.3)$$

對等號二邊取拉普拉斯轉換得

$$V(s) = L[sI(s) - i(0^-)] = sLI(s) - Li(0^-) \qquad (16.4)$$

或

$$I(s) = \frac{1}{sL}V(s) + \frac{i(0^-)}{s} \qquad (16.5)$$

s 域的等效電路如圖 16.1 所示,其中初始條件被建模為電壓源或電流源。

對於電容,

$$i(t) = C\frac{dv(t)}{dt} \qquad (16.6)$$

將它轉換到 s 域如下:

$$I(s) = C[sV(s) - v(0^-)] = sCV(s) - Cv(0^-) \qquad (16.7)$$

或

$$V(s) = \frac{1}{sC}I(s) + \frac{v(0^-)}{s} \qquad (16.8)$$

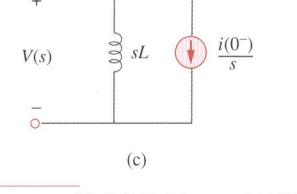

圖 16.1 電感的表示:(a) 時域電路,(b)(c) s 域等效電路

s 域的等效電路如圖 16.2 所示。有了 s 域的等效電路,則可使用拉普拉斯轉換求解第 7 章和第 8 章介紹的一階電路和二階電路。觀察 (16.3) 式到 (16.8) 式得知,初始條件是拉普拉斯轉換的一部分,這是使用拉普拉斯轉換分析電路的優點之一。另一個優點是可以得到網路的完全響應——暫態響應和穩態響應,如範例 16.2 和範例 16.3 的說明。另外,觀察 (16.5) 式到 (16.8) 式的對偶性,證實第 8 章 (參見表 8.1) 中,L 和 C、$I(s)$ 和

在電路分析中使用拉普拉斯轉換的優雅之處,是在轉換的過程中自動包含初始條件,因此可得電路的完全解(暫態響應和穩態響應)。

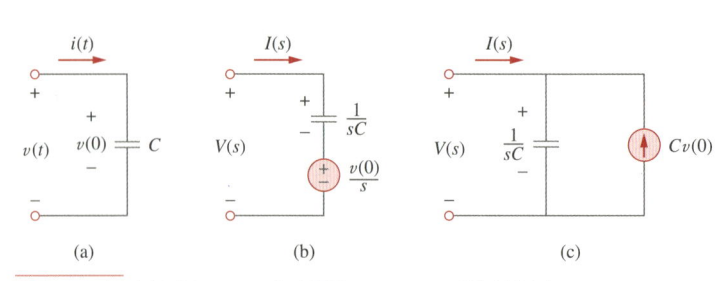

圖 16.2 電容的表示：(a) 時域電路，(b) (c) s 域等效電路

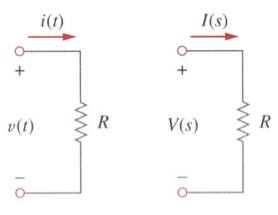

圖 16.3 在初始條件為零時，時域和 s 域的表示

$V(s)$、$v(0)$ 和 $i(0)$ 的對偶關係。

如果假設電感和電容的初始條件為零，則上面轉換式改寫如下：

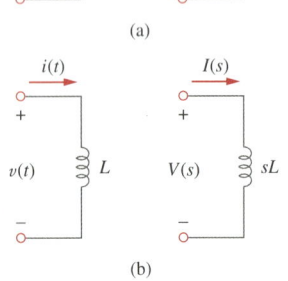

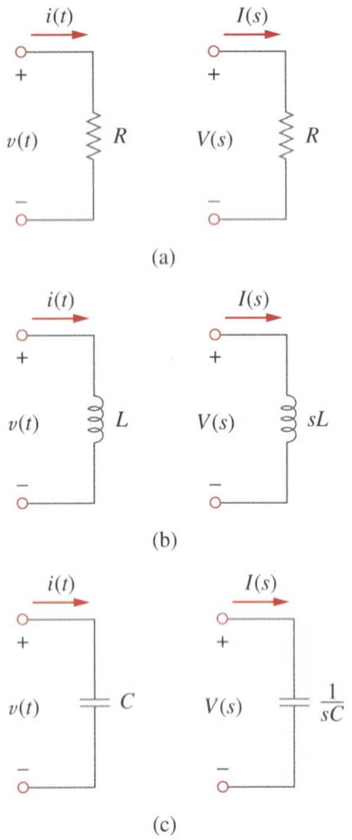

$$\begin{aligned} \text{電阻：} \quad & V(s) = RI(s) \\ \text{電感：} \quad & V(s) = sLI(s) \\ \text{電容：} \quad & V(s) = \frac{1}{sC}I(s) \end{aligned} \quad (16.9)$$

它們的 s 域等效電路如圖 16.3 所示。

s 域的阻抗定義為初始條件為零時的電壓轉換式對電流轉換式的比值，如下：

$$Z(s) = \frac{V(s)}{I(s)} \quad (16.10)$$

因此，三個電路元件的阻抗如下：

$$\begin{aligned} \text{電阻：} \quad & Z(s) = R \\ \text{電感：} \quad & Z(s) = sL \\ \text{電容：} \quad & Z(s) = \frac{1}{sC} \end{aligned} \quad (16.11)$$

表 16.1 總結這些元件的阻抗。在 s 域中的導納是阻抗的倒數，或者

$$Y(s) = \frac{1}{Z(s)} = \frac{I(s)}{V(s)} \quad (16.12)$$

利用拉普拉斯轉換分析電路，將更方便使用各種信號源，如脈衝、步級、斜波、指數和正弦等信號源。

如果 $f(t)$ 的拉普拉斯轉換為 $F(s)$，則 $af(t)$ 的拉普拉斯轉換為 $aF(s)$——線性性質。從這一個簡單性質可以很容易開

表 16.1 s 域中元件的阻抗*

元件	$Z(s) = V(s)/I(s)$
電阻	R
電感	sL
電容	$1/sC$

*假設初始條件為零

發與繪製非獨立電源和運算放大器的模型。因為可將非獨立電源當成單一數值處理，所以其模型比較簡單。非獨立電源只包含二個控制值，即常數乘以電壓或電流。因此，

$$\mathcal{L}[av(t)] = aV(s) \tag{16.13}$$

$$\mathcal{L}[ai(t)] = aI(s) \tag{16.14}$$

理想的運算放大器可當成電阻處理，無論是實際運算放大器或理想運算放大器，它的作用就只是將電壓乘以常數。因此，只需使用運算放大器的輸入電壓為零和輸入電流為零的限制，寫出相關的方程式。

範例 16.1

試求圖 16.4 電路的 $v_o(t)$，假設初始條件為零。

解： 首先，將電路從時域轉換成 s 域，

$$u(t) \Rightarrow \frac{1}{s}$$

$$1\,\text{H} \Rightarrow sL = s$$

$$\frac{1}{3}\text{F} \Rightarrow \frac{1}{sC} = \frac{3}{s}$$

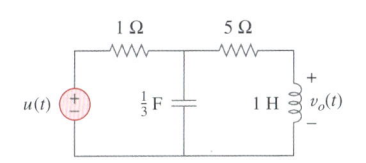

圖 16.4 範例 16.1 的電路

所得到的 s 域電路如圖 16.5 所示。然後應用網目分析，對網目 1 而言，

$$\frac{1}{s} = \left(1 + \frac{3}{s}\right)I_1 - \frac{3}{s}I_2 \tag{16.1.1}$$

對網目 2 而言，

$$0 = -\frac{3}{s}I_1 + \left(s + 5 + \frac{3}{s}\right)I_2$$

或

$$I_1 = \frac{1}{3}(s^2 + 5s + 3)I_2 \tag{16.1.2}$$

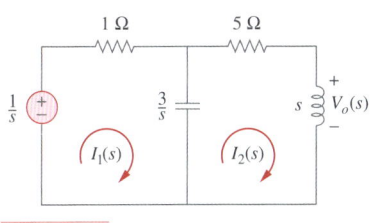

圖 16.5 頻域等效電路的網目分析

將 (16.1.2) 式代入 (16.1.1) 式得

$$\frac{1}{s} = \left(1 + \frac{3}{s}\right)\frac{1}{3}(s^2 + 5s + 3)I_2 - \frac{3}{s}I_2$$

二邊同乘以 $3s$ 得

$$3 = (s^3 + 8s^2 + 18s)I_2 \quad \Rightarrow \quad I_2 = \frac{3}{s^3 + 8s^2 + 18s}$$

$$V_o(s) = sI_2 = \frac{3}{s^2 + 8s + 18} = \frac{3}{\sqrt{2}} \frac{\sqrt{2}}{(s+4)^2 + (\sqrt{2})^2}$$

取拉普拉斯逆轉換得

$$v_o(t) = \frac{3}{\sqrt{2}} e^{-4t} \sin \sqrt{2}t \text{ V}, \quad t \geq 0$$

練習題 16.1 試求圖 16.6 電路的 $v_o(t)$，假設初始條件為零。

答：$40(1 - e^{-2t} - 2te^{-2t})u(t)$ V.

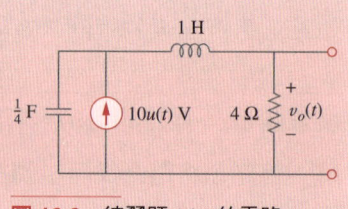

圖 16.6 練習題 16.1 的電路

範例 16.2 試求圖 16.7 電路的 $v_o(t)$，假設 $v_o(0) = 5$ V。

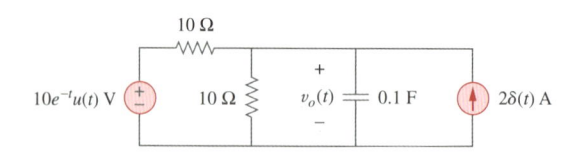

圖 16.7 範例 16.2 的電路

解： 先將電路轉換成 s 域如圖 16.8 所示，初始條件包含於電流源 $Cv_o(0) = 0.1(5) = 0.5$ A [參見圖 16.2(c)]。在頂端節點應用節點分析得

$$\frac{10/(s+1) - V_o}{10} + 2 + 0.5 = \frac{V_o}{10} + \frac{V_o}{10/s}$$

或

$$\frac{1}{s+1} + 2.5 = \frac{2V_o}{10} + \frac{sV_o}{10} = \frac{1}{10}V_o(s+2)$$

二邊同乘以 10 得

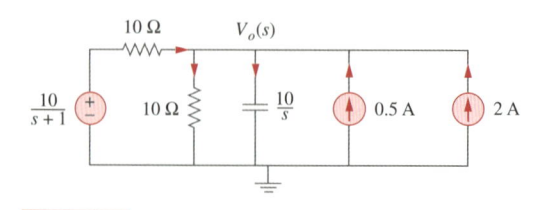

圖 16.8 圖 16.7 電路的節點分析等效電路

$$\frac{10}{s+1} + 25 = V_o(s+2)$$

或

$$V_o = \frac{25s + 35}{(s+1)(s+2)} = \frac{A}{s+1} + \frac{B}{s+2}$$

其中

$$A = (s+1)V_o(s)\big|_{s=-1} = \frac{25s+35}{(s+2)}\bigg|_{s=-1} = \frac{10}{1} = 10$$

$$B = (s+2)V_o(s)\big|_{s=-2} = \frac{25s+35}{(s+1)}\bigg|_{s=-2} = \frac{-15}{-1} = 15$$

因此，

$$V_o(s) = \frac{10}{s+1} + \frac{15}{s+2}$$

取拉普拉斯逆轉換得

$$v_o(t) = (10e^{-t} + 15e^{-2t})u(t) \text{ V}$$

練習題 16.2 試求圖 16.9 電路的 $v_o(t)$。注意：因為電壓輸入是乘以 $u(t)$，所以在 $t<0$ 時，電壓源短路，且 $i_L(0) = 0$。

答：$(60e^{-2t} - 10e^{-t/3})u(t)$ V.

圖 16.9 練習題 16.2 的電路

範例 16.3 如圖 16.10(a) 的電路，在 $t=0$ 時開關從位置 a 切換到位置 b，試求 $t>0$ 時的 $i(t)$。

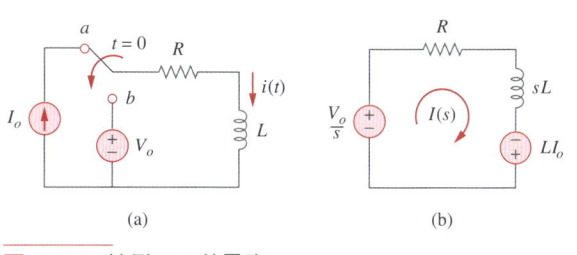

圖 16.10 範例 16.3 的電路

解：流過電感的初始電流為 $i(0) = I_o$。對 $t>0$ 而言，圖 16.10(b) 顯示轉換到 s 域的電路。初始條件包含於電壓源 $Li(0) = LI_o$ 中。使用網目分析得

$$I(s)(R+sL) - LI_o - \frac{V_o}{s} = 0 \qquad (16.3.1)$$

或

$$I(s) = \frac{LI_o}{R+sL} + \frac{V_o}{s(R+sL)} = \frac{I_o}{s+R/L} + \frac{V_o/L}{s(s+R/L)} \qquad (16.3.2)$$

對 (16.3.2) 式等號右邊的第二項使用部分分式展開得

$$I(s) = \frac{I_o}{s+R/L} + \frac{V_o/R}{s} - \frac{V_o/R}{(s+R/L)} \qquad (16.3.3)$$

取拉普拉斯逆轉換得

$$i(t) = \left(I_o - \frac{V_o}{R}\right)e^{-t/\tau} + \frac{V_o}{R}, \qquad t \geq 0 \qquad (16.3.4)$$

其中 $\tau = R/L$。括號內之項為暫態響應，而第二項為穩態響應。換句話說，終值是 $i(\infty) = V_o/R$，在 (16.3.2) 式和 (16.3.3) 式應用終值定理可得終值；即

$$\lim_{s \to 0} sI(s) = \lim_{s \to 0}\left(\frac{sI_o}{s+R/L} + \frac{V_o/L}{s+R/L}\right) = \frac{V_o}{R} \qquad (16.3.5)$$

(16.3.4) 式也可以改寫如下：

$$i(t) = I_o e^{-t/\tau} + \frac{V_o}{R}(1 - e^{-t/\tau}), \qquad t \geq 0 \qquad (16.3.6)$$

第一項是自然響應，第二項為強迫響應。如果初值 $I_o = 0$，則 (16.3.6) 式可改為

$$i(t) = \frac{V_o}{R}(1 - e^{-t/\tau}), \qquad t \geq 0 \qquad (16.3.7)$$

這就是步級響應，因為它是由沒有初始能量的步級輸入 V_o 引起的。

練習題 16.3 圖 16.11 的開關停留在位置 b 很長的時間，在 $t=0$ 時開關移到位置 a，試求 $t>0$ 時的 $v(t)$。

答： $v(t) = (V_o - I_o R)e^{-t/\tau} + I_o R$，$t>0$，其中 $\tau = RC$。

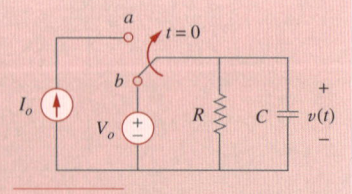

圖 16.11 練習題 16.3 的電路

16.3 電路分析 (Circuit Analysis)

在 s 域做電路分析是比較容易的,只需將時域中複雜的數學關係轉換到 s 域。在 s 域中,微分與積分的運算被轉變成簡單的 s 和 1/s 乘法運算。這樣就可以使用代數來建立和求解電路方程式。令人興奮的是,在 s 域中所有的直流電路理論和關係都有效。

> 記住:包括電容和電感的等效電路 (equivalent circuit)
> 只存在 s 域中,不能逆轉換回時域。

範例 16.4

對於圖 16.12(a) 電路,試求跨接於電容二端的電壓,假設 $v_s(t) = 10u(t)$ V,以及假設 $t = 0$ 時,流經電感的電流為 -1 A,跨接於電容二端的電壓為 $+5$ V。

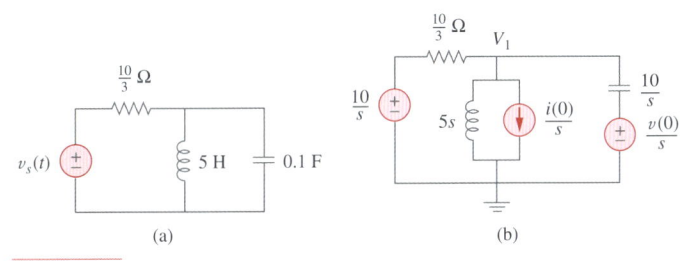

圖 16.12 範例 16.4 的電路

解: 圖 16.12(b) 表示在 s 域下包含初始條件的電路,因此求解此電路變成一個簡單的節點分析問題。因為在時域下 V_1 值也是電容電壓值,而且是僅有的未知節點電壓,所以只需寫一個方程式:

$$\frac{V_1 - 10/s}{10/3} + \frac{V_1 - 0}{5s} + \frac{i(0)}{s} + \frac{V_1 - [v(0)/s]}{1/(0.1s)} = 0 \quad (16.4.1)$$

將 $v(0) = +5$ V、$i(0) = -1$ A 代入上式得

$$0.1\left(s + 3 + \frac{2}{s}\right)V_1 = \frac{3}{s} + \frac{1}{s} + 0.5 \quad (16.4.2)$$

上式二邊同乘以 $10s$ 化簡得

$$(s^2 + 3s + 2)V_1 = 40 + 5s$$

或

$$V_1 = \frac{40 + 5s}{(s+1)(s+2)} = \frac{35}{s+1} - \frac{30}{s+2} \quad (16.4.3)$$

取拉普拉斯逆轉換得

$$v_1(t) = (35e^{-t} - 30e^{-2t})u(t) \text{ V} \quad (16.4.4)$$

練習題 16.4 對於圖 16.12 電路，以及相同的初始條件，試求所有 $t>0$ 情況下流經電感的電流。

答： $i(t) = (3 - 7e^{-t} + 3e^{-2t})u(t)$ A.

範例 16.5 對於與範例 16.4 相同的圖 16.12 電路，以及相同的初始條件，以重疊法求電容的電壓值。

解： 因為在 s 域的等效電路有三個獨立電源，因此可以對三個獨立電源分別求解。圖 16.13 為在 s 域中每次只考慮一個電源的等效電路，因此求解此電路變成三個節點分析問題。首先，求解圖 16.13(a) 的電容電壓：

$$\frac{V_1 - 10/s}{10/3} + \frac{V_1 - 0}{5s} + 0 + \frac{V_1 - 0}{1/(0.1s)} = 0$$

或

$$0.1\left(s + 3 + \frac{2}{s}\right)V_1 = \frac{3}{s}$$

化簡得

$$(s^2 + 3s + 2)V_1 = 30$$

$$V_1 = \frac{30}{(s+1)(s+2)} = \frac{30}{s+1} - \frac{30}{s+2}$$

取拉普拉斯逆轉換得

$$v_1(t) = (30e^{-t} - 30e^{-2t})u(t) \text{ V} \tag{16.5.1}$$

對於圖 16.13(b) 而言，得

$$\frac{V_2 - 0}{10/3} + \frac{V_2 - 0}{5s} - \frac{1}{s} + \frac{V_2 - 0}{1/(0.1s)} = 0$$

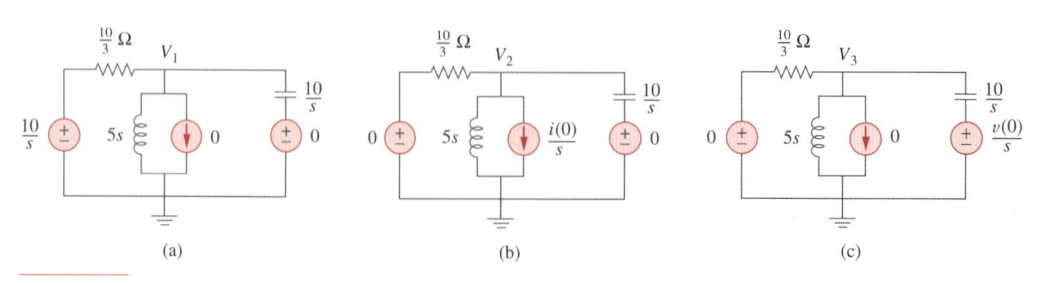

圖 16.13 範例 16.5 的電路

或

$$0.1\left(s + 3 + \frac{2}{s}\right)V_2 = \frac{1}{s}$$

二邊同乘以 $10s$ 並化簡，得

$$V_2 = \frac{10}{(s+1)(s+2)} = \frac{10}{s+1} - \frac{10}{s+2}$$

取拉普拉斯逆轉換得

$$v_2(t) = (10e^{-t} - 10e^{-2t})u(t) \text{ V} \tag{16.5.2}$$

對於圖 16.13(c) 而言，得

$$\frac{V_3 - 0}{10/3} + \frac{V_3 - 0}{5s} - 0 + \frac{V_3 - 5/s}{1/(0.1s)} = 0$$

或

$$0.1\left(s + 3 + \frac{2}{s}\right)V_3 = 0.5$$

$$V_3 = \frac{5s}{(s+1)(s+2)} = \frac{-5}{s+1} + \frac{10}{s+2}$$

取拉普拉斯逆轉換得

$$v_3(t) = (-5e^{-t} + 10e^{-2t})u(t) \text{ V} \tag{16.5.3}$$

最後將 (16.5.1) 式、(16.5.2) 式和 (16.5.3) 式相加得

$$\begin{aligned}v(t) &= v_1(t) + v_2(t) + v_3(t) \\ &= \{(30 + 10 - 5)e^{-t} + (-30 + 10 - 10)e^{-2t}\}u(t) \text{ V}\end{aligned}$$

或

$$v(t) = (35e^{-t} - 30e^{-2t})u(t) \text{ V}$$

這結果與範例 16.4 的答案一致。

練習題 16.5 對於與範例 16.4 相同的圖 16.12 電路，以及相同的初始條件，以重疊法求 $t>0$ 時電感的電流值。

答：$i(t) = (3 - 7e^{-t} + 3e^{-2t})u(t) \text{ A}$。

範例 16.6 假設在 $t=0$ 時，沒有初始能量存在圖 16.14 的電路中，而且 $i_s=10\,u(t)$ A。(a) 利用戴維寧定理求 $V_o(s)$，(b) 利用初值和終值定理求 $v_o(0^+)$ 和 $v_o(\infty)$，(c) 試求 $v_o(t)$。

解： 因為沒有初始能量儲存於電路中，故假設 $t=0$ 時，流經電感的電流和跨接於電容的電壓皆為零。

(a) 要求戴維寧等效電路，則移除 5 Ω 電阻，然後求 $V_{oc}(V_{Th})$ 和 I_{sc}。要求 V_{Th}，使用圖 16.15(a) 的拉普拉斯轉換電路。因為 $I_x=0$，非獨立電壓源沒貢獻，所以，

$$V_{oc}=V_{Th}=5\left(\frac{10}{s}\right)=\frac{50}{s}$$

要求 Z_{Th}，參考圖 16.15(b) 的電路，首先求 I_{sc}，再使用節點分析法求 V_1，即可得 I_{sc} ($I_{sc}=I_x=V_1/2s$)。

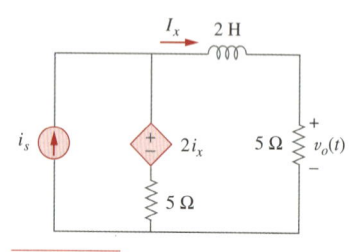

圖 16.14 範例 16.6 的電路

$$-\frac{10}{s}+\frac{(V_1-2I_x)-0}{5}+\frac{V_1-0}{2s}=0$$

將

$$I_x=\frac{V_1}{2s},$$

代入得

$$V_1=\frac{100}{2s+3}$$

因此，

$$I_{sc}=\frac{V_1}{2s}=\frac{100/(2s+3)}{2s}=\frac{50}{s(2s+3)}$$

而且

$$Z_{Th}=\frac{V_{oc}}{I_{sc}}=\frac{50/s}{50/[s(2s+3)]}=2s+3$$

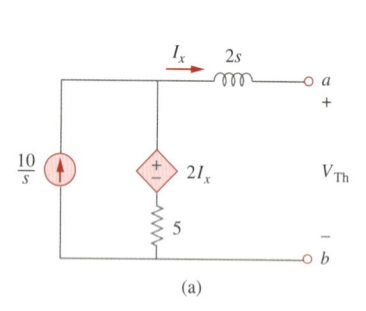

圖 16.15 範例 16.6：(a) 求 V_{Th}，(b) 求 Z_{Th}

圖 16.16 為圖 16.15 電路 a-b 二端看進去的戴維寧等效電路。從圖 16.16 得

$$V_o=\frac{5}{5+Z_{Th}}V_{Th}=\frac{5}{5+2s+3}\left(\frac{50}{s}\right)=\frac{250}{s(2s+8)}=\frac{125}{s(s+4)}$$

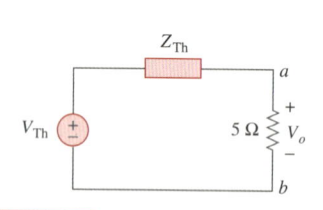

圖 16.16 在 s 域中圖 16.14 的戴維寧等效電路

(b) 使用初值定理求得

$$v_o(0) = \lim_{s \to \infty} sV_o(s) = \lim_{s \to \infty} \frac{125}{s+4} = \lim_{s \to \infty} \frac{125/s}{1+4/s} = \frac{0}{1} = 0$$

使用終值定理求得

$$v_o(\infty) = \lim_{s \to 0} sV_o(s) = \lim_{s \to 0} \frac{125}{s+4} = \frac{125}{4} = 31.25 \text{ V}$$

(c) 利用部分分式展開得

$$V_o = \frac{125}{s(s+4)} = \frac{A}{s} + \frac{B}{s+4}$$

$$A = sV_o(s)\Big|_{s=0} = \frac{125}{s+4}\Big|_{s=0} = 31.25$$

$$B = (s+4)V_o(s)\Big|_{s=-4} = \frac{125}{s}\Big|_{s=-4} = -31.25$$

$$V_o = \frac{31.25}{s} - \frac{31.25}{s+4}$$

取拉普拉斯逆轉換得

$$v_o(t) = 31.25(1 - e^{-4t})u(t) \text{ V}$$

注意：將 0 和 ∞ 代入上式的 t，可驗證 (b) 小題得到的 $v_o(0)$ 和 $v_o(\infty)$ 的正確性。

練習題 16.6 在 $t=0$ 時，圖 16.17 電路的初始能量為零。假設 $v_s = 30u(t)$ V。(a) 利用戴維寧定理求 $V_o(s)$，(b) 利用初值和終值定理求 $v_o(0)$ 和 $v_o(\infty)$，(c) 試求 $v_o(t)$。

圖 16.17　練習題 16.6 的電路

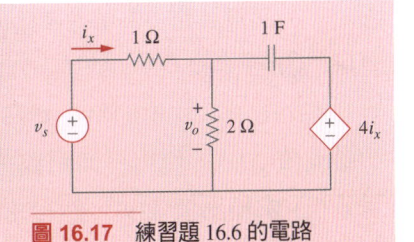

答：(a) $V_o(s) = \frac{24(s+0.25)}{s(s+0.3)}$，(b) 24 V, 20 V, (c) $(20 + 4e^{-0.3t})u(t)$ V.

16.4　轉移函數

轉移函數 (transfer function) 是信號處理中的重要概念，因為它說明了網路如何處理通過的信號。它是求網路響應、計算 (或設計) 網路穩定性和網路合成的最佳工具。網路的轉移函數描述輸出對輸入的行為。假設沒有初始能量情況下，它指出輸入到輸出的轉移關係。

對於電機網路而言，轉移函數也稱為**網路函數** (network function)。

> 轉移函數 $H(s)$ 是輸出響應 $Y(s)$ 對輸入激發 $X(s)$ 的比值，假設所有初始條件皆為零。

因此，

$$H(s) = \frac{Y(s)}{X(s)} \tag{16.15}$$

轉移函數與輸入和輸出的定義有關，因為在電路的任何地方輸入和輸出可以是電流或電壓。有四種可能的轉移函數如下：

> 有些作者不認為 (16.16c) 式和 (16.16d) 式是轉移函數。

$$H(s) = \text{電壓增益} = \frac{V_o(s)}{V_i(s)} \tag{16.16a}$$

$$H(s) = \text{電流增益} = \frac{I_o(s)}{I_i(s)} \tag{16.16b}$$

$$H(s) = \text{阻抗} = \frac{V(s)}{I(s)} \tag{16.16c}$$

$$H(s) = \text{導納} = \frac{I(s)}{V(s)} \tag{16.16d}$$

因此，一個電路可以有許多轉移函數。注意：(16.16a) 式和 (16.16b) 式的 $H(s)$ 是沒有單位的。

求 (16.16) 式中的每個轉移函數的方法有二種。第一種方法是任意一個合宜的輸入值 $X(s)$，使用任何電路分析方法 (如分流定理、分壓定理、節點分析和網目分析) 求輸出值 $Y(s)$，然後求這二者的比值。另一種方法是利用**階梯法** (ladder method)，它可以根據電路的輸出反推得電路的輸入。根據這個方法，先假設電路輸出為 1 V 或 1 A，然後使用基本的歐姆定律和克希荷夫電流定律求輸入，則轉移函數變成統一由輸入來區分。當電路具有更多的迴路與節點，使用節點分析或網目分析變得很麻煩時，則階梯法變為更適合使用。第一種方法是假設輸入，並求輸出；而第二種方法是假設輸出，並求輸入。在二種方法中，$H(s)$ 為輸出對輸入轉換的比值。這二種方法是根據線性性質，因為本書只處理線性電路。範例 16.8 將說明這些方法。

(16.15) 式假設 $X(s)$ 和 $Y(s)$ 皆為已知，有時候是 $X(s)$ 和轉換函數 $H(s)$ 為已知，求輸出 $Y(s)$ 如下：

$$Y(s) = H(s)X(s) \tag{16.17}$$

然後取拉普拉斯逆轉換得 $y(t)$。有種特殊情況是當輸入為單位脈衝函數 $x(t) = \delta(t)$，

所以 $X(s) = 1$。在這種情況下，

$$Y(s) = H(s) \quad 或 \quad y(t) = h(t) \tag{16.18}$$

其中

$$h(t) = \mathcal{L}^{-1}[H(s)] \tag{16.19}$$

$h(t)$ 項代表**單位脈衝響應** (unit impulse response)，它是在時域下網路的單位脈衝響應。因此，(16.19) 式提供對轉移函數的新解釋：$H(s)$ 代表網路單位脈衝響應的拉普拉斯逆轉換。當網路的脈衝響應 $h(t)$ 為已知，可以在 s 域中使用 (16.17) 式在任何輸入信號情況下，求網路的響應；或在時域中，使用迴旋積分 (參見 15.5 節)，求網路的響應。

> 單位脈衝響應是當輸入為單位脈衝時電路的輸出響應。

範例 16.7

一個線性系統的輸出為 $y(t) = 10e^{-t}\cos 4t\, u(t)$，且輸入為 $x(t) = e^{-t}u(t)$。試求此系統的轉移函數和脈衝響應。

解：如果 $x(t) = e^{-t}u(t)$ 和 $y(t) = 10e^{-t}\cos 4t\, u(t)$，則

$$X(s) = \frac{1}{s+1} \quad 和 \quad Y(s) = \frac{10(s+1)}{(s+1)^2 + 4^2}$$

因此，

$$H(s) = \frac{Y(s)}{X(s)} = \frac{10(s+1)^2}{(s+1)^2 + 16} = \frac{10(s^2 + 2s + 1)}{s^2 + 2s + 17}$$

為求 $h(t)$，先將 $H(s)$ 化簡如下：

$$H(s) = 10 - 40\frac{4}{(s+1)^2 + 4^2}$$

從表 15.2 得

$$h(t) = 10\delta(t) - 40e^{-t}\sin 4t\, u(t)$$

練習題 16.7 一個線性函數的轉移函數如下：

$$H(s) = \frac{2s}{s+6}$$

試求輸入為 $10e^{-3t}u(t)$ 時的輸出 $y(t)$ 和脈衝響應。

答：$-20e^{-3t} + 40e^{-6t},\ t \geq 0,\ 2\delta(t) - 12e^{-6t}u(t)$.

範例 16.8 試求圖 16.18 電路的轉移函數 $H(s) = V_o(s)/I_o(s)$。

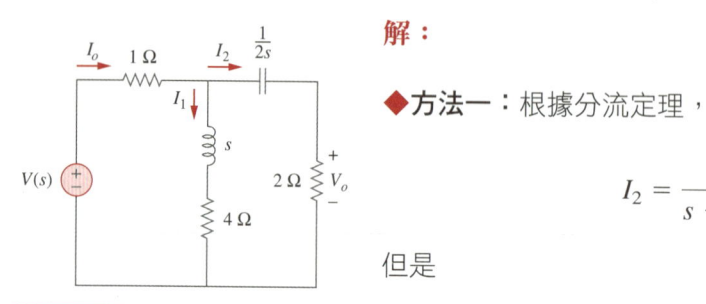

圖 16.18 範例 16.8 的電路

解：

◆ **方法一**：根據分流定理，

$$I_2 = \frac{(s+4)I_o}{s+4+2+1/2s}$$

但是

$$V_o = 2I_2 = \frac{2(s+4)I_o}{s+6+1/2s}$$

因此，

$$H(s) = \frac{V_o(s)}{I_o(s)} = \frac{4s(s+4)}{2s^2+12s+1}$$

◆ **方法二**：利用階梯法，令 $V_o = 1$ V。根據歐姆定律 $I_2 = V_o/2 = 1/2$ A。跨接於 $(2+1/2s)$ 電阻上的電壓為

$$V_1 = I_2\left(2 + \frac{1}{2s}\right) = 1 + \frac{1}{4s} = \frac{4s+1}{4s}$$

這與跨接於 $(s+4)$ 電阻上的電壓相同，因此，

$$I_1 = \frac{V_1}{s+4} = \frac{4s+1}{4s(s+4)}$$

在頂端節點應用 KCL 得

$$I_o = I_1 + I_2 = \frac{4s+1}{4s(s+4)} + \frac{1}{2} = \frac{2s^2+12s+1}{4s(s+4)}$$

因此，

$$H(s) = \frac{V_o}{I_o} = \frac{1}{I_o} = \frac{4s(s+4)}{2s^2+12s+1}$$

與方法一所得結果相同。

練習題 16.8 試求圖 16.18 電路的轉移函數 $H(s) = I_1(s)/I_o(s)$。

答：$\dfrac{4s+1}{2s^2+12s+1}$．

在圖 16.19 電路的 s 域中，試求：(a) 轉移函數 $H(s) = V_o/V_i$，(b) 脈衝響應，(c) $v_i(t) = u(t)$ V 時的響應，(d) $v_i(t) = 8\cos 2t$ V 時的響應。

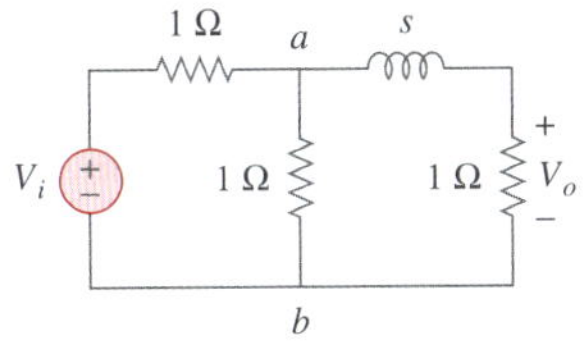

範例 16.9

解：(a) 利用分壓定理，

$$V_o = \frac{1}{s+1} V_{ab} \tag{16.9.1}$$

圖 16.19 範例 16.9 的電路

但是

$$V_{ab} = \frac{1\|(s+1)}{1 + 1\|(s+1)} V_i = \frac{(s+1)/(s+2)}{1 + (s+1)/(s+2)} V_i$$

或

$$V_{ab} = \frac{s+1}{2s+3} V_i \tag{16.9.2}$$

將 (16.9.2) 式代入 (16.9.1) 式得

$$V_o = \frac{V_i}{2s+3}$$

因此，轉移函數為

$$H(s) = \frac{V_o}{V_i} = \frac{1}{2s+3}$$

(b) 可以將 $H(s)$ 改寫如下：

$$H(s) = \frac{1}{2} \frac{1}{s + \frac{3}{2}}$$

它的拉普拉斯逆轉換就是要求的脈衝響應：

$$h(t) = \frac{1}{2} e^{-3t/2} u(t)$$

(c) 當 $v_i(t) = u(t)$、$V_i(s) = 1/s$ 時，則

$$V_o(s) = H(s)V_i(s) = \frac{1}{2s(s + \frac{3}{2})} = \frac{A}{s} + \frac{B}{s + \frac{3}{2}}$$

其中

$$A = sV_o(s)|_{s=0} = \frac{1}{2(s + \frac{3}{2})}\bigg|_{s=0} = \frac{1}{3}$$

$$B = \left(s + \frac{3}{2}\right)V_o(s)\bigg|_{s=-3/2} = \frac{1}{2s}\bigg|_{s=-3/2} = -\frac{1}{3}$$

因此，對於 $v_i(t) = u(t)$，

$$V_o(s) = \frac{1}{3}\left(\frac{1}{s} - \frac{1}{s + \frac{3}{2}}\right)$$

而且拉普拉斯逆轉換為

$$v_o(t) = \frac{1}{3}(1 - e^{-3t/2})u(t) \text{ V}$$

(d) 當 $v_i(t) = 8\cos 2t$，則 $V_i(s) = \dfrac{8s}{s^2 + 4}$，以及

$$V_o(s) = H(s)V_i(s) = \frac{4s}{(s + \frac{3}{2})(s^2 + 4)}$$
$$= \frac{A}{s + \frac{3}{2}} + \frac{Bs + C}{s^2 + 4} \qquad (16.9.3)$$

其中

$$A = \left(s + \frac{3}{2}\right)V_o(s)\bigg|_{s=-3/2} = \frac{4s}{s^2 + 4}\bigg|_{s=-3/2} = -\frac{24}{25}$$

為了求 B 和 C，將 (16.9.3) 式二邊同乘以 $(s + 3/2)(s^2 + 4)$ 得

$$4s = A(s^2 + 4) + B\left(s^2 + \frac{3}{2}s\right) + C\left(s + \frac{3}{2}\right)$$

比較係數得

常數： $0 = 4A + \dfrac{3}{2}C \quad \Rightarrow \quad C = -\dfrac{8}{3}A$

s： $\quad 4 = \dfrac{3}{2}B + C$

s^2： $\quad 0 = A + B \quad \Rightarrow \quad B = -A$

解上面各式得 $A = -24/25$、$B = 24/25$、$C = 64/25$，因此，對於 $v_i(t) = 8\cos 2t$ V，

$$V_o(s) = \frac{-\frac{24}{25}}{s + \frac{3}{2}} + \frac{24}{25}\frac{s}{s^2 + 4} + \frac{32}{25}\frac{2}{s^2 + 4}$$

它的拉普拉斯逆轉換為

$$v_o(t) = \frac{24}{25}\left(-e^{-3t/2} + \cos 2t + \frac{4}{3}\sin 2t\right)u(t) \text{ V}$$

練習題 16.9 對圖 16.20 的電路，重做範例 16.9 的問題。

答： (a) $2/(s+4)$, (b) $2e^{-4t}u(t)$, (c) $\frac{1}{2}(1-e^{-4t})u(t)$ V,
(d) $3.2(-e^{-4t} + \cos 2t + \frac{1}{2}\sin 2t)u(t)$ V.

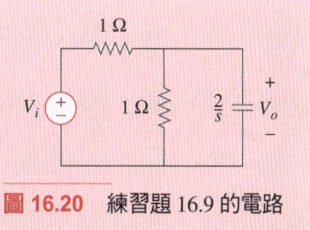

圖 16.20 練習題 16.9 的電路

16.5 狀態變數 (State Variables)

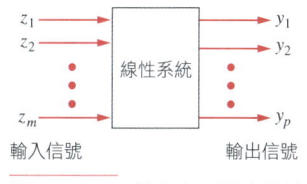

到目前為止，本書只介紹單一輸入和單一輸出的系統分析方法。但許多工程系統包含多個輸入和多個輸出如圖 16.21 所示。狀態變數法在分析與瞭解高度複雜系統時是非常重要的工具。因此，狀態變數模型比單一輸入單一輸出模型 (如轉移函數) 更普遍。即使一章都不能完全闡述整個狀態變數主題，更不用說一節了，本節將只簡單扼要地介紹狀態變數。

圖 16.21 m 輸入和 p 輸出的線性系統

在狀態變數模型中，指定一個描述系統內部行為的變數集合，這些變數稱為系統的**狀態變數** (state variable)。當該系統的當前狀態和輸入信號是已知的，則狀態變數用來確定系統的未來行為。換句話說，如果已知這些變數，則允許只使用代數方程式求系統其他參數。

> 狀態變數是特性化系統狀態的物理性質，不管系統是什麼狀態。

狀態變數常見例子是壓力、體積和溫度。在一個電路中，狀態變數是電感器電流和電容器電壓，因為它們共同描述了系統的能量狀態。

表示狀態方程式的標準方法是將它們安排成一組一階微分方程式：

$$\dot{\mathbf{x}} = \mathbf{Ax} + \mathbf{Bz} \tag{16.20}$$

其中

$$\dot{\mathbf{x}}(t) = \begin{bmatrix} x_1(t) \\ x_2(t) \\ \vdots \\ x_n(t) \end{bmatrix} = \text{表示 } n \text{ 個狀態向量的狀態向量}$$

而且點 (.) 表示相對於時間的一階微分,

$$\dot{\mathbf{x}}(t) = \begin{bmatrix} \dot{x}_1(t) \\ \dot{x}_2(t) \\ \vdots \\ \dot{x}_n(t) \end{bmatrix}$$

而且

$$\mathbf{z}(t) = \begin{bmatrix} z_1(t) \\ z_2(t) \\ \vdots \\ z_m(t) \end{bmatrix} = 表示 \ m \ 個輸入的輸入向量$$

A 和 **B** 分別代表 $n \times n$、$n \times m$ 矩陣。除了 (16.20) 式的狀態方程式,還需要輸出方程式。完整的狀態模型或狀態空間為

$$\begin{aligned} \dot{\mathbf{x}} &= \mathbf{Ax} + \mathbf{Bz} \\ \mathbf{y} &= \mathbf{Cx} + \mathbf{Dz} \end{aligned}$$
(16.21a)
(16.21b)

其中

$$\mathbf{y}(t) = \begin{bmatrix} y_1(t) \\ y_2(t) \\ \vdots \\ y_p(t) \end{bmatrix} = 表示 \ p \ 個輸出的輸出向量$$

而且 **C** 和 **D** 分別代表 $p \times n$、$p \times m$ 矩陣。對於單一輸入單一輸出的特殊狀態,$n = m = p = 1$。

假設輸入狀態為零,則對 (16.21a) 式求拉普拉斯轉換可求得系統的轉移函數,如下:

$$s\mathbf{X}(s) = \mathbf{AX}(s) + \mathbf{BZ}(s) \quad \rightarrow \quad (s\mathbf{I} - \mathbf{A})\mathbf{X}(s) = \mathbf{BZ}(s)$$

或

$$\mathbf{X}(s) = (s\mathbf{I} - \mathbf{A})^{-1}\mathbf{BZ}(s) \tag{16.22}$$

其中 **I** 是單位矩陣。對 (16.21b) 式取拉普拉斯逆轉換得

$$\mathbf{Y}(s) = \mathbf{CX}(s) + \mathbf{DZ}(s) \tag{16.23}$$

將 (16.22) 式代入 (16.23) 式,並除以 **Z**(s) 得轉移函數如下:

$$H(s) = \frac{Y(s)}{Z(s)} = C(sI - A)^{-1}B + D \qquad (16.24)$$

其中

$$A = 系統矩陣$$
$$B = 輸入耦合矩陣$$
$$C = 輸出矩陣$$
$$D = 回授矩陣$$

大多數情況下，$D = 0$，所以 (16.24) 式中 $H(s)$ 的分子階數小於分母的階數，因此，

$$H(s) = C(sI - A)^{-1}B \qquad (16.25)$$

因為包含矩陣運算，所以可以使用 MATLAB 求這個轉移函數。

使用狀態變數分析電路有下列三個步驟。

使用狀態變數方法分析電路的步驟：

1. 選擇電感器電流 i 和電容器電壓 v 當作狀態變數，並確定它們符合被動符號規則。
2. 對電路應用 KCL 和 KVL，則可得到以狀態變數來表示電路變數 (電壓和電流)。這應該得到一組一階充分必要的微分方程，以求得所有的狀態變數。
3. 得到輸出方程式，將最後的結果以狀態空間表示。

步驟 1 和 3 通常是簡單的，主要任務是在步驟 2 中，以下將使用範例來說明。

範例 16.10 試求圖 16.22 電路的狀態空間表示。當輸入為 v_s、輸出為 i_x 時，求電路的轉移函數，取 $R = 1\ \Omega$、$C = 0.25$ F 和 $L = 0.5$ H。

解： 選擇電感器電流 i 和電容器電壓 v 當作狀態變數。

$$v_L = L\frac{di}{dt} \qquad (16.10.1)$$

$$i_C = C\frac{dv}{dt} \qquad (16.10.2)$$

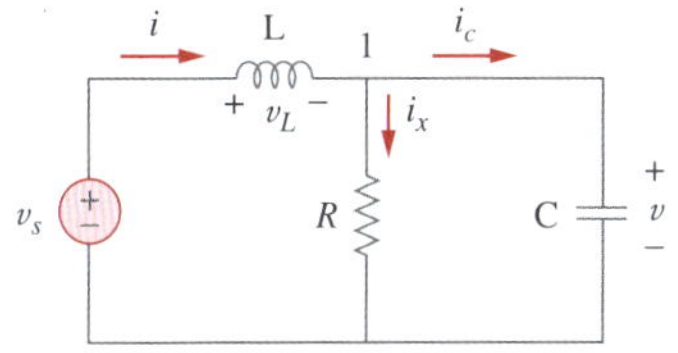

圖 16.22 範例 16.10 的電路

應用 KCL 到節點 1 得

$$i = i_x + i_C \quad \to \quad C\frac{dv}{dt} = i - \frac{v}{R}$$

或

$$\dot{v} = -\frac{v}{RC} + \frac{i}{C} \tag{16.10.3}$$

因為跨接於 R 和 C 上的電壓相同。對外迴路應用 KVL 得

$$v_s = v_L + v \quad \rightarrow \quad L\frac{di}{dt} = -v + v_s$$

$$\dot{i} = -\frac{v}{L} + \frac{v_s}{L} \tag{16.10.4}$$

(16.10.3) 式和 (16.10.4) 式組成狀態方程式。如果把 i_x 當作輸出

$$i_x = \frac{v}{R} \tag{16.10.5}$$

將 (16.10.3) 式、(16.10.4) 式和 (16.10.5) 式寫入標準矩陣形式如下：

$$\begin{bmatrix} \dot{v} \\ \dot{i} \end{bmatrix} = \begin{bmatrix} \frac{-1}{RC} & \frac{1}{C} \\ \frac{-1}{L} & 0 \end{bmatrix} \begin{bmatrix} v \\ i \end{bmatrix} + \begin{bmatrix} 0 \\ \frac{1}{L} \end{bmatrix} v_s \tag{16.10.6a}$$

$$i_x = \begin{bmatrix} \frac{1}{R} & 0 \end{bmatrix} \begin{bmatrix} v \\ i \end{bmatrix} \tag{16.10.6b}$$

如果 $R = 1$、$C = \frac{1}{4}$、$L = \frac{1}{2}$，則從 (16.10.6) 式的矩陣得

$$\mathbf{A} = \begin{bmatrix} \frac{-1}{RC} & \frac{1}{C} \\ \frac{-1}{L} & 0 \end{bmatrix} = \begin{bmatrix} -4 & 4 \\ -2 & 0 \end{bmatrix}, \quad \mathbf{B} = \begin{bmatrix} 0 \\ \frac{1}{L} \end{bmatrix} = \begin{bmatrix} 0 \\ 2 \end{bmatrix},$$

$$\mathbf{C} = \begin{bmatrix} \frac{1}{R} & 0 \end{bmatrix} = \begin{bmatrix} 1 & 0 \end{bmatrix}$$

$$s\mathbf{I} - \mathbf{A} = \begin{bmatrix} s & 0 \\ 0 & s \end{bmatrix} - \begin{bmatrix} -4 & 4 \\ -2 & 0 \end{bmatrix} = \begin{bmatrix} s+4 & -4 \\ 2 & s \end{bmatrix}$$

取拉普拉斯逆轉換得

$$(s\mathbf{I} - \mathbf{A})^{-1} = \frac{(s\mathbf{I}-\mathbf{A}) \text{ 的伴隨矩陣}}{(s\mathbf{I}-\mathbf{A}) \text{ 的行列式}} = \frac{\begin{bmatrix} s & 4 \\ -2 & s+4 \end{bmatrix}}{s^2 + 4s + 8}$$

因此，得轉換函數如下：

$$\mathbf{H}(s) = \mathbf{C}(s\mathbf{I} - \mathbf{A})^{-1}\mathbf{B} = \frac{\begin{bmatrix} 1 & 0 \end{bmatrix} \begin{bmatrix} s & 4 \\ -2 & s+4 \end{bmatrix} \begin{bmatrix} 0 \\ 2 \end{bmatrix}}{s^2 + 4s + 8} = \frac{\begin{bmatrix} 1 & 0 \end{bmatrix} \begin{bmatrix} 8 \\ 2s+8 \end{bmatrix}}{s^2 + 4s + 8}$$

$$= \frac{8}{s^2 + 4s + 8}$$

這與直接對電路取拉普拉斯轉換而得的 $\mathbf{H}(s) = I_x(s)/V_s(s)$ 是相同的。狀態變數法真正的優點在處理多個輸入和多個輸出的電路。本範例只有一個輸入 v_s、一個輸出 i_x，下一個範例則有二個輸入、二個輸出。

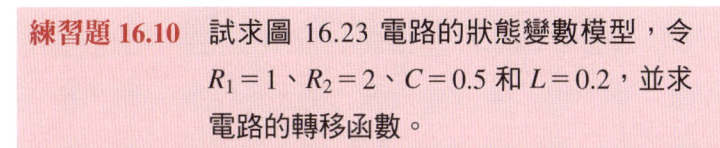

練習題 16.10 試求圖 16.23 電路的狀態變數模型，令 $R_1 = 1$、$R_2 = 2$、$C = 0.5$ 和 $L = 0.2$，並求電路的轉移函數。

答:
$$\begin{bmatrix} \dot{v} \\ \dot{i} \end{bmatrix} = \begin{bmatrix} \frac{-1}{R_1 C} & \frac{-1}{C} \\ \frac{1}{L} & \frac{-R_2}{L} \end{bmatrix} \begin{bmatrix} v \\ i \end{bmatrix} + \begin{bmatrix} \frac{1}{R_1 C} \\ 0 \end{bmatrix} v_s, \quad v_o = \begin{bmatrix} 0 & R_2 \end{bmatrix} \begin{bmatrix} v \\ i \end{bmatrix}$$

$$\mathbf{H}(s) = \frac{20}{s^2 + 12s + 30}.$$

圖 16.23 練習題 16.10 的電路

範例 16.11 圖 16.24 電路可視為二個輸入、二個輸出的系統，試求這個系統的狀態變數模型和轉移函數。

解: 本範例有二個輸入 v_s 和 v_i，以及二個輸出 v_o 和 i_o。接下來，選擇電感器電流 i 和電容器電壓 v 當作狀態變數。應用 KVL 繞行左邊迴路得

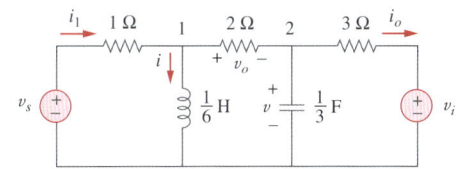

$$-v_s + i_1 + \frac{1}{6}\dot{i} = 0 \quad \rightarrow \quad \dot{i} = 6v_s - 6i_1 \quad (16.11.1)$$

圖 16.24 範例 16.11 的電路

需消去 i_1。應用 KVL 繞行包含 v_s、1 Ω 電阻器、2 Ω 電阻器和 $\frac{1}{3}$ F 電容器的迴路得

$$v_s = i_1 + v_o + v \quad (16.11.2)$$

但在節點 1，應用 KCL 得

$$i_1 = i + \frac{v_o}{2} \quad \rightarrow \quad v_o = 2(i_1 - i) \quad (16.11.3)$$

將 (16.11.3) 式代入 (16.11.2) 式得

$$v_s = 3i_1 + v - 2i \quad \rightarrow \quad i_1 = \frac{2i - v + v_s}{3} \quad (16.11.4)$$

將 (16.11.4) 式代入 (16.11.1) 式得

$$\dot{i} = 2v - 4i + 4v_s \quad (16.11.5)$$

這是第一個狀態方程式。要求第二個狀態方程式，在節點 2 應用 KCL 得

$$\frac{v_o}{2} = \frac{1}{3}\dot{v} + i_o \quad \rightarrow \quad \dot{v} = \frac{3}{2}v_o - 3i_o \tag{16.11.6}$$

需消去 v_o 和 i_o。從右邊迴路很容易看出

$$i_o = \frac{v - v_i}{3} \tag{16.11.7}$$

將 (16.11.4) 式代入 (16.11.3) 式得

$$v_o = 2\left(\frac{2i - v + v_s}{3} - i\right) = -\frac{2}{3}(v + i - v_s) \tag{16.11.8}$$

將 (16.11.7) 式和 (16.11.8) 式代入 (16.11.6) 式得第二個狀態方程式：

$$\dot{v} = -2v - i + v_s + v_i \tag{16.11.9}$$

(16.11.7) 式和 (16.11.8) 式就是二個輸出方程式。將 (16.11.5) 式和 (16.11.7) 式至 (16.11.9) 式寫入標準矩陣形式，即為此電路的狀態變數模型：

$$\begin{bmatrix} \dot{v} \\ \dot{i} \end{bmatrix} = \begin{bmatrix} -2 & -1 \\ 2 & -4 \end{bmatrix} \begin{bmatrix} v \\ i \end{bmatrix} + \begin{bmatrix} 1 & 1 \\ 4 & 0 \end{bmatrix} \begin{bmatrix} v_s \\ v_i \end{bmatrix} \tag{16.11.10a}$$

$$\begin{bmatrix} v_o \\ i_o \end{bmatrix} = \begin{bmatrix} -\frac{2}{3} & -\frac{2}{3} \\ \frac{1}{3} & 0 \end{bmatrix} \begin{bmatrix} v \\ i \end{bmatrix} + \begin{bmatrix} \frac{2}{3} & 0 \\ 0 & -\frac{1}{3} \end{bmatrix} \begin{bmatrix} v_s \\ v_i \end{bmatrix} \tag{16.11.10b}$$

練習題 16.11 試求圖 16.25 電路的狀態模型，v_o 和 i_o 視為輸出變數。

答：
$$\begin{bmatrix} \dot{v} \\ \dot{i} \end{bmatrix} = \begin{bmatrix} -2 & -2 \\ 4 & -8 \end{bmatrix} \begin{bmatrix} v \\ i \end{bmatrix} + \begin{bmatrix} 2 & 0 \\ 0 & -8 \end{bmatrix} \begin{bmatrix} i_1 \\ i_2 \end{bmatrix}$$

$$\begin{bmatrix} v_o \\ i_o \end{bmatrix} = \begin{bmatrix} 1 & 0 \\ 0 & 1 \end{bmatrix} \begin{bmatrix} v \\ i \end{bmatrix} + \begin{bmatrix} 0 & 0 \\ 0 & 1 \end{bmatrix} \begin{bmatrix} i_1 \\ i_2 \end{bmatrix}$$

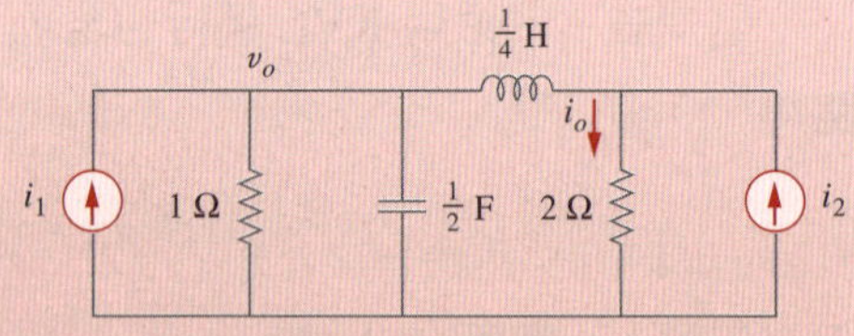

圖 16.25 練習題 16.11 的電路

範例 16.12 假設一個系統的輸出是 $y(t)$、輸入是 $z(t)$，而描述此輸入與輸出關係的微分方程式如下：

$$\frac{d^2 y(t)}{dt^2} + 3\frac{dy(t)}{dt} + 2y(t) = 5z(t) \tag{16.12.1}$$

試求這個系統的狀態模型和轉移函數。

解：首先，選擇狀態變數。令 $x_1 = y(t)$，因此，

$$\dot{x}_1 = \dot{y}(t) \tag{16.12.2}$$

現在令

$$x_2 = \dot{x}_1 = \dot{y}(t) \tag{16.12.3}$$

注意：一個二階系統通常有二個一階項的解。

從 (16.12.3) 式可得 $\dot{x}_2 = \ddot{y}(t)$，由 (16.12.1) 式可求得

$$\dot{x}_2 = \ddot{y}(t) = -2y(t) - 3\dot{y}(t) + 5z(t) = -2x_1 - 3x_2 + 5z(t) \tag{16.12.4}$$

將 (16.12.2) 式至 (16.12.4) 式寫成矩陣方程式如下：

$$\begin{bmatrix} \dot{x}_1 \\ \dot{x}_2 \end{bmatrix} = \begin{bmatrix} 0 & 1 \\ -2 & -3 \end{bmatrix} \begin{bmatrix} x_1 \\ x_2 \end{bmatrix} + \begin{bmatrix} 0 \\ 5 \end{bmatrix} z(t) \tag{16.12.5}$$

$$\mathbf{y}(t) = \begin{bmatrix} 1 & 0 \end{bmatrix} \begin{bmatrix} x_1 \\ x_2 \end{bmatrix} \tag{16.12.6}$$

現在得轉移函數如下：

$$s\mathbf{I} - \mathbf{A} = s \begin{bmatrix} 1 & 0 \\ 0 & 1 \end{bmatrix} - \begin{bmatrix} 0 & 1 \\ -2 & -3 \end{bmatrix} = \begin{bmatrix} s & -1 \\ 2 & s+3 \end{bmatrix}$$

其反矩陣如下：

$$(s\mathbf{I} - \mathbf{A})^{-1} = \frac{\begin{bmatrix} s+3 & 1 \\ -2 & s \end{bmatrix}}{s(s+3) + 2}$$

於是轉移函數為

$$\mathbf{H}(s) = \mathbf{C}(s\mathbf{I} - \mathbf{A})^{-1}\mathbf{B} = \frac{(1 \ 0)\begin{bmatrix} s+3 & 1 \\ -2 & s \end{bmatrix}\begin{pmatrix} 0 \\ 5 \end{pmatrix}}{s(s+3) + 2} = \frac{(1 \ 0)\begin{pmatrix} 5 \\ 5s \end{pmatrix}}{s(s+3) + 2}$$

$$= \frac{5}{(s+1)(s+2)}$$

要驗證這個，直接應用拉普拉斯轉換到 (16.12.1) 式的每一項。因為初始條件為零，則

$$[s^2 + 3s + 2]Y(s) = 5Z(s) \quad \to \quad H(s) = \frac{Y(s)}{Z(s)} = \frac{5}{s^2 + 3s + 2}$$

這與前面所得的結果一致。

練習題 16.12 推導一組代表下列微分方程式的狀態方程式：

$$\frac{d^3y}{dt^3} + 18\frac{d^2y}{dt^2} + 20\frac{dy}{dt} + 5y = z(t)$$

答： $\mathbf{A} = \begin{bmatrix} 0 & 1 & 0 \\ 0 & 0 & 1 \\ -5 & -20 & -18 \end{bmatrix}$, $\mathbf{B} = \begin{bmatrix} 0 \\ 0 \\ 1 \end{bmatrix}$, $\mathbf{C} = \begin{bmatrix} 1 & 0 & 0 \end{bmatrix}$.

16.6 †應用

至今已經介紹了三種拉普拉斯轉換的應用：一般電路分析、求轉換函數和解線性積分-微分方程式。拉普拉斯轉換也應在電路分析、信號處理及控制系統等領域。本節將介紹二種重要的應用：網路穩定性和網路合成。

16.6.1 網路穩定性 (Network Stability)

如果電路的脈衝響應 $h(t)$ 在 $t \to \infty$ 時是有限的 [即 $h(t)$ 收斂為有限值]，則稱為**穩定的** (stable)。如果電路的脈衝響應 $h(t)$ 在 $t \to \infty$ 時是無限成長，則稱為**不穩定的** (unstable)。電路穩定的數學表示式如下：

$$\lim_{t \to \infty} |h(t)| = 有限值 \tag{16.26}$$

因為轉移函數 $H(s)$ 是脈衝響應 $h(t)$ 的拉普拉斯轉換，所以 $h(t)$ 必須符合實際需求，使 (16.26) 式成立。如前面介紹，$H(s)$ 可寫成

$$H(s) = \frac{N(s)}{D(s)} \tag{16.27}$$

其中 $N(s) = 0$ 的根稱為 $H(s)$ 的**零點** (zeros)，因為它們使得 $H(s) = 0$；而 $D(s) = 0$ 的根稱為 $H(s)$ 的**極點** (poles)，因為它們使得 $H(s) \to \infty$。$H(s)$ 的零點與極點通常落在圖 16.26(a) 所示的 s 平面中。從前一章的 (15.47) 式和 (15.48) 式，$H(s)$ 也可用極點表示如下：

$$H(s) = \frac{N(s)}{D(s)} = \frac{N(s)}{(s+p_1)(s+p_2)\cdots(s+p_n)} \tag{16.28}$$

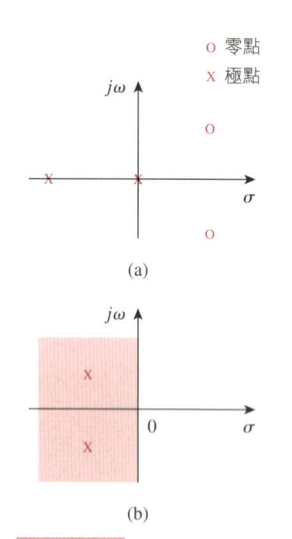

圖 16.26 複數平面：(a) 極點與零點，(b) 左半平面

$H(s)$ 必須符合電路的二個要求才能穩定。第一，$N(s)$ 的階數必須小於 $D(s)$ 的階數；否則，長除後將產生

$$H(s) = k_n s^n + k_{n-1} s^{n-1} + \cdots + k_1 s + k_0 + \frac{R(s)}{D(s)} \tag{16.29}$$

其中長除後的餘數 $R(s)$ 的階數小於 $D(s)$ 的階數。長除後，(16.29) 式之 $H(s)$ 的逆轉換不滿足 (16.26) 式的收斂條件。第二，在 (16.27) 式 $H(s)$ 的所有極點 $[D(s) = 0$ 的所有根] 必須為負實部；換句話說，所有的極點必須落在 s 平面的左半部，如圖 16.26(b) 所示。對 (16.27) 式的 $H(s)$ 取拉普拉斯逆轉換，則可看出其中的原因。因為 (16.27) 式與 (15.48) 式相似，它的部分分式展開將與 (15.49) 式相似，所以它的 $H(s)$ 逆轉換將與 (15.53) 式相似。因此，

$$h(t) = (k_1 e^{-p_1 t} + k_2 e^{-p_2 t} + \cdots + k_n e^{-p_n t}) u(t) \tag{16.30}$$

從這個方程式得知，p_i 必須為正 (極點 $s = -p_i$ 才會落在 s 的左半平面)，所以當 t 增加時，$e^{-p_i t}$ 會減少。因此，

當電路轉移函數 $H(s)$ 的所有極點都落在 s 平面的左半部時，則該電路為穩定的。

一個不穩定的電路永遠不會到達穩態，因為它的暫態響應不會衰減為零。因此，穩態分析只適用於穩定的電路。

由被動元件 (R、L 和 C) 和獨立電源組成的電路不可能不穩定，因為這意味著，一些分支電流或電壓與設定為零的電源會無限增長。被動元件不可能產生無限制的增長。被動電路或為穩定或其極點的實部為零。為了證明是這種情況，可以考慮圖 16.27 的 RLC 串聯電路。它的轉移函數如下：

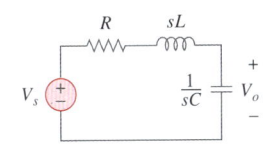

圖 16.27 典型的 RLC 電路

$$H(s) = \frac{V_o}{V_s} = \frac{1/sC}{R + sL + 1/sC}$$

或

$$H(s) = \frac{1/L}{s^2 + sR/L + 1/LC} \tag{16.31}$$

$D(s) = s^2 + sR/L + 1/LC = 0$ 與 RLC 電路的特徵方程式 (8.8) 式相同。所以這個電路有個極點在

$$p_{1,2} = -\alpha \pm \sqrt{\alpha^2 - \omega_0^2} \tag{16.32}$$

其中

$$\alpha = \frac{R}{2L}, \qquad \omega_0 = \frac{1}{LC}$$

對 R、L、$C > 0$，這二個極點總是落在 s 平面的左半部，所以這電路是穩定的。但是，當 $R = 0$、$\alpha = 0$ 時，則電路變為不穩定。雖然理論上是可能的，但實際上不會發生，因為 R 永遠不會為 0。

換句話說，包含控制電源的主動電路或被動電路可以提供能量，而且可以不穩定。事實上，振盪器就是設計一個不穩定電路的典型範例。振盪器的轉移函數形式如下：

$$H(s) = \frac{N(s)}{s^2 + \omega_0^2} = \frac{N(s)}{(s + j\omega_0)(s - j\omega_0)} \tag{16.33}$$

所以它輸出正弦波。

範例 16.13 圖 16.28 電路是穩定的，試求電路的 k 值。

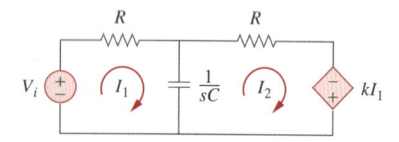

圖 16.28 範例 16.13 的電路

解： 對圖 16.28 的一階電路應用網目分析得

$$V_i = \left(R + \frac{1}{sC}\right)I_1 - \frac{I_2}{sC} \tag{16.13.1}$$

且

$$0 = -kI_1 + \left(R + \frac{1}{sC}\right)I_2 - \frac{I_1}{sC}$$

或

$$0 = -\left(k + \frac{1}{sC}\right)I_1 + \left(R + \frac{1}{sC}\right)I_2 \tag{16.13.2}$$

將 (16.13.1) 式至 (16.13.2) 式寫成矩陣方程式如下：

$$\begin{bmatrix} V_i \\ 0 \end{bmatrix} = \begin{bmatrix} \left(R + \dfrac{1}{sC}\right) & -\dfrac{1}{sC} \\ -\left(k + \dfrac{1}{sC}\right) & \left(R + \dfrac{1}{sC}\right) \end{bmatrix} \begin{bmatrix} I_1 \\ I_2 \end{bmatrix}$$

它的行列式值為

$$\Delta = \left(R + \frac{1}{sC}\right)^2 - \frac{k}{sC} - \frac{1}{s^2C^2} = \frac{sR^2C + 2R - k}{sC} \tag{16.13.3}$$

當特徵方程式 $\Delta = 0$ 時，得單一極點如下：

$$p = \frac{k - 2R}{R^2C}$$

當 $k<2R$ 時,p 為負值。因此,總結得此電路在 $k<2R$ 時為穩定,在 $k>2R$ 時為不穩定。

練習題 16.13 試求使圖 16.29 電路穩定的 β 值。

答:$\beta > -1/R$.

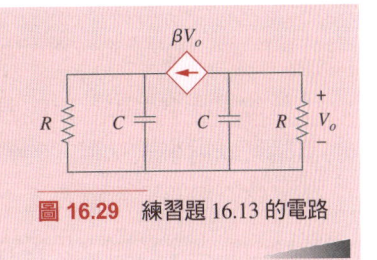

圖 16.29 練習題 16.13 的電路

範例 16.14

主動濾波器的轉移函數如下:

$$H(s) = \frac{k}{s^2 + s(4-k) + 1}$$

試求使濾波器穩定的 k 值。

解:作為一個二階電路,$H(s)$ 可以寫成

$$H(s) = \frac{N(s)}{s^2 + bs + c}$$

其中 $b = 4-k$、$c = 1$ 和 $N(s) = k$,則極點出現在 $p^2 + bp + c = 0$。因此,

$$p_{1,2} = \frac{-b \pm \sqrt{b^2 - 4c}}{2}$$

此電路要穩定,極點必須落在 s 平面的左半部,這意味著 $b > 0$。

將上述結論應用到已知的 $H(s)$,此濾波器電路要穩定,則 $4-k > 0$ 或 $k < 4$。

練習題 16.14 二階主動電路的轉移函數如下:

$$H(s) = \frac{1}{s^2 + s(25+\alpha) + 25}$$

試求使電路穩定的 α 值範圍。當 α 值為何時將造成振盪?

答:$\alpha > -25$, $\alpha = -25$.

16.6.2 網路合成

網路合成 (network synthesis) 可視為求表示已知轉移函數的網路的過程。在 s 域合成網路比在時域合成網路簡單。

在網路分析時，求已知網路的轉移函數。而在網路合成時，使用反向方法，已知轉移函數，求合適的網路。

> 網路合成是求已知轉移函數的網路。

在合成時須牢記，可能有許多不同的答案——或可能沒有答案，因為許多不同的電路可以用來表示相同的轉移函數。但在網路分析時，只有一個答案。

網絡合成是非常重要且令人興奮的工程領域。電路設計師把轉移函數設計出合適電路的能力是電路設計者的資產。網路合成本身就是一門完整的課程，而且需要某些經驗。下面的範例主要在於激發讀者的興趣。

範例 16.15 已知轉移函數如下：

$$H(s) = \frac{V_o(s)}{V_i(s)} = \frac{10}{s^2 + 3s + 10}$$

實現如圖 16.30(a) 電路的功能。(a) 選擇 $R = 5\ \Omega$，然後求 L 和 C，(b) 選擇 $R = 1\ \Omega$，然後求 L 和 C。

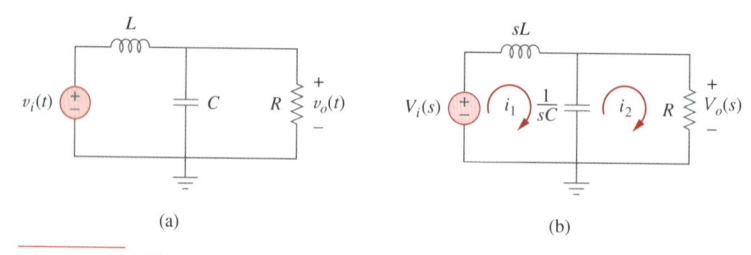

圖 16.30　範例 16.15 的電路

解：

1. **定義**：這個問題已定義清楚了。這是合成的問題：已知一個轉移函數，合成一個電路產生轉移函數的功能。但為了問題更易於管理，我們給出所需的轉移函數電路。

   有一個變數，本範例中的 R，沒有被賦予一個值，則這個問題有無限多個解。對於這種不確定的問題，需要額外的假設，才能縮小解答的範圍。

2. **表達**：電壓輸出對電壓輸入的轉移函數等於 $10/(s^2 + 3s + 10)$。圖 16.30 的電路也應該可以產生所需的轉移函數。二個不同的 R 值，$5\ \Omega$ 和 $1\ \Omega$，是用來計算產生已知轉移函數的 L 和 C 值。

3. **選擇**：所有的解法都是要求出圖 16.30 的轉移函數，然後與已知轉移函數的各項做比較。二種方法都將使用網目分析法和節點分析法。因為要求的是電壓的比值，所以使用節點分析法較為適合。

4. **嘗試**：使用節點分析法導出

$$\frac{V_o(s) - V_i(s)}{sL} + \frac{V_o(s) - 0}{1/(sC)} + \frac{V_o(s) - 0}{R} = 0$$

乘以 sLR 得

$$RV_o(s) - RV_i(s) + s^2RLCV_o(s) + sLV_o(s) = 0$$

重新整理得

$$(s^2RLC + sL + R)V_o(s) = RV_i(s)$$

或

$$\frac{V_o(s)}{V_i(s)} = \frac{1/(LC)}{s^2 + [1/(RC)]s + 1/(LC)}$$

比較這二個轉移函數，得到二個方程式與三個未知數。

$$LC = 0.1 \quad 或 \quad L = \frac{0.1}{C}$$

和

$$RC = \frac{1}{3} \quad 或 \quad C = \frac{1}{3R}$$

已知的限制方程式為 (a) $R = 5\ \Omega$ 和 (b) $R = 1\ \Omega$。

(a) $C = 1/(3 \times 5) =$ **66.67 mF** 和 $L =$ **1.5 H**

(b) $C = 1/(3 \times 1) =$ **333.3 mF** 和 $L =$ **300 H**

5. **驗證**：有不同的方法可檢查這個答案。使用網目分析法解轉移函數似乎是最直接，而且也是這裡要使用的方法。但我們必須指出這種方法在數學上更複雜，而且比節點分析法花更多的時間。也可使用其他方法來驗證。假設輸入 $v_i(t) = u(t)$ V，而且可使用節點分析法或網目分析法來驗證答案，這裡使用網目分析法。

令 $v_i(t) = u(t)$ V 或 $V_i(s) = 1/s$，則將產生

$$V_o(s) = 10/(s^3 + 3s^2 + 10s)$$

基於圖 16.30，使用網目分析法：

(a) 對迴路 1 而言，

$$-(1/s) + 1.5sI_1 + [1/(0.06667s)](I_1 - I_2) = 0$$

或

$$(1.5s^2 + 15)I_1 - 15I_2 = 1$$

對迴路 2 而言，

$$(15/s)(I_2 - I_1) + 5I_2 = 0$$

或

$$-15I_1 + (5s + 15)I_2 = 0 \quad 或 \quad I_1 = (0.3333s + 1)I_2$$

代入第一個方程式得

$$(0.5s^3 + 1.5s^2 + 5s + 15)I_2 - 15I_2 = 1$$

或

$$I_2 = 2/(s^3 + 3s^2 + 10s)$$

但是，

$$V_o(s) = 5I_2 = 10/(s^3 + 3s^2 + 10s)$$

則答案得到驗證。

(b) 對迴路 1 而言，

$$-(1/s) + 0.3sI_1 + [1/(0.3333s)](I_1 - I_2) = 0$$

或

$$(0.3s^2 + 3)I_1 - 3I_2 = 1$$

對迴路 2 而言，

$$(3/s)(I_2 - I_1) + I_2 = 0$$

或

$$-3I_1 + (s + 3)I_2 = 0 \quad 或 \quad I_1 = (0.3333s + 1)I_2$$

代入第一式得

$$(0.09999s^3 + 0.3s^2 + s + 3)I_2 - 3I_2 = 1$$

或

$$I_2 = 10/(s^3 + 3s^2 + 10s)$$

但 $V_o(s) = 1 \times I_2 = 10/(s^3 + 3s^2 + 10s)$
則答案得到驗證。

6. **滿意？** 已經清楚確認每個條件的 L 和 C 值，而且小心驗證答案是否正確。此問題已經得到充分解答。因此，可將此解當作此問題的答案。

練習題 16.15 實現下面函數：

$$G(s) = \frac{V_o(s)}{V_i(s)} = \frac{4s}{s^2 + 4s + 20}$$

利用圖 16.31 的電路，選擇 $R = 2\,\Omega$，試求 L 和 C。

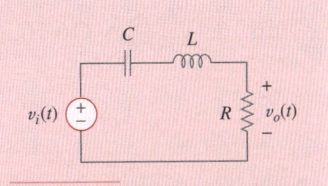

圖 16.31 練習題 16.15 的電路

答：500 mH, 100 mF。

合成下面函數：

範例 16.16

$$T(s) = \frac{V_o(s)}{V_s(s)} = \frac{10^6}{s^2 + 100s + 10^6}$$

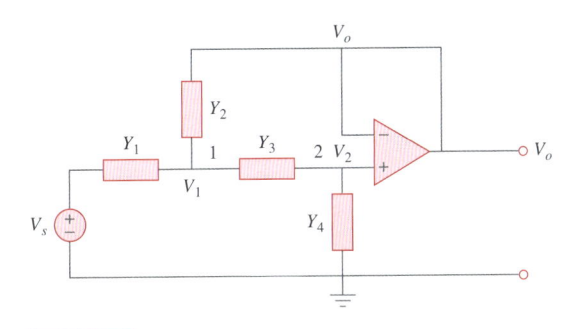

利用圖 16.32 的拓樸。

圖 16.32 範例 16.16 的拓樸結構

解：在節點 1 和節點 2 使用節點分析法。在節點 1，

$$(V_s - V_1)Y_1 = (V_1 - V_o)Y_2 + (V_1 - V_2)Y_3 \tag{16.16.1}$$

在節點 2，

$$(V_1 - V_2)Y_3 = (V_2 - 0)Y_4 \tag{16.16.2}$$

但 $V_2 = V_o$，所以 (16.16.1) 式改為

$$Y_1 V_s = (Y_1 + Y_2 + Y_3)V_1 - (Y_2 + Y_3)V_o \tag{16.16.3}$$

(16.16.2) 式改為

$$V_1 Y_3 = (Y_3 + Y_4)V_o$$

或

$$V_1 = \frac{1}{Y_3}(Y_3 + Y_4)V_o \tag{16.16.4}$$

將 (16.16.4) 式代入 (16.16.3) 式得

$$Y_1 V_s = (Y_1 + Y_2 + Y_3)\frac{1}{Y_3}(Y_3 + Y_4)V_o - (Y_2 + Y_3)V_o$$

或

$$Y_1 Y_3 V_s = [Y_1 Y_3 + Y_4(Y_1 + Y_2 + Y_3)]V_o$$

因此，

$$\frac{V_o}{V_s} = \frac{Y_1 Y_3}{Y_1 Y_3 + Y_4(Y_1 + Y_2 + Y_3)} \tag{16.16.5}$$

要合成已知的轉移函數 $T(s)$，將它與 (16.16.5) 式比較。注意二件事情：(1) $Y_1 Y_3$ 必定不能包含 s 項，因為 $T(s)$ 的分子為常數，(2) 已知轉移函數為二階，表示必須有二個電容。因此，令 Y_1、Y_3 為電阻，Y_2、Y_4 為電容。所以，選擇

$$Y_1 = \frac{1}{R_1}, \qquad Y_2 = sC_1, \qquad Y_3 = \frac{1}{R_2}, \qquad Y_4 = sC_2 \tag{16.16.6}$$

將 (16.16.6) 式代入 (16.16.5) 式得

$$\frac{V_o}{V_s} = \frac{1/(R_1 R_2)}{1/(R_1 R_2) + sC_2(1/R_1 + 1/R_2 + sC_1)}$$
$$= \frac{1/(R_1 R_2 C_1 C_2)}{s^2 + s(R_1 + R_2)/(R_1 R_2 C_1) + 1/(R_1 R_2 C_1 C_2)}$$

將這式與已知的轉移函數 $T(s)$ 進行比較得

$$\frac{1}{R_1 R_2 C_1 C_2} = 10^6, \qquad \frac{R_1 + R_2}{R_1 R_2 C_1} = 100$$

如果選擇 $R_1 = R_2 = 10 \text{ k}\Omega$，則

$$C_1 = \frac{R_1 + R_2}{100 R_1 R_2} = \frac{20 \times 10^3}{100 \times 100 \times 10^6} = 2 \text{ }\mu\text{F}$$
$$C_2 = \frac{10^{-6}}{R_1 R_2 C_1} = \frac{10^{-6}}{100 \times 10^6 \times 2 \times 10^{-6}} = 5 \text{ nF}$$

因此，使用圖 16.33 的電路來實現已知的轉移函數。

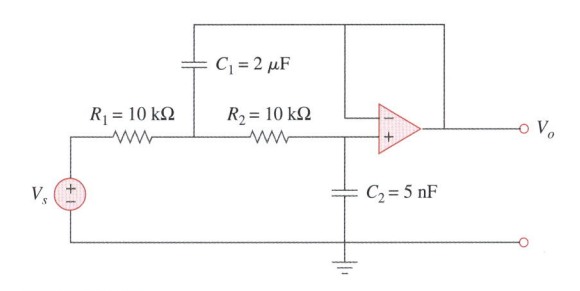

圖 16.33 範例 16.16 的電路

練習題 16.16 合成下面函數：

$$\frac{V_o(s)}{V_{in}} = \frac{-2s}{s^2 + 6s + 10}$$

利用圖 16.34 運算放大器電路，選擇

$$Y_1 = \frac{1}{R_1}, \quad Y_2 = sC_1, \quad Y_3 = sC_2, \quad Y_4 = \frac{1}{R_2}$$

令 $R_1 = 1$ kΩ，試求 C_1、C_2 和 R_2。

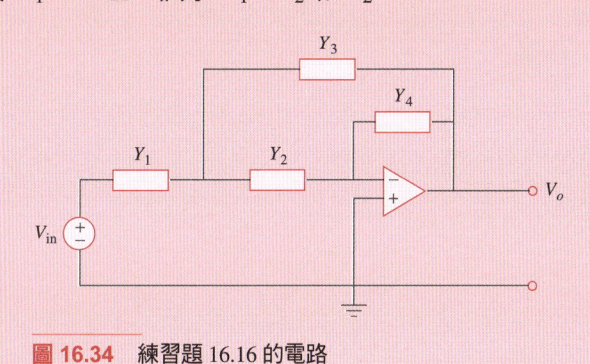

圖 16.34 練習題 16.16 的電路

答：100 μF, 500 μF, 2 kΩ.

16.7 總結

1. 拉普拉斯轉換可用來分析電路，將每個元件從時域轉到 s 域，使用任何分析電路的方法解題，使用拉普拉斯逆轉換將結果轉回時域。

2. 在 s 域中，電路元件被 $t = 0$ 時的初始條件取代，如下 (注意：下列為電壓模型，但對應的電流模型作用相同)：

電阻：$v_R = Ri \quad \rightarrow \quad V_R = RI$

電感：$v_L = L\dfrac{di}{dt} \quad \rightarrow \quad V_L = sLI - Li(0^-)$

電容：$v_C = \int i\,dt \quad \to \quad V_C = \dfrac{1}{sC} - \dfrac{v(0^-)}{s}$

3. 使用拉普拉斯轉換分析電路時，可以得到電路的完全響應 (包括暫態響應和穩態響應)，因為在轉換過程中包含了初始條件。
4. 一個網路的轉移函數 $H(s)$ 是脈衝響應 $h(t)$ 的拉普拉斯轉換。
5. 在 s 域中，轉移函數 $H(s)$ 表示輸出響應 $Y(s)$ 和輸入激發 $X(s)$ 的關係；即 $H(s) = Y(s)/X(s)$。
6. 狀態變數模型是分析包含多輸入和多輸出複雜系統的有用工具。狀態變數分析在電路理論和控制中普遍採用的有效方法。系統的狀態是求系統在任何已知輸入的未來響應所需數量的最小一組變數 (稱為狀態變數)。狀態變數形式的狀態方程式如下：

$$\dot{\mathbf{x}} = \mathbf{A}x + \mathbf{B}z$$

而輸出方程式為

$$y = \mathbf{C}x + \mathbf{D}z$$

7. 對於一個電路，首先選擇電容器電壓和電感器電流作為狀態變數，然後應用 KCL 和 KVL 求狀態方程式。
8. 本章涵蓋拉普拉斯轉換的其他二個應用領域是電路穩定性和電路合成。當一個電路的轉移函數所有極點落在 s 平面的左半部，則電路為穩定的。網路合成是求代表已知轉移函數的適當網路過程。這個過程更適合在 s 域中進行。

複習題

16.1 流過電阻器的電流為 $i(t)$，則在 s 域中該電阻器的電壓可表示為 $sRI(s)$。
(a) 對　(b) 錯

16.2 RL 串聯電路的輸入電壓為 $v(t)$，則 s 域中流過 RL 的電流可表示為：
(a) $V(s)\left[R + \dfrac{1}{sL}\right]$　(b) $V(s)(R + sL)$
(c) $\dfrac{V(s)}{R + 1/sL}$　(d) $\dfrac{V(s)}{R + sL}$

16.3 10 F 電容器的阻抗為：
(a) $10/s$　(b) $s/10$　(c) $1/10s$　(d) $10s$

16.4 通常在時域中可求得戴維寧等效電路。
(a) 對　(b) 錯

16.5 轉移函數被定義於當所有輸入條件都為零。
(a) 對　(b) 錯

16.6 如果一個線性系的輸入為 $\delta(t)$ 和輸出為 $e^{-2t}u(t)$，則此系統的轉移函數為：
(a) $\dfrac{1}{s+2}$　(b) $\dfrac{1}{s-2}$
(c) $\dfrac{s}{s+2}$　(d) $\dfrac{s}{s-2}$
(e) 以上皆非

16.7 如果一個系統的轉移函數為：

$$H(s) = \dfrac{s^2 + s + 2}{s^3 + 4s^2 + 5s + 1}$$

則系統的輸入為 $X(s) = s^3 + 4s^2 + 5s + 1$，輸出為 $Y(s) = s^2 + s + 2$。

(a) 對　(b) 錯

16.8 一個網路的轉移函數如下：

$$H(s) = \frac{s+1}{(s-2)(s+3)}$$

則此網路是穩定的。

(a) 對　(b) 錯

16.9 下列哪一個方程式稱為狀態方程式？

(a) $\dot{\mathbf{x}} = \mathbf{A}\mathbf{x} + \mathbf{B}\mathbf{z}$

(b) $\mathbf{y} = \mathbf{C}\mathbf{x} + \mathbf{D}\mathbf{z}$

(c) $\mathbf{H}(s) = \mathbf{Y}(s)/\mathbf{Z}(s)$

(d) $\mathbf{H}(s) = \mathbf{C}(s\mathbf{I} - \mathbf{A})^{-1}\mathbf{B}$

16.10 描述單一輸入、單一輸出的狀態模型如下：

$$\dot{x}_1 = 2x_1 - x_2 + 3z$$
$$\dot{x}_2 = -4x_2 - z$$
$$y = 3x_1 - 2x_2 + z$$

下列哪一個矩陣是錯誤的？

(a) $\mathbf{A} = \begin{bmatrix} 2 & -1 \\ 0 & -4 \end{bmatrix}$　(b) $\mathbf{B} = \begin{bmatrix} 3 \\ -1 \end{bmatrix}$

(c) $\mathbf{C} = \begin{bmatrix} 3 & -2 \end{bmatrix}$　(d) $\mathbf{D} = \mathbf{0}$

答：16.1 b，16.2 d，16.3 c，16.4 b，16.5 b，16.6 a，16.7 a，16.8 b，16.9 a，16.10 d

習題

16.2 和 16.3 節　電路元件模型和電路分析

16.1 一個 RLC 電路的電流描述如下：

$$\frac{d^2i}{dt^2} + 10\frac{di}{dt} + 25i = 0$$

如果 $i(0) = 2$ A 和 $di(0)/dt = 0$，試求 $t > 0$ 時的 $i(t)$。

16.2 描述 RLC 網路的電壓微分方程式如下：

$$\frac{d^2v}{dt^2} + 5\frac{dv}{dt} + 4v = 0$$

已知 $v(0) = 0$ 和 $dv(0)/dt = 5$ V/s，試求 $v(t)$。

16.3 描述 RLC 電路自然響應的微分方程式如下：

$$\frac{d^2v}{dt^2} + 2\frac{dv}{dt} + v = 0$$

其初始條件 $v(0) = 20$ V 和 $dv(0)/dt = 0$，試求 $v(t)$。

16.4 如果 $R = 20\ \Omega$、$L = 0.6$ H，什麼 C 值將使 RLC 串聯電路：

(a) 過阻尼？

(b) 臨界阻尼？

(c) 欠阻尼？

16.5 RLC 串聯電路的響應為：

$$v_C(t) = [30 - 10e^{-20t} + 30e^{-10t}]u(t)\text{V}$$
$$i_L(t) = [40e^{-20t} - 60e^{-10t}]u(t)\text{mA}$$

其中 $v_C(t)$ 和 $i_L(t)$ 依次為電容電壓和電感電流。試求 R、L、C 值。

16.6 試設計一個並聯 RLC 電路，滿足下面特徵方程式：

$$s^2 + 100s + 10^6 = 0$$

16.7 RLC 電路的步級響應如下：

$$\frac{d^2i}{dt^2} + 2\frac{di}{dt} + 5i = 10$$

已知 $i(0) = 6$ A 和 $di(0)/dt = 12$ A/s，試求 $i(t)$。

16.8 RLC 電路的分支電壓描述如下：

$$\frac{d^2v}{dt^2} + 4\frac{dv}{dt} + 8v = 48$$

如果初始條件 $v(0) = 0 = dv(0)/dt$，試求 $v(t)$。

16.9 串聯 RLC 電路描述如下：

$$L\frac{d^2i(t)}{dt} + R\frac{di(t)}{dt} + \frac{i(t)}{C} = 15$$

試求當 $L = 0.5$ H、$R = 4$ Ω 和 $C = 0.2$ F 時的響應。令 $i(0^-) = 7.5$ A 和 $[di(0^-)/dt] = 0$。

16.10 一個串聯 *RLC* 電路的步級響應為

$$V_c = 40 - 10e^{-2000t} - 10e^{-4000t}\text{ V}, t > 0$$

$$i_L(t) = 3e^{-2000t} + 6e^{-4000t}\text{ mA}, t > 0$$

(a) 試求 C。
(b) 試決定此電路為哪一種阻尼類型。

16.11 一個並聯 *RLC* 電路的步級響應為

$$v = 10 + 20e^{-300t}(\cos 400t - 2\sin 400t)\text{V}, t \geq 0$$

當電感器為 50 mH 時，試求 R 和 C。

16.12 利用拉普拉斯轉換求圖 16.35 電路的 $i(t)$。

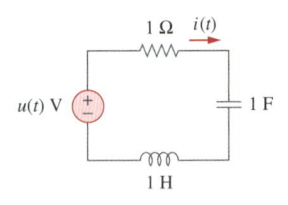

圖 16.35 習題 16.12 的電路

16.13 利用圖 16.36，試設計一個問題幫助其他學生更瞭解使用拉普拉斯轉換分析電路。

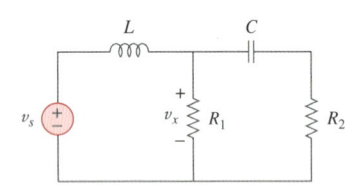

圖 16.36 習題 16.13 的電路

16.14 試求圖 16.37 電路在 $t > 0$ 時的 $i(t)$，假設 $i_s(t) = [4u(t) + 2\delta(t)]$ mA。

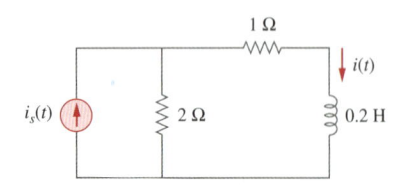

圖 16.37 習題 16.14 的電路

16.15 對於圖 16.38 電路，試求需要一個臨界阻尼響應的 R 值。

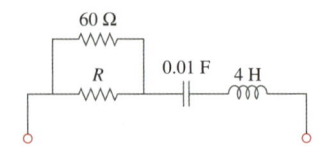

圖 16.38 習題 16.15 的電路

16.16 圖 16.39 電路的電容初始狀態為未充電，試求 $t > 0$ 時的 $v_o(t)$。

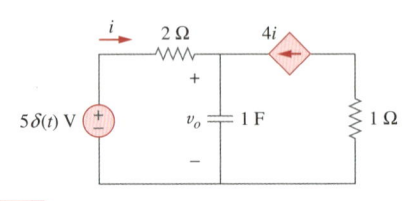

圖 16.39 習題 16.16 的電路

16.17 如果圖 16.40 電路的 $i_s(t) = e^{-2t}u(t)$ A，試求 $i_o(t)$ 值。

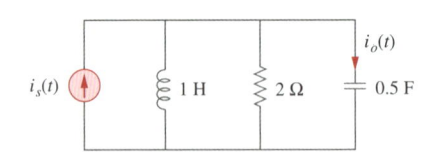

圖 16.40 習題 16.17 的電路

16.18 試求圖 16.41 電路在 $t > 0$ 時的 $v(t)$，令 $v_s = 20$ V。

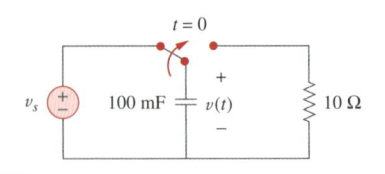

圖 16.41 習題 16.18 的電路

16.19 圖 16.42 電路的開關，在 $t = 0$ 時從 A 點移到 B 點 (注意：開關必須連接到 B 點，在斷開與 A 點連接之前，先連後斷開關)，試求 $t > 0$ 時的 $v(t)$。

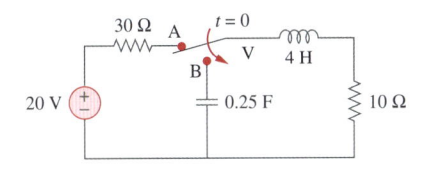

圖 16.42 習題 16.19 的電路

16.20 試求圖 16.43 電路在 $t>0$ 時的 $i(t)$。

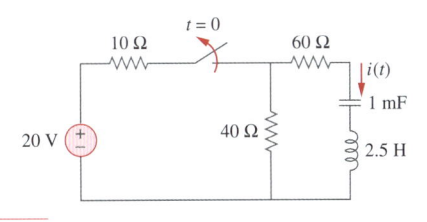

圖 16.43 習題 16.20 的電路

16.21 在圖 16.44 電路中，在 $t=0$ 時開關 (先連後斷開關) 從 A 點移到 B 點，試求 $t \geq 0$ 時的 $v(t)$。

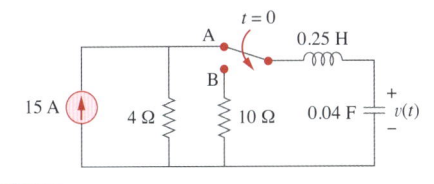

圖 16.44 習題 16.21 的電路

16.22 試求圖 16.45 電路，在 $t>0$ 時跨接於電容器二端的電壓時間函數。假設在 $t=0^-$ 時存在穩態條件。

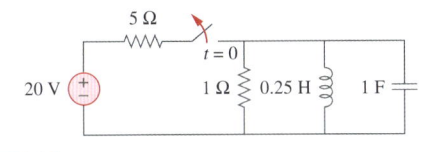

圖 16.45 習題 16.22 的電路

16.23 試求圖 16.46 電路在 $t>0$ 時的 $v(t)$。

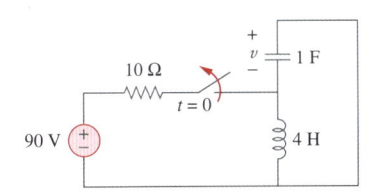

圖 16.46 習題 16.23 的電路

16.24 圖 16.47 電路的開關已經關閉很長的時間，但在 $t=0$ 時被打開，試求 $t>0$ 時的 $i(t)$。

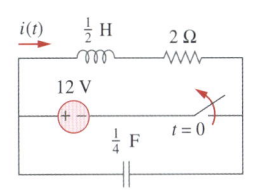

圖 16.47 習題 16.24 的電路

16.25 試求圖 16.48 電路在 $t>0$ 時的 $v(t)$。

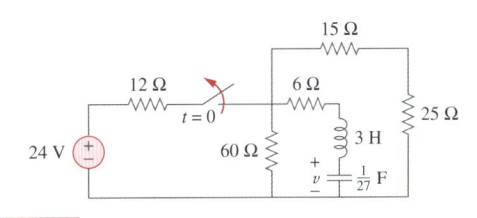

圖 16.48 習題 16.25 的電路

16.26 圖 16.49 電路的開關，在 $t=0$ 時從 A 點移到 B 點 (注意：開關必須連接到 B 點，在斷開與 A 點連接之前，先連後斷開關)，試求 $t>0$ 時的 $i(t)$。同時假設電容的初始電壓為零。

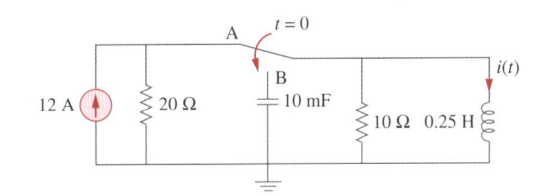

圖 16.49 習題 16.26 的電路

16.27 試求圖 16.50 電路在 $t>0$ 時的 $v(t)$。

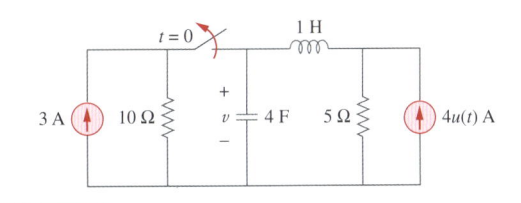

圖 16.50 習題 16.27 的電路

16.28 試求圖 16.51 電路在 $t>0$ 時的 $v(t)$。

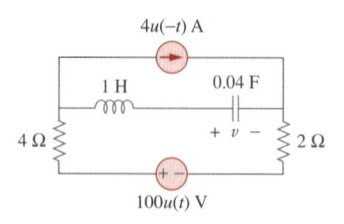

圖 16.51 習題 16.28 的電路

16.29 試求圖 16.52 電路在 $t>0$ 時的 $i(t)$。

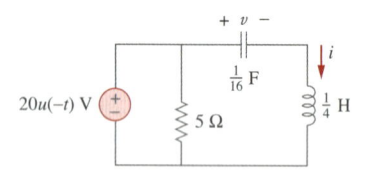

圖 16.52 習題 16.29 的電路

16.30 試求圖 16.53 電路在 $t>0$ 時的 $v_o(t)$。

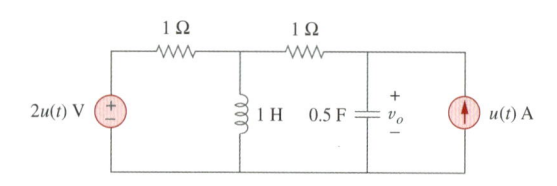

圖 16.53 習題 16.30 的電路

16.31 試求圖 16.54 電路在 $t>0$ 時的 $v(t)$ 和 $i(t)$。

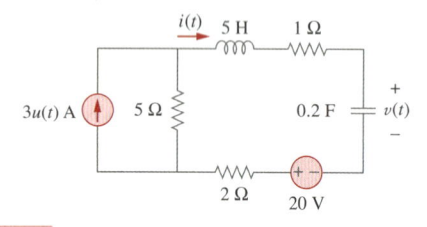

圖 16.54 習題 16.31 的電路

16.32 試求圖 16.55 電路在 $t>0$ 時的 $i(t)$。

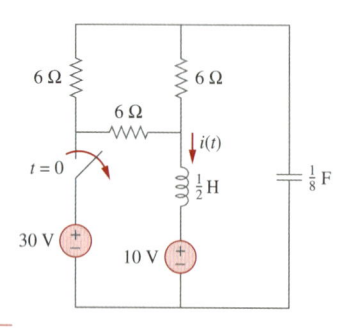

圖 16.55 習題 16.32 的電路

16.33 利用圖 16.56 的電路，試設計一個問題幫助其他學生更瞭解如何使用戴維寧定理 (在 s 域中) 輔助電路分析。

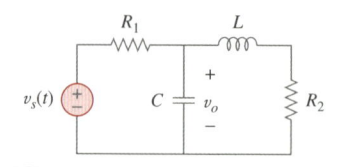

圖 16.56 習題 16.33 的電路

16.34 求解圖 16.57 電路的網目電流，可以保留 s 域計算的結果。

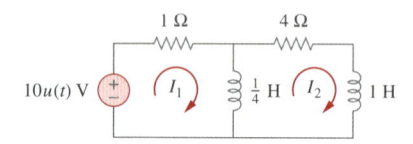

圖 16.57 習題 16.34 的電路

16.35 試求圖 16.58 電路的 $v_o(t)$。

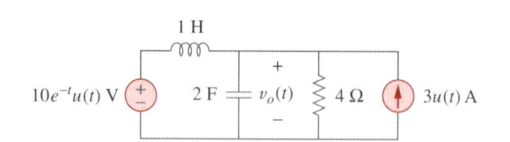

圖 16.58 習題 16.35 的電路

16.36 參考圖 16.59 電路，試求 $t>0$ 時的 $i(t)$。

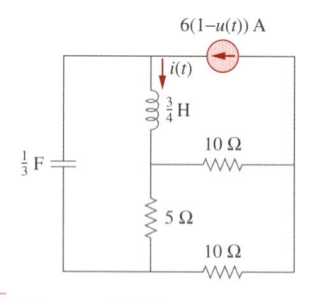

圖 16.59 習題 16.36 的電路

16.37 試求圖 16.60 電路在 $t>0$ 時的 v。

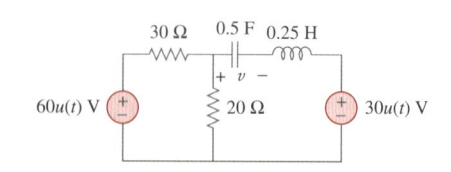

圖 16.60 習題 16.37 的電路

16.38 圖 16.61 電路的開關，在 $t=0$ 時從 a 點移到 b 點 (先連後斷開關)，試求 $t>0$ 時的 $i(t)$。

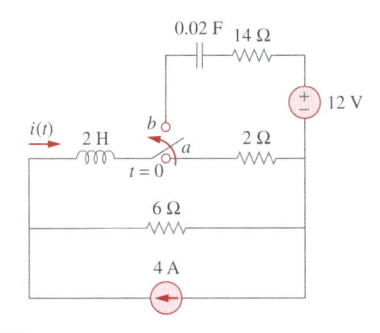

圖 16.61 習題 16.38 的電路

16.39 試求圖 16.62 網路在 $t>0$ 時的 $i(t)$。

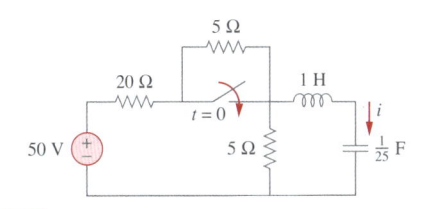

圖 16.62 習題 16.39 的電路

16.40 試求圖 16.63 電路在 $t>0$ 時的 $v(t)$ 和 $i(t)$。假設 $v(0)=0\text{ V}$、$i(0)=1\text{ A}$。

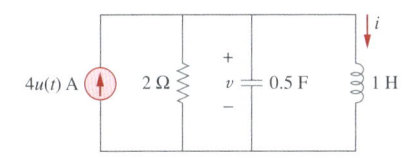

圖 16.63 習題 16.40 的電路

16.41 試求圖 16.64 電路的輸出電壓 $v_o(t)$。

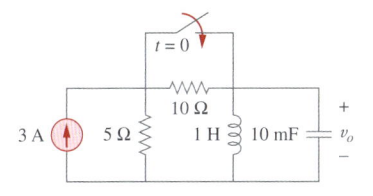

圖 16.64 習題 16.41 的電路

16.42 試求圖 16.65 電路在 $t>0$ 時的 $i(t)$ 和 $v(t)$。

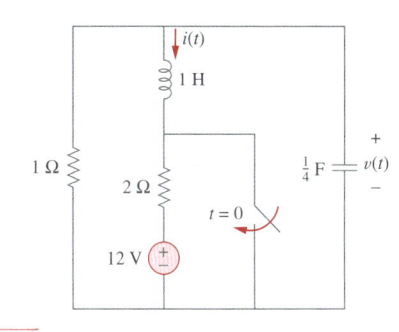

圖 16.65 習題 16.42 的電路

16.43 試求圖 16.66 電路在 $t>0$ 時的 $i(t)$。

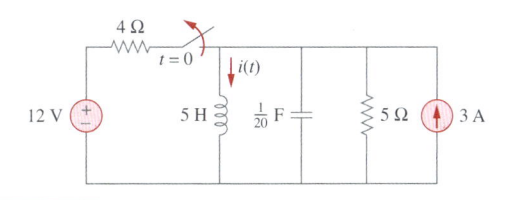

圖 16.66 習題 16.43 的電路

16.44 試求圖 16.67 電路在 $t>0$ 時的 $i(t)$。

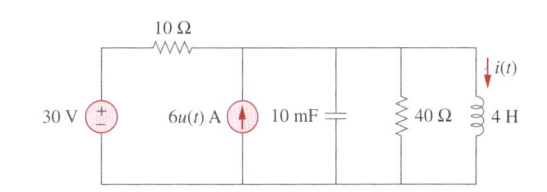

圖 16.67 習題 16.44 的電路

16.45 試求圖 16.68 電路在 $t>0$ 時的 $v(t)$。

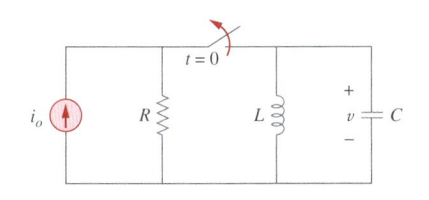

圖 16.68 習題 16.45 的電路

16.46 試求圖 16.69 電路的 $i_o(t)$。

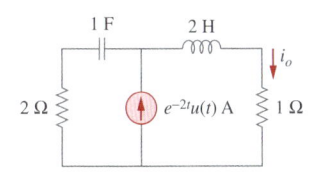

圖 16.69 習題 16.46 的電路

16.47 試求圖 16.70 網路的 $i_o(t)$。

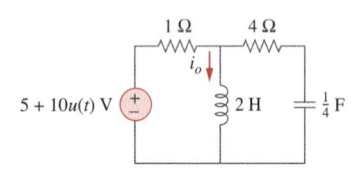

圖 16.70 習題 16.47 的電路

16.48 試求圖 16.71 電路的 $V_x(s)$。

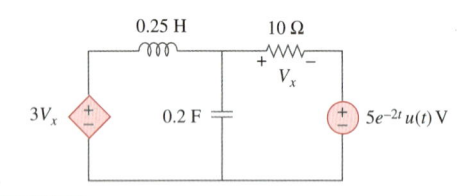

圖 16.71 習題 16.48 的電路

16.49 試求圖 16.72 電路在 $t>0$ 時的 $i_o(t)$。

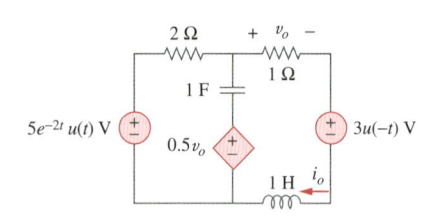

圖 16.72 習題 16.49 的電路

16.50 試求圖 16.73 電路在 $t>0$ 時的 $v(t)$。假設 $v(0^+) = 4$ V、$i(0) = 2$ A。

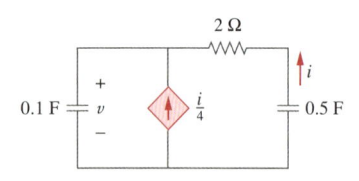

圖 16.73 習題 16.50 的電路

16.51 試求圖 16.74 電路在 $t>0$ 時的 $i(t)$。

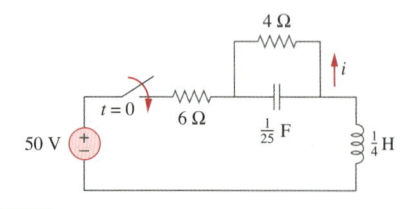

圖 16.74 習題 16.51 的電路

16.52 圖 16.75 電路的開關在 $t=0$ 之前關閉很長的時間，但在 $t=0$ 時被斷開，試求 $t>0$ 時的 i_x 和 v_R。

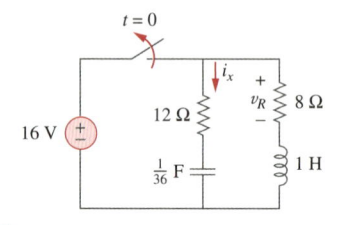

圖 16.75 習題 16.52 的電路

16.53 圖 16.76 電路的開關停在位置 1 很長一段時間，但在 $t=0$ 時切換到位置 2。
(a) 試求 $v(0^+)$、$dv(0^+)/dt$。
(b) 試求 $t \geq 0$ 時的 $v(t)$。

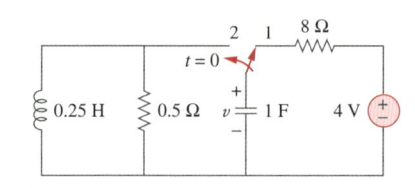

圖 16.76 習題 16.53 的電路

16.54 圖 16.77 電路的開關，在 $t<0$ 時停在位置 1，但在 $t=0$ 時切換到電容的頂端。注意：這是先連後斷型開關；開關停在位置 1，直到連接上電容頂端後，才斷開與位置 1 的連接。試求 $v(t)$。

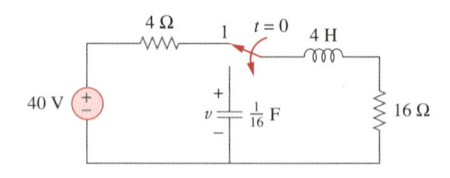

圖 16.77 習題 16.54 的電路

16.55 試求圖 16.78 電路在 $t>0$ 時的 i_1 和 i_2。

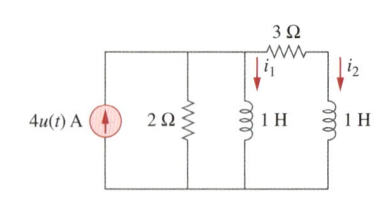

圖 16.78 習題 16.55 的電路

16.56 試求圖 16.79 網路在 $t>0$ 時的 $i_o(t)$。

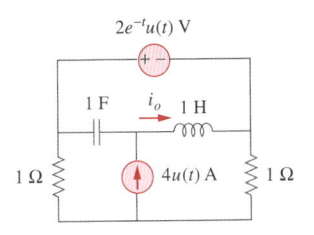

圖 16.79　習題 16.56 的電路

16.57 (a) 試求圖 16.80(a) 所示電壓的拉普拉斯轉換；(b) 利用圖 16.80(b) 電路的 $v_s(t)$ 值，試求 $v_o(t)$ 值。

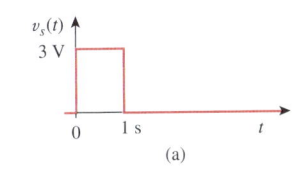

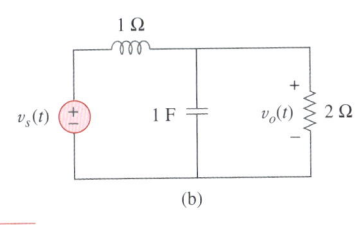

圖 16.80　習題 16.57 的電路

16.58 利用圖 16.81 的電路，試設計一個問題幫助其他學生更瞭解在 s 域中包含非獨立電源電路的分析。

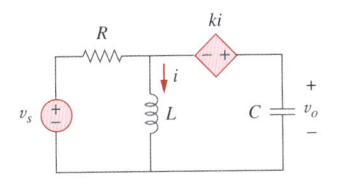

圖 16.81　習題 16.58 的電路

16.59 試求圖 16.82 電路的 $v_o(t)$，如果 $v_x(0)=2$ V 和 $i(0)=1$ A。

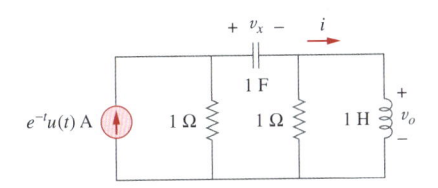

圖 16.82　習題 16.59 的電路

16.60 試求圖 16.83 電路在 $t>0$ 時的響應 $v_R(t)$，令 $R=3\,\Omega$、$L=2$ H 和 $C=1/18$ F。

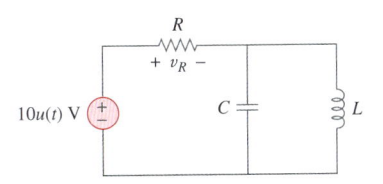

圖 16.83　習題 16.60 的電路

*16.61 利用拉普拉斯轉換，試求圖 16.84 電路的電壓 $v_o(t)$。

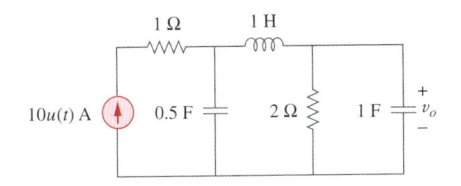

圖 16.84　習題 16.61 的電路

16.62 利用圖 16.85 的電路，試設計一個問題幫助其他學生更瞭解在 s 域中求解節點電壓。

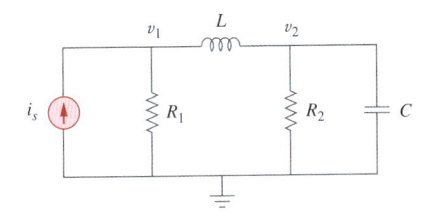

圖 16.85　習題 16.62 的電路

16.63 如圖 16.86 的並聯 RLC 電路，試求 $v(t)$ 和 $i(t)$，已知 $v(0)=5$ V 和 $i(0)=-2$ A。

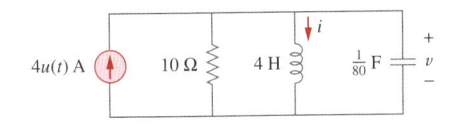

圖 16.86　習題 16.63 的電路

16.64 圖 16.87 電路的開關在 $t=0$ 從位置 1 切換到位置 2，試求 $t>0$ 時的 $v(t)$。

---

* 星號表示該習題具有挑戰性。

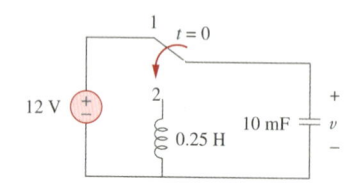

圖 16.87　習題 16.64 的電路

16.65 對於圖 16.88 所示的 *RLC* 電路，當開關是關閉時 $v(0) = 2\ \text{V}$，試求完全響應。

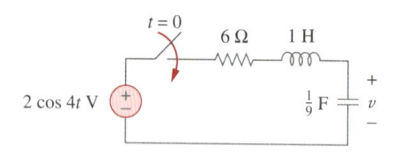

圖 16.88　習題 16.65 的電路

16.66 對於圖 16.89 的運算放大器電路，取 $v_s = 3e^{-5t}u(t)\ \text{V}$，試求 $t > 0$ 時的 $v_o(t)$。

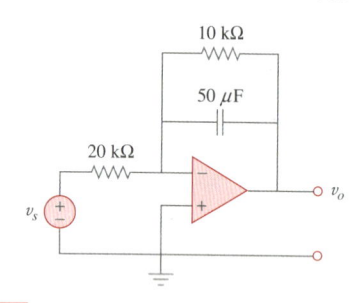

圖 16.89　習題 16.66 的電路

16.67 如圖 16.90 的運算放大器電路，如果 $v_1(0^+) = 2\ \text{V}$、$v_2(0^+) = 0\ \text{V}$，試求 $t > 0$ 時的 v_o，令 $R = 100\ \text{k}\Omega$ 和 $C = 1\ \mu\text{F}$。

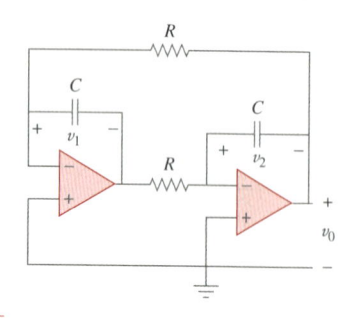

圖 16.90　習題 16.67 的電路

16.68 試求圖 16.91 運算放大器電路的 V_o/V_s。

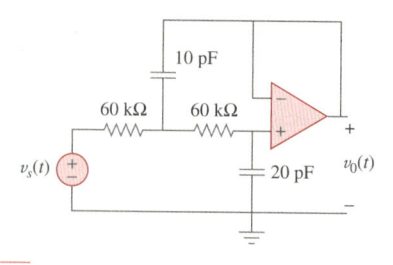

圖 16.91　習題 16.68 的電路

16.69 試求圖 16.92 電路的 $I_1(s)$ 和 $I_2(s)$。

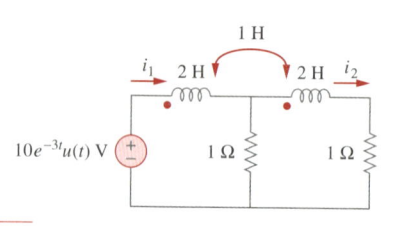

圖 16.92　習題 16.69 的電路

16.70 利用圖 16.93 的電路，試設計一個問題幫助其他學生更瞭解如何分析在 *s* 域中包含相互耦合元件的電路。

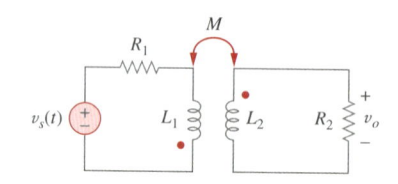

圖 16.93　習題 16.70 的電路

16.71 試求圖 16.94 理想變壓器電路的 $i_o(t)$。

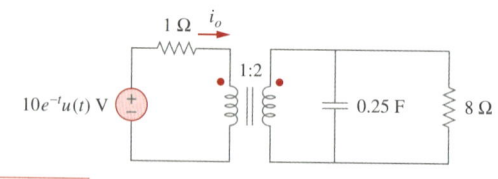

圖 16.94　習題 16.71 的電路

16.4 節　轉移函數

16.72 一個系統的轉移函數如下：

$$H(s) = \frac{s^2}{3s + 1}$$

當系統輸入為 $4e^{-t/3}u(t)$ 時，試求輸出。

16.73 當一個系統的輸入為單位步級函數時，其響應為 $10\cos 2t\, u(t)$，試求這個系統的轉移函數。

16.74 試設計一個問題幫助其他學生更瞭解如何在已知轉移函數和輸入情況下求輸出。

16.75 當 $t = 0$ 時，單位步級函數作用到某系統，其響應為：

$$y(t) = [4 + 0.5e^{-3t} - e^{-2t}(2\cos 4t + 3\sin 4t)]u(t)$$

則此系統的轉移函數為何？

16.76 對於圖 16.95 所示的電路，試求 $H(s) = V_o(s)/V_s(s)$，假設初始條件為零。

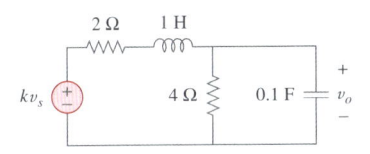

圖 16.95 習題 16.76 的電路

16.77 試求圖 16.96 電路的轉移函數 $H(s) = V_o/V_s$。

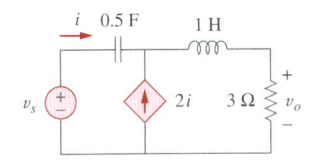

圖 16.96 習題 16.77 的電路

16.78 一個實際電路的轉移函數如下：

$$H(s) = \frac{5}{s+1} - \frac{3}{s+2} + \frac{6}{s+4}$$

試求這個電路的脈衝響應。

16.79 試求圖 16.97 電路的 (a) I_1/V_s，(b) I_2/V_x。

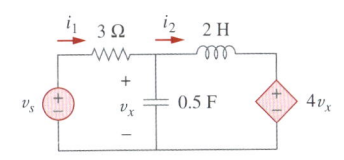

圖 16.97 習題 16.79 的電路

16.80 參考圖 16.98 網路，試求下列轉移函數：
(a) $H_1(s) = V_o(s)/V_s(s)$
(b) $H_2(s) = V_o(s)/I_s(s)$
(c) $H_3(s) = I_o(s)/I_s(s)$
(d) $H_4(s) = I_o(s)/V_s(s)$

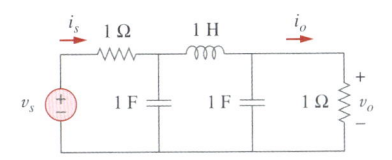

圖 16.98 習題 16.80 的電路

16.81 對於圖 16.99 的運算放大器電路，試求轉移函數 $T(s) = I(s)/V_s(s)$，假設所有初始條件皆為零。

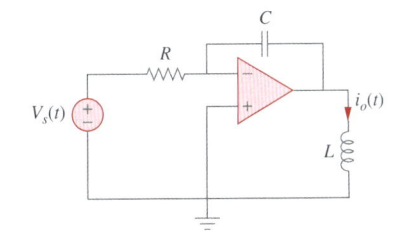

圖 16.99 習題 16.81 的電路

16.82 試求圖 16.100 運算放大器電路的增益 $H(s) = V_o/V_s$。

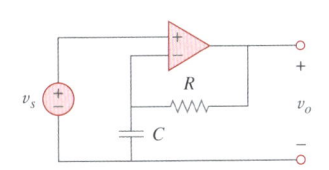

圖 16.100 習題 16.82 的電路

16.83 參考圖 16.101 的 RL 電路，試求：
(a) 電路的脈衝響應 $h(t)$。
(b) 電路的單位步級響應。

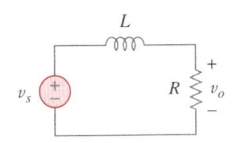

圖 16.101 習題 16.83 的電路

16.84 一個並聯 RL 電路的 $R = 4\,\Omega$ 和 $L = 1\,H$，且電路的輸入為 $i_s(t) = 2e^{-t}u(t)$ A。試求在所有 $t > 0$ 時的電感電流 $i_L(t)$，假設 $i_L(0) = -2$ A。

16.85 一個電路的轉移函數如下：

$$H(s) = \frac{s+4}{(s+1)(s+2)^2}$$

試求這個電路的脈衝響應。

16.5 節 狀態變數

16.86 推導練習題 16.12 的狀態方程式。

16.87 推導練習題 16.13 所設計問題的狀態方程式。

16.88 推導圖 16.102 電路的狀態方程式。

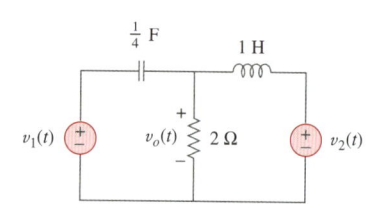

圖 16.102 習題 16.88 的電路

16.89 推導圖 16.103 電路的狀態方程式。

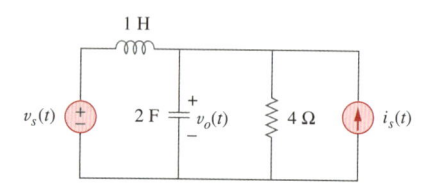

圖 16.103 習題 16.89 的電路

16.90 推導圖 16.104 電路的狀態方程式。

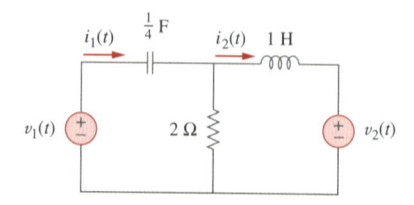

圖 16.104 習題 16.90 的電路

16.91 推導下面微分方程式的狀態方程式：

$$\frac{d^2y(t)}{dt^2} + \frac{6\,dy(t)}{dt} + 7y(t) = z(t)$$

*16.92 推導下面微分方程式的狀態方程式：

$$\frac{d^2y(t)}{dt^2} + \frac{7\,dy(t)}{dt} + 9y(t) = \frac{dz(t)}{dt} + z(t)$$

*16.93 推導下面微分方程式的狀態方程式：

$$\frac{d^3y(t)}{dt^3} + \frac{6\,d^2y(t)}{dt^2} + \frac{11\,dy(t)}{dt} + 6y(t) = z(t)$$

*16.94 已知狀態方程式如下，試求 $y(t)$：

$$\dot{\mathbf{x}} = \begin{bmatrix} -4 & 4 \\ -2 & 0 \end{bmatrix} x + \begin{bmatrix} 0 \\ 2 \end{bmatrix} u(t)$$

$$\mathbf{y}(t) = [1 \quad 0]x$$

*16.95 已知狀態方程式如下，試求 $y_1(t)$ 和 $y_2(t)$：

$$\dot{\mathbf{x}} = \begin{bmatrix} -2 & -1 \\ 2 & -4 \end{bmatrix} x + \begin{bmatrix} 1 & 1 \\ 4 & 0 \end{bmatrix} \begin{bmatrix} u(t) \\ 2u(t) \end{bmatrix}$$

$$\mathbf{y} = \begin{bmatrix} -2 & -2 \\ 1 & 0 \end{bmatrix} x + \begin{bmatrix} 2 & 0 \\ 0 & -1 \end{bmatrix} \begin{bmatrix} u(t) \\ 2u(t) \end{bmatrix}$$

16.6 節 應用

16.96 證明圖 16.105 所示的並聯 RLC 電路是穩定的。

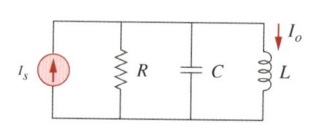

圖 16.105 習題 16.96 的電路

16.97 某系統是由圖 16.106 所示的二個系統串接而成。已知系統的脈衝響應為：

$$h_1(t) = 3e^{-t}u(t), \qquad h_2(t) = e^{-4t}u(t)$$

(a) 試求整個系統的脈衝響應。
(b) 驗證整個系統是否穩定。

圖 16.106 習題 16.97 的圖形

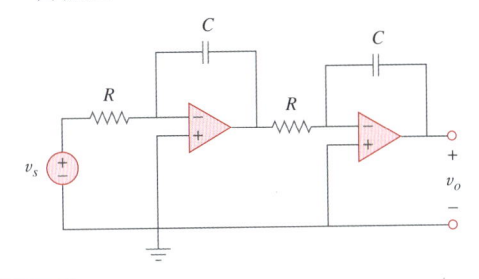

16.98 試決定圖 16.107 所示的運算放大器電路是否穩定。

圖 16.107 習題 16.98 的電路

16.99 利用圖 16.108 的電路，實現如下的轉移函數：

$$\frac{V_2(s)}{V_1(s)} = \frac{2s}{s^2 + 2s + 6}$$

選擇 $R = 1 \text{ k}\Omega$，並求 L 和 C。

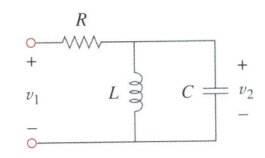

圖 16.108 習題 16.99 的電路

16.100 利用圖 16.109 的電路，試設計一個運算放大器電路，實現如下的轉移函數：

$$\frac{V_o(s)}{V_i(s)} = -\frac{s + 1000}{2(s + 4000)}$$

選擇 $C_1 = 10 \ \mu\text{F}$，並求 R_1、R_2 和 C_2。

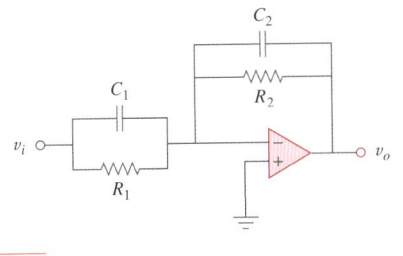

圖 16.109 習題 16.100 的電路

16.101 利用圖 16.110 的電路，實現如下的轉移函數：

$$\frac{V_o(s)}{V_s(s)} = -\frac{s}{s + 10}$$

令 $Y_1 = sC_1$、$Y_2 = 1/R_1$、$Y_3 = sC_2$，選擇 $R_1 = 1 \text{ k}\Omega$，並求 C_1 和 C_2。

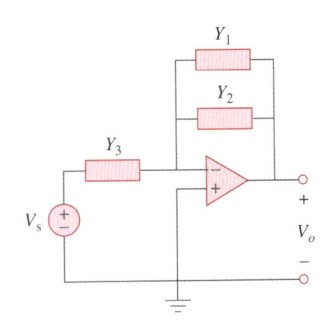

圖 16.110 習題 16.101 的電路

16.102 利用圖 16.111 的拓樸，合成如下的轉移函數：

$$\frac{V_o(s)}{V_{in}(s)} = \frac{10^6}{s^2 + 100s + 10^6}$$

令 $Y_1 = 1/R_1$、$Y_2 = 1/R_2$、$Y_3 = sC_1$、$Y_4 = sC_2$，選擇 $R_1 = 1 \text{ k}\Omega$，並求 C_1、C_2 和 R_2。

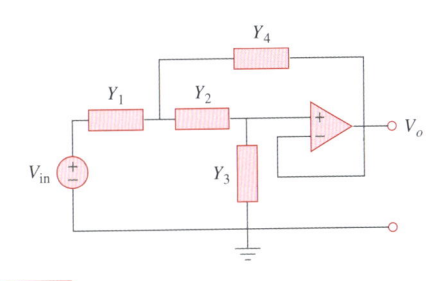

圖 16.111 習題 16.102 的電路

綜合題

16.103 試求圖 16.112 運算放大器電路的轉移函數，轉移函數形式如下：

$$\frac{V_o(s)}{V_i(s)} = \frac{as}{s^2 + bs + c}$$

其中 a、b 和 c 是常數，試求這些常數值。

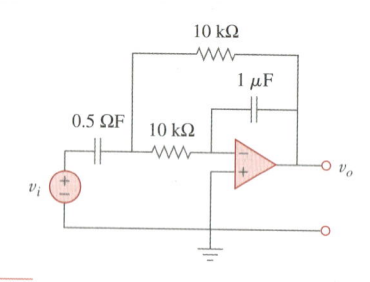

圖 16.112 綜合題 16.103 的電路

16.104 一個實際網路的輸入導納為 $Y(s)$，這個導納有一個極點在 $s = -3$、一個零點在 $s = -1$ 和 $Y(\infty) = 0.25$ S。

(a) 試求 $Y(s)$。

(b) 一個 8 V 電池通過一個開關連接到此網路。如果在 $t = 0$ 時開關是關閉的，利用拉普拉斯轉換求流經 $Y(s)$ 的電流 $i(t)$。

16.105 迴轉器是在網路中模擬電感器的元件，基本迴轉器電路如圖 16.113 所示。利用求 $V_i(s)/I_o(s)$，來證明通過該迴轉器所產生的電感為 $L = CR^2$。

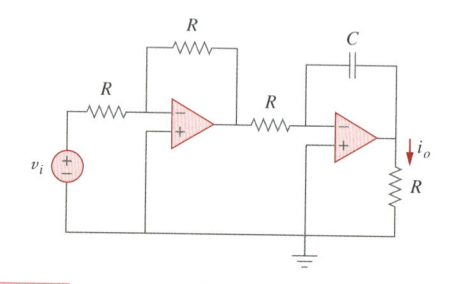

圖 16.113 綜合題 16.105 的電路

Chapter 17 傅立葉級數

研究是看到別人已經看出來的，但去思考沒人想過的。

—— 艾伯特‧聖捷爾吉

加強你的技能和職能

ABET EC 2000 標準 (3.j)，"當代的知識議題。"

工程師必須瞭解當代的知識議題。為了讓自己的職涯確實有意義，在二十一世紀，必須瞭解當代的知識議題，特別是那些可能會直接影響自身工作的議題。實現這個目標最簡單的方法之一就是大量閱讀報紙、雜誌和當代圖書。身為一名學生，參加 ABET 的計畫、選修某些課程將直接朝這個目標前進。

ABET EC 2000 標準 (3.k)，"使用工程實踐中必要的方法、技能和現代工程工具的能力。"

成功的工程師必須有能力使用工程實踐中必要的方法、技能和現代工程工具。這顯然是本書的一大重點。學會熟練運用現代，"獲取知識的整合設計環境" (knowledge capturing integrated design environment, KCIDE) 的工具以促進工作是展現成為一名工程師的基礎。在現代 KCIDE 環境工作的能力需要徹底瞭解與環境相關的工具。

因此，成功的工程師必須持續掌握新的設計、分析和模擬工具。工程師也必須使用這些工具直到熟練。工程師還必須確保軟體的結果與真實世界的現狀是一致的，這方面可能是多數工程師最大的難題。因此，成功地使用這些工具需要持續並重複學習工程師工作領域的基礎知識。

Charles Alexander

~歷史人物~

讓‧巴普蒂斯‧約瑟夫‧傅立葉 (Jean Baptiste Joseph Fourier, 1768-1830)，法國數學家，最先提出以他命名的傅立葉級數和傅立葉轉換。傅立葉的研究結果並未受到當時科學界的熱烈歡迎。

傅立葉出生於法國的歐塞爾，8歲時成為孤兒。他進入本篤會修士 (Benedictine monks) 興辦的當地軍事院校就讀，並展現了他非凡的數學能力。就像大多數與他同時代的人，傅立葉也被捲入法國大革命的政治中。在1790年代後期，當拿破崙遠征埃及時，他扮演了非常重要的角色。由於參與政治，讓他兩次大難不死。

Hulton Archive/Getty Images

17.1 簡介

在此之前，我們已經花了相當多的時間分析正弦電源的電路，本章將介紹週期性、非正弦波激發的電路分析。第9章曾經介紹週期函數的概念，並提到正弦波是最簡單和最有用的週期函數。本章介紹的傅立葉級數，一個以正弦波表示週期函數的方法。一旦使用正弦波表示電源函數時，則可應用相量法來分析電路。

傅立葉級數是以傅立葉的名字命名的。1822年，傅立葉觀察到任何實際的週期函數都可以表示為多個正弦函數之和。這種表示方法加上重疊定理，就能夠使用相量法求解任意週期輸入函數的電路響應。

本章首先從三角函數的傅立葉級數開始，稍後介紹指數函數的傅立葉級數，再將傅立葉級數應用到電路分析。最後，介紹傅立葉級數在頻譜分析和濾波器方面的實際應用。

17.2 三角函數的傅立葉級數 (Trigonometric Fourier Series)

在研究熱流時，傅立葉發現可以使用無限的正弦函數之和來表示非正弦週期性函數。前面曾經介紹，週期函數是每隔 T 秒重複一次的函數。換句話說，週期函數 $f(t)$ 滿足：

$$f(t) = f(t + nT) \tag{17.1}$$

其中 n 是整數，且 T 是函數的週期。

根據**傅立葉定理** (Fourier theorem)，任意頻率 ω_0 的實際週期函數都可表示為無限多個頻率為 ω_0 整數倍的正弦或餘弦函數之和。因此，$f(t)$ 可以表示如下：

$$\begin{aligned} f(t) = {} & a_0 + a_1 \cos\omega_0 t + b_1 \sin\omega_0 t + a_2 \cos 2\omega_0 t \\ & + b_2 \sin 2\omega_0 t + a_3 \cos 3\omega_0 t + b_3 \sin 3\omega_0 t + \cdots \end{aligned} \tag{17.2}$$

或

$$f(t) = \underbrace{a_0}_{\text{直流}} + \underbrace{\sum_{n=1}^{\infty}(a_n \cos n\omega_0 t + b_n \sin n\omega_0 t)}_{\text{交流}} \tag{17.3}$$

其中 $\omega_0 = 2\pi/T$ 稱為**基頻** (fundamental angular frequency)，單位為每秒弧度。正弦 $\sin n\omega_0 t$ 或餘弦 $\cos n\omega_0 t$ 稱為 $f(t)$ 的 n 次諧波。如果 n 為奇數則為奇次諧波，如果 n 為偶數則為偶次諧波。(17.3) 式稱為 $f(t)$ 的**三角函數傅立葉級數** (trigonometric Fourier series)。常數 a_n 和 b_n 稱為**傅立葉係數** (Fourier coefficients)。係數 a_0 是直流成分或 $f(t)$ 的平均值 (前面介紹過正弦波的平均值為零)。係數 a_n 和 b_n ($n \neq 0$) 是交流成分正弦波的振幅。因此，

諧波頻率 ω_n 是基頻 ω_0 的整數倍，即 $\omega_n = n\omega_0$。

一個週期函數 $f(t)$ 的傅立葉級數是將 $f(t)$ 分解為直流成分和
包括無限多個正弦諧波的交流成分的表示法。

因為 (17.3) 式的無窮級數可能收斂或也可能發散，所以表示成 (17.3) 式之傅立葉級數的函數必須符合實際需求，才能使傅立葉級數收斂。使傅立葉級數 $f(t)$ 收斂的條件如下：

1. $f(t)$ 在任何地方都只有單一值。
2. $f(t)$ 在任何週期具有有限數目的有限不連續值。
3. $f(t)$ 在任何週期具有有限數目的極大值和極小值。
4. 對任何 t_0，積分 $\int_{t_0}^{t_0+T} |f(t)|\, dt < \infty$。

歷史註記：雖然傅立葉在 1822 年公布他的理論，但是狄里克雷 (P. G. L. Dirichlet, 1805-1859) 稍後才提出可被接受的證明。

上述條件稱為**狄里克雷條件** (Dirichlet conditions)。雖然它們不是必要條件，但卻是傅立葉級數存在的充分條件。

傅立葉級數主要的工作是確定傅立葉係數 a_0、a_n 和 b_n，確定這係數的過程稱為**傅立葉分析** (Fourier analysis)。下面三角函數積分在傅立葉分析中是非常有用的。對任何整數 m 和 n 而言，

Mathcad 或 Maple 等套裝軟體可用來計算傅立葉係數。

$$\int_0^T \sin n\omega_0 t\, dt = 0 \tag{17.4a}$$

$$\int_0^T \cos n\omega_0 t\, dt = 0 \tag{17.4b}$$

$$\int_0^T \sin n\omega_0 t \cos m\omega_0 t\, dt = 0 \tag{17.4c}$$

$$\int_0^T \sin n\omega_0 t \sin m\omega_0 t\, dt = 0, \quad (m \neq n) \tag{17.4d}$$

$$\int_0^T \cos n\omega_0 t \cos m\omega_0 t\, dt = 0, \quad (m \neq n) \tag{17.4e}$$

$$\int_0^T \sin^2 n\omega_0 t\, dt = \frac{T}{2} \tag{17.4f}$$

$$\int_0^T \cos^2 n\omega_0 t\, dt = \frac{T}{2} \tag{17.4g}$$

以下使用這些特性來計算傅立葉係數。

首先求 a_0，對 (17.3) 式二邊積分一個週期，得

$$\begin{aligned}\int_0^T f(t)\, dt &= \int_0^T \left[a_0 + \sum_{n=1}^{\infty}(a_n \cos n\omega_0 t + b_n \sin n\omega_0 t) \right] dt \\ &= \int_0^T a_0\, dt + \sum_{n=1}^{\infty} \left[\int_0^T a_n \cos n\omega_0 t\, dt \right. \\ &\quad \left. + \int_0^T b_n \sin n\omega_0 t\, dt \right] dt \end{aligned} \tag{17.5}$$

使用 (17.4a) 式和 (17.4b) 式的特性，對這二式積分可消除交流成分。因此，

$$\int_0^T f(t)\, dt = \int_0^T a_0\, dt = a_0 T$$

或

$$a_0 = \frac{1}{T} \int_0^T f(t)\, dt \tag{17.6}$$

則證明了 a_0 是函數 $f(t)$ 的平均值。

要計算 a_n，則 (17.3) 式等號二邊同乘 $\cos m\omega_0 t$，並積分一個週期：

$$\int_0^T f(t) \cos m\omega_0 t \, dt$$

$$= \int_0^T \left[a_0 + \sum_{n=1}^{\infty} (a_n \cos n\omega_0 t + b_n \sin n\omega_0 t) \right] \cos m\omega_0 t \, dt$$

$$= \int_0^T a_0 \cos m\omega_0 t \, dt + \sum_{n=1}^{\infty} \left[\int_0^T a_n \cos n\omega_0 t \cos m\omega_0 t \, dt \right.$$

$$\left. + \int_0^T b_n \sin n\omega_0 t \cos m\omega_0 t \, dt \right] dt \tag{17.7}$$

從 (17.4b) 式看出上式包含 a_0 的積分項為零；根據 (17.4c) 式看出上式包含 b_n 的積分項為零。根據 (17.4e) 式和 (17.4g) 式看出上式包含 a_n 的積分項為零，除 $m = n$ 時該項為 $T/2$。因此，

$$\int_0^T f(t) \cos m\omega_0 t \, dt = a_n \frac{T}{2}, \quad \text{當 } m = n$$

或

$$\boxed{a_n = \frac{2}{T} \int_0^T f(t) \cos n\omega_0 t \, dt} \tag{17.8}$$

同理，要計算 b_n，對 (17.3) 式等號二邊同乘 $\sin m\omega_0 t$，並積分一個週期，結果得

$$\boxed{b_n = \frac{2}{T} \int_0^T f(t) \sin n\omega_0 t \, dt} \tag{17.9}$$

注意：因為 $f(t)$ 為週期函數，若上述積分範圍從 $-T/2$ 到 $T/2$ 或更一般的從 t_0 到 $t_0 + T$ 取代從 0 到 T 將更便於積分，而且積分結果也相同。

(17.3) 式的另一種表示式為**振幅-相位** (amplitude-phase) 形式，

$$\boxed{f(t) = a_0 + \sum_{n=1}^{\infty} A_n \cos(n\omega_0 t + \phi_n)} \tag{17.10}$$

將 (9.11) 式和 (9.12) 式與 (17.3) 式至 (17.10) 式作關聯，或者對 (17.10) 式應用 (17.11) 式的三角函數特性：

$$\cos(\alpha + \beta) = \cos\alpha \cos\beta - \sin\alpha \sin\beta \tag{17.11}$$

所以得

$$a_0 + \sum_{n=1}^{\infty} A_n \cos(n\omega_0 t + \phi_n) = a_0 + \sum_{n=1}^{\infty} (A_n \cos\phi_n)\cos n\omega_0 t \\ - (A_n \sin\phi_n)\sin n\omega_0 t \tag{17.12}$$

比較 (17.3) 式和 (17.12) 式級數展開後的各項係數，證明

$$a_n = A_n \cos\phi_n, \qquad b_n = -A_n \sin\phi_n \tag{17.13a}$$

或

$$\boxed{A_n = \sqrt{a_n^2 + b_n^2}, \qquad \phi_n = -\tan^{-1}\frac{b_n}{a_n}} \tag{17.13b}$$

為避免計算 ϕ_n 時造成混淆，以複數形式表示成如下比較好：

$$A_n \underline{/\phi_n} = a_n - jb_n \tag{17.14}$$

從離散頻率成分的觀點而言，頻譜也稱為**線譜** (line spectrum)。

之後將在 17.6 節看到上面複數形式的方便性。n 次諧波的振幅 A_n 與 $n\omega_0$ 的關係曲線稱為 $f(t)$ 的**振幅頻譜** (amplitude spectrum)；相位 ϕ_n 與 $n\omega_0$ 的關係曲線稱為 $f(t)$ 的**相位頻譜** (phase spectrum)。振幅頻譜和相位頻譜共同形成 $f(t)$ 的**頻譜** (frequency spectrum)。

信號的頻譜是由諧波的振幅對頻率的特性曲線和相位對頻率的特性曲線所組成。

因此，傅立葉分析也是求週期信號頻譜的教學工具。17.6 節將介紹更多的信號頻譜。

要計算傅立葉係數 a_0、a_n 和 b_n，需要應用下列積分式：

$$\int \cos at\, dt = \frac{1}{a}\sin at \tag{17.15a}$$

$$\int \sin at\, dt = -\frac{1}{a}\cos at \tag{17.15b}$$

$$\int t\cos at\, dt = \frac{1}{a^2}\cos at + \frac{1}{a}t\sin at \tag{17.15c}$$

表 17.1　餘弦、正弦和指數函數在 π 的整數倍之值

函數	值	函數	值
$\cos 2n\pi$	1	$\sin \dfrac{n\pi}{2}$	$\begin{cases}(-1)^{(n-1)/2}, & n = \text{奇數}\\ 0, & n = \text{偶數}\end{cases}$
$\sin 2n\pi$	0		
$\cos n\pi$	$(-1)^n$	$e^{j2n\pi}$	1
$\sin n\pi$	0	$e^{jn\pi}$	$(-1)^n$
$\cos \dfrac{n\pi}{2}$	$\begin{cases}(-1)^{n/2}, & n = \text{偶數}\\ 0, & n = \text{奇數}\end{cases}$	$e^{jn\pi/2}$	$\begin{cases}(-1)^{n/2}, & n = \text{偶數}\\ j(-1)^{(n-1)/2}, & n = \text{奇數}\end{cases}$

$$\int t \sin at \, dt = \frac{1}{a^2}\sin at - \frac{1}{a}t\cos at \qquad (17.15\text{d})$$

另外，知道餘弦函數、正弦函數和指數函數在 π 的整數倍之值也是很有用的，這些值列在表 17.1 中，其中 n 為整數。

範例 17.1

如圖 17.1 波形的傅立葉級數，試求振幅頻譜和相位頻譜。

解： 從 (17.3) 式得知傅立葉級數表示式如下：

$$f(t) = a_0 + \sum_{n=1}^{\infty}(a_n \cos n\omega_0 t + b_n \sin n\omega_0 t) \qquad (17.1.1)$$

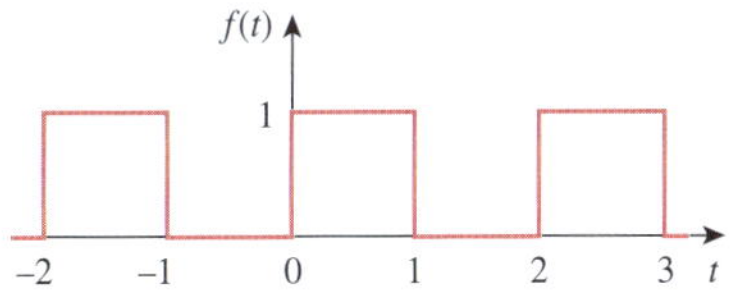

目標是使用 (17.6)、(17.8) 和 (17.9) 式，求傅立葉係數 a_0、a_n 和 b_n。首先，描述波形如下：

圖 17.1　範例 17.1 的方波

$$f(t) = \begin{cases}1, & 0 < t < 1\\ 0, & 1 < t < 2\end{cases} \qquad (17.1.2)$$

且 $f(t) = f(t+T)$，因為 $T = 2$、$\omega_0 = 2\pi/T = \pi$。因此，

$$a_0 = \frac{1}{T}\int_0^T f(t)\,dt = \frac{1}{2}\left[\int_0^1 1\,dt + \int_1^2 0\,dt\right] = \frac{1}{2}t\Big|_0^1 = \frac{1}{2} \qquad (17.1.3)$$

使用 (17.8) 式和 (17.15a) 式得

$$\begin{aligned}a_n &= \frac{2}{T}\int_0^T f(t)\cos n\omega_0 t\,dt\\ &= \frac{2}{2}\left[\int_0^1 1\cos n\pi t\,dt + \int_1^2 0\cos n\pi t\,dt\right]\\ &= \frac{1}{n\pi}\sin n\pi t\Big|_0^1 = \frac{1}{n\pi}[\sin n\pi - \sin(0)] = 0\end{aligned} \qquad (17.1.4)$$

從 (17.9) 式和 (17.15b) 式得

$$b_n = \frac{2}{T} \int_0^T f(t) \sin n\omega_0 t \, dt$$

$$= \frac{2}{2} \left[\int_0^1 1 \sin n\pi t \, dt + \int_1^2 0 \sin n\pi t \, dt \right]$$

$$= -\frac{1}{n\pi} \cos n\pi t \Big|_0^1 \tag{17.1.5}$$

$$= -\frac{1}{n\pi} (\cos n\pi - 1), \quad \cos n\pi = (-1)^n$$

$$= \frac{1}{n\pi} [1 - (-1)^n] = \begin{cases} \dfrac{2}{n\pi}, & n = \text{奇數} \\ 0, & n = \text{偶數} \end{cases}$$

將 (17.1.3) 式至 (17.1.5) 式的傅立葉係數代入 (17.1.1) 式得傅立葉級數如下：

$$f(t) = \frac{1}{2} + \frac{2}{\pi} \sin \pi t + \frac{2}{3\pi} \sin 3\pi t + \frac{2}{5\pi} \sin 5\pi t + \cdots \tag{17.1.6}$$

因為 $f(t)$ 只包含直流成分與包含基波和奇次諧波的正弦波成分，所以可改寫如下：

$$f(t) = \frac{1}{2} + \frac{2}{\pi} \sum_{k=1}^{\infty} \frac{1}{n} \sin n\pi t, \quad n = 2k - 1 \tag{17.1.7}$$

> 推算傅立葉項是繁複的，使用計算機將有助於計算項並繪製總和，如圖 17.2 所示。

圖 17.2 顯示逐項相加的結果，從圖中可看出逐項重疊可形成最原始的方波。越來越多的傅立葉成分被加入，加總後則越來越接近方波。但是，實際上不可能將 (17.1.6) 式或 (17.1.7) 式的級數加總到無限項，只可能計算部分總和 ($n = 1, 2, 3, \ldots, N$，其中 N 為有限值)。當 N 很大時，如果只畫一個週期的部分級數總和 (或截斷級數) 的波形如圖 17.3 所示，則可

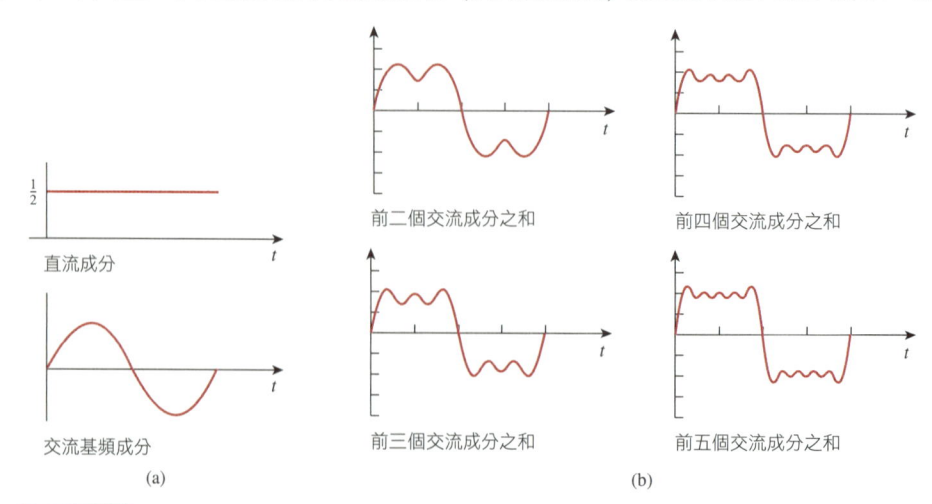

圖 17.2 由傅立葉成分重疊成方波的過程

看出部分級數總和在實際 $f(t)$ 方波上下振盪。在鄰近的不連續點 ($x = 0, 1, 2, ...$) 上，有過衝和阻尼振盪。無論用於近似 $f(t)$ 的項數有多少，總會存在大約峰值 9% 的過衝。這種現象稱為**吉布斯現象** (Gibbs phenomenon)。

最後，求圖 17.1 信號的振幅和相位頻譜。因為 $a_n = 0$，

$$A_n = \sqrt{a_n^2 + b_n^2} = |b_n| = \begin{cases} \dfrac{2}{n\pi}, & n = \text{奇數} \\ 0, & n = \text{偶數} \end{cases} \quad (17.1.8)$$

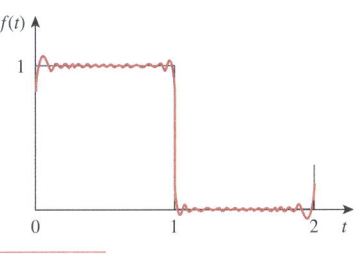

圖 17.3 在 $N = 11$ 截斷傅立葉級數的吉布斯現象

且

$$\phi_n = -\tan^{-1}\dfrac{b_n}{a_n} = \begin{cases} -90°, & n = \text{奇數} \\ 0, & n = \text{偶數} \end{cases} \quad (17.1.9)$$

歷史註記：吉布斯現象是因數學物理學家約西亞·威拉德·吉布斯 (Josiah Willard Gibbs) 於 1899 年觀察發現並以其名字命名的。

對於不同 n 值的 $n\omega_0 = n\pi$，所得的振幅頻譜 A_n 和相位頻譜 ϕ_n，如圖 17.4 所示。注意：諧波的振幅對頻率的衰減非常快。

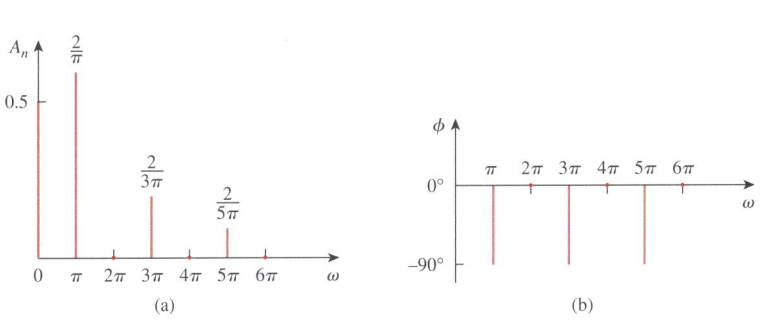

圖 17.4 範例 17.1 函數的頻譜：(a) 振幅頻譜，(b) 相位頻譜

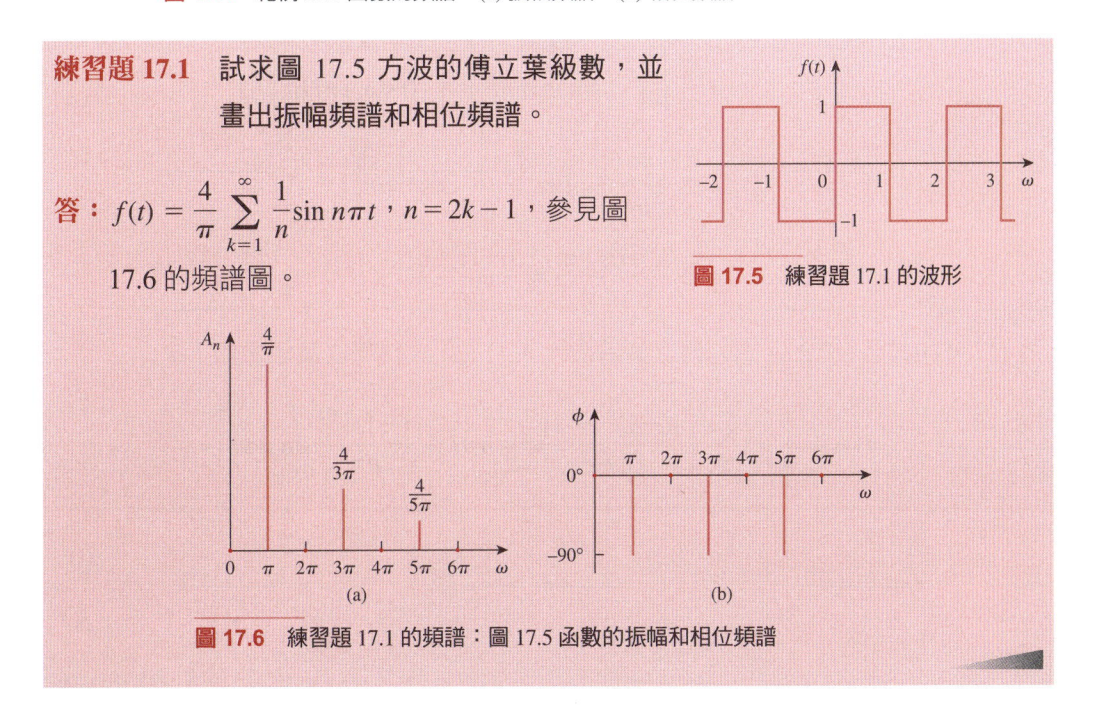

練習題 17.1 試求圖 17.5 方波的傅立葉級數，並畫出振幅頻譜和相位頻譜。

答：$f(t) = \dfrac{4}{\pi}\sum_{k=1}^{\infty}\dfrac{1}{n}\sin n\pi t$，$n = 2k - 1$，參見圖 17.6 的頻譜圖。

圖 17.5 練習題 17.1 的波形

圖 17.6 練習題 17.1 的頻譜：圖 17.5 函數的振幅和相位頻譜

範例 17.2 如圖 17.7 週期函數的傅立葉級數，並畫出振幅頻譜和相位頻譜。

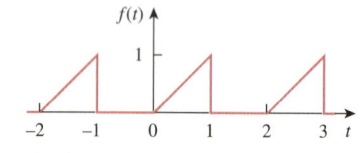

解： 函數描述如下：

$$f(t) = \begin{cases} t, & 0 < t < 1 \\ 0, & 1 < t < 2 \end{cases}$$

圖 17.7 範例 17.2 的函數

因為 $T = 2$、$\omega_0 = 2\pi/T = \pi$，因此，

$$a_0 = \frac{1}{T}\int_0^T f(t)\,dt = \frac{1}{2}\left[\int_0^1 t\,dt + \int_1^2 0\,dt\right] = \frac{1}{2}\frac{t^2}{2}\bigg|_0^1 = \frac{1}{4} \quad (17.2.1)$$

要求 a_n 和 b_n，則需要對 (17.15) 式積分：

$$\begin{aligned}
a_n &= \frac{2}{T}\int_0^T f(t)\cos n\omega_0 t\,dt \\
&= \frac{2}{2}\left[\int_0^1 t\cos n\pi t\,dt + \int_1^2 0\cos n\pi t\,dt\right] \\
&= \left[\frac{1}{n^2\pi^2}\cos n\pi t + \frac{t}{n\pi}\sin n\pi t\right]\bigg|_0^1 \\
&= \frac{1}{n^2\pi^2}(\cos n\pi - 1) + 0 = \frac{(-1)^n - 1}{n^2\pi^2}
\end{aligned} \quad (17.2.2)$$

因為 $\cos n\pi = (-1)^n$，所以，

$$\begin{aligned}
b_n &= \frac{2}{T}\int_0^T f(t)\sin n\omega_0 t\,dt \\
&= \frac{2}{2}\left[\int_0^1 t\sin n\pi t\,dt + \int_1^2 0\sin n\pi t\,dt\right] \\
&= \left[\frac{1}{n^2\pi^2}\sin n\pi t - \frac{t}{n\pi}\cos n\pi t\right]\bigg|_0^1 \\
&= 0 - \frac{\cos n\pi}{n\pi} = \frac{(-1)^{n+1}}{n\pi}
\end{aligned} \quad (17.2.3)$$

將 (17.2.1) 式至 (17.2.3) 式的傅立葉係數代入 (17.3) 式得傅立葉級數如下：

$$f(t) = \frac{1}{4} + \sum_{n=1}^{\infty}\left[\frac{[(-1)^n - 1]}{(n\pi)^2}\cos n\pi t + \frac{(-1)^{n+1}}{n\pi}\sin n\pi t\right]$$

要求振幅頻譜和相位頻譜,對於偶次諧波 $a_n = 0$、$b_n = -1/n\pi$,所以,

$$A_n \underline{/\phi_n} = a_n - jb_n = 0 + j\frac{1}{n\pi} \quad (17.2.4)$$

因此,

$$A_n = |b_n| = \frac{1}{n\pi}, \quad n = 2, 4, \ldots$$
$$\phi_n = 90°, \quad n = 2, 4, \ldots \quad (17.2.5)$$

對於奇次諧波,$a_n = -2/(n^2\pi^2)$、$b_n = 1/(n\pi)$,所以,

$$A_n \underline{/\phi_n} = a_n - jb_n = -\frac{2}{n^2\pi^2} - j\frac{1}{n\pi} \quad (17.2.6)$$

即

$$A_n = \sqrt{a_n^2 + b_n^2} = \sqrt{\frac{4}{n^4\pi^4} + \frac{1}{n^2\pi^2}}$$
$$= \frac{1}{n^2\pi^2}\sqrt{4 + n^2\pi^2}, \quad n = 1, 3, \ldots \quad (17.2.7)$$

觀察 (17.2.6) 式,發現 ϕ 落在第三象限,所以,

$$\phi_n = 180° + \tan^{-1}\frac{n\pi}{2}, \quad n = 1, 3, \ldots \quad (17.2.8)$$

從 (17.2.5) 式、(17.2.7) 式和 (17.2.8) 式,對於不同 n 值的 $n\omega_0 = n\pi$,所得的振幅頻譜 A_n 和相位頻譜 ϕ_n,如圖 17.8 所示。

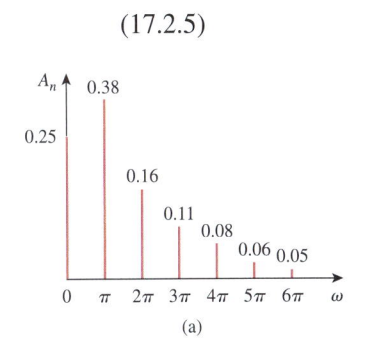

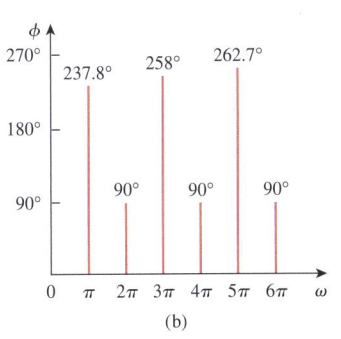

圖 17.8 範例 17.2 函數的頻譜:(a) 振幅頻譜,(b) 相位頻譜

練習題 17.2 試求圖 17.9 鋸齒波的傅立葉級數。

答:$f(t) = 3 - \dfrac{6}{\pi}\sum_{n=1}^{\infty}\dfrac{1}{n}\sin 2\pi nt.$

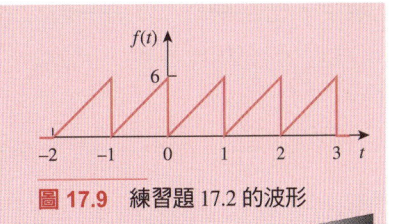

圖 17.9 練習題 17.2 的波形

17.3 對稱的注意事項 (Symmetry Considerations)

我們注意到,範例 17.1 的傅立葉級數僅包括正弦函數項。我們可能想知道,如果有一種方法可以預先知道傅立葉級數為零,則可以省略繁瑣的計算過程。這樣的方法確實存在,它是基於函數存在對稱性。本節將討論三種對稱性:(1) 偶對稱,(2) 奇對稱,(3) 半波對稱。

17.3.1 偶對稱 (Even Symmetry)

如果函數 $f(t)$ 的波形對稱於縱軸,則 $f(t)$ 為**偶** (even) 對稱,即

$$f(t) = f(-t) \tag{17.16}$$

偶函數的範例有 t^2、t^4 和 $\cos t$。圖 17.10 顯示更多週期性偶函數的範例,這些偶函數都滿足 (17.16) 式的條件。偶函數 $f_e(t)$ 的主要性質如下:

$$\int_{-T/2}^{T/2} f_e(t)\, dt = 2\int_{0}^{T/2} f_e(t)\, dt \tag{17.17}$$

因為從 $-T/2$ 到 0 的積分與從 0 到 $T/2$ 的積分相同。利用上述性質,則偶函數的傅立葉係數可寫成

$$\begin{aligned} a_0 &= \frac{2}{T}\int_{0}^{T/2} f(t)\, dt \\ a_n &= \frac{4}{T}\int_{0}^{T/2} f(t)\cos n\omega_0 t\, dt \\ b_n &= 0 \end{aligned} \tag{17.18}$$

因為 $b_n = 0$,所以 (17.3) 式就成為**傅立葉餘弦級數** (Fourier cosine series),因為餘弦函數本身是偶函數。同理,因為正弦函數為奇函數,所以偶函數不包含正弦成分。

將 (17.17) 式的偶函數性質應用到 (17.6) 式、(17.8) 式和 (17.9) 式計算傅立葉係數中,則可驗證 (17.18) 式的係數。對 $-T/2 < t < T/2$ 區間的積分是比較方便的,因為它們對稱於原點,因此,

$$a_0 = \frac{1}{T}\int_{-T/2}^{T/2} f(t)\, dt = \frac{1}{T}\left[\int_{-T/2}^{0} f(t)\, dt + \int_{0}^{T/2} f(t)\, dt\right] \tag{17.19}$$

改變 $-T/2 < t < 0$ 區間的積分的變數,令 $t = -x$,所以 $dt = -dx$、$f(t) = f(-t) = f(x)$,因為 $f(t)$ 為偶函數,且當 $t = -T/2$ 時,$x = T/2$。所以,

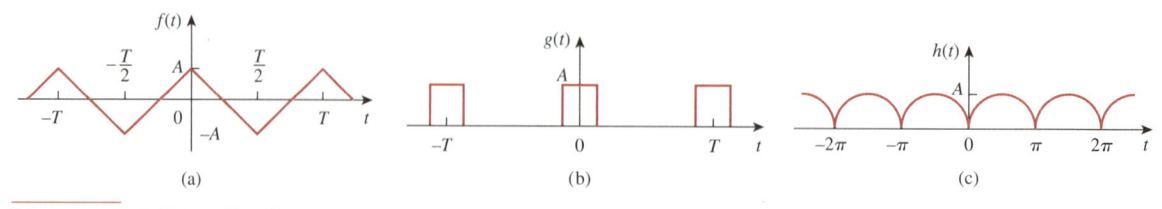

圖 17.10 週期性偶函數的典型範例

$$a_0 = \frac{1}{T}\left[\int_{T/2}^{0} f(x)(-dx) + \int_{0}^{T/2} f(t)\,dt\right]$$
$$= \frac{1}{T}\left[\int_{0}^{T/2} f(x)\,dx + \int_{0}^{T/2} f(t)\,dt\right] \tag{17.20}$$

證明了上式二個積分是相等的，因此，

$$a_0 = \frac{2}{T}\int_{0}^{T/2} f(t)\,dt \tag{17.21}$$

同理，從 (17.8) 式得

$$a_n = \frac{2}{T}\left[\int_{-T/2}^{0} f(t)\cos n\omega_0 t\,dt + \int_{0}^{T/2} f(t)\cos n\omega_0 t\,dt\right] \tag{17.22}$$

利用推導 (17.20) 式的改變變數方法，且注意 $f(t)$ 和 $\cos n\omega_0 t$ 皆為偶函數。所以 $f(-t)=f(t)$，且 $\cos(-n\omega_0 t)=\cos n\omega_0 t$。因此，(17.22) 式可改為

$$a_n = \frac{2}{T}\left[\int_{T/2}^{0} f(-x)\cos(-n\omega_0 x)(-dx) + \int_{0}^{T/2} f(t)\cos n\omega_0 t\,dt\right]$$
$$= \frac{2}{T}\left[\int_{T/2}^{0} f(x)\cos(n\omega_0 x)(-dx) + \int_{0}^{T/2} f(t)\cos n\omega_0 t\,dt\right] \tag{17.23a}$$
$$= \frac{2}{T}\left[\int_{0}^{T/2} f(x)\cos(n\omega_0 x)\,dx + \int_{0}^{T/2} f(t)\cos n\omega_0 t\,dt\right]$$

或

$$a_n = \frac{4}{T}\int_{0}^{T/2} f(t)\cos n\omega_0 t\,dt \tag{17.23b}$$

同理，對於 b_n，使用 (17.9) 式：

$$b_n = \frac{2}{T}\left[\int_{-T/2}^{0} f(t)\sin n\omega_0 t\,dt + \int_{0}^{T/2} f(t)\sin n\omega_0 t\,dt\right] \tag{17.24}$$

使用相同的改變變數方法，且注意 $f(-t)=f(t)$，但是 $\sin(-n\omega_0 t)=-\sin n\omega_0 t$。因此，(17.24) 式改為

$$b_n = \frac{2}{T}\left[\int_{T/2}^{0} f(-x)\sin(-n\omega_0 x)(-dx) + \int_{0}^{T/2} f(t)\sin n\omega_0 t\, dt\right]$$

$$= \frac{2}{T}\left[\int_{T/2}^{0} f(x)\sin n\omega_0 x\, dx + \int_{0}^{T/2} f(t)\sin n\omega_0 t\, dt\right]$$

$$= \frac{2}{T}\left[-\int_{0}^{T/2} f(x)\sin(n\omega_0 x)\, dx + \int_{0}^{T/2} f(t)\sin n\omega_0 t\, dt\right]$$

$$= 0 \tag{17.25}$$

因此 (17.18) 式得到證明。

17.3.2　奇對稱 (Odd Symmetry)

如果函數 $f(t)$ 的波形反轉對稱於縱軸，則 $f(t)$ 為**奇** (odd) 對稱，即

$$f(-t) = -f(t) \tag{17.26}$$

奇函數的範例有 t、t^3 和 $\sin t$。圖 17.11 顯示更多週期性奇函數的範例，這些奇函數都滿足 (17.26) 式的條件。奇函數 $f_o(t)$ 的主要性質如下：

$$\int_{-T/2}^{T/2} f_o(t)\, dt = 0 \tag{17.27}$$

因為從 $-T/2$ 到 0 積分為從 0 到 $T/2$ 積分的負值。利用上述性質，則奇函數的傅立葉係數可寫成

$$\begin{aligned} a_0 &= 0, \quad a_n = 0 \\ b_n &= \frac{4}{T}\int_{0}^{T/2} f(t)\sin n\omega_0 t\, dt \end{aligned} \tag{17.28}$$

這就是**傅立葉正弦級數** (Fourier sine series)。同理，這是合理的，因為正弦函數為奇函數。而且，奇函數的傅立葉展開不包含直流成分。

證明 (17.28) 式的係數與證明 (17.18) 式的係數過程相同，只是現在的 $f(t)$ 是奇

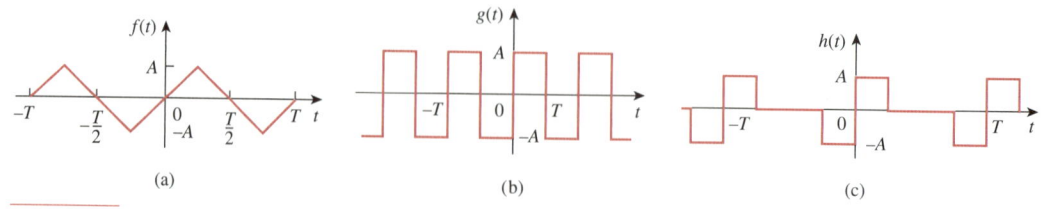

圖 17.11　週期性奇函數的典型範例

函數，所以 $f(t) = -f(t)$。根據這個基礎但又簡單的差別，可以很容易看出 (17.20) 式的 $a_0 = 0$、(17.23a) 式的 $a_n = 0$ 和 (17.24) 式的 b_n 改為

$$b_n = \frac{2}{T}\left[\int_{T/2}^{0} f(-x)\sin(-n\omega_0 x)(-dx) + \int_{0}^{T/2} f(t)\sin n\omega_0 t\, dt\right]$$

$$= \frac{2}{T}\left[-\int_{T/2}^{0} f(x)\sin n\omega_0 x\, dx + \int_{0}^{T/2} f(t)\sin n\omega_0 t\, dt\right]$$

$$= \frac{2}{T}\left[\int_{0}^{T/2} f(x)\sin(n\omega_0 x)\, dx + \int_{0}^{T/2} f(t)\sin n\omega_0 t\, dt\right]$$

$$b_n = \frac{4}{T}\int_{0}^{T/2} f(t)\sin n\omega_0 t\, dt \tag{17.29}$$

因此得到證明。

有趣又值得注意的是，任何包含偶對稱或奇對稱的週期函數 $f(t)$，都可以被分解成偶數或奇數部分。使用 (17.16) 式以及 (17.26) 式偶函數和奇函數的性質，可得

$$f(t) = \underbrace{\frac{1}{2}[f(t) + f(-t)]}_{\text{偶函數}} + \underbrace{\frac{1}{2}[f(t) - f(-t)]}_{\text{奇函數}} = f_e(t) + f_o(t) \tag{17.30}$$

注意：$f_e(t) = \frac{1}{2}[f(t) + f(-t)]$ 滿足 (17.16) 式偶函數的性質，而 $f_o(t) = \frac{1}{2}[f(t) - f(-t)]$ 滿足 (17.26) 式奇函數的性質。事實上，$f_e(t)$ 只包含直流項與餘弦項，而 $f_o(t)$ 只包含正弦項，所以可以將 $f(t)$ 的傅立葉展開進行分組如下：

$$f(t) = \underbrace{a_0 + \sum_{n=1}^{\infty} a_n \cos n\omega_0 t}_{\text{偶函數}} + \underbrace{\sum_{n=1}^{\infty} b_n \sin n\omega_0 t}_{\text{奇函數}} = f_e(t) + f_o(t) \tag{17.31}$$

從 (17.31) 式可以很容易得到，當 $f(t)$ 為偶函數時，$b_n = 0$；當 $f(t)$ 為奇函數時，$a_0 = 0 = a_n$。

另外，奇函數和偶函數還具有下列性質：

1. 二個偶函數的乘積仍為偶函數。
2. 二個奇函數的乘積仍為奇函數。
3. 一個奇函數和一個偶函數的乘積為奇函數。
4. 二個偶函數的和 (或差) 仍為偶函數。
5. 二個奇函數的和 (或差) 仍為奇函數。

6. 一個奇函數和一個偶函數的和 (或差) 既不是奇函數也不是偶函數。

這些性質皆可用 (17.16) 式及 (17.26) 式來證明。

17.3.3　半波對稱 (Half-Wave Symmetry)

如果函數 $f(t)$ 滿足下面條件，則 $f(t)$ 為半波 (奇) 對稱，即

$$f\left(t - \frac{T}{2}\right) = -f(t) \tag{17.32}$$

意味著前半週期是後半週期的鏡像。注意：當 n 為奇數時，$\cos n\omega_0 t$ 和 $\sin n\omega_0 t$ 函數都滿足 (17.32) 式的條件。因此，當 n 是奇數時，具有半波對稱性。圖 17.12 顯示更多半波對稱函數的範例，圖 17.11(a) 和圖 17.11(b) 的函數也是半波對稱函數。對於圖中各函數的每個半週期正好是相鄰半週期的反轉。半波對稱函數的傅立葉係數如下：

$$\begin{aligned} a_0 &= 0 \\ a_n &= \begin{cases} \dfrac{4}{T}\displaystyle\int_0^{T/2} f(t)\cos n\omega_0 t\, dt, & n = 奇數 \\ 0, & n = 偶數 \end{cases} \\ b_n &= \begin{cases} \dfrac{4}{T}\displaystyle\int_0^{T/2} f(t)\sin n\omega_0 t\, dt, & n = 奇數 \\ 0, & n = 偶數 \end{cases} \end{aligned} \tag{17.33}$$

上式顯示傅立葉級數的半波對稱函數只包含奇次諧波。

要推導 (17.33) 式，將 (17.32) 式的半波對稱函數性質應用到 (17.6) 式、(17.8) 式和 (17.9) 式計算傅立葉係數中，則可驗證 (17.33) 式的係數。因此，

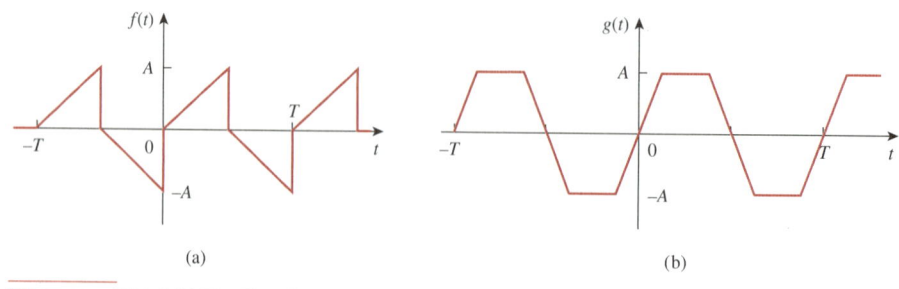

圖 17.12　半波奇對稱函數的典型範例

$$a_0 = \frac{1}{T}\int_{-T/2}^{T/2} f(t)\,dt = \frac{1}{T}\left[\int_{-T/2}^{0} f(t)\,dt + \int_{0}^{T/2} f(t)\,dt\right] \tag{17.34}$$

改變 $-T/2 < t < 0$ 區間的積分的變數,令 $x = t + T/2$,所以 $dx = dt$;當 $t = -T/2$ 時 $x = 0$;當 $t = 0$ 時 $x = T/2$;根據 (17.32) 式得 $f(x - T/2) = -f(x)$。所以,

$$\begin{aligned}a_0 &= \frac{1}{T}\left[\int_{0}^{T/2} f\!\left(x - \frac{T}{2}\right)dx + \int_{0}^{T/2} f(t)\,dt\right]\\ &= \frac{1}{T}\left[-\int_{0}^{T/2} f(x)\,dx + \int_{0}^{T/2} f(t)\,dt\right] = 0\end{aligned} \tag{17.35}$$

因此證明了 (17.33) 式中的 a_0 表示式。同理,

$$a_n = \frac{2}{T}\left[\int_{-T/2}^{0} f(t)\cos n\omega_0 t\,dt + \int_{0}^{T/2} f(t)\cos n\omega_0 t\,dt\right] \tag{17.36}$$

利用推導 (17.35) 式的改變變數方法,因此 (17.36) 式可改為

$$\begin{aligned}a_n = \frac{2}{T}\bigg[&\int_{0}^{T/2} f\!\left(x - \frac{T}{2}\right)\cos n\omega_0\!\left(x - \frac{T}{2}\right)dx\\ &+ \int_{0}^{T/2} f(t)\cos n\omega_0 t\,dt\bigg]\end{aligned} \tag{17.37}$$

因為 $f(x - T/2) = -f(x)$,而且

$$\begin{aligned}\cos n\omega_0\!\left(x - \frac{T}{2}\right) &= \cos(n\omega_0 t - n\pi)\\ &= \cos n\omega_0 t \cos n\pi + \sin n\omega_0 t \sin n\pi\\ &= (-1)^n \cos n\omega_0 t\end{aligned} \tag{17.38}$$

將它代入 (17.37) 式,得

$$\begin{aligned}a_n &= \frac{2}{T}[1 - (-1)^n]\int_{0}^{T/2} f(t)\cos n\omega_0 t\,dt\\ &= \begin{cases}\dfrac{4}{T}\displaystyle\int_{0}^{T/2} f(t)\cos n\omega_0 t\,dt, & n = \text{奇數}\\ 0, & n = \text{偶數}\end{cases}\end{aligned} \tag{17.39}$$

使用相同的方法,可以推導出 (17.33) 式中的 b_n。因此,(17.33) 式得到證明。

  表 17.2 總結了這些對稱性對傅立葉係數的影響。表 17.3 提供一些常見週期函數的傅立葉級數。

表 17.2　對稱性對傅立葉係數的影響

對稱	a_0	a_n	b_n	備註
偶對稱	$a_0 \neq 0$	$a_n \neq 0$	$b_n = 0$	對 $T/2$ 以內的函數積分，並乘以 2，即得係數
奇對稱	$a_0 = 0$	$a_n = 0$	$b_n \neq 0$	對 $T/2$ 以內的函數積分，並乘以 2，即得係數
半波對稱	$a_0 = 0$	$a_{2n} = 0$ $a_{2n+1} \neq 0$	$b_{2n} = 0$ $b_{2n+1} \neq 0$	對 $T/2$ 以內的函數積分，並乘以 2，即得係數

表 17.3　一般函數的傅立葉級數

函數	傅立葉級數
1. 方波圖	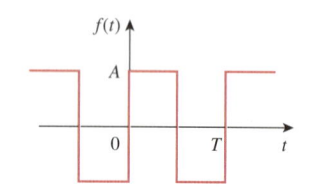 $f(t) = \dfrac{4A}{\pi} \displaystyle\sum_{n=1}^{\infty} \dfrac{1}{2n-1} \sin(2n-1)\omega_0 t$
2. 矩形脈衝序列圖	$f(t) = \dfrac{A\tau}{T} + \dfrac{2A}{T} \displaystyle\sum_{n=1}^{\infty} \dfrac{1}{n} \sin\dfrac{n\pi\tau}{T} \cos n\omega_0 t$
3. 鋸齒波圖	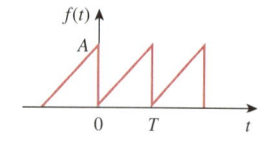 $f(t) = \dfrac{A}{2} - \dfrac{A}{\pi} \displaystyle\sum_{n=1}^{\infty} \dfrac{\sin n\omega_0 t}{n}$
4. 三角波圖	$f(t) = \dfrac{A}{2} - \dfrac{4A}{\pi^2} \displaystyle\sum_{n=1}^{\infty} \dfrac{1}{(2n-1)^2} \cos(2n-1)\omega_0 t$
5. 半波整流正弦函數圖	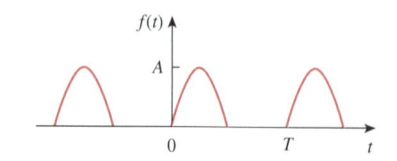 $f(t) = \dfrac{A}{\pi} + \dfrac{A}{2} \sin \omega_0 t - \dfrac{2A}{\pi} \displaystyle\sum_{n=1}^{\infty} \dfrac{1}{4n^2-1} \cos 2n\omega_0 t$

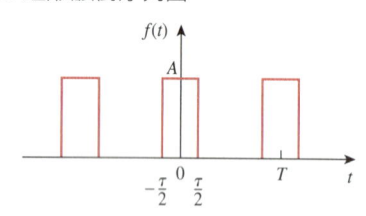

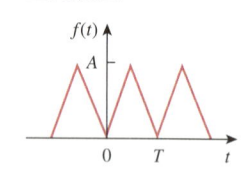

表 17.3　一般函數的傅立葉級數 (續)

函數	傅立葉級數
6. 全波整流正弦函數圖 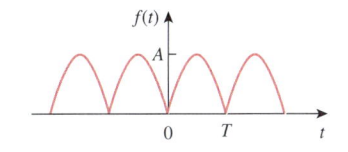	$f(t) = \dfrac{2A}{\pi} - \dfrac{4A}{\pi} \displaystyle\sum_{n=1}^{\infty} \dfrac{1}{4n^2 - 1} \cos n\omega_0 t$

範例 17.3

試求圖 17.13 函數 $f(t)$ 的傅立葉級數展開式。

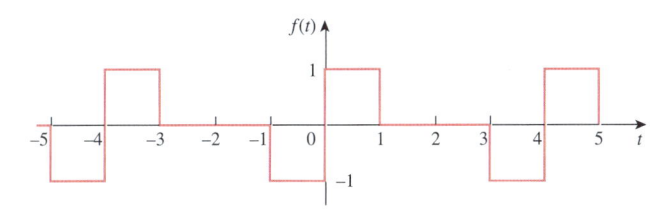

圖 17.13　範例 17.3 的函數

解： 函數 $f(t)$ 為奇函數，因此 $a_0 = 0 = a_n$、週期 $T = 4$、$\omega_0 = 2\pi/T = \pi/2$，所以，

$$b_n = \frac{4}{T} \int_0^{T/2} f(t) \sin n\omega_0 t \, dt$$

$$= \frac{4}{4} \left[\int_0^1 1 \sin \frac{n\pi}{2} t \, dt + \int_1^2 0 \sin \frac{n\pi}{2} t \, dt \right]$$

$$= -\frac{2}{n\pi} \cos \frac{n\pi t}{2} \bigg|_0^1 = \frac{2}{n\pi} \left(1 - \cos \frac{n\pi}{2} \right)$$

因此，

$$f(t) = \frac{2}{\pi} \sum_{n=1}^{\infty} \frac{1}{n} \left(1 - \cos \frac{n\pi}{2} \right) \sin \frac{n\pi}{2} t$$

此 $f(t)$ 的傅立葉級數為正弦級數。

練習題 17.3　試求圖 17.14 函數 $f(t)$ 的傅立葉級數。

答： $f(t) = -\dfrac{32}{\pi} \displaystyle\sum_{k=1}^{\infty} \dfrac{1}{n} \sin nt, \, n = 2k - 1.$

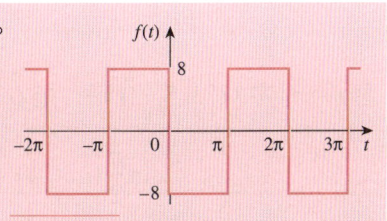

圖 17.14　練習題 17.3 的函數

範例 17.4 試求圖 17.15 半波整流餘弦函數的傅立葉級數。

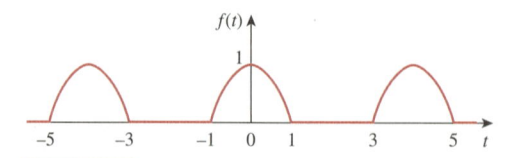

圖 17.15 範例 17.4 的半波整流餘弦函數

解： 這是偶函數，所以 $b_n = 0$、週期 $T = 4$、$\omega_0 = 2\pi/T = \pi/2$，所以在一個週期內，

$$f(t) = \begin{cases} 0, & -2 < t < -1 \\ \cos\dfrac{\pi}{2}t, & -1 < t < 1 \\ 0, & 1 < t < 2 \end{cases}$$

$$a_0 = \frac{2}{T} \int_0^{T/2} f(t)\, dt = \frac{2}{4}\left[\int_0^1 \cos\frac{\pi}{2}t\, dt + \int_1^2 0\, dt\right]$$

$$= \frac{1}{2}\frac{2}{\pi}\sin\frac{\pi}{2}t \bigg|_0^1 = \frac{1}{\pi}$$

$$a_n = \frac{4}{T}\int_0^{T/2} f(t)\cos n\omega_0 t\, dt = \frac{4}{4}\left[\int_0^1 \cos\frac{\pi}{2}t \cos\frac{n\pi t}{2}\, dt + 0\right]$$

但 $\cos A \cos B = \dfrac{1}{2}[\cos(A+B) + \cos(A-B)]$，所以，

$$a_n = \frac{1}{2}\int_0^1 \left[\cos\frac{\pi}{2}(n+1)t + \cos\frac{\pi}{2}(n-1)t\right] dt$$

當 $n = 1$ 時，

$$a_1 = \frac{1}{2}\int_0^1 [\cos \pi t + 1]\, dt = \frac{1}{2}\left[\frac{\sin \pi t}{\pi} + t\right]\bigg|_0^1 = \frac{1}{2}$$

當 $n > 1$ 時，

$$a_n = \frac{1}{\pi(n+1)}\sin\frac{\pi}{2}(n+1) + \frac{1}{\pi(n-1)}\sin\frac{\pi}{2}(n-1)$$

當 $n =$ 奇數 $(1, 3, 5, ...)$ 時，則 $(n+1)$ 和 $(n-1)$ 皆為偶數，所以，

$$\sin\frac{\pi}{2}(n+1) = 0 = \sin\frac{\pi}{2}(n-1), \quad n = \text{奇數}$$

當 $n =$ 偶數 $(2, 4, 6, \ldots)$ 時，則 $(n+1)$ 和 $(n-1)$ 皆為奇數，同理，

$$\sin\frac{\pi}{2}(n+1) = -\sin\frac{\pi}{2}(n-1) = \cos\frac{n\pi}{2} = (-1)^{n/2}, \quad n = \text{偶數}$$

因此，

$$a_n = \frac{(-1)^{n/2}}{\pi(n+1)} + \frac{-(-1)^{n/2}}{\pi(n-1)} = \frac{-2(-1)^{n/2}}{\pi(n^2-1)}, \quad n = \text{偶數}$$

所以，

$$f(t) = \frac{1}{\pi} + \frac{1}{2}\cos\frac{\pi}{2}t - \frac{2}{\pi}\sum_{n=\text{偶數}}^{\infty}\frac{(-1)^{n/2}}{(n^2-1)}\cos\frac{n\pi}{2}t$$

為了避免使用 $n = 2, 4, 6, \ldots$，而且為了方便計算，以 $2k$ 取代，其中 $k = 1, 2, 3, \ldots$，故得

$$f(t) = \frac{1}{\pi} + \frac{1}{2}\cos\frac{\pi}{2}t - \frac{2}{\pi}\sum_{k=1}^{\infty}\frac{(-1)^k}{(4k^2-1)}\cos k\pi t$$

這就是傅立葉餘弦級數。

練習題 17.4 試求圖 17.16 函數的傅立葉級數展開式。

答： $f(t) = 4 - \dfrac{32}{\pi^2}\sum_{k=1}^{\infty}\dfrac{1}{n^2}\cos nt, n = 2k-1.$

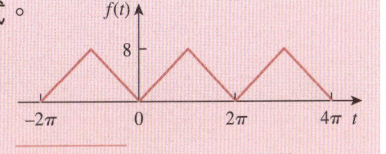

圖 17.16 練習題 17.4 的函數

範例 17.5

試求圖 17.17 函數的傅立葉級數。

解： 圖 17.17 的函數是半波奇對稱函數，所以 $a_0 = 0 = a_n$，它的半週期描述如下：

$$f(t) = t, \quad -1 < t < 1$$

$T = 4$、$\omega_0 = 2\pi/T = \pi/2$，因此，

$$b_n = \frac{4}{T}\int_0^{T/2} f(t)\sin n\omega_0 t\, dt$$

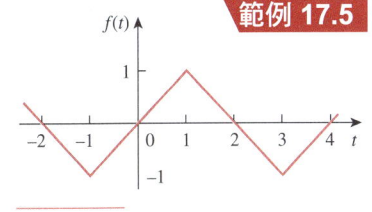

圖 17.17 範例 17.5 的函數

將 $f(t)$ 的積分範圍改為 0 到 2，這樣會比從 −1 積到 1 更方便。應用 (17.15d) 式得

$$b_n = \frac{4}{4}\int_{-1}^{1} t\sin\frac{n\pi t}{2}dt = \left[\frac{\sin n\pi t/2}{n^2\pi^2/4} - \frac{t\cos n\pi t/2}{n\pi/2}\right]\Big|_{-1}^{1}$$

$$= \frac{4}{n^2\pi^2}\left[\sin\frac{n\pi}{2} - \sin\left(-\frac{n\pi}{2}\right)\right] - \frac{2}{n\pi}\left[\cos\frac{n\pi}{2} - \cos\left(-\frac{n\pi}{2}\right)\right]$$

$$= \frac{8}{n^2\pi^2}\sin\frac{n\pi}{2}$$

因為 $\sin(-x) = -\sin x$ 為奇函數，而 $\cos(-x) = \cos x$ 為偶函數。使用表 17.1 中 $\sin n\pi/2$ 的恆等式得

$$b_n = \frac{8}{n^2\pi^2}(-1)^{(n-1)/2}, \quad n = 奇數 = 1, 3, 5, ...$$

因此，

$$f(t) = \sum_{n=1,3,5}^{\infty} b_n \sin\frac{n\pi}{2}t$$

練習題 17.5 試求圖 17.12(a) 函數的傅立葉級數，取 $A = 5$ 和 $T = 2\pi$。

答： $f(t) = \dfrac{10}{\pi}\sum_{k=1}^{\infty}\left(\dfrac{-2}{n^2\pi}\cos nt + \dfrac{1}{n}\sin nt\right), n = 2k-1.$

17.4 電路應用

在實際的應用中，許多電路的驅動是非弦波週期函數。為了求解非弦波週期函數激發電路的穩態響應需要傅立葉級數的應用、相位分析和重疊定理。分析過程通常包含下列四個步驟：

應用傅立葉級數的步驟：
1. 將激發信號展開為傅立葉級數。
2. 將電路從時域轉換到頻域。
3. 求傅立葉級數中的直流成分和交流成分。
4. 使用重疊定理加總個別的直流成分和交流成分。

第一步是求激發信號的傅立葉級數展開式。例如，對於圖 17.18(a) 所示的週期性電壓源，其傅立葉級數的表示如下：

$$v(t) = V_0 + \sum_{n=1}^{\infty} V_n \cos(n\omega_0 t + \theta_n) \tag{17.40}$$

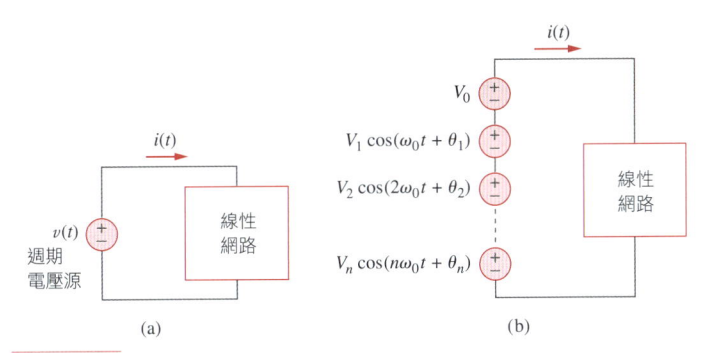

圖 17.18 (a) 週期電壓源激發的線性網路，(b) 傅立葉級數表示 (時域)

(週期的電流源也可以用相同形式實現。) (17.40) 式顯示 $v(t)$ 由二部分組成：直流成分 V_0 和各次諧波的交流成分 $\mathbf{V}_n = V_n\underline{/\theta_n}$。傅立葉級數表示可視為一組串聯的正弦電源，使用每個電源本身的振幅和頻率，如圖 17.18(b) 所示。

第三步是求傅立葉級數中每一項的響應。在頻域中令 $n=0$、$\omega=0$，如圖 17.19(a) 所示，或在時域中以短路取代所有電感和以開路取代所有電容，則可求得直流成分的響應。利用的第 9 章介紹相量分析法，如圖 17.19(b) 所示，則可求得交流成分的響應。網路可使用它的阻抗 $\mathbf{Z}(n\omega_0)$ 或導納 $\mathbf{Y}(n\omega_0)$ 來表示。$\mathbf{Z}(n\omega_0)$ 是指以 $n\omega_0$ 取代 ω，在電源端的輸入阻抗；而 $\mathbf{Y}(n\omega_0)$ 是 $\mathbf{Z}(n\omega_0)$ 的倒數。

最後，根據重疊定理加總個別的直流成分和交流成分響應。圖 17.19 所示的情況如下：

$$i(t) = i_0(t) + i_1(t) + i_2(t) + \cdots$$
$$= \mathbf{I}_0 + \sum_{n=1}^{\infty} |\mathbf{I}_n| \cos(n\omega_0 t + \psi_n) \tag{17.41}$$

其中，對於包含 $n\omega_0$ 頻率的每個 $\mathbf{I}_n$ 成分已經被轉換到時域，而得到 $i_n(t)$ 和 $\mathbf{I}_n$ 的參數 ψ_n。

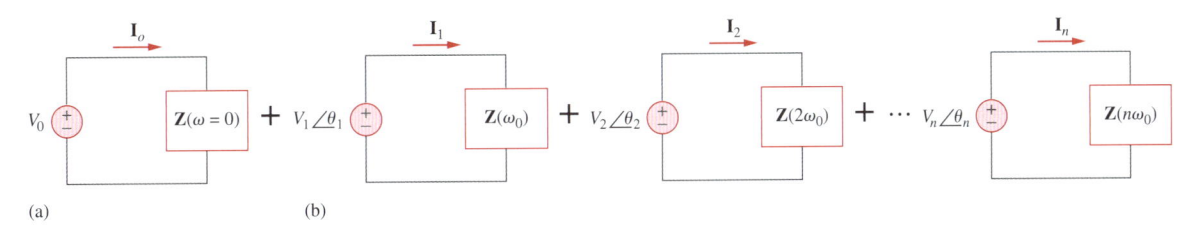

圖 17.19 穩態響應：(a) 直流成分，(b) 交流成分 (頻域)

範例 17.6 令範例 17.1 的函數 $f(t)$ 為圖 17.20 電路的電壓源 $v_s(t)$，試求電路的響應 $v_o(t)$。

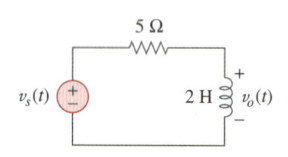

解：從範例 17.1 得

$$v_s(t) = \frac{1}{2} + \frac{2}{\pi} \sum_{k=1}^{\infty} \frac{1}{n} \sin n\pi t, \quad n = 2k-1$$

圖 17.20 範例 17.6 的電路

其中 $\omega_n = n\omega_0 = n\pi$ rad/s，使用相量法與分壓定理得圖 17.20 電路的響應 $\mathbf{V}_o$ 如下：

$$\mathbf{V}_o = \frac{j\omega_n L}{R + j\omega_n L} \mathbf{V}_s = \frac{j2n\pi}{5 + j2n\pi} \mathbf{V}_s$$

對於直流成分 ($\omega_n = 0$ 或 $n = 0$)，

$$\mathbf{V}_s = \frac{1}{2} \quad \Rightarrow \quad \mathbf{V}_o = 0$$

因為在直流情況下電感器相當於短路，所以上述結果正如預期。對於 n 次諧波，

$$\mathbf{V}_s = \frac{2}{n\pi} \underline{/-90°} \tag{17.6.1}$$

和其對應的響應為

$$\begin{aligned}\mathbf{V}_o &= \frac{2n\pi\underline{/90°}}{\sqrt{25 + 4n^2\pi^2}\underline{/\tan^{-1} 2n\pi/5}} \left(\frac{2}{n\pi} \underline{/-90°}\right) \\ &= \frac{4\underline{/-\tan^{-1} 2n\pi/5}}{\sqrt{25 + 4n^2\pi^2}}\end{aligned} \tag{17.6.2}$$

在時域中，

$$v_o(t) = \sum_{k=1}^{\infty} \frac{4}{\sqrt{25 + 4n^2\pi^2}} \cos\left(n\pi t - \tan^{-1} \frac{2n\pi}{5}\right), \quad n = 2k-1$$

在求總和時，奇次諧波的前三項 ($k = 1, 2, 3$ 或 $n = 1, 3, 5$) 為

$$v_o(t) = 0.4981 \cos(\pi t - 51.49°) + 0.2051 \cos(3\pi t - 75.14°) \\ + 0.1257 \cos(5\pi t - 80.96°) + \cdots \text{V}$$

圖 17.21 顯示輸出電壓 $v_o(t)$ 的振幅頻譜，而圖 17.4(a) 顯示輸入電壓 $v_s(t)$。注意：這二個頻譜很接近，為什麼？觀察圖 17.20 的電路是一個包含角頻率 $\omega_c = R/L = 2.5$ rad/s 的高通濾波

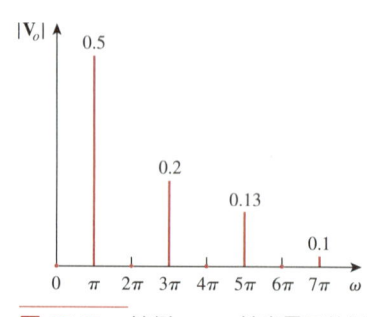

圖 17.21 範例 17.6：輸出電壓的振幅頻譜

器，它比基頻 $\omega_0 = \pi$ rad/s 還小。這個直流成分不能通過該電路且第一諧波有略微衰減，但是高次諧波則可以通過。事實上，從 (17.6.1) 式和 (17.6.2) 式，對於較大的 n 值，$\mathbf{V}_o$ 與 $\mathbf{V}_s$ 是相同的，這是高通濾波器的特性。

> **練習題 17.6** 如果圖 17.9 的鋸齒波 (參見練習題 17.2) 為圖 17.22 電路的電壓源 $v_s(t)$，試求電路的響應 $v_o(t)$。
>
> 答：$v_o(t) = \dfrac{3}{2} - \dfrac{3}{\pi}\displaystyle\sum_{n=1}^{\infty}\dfrac{\sin(2\pi nt - \tan^{-1} 4n\pi)}{n\sqrt{1+16n^2\pi^2}}$ V.
>
> **圖 17.22** 練習題 17.6 的電路

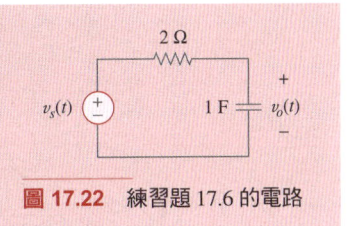

範例 17.7 試求圖 17.23 電路的響應 $i_o(t)$，如果輸入電壓 $v(t)$ 的傅立葉級數展開式如下：

$$v(t) = 1 + \sum_{n=1}^{\infty}\frac{2(-1)^n}{1+n^2}(\cos nt - n\sin nt)$$

圖 17.23 範例 17.7 的電路

解： 使用 (17.13) 式將輸入電壓表示如下：

$$v(t) = 1 + \sum_{n=1}^{\infty}\frac{2(-1)^n}{\sqrt{1+n^2}}\cos(nt + \tan^{-1} n)$$

$$= 1 - 1.414\cos(t + 45°) + 0.8944\cos(2t + 63.45°)$$
$$- 0.6345\cos(3t + 71.56°) - 0.4851\cos(4t + 78.7°) + \cdots$$

所以 $\omega_0 = 1$、$\omega_n = n$ rad/s，而電壓源的輸入阻抗為

$$\mathbf{Z} = 4 + j\omega_n 2 \parallel 4 = 4 + \frac{j\omega_n 8}{4 + j\omega_n 2} = \frac{8 + j\omega_n 8}{2 + j\omega_n}$$

輸入電流為

$$\mathbf{I} = \frac{\mathbf{V}}{\mathbf{Z}} = \frac{2 + j\omega_n}{8 + j\omega_n 8}\mathbf{V}$$

其中 $\mathbf{V}$ 為輸入電壓源 $v(t)$ 的相位形式。根據分流定理，

$$\mathbf{I}_o = \frac{4}{4 + j\omega_n 2}\mathbf{I} = \frac{\mathbf{V}}{4 + j\omega_n 4}$$

因為 $\omega_n = n$，所以 $\mathbf{I}_o$ 可以表示如下：

$$\mathbf{I}_o = \frac{\mathbf{V}}{4\sqrt{1+n^2}\underline{/\tan^{-1} n}}$$

對於直流成分 ($\omega_n = 0$ 或 $n = 0$)，

$$\mathbf{V} = 1 \quad \Rightarrow \quad \mathbf{I}_o = \frac{\mathbf{V}}{4} = \frac{1}{4}$$

對於 n 次諧波，

$$\mathbf{V} = \frac{2(-1)^n}{\sqrt{1+n^2}} \underline{/\tan^{-1} n}$$

所以，

$$\mathbf{I}_o = \frac{1}{4\sqrt{1+n^2}\underline{/\tan^{-1} n}} \frac{2(-1)^n}{\sqrt{1+n^2}} \underline{/\tan^{-1} n} = \frac{(-1)^n}{2(1+n^2)}$$

在時域中，

$$i_o(t) = \frac{1}{4} + \sum_{n=1}^{\infty} \frac{(-1)^n}{2(1+n^2)} \cos nt \ \text{A}$$

練習題 17.7 如果圖 17.24 電路的輸入電壓為

$$v(t) = \frac{1}{3} + \frac{1}{\pi^2} \sum_{n=1}^{\infty} \left(\frac{1}{n^2} \cos nt - \frac{\pi}{n} \sin nt \right) \text{V}$$

試求響應 $i_o(t)$。

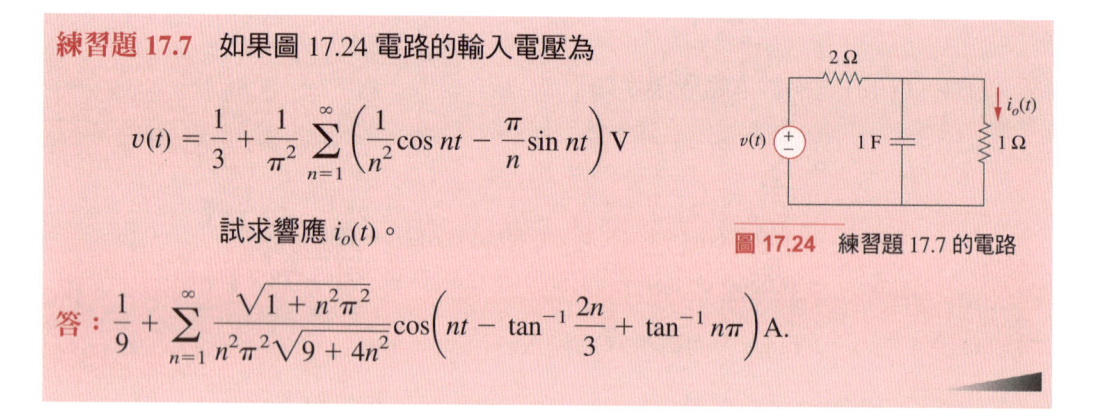

答： $\dfrac{1}{9} + \displaystyle\sum_{n=1}^{\infty} \dfrac{\sqrt{1+n^2\pi^2}}{n^2\pi^2\sqrt{9+4n^2}} \cos\left(nt - \tan^{-1}\dfrac{2n}{3} + \tan^{-1} n\pi \right)$ A.

圖 17.24 練習題 17.7 的電路

17.5 平均功率和均方根值 (Average Power and RMS Values)

第 11 章曾介紹週期函數的平均功率和均方根 (RMS) 值的概念。為了求週期激發的電路平均吸收功率，則將電壓和電流寫成振幅-相位形式 [參見 (17.10) 式] 如下：

$$v(t) = V_{\text{dc}} + \sum_{n=1}^{\infty} V_n \cos(n\omega_0 t - \theta_n) \tag{17.42}$$

$$i(t) = I_{\text{dc}} + \sum_{m=1}^{\infty} I_m \cos(m\omega_0 t - \phi_m) \tag{17.43}$$

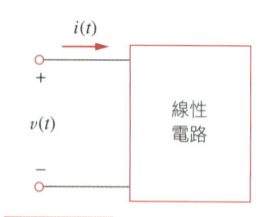

圖 17.25 電壓極性參考和電流參考方向

根據被動符號規則 (如圖 17.25 所示)，平均功率為

$$P = \frac{1}{T}\int_0^T vi\,dt \tag{17.44}$$

將 (17.42) 式和 (17.43) 式代入 (17.44) 式得

$$\begin{aligned}P = &\frac{1}{T}\int_0^T V_{dc}I_{dc}\,dt + \sum_{m=1}^{\infty}\frac{I_m V_{dc}}{T}\int_0^T \cos(m\omega_0 t - \phi_m)\,dt \\ &+ \sum_{n=1}^{\infty}\frac{V_n I_{dc}}{T}\int_0^T \cos(n\omega_0 t - \theta_n)\,dt \\ &+ \sum_{m=1}^{\infty}\sum_{n=1}^{\infty}\frac{V_n I_m}{T}\int_0^T \cos(n\omega_0 t - \theta_n)\cos(m\omega_0 t - \phi_m)\,dt\end{aligned} \tag{17.45}$$

因為對餘弦函數一個週期的積分為零,所以上式第二項和第三項為零。根據 (17.4e) 式,在 $m \neq n$ 時,第四項中所有項的積分皆為零。計算第一項與在 $m = n$ 情況下應用 (17.4g) 式到第四項,得

$$\boxed{P = V_{dc}I_{dc} + \frac{1}{2}\sum_{n=1}^{\infty}V_n I_n \cos(\theta_n - \phi_n)} \tag{17.46}$$

上式證明了,在包含電壓和電流的平均功率計算中,總平均功率為各諧波對應的電壓和電流平均功率之和。

已知一個週期函數 $f(t)$,它的均方根值 (或有效值) 如下:

$$F_{rms} = \sqrt{\frac{1}{T}\int_0^T f^2(t)\,dt} \tag{17.47}$$

將 (17.10) 式中的 $f(t)$ 代入 (17.47) 式,並應用 $(a+b)^2 = a^2 + 2ab + b^2$ 公式得

$$\begin{aligned}F_{rms}^2 = &\frac{1}{T}\int_0^T \left[a_0^2 + 2\sum_{n=1}^{\infty}a_0 A_n \cos(n\omega_0 t + \phi_n)\right. \\ &\left. + \sum_{n=1}^{\infty}\sum_{m=1}^{\infty}A_n A_m \cos(n\omega_0 t + \phi_n)\cos(m\omega_0 t + \phi_m)\right]dt \\ = &\frac{1}{T}\int_0^T a_0^2\,dt + 2\sum_{n=1}^{\infty}a_0 A_n \frac{1}{T}\int_0^T \cos(n\omega_0 t + \phi_n)\,dt \\ &+ \sum_{n=1}^{\infty}\sum_{m=1}^{\infty}A_n A_m \frac{1}{T}\int_0^T \cos(n\omega_0 t + \phi_n)\cos(m\omega_0 t + \phi_m)\,dt\end{aligned} \tag{17.48}$$

對上式使用不同的整數 n 和 m 處理的二個級數和的乘積的方法,可得

$$F_{\text{rms}}^2 = a_0^2 + \frac{1}{2}\sum_{n=1}^{\infty} A_n^2$$

或

$$F_{\text{rms}} = \sqrt{a_0^2 + \frac{1}{2}\sum_{n=1}^{\infty} A_n^2} \tag{17.49}$$

將 (17.49) 式以傅立葉係數 a_n 和 b_n 表示如下：

$$F_{\text{rms}} = \sqrt{a_0^2 + \frac{1}{2}\sum_{n=1}^{\infty}(a_n^2 + b_n^2)} \tag{17.50}$$

如果 $f(t)$ 是流經電阻 R 的電流，則電阻的功率消耗為

$$P = RF_{\text{rms}}^2 \tag{17.51}$$

或如果 $f(t)$ 是電阻 R 上的電壓，則電阻的功率消耗為

$$P = \frac{F_{\text{rms}}^2}{R} \tag{17.52}$$

選擇 1 Ω 電阻可避免指定信號的性質，則 1 Ω 電阻的功率消耗為

$$\boxed{P_{1\Omega} = F_{\text{rms}}^2 = a_0^2 + \frac{1}{2}\sum_{n=1}^{\infty}(a_n^2 + b_n^2)} \tag{17.53}$$

歷史註記：巴色伐定理是以法國數學家馬克·安東尼·巴色伐 (Marc-Antoine Parseval, 1755-1836) 的名字命名的。

此結果稱為**巴色伐定理** (Parseval's theorem)。注意：這是直流成分的功率，而 $\frac{1}{2}(a_n^2 + b_n^2)$ 是 n 次諧波的功率。因此巴色伐定理說明了週期性信號的平均功率為直流成分的平均功率與諧波的平均功率之和。

範例 17.8 試計算圖 17.26 電路的平均功率，假設 $i(t) = 2 + 10\cos(t + 10°) + 6\cos(3t + 35°)$ A。

解：網路的輸入阻抗為

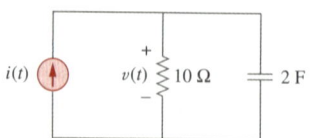

圖 17.26 範例 17.8 的電路

$$\mathbf{Z} = 10 \parallel \frac{1}{j2\omega} = \frac{10(1/j2\omega)}{10 + 1/j2\omega} = \frac{10}{1 + j20\omega}$$

因此，

$$\mathbf{V} = \mathbf{IZ} = \frac{10\mathbf{I}}{\sqrt{1 + 400\omega^2}\,\underline{/\tan^{-1} 20\omega}}$$

對於直流成分而言，$\omega = 0$，所以，

$$\mathbf{I} = 2 \text{ A} \quad \Rightarrow \quad \mathbf{V} = 10(2) = 20 \text{ V}$$

這是預期的，因為直流情況下電容相當於開路，所以整個 2 A 電流流經電阻。對於 $\omega = 1$ rad/s，

$$\mathbf{I} = 10\underline{/10°} \quad \Rightarrow \quad \mathbf{V} = \frac{10(10\underline{/10°})}{\sqrt{1 + 400}\underline{/\tan^{-1} 20}}$$
$$= 5\underline{/-77.14°}$$

對於 $\omega = 3$ rad/s，

$$\mathbf{I} = 6\underline{/35°} \quad \Rightarrow \quad \mathbf{V} = \frac{10(6\underline{/35°})}{\sqrt{1 + 3600}\underline{/\tan^{-1} 60}}$$
$$= 1\underline{/-54.04°}$$

因此，在時域中，

$$v(t) = 20 + 5\cos(t - 77.14°) + 1\cos(3t - 54.04°) \text{ V}$$

應用 (17.46) 式到電路，可得平均供應功率如下：

$$P = V_{dc}I_{dc} + \frac{1}{2}\sum_{n=1}^{\infty}V_n I_n \cos(\theta_n - \phi_n)$$

將本範例中 v 和 i 與 (17.42) 式和 (17.43) 式比較，可代入合適的 θ_n 和 ϕ_n，因此，

$$P = 20(2) + \frac{1}{2}(5)(10)\cos[77.14° - (-10°)]$$
$$+ \frac{1}{2}(1)(6)\cos[54.04° - (-35°)]$$
$$= 40 + 1.247 + 0.05 = 41.5 \text{ W}$$

同理，電阻的平均吸收功率如下：

$$P = \frac{V_{dc}^2}{R} + \frac{1}{2}\sum_{n=1}^{\infty}\frac{|V_n|^2}{R} = \frac{20^2}{10} + \frac{1}{2}\cdot\frac{5^2}{10} + \frac{1}{2}\cdot\frac{1^2}{10}$$
$$= 40 + 1.25 + 0.05 = 41.5 \text{ W}$$

這與平均供應功率相同，因為電容沒有吸收平均功率。

練習題 17.8 電路終端的電壓和電流如下：

$$v(t) = 128 + 192 \cos 120\pi t + 96 \cos(360\pi t - 30°)$$
$$i(t) = 4 \cos(120\pi t - 10°) + 1.6 \cos(360\pi t - 60°)$$

試求電路的平均吸收功率。

答： 444.7 W.

範例 17.9 試求範例 17.7 中電壓的均方根估計值。

解： 根據範例 17.7，$v(t)$ 表示如下：

$$v(t) = 1 - 1.414 \cos(t + 45°) + 0.8944 \cos(2t + 63.45°)$$
$$- 0.6345 \cos(3t + 71.56°)$$
$$- 0.4851 \cos(4t + 78.7°) + \cdots \text{ V}$$

使用 (17.49) 式，求得

$$V_{\text{rms}} = \sqrt{a_0^2 + \frac{1}{2}\sum_{n=1}^{\infty} A_n^2}$$

$$= \sqrt{1^2 + \frac{1}{2}\left[(-1.414)^2 + (0.8944)^2 + (-0.6345)^2 + (-0.4851)^2 + \cdots\right]}$$

$$= \sqrt{2.7186} = 1.649 \text{ V}$$

上面結果只是估計值，因為未充分考慮級數的所有項。而傅立葉級數所表示的實際函數如下：

$$v(t) = \frac{\pi e^t}{\sinh \pi}, \quad -\pi < t < \pi$$

且 $v(t) = v(t + T)$，因此準確的均方根值為 1.776 V。

練習題 17.9 試求下面週期電流的均方根值：

$$i(t) = 8 + 30 \cos 2t - 20 \sin 2t + 15 \cos 4t - 10 \sin 4t \text{ A}$$

答： 29.61 A.

17.6 指數傅立葉級數 (Exponential Fourier Series)

表達傅立葉級數 (17.3) 式的簡潔方式是使用指數形式。這需要使用尤拉恆等式的指數形式來表示正弦函數和餘弦函數。

$$\cos n\omega_0 t = \frac{1}{2}[e^{jn\omega_0 t} + e^{-jn\omega_0 t}] \tag{17.54a}$$

$$\sin n\omega_0 t = \frac{1}{2j}[e^{jn\omega_0 t} - e^{-jn\omega_0 t}] \tag{17.54b}$$

將 (17.54) 式代入 (17.3) 式，合併相同項後得

$$f(t) = a_0 + \frac{1}{2}\sum_{n=1}^{\infty}[(a_n - jb_n)e^{jn\omega_0 t} + (a_n + jb_n)e^{-jn\omega_0 t}] \tag{17.55}$$

如果定義一個新的係數 c_n，則

$$c_0 = a_0, \quad c_n = \frac{(a_n - jb_n)}{2}, \quad c_{-n} = c_n^* = \frac{(a_n + jb_n)}{2} \tag{17.56}$$

然後 $f(t)$ 改為

$$f(t) = c_0 + \sum_{n=1}^{\infty}(c_n e^{jn\omega_0 t} + c_{-n} e^{-jn\omega_0 t}) \tag{17.57}$$

或

$$f(t) = \sum_{n=-\infty}^{\infty} c_n e^{jn\omega_0 t} \tag{17.58}$$

這就是 $f(t)$ 的複數或指數傅立葉表示式。這個指數形式比 (17.3) 式的正弦-餘弦形式更簡潔。雖然指數傅立葉級數的係數 c_n 可以使用 (17.56) 式由 a_n 和 b_n 求得。也可以直接從 $f(t)$ 求得如下：

$$c_n = \frac{1}{T}\int_0^T f(t)e^{-jn\omega_0 t}\,dt \tag{17.59}$$

其中 $\omega_0 = 2\pi/T$，c_n 對 $n\omega_0$ 的振幅和相位曲線依次稱為**複數振幅頻譜** (complex amplitude spectrum) 和**複數相位頻譜** (complex phase spectrum)。這二個頻譜構成 $f(t)$ 的複數頻譜。

週期函數 $f(t)$ 的指數傅立葉級數 (exponential Fourier series) 藉由正負諧波頻率的交流成分以振幅和相角來描述 $f(t)$ 的頻譜。

三種形式的傅立葉級數 (正弦-餘弦形式、振幅-相位形式和指數形式) 的關係為

$$\boxed{A_n\underline{/\phi_n} = a_n - jb_n = 2c_n} \tag{17.60}$$

或

$$c_n = |c_n|\underline{/\theta_n} = \frac{\sqrt{a_n^2 + b_n^2}}{2}\underline{/-\tan^{-1} b_n/a_n} \tag{17.61}$$

如果只有 $a_n > 0$。注意：c_n 的相角 θ_n 等於 ϕ_n。

以傅立葉複數係數 c_n 來表示週期信號 $f(t)$ 的均方根值為

$$\begin{aligned} F_{\text{rms}}^2 &= \frac{1}{T}\int_0^T f^2(t)\,dt = \frac{1}{T}\int_0^T f(t)\left[\sum_{n=-\infty}^{\infty} c_n e^{jn\omega_0 t}\right]dt \\ &= \sum_{n=-\infty}^{\infty} c_n\left[\frac{1}{T}\int_0^T f(t)e^{jn\omega_0 t}\,dt\right] \\ &= \sum_{n=-\infty}^{\infty} c_n c_n^* = \sum_{n=-\infty}^{\infty} |c_n|^2 \end{aligned} \tag{17.62}$$

或

$$F_{\text{rms}} = \sqrt{\sum_{n=-\infty}^{\infty} |c_n|^2} \tag{17.63}$$

(17.62) 式可寫成

$$F_{\text{rms}}^2 = |c_0|^2 + 2\sum_{n=1}^{\infty} |c_n|^2 \tag{17.64}$$

則 1 Ω 電阻的功率消耗為

$$P_{1\Omega} = F_{\text{rms}}^2 = \sum_{n=-\infty}^{\infty} |c_n|^2 \tag{17.65}$$

這就是巴色伐定理的另一種形式。信號 $f(t)$ 的**功率頻譜** (power spectrum) 是 $|c_n|^2$ 對 $n\omega_0$ 的曲線。如果 $f(t)$ 是跨接於電阻 R 上的電壓，則電阻的平均吸收功率為 F_{rms}^2/R；如果 $f(t)$ 是流經電阻 R 的電流，則電阻的平均吸收功率為 $F_{\text{rms}}^2 R$。

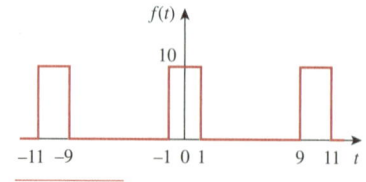

以圖 17.27 週期脈衝串列為例，目標是求振幅頻譜和相位頻譜。脈衝串列的週期為 $T = 10$，所以 $\omega_0 = 2\pi/T = \pi/5$。利用

圖 17.27 週期脈衝串列

(17.59) 式得

$$c_n = \frac{1}{T}\int_{-T/2}^{T/2} f(t)e^{-jn\omega_0 t}\,dt = \frac{1}{10}\int_{-1}^{1} 10 e^{-jn\omega_0 t}\,dt$$

$$= \frac{1}{-jn\omega_0}e^{-jn\omega_0 t}\bigg|_{-1}^{1} = \frac{1}{-jn\omega_0}(e^{-jn\omega_0} - e^{jn\omega_0})$$

$$= \frac{2}{n\omega_0}\cdot\frac{e^{jn\omega_0} - e^{-jn\omega_0}}{2j} = 2\frac{\sin n\omega_0}{n\omega_0}, \qquad \omega_0 = \frac{\pi}{5}$$

$$= 2\frac{\sin n\pi/5}{n\pi/5}$$

(17.66)

而且

$$f(t) = 2\sum_{n=-\infty}^{\infty} \frac{\sin n\pi/5}{n\pi/5} e^{jn\pi t/5} \tag{17.67}$$

從 (17.66) 式可注意到，c_n 是 2 與形式為 $\sin x/x$ 函數的乘積，這個函數稱為 **sinc 函數** (sinc function)，寫成

> 在通訊理論中，sinc 函數稱為**取樣函數** (sampling function)，是非常有用的。

$$\text{sinc}(x) = \frac{\sin x}{x} \tag{17.68}$$

在這裡 sinc 函數的一些性質是非常重要的。參數為零時，sinc 函數值為 1：

$$\text{sinc}(0) = 1 \tag{17.69}$$

這是對 (17.68) 式應用羅必達法則 (L'Hopital's rule) 得到的結果。若參數為 π 的整數倍時，sinc 函數值為 0：

$$\text{sinc}(n\pi) = 0, \qquad n = 1, 2, 3, \ldots \tag{17.70}$$

而且 sinc 函數為偶對稱函數。考慮所有的這些性質，即可求得 $f(t)$ 的振幅頻譜和相位頻譜。從 (17.66) 式，其振幅為

$$|c_n| = 2\left|\frac{\sin n\pi/5}{n\pi/5}\right| \tag{17.71}$$

而相位為

$$\theta_n = \begin{cases} 0°, & \sin\dfrac{n\pi}{5} > 0 \\ 180°, & \sin\dfrac{n\pi}{5} < 0 \end{cases} \tag{17.72}$$

圖 17.28 顯示 $|c_n|$ 對 n 的曲線，其中 n 從 -10 變化到 10，且 $n = \omega/\omega_0$ 是常規化頻率。圖 17.29 顯示 θ_n 對 n 的曲線。振幅頻譜和相

> 檢查輸入和輸出頻譜可看出一個電路週期信號的效果。

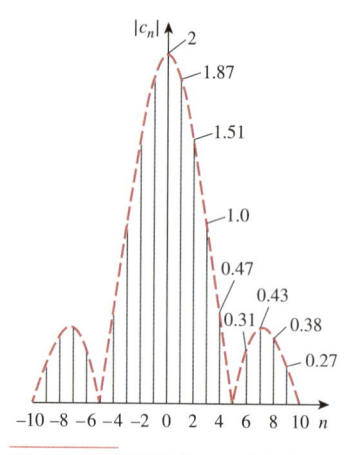

圖 17.28 週期脈衝串列的振幅

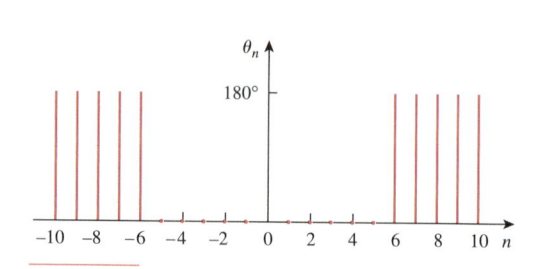

圖 17.29 週期脈衝串列的相位頻譜

位頻譜稱為**線頻譜** (line spectra)，因為 $|c_n|$ 和 θ_n 值只發生在離散的頻率值，線與線的間隔為 ω_0。也可以畫出功率頻譜，也就是 $|c_n|^2$ 對 $n\omega_0$ 的曲線。sinc 函數形成的振幅頻譜的包絡線。

範例 17.10 試求下面週期函數的指數傅立葉級數展開式：$f(t) = e^t$，$0 < t < 2\pi$ 且 $f(t+2\pi) = f(t)$。

解： 因為 $T = 2\pi$，$\omega = 2\pi/T = 1$，因此，

$$c_n = \frac{1}{T}\int_0^T f(t)e^{-jn\omega_0 t}\,dt = \frac{1}{2\pi}\int_0^{2\pi} e^t e^{-jnt}\,dt$$

$$= \frac{1}{2\pi}\frac{1}{1-jn}e^{(1-jn)t}\bigg|_0^{2\pi} = \frac{1}{2\pi(1-jn)}[e^{2\pi}e^{-j2\pi n} - 1]$$

但根據尤拉恆等式，

$$e^{-j2\pi n} = \cos 2\pi n - j\sin 2\pi n = 1 - j0 = 1$$

因此，

$$c_n = \frac{1}{2\pi(1-jn)}[e^{2\pi} - 1] = \frac{85}{1-jn}$$

則複數傅立葉級數為

$$f(t) = \sum_{n=-\infty}^{\infty} \frac{85}{1-jn}e^{jnt}$$

要畫出 $f(t)$ 的複數頻譜，如果令 $c_n = |c_n|\underline{/\theta_n}$，則得

$$|c_n| = \frac{85}{\sqrt{1+n^2}}, \qquad \theta_n = \tan^{-1} n$$

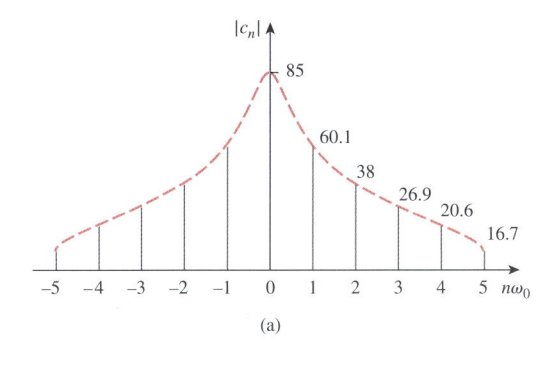

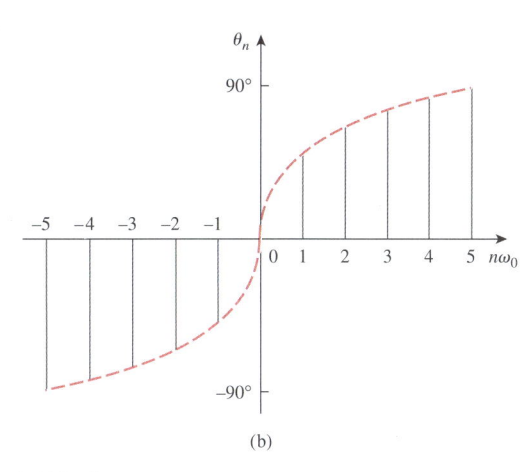

圖 17.30 範例 17.10 函數的複數頻譜：(a) 振幅頻譜，(b) 相位頻譜

取不同正、負 n 值，可得 c_n 對 $n\omega_0 = n$ 的振幅和相位曲線，如圖 17.30 所示。

練習題 17.10 試求圖 17.1 函數的複數傅立葉級數。

答： $f(t) = \dfrac{1}{2} - \displaystyle\sum_{\substack{n=-\infty \\ n\neq 0 \\ n=奇數}}^{\infty} \dfrac{j}{n\pi} e^{jn\pi t}$.

範例 17.11

試求圖 17.9 鋸齒波的複數傅立葉級數，並畫出振幅頻譜和相位頻譜。

解： 從圖 17.9，$f(t) = t$，$0 < t < 1$，$T = 1$，所以 $\omega_0 = 2\pi/T = 2\pi$。因此，

$$c_n = \frac{1}{T}\int_0^T f(t)e^{-jn\omega_0 t}\,dt = \frac{1}{1}\int_0^1 t e^{-j2n\pi t}\,dt \tag{17.11.1}$$

但是，

$$\int t e^{at}\,dt = \frac{e^{at}}{a^2}(ax - 1) + C$$

將上式代入 (17.11.1) 式得

$$\begin{aligned} c_n &= \left.\frac{e^{-j2n\pi t}}{(-j2n\pi)^2}(-j2n\pi t - 1)\right|_0^1 \\ &= \frac{e^{-j2n\pi}(-j2n\pi - 1) + 1}{-4n^2\pi^2} \end{aligned} \tag{17.11.2}$$

因為

$$e^{-j2\pi n} = \cos 2\pi n - j\sin 2\pi n = 1 - j0 = 1$$

所以 (17.11.2) 式可改寫如下：

$$c_n = \frac{-j2n\pi}{-4n^2\pi^2} = \frac{j}{2n\pi} \tag{17.11.3}$$

上式不包含 $n=0$ 的情況。當 $n=0$ 時，

$$c_0 = \frac{1}{T}\int_0^T f(t)\,dt = \frac{1}{1}\int_0^1 t\,dt = \left.\frac{t^2}{2}\right|_1^0 = 0.5 \tag{17.11.4}$$

因此，

$$f(t) = 0.5 + \sum_{\substack{n=-\infty \\ n\neq 0}}^{\infty} \frac{j}{2n\pi} e^{j2n\pi t} \tag{17.11.5}$$

而且

$$|c_n| = \begin{cases} \dfrac{1}{2|n|\pi}, & n \neq 0 \\ 0.5, & n = 0 \end{cases}, \quad \theta_n = 90°, \quad n \neq 0 \tag{17.11.6}$$

根據不同的 n 值畫出 $|c_n|$ 和 θ_n 的曲線，即得振幅頻譜和相位頻譜如圖 17.31 所示。

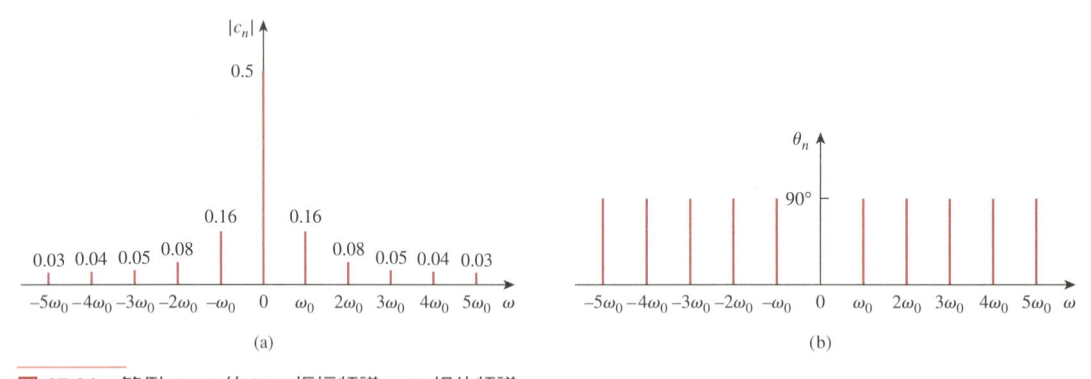

圖 17.31 範例 17.11 的：(a) 振幅頻譜，(b) 相位頻譜

練習題 17.11 試求圖 17.17 函數 $f(t)$ 的複數傅立葉級數展開式，並畫出振幅頻譜和相位頻譜。

答：$f(t) = \displaystyle\sum_{\substack{n=-\infty \\ n\neq 0}}^{\infty} \frac{j(-1)^n}{n\pi} e^{jn\pi t}$。頻譜如圖 17.32 所示。

圖 17.32 練習題 17.11 的：(a) 振幅頻譜，(b) 相位頻譜

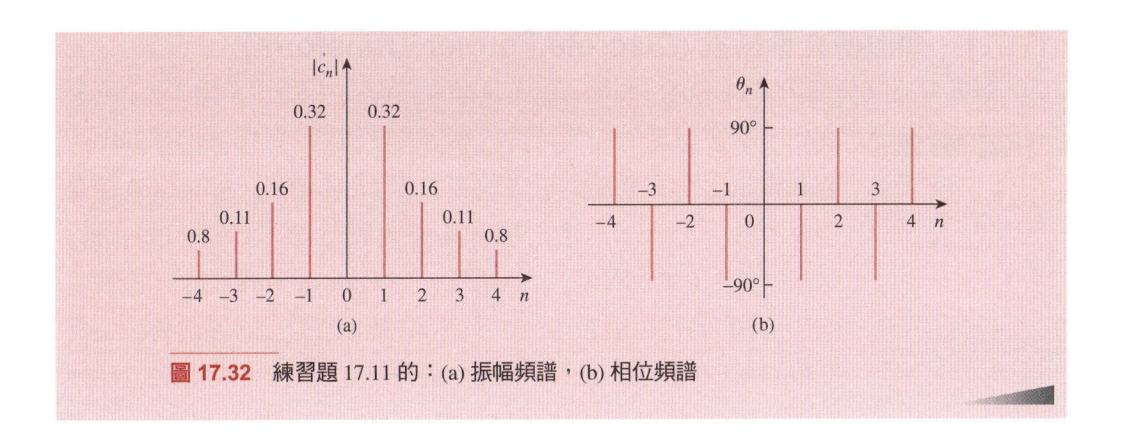

17.7 使用 PSpice 進行傅立葉分析

通常採用 PSpice 分析暫態時，可以實現傅立葉分析。因此，進行傅立葉分析時，必須進行暫態分析。

要執行波形的傅立葉分析，需要一個電路，其輸入為波形，其輸出是傅立葉分解。適合進行傅立葉分析的電路為電流源 (或電壓源) 串聯一個 1 Ω 電阻器的電路，如圖 17.33 所示。若輸入波形為 $v_s(t)$ 時，使用 VPULSE 表示脈衝輸入波形，使用 VSIN 表示正弦輸入波形，並在週期 T 內設定波形屬性。則從節點 1 的輸出 V(1) 包括直流位準 (a_0)，以及前 9 個諧波 (A_n) 及其對應相位 (ψ_n)，即

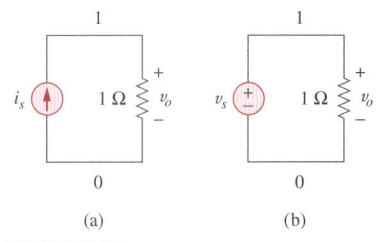

圖 17.33 使用 PSpice 的傅立葉分析：(a) 電流源，(b) 電壓源

$$v_o(t) = a_0 + \sum_{n=1}^{9} A_n \sin(n\omega_0 t + \psi_n) \qquad (17.73)$$

其中

$$A_n = \sqrt{a_n^2 + b_n^2}, \qquad \psi_n = \phi_n - \frac{\pi}{2}, \qquad \phi_n = \tan^{-1}\frac{b_n}{a_n} \qquad (17.74)$$

在 (17.74) 式 PSpice 的輸出為正弦函數及其相位角形式，而非 (17.10) 式的餘弦函數及其相位角形式。PSpice 的輸出也包含標準化傅立葉係數。每個係數 a_n 都除以基本振幅 a_1，就可以實現標準化，且標準組成為 a_n/a_1。對應的相位 ψ_n 減去基本相位 ψ_1，所以標準相位為 $\psi_n - \psi_1$。

Windows 版本的 PSpice 提供二種傅立葉分析：PSpice 程式執行的**離散傅立葉轉換** (Discrete Fourier Transform, DFT) 和 PSpice A/D 程式執行的**快速傅立葉轉換** (Fast Fourier Transform, FFT)。而 DFT 是指數傅立葉級數近似法，FFT 則是 DFT 的快速有效數值計算演算法，但 DFT 和 FFT 的詳細說明則不在本書討論的範圍。

17.7.1 離散傅立葉轉換 (Discrete Fourier Transform)

離散傅立葉變換 (DFT) 是由 PSpice 程式執行，該程式在輸出檔案中以表格形式列出諧波訊息。要執行傅立葉分析，則選擇 **Analysis/Setup/Transient** 並開啟暫態對話方塊，如圖 17.34 所示。Print Step 應是週期 T 的一小部分，而在 Final Time 可設為 6T。Center frequency 是基頻 $f_0 = 1/T$。如圖 17.34 所示，在 **Output Vars** 的文字方塊中輸入 DFT 的特定變數 V(1)。除了填寫暫態對話方塊之外，還需雙擊 (**DCLICK**) Enable Fourier。隨著傅立葉分析啟用和儲存原理圖後，選擇 **Analysis/Simulate** 執行 PSpice。該程序將諧波分解暫態分析結果的傅立葉成分，並將結果寫入輸出檔，而可以選擇 **Analysis/Examine Output** 功能讀取輸出檔。這個輸出檔包含直流值和前 9 個預設諧波，雖然可以在 Number of harmonics 文字方塊中指定更多的諧波數 (參見圖 17.34)。

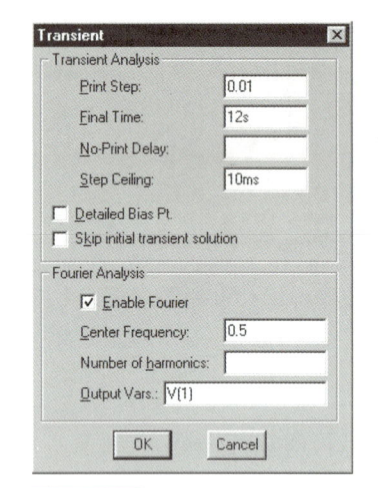

圖 17.34 暫態對話方塊

17.7.2 快速傅立葉轉換 (Fast Fourier Transform)

快速傅立葉轉換 (FFT) 是由 PSpice A/D 程式執行，並將暫態表示式的整個頻譜顯示為 PSpice A/D 曲線。如上所述，首先建立如圖 17.33(b) 的原理圖和輸入波形屬性，而且也需在暫態對話方塊中輸入 Print Step 和 Final Time。完成後，有二種方法可求得波形的 FFT。

第一個方法是在圖 17.33(b) 電路原理圖的節點 1 處插入一個電壓標記。儲存電路原理圖並選擇 **Analysis/Simulate** 後，則 V(1) 波形將顯示在 PSpice A/D 視窗。雙擊 PSpice A/D 功能表中的 FFT 圖示，就會自動將波形轉換為 FFT 波形，從 FFT 產生的圖形可得諧波。萬一產生的 FFT 圖是擁擠的，則可以使用 User Defined 文字方塊中 (如圖 17.35) 指定一個較小的範圍。

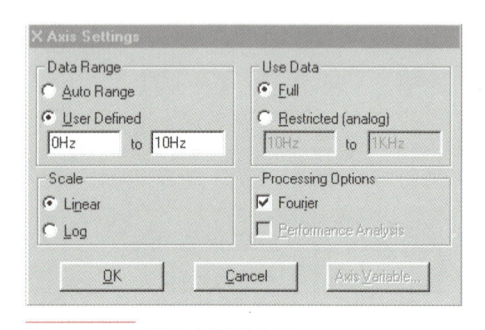

圖 17.35 x 軸設定對話方塊

另一個求 V(1) 的 FFT 方法則不需在原理圖節點 1 處插入電壓標記。在選擇 **Analysis/Simulate** 後，PSpice A/D 視窗將不顯示任何曲線。選擇 **Trace/Add** 和在 **Trace Command** 文字方塊中輸入 V(1)，然後 **DCLICKL OK**。在選擇 **Plot/X-Axis Settings** 帶出 X-Axis Setting 對話方塊，如圖 17.35 所示，然後選擇 **Fourier/OK**，則將顯示所選軌跡的 FFT。第二種方法用於求任何與電路相關軌跡的 FFT 是非常有用的。

FFT 方法的主要優點是提供圖形輸出，但它的主要缺點是有些諧波太小無法顯示。

在 DFT 和 FFT 分析中，應該在較大的週期中進行模擬，和使用較小的 Step Ceiling 值 (在暫態對話方塊中)，如此才能保證準確的結果。暫態對話方塊中的 Final Time 至少必須為信號週期的五倍，這樣才能使模擬達到穩定狀態。

利用 PSpice 計算圖 17.1 信號的傅立葉係數。   範例 17.12

解：圖 17.36 顯示求傅立葉係數的原理圖。根據圖 17.1 的信號，輸入電壓源 VPULSE 的屬性如圖 17.36 所示。下面使用 DFT 和 FFT 二種方法求解此範例。

◆ **方法一：DFT 方法：**(這個方法不需要圖 17.36 中的電壓標記) 從圖 17.1 看出 T = 2 s，因此，

$$f_0 = \frac{1}{T} = \frac{1}{2} = 0.5 \text{ Hz}$$

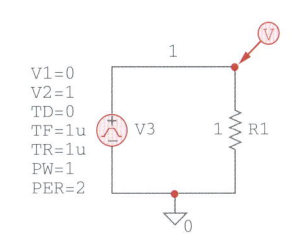

圖 17.36 範例 17.12 的原理圖

在暫態對話方塊中，選擇 Final Time 為 6T = 12 s、Print Step 為 0.01 s、Step Ceiling 為 10 ms、Center Frequency 為 0.5 Hz，以及輸出變數為 V(1)。(事實上，本範例的設定如圖 17.34 所示。) 執行 PSpice 程式後，輸出檔案結果如下：

```
FOURIER COEFFICIENTS OF TRANSIENT RESPONSE V(1)

DC COMPONENT = 4.989950E-01

HARMONIC   FREQUENCY    FOURIER      NORMALIZED   PHASE        NORMALIZED
NO         (HZ)         COMPONENT    COMPONENT    (DEG)        PHASE (DEG)

    1      5.000E-01    6.366E-01    1.000E+00    -1.809E-01   0.000E+00
    2      1.000E+00    2.012E-03    3.160E-03    -9.226E+01   -9.208E+01
    3      1.500E+00    2.122E-01    3.333E-01    -5.427E-01   -3.619E-01
    4      2.000E+00    2.016E-03    3.167E-03    -9.451E+01   -9.433E+01
    5      2.500E+00    1.273E-01    1.999E-01    -9.048E-01   -7.239E-01
    6      3.000E+00    2.024E-03    3.180E-03    -9.676E+01   -9.658E+01
    7      3.500E+00    9.088E-02    1.427E-01    -1.267E+00   -1.086E+00
    8      4.000E+00    2.035E-03    3.197E-03    -9.898E+01   -9.880E+01
    9      4.500E+00    7.065E-02    1.110E-01    -1.630E+00   -1.449E+00
```

將這個結果與 (17.1.7) 式比較 (參見範例 17.1)，或與圖 17.4 所示的頻譜比較，顯示結果接近一致。從 (17.1.7) 式得直流成分為 0.5，而從 PSpice 得 0.498995。而且，該信號只有相位 $\psi_n = -90°$ 的奇次諧波。但 PSpice 似乎指出該信號包含偶次諧波，雖然偶次諧波的振幅都很小。

◆ **方法二：FFT 方法：**使用圖 17.36 中的電壓標記，執行 PSpice 且在 PSpice A/D 視窗中得到 V(1) 波形如圖 17.37(a) 所示。雙擊 PSpice A/D 功能表中的 FFT 圖示，並改變 x 軸設定為 0 到 10 Hz，得 V(1) 的 FFT 如圖 17.37(b) 所示。這個 FFT 頻譜圖包含所選的頻率範圍內的直流成分和諧波成分。注意：諧波的振幅和頻率與

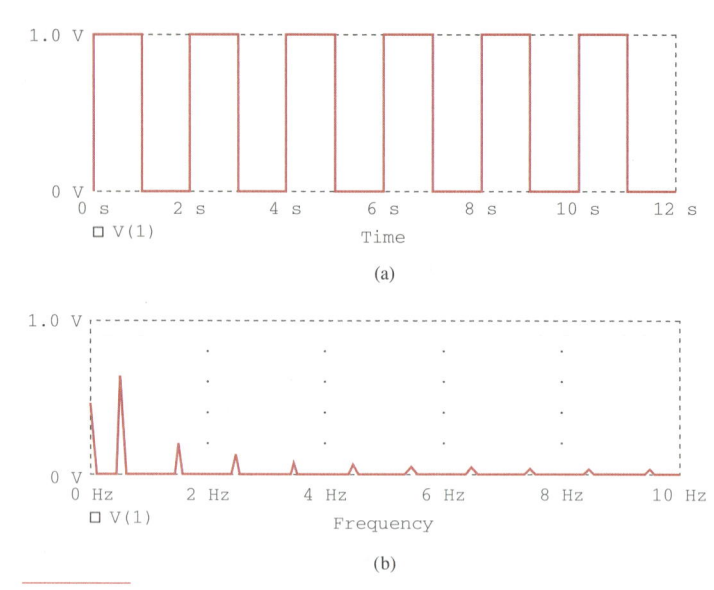

圖 17.37 (a) 圖 17.1 的原始波形，(b) FFT 波形

DFT 產生表的值一致。

練習題 17.12 使用 PSpice 求圖 17.7 函數的傅立葉係數。

答：

```
FOURIER COEFFICIENTS OF TRANSIENT RESPONSE V(1)

DC COMPONENT = 4.950000E-01
```

HARMONIC NO	FREQUENCY (HZ)	FOURIER COMPONENT	NORMALIZED COMPONENT	PHASE (DEG)	NORMALIZED PHASE (DEG)
1	1.000E+00	3.184E-01	1.000E+00	-1.782E+02	0.000E+00
2	2.000E+00	1.593E-01	5.002E-01	-1.764E+02	1.800E+00
3	3.000E+00	1.063E-01	3.338E-01	-1.746E+02	3.600E+00
4	4.000E+00	7.979E-02	2.506E-03	-1.728E+02	5.400E+00
5	5.000E+00	6.392E-01	2.008E-01	-1.710E+02	7.200E+00
6	6.000E+00	5.337E-02	1.676E-03	-1.692E+02	9.000E+00
7	7.000E+00	4.584E-02	1.440E-01	-1.674E+02	1.080E+01
8	8.000E+00	4.021E-02	1.263E-01	-1.656E+02	1.260E+01
9	9.000E+00	3.584E-02	1.126E-01	-1.638E+02	1.440E+01

範例 17.13 如果圖 17.38 的電路 $v_s = 12\sin(200\pi t)u(t)$ V，試求 $i(t)$。

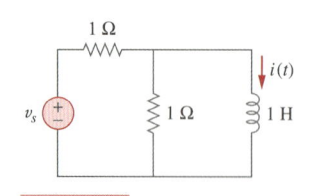

圖 17.38 範例 17.13 的電路

解：

1. **定義**：雖然這個問題似乎是清楚說明，但仍然建議檢查此問題是求解暫態響應而不是穩態響應，因為在穩態響應的情況下問題就變得簡單。

2. **表達**：已知輸入為 $v_s(t)$，使用 PSpice 和傅立葉分析，求響應 $i(t)$。

3. **選擇**：使用 DFT 進行初始分析，然後使用 FFT 驗證結果。
4. **嘗試**：原理圖如圖 17.39 所示，使用 DFT 方法求 $i(t)$ 的傅立葉係數。因為輸入波形的週期為 $T = 1/100 = 10$ ms，所以暫態對話方塊中，選擇 Print Step: 0.1 ms、Final Time: 100 ms、Center Frequency: 100 Hz、Number of harmonics: 4 和 Output Vars: I(L1)，電路模擬後輸出檔案內容如下：

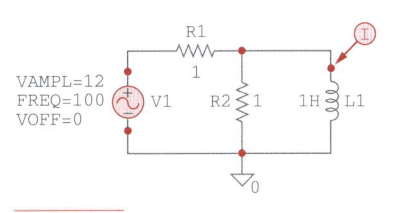

圖 17.39 圖 17.38 的電路原理圖

```
FOURIER COEFFICIENTS OF TRANSIENT RESPONSE I(VD)
DC COMPONENT = 8.583269E-03

HARMONIC   FREQUENCY    FOURIER      NORMALIZED    PHASE        NORMALIZED
  NO         (HZ)      COMPONENT     COMPONENT    (DEG)         PHASE (DEG)
   1       1.000E+02   8.730E-03     1.000E+00   -8.984E+01     0.000E+00
   2       2.000E+02   1.017E-04     1.165E-02   -8.306E+01     6.783E+00
   3       3.000E+02   6.811E-05     7.802E-03   -8.235E+01     7.490E+00
   4       4.000E+02   4.403E-05     5.044E-03   -8.943E+01     4.054E+00
```

有了傅立葉係數之後，電流 $i(t)$ 的傅立葉級數可利用 (17.73) 式求得；即

$$\begin{aligned} i(t) &= 8.5833 + 8.73 \sin(2\pi \cdot 100t - 89.84°) \\ &+ 0.1017 \sin(2\pi \cdot 200t - 83.06°) \\ &+ 0.068 \sin(2\pi \cdot 300t - 82.35°) + \cdots \text{ mA} \end{aligned}$$

5. **驗證**：可以使用 FFT 方法交叉驗證結果。插入電流標記到電感的腳 1 如圖 17.39 所示。執行 PSpice 後，將自動在 PSpice A/D 視窗中產生 I(L1) 的曲線，如圖 17.40(a) 所示。雙擊 FFT 圖示和設定 x 軸的範圍從 0 到 200 Hz，則產生 I(L1) 的 FFT 如圖 17.40(b) 所示。從 FFT 產生的曲線可清楚地看到，只有直流成分和第一次諧波可見，高次諧波則小到可以忽略。

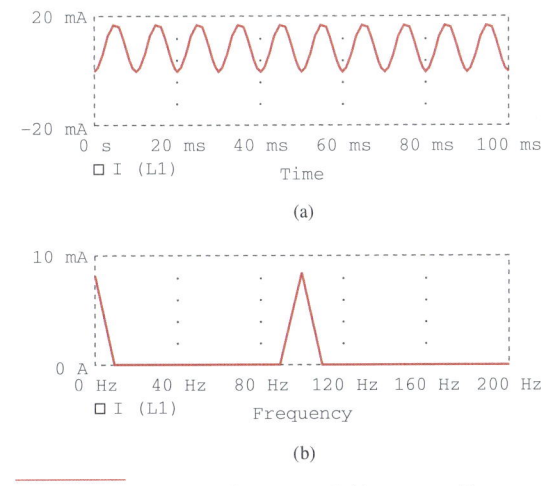

圖 17.40 範例 17.13 的：(a) $i(t)$ 曲線，(b) $i(t)$ 的 FFT

最後說明一點，答案確實有意義嗎？實際的暫態響應為 $i(t) = (9.549e^{-0.5t} - 9.549)\cos(200\pi t)\, u(t)$ mA 餘弦波形的週期為 10 ms，而指數的時間常數為 2000 ms (2 秒)，所以與傅立葉技術所得的答案一致。

6. **滿意？**顯然，已經利用指定方法滿意的解決了這個問題。現在，可以將結果作為解決問題的辦法。

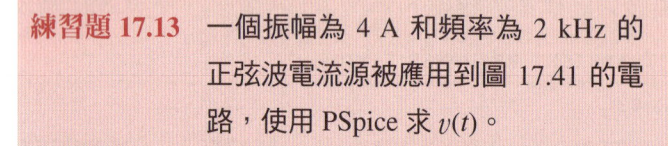

練習題 17.13 一個振幅為 4 A 和頻率為 2 kHz 的正弦波電流源被應用到圖 17.41 的電路，使用 PSpice 求 $v(t)$。

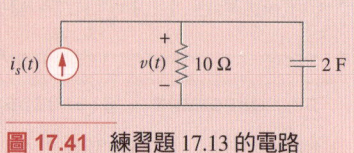

圖 17.41 練習題 17.13 的電路

答： $v(t) = -150.72 + 145.5 \sin(4\pi \cdot 10^3 t + 90°) + \cdots \mu V.$
傅立葉係數如下所示：

```
FOURIER COEFFICIENTS OF TRANSIENT RESPONSE V(R1:1)

DC COMPONENT = -1.507169E-04

HARMONIC  FREQUENCY   FOURIER     NORMALIZED   PHASE      NORMALIZED
NO        (HZ)        COMPONENT   COMPONENT    (DEG)      PHASE (DEG)

  1       2.000E+03   1.455E-04   1.000E+00    9.006E+01   0.000E+00
  2       4.000E+03   1.851E-06   1.273E-02    9.597E+01   5.910E+00
  3       6.000E+03   1.406E-06   9.662E-03    9.323E+01   3.167E+00
  4       8.000E+03   1.010E-06   6.946E-02    8.077E+01  -9.292E+00
```

17.8 †應用

如 17.4 節所述，傅立葉級數展開可使用非正弦週期函數激發電路的交流分析的相量分析方法。傅立葉級數有許多實際的應用，特別是在通訊與信號處理方面，典型的應用包括頻譜分析、濾波、整流和諧波失真。本節將介紹其中二個：頻譜分析儀和濾波器。

17.8.1 頻譜分析儀 (Spectrum Analyzers)

傅立葉級數提供信號的頻譜。正如我們所看到的，頻譜是由振幅和相位對頻率的關係所組成。透過提供信號 $f(t)$ 的頻譜，傅立葉級數有助於識別信號的相關特徵。它展示了哪些頻率對輸出信號波形有重要的作用，而哪些頻率則沒有作用。例如，可聽的聲音在 20 Hz 到 15 kHz 頻率間有重要的成分，而可見光範圍在 10^5 到 10^6 GHz 之間。表 17.4 列出某些信號和主要成分的頻率範圍。如果週期函數只包含有限數量的傅立葉係數 A_n 和

表 17.4 典型信號的頻率範圍

信號	頻率範圍
可聽的聲音	20 Hz 到 15 kHz
調幅 (AM) 收音機	540 到 1600 kHz
短波無線電	3 到 36 MHz
視頻訊號 (美國標準)	直流到 4.2 MHz
特高頻 (VHF) 電視、調頻 (FM) 收音機	54 到 216 MHz
超高頻 (UHF) 電視	470 到 806 MHz
行動電話	824 到 891.5 MHz
微波	2.4 到 300 GHz
可見光	10^5 到 10^6 GHz
X 光	10^8 到 10^9 GHz

c_n，則稱為**頻寬限制** (band-limited)。這種情況下，傅立葉級數改為

$$f(t) = \sum_{n=-N}^{N} c_n e^{jn\omega_0 t} = a_0 + \sum_{n=1}^{N} A_n \cos(n\omega_0 t + \phi_n) \tag{17.75}$$

上式顯示，如果 ω_0 已知，則只需 $2N+1$ 項 ($A_0, A_1, A_2, ..., A_n, \phi_1, \phi_2, ..., \phi_n$) 即可求出 $f(t)$。這導出了**取樣定理** (sampling theorem)：一個包含 N 諧波傅立葉級數的頻寬限制週期函數可以從一個週期內的 $2N+1$ 個瞬間值指定唯一的。

頻譜分析儀 (spectrum analyzer) 是顯示信號振幅對頻率的成分，它顯示各種頻率能量的頻率成分曲線 (頻譜線)，它不像示波器顯示整個信號對時間的曲線。

示波器是在時域中顯示信號，而頻譜分析儀則在頻域中顯示信號。可能沒有其他電路分析儀器比頻譜分析儀更好用。分析儀可進行噪音和雜散信號分析、相位檢測、電磁波干擾和濾波器檢查、振動測量、雷達測量等等。

17.8.2　濾波器 (Filters)

濾波器是電子設備和通訊系統的重要組成部分。第 14 章已經詳細介紹被動和主動濾波器，本節將介紹如何設計選擇輸入信號基波成分 (或任意諧波成分) 而過濾其他諧波的濾波器。沒有輸入信號的傅立葉級數展開就無法實現這個濾波過程。為了說明的目的，將考慮低通濾波器和帶通濾波器兩種情況。而在範例 17.6 已經介紹了 RL 高通濾波器。

低通濾波器的輸出與輸入信號、濾波器的轉移函數 $H(\omega)$ 和角頻率或半功率頻率 ω_c 有關。對於 RC 濾波器，$\omega_c = 1/RC$。如圖 17.42(a) 所示，通過直流和低頻成分，而阻隔高頻成分。若使 ω_c 夠大 ($\omega_c \gg \omega_0$，使 C 很小)，則大量的諧波可以通

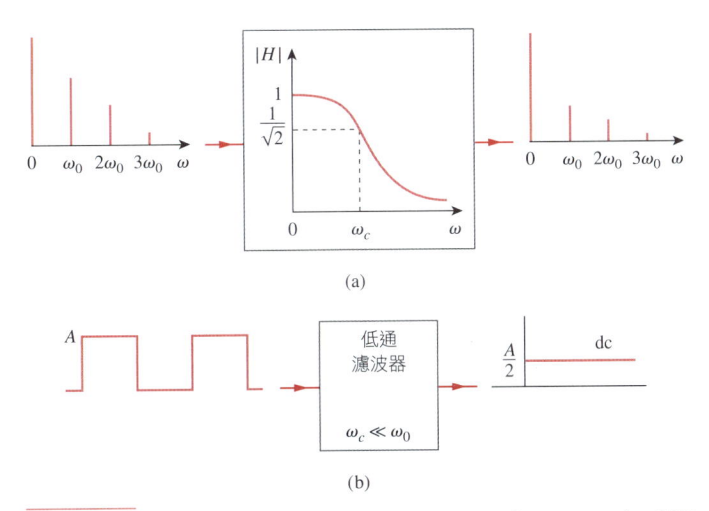

圖 17.42　(a) 低通濾波器的輸入和輸出頻譜，(b) 當 $\omega_c \ll \omega_0$ 時，低通濾波器只允許直流成分通過

過。換句話說，使 ω_c 夠小 ($\omega_c \ll \omega_0$)，則將阻隔所有的交流成分，而只通過直流成分，如圖 17.42(b) 所示。[參見圖 17.2(a) 方波的傅立葉級數展開。]

> 本節使用 ω_c 取代第 14 章的 ω_0 作為帶通濾波器的中心頻率，以避免與輸入信號的基波頻率 ω_0 混淆。

同理，帶通濾波器的輸出與輸入信號、濾波器的轉移函數 $H(\omega)$、頻寬 B 和中心頻率 ω_c 有關。如圖 17.43(a) 所示，帶通濾波器通過中心頻率約 ω_c 和在頻寬 ($\omega_1 < \omega < \omega_2$) 內的所有諧波。假設 ω_0、$2\omega_0$、$3\omega_0$ 在這頻寬之內，如果濾波器有很高的選擇性 ($B \ll \omega_0$)，且 $\omega_c = \omega_0$，其中 ω_0 為輸入信號的基波頻率，則濾波器只通過基波成分 ($n = 1$)，而濾掉所有的高次諧波。如圖 17.43(b) 所示，輸入為方波時，則輸出相同頻率的正弦波。[也可以參見圖 17.2(a)。]

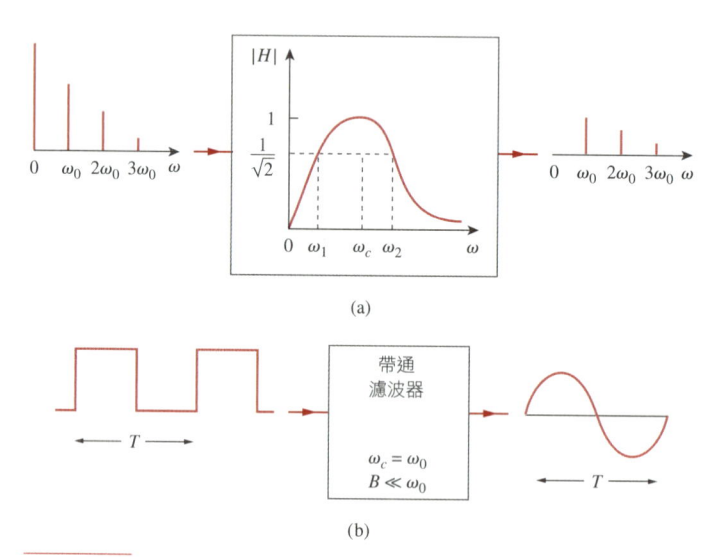

圖 17.43 (a) 帶通濾波器的輸入和輸出頻譜，(b) 當 $B \ll \omega_0$ 時，帶通濾波器只允許基波成分通過

範例 17.14 如果圖 17.44(a) 的鋸齒波應用於轉移函數如圖 17.44(b) 所示的理想濾波器上，試求濾波器的輸出。

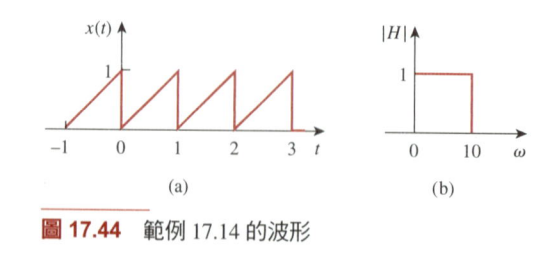

圖 17.44 範例 17.14 的波形

解： 圖 17.44(a) 的輸入信號與練習題 17.2 中圖 17.9 的信號相同。已知傅立葉級數展開如下：

$$x(t) = \frac{1}{2} - \frac{1}{\pi}\sin\omega_0 t - \frac{1}{2\pi}\sin 2\omega_0 t - \frac{1}{3\pi}\sin 3\omega_0 t - \cdots$$

其中週期為 $T = 1$ s 且基波頻率 ω_0 為 2π rad/s。因為濾波器的角頻率為 $\omega_c = 10$ rad/s，所以只有直流成分和 $n\omega_0 < 10$ 的諧波可以通過。對於 $n = 2$，$n\omega_0 = 4\pi = 12.566$ rad/s 高於 10，意思是第二次和較高次諧波將被阻隔，所以只有直流成分和基波成分可以通過，因此濾波器的輸出為

$$y(t) = \frac{1}{2} - \frac{1}{\pi}\sin 2\pi t$$

練習題 17.14 如果範例 17.14 低通濾波器被圖 17.45 的理想帶通濾波器取代，重做範例 17.14。

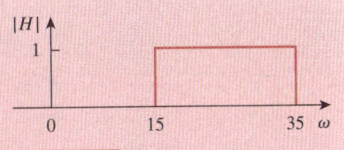

答：$y(t) = -\dfrac{1}{3\pi}\sin 3\omega_0 t - \dfrac{1}{4\pi}\sin 4\omega_0 t - \dfrac{1}{5\pi}\sin 5\omega_0 t$。

圖 17.45 練習題 17.14 的波形

17.9 總結

1. 週期函數就是每隔 T 秒重複一次的函數，即 $f(t \pm nT) = f(t)$，$n = 1, 2, 3, \ldots$。
2. 在電機工程所遇到的任何非正弦週期函數可以被表示為正弦和餘弦的傅立葉級數：

$$f(t) = \underbrace{a_0}_{\text{直流}} + \underbrace{\sum_{n=1}^{\infty}(a_n\cos n\omega_0 t + b_n\sin n\omega_0 t)}_{\text{交流}}$$

其中 $\omega_0 = 2\pi/T$ 為基波頻率，傅立葉級數將函數分解為直流成分 a_0 和無線多個正弦諧波組成的交流成分。傅立葉係數的計算如下：

$$a_0 = \frac{1}{T}\int_0^T f(t)\,dt, \qquad a_n = \frac{2}{T}\int_0^T f(t)\cos n\omega_0 t\,dt$$

$$b_n = \frac{2}{T}\int_0^T f(t)\sin n\omega_0 t\,dt$$

如果 $f(t)$ 是偶函數，$b_n = 0$；如果 $f(t)$ 是奇函數，$a_0 = 0$ 和 $a_n = 0$；如果 $f(t)$ 為半波對稱函數，對於偶數 n 值而言，$a_0 = a_n = b_n = 0$。

3. 另一種三角函數 (或正弦-餘弦函數) 的傅立葉級數為振幅和相位形式：

$$f(t) = a_0 + \sum_{n=1}^{\infty} A_n \cos(n\omega_0 t + \phi_n)$$

其中

$$A_n = \sqrt{a_n^2 + b_n^2}, \quad \phi_n = -\tan^{-1}\frac{b_n}{a_n}$$

4. 當電源函數為非正弦週期函數時，傅立葉級數表示式可以使用相量法來分析電路。首先使用相位法求級數中每個諧波的響應，再將每個響應轉換到時域後相加，可得完全響應。

5. 週期性電壓和電流的平均功率為

$$P = V_{dc}I_{dc} + \frac{1}{2}\sum_{n=1}^{\infty} V_n I_n \cos(\theta_n - \phi_n)$$

換句話說，總平均功率為每個諧波相關之電壓和電流的平均功率之和。

6. 週期函數也可以表示為指數 (或複數) 形式的傅立葉級數如下：

$$f(t) = \sum_{n=-\infty}^{\infty} c_n e^{jn\omega_0 t}$$

其中

$$c_n = \frac{1}{T}\int_0^T f(t)e^{-jn\omega_0 t}\,dt$$

而且 $\omega_0 = 2\pi/T$。指數形式是在正或負的諧波頻率下，以交流成分的振幅和相位來描述 $f(t)$ 的頻譜。因此有三種基本的傅立葉表示式：三角函數形式、振幅-相位形式，以及指數形式。

7. 頻譜 (或線譜) 是 A_n 和 ϕ_n 對頻率的曲線，或者是 $|c_n|$ 和 θ_n 對頻率的曲線。

8. 週期函數的均方根值為

$$F_{rms} = \sqrt{a_0^2 + \frac{1}{2}\sum_{n=1}^{\infty} A_n^2}$$

1 Ω 電阻器的功率消耗為

$$P_{1\Omega} = F_{rms}^2 = a_0^2 + \frac{1}{2}\sum_{n=1}^{\infty}(a_n^2 + b_n^2) = \sum_{n=-\infty}^{\infty}|c_n|^2$$

這個結果稱為**巴色伐定理**。

9. 使用 PSpice 的暫態分析可以實現電路的傅立葉分析。

10. 傅立葉級數可應用在頻譜分析儀和濾波器中。頻譜分析儀是顯示輸入信號的離散傅立葉頻譜的儀器，所以分析可以確定頻率和信號能量成分的關係。因為傅立葉頻譜是離散頻譜，所以濾波器可設計成有效阻隔期望頻率範圍以外頻率的元件。

▍複習題

17.1 下列哪些表示式不是傅立葉級數？

(a) $t - \dfrac{t^2}{2} + \dfrac{t^3}{3} - \dfrac{t^4}{4} + \dfrac{t^5}{5}$

(b) $5 \sin t + 3 \sin 2t - 2 \sin 3t + \sin 4t$

(c) $\sin t - 2 \cos 3t + 4 \sin 4t + \cos 4t$

(d) $\sin t + 3 \sin 2.7t - \cos \pi t + 2 \tan \pi t$

(e) $1 + e^{-j\pi t} + \dfrac{e^{-j2\pi t}}{2} + \dfrac{e^{-j3\pi t}}{3}$

17.2 如果 $f(t) = t$，$0 < t < \pi$，$f(t + n\pi) = f(t)$，則 ω_0 的值為：

(a) 1 (b) 2 (c) π (d) 2π

17.3 下列哪些函數是偶函數？

(a) $t + t^2$ (b) $t^2 \cos t$ (c) e^{t^2}

(d) $t^2 + t^4$ (e) $\sinh t$

17.4 下列哪些函數是奇函數？

(a) $\sin t + \cos t$ (b) $t \sin t$

(c) $t \ln t$ (d) $t^3 \cos t$

(e) $\sinh t$

17.5 如果 $f(t) = 10 + 8 \cos t + 4 \cos 3t + 2 \cos 5t + \cdots$，則直流成分的振幅為：

(a) 10 (b) 8 (c) 4 (d) 2 (e) 0

17.6 如果 $f(t) = 10 + 8 \cos t + 4 \cos 3t + 2 \cos 5t + \cdots$，則第六次諧波的角頻率為：

(a) 12 (b) 11 (c) 9 (d) 6 (e) 1

17.7 圖 17.14 的函數為半波對稱函數。

(a) 對 (b) 錯

17.8 $|c_n|$ 對 $n\omega_0$ 的曲線稱為：

(a) 複數頻譜

(b) 複數振幅頻譜

(c) 複數相位頻譜

17.9 如果週期性電壓 $2 + 6 \sin \omega_0 t$ 應用到 $1\,\Omega$ 電阻上，則電阻消耗的功率 (單位為瓦特) 最接近的整數值為：

(a) 5 (b) 8 (c) 20 (d) 22 (e) 40

17.10 顯示信號頻譜的儀器稱為：

(a) 示波器   (b) 頻譜圖

(c) 頻譜分析儀 (d) 傅立葉頻譜圖

答：17.1 a,d， 17.2 b， 17.3 b,c,d， 17.4 d,e， 17.5 a， 17.6 d， 17.7 a， 17.8 b， 17.9 d， 17.10 c

▍習題

17.2 節　三角函數的傅立葉級數

17.1 判斷下列函數是否為週期函數，若為週期函數，試求其週期：

(a) $f(t) = \cos \pi t + 2 \cos 3\pi t + 3 \cos 5\pi t$

(b) $y(t) = \sin t + 4 \cos 2\pi t$

(c) $g(t) = \sin 3t \cos 4t$

(d) $h(t) = \cos^2 t$

(e) $z(t) = 4.2 \sin(0.4\pi t + 10°) + 0.8 \sin(0.6\pi t + 50°)$

(f) $p(t) = 10$

(g) $q(t) = e^{-\pi t}$

17.2 利用 MATLAB 合成一個週期函數的波形，此三角函數的傅立葉級數為：

$$f(t) = \dfrac{1}{2} - \dfrac{4}{\pi^2} \left(\cos t + \dfrac{1}{9} \cos 3t + \dfrac{1}{25} \cos 5t + \cdots \right)$$

17.3 已知圖 17.46 波形的傅立葉係數 a_0、a_n、b_n，試畫出其振幅頻譜和相位頻譜。

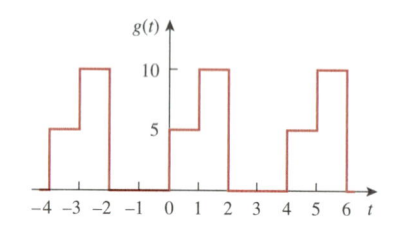

圖 17.46 習題 17.3 的波形

17.4 試求圖 17.47 反向鋸齒波的傅立葉級數展開式，並求振幅頻譜和相位頻譜。

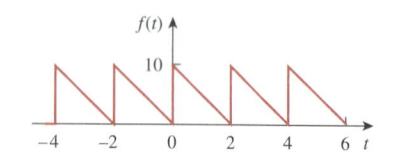

圖 17.47 習題 17.4 和 17.66 的波形

17.5 試求圖 17.48 波形的傅立葉級數展開式。

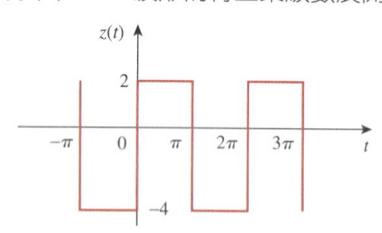

圖 17.48 習題 17.5 的波形

17.6 試求下面函數的三角傅立葉級數：

$$f(t) = \begin{cases} 5, & 0 < t < \pi \\ 10, & \pi < t < 2\pi \end{cases} \quad \text{且 } f(t + 2\pi) = f(t)$$

*17.7 試求圖 17.49 週期函數的傅立葉級數。

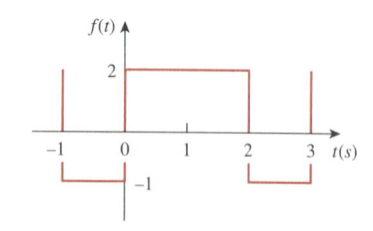

圖 17.49 習題 17.7 的函數

17.8 利用圖 17.50 的波形，試設計一個問題幫助其他學生更瞭解如何確定一個週期性波形的指數傅立葉級數。

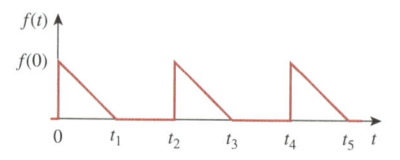

圖 17.50 習題 17.8 的波形

17.9 試求圖 17.51 整流餘弦波形的前三個諧波項的傅立葉係數 a_n 和 b_n。

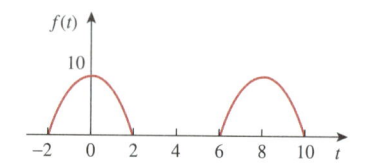

圖 17.51 習題 17.9 的波形

17.10 試求圖 17.52 波形的指數傅立葉級數。

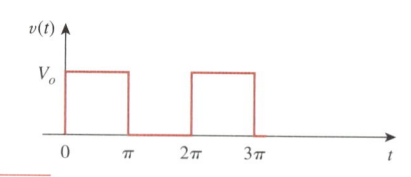

圖 17.52 習題 17.10 的波形

17.11 試求圖 17.53 信號的指數傅立葉級數。

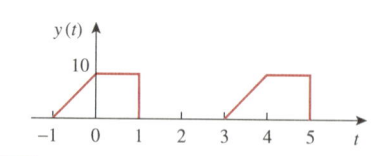

圖 17.53 習題 17.11 的信號

*17.12 某電壓源為週期性波形，其一個週期的定義如下：

$$v(t) = 10t(2\pi - t) \text{ V}, \quad 0 < t < 2\pi$$

試求此電壓的傅立葉級數。

17.13 試設計一個問題幫助其他學生更瞭解如何求一個週期函數的傅立葉級數。

---

* 星號表示該習題具有挑戰性。

17.14 試求下面傅立葉級數的正交（餘弦和正弦）形式：

$$f(t) = 5 + \sum_{n=1}^{\infty} \frac{25}{n^3+1} \cos\left(2nt + \frac{n\pi}{4}\right)$$

17.15 將下面傅立葉級數表示為：

$$f(t) = 10 + \sum_{n=1}^{\infty} \frac{4}{n^2+1} \cos 10nt + \frac{1}{n^3} \sin 10nt$$

(a) 餘弦和角度的形式。
(b) 正弦和角度的形式。

17.16 圖 17.54(a) 波形的傅立葉級數如下：

$$v_1(t) = \frac{1}{2} - \frac{4}{\pi^2}\left(\cos \pi t + \frac{1}{9}\cos 3\pi t + \frac{1}{25}\cos 5\pi t + \cdots\right) \text{V}$$

試求圖 17.54(b) 波形的傅立葉級數。

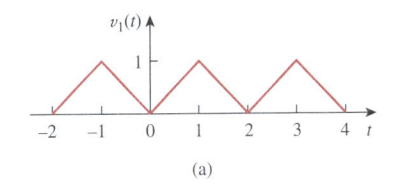

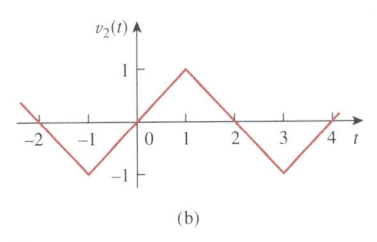

圖 17.54 習題 17.16 和 17.69 的波形

17.3 節　對稱的注意事項

17.17 試決定下列函數為偶函數、奇函數或都不是：

(a) $1 + t$ 　　　(b) $t^2 - 1$
(c) $\cos n\pi t \sin n\pi t$ 　　(d) $\sin^2 \pi t$
(e) e^{-t}

17.18 試求圖 17.55 函數的基頻和指定的對稱形式。

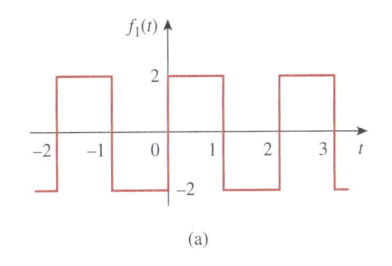

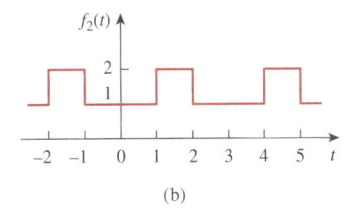

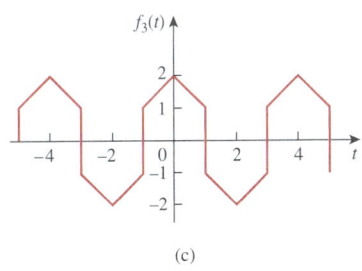

圖 17.55 習題 17.18 和 17.63 的函數

17.19 試求圖 17.56 週期性波形的傅立葉級數。

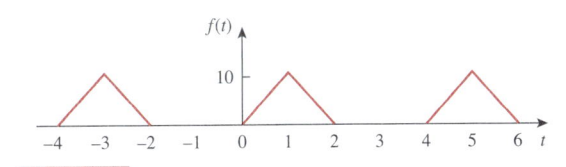

圖 17.56 習題 17.19 的波形

17.20 試求圖 17.57 信號的傅立葉級數，並利用前三個非零諧波求 $t = 2$ 時的 $f(t)$。

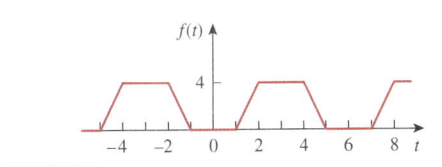

圖 17.57 習題 17.20 和 17.67 的信號

17.21 試求圖 17.58 信號的三角傅立葉級數。

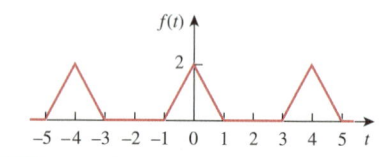

圖 17.58 習題 17.21 的信號

17.22 試求圖 17.59 函數的傅立葉係數。

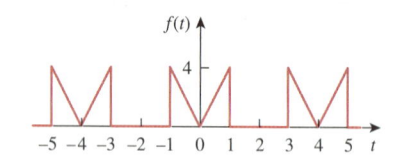

圖 17.59 習題 17.22 的函數

17.23 利用圖 17.60 的波形，試設計一個問題幫助其他學生更瞭解如何求週期性波形的傅立葉級數。

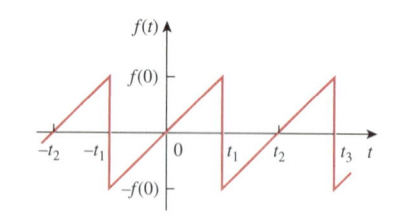

圖 17.60 習題 17.23 的波形

17.24 在圖 17.61 週期函數中，
(a) 試求三角傅立葉級數的係數 a_2 和 b_2。
(b) 試求 $\omega_n = 10$ rad/s 時，$f(t)$ 成分的振幅和相位。
(c) 利用前四個非零項來估算 $f(\pi/2)$。
(d) 試證明

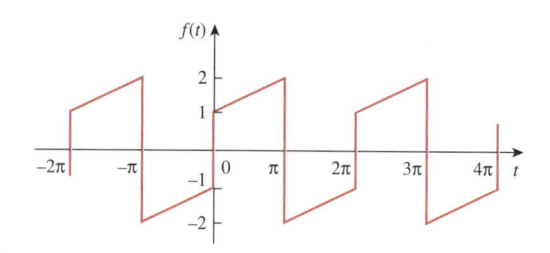

$$\frac{\pi}{4} = \frac{1}{1} - \frac{1}{3} + \frac{1}{5} - \frac{1}{7} + \frac{1}{9} - \frac{1}{11} + \cdots$$

圖 17.61 習題 17.24 和 17.60 的函數

17.25 試求圖 17.62 函數的傅立葉級數表示式。

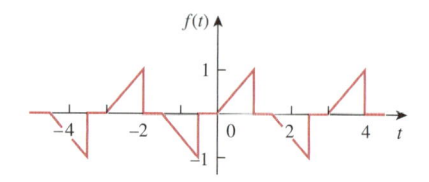

圖 17.62 習題 17.25 的函數

17.26 試求圖 17.63 信號的傅立葉級數表示式。

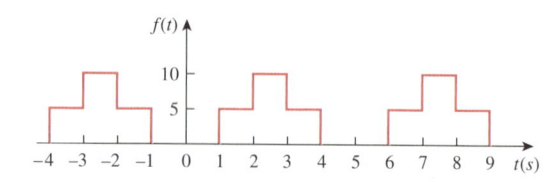

圖 17.63 習題 17.26 的信號

17.27 對於圖 17.64 所顯示的波形：
(a) 指出此波形的對稱類型。
(b) 試計算 a_3 和 b_3。
(c) 使用前五個非零諧波來計算均方根值。

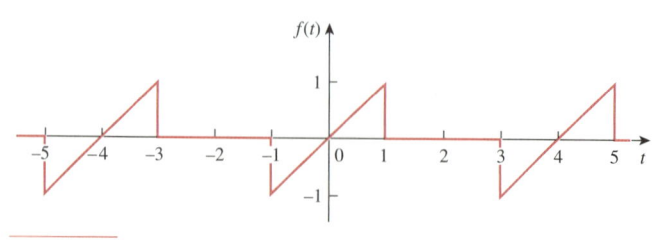

圖 17.64 習題 17.27 的波形

17.28 試求圖 17.65 電壓波形的三角傅立葉級數。

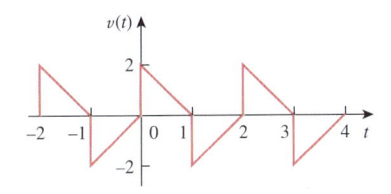

圖 17.65 習題 17.28 的波形

17.29 試求圖 17.66 鋸齒波函數的傅立葉級數展開式。

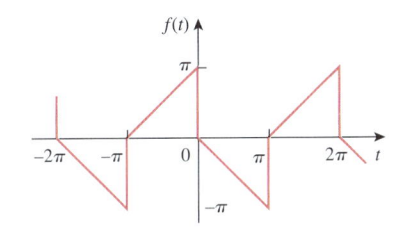

圖 17.66 習題 17.29 的電路

17.30 (a) 如果 $f(t)$ 為偶函數，試證明

$$c_n = \frac{2}{T} \int_0^{T/2} f(t) \cos n\omega_o t \, dt$$

(b) 如果 $f(t)$ 為奇函數，試證明

$$c_n = -\frac{j2}{T} \int_0^{T/2} f(t) \sin n\omega_o t \, dt$$

17.31 令 a_n 和 b_n 為 $f(t)$ 的傅立葉級數的係數，以及令 ω_o 為基頻。假設 $f(t)$ 是時間縮放函數，則 $h(t) = f(\alpha t)$。試利用 $f(t)$ 的 a_n、b_n、ω_o 來表示 $h(t)$ 的 a'_n、b'_n、ω'_o。

17.4 節　電路應用

17.32 試求圖 17.67 電路的 $i(t)$，已知電路的 $i_s(t)$ 如下：

$$i_s(t) = 1 + \sum_{n=1}^{\infty} \frac{1}{n^2} \cos 3nt \text{ A}$$

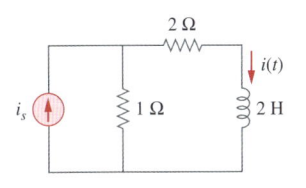

圖 17.67 習題 17.32 的電路

17.33 圖 17.68 電路中 $v_s(t)$ 的傅立葉級數展開式如下，試求 $v_o(t)$。

$$v_s(t) = 3 + \frac{4}{\pi} \sum_{n=1}^{\infty} \frac{1}{n} \sin(n\pi t)$$

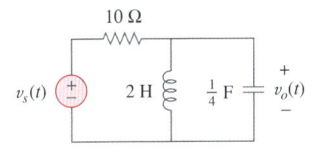

圖 17.68 習題 17.33 的電路

17.34 利用圖 17.69 的電路，試設計一個電路幫助其他學生更瞭解電路響應的傅立葉級數。

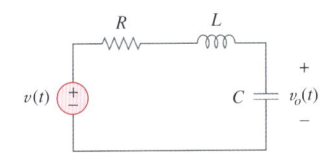

圖 17.69 習題 17.34 的電路

17.35 如果圖 17.70 的電路與圖 17.55(b) 的函數 $f_2(t)$ 相同，試求 $v_o(t)$ 的直流成分和前三次非零諧波。

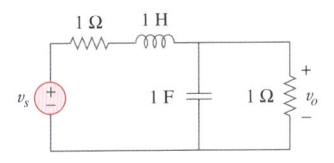

圖 17.70 習題 17.35 的網路

***17.36** 試求圖 17.71(a) 的響應 i_o，其中 $v_s(t)$ 如圖 17.71(b) 所示。

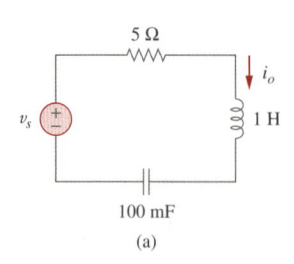

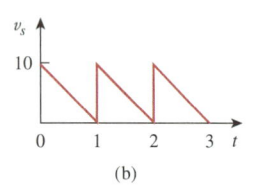

圖 17.71 習題 17.36 的電路與波形

17.37 如果圖 17.72(a) 的週期性電流波形被應用到圖 17.72(b) 的電路，試求 v_o。

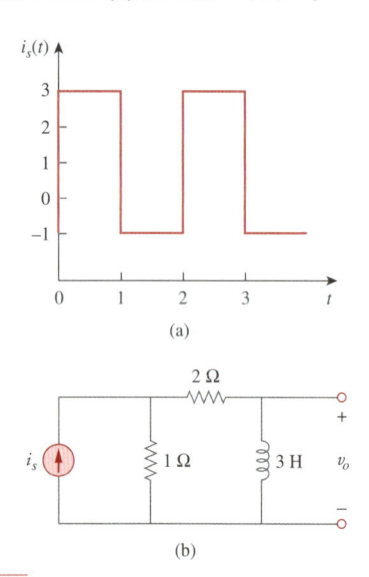

圖 17.72 習題 17.37 的波形與電路

17.38 如果圖 17.73(a) 的方波波形被應用到 17.73(b) 的電路，試求 $v_o(t)$ 的傅立葉級數。

圖 17.73 習題 17.38 的波形與電路

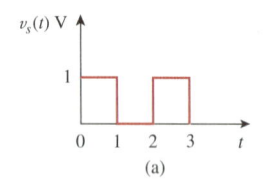

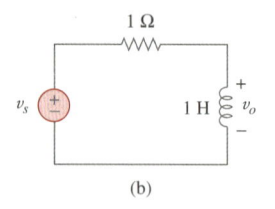

圖 17.73 習題 17.38 的波形與電路 (續)

17.39 如果圖 17.74(a) 的週期性電壓波形被應用到圖 17.74(b) 的電路，試求 $i_o(t)$。

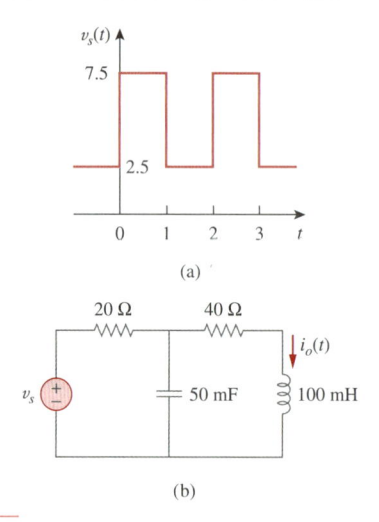

圖 17.74 習題 17.39 的波形與電路

*17.40 如果圖 17.75(a) 的信號被應用到圖 17.75(b) 的電路，試求 $v_o(t)$。

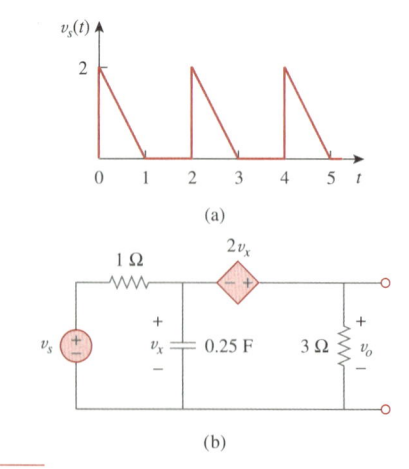

圖 17.75 習題 17.40 的信號與電路

17.41 如果圖 17.76(a) 的全波整流正弦電壓波形被應用到圖 17.76(b) 的低通濾波器電路，試求濾波器的輸出電壓 $v_o(t)$。

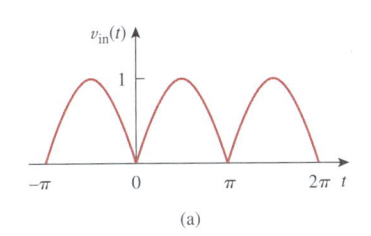

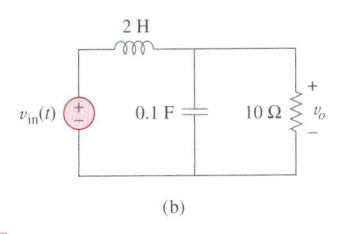

圖 17.76 習題 17.41 的波形與電路

17.42 如果圖 17.77(a) 的方波被應用到圖 17.77(b) 的電路，試求 $v_o(t)$ 的傅立葉級數。

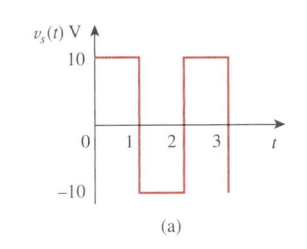

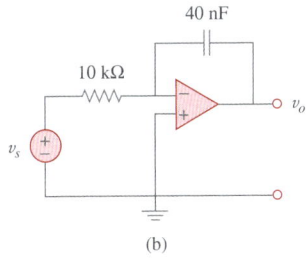

圖 17.77 習題 17.42 的波形與電路

17.5 節　平均功率和均方根值

17.43 跨接於電路二端的電壓為：

$$v(t) = [30 + 20\cos(60\pi t + 45°) + 10\cos(120\pi t - 45°)] \text{ V}$$

如果流入高電位端點的電流為：

$$i(t) = 6 + 4\cos(60\pi t + 10°) - 2\cos(120\pi t - 60°) \text{ A}$$

試求：
(a) 電壓的均方根值。
(b) 電流的均方根值。
(c) 電路吸收的平均功率。

*__17.44__ 設計一個問題幫助其他學生更瞭解如何在已知電壓和電流的傅立葉級數情況下，試求跨接於電路元件上的均方根電壓和流過元件的均方根電流。另外，計算傳遞到元件的平均功率與功率頻譜。

17.45 一個 RLC 電路的 $R = 10\ \Omega$、$L = 2$ mH、$C = 40\ \mu$F，試求有效電流和平均吸收功率。如果應用電壓為：

$$v(t) = 100\cos 1000t + 50\cos 2000t + 25\cos 3000t \text{ V}$$

17.46 利用 MATLAB 畫出下列正弦函數在 $0 < t < 5$ 之間的波形：

(a) $5\cos 3t - 2\cos(3t - \pi/3)$
(b) $8\sin(\pi t + \pi/4) + 10\cos(\pi t - \pi/8)$

17.47 圖 17.78 的週期性電流波形被應用到 $2\ k\Omega$ 電阻器上，試求總直流元件平均消耗功率的百分比。

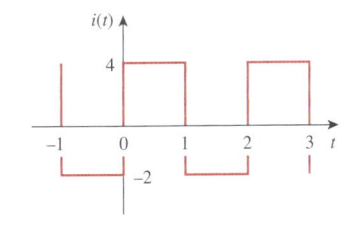

圖 17.78 習題 17.47 的波形

17.48 對於圖 17.79 的電路，

$$i(t) = 20 + 16\cos(10t + 45°) + 12\cos(20t - 60°) \text{ mA}$$

試求：
(a) $v(t)$。
(b) 電阻的平均消耗功率。

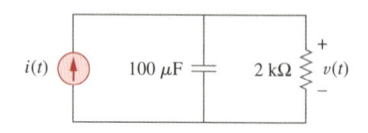

圖 17.79　習題 17.48 的電路

17.49 (a) 試求習題 17.5 週期性波形的均方根值。
(b) 利用習題 17.5 傅立葉級數的前五個諧波項，試求信號的有效值。
(c) 試求 $z(t)$ 均方根估算值的誤差百分比，如果

$$\%\ 誤差 = \left(\frac{估算值}{實際值} - 1\right) \times 100$$

17.6 節　指數傅立葉級數

17.50 對於所有整數 n 值，$f(t+2n)=f(t)$，試求在 $-1<t<1$ 之間，$f(t)=t$ 的指數傅立葉級數。

17.51 設計一個問題幫助其他學生更瞭解如何在已知週期函數情況下，試求指數傅立葉級數。

17.52 對於所有整數 n 值，$f(t+2\pi n)=f(t)$，試求在 $-\pi<t<\pi$ 之間，$f(t)=e^t$ 的複數傅立葉級數。

17.53 對於所有整數 n 值，$f(t+n)=f(t)$，試求在 $0<t<1$ 之間，$f(t)=e^{-t}$ 的複數傅立葉級數。

17.54 試求圖 17.80 函數的指數傅立葉級數。

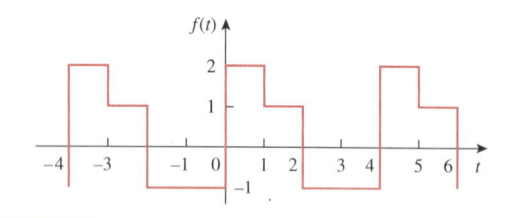

圖 17.80　習題 17.54 的函數

17.55 試求圖 17.81 半波整流正弦電流函數的指數傅立葉級數展開式。

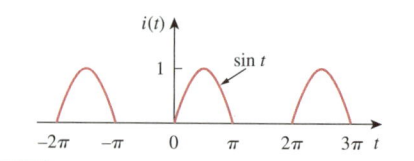

圖 17.81　習題 17.55 的函數

17.56 一個週期函數的傅立葉級數三角表示式為：

$$f(t) = 10 + \sum_{n=1}^{\infty}\left(\frac{1}{n^2+1}\cos n\pi t + \frac{n}{n^2+1}\sin n\pi t\right)$$

試求 $f(t)$ 的指數傅立葉級數表示式。

17.57 某三角函數傅立葉級數的係數為

$$b_n = 0, \quad a_n = \frac{6}{n^3-2}, \quad n = 0, 1, 2, \ldots$$

如果 $\omega_n = 50n$，試求此函數的傅立葉級數。

17.58 某函數的三角傅立葉級數的係數如下，試求此函數的指數傅立葉級數。

$$a_0 = \frac{\pi}{4}, \quad b_n = \frac{(-1)^n}{n}, \quad a_n = \frac{(-1)^n - 1}{\pi n^2}$$

取 $T=2\pi$。

17.59 圖 17.82(a) 函數的複數傅立葉級數為：

$$f(t) = \frac{1}{2} - \sum_{n=-\infty}^{\infty}\frac{je^{-j(2n+1)t}}{(2n+1)\pi}$$

試求圖 17.82(b) 函數 $h(t)$ 的複數傅立葉級數。

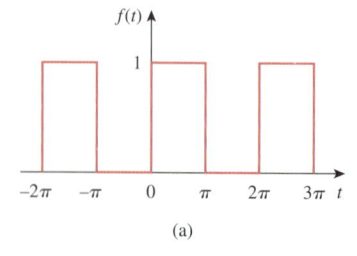

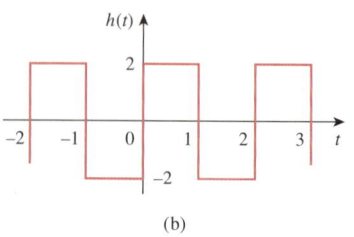

(a)

(b)

圖 17.82　習題 17.59 的函數

17.60 試求圖 17.61 信號的複數傅立葉係數。

17.61 圖 17.83 為某函數的傅立葉級數頻譜。試求：

(a) 三角傅立葉級數。

(b) 此函數的均方根值。

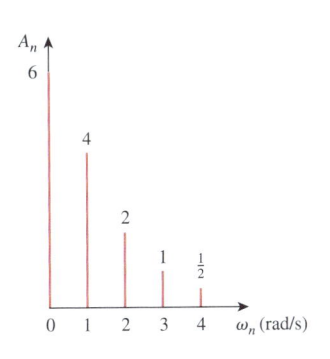

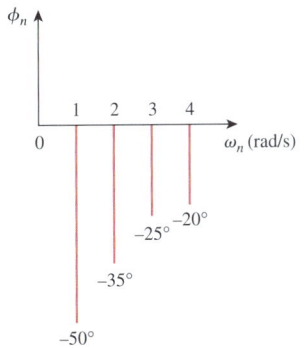

圖 17.83 習題 17.61 的頻譜

17.62 截斷的傅立葉級數振幅頻譜和相位頻譜如圖 17.84 所示。

(a) 利用振幅-相位形式，試求週期性電壓的表示式。參見 (17.10) 式。

(b) 此電壓是 t 的奇函數或偶函數？

圖 17.84 習題 17.62 的頻譜

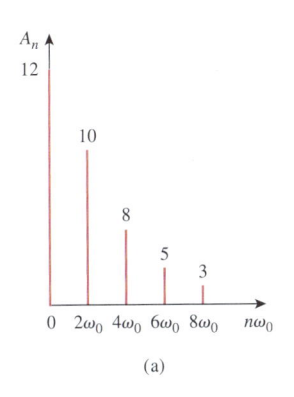

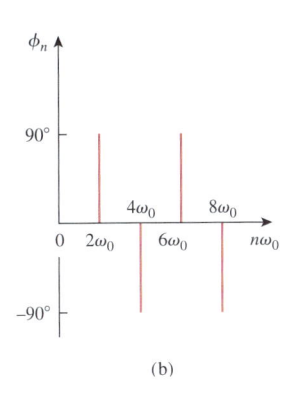

圖 17.84 習題 17.62 的頻譜 (續)

17.63 試繪製圖 17.55(b) 信號 $f_2(t)$ 的振幅頻譜，考慮前五項。

17.64 試設計一個問題幫助其他學生更瞭解某個已知的傅立葉級數的振幅頻譜和相位頻譜。

17.65 已知

$$f(t) = \sum_{\substack{n=1 \\ n=\text{奇數}}}^{\infty} \left(\frac{20}{n^2\pi^2}\cos 2nt - \frac{3}{n\pi}\sin 2nt \right)$$

試繪製此函數前五項的振幅頻譜和相位頻譜。

17.7 節　使用 PSpice 進行傅立葉分析

17.66 利用 PSpice 或 MultiSim，試求圖 17.47 波形的傅立葉係數。

17.67 利用 PSpice 或 MultiSim，試計算圖 17.57 信號的傅立葉係數。

17.68 利用 PSpice 或 MultiSim，試求習題 17.7 信號的傅立葉成分。

17.69 利用 PSpice 或 MultiSim，試求圖 17.54(a) 波形的傅立葉係數。

17.70 試設計一個問題幫助其他學生更瞭解如何利用 PSpice 或 MultiSim 解週期性輸入的電路問題。

17.71 利用 PSpice 或 MultiSim，求解習題 17.40。

17.8 節　應用

17.72 某醫療設備顯示的信號近似於圖 17.85 所顯示的波形，試求此信號的傅立葉級數表示式。

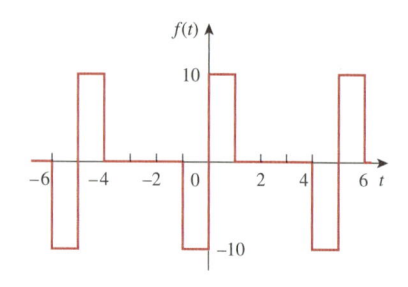

圖 17.85 習題 17.72 的波形

17.73 頻譜分析儀顯示某個信號僅由三個成分組成：640 kHz 時 2 V、644 kHz 時 1 V、636 kHz 時 1 V。如果此信號被應用到 10 Ω 電阻器上，則電阻的平均吸收功率為何？

17.74 一個帶限週期電流的傅立葉級數表示式只有三個頻率：直流、50 Hz、100 Hz，電流的表示式如下：

$$i(t) = 4 + 6\sin 100\pi t + 8\cos 100\pi t \\ - 3\sin 200\pi t - 4\cos 200\pi t \text{ A}$$

(a) 以振幅-相位形式來表示 $i(t)$。
(b) 如果 $i(t)$ 流經 2 Ω 電阻器，則將消耗多少瓦特的平均功率。

17.75 試設計一個電阻 $R = 2$ kΩ 的 RC 低通濾波器，濾波器的輸入為 $A = 1$ V、$T = 10$ ms、和 $\tau = 1$ ms 的週期性矩形脈衝序列 (參見表 17.3)。選擇 C 使得輸出的直流成分大於輸出基波成分的 50 倍。

17.76 某週期信號 $v_s(t)$ 在 $0 < t < 1$ 間為 10 V、在 $1 < t < 2$ 間為 0 V，將 $v_s(t)$ 應用到圖 17.86 的高通濾波器。試求 R 值，使得輸出信號 $v_o(t)$ 的平均功率至少為輸入信號平均功率的 70%。

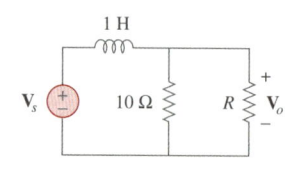

圖 17.86 習題 17.76 的高通濾波器

綜合題

17.77 元件二端的電壓為：

$$v(t) = -2 + 10\cos 4t + 8\cos 6t + 6\cos 8t \\ - 5\sin 4t - 3\sin 6t - \sin 8t \text{ V}$$

試求：
(a) $v(t)$ 的週期。
(b) $v(t)$ 的平均值。
(c) $v(t)$ 的有效值。

17.78 一個帶限週期電壓的傅立葉級數表示式只有三個諧波，此諧波的均方根值為：基波 40 V、第三次諧波 20 V、第五次諧波 10 V。
(a) 如果此電壓被應用到 5 Ω 電阻器上，試求電阻器的平均消耗功率。
(b) 如果將直流成分加到此電壓上，則功率消耗的量測值增加 5%，試求此新增直流成分的值。

17.79 寫一個程式計算表 17.3 中 $A = 10$、$T = 2$ 方波的傅立葉係數 (計算到第 10 次諧波)。

17.80 寫一個電腦程式計算圖 17.81 半波整流正弦電流的指數傅立葉級數，計算到第 10 次諧波。

17.81 考慮表 17.3 全波整流正弦電流，並假設此電流流經 1 Ω 電阻器。
(a) 試求電阻器的平均吸收功率。
(b) 試求 c_n，$n = 1, 2, 3, 4$。
(c) 直流成分的功率與總功率的比值為何？
(d) 第二次諧波 ($n = 2$) 的功率與總功率的比值為何？

17.82 某帶限電壓信號有複數傅立葉係數如下表，試求此信號提供給 $4\,\Omega$ 電阻器的平均功率。

$n\omega_0$	$\lvert c_n\rvert$	θ_n
0	10.0	$0°$
ω	8.5	$15°$
2ω	4.2	$30°$
3ω	2.1	$45°$
4ω	0.5	$60°$
5ω	0.2	$75°$

解：

對於複數傅立葉級數，實數信號可表示為

$$v(t) = c_0 + 2\sum_{n=1}^{\infty}\lvert c_n\rvert\cos(n\omega_0 t + \theta_n)$$

送給 $R = 4\,\Omega$ 電阻的平均功率為

$$P = \frac{c_0^2}{R} + \frac{1}{R}\sum_{n=1}^{\infty}2\lvert c_n\rvert^2$$

$$P = \frac{1}{4}\Bigl[10.0^2 + 2(8.5^2 + 4.2^2 + 2.1^2 + 0.5^2 + 0.2^2)\Bigr]$$

$$= \frac{1}{4}\Bigl[100 + 2(72.25 + 17.64 + 4.41 + 0.25 + 0.04)\Bigr]$$

$$= \frac{1}{4}\Bigl[100 + 2(94.59)\Bigr] = \frac{289.18}{4} \approx 72.3\,\text{W}$$

Chapter 18 傅立葉轉換

> 今天所做的計畫是為了讓明天更好，因為未來屬於今天做出艱難決定的人。
>
> ——《商業週刊》

加強你的技能和職能

通訊系統的職業

通訊系統應用電路分析的原理。通訊系統透過通道 (傳輸媒介) 將訊息從來源 (發射機) 傳遞到目的地 (接收機)。通訊工程師設計發射訊息與接收訊息的系統。訊息可以是聲音、資料或影像形式。

生活在資訊時代——新聞、天氣、運動、購物、理財、投資和提供訊息的其他來源幾乎與通訊系統息息相關。通訊系統的典型例子包括：市話網路、行動電話、無線電廣播、有線電視、衛星電視、傳真和雷達。其他例子還包括：警察、消防部門、飛機和各種商務使用的行動式無線電通訊系統。

Charles Alexander

通訊的領域也許是電機工程方面成長最快速的領域。近幾年，通訊領域與電腦技術的結合而發展出數位資料通訊網路，如區域網路、都會區域網路和數位寬頻綜合服務網。例如，網際網路（"資訊高速公路"）允許教育工作者、商務人士可以從個人電腦向世界各地發送電子郵件、登入遠端資料庫和傳輸文件資料等。網際網路對世界產生巨大衝擊，並大幅改變人們做生意、交流和獲取資訊的方式，而且這個趨勢將持續下去。

通訊工程師設計提供高質量的資訊服務系統，這個系統包括產生、發送和接收訊息信號的硬體設備。通訊工程師可以在通訊產業和經常需要使用通訊系統的地方任職。越來越多的政府機構、學術部門和企業都要求更快和更準確地傳遞訊息。為了滿足這些需求，通訊工程師的需求相對提高。因此，未來每一位電機工程師必須做好在通訊方面的準備。

18.1 簡介

傅立葉級數可以使用正弦曲線之和來表示一個週期函數，並從該級數得到頻譜。傅立葉轉換則可將頻譜概念延伸到非週期函數。此轉換假設非週期函數是無限週期的週期函數。因此，傅立葉轉換是非週期函數的積分表示法，類似於週期函數的傅立葉級數表示法。

傅立葉轉換是類似拉普拉斯轉換的**積分轉換** (integral transform)，它將時域函數轉成頻域函數。傅立葉轉換在通訊系統和數位信號處理，以及拉普拉斯不適用的情況下是非常有用的。拉普拉斯轉換只能處理在 $t>0$ 才開始輸入的電路，而傅立葉轉換可以處理在 $t<0$ 和 $t>0$ 輸入的電路。

首先使用傅立葉級數的定義作為傅立葉轉換的墊腳石，然後開發一些傅立葉轉換的性質，接下來將傅立葉轉換應用在電路分析上。討論巴色伐定理，比較拉普拉斯轉換和傅立葉轉換，以及看看傅立葉變換在振幅調製和取樣的應用。

18.2 傅立葉轉換的定義 (Definition of the Fourier Transform)

如前面的章節所述，只要一個非正弦週期函數滿足狄里克雷條件，就可以用傅立葉級數來表示。如果不是週期性函數，會出現什麼狀況呢？實際上，有許多重要的非週期函數——例如一個單位步級函數或指數函數，都不能用傅立葉級數來表示。我們將會看到，傅立葉轉換也可將非週期性函數從時域轉換到頻域。

假設我們想求一個非週期函數 $p(t)$ 的傅立葉轉換，如圖 18.1(a) 所示。考慮如圖 18.1(b) 所示的週期函數 $f(t)$，它在一個週期內的波形與 $p(t)$ 相同。如果令 $f(t)$ 週期 $T \to \infty$，僅剩一個寬度為 τ 的脈衝 [圖 18.1(a) 中所希望的非週期函數]，因為相鄰的脈衝已被移動到無窮遠處，因此函數 $f(t)$ 已不再是週期函數。換句話說，當 $T \to \infty$ 時，$f(t) = p(t)$。有趣的是，考慮 $A = 10$ 和 $\tau = 0.2$ 的 $f(t)$ 頻譜 (參見 17.6 節)。圖 18.2 顯示了增加週期 T 對頻譜的影響。首先，我們注意到，在頻譜的整體形狀保持不變，並且在包含第一個零點的頻率也是不變的。然而，當諧波的數量增加，則頻譜的振幅和相鄰分量之間的間距減小。因此，在信號的頻率範圍內，諧波的振幅之和幾乎保持不變。在一個頻帶範圍內，各個分量的總 "強度" 或能量保持不變，所以當週期 T 增大時，諧波的振幅必須減小。因為 $f = 1/T$，當 T 增加時，f 或 ω 將減少。最後，使離散頻譜變成連續的。

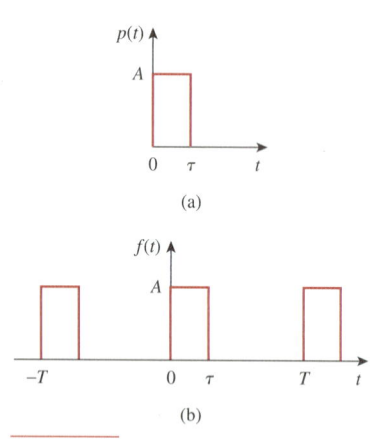

圖 18.1 (a) 非週期函數，(b) T 增至無窮大使 $f(t)$ 變成如 (a) 所示的非週期函數

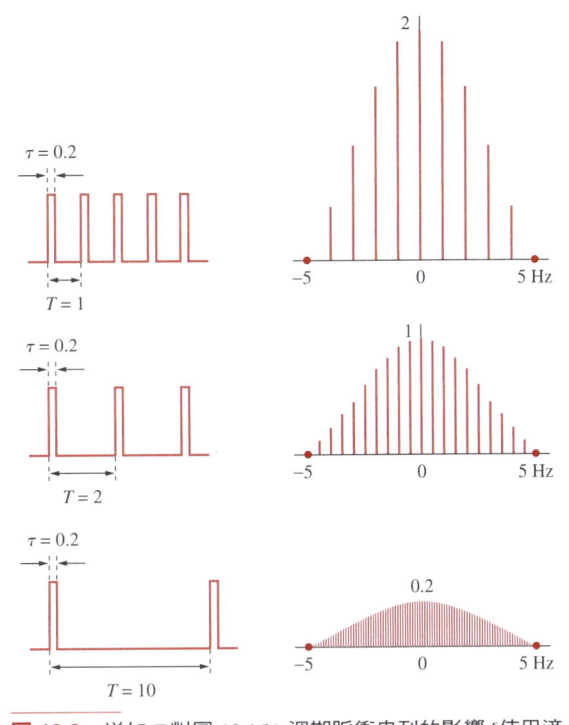

圖 18.2 增加 T 對圖 18.1(b) 週期脈衝串列的影響 [使用適當修改的 (17.66) 式]

為了進一步瞭解非週期函數和它對應的週期性函數之間的關係，可以考慮傳立葉級數中的指數形式，如 (17.58) 式，即

$$f(t) = \sum_{n=-\infty}^{\infty} c_n e^{jn\omega_0 t} \tag{18.1}$$

其中

$$c_n = \frac{1}{T} \int_{-T/2}^{T/2} f(t) e^{-jn\omega_0 t} \, dt \tag{18.2}$$

基準頻率是

$$\omega_0 = \frac{2\pi}{T} \tag{18.3}$$

而相鄰諧波之間的間隔是

$$\Delta\omega = (n+1)\omega_0 - n\omega_0 = \omega_0 = \frac{2\pi}{T} \tag{18.4}$$

將 (18.2) 式代入 (18.1) 式得

$$f(t) = \sum_{n=-\infty}^{\infty} \left[\frac{1}{T} \int_{-T/2}^{T/2} f(t) e^{-jn\omega_0 t} \, dt \right] e^{jn\omega_0 t}$$

$$= \sum_{n=-\infty}^{\infty} \left[\frac{\Delta\omega}{2\pi} \int_{-T/2}^{T/2} f(t) e^{-jn\omega_0 t} \, dt \right] e^{jn\omega_0 t} \tag{18.5}$$

$$= \frac{1}{2\pi} \sum_{n=-\infty}^{\infty} \left[\int_{-T/2}^{T/2} f(t) e^{-jn\omega_0 t} \, dt \right] \Delta\omega e^{jn\omega_0 t}$$

如果令 $T \to \infty$，則增量間距 $\Delta\omega$ 變成微分分割 $d\omega$，離散諧波頻率 $n\omega_0$ 變成連續頻率 ω。因此，當 $T \to \infty$，

$$\begin{aligned} \sum_{n=-\infty}^{\infty} &\Rightarrow \int_{-\infty}^{\infty} \\ \Delta\omega &\Rightarrow d\omega \\ n\omega_0 &\Rightarrow \omega \end{aligned} \tag{18.6}$$

所以，(18.5) 式改為

$$f(t) = \frac{1}{2\pi} \int_{-\infty}^{\infty} \left[\int_{-\infty}^{\infty} f(t) e^{-j\omega t} \, dt \right] e^{j\omega t} \, d\omega \tag{18.7}$$

有些作者使用 $F(j\omega)$ 而不是 $F(\omega)$ 來表示傅立葉轉換。

上式中括號內的函數是被稱為 $f(t)$ 的**傅立葉轉換** (Fourier transform)，以 $F(\omega)$ 來表示。因此，

$$\boxed{F(\omega) = \mathcal{F}[f(t)] = \int_{-\infty}^{\infty} f(t) e^{-j\omega t} \, dt} \tag{18.8}$$

其中 $\mathcal{F}$ 表示傅立葉轉換的運算符號，從 (18.8) 式可以看出：

傅立葉轉換是 $f(t)$ 從時域到頻域的積分轉換。

一般而言，$F(\omega)$ 是一個複數函數，其振幅大小稱為**振幅頻譜** (amplitude spectrum)，而其相位被稱為**相位頻譜** (phase spectrum)。所以，$F(\omega)$ 是一個**頻譜** (spectrum)。

(18.7) 式可以寫成 $F(\omega)$ 的函數，而且其**傅立葉逆轉換** (inverse Fourier transform) 為

$$\boxed{f(t) = \mathcal{F}^{-1}[F(\omega)] = \frac{1}{2\pi} \int_{-\infty}^{\infty} F(\omega) e^{j\omega t} \, d\omega} \tag{18.9}$$

函數 $f(t)$ 和其傅立葉形式 $F(\omega)$ 形成傅立葉轉換對：

$$f(t) \quad \Leftrightarrow \quad F(\omega) \tag{18.10}$$

因為可從其中一個推導出另一個。

當 (18.8) 式中的傅立葉積分為收斂，則存在傅立葉轉換 $F(\omega)$。使 $f(t)$ 具有傅立葉轉換 $F(\omega)$ 的充分但非必要條件是函數 $f(t)$ 絕對可積分：

$$\int_{-\infty}^{\infty} |f(t)|\, dt < \infty \tag{18.11}$$

例如，單位斜波函數 $tu(t)$ 不存在傅立葉轉換，因為這個函數不能滿足上述條件。

為了避免在傅立葉轉換中出現複數運算，有時候可暫時使用 s 取代 $j\omega$，而運算後再使用 $j\omega$ 換回 s。

範例 18.1

試求下列函數的傅立葉轉換：(a) $\delta(t - t_0)$，(b) $e^{j\omega_0 t}$，(c) $\cos \omega_0 t$。

解：(a) 對於脈衝函數，

$$F(\omega) = \mathcal{F}[\delta(t - t_0)] = \int_{-\infty}^{\infty} \delta(t - t_0) e^{-j\omega t}\, dt = e^{-j\omega t_0} \tag{18.1.1}$$

上式應用 (7.32) 式脈衝函數的篩選性質，而在 $t_0 = 0$ 的特殊情況下，得

$$\mathcal{F}[\delta(t)] = 1 \tag{18.1.2}$$

這證明了脈衝函數頻譜的振幅是固定值。因此，在脈衝函數中所有頻率的振幅皆相等。

(b) 有二種方法可以求解 $e^{j\omega_0 t}$ 傅立葉轉換，令

$$F(\omega) = \delta(\omega - \omega_0)$$

然後利用 (18.9) 式求 $f(t)$，得

$$f(t) = \frac{1}{2\pi} \int_{-\infty}^{\infty} \delta(\omega - \omega_0) e^{j\omega t}\, d\omega$$

利用脈衝函數的篩選性質，得

$$f(t) = \frac{1}{2\pi} e^{j\omega_0 t}$$

因為 $F(\omega)$ 和 $f(t)$ 構成傅立葉轉換對，所以 $2\pi\delta(\omega - \omega_0)$ 和 $e^{j\omega_0 t}$ 也是傅立葉轉換對，

$$\mathcal{F}[e^{j\omega_0 t}] = 2\pi\delta(\omega - \omega_0) \tag{18.1.3}$$

另外，從 (18.1.2) 式，

$$\delta(t) = \mathcal{F}^{-1}[1]$$

利用 (18.9) 式的傅立葉逆轉換公式，得

$$\delta(t) = \mathcal{F}^{-1}[1] = \frac{1}{2\pi}\int_{-\infty}^{\infty} 1 e^{j\omega t}\, d\omega$$

或

$$\int_{-\infty}^{\infty} e^{j\omega t}\, d\omega = 2\pi\delta(t) \tag{18.1.4}$$

變數 t 和 ω 互換得

$$\int_{-\infty}^{\infty} e^{j\omega t}\, dt = 2\pi\delta(\omega) \tag{18.1.5}$$

利用這個結果，則已知函數的傅立葉轉換為

$$\mathcal{F}[e^{j\omega_0 t}] = \int_{-\infty}^{\infty} e^{j\omega_0 t} e^{-j\omega t}\, dt = \int_{-\infty}^{\infty} e^{j(\omega_0 - \omega)}\, dt = 2\pi\delta(\omega_0 - \omega)$$

因為脈衝函數為偶函數，即 $\delta(\omega_0 - \omega) = \delta(\omega - \omega_0)$，所以，

$$\mathcal{F}[e^{j\omega_0 t}] = 2\pi\delta(\omega - \omega_0) \tag{18.1.6}$$

改變 ω_0 的符號，則得

$$\mathcal{F}[e^{-j\omega_0 t}] = 2\pi\delta(\omega + \omega_0) \tag{18.1.7}$$

而且，令 $\omega_0 = 0$ 得

$$\mathcal{F}[1] = 2\pi\delta(\omega) \tag{18.1.8}$$

(c) 利用 (18.1.6) 式和 (18.1.7) 式的結果得

$$\begin{aligned}\mathcal{F}[\cos\omega_0 t] &= \mathcal{F}\left[\frac{e^{j\omega_0 t} + e^{-j\omega_0 t}}{2}\right] \\ &= \frac{1}{2}\mathcal{F}[e^{j\omega_0 t}] + \frac{1}{2}\mathcal{F}[e^{-j\omega_0 t}] \\ &= \pi\delta(\omega - \omega_0) + \pi\delta(\omega + \omega_0)\end{aligned} \tag{18.1.9}$$

此餘弦信號的傅立葉轉換如圖 18.3 所示。

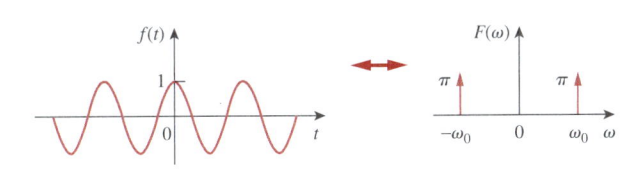

圖 18.3 $f(t) = \cos \omega_0 t$ 的傅立葉轉換

練習題 18.1 試求下列函數的傅立葉轉換：(a) 閘函數 $g(t) = 4u(t+1) - 4u(t-2)$，(b) $4\delta(t+2)$，(c) $10 \sin \omega_0 t$。

答：(a) $4(e^{-j\omega} - e^{-j2\omega})/j\omega$，(b) $4e^{j2\omega}$，(c) $j10\pi[\delta(\omega + \omega_0) - \delta(\omega - \omega_0)]$。

範例 18.2

推導如圖 18.4 所示，寬度為 τ、高度為 A 的單一矩形脈衝的傅立葉轉換。

解：

$$F(\omega) = \int_{-\tau/2}^{\tau/2} A e^{-j\omega t} \, dt = -\frac{A}{j\omega} e^{-j\omega t} \Big|_{-\tau/2}^{\tau/2}$$

$$= \frac{2A}{\omega} \left(\frac{e^{j\omega\tau/2} - e^{-j\omega\tau/2}}{2j} \right)$$

$$= A\tau \frac{\sin \omega\tau/2}{\omega\tau/2} = A\tau \, \text{sinc} \, \frac{\omega\tau}{2}$$

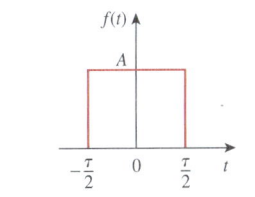

圖 18.4 範例 18.2 的矩形脈衝

如果令 $A = 10$、$\tau = 2$，如圖 17.27 所示 (參見 17.6 節)，則

$$F(\omega) = 20 \, \text{sinc} \, \omega$$

它的振幅頻譜如圖 18.5 所示。比較圖 18.4 與圖 17.28 的矩形脈衝頻率頻譜，可以看出圖 17.28 的頻譜是離散的，且包含它的矩形脈衝形狀相同。

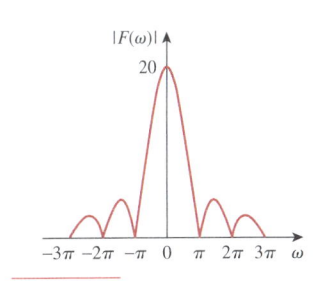

圖 18.5 範例 18.2 中矩形脈衝的振幅頻譜

練習題 18.2 試求圖 18.6 函數的傅立葉轉換。

答：$\dfrac{20(\cos \omega - 1)}{j\omega}$。

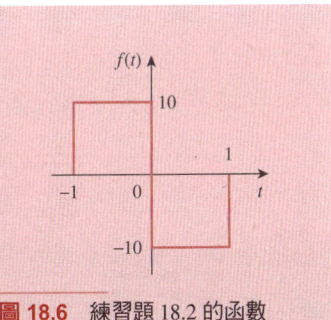

圖 18.6 練習題 18.2 的函數

範例 18.3 試求圖 18.7 所示，接通 "switched-on" 指數函數的傅立葉轉換。

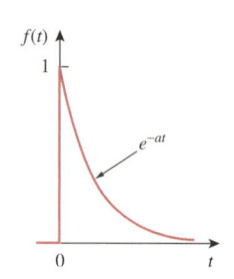

解： 從圖 18.7 得

$$f(t) = e^{-at}u(t) = \begin{cases} e^{-at}, & t > 0 \\ 0, & t < 0 \end{cases}$$

因此，

$$F(\omega) = \int_{-\infty}^{\infty} f(t)e^{-j\omega t}\,dt = \int_{0}^{\infty} e^{-at}e^{-j\omega t}\,dt = \int_{0}^{\infty} e^{-(a+j\omega)t}\,dt$$

$$= \frac{-1}{a+j\omega}e^{-(a+j\omega)t}\Big|_{0}^{\infty} = \frac{1}{a+j\omega}$$

圖 18.7 範例 18.3 的函數

練習題 18.3 試求圖 18.8 所示，斷開 "switched-off" 指數函數的傅立葉轉換。

答： $\dfrac{10}{a-j\omega}$。

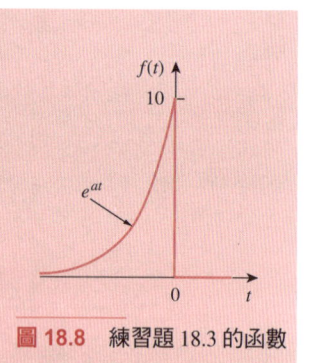

圖 18.8 練習題 18.3 的函數

18.3 傅立葉轉換的性質 (Properties of the Fourier Transform)

本節介紹利用簡單函數轉換求複雜函數轉換的傅立葉轉換性質。對於每一個性質，將先說明和推導，然後用實例解說。

線性性質 (Linearity)

如果 $F_1(\omega)$ 和 $F_2(\omega)$ 依序為 $f_1(t)$ 和 $f_2(t)$ 函數的傅立葉轉換，則

$$\mathcal{F}[a_1 f_1(t) + a_2 f_2(t)] = a_1 F_1(\omega) + a_2 F_2(\omega) \tag{18.12}$$

其中 a_1 和 a_2 是常數。這個性質簡單說明，許多函數線性組合後的傅立葉轉換等於個別函數傅立葉轉換後的線性組合。(18.12) 式線性性質的證明很簡單，根據定義，

$$\mathcal{F}[a_1 f_1(t) + a_2 f_2(t)] = \int_{-\infty}^{\infty} [a_1 f_1(t) + a_2 f_2(t)] e^{-j\omega t} dt$$
$$= \int_{-\infty}^{\infty} a_1 f_1(t) e^{-j\omega t} dt + \int_{-\infty}^{\infty} a_2 f_2(t) e^{-j\omega t} dt \quad (18.13)$$
$$= a_1 F_1(\omega) + a_2 F_2(\omega)$$

例如，$\sin\omega_0 t = \frac{1}{2j}(e^{j\omega_0 t} - e^{-j\omega_0 t})$，利用線性性質得

$$F[\sin\omega_0 t] = \frac{1}{2j}[\mathcal{F}(e^{j\omega_0 t}) - \mathcal{F}(e^{-j\omega_0 t})]$$
$$= \frac{\pi}{j}[\delta(\omega - \omega_0) - \delta(\omega + \omega_0)] \quad (18.14)$$
$$= j\pi[\delta(\omega + \omega_0) - \delta(\omega - \omega_0)]$$

時間縮放性質 (Time Scaling)

如果 $F(\omega) = \mathcal{F}[f(t)]$，則

$$\boxed{\mathcal{F}[f(at)] = \frac{1}{|a|} F\left(\frac{\omega}{a}\right)} \quad (18.15)$$

其中 a 是常數。(18.15) 式顯示時間的擴展 ($|a|>1$) 對應於頻率的壓縮。反之亦然，時間壓縮 ($|a|<1$) 意味著頻率擴展。時間縮放性質的證明如下：

$$\mathcal{F}[f(at)] = \int_{-\infty}^{\infty} f(at) e^{-j\omega t} dt \quad (18.16)$$

如果令 $x = at$，因此 $dx = a\, dt$，則

$$\mathcal{F}[f(at)] = \int_{-\infty}^{\infty} f(x) e^{-j\omega x/a} \frac{dx}{a} = \frac{1}{a} F\left(\frac{\omega}{a}\right) \quad (18.17)$$

例如，對於範例 18.2 的矩形脈衝 $p(t)$，

$$\mathcal{F}[p(t)] = A\tau \,\text{sinc}\, \frac{\omega\tau}{2} \quad (18.18a)$$

使用 (18.15) 式，

$$\mathcal{F}[p(2t)] = \frac{A\tau}{2} \,\text{sinc}\, \frac{\omega\tau}{4} \quad (18.18b)$$

畫出 p(t) 和 p(2t) 以及它們的傅立葉轉換圖形是有幫助的。因為

$$p(t) = \begin{cases} A, & -\dfrac{\tau}{2} < t < \dfrac{\tau}{2} \\ 0, & \text{其他} \end{cases} \qquad (18.19a)$$

然後以 2t 取代 t 得

$$p(2t) = \begin{cases} A, & -\dfrac{\tau}{2} < 2t < \dfrac{\tau}{2} \\ 0, & \text{其他} \end{cases} = \begin{cases} A, & -\dfrac{\tau}{4} < t < \dfrac{\tau}{4} \\ 0, & \text{其他} \end{cases} \qquad (18.19b)$$

證明了 p(2t) 在時間上被壓縮，如圖 18.9(b) 所示。為了繪製 (18.18) 式 p(t) 和 p(2t) 的傅立葉轉換，須利用正弦函數在 $n\pi$ 時為零的特性，其中 n 為整數。因此，對於 (18.18a) 式中 p(t) 的轉換，$\omega\tau/2 = 2\pi f\tau/2 = n\pi \rightarrow f = n/\tau$，而且對於 (18.18b) 式中 p(2t) 的轉換，$\omega\tau/4 = 2\pi f\tau/4 = n\pi \rightarrow f = 2n/\tau$。這二個傅立葉轉換的曲線如圖 18.9 所示，它顯示了時間壓縮對應於頻率擴展。從直覺來看，當信號的時間被壓縮，表示變化更快速，因此造成頻率增加。

時間平移性質 (Time Shifting)

如果 $F(\omega) = \mathcal{F}[f(t)]$，則

$$\boxed{\mathcal{F}[f(t - t_0)] = e^{-j\omega t_0} F(\omega)} \qquad (18.20)$$

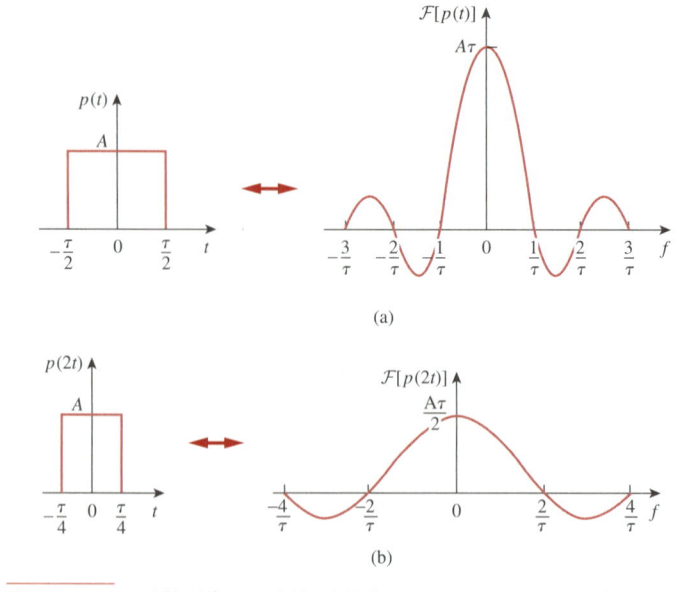

圖 18.9 時間縮放影響：(a) 脈衝的轉換，(b) 脈衝的時間壓縮造成頻率增加

亦即，在時域中的時間延遲對應到頻域中的相位平移。時間平移性質推導如下：

$$\mathcal{F}[f(t-t_0)] = \int_{-\infty}^{\infty} f(t-t_0)e^{-j\omega t}\,dt \tag{18.21}$$

如果令 $x = t - t_0$，所以 $dx = dt$ 且 $t = x + t_0$，則

$$\begin{aligned}\mathcal{F}[f(t-t_0)] &= \int_{-\infty}^{\infty} f(x)e^{-j\omega(x+t_0)}\,dx \\ &= e^{-j\omega t_0}\int_{-\infty}^{\infty} f(x)e^{-j\omega x}\,dx = e^{-j\omega t_0}F(\omega)\end{aligned} \tag{18.22}$$

同理，$\mathcal{F}[f(t+t_0)] = e^{j\omega t_0}F(\omega)$。

例如，從範例 18.3，

$$\mathcal{F}[e^{-at}u(t)] = \frac{1}{a+j\omega} \tag{18.23}$$

$f(t) = e^{-(t-2)}u(t-2)$ 的轉換為

$$F(\omega) = \mathcal{F}[e^{-(t-2)}u(t-2)] = \frac{e^{-j2\omega}}{1+j\omega} \tag{18.24}$$

頻率平移性質 (振幅調變) [Frequency Shifting (or Amplitude Modulation)]

這個性質說明，如果 $F(\omega) = \mathcal{F}[f(t)]$，則

$$\boxed{\mathcal{F}[f(t)e^{j\omega_0 t}] = F(\omega - \omega_0)} \tag{18.25}$$

意思是，在頻域中的頻率平移對應於時間函數增加相位平移。根據定義，

$$\begin{aligned}\mathcal{F}[f(t)e^{j\omega_0 t}] &= \int_{-\infty}^{\infty} f(t)e^{j\omega_0 t}e^{-j\omega t}\,dt \\ &= \int_{-\infty}^{\infty} f(t)e^{-j(\omega-\omega_0)t}\,dt = F(\omega - \omega_0)\end{aligned} \tag{18.26}$$

例如，$\cos\omega_0 t = \frac{1}{2}(e^{j\omega_0 t} + e^{-j\omega_0 t})$，使用 (18.25) 式的性質得

$$\begin{aligned}\mathcal{F}[f(t)\cos\omega_0 t] &= \frac{1}{2}\mathcal{F}[f(t)e^{j\omega_0 t}] + \frac{1}{2}\mathcal{F}[f(t)e^{-j\omega_0 t}] \\ &= \frac{1}{2}F(\omega - \omega_0) + \frac{1}{2}F(\omega + \omega_0)\end{aligned} \tag{18.27}$$

一個信號的頻率分量發生平移在調變中是一個重要的結果。例如，如果 $f(t)$ 的振幅頻譜如圖 18.10(a) 所示，則 $f(t)\cos\omega_0 t$ 的振幅頻譜將如圖 18.10(b) 所示。18.7.1 節將介紹振幅調變。

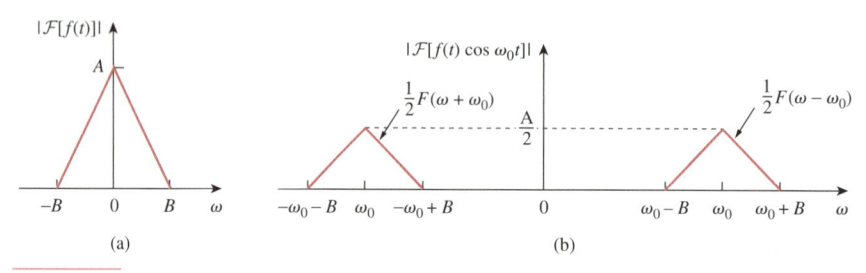

圖 18.10 振幅頻譜：(a) $f(t)$ 信號，(b) $f(t)\cos\omega_0 t$ 調變信號

時間微分性質 (Time Differentiation)

已知 $F(\omega) = \mathcal{F}[f(t)]$，則

$$\mathcal{F}[f'(t)] = j\omega F(\omega) \tag{18.28}$$

換句話說，$f(t)$ 導數的轉換等於 $f(t)$ 的轉換與 $j\omega$ 的乘積。根據定義，

$$f(t) = \mathcal{F}^{-1}[F(\omega)] = \frac{1}{2\pi}\int_{-\infty}^{\infty} F(\omega)e^{j\omega t}\,d\omega \tag{18.29}$$

上式二邊對 t 取導數，得

$$f'(t) = \frac{j\omega}{2\pi}\int_{-\infty}^{\infty} F(\omega)e^{j\omega t}\,d\omega = j\omega\mathcal{F}^{-1}[F(\omega)]$$

或

$$\mathcal{F}[f'(t)] = j\omega F(\omega) \tag{18.30}$$

重複應用 (18.30) 式，得

$$\mathcal{F}[f^{(n)}(t)] = (j\omega)^n F(\omega) \tag{18.31}$$

例如，如果 $f(t) = e^{-at}u(t)$，則

$$f'(t) = -ae^{-at}u(t) + e^{-at}\delta(t) = -af(t) + e^{-at}\delta(t) \tag{18.32}$$

對上式的第一項和最後一項取傅立葉轉換，得

$$j\omega F(\omega) = -aF(\omega) + 1 \quad \Rightarrow \quad F(\omega) = \frac{1}{a + j\omega} \tag{18.33}$$

這與範例 18.3 的結果一致。

時間積分性質 (Time Integration)

已知 $F(\omega) = \mathcal{F}[f(t)]$，則

$$\mathcal{F}\left[\int_{-\infty}^{t} f(t)\, dt\right] = \frac{F(\omega)}{j\omega} + \pi F(0)\delta(\omega) \tag{18.34}$$

即 $f(t)$ 積分的轉換等於 $f(t)$ 的轉換除以 $j\omega$ 再加入反應直流分量 $F(0)$ 的脈衝項。有些人可能會問："對時間積分取傅立葉轉換時，如何知道 $f(t)$ 的積分區間是 $[-\infty, t]$，而不是 $[-\infty, \infty]$？"如果在 $[-\infty, \infty]$ 區間積分，則結果不再與時間 t 有關，最後將得到傅立葉轉換的常數。可是，在 $[-\infty, t]$ 區間積分，才能得到函數從過去到時間 t 的積分，這個結果才與 t 有關，而且這樣也才能取傅立葉轉換。

如果 (18.8) 式的 ω 被 0 取代，

$$F(0) = \int_{-\infty}^{\infty} f(t)\, dt \tag{18.35}$$

上式指出當 $f(t)$ 積分的所有時間消失時，表示直流分量為零。稍後介紹摺積性質時，將會證明 (18.34) 式的時間積分性質。

例如，已知 $\mathcal{F}[\delta(t)] = 1$ 且積分脈衝函數得單位步級函數 [參見 (7.39a) 式]。應用 (18.34) 式的性質，得單位步級函數的傅立葉轉換如下：

$$\mathcal{F}[u(t)] = \mathcal{F}\left[\int_{-\infty}^{t} \delta(t)\, dt\right] = \frac{1}{j\omega} + \pi\delta(\omega) \tag{18.36}$$

翻轉性質 (Reversal)

如果 $F(\omega) = \mathcal{F}[f(t)]$，則

$$\mathcal{F}[f(-t)] = F(-\omega) = F^*(\omega) \tag{18.37}$$

其中星號表示共軛複數。這個性質說明了關於時間軸翻轉 $f(t)$ 對應關於頻率軸翻轉 $F(\omega)$。翻轉性質可視為 (18.15) 式的時間縮放性質在 $a = -1$ 時的一種特殊情況。

例如，$1 = u(t) + u(-t)$，因此，

$$\mathcal{F}[1] = \mathcal{F}[u(t)] + \mathcal{F}[u(-t)]$$
$$= \frac{1}{j\omega} + \pi\delta(\omega)$$
$$-\frac{1}{j\omega} + \pi\delta(-\omega)$$
$$= 2\pi\delta(\omega)$$

對偶性質 (Duality)

這個性質說明，如果 $F(\omega)$ 是 $f(t)$ 的傅立葉轉換，則 $F(t)$ 的傅立葉轉換為 $2\pi f(-\omega)$，寫成

$$\boxed{\mathcal{F}[f(t)] = F(\omega) \quad \Rightarrow \quad \mathcal{F}[F(t)] = 2\pi f(-\omega)} \tag{18.38}$$

這個性質表示傅立葉轉換具有對稱性，對偶性質的推導如下：

$$f(t) = \mathcal{F}^{-1}[F(\omega)] = \frac{1}{2\pi}\int_{-\infty}^{\infty} F(\omega)e^{j\omega t}\,d\omega$$

或

$$2\pi f(t) = \int_{-\infty}^{\infty} F(\omega)e^{j\omega t}\,d\omega \tag{18.39}$$

以 $-t$ 取代 t 得

$$2\pi f(-t) = \int_{-\infty}^{\infty} F(\omega)e^{-j\omega t}\,d\omega$$

如果 t 和 ω 互換，得

> 因為 $f(t)$ 是圖 18.7 和圖 18.8 信號之和，所以 $F(\omega)$ 是範例 18.3 和練習題 18.3 的結果之和。

$$2\pi f(-\omega) = \int_{-\infty}^{\infty} F(t)e^{-j\omega t}\,dt = \mathcal{F}[F(t)] \tag{18.40}$$

與期望的一致。

例如，$f(t) = e^{-|t|}$，則

$$F(\omega) = \frac{2}{\omega^2 + 1} \tag{18.41}$$

根據對偶性質，$F(t) = 2/(t^2 + 1)$ 的傅立葉轉換為

$$2\pi f(\omega) = 2\pi e^{-|\omega|} \tag{18.42}$$

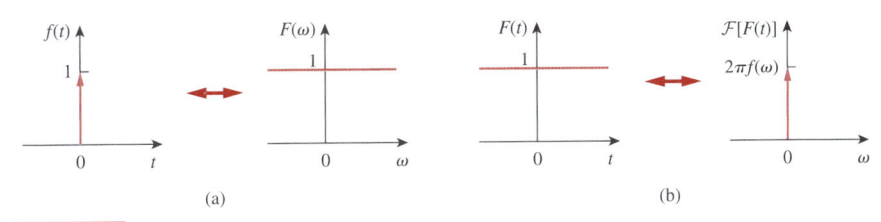

圖 18.11 傅立葉轉換對偶性質的典型實例：(a) 脈衝函數的傅立葉轉換，(b) 單位直流位準的傅立葉轉換

圖 18.11 顯示另一個對偶性質的實例。如果 $f(t) = \delta(t)$，則 $F(\omega) = 1$，如圖 18.11(a) 所示。而 $F(t) = 1$ 的傅立葉轉換為 $2\pi f(\omega) = 2\pi\delta(\omega)$，如圖 18.11(b) 所示。

迴旋性質 (Convolution)

回想第 15 章，如果 $x(t)$ 是一個包含 $h(t)$ 脈衝函數電路的輸入激發，則電路的輸出響應 $y(t)$ 可由摺積積分求得：

$$y(t) = h(t) * x(t) = \int_{-\infty}^{\infty} h(\lambda) x(t - \lambda) \, d\lambda \tag{18.43}$$

如果 $X(\omega)$、$H(\omega)$ 和 $Y(\omega)$ 依次為 $x(t)$、$h(t)$ 和 $y(t)$ 的傅立葉轉換，則

$$\boxed{Y(\omega) = \mathcal{F}[h(t) * x(t)] = H(\omega) X(\omega)} \tag{18.44}$$

上式表示在時域的摺積對應於頻域的乘積。

為了推導摺積性質，對 (18.43) 式等號二邊取傅立葉轉換，得

$$Y(\omega) = \int_{-\infty}^{\infty} \left[\int_{-\infty}^{\infty} h(\lambda) x(t - \lambda) \, d\lambda \right] e^{-j\omega t} \, dt \tag{18.45}$$

改變積分的順序，並提出與 t 無關的 $h(\lambda)$，得

$$Y(\omega) = \int_{-\infty}^{\infty} h(\lambda) \left[\int_{-\infty}^{\infty} x(t - \lambda) e^{-j\omega t} \, dt \right] d\lambda$$

對上式中括號內部項積分，令 $\tau = t - \lambda$，所以 $t = \tau + \lambda$ 且 $dt = d\tau$，則

$$\begin{aligned} Y(\omega) &= \int_{-\infty}^{\infty} h(\lambda) \left[\int_{-\infty}^{\infty} x(\tau) e^{-j\omega(\tau + \lambda)} \, d\tau \right] d\lambda \\ &= \int_{-\infty}^{\infty} h(\lambda) e^{-j\omega\lambda} \, d\lambda \int_{-\infty}^{\infty} x(\tau) e^{-j\omega\tau} \, d\tau = H(\omega) X(\omega) \end{aligned} \tag{18.46}$$

如所期望的。這個傅立葉轉換的摺積性質擴展了前一章介紹的傅立

> (18.46) 式的重要關係是在線性系統分析使用傅立葉轉換的重要因素。

葉級數的向量分析方法。

為了說明摺積性質，假設 $h(t)$ 和 $x(t)$ 是矩形脈衝，如圖 18.12(a) 和圖 18.12(b) 所示。從範例 18.2 和圖 18.5 得知，矩形脈衝的傅立葉轉換是正弦函數，如圖 18.12(c) 和圖 18.12(d) 所示。根據摺積性質，二個正弦函數的乘積應該對應於時域中二個矩形脈衝的摺積。因此，圖 18.12(e) 的矩形脈衝摺積和圖 18.12(f) 正弦函數的乘積形成傅立葉轉換對。

基於對偶性質，如果在時域中的摺積對應於頻域中的乘積，則在時域中的乘積應該對應於頻域中的摺積。這種情況發生在，如果 $f(t) = f_1(t)f_2(t)$，則

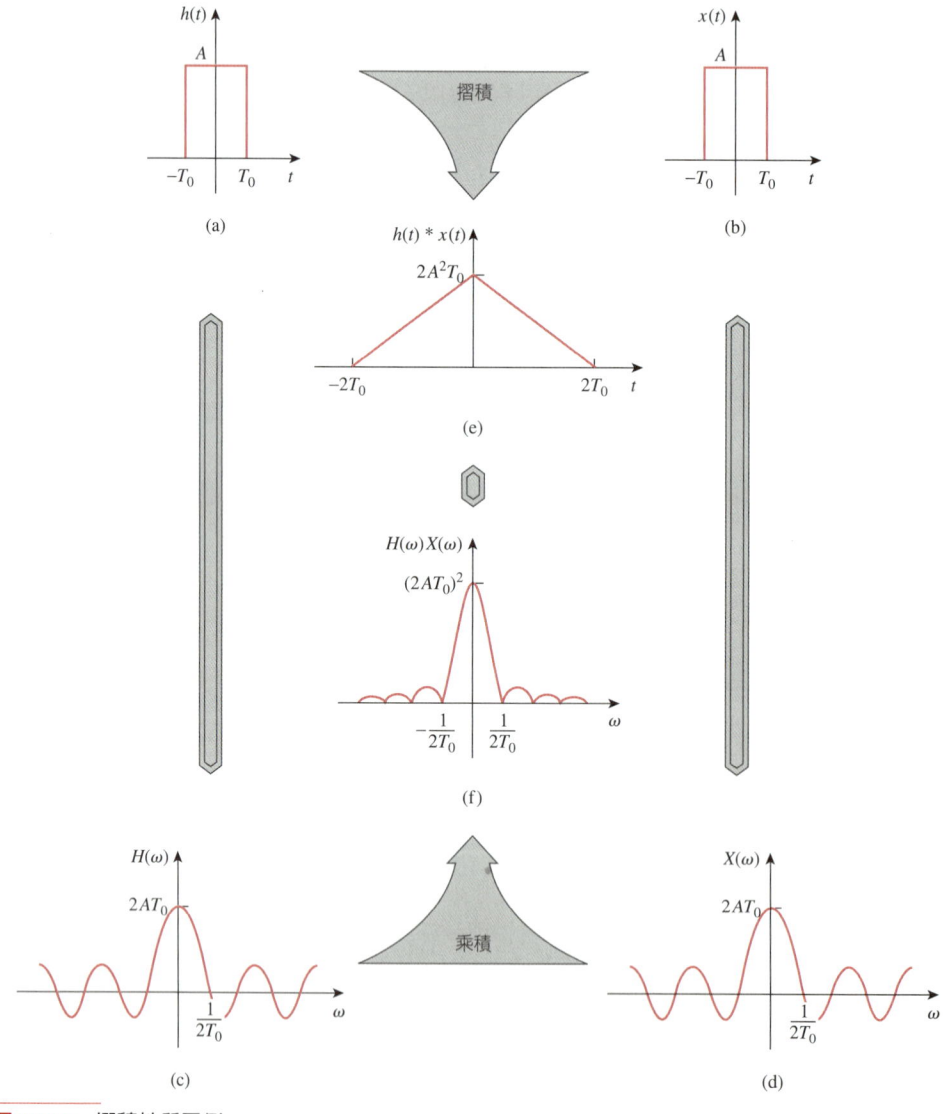

圖 18.12 摺積性質圖例

來源出處：Brigham, E. Oran. *The Fast Fourier Transform*. Pearson Education, Inc., Upper Saddle River, NJ, 1974.

$$F(\omega) = \mathcal{F}[f_1(t)f_2(t)] = \frac{1}{2\pi}F_1(\omega) * F_2(\omega) \tag{18.47}$$

或

$$F(\omega) = \frac{1}{2\pi}\int_{-\infty}^{\infty} F_1(\lambda)F_2(\omega - \lambda)\, d\lambda \tag{18.48}$$

上式是在頻域中的摺積。(18.48) 式很容易從 (18.38) 式的對偶性質得到證明。

下面推導 (18.34) 式中時域的積分性質。如果以單位步級函數 $u(t)$ 取代 $x(t)$，並以 (18.43) 式的 $f(t)$ 取代 $h(t)$，則

$$\int_{-\infty}^{\infty} f(\lambda)u(t - \lambda)\, d\lambda = f(t) * u(t) \tag{18.49}$$

但是根據單位步級函數的定義，

$$u(t - \lambda) = \begin{cases} 1, & t - \lambda > 0 \\ 0, & t - \lambda > 0 \end{cases}$$

上式可以改寫如下：

$$u(t - \lambda) = \begin{cases} 1, & \lambda < t \\ 0, & \lambda > t \end{cases}$$

將上式代入 (18.49) 式，使積分區間從 $[-\infty, \infty]$ 改為 $[-\infty, t]$，因此 (18.49) 式變成

$$\int_{-\infty}^{t} f(\lambda)\, d\lambda = u(t) * f(t)$$

對上式二邊取傅立葉轉換，得

$$\mathcal{F}\left[\int_{-\infty}^{t} f(\lambda)\, d\lambda\right] = U(\omega)F(\omega) \tag{18.50}$$

但從 (18.36) 式，單位步級函數的傅立葉轉換為

$$U(\omega) = \frac{1}{j\omega} + \pi\delta(\omega)$$

將上式代入 (18.50) 式，得

$$\mathcal{F}\left[\int_{-\infty}^{t} f(\lambda)\, d\lambda\right] = \left(\frac{1}{j\omega} + \pi\delta(\omega)\right)F(\omega)$$
$$= \frac{F(\omega)}{j\omega} + \pi F(0)\delta(\omega) \tag{18.51}$$

上式是 (18.34) 式的時間積分性質。注意：在 (18.51) 式中，$F(\omega)\delta(\omega) = F(0)\delta(\omega)$，因為只有在 $\omega = 0$ 時 $\delta(\omega)$ 不等於零。

表 18.1 列出傅立葉轉換的性質。表 18.2 顯示某些常用函數的傅立葉轉換對。注意：這二個表與表 15.1 和表 15.2 的相似性。

表 18.1　傅立葉轉換性質

性質	$f(t)$	$F(\omega)$
線性	$a_1 f_1(t) + a_2 f_2(t)$	$a_1 F_1(\omega) + a_2 F_2(\omega)$
縮放	$f(at)$	$\dfrac{1}{\|a\|} F\left(\dfrac{\omega}{a}\right)$
時間平移	$f(t - a)$	$e^{-j\omega a} F(\omega)$
頻率平移	$e^{j\omega_0 t} f(t)$	$F(\omega - \omega_0)$
調變	$\cos(\omega_0 t) f(t)$	$\dfrac{1}{2}[F(\omega + \omega_0) + F(\omega - \omega_0)]$
時間微分	$\dfrac{df}{dt}$	$j\omega F(\omega)$
	$\dfrac{d^n f}{dt^n}$	$(j\omega)^n F(\omega)$
時間積分	$\displaystyle\int_{-\infty}^{t} f(t)\,dt$	$\dfrac{F(\omega)}{j\omega} + \pi F(0)\delta(\omega)$
頻率微分	$t^n f(t)$	$(j)^n \dfrac{d^n}{d\omega^n} F(\omega)$
翻轉	$f(-t)$	$F(-\omega)$ 或 $F^*(\omega)$
對偶	$F(t)$	$2\pi f(-\omega)$
對 t 摺積	$f_1(t) * f_2(t)$	$F_1(\omega) F_2(\omega)$
對 ω 摺積	$f_1(t) f_2(t)$	$\dfrac{1}{2\pi} F_1(\omega) * F_2(\omega)$

表 18.2　傅立葉轉換對

$f(t)$	$F(\omega)$
$\delta(t)$	1
1	$2\pi \delta(\omega)$
$u(t)$	$\pi \delta(\omega) + \dfrac{1}{j\omega}$
$u(t + \tau) - u(t - \tau)$	$2 \dfrac{\sin \omega \tau}{\omega}$
$\|t\|$	$\dfrac{-2}{\omega^2}$
$\text{sgn}(t)$	$\dfrac{2}{j\omega}$

表 18.2 傅立葉轉換對 (續)

f(t)	F(ω)
$e^{-at}u(t)$	$\dfrac{1}{a+j\omega}$
$e^{at}u(-t)$	$\dfrac{1}{a-j\omega}$
$t^n e^{-at}u(t)$	$\dfrac{n!}{(a+j\omega)^{n+1}}$
$e^{-a|t|}$	$\dfrac{2a}{a^2+\omega^2}$
$e^{j\omega_0 t}$	$2\pi\delta(\omega-\omega_0)$
$\sin\omega_0 t$	$j\pi[\delta(\omega+\omega_0)-\delta(\omega-\omega_0)]$
$\cos\omega_0 t$	$\pi[\delta(\omega+\omega_0)+\delta(\omega-\omega_0)]$
$e^{-at}\sin\omega_0 t\, u(t)$	$\dfrac{\omega_0}{(a+j\omega)^2+\omega_0^2}$
$e^{-at}\cos\omega_0 t\, u(t)$	$\dfrac{a+j\omega}{(a+j\omega)^2+\omega_0^2}$

範例 18.4 試求下列函數的傅立葉轉換：(a) 如圖 18.13 所示的符號函數，(b) 雙面指數 $e^{-a|t|}$，(c) 正弦函數 $(\sin t)/t$。

解：(a) 求符號函數的傅立葉轉換有三種方法。

◆**方法一**：使用單位步級函數來表示符號函數如下：

$$\text{sgn}(t) = f(t) = u(t) - u(-t)$$

但從 (18.36) 式，

$$U(\omega) = \mathcal{F}[u(t)] = \pi\delta(\omega) + \frac{1}{j\omega}$$

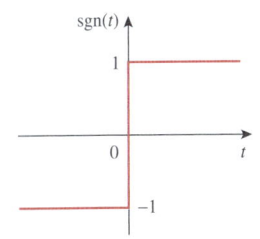

圖 18.13 範例 18.4 的符號函數

應用上式和翻轉性質，得

$$\mathcal{F}[\text{sgn}(t)] = U(\omega) - U(-\omega)$$
$$= \left(\pi\delta(\omega)+\frac{1}{j\omega}\right) - \left(\pi\delta(-\omega)+\frac{1}{-j\omega}\right) = \frac{2}{j\omega}$$

◆**方法二**：因為 $\delta(\omega)=\delta(-\omega)$，所以另一種利用單位步級函數表示符號函數的方法如下：

$$f(t) = \text{sgn}(t) = -1 + 2u(t)$$

對上式每一項取傅立葉轉換，得

$$F(\omega) = -2\pi\delta(\omega) + 2\left(\pi\delta(\omega) + \frac{1}{j\omega}\right) = \frac{2}{j\omega}$$

◆**方法三**：對圖 18.13 的符號函數取導數，得

$$f'(t) = 2\delta(t)$$

對上式取傅立葉轉換得

$$j\omega F(\omega) = 2 \quad \Rightarrow \quad F(\omega) = \frac{2}{j\omega}$$

與前面所得相同。

(b) 雙面指數函數可表示如下：

$$f(t) = e^{-a|t|} = e^{-at}u(t) + e^{at}u(-t) = y(t) + y(-t)$$

其中 $y(t) = e^{-at}u(t)$，所以 $Y(\omega) = 1/(a+j\omega)$ 應用翻轉性質得

$$\mathcal{F}[e^{-a|t|}] = Y(\omega) + Y(-\omega) = \left(\frac{1}{a+j\omega} + \frac{1}{a-j\omega}\right) = \frac{2a}{a^2+\omega^2}$$

(c) 從範例 18.2，

$$\mathcal{F}\left[u\left(t+\frac{\tau}{2}\right) - u\left(t-\frac{\tau}{2}\right)\right] = \tau\frac{\sin(\omega\tau/2)}{\omega\tau/2} = \tau\,\text{sinc}\,\frac{\omega\tau}{2}$$

令 $\tau/2 = 1$ 得

$$\mathcal{F}[u(t+1) - u(t-1)] = 2\frac{\sin\omega}{\omega}$$

應用對偶性質得

$$\mathcal{F}\left[2\frac{\sin t}{t}\right] = 2\pi[U(\omega+1) - U(\omega-1)]$$

或

$$\mathcal{F}\left[\frac{\sin t}{t}\right] = \pi[U(\omega+1) - U(\omega-1)]$$

練習題 18.4 試求下列函數的傅立葉轉換：(a) 閘函數 $g(t) = u(t) - u(t-1)$，(b) $f(t) = te^{-2t}u(t)$，(c) 鋸齒脈衝函數 $p(t) = 50t[u(t) - u(t-2)]$。

答： (a) $(1 - e^{-j\omega})\left[\pi\delta(\omega) + \dfrac{1}{j\omega}\right]$，(b) $\dfrac{1}{(2+j\omega)^2}$，(c) $\dfrac{50(e^{-j2\omega}-1)}{\omega^2} + \dfrac{100j}{\omega}e^{-j2\omega}$。

範例 18.5

試求圖 18.14 函數的傅立葉轉換。

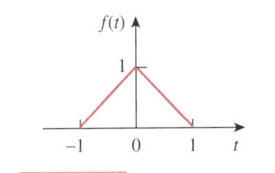

解： 直接使用 (18.8) 式可求得傅立葉轉換，但使用微分性質則更容易求解。將圖 18.14 的函數表示如下：

$$f(t) = \begin{cases} 1+t, & -1 < t < 0 \\ 1-t, & 0 < t < 1 \end{cases}$$

圖 18.14 範例 18.5 的函數

它的一階導數如圖 18.15(a) 所示，且表示如下：

$$f'(t) = \begin{cases} 1, & -1 < t < 0 \\ -1, & 0 < t < 1 \end{cases}$$

它的二階導數如圖 18.15(b) 所示，且表示如下：

$$f''(t) = \delta(t+1) - 2\delta(t) + \delta(t-1)$$

對上式二邊取傅立葉轉換，得

$$(j\omega)^2 F(\omega) = e^{j\omega} - 2 + e^{-j\omega} = -2 + 2\cos\omega$$

或

$$F(\omega) = \frac{2(1-\cos\omega)}{\omega^2}$$

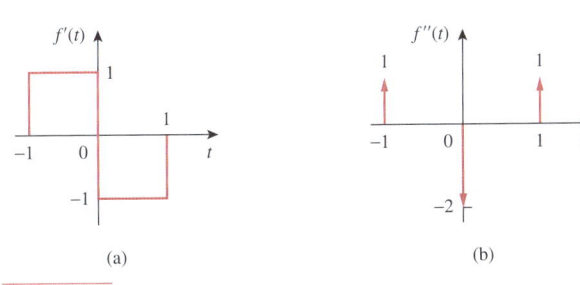

圖 18.15 圖 18.14 中 $f(t)$ 的一階導數和二階導數

練習題 18.5 試求圖 18.16 函數的傅立葉轉換。

答：$(20\cos 3\omega - 10\cos 4\omega - 10\cos 2\omega)/\omega^2$.

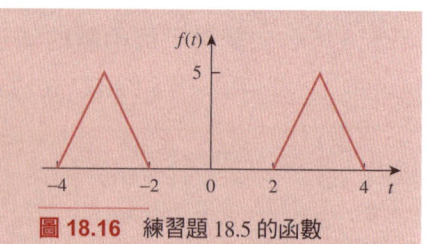

圖 18.16 練習題 18.5 的函數

範例 18.6 試求下列函數的傅立葉逆轉換：

(a) $F(\omega) = \dfrac{10j\omega + 4}{(j\omega)^2 + 6j\omega + 8}$ （b) $G(\omega) = \dfrac{\omega^2 + 21}{\omega^2 + 9}$

解：(a) 為了避免複數運算，暫時以 s 取代 $j\omega$。使用部分分式展開如下：

$$F(s) = \frac{10s + 4}{s^2 + 6s + 8} = \frac{10s + 4}{(s + 4)(s + 2)} = \frac{A}{s + 4} + \frac{B}{s + 2}$$

其中

$$A = (s + 4)F(s)|_{s=-4} = \frac{10s + 4}{(s + 2)}\bigg|_{s=-4} = \frac{-36}{-2} = 18$$

$$B = (s + 2)F(s)|_{s=-2} = \frac{10s + 4}{(s + 4)}\bigg|_{s=-2} = \frac{-16}{2} = -8$$

將 $A = 18$，$B = -8$ 代入 $F(s)$，並以 $j\omega$ 代入 s，則得

$$F(j\omega) = \frac{18}{j\omega + 4} + \frac{-8}{j\omega + 2}$$

查表 18.2，則得傅立葉逆轉換如下：

$$f(t) = (18e^{-4t} - 8e^{-2t})u(t)$$

(b) 將 $G(\omega)$ 化簡如下：

$$G(\omega) = \frac{\omega^2 + 21}{\omega^2 + 9} = 1 + \frac{12}{\omega^2 + 9}$$

查表 18.2，則得傅立葉逆轉換如下：

$$g(t) = \delta(t) + 2e^{-3|t|}$$

練習題 18.6 試求下列函數的傅立葉逆轉換：

(a) $H(\omega) = \dfrac{6(3 + j2\omega)}{(1 + j\omega)(4 + j\omega)(2 + j\omega)}$

(b) $Y(\omega) = \pi\delta(\omega) + \dfrac{1}{j\omega} + \dfrac{2(1 + j\omega)}{(1 + j\omega)^2 + 16}$

答： (a) $h(t) = (2e^{-t} + 3e^{-2t} - 5e^{-4t})u(t)$，(b) $y(t) = (1 + 2e^{-t}\cos 4t)u(t)$。

18.4 電路應用 (Circuit Applications)

傅立葉轉換將相量技術推廣到非週期函數。因此，應用傅立葉轉換到非正弦函數激發的電路與應用相量技術到正弦函數激發的電路是完全相同的。因此，歐姆定律仍然有效：

$$V(\omega) = Z(\omega)I(\omega) \tag{18.52}$$

其中 $V(\omega)$ 和 $I(\omega)$ 是電壓和電流的傅立葉轉換，且 $Z(\omega)$ 是阻抗的傅立葉轉換。對於電阻、電感和電容的阻抗表示式與相量分析中的一樣，即

$$\boxed{\begin{array}{rcl} R & \Rightarrow & R \\ L & \Rightarrow & j\omega L \\ C & \Rightarrow & \dfrac{1}{j\omega C} \end{array}} \tag{18.53}$$

一旦將電路元件的函數轉換到頻域，且對電路的激發函數取傅立葉轉換，則可使用電路技術如分壓定理、電源轉換定理、網目分析法、節點電壓法或戴維寧定理，來求解未知的響應(電流或電壓)。最後，取傅立葉逆轉換，則可得時域的響應。

雖然，傅立葉轉換可以得到 $-\infty < t < \infty$ 之間的響應，但傅立葉分析並不能處理具有初始條件的電路。

轉移函數再次定義為輸出響應 $Y(\omega)$ 對輸入激發 $X(\omega)$ 的比值；即

$$\boxed{H(\omega) = \dfrac{Y(\omega)}{X(\omega)}} \tag{18.54}$$

或

$$Y(\omega) = H(\omega)X(\omega) \tag{18.55}$$

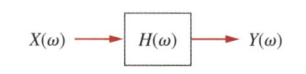

頻域中電路的輸入-輸出關係如圖 18.17 所示。(18.55) 式顯示如果轉移函數與輸入為已知，則可快速求出輸出響應。(18.54) 式的關係是在電路分析中使用傅立葉轉換的主要原因。注意：當 $s = j\omega$ 時，$H(\omega)$ 與 $H(s)$ 是相同的。而且，如果輸入是脈衝函數 [即 $x(t) = \delta(t)$]，則 $X(\omega) = 1$，所以輸出響應為

$$Y(\omega) = H(\omega) = \mathcal{F}[h(t)] \tag{18.56}$$

上式表示 $H(\omega)$ 為脈衝響應 $h(t)$ 的傅立葉轉換。

範例 18.7 試求圖 18.18 電路的 $v_o(t)$，其中 $v_i(t) = 2e^{-3t}u(t)$。

解：輸入電壓的傅立葉轉換為

$$V_i(\omega) = \frac{2}{3 + j\omega}$$

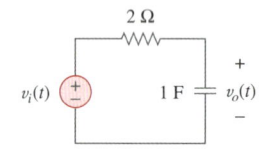

圖 18.18 範例 18.7 的電路

且根據分壓定理得電路的轉移函數為

$$H(\omega) = \frac{V_o(\omega)}{V_i(\omega)} = \frac{1/j\omega}{2 + 1/j\omega} = \frac{1}{1 + j2\omega}$$

因此，

$$V_o(\omega) = V_i(\omega)H(\omega) = \frac{2}{(3 + j\omega)(1 + j2\omega)}$$

或

$$V_o(\omega) = \frac{1}{(3 + j\omega)(0.5 + j\omega)}$$

根據部分分式，

$$V_o(\omega) = \frac{-0.4}{3 + j\omega} + \frac{0.4}{0.5 + j\omega}$$

取傅立葉逆轉換得

$$v_o(t) = 0.4(e^{-0.5t} - e^{-3t})u(t)$$

練習題 18.7 試求圖 18.19 電路的 $v_o(t)$，如果 $v_i(t) = 5\,\text{sgn}(t) = (-5 + 10u(t))$ V。

答：$-5 + 10(1 - e^{-4t})u(t)$ V．

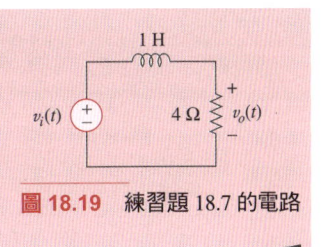

圖 18.19 練習題 18.7 的電路

範例 18.8 利用傅立葉轉換方法，試求圖 18.20 電路的 $i_o(t)$，當 $i_s(t) = 10 \sin 2t$ A。

解：根據分流定理，

$$H(\omega) = \frac{I_o(\omega)}{I_s(\omega)} = \frac{2}{2 + 4 + 2/j\omega} = \frac{j\omega}{1 + j\omega 3}$$

如果 $i_s(t) = 10 \sin 2t$，則

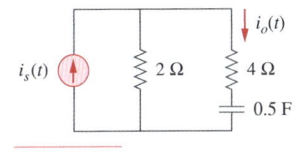

$$I_s(\omega) = j\pi 10[\delta(\omega + 2) - \delta(\omega - 2)]$$

圖 18.20 範例 18.8 的電路

因此，

$$I_o(\omega) = H(\omega)I_s(\omega) = \frac{10\pi\omega[\delta(\omega - 2) - \delta(\omega + 2)]}{1 + j\omega 3}$$

表 18.2 無法求出 $I_o(\omega)$ 的傅立葉逆轉換，所以必須利用 (18.9) 式的傅立葉逆轉換公式來求：

$$i_o(t) = \mathcal{F}^{-1}[I_o(\omega)] = \frac{1}{2\pi}\int_{-\infty}^{\infty} \frac{10\pi\omega[\delta(\omega - 2) - \delta(\omega + 2)]}{1 + j\omega 3}e^{j\omega t}\,d\omega$$

利用脈衝函數的篩選性質得

$$\delta(\omega - \omega_0)f(\omega) = f(\omega_0)$$

或

$$\int_{-\infty}^{\infty} \delta(\omega - \omega_0)f(\omega)\,d\omega = f(\omega_0)$$

且得

$$i_o(t) = \frac{10\pi}{2\pi}\left[\frac{2}{1+j6}e^{j2t} - \frac{-2}{1-j6}e^{-j2t}\right]$$

$$= 10\left[\frac{e^{j2t}}{6.082e^{j80.54°}} + \frac{e^{-j2t}}{6.082\,e^{-j80.54°}}\right]$$

$$= 1.644\left[e^{j(2t-80.54°)} + e^{-j(2t-80.54°)}\right]$$

$$= 3.288\cos(2t - 80.54°)\text{ A}$$

練習題 18.8 試求圖 18.21 電路的電流 $i_o(t)$，當 $i_s(t) = 20\cos 4t$ A。

答：$11.18\cos(4t + 26.57°)$ A。

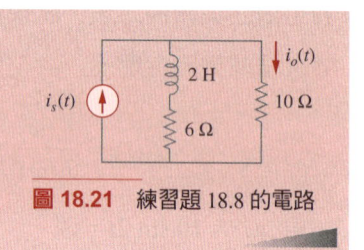

圖 18.21 練習題 18.8 的電路

18.5 巴色伐定理 (Parseval's Theorem)

巴色伐定理是傅立葉轉換的一個應用實例，它與信號攜帶的能量與該信號的傅立葉轉換有關。如果 $p(t)$ 為信號相關聯的功率，則信號攜帶的能量為

$$W = \int_{-\infty}^{\infty} p(t)\,dt \tag{18.57}$$

為了方便比較電流信號和電壓信號的能量，則使用 1 Ω 電阻器作為能量計算的基準。對於 1 Ω 電阻器，$p(t) = v^2(t) = i^2(t) = f^2(t)$，其中 $f(t)$ 表示電壓或電流。則傳遞給 1 Ω 電阻器的能量為

$$W_{1\Omega} = \int_{-\infty}^{\infty} f^2(t)\,dt \tag{18.58}$$

巴色伐定理說明在頻域中也可以計算上述相同的能量如下：

$$W_{1\Omega} = \int_{-\infty}^{\infty} f^2(t)\,dt = \frac{1}{2\pi}\int_{-\infty}^{\infty} |F(\omega)|^2\,d\omega \tag{18.59}$$

巴色伐定理說明傳遞到 1 Ω 電阻器的總能量等於 $f(t)$ 平方曲線下的總面積，或者等於 $1/2\pi$ 乘以 $f(t)$ 傅立葉轉換的振幅平方曲線下的總面積。

實際上，$|F(\omega)|^2$ 有時也稱為信號 $f(t)$ 的能量頻譜密度。

巴色伐定理涉及信號能量與其傅立葉轉換的關係。它提供 $F(\omega)$ 的物理意義，即 $|F(\omega)|^2$ 為對應於 $f(t)$ 能量密度的量測值 (單位為焦耳/赫茲)。

要推導 (18.59) 式，需使用 (18.58) 式，並以 (18.9) 式取代其中一個 $f(t)$，得

$$W_{1\Omega} = \int_{-\infty}^{\infty} f^2(t)\,dt = \int_{-\infty}^{\infty} f(t) \left[\frac{1}{2\pi} \int_{-\infty}^{\infty} F(\omega)e^{j\omega t}\,d\omega \right] dt \tag{18.60}$$

可以將上式的函數 $f(t)$ 移入中括號內，因為中括號內的積分不包含時間變數：

$$W_{1\Omega} = \frac{1}{2\pi} \int_{-\infty}^{\infty} \int_{-\infty}^{\infty} f(t)F(\omega)e^{j\omega t}\,d\omega\,dt \tag{18.61}$$

交換積分順序，

$$\begin{aligned} W_{1\Omega} &= \frac{1}{2\pi} \int_{-\infty}^{\infty} F(\omega) \left[\int_{-\infty}^{\infty} f(t)e^{-j(-\omega)t}\,dt \right] d\omega \\ &= \frac{1}{2\pi} \int_{-\infty}^{\infty} F(\omega)F(-\omega)\,d\omega = \frac{1}{2\pi} \int_{-\infty}^{\infty} F(\omega)F^*(\omega)\,d\omega \end{aligned} \tag{18.62}$$

但是如果 $z = x + jy$，$zz^* = (x+jy)(x-jy) = x^2 + y^2 = |z|^2$。因此，

$$\boxed{W_{1\Omega} = \int_{-\infty}^{\infty} f^2(t)\,dt = \frac{1}{2\pi} \int_{-\infty}^{\infty} |F(\omega)|^2\,d\omega} \tag{18.63}$$

如期望結果。(18.63) 式指出一個信號攜帶的能量可以由時域中 $f(t)$ 平方的積分而得，或是由頻域中 $F(\omega)$ 平方的積分再乘以 $1/2\pi$ 而得。

因為 $|F(\omega)|^2$ 是偶函數，所以可以從 0 到 ∞ 積分，然後再將結果乘以 2；即

$$W_{1\Omega} = \int_{-\infty}^{\infty} f^2(t)\,dt = \frac{1}{\pi} \int_{0}^{\infty} |F(\omega)|^2\,d\omega \tag{18.64}$$

也可以計算任何頻帶 $\omega_1 < \omega < \omega_2$ 的能量如下：

$$W_{1\Omega} = \frac{1}{\pi} \int_{\omega_1}^{\omega_2} |F(\omega)|^2\,d\omega \tag{18.65}$$

注意：本節所介紹的巴色伐定理只適用於非週期性函數，而週期性函數的巴色伐定理在 17.5 節和 17.6 節介紹過。如 (18.63) 式所示，巴色伐定理顯示與非週期信號的能量分布在整個頻譜，而週期性信號的能量集中在各個諧波分量的頻率處。

範例 18.9 跨接於 10 Ω 電阻器上的電壓為 $v(t) = 5e^{-3t}u(t)$ V。試求電阻器所消耗的總能量。

解：

1. **定義**：這個問題已明確定義且清楚說明。
2. **表達**：已知在所有時間中電阻器二端的電壓，求電阻器所消耗的能量。可以看出 $t<0$ 時 $u(t) = 0$，所以 $v(t) = 0$。因此，只需考慮零到無限大的情況。
3. **選擇**：求解的方法有二種，第一種是在時域中求解。而這裡將使用第二種方法，以傅立葉分析求解。
4. **嘗試**：在時域中，

$$W_{10\Omega} = 0.1 \int_{-\infty}^{\infty} f^2(t)\, dt = 0.1 \int_{0}^{\infty} 25 e^{-6t}\, dt$$

$$= 2.5 \frac{e^{-6t}}{-6}\bigg|_{0}^{\infty} = \frac{2.5}{6} = \mathbf{416.7 \text{ mJ}}$$

5. **驗證**：在頻域中，

$$F(\omega) = V(\omega) = \frac{5}{3 + j\omega}$$

所以，

$$|F(\omega)|^2 = F(\omega)F(\omega)^* = \frac{25}{9 + \omega^2}$$

因此，能量消耗為

$$W_{10\Omega} = \frac{0.1}{2\pi}\int_{-\infty}^{\infty}|F(\omega)|^2\, d\omega = \frac{0.1}{\pi}\int_{0}^{\infty}\frac{25}{9+\omega^2}\, d\omega$$

$$= \frac{2.5}{\pi}\left(\frac{1}{3}\tan^{-1}\frac{\omega}{3}\right)\bigg|_{0}^{\infty} = \frac{2.5}{\pi}\left(\frac{1}{3}\right)\left(\frac{\pi}{2}\right) = \frac{2.5}{6} = \mathbf{416.7 \text{ mJ}}$$

6. **滿意**？顯然，已經滿意的解決了這個問題，並且可以呈現結果作為一個解決問題的方法。

練習題 18.9 (a) 在時域中，$i(t) = 10e^{-2|t|}$，試求 1 Ω 電阻器吸收的總能量，(b) 在頻域中重做 (a)。

答：(a) 50 J, (b) 50 J.

範例 18.10 試求在 $-10<\omega<10$ rad/s 頻帶中,由 1 Ω 電阻器所消耗能量與總能量的比例,如果跨接電壓為 $v(t)=e^{-2t}u(t)$。

解: 已知 $f(t)=v(t)=e^{-2t}u(t)$,則

$$F(\omega)=\frac{1}{2+j\omega} \quad \Rightarrow \quad |F(\omega)|^2=\frac{1}{4+\omega^2}$$

電阻器消耗的總能量為

$$W_{1\Omega}=\frac{1}{\pi}\int_0^\infty |F(\omega)|^2 d\omega = \frac{1}{\pi}\int_0^\infty \frac{d\omega}{4+\omega^2}$$

$$= \frac{1}{\pi}\left(\frac{1}{2}\tan^{-1}\frac{\omega}{2}\bigg|_0^\infty\right)=\frac{1}{\pi}\left(\frac{1}{2}\right)\frac{\pi}{2}=0.25 \text{ J}$$

在 $-10<\omega<10$ rad/s 頻帶的能量為

$$W=\frac{1}{\pi}\int_0^{10}|F(\omega)|^2 d\omega = \frac{1}{\pi}\int_0^{10}\frac{d\omega}{4+\omega^2}=\frac{1}{\pi}\left(\frac{1}{2}\tan^1\frac{\omega}{2}\bigg|_0^{10}\right)$$

$$=\frac{1}{2\pi}\tan^{-1}5=\frac{1}{2\pi}\left(\frac{78.69°}{180°}\pi\right)=0.218 \text{ J}$$

占總能量的百分比為

$$\frac{W}{W_{1\Omega}}=\frac{0.218}{0.25}=87.4\%$$

練習題 18.10 2 Ω 電阻器上的電流為 $i(t)=2e^{-t}u(t)$ A。試求在 $-4<\omega<4$ rad/s 頻帶中的能量占總能量的百分比為多少?

答: 84.4%.

18.6 比較傅立葉和拉普拉斯轉換 (Comparing the Fourier and Laplace Transforms)

花一些時間比較拉普拉斯轉換和傅立葉變換是值得的。下面是它們之間的相同和相異之處:

1. 第 15 章所定義的拉普拉斯轉換是積分區間在 $0<t<\infty$ 的單邊轉換,使它只適用於時間為正 ($t>0$) 的函數 $f(t)$。而傅立葉轉換則適用在所有時間中定義的函數。

> 換句話說，如果 $F(s)$ 的所有極點在 s 平面的左半平面，則可從對應的拉普拉斯轉換，以 $j\omega$ 取代 s 求得傅立葉轉換。注意：這種情況不適用於 $u(t)$ 或 $\cos atu(t)$ 函數。

2. 對於只在時間為正的非零函數 $f(t)$ [即 $t<0$ 時 $f(t)=0$]，且 $\int_0^\infty |f(t)|\,dt < \infty$ 時，這二個轉換的關係為

$$F(\omega) = F(s)\big|_{s=j\omega} \tag{18.66}$$

這個方程式也表示傅立葉轉換可被視為拉普拉斯轉換在 $s=j\omega$ 時的特殊情形。因為 $s = \sigma + j\omega$，所以 (18.66) 式表示拉普拉斯轉換關係到整個 s 平面，而傅立葉轉換被限制於 $j\omega$ 軸線。參見圖 15.1。

3. 拉普拉斯轉換比傅立葉轉換適用於範圍更廣的函數。例如，函數 $tu(t)$ 有拉普拉斯轉換，但沒有傅立葉轉換。然而，對於有些不是物理實現的信號，和沒有拉普拉斯轉換的信號，卻存在傅立葉轉換。

4. 拉普拉斯轉換更適用於包含初始條件的暫態分析，因為它允許包含初始條件，但是傅立葉轉換則不允許。傅立葉轉換對於穩態問題特別有用。

5. 傅立葉轉換提供了比拉普拉斯轉換更深入地瞭解信號的頻率特性。

透過表 15.1 和表 15.2 與表 18.1 和表 18.2 的比較，可以觀察某些拉普拉斯轉換和傅立葉轉換的相同和相異之處。

18.7 †應用

除了對電路分析的實用性，傅立葉轉換被廣泛用於光學、光譜學、聲學、計算機科學和電機工程領域。在電機工程中，傅立葉轉換被應用在通訊系統和信號處理，其中頻率響應和頻率頻譜是至關重要的應用。本節介紹兩個簡單的應用：調幅 (AM) 和取樣。

18.7.1 調幅 (Amplitude Modulation)

電磁輻射或透過大氣空間的訊息傳輸已經成為現代科技社會中不可或缺的一部分。然而，空間傳輸只有在高頻 (20 kHz 以上) 才是有效且經濟的。發送智能信號——諸如用於語音和音樂中所含的 50 Hz 到 20 kHz 的低頻範圍是昂貴的；因為需要大量的功率和較大的天線。發送低頻的音頻訊息的一個常見方法是發射一個稱為**載波** (carrier) 的高頻信號，載波受對應的音頻信號所控制。一個載波的三個特徵 (振幅、頻率或相位) 可以被控制，以便允許它攜帶智能信號，稱為**調變信號** (modulating signal)。本節將只介紹載波振幅的控制，稱為**振幅調變** (amplitude modulation)。

> **振幅調變 (AM)** 是指載波的振幅受到調變信號控制的過程。

AM 用於普通的商業廣播頻段和商業電視的視頻部分。

假設要傳輸的音頻訊號，如聲音或音樂 (或一般的調變信號)，是 $m(t) = V_m \cos \omega_m t$，而高頻載波是 $c(t) = V_c \cos \omega_c t$，其中 $\omega_c \gg \omega_m$，則調幅信號如下：

$$f(t) = V_c[1 + m(t)] \cos \omega_c t \tag{18.67}$$

圖 18.22 顯示調變信號 $m(t)$、載波信號 $c(t)$ 和調幅信號 $f(t)$。使用 (18.27) 式的結果與餘弦函數的傅立葉轉換 (參見範例 18.1 或表 18.1) 可以計算調幅信號的頻譜：

$$\begin{aligned} F(\omega) &= \mathcal{F}[V_c \cos \omega_c t] + \mathcal{F}[V_c m(t) \cos \omega_c t] \\ &= V_c \pi [\delta(\omega - \omega_c) + \delta(\omega + \omega_c)] \\ &\quad + \frac{V_c}{2}[M(\omega - \omega_c) + M(\omega + \omega_c)] \end{aligned} \tag{18.68}$$

其中 $M(\omega)$ 是調變信號 $m(t)$ 的傅立葉轉換。圖 18.23 顯示調幅信號的頻譜。圖 18.23 顯示調幅信號是由載波和另二個正弦信號組成。頻率 $\omega_c - \omega_m$ 的正弦信號稱為**下邊帶** (lower sideband)，而頻率 $\omega_c + \omega_m$ 的正弦信號稱為**上邊帶** (upper sideband)。

注意：為了分析容易，假設調變信號為正弦波。在現實生活中，$m(t)$ 是一個非正弦的頻帶限制信號——它的頻譜位在 0 和 $\omega_u = 2\pi f_u$ 之間 (即信號具有頻率上限)。對於調幅音頻信號而言，$f_u = 5$ kHz。如果調變信號的頻譜如圖 18.24(a) 所

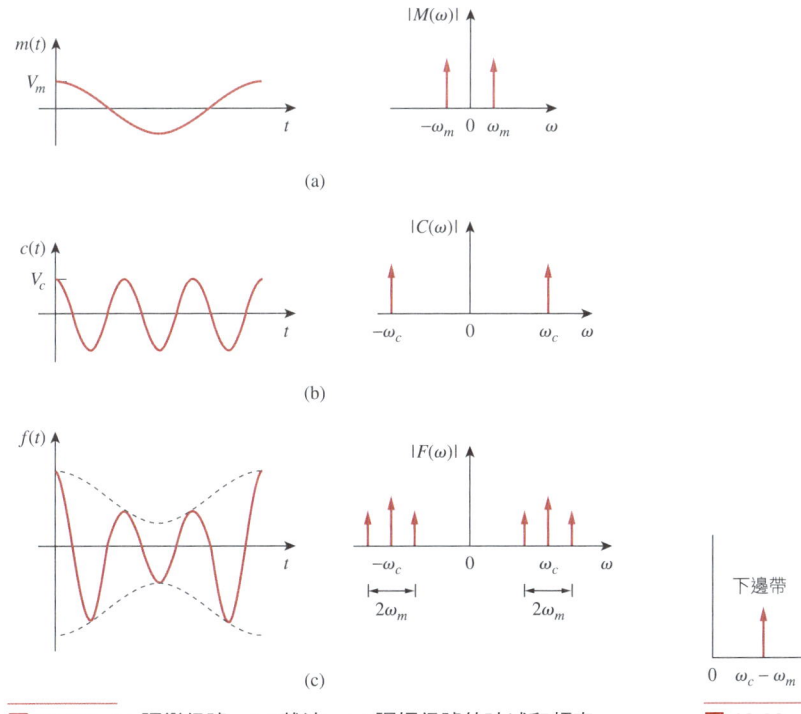

圖 18.22 (a) 調變信號，(b) 載波，(c) 調幅信號的時域和頻率

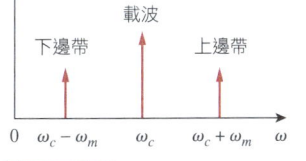

圖 18.23 調幅信號的頻譜

|M(ω)| 圖示如圖 18.24(a)，|F(ω)| 如圖 18.24(b)。

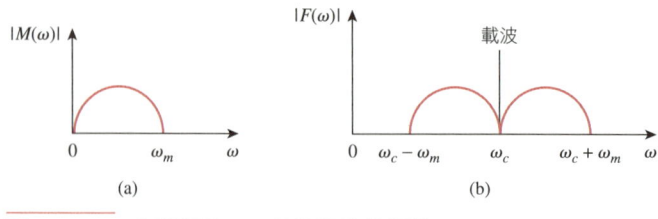

圖 18.24 (a) 調變信號，(b) 調幅信號的頻譜

示，則調幅信號的頻譜如圖 18.24(b) 所示。因此，為避免信號干擾，調幅無線電台的載波頻率間隔為 10 kHz。

在傳輸的接收端，將音頻訊息經過**解調** (demodulation) 從調變載波中恢復出來。

範例 18.11 一個音樂信號包含 15 Hz 到 30 kHz 的頻率成分。如果這個信號可用來進行振幅調變 1.2 MHz 載波，試求上邊帶和下邊帶的頻率範圍。

解：下邊帶是載波頻率和調變頻率之差，所以它包含的頻率從

$$1{,}200{,}000 - 30{,}000 \text{ Hz} = 1{,}170{,}000 \text{ Hz}$$

到

$$1{,}200{,}000 - 15 \text{ Hz} = 1{,}199{,}985 \text{ Hz}$$

上邊帶是載波頻率和調變頻率之和，所以它包含的頻率從

$$1{,}200{,}000 + 15 \text{ Hz} = 1{,}200{,}015 \text{ Hz}$$

到

$$1{,}200{,}000 + 30{,}000 \text{ Hz} = 1{,}230{,}000 \text{ Hz}$$

練習題 18.11 如果一個 2 MHz 的載波被一個 4 kHz 的智能信號所調變，試求調變後調幅信號三個分量的頻率。

答：2,004,000 Hz, 2,000,000 Hz, 1,996,000 Hz。

18.7.2 取樣 (Sampling)

在類比系統中，必須處理全部的信號。然而，在現代的數位系統中，只需要處理取樣的信號。這就是 17.8.1 節介紹的取樣定理的結果。取樣可以透過使用脈波串列或脈衝串列來完成。本節將使用脈衝取樣。

考慮如圖 18.25(a) 所示的連續信號 $g(t)$。該信號可與圖 18.25(b) 所示的脈衝串列 $\delta(t - nT_s)$ 信號相乘，其中 T_s 為**取樣間隔** (sampling interval) 且 $f_s = 1/T_s$ 為**取樣頻率** (sampling frequency) 或**取樣率** (sampling rate)。因此，取樣信號 $g_s(t)$ 為

$$g_s(t) = g(t) \sum_{n=-\infty}^{\infty} \delta(t - nT_s) = \sum_{n=-\infty}^{\infty} g(nT_s) \delta(t - nT_s) \quad (18.69)$$

上式的傅立葉轉換為

$$G_s(\omega) = \sum_{n=-\infty}^{\infty} g(nT_s) \mathcal{F}[\delta(t - nT_s)] = \sum_{n=-\infty}^{\infty} g(nT_s) e^{-jn\omega T_s} \quad (18.70)$$

可以證明

$$\sum_{n=-\infty}^{\infty} g(nT_s) e^{-jn\omega T_s} = \frac{1}{T_s} \sum_{n=-\infty}^{\infty} G(\omega + n\omega_s) \quad (18.71)$$

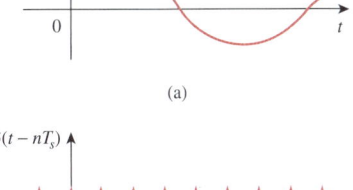

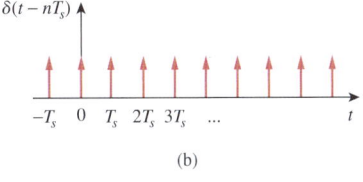

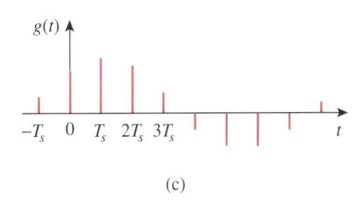

圖 18.25 (a) 待取樣的連續 (類比) 信號，(b) 脈衝信號串列，(c) 取樣後的 (數位) 信號

其中 $\omega_s = 2\pi/T_s$。因此，(18.70) 式變成

$$G_s(\omega) = \frac{1}{T_s} \sum_{n=-\infty}^{\infty} G(\omega + n\omega_s) \quad (18.72)$$

上式證明了取樣信號的傅立葉轉換 $G_s(\omega)$ 等於取樣率為 $1/T_s$ 的原始信號傅立葉轉換的轉移之和。

為了確保原始信號的最佳恢復，取樣的時間間隔應該為多少？這個取樣的基本問題可以用取樣定理的等效部分來回答：

帶限信號，其頻率分量不高於 W Hz，可以從每秒至少 $2W$ 的取樣頻率中完全恢復。

換句話說，對於一個頻寬為 W Hz 的信號，如果取樣頻率不低於二倍的最高調變頻率時，則信號將沒有耗損或重疊。因此，

$$\frac{1}{T_s} = f_s \geq 2W \quad (18.73)$$

$f_s = 2W$ 的取樣頻率稱為**奈奎斯特頻率** (Nyquist frequency) 或速率，而且 $1/f_s$ 為**奈奎斯特間隔** (Nyquist interval)。

範例 18.12 截止頻率為 5 kHz 的電話信號，以高於最低允許速率的 60% 取樣速率，試求取樣速率。

解： 最小取樣速率為奈奎斯特速率 = $2W = 2 \times 5 = 10$ kHz。因此，

$$f_s = 1.60 \times 2W = 16 \text{ kHz}$$

練習題 18.12 帶限頻率為 12.5 kHz 的音頻信號被數位化為 8 位元樣本，試求確保完全恢復信號的最大取樣間隔為多少？

答： $40\ \mu s$.

18.8 總結

1. 傅立葉轉換將非週期性函數 $f(t)$ 轉換成 $F(\omega)$，其中

$$F(\omega) = \mathcal{F}[f(t)] = \int_{-\infty}^{\infty} f(t)e^{-j\omega t}\, dt$$

2. $F(\omega)$ 的傅立葉逆轉換為

$$f(t) = \mathcal{F}^{-1}[F(\omega)] = \frac{1}{2\pi} \int_{-\infty}^{\infty} F(\omega)e^{j\omega t}\, d\omega$$

3. 表 18.1 和表 18.2 總結了重要的傅立葉逆轉換性質和傅立葉轉換對。

4. 使用傅立葉轉換方法分析電路包括：求激發源的傅立葉轉換、將電路元件轉換到頻域、解未知的響應、使用傅立葉逆轉換將響應轉回時域。

5. 如果 $H(\omega)$ 是網路的傳輸函數，則 $H(\omega)$ 是網路脈衝響應的傅立葉轉換；即

$$H(\omega) = \mathcal{F}[h(t)]$$

利用下面的關係式，則可從網路的輸入 $V_i(\omega)$ 求得網路的輸出 $V_o(\omega)$：

$$V_o(\omega) = H(\omega)V_i(\omega)$$

6. 巴色伐定理給出函數 $f(t)$ 和其傅立葉轉換 $F(\omega)$ 之間的能量關係。$1\ \Omega$ 消耗的能量為

$$W_{1\Omega} = \int_{-\infty}^{\infty} f^2(t)\, dt = \frac{1}{2\pi} \int_{-\infty}^{\infty} |F(\omega)|^2\, d\omega$$

7. 傅立葉轉換典型的應用是求調幅 (AM) 和取樣。對於調幅應用，在調幅波中計算邊帶的方法是從傅立葉轉換的調變性質中推導而得。對於取樣應用，如果取樣頻率最少等於二倍奈奎斯特速率，則 (對數位傳輸所需的) 取樣訊號將沒有耗損。

複習題

18.1 下列哪個函數不具有傅立葉轉換？
(a) $e^t u(-t)$ (b) $te^{-3t}u(t)$
(c) $1/t$ (d) $|t|u(t)$

18.2 e^{j2t} 的傅立葉轉換為：
(a) $\dfrac{1}{2+j\omega}$ (b) $\dfrac{1}{-2+j\omega}$
(c) $2\pi\delta(\omega-2)$ (d) $2\pi\delta(\omega+2)$

18.3 $\dfrac{e^{-j\omega}}{2+j\omega}$ 的傅立葉逆轉換為：
(a) e^{-2t} (b) $e^{-2t}u(t-1)$
(c) $e^{-2(t-1)}$ (d) $e^{-2(t-1)}u(t-1)$

18.4 $\delta(\omega)$ 的傅立葉逆轉換為：
(a) $\delta(t)$ (b) $u(t)$ (c) 1 (d) $1/2\pi$

18.5 $j\omega$ 的傅立葉逆轉換為：
(a) $\delta'(t)$ (b) $u'(t)$ (c) $1/t$ (d) 未定義

18.6 $\displaystyle\int_{-\infty}^{\infty}\dfrac{10\delta(\omega)}{4+\omega^2}d\omega$ 的積分結果為：
(a) 0 (b) 2 (c) 2.5 (d) ∞

18.7 $\displaystyle\int_{-\infty}^{\infty}\dfrac{10\delta(\omega-1)}{4+\omega^2}d\omega$ 積分得：
(a) 0 (b) 2 (c) 2.5 (d) ∞

18.8 $\delta(t)$ A 電流流經初始未充電的 1F 電容器，則跨接於電容器二端的電壓為：
(a) $u(t)$ V (b) $-1/2+u(t)$ V
(c) $e^{-t}u(t)$ V (d) $\delta(t)$ V

18.9 單位步級電流流經 1H 電感器，則跨接於電感器二端的電壓為：
(a) $u(t)$ V (b) $\mathrm{sgn}(t)$ V
(c) $e^{-t}u(t)$ V (d) $\delta(t)$ V

18.10 巴色伐定理只適用於非週期性函數。
(a) 對 (b) 錯

答：18.1 c，18.2 c，18.3 d，18.4 d，18.5 a，18.6 c，18.7 b，18.8 a，18.9 d，18.10 b

習題

†18.2 和 18.3 節　傅立葉轉換的定義與性質

18.1 試求圖 18.26 函數的傅立葉轉換。

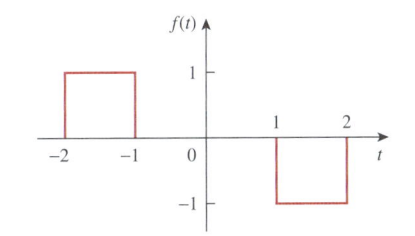

圖 18.26　習題 18.1 的函數

18.2 利用圖 18.27，試設計一個問題幫助其他學生更瞭解傅立葉轉換賦予的波形。

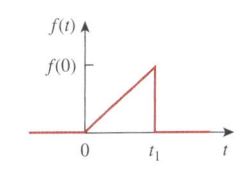

圖 18.27　習題 18.2 的函數

---
† 在那些要求學生計算波形的傅立葉轉換之問題上，若使用 MATLAB 圖標標記，表示這些問題可以使用 MATLAB 繪製結果作為檢查。

18.3 試求圖 18.28 信號的傅立葉轉換。

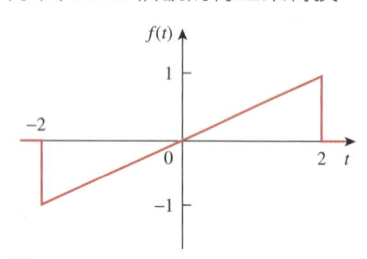

圖 18.28 習題 18.3 的信號

18.4 試求圖 18.29 波形的傅立葉轉換。

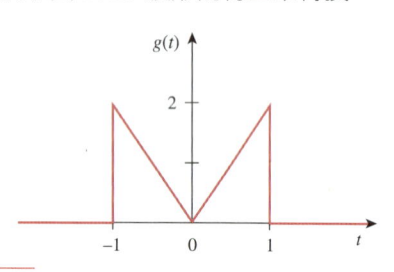

圖 18.29 習題 18.4 的波形

18.5 試求圖 18.30 信號的傅立葉轉換。

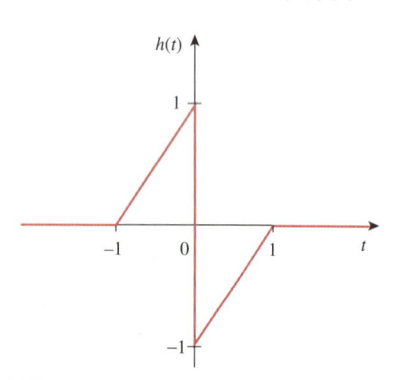

圖 18.30 習題 18.5 的信號

18.6 試求圖 18.31 二個函數的傅立葉轉換。

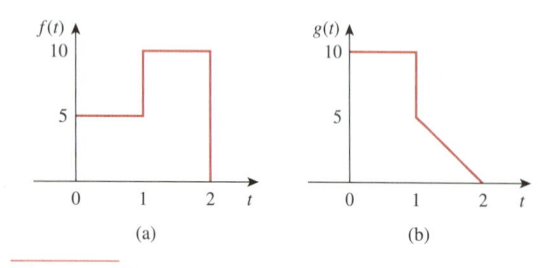

圖 18.31 習題 18.6 的函數

18.7 試求圖 18.32 信號的傅立葉轉換。

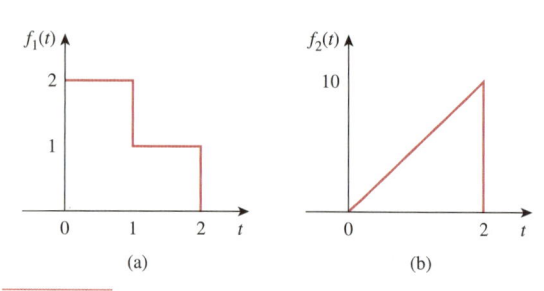

圖 18.32 習題 18.7 的信號

18.8 試求圖 18.33 信號的傅立葉轉換。

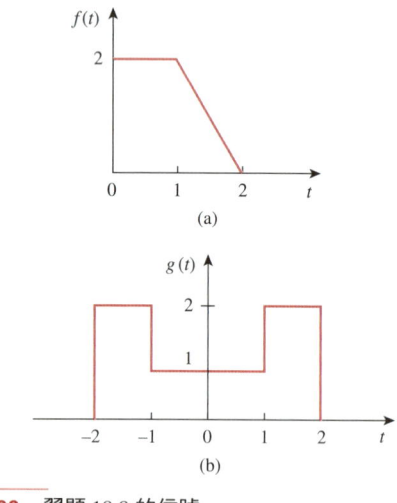

圖 18.33 習題 18.8 的信號

18.9 試求圖 18.34 信號的傅立葉轉換。

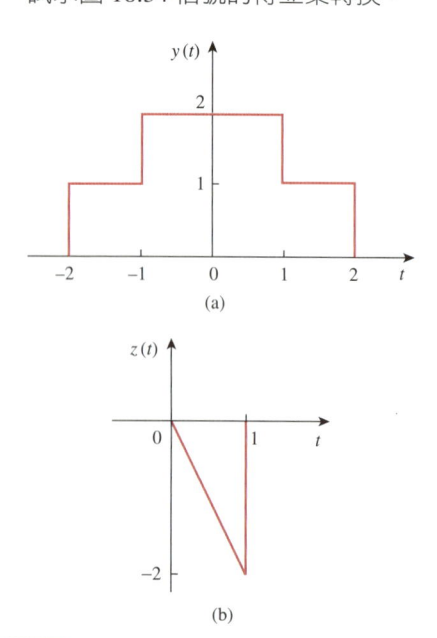

圖 18.34 習題 18.9 的信號

18.10 試求圖 18.35 信號的傅立葉轉換。

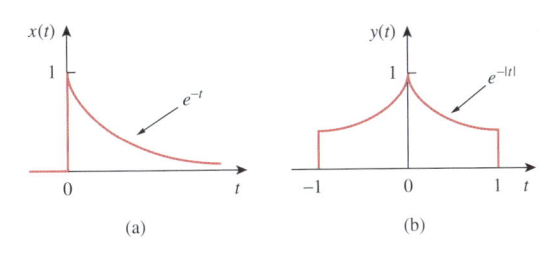

圖 18.35　習題 18.10 的信號

18.11 試求圖 18.36 "正弦脈波"的傅立葉轉換。

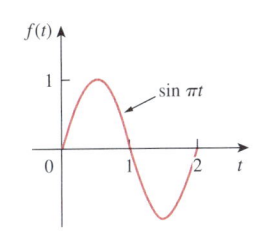

圖 18.36　習題 18.11 的信號

18.12 試求下列信號的傅立葉轉換：
(a) $f_1(t) = e^{-3t} \sin(10t) u(t)$
(b) $f_2(t) = e^{-4t} \cos(10t) u(t)$

18.13 試求下列信號的傅立葉轉換：
(a) $f(t) = \cos(at - \pi/3), \quad -\infty < t < \infty$
(b) $g(t) = u(t + 1) \sin \pi t, \quad -\infty < t < \infty$
(c) $h(t) = (1 + A \sin at) \cos bt, \quad -\infty < t < \infty$
其中 A、a 和 b 為常數
(d) $i(t) = 1 - t, \quad 0 < t < 4$

18.14 試設計一個問題幫助其他學生更瞭解求多種時變函數的傅立葉轉換 (至少三個)。

18.15 試求下列函數的傅立葉轉換：
(a) $f(t) = \delta(t + 3) - \delta(t - 3)$
(b) $f(t) = \int_{-\infty}^{\infty} 2\delta(t - 1)\, dt$
(c) $f(t) = \delta(3t) - \delta'(2t)$

***18.16** 試求下列函數的傅立葉轉換：
(a) $f(t) = 4/t^2$
(b) $g(t) = 8/(4 + t^2)$

* 星號表示該習題具有挑戰性。

18.17 試求下列函數的傅立葉轉換：
(a) $\cos 2t u(t)$
(b) $\sin 10t u(t)$

18.18 已知 $F(\omega) = \mathcal{F}[f(t)]$，利用傅立葉轉換的定義，證明下列的結果：
(a) $\mathcal{F}[f(t - t_0)] = e^{-j\omega t_0} F(\omega)$
(b) $\mathcal{F}\left[\dfrac{df(t)}{dt}\right] = j\omega F(\omega)$
(c) $\mathcal{F}[f(-t)] = F(-\omega)$
(d) $\mathcal{F}[tf(t)] = j\dfrac{d}{d\omega}F(\omega)$

18.19 試求下列函數的傅立葉轉換：
$$f(t) = \cos 2\pi t [u(t) - u(t - 1)]$$

18.20 (a) 證明指數週期性信號的傅立葉級數
$$f(t) = \sum_{n=-\infty}^{\infty} c_n e^{jn\omega_0 t}$$
具有傅立葉轉換
$$F(\omega) = \sum_{n=-\infty}^{\infty} c_n \delta(\omega - n\omega_0)$$
其中 $\omega_0 = 2\pi/T$。
(b) 試求圖 18.37 信號的傅立葉轉換。

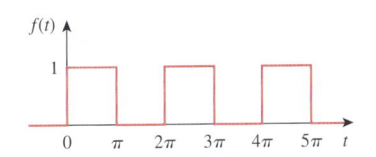

圖 18.37　習題 18.20(b) 的信號

18.21 試證明
$$\int_{-\infty}^{\infty} \left(\dfrac{\sin a\omega}{a\omega}\right)^2 d\omega = \dfrac{\pi}{a}$$
提示：可使用下列公式：
$$\mathcal{F}[u(t + a) - u(t - a)] = 2a\left(\dfrac{\sin a\omega}{a\omega}\right).$$

18.22 試證明如果 $F(\omega)$ 是 $f(t)$ 的傅立葉轉換，則
$$\mathcal{F}[f(t) \sin \omega_0 t] = \dfrac{j}{2}[F(\omega + \omega_0) - F(\omega - \omega_0)]$$

18.23 如果 $f(t)$ 的傅立葉轉換為：

$$F(\omega) = \frac{10}{(2+j\omega)(5+j\omega)}$$

試求下列函數的傅立葉轉換：

(a) $f(-3t)$ (b) $f(2t-1)$ (c) $f(t)\cos 2t$

(d) $\dfrac{d}{dt}f(t)$ (e) $\displaystyle\int_{-\infty}^{t} f(t)\,dt$

18.24 已知 $\mathcal{F}[f(t)] = (j/\omega)(e^{-j\omega}-1)$，試求下列函數的傅立葉轉換：

(a) $x(t) = f(t) + 3$ (b) $y(t) = f(t-2)$

(c) $h(t) = f'(t)$

(d) $g(t) = 4f\left(\dfrac{2}{3}t\right) + 10f\left(\dfrac{5}{3}t\right)$

18.25 試求下列信號的傅立葉逆轉換：

(a) $G(\omega) = \dfrac{5}{j\omega - 2}$

(b) $H(\omega) = \dfrac{12}{\omega^2 + 4}$

(c) $X(\omega) = \dfrac{10}{(j\omega-1)(j\omega-2)}$

18.26 試求下列信號的傅立葉逆轉換：

(a) $F(\omega) = \dfrac{e^{-j2\omega}}{1+j\omega}$

(b) $H(\omega) = \dfrac{1}{(j\omega+4)^2}$

(c) $G(\omega) = 2u(\omega+1) - 2u(\omega-1)$

18.27 試求下列函數的傅立葉逆轉換：

(a) $F(\omega) = \dfrac{100}{j\omega(j\omega+10)}$

(b) $G(\omega) = \dfrac{10j\omega}{(-j\omega+2)(j\omega+3)}$

(c) $H(\omega) = \dfrac{60}{-\omega^2 + j40\omega + 1300}$

(d) $Y(\omega) = \dfrac{\delta(\omega)}{(j\omega+1)(j\omega+2)}$

18.28 試求下列函數的傅立葉逆轉換：

(a) $\dfrac{\pi\delta(\omega)}{(5+j\omega)(2+j\omega)}$

(b) $\dfrac{10\delta(\omega+2)}{j\omega(j\omega+1)}$

(c) $\dfrac{20\delta(\omega-1)}{(2+j\omega)(3+j\omega)}$

(d) $\dfrac{5\pi\delta(\omega)}{5+j\omega} + \dfrac{5}{j\omega(5+j\omega)}$

*18.29 試求下列函數的傅立葉逆轉換：

(a) $F(\omega) = 4\delta(\omega+3) + \delta(\omega) + 4\delta(\omega-3)$

(b) $G(\omega) = 4u(\omega+2) - 4u(\omega-2)$

(c) $H(\omega) = 6\cos 2\omega$

18.30 對於輸入 $x(t)$ 和輸出 $y(t)$ 的線性系統，試求下列情況的脈衝響應：

(a) $x(t) = e^{-at}u(t)$, $y(t) = u(t) - u(-t)$

(b) $x(t) = e^{-t}u(t)$, $y(t) = e^{-2t}u(t)$

(c) $x(t) = \delta(t)$, $y(t) = e^{-at}\sin bt\,u(t)$

18.31 已知線性系統的輸出 $y(t)$ 和脈衝響應 $h(t)$，試求下列情況的對應的輸入 $x(t)$：

(a) $y(t) = te^{-at}u(t)$, $h(t) = e^{-at}u(t)$

(b) $y(t) = u(t+1) - u(t-1)$, $h(t) = \delta(t)$

(c) $y(t) = e^{-at}u(t)$, $h(t) = \text{sgn}(t)$

*18.32 試求下列傅立葉轉換對應的函數：

(a) $F_1(\omega) = \dfrac{e^{j\omega}}{-j\omega+1}$

(b) $F_2(\omega) = 2e^{|\omega|}$

(c) $F_3(\omega) = \dfrac{1}{(1+\omega^2)^2}$

(d) $F_4(\omega) = \dfrac{\delta(\omega)}{1+j2\omega}$

*18.33 試求 $f(t)$，如果：

(a) $F(\omega) = 2\sin\pi\omega[u(\omega+1) - u(\omega-1)]$

(b) $F(\omega) = \dfrac{1}{\omega}(\sin 2\omega - \sin\omega)$

$\qquad + \dfrac{j}{\omega}(\cos 2\omega - \cos\omega)$

18.34 試求圖 18.38 傅立葉轉換的信號 $f(t)$。（提示：可使用對偶性質。）

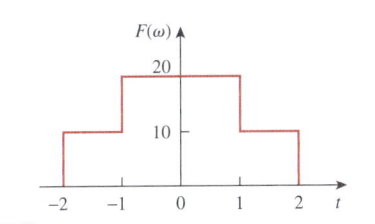

圖 18.38　習題 18.34 的傅立葉轉換波形

18.35 若信號 $f(t)$ 的傅立葉轉換為：

$$F(\omega) = \frac{1}{2 + j\omega}$$

試求下列信號的傅立葉轉換：

(a) $x(t) = f(3t - 1)$

(b) $y(t) = f(t) \cos 5t$

(c) $z(t) = \dfrac{d}{dt} f(t)$

(d) $h(t) = f(t) * f(t)$

(e) $i(t) = t f(t)$

18.4 節　電路應用

18.36 一個電路的轉換函數為：

$$H(\omega) = \frac{2}{j\omega + 2}$$

如果該電路輸入信號為 $v_s(t) = e^{-4t} u(t)$ V，試求電路的輸出信號。假設所有的初始條件為零。

18.37 試求圖 18.39 電路的轉移函數 $I_o(\omega)/I_s(\omega)$。

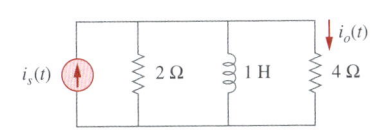

圖 18.39　習題 18.37 的電路

18.38 利用圖 18.40 電路，試設計一個問題幫助其他學生更瞭解使用傅立葉轉換來分析電路。

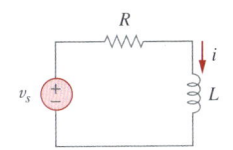

圖 18.40　習題 18.38 的電路

18.39 已知圖 18.41 的電路及其激發信號，試求 $i(t)$ 的傅立葉轉換。

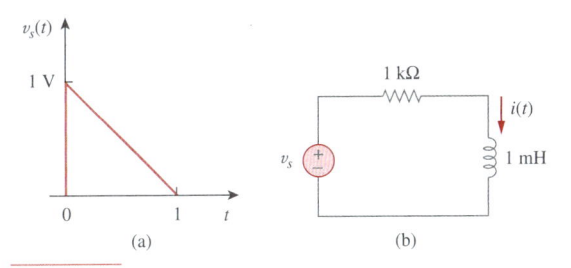

圖 18.41　習題 18.39 的電路和激發信號

18.40 試求圖 18.42(b) 電路的電流 $i(t)$，已知其電壓源如圖 18.42(a) 所示。

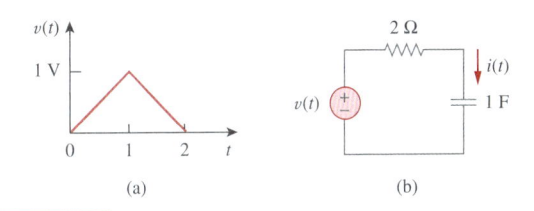

圖 18.42　習題 18.40 的電路和電壓源信號

18.41 試求圖 18.43 電路 $v(t)$ 的傅立葉轉換。

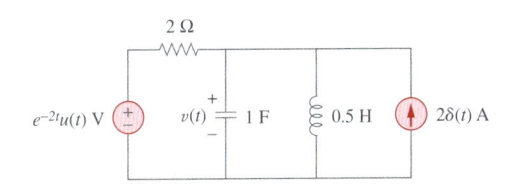

圖 18.43　習題 18.41 的電路

18.42 試求圖 18.44 電路的電流 $i_o(t)$：

(a) 令 $i(t) = \text{sgn}(t)$ A。

(b) 令 $i(t) = 4[u(t) - u(t-1)]$ A。

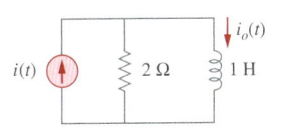

圖 18.44　習題 18.42 的電路

18.43 試求圖 18.45 電路的 $v_o(t)$，其中 $i_s = 5 e^{-t} u(t)$ A。

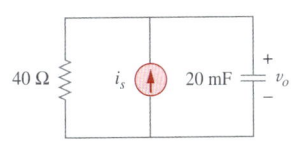

圖 18.45　習題 18.43 的電路

18.44 如果圖 18.46(a) 的矩形脈波應用到圖 18.46(b) 的電路,試求在 $t = 1$ s 時的 v_o。

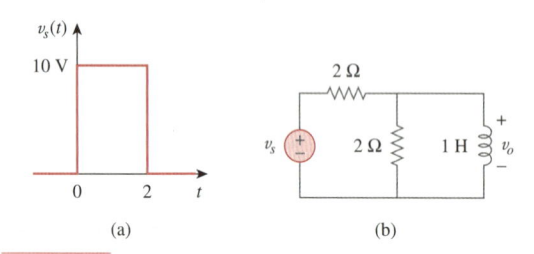

圖 18.46 習題 18.44 的電路和輸入電壓波形

18.45 利用傅立葉轉換,試求圖 18.47 電路的 $i(t)$,假設 $v_s(t) = 10\,e^{-2t}u(t)$。

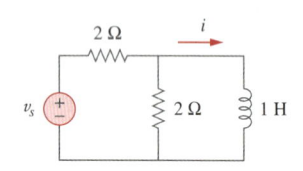

圖 18.47 習題 18.45 的電路

18.46 試求圖 18.48 電路 $i_o(t)$ 的傅立葉轉換。

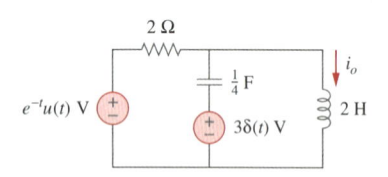

圖 18.48 習題 18.46 的電路

18.47 試求圖 18.49 電路的電壓 $v_o(t)$,令 $i_s(t) = 8\,e^{-t}u(t)$ A。

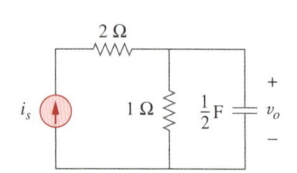

圖 18.49 習題 18.47 的電路

18.48 試求圖 18.50 運算放大器電路的 $i_o(t)$。

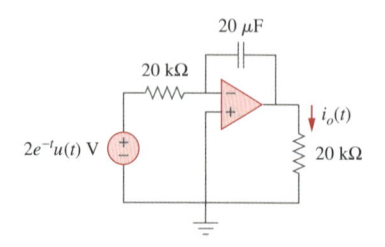

圖 18.50 習題 18.48 的運算放大器電路

18.49 利用傅立葉轉換方法,試求圖 18.51 電路的 $v_o(t)$。

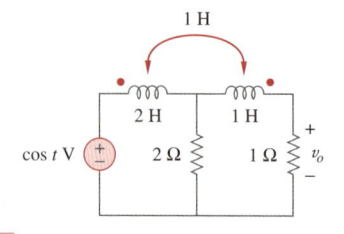

圖 18.51 習題 18.49 的電路

18.50 試求圖 18.52 變壓器電路的 $v_o(t)$。

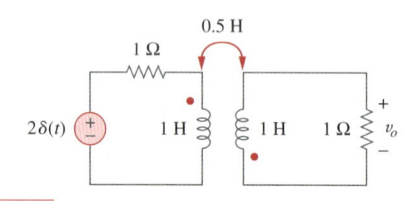

圖 18.52 習題 18.50 的變壓器電路

18.51 試求圖 18.53 電路中電阻器所消耗的能量。

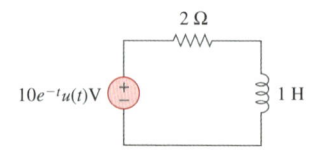

圖 18.53 習題 18.51 的電路

18.5 節 巴色伐定理

18.52 對 $F(\omega) = \dfrac{1}{3 + j\omega}$,試求 $J = \displaystyle\int_{-\infty}^{\infty} f^2(t)\,dt$。

18.53 對 $f(t) = e^{-2|t|}$,試求 $J = \displaystyle\int_{-\infty}^{\infty} |F(\omega)|^2\,d\omega$。

18.54 設計一個問題幫助其他學生更瞭解,如何在已知信號的情況下求總能量。

18.55 令 $f(t) = 5e^{-(t-2)}u(t)$,試求 $F(\omega)$,並利用它求 $f(t)$ 的總能量。

18.56 跨接於 1 Ω 電阻器上的電壓為 $v(t) = te^{-2t}u(t)$ V。(a) 電阻器吸收的總能量為何?(b) 在頻帶 $-2 \leq \omega \leq 2$ 中,吸收能量的百分比為何?

18.57 令 $i(t) = 2e^t u(-t)$ A,試求 $i(t)$ 所攜帶的總

能量，和 1 Ω 電阻器在 $-5 < \omega < 5$ rad/s 頻率範圍下的吸收能量的百分比。

18.7 節 應用

18.58 一個調幅信號為：

$$f(t) = 10(1 + 4\cos 200\pi t)\cos \pi \times 10^4 t$$

試求：
(a) 載波頻率。
(b) 下邊帶頻率。
(c) 上邊帶頻率。

18.59 對於圖 18.54 的線性系統，當輸入電壓為 $v_i(t) = 2\delta(t)$ V，輸出電壓為 $v_o(t) = 10e^{-2t} - 6e^{-4t}$ V。試求當輸入為 $v_i(t) = 4e^{-t}u(t)$ V 時的輸出。

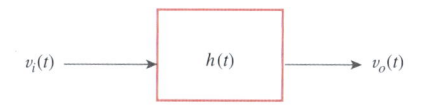

圖 18.54 習題 18.59 的線性系統

18.60 一個帶限信號的傅立葉級數表示如下：

$$i_s(t) = 10 + 8\cos(2\pi t + 30°) + 5\cos(4\pi t - 150°) \text{mA}$$

如果信號被應用到圖 18.55 電路，試求 $v(t)$。

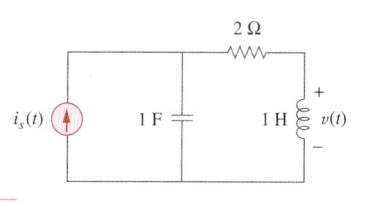

圖 18.55 習題 18.60 的電路

18.61 在一個系統中，輸入信號 $x(t)$ 受到 $m(t) = 2 + \cos \omega_0 t$ 的振幅調變，且響應為 $y(t) = m(t)x(t)$，試求以 $X(\omega)$ 表示的 $Y(\omega)$。

18.62 一個占用 0.4 到 3.5 kHz 頻帶的聲音信號對 10 MHz 載波進行振幅調變，試求下邊帶和上邊帶的頻率範圍。

18.63 對於已知的地方，試求在 AM 廣播頻段 (540 到 1600 kHz) 不會相互干擾情況下，所允許設置的電台數量。

18.64 對 FM 廣播頻段 (88 到 108 MHz) 重做上一題。假設載波頻率間隔為 200 kHz。

18.65 聲音信號的最高頻率分量為 3.4 kHz，則此聲音信號取樣器的奈奎斯特頻率為何？

18.66 電視信號的帶限為 4.5 MHz，如果取樣信號將在遠處重建，則最大可允許的取樣間隔為何？

*18.67 已知信號 $g(t) = \text{sinc}(200\pi t)$，求該信號的奈奎斯特頻率和奈奎斯特間隔。

綜合題

18.68 一個濾波器的輸入電壓信號為 $v(t) = 50e^{-2|t|}$ V 則在 $1 < \omega < 5$ rad/s 的頻率範圍內，1 Ω 電阻器消耗能量占總能量的百分比為何？

18.69 一個傅立葉轉換為：

$$F(\omega) = \frac{20}{4 + j\omega}$$

的信號，通過一個截止頻率為 2 rad/s (即 $0 < \omega < 2$) 的濾波器，則輸入信號對輸出信號的比例為何？

Chapter 19 雙埠網路

今天能做的事,絕不拖延到明天。
自己能做的事,絕不麻煩他人。
沒有到手的錢,絕不花。
不想要的東西,絕不因便宜而購買。
驕傲所付出的代價超過飢餓、乾渴和寒冷。
絕不後悔吃得太少。
心甘情願做的事,不覺得麻煩。
不要為沒有發生的壞事而痛苦!
拿東西要抓不扎手的地方。
生氣時,先數到十再說話;如果非常生氣,就數到一百。

—— 湯瑪士・傑佛遜

加強你的技能和職能

教育事業

三分之二的工程師在私人企業上班,另一些則在學術界教導學生成為工程師。電路分析是一門成為工程師的重要課程。如果你喜歡教學,將來可以考慮成為一位工程教育家。

工程領域的教授在國家最高學府工作,講授研究所和大學程度的課程,並為他們的學校和社區大眾提供專業服務,同時也被寄予能在專業領域上有創新的貢獻。因此,他們必須具備電機工程的基礎理論,以及將所學的知識傳授給學生的技巧。

James Watson

如果喜歡做研究,也可成為工程領域的先鋒,提出創新的技術、發明、諮詢和教學,並考慮成為一位大學教授。最佳的方式就是與你的教授交談,並從中汲取他們的經驗。

要成為一名成功的工程系教授,必須深刻地理解工程數學和大學物理。如果在解工程學科問題時遇到困難,則必須先增強數學和物理方面的基礎知識。

目前多數大學都要求工程系教授具有博士學位。此外,有些大學還要求教授積極參與研究,並在有良好聲譽的學術期刊上發表研究論文。為了準備在工程教育領域工作,學習盡可能越廣泛越好,因為電機工程正在迅速變化,成為跨學科的工程科學。毫無疑問,工程教育是一個有價值的職業。當看到自己的學生畢業後成為職場上的領導者,並為人類福祉作出顯著的貢獻時,教授們便會獲得滿足感和成就感。

19.1 簡介

線性網路中電流流入或流出的一對端子稱為**埠** (port)。二個端子的器件或元件 (如電阻、電容和電感) 可構成單埠網路。到目前為止，我們所接觸的電路元件大部分是二個端子電路或稱單埠電路，如圖 19.1(a) 所示。我們已經處理過二端的電壓或電流通過一個單一的一對端子，諸如電阻器、電容器或電感器的二個端子。還學習了四個端子或雙埠電路，包括運算放大器、電晶體、變壓器等，如圖 19.1(b) 所示。在一般情況下，一個網絡可以具有 n 個埠。埠是網路的存取點且由一對端子組成；當電流由埠的某一端流入而從另一端流出，則該埠的淨電流為零。

在本章中，主要討論的是**雙埠網路** [(two-port network)，或簡稱**雙埠** (two-ports)]。

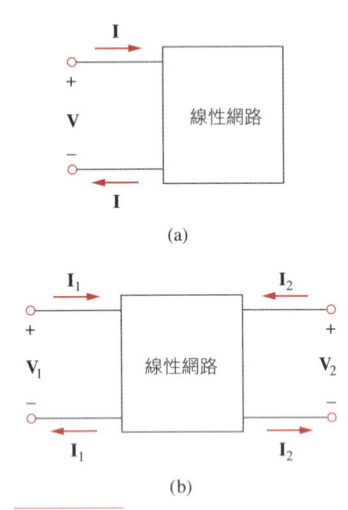

圖 19.1 (a) 單埠網路，(b) 雙埠網路

> 雙埠網路是指具有二個埠 (輸入端與輸出端) 的電子網路。

因此，一個雙埠網路具有作為接點的二對端子。如圖 19.1(b) 所示，電流從埠的一端輸入，而從該埠的另一端流出。三端器件 (如電晶體) 可以看成是雙埠網路。

學習雙埠網路有二個原因：第一，這樣的網路在通信、控制系統、電力系統和電子學方面是很有用的。例如，它們被用在電子模擬電晶體，以方便串接的設計。第二，若知道雙埠網路的參數，則在大型的網路應用中，可把雙埠網路當作一個"黑盒子"。

描述雙埠網路的特性需要確定如圖 19.1(b) 所示端子的變數 V_1、V_2、I_1 和 I_2 之間的關係，其中有二個是獨立的。描述電壓和電流關係變化的項目稱為**參數** (parameter)。本章的目的是推導六組這樣的參數，並顯示這些參數之間的關係，以及雙埠網路如何串聯、並聯和串接。如同運算放大器，我們只關心電路的端點行為。雖然雙埠網路可以包含獨立電源，但本章假設雙埠網路不包含獨立電源。最後，將應用一些本章的開發概念於分析電晶體電路和合成梯形網絡。

19.2 阻抗參數 (Impedance Parameters)

阻抗參數和導納參數常用於濾波器的電路中，在阻抗匹配網路和電力配送網路中也非常有用。本節將討論阻抗參數，而下一節將討論導納參數。

一個雙埠網路可電壓驅動如圖 19.2(a) 或電流驅動如圖 19.2(b) 所示。從圖 19.2(a) 與圖 19.2(b) 的端電壓與端電流的關係如下：

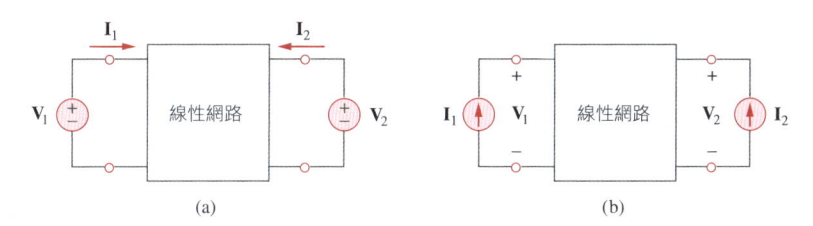

圖 19.2　線性雙埠網路：(a) 由電壓源驅動，(b) 由電流源驅動

$$\begin{aligned} \mathbf{V}_1 &= \mathbf{z}_{11}\mathbf{I}_1 + \mathbf{z}_{12}\mathbf{I}_2 \\ \mathbf{V}_2 &= \mathbf{z}_{21}\mathbf{I}_1 + \mathbf{z}_{22}\mathbf{I}_2 \end{aligned} \tag{19.1}$$

或以矩陣形式表示如下：

這四個變數中，只有二個變數是獨立的，其他二個變數可利用 (19.1) 式求得。

$$\begin{bmatrix} \mathbf{V}_1 \\ \mathbf{V}_2 \end{bmatrix} = \begin{bmatrix} \mathbf{z}_{11} & \mathbf{z}_{12} \\ \mathbf{z}_{21} & \mathbf{z}_{22} \end{bmatrix} \begin{bmatrix} \mathbf{I}_1 \\ \mathbf{I}_2 \end{bmatrix} = [\mathbf{z}] \begin{bmatrix} \mathbf{I}_1 \\ \mathbf{I}_2 \end{bmatrix} \tag{19.2}$$

其中 **z** 項稱為**阻抗參數** (impedance parameters) 或簡稱 **z 參數** (z parameters)，且單位為歐姆。

阻抗參數的值可以通過設置 $\mathbf{I}_1 = 0$ (輸入埠開路) 或 $\mathbf{I}_2 = 0$ (輸出埠開路) 來驗證。因此，

$$\begin{aligned} \mathbf{z}_{11} &= \left.\frac{\mathbf{V}_1}{\mathbf{I}_1}\right|_{\mathbf{I}_2=0}, & \mathbf{z}_{12} &= \left.\frac{\mathbf{V}_1}{\mathbf{I}_2}\right|_{\mathbf{I}_1=0} \\ \mathbf{z}_{21} &= \left.\frac{\mathbf{V}_2}{\mathbf{I}_1}\right|_{\mathbf{I}_2=0}, & \mathbf{z}_{22} &= \left.\frac{\mathbf{V}_2}{\mathbf{I}_2}\right|_{\mathbf{I}_1=0} \end{aligned} \tag{19.3}$$

因為 z 參數是由輸入埠開路或輸出埠開路獲得，所以也被稱為**開路阻抗參數** (open-circuit impedance parameters)。具體來說，

$\mathbf{z}_{11}$ = 開路輸入阻抗
$\mathbf{z}_{12}$ = 從埠 1 到埠 2 的開路轉移阻抗
$\mathbf{z}_{21}$ = 從埠 2 到埠 1 的開路轉移阻抗 (19.4)
$\mathbf{z}_{22}$ = 開路輸出阻抗

如圖 19.3(a) 所示，連接一個電壓源 $\mathbf{V}_1$ (或一個電流源 $\mathbf{I}_1$) 到埠 1，且埠 2 開路，並求出 $\mathbf{I}_1$ 和 $\mathbf{V}_2$。然後根據 (19.3) 式可求得 $\mathbf{z}_{11}$ 和 $\mathbf{z}_{21}$ 如下：

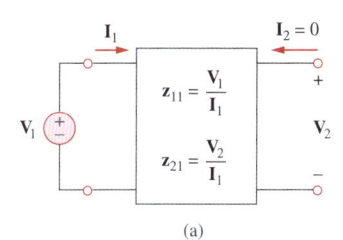

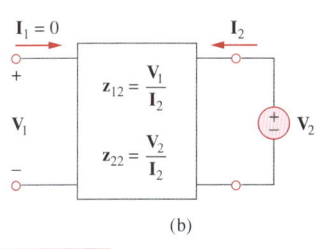

圖 19.3　計算 z 參數：(a) 求 $\mathbf{z}_{11}$ 和 $\mathbf{z}_{21}$，(b) 求 $\mathbf{z}_{12}$ 和 $\mathbf{z}_{22}$

$$z_{11} = \frac{V_1}{I_1}, \qquad z_{21} = \frac{V_2}{I_1} \tag{19.5}$$

同理,如圖 19.3(b) 所示,連接一個電壓源 V_2 (或一個電流源 I_2) 到埠 2,且埠 1 開路,並求出 I_2 和 V_1。然後根據 (19.3) 式可求得 z_{12} 和 z_{22} 如下:

$$z_{12} = \frac{V_1}{I_2}, \qquad z_{22} = \frac{V_2}{I_2} \tag{19.6}$$

上述過程為我們提供了計算或測量 z 參數的方法。

有時候,z_{11} 和 z_{22} 稱為**驅動點阻抗** (driving-point impedances),而 z_{12} 和 z_{21} 稱為**轉移阻抗** (transfer impedances)。驅動點阻抗是雙端子 (單埠) 元件的輸入阻抗。因此,z_{11} 是輸出開路時的輸入驅動點阻抗,而 z_{22} 是輸入開路時的輸出驅動點阻抗。

當 $z_{11} = z_{22}$ 時,則此雙埠網路為**對稱** (symmetrical)。這意味著此網路在某中心線上成鏡像對稱。也就是說,該中心線將網路分成二個相同部分。

當雙埠網路為線性且沒有獨立電源時,則轉移阻抗是相等的 ($z_{12} = z_{21}$),而且此雙埠網路稱為**互易** (reciprocal)。意思是,若激發點與響應點互換,此轉移阻抗仍維持不變。如圖 19.4 所示,如果將某一埠的理想電壓源與另一埠的理想電流表互換位置,而電流表的讀數保持不變,則此雙埠網路為互易網路。根據 (19.1) 式,如圖 19.4(a) 的互易網路使 $V = z_{12}I$,如圖 19.4(b) 則得 $V = z_{21}I$。這只有在 $z_{12} = z_{21}$ 的情況下才成立。任何全部由電阻器、電容器和電感器所組成的雙埠網路必是互易網路。互易網路可以被圖 19.5(a) 的 T 型等效網路所取代。對於不是互易的雙埠網路,更通用的等效電路如圖 19.5(b) 所示。注意:該等效電路可由 (19.1) 式得到。

必須提醒,某些雙埠網路不存在 z 參數是因為這些雙埠網路無法使用 (19.1) 式來描述。例如,圖 19.6 的理想變壓器,其雙埠網路的定義方程式如下:

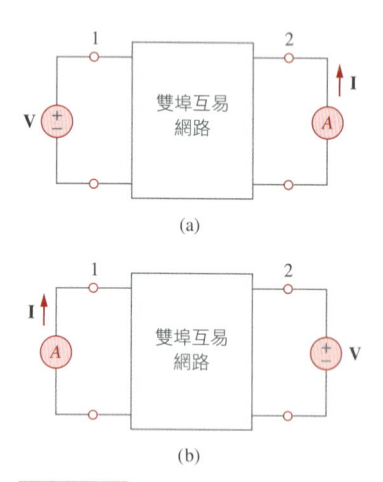

圖 19.4 某一埠的理想電壓源與另一埠的理想電流表互換位置,而電流表保持相同讀數的雙埠互易網路

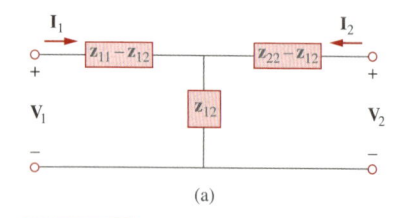

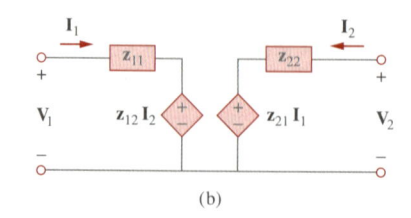

圖 19.5 (a) T 型等效網路只適用於互易網路,(b) 通用等效網路

圖 19.6 沒有 z 參數的理想變壓器

$$\mathbf{V}_1 = \frac{1}{n}\mathbf{V}_2, \qquad \mathbf{I}_1 = -n\mathbf{I}_2 \tag{19.7}$$

顯而易見的，上式不能像 (19.1) 式用電流來表示電壓，反之亦然。因此，理想的變壓器沒有 z 參數。但是，它有混合參數，在 19.4 節將會介紹。

範例 19.1

試求圖 19.7 電路的 z 參數。

解：

◆**方法一**：計算 z_{11} 和 z_{21} 時，連接一個電壓源 $\mathbf{V}_1$ 到輸入埠，而令輸出埠為開路，如圖 19.8(a) 所示。

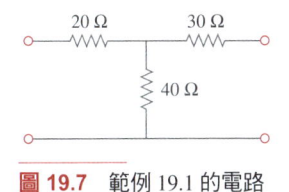

$$\mathbf{z}_{11} = \frac{\mathbf{V}_1}{\mathbf{I}_1} = \frac{(20+40)\mathbf{I}_1}{\mathbf{I}_1} = 60\ \Omega$$

亦即，$\mathbf{z}_{11}$ 是埠 1 的輸入阻抗，

$$\mathbf{z}_{21} = \frac{\mathbf{V}_2}{\mathbf{I}_1} = \frac{40\mathbf{I}_1}{\mathbf{I}_1} = 40\ \Omega$$

圖 19.7 範例 19.1 的電路

計算 $\mathbf{z}_{12}$ 和 $\mathbf{z}_{22}$ 時，令輸入埠為開路，而連接一個電壓源 $\mathbf{V}_2$ 到輸出埠，如圖 19.8(b) 所示，則

$$\mathbf{z}_{12} = \frac{\mathbf{V}_1}{\mathbf{I}_2} = \frac{40\mathbf{I}_2}{\mathbf{I}_2} = 40\ \Omega, \qquad \mathbf{z}_{22} = \frac{\mathbf{V}_2}{\mathbf{I}_2} = \frac{(30+40)\mathbf{I}_2}{\mathbf{I}_2} = 70\ \Omega$$

因此，

$$[\mathbf{z}] = \begin{bmatrix} 60\ \Omega & 40\ \Omega \\ 40\ \Omega & 70\ \Omega \end{bmatrix}$$

◆**方法二**：因為已知電路不存在獨立電源，所以 $\mathbf{z}_{12} = \mathbf{z}_{21}$，並且利用圖 19.5(a) 的 T 型等效電路。比較圖 19.7 與圖 19.5(a) 得

$$\mathbf{z}_{12} = 40\ \Omega = \mathbf{z}_{21}$$

$$\mathbf{z}_{11} - \mathbf{z}_{12} = 20 \quad\Rightarrow\quad \mathbf{z}_{11} = 20 + \mathbf{z}_{12} = 60\ \Omega$$

$$\mathbf{z}_{22} - \mathbf{z}_{12} = 30 \quad\Rightarrow\quad \mathbf{z}_{22} = 30 + \mathbf{z}_{12} = 70\ \Omega$$

圖 19.8 範例 19.1 的電路：(a) 求 $\mathbf{z}_{11}$ 和 $\mathbf{z}_{21}$，(b) 求 $\mathbf{z}_{12}$ 和 $\mathbf{z}_{22}$

練習題 19.1 試求圖 19.9 雙埠網路的 z 參數。

答：$z_{11} = 7\ \Omega$, $z_{12} = z_{21} = z_{22} = 3\ \Omega$。

圖 19.9　練習題 19.1 的電路

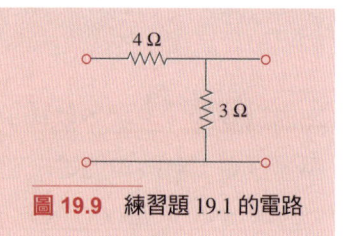

範例 19.2 試求圖 19.10 電路的 $\mathbf{I}_1$ 與 $\mathbf{I}_2$。

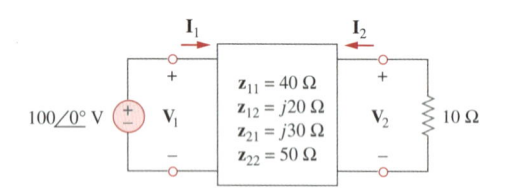

解：這不是互易網路，可以使用圖 19.5(b) 的等效電路，但也可直接使用 (19.1) 式。將已知的 z 參數代入 (19.1) 式得

圖 19.10　範例 19.2 的電路

$$\mathbf{V}_1 = 40\mathbf{I}_1 + j20\mathbf{I}_2 \tag{19.2.1}$$

$$\mathbf{V}_2 = j30\mathbf{I}_1 + 50\mathbf{I}_2 \tag{19.2.2}$$

因為要求的是電流 $\mathbf{I}_1$ 和 $\mathbf{I}_2$，所以將下面的電壓：

$$\mathbf{V}_1 = 100\underline{/0°}, \quad \mathbf{V}_2 = -10\mathbf{I}_2$$

代入 (19.2.1) 式和 (19.2.2) 式得

$$100 = 40\mathbf{I}_1 + j20\mathbf{I}_2 \tag{19.2.3}$$

$$-10\mathbf{I}_2 = j30\mathbf{I}_1 + 50\mathbf{I}_2 \quad \Rightarrow \quad \mathbf{I}_1 = j2\mathbf{I}_2 \tag{19.2.4}$$

將 (19.2.4) 式代入 (19.2.3) 式得

$$100 = j80\mathbf{I}_2 + j20\mathbf{I}_2 \quad \Rightarrow \quad \mathbf{I}_2 = \frac{100}{j100} = -j$$

從 (19.2.4) 式得知 $\mathbf{I}_1 = j2(-j) = 2$，因此，

$$\mathbf{I}_1 = 2\underline{/0°}\ \text{A}, \quad \mathbf{I}_2 = 1\underline{/-90°}\ \text{A}$$

練習題 19.2 試求圖 19.11 雙埠網路的 $\mathbf{I}_1$ 與 $\mathbf{I}_2$。

答：$200\underline{/30°}\ \text{mA}$, $100\underline{/120°}\ \text{mA}$。

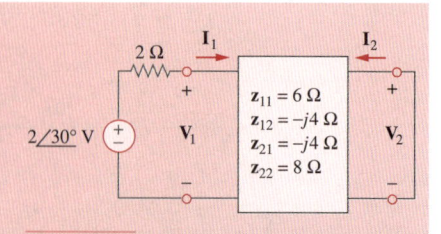

圖 19.11　練習題 19.2 的電路

19.3 導納參數 (Admittance Parameters)

由前一節得知，某些雙埠網路可能不存在阻抗參數，所以對於這類網路需要使用另一種描述方法。利用網路端電壓來表示端電流所獲得的第二組參數可能符合這個需求。在圖 19.12(a) 或 (b) 中，以端電壓來表示端電流的方程式如下：

$$\begin{aligned} \mathbf{I}_1 &= \mathbf{y}_{11}\mathbf{V}_1 + \mathbf{y}_{12}\mathbf{V}_2 \\ \mathbf{I}_2 &= \mathbf{y}_{21}\mathbf{V}_1 + \mathbf{y}_{22}\mathbf{V}_2 \end{aligned} \tag{19.8}$$

或以矩陣形式表示如下：

$$\begin{bmatrix} \mathbf{I}_1 \\ \mathbf{I}_2 \end{bmatrix} = \begin{bmatrix} \mathbf{y}_{11} & \mathbf{y}_{12} \\ \mathbf{y}_{21} & \mathbf{y}_{22} \end{bmatrix} \begin{bmatrix} \mathbf{V}_1 \\ \mathbf{V}_2 \end{bmatrix} = [\mathbf{y}] \begin{bmatrix} \mathbf{V}_1 \\ \mathbf{V}_2 \end{bmatrix} \tag{19.9}$$

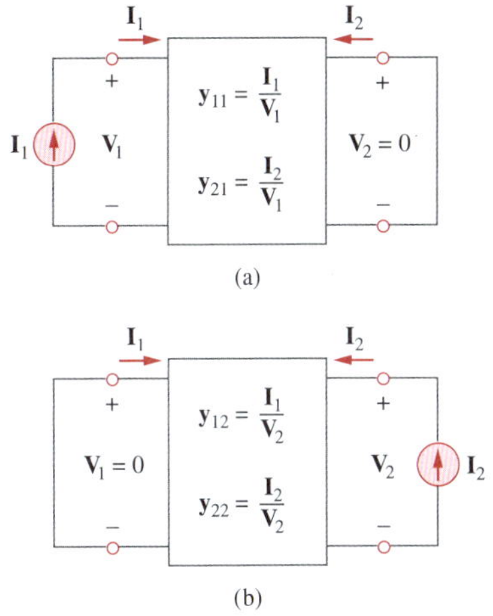

其中 y 項稱為**導納參數** (admittance parameters) 或簡稱 **y 參數** (y parameters)，且單位為西門子。

圖 19.12 計算 y 參數：(a) 求 $\mathbf{y}_{11}$ 和 $\mathbf{y}_{21}$，(b) 求 $\mathbf{y}_{12}$ 和 $\mathbf{y}_{22}$

導納參數的值可以通過設置 $\mathbf{V}_1 = 0$ (輸入埠短路) 或 $\mathbf{V}_2 = 0$ (輸出埠短路) 來驗證。因此，

$$\begin{aligned} \mathbf{y}_{11} &= \left.\frac{\mathbf{I}_1}{\mathbf{V}_1}\right|_{\mathbf{V}_2=0}, & \mathbf{y}_{12} &= \left.\frac{\mathbf{I}_1}{\mathbf{V}_2}\right|_{\mathbf{V}_1=0} \\ \mathbf{y}_{21} &= \left.\frac{\mathbf{I}_2}{\mathbf{V}_1}\right|_{\mathbf{V}_2=0}, & \mathbf{y}_{22} &= \left.\frac{\mathbf{I}_2}{\mathbf{V}_2}\right|_{\mathbf{V}_1=0} \end{aligned} \tag{19.10}$$

因為 y 參數是由輸入埠短路或輸出埠短路獲得，所以也被稱為**短路導納參數** (short-circuit admittance parameters)。特別是，

$$\begin{aligned} \mathbf{y}_{11} &= 短路輸入導納 \\ \mathbf{y}_{12} &= 從埠\ 2\ 到埠\ 1\ 的短路轉移導納 \\ \mathbf{y}_{21} &= 從埠\ 1\ 到埠\ 2\ 的短路轉移導納 \\ \mathbf{y}_{22} &= 短路輸出導納 \end{aligned} \tag{19.11}$$

連接一個電流源 $\mathbf{I}_1$ 到埠 1，且埠 2 短路，如圖 19.12(a) 所示，求出 $\mathbf{V}_1$ 和 $\mathbf{I}_2$。然後根據 (19.10) 式可求得 $\mathbf{y}_{11}$ 和 $\mathbf{y}_{21}$ 如下：

$$\mathbf{y}_{11} = \frac{\mathbf{I}_1}{\mathbf{V}_1}, \qquad \mathbf{y}_{21} = \frac{\mathbf{I}_2}{\mathbf{V}_1} \tag{19.12}$$

同理，如圖 19.12(b) 所示，連接一個電流源 I_2 到埠 2，且埠 1 短路，求出 I_1 和 V_2。然後根據 (19.10) 式可求得 y_{12} 和 y_{22} 如下：

$$y_{12} = \frac{I_1}{V_2}, \qquad y_{22} = \frac{I_2}{V_2} \tag{19.13}$$

上述過程為我們提供了計算或測量 y 參數的方法。阻抗參數和導納參數統稱為**導抗** (immittance) **參數**。

對於一個不包含非獨立電源的線性雙埠網路，它的轉移導納是相等的 ($y_{12} = y_{21}$)，這可使用證明 z 參數的方法來證明。互易網路 ($y_{12} = y_{21}$) 可通過 Π 型等效網路進行建模，如圖 19.13(a)，若不是互易網路，則使用圖 19.13(b) 的通用等效網路來建模。

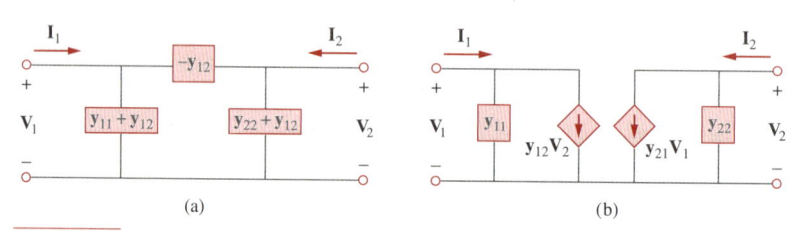

圖 19.13 (a) Π 型等效網路只適用於互易網路，(b) 通用等效網路

範例 19.3 試求圖 19.14 中 Π 型網路的 y 參數。

解：

◆**方法一**：計算 y_{11} 和 y_{21} 時，連接一個電流源 I_1 到輸入埠，而將輸出埠短路如圖 19.15(a) 所示。因為 8 Ω 電阻器被短路，2 Ω 電阻器與 4 Ω 電阻器並聯，因此，

$$V_1 = I_1(4 \parallel 2) = \frac{4}{3}I_1, \qquad y_{11} = \frac{I_1}{V_1} = \frac{I_1}{\frac{4}{3}I_1} = 0.75 \text{ S}$$

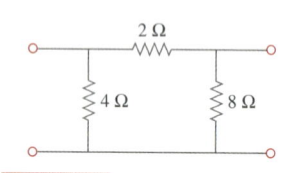

圖 19.14 範例 19.3 的電路

利用分流定理得

$$-I_2 = \frac{4}{4+2}I_1 = \frac{2}{3}I_1, \qquad y_{21} = \frac{I_2}{V_1} = \frac{-\frac{2}{3}I_1}{\frac{4}{3}I_1} = -0.5 \text{ S}$$

圖 19.15 範例 19.3 的電路：(a) 求 y_{11} 和 y_{21}，(b) 求 y_{12} 和 y_{22}

計算 y_{12} 和 y_{22} 時，令輸入埠短路，且連接一個電流源 I_2 到輸出埠，如圖 19.15(b) 所示。所以，4 Ω 電阻器被短路，而 2 Ω 電阻器和 8 Ω 電阻器為並聯，因此，

$$V_2 = I_2(8 \parallel 2) = \frac{8}{5}I_2, \qquad y_{22} = \frac{I_2}{V_2} = \frac{I_2}{\frac{8}{5}I_2} = \frac{5}{8} = 0.625 \text{ S}$$

利用分流定理得

$$-I_1 = \frac{8}{8+2}I_2 = \frac{4}{5}I_2, \qquad y_{12} = \frac{I_1}{V_2} = \frac{-\frac{4}{5}I_2}{\frac{8}{5}I_2} = -0.5 \text{ S}$$

◆**方法二**：比較圖 19.14 與圖 19.13(a) 得

$$y_{12} = -\frac{1}{2} \text{ S} = y_{21}$$

$$y_{11} + y_{12} = \frac{1}{4} \quad \Rightarrow \quad y_{11} = \frac{1}{4} - y_{12} = 0.75 \text{ S}$$

$$y_{22} + y_{12} = \frac{1}{8} \quad \Rightarrow \quad y_{22} = \frac{1}{8} - y_{12} = 0.625 \text{ S}$$

結果與方法一所得的相同。

練習題 19.3 試求圖 19.16 中 T 型網路的 y 參數。

答：$y_{11} = 227.3$ mS, $y_{12} = y_{21} = -90.91$ mS,
$y_{22} = 136.36$ mS.

圖 19.16 練習題 19.3 的電路

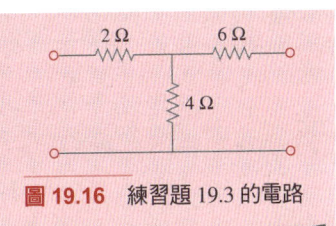

試求圖 19.17 雙埠網路的 y 參數。

範例 19.4

解：參考前面範例的解題程序，求解 y_{11} 和 y_{21} 時，利用圖 19.18(a) 的電路，將埠 2 短路，以及在埠 1 連接一個電流源。所以，在節點 1 得

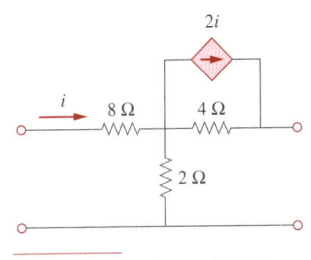

$$\frac{V_1 - V_o}{8} = 2I_1 + \frac{V_o}{2} + \frac{V_o - 0}{4}$$

圖 19.17 範例 19.4 的電路

但 $I_1 = \frac{V_1 - V_o}{8}$，因此，

$$0 = \frac{V_1 - V_o}{8} + \frac{3V_o}{4}$$

$$0 = V_1 - V_o + 6V_o \quad \Rightarrow \quad V_1 = -5V_o$$

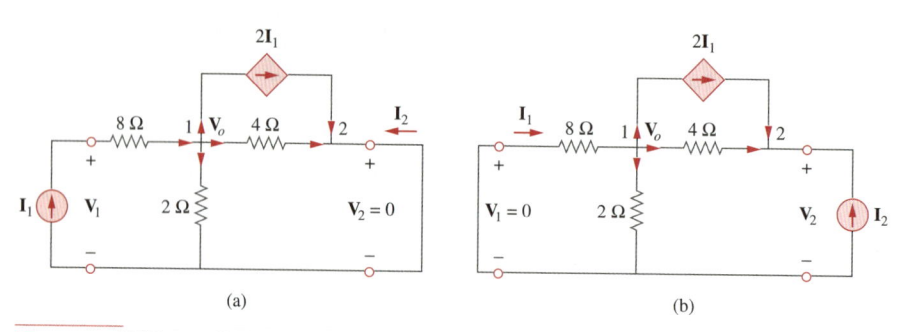

圖 19.18　範例 19.4 的電路：(a) 求 y_{11} 和 y_{21}，(b) 求 y_{12} 和 y_{22}

因此，

$$\mathbf{I}_1 = \frac{-5\mathbf{V}_o - \mathbf{V}_o}{8} = -0.75\mathbf{V}_o$$

和

$$y_{11} = \frac{\mathbf{I}_1}{\mathbf{V}_1} = \frac{-0.75\mathbf{V}_o}{-5\mathbf{V}_o} = 0.15 \text{ S}$$

在節點 2，

$$\frac{\mathbf{V}_o - 0}{4} + 2\mathbf{I}_1 + \mathbf{I}_2 = 0$$

或

$$-\mathbf{I}_2 = 0.25\mathbf{V}_o - 1.5\mathbf{V}_o = -1.25\mathbf{V}_o$$

因此，

$$y_{21} = \frac{\mathbf{I}_2}{\mathbf{V}_1} = \frac{1.25\mathbf{V}_o}{-5\mathbf{V}_o} = -0.25 \text{ S}$$

同理，求解 y_{12} 和 y_{22} 時，利用圖 19.18(b) 的電路。在節點 1 得

$$\frac{0 - \mathbf{V}_o}{8} = 2\mathbf{I}_1 + \frac{\mathbf{V}_o}{2} + \frac{\mathbf{V}_o - \mathbf{V}_2}{4}$$

但 $\mathbf{I}_1 = \dfrac{0 - \mathbf{V}_o}{8}$，因此，

$$0 = -\frac{\mathbf{V}_o}{8} + \frac{\mathbf{V}_o}{2} + \frac{\mathbf{V}_o - \mathbf{V}_2}{4}$$

或

$$0 = -\mathbf{V}_o + 4\mathbf{V}_o + 2\mathbf{V}_o - 2\mathbf{V}_2 \quad \Rightarrow \quad \mathbf{V}_2 = 2.5\mathbf{V}_o$$

因此,

$$\mathbf{y}_{12} = \frac{\mathbf{I}_1}{\mathbf{V}_2} = \frac{-\mathbf{V}_o/8}{2.5\mathbf{V}_o} = -0.05 \text{ S}$$

在節點 2,

$$\frac{\mathbf{V}_o - \mathbf{V}_2}{4} + 2\mathbf{I}_1 + \mathbf{I}_2 = 0$$

或

$$-\mathbf{I}_2 = 0.25\mathbf{V}_o - \frac{1}{4}(2.5\mathbf{V}_o) - \frac{2\mathbf{V}_o}{8} = -0.625\mathbf{V}_o$$

因此,

$$\mathbf{y}_{22} = \frac{\mathbf{I}_2}{\mathbf{V}_2} = \frac{0.625\mathbf{V}_o}{2.5\mathbf{V}_o} = 0.25 \text{ S}$$

注意:本範例不是互易網路,所以在這種情況下,$\mathbf{y}_{12} \neq \mathbf{y}_{21}$。

練習題 19.4 試求圖 19.19 電路的 y 參數。

答:$\mathbf{y}_{11} = 625$ mS, $\mathbf{y}_{12} = -125$ mS, $\mathbf{y}_{21} = 375$ mS, $\mathbf{y}_{22} = 125$ mS.

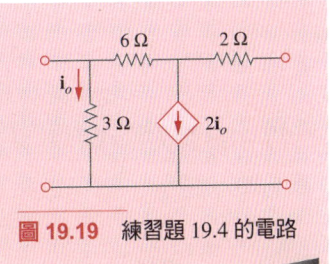

圖 19.19 練習題 19.4 的電路

19.4 混合參數 (Hybrid Parameters)

雙埠網路並不一定存在 z 參數與 y 參數,所以有發展另一組參數的需要,第三組參數是基於使 $\mathbf{V}_1$ 和 $\mathbf{I}_2$ 為相依變數而得的,如下:

$$\begin{aligned} \mathbf{V}_1 &= \mathbf{h}_{11}\mathbf{I}_1 + \mathbf{h}_{12}\mathbf{V}_2 \\ \mathbf{I}_2 &= \mathbf{h}_{21}\mathbf{I}_1 + \mathbf{h}_{22}\mathbf{V}_2 \end{aligned} \quad (19.14)$$

或以矩陣形式表示如下:

$$\begin{bmatrix} \mathbf{V}_1 \\ \mathbf{I}_2 \end{bmatrix} = \begin{bmatrix} \mathbf{h}_{11} & \mathbf{h}_{12} \\ \mathbf{h}_{21} & \mathbf{h}_{22} \end{bmatrix} \begin{bmatrix} \mathbf{I}_1 \\ \mathbf{V}_2 \end{bmatrix} = [\mathbf{h}] \begin{bmatrix} \mathbf{I}_1 \\ \mathbf{V}_2 \end{bmatrix} \quad (19.15)$$

其中 **h** 項稱為**混合參數** (hybrid parameters) 或簡稱 **h 參數** (h parameters)，因為它們是由電壓和電流的混合比組成的。在描述電子元件如電晶體時，h 參數是非常有用的 (參見 19.9 節)。量測元件的 h 參數比量測元件的 z 參數或 y 參數要容易。事實上，(19.7) 式所描述圖 19.6 的理想變壓器沒有 z 參數，但可使用混合參數來描述此理想變壓器，因為 (19.7) 式與 (19.14) 式是一致的。

h 參數的值可由下式決定：

$$\left. \mathbf{h}_{11} = \frac{\mathbf{V}_1}{\mathbf{I}_1} \right|_{\mathbf{V}_2=0}, \qquad \left. \mathbf{h}_{12} = \frac{\mathbf{V}_1}{\mathbf{V}_2} \right|_{\mathbf{I}_1=0}$$
$$\left. \mathbf{h}_{21} = \frac{\mathbf{I}_2}{\mathbf{I}_1} \right|_{\mathbf{V}_2=0}, \qquad \left. \mathbf{h}_{22} = \frac{\mathbf{I}_2}{\mathbf{V}_2} \right|_{\mathbf{I}_1=0} \qquad (19.16)$$

顯而易見，(19.16) 式的 $\mathbf{h}_{11}$、$\mathbf{h}_{12}$、$\mathbf{h}_{21}$ 和 $\mathbf{h}_{22}$ 等參數分別代表阻抗、電壓增益、電流增益和導納，這就是為什麼稱它們為混合參數的原因。具體說明如下：

$$\begin{aligned} \mathbf{h}_{11} &= 短路輸入阻抗 \\ \mathbf{h}_{12} &= 開路反向電壓增益 \\ \mathbf{h}_{21} &= 短路正向電流增益 \\ \mathbf{h}_{22} &= 開路輸出導納 \end{aligned} \qquad (19.17)$$

計算 h 參數的過程與計算 z 參數和 y 參數的過程相似。連接電壓源或電流源到適當的埠，將另一個埠短路或開路，根據感興趣的參數，進行常規的電路分析。對於互易網路，$\mathbf{h}_{12} = -\mathbf{h}_{21}$，證明方法與證明 $\mathbf{z}_{12} = \mathbf{z}_{21}$ 相同。圖 19.20 顯示雙埠網路的混合模型。

與 h 參數有密切關係的參數為 **g 參數** (g parameters)，或稱**逆混合參數** (inverse hybrid parameters)。g 參數被用來描述端電流與端電壓，如下：

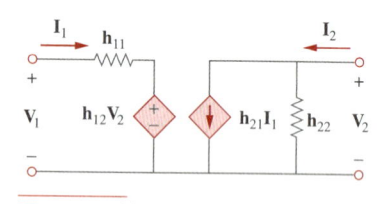

圖 19.20 雙埠網路的 h 參數等效網路

$$\begin{aligned} \mathbf{I}_1 &= \mathbf{g}_{11}\mathbf{V}_1 + \mathbf{g}_{12}\mathbf{I}_2 \\ \mathbf{V}_2 &= \mathbf{g}_{21}\mathbf{V}_1 + \mathbf{g}_{22}\mathbf{I}_2 \end{aligned} \qquad (19.18)$$

或

$$\begin{bmatrix} \mathbf{I}_1 \\ \mathbf{V}_2 \end{bmatrix} = \begin{bmatrix} \mathbf{g}_{11} & \mathbf{g}_{12} \\ \mathbf{g}_{21} & \mathbf{g}_{22} \end{bmatrix} \begin{bmatrix} \mathbf{V}_1 \\ \mathbf{I}_2 \end{bmatrix} = [\mathbf{g}] \begin{bmatrix} \mathbf{V}_1 \\ \mathbf{I}_2 \end{bmatrix} \qquad (19.19)$$

g 參數值的計算公式如下：

Chapter 19 雙埠網路 531

$$g_{11} = \left.\frac{\mathbf{I}_1}{\mathbf{V}_1}\right|_{\mathbf{I}_2=0}, \qquad g_{12} = \left.\frac{\mathbf{I}_1}{\mathbf{I}_2}\right|_{\mathbf{V}_1=0}$$
$$g_{21} = \left.\frac{\mathbf{V}_2}{\mathbf{V}_1}\right|_{\mathbf{I}_2=0}, \qquad g_{22} = \left.\frac{\mathbf{V}_2}{\mathbf{I}_2}\right|_{\mathbf{V}_1=0}$$
(19.20)

因此，逆混合參數的具體描述如下：

g_{11} = 開路輸入導納
g_{12} = 短路反向電流增益
g_{21} = 開路正向電壓增益
g_{22} = 短路輸出阻抗

(19.21)

圖 19.21 顯示雙埠網路的逆混合模型，g 參數模型通常用來描述場效電晶體。

圖 19.21 雙埠網路的 g 參數網路

範例 19.5

試求圖 19.22 雙埠網路的混合參數。

解： 計算 h_{11} 和 h_{21} 時，連接一個電流源 $\mathbf{I}_1$ 到輸入埠，而將輸出埠短路如圖 19.23(a) 所示。從圖 19.23(a) 得

$$\mathbf{V}_1 = \mathbf{I}_1(2 + 3 \| 6) = 4\mathbf{I}_1$$

圖 19.22 範例 19.5 的電路

因此，

$$h_{11} = \frac{\mathbf{V}_1}{\mathbf{I}_1} = 4 \; \Omega$$

從圖 19.23(a)，利用分流定理得

$$-\mathbf{I}_2 = \frac{6}{6+3}\mathbf{I}_1 = \frac{2}{3}\mathbf{I}_1$$

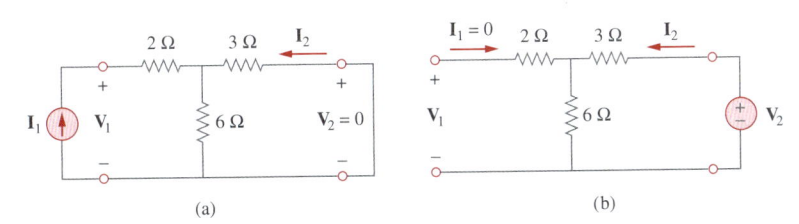

圖 19.23 範例 19.5 的電路：(a) 計算 h_{11} 和 h_{21}，(b) 計算 h_{12} 和 h_{22}

因此，
$$h_{21} = \frac{I_2}{I_1} = -\frac{2}{3}$$

計算 h_{12} 和 h_{22} 時，將輸入埠開路，並連接一個電壓源 V_2 到輸出埠，如圖 19.23(b) 所示。根據分壓定理，

$$V_1 = \frac{6}{6+3}V_2 = \frac{2}{3}V_2$$

因此，
$$h_{12} = \frac{V_1}{V_2} = \frac{2}{3}$$

而且
$$V_2 = (3+6)I_2 = 9I_2$$

因此，
$$h_{22} = \frac{I_2}{V_2} = \frac{1}{9}\,S$$

練習題 19.5 試求圖 19.24 電路的 h 參數。

答：$h_{11} = 1.2\,\Omega$, $h_{12} = 0.4$, $h_{21} = -0.4$, $h_{22} = 400\,mS$.

圖 19.24 練習題 19.5 的電路

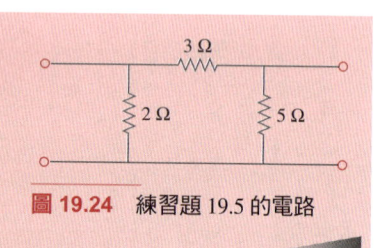

範例 19.6 試求圖 19.25 電路，由輸出埠看進去的戴維寧等效電路。

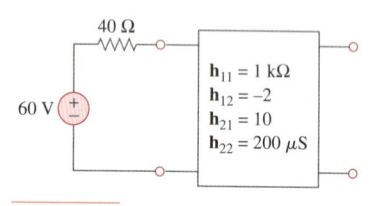

圖 19.25 範例 19.6 的電路

解：計算 Z_{Th} 和 V_{Th} 時，使用通用解題步驟，牢記 h 模型輸入埠與輸出埠相關的公式。求 Z_{Th} 時，刪除輸入埠上的 60 V 電壓源，連接 1 V 電壓源到輸出埠，如圖 19.26(a) 所示。從 (19.14) 式得

$$V_1 = h_{11}I_1 + h_{12}V_2 \qquad (19.6.1)$$

$$I_2 = h_{21}I_1 + h_{22}V_2 \qquad (19.6.2)$$

將 $V_2 = 1$ 和 $V_1 = -40I_1$ 代入 (19.6.1) 式和 (19.6.2) 式得

$$-40\mathbf{I}_1 = \mathbf{h}_{11}\mathbf{I}_1 + \mathbf{h}_{12} \quad \Rightarrow \quad \mathbf{I}_1 = -\frac{\mathbf{h}_{12}}{40 + \mathbf{h}_{11}} \tag{19.6.3}$$

$$\mathbf{I}_2 = \mathbf{h}_{21}\mathbf{I}_1 + \mathbf{h}_{22} \tag{19.6.4}$$

將 (19.6.3) 式代入 (19.6.4) 式得

$$\mathbf{I}_2 = \mathbf{h}_{22} - \frac{\mathbf{h}_{21}\mathbf{h}_{12}}{\mathbf{h}_{11} + 40} = \frac{\mathbf{h}_{11}\mathbf{h}_{22} - \mathbf{h}_{21}\mathbf{h}_{12} + \mathbf{h}_{22}40}{\mathbf{h}_{11} + 40}$$

因此，

$$\mathbf{Z}_{\text{Th}} = \frac{\mathbf{V}_2}{\mathbf{I}_2} = \frac{1}{\mathbf{I}_2} = \frac{\mathbf{h}_{11} + 40}{\mathbf{h}_{11}\mathbf{h}_{22} - \mathbf{h}_{21}\mathbf{h}_{12} + \mathbf{h}_{22}40}$$

將 h 參數值代入上式得

$$\mathbf{Z}_{\text{Th}} = \frac{1000 + 40}{10^3 \times 200 \times 10^{-6} + 20 + 40 \times 200 \times 10^{-6}}$$
$$= \frac{1040}{20.21} = 51.46 \, \Omega$$

求 $\mathbf{V}_{\text{Th}}$ 就是求圖 19.26(b) 輸出埠的開路電壓 $\mathbf{V}_2$。在輸入埠，

$$-60 + 40\mathbf{I}_1 + \mathbf{V}_1 = 0 \quad \Rightarrow \quad \mathbf{V}_1 = 60 - 40\mathbf{I}_1 \tag{19.6.5}$$

在輸出埠，

$$\mathbf{I}_2 = 0 \tag{19.6.6}$$

將 (19.6.5) 式與 (19.6.6) 式代入 (19.6.1) 式與 (19.6.2) 式得

$$60 - 40\mathbf{I}_1 = \mathbf{h}_{11}\mathbf{I}_1 + \mathbf{h}_{12}\mathbf{V}_2$$

或

$$60 = (\mathbf{h}_{11} + 40)\mathbf{I}_1 + \mathbf{h}_{12}\mathbf{V}_2 \tag{19.6.7}$$

和

$$0 = \mathbf{h}_{21}\mathbf{I}_1 + \mathbf{h}_{22}\mathbf{V}_2 \quad \Rightarrow \quad \mathbf{I}_1 = -\frac{\mathbf{h}_{22}}{\mathbf{h}_{21}}\mathbf{V}_2 \tag{19.6.8}$$

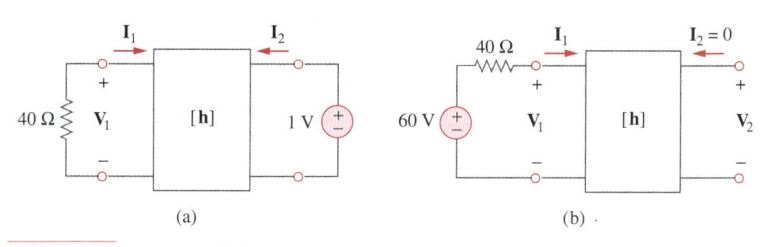

圖 19.26 範例 19.6 的電路：(a) 求 $\mathbf{Z}_{\text{Th}}$，(b) 求 $\mathbf{V}_{\text{Th}}$

將 (19.6.8) 式代入 (19.6.7) 式得

$$60 = \left[-(\mathbf{h}_{11} + 40)\frac{\mathbf{h}_{22}}{\mathbf{h}_{21}} + \mathbf{h}_{12} \right] \mathbf{V}_2$$

或

$$\mathbf{V}_{Th} = \mathbf{V}_2 = \frac{60}{-(\mathbf{h}_{11} + 40)\mathbf{h}_{22}/\mathbf{h}_{21} + \mathbf{h}_{12}} = \frac{60\mathbf{h}_{21}}{\mathbf{h}_{12}\mathbf{h}_{21} - \mathbf{h}_{11}\mathbf{h}_{22} - 40\mathbf{h}_{22}}$$

將 h 參數值代入上式得

$$\mathbf{V}_{Th} = \frac{60 \times 10}{-20.21} = -29.69 \text{ V}$$

練習題 19.6 試求圖 19.27 電路中輸入埠的阻抗。

答：1.6667 kΩ．

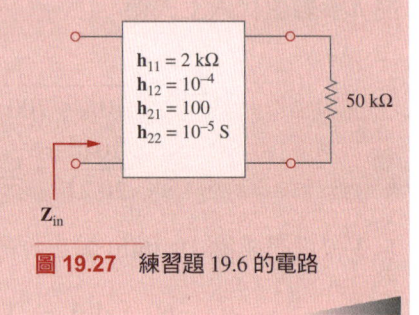

$\mathbf{h}_{11} = 2 \text{ k}\Omega$
$\mathbf{h}_{12} = 10^{-4}$
$\mathbf{h}_{21} = 100$
$\mathbf{h}_{22} = 10^{-5}$ S

50 kΩ

$\mathbf{Z}_{in}$

圖 19.27 練習題 19.6 的電路

範例 19.7 以 s 函數來表示圖 19.28 電路中的 g 參數。

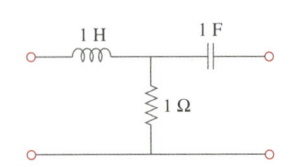

解：在 s 域，

$$1 \text{ H} \Rightarrow sL = s, \quad 1 \text{ F} \Rightarrow \frac{1}{sC} = \frac{1}{s}$$

計算 $\mathbf{g}_{11}$ 和 $\mathbf{g}_{21}$ 時，將輸出埠開路，且連接一個電壓源 $\mathbf{V}_1$ 到輸入埠，如圖 19.29(a) 所示。從圖 19.29(a) 得

$$\mathbf{I}_1 = \frac{\mathbf{V}_1}{s + 1}$$

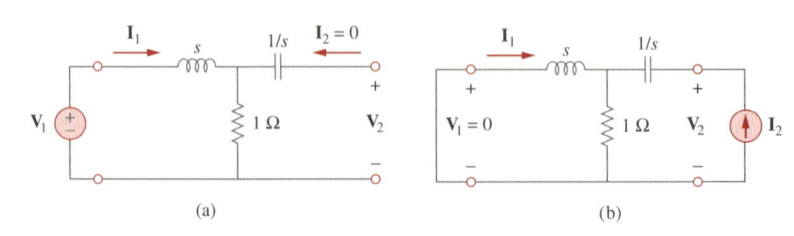

圖 19.28 範例 19.7 的電路

(a)

(b)

圖 19.29 計算圖 19.28 電路在 s 域的 g 參數

或

$$\mathbf{g}_{11} = \frac{\mathbf{I}_1}{\mathbf{V}_1} = \frac{1}{s+1}$$

根據分壓定理,

$$\mathbf{V}_2 = \frac{1}{s+1}\mathbf{V}_1$$

或

$$\mathbf{g}_{21} = \frac{\mathbf{V}_2}{\mathbf{V}_1} = \frac{1}{s+1}$$

求 $\mathbf{g}_{12}$ 和 $\mathbf{g}_{22}$ 時,將輸入埠短路,且連接一個電流源 $\mathbf{I}_2$ 到輸出埠,如圖 19.29(b) 所示。根據分流定理得

$$\mathbf{I}_1 = -\frac{1}{s+1}\mathbf{I}_2$$

或

$$\mathbf{g}_{12} = \frac{\mathbf{I}_1}{\mathbf{I}_2} = -\frac{1}{s+1}$$

而且

$$\mathbf{V}_2 = \mathbf{I}_2\left(\frac{1}{s} + s \parallel 1\right)$$

或

$$\mathbf{g}_{22} = \frac{\mathbf{V}_2}{\mathbf{I}_2} = \frac{1}{s} + \frac{s}{s+1} = \frac{s^2+s+1}{s(s+1)}$$

因此,

$$[\mathbf{g}] = \begin{bmatrix} \dfrac{1}{s+1} & -\dfrac{1}{s+1} \\ \dfrac{1}{s+1} & \dfrac{s^2+s+1}{s(s+1)} \end{bmatrix}$$

練習題 19.7 對圖 19.30 的階梯網路，試求 s 域的 g 參數。

答：$[g] = \begin{bmatrix} \dfrac{s+2}{s^2+3s+1} & -\dfrac{1}{s^2+3s+1} \\ \dfrac{1}{s^2+3s+1} & \dfrac{s(s+2)}{s^2+3s+1} \end{bmatrix}$

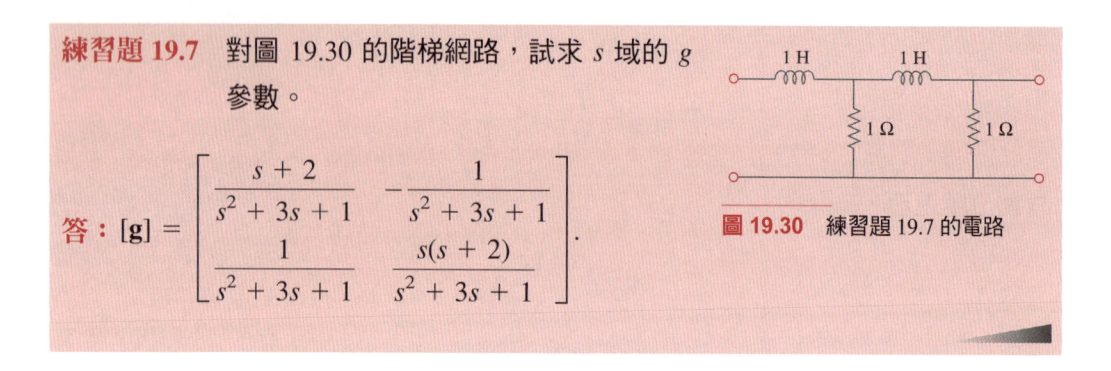

圖 19.30　練習題 19.7 的電路

19.5　傳輸參數 (Transmission Parameters)

因為沒有限制哪個端電壓或端電流是獨立的，以及哪個是非獨立的變數，所以可以產生很多組參數。另一組表示輸入埠與輸出埠之間變數關係的參數如下：

$$\begin{aligned} V_1 &= AV_2 - BI_2 \\ I_1 &= CV_2 - DI_2 \end{aligned} \tag{19.22}$$

或

$$\begin{bmatrix} V_1 \\ I_1 \end{bmatrix} = \begin{bmatrix} A & B \\ C & D \end{bmatrix} \begin{bmatrix} V_2 \\ -I_2 \end{bmatrix} = [T] \begin{bmatrix} V_2 \\ -I_2 \end{bmatrix} \tag{19.23}$$

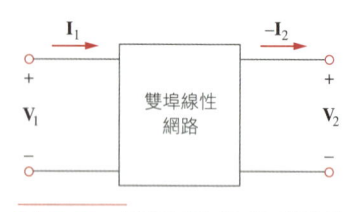

圖 19.31　用來定義 ADCB 參數的端點變數

(19.22) 式和 (19.23) 式表示輸入變數 (V_1 和 I_1) 與輸出變數 (V_2 和 $-I_2$) 之間的關係。注意：在計算傳輸參數時，寧可使用 $-I_2$ 而不用 I_2。因為假設電流是從網路流出的，如圖 19.31 所示，這與圖 19.1(b) 假設電流流入網路的方向相反。這只是配合傳統的規定，當串接雙埠網路 (從輸出埠串接到輸入埠)，則 I_2 從雙埠網路流出是比較合邏輯的。同時，在電力工業中，也習慣假設 I_2 從雙埠網路流出。

(19.22) 式和 (19.23) 式的雙埠網路參數也提供如何量測電路中從電源傳輸到負載的電壓與電流。這些參數在分析傳輸線 (如同軸電纜或光纖) 時是很有用的，因為它們以接收端的變數 (V_2 和 $-I_2$) 來表示傳送端變數 (V_1 和 I_1)，因此稱為**傳輸參數** (transmission parameters)，或稱為 **ABCD** 參數。它們被用於電話系統、微波網路和雷達的設計中。

傳輸參數的計算方式如下：

$$A = \dfrac{V_1}{V_2}\bigg|_{I_2=0}, \qquad B = -\dfrac{V_1}{I_2}\bigg|_{V_2=0}$$
$$C = \dfrac{I_1}{V_2}\bigg|_{I_2=0}, \qquad D = -\dfrac{I_1}{I_2}\bigg|_{V_2=0} \tag{19.24}$$

因此,傳輸參數的具體描述如下:

$$\begin{aligned}&A = 開路電壓比\\&B = 負的短路轉移阻抗\\&C = 開路轉移導納\\&D = 負的短路電流比\end{aligned} \tag{19.25}$$

其中 **A** 和 **D** 是沒有單位的,**B** 的單位是歐姆,**C** 的單位是西門子。因為傳輸參數提供輸入變數與輸出變數間的直接關係,所以這些傳輸參數在串接網路中非常有用。

最後一組參數是以輸入埠變數來表示輸出埠變數的參數,如下:

$$\begin{aligned}V_2 &= aV_1 - bI_1\\ I_2 &= cV_1 - dI_1\end{aligned} \tag{19.26}$$

或

$$\begin{bmatrix}V_2\\I_2\end{bmatrix} = \begin{bmatrix}a & b\\c & d\end{bmatrix}\begin{bmatrix}V_1\\-I_1\end{bmatrix} = [t]\begin{bmatrix}V_1\\-I_1\end{bmatrix} \tag{19.27}$$

a、**b**、**c**、**d** 參數稱為**反向傳輸參數** (inverse transmission parameters),或稱為 **t 參數** (*t* parameters)。計算方式如下:

$$a = \dfrac{V_2}{V_1}\bigg|_{I_1=0}, \qquad b = -\dfrac{V_2}{I_1}\bigg|_{V_1=0}$$
$$c = \dfrac{I_2}{V_1}\bigg|_{I_1=0}, \qquad d = -\dfrac{I_2}{I_1}\bigg|_{V_1=0} \tag{19.28}$$

從 (19.28) 式與前面的經驗,這些參數的具體描述如下:

$$\begin{aligned}\mathbf{a} &= 開路電壓增益\\ \mathbf{b} &= 負的短路轉移阻抗\\ \mathbf{c} &= 開路轉移導納\\ \mathbf{d} &= 負的短路電流增益\end{aligned} \qquad (19.29)$$

其中 **a** 和 **d** 是沒有單位的，**b** 和 **c** 的單位分別是歐姆和西門子。

就傳輸或反向傳輸參數而言，若下面條件成立，則網路是互易的。

$$\boxed{AD - BC = 1, \qquad ad - bc = 1} \qquad (19.30)$$

可以用證明 z 參數的轉移阻抗關係的方法來證明上式的關係。另外，稍後還可使用表 19.1，從互易網路 $\mathbf{z}_{12} = \mathbf{z}_{21}$ 的事實來推導 (19.30) 式。

範例 19.8 試求圖 19.32 雙埠網路的傳輸參數。

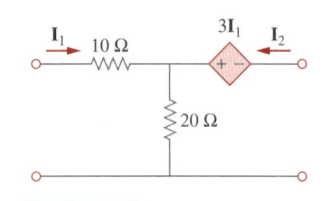

解： 計算 **A** 和 **C** 時，將輸出埠開路如圖 19.33(a) 所示，所以 $\mathbf{I}_2 = 0$。連接一個電壓源 $\mathbf{V}_1$ 到輸入埠，得

$$\mathbf{V}_1 = (10 + 20)\mathbf{I}_1 = 30\mathbf{I}_1 \quad 和 \quad \mathbf{V}_2 = 20\mathbf{I}_1 - 3\mathbf{I}_1 = 17\mathbf{I}_1$$

因此，

$$\mathbf{A} = \frac{\mathbf{V}_1}{\mathbf{V}_2} = \frac{30\mathbf{I}_1}{17\mathbf{I}_1} = 1.765, \qquad \mathbf{C} = \frac{\mathbf{I}_1}{\mathbf{V}_2} = \frac{\mathbf{I}_1}{17\mathbf{I}_1} = 0.0588 \text{ S}$$

計算 **B** 和 **D** 時，將輸出埠短路，所以 $\mathbf{V}_2 = 0$，如圖 19.33(b) 所示。然後連接一個電壓源 $\mathbf{V}_1$ 到輸入埠，在圖 19.33(b) 電路的節點 a 應用 KCL 得

$$\frac{\mathbf{V}_1 - \mathbf{V}_a}{10} - \frac{\mathbf{V}_a}{20} + \mathbf{I}_2 = 0 \qquad (19.8.1)$$

但 $\mathbf{V}_a = 3\mathbf{I}_1$ 和 $\mathbf{I}_1 = (\mathbf{V}_1 - \mathbf{V}_a)/10$，解之得

$$\mathbf{V}_a = 3\mathbf{I}_1 \qquad \mathbf{V}_1 = 13\mathbf{I}_1 \qquad (19.8.2)$$

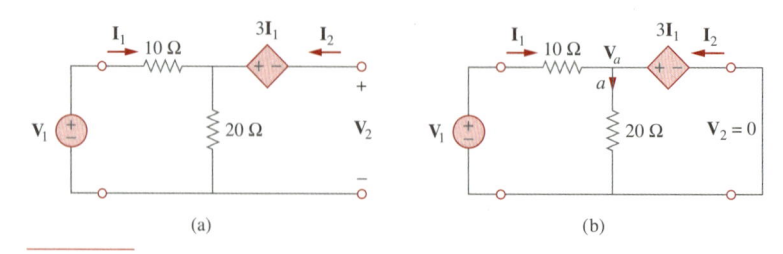

圖 19.32 範例 19.8 的電路

圖 19.33 範例 19.8 的電路：(a) 計算 **A** 和 **C**，(b) 計算 **B** 和 **D**

將 $V_a = 3I_1$ 代入 (19.8.1) 式，並以 $13I_1$ 取代第一項的 V_1 得

$$I_1 - \frac{3I_1}{20} + I_2 = 0 \quad \Rightarrow \quad \frac{17}{20}I_1 = -I_2$$

因此，

$$D = -\frac{I_1}{I_2} = \frac{20}{17} = 1.176, \quad B = -\frac{V_1}{I_2} = \frac{-13I_1}{(-17/20)I_1} = 15.29 \ \Omega$$

練習題 19.8 試求圖 19.16 電路的傳輸參數 (參見練習題 19.3)。

答： $A = 1.5$, $B = 11 \ \Omega$, $C = 250$ mS, $D = 2.5$。

範例 19.9

圖 19.34 雙埠網路的 ABCD 參數為

$$\begin{bmatrix} 4 & 20 \ \Omega \\ 0.1 \ S & 2 \end{bmatrix}$$

為了得到最大功率傳輸，將輸出埠連接到一個可變的負載。求 R_L 與最大功率傳輸。

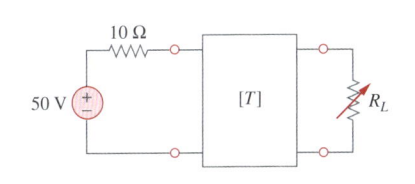

圖 19.34 範例 19.9 的電路

解： 首先，要求出輸出埠或負載的戴維寧等效 (Z_{Th} 和 V_{Th})。

使用圖 19.35(a) 的電路求 Z_{Th}。目標是獲得 $Z_{Th} = V_2/I_2$。將已知的 ABCD 參數代入 (19.22) 式得

$$V_1 = 4V_2 - 20I_2 \tag{19.9.1}$$

$$I_1 = 0.1V_2 - 2I_2 \tag{19.9.2}$$

在輸入埠，$V_1 = -10I_1$，代入 (19.9.1) 式得

$$-10I_1 = 4V_2 - 20I_2$$

或

$$I_1 = -0.4V_2 + 2I_2 \tag{19.9.3}$$

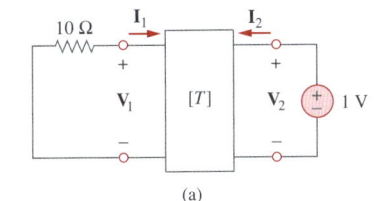

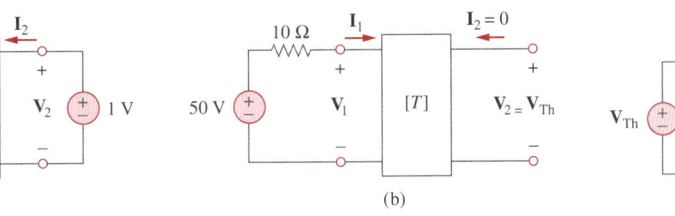

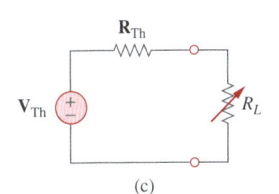

圖 19.35 解範例 19.9 的電路：(a) 求 Z_{Th}，(b) 求 V_{Th}，(c) 求最大傳輸功率的 R_L

令 (19.9.2) 式右邊等於 (19.9.3) 式右邊，得

$$0.1\mathbf{V}_2 - 2\mathbf{I}_2 = -0.4\mathbf{V}_2 + 2\mathbf{I}_2 \quad \Rightarrow \quad 0.5\mathbf{V}_2 = 4\mathbf{I}_2$$

因此，

$$\mathbf{Z}_{Th} = \frac{\mathbf{V}_2}{\mathbf{I}_2} = \frac{4}{0.5} = 8\ \Omega$$

使用圖 19.35(b) 的電路求 $\mathbf{V}_{Th}$。在輸出埠 $\mathbf{I}_2 = 0$，且在輸入埠 $\mathbf{V}_1 = 50 - 10\mathbf{I}_1$。將其代入 (19.9.1) 式和 (19.9.2) 式得

$$50 - 10\mathbf{I}_1 = 4\mathbf{V}_2 \tag{19.9.4}$$

$$\mathbf{I}_1 = 0.1\mathbf{V}_2 \tag{19.9.5}$$

將 (19.9.5) 式代入 (19.9.4) 式得

$$50 - \mathbf{V}_2 = 4\mathbf{V}_2 \quad \Rightarrow \quad \mathbf{V}_2 = 10$$

因此，

$$\mathbf{V}_{Th} = \mathbf{V}_2 = 10\ \text{V}$$

等效電路如圖 19.35(c) 所示。對於最大功率傳輸而言，

$$R_L = \mathbf{Z}_{Th} = 8\ \Omega$$

根據 (4.24) 式，最大功率為

$$P = I^2 R_L = \left(\frac{\mathbf{V}_{Th}}{2R_L}\right)^2 R_L = \frac{\mathbf{V}_{Th}^2}{4R_L} = \frac{100}{4 \times 8} = 3.125\ \text{W}$$

練習題 19.9 如果圖 19.36 雙埠網路的傳輸參數如下，試求 $\mathbf{I}_1$ 和 $\mathbf{I}_2$。

$$\begin{bmatrix} 5 & 10\ \Omega \\ 0.4\ \text{S} & 1 \end{bmatrix}$$

答：1 A，-0.2 A。

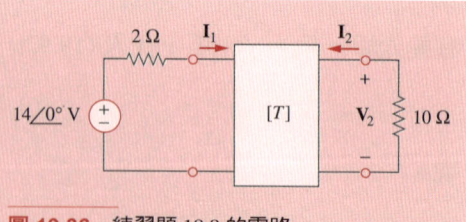

圖 19.36 練習題 19.9 的電路

19.6 †各組參數之間的關係 (Relationships Between Parameters)

因為六組參數描述的是同一個雙埠網路的同一個輸入端和輸出端的變數關係，所以它們是相互關聯的。如果有二組參數存在，則可建立二組之間的關係。下面以

二個範例來示範這個過程：

若 z 參數為已知，則可從 (19.2) 式求得 y 參數：

$$\begin{bmatrix} V_1 \\ V_2 \end{bmatrix} = \begin{bmatrix} z_{11} & z_{12} \\ z_{21} & z_{22} \end{bmatrix} \begin{bmatrix} I_1 \\ I_2 \end{bmatrix} = [z] \begin{bmatrix} I_1 \\ I_2 \end{bmatrix} \tag{19.31}$$

或

$$\begin{bmatrix} I_1 \\ I_2 \end{bmatrix} = [z]^{-1} \begin{bmatrix} V_1 \\ V_2 \end{bmatrix} \tag{19.32}$$

而且，從 (19.9) 式得

$$\begin{bmatrix} I_1 \\ I_2 \end{bmatrix} = \begin{bmatrix} y_{11} & y_{12} \\ y_{21} & y_{22} \end{bmatrix} \begin{bmatrix} V_1 \\ V_2 \end{bmatrix} = [y] \begin{bmatrix} V_1 \\ V_2 \end{bmatrix} \tag{19.33}$$

比較 (19.32) 式和 (19.33) 式得

$$[y] = [z]^{-1} \tag{19.34}$$

[z] 的伴隨矩陣為

$$\begin{bmatrix} z_{22} & -z_{12} \\ -z_{21} & z_{11} \end{bmatrix}$$

它的行列式為

$$\Delta_z = z_{11}z_{22} - z_{12}z_{21}$$

代入 (19.34) 式得

$$\begin{bmatrix} y_{11} & y_{12} \\ y_{21} & y_{22} \end{bmatrix} = \frac{\begin{bmatrix} z_{22} & -z_{12} \\ -z_{21} & z_{11} \end{bmatrix}}{\Delta_z} \tag{19.35}$$

由對應項得

$$y_{11} = \frac{z_{22}}{\Delta_z}, \quad y_{12} = -\frac{z_{12}}{\Delta_z}, \quad y_{21} = -\frac{z_{21}}{\Delta_z}, \quad y_{22} = \frac{z_{11}}{\Delta_z} \tag{19.36}$$

第二個範例是已知 z 參數求 h 參數，從 (19.1) 式得

$$V_1 = z_{11}I_1 + z_{12}I_2 \tag{19.37a}$$

$$V_2 = z_{21}I_1 + z_{22}I_2 \tag{19.37b}$$

從 (19.37b) 式可得 I_2 的表示式：

$$I_2 = -\frac{z_{21}}{z_{22}}I_1 + \frac{1}{z_{22}}V_2 \tag{19.38}$$

代入 (19.37a) 式得

$$V_1 = \frac{z_{11}z_{22} - z_{12}z_{21}}{z_{22}}I_1 + \frac{z_{12}}{z_{22}}V_2 \tag{19.39}$$

以矩陣形式表示 (19.38) 式和 (19.39) 式如下：

$$\begin{bmatrix} V_1 \\ I_2 \end{bmatrix} = \begin{bmatrix} \dfrac{\Delta_z}{z_{22}} & \dfrac{z_{12}}{z_{22}} \\ -\dfrac{z_{21}}{z_{22}} & \dfrac{1}{z_{22}} \end{bmatrix} \begin{bmatrix} I_1 \\ V_2 \end{bmatrix} \tag{19.40}$$

從 (19.15) 式得

$$\begin{bmatrix} V_1 \\ I_2 \end{bmatrix} = \begin{bmatrix} h_{11} & h_{12} \\ h_{21} & h_{22} \end{bmatrix} \begin{bmatrix} I_1 \\ V_2 \end{bmatrix}$$

上式與 (19.40) 式比較，得

$$h_{11} = \frac{\Delta_z}{z_{22}}, \quad h_{12} = \frac{z_{12}}{z_{22}}, \quad h_{21} = -\frac{z_{21}}{z_{22}}, \quad h_{22} = \frac{1}{z_{22}} \tag{19.41}$$

表 19.1 提供六組雙埠網路參數的轉換公式。若已知其中一組參數，則可由表 19.1 求得其他參數。例如，已知 T 參數，則可從表 19.1 的第 5 行第 3 列得其對應的 h 參數。而且，已知互易網路的 $z_{21} = z_{12}$，則可使用表 19.1 以其他參數來表示互易網路的條件。而且表 19.1 還顯示：

$$[g] = [h]^{-1} \tag{19.42}$$

但

$$[t] \neq [T]^{-1} \tag{19.43}$$

範例 19.10 試求雙埠網路的 [z] 和 [g]，假設

$$[T] = \begin{bmatrix} 10 & 1.5\ \Omega \\ 2\ S & 4 \end{bmatrix}$$

解： 如果 $A = 10$，$B = 1.5$，$C = 2$，$D = 4$，則此矩陣的行列式為

$$\Delta_T = AD - BC = 40 - 3 = 37$$

從表 19.1 得

$$z_{11} = \frac{A}{C} = \frac{10}{2} = 5, \quad z_{12} = \frac{\Delta_T}{C} = \frac{37}{2} = 18.5$$

表 19.1 雙埠網路參數的轉換

	z		y		h		h		T		t	
z	z_{11}	z_{12}	$\dfrac{y_{22}}{\Delta_y}$	$-\dfrac{y_{12}}{\Delta_y}$	$\dfrac{\Delta_h}{h_{22}}$	$\dfrac{h_{12}}{h_{22}}$	$\dfrac{1}{g_{11}}$	$-\dfrac{g_{12}}{g_{11}}$	$\dfrac{A}{C}$	$\dfrac{\Delta_T}{C}$	$\dfrac{d}{c}$	$\dfrac{1}{c}$
	z_{21}	z_{22}	$-\dfrac{y_{21}}{\Delta_y}$	$\dfrac{y_{11}}{\Delta_y}$	$-\dfrac{h_{21}}{h_{22}}$	$\dfrac{1}{h_{22}}$	$\dfrac{g_{21}}{g_{11}}$	$\dfrac{\Delta_g}{g_{11}}$	$\dfrac{1}{C}$	$\dfrac{D}{C}$	$\dfrac{\Delta_t}{c}$	$\dfrac{a}{c}$
y	$\dfrac{z_{22}}{\Delta_z}$	$-\dfrac{z_{12}}{\Delta_z}$	y_{11}	y_{12}	$\dfrac{1}{h_{11}}$	$-\dfrac{h_{12}}{h_{11}}$	$\dfrac{\Delta_g}{g_{22}}$	$\dfrac{g_{12}}{g_{22}}$	$\dfrac{D}{B}$	$-\dfrac{\Delta_T}{B}$	$\dfrac{a}{b}$	$-\dfrac{1}{b}$
	$-\dfrac{z_{21}}{\Delta_z}$	$\dfrac{z_{11}}{\Delta_z}$	y_{21}	y_{22}	$\dfrac{h_{21}}{h_{11}}$	$\dfrac{\Delta_h}{h_{11}}$	$-\dfrac{g_{21}}{g_{22}}$	$\dfrac{1}{g_{22}}$	$-\dfrac{1}{B}$	$\dfrac{A}{B}$	$-\dfrac{\Delta_t}{b}$	$\dfrac{d}{b}$
h	$\dfrac{\Delta_z}{z_{22}}$	$\dfrac{z_{12}}{z_{22}}$	$\dfrac{1}{y_{11}}$	$-\dfrac{y_{12}}{y_{11}}$	h_{11}	h_{12}	$\dfrac{g_{22}}{\Delta_g}$	$-\dfrac{g_{12}}{\Delta_g}$	$\dfrac{B}{D}$	$\dfrac{\Delta_T}{D}$	$\dfrac{b}{a}$	$\dfrac{1}{a}$
	$-\dfrac{z_{21}}{z_{22}}$	$\dfrac{1}{z_{22}}$	$\dfrac{y_{21}}{y_{11}}$	$\dfrac{\Delta_y}{y_{11}}$	h_{21}	h_{22}	$-\dfrac{g_{21}}{\Delta_g}$	$\dfrac{g_{11}}{\Delta_g}$	$-\dfrac{1}{D}$	$\dfrac{C}{D}$	$-\dfrac{\Delta_t}{a}$	$\dfrac{c}{a}$
g	$\dfrac{1}{z_{11}}$	$-\dfrac{z_{12}}{z_{11}}$	$\dfrac{\Delta_y}{y_{22}}$	$\dfrac{y_{12}}{y_{22}}$	$\dfrac{h_{22}}{\Delta_h}$	$-\dfrac{h_{12}}{\Delta_h}$	g_{11}	g_{12}	$\dfrac{C}{A}$	$-\dfrac{\Delta_T}{A}$	$\dfrac{c}{d}$	$-\dfrac{1}{d}$
	$\dfrac{z_{21}}{z_{11}}$	$\dfrac{\Delta_z}{z_{11}}$	$-\dfrac{y_{21}}{y_{22}}$	$\dfrac{1}{y_{22}}$	$-\dfrac{h_{21}}{\Delta_h}$	$\dfrac{h_{11}}{\Delta_h}$	g_{21}	g_{22}	$\dfrac{1}{A}$	$\dfrac{B}{A}$	$\dfrac{\Delta_t}{d}$	$-\dfrac{b}{d}$
T	$\dfrac{z_{11}}{z_{21}}$	$\dfrac{\Delta_z}{z_{21}}$	$-\dfrac{y_{22}}{y_{21}}$	$-\dfrac{1}{y_{21}}$	$-\dfrac{\Delta_h}{h_{21}}$	$-\dfrac{h_{11}}{h_{21}}$	$\dfrac{1}{g_{21}}$	$\dfrac{g_{22}}{g_{21}}$	A	B	$\dfrac{d}{\Delta_t}$	$\dfrac{b}{\Delta_t}$
	$\dfrac{1}{z_{21}}$	$\dfrac{z_{22}}{z_{21}}$	$-\dfrac{\Delta_y}{y_{21}}$	$-\dfrac{y_{11}}{y_{21}}$	$-\dfrac{h_{22}}{h_{21}}$	$-\dfrac{1}{h_{21}}$	$\dfrac{g_{11}}{g_{21}}$	$\dfrac{\Delta_g}{g_{21}}$	C	D	$\dfrac{c}{\Delta_t}$	$\dfrac{a}{\Delta_t}$
t	$\dfrac{z_{22}}{z_{12}}$	$\dfrac{\Delta_z}{z_{12}}$	$-\dfrac{y_{11}}{y_{12}}$	$-\dfrac{1}{y_{12}}$	$\dfrac{1}{h_{12}}$	$\dfrac{h_{11}}{h_{12}}$	$-\dfrac{\Delta_g}{g_{12}}$	$-\dfrac{g_{22}}{g_{12}}$	$\dfrac{D}{\Delta_T}$	$\dfrac{B}{\Delta_T}$	a	b
	$\dfrac{1}{z_{12}}$	$\dfrac{z_{11}}{z_{12}}$	$-\dfrac{\Delta_y}{y_{12}}$	$-\dfrac{y_{22}}{y_{12}}$	$\dfrac{h_{22}}{h_{12}}$	$\dfrac{\Delta_h}{h_{12}}$	$-\dfrac{g_{11}}{g_{12}}$	$-\dfrac{1}{g_{12}}$	$\dfrac{C}{\Delta_T}$	$\dfrac{A}{\Delta_T}$	c	d

$\Delta_z = z_{11}z_{22} - z_{12}z_{21}, \quad \Delta_h = h_{11}h_{22} - h_{12}h_{21}, \quad \Delta_T = AD - BC$
$\Delta_y = y_{11}y_{22} - y_{12}y_{21}, \quad \Delta_g = g_{11}g_{22} - g_{12}g_{21}, \quad \Delta_t = ad - bc$

$$z_{21} = \frac{1}{C} = \frac{1}{2} = 0.5, \qquad z_{22} = \frac{D}{C} = \frac{4}{2} = 2$$

$$g_{11} = \frac{C}{A} = \frac{2}{10} = 0.2, \qquad g_{12} = -\frac{\Delta_T}{A} = -\frac{37}{10} = -3.7$$

$$g_{21} = \frac{1}{A} = \frac{1}{10} = 0.1, \qquad g_{22} = \frac{B}{A} = \frac{1.5}{10} = 0.15$$

因此,

$$[\mathbf{z}] = \begin{bmatrix} 5 & 18.5 \\ 0.5 & 2 \end{bmatrix} \Omega, \qquad [\mathbf{g}] = \begin{bmatrix} 0.2\ \text{S} & -3.7 \\ 0.1 & 0.15\ \Omega \end{bmatrix}$$

練習題 19.10 試求雙埠網路的 [y] 和 [T]，其中 z 參數為

$$[\mathbf{z}] = \begin{bmatrix} 6 & 4 \\ 4 & 6 \end{bmatrix} \Omega$$

答：$[\mathbf{y}] = \begin{bmatrix} 0.3 & -0.2 \\ -0.2 & 0.3 \end{bmatrix}$ S, $[\mathbf{T}] = \begin{bmatrix} 1.5 & 5\ \Omega \\ 0.25\ \text{S} & 1.5 \end{bmatrix}$.

範例 19.11 試求圖 19.37 運算放大器電路的 y 參數，並證明這個電路沒有 z 參數。

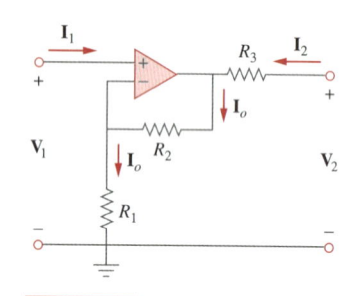

解： 因為沒有電流可以流入運算放大器的輸入端，所以 $\mathbf{I}_1 = 0$。$\mathbf{I}_1$ 可以用 $\mathbf{V}_1$ 和 $\mathbf{V}_2$ 來表示如下：

$$\mathbf{I}_1 = 0\mathbf{V}_1 + 0\mathbf{V}_2 \tag{19.11.1}$$

比較上式與 (19.8) 式，

$$\mathbf{y}_{11} = 0 = \mathbf{y}_{12}$$

而且

$$\mathbf{V}_2 = R_3\mathbf{I}_2 + \mathbf{I}_o(R_1 + R_2)$$

其中 $\mathbf{I}_o$ 是流經 R_1 和 R_2 的電流。但是，$\mathbf{I}_o = \mathbf{V}_1/R_1$，因此，

$$\mathbf{V}_2 = R_3\mathbf{I}_2 + \frac{\mathbf{V}_1(R_1 + R_2)}{R_1}$$

上式可重寫如下：

$$\mathbf{I}_2 = -\frac{(R_1 + R_2)}{R_1 R_3}\mathbf{V}_1 + \frac{\mathbf{V}_2}{R_3}$$

比較上式與 (19.8) 式，可證明

$$\mathbf{y}_{21} = -\frac{(R_1 + R_2)}{R_1 R_3}, \qquad \mathbf{y}_{22} = \frac{1}{R_3}$$

[y] 矩陣的行列式為

$$\Delta_y = \mathbf{y}_{11}\mathbf{y}_{22} - \mathbf{y}_{12}\mathbf{y}_{21} = 0$$

因為 $\Delta_y = 0$，則 [y] 沒有反矩陣。因此，根據 (19.34) 式得知 [z] 矩陣不存在。注意：主動元件沒有互易電路。

圖 19.37 範例 19.11 的電路

練習題 19.11 試求圖 19.38 運算放大器電路的 z 參數，並證明這個電路沒有 y 參數。

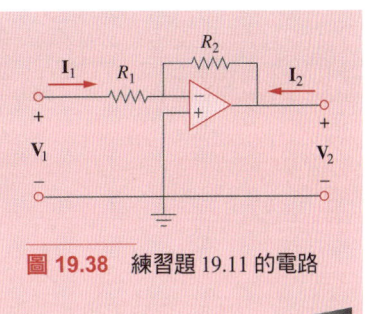

答： $[z] = \begin{bmatrix} R_1 & 0 \\ -R_2 & 0 \end{bmatrix}$，因為 $[z]^{-1}$ 不存在，所以 $[y]$ 不存在。

圖 19.38 練習題 19.11 的電路

19.7 網路互連 (Interconnection of Networks)

大型複雜網路可被分割成許多個子網路以便於分析和設計。可利用雙埠網路來建構這些子網路，然後相互連接形成原來的大型複雜網路。這些雙埠網路可能因此被視為電路的基本方塊，且可以相互連接形成一個複雜的網路。雖然這些相互連接的網路可以由前幾節所討論的六組參數之一來描述，但其中某一組特定參數可能具有明顯的優勢。例如，在串聯的網路中，將個別的 z 參數相加之後得到較大網路的 z 參數。在並聯的網路中，將個別的 y 參數相加之後得到較大網路的 y 參數。在串接的網路中，將個別的傳輸參數相乘可得較大網路的傳輸參數。

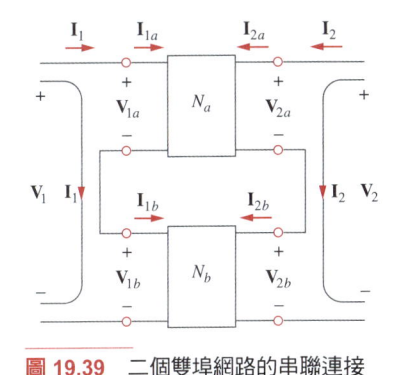

考慮二個雙埠網路的串聯連接如圖 19.39 所示。這個網路被視為串聯是因為它們的輸入電流相同，而端電壓則相加。另外，每個網路都有一個公共的參考點，當電路被串聯在一起時，每個電路的公共參考點被連接在一起。對 N_a 網路而言，

$$\begin{aligned} V_{1a} &= z_{11a}I_{1a} + z_{12a}I_{2a} \\ V_{2a} &= z_{21a}I_{1a} + z_{22a}I_{2a} \end{aligned} \tag{19.44}$$

圖 19.39 二個雙埠網路的串聯連接

對 N_b 網路而言，

$$\begin{aligned} V_{1b} &= z_{11b}I_{1b} + z_{12b}I_{2b} \\ V_{2b} &= z_{21b}I_{1b} + z_{22b}I_{2b} \end{aligned} \tag{19.45}$$

從圖 19.39 得知

$$I_1 = I_{1a} = I_{1b}, \quad I_2 = I_{2a} = I_{2b} \tag{19.46}$$

而且

$$\begin{aligned} V_1 &= V_{1a} + V_{1b} = (z_{11a} + z_{11b})I_1 + (z_{12a} + z_{12b})I_2 \\ V_2 &= V_{2a} + V_{2b} = (z_{21a} + z_{21b})I_1 + (z_{22a} + z_{22b})I_2 \end{aligned} \tag{19.47}$$

因此，整個網路的 z 參數為

$$\begin{bmatrix} z_{11} & z_{12} \\ z_{21} & z_{22} \end{bmatrix} = \begin{bmatrix} z_{11a} + z_{11b} & z_{12a} + z_{12b} \\ z_{21a} + z_{21b} & z_{22a} + z_{22b} \end{bmatrix} \quad (19.48)$$

或

$$[z] = [z_a] + [z_b] \quad (19.49)$$

若要證明整個網路的 z 參數是由個別網路的 z 參數的總和，可以串聯 n 個網路。例如，二個 [h] 模型的雙埠網路串聯在一起，利用表 19.1 將 h 參數轉換成 z 參數，然後應用 (19.49) 式。最後再利用表 19.1 轉換回 h 參數。

如果二個雙埠網路的埠電壓相等，且較大網路的埠電流等於個別網路埠電流之和，則為並聯連接。另外，每個網路都有一個公共的參考點，當電路被並聯在一起時，每個電路的公共參考點被連接在一起。二個雙埠網路的並聯連接如圖 19.40 所示。對於這二個網路而言，

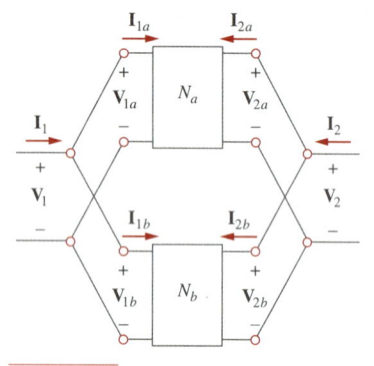

圖 19.40 二個雙埠網路的並聯連接

$$\begin{aligned} I_{1a} &= y_{11a}V_{1a} + y_{12a}V_{2a} \\ I_{2a} &= y_{21a}V_{1a} + y_{22a}V_{2a} \end{aligned} \quad (19.50)$$

且

$$\begin{aligned} I_{1b} &= y_{11b}V_{1b} + y_{12b}V_{2b} \\ I_{2a} &= y_{21b}V_{1b} + y_{22b}V_{2b} \end{aligned} \quad (19.51)$$

但從圖 19.40 得

$$V_1 = V_{1a} = V_{1b}, \quad V_2 = V_{2a} = V_{2b} \quad (19.52a)$$
$$I_1 = I_{1a} + I_{1b}, \quad I_2 = I_{2a} + I_{2b} \quad (19.52b)$$

將 (19.50) 式和 (19.51) 式代入 (19.52b) 式得

$$\begin{aligned} I_1 &= (y_{11a} + y_{11b})V_1 + (y_{12a} + y_{12b})V_2 \\ I_2 &= (y_{21a} + y_{21b})V_1 + (y_{22a} + y_{22b})V_2 \end{aligned} \quad (19.53)$$

因此，整個網路的 y 參數為

$$\begin{bmatrix} y_{11} & y_{12} \\ y_{21} & y_{22} \end{bmatrix} = \begin{bmatrix} y_{11a} + y_{11b} & y_{12a} + y_{12b} \\ y_{21a} + y_{21b} & y_{22a} + y_{22b} \end{bmatrix} \quad (19.54)$$

或

$$[y] = [y_a] + [y_b] \quad (19.55)$$

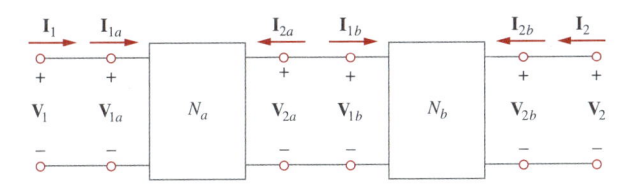

圖 19.41 二個雙埠網路的串接連接

要證明整個網路的 y 參數是由個別網路的 y 參數的總和，可以並聯 n 個網路。

如果一個網路的輸出為另一個網路的輸入，則稱這二個網路為**串接** (cascaded)。二個雙埠網路的串接如圖 19.41 所示。對於這二個網路而言，

$$\begin{bmatrix} \mathbf{V}_{1a} \\ \mathbf{I}_{1a} \end{bmatrix} = \begin{bmatrix} \mathbf{A}_a & \mathbf{B}_a \\ \mathbf{C}_a & \mathbf{D}_a \end{bmatrix} \begin{bmatrix} \mathbf{V}_{2a} \\ -\mathbf{I}_{2a} \end{bmatrix} \tag{19.56}$$

$$\begin{bmatrix} \mathbf{V}_{1b} \\ \mathbf{I}_{1b} \end{bmatrix} = \begin{bmatrix} \mathbf{A}_b & \mathbf{B}_b \\ \mathbf{C}_b & \mathbf{D}_b \end{bmatrix} \begin{bmatrix} \mathbf{V}_{2b} \\ -\mathbf{I}_{2b} \end{bmatrix} \tag{19.57}$$

從圖 19.41 得

$$\begin{bmatrix} \mathbf{V}_1 \\ \mathbf{I}_1 \end{bmatrix} = \begin{bmatrix} \mathbf{V}_{1a} \\ \mathbf{I}_{1a} \end{bmatrix}, \quad \begin{bmatrix} \mathbf{V}_{2a} \\ -\mathbf{I}_{2a} \end{bmatrix} = \begin{bmatrix} \mathbf{V}_{1b} \\ \mathbf{I}_{1b} \end{bmatrix}, \quad \begin{bmatrix} \mathbf{V}_{2b} \\ -\mathbf{I}_{2b} \end{bmatrix} = \begin{bmatrix} \mathbf{V}_2 \\ -\mathbf{I}_2 \end{bmatrix} \tag{19.58}$$

將它代入 (19.56) 式和 (19.57) 式得

$$\begin{bmatrix} \mathbf{V}_1 \\ \mathbf{I}_1 \end{bmatrix} = \begin{bmatrix} \mathbf{A}_a & \mathbf{B}_a \\ \mathbf{C}_a & \mathbf{D}_a \end{bmatrix} \begin{bmatrix} \mathbf{A}_b & \mathbf{B}_b \\ \mathbf{C}_b & \mathbf{D}_b \end{bmatrix} \begin{bmatrix} \mathbf{V}_2 \\ -\mathbf{I}_2 \end{bmatrix} \tag{19.59}$$

因此，整個網路的傳輸參數為個別網路的傳輸參數之乘積，

$$\begin{bmatrix} \mathbf{A} & \mathbf{B} \\ \mathbf{C} & \mathbf{D} \end{bmatrix} = \begin{bmatrix} \mathbf{A}_a & \mathbf{B}_a \\ \mathbf{C}_a & \mathbf{D}_a \end{bmatrix} \begin{bmatrix} \mathbf{A}_b & \mathbf{B}_b \\ \mathbf{C}_b & \mathbf{D}_b \end{bmatrix} \tag{19.60}$$

或

$$[\mathbf{T}] = [\mathbf{T}_a][\mathbf{T}_b] \tag{19.61}$$

這個性質使得網路的傳輸參數非常有用。注意：矩陣的相乘必須與 N_a 和 N_b 網路串接的順序一致。

範例 19.12 試求圖 19.42 電路的 V_2/V_s。

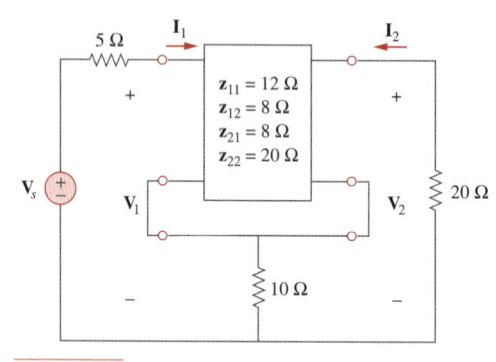

圖 19.42 範例 19.12 的電路

解：本電路可視為二個雙埠網路的串聯，對於 N_b 網路，

$$\mathbf{z}_{12b} = \mathbf{z}_{21b} = 10 = \mathbf{z}_{11b} = \mathbf{z}_{22b}$$

因此，

$$[\mathbf{z}] = [\mathbf{z}_a] + [\mathbf{z}_b] = \begin{bmatrix} 12 & 8 \\ 8 & 20 \end{bmatrix} + \begin{bmatrix} 10 & 10 \\ 10 & 10 \end{bmatrix} = \begin{bmatrix} 22 & 18 \\ 18 & 30 \end{bmatrix}$$

但

$$\mathbf{V}_1 = \mathbf{z}_{11}\mathbf{I}_1 + \mathbf{z}_{12}\mathbf{I}_2 = 22\mathbf{I}_1 + 18\mathbf{I}_2 \tag{19.12.1}$$

$$\mathbf{V}_2 = \mathbf{z}_{21}\mathbf{I}_1 + \mathbf{z}_{22}\mathbf{I}_2 = 18\mathbf{I}_1 + 30\mathbf{I}_2 \tag{19.12.2}$$

而且，在輸入埠

$$\mathbf{V}_1 = \mathbf{V}_s - 5\mathbf{I}_1 \tag{19.12.3}$$

以及，在輸出埠

$$\mathbf{V}_2 = -20\mathbf{I}_2 \quad \Rightarrow \quad \mathbf{I}_2 = -\frac{\mathbf{V}_2}{20} \tag{19.12.4}$$

將 (19.12.3) 式和 (19.12.4) 式代入 (19.12.1) 式得

$$\mathbf{V}_s - 5\mathbf{I}_1 = 22\mathbf{I}_1 - \frac{18}{20}\mathbf{V}_2 \quad \Rightarrow \quad \mathbf{V}_s = 27\mathbf{I}_1 - 0.9\mathbf{V}_2 \tag{19.12.5}$$

將 (19.12.4) 式代入 (19.12.2) 式得

$$\mathbf{V}_2 = 18\mathbf{I}_1 - \frac{30}{20}\mathbf{V}_2 \quad \Rightarrow \quad \mathbf{I}_1 = \frac{2.5}{18}\mathbf{V}_2 \tag{19.12.6}$$

將 (19.12.6) 式代入 (19.12.5) 式得

$$\mathbf{V}_s = 27 \times \frac{2.5}{18}\mathbf{V}_2 - 0.9\mathbf{V}_2 = 2.85\mathbf{V}_2$$

所以，

$$\frac{\mathbf{V}_2}{\mathbf{V}_s} = \frac{1}{2.85} = 0.3509$$

練習題 19.12 試求圖 19.43 電路的 $\mathbf{V}_2/\mathbf{V}_s$。

答： $0.6799\underline{/-29.05°}$。

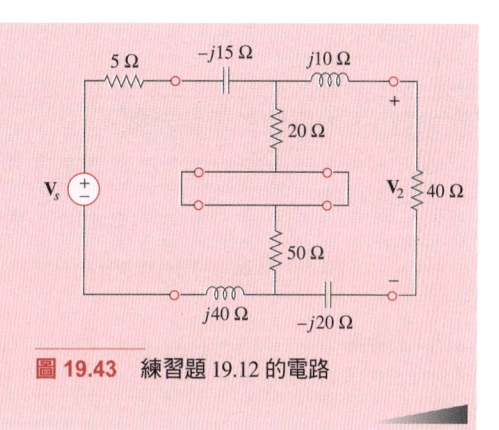

圖 19.43 練習題 19.12 的電路

試求圖 19.44 雙埠網路的 y 參數。　　　　　　　　　　　　　　　　　**範例 19.13**

解： 將圖 19.44 的上層網路稱為 N_a，下層網路稱為 N_b。這二個網路是並聯連接。將 N_a 和 N_b 網路與圖 19.13(a) 的電路做比較，則得

$$\mathbf{y}_{12a} = -j4 = \mathbf{y}_{21a}, \quad \mathbf{y}_{11a} = 2 + j4, \quad \mathbf{y}_{22a} = 3 + j4$$

或

$$[\mathbf{y}_a] = \begin{bmatrix} 2+j4 & -j4 \\ -j4 & 3+j4 \end{bmatrix} \text{S}$$

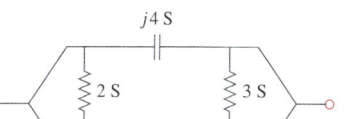

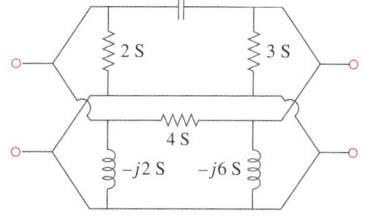

圖 19.44 範例 19.13 的電路

以及

$$\mathbf{y}_{12b} = -4 = \mathbf{y}_{21b}, \quad \mathbf{y}_{11b} = 4 - j2, \quad \mathbf{y}_{22b} = 4 - j6$$

或

$$[\mathbf{y}_b] = \begin{bmatrix} 4-j2 & -4 \\ -4 & 4-j6 \end{bmatrix} \text{S}$$

整個網路的 y 參數為

$$[\mathbf{y}] = [\mathbf{y}_a] + [\mathbf{y}_b] = \begin{bmatrix} 6+j2 & -4-j4 \\ -4-j4 & 7-j2 \end{bmatrix} \text{S}$$

練習題 19.13 試求圖 19.45 雙埠網路的 y 參數。

答：$\begin{bmatrix} 27 - j15 & -25 + j10 \\ -25 + j10 & 27 - j5 \end{bmatrix}$ S.

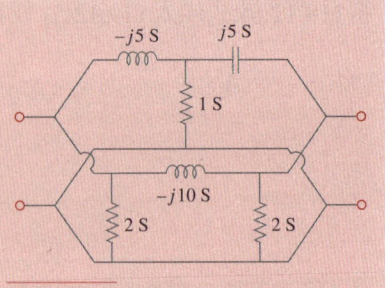

圖 19.45 練習題 19.13 的電路

範例 19.14 試求圖 19.46 電路的傳輸參數。

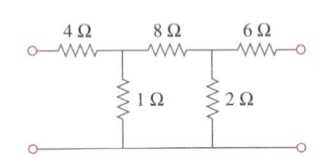

圖 19.46 範例 19.14 的電路

解： 將圖 19.46 電路視為二個 T 型網路的串接連接，如圖 19.47(a) 所示。如圖 19.47(b) 所示，一般的 T 型雙埠網路的傳輸參數如下 [參見習題 19.52(b)]：

$$\mathbf{A} = 1 + \frac{R_1}{R_2}, \quad \mathbf{B} = R_3 + \frac{R_1(R_2 + R_3)}{R_2}$$

$$\mathbf{C} = \frac{1}{R_2}, \quad \mathbf{D} = 1 + \frac{R_3}{R_2}$$

將上式應用到圖 19.47(a) 的串接網路 N_a 和 N_b，則得

$$\mathbf{A}_a = 1 + 4 = 5, \quad \mathbf{B}_a = 8 + 4 \times 9 = 44\ \Omega$$
$$\mathbf{C}_a = 1\ \text{S}, \quad \mathbf{D}_a = 1 + 8 = 9$$

或以矩陣形式表示如下：

$$[\mathbf{T}_a] = \begin{bmatrix} 5 & 44\ \Omega \\ 1\ \text{S} & 9 \end{bmatrix}$$

且

$$\mathbf{A}_b = 1, \quad \mathbf{B}_b = 6\ \Omega, \quad \mathbf{C}_b = 0.5\ \text{S}, \quad \mathbf{D}_b = 1 + \frac{6}{2} = 4$$

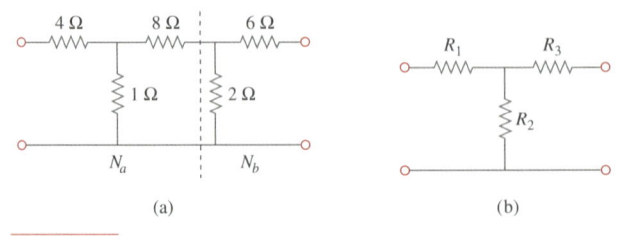

(a)

(b)

圖 19.47 範例 19.14 的電路：(a) 將圖 19.46 的電路分割成二個雙埠網路，(b) 一般 T 型雙埠網路

即

$$[\mathbf{T}_b] = \begin{bmatrix} 1 & 6\,\Omega \\ 0.5\,\text{S} & 4 \end{bmatrix}$$

因此，對圖 19.46 整個網路而言，

$$\begin{aligned}[\mathbf{T}] = [\mathbf{T}_a][\mathbf{T}_b] &= \begin{bmatrix} 5 & 44 \\ 1 & 9 \end{bmatrix}\begin{bmatrix} 1 & 6 \\ 0.5 & 4 \end{bmatrix} \\ &= \begin{bmatrix} 5\times 1 + 44\times 0.5 & 5\times 6 + 44\times 4 \\ 1\times 1 + 9\times 0.5 & 1\times 6 + 9\times 4 \end{bmatrix} \\ &= \begin{bmatrix} 27 & 206\,\Omega \\ 5.5\,\text{S} & 42 \end{bmatrix}\end{aligned}$$

注意：

$$\Delta_{T_a} = \Delta_{T_b} = \Delta_T = 1$$

證明此網路為互易網路。

練習題 19.14 試求圖 19.48 電路的 **ABCD** 參數表示法。

答：$[\mathbf{T}] = \begin{bmatrix} 6.3 & 472\,\Omega \\ 0.425\,\text{S} & 32 \end{bmatrix}$。

圖 19.48 練習題 19.14 的電路

▶19.8 使用 PSpice 計算雙埠網路的參數 (Computing Two-Port Parameters Using PSpice)

對於複雜的雙埠電路，以人工計算雙埠網路的參數將變得困難，此時可以採用 PSpice 來計算。如果是純電阻電路，可以使用 PSpice 的直流分析。否則，在特定頻率下使用 PSpice 的交流分析。使用 PSpice 計算特定雙埠網路的關鍵是牢記參數的定義，以及當使用開路或短路時限制適當埠變數為 1 V 或 1 A 的電源。下面的兩個範例說明了這個想法。

試求圖 19.49 網路的 h 參數。

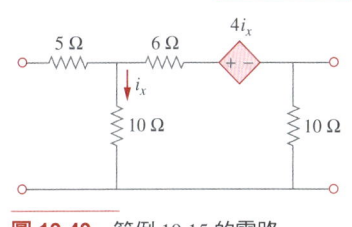

範例 19.15

解： 從 (19.16) 式得

$$h_{11} = \left.\frac{\mathbf{V}_1}{\mathbf{I}_1}\right|_{\mathbf{V}_2=0}, \quad h_{21} = \left.\frac{\mathbf{I}_2}{\mathbf{I}_1}\right|_{\mathbf{V}_2=0}$$

從上式得知，令 $\mathbf{V}_2 = 0$ 可得 h_{11} 和 h_{21}。而且，令 $\mathbf{I}_1 = 1$ A，則

圖 19.49 範例 19.15 的電路

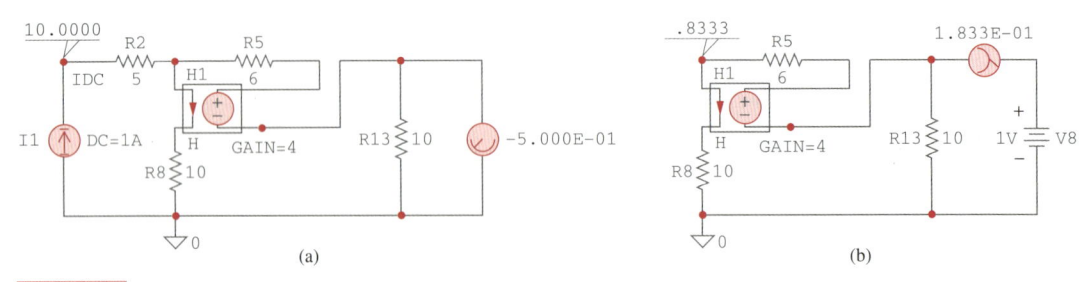

圖 19.50 範例 19.15 的電路：(a) 計算 h_{11} 和 h_{21}，(b) 計算 h_{12} 和 h_{22}

$h_{11} = \mathbf{V}_1/1$ 且 $h_{21} = \mathbf{I}_2/1$。根據這個結果畫出圖 19.50(a) 的電路。插入 1 A 直流電源 IDC 取代 $\mathbf{I}_1 = 1$ A，插入虛擬元件 VIEWPOINT 來顯示 $\mathbf{V}_1$，以及插入虛擬元件 IPROBE 來顯示 $\mathbf{I}_2$。儲存電路後，執行 PSpice 的 **Analysis/Simulate** 和記錄虛擬元件的顯示值，得到

$$\mathbf{h}_{11} = \frac{\mathbf{V}_1}{1} = 10 \text{ Ω}, \qquad \mathbf{h}_{21} = \frac{\mathbf{I}_2}{1} = -0.5$$

同理，從 (19.16) 式得

$$\mathbf{h}_{12} = \left.\frac{\mathbf{V}_1}{\mathbf{V}_2}\right|_{\mathbf{I}_1=0}, \qquad \mathbf{h}_{22} = \left.\frac{\mathbf{I}_2}{\mathbf{V}_2}\right|_{\mathbf{I}_1=0}$$

將輸入埠開路 ($\mathbf{I}_1 = 0$) 可得 h_{12} 和 h_{22} 參數。而且，令 $\mathbf{V}_2 = 1$ V，則 $h_{12} = \mathbf{V}_1/1$ 且 $h_{22} = \mathbf{I}_2/1$。根據這個結果畫出圖 19.50(b) 的電路。在輸出端插入 1 V 直流電壓 VDC 取代 $\mathbf{V}_2 = 1$ V，插入虛擬元件 VIEWPOINT 和 IPROBE 分別用來顯示 $\mathbf{V}_1$ 和 $\mathbf{I}_2$。[注意：因為輸入埠是開路，所以需省略圖 19.50(b) 電路中的 5 Ω 電阻器，若不省略 PSpice 編譯時會產生錯誤訊息。若不想省略 5 Ω 電阻器，可使用非常大的電阻器如 10 MΩ 電阻器取代開路。] 模擬後，虛擬元件將顯示圖 19.50(b) 的電壓 $\mathbf{V}_1$ 和電流 $\mathbf{I}_2$ 值。因此，可得

$$\mathbf{h}_{12} = \frac{\mathbf{V}_1}{1} = 0.8333, \qquad \mathbf{h}_{22} = \frac{\mathbf{I}_2}{1} = 0.1833 \text{ S}$$

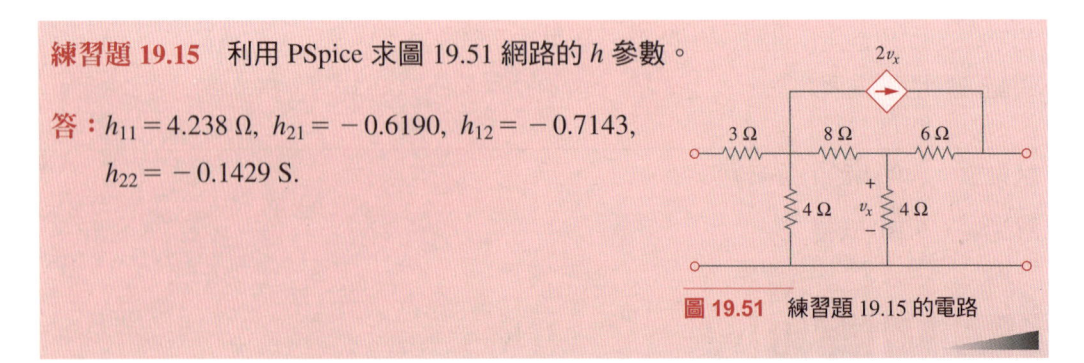

練習題 19.15 利用 PSpice 求圖 19.51 網路的 h 參數。

答：$h_{11} = 4.238$ Ω, $h_{21} = -0.6190$, $h_{12} = -0.7143$, $h_{22} = -0.1429$ S.

圖 19.51 練習題 19.15 的電路

試求圖 19.52 網路在 $\omega = 10^6$ rad/s 時的 z 參數。 **範例 19.16**

解： 注意：範例 19.15 使用直流分析是因為圖 19.49 為純電阻電路。本範例的 L 和 C 與頻率有關，故需使用在 $f = \omega/2\pi = 0.15915$ MHz 的交流分析。

(19.3) 式定義 z 參數如下：

$$\mathbf{z}_{11} = \left.\frac{\mathbf{V}_1}{\mathbf{I}_1}\right|_{\mathbf{I}_2=0}, \quad \mathbf{z}_{21} = \left.\frac{\mathbf{V}_2}{\mathbf{I}_1}\right|_{\mathbf{I}_2=0}$$

建議令 $\mathbf{I}_1 = 1$ A，且輸出埠開路，則 $\mathbf{I}_2 = 0$，因此得

$$\mathbf{z}_{11} = \frac{\mathbf{V}_1}{1} \quad \text{和} \quad \mathbf{z}_{21} = \frac{\mathbf{V}_2}{1}$$

圖 19.52 範例 19.16 的電路

在圖 19.53(a) 電路的輸入端插入 1 A 交流電流源 IAC 和二個 VPRINT1 虛擬元件以取得 $\mathbf{V}_1$ 和 $\mathbf{V}_2$。每個 VPRINT1 的屬性設定為 AC = yes、MAG = yes 和 PHASE = yes 用來顯示電壓的振幅與相位值。選擇 **Analysis/Setup/AC Sweep** 功能，並在 **AC Sweep and Noise Analysis** 對話方塊的 Total Pts 欄位輸入 1、Start Freq 欄位輸入 0.1519MEG 和 Final Freq 欄位輸入 0.1519MEG。儲存後，選擇 **Analysis/Simulate** 功能進行模擬，然後從輸出檔案得 $\mathbf{V}_1$ 和 $\mathbf{V}_2$。因此，

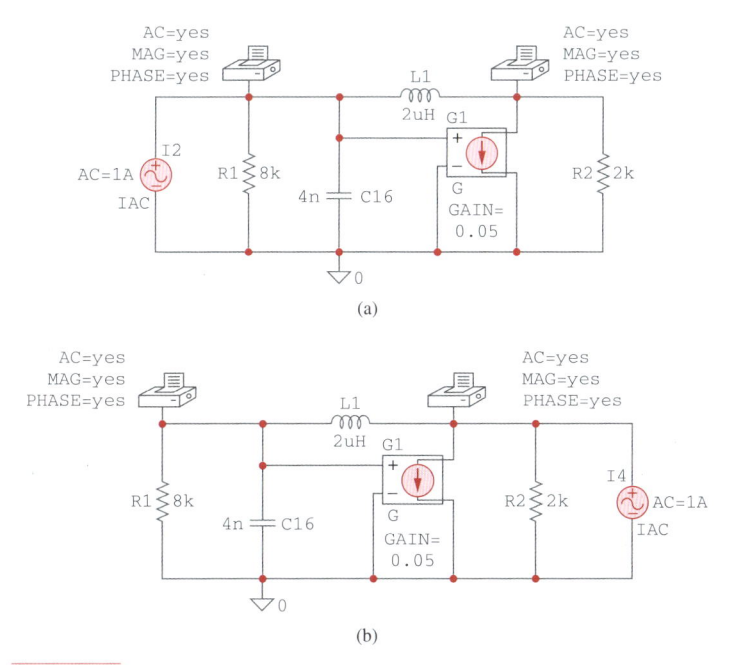

圖 19.53 範例 19.16 的電路：(a) 計算 $\mathbf{z}_{11}$ 和 $\mathbf{z}_{21}$ 的電路，(b) 計算 $\mathbf{z}_{12}$ 和 $\mathbf{z}_{22}$ 的電路

$$\mathbf{z}_{11} = \frac{\mathbf{V}_1}{1} = 19.70\underline{/175.7°}\ \Omega, \qquad \mathbf{z}_{21} = \frac{\mathbf{V}_2}{1} = 19.79\underline{/170.2°}\ \Omega$$

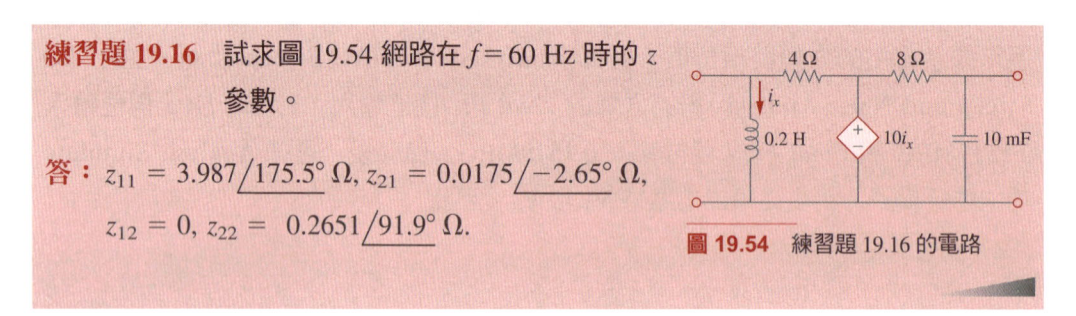

同樣地，從 (19.3) 式可得

$$\mathbf{z}_{12} = \frac{\mathbf{V}_1}{\mathbf{I}_2}\bigg|_{\mathbf{I}_1=0}, \qquad \mathbf{z}_{22} = \frac{\mathbf{V}_2}{\mathbf{I}_2}\bigg|_{\mathbf{I}_1=0}$$

建議令 $\mathbf{I}_2 = 1$ A，且令輸入埠開路，得

$$\mathbf{z}_{12} = \frac{\mathbf{V}_1}{1} \quad 和 \quad \mathbf{z}_{22} = \frac{\mathbf{V}_2}{1}$$

因此可得圖 19.53(b) 的電路。這個電路與圖 19.53(a) 電路的差別在於 1 A 交流電流源 IAC 是接在輸出端。執行圖 19.53(b) 電路，並於輸出檔案得 $\mathbf{V}_1$ 和 $\mathbf{V}_2$。因此，

$$\mathbf{z}_{12} = \frac{\mathbf{V}_1}{1} = 19.70\underline{/175.7°}\ \Omega, \qquad \mathbf{z}_{22} = \frac{\mathbf{V}_2}{1} = 19.56\underline{/175.7°}\ \Omega$$

> **練習題 19.16** 試求圖 19.54 網路在 $f = 60$ Hz 時的 z 參數。
>
> **答：** $z_{11} = 3.987\underline{/175.5°}\ \Omega,\ z_{21} = 0.0175\underline{/-2.65°}\ \Omega,$
> $z_{12} = 0,\ z_{22} = 0.2651\underline{/91.9°}\ \Omega.$

圖 19.54 練習題 19.16 的電路

19.9 †應用

前幾節已經介紹如何利用六組網路參數來描述各類的雙埠網路。在大型網路中，根據雙埠網路互相連接的方式，有一組特定的參數具有超越其他組參數的優點，正如 19.7 節介紹。本節將介紹雙埠網路的二個重要應用領域：電晶體電路和階梯網路的合成。

19.9.1 電晶體電路 (Transistor Circuits)

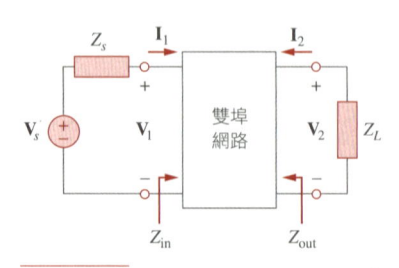

通常使用雙埠網路來隔離負載與電路的激發源。例如，圖 19.55 的雙埠網路可以代表一個放大器、濾波器或一些其他的網路。當雙埠網路代表一個放大器，則可以很容易推導出放大器的電壓增益 A_v、電流增益 A_i、輸入阻抗 Z_{in} 和輸出阻抗 Z_{out} 的表示式。這些表示式定義如下：

圖 19.55 隔離電源和負載的雙埠網路

$$A_v = \frac{V_2(s)}{V_1(s)} \tag{19.62}$$

$$A_i = \frac{I_2(s)}{I_1(s)} \tag{19.63}$$

$$Z_{\text{in}} = \frac{V_1(s)}{I_1(s)} \tag{19.64}$$

$$Z_{\text{out}} = \frac{V_2(s)}{I_2(s)}\bigg|_{V_s=0} \tag{19.65}$$

六組雙埠網路參數的任何一組，皆可用來推導 (19.62) 式至 (19.65) 式的表示式。但是混合參數 (h) 對電晶體是最有用的，因為電晶體的參數容易量測，而且製造商的資料手冊或規格表都有提供。h 參數可以快速的評估電晶體電路的效能，它們可用來計算電晶體的電壓增益、輸入阻抗和輸出阻抗。

電晶體 h 參數的下標有特殊的意義，第一個下標與一般 h 參數的關係如下：

$$h_i = h_{11}, \quad h_r = h_{12}, \quad h_f = h_{21}, \quad h_o = h_{22} \tag{19.66}$$

下標 i、r、f 和 o 分別代表輸入、反向、正向和輸出。第二個下標表示電晶體的連接形式：e 表示共射極 (CE)、c 表示共集極 (CC) 和 b 表示共基極 (CB)。本節主要討論共射極連接。因此，共射極放大器的四個 h 參數如下：

$$\begin{aligned}h_{ie} &= 基極輸入阻抗 \\ h_{re} &= 反向電壓回授比 \\ h_{fe} &= 基\text{-}射極電流增益 \\ h_{oe} &= 輸出導納\end{aligned} \tag{19.67}$$

這些參數的計算和量測方法與一般 h 參數的計算和量測方法相同。其典型值為 $h_{ie} = 6 \text{ k}\Omega$，$h_{re} = 1.5 \times 10^{-4}$，$h_{fe} = 200$，$h_{oe} = 8 \text{ }\mu\text{S}$。記住：這些值代表電晶體在指定條件下量測的交流特性。

圖 19.56 顯示共射極放大器的電路原理圖和混合等效模型。從此圖可得

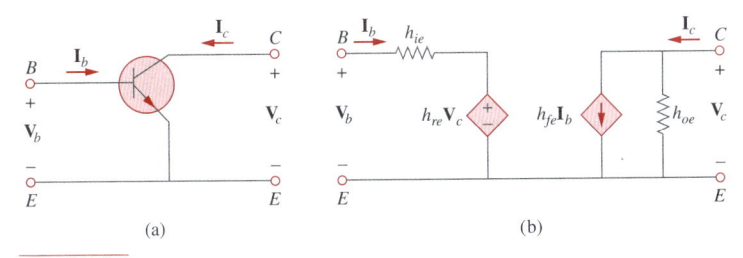

圖 19.56 共射極放大器：(a) 電路原理圖，(b) 混合模型

$$\mathbf{V}_b = h_{ie}\mathbf{I}_b + h_{re}\mathbf{V}_c \tag{19.68a}$$

$$\mathbf{I}_c = h_{fe}\mathbf{I}_b + h_{oe}\mathbf{V}_c \tag{19.68b}$$

將圖 19.56(b) 的電路連接一個交流電源和一個負載如圖 19.57 所示，這是一個雙埠網路嵌入到較大型網路的範例。使用 (19.68) 式 (參見範例 19.6) 來分析混合等效電路，從圖 19.57 得 $\mathbf{V}_c = -R_L\mathbf{I}_c$，然後代入 (19.68b) 式得

$$\mathbf{I}_c = h_{fe}\mathbf{I}_b - h_{oe}R_L\mathbf{I}_c$$

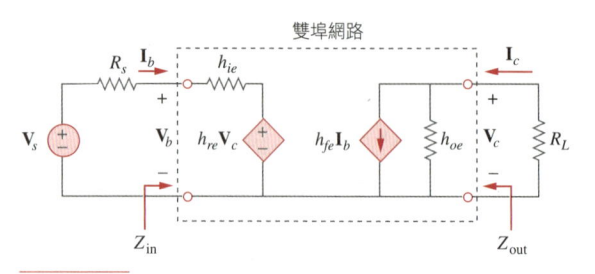

圖 19.57 包含電源和負載電阻的電晶體放大器

或

$$(1 + h_{oe}R_L)\mathbf{I}_c = h_{fe}\mathbf{I}_b \tag{19.69}$$

從這裡可得電流增益如下：

$$\boxed{A_i = \frac{\mathbf{I}_c}{\mathbf{I}_b} = \frac{h_{fe}}{1 + h_{oe}R_L}} \tag{19.70}$$

從 (19.68b) 式和 (19.70) 式得

$$\mathbf{I}_c = \frac{h_{fe}}{1 + h_{oe}R_L}\mathbf{I}_b = h_{fe}\mathbf{I}_b + h_{oe}\mathbf{V}_c$$

或以 $\mathbf{V}_c$ 來表示 $\mathbf{I}_b$ 如下：

$$\mathbf{I}_b = \frac{h_{oe}\mathbf{V}_c}{\dfrac{h_{fe}}{1 + h_{oe}R_L} - h_{fe}} \tag{19.71}$$

將 (19.71) 式代入 (19.68a) 式，再除以 $\mathbf{V}_c$ 得

$$\frac{\mathbf{V}_b}{\mathbf{V}_c} = \frac{h_{oe}h_{ie}}{\dfrac{h_{fe}}{1+h_{oe}R_L} - h_{fe}} + h_{re} \tag{19.72}$$

$$= \frac{h_{ie} + h_{ie}h_{oe}R_L - h_{re}h_{fe}R_L}{-h_{fe}R_L}$$

因此，電壓增益為

$$A_v = \frac{\mathbf{V}_c}{\mathbf{V}_b} = \frac{-h_{fe}R_L}{h_{ie} + (h_{ie}h_{oe} - h_{re}h_{fe})R_L} \tag{19.73}$$

將 $\mathbf{V}_c = -R_L\mathbf{I}_c$ 代入 (19.68a) 式得

$$\mathbf{V}_b = h_{ie}\mathbf{I}_b - h_{re}R_L\mathbf{I}_c$$

或

$$\frac{\mathbf{V}_b}{\mathbf{I}_b} = h_{ie} - h_{re}R_L\frac{\mathbf{I}_c}{\mathbf{I}_b} \tag{19.74}$$

以 (19.70) 式的電流增益取代 $\mathbf{I}_c/\mathbf{I}_b$ 得輸入阻抗如下：

$$Z_{in} = \frac{\mathbf{V}_b}{\mathbf{I}_b} = h_{ie} - \frac{h_{re}h_{fe}R_L}{1 + h_{oe}R_L} \tag{19.75}$$

輸出端的輸出阻抗 Z_{out} 就是戴維寧等效電阻，通常移除電壓源並在輸出端放置一個 1 V 電壓源，如圖 19.58 所示，因此得 $Z_{out} = 1/\mathbf{I}_c$。因為 $\mathbf{V}_c = 1$ V，則從輸入迴路得

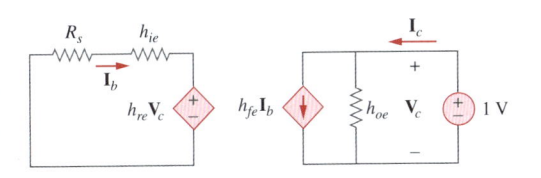

圖 19.58 求圖 19.57 放大器電路的輸出阻抗

$$h_{re}(1) = -\mathbf{I}_b(R_s + h_{ie}) \quad \Rightarrow \quad \mathbf{I}_b = -\frac{h_{re}}{R_s + h_{ie}} \tag{19.76}$$

從輸出迴路得

$$\mathbf{I}_c = h_{oe}(1) + h_{fe}\mathbf{I}_b \tag{19.77}$$

將 (19.76) 式代入 (19.77) 式得

$$\mathbf{I}_c = \frac{(R_s + h_{ie})h_{oe} - h_{re}h_{fe}}{R_s + h_{ie}} \tag{19.78}$$

因為輸出阻抗 $Z_{out} = 1/\mathbf{I}_c$，所以，

$$Z_{out} = \frac{R_s + h_{ie}}{(R_s + h_{ie})h_{oe} - h_{re}h_{fe}} \tag{19.79}$$

範例 19.17 使用下面 h 參數，試計算圖 19.59 共射極放大器電路的電壓增益、電流增益、輸入阻抗和輸出阻抗，以及求輸出電壓 $\mathbf{V}_o$。

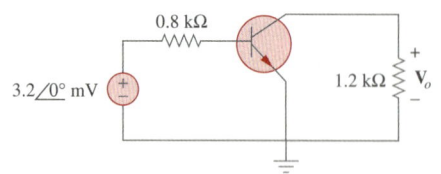

$$h_{ie} = 1 \text{ k}\Omega, \quad h_{re} = 2.5 \times 10^{-4},$$
$$h_{fe} = 50, \quad h_{oe} = 20 \text{ }\mu\text{S}$$

圖 19.59 範例 19.17 的電路

解：

1. **定義：** 乍看之下，這問題已說明清楚了。但是，並未指出要計算電晶體或電路的輸入阻抗和電壓增益。同理，對於輸出阻抗和電流增益而言，電晶體和電路的參數是相同的。

   因此要求澄清，是計算電路的輸入阻抗、輸出阻抗和電壓增益，而不是電晶體的輸入阻抗、輸出阻抗和電壓增益。有趣的是，重述這個問題，使它變成簡單的設計問題：已知 h 參數，設計一個增益為 -60 的簡單放大器。

2. **表達：** 一個簡單的電晶體電路，已知其輸入電壓為 3.2 mV，和電晶體的 h 參數。計算輸出電壓。

3. **選擇：** 有幾種解題方法，最直接的方法就是使用圖 19.57 的等效電路。一旦有了等效電路，就可以使用電路分析來求解。一旦有了解答，就可將答案代入電路方程式來驗證是否正確。另一個方法是簡化等效電路的右邊，然後反推回去看看答案是否大致相同。下面就採用這種方法求解。

4. **嘗試：** 將 $R_s = 0.8 \text{ k}\Omega$，$R_L = 1.2 \text{ k}\Omega$ 代入圖 19.59 相當於雙埠網路的電晶體，然後應用 (19.70) 式到 (19.79) 式，得

$$h_{ie}h_{oe} - h_{re}h_{fe} = 10^3 \times 20 \times 10^{-6} - 2.5 \times 10^{-4} \times 50$$
$$= 7.5 \times 10^{-3}$$

$$A_v = \frac{-h_{fe}R_L}{h_{ie} + (h_{ie}h_{oe} - h_{re}h_{fe})R_L} = \frac{-50 \times 1200}{1000 + 7.5 \times 10^{-3} \times 1200}$$
$$= -59.46$$

放大器的電壓增益 $A_v = V_o/V_b$。要計算電路的增益，必須求出 V_o/V_s。這可利用左邊電路的網目方程式，以及 (19.71) 式和 (19.73) 式可得

$$-\mathbf{V}_s + R_s\mathbf{I}_b + \mathbf{V}_b = 0$$

或

$$\mathbf{V}_s = 800 \frac{20 \times 10^{-6}}{\dfrac{50}{1 + 20 \times 10^{-6} \times 1.2 \times 10^3} - 50} - \frac{1}{59.46}\mathbf{V}_o$$
$$= -0.03047 \mathbf{V}_o$$

因此，電路增益等於 -32.82，則輸出電壓為

$$V_o = 增益 \times V_s = -105.09\underline{/0°} \text{ mV}.$$

$$A_i = \frac{h_{fe}}{1 + h_{oe}R_L} = \frac{50}{1 + 20 \times 10^{-6} \times 1200} = 48.83$$

$$Z_{in} = h_{ie} - \frac{h_{re}h_{fe}R_L}{1 + h_{oe}R_L}$$

$$= 1000 - \frac{2.5 \times 10^{-4} \times 50 \times 1200}{1 + 20 \times 10^{-6} \times 1200}$$

$$= 985.4 \, \Omega$$

可以修改 Z_{in} 包含 800 歐姆電阻，使得

$$電路輸入阻抗 = 800 + 985.4 = \mathbf{1785.4 \, \Omega}$$

$$(R_s + h_{ie})h_{oe} - h_{re}h_{fe}$$
$$= (800 + 1000) \times 20 \times 10^{-6} - 2.5 \times 10^{-4} \times 50 = 23.5 \times 10^{-3}$$

$$Z_{out} = \frac{R_s + h_{ie}}{(R_s + h_{ie})h_{oe} - h_{re}h_{fe}} = \frac{800 + 1000}{23.5 \times 10^{-3}} = 76.6 \text{ k}\Omega$$

5. 驗證：在這電路中，h_{oe} 表示 50,000 Ω 的電阻器，和 1.2 kΩ 的負載電阻器並聯。負載電阻器遠小於 h_{oe}，所以 h_{oe} 可以被忽略。因此，

$$I_c = h_{fe}I_b = 50I_b, \quad V_c = -1200I_c,$$

以及從電路左邊的迴路方程式得

$$-0.0032 + (800 + 1000)I_b + (0.00025)(-1200)(50)I_b = 0$$
$$I_b = 0.0032/(1785) = 1.7927 \, \mu\text{A}.$$
$$I_c = 50 \times 1.7927 = 89.64 \, \mu\text{A} \text{ 和 } V_c = -1200 \times 89.64 \times 10^{-6}$$
$$= -107.57 \text{ mV}$$

這個值非常接近 -105.59 mV。

$$電壓增益 = -107.57/3.2 = -33.62$$

這個值也非常接近 -32.82。

$$電流輸入阻抗 = 0.032/1.7927 \times 10^{-6} = \mathbf{1785 \, \Omega}$$

顯然與前面計算結果 1785.4 Ω 相符。

對於這個計算，假設 $Z_{out} = \infty \, \Omega$，而計算值為 72.6 kΩ。可計算該電阻和負載電阻的等效電阻來測試假設值。

$$72,600 \times 1200/(72,600 + 1200) = 1,180.5 = 1.1805 \text{ k}\Omega$$

這個值也是非常接近。

6. **滿意**？是的，這個問題的解答和驗證結果是令人滿意的，因此可將此解當作此問題的答案。

練習題 19.17 試求圖 19.60 電晶體放大器的電壓增益、電流增益、輸入阻抗和輸出阻抗。假設

$$h_{ie} = 6 \text{ k}\Omega, \quad h_{re} = 1.5 \times 10^{-4},$$
$$h_{fe} = 200, \quad h_{oe} = 8 \text{ }\mu\text{S}$$

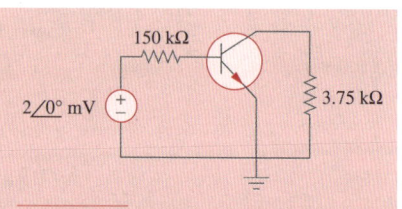

圖 19.60 練習題 19.17 的電路

答：電晶體的電壓增益 = −123.61 和電路的電壓增益 = −4.753，電流增益 = 194.17，電晶體的輸入阻抗 = 6 kΩ 和電路的輸入阻抗 = 156 kΩ，輸出阻抗 = 128.08 kΩ。

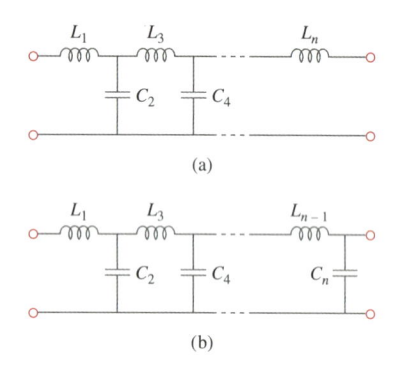

圖 19.61 LC 階梯網路合成的低通濾波器：(a) 奇數階，(b) 偶數階

圖 19.62 含有終端阻抗的 LC 階梯網路

19.9.2 階梯網路合成 (Ladder Network Synthesis)

另一個雙埠網路參數的應用是階梯網路的合成 (或建立)，在實際電路中經常使用階梯電路，特別是用來設計被動低通濾波器。基於第 8 章二階電路所討論的，濾波器的階數就是描述濾波器的特徵方程式的階數，而且是由不能結合成單一元件 (例如由串聯或並聯結合) 的電抗元件數目來決定。圖 19.61(a) 顯示一個奇數個元件的 LC 階梯網路 (也就是奇數階濾波器)，而圖 19.61(b) 顯示一個偶數個元件的 LC 階梯網路 (也就是偶數階濾波器)。無論哪種網路，若其終端負載阻抗 Z_L 或來源阻抗 Z_s，則可得圖 19.62 的結構。為了簡化設計，將假設 $Z_s = 0$，目標是合成 LC 階梯網路的轉移函數。先從階梯網路的導納參數特性開始，即

$$\mathbf{I}_1 = \mathbf{y}_{11}\mathbf{V}_1 + \mathbf{y}_{12}\mathbf{V}_2 \tag{19.80a}$$

$$\mathbf{I}_2 = \mathbf{y}_{21}\mathbf{V}_1 + \mathbf{y}_{22}\mathbf{V}_2 \tag{19.80b}$$

(當然，阻抗參數可用來取代導納參數。) 在輸入埠，$\mathbf{V}_1 = \mathbf{V}_s$，因為 $Z_s = 0$。在輸出埠，$\mathbf{V}_2 = \mathbf{V}_o$，且 $\mathbf{I}_2 = -\mathbf{V}_2/\mathbf{Z}_L = -\mathbf{V}_o\mathbf{Y}_L$。因此，(19.80b) 式改成

$$-\mathbf{V}_o\mathbf{Y}_L = \mathbf{y}_{21}\mathbf{V}_s + \mathbf{y}_{22}\mathbf{V}_o$$

或

$$\mathbf{H}(s) = \frac{\mathbf{V}_o}{\mathbf{V}_s} = \frac{-\mathbf{y}_{21}}{\mathbf{Y}_L + \mathbf{y}_{22}} \tag{19.81}$$

也可改寫如下：

$$H(s) = -\frac{y_{21}/Y_L}{1 + y_{22}/Y_L} \tag{19.82}$$

(19.82) 式的負號可以被忽略，因為濾波器通常用來表示轉移函數的大小。設計濾波器的主要任務是選擇電容和電感，所以合成 y_{21} 和 y_{22} 參數，因此可得實際的轉移函數。要完成這項任務，可採用 LC 階梯網路重要特性的優點：所有的 z 和 y 參數是 s 的偶數次方多項式或 s 的奇數次方多項式的比。也就是，Od(s)/Ev(s) 或 Ev(s)/Od(s) 的比值，其中 Od 和 Ev 分別表示奇函數或偶函數。令

$$H(s) = \frac{N(s)}{D(s)} = \frac{N_o + N_e}{D_o + D_e} \tag{19.83}$$

其中 $N(s)$ 和 $D(s)$ 分別為轉移函數 $H(s)$ 的分子和分母。N_o 和 N_e 分別是 N 的奇次和偶次部分。D_o 和 D_e 分別是 D 的奇次和偶次部分。由於 $N(s)$ 必須是奇次或偶次，則 (19.83) 式如下：

$$H(s) = \begin{cases} \dfrac{N_o}{D_o + D_e}, & (N_e = 0) \\ \dfrac{N_e}{D_o + D_e}, & (N_o = 0) \end{cases} \tag{19.84}$$

也可重寫如下：

$$H(s) = \begin{cases} \dfrac{N_o/D_e}{1 + D_o/D_e}, & (N_e = 0) \\ \dfrac{N_e/D_o}{1 + D_e/D_o}, & (N_o = 0) \end{cases} \tag{19.85}$$

比較 (19.85) 式和 (19.82) 式得 y 參數如下：

$$\frac{y_{21}}{Y_L} = \begin{cases} \dfrac{N_o}{D_e}, & (N_e = 0) \\ \dfrac{N_e}{D_o}, & (N_o = 0) \end{cases} \tag{19.86}$$

和

$$\frac{y_{22}}{Y_L} = \begin{cases} \dfrac{D_o}{D_e}, & (N_e = 0) \\ \dfrac{D_e}{D_o}, & (N_o = 0) \end{cases} \tag{19.87}$$

下面的範例將說明這個過程。

範例 19.18 試設計終端為 $1\,\Omega$ 電阻的 LC 階梯網路，此網路的標準轉移函數如下：

$$H(s) = \frac{1}{s^3 + 2s^2 + 2s + 1}$$

(這是巴特沃思低通濾波器的轉移函數。)

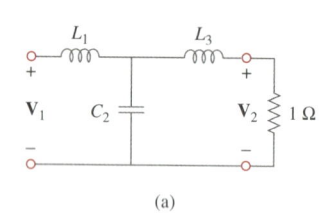

解：轉移函數的分母是一個三階的濾波器，所以階梯網路包含二個電感器與一個電容器，如圖 19.63(a) 所示。目的是計算電感值與電容值，因此將分母分為奇次項與偶次項二部分：

$$D(s) = (s^3 + 2s) + (2s^2 + 1)$$

所以，

$$H(s) = \frac{1}{(s^3 + 2s) + (2s^2 + 1)}$$

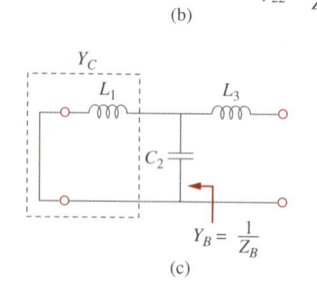

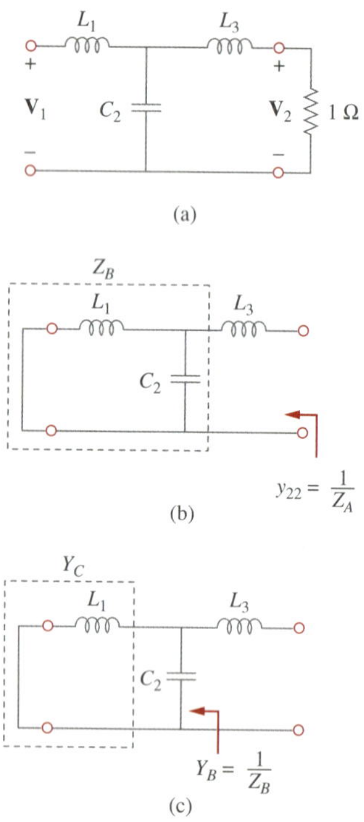

將分子與分母同除以分母的奇次項，則得

$$H(s) = \cfrac{\cfrac{1}{s^3 + 2s}}{1 + \cfrac{2s^2 + 1}{s^3 + 2s}} \tag{19.18.1}$$

從 (19.82) 式，當 $Y_L = 1$ 時，得

$$H(s) = \frac{-y_{21}}{1 + y_{22}} \tag{19.18.2}$$

圖 19.63 範例 19.18 的電路

比較 (19.18.1) 式和 (19.18.2) 式得

$$y_{21} = -\frac{1}{s^3 + 2s}, \qquad y_{22} = \frac{2s^2 + 1}{s^3 + 2s}$$

因為 y_{22} 是輸出驅動點導納，也就是輸入埠短路時，網路的輸出導納，因此實現 y_{22} 就自動實現 y_{21}。求圖 19.63(a) 電路的 L 和 C 值，則可得 y_{22}。y_{22} 是短路輸出導納，因此將輸入埠短路如圖 19.63(b)。先求 L_3，令

$$Z_A = \frac{1}{y_{22}} = \frac{s^3 + 2s}{2s^2 + 1} = sL_3 + Z_B \tag{19.18.3}$$

利用長除法得

$$Z_A = 0.5s + \frac{1.5s}{2s^2 + 1} \qquad (19.18.4)$$

比較 (19.18.3) 式和 (19.18.4) 式得

$$L_3 = 0.5\text{H}, \qquad Z_B = \frac{1.5s}{2s^2 + 1}$$

下一步，求圖 19.63(c) 的 C_2，且令

$$Y_B = \frac{1}{Z_B} = \frac{2s^2 + 1}{1.5s} = 1.333s + \frac{1}{1.5s} = sC_2 + Y_C$$

由上式得 $C_2 = 1.33$ F，且

$$Y_C = \frac{1}{1.5s} = \frac{1}{sL_1} \quad \Rightarrow \quad L_1 = 1.5 \text{ H}$$

因此，綜合得出圖 19.63(a) LC 階梯網路的 $L_1 = 1.5$ H、$C_2 = 1.333$ F 和 $L_3 = 0.5$ H，並提供給已知的轉移函數 $\mathbf{H}(s)$。這個結果可由求出圖 19.63(a) 的 $\mathbf{H}(s) = \mathbf{V}_2/\mathbf{V}_1$ 或求出 y_{21} 得到驗證。

練習題 19.18　利用終端為 $1\,\Omega$ 電阻器的 LC 階梯網路實現下列轉移函數。

$$H(s) = \frac{2}{s^3 + s^2 + 4s + 2}$$

答：如圖 19.63(a) 的階梯網路，$L_1 = L_3 = 1.0$ H 和 $C_2 = 500$ mF。

19.10　總結

1. 雙埠網路是指有二個埠 (或二對存取端點)——輸入埠與輸出埠的網路。
2. 用來建立雙埠網路的六組參數是阻抗參數 [z]、導納參數 [y]、混合參數 [h]、逆混合參數 [g]、傳輸參數 [T] 和反向傳輸參數 [t]。
3. 描述輸入埠變數和輸出埠變數關係的參數如下：

$$\begin{bmatrix}\mathbf{V}_1\\\mathbf{V}_2\end{bmatrix} = [\mathbf{z}]\begin{bmatrix}\mathbf{I}_1\\\mathbf{I}_2\end{bmatrix}, \qquad \begin{bmatrix}\mathbf{I}_1\\\mathbf{I}_2\end{bmatrix} = [\mathbf{y}]\begin{bmatrix}\mathbf{V}_1\\\mathbf{V}_2\end{bmatrix}, \qquad \begin{bmatrix}\mathbf{V}_1\\\mathbf{I}_2\end{bmatrix} = [\mathbf{h}]\begin{bmatrix}\mathbf{I}_1\\\mathbf{V}_2\end{bmatrix}$$

$$\begin{bmatrix}\mathbf{I}_1\\\mathbf{V}_2\end{bmatrix} = [\mathbf{g}]\begin{bmatrix}\mathbf{V}_1\\\mathbf{I}_2\end{bmatrix}, \qquad \begin{bmatrix}\mathbf{V}_1\\\mathbf{I}_1\end{bmatrix} = [\mathbf{T}]\begin{bmatrix}\mathbf{V}_2\\-\mathbf{I}_2\end{bmatrix}, \qquad \begin{bmatrix}\mathbf{V}_2\\\mathbf{I}_2\end{bmatrix} = [\mathbf{t}]\begin{bmatrix}\mathbf{V}_1\\-\mathbf{I}_1\end{bmatrix}$$

4. 對適當的輸入埠或輸出埠短路或開路，可計算或量測這些網路參數。

5. 如果網路參數 $z_{12} = z_{21}$、$y_{12} = y_{21}$、$h_{12} = -h_{21}$、$g_{12} = -g_{21}$、$\Delta_T = 1$或 $\Delta_t = 1$，則此雙埠網路為互易網路。如果具有非獨立電源的雙埠網路，則不是互易網路。

6. 表 19.1 提供六組參數之間的關係，其中三個重要的關係是

$$[\mathbf{y}] = [\mathbf{z}]^{-1}, \quad [\mathbf{g}] = [\mathbf{h}]^{-1}, \quad [\mathbf{t}] \neq [\mathbf{T}]^{-1}$$

7. 雙埠網路的連接方式包括串聯、並聯或串接連接。串聯連接時，整個網路的 z 參數是由個別網路的 z 參數相加。並聯連接時，整個網路的 y 參數是由個別網路的 y 參數相加。串接連接時，整個網路的傳輸參數是由個別網路的傳輸參數依次相乘的。

8. 利用 PSpice 計算雙埠網路的參數時，可將適當埠設為 1 A 電流源或 1 V 電壓源，並將其他埠開路或短路。

9. 網路參數特別適用於電晶體電路分析和 LC 階梯網路合成。雙埠網路在電晶體電路分析中特別有用，因為電晶體電路很容易建模為雙埠網路。在被動低通濾波器的設計上，LC 階梯網路類似串接的 T 型網路，而且可使用雙埠網路來分析。

∥ 複習題

19.1 對圖 19.64(a) 單一元件的雙端網路，z_{11} 為：
(a) 0 (b) 5 (c) 10 (d) 20 (e) 未定義

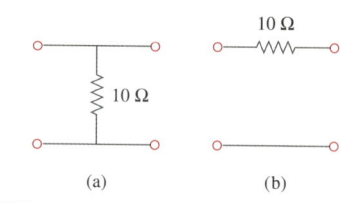

圖 19.64 複習題的電路

19.2 對圖 19.64(b) 單一元件的雙端網路，z_{11} 為：
(a) 0 (b) 5 (c) 10 (d) 20 (e) 未定義

19.3 對圖 19.64(a) 單一元件的雙端網路，y_{11} 為：
(a) 0 (b) 5 (c) 10 (d) 20 (e) 未定義

19.4 對圖 19.64(b) 單一元件的雙端網路，h_{21} 為：
(a) -0.1 (b) -1 (c) 0 (d) 10 (e) 未定義

19.5 對圖 19.64(a) 單一元件的雙端網路，**B** 為：
(a) 0 (b) 5 (c) 10 (d) 20 (e) 未定義

19.6 對圖 19.64(b) 單一元件的雙端網路，**B** 為：
(a) 0 (b) 5 (c) 10 (d) 20 (e) 未定義

19.7 當雙埠網路的埠 1 短路，$\mathbf{I}_1 = 4\mathbf{I}_2$ 和 $\mathbf{V}_2 = 0.25\mathbf{I}_2$，則下列何者為真？
(a) $y_{11} = 4$ (b) $y_{12} = 16$
(c) $y_{21} = 16$ (d) $y_{22} = 0.25$

19.8 雙埠網路如下列方程式所描述：

$$\mathbf{V}_1 = 50\mathbf{I}_1 + 10\mathbf{I}_2$$
$$\mathbf{V}_2 = 30\mathbf{I}_1 + 20\mathbf{I}_2$$

則下列何者為假？
(a) $\mathbf{z}_{12} = 10$ (b) $\mathbf{y}_{12} = -0.0143$
(c) $\mathbf{h}_{12} = 0.5$ (d) $\mathbf{A} = 50$

19.9 如果雙埠網路為互易網路，則下列何者為假？
 (a) $\mathbf{z}_{21} = \mathbf{z}_{12}$ (b) $\mathbf{y}_{21} = \mathbf{y}_{12}$
 (c) $\mathbf{h}_{21} = \mathbf{h}_{12}$ (d) $AD = BC + 1$

19.10 如果串接圖 19.64 中的二個單一元件的雙埠網路，則 **D** 為：
 (a) 0 (b) 0.1 (c) 2 (d) 10 (e) 未定義

答：19.1 c, 19.2 e, 19.3 e, 19.4 b, 19.5 a, 19.6 c, 19.7 b, 19.8 d, 19.9 c, 19.10 c

習題

19.2 節　阻抗參數

19.1 試求圖 19.65 網路的 z 參數。

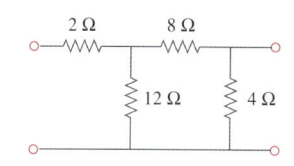

圖 19.65　習題 19.1 和 19.28 的網路

*19.2 試求圖 19.66 電路的等效阻抗參數。

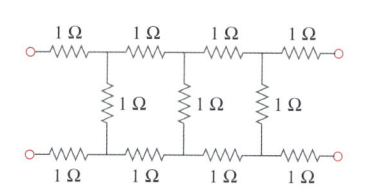

圖 19.66　習題 19.2 的電路

19.3 試求圖 19.67 網路的 z 參數。

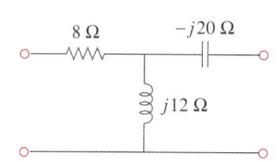

圖 19.67　習題 19.3 的電路

19.4 利用圖 19.68 的電路，試設計一個問題幫助其他學生更瞭解如何計算電路的 z 參數。

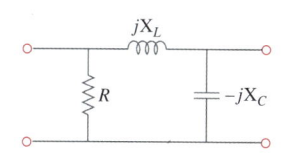

圖 19.68　習題 19.4 的電路

* 星號表示該習題具有挑戰性。

19.5 試求圖 19.69 網路以 s 函數表示的 z 參數。

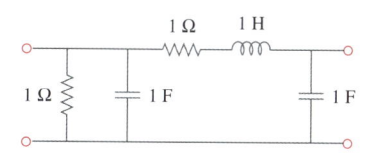

圖 19.69　習題 19.5 的電路

19.6 試求圖 19.70 電路的 z 參數。

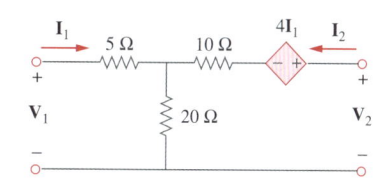

圖 19.70　習題 19.6 和 19.73 的電路

19.7 試求圖 19.71 電路的等效阻抗參數。

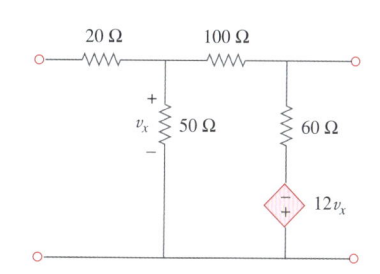

圖 19.71　習題 19.7 和 19.80 的電路

19.8 試求圖 19.72 雙埠網路的 z 參數。

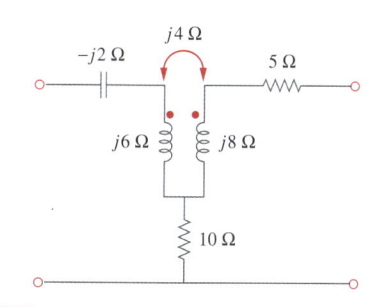

圖 19.72　習題 19.8 的雙埠網路

19.9 一個網路的 y 參數如下：

$$Y = [\mathbf{y}] = \begin{bmatrix} 0.5 & -0.2 \\ -0.2 & 0.4 \end{bmatrix} S$$

試求這個網路的 z 參數。

19.10 建立可實現如下列 z 參數的雙埠網路：

(a) $[\mathbf{z}] = \begin{bmatrix} 25 & 20 \\ 5 & 10 \end{bmatrix} \Omega$

(b) $[\mathbf{z}] = \begin{bmatrix} 1 + \dfrac{3}{s} & \dfrac{1}{s} \\ \dfrac{1}{s} & 2s + \dfrac{1}{s} \end{bmatrix} \Omega$

19.11 試求下列 z 參數所表示的雙埠網路：

$$[\mathbf{z}] = \begin{bmatrix} 6 + j3 & 5 - j2 \\ 5 - j2 & 8 - j \end{bmatrix} \Omega$$

19.12 對於圖 19.73 所示的電路，令：

$$[\mathbf{z}] = \begin{bmatrix} 10 & -6 \\ -4 & 12 \end{bmatrix} \Omega$$

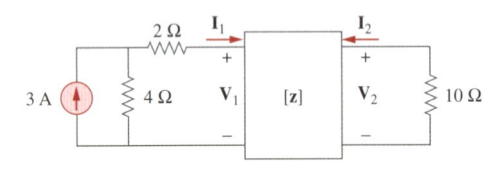

試求 I_1、I_2、V_1 和 V_2。

圖 19.73 習題 19.12 的電路

19.13 試求在圖 19.74 網路中，傳遞到 $Z_L = 5 + j4$ 的平均功率。注意：電壓為均方根電壓。

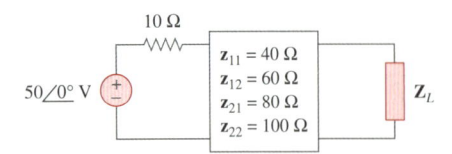

圖 19.74 習題 19.13 的網路

19.14 對於圖 19.75 所示的雙埠網路，試證明輸出端的

$$Z_{Th} = \mathbf{z}_{22} - \dfrac{\mathbf{z}_{12}\mathbf{z}_{21}}{\mathbf{z}_{11} + \mathbf{Z}_s}$$

和

$$\mathbf{V}_{Th} = \dfrac{\mathbf{z}_{21}}{\mathbf{z}_{11} + \mathbf{Z}_s}\mathbf{V}_s$$

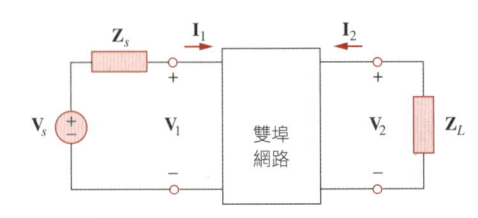

圖 19.75 習題 19.14 和 19.41 的雙埠網路

19.15 對於圖 19.76 的雙埠網路：

$$[\mathbf{z}] = \begin{bmatrix} 40 & 60 \\ 80 & 120 \end{bmatrix} \Omega$$

試求：
(a) 最大功率轉移到負載時的 $\mathbf{Z}_L$。
(b) 傳輸到負載的最大功率。

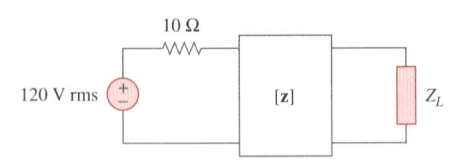

圖 19.76 習題 19.15 的雙埠網路

19.16 對於圖 19.77 電路，在 $\omega = 2$ rad/s、$\mathbf{z}_{11} = 10\ \Omega$、$\mathbf{z}_{12} = \mathbf{z}_{21} = j6\ \Omega$、$\mathbf{z}_{22} = 4\ \Omega$，試求 a-b 二端的戴維寧等效電路和 v_o。

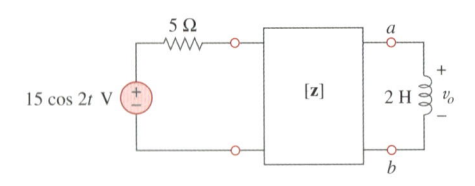

圖 19.77 習題 19.16 的電路

19.3 節　導納參數

*__19.17__ 試求圖 19.78 電路的 z 和 y 參數。

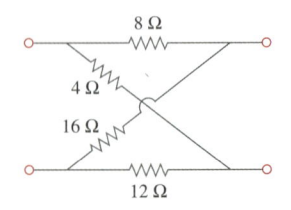

圖 19.78 習題 19.17 的電路

19.18 試求圖 19.79 雙埠網路的 y 參數。

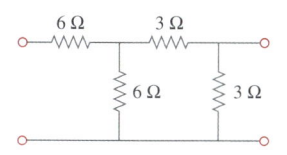

圖 19.79 習題 19.18 和 19.37 的雙埠網路

19.19 利用圖 19.80 的電路，試設計一個問題幫助其他學生更瞭解如何求 s 域的 y 參數。

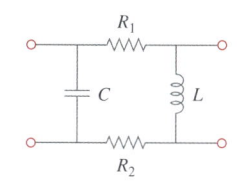

圖 19.80 習題 19.19 的電路

19.20 試求圖 19.81 電路的 y 參數。

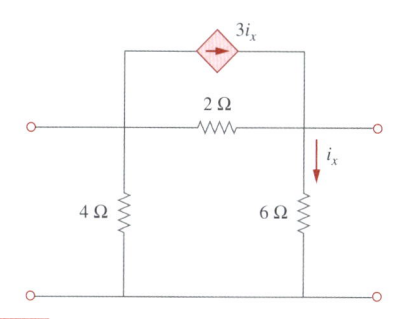

圖 19.81 習題 19.20 的電路

19.21 試求圖 19.82 雙埠網路等效電路的導納參數。

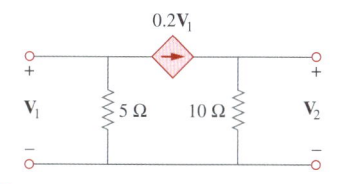

圖 19.82 習題 19.21 的雙埠網路

19.22 試求圖 19.83 雙埠網路的 y 參數。

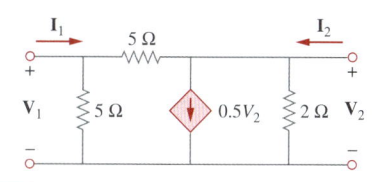

圖 19.83 習題 19.22 的雙埠網路

19.23 試求：
(a) 圖 19.84 雙埠網路的 y 參數。
(b) $v_s = 2u(t)$ V 時的 $\mathbf{V}_2(s)$。

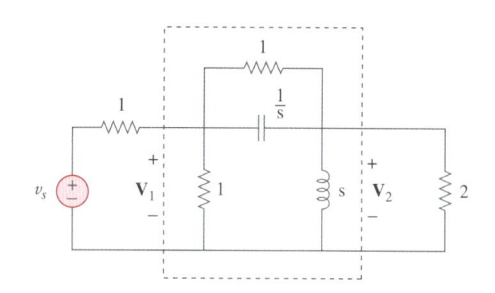

圖 19.84 習題 19.23 的雙埠網路

19.24 試求下面 y 參數所表示的電阻電路：

$$[\mathbf{y}] = \begin{bmatrix} \dfrac{1}{2} & -\dfrac{1}{4} \\ -\dfrac{1}{4} & \dfrac{3}{8} \end{bmatrix} \text{S}$$

19.25 試繪製下面 y 參數所表示的雙埠網路：

$$[\mathbf{y}] = \begin{bmatrix} 1 & -0.5 \\ -0.5 & 1.5 \end{bmatrix} \text{S}$$

19.26 試求圖 19.85 雙埠網路的 $[\mathbf{y}]$。

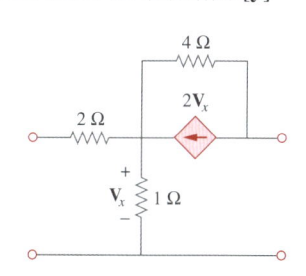

圖 19.85 習題 19.26 的雙埠網路

19.27 試求圖 19.86 電路的 y 參數。

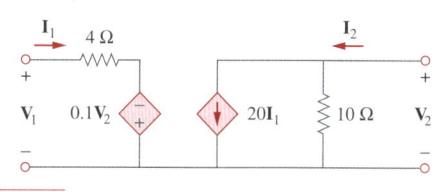

圖 19.86 習題 19.27 的電路

19.28 在圖 19.65 的電路中，輸入埠連接一個 1 A 直流電流源。利用 y 參數計算 2 Ω 電阻器所消耗的功率，並使用直接電路分析驗證計算結果。

19.29 在圖 19.87 橋式電路中，$I_1 = 10$ A、$I_2 = -4$ A。
(a) 利用 y 參數計算 V_1 和 V_2。
(b) 利用直接電路分析驗證 (a) 的結果。

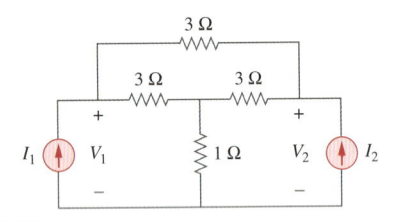

圖 19.87 習題 19.29 的電路

19.4 節　混合參數

19.30 試求圖 19.88 電路的 h 參數。

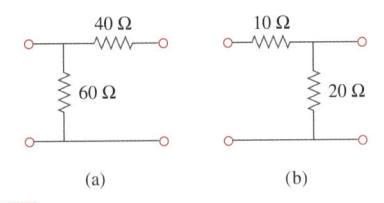

圖 19.88 習題 19.30 的網路

19.31 試求圖 19.89 電路的混合參數。

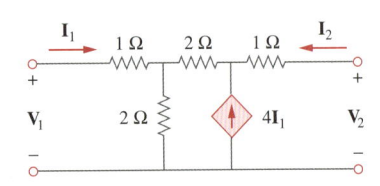

圖 19.89 習題 19.31 的網路

19.32 利用圖 19.90 的電路，試設計一個問題幫助其他學生更瞭解如何求 s 域的 h 和 g 參數。

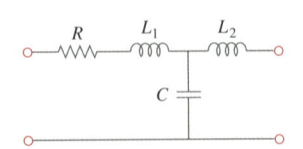

圖 19.90 習題 19.32 的電路

19.33 試求圖 19.91 雙埠網路的 h 參數。

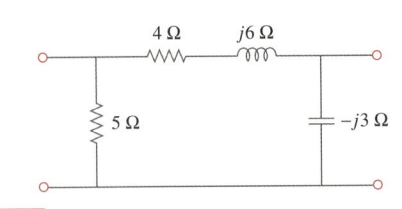

圖 19.91 習題 19.33 的雙埠網路

19.34 試求圖 19.92 雙埠網路的 h 和 g 參數。

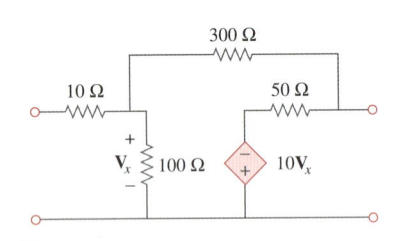

圖 19.92 習題 19.34 的雙埠網路

19.35 試求圖 19.93 雙埠網路的 h 參數。

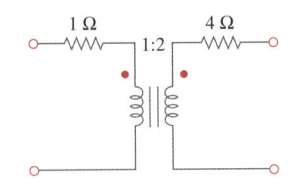

圖 19.93 習題 19.35 的網路

19.36 對於圖 19.94 雙埠網路，

$$[h] = \begin{bmatrix} 16\ \Omega & 3 \\ -2 & 0.01\ S \end{bmatrix}$$

試求：
(a) V_2/V_1　(b) I_2/I_1
(c) I_1/V_1　(d) V_2/I_1

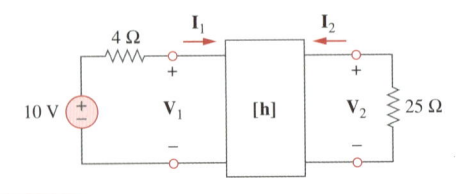

圖 19.94 習題 19.36 的電路

19.37 在圖 19.79 的電路中，輸入埠連接一個 10 V 直流電壓源。當輸出埠連接一個 5 Ω 電阻器，利用電路的 h 參數求 5 Ω 電阻器二端的電壓，並使用直接電路分析驗證計算結果。

19.38 對於圖 19.95 雙埠網路的 h 參數為：

$$[\mathbf{h}] = \begin{bmatrix} 600\,\Omega & 0.04 \\ 30 & 2\,\text{mS} \end{bmatrix}$$

已知 $Z_s = 2\,\text{k}\Omega$、$Z_L = 400\,\Omega$，試求 Z_in 和 Z_out。

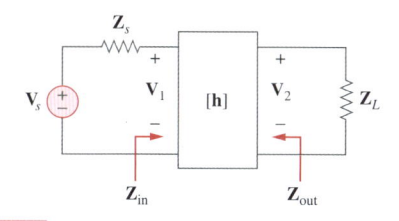

圖 19.95　習題 19.38 的電路

19.39 試求圖 19.96 中 Y 型網路的 g 參數。

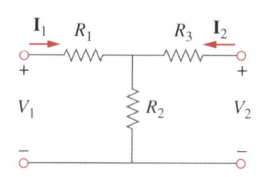

圖 19.96　習題 19.39 的電路

19.40 利用圖 19.97 的電路，試設計一個問題幫助其他學生更瞭解如何求交流電路的 g 參數。

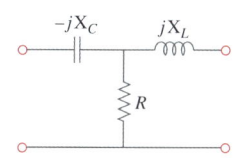

圖 19.97　習題 19.40 的電路

19.41 試證明圖 19.75 雙埠網路的

$$\frac{\mathbf{I}_2}{\mathbf{I}_1} = \frac{-\mathbf{g}_{21}}{\mathbf{g}_{11}\mathbf{Z}_L + \Delta_g}$$

$$\frac{\mathbf{V}_2}{\mathbf{V}_s} = \frac{\mathbf{g}_{21}\mathbf{Z}_L}{(1 + \mathbf{g}_{11}\mathbf{Z}_s)(\mathbf{g}_{22} + \mathbf{Z}_L) - \mathbf{g}_{21}\mathbf{g}_{12}\mathbf{Z}_s}$$

其中 Δ_g 是 $[\mathbf{g}]$ 矩陣的行列式值。

19.42 已知雙埠元件的 h 參數如下：

$$h_{11} = 600\,\Omega, \quad h_{12} = 10^{-3}, \quad h_{21} = 120,$$
$$h_{22} = 2 \times 10^{-6}\,\text{S}$$

試繪製包含上述各元件值的元件電路模型。

19.5 節　傳輸參數

19.43 試求圖 19.98 單一元件雙埠網路的傳輸參數。

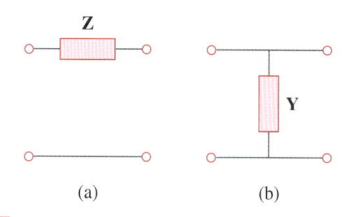

圖 19.98　習題 19.43 的網路

19.44 利用圖 19.99 的電路，試設計一個問題幫助其他學生更瞭解如何求交流電路的傳輸參數。

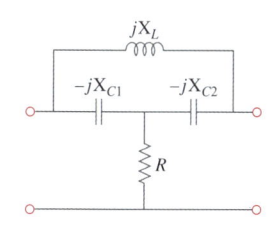

圖 19.99　習題 19.44 的電路

19.45 試求圖 19.100 電路的 **ABCD** 參數。

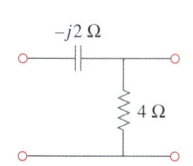

圖 19.100　習題 19.45 的電路

19.46 試求圖 19.101 電路的傳輸參數。

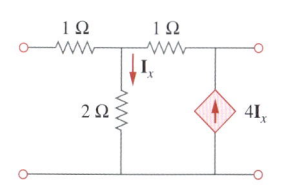

圖 19.101　習題 19.46 的電路

19.47 試求圖 19.102 網路的 **ABCD** 參數。

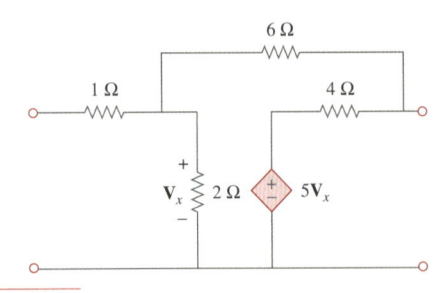

圖 19.102 習題 19.47 的網路

19.48 對某個雙埠網路，令 $A = 4$、$B = 30\ \Omega$、$C = 0.1\ S$、$D = 1.5$，試求輸入阻抗 $Z_{in} = V_1/I_1$，當：
(a) 輸出端短路。
(b) 輸出埠開路。
(c) 輸出端連接一個 $10\ \Omega$ 負載。

19.49 利用 s 域的阻抗，試求圖 19.103 電路的傳輸參數。

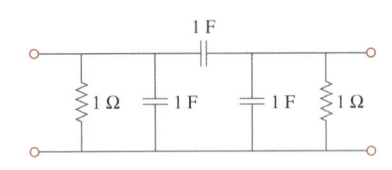

圖 19.103 習題 19.49 的電路

19.50 推導圖 19.104 電路 t 參數的 s 域表示式。

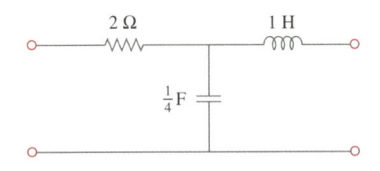

圖 19.104 習題 19.50 的電路

19.51 試求圖 19.105 網路的 t 參數。

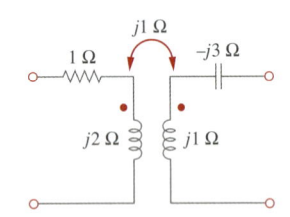

圖 19.105 習題 19.51 的網路

19.6 節 各組參數之間的關係

19.52 (a) 試證明圖 19.106 中 T 型網路的 h 參數為：

$$h_{11} = R_1 + \frac{R_2 R_3}{R_1 + R_3}, \quad h_{12} = \frac{R_2}{R_2 + R_3}$$

$$h_{21} = -\frac{R_2}{R_2 + R_3}, \quad h_{22} = \frac{1}{R_2 + R_3}$$

圖 19.106 習題 19.52 的網路

(b) 試證明同一個 T 型網路的傳輸參數為：

$$A = 1 + \frac{R_1}{R_2}, \quad B = R_3 + \frac{R_1}{R_2}(R_2 + R_3)$$

$$C = \frac{1}{R_2}, \quad D = 1 + \frac{R_3}{R_2}$$

19.53 試推導以 ABCD 參數表示的 z 參數表示式。

19.54 試證明雙埠網路的傳輸參數可以利用 y 參數求得如下：

$$A = -\frac{y_{22}}{y_{21}}, \quad B = -\frac{1}{y_{21}}$$

$$C = -\frac{\Delta_y}{y_{21}}, \quad D = -\frac{y_{11}}{y_{21}}$$

19.55 試證明 g 參數可以利用 z 參數求得如下：

$$g_{11} = \frac{1}{z_{11}}, \quad g_{12} = -\frac{z_{12}}{z_{11}}$$

$$g_{21} = \frac{z_{21}}{z_{11}}, \quad g_{22} = \frac{\Delta_z}{z_{11}}$$

19.56 試求圖 19.107 網路的 V_o/V_s。

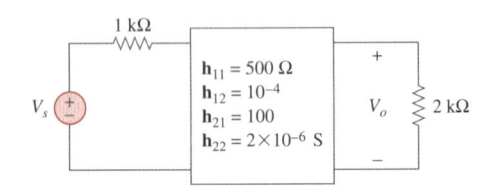

圖 19.107 習題 19.56 的電路

$h_{11} = 500\ \Omega$
$h_{12} = 10^{-4}$
$h_{21} = 100$
$h_{22} = 2 \times 10^{-6}\ S$

19.57 已知傳輸參數如下：

$$[\mathbf{T}] = \begin{bmatrix} 3 & 20 \\ 1 & 7 \end{bmatrix}$$

試求雙埠網路的其他五組參數。

19.58 試設計一個問題幫助其他學生更瞭解，已知混合參數方程式下，如何發展 y 參數和傳輸參數。

19.59 已知：

$$[\mathbf{g}] = \begin{bmatrix} 0.06 \text{ S} & -0.4 \\ 0.2 & 2 \ \Omega \end{bmatrix}$$

試求：

(a) $[\mathbf{z}]$ (b) $[\mathbf{y}]$ (c) $[\mathbf{h}]$ (d) $[\mathbf{T}]$

19.60 試設計一個在 $\omega = 10^6$ rad/s 時，實現下面 z 參數的 T 型網路。

$$[\mathbf{z}] = \begin{bmatrix} 4+j3 & 2 \\ 2 & 5-j \end{bmatrix} \text{k}\Omega$$

19.61 試求圖 19.108 橋式電路的：
(a) z 參數。
(b) h 參數。
(c) 傳輸參數。

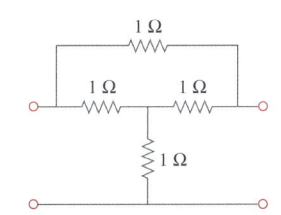

圖 19.108 習題 19.61 的電路

19.62 試求圖 19.109 運算放大器電路的 z 參數，並求傳輸參數。

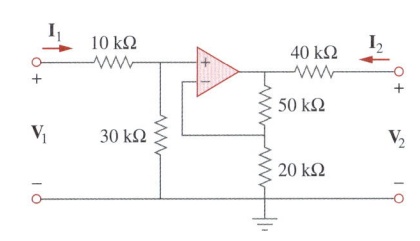

圖 19.109 習題 19.62 的電路

19.63 試求圖 19.110 雙埠網路的 z 參數。

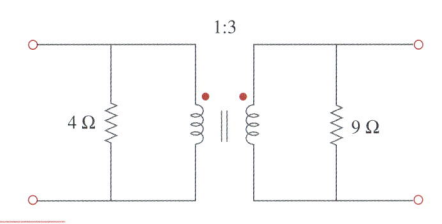

圖 19.110 習題 19.63 的電路

19.64 試求圖 19.111 運算放大器電路在 $\omega = 1000$ rad/s 時的 y 參數，並求對應的 h 參數。

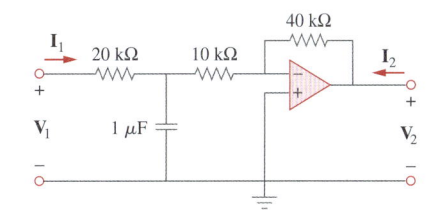

圖 19.111 習題 19.64 的電路

19.7 節　網路互連

19.65 試求圖 19.112 電路的 y 參數。

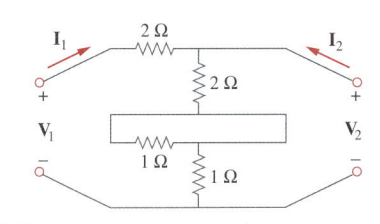

圖 19.112 習題 19.65 的電路

19.66 在圖 19.113 雙埠網路中，令 $\mathbf{y}_{12} = \mathbf{y}_{21} = 0$、$\mathbf{y}_{11} = 2$ mS 和 $\mathbf{y}_{22} = 10$ mS，試求 $\mathbf{V}_o/\mathbf{V}_s$。

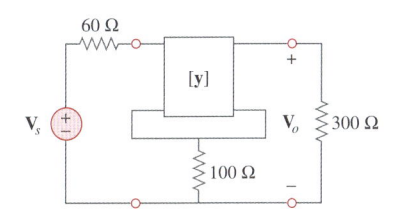

圖 19.113 習題 19.66 的雙埠網路

19.67 如果並聯連接三個圖 19.114 的電路，試求整個電路的傳輸參數。

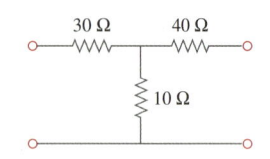

圖 19.114　習題 19.67 的電路

19.68 試求圖 19.115 網路的 h 參數。

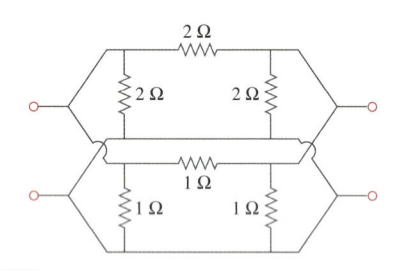

圖 19.115　習題 19.68 的網路

*__19.69__ 圖 19.116 的電路可被視為二個並聯連接的雙埠網路，試求以 s 函數表示的 y 參數。

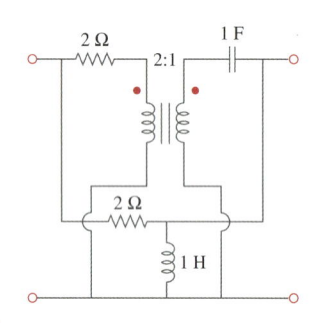

圖 19.116　習題 19.69 的電路

*__19.70__ 對於圖 19.117 二個並-串聯連接的雙埠網路，試求其 g 參數。

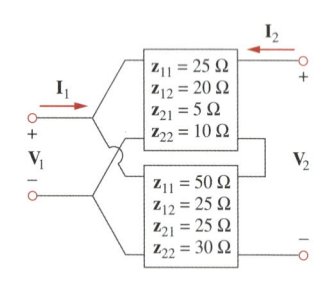

圖 19.117　習題 19.70 的電路

*__19.71__ 試求圖 19.118 網路的 z 參數。

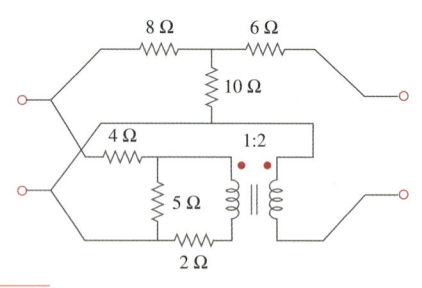

圖 19.118　習題 19.71 的電路

*__19.72__ 對於圖 19.119 二個串-並聯連接的雙埠網路，試求這個網路的 z 參數。

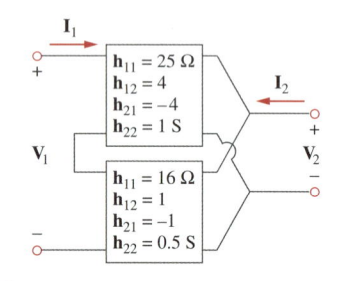

圖 19.119　習題 19.72 的電路

19.73 如果串接三個圖 19.70 的電路，試求整個電路的 z 參數。

*__19.74__ 試求圖 19.120 電路以 s 函數表示的 **ABCD** 參數。(提示：先將電路分割成子電路，然後利用習題 19.43 的結果將它們串接在一起。)

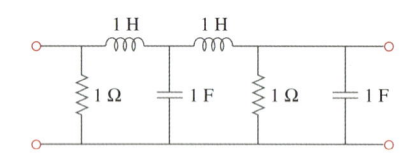

圖 19.120　習題 19.74 的電路

*__19.75__ 對於圖 19.121 所示個別的雙埠網路，其中

$$[\mathbf{z}_a] = \begin{bmatrix} 8 & 6 \\ 4 & 5 \end{bmatrix} \Omega \quad [\mathbf{y}_b] = \begin{bmatrix} 8 & -4 \\ 2 & 10 \end{bmatrix} S$$

試求：
(a) 整個雙埠網路的 y 參數。
(b) 當 $\mathbf{Z}_L = 2\,\Omega$ 時的電壓比 $\mathbf{V}_o/\mathbf{V}_i$。

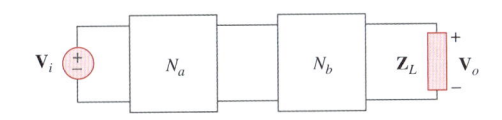

圖 19.121 習題 19.75 的網路

19.8 節　使用 PSpice 計算雙埠網路的參數

19.76 利用 PSpice 或 MultiSim，試求圖 19.122 網路的 z 參數。

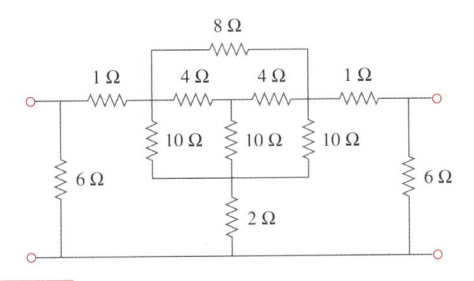

圖 19.122 習題 19.76 的網路

19.77 利用 PSpice 或 MultiSim，試求圖 19.123 網路的 h 參數，令 $\omega = 1$ rad/s。

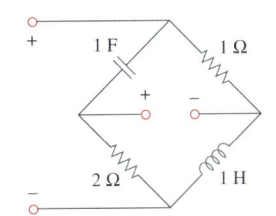

圖 19.123 習題 19.77 的網路

19.78 利用 PSpice 或 MultiSim，試求圖 19.124 電路在 $\omega = 4$ rad/s 時的 h 參數。

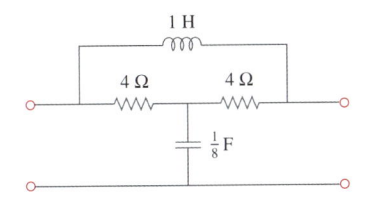

圖 19.124 習題 19.78 的電路

19.79 利用 PSpice 或 MultiSim，試求圖 19.125 電路的 z 參數，令 $\omega = 2$ rad/s。

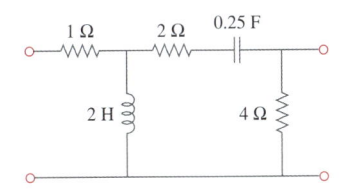

圖 19.125 習題 19.79 的電路

19.80 利用 PSpice 或 MultiSim，試求圖 19.71 電路的 z 參數。

19.81 利用 PSpice 或 MultiSim，重做習題 19.26。

19.82 利用 PSpice 或 MultiSim，重做習題 19.31。

19.83 利用 PSpice 或 MultiSim，重做習題 19.47。

19.84 利用 PSpice 或 MultiSim，試求圖 19.126 網路的傳輸參數。

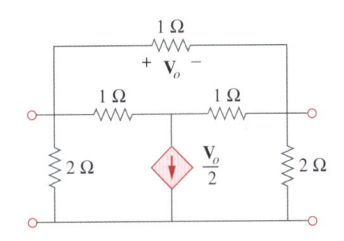

圖 19.126 習題 19.84 的網路

19.85 在 $\omega = 1$ rad/s 時，利用 PSpice 或 MultiSim，試求圖 19.127 電路的傳輸參數。

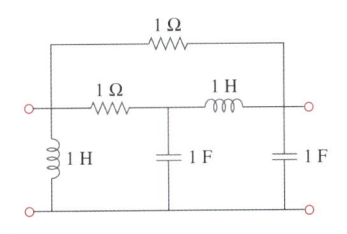

圖 19.127 習題 19.85 的電路

19.86 利用 PSpice 或 MultiSim，試求圖 19.128 網路的 g 參數。

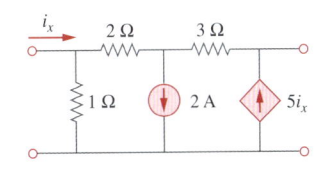

圖 19.128 習題 19.86 的網路

19.87 利用 PSpice 或 MultiSim，試求圖 19.129 電路的 t 參數，假設 $\omega = 1$ rad/s。

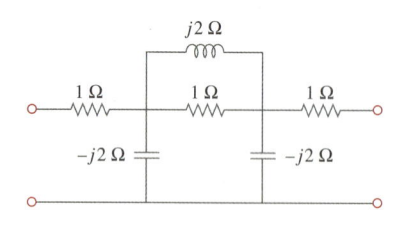

圖 19.129 習題 19.87 的電路

19.9 節　應用

19.88 利用 y 參數推導共射極電晶體電路的 Z_{in}、Z_{out}、A_i 和 A_v。

19.89 共射極電晶體電路的 h 參數如下：

$$h_{ie} = 2{,}640\ \Omega, \quad h_{re} = 2.6 \times 10^{-4}$$
$$h_{fe} = 72, \quad h_{oe} = 16\ \mu S, \quad R_L = 100\ k\Omega$$

該電晶體的電壓放大倍數為何？以分貝表示的電壓增益為多少？

19.90 電晶體的 h 參數如下：

$$h_{fe} = 120, \quad h_{ie} = 2\ k\Omega$$
$$h_{re} = 10^{-4}, \quad h_{oe} = 20\ \mu S$$

被用於共射極放大器，提供 1.5 kΩ 輸入電阻。

(a) 試求所需的負載電阻 R_L。
(b) 如果放大器的驅動電源為 4 mV 和內部電阻為 600 Ω，試求 A_v、A_i 和 Z_{out}。
(c) 試求跨接於負載上的電壓。

19.91 圖 19.130 的電晶體網路的 h 參數如下：

$$h_{fe} = 80, \quad h_{ie} = 1.2\ k\Omega$$
$$h_{re} = 1.5 \times 10^{-4}, \quad h_{oe} = 20\ \mu S$$

試求：
(a) 電壓增益 $A_v = V_o/V_s$。
(b) 電流增益 $A_i = I_o/I_i$。
(c) 輸入阻抗 Z_{in}。
(d) 輸出阻抗 Z_{out}。

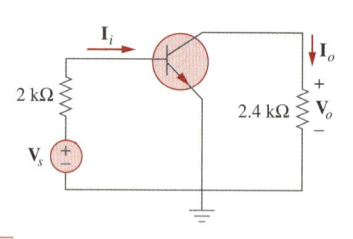

圖 19.130 習題 19.91 的網路

*19.92 圖 19.131 放大器的 A_v、A_i、Z_{in} 和 Z_{out}，假設：

$$h_{ie} = 4\ k\Omega, \quad h_{re} = 10^{-4}$$
$$h_{fe} = 100, \quad h_{oe} = 30\ \mu S$$

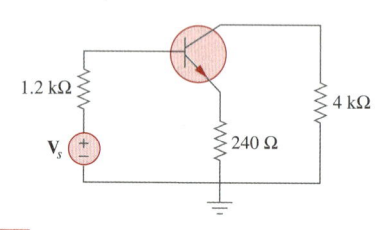

圖 19.131 習題 19.92 的放大器

*19.93 試求圖 19.132 電晶體網路的 A_v、A_i、Z_{in} 和 Z_{out}，假設

$$h_{ie} = 2\ k\Omega, \quad h_{re} = 2.5 \times 10^{-4}$$
$$h_{fe} = 150, \quad h_{oe} = 10\ \mu S$$

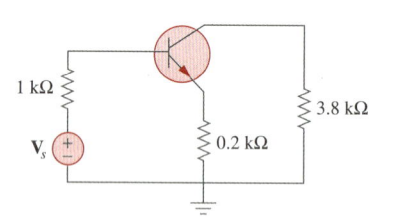

圖 19.132 習題 19.93 的網路

19.94 一個電晶體在共射極模式下的 h 參數如下：

$$[\mathbf{h}] = \begin{bmatrix} 200\ \Omega & 0 \\ 100 & 10^{-6}\ S \end{bmatrix}$$

二個相同的電晶體串接形成一個二級音頻放大器。如果放大器的終端連接一個 4 kΩ 電阻器，試求整個電路的 A_v 和 Z_{in}。

19.95 實現一個如下面參數的 LC 階梯網路：

$$y_{22} = \frac{s^3 + 5s}{s^4 + 10s^2 + 8}$$

19.96 試設計一個 LC 階梯網路，以實現如下面轉移函數的低通濾波器：

$$H(s) = \frac{1}{s^4 + 2.613s^2 + 3.414s^2 + 2.613s + 1}$$

19.97 利用圖 19.133 的 LC 階梯網路合成下面轉移函數：

$$H(s) = \frac{V_o}{V_s} = \frac{s^3}{s^3 + 6s + 12s + 24}$$

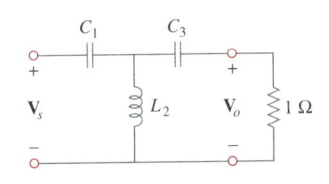

圖 19.133 習題 19.97 的網路

19.98 圖 19.134 的二級放大器包含二個如下參數所代表的放大器：

$$[\mathbf{h}] = \begin{bmatrix} 2\text{ k}\Omega & 0.004 \\ 200 & 500\,\mu\text{S} \end{bmatrix}$$

如果 $\mathbf{Z}_L = 20\text{ k}\Omega$，試求產生 $\mathbf{V}_o = 16$ V 所需的 $\mathbf{V}_s$ 值。

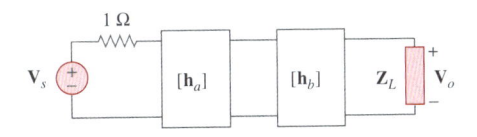

圖 19.134 習題 19.98 的網路

綜合題

19.99 假設圖 19.135 的二個電路是等效的，則二個電路的參數必須相等。利用這個因素與 z 參數推導 (19.67) 式和 (19.68) 式。

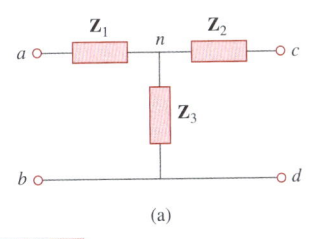

圖 19.135 綜合題 19.99 的電路

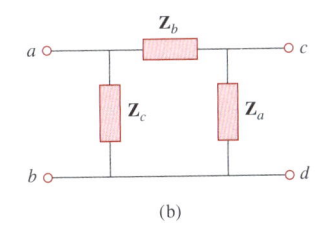

Appendix A 複數

一般而言,運用複數能夠讓電路分析和電機工程的運算更加方便,特別是在交流電路的分析上。儘管現在的計算器和電腦套裝軟體已可執行複數運算,但學生仍然應該瞭解複數的運算原理。

A.1 複數表示法

複數 z 可以寫成**直角坐標形式** (rectangular form) 如下:

$$z = x + jy \tag{A.1}$$

其中 $j = \sqrt{-1}$;x 為 z 的**實部** (real part),而 y 為 z 的**虛部** (imaginary part),即

$$x = \text{Re}(z), \qquad y = \text{Im}(z) \tag{A.2}$$

複數 z 在複數平面上的表示如圖 A.1 所示。因為 $j = \sqrt{-1}$

$$\begin{aligned}\frac{1}{j} &= -j \\ j^2 &= -1 \\ j^3 &= j \cdot j^2 = -j \\ j^4 &= j^2 \cdot j^2 = 1 \\ j^5 &= j \cdot j^4 = j \\ &\vdots \\ j^{n+4} &= j^n \end{aligned} \tag{A.3}$$

> 複數平面上看起來像二維曲線坐標空間,但實際上並非如此。

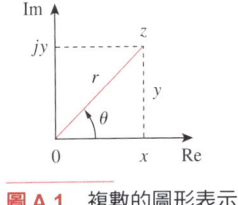

圖 A.1 複數的圖形表示

複數 z 的第二種表示法是透過其大小 r 和與實軸的角度 θ 來表示,如圖 A.1 所示,這就是所謂的**極坐標形式** (polar form),如下:

$$z = |z|\underline{/\theta} = r\underline{/\theta} \quad \text{(A.4)}$$

其中

$$r = \sqrt{x^2 + y^2}, \quad \theta = \tan^{-1}\frac{y}{x} \quad \text{(A.5a)}$$

或

$$x = r\cos\theta, \quad y = r\sin\theta \quad \text{(A.5b)}$$

即

$$z = x + jy = r\underline{/\theta} = r\cos\theta + jr\sin\theta \quad \text{(A.6)}$$

使用 (A.5) 式將平面坐標轉換成極坐標形式時，必須小心決定 θ 的正確值。θ 有下列四種可能性：

$$\begin{aligned}
z &= x + jy, & \theta &= \tan^{-1}\frac{y}{x} & \text{(第 1 象限)} \\
z &= -x + jy, & \theta &= 180° - \tan^{-1}\frac{y}{x} & \text{(第 2 象限)} \\
z &= -x - jy, & \theta &= 180° + \tan^{-1}\frac{y}{x} & \text{(第 3 象限)} \\
z &= x - jy, & \theta &= 360° - \tan^{-1}\frac{y}{x} & \text{(第 4 象限)}
\end{aligned} \quad \text{(A.7)}$$

> 在指數形式中 $z = re^{j\theta}$，所以 $dz/d\theta = jre^{j\theta} = jz$。

其中假設 x 和 y 皆為正數。

複數的第三種表示法為**指數形式** (exponential form)：

$$z = re^{j\theta} \quad \text{(A.8)}$$

這幾乎與極坐標形式相同，因為使用相同的大小 r 和角度 θ。

三種複數的表示法總結如下：

$$\begin{aligned}
z &= x + jy, & (x &= r\cos\theta, y = r\sin\theta) & \text{直角坐標形式} \\
z &= r\underline{/\theta}, & \left(r\right. &= \sqrt{x^2+y^2}, \theta = \tan^{-1}\frac{y}{x}\left.\right) & \text{極坐標形式} \\
z &= re^{j\theta}, & \left(r\right. &= \sqrt{x^2+y^2}, \theta = \tan^{-1}\frac{y}{x}\left.\right) & \text{指數形式}
\end{aligned} \quad \text{(A.9)}$$

前二種形式之間的關係如 (A.5) 式和 (A.6) 式。在 A.3 節將推導尤拉公式，來證明第三種形式與前二種形式等效。

範例 A.1

將下列複數轉換成極坐標形式和指數形式：

(a) $z_1 = 6 + j8$，(b) $z_2 = 6 - j8$，(c) $z_3 = -6 + j8$，(d) $z_4 = -6 - j8$。

解：請注意，我們特意選擇這些落在四個不同象限複數，如圖 A.2 所示。

(a) 對於 $z_1 = 6 + j8$ (第 1 象限)

$$r_1 = \sqrt{6^2 + 8^2} = 10, \qquad \theta_1 = \tan^{-1}\frac{8}{6} = 53.13°$$

因此，極坐標形式為 $10\underline{/53.13°}$，而指數形式為 $10e^{j53.13°}$。

(b) 對於 $z_2 = 6 - j8$ (第 4 象限)

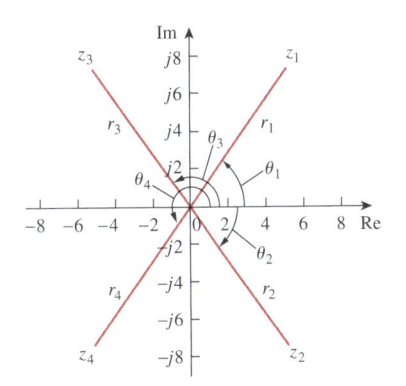

$$r_2 = \sqrt{6^2 + (-8)^2} = 10, \qquad \theta_2 = 360° - \tan^{-1}\frac{8}{6} = 306.87°$$

圖 A.2 範例 A.1 的坐標

因此極坐標形式為 $10\underline{/306.87°}$，而指數形式為 $10e^{j306.87°}$。θ_2 也可以寫成 $-53.13°$，如圖 A.2 所示。所以極坐標形式改為 $10\underline{/-53.13°}$，而指數形式改為 $10e^{-j53.13°}$。

(c) 對於 $z_3 = -6 + j8$ (第 2 象限)

$$r_3 = \sqrt{(-6)^2 + 8^2} = 10, \qquad \theta_3 = 180° - \tan^{-1}\frac{8}{6} = 126.87°$$

因此極坐標形式為 $10\underline{/126.87°}$，而指數形式為 $10e^{j126.87°}$。

(d) 對於 $z_4 = -6 - j8$ (第 3 象限)

$$r_4 = \sqrt{(-6)^2 + (-8)^2} = 10, \qquad \theta_4 = 180° + \tan^{-1}\frac{8}{6} = 233.13°$$

因此極坐標形式為 $10\underline{/233.13°}$，而指數形式為 $10e^{j233.13°}$。

練習題 A.1 將下列複數轉換成極坐標形式和指數形式：(a) $z_1 = 3 - j4$，(b) $z_2 = 5 + j12$，(c) $z_3 = -3 - j9$，(d) $z_4 = -7 + j$。

答：(a) $5\underline{/306.9°}$，$5e^{j306.9°}$，(b) $13\underline{/67.38°}$，$13e^{j67.38°}$，
(c) $9.487\underline{/251.6°}$，$9.487e^{j251.6°}$，(d) $7.071\underline{/171.9°}$，$7.071e^{j171.9°}$。

範例 A.2 將下列複數轉換成平面坐標形式：(a) $12\underline{/-60°}$，(b) $-50\underline{/285°}$，(c) $8e^{j10°}$，(d) $20e^{-j\pi/3}$。

解： (a) 使用 (A.6) 式得

$$12\underline{/-60°} = 12\cos(-60°) + j12\sin(-60°) = 6 - j10.39$$

注意：$\theta = -60°$ 相當於 $\theta = 360° - 60° = 300°$。

(b) 可寫成

$$-50\underline{/285°} = -50\cos 285° - j50\sin 285° = -12.94 + j48.3$$

(c) 同理，

$$8e^{j10°} = 8\cos 10° + j8\sin 10° = 7.878 + j1.389$$

(d) 最後，

$$20e^{-j\pi/3} = 20\cos(-\pi/3) + j20\sin(-\pi/3) = 10 - j17.32$$

練習題 A.2 試求下列複數的直角坐標形式：(a) $-8\underline{/210°}$，(b) $40\underline{/305°}$，(c) $10e^{-j30°}$，(d) $50e^{j\pi/2}$。

答： (a) $6.928 + j4$, (b) $22.94 - j32.77$, (c) $8.66 - j5$, (d) $j50$.

A.2 數學運算

> 因為複數與時間或頻率無關，所以使用標準字表示複數，而使用粗體字表示相量。

若且為若二個複數 $z_1 = x_1 + jy_1$ 和 $z_2 = x_2 + jy_2$ 相等，則它們的實部相等，且它們的虛部也相等。

$$x_1 = x_2, \quad y_1 = y_2 \tag{A.10}$$

複數 $z = x + jy$ 的**共軛複數** (complex conjugate) 為

$$z^* = x - jy = r\underline{/-\theta} = re^{-j\theta} \tag{A.11}$$

因此，將某複數虛部的 j 換成 $-j$，則得該複數的共軛複數。

已知二複數為 $z_1 = x_1 + jy_1 = r_1\underline{/\theta_1}$ 和 $z_2 = x_2 + jy_2 = r_2\underline{/\theta_2}$，則此二複數的和為：

$$z_1 + z_2 = (x_1 + x_2) + j(y_1 + y_2) \tag{A.12}$$

此二複數的差為：

$$z_1 - z_2 = (x_1 - x_2) + j(y_1 - y_2) \tag{A.13}$$

複數的加法與減法運算使用直角坐標形式比較方便，而複數的乘法與除法運算則使用極坐標形式或指數形式比較適合。因此，二複數極坐標形式的積為：

$$z_1 z_2 = r_1 r_2 \underline{/\theta_1 + \theta_2} \tag{A.14}$$

而二複數直角坐標形式的積為：

$$\begin{aligned} z_1 z_2 &= (x_1 + jy_1)(x_2 + jy_2) \\ &= (x_1 x_2 - y_1 y_2) + j(x_1 y_2 + x_2 y_1) \end{aligned} \tag{A.15}$$

二複數極坐標形式的商為：

$$\frac{z_1}{z_2} = \frac{r_1}{r_2} \underline{/\theta_1 - \theta_2} \tag{A.16}$$

而二複數直角坐標形式的商為：

$$\frac{z_1}{z_2} = \frac{x_1 + jy_1}{x_2 + jy_2} \tag{A.17}$$

將上式分子與分母同時乘以 z_2^*，使分母有理化如下：

$$\frac{z_1}{z_2} = \frac{(x_1 + jy_1)(x_2 - jy_2)}{(x_2 + jy_2)(x_2 - jy_2)} = \frac{x_1 x_2 + y_1 y_2}{x_2^2 + y_2^2} + j\frac{x_2 y_1 - x_1 y_2}{x_2^2 + y_2^2} \tag{A.18}$$

如果 $A = 2 + j5$、$B = 4 - j6$，試求：(a) $A^*(A + B)$，(b) $(A + B)/(A - B)$。 **範例 A.3**

解： (a) 如果 $A = 2 + j5$，則 $A^* = 2 - j5$，且

$$A + B = (2 + 4) + j(5 - 6) = 6 - j$$

因此，

$$A^*(A + B) = (2 - j5)(6 - j) = 12 - j2 - j30 - 5 = 7 - j32$$

(b) 同理，

$$A - B = (2 - 4) + j[5 - (-6)] = -2 + j11$$

因此，

$$\begin{aligned} \frac{A + B}{A - B} &= \frac{6 - j}{-2 + j11} = \frac{(6 - j)(-2 - j11)}{(-2 + j11)(-2 - j11)} \\ &= \frac{-12 - j66 + j2 - 11}{(-2)^2 + 11^2} = \frac{-23 - j64}{125} = -0.184 - j0.512 \end{aligned}$$

練習題 A.3 如果 $C = -3+j7$、$D = 8+j$，試計算：(a) $(C - D^*)(C + D^*)$，(b) D^2/C^*，(c) $2CD/(C + D)$。

答： (a) $-103 - j26$，(b) $-5.19 + j6.776$，(c) $6.045 + j11.53$。

範例 A.4 試計算：

(a) $\dfrac{(2 + j5)(8e^{j10°})}{2 + j4 + 2\underline{/-40°}}$ (b) $\dfrac{j(3 - j4)^*}{(-1 + j6)(2 + j)^2}$

解： (a) 因為本題含有極坐標形式和指數形式，所以最好將所有項目改以極坐標形式表示如下：

$$2 + j5 = \sqrt{2^2 + 5^2}\underline{/\tan^{-1} 5/2} = 5.385\underline{/68.2°}$$
$$(2 + j5)(8e^{j10°}) = (5.385\underline{/68.2°})(8\underline{/10°}) = 43.08\underline{/78.2°}$$
$$2 + j4 + 2\underline{/-40°} = 2 + j4 + 2\cos(-40°) + j2\sin(-40°)$$
$$= 3.532 + j2.714 = 4.454\underline{/37.54°}$$

因此，

$$\frac{(2 + j5)(8e^{j10°})}{2 + j4 + 2\underline{/-40°}} = \frac{43.08\underline{/78.2°}}{4.454\underline{/37.54°}} = 9.672\underline{/40.66°}$$

(b) 因為本題所有項目皆為直角坐標形式，所以可以使用直角坐標形式計算。但，

$$j(3 - j4)^* = j(3 + j4) = -4 + j3$$
$$(2 + j)^2 = 4 + j4 - 1 = 3 + j4$$
$$(-1 + j6)(2 + j)^2 = (-1 + j6)(3 + j4) = -3 - 4j + j18 - 24$$
$$= -27 + j14$$

因此，

$$\frac{j(3 - j4)^*}{(-1 + j6)(2 + j)^2} = \frac{-4 + j3}{-27 + j14} = \frac{(-4 + j3)(-27 - j14)}{27^2 + 14^2}$$
$$= \frac{108 + j56 - j81 + 42}{925} = 0.1622 - j0.027$$

練習題 A.4 試計算下列複數分數：

(a) $\dfrac{6\underline{/30°} + j5 - 3}{-1 + j + 2e^{j45°}}$ (b) $\left[\dfrac{(15 - j7)(3 + j2)^*}{(4 + j6)^*(3\underline{/70°})}\right]^*$

答：(a) $3.387\underline{/-5.615°}$, (b) $2.759\underline{/-287.6°}$.

A.3 尤拉公式

尤拉公式是複數變數中一個重要的結果，可利用 e^x、$\cos\theta$、$\sin\theta$ 的級數展開式來推導尤拉公式。已知

$$e^x = 1 + x + \frac{x^2}{2!} + \frac{x^3}{3!} + \frac{x^4}{4!} + \cdots \tag{A.19}$$

以 $j\theta$ 取代上式的 x 得

$$e^{j\theta} = 1 + j\theta - \frac{\theta^2}{2!} - j\frac{\theta^3}{3!} + \frac{\theta^4}{4!} + \cdots \tag{A.20}$$

且，

$$\begin{aligned}\cos\theta &= 1 - \frac{\theta^2}{2!} + \frac{\theta^4}{4!} - \frac{\theta^6}{6!} + \cdots \\ \sin\theta &= \theta - \frac{\theta^3}{3!} + \frac{\theta^5}{5!} - \frac{\theta^7}{7!} + \cdots\end{aligned} \tag{A.21}$$

因此，

$$\cos\theta + j\sin\theta = 1 + j\theta - \frac{\theta^2}{2!} - j\frac{\theta^3}{3!} + \frac{\theta^4}{4!} + j\frac{\theta^5}{5!} - \cdots \tag{A.22}$$

比較 (A.20) 式與 (A.22) 式，得

$$\boxed{e^{j\theta} = \cos\theta + j\sin\theta} \tag{A.23}$$

這就是**尤拉公式** (Euler's formula)。複數 (A.8) 式的指數表示式就是根據此尤拉公式而得的。從 (A.23) 式得：

$$\boxed{\cos\theta = \mathrm{Re}(e^{j\theta}), \qquad \sin\theta = \mathrm{Im}(e^{j\theta})} \tag{A.24}$$

而且，

$$|e^{j\theta}| = \sqrt{\cos^2\theta + \sin^2\theta} = 1$$

以 $-\theta$ 取代 (A.23) 式的 θ，得

$$e^{-j\theta} = \cos\theta - j\sin\theta \tag{A.25}$$

(A.23) 式與 (A.25) 式相加得

$$\boxed{\cos\theta = \frac{1}{2}(e^{j\theta} + e^{-j\theta})} \tag{A.26}$$

(A.25) 式減去 (A.23) 式得

$$\boxed{\sin\theta = \frac{1}{2j}(e^{j\theta} - e^{-j\theta})} \tag{A.27}$$

有用的恆等式

如果 $z = x + jy = r\underline{/\theta}$，則在處理複數運算時，下列恆等式是非常有用的。

$$zz^* = x^2 + y^2 = r^2 \tag{A.28}$$

$$\sqrt{z} = \sqrt{x+jy} = \sqrt{re^{j\theta/2}} = \sqrt{r}\underline{/\theta/2} \tag{A.29}$$

$$z^n = (x+jy)^n = r^n\underline{/n\theta} = r^n e^{jn\theta} = r^n(\cos n\theta + j\sin n\theta) \tag{A.30}$$

$$z^{1/n} = (x+jy)^{1/n} = r^{1/n}\underline{/\theta/n + 2\pi k/n} \tag{A.31}$$
$$k = 0, 1, 2, \ldots, n-1$$

$$\ln(re^{j\theta}) = \ln r + \ln e^{j\theta} = \ln r + j\theta + j2k\pi$$
$$(k = 整數) \tag{A.32}$$

$$\frac{1}{j} = -j$$
$$e^{\pm j\pi} = -1$$
$$e^{\pm j2\pi} = 1 \tag{A.33}$$
$$e^{j\pi/2} = j$$
$$e^{-j\pi/2} = -j$$

$$\text{Re}(e^{(\alpha+j\omega)t}) = \text{Re}(e^{\alpha t}e^{j\omega t}) = e^{\alpha t}\cos\omega t$$
$$\text{Im}(e^{(\alpha+j\omega)t}) = \text{Im}(e^{\alpha t}e^{j\omega t}) = e^{\alpha t}\sin\omega t \tag{A.34}$$

如果 $A = 6 + j8$，試求：(a) $\sqrt{A}$，(b) A^4。 **範例 A.5**

解：(a) 首先將 A 轉換成極坐標形式：

$$r = \sqrt{6^2 + 8^2} = 10, \quad \theta = \tan^{-1}\frac{8}{6} = 53.13°, \quad A = 10\underline{/53.13°}$$

因此，

$$\sqrt{A} = \sqrt{10}\underline{/53.13°/2} = 3.162\underline{/26.56°}$$

(b) 因為 $A = 10\underline{/53.13°}$

$$A^4 = r^4\underline{/4\theta} = 10^4\underline{/4 \times 53.13°} = 10{,}000\underline{/212.52°}$$

練習題 A.5 如果 $A = 3 - j4$，試求：(a) $A^{1/3}$（開 3 次方），(b) $\ln A$。

答：(a) $1.71\underline{/102.3°}$, $1.71\underline{/222.3°}$, $1.71\underline{/342.3°}$,

(b) $1.609 + j5.356 + j2n\pi$ ($n = 0, 1, 2, \ldots$)。

Appendix B 數學公式

本附錄並未提供所有的公式，只包含求解本書中電路問題所需的公式。

B.1 二次方程式

二次方程式 $ax^2 + bx + c = 0$ 的根為：

$$x_1, x_2 = \frac{-b \pm \sqrt{b^2 - 4ac}}{2a}$$

B.2 三角恆等式

$$\sin(-x) = -\sin x$$
$$\cos(-x) = \cos x$$
$$\sec x = \frac{1}{\cos x}, \quad \csc x = \frac{1}{\sin x}$$
$$\tan x = \frac{\sin x}{\cos x}, \quad \cot x = \frac{1}{\tan x}$$
$$\sin(x \pm 90°) = \pm\cos x$$
$$\cos(x \pm 90°) = \mp\sin x$$
$$\sin(x \pm 180°) = -\sin x$$
$$\cos(x \pm 180°) = -\cos x$$
$$\cos^2 x + \sin^2 x = 1$$
$$\frac{a}{\sin A} = \frac{b}{\sin B} = \frac{c}{\sin C} \quad \text{（正弦定律）}$$
$$a^2 = b^2 + c^2 - 2bc \cos A \quad \text{（餘弦定律）}$$

$$\frac{\tan\frac{1}{2}(A-B)}{\tan\frac{1}{2}(A+B)} = \frac{a-b}{a+b} \quad \text{(正切定律)}$$

$$\sin(x \pm y) = \sin x \cos y \pm \cos x \sin y$$

$$\cos(x \pm y) = \cos x \cos y \mp \sin x \sin y$$

$$\tan(x \pm y) = \frac{\tan x \pm \tan y}{1 \mp \tan x \tan y}$$

$$2 \sin x \sin y = \cos(x-y) - \cos(x+y)$$

$$2 \sin x \cos y = \sin(x+y) + \sin(x-y)$$

$$2 \cos x \cos y = \cos(x+y) + \cos(x-y)$$

$$\sin 2x = 2 \sin x \cos x$$

$$\cos 2x = \cos^2 x - \sin^2 x = 2\cos^2 x - 1 = 1 - 2\sin^2 x$$

$$\tan 2x = \frac{2 \tan x}{1 - \tan^2 x}$$

$$\sin^2 x = \frac{1}{2}(1 - \cos 2x)$$

$$\cos^2 x = \frac{1}{2}(1 + \cos 2x)$$

$$K_1 \cos x + K_2 \sin x = \sqrt{K_1^2 + K_2^2} \cos\left(x + \tan^{-1}\frac{-K_2}{K_1}\right)$$

$$e^{jx} = \cos x + j \sin x \quad \text{(尤拉公式)}$$

$$\cos x = \frac{e^{jx} + e^{-jx}}{2}$$

$$\sin x = \frac{e^{jx} - e^{-jx}}{2j}$$

$$1 \text{ rad} = 57.296°$$

B.3 雙曲線函數

$$\sinh x = \frac{1}{2}(e^x - e^{-x})$$

$$\cosh x = \frac{1}{2}(e^x + e^{-x})$$

$$\tanh x = \frac{\sinh x}{\cosh x}$$

$$\coth x = \frac{1}{\tanh x}$$

$$\operatorname{csch} x = \frac{1}{\sinh x}$$

$$\operatorname{sech} x = \frac{1}{\cosh x}$$

$$\sinh(x \pm y) = \sinh x \cosh y \pm \cosh x \sinh y$$

$$\cosh(x \pm y) = \cosh x \cosh y \pm \sinh x \sinh y$$

B.4　微分

如果 $U = U(x)$、$V = V(x)$，且 $a =$ 常數，

$$\frac{d}{dx}(aU) = a\frac{dU}{dx}$$

$$\frac{d}{dx}(UV) = U\frac{dV}{dx} + V\frac{dU}{dx}$$

$$\frac{d}{dx}\left(\frac{U}{V}\right) = \frac{V\frac{dU}{dx} - U\frac{dV}{dx}}{V^2}$$

$$\frac{d}{dx}(aU^n) = naU^{n-1}$$

$$\frac{d}{dx}(a^U) = a^U \ln a \frac{dU}{dx}$$

$$\frac{d}{dx}(e^U) = e^U \frac{dU}{dx}$$

$$\frac{d}{dx}(\sin U) = \cos U \frac{dU}{dx}$$

$$\frac{d}{dx}(\cos U) = -\sin U \frac{dU}{dx}$$

B.5　積分

如果 $U = U(x)$、$V = V(x)$，且 $a =$ 常數，

$$\int a\, dx = ax + C$$

$$\int U\, dV = UV - \int V\, dU \quad \text{(部分積分)}$$

$$\int U^n\, dU = \frac{U^{n+1}}{n+1} + C, \quad n \neq 1$$

$$\int \frac{dU}{U} = \ln U + C$$

$$\int a^U \, dU = \frac{a^U}{\ln a} + C, \quad a > 0, a \neq 1$$

$$\int e^{ax} \, dx = \frac{1}{a} e^{ax} + C$$

$$\int x e^{ax} \, dx = \frac{e^{ax}}{a^2}(ax - 1) + C$$

$$\int x^2 e^{ax} \, dx = \frac{e^{ax}}{a^3}(a^2 x^2 - 2ax + 2) + C$$

$$\int \ln x \, dx = x \ln x - x + C$$

$$\int \sin ax \, dx = -\frac{1}{a} \cos ax + C$$

$$\int \cos ax \, dx = \frac{1}{a} \sin ax + C$$

$$\int \sin^2 ax \, dx = \frac{x}{2} - \frac{\sin 2ax}{4a} + C$$

$$\int \cos^2 ax \, dx = \frac{x}{2} + \frac{\sin 2ax}{4a} + C$$

$$\int x \sin ax \, dx = \frac{1}{a^2}(\sin ax - ax \cos ax) + C$$

$$\int x \cos ax \, dx = \frac{1}{a^2}(\cos ax + ax \sin ax) + C$$

$$\int x^2 \sin ax \, dx = \frac{1}{a^3}(2ax \sin ax + 2 \cos ax - a^2 x^2 \cos ax) + C$$

$$\int x^2 \cos ax \, dx = \frac{1}{a^3}(2ax \cos ax - 2 \sin ax + a^2 x^2 \sin ax) + C$$

$$\int e^{ax} \sin bx \, dx = \frac{e^{ax}}{a^2 + b^2}(a \sin bx - b \cos bx) + C$$

$$\int e^{ax} \cos bx \, dx = \frac{e^{ax}}{a^2 + b^2}(a \cos bx + b \sin bx) + C$$

$$\int \sin ax \sin bx \, dx = \frac{\sin(a-b)x}{2(a-b)} - \frac{\sin(a+b)x}{2(a+b)} + C, \quad a^2 \neq b^2$$

$$\int \sin ax \cos bx \, dx = -\frac{\cos(a-b)x}{2(a-b)} - \frac{\cos(a+b)x}{2(a+b)} + C, \quad a^2 \neq b^2$$

$$\int \cos ax \cos bx \, dx = \frac{\sin(a-b)x}{2(a-b)} + \frac{\sin(a+b)x}{2(a+b)} + C, \quad a^2 \neq b^2$$

$$\int \frac{dx}{a^2 + x^2} = \frac{1}{a}\tan^{-1}\frac{x}{a} + C$$

$$\int \frac{x^2\,dx}{a^2 + x^2} = x - a\tan^{-1}\frac{x}{a} + C$$

$$\int \frac{dx}{(a^2 + x^2)^2} = \frac{1}{2a^2}\left(\frac{x}{x^2 + a^2} + \frac{1}{a}\tan^{-1}\frac{x}{a}\right) + C$$

B.6　定積分

如果 m 和 n 為整數，

$$\int_0^{2\pi} \sin ax\,dx = 0$$

$$\int_0^{2\pi} \cos ax\,dx = 0$$

$$\int_0^{\pi} \sin^2 ax\,dx = \int_0^{\pi} \cos^2 ax\,dx = \frac{\pi}{2}$$

$$\int_0^{\pi} \sin mx \sin nx\,dx = \int_0^{\pi} \cos mx \cos nx\,dx = 0, \quad m \neq n$$

$$\int_0^{\pi} \sin mx \cos nx\,dx = \begin{cases} 0, & m + n = 偶數 \\ \dfrac{2m}{m^2 - n^2}, & m + n = 奇數 \end{cases}$$

$$\int_0^{2\pi} \sin mx \sin nx\,dx = \int_{-\pi}^{\pi} \sin mx \sin nx\,dx = \begin{cases} 0, & m \neq n \\ \pi, & m = n \end{cases}$$

$$\int_0^{\infty} \frac{\sin ax}{x}\,dx = \begin{cases} \dfrac{\pi}{2}, & a > 0 \\ 0, & a = 0 \\ -\dfrac{\pi}{2}, & a < 0 \end{cases}$$

B.7　羅必達法則

如果 $f(0) = 0 = h(0)$，則

$$\lim_{x \to 0} \frac{f(x)}{h(x)} = \lim_{x \to 0} \frac{f'(x)}{h'(x)}$$

其中 $f'(x)$ 表示 $f(x)$ 的微分。

Appendix C 奇數習題答案

第 9 章

9.1 (a) 50 V, (b) 209.4 ms, (c) 4.775 Hz, (d) 44.48 V, 0.3 rad

9.3 (a) $10\cos(\omega t - 60°)$, (b) $9\cos(8t + 90°)$, (c) $20\cos(\omega t + 135°)$

9.5 $30°$, v_1 滯後 v_2

9.7 證明題。

9.9 (a) $50.88\underline{/-15.52°}$, (b) $60.02\underline{/-110.96°}$

9.11 (a) $21\underline{/-15°}$ V, (b) $8\underline{/160°}$ mA, (c) $120\underline{/-140°}$ V, (d) $60\underline{/-170°}$ mA

9.13 (a) $-1.2749 + j0.1520$, (b) -2.083, (c) $35 + j14$

9.15 (a) $-6 - j11$, (b) $120.99 + j4.415$, (c) -1

9.17 $15.62\cos(50t - 9.8°)$ V

9.19 (a) $3.32\cos(20t + 114.49°)$, (b) $64.78\cos(50t - 70.89°)$, (c) $9.44\cos(400t - 44.7°)$

9.21 (a) $f(t) = 8.324\cos(30t + 34.86°)$, (b) $g(t) = 5.565\cos(t - 62.49°)$, (c) $h(t) = 1.2748\cos(40t - 168.69°)$

9.23 (a) $320.1\cos(20t - 80.11°)$ A, (b) $36.05\cos(5t + 93.69°)$ A

9.25 (a) $0.8\cos(2t - 98.13°)$ A, (b) $0.745\cos(5t - 4.56°)$ A

9.27 $0.289\cos(377t - 92.45°)$ V

9.29 $2\sin(10^6 t - 65°)$

9.31 $78.3\cos(2t + 51.21°)$ mA

9.33 69.82 V

9.35 $4.789\cos(200t - 16.7°)$ A

9.37 $(250 - j25)$ mS

9.39 $9.135 + j27.47$ Ω, $414.5\cos(10t - 71.6°)$ mA

9.41 $6.325\cos(t - 18.43°)$ V

9.43 $4.997\underline{/-28.85°}$ mA

9.45 -5 A

9.47 $460.7\cos(2000t + 52.63°)$ mA

9.49 $1.4142\sin(200t - 45°)$ V

9.51 $25\cos(2t - 53.13°)$ A

9.53 $8.873\underline{/-21.67°}$ A

9.55 $(2.798 - j16.403)$ Ω

9.57 $0.3171 - j0.1463$ S

9.59 $(2.707 + j2.509)$ ohms

9.61 $1 + j0.5\ \Omega$

9.63 $34.69 - j6.93\ \Omega$

9.65 $17.35\underline{/0.9°}$ A, $6.83 + j1.094\ \Omega$

9.67 (a) $14.8\underline{/-20.22°}$ mS, (b) $19.704\underline{/74.56°}$ mS

9.69 $1.661 + j0.6647$ S

9.71 $1.058 - j2.235\ \Omega$

9.73 $0.3796 + j1.46\ \Omega$

9.75 可以由圖 C.1 的 RL 電路獲得。

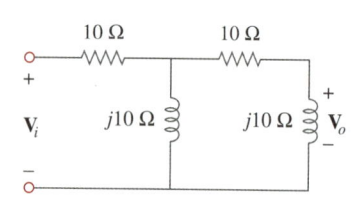

圖 **C.1** 習題 9.75 的電路

9.77 (a) $51.49°$ 滯後，(b) 1.5915 MHz

9.79 (a) $140.2°$，(b) 超前，(c) 18.43 V

9.81 1.8 kΩ, $0.1\ \mu$F

9.83 104.17 mH

9.85 證明題。

9.87 $38.21\underline{/-8.97°}\ \Omega$

9.89 $25\ \mu$F

9.91 235 pF

9.93 $3.592\underline{/-38.66°}$ A

第 10 章

10.1 $1.9704\cos(10t + 5.65°)$ A

10.3 $3.835\cos(4t - 35.02°)$ V

10.5 $12.398\cos(4\times 10^3 t + 4.06°)$ mA

10.7 $124.08\underline{/-154°}$ V

10.9 $6.154\cos(10^3 t + 70.26°)$ V

10.11 $199.5\underline{/86.89°}$ mA

10.13 $29.36\underline{/62.88°}$ A

10.15 $7.906\underline{/43.49°}$ A

10.17 $9.25\underline{/-162.12°}$ A

10.19 $7.682\ \underline{/50.19°}$ V

10.21 (a) $1, 0, -\dfrac{j}{R}\sqrt{\dfrac{L}{C}}$, (b) $0, 1, \dfrac{j}{R}\sqrt{\dfrac{L}{C}}$

10.23 $\dfrac{(1 - \omega^2 LC)V_s}{1 - \omega^2 LC + j\omega RC(2 - \omega^2 LC)}$

10.25 $1.4142\cos(2t + 45°)$ A

10.27 $4.698\underline{/95.24°}$ A, $992.8\underline{/37.71°}$ mA

10.29 這是個設計問題，有許多答案。

10.31 $2.179\underline{/61.44°}$ A

10.33 $7.906\underline{/43.49°}$ A

10.35 $1.971\underline{/-2.1°}$ A

10.37 $2.38\underline{/-96.37°}$ A, $2.38\underline{/143.63°}$ A, $2.38\underline{/23.63°}$ A

10.39 $381.4\underline{/109.6°}$ mA, $344.3\underline{/124.4°}$ mA,
$145.5\underline{/-60.42°}$ mA, $100.5\underline{/48.5°}$ mA

10.41 $[4.243\cos(2t + 45°) + 3.578\sin(4t + 25.56°)]$ V

10.43 $9.902\cos(2t - 129.17°)$ A

10.45 $791.1\cos(10t + 21.47°)$
$+ 299.5\sin(4t + 176.57°)$ mA

10.47 $[4 + 0.504\sin(t + 19.1°)$
$+ 0.3352\cos(3t - 76.43°)]$ A

10.49 $[4.472\sin(200t + 56.56°)]$ A

10.51 $109.3\underline{/30°}$ mA

10.53 $6.86\underline{/-59.04°}$ V

10.55 (a) $\mathbf{Z}_N = \mathbf{Z}_{\text{Th}} = 22.63\underline{/-63.43°}\ \Omega$,
$\mathbf{V}_{\text{Th}} = 50\underline{/-150°}$ V, $\mathbf{I}_N = 2.236\underline{/-86.6°}$ A,
(b) $\mathbf{Z}_N = \mathbf{Z}_{\text{Th}} = 10\underline{/26°}\ \Omega$,
$\mathbf{V}_{\text{Th}} = 33.92\underline{/58°}$ V, $\mathbf{I}_N = 3.392\underline{/32°}$ A

10.57 這是個設計問題，有許多答案。

10.59 $-6 + j38 \; \Omega$

10.61 $(-24 + j12)$ V, $(-8 + j6) \; \Omega$

10.63 $5.657 \underline{/75°}$ A, 1 kΩ

10.65 這是個設計問題，有許多答案。

10.67 $4.945 \underline{/-69.76°}$ V, $437.8 \underline{/-75.24°}$ mA, $11.243 + j1.079 \; \Omega$

10.69 $-j\omega RC$, $V_m \sin(\omega t - 90°)$ V

10.71 $48 \cos(2t + 29.52°)$ V

10.73 $21.21 \underline{/-45°}$ kΩ

10.75 $0.12499 \underline{/180°}$

10.77 $\dfrac{R_2 + R_3 + j\omega C_2 R_2 R_3}{(1 + j\omega R_1 C_1)(R_3 + j\omega C_2 R_2 R_3)}$

10.79 $3.578 \cos(1{,}000t + 26.56°)$ V

10.81 $11.27 \underline{/128.1°}$ V

10.83 $6.611 \cos(1{,}000t - 159.2°)$ V

10.85 這是個設計問題，有許多答案。

10.87 $15.91 \underline{/169.6°}$ V, $5.172 \underline{/-138.6°}$ V, $2.27 \underline{/-152.4°}$ V

10.89 證明題。

10.91 (a) 180 kHz,
(b) 40 kΩ

10.93 證明題。

10.95 證明題。

第 11 章

(除非特別說明，否則所有值皆為有效值。)

11.1 $[1.320 + 2.640 \cos(100t + 60°)]$ kW, 1.320 kW

11.3 213.4 W

11.5 $P_{1\Omega} = 1.4159$ W, $P_{2\Omega} = 5.097$ W, $P_{3H} = P_{0.25F} = 0$ W

11.7 160 W

11.9 22.42 mW

11.11 3.472 W

11.13 28.36 W

11.15 90 W

11.17 20 Ω, 31.25 W

11.19 2.567 Ω, 258.5 W

11.21 19.58 Ω

11.23 這是個設計問題，有許多答案。

11.25 3.266

11.27 2.887 A

11.29 17.321 A, 3.6 kW

11.31 2.944 V

11.33 3.332 A

11.35 21.6 V

11.37 這是個設計問題，有許多答案。

11.39 (a) 0.7592, 6.643 kW, 5.695 kVAR,
(b) 312 μF

11.41 (a) 0.5547 (超前), (b) 0.9304 (滯後)

11.43 這是個設計問題，有許多答案。

11.45 (a) 46.9 V, 1.061 A, (b) 20 W

11.47 (a) $S = (112 + j194)$ VA,
平均功率 = 112 W,
虛功率 = 194 VAR
(b) $S = (226.3 - j226.3)$ VA,
平均功率 = 226.3 W,
虛功率 = −226.3 VAR
(c) $S = (110.85 + j64)$ kVA, 平均功率 = 110.85 W, 虛功率 = 64 VAR
(d) $S = (7.071 + j7.071)$ kVA, 平均功率 = 7.071 kW, 虛功率 = 7.071 kVAR

11.49 (a) $4 + j2.373$ kVA,
(b) $1.6 - j1.2$ kVA,
(c) $0.4624 + j1.2705$ kVA,
(d) $110.77 + j166.16$ VA

11.51 (a) 0.9956 (滯後),
(b) 31.12 W,

(c) 2.932 VAR,
(d) 31.26 VA,
(e) [31.12 + j2.932] VA

11.53 (a) $47\underline{/29.8°}$ A, (b) 1.0 (滯後)

11.55 這是個設計問題，有許多答案。

11.57 $(50.45 - j33.64)$ VA

11.59 $j339.3$ VAR, $-j1.4146$ kVAR

11.61 $66.2\underline{/92.4°}$ A, $6.62\underline{/-2.4°}$ kVA

11.63 $221.6\underline{/-28.13°}$ A

11.65 80 μW

11.67 (a) $18\underline{/36.86°}$ mVA, (b) 2.904 mW

11.69 (a) 0.6402 (滯後),
(b) 590.2 W,
(c) 130.4 μF

11.71 (a) $50.14 + j1.7509$ mΩ,
(b) 0.9994 (滯後),
(c) $2.392\underline{/-2°}$ kA

11.73 (a) 12.21 kVA, (b) $50.86\underline{/-35°}$ A,
(c) 4.083 kVAR, 188.03 μF, (d) $43.4\underline{/-16.26°}$ A

11.75 (a) $(1.8359 - j0.11468)$ kVA, (b) 0.998 (滯後), (c) 因此電路已有一超前功因接近 1，不需補償功因。

11.77 157.69 W

11.79 50 mW

11.81 這是個設計問題，有許多答案。

11.83 (a) 688.1 W, (b) 840 VA,
(c) 481.8 VAR, (d) 0.8191 (滯後)

11.85 (a) 20 A, $17.85\underline{/163.26°}$ A, $5.907\underline{/-119.5°}$ A,
(b) $(4.451 + j0.617)$ kVA, (c) 0.9904 (滯後)

11.87 0.5333

11.89 (a) 12 kVA, $9.36 + j7.51$ kVA,
(b) $2.866 + j2.3$ Ω

11.91 0.8182 (滯後), 1.398 μF

11.93 (a) 7.328 kW, 1.196 kVAR, (b) 0.987

11.95 (a) 2.814 kHz,
(b) 431.8 mW

11.97 547.3 W

第 12 章

(除非特別說明，否則所有值皆為有效值。)

12.1 (a) $231\underline{/-30°}$, $231\underline{/-150°}$, $231\underline{/90°}$ V,
(b) $231\underline{/30°}$, $231\underline{/150°}$, $231\underline{/-90°}$ V

12.3 abc 相序，$440\underline{/-110°}$ V

12.5 $207.8 \cos(\omega t + 62°)$ V, $207.8 \cos(\omega t - 58°)$ V,
$207.8 \cos(\omega t - 178°)$ V

12.7 $44\underline{/53.13°}$ A, $44\underline{/-66.87°}$ A, $44\underline{/173.13°}$ A

12.9 $4.8\underline{/-36.87°}$ A, $4.8\underline{/-156.87°}$ A, $4.8\underline{/83.13°}$ A

12.11 415.7 V, 199.69 A

12.13 20.43 A, 3.744 kW

12.15 13.66 A

12.17 $2.887\underline{/5°}$ A, $2.887\underline{/-115°}$ A, $2.887\underline{/125°}$ A

12.19 $5.47\underline{/-18.43°}$ A, $5.47\underline{/-138.43°}$ A, $5.47\underline{/101.57°}$ A,
$9.474\underline{/-48.43°}$ A, $9.474\underline{/-168.43°}$ A,
$9.474\underline{/71.57°}$ A

12.21 $17.96\underline{/-98.66°}$ A, $31.1\underline{/171.34°}$ A

12.23 (a) 13.995 A, (b) 2.448 kW

12.25 $17.742\underline{/4.78°}$ A, $17.742\underline{/-115.22°}$ A,
$17.742\underline{/124.78°}$ A

12.27 91.79 V

12.29 $[5.197 + j4.586]$ kVA

12.31 (a) $6.144 + j4.608$ Ω,
(b) 18.04 A, (c) 207.2 μF

12.33 7.69 A, 360.3 V

12.35 (a) $14.61 - j5.953$ A,
(b) $[10.081 + j4.108]$ kVA,
(c) 0.9261

12.37 55.51 A, $(1.298 - j1.731)\ \Omega$

12.39 431.1 W

12.41 9.021 A

12.43 $4.373 - j1.145$ kVA

12.45 $2.109\underline{/24.83°}$ kV

12.47 39.19 A (rms), 0.9982 (滯後)

12.49 (a) 5.808 kW, (b) 1.9356 kW

12.51 $24\underline{/-36.87°}$ A, $50.62\underline{/147.65°}$ A, $24\underline{/-120°}$ A, $31.85\underline{/11.56°}$ A, $74.56\underline{/146.2°}$ A, $56.89\underline{/-57.27°}$ A

12.53 這是個設計問題，有許多答案。

12.55 $9.6\underline{/-90°}$ A, $6\underline{/120°}$ A, $8\underline{/-150°}$ A, $(3.103 + j3.264)$ kVA

12.57 $I_a = 1.9585\underline{/-18.1°}$ A, $I_b = 1.4656\underline{/-130.55°}$ A, $I_c = 1.947\underline{/117.8°}$ A

12.59 $220.6\underline{/-34.56°}$, $214.1\underline{/-81.49°}$, $49.91\underline{/-50.59°}$ V, 假設 N 為接地

12.61 $11.15\underline{/37°}$ A, $230.8\underline{/-133.4°}$ V, 假設 N 為接地

12.63 $18.67\underline{/158.9°}$ A, $12.38\underline{/144.1°}$ A

12.65 $11.02\underline{/12°}$ A, $11.02\underline{/-108°}$ A, $11.02\underline{/132°}$ A

12.67 (a) 97.67 kW, 88.67 kW, 82.67 kW, (b) 108.97 A

12.69 $I_a = 94.32\underline{/-62.05°}$ A, $I_b = 94.32\underline{/177.95°}$ A, $I_c = 94.32\underline{/57.95°}$ A, $28.8 + j18.03$ kVA

12.71 (a) 2,590 W, 4,808 W, (b) 8,335 VA

12.73 2,360 W, -632.8 W

12.75 (a) 20 mA, (b) 200 mA

12.77 320 W

12.79 $17.15\underline{/-19.65°}$, $17.15\underline{/-139.65°}$, $17.15\underline{/100.35°}$ A, $223\underline{/2.97°}$, $223\underline{/-117.03°}$, $223\underline{/122.97°}$ V

12.81 516 V

12.83 183.42 A

12.85 $Z_Y = 2.133\ \Omega$

12.87 $1.448\underline{/-176.6°}$ A, $(1.252 + j0.7116)$ kVA, $(1.085 + j0.7212)$ kVA

第 13 章

(除非特別說明，否則所有值皆為有效值。)

13.1 20 H

13.3 300 mH, 100 mH, 50 mH, 0.2887

13.5 (a) 247.4 mH, (b) 48.62 mH

13.7 $1.081\underline{/144.16°}$ V

13.9 $2.074\underline{/21.12°}$ V

13.11 $461.9\cos(600t - 80.26°)$ mA

13.13 $[4.308 + j4.538]\ \Omega$

13.15 $(1.0014 + j19.498)\ \Omega$, $1.1452\underline{/6.37°}$ A

13.17 $[25.07 + j25.86]\ \Omega$

13.19 參見圖 C.2。

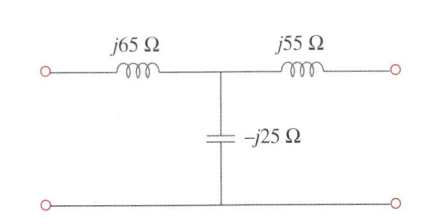

圖 **C.2** 習題 13.19 的等效電路

13.21 這是個設計問題，有許多答案。

13.23 $3.081\cos(10t + 40.74°)$ A,
$2.367\cos(10t - 99.46°)$ A, 10.094 J

13.25 $2.2\sin(2t - 4.88°)$ A, $1.5085\underline{/17.9°}$ Ω

13.27 11.608 W

13.29 0.984, 130.51 mJ

13.31 這是個設計問題，有許多答案。

13.33 $12.769 + j7.154$ Ω

13.35 $1.4754\underline{/-21.41°}$ A, $77.5\underline{/-134.85°}$ mA,
$77\underline{/-110.41°}$ mA

13.37 (a) 5, (b) 104.17 A, (c) 20.83 A

13.39 $15.7\underline{/20.31°}$ A, $78.5\underline{/20.31°}$ A

13.41 500 mA, -1.5 A

13.43 4.186 V, 16.744 V

13.45 36.71 mW

13.47 $2.656\cos(3t + 5.48°)$ V

13.49 $0.937\cos(2t + 51.34°)$ A

13.51 $[8 - j1.5]$ Ω, $8.95\underline{/10.62°}$ A

13.53 (a) 5, (b) 8 W

13.55 1.6669 Ω

13.57 (a) $25.9\underline{/69.96°}$, $12.95\underline{/69.96°}$ A (rms),
(b) $21.06\underline{/147.4°}$, $42.12\underline{/147.4°}$,
$42.12\underline{/147.4°}$ V(rms), (c) $1554\underline{/20.04°}$ VA

13.59 24.69 W, 16.661 W, 3.087 W

13.61 6 A, 0.36 A, -60 V

13.63 $3.795\underline{/18.43°}$ A, $1.8975\underline{/18.43°}$ A, $632.5\underline{/161.57°}$ mA

13.65 11.05 W

13.67 (a) 160 V, (b) 31.25 A, (c) 12.5 A

13.69 $(1.2 - j2)$ kΩ, 5.333 W

13.71 $[1 + (N_1/N_2)]^2 Z_L$

13.73 (a) 三相 Δ-Y 變壓器
(b) $8.66\underline{/156.87°}$ A, $5\underline{/-83.13°}$ A,
(c) 1.8 kW

13.75 (a) 0.11547, (b) 76.98 A, 15.395 A

13.77 (a) 單相變壓器，$1:n$, $n = 1/110$,
(b) 7.576 mA

13.79 $1.306\underline{/-68.01°}$ A, $406.8\underline{/-77.86°}$ mA,
$1.336\underline{/-54.92°}$ A

13.81 $104.5\underline{/13.96°}$ mA, $29.54\underline{/-143.8°}$ mA,
$208.8\underline{/24.4°}$ mA

13.83 $1.08\underline{/33.91°}$ A, $15.14\underline{/-34.21°}$ V

13.85 100 圈

13.87 0.5

13.89 0.5, 41.67 A, 83.33 A

13.91 (a) 1,875 kVA, (b) 7,812 A

13.93 (a) 參見圖 C.3(a)，(b) 參見圖 C.3(b)。

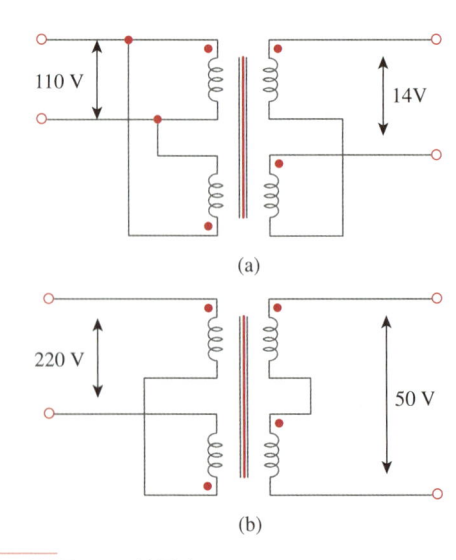

圖 C.3 習題 13.93 的電路

13.95 (a) 1/60, (b) 139 mA

第 14 章

14.1 $\dfrac{j\omega/\omega_o}{1 + j\omega/\omega_o}$, $\omega_o = \dfrac{1}{RC}$

14.3 $5s/(s^2 + 8s + 5)$

14.5 (a) $\dfrac{sRL}{(R + R_s)Ls + RR_s}$

(b) $\dfrac{R}{LRCs^2 + Ls + R}$

14.7 (a) 1.0058, (b) 0.4898, (c) 1.718×10^5

14.9 參見圖 C.4。

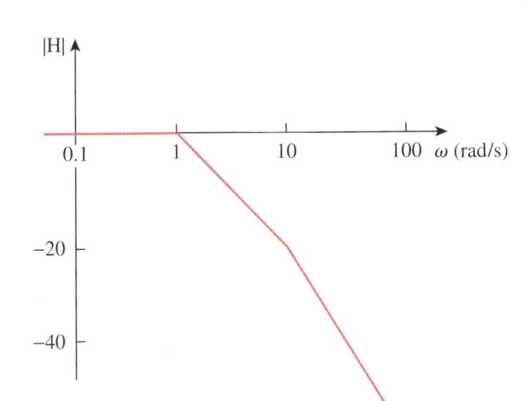

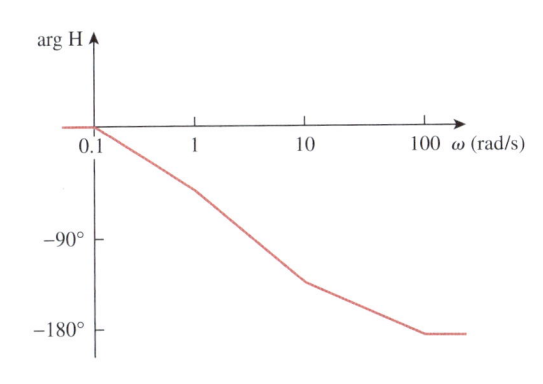

圖 C.4 習題 14.9 波形

14.11 參見圖 C.5。

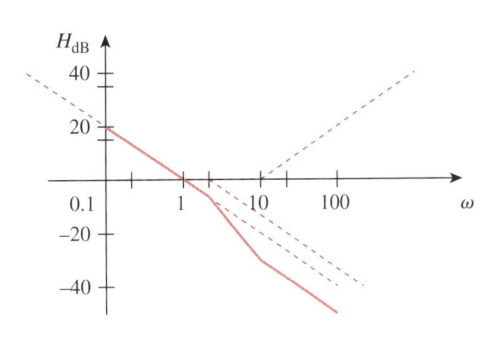

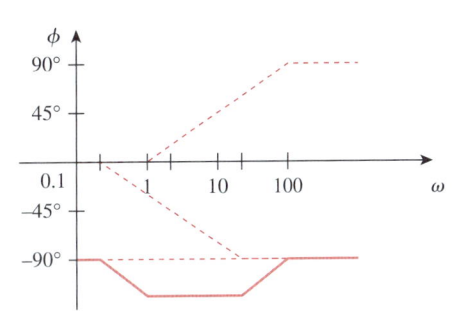

圖 C.5 習題 14.11 波形

14.13 參見圖 C.6。

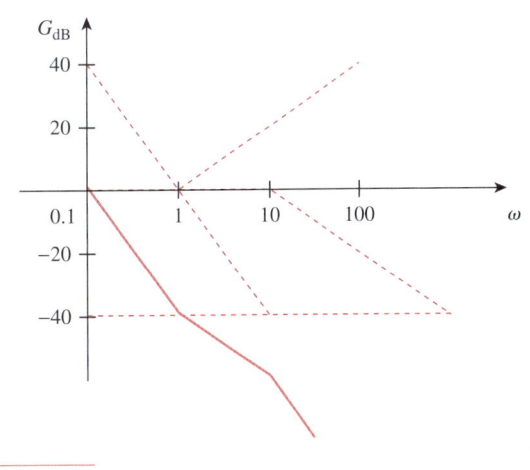

圖 C.6 習題 14.13 波形

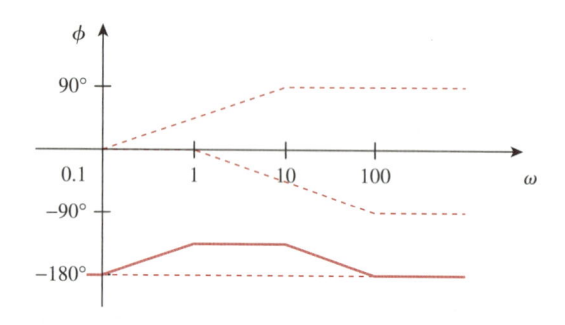

圖 C.6 習題 14.13 波形 (續)

14.15 參見圖 C.7。

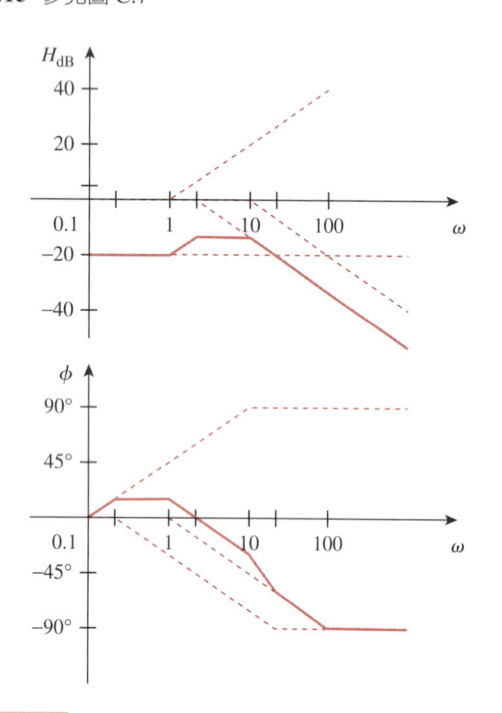

圖 C.7 習題 14.15 波形

14.17 參見圖 C.8。

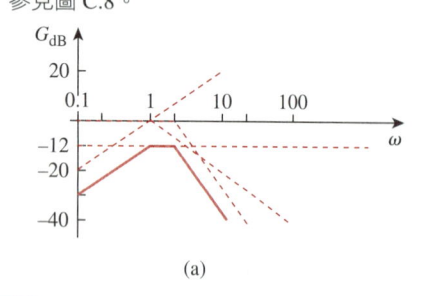

圖 C.8 習題 14.17 波形

圖 C.8 習題 14.17 波形 (續)

14.19 參見圖 C.9。

14.21 參見圖 C.10。

14.23 $\dfrac{100\,j\omega}{(1+j\omega)(10+j\omega)^2}$

（注意：該函數前面也可以有負號且仍然是正確的。該振幅圖看不出正負的差別，只能從相位圖看到。）

14.25 2 kΩ, $2 - j0.75$ kΩ, $2 - j0.3$ kΩ, $2 + j0.3$ kΩ, $2 + j0.75$ kΩ

14.27 $R = 1\ \Omega, L = 0.1$ H, $C = 25$ mF

14.29 4.082 krad/s, 105.55 rad/s, 38.67

14.31 0.5 rad/s

14.33 50 krad/s, 5.975×10^6 rad/s, 6.025×10^6 rad/s

14.35 (a) 1.443 krad/s, (b) 3.33 rad/s, (c) 432.9

14.37 2 kΩ, $(1.4212 + j53.3)$ Ω, $(8.85 + j132.74)$ Ω, $(8.85 - j132.74)$ Ω, $(1.4212 - j53.3)$ Ω

14.39 4.841 krad/s

14.41 這是個設計問題，有許多答案。

14.43 $\sqrt{\dfrac{1}{LC} - \dfrac{R^2}{L^2}},\ \dfrac{1}{\sqrt{LC}}$

14.45 447.2 rad/s, 1.067 rad/s, 419.1

14.47 796 kHz

14.49 這是個設計問題，有許多答案。

14.51 1.256 kΩ

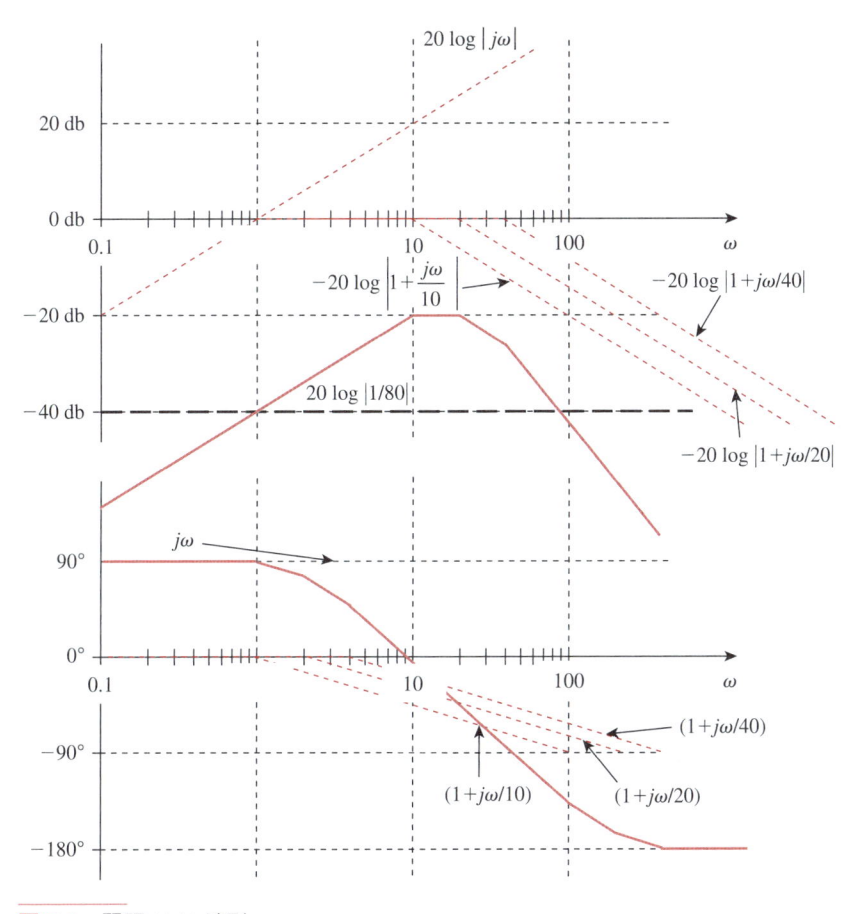

圖 C.9 習題 14.19 波形

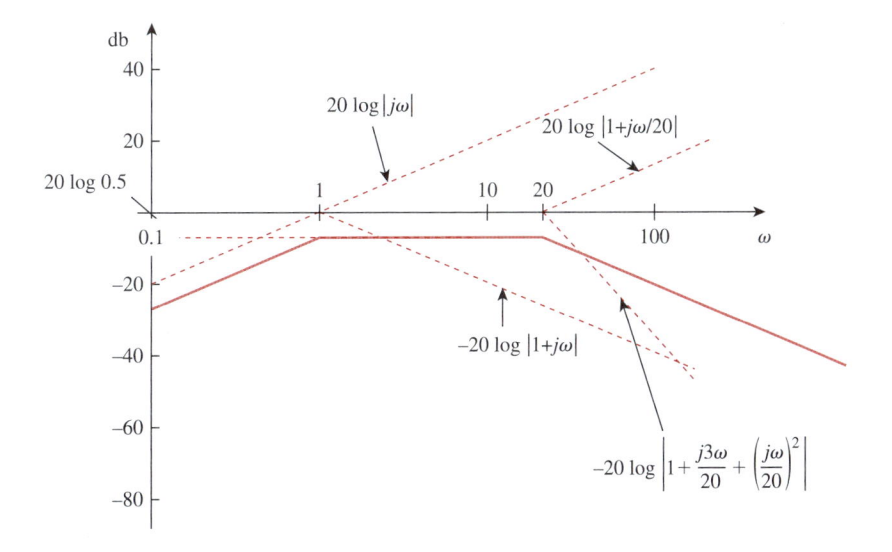

圖 C.10 習題 14.21 波形

14.53 18.045 kΩ. 2.872 H, 10.5

14.55 1.56 kHz $< f <$ 1.62 kHz, 25

14.57 (a) 1 rad/s, 3 rad/s, (b) 1 rad/s, 3 rad/s

14.59 2.408 krad/s, 15.811 krad/s

14.61 (a) $\dfrac{1}{1 + j\omega RC}$, (b) $\dfrac{j\omega RC}{1 + j\omega RC}$

14.63 10 MΩ, 100 kΩ

14.65 證明題。

14.67 如果 $R_f = 20$ kΩ，則 $R_i = 80$ kΩ 且 $C = 15.915$ nF。

14.69 令 $R = 10$ kΩ，則 $R_f = 25$ kΩ, $C = 7.96$ nF

14.71 $K_f = 2 \times 10^{-4}$, $K_m = 5 \times 10^{-3}$

14.73 9.6 MΩ, 32 μH, 0.375 pF

14.75 200 Ω, 400 μH, 1 μF

14.77 (a) 1,200 H, 0.5208 μF, (b) 2 mH, 312.5 nF, (c) 8 mH, 7.81 pF

14.79 (a) $8s + 5 + \dfrac{10}{s}$, (b) $0.8s + 50 + \dfrac{10^4}{s}$, 111.8 rad/s

14.81 (a) 0.4 Ω, 0.4 H, 1 mF, 1 mS, (b) 0.4 Ω, 0.4 mH, 1 μF, 1 mS

14.83 0.1 pF, 0.5 pF, 1 MΩ, 2 MΩ

14.85 參見圖 C.11。

14.87 參見圖 C.12；高通濾波器，$f_0 = 1.2$ Hz。

14.89 參見圖 C.13。

14.91 參見圖 C.14；$f_o = 800$ Hz。

14.93 $\dfrac{-RCs + 1}{RCs + 1}$

14.95 (a) 0.541 MHz $< f_o <$ 1.624 MHz, (b) 67.98, 204.1

14.97 $\dfrac{s^3 L R_L C_1 C_2}{(sR_iC_1 + 1)(s^2LC_2 + sR_LC_2 + 1) + s^2LC_1(sR_LC_2 + 1)}$

14.99 8.165 MHz, 4.188×10^6 rad/s

14.101 1.061 kΩ

14.103 $\dfrac{R_2(1 + sCR_1)}{R_1 + R_2 + sCR_1R_2}$

(a)

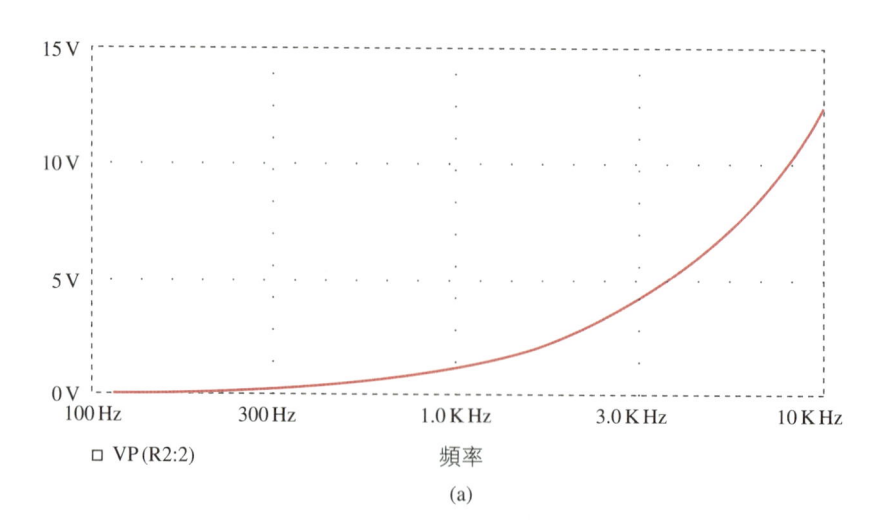

圖 C.11 習題 14.85 波形

(b)

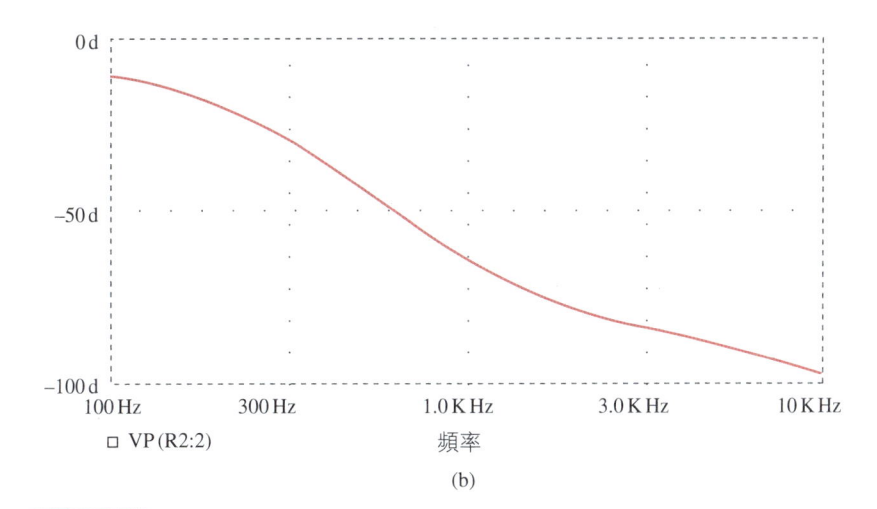

圖 C.11 習題 14.85 波形 (續)

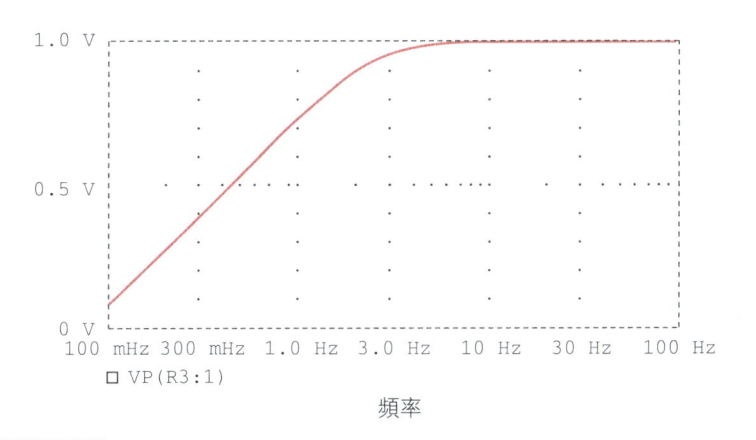

圖 C.12 習題 14.87 波形

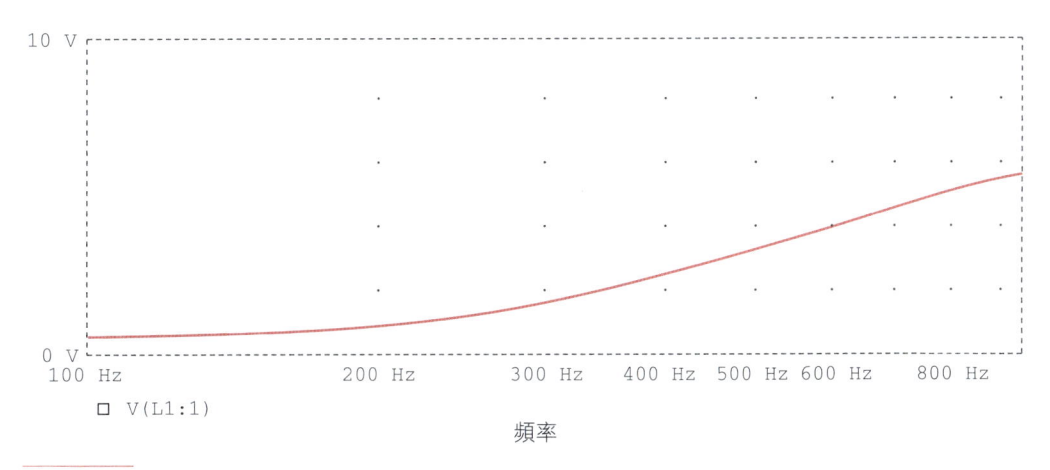

圖 C.13 習題 14.89 波形

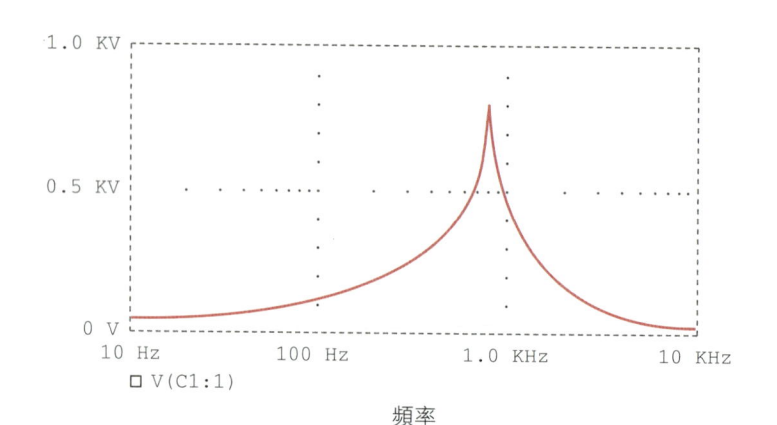

圖 **C.14** 習題 14.91 波形

第 15 章

15.1 (a) $\dfrac{s}{s^2-a^2}$,
(b) $\dfrac{a}{s^2-a^2}$

15.3 (a) $\dfrac{s+2}{(s+2)^2+9}$, (b) $\dfrac{4}{(s+2)^2+16}$,
(c) $\dfrac{s+3}{(s+3)^2-4}$, (d) $\dfrac{1}{(s+4)^2-1}$,
(e) $\dfrac{4(s+1)}{[(s+1)^2+4]^2}$

15.5 (a) $\dfrac{8-12\sqrt{3}s-6s^2+\sqrt{3}s^3}{(s^2+4)^3}$,
(b) $\dfrac{72}{(s+2)^5}$, (c) $\dfrac{2}{s^2}-4s$,
(d) $\dfrac{2e}{s+1}$, (e) $\dfrac{5}{s}$, (f) $\dfrac{18}{3s+1}$, (g) s^n

15.7 (a) $\dfrac{2}{s^2}+\dfrac{4}{s}$, (b) $\dfrac{4}{s}+\dfrac{3}{s+2}$,
(c) $\dfrac{8s+18}{s^2+9}$, (d) $\dfrac{s+2}{s^2+4s-12}$

15.9 (a) $\dfrac{e^{-2s}}{s^2}-\dfrac{2e^{-2s}}{s}$, (b) $\dfrac{2e^{-s}}{e^4(s+4)}$,
(c) $\dfrac{2.702s}{s^2+4}+\dfrac{8.415}{s^2+4}$,
(d) $\dfrac{6}{s}e^{-2s}-\dfrac{6}{s}e^{-4s}$

15.11 (a) $\dfrac{6(s+1)}{s^2+2s-3}$,
(b) $\dfrac{24(s+2)}{(s^2+4s-12)^2}$,
(c) $\dfrac{e^{-(2s+6)}[(4e^2+4e^{-2})s+(16e^2+8e^{-2})]}{s^2+6s+8}$

15.13 (a) $\dfrac{s^2-1}{(s^2+1)^2}$,
(b) $\dfrac{2(s+1)}{(s^2+2s+2)^2}$,
(c) $\tan^{-1}\left(\dfrac{\beta}{s}\right)$

15.15 $5\dfrac{1-e^{-s}-se^{-s}}{s^2(1-e^{-3s})}$

15.17 這是個設計問題，有許多答案。

15.19 $\dfrac{1}{1-e^{-2s}}$

15.21 $\dfrac{(2\pi s-1+e^{-2\pi s})}{2\pi s^2(1-e^{-2\pi s})}$

15.23 (a) $\dfrac{(1-e^{-s})^2}{s(1-e^{-2s})}$,
(b) $\dfrac{2(1-e^{-2s})-4se^{-2s}(s+s^2)}{s^3(1-e^{-2s})}$

15.25 (a) 5 和 0, (b) 5 和 0

15.27 (a) $u(t)+2e^{-t}u(t)$, (b) $3\delta(t)-11e^{-4t}u(t)$,
(c) $(2e^{-t}-2e^{-3t})u(t)$,
(d) $(3e^{-4t}-3e^{-2t}+6te^{-2t})u(t)$

15.29 $\left(2 - 2e^{-2t}\cos 3t - \dfrac{2}{3}e^{-2t}\sin 3t\right)u(t)$

15.31 (a) $(-5e^{-t} + 20e^{-2t} - 15e^{-3t})u(t)$,
(b) $\left(-e^{-t} + \left(1 + 3t - \dfrac{t^2}{2}\right)e^{-2t}\right)u(t)$,
(c) $(-0.2e^{-2t} + 0.2e^{-t}\cos(2t) + 0.4e^{-t}\sin(2t))u(t)$

15.33 (a) $(3e^{-t} + 3\sin(t) - 3\cos(t))u(t)$,
(b) $\cos(t-\pi)u(t-\pi)$,
(c) $8[1 - e^{-t} - te^{-t} - 0.5t^2e^{-t}]u(t)$

15.35 (a) $[2e^{-(t-6)} - e^{-2(t-6)}]u(t-6)$,
(b) $\dfrac{4}{3}u(t)[e^{-t} - e^{-4t}] - \dfrac{1}{3}u(t-2)[e^{-(t-2)} - e^{-4(t-2)}]$,
(c) $\dfrac{1}{13}u(t-1)[-3e^{-3(t-1)} + 3\cos 2(t-1) + 2\sin 2(t-1)]$

15.37 (a) $(2 - e^{-2t})u(t)$,
(b) $[0.4e^{-3t} + 0.6e^{-t}\cos t + 0.8e^{-t}\sin t]u(t)$,
(c) $e^{-2(t-4)}u(t-4)$,
(d) $\left(\dfrac{10}{3}\cos t - \dfrac{10}{3}\cos 2t\right)u(t)$

15.39 (a) $(-1.6e^{-t}\cos 4t - 4.05e^{-t}\sin 4t + 3.6e^{-2t}\cos 4t + 3.45e^{-2t}\sin 4t)u(t)$,
(b) $[0.08333\cos 3t + 0.02778\sin 3t + 0.0944e^{-0.551t} - 0.1778e^{-5.449t}]u(t)$

15.41 $z(t) = \begin{cases} 8t, & 0 < t < 2 \\ 16 - 8t, & 2 < t < 6 \\ -16, & 6 < t < 8 \\ 8t - 80, & 8 < t < 12 \\ 112 - 8t, & 12 < t < 14 \\ 0, & \text{其他值} \end{cases}$

15.43 (a) $y(t) = \begin{cases} \dfrac{1}{2}t^2, & 0 < t < 1 \\ -\dfrac{1}{2}t^2 + 2t - 1, & 1 < t < 2 \\ 1, & t > 2 \\ 0, & \text{其他值} \end{cases}$

(b) $y(t) = 2(1 - e^{-t}), t > 0$,

(c) $y(t) = \begin{cases} \dfrac{1}{2}t^2 + t + \dfrac{1}{2}, & -1 < t < 0 \\ -\dfrac{1}{2}t^2 + t + \dfrac{1}{2}, & 0 < t < 2 \\ \dfrac{1}{2}t^2 - 3t + \dfrac{9}{2}, & 2 < t < 3 \\ 0, & \text{其他值} \end{cases}$

15.45 $(4e^{-2t} - 8te^{-2t})u(t)$

15.47 (a) $[-1e^{-t} + 2e^{-2t}]u(t)$, (b) $[e^{-t} - e^{-2t}]u(t)$

15.49 (a) $\left(\dfrac{t}{a}(e^{at} - 1) - \dfrac{1}{a^2} - \dfrac{e^{at}}{a^2}(at - 1)\right)u(t)$,
(b) $[0.5\cos(t)(t + 0.5\sin(2t)) - 0.5\sin(t)(\cos(t) - 1)]u(t)$

15.51 $[5e^{-t} - 3e^{-3t}]u(t)$

15.53 $\cos(t) + \sin(t)$ 或 $1.4142\cos(t - 45°)$

15.55 $\left(\dfrac{1}{40} + \dfrac{1}{20}e^{-2t} - \dfrac{3}{104}e^{-4t} - \dfrac{3}{65}e^{-t}\cos(2t) - \dfrac{2}{65}e^{-t}\sin(2t)\right)u(t)$

15.57 這是個設計問題，有許多答案。

15.59 $[-2.5e^{-t} + 12e^{-2t} - 10.5e^{-3t}]u(t)$

15.61 (a) $[3 + 3.162\cos(2t - 161.12°)]u(t)$ 伏特，
(b) $[2 - 4e^{-t} + e^{-4t}]u(t)$ 安培，
(c) $[3 + 2e^{-t} + 3te^{-t}]u(t)$ 伏特，
(d) $[2 + 2e^{-t}\cos(2t)]u(t)$ 安培

第 16 章

16.1 $[(2 + 10t)e^{-5t}]u(t)$ A

16.3 $[(20 + 20t)e^{-t}]u(t)$ V

16.5 $750\,\Omega,\ 25\,\text{H},\ 200\,\mu\text{F}$

16.7 $[2 + 8.944e^{-t}\cos(2t - 63.44°)]u(t)$ A

16.9 $[3 + 5.924e^{-1.5505t} - 1.4235e^{-6.45t}]u(t)$ mA

16.11 $20.83\,\Omega,\ 80\,\mu\text{F}$

16.13 這是個設計問題，有許多答案。

16.15 $120\,\Omega$

16.17 $\left(e^{-2t} - \dfrac{2}{\sqrt{7}}e^{-0.5t}\sin\left(\dfrac{\sqrt{7}}{2}t\right)\right)u(t)$ A

16.19 $[-1.3333e^{-t/2} + 1.3333e^{-2t}]u(t)$ 伏特

16.21 $[64.65e^{-2.679t} - 4.65e^{-37.32t}]u(t)$ 伏特

16.23 $18\cos(0.5t - 90°)u(t)$ 伏特

16.25 $[18e^{-t} - 2e^{-9t}]u(t)$ 伏特

16.27 $[20 - 10.206e^{-0.05051t} + 0.2052e^{-4.949t}]u(t)$ 伏特

16.29 $10\cos(8t + 90°)u(t)$ 安培

16.31 $[35 + 25e^{-0.8t}\cos(0.6t + 126.87°)]u(t)$ 伏特,
$5e^{-0.8t}[\cos(0.6t - 90°)]u(t)$ 安培

16.33 這是個設計問題,有許多答案。

16.35 $[3.636e^{-t} + 7.862e^{-0.0625t}\cos(0.7044t - 117.55°)]u(t)$ V.

16.37 $[-6 + 6.021e^{-0.1672t} - 0.021e^{-47.84t}]u(t)$ 伏特

16.39 $[363.6e^{-2t}\cos(4.583t - 90°)]u(t)$ 安培

16.41 $[200te^{-10t}]u(t)$ 伏特

16.43 $[3 + 3e^{-2t} + 6te^{-2t}]u(t)$ 安培

16.45 $[i_o/(\omega C)]\cos(\omega t + 90°)u(t)$ 伏特

16.47 $[15 - 10e^{-0.6t}(\cos(0.2t) - \sin(0.2t))]u(t)$ A

16.49 $[0.7143e^{-2t} - 1.7145e^{-0.5t}\cos(1.25t) + 3.194e^{-0.5t}\sin(1.25t)]u(t)$ A

16.51 $[-5 + 17.156e^{-15.125t}\cos(4.608t - 73.06°)]u(t)$ 安培

16.53 4 伏特, -8 伏特/秒, $[4.618e^{-t}\cos(1.7321t + 30°)]u(t)$ 伏特

16.55 $[4 - 3.2e^{-t} - 0.8e^{-6t}]u(t)$ 安培, $[1.6e^{-t} - 1.6e^{-6t}]u(t)$ 安培

16.57 (a) $(3/s)[1 - e^{-s}]$, (b) $[(2 - 2e^{-1.5t})u(t) - (2 - 2e^{-1.5(t-1)})u(t-1)]$ V

16.59 $[e^{-t} - 2e^{-t/2}\cos(t/2)]u(t)$ V

16.61 $[6.667 - 6.8e^{-1.2306t} + 5.808e^{-0.6347t}\cos(1.4265t + 88.68°)]u(t)$ V

16.63 $[5e^{-4t}\cos(2t) + 230e^{-4t}\sin(2t)]u(t)$ V, $[6 - 6e^{-4t}\cos(2t) - 11.375e^{-4t}\sin(2t)]u(t)$ A

16.65 $\{2.202e^{-3t} + 3.84te^{-3t} - 0.202\cos(4t) + 0.6915\sin(4t)\}u(t)$ V

16.67 $[e^{10t} - e^{-10t}]u(t)$ 伏特,這是個不穩定電路。

16.69 $6.667(s + 0.5)/[s(s + 2)(s + 3)]$, $-3.333(s-1)/[s(s+2)(s+3)]$

16.71 $10[2e^{-1.5t} - e^{-t}]u(t)$ A

16.73 $\dfrac{10s^2}{s^2 + 4}$

16.75 $4 + \dfrac{s}{2(s+3)} - \dfrac{2s(s+2)}{s^2 + 4s + 20} - \dfrac{12s}{s^2 + 4s + 20}$

16.77 $\dfrac{9s}{3s^2 + 9s + 2}$

16.79 (a) $\dfrac{s^2 - 3}{3s^2 + 2s - 9}$, (b) $\dfrac{-3}{2s}$

16.81 $-1/(RLCs^2)$

16.83 (a) $\dfrac{R}{L}e^{-Rt/L}u(t)$, (b) $(1 - e^{-Rt/L})u(t)$

16.85 $[3e^{-t} - 3e^{-2t} - 2te^{-2t}]u(t)$

16.87 這是個設計問題,有許多答案。

16.89 $\begin{bmatrix} v'_C \\ i'_L \end{bmatrix} = \begin{bmatrix} -0.25 & 1 \\ -1 & 0 \end{bmatrix}\begin{bmatrix} v'_C \\ i'_L \end{bmatrix} + \begin{bmatrix} 0 & 1 \\ 1 & 0 \end{bmatrix}\begin{bmatrix} v_s \\ i_s \end{bmatrix}$;
$v_o(t) = \begin{bmatrix} 1 \\ 0 \end{bmatrix}\begin{bmatrix} v_C \\ i_L \end{bmatrix} + \begin{bmatrix} 0 & 0 \\ 0 & 0 \end{bmatrix}\begin{bmatrix} v_s \\ i_s \end{bmatrix}$

16.91 $\begin{bmatrix} x'_1 \\ x'_2 \end{bmatrix} = \begin{bmatrix} 0 & 1 \\ -3 & -4 \end{bmatrix}\begin{bmatrix} x_1 \\ x_2 \end{bmatrix} + \begin{bmatrix} 0 \\ 1 \end{bmatrix}z(t)$;
$y(t) = [1\ 0]\begin{bmatrix} x_1 \\ x_2 \end{bmatrix} + [0]z(t)$

16.93 $\begin{bmatrix} x'_1 \\ x'_2 \\ x'_3 \end{bmatrix} = \begin{bmatrix} 0 & 1 & 0 \\ 0 & 0 & 1 \\ -6 & -11 & -6 \end{bmatrix}\begin{bmatrix} x_1 \\ x_2 \\ x_3 \end{bmatrix} + \begin{bmatrix} 0 \\ 0 \\ 1 \end{bmatrix}z(t)$;
$y(t) = [1\ 0\ 0]\begin{bmatrix} x_1 \\ x_2 \\ x_3 \end{bmatrix} + [0]z(t)$

16.95 $[-2.4 + 4.4e^{-3t}\cos(t) - 0.8e^{-3t}\sin(t)]u(t)$, $[-1.2 - 0.8e^{-3t}\cos(t) + 0.6e^{-3t}\sin(t)]u(t)$

16.97 (a) $(e^{-t} - e^{-4t})u(t)$, (b) 這系統是穩定的。

16.99 $500\ \mu F$, $333.3\ H$

16.101 100 μF

16.103 $-100, 400, 2 \times 10^4$

16.105 如果令 $L = R^2C$，則 $V_o/I_o = sL$

第 17 章

17.1 (a) 週期性，2，(b) 非週期性，
(c) 週期性，2π，(d) 週期性，π，
(e) 週期性，10，(f) 非週期性，
(g) 非週期性

17.3 參見圖 C.15。

17.5 $-1 + \sum_{\substack{n=1 \\ n=奇數}}^{\infty} \frac{12}{n\pi} \sin nt$

17.7 $1 + \sum_{n=0}^{\infty} \left[\frac{3}{n\pi} \sin\frac{4n\pi}{3} \cos\frac{2n\pi t}{3} \right.$
$\left. + \frac{3}{n\pi}\left(1 - \cos\frac{4n\pi}{3}\right)\sin\frac{2n\pi t}{3} \right]$。參見圖 C.16。

17.9 $a_0 = 3.183, a_1 = 10, a_2 = 4.244, a_3 = 0,$
$b_1 = 0 = b_2 = b_3$

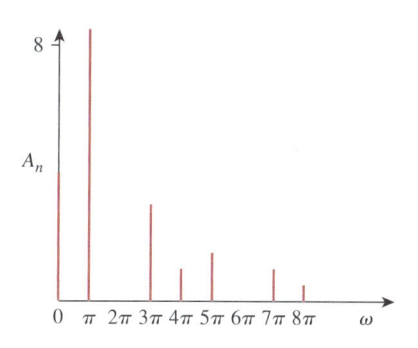

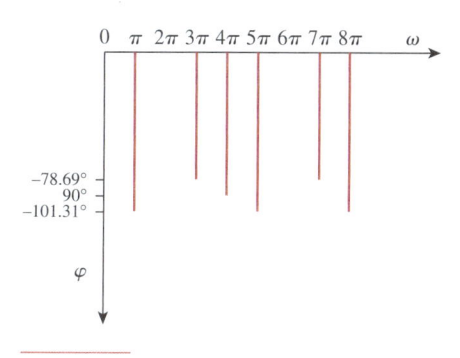

圖 C.15 習題 17.3 的波形

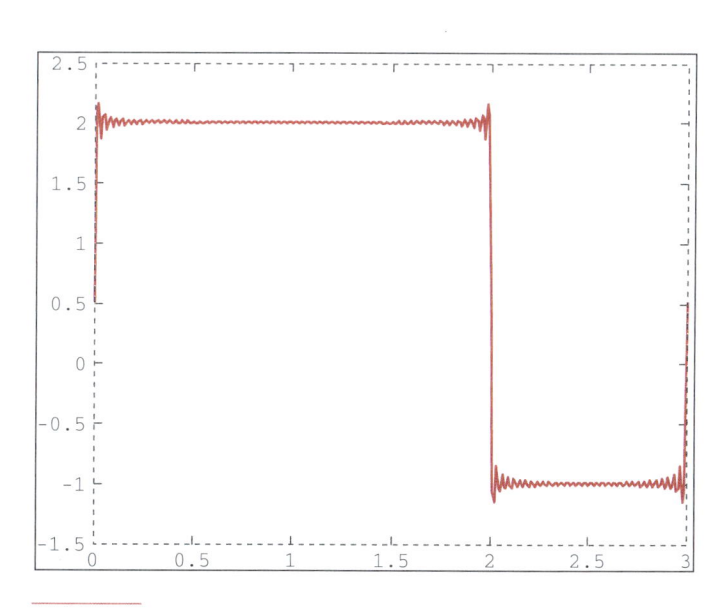

圖 C.16 習題 17.7 的波形

17.11 $\sum_{n=-\infty}^{\infty} \dfrac{5}{n^2\pi^2}[2 - 2\cos(n\pi/2) - 2j\sin(n\pi/2) + jn\pi\cos(n\pi/2) + n\pi(\sin(n\pi/2))]e^{jn\pi t/2}$

17.13 這是個設計問題，有許多答案。

17.15 (a) $10 + \sum_{n=1}^{\infty} \sqrt{\dfrac{16}{(n^2+1)^2} + \dfrac{1}{n^6}} \cos\left(10nt - \tan^{-1}\dfrac{n^2+1}{4\pi^3}\right)$,

(b) $10 + \sum_{n=1}^{\infty} \sqrt{\dfrac{16}{(n^2+1)} + \dfrac{1}{n^6}} \sin\left(10nt + \tan^{-1}\dfrac{4n^3}{n^2+1}\right)$

17.17 (a) 都不是，(b) 偶函數，(c) 奇函數，(d) 偶函數，(e) 都不是

17.19 $\dfrac{5}{n^2\omega_o^2}\sin n\pi/2 - \dfrac{10}{n\omega_o}(\cos\pi n - \cos n\pi/2)$
$- \dfrac{5}{n^2\omega_o^2}(\sin\pi n - \sin n\pi/2) - \dfrac{2}{n\omega_o}\cos n\pi - \dfrac{\cos\pi n/2}{n\omega_o}$

17.21 $\dfrac{1}{2} + \sum_{n=1}^{\infty} \dfrac{8}{n^2\pi^2}\left[1 - \cos\left(\dfrac{n\pi}{2}\right)\right]\cos\left(\dfrac{n\pi t}{2}\right)$

17.23 這是個設計問題，有許多答案。

17.25
$\sum_{\substack{n=1 \\ n=奇數}}^{\infty} \left\{ \left[\dfrac{3}{\pi^2 n^2}\left(\cos\left(\dfrac{2\pi n}{3}\right) - 1\right) + \dfrac{2}{\pi n}\sin\left(\dfrac{2\pi n}{3}\right)\right]\cos\left(\dfrac{2\pi n}{3}\right) + \left[\dfrac{3}{\pi^2 n^2}\sin\left(\dfrac{2\pi n}{3}\right) - \dfrac{2}{n\pi}\cos\left(\dfrac{2\pi n}{3}\right)\right]\sin\left(\dfrac{2\pi n}{3}\right) \right\}$

17.27 (a) 奇函數，(b) -0.04503，(c) 0.383

17.29 $2\sum_{k=1}^{\infty}\left[\dfrac{2}{n^2\pi}\cos(nt) - \dfrac{1}{n}\sin(nt)\right], n = 2k-1$

17.31 $\omega_o' = \dfrac{2\pi}{T'} = \dfrac{2\pi}{T/\alpha} = \alpha\omega_o$

$a_n' = \dfrac{2}{T'}\int_0^{T'} f(\alpha t)\cos n\omega_o' t\, dt$

Let $\alpha t = \lambda$, $dt = d\lambda/\alpha$, 和 $\alpha T' = T$. 則

$a_n' = \dfrac{2\alpha}{T}\int_0^T f(\lambda)\cos n\omega_o \lambda\, d\lambda/\alpha = a_n$

同理，$b_n' = b_n$

17.33 $v_o(t) = \sum_{n=1}^{\infty} A_n\sin(n\pi t - \theta_n)$ V,

$A_n = \dfrac{8(4 - 2n^2\pi^2)}{\sqrt{(20 - 10n^2\pi^2)^2 - 64n^2\pi^2}}$,

$\theta_n = 90° - \tan^{-1}\left(\dfrac{8n\pi}{20 - 10n^2\pi^2}\right)$

17.35 $\dfrac{3}{8} + \sum_{n=1}^{\infty} A_n\cos\left(\dfrac{2\pi n}{3} + \theta_n\right)$, 其中

$A_n = \dfrac{\dfrac{6}{n\pi}\sin\dfrac{2n\pi}{3}}{\sqrt{9\pi^2 n^2 + (2\pi^2 n^2/3 - 3)^2}}$,

$\theta_n = \dfrac{\pi}{2} - \tan^{-1}\left(\dfrac{2n\pi}{9} - \dfrac{1}{n\pi}\right)$

17.37 $\sum_{n=1}^{\infty}\dfrac{2(1 - \cos\pi n)}{\sqrt{1 + n^2\pi^2}}\cos(n\pi t - \tan^{-1} n\pi)$

17.39 $\dfrac{1}{20} + \dfrac{200}{\pi}\sum_{k=1}^{\infty} I_n\sin(n\pi t - \theta_n), n = 2k - 1$,

$\theta_n = 90° + \tan^{-1}\dfrac{2n^2\pi^2 - 1,200}{802n\pi}$,

$I_n = \dfrac{1}{n\sqrt{(804n\pi)^2 + (2n^2\pi^2 - 1,200)}}$

17.41 $\dfrac{2}{\pi} + \sum_{n=1}^{\infty} A_n\cos(2nt + \theta_n)$ 其中

$A_n = \dfrac{20}{\pi(4n^2 - 1)\sqrt{16n^2 - 40n + 29}}$ 且

$\theta_n = 90° - \tan^{-1}(2n - 2.5)$

17.43 (a) 33.91 V,
(b) 6.782 A,
(c) 203.1 W

17.45 4.263 A, 181.7 W

17.47 10%

17.49 (a) 3.162,
(b) 3.065,
(c) 3.068%

17.51 這是個設計問題，有許多答案。

17.53 $\sum_{n=-\infty}^{\infty}\dfrac{0.6321 e^{j2n\pi t}}{1 + j2n\pi}$

17.55 $\sum_{n=-\infty}^{\infty}\dfrac{1 + e^{-jn\pi}}{2\pi(1 - n^2)}e^{jnt}$

17.57 $-3 + \sum_{n=\infty, n \neq 0}^{\infty} \dfrac{3}{n^3 - 2} e^{j50nt}$

17.59 $-\sum_{\substack{n=-\infty \\ n \neq 0}}^{\infty} \dfrac{j4 e^{-j(2n+1)\pi t}}{(2n+1)\pi}$

17.61 (a) $6 + 2.571 \cos t - 3.83 \sin t + 1.638 \cos 2t - 1.147 \sin 2t + 0.906 \cos 3t - 0.423 \sin 3t + 0.47 \cos 4t - 0.171 \sin 4t$, (b) 6.828

17.63 參見圖 C.17。

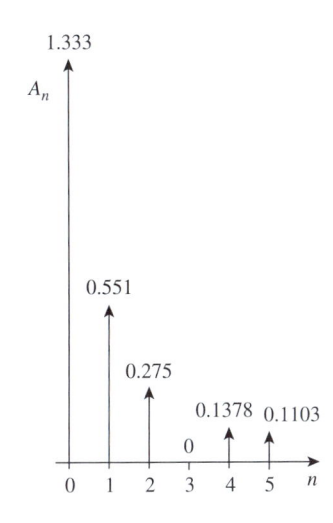

圖 C.17 習題 17.63 的波形

17.65 參見圖 C.18。

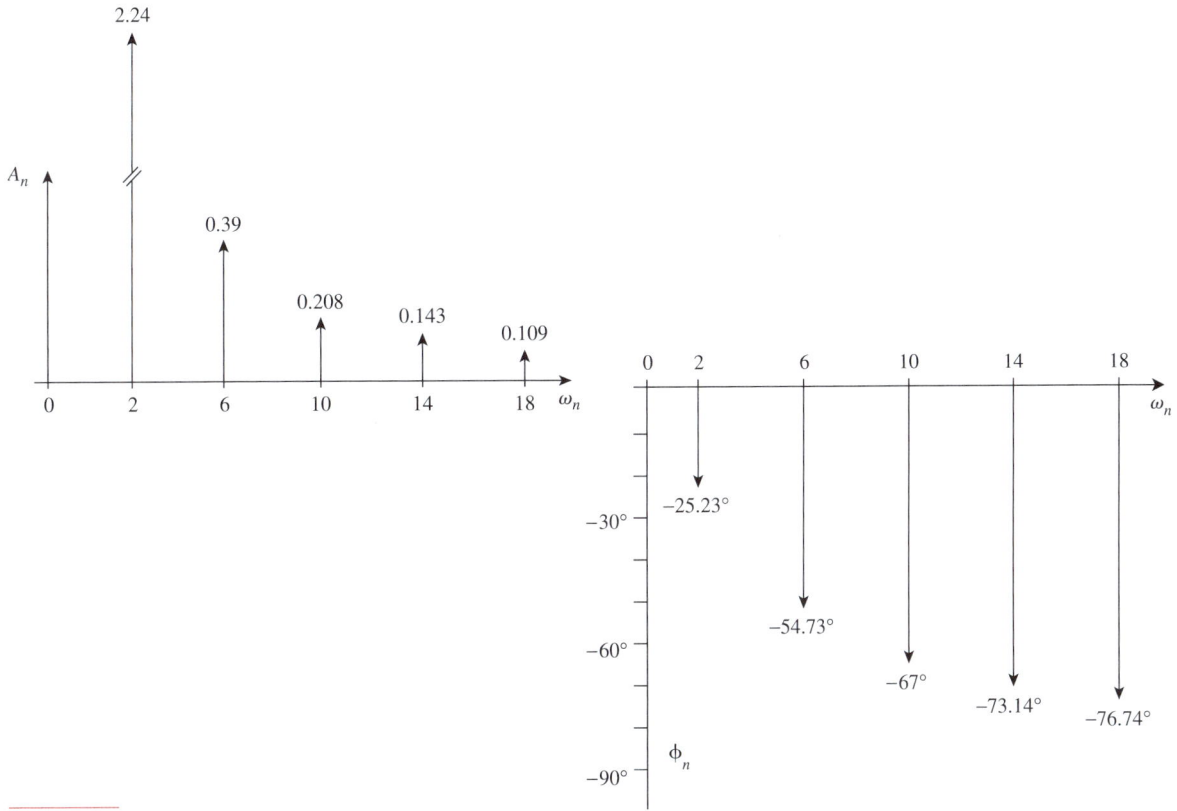

圖 C.18 習題 17.65 的波形

17.67 DC COMPONENT = 2.000396E+00

HARMONIC NO	FREQUENCY (HZ)	FOURIER COMPONENT	NORMALIZED COMPONENT	PHASE (DEG)	NORMALIZED PHASE (DEG)
1	1.667E-01	2.432E+00	1.000E+00	-8.996E+01	0.000E+00
2	3.334E-01	6.576E-04	2.705E-04	-8.932E+01	6.467E-01
3	5.001E-01	5.403E-01	2.222E-01	9.011E+01	1.801E+02
4	6.668E+01	3.343E-04	1.375E-04	9.134E+01	1.813E+02
5	8.335E-01	9.716E-02	3.996E-02	-8.982E+01	1.433E-01
6	1.000E+00	7.481E-06	3.076E-06	-9.000E+01	-3.581E-02
7	1.167E+00	4.968E-02	2.043E-01	-8.975E+01	2.173E-01
8	1.334E+00	1.613E-04	6.634E-05	-8.722E+01	2.748E+00
9	1.500E+00	6.002E-02	2.468E-02	-9.032E+01	1.803E+02

17.69

HARMONIC NO	FREQUENCY (HZ)	FOURIER COMPONENT	NORMALIZED COMPONENT	PHASE (DEG)	NORMALIZED PHASE (DEG)
1	5.000E-01	4.056E-01	1.000E+00	-9.090E+01	0.000E+00
2	1.000E+00	2.977E-04	7.341E-04	-8.707E+01	3.833E+00
3	1.500E+00	4.531E-02	1.117E-01	-9.266E+01	-1.761E+00
4	2.000E+00	2.969E-04	7.320E-04	-8.414E+01	6.757E+00
5	2.500E+00	1.648E-02	4.064E-02	-9.432E+01	-3.417E+00
6	3.000E+00	2.955E-04	7.285E-04	-8.124E+01	9.659E+00
7	3.500E+00	8.535E-03	2.104E-02	-9.581E+01	-4.911E+00
8	4.000E+00	2.935E-04	7.238E-04	-7.836E+01	1.254E+01
9	4.500E+00	5.258E-03	1.296E-02	-9.710E+01	-6.197E+00

TOTAL HARMONIC DISTORTION = 1.214285+01 PERCENT

17.71 參見圖 C.19。

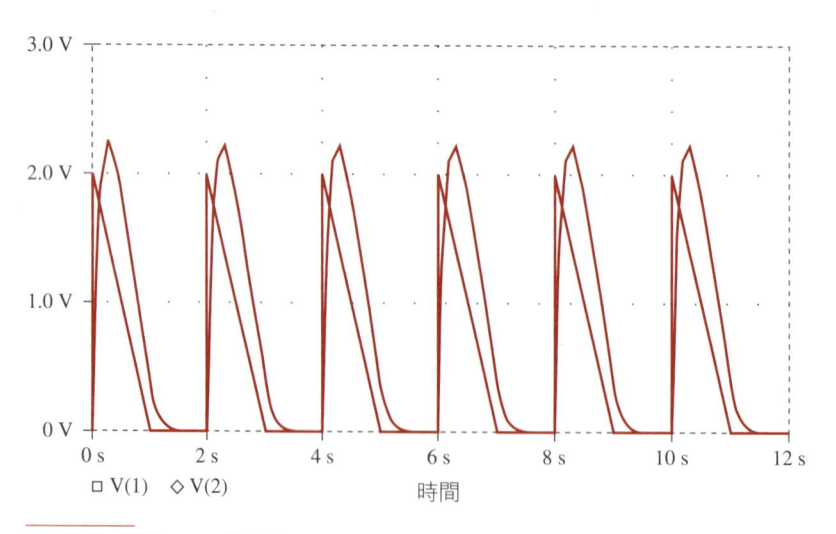

圖 C.19 習題 17.71 的波形

17.73 300 mW

17.75 24.59 mF

17.77 (a) π, (b) -2 V, (c) 11.02 V

17.79 參見下面 MATLAB 程式和結果。

```
% for problem 17.79
a = 10;
c = 4.*a/pi
for n = 1:10
  b(n)=c/(2*n-1);
end
diary
n, b
diary off
```

n	b_n
1	12.7307
2	4.2430
3	2.5461
4	1.8187
5	1.414
6	1.1573
7	0.9793
8	0.8487
9	0.7488
10	0.6700

17.81 (a) $\dfrac{A^2}{2}$, (b) $|c_1| = 2A/(3\pi)$, $|c_2| = 2A/(15\pi)$, $|c_3| = 2A/(35\pi)$, $|c_4| = 2A/(63\pi)$, (c) 81.1%, (d) 0.72%

第 18 章

18.1 $\dfrac{2(\cos 2\omega - \cos\omega)}{j\omega}$

18.3 $\dfrac{j}{\omega^2}(2\omega \cos 2\omega - \sin 2\omega)$

18.5 $\dfrac{2j}{\omega} - \dfrac{2j}{\omega^2}\sin\omega$

18.7 (a) $\dfrac{2 - e^{-j\omega} - e^{-j2\omega}}{j\omega}$, (b) $\dfrac{5e^{-j2\omega}}{\omega^2}(1 + j\omega 2) - \dfrac{5}{\omega^2}$

18.9 (a) $\dfrac{2}{\omega}\sin 2\omega + \dfrac{4}{\omega}\sin\omega$,
(b) $\dfrac{2}{\omega^2} - \dfrac{2e^{-j\omega}}{\omega^2}(1 + j\omega)$

18.11 $\dfrac{\pi}{\omega^2 - \pi^2}(e^{-j\omega 2} - 1)$

18.13 (a) $\pi e^{-j\pi/3}\delta(\omega - a) + \pi e^{j\pi/3}\delta(\omega + a)$,
(b) $\dfrac{e^{j\omega}}{\omega^2 - 1}$, (c) $\pi[\delta(\omega + b) + \delta(\omega - b)]$
$+ \dfrac{j\pi A}{2}[\delta(\omega + a + b) - \delta(\omega - a + b)$
$+ \delta(\omega + a - b) - \delta(\omega - a - b)]$,
(d) $\dfrac{1}{\omega^2} - \dfrac{e^{-j4\omega}}{j\omega} - \dfrac{e^{-j4\omega}}{\omega^2}(j4\omega + 1)$

18.15 (a) $2j\sin 3\omega$, (b) $\dfrac{2e^{-j\omega}}{j\omega}$, (c) $\dfrac{1}{3} - \dfrac{j\omega}{2}$

18.17 (a) $0.5\pi[\delta(\omega + 2) + \delta(\omega - 2)] - \dfrac{j\omega}{\omega^2 - 4}$,
(b) $\dfrac{j\pi}{2}[\delta(\omega + 10) - \delta(\omega - 10)] - \dfrac{10}{\omega^2 - 100}$

18.19 $\dfrac{j\omega}{\omega^2 - 4\pi^2}(e^{-j\omega} - 1)$

18.21 證明題。

18.23 (a) $\dfrac{30}{(6 - j\omega)(15 - j\omega)}$,
(b) $\dfrac{20e^{-j\omega/2}}{(4 + j\omega)(10 + j\omega)}$,
(c) $\dfrac{5}{[2 + j(\omega + 2)][5 + j(\omega + 2)]} +$
$\dfrac{5}{[2 + j(\omega - 2)][5 + j(\omega - 2)]}$,
(d) $\dfrac{j\omega 10}{(2 + j\omega)(5 + j\omega)}$,
(e) $\dfrac{10}{j\omega(2 + j\omega)(5 + j\omega)} + \pi\delta(\omega)$

18.25 (a) $5e^{2t}u(t)$, (b) $6e^{-2t}$, (c) $(-10e^tu(t) + 10e^{2t})u(t)$

18.27 (a) $5\operatorname{sgn}(t) - 10e^{-10t}u(t)$,
(b) $4e^{2t}u(-t) - 6e^{-3t}u(t)$,
(c) $2e^{-20t}\sin(30t)u(t)$, (d) $\dfrac{1}{4}\pi$

18.29 (a) $\frac{1}{2\pi}(1 + 8\cos 3t)$, (b) $\frac{4\sin 2t}{\pi t}$,
(c) $3\delta(t+2) + 3\delta(t-2)$

18.31 (a) $x(t) = e^{-at}u(t)$,
(b) $x(t) = u(t+1) - u(t-1)$,
(c) $x(t) = \frac{1}{2}\delta(t) - \frac{a}{2}e^{-at}u(t)$

18.33 (a) $\frac{2j\sin t}{t^2 - \pi^2}$, (b) $u(t-1) - u(t-2)$

18.35 (a) $\frac{e^{-j\omega/3}}{6+j\omega}$, (b) $\frac{1}{2}\left[\frac{1}{2+j(\omega+5)} + \frac{1}{2+j(\omega-5)}\right]$,
(c) $\frac{j\omega}{2+j\omega}$, (d) $\frac{1}{(2+j\omega)^2}$, (e) $\frac{1}{(2+j\omega)^2}$

18.37 $\frac{j\omega}{4+j3\omega}$

18.39 $\frac{10^3}{10^6+j\omega}\left(\frac{1}{j\omega} + \frac{1}{\omega^2} - \frac{1}{\omega^2}e^{-j\omega}\right)$

18.41 $\frac{2j\omega(4.5+j2\omega)}{(2+j\omega)(4-2\omega^2+j\omega)}$

18.43 $1000(e^{-1t} - e^{-1.25t})u(t)$ V

18.45 $5(e^{-t} - e^{-2t})u(t)$ A

18.47 $16(e^{-t} - e^{-2t})u(t)$ V

18.49 $0.542\cos(t + 13.64°)$ V

18.51 16.667 J

18.53 π

18.55 682.5 J

18.57 2 J, 87.43%

18.59 $(16e^{-t} - 20e^{-2t} + 4e^{-4t})u(t)$ V

18.61 $2X(\omega) + 0.5X(\omega + \omega_0) + 0.5X(\omega - \omega_0)$

18.63 106 個電台

18.65 6.8 kHz

18.67 200 Hz, 5 ms

18.69 35.24%

第 19 章

19.1 $\begin{bmatrix} 8 & 2 \\ 2 & 3.333 \end{bmatrix} \Omega$

19.3 $\begin{bmatrix} (8+j12) & j12 \\ j12 & -j8 \end{bmatrix} \Omega$

19.5 $\begin{bmatrix} \frac{s^2+s+1}{s^3+2s^2+3s+1} & \frac{1}{s^3+2s^2+3s+1} \\ \frac{1}{s^3+2s^2+3s+1} & \frac{s^2+2s+2}{s^3+2s^2+3s+1} \end{bmatrix}$

19.7 $\begin{bmatrix} 29.88 & 3.704 \\ -70.37 & 11.11 \end{bmatrix} \Omega$

19.9 $\begin{bmatrix} 2.5 & 1.25 \\ 1.25 & 3.125 \end{bmatrix} \Omega$

19.11 參見圖 C.20。

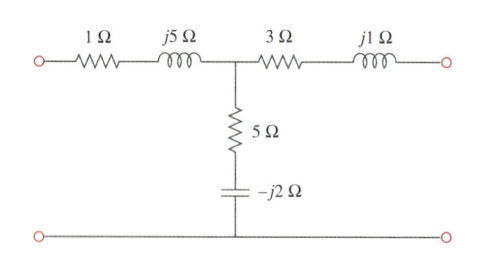

圖 C.20 習題 19.11 的電路

19.13 329.9 W

19.15 24 Ω, 384 W

19.17 $\begin{bmatrix} 9.6 & -0.8 \\ -0.8 & 8.4 \end{bmatrix}$ Ω 和 $\begin{bmatrix} 0.105 & 0.01 \\ 0.01 & 0.12 \end{bmatrix}$ S

19.19 這是個設計問題，有許多答案。

19.21 參見圖 C.21。

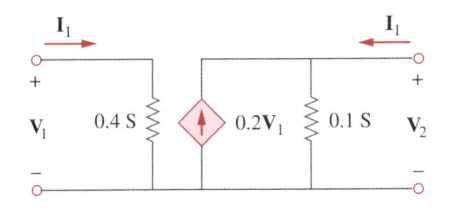

圖 C.21 習題 19.21 的電路

19.23 $\begin{bmatrix} s+2 & -(s+1) \\ -(s+1) & \dfrac{s^2+s+1}{s} \end{bmatrix}, \dfrac{0.8(s+1)}{s^2+1.8s+1.2}$

19.25 參見圖 C.22。

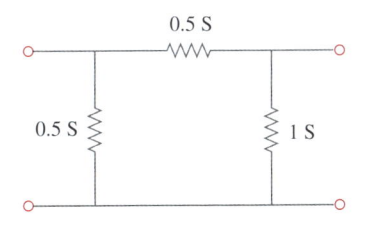

圖 C.22 習題 19.25 的電路

19.27 $\begin{bmatrix} 0.25 & 0.025 \\ 5 & 0.6 \end{bmatrix}$ S

19.29 (a) 22 V, 8 V, (b) 驗證結果與 (a) 相同

19.31 $\begin{bmatrix} 3.8\,\Omega & 0.4 \\ -3.6 & 0.2\,\text{S} \end{bmatrix}$

19.33 $\begin{bmatrix} (3.077+j1.2821)\,\Omega & 0.3846-j0.2564 \\ -0.3846+j0.2564 & (76.9+282.1)\,\text{mS} \end{bmatrix}$

19.35 $\begin{bmatrix} 2\,\Omega & 0.5 \\ -0.5 & 0 \end{bmatrix}$

19.37 1.19 V

19.39 $g_{11}=\dfrac{1}{R_1+R_2},\ g_{12}=-\dfrac{R_2}{R_1+R_2}$
$g_{21}=\dfrac{R_2}{R_1+R_2},\ g_{22}=R_3+\dfrac{R_1 R_2}{R_1+R_2}$

19.41 證明題。

19.43 (a) $\begin{bmatrix} 1 & \mathbf{Z} \\ 0 & 1 \end{bmatrix}$, (b) $\begin{bmatrix} 1 & 0 \\ \mathbf{Y} & 1 \end{bmatrix}$

19.45 $\begin{bmatrix} (1-j0.5) & -j2\,\Omega \\ 0.25\,\text{S} & 1 \end{bmatrix}$

19.47 $\begin{bmatrix} 0.3235 & 1.176\,\Omega \\ 0.02941\,\text{S} & 0.4706 \end{bmatrix}$

19.49 $\begin{bmatrix} \dfrac{2s+1}{s} & \dfrac{1}{s}\,\Omega \\ \dfrac{(s+1)(3s+1)}{s}\,\text{S} & 2+\dfrac{1}{s} \end{bmatrix}$

19.51 $\begin{bmatrix} 2 & 2+j5 \\ j & -2+j \end{bmatrix}$

19.53 $z_{11}=\dfrac{A}{C},\ z_{12}=\dfrac{AD-BC}{C},\ z_{21}=\dfrac{1}{C},\ z_{22}=\dfrac{D}{C}$

19.55 證明題。

19.57 $\begin{bmatrix} 3 & 1 \\ 1 & 7 \end{bmatrix}\Omega$, $\begin{bmatrix} \dfrac{7}{20} & \dfrac{-1}{20} \\ \dfrac{-1}{20} & \dfrac{3}{20} \end{bmatrix}$ S, $\begin{bmatrix} \dfrac{20}{7}\,\Omega & \dfrac{1}{7} \\ \dfrac{-1}{7} & \dfrac{1}{7}\,\text{S} \end{bmatrix}$,
$\begin{bmatrix} \dfrac{1}{3}\,\text{S} & \dfrac{-1}{3} \\ \dfrac{1}{3} & \dfrac{20}{3}\,\Omega \end{bmatrix}$, $\begin{bmatrix} 7 & 20\,\Omega \\ 1\,\text{S} & 3 \end{bmatrix}$

19.59 $\begin{bmatrix} 16.667 & 6.667 \\ 3.333 & 3.333 \end{bmatrix}\Omega$, $\begin{bmatrix} 0.1 & -0.2 \\ -0.1 & 0.5 \end{bmatrix}$ S,
$\begin{bmatrix} 10\,\Omega & 2 \\ -1 & 0.3\,\text{S} \end{bmatrix}$, $\begin{bmatrix} 5 & 10\,\Omega \\ 0.3\,\text{S} & 1 \end{bmatrix}$

19.61 (a) $\begin{bmatrix} \dfrac{5}{3} & \dfrac{4}{3} \\ \dfrac{4}{3} & \dfrac{5}{3} \end{bmatrix}\Omega$, (b) $\begin{bmatrix} \dfrac{3}{5}\,\Omega & \dfrac{4}{5} \\ \dfrac{-4}{5} & \dfrac{3}{5}\,\text{S} \end{bmatrix}$, (c) $\begin{bmatrix} \dfrac{5}{4} & \dfrac{3}{4}\,\Omega \\ \dfrac{3}{4}\,\text{S} & \dfrac{5}{4} \end{bmatrix}$

19.63 $\begin{bmatrix} 0.8 & 2.4 \\ 2.4 & 7.2 \end{bmatrix} \Omega$

19.65 $\begin{bmatrix} \dfrac{0.5}{3} & -\dfrac{1}{-0.5} \\ -\dfrac{-0.5}{3} & \dfrac{2}{5/6} \end{bmatrix}$ S

19.67 $\begin{bmatrix} 4 & 63.29\ \Omega \\ 0.1576\ \text{S} & 4.994 \end{bmatrix}$

19.69 $\begin{bmatrix} \dfrac{s+1}{s+2} & \dfrac{-(3s+2)}{2(s+2)} \\ \dfrac{-(3s+2)}{2(s+2)} & \dfrac{5s^2+4s+4}{2s(s+2)} \end{bmatrix}$

19.71 $\begin{bmatrix} 2 & -3.334 \\ 3.334 & 20.22 \end{bmatrix} \Omega$

19.73 $\begin{bmatrix} 14.628 & 3.141 \\ 5.432 & 19.625 \end{bmatrix} \Omega$

19.75 (a) $\begin{bmatrix} 0.3015 & -0.1765 \\ 0.0588 & 19.625 \end{bmatrix}$ S, (b) -0.0051

19.77 $\begin{bmatrix} 0.9488\underline{/-161.6°} & 0.3163\underline{/18.42°} \\ 0.3163\underline{/-161.6°} & 0.9488\underline{/-161.6°} \end{bmatrix}$

19.79 $\begin{bmatrix} 4.669\underline{/-136.7°} & 2.53\underline{/-108.4°} \\ 2.53\underline{/-108.4°} & 1.789\underline{/-153.4°} \end{bmatrix} \Omega$

19.81 $\begin{bmatrix} 1.5 & -0.5 \\ 3.5 & 1.5 \end{bmatrix}$ S

19.83 $\begin{bmatrix} 0.3235 & 1.1765\ \Omega \\ 0.02941\ \text{S} & 0.4706 \end{bmatrix}$

19.85 $\begin{bmatrix} 1.581\underline{/71.59°} & -j\ \Omega \\ j\ \text{S} & 5.661 \times 10^{-4} \end{bmatrix}$

19.87 $\begin{bmatrix} -j1,765 & -j1,765\ \Omega \\ j888.2\ \text{S} & j888.2 \end{bmatrix}$

19.89 $-1,613$, 64.15 dB

19.91 (a) 電晶體的電壓增益為 -25.64，電路的電壓增益為 -9.615，(b) 74.07，(c) 1.2 kΩ，(d) 51.28 kΩ

19.93 -17.74, 144.5, $31.17\ \Omega$, -6.148 MΩ

19.95 參見圖 C.23。

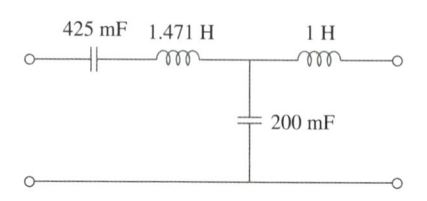

圖 C.23 習題 19.95 的電路

19.97 250 mF, 333.3 mH, 500 mF

19.99 證明題。

Index 中英索引

abc 相序　*abc* sequence　145
acb 相序　*acb* sequence　145
g 參數　*g* parameters　530
h 參數　*h* parameters　530
sinc 函數　sinc function　451
t 參數　*t* parameters　537
y 參數　*y* parameters　525
z 參數　*z* parameters　521

一 劃

一次側線圈　primary winding　211

二 劃

二瓦特計法　two-wattmeter method　176
二次側線圈　secondary winding　211

三 劃

三瓦特計法　three-wattmeter method　176
三角函數傅立葉級數　trigonometric Fourier series　421
下邊帶　lower sideband　507
上邊帶　upper sideband　507

四 劃

不平衡　unbalanced　146
不同相　out of phase　7
不穩定的　unstable　396
互易　reciprocal　522
互感　mutual inductance　198
互感電壓　mutual voltage　200
分貝　decibel, dB　264
分流　current-division　28
分頻網路　crossover network　311
分壓　voltage-division　27
升壓變壓器　step-up transformer　219
反向傳輸參數　inverse transmission parameters　537
反射阻抗　reflected impedance　212, 221
尤拉公式　Euler's formula　583
巴色伐定理　Parseval's theorem　446, 502
巴克豪森準則　Barkhausen criteria　77
比例縮放　scaling　298

五 劃

主動濾波器　active filter　286
代數方程式　algebraic equation　328
代數法　method of algebra　347
功率三角形　power triangle　112
功率因數　power factor, pf　108
功率因數角　power factor angle　108

615

功率頻譜　power spectrum　450
匝數比　turns ratio　217
半功率頻率　half-power frequencies　279
外差　heterodyne　308
平均　average　95
平衡　balanced　144
平衡三相電壓　Balanced Three-Phase Voltages　143
本地振盪器　local oscillator　308
正相序　positive sequence　145
瓦特計　wattmeter　121

■ 六　劃

交叉頻率　crossover frequency　312
交流電　alternating current, ac　4
交流電路　ac circuit　4
共軛複數　complex conjugate　580
吉布斯現象　Gibbs phenomenon　427
同相　in phase　7
多相　polyphase　142
有效值　effective value　104
有電絕緣　electrical isolation　225
自感　self-inductance　199
自耦變壓器　autotransformer　225

■ 七　劃

串接　cascaded　547
低通濾波器　low-pass filter　286
均方根　root-mean-square　105
完全平方法　completing the square　347
完全耦合　perfectly coupled　209
希維賽德定理　Heaviside's theorem　346
快速傅立葉轉換　Fast Fourier Transform, FFT　455

抑制頻率　frequency of rejection　289
抑制頻寬　bandwidth of rejection　289
狄里克雷條件　Dirichlet conditions　421
系統　system　372
角頻率　angular frequency　5
貝爾　bel　264

■ 八　劃

供應　supplied　116
初值定理　initial-value theorem　339
取樣定理　sampling theorem　461
弦波信號　sinusoid　4
弦波相量　sinor　13
弦波穩態響應　sinusoidal steady-state response　5
拉普拉斯轉換法　Laplace transformation　328
波德圖　Bode plot　266
狀態變數　state variable　389
直角坐標形式　rectangular form　577
空心變壓器　air-core transformers　211
阻抗　impedance　22
阻抗匹配　impedance matching　221
阻抗參數　impedance parameters　520, 521

■ 九　劃

品質因數　quality factor　279
指數形式　exponential form　578
相位　phase　7
相位頻譜　phase spectrum　424, 480
相量表示　phasor representation　13
相量圖　phasor diagram　13
相電流　phase current　149
相電壓　phase voltages　144
負相序　positive sequence　145

Index 中英索引

重疊定理　superposition theorem　59
重疊積分　superposition integral　355
降壓變壓器　step-down transformer　219
韋恩橋式振盪器　Wien-bridge oscillator　77

■ 十　劃

振幅　amplitude　5
振幅或阻抗的比例縮放　magnitude or impedance scaling　298
振幅-相位　amplitude-phase　423
振幅頻譜　amplitude spectrum　424, 480
振盪器　oscillator　77
時間位移性質　time-shift property　333
時間延遲性質　time-delay property　333
迴旋　convolution　352
迴旋性質　convolution　491
迴旋積分　convolution integral　352
逆混合參數　inverse hybrid parameters　530
高 Q 值電路　high-Q circuit　280
高通濾波器　high-pass filter　286

■ 十一　劃

基頻　fundamental angular frequency　421
帶阻濾波器　band-stop/band-reject filter　287, 289
帶通濾波器　band-pass filter　287
接地故障斷路器　ground-fault circuit interrupter, GFCI　184
混合參數　hybrid parameters　530
混頻器　frequency mixer　308
理想變壓器　ideal transformers　217
終值定理　final-value theorem　339
被動濾波器　passive filter　286
部分分式展開　partial fraction expansion　345

陷波濾波器　notch filter　289

■ 十二　劃

傅立葉分析　Fourier analysis　421
傅立葉正弦級數　Fourier sine series　432
傅立葉定理　Fourier theorem　420
傅立葉係數　Fourier coefficients　421
傅立葉逆轉換　inverse Fourier trans-form　480
傅立葉餘弦級數　Fourier cosine series　430
傅立葉轉換　Fourier trans-form　480
單位脈衝響應　unit impulse response　385
單側　unilateral　329
單邊　one-sided　329
幅角　argument　5
循環頻率　cyclic frequency　6
最大平均功率轉移定理　maximum average power transfer theorem　102
短路導納參數　short-circuit admittance parameters　525
虛功率　volt-ampere reactive, VAR　112
虛部　imaginary part　577
虛部運算　imaginary part of　12
視在功率　apparent power, S　108
超外差接收機　superheterodyne receiver　308
超前　lead　7
週期性的　periodic　6
開路阻抗參數　open-circuit impedance parameters　521
階梯法　ladder method　384

■ 十三　劃

傳遞　delivered　116
傳輸參數　transmission parameters　536
微分方程式　differential equation　328

極坐標形式　polar form　577
極點　poles　345, 396
節點分析法　nodal analysis　52
隔離變壓器　isolation transformer　219
零點　zero　261, 345, 396
電抗　reactance　23
電阻　resistance　23
電容性阻抗　capacitive　23
電容倍增器　capacitance multiplier　75
電納　susceptance　24
電感性阻抗　inductive　23
電源變換　source transformation　63
電導　conductance　24

■十四　劃

實部　real part　577
實部運算　real part of　12
對稱　symmetrical　522
截止頻率　cutoff frequency　287
摺積　folding　352
滯後　lag　7
滾降頻率　rolloff frequency　287
磁耦合　magnetically coupled　198, 199
網目分析法　Mesh Analysis　55
網路合成　network synthesis　399

■十五　劃

緊密耦合　tightly coupled　209
標準形式　standard form　267
線　line　148
線性　linear　372
線性變壓器　Linear Transformers　211
線電流　line current　149
線對線　line-to-line　148

線頻譜　line spectra　452
耦合係數　coefficient of coupling　209
耦合電路　conductively coupled　198
複數功率　complex power　110
複數相位頻譜　complex phase spectrum　449
複數振幅頻譜　complex amplitude spectrum　449
餘數　residues　345
餘數法　residue method　345

■十六　劃

導抗　immittance　526
導納　admittance　23
導納參數　admittance parameters　525
積分轉換　integral transform　478
諧振峰值　resonant peak　277
諧振頻率　resonant frequency　278
選擇性　selectivity　280
頻域　frequency domain　15
頻率比例縮放　frequency scaling　299
頻率位移　frequency shift　334
頻率轉換　frequency translation　334
頻率響應　frequency response　260
頻寬限制　band-limited　461
頻譜　frequency spectrum/spectrum　424, 480
頻譜分析儀　spectrum analyzer　461

■十七　劃

瞬間功率　instantaneous power　94

■十八　劃

濾波器　filters　461
轉子　rotor　143
轉折頻率　break frequency　268